大型流域风光水互补清洁能源基地重大技术问题研究与深地基础科学进展

——雅砻江虚拟研究中心2018年度学术年会论文集

陈云华　主编

U0227633

黄河水利出版社

·郑　州·

图书在版编目(CIP)数据

大型流域风光水互补清洁能源基地重大技术问题研究与深地基础科学进展:雅砻江虚拟研究中心2018年度学术年会论文集/陈云华主编. —郑州:黄河水利出版社,2018.10

ISBN 978 - 7 - 5509 - 2193 - 1

Ⅰ.①大…　Ⅱ.①陈…　Ⅲ.①无污染能源 - 学术会议 - 文集　Ⅳ.①X382 - 53

中国版本图书馆 CIP 数据核字(2018)第 245223 号

出　版　社:黄河水利出版社
　　　　　地址:河南省郑州市顺河路黄委会综合楼14层　　　邮政编码:450003
发行单位:黄河水利出版社
　　　　　发行部电话:0371 - 66026940、66020550、66028024、66022620(传真)
　　　　　E-mail:hhslcbs@ 126. com
承印单位:河南瑞之光印刷股份有限公司
开本:787 mm × 1 092 mm　1/16
印张:45
字数:1040 千字　　　　　　　　　　印数:1—1 000
版次:2018 年 10 月第 1 版　　　　　印次:2018 年 10 月第 1 次印刷
定价:158. 00 元

序　言

党的十九大报告提出"加快建设创新型国家。创新是引领发展的第一动力,是建设现代化经济体系的战略支撑"。近年来,雅砻江流域水电开发有限公司(简称雅砻江公司)继续加强科技创新力度,加大科研投入,围绕雅砻江流域大型风光水互补清洁能源基地重大技术问题和深地基础科学研究,积极开展产学研科技攻关和自主科技创新,促进科技成果转化和应用,多措并举,不断完善公司科技创新体系、提升科技创新能力和管理水平,取得了一系列重要的研究成果和进展,解决了一系列技术难题。

为总结近年来流域科技创新成果,展望未来研究需求与方向,雅砻江虚拟研究中心决定于 2018 年 11 月召开 2018 年度学术年会。本次学术年会的主题是"大型流域风光水互补清洁能源基地重大技术问题研究与深地基础科学进展"。在有关单位的专家、学者大力支持下,经过专家评审,筛选出 91 篇论文收录在此论文集中正式出版。论文集主要涉及以下几个方面:

(1)近年来各有关成员单位围绕雅砻江流域清洁能源开发开展的科研工作进展及研究成果。

(2)"流域智能开发和综合管理""风光水互补清洁可再生能源开发""水电站建设""电站长期安全经济运行""深地基础科学""流域生态环境保护"等研究领域热点及最新研究进展。

(3)雅砻江流域清洁能源开发进展及科技创新情况。

(4)新科学技术问题及研究选题建议。

本次会议由雅砻江公司主办,同时得到了国家自然科学基金委员会、四川省科学技术厅以及雅砻江虚拟研究中心各成员单位、雅砻江联合基金(第二期)承担单位、雅砻江公司合作研究单位等的大力支持,在此一并表示感谢。随着雅砻江流域风光水互补清洁能源基地的建设,未来将面临一系列新的科学技术问题,涉及风光水互补清洁可再生能源开发、300 m 级高土石坝建设、流域梯级电站的长期安全运行和调度优化、深地基础科学等领域,希望得到大家一如既往的关注、支持和帮助。

编　者
2018 年 11 月于成都

目　录

流域智能开发和综合管理

风光水互补清洁可再生能源开发

水电站建设

电站长期安全经济运行

深地基础科学

流域生态环境保护

流域智能开发和综合管理

高海拔地区特高土心墙堆石坝智能建设管理体系关键技术研究与实践

祁宁春

(雅砻江流域水电开发有限公司,四川 成都　610051)

摘　要　两河口水电站大坝为 300 m 级特高土心墙堆石坝,工程规模巨大,坝址所处的高海拔寒冷地区复杂恶劣的自然环境给大坝工程建设带来了诸多方面的挑战。随着物联网、人工智能、大数据、云计算等先进技术的不断发展,筑坝技术开始向智能化方向发展。为了减小自然环境及人为因素对大坝建设的不利影响,雅砻江公司依托两河口大坝,开展了涵盖设计、施工及运行等工程全寿命周期的高海拔地区特高土心墙堆石坝智能建设关键技术体系研究,部分理论及技术已在两河口水电站高心墙堆石坝建设中成功应用。创新研发了 Hydro – BIM 设计优化平台、智能大坝施工监控系统、复杂土料场智能开采系统、土料冻融预测分析系统、智能灌浆系统、智能视频监控系统、质量验评信息系统、气象监测及预报系统、iDam 安全监测系统等,在大坝设计和施工中发挥了重要作用,并实现了设计和施工期全信息收集,为建成后工程的运行管理、检修维护提供支持。两河口大坝智能建设技术的研究与应用为类似工程建设提供了借鉴,将推动高心墙堆石坝工程建设从信息化、数字化向智能化发展。

关键词　高海拔寒冷地区;特高土心墙堆石坝;智能建设;智能碾压;集成平台

1　引　言

随着中国水电工程的不断发展,越来越多的土石坝工程建设在高海拔寒冷地区[1]。目前,我国已建设及在规划中的坝高达到 200 m 级的土石坝已不下数十座,坝高达到 300 m 级的超高土石坝也有数座,其中土心墙堆石坝(黏土或砾石土心墙)占较大比例[2-3]。此类工程所处地区河谷狭窄、岸坡陡峻、高寒缺氧、干燥多风、全年降雨时段集中、昼夜温差大、筑坝条件复杂,同时坝体填筑工程量巨大,安全、质量、进度等施工组织管理要求高,为设计、施工及运行管理带来极大挑战。

为解决高坝建设所面临的难题,在 21 世纪之初,土石坝筑坝技术与现代网络信息技术、实时监控技术充分结合,由电算化阶段、信息化阶段向数字化施工阶段发展,已在多项大型水利水电工程中进行了探索和应用[4-7]。近几年来,随着物联网、人工智能、大数据、云计算的不断发展,筑坝技术开始向智能化建设发展,图纸对施工的指导已经部分升级成为系统的认知学习、代码对机器的"动态控制"以及系统对于模型数据的动态反馈流程[8],利用人工智能技术将设计控制信息与施工中实时监控感知信息进行智能分析反馈

基金项目:国家自然科学基金资助项目(U1765205)。

作者简介:祁宁春(1964—),男,硕士,教授级高工,主要从事水电工程建设管理和技术研究。

实现施工过程自动决策控制,同时建设期的设计、施工信息又作为后续运行期智能判断建筑物状态的数据基础,从而实现水电工程设计、施工及运行管理全寿命周期中全部信息无缝衔接流转,可以极大提高大规模复杂工程的设计、施工及后期运行管理的工作效率和智能化水平。

当前锦屏一级、溪洛渡水电站工程在高拱坝智能化建设方面进行了有益的探索和尝试[7],但在高海拔地区特高土石坝设计、施工中智能化建设方面尚无成熟经验。雅砻江公司结合正在建设的两河口水电站特高土心墙堆石坝,与相关科研单位合作,超前统筹开展了智能化建设管理基础理论与关键技术研究,构建了智能建设管理体系,在智能规划设计、智能碾压、智能加水、智能视频监控、料场开采管理、冻融土预测分析、智能灌浆、质量验评、气象监测预报及安全监测等方面取得了一定成果,为大坝工程设计、施工提供了强有力的技术手段,同时对设计和施工过程中的海量数据信息(含图片、影像信息等)进行有效的收集整理分析,为后续工程运行检查与维护检修提供智能支持。

2　两河口水电站大坝智能建设管理体系总体规划

两河口水电站为雅砻江中下游的"龙头"水库,坝址位于四川省甘孜藏族自治州雅江县境内。电站以发电为主,兼顾防洪,枢纽建筑物由砾石土心墙堆石坝、地下引水发电系统、泄水建筑物组成。砾石土心墙堆石坝包括心墙区、反滤层、过渡层和堆石区四大区,最大坝高 295 m,总填筑方量约 4 300 万 m³,是川西高原寒冷地区特高土心墙堆石坝典型工程,具有挡水水头高(达 263 m)、工程规模大、质量要求严、土料场多且料性复杂、高原峡谷区地形地质差、施工场地和交通布置困难、受冬季冻土和雨季降水影响有效施工时间短等特点,综合建设规模及难度位居世界土石坝工程前列。

借鉴已有智能大坝、智慧大坝建设探索实践成果[9-10],结合两河口特高土心墙堆石坝实际建设条件及雅砻江公司对未来智能建设的需求规划,两河口大坝智能建设管理体系定位为:在高原峡谷地区特定地形地质和环境气象条件下,通过对大坝设计、施工及运行全寿命周期时空范围内的人员、设备、材料、工艺、外部环境等复杂对象及相应建设管理过程中产生的海量数据信息进行全面实时监测感知、智能分析、智能决策反馈与控制,实现以安全、质量、效益、进度等多目标综合最优为目的的大坝建设运行智能化管控。

鉴于高原地区特高土心墙堆石坝智能建设管理体系的复杂性和创新性,两河口大坝智能化建设管理体系构建遵守"全周期统筹规划、多系统共享融合,分阶段逐步实施、勤反馈持续提升"的基本原则,按照"大坝智能规划设计、大坝施工智能监控、大坝运行状态智能检查与判断"三个层次构建智能建设管理分系统,各分系统又视功能需求建设子系统,并将设计信息输入、施工过程监控感知、系统输入 - 反馈控制流程等系统运行中所产生的数据信息流贯穿其中,最终形成有机整体。两河口特高心墙土石坝智能建设管理体系总体规划如图 1 所示。

3　两河口水电站大坝智能建设管理体系关键技术研究

针对高海拔寒冷地区特高土心墙堆石坝建设特点,需要重点对土石坝建筑信息模型(BIM)、施工总布置智能仿真优化、施工过程中全部信息的监测感知收集、施工机械的智

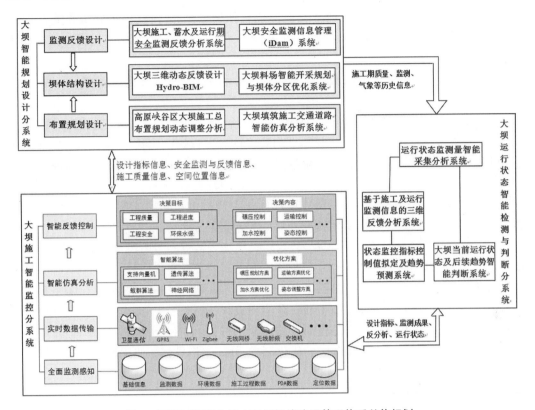

图1　两河口特高心墙土石坝智能建设管理体系总体规划

能反馈控制、特有的土料冻融监测与智能预测分析、坝体运行监测量智能采集及监测控制值的合理取值等方面进行深入研究,实现对大坝工程质量、进度、安全、环保水保等方面的精细化、智能化管控,确保高海拔寒冷地区特高土心墙堆石坝工程的安全、优质、高效建设和运行管理。

3.1　大坝智能规划设计

3.1.1　施工总体布置动态规划调整技术

两河口大坝工程所在地为川西高原峡谷地貌,施工场地狭小,大坝施工所需的机械设备停放检修厂、砾石土料掺拌场、大坝掺砾料和反滤料加工厂等施工临建设施和坝料开采填筑运输道路布置十分困难,而特高土石坝施工高强度、大填筑量的特点,决定了合理动态开展施工总布置规划对保证填筑质量、减小施工运距以节约投资、方便施工组织、保证施工进度具有决定性意义。

3.1.2　料场开采规划智能模拟技术

两河口大坝土料场包括坝下游1个土料场、坝上游库区4个土料场,共5个料场12个料区,上下游土料场相隔距离超过30 km,土料详细勘察成果表明,各土料场和料区土料成因不同、性质差异较大,土料开采方案复杂、土料料源质量检测与控制难度大。同时,大坝石料料源为砂板岩互层构造,且受卸荷和断层带影响,料源初期开采供料与大坝低高程填筑料源较高质量要求存在一定矛盾和差距。综合利用无人机高精度航拍技术、料源性能快速检测鉴定技术及料场三维地质建模技术,构建包括料源性能和空间位置等信息在内的料场三维全信息模型,在此基础上模拟实际施工作业,研发料场开采智能模拟技术,实现料场智能分区开采预测,对优化开采方案、保证料源质量、节约工程投资具有较好的指导作用。

3.1.3 基于实际料源质量和安全监测反馈分析的水电工程建筑信息模型(Hydro – BIM)技术

水电工程建筑信息模型(Hydro – BIM)是建立智能化的水电工程建筑物信息模型(包括大坝、料场、公路、隧洞等),并将其物理和功能特性进行数字化共享,通过创建、整理和交换共享模型及其附属智能化、结构化数据,链接整个生命周期各阶段,从而实现全生命周期的相互协作[11]。

针对大型水电工程的 Hydro – BIM 设计优化关键技术包括图形数据库技术(几何数据与空间索引支持、模型数据协同编辑支持、数据缓存与动态加载支持)、参数化建模技术、实体布尔运算技术、大数据可视化显示技术、大场景数据高效组织与渲染技术等,同时要基于一定数据标准,实现不同专业和业务模型之间的数据交换。

大坝智能规划设计的最终目标,是在合理布置和规划料场开采的基础上,随工程施工进展,根据料源实际质量情况及施工期安全监测成果,通过三维大坝仿真反馈分析,对比大坝实际变形、渗流和应力状态是否与设计预期相符,在保证大坝质量前提下,进一步动态优化大坝信息模型,开展坝体分区的优化调整,并反馈指导料源使用规划,减小弃料。

3.2 大坝施工智能监控

3.2.1 全面监测感知技术

全面监测感知技术是综合运用传感器技术、高精度卫星定位技术、射频识别技术、PDA 技术等,实现对施工基本数据的自动实时采集;实时传输是通过建立的坝区无线传输电台、Wi – Fi 网络、GPRS、有线传输网络等,并利用路由器、交换机等网络设备和相应的数据网络接口,实现施工信息的自动、实时、稳定传输;智能仿真分析是采用支持向量机、粒子群算法、神经网络、遗传算法等智能算法,对碾压规划、加水方案、运输路径方案等进行智能分析和优化;智能反馈控制是按照优化的施工仿真方案,以人工智能控制现场设备施工,从而替代人工作业。

3.2.2 施工智能仿真技术

(1)仓面流水单元施工方案优选。建立多方案优化决策数学模型,对施工过程进行仿真分析,应用智能优化算法进行多目标迭代寻优,优选出不同高程的仓面施工单元最佳划分方案。

(2)仓面施工实时智能仿真。在施工仿真参数实时分析的基础上,动态更新仿真模型;应用动态更新的模型对仓面施工过程进行模拟,预测优化施工组织。

(3)路径智能规划。研究基于遍数控制模式的碾压机集群路径规划、智能转场路径导引、智能加油路径规划和碾压机集群动态路径分配。

(4)仓面施工三维可视化仿真。通过大坝和施工仓面动态三维建模,对仿真计算结果进行同步实时动态展示。

3.2.3 智能反馈控制技术

为了实现对现场施工设备的智能反馈控制,需要对原人工操作系统进行升级改造,使施工设备在复杂环境下能够以自主的方式完成各种动作。通过智能化仿真成果提供的方案,将基础数据指令发送至机械设备,实现自动作业与反馈控制。同时,由于现场复杂的环境对施工机械的运行产生一定影响,需要对机械设备的动作状态进行实时自动纠偏,来确保反馈控制的精准性。

3.2.4　心墙土料冻融施工智能监测与预报技术

两河口大坝所处的川西高原地区属季节性冻土区,大坝心墙冬季施工面临着日循环浅层冻土问题,这对大坝施工组织、质量控制等带来一系列难题,在高砾石土心墙堆石坝建设中缺少成熟经验。经过冻融循环后,土料的物理、力学性质发生变化,对心墙填筑质量、进度造成不利影响。在物理性质方面,已有研究表明,冻融作用会使松散土密度增大,密实土密度降低;而无论密度如何变化,冻融作用均会使土的渗透性增大。此外,土的颗粒级配和界限含水量也会在冻融循环作用下发生改变。在力学性质方面,土体的应力应变关系、模量、强度等均会受到冻融作用的影响[12-13]。为确保填筑满足要求,需要对黏土及砾石土的冻融规律开展深入研究,并根据冻融规律及外界条件变化预测冻融发生的时间及程度,据此及时采取适当的冻融防控措施,才能确保土质心墙冬季施工满足要求。

3.3　大坝运行状态智能监测与判断技术

大坝运行状态智能监测与判断的核心技术,是对运行期坝体变形、渗流和应力等关键监测量的快速、准确收集及合理分析,同时结合三维仿真反馈分析成果合理制定关键监测量的控制标准,从而判断大坝运行状态是否正常。当出现异常状况时,能够快速调取施工期历史信息(含影像资料),结合实际监测和反馈分析成果,对异常状态的原因进行分析,对后续发展趋势进行预测,并提出应对措施建议[14]。

4　两河口水电站智能建设管理体系实施情况

两河口水电站作为川西高原地区首座 300 m 级特高砾石土心墙堆石坝,其工程设计、施工和运行均面临着一系列世界级挑战,为保证大坝工程安全、高质量建设及高效率运行管理,雅砻江公司在项目可研设计阶段启动了大坝工程智能化建设管理规划工作,并随工程建设不断推进而逐步完善,目前已研发了 Hydro - BIM 设计优化平台、智能大坝系统、冻融土预测分析系统、智能灌浆系统、智能视频监控系统、质量验评信息系统、气象监测及预测系统、iDam 安全监测系统、大坝监测反馈分析系统,启动了大坝运行期永久监测自动集成系统规划,基本覆盖大坝工程各重要环节,大坝智能建设管理体系已在大坝工程设计、施工建设中得到了较好的应用,对大坝工程质量、安全、进度和投资目标管控起到了重要作用。

4.1　大坝智能规划设计实施情况

两河口大坝智能规划设计工作在可研阶段即启动了研发工作,并将相关规划设计工作内容与要求纳入了招标施工图阶段专项科研协议和施工图阶段设计合同,同时随工程建设进展及对大坝智能建设管理体系构建认识深化,结合大坝施工中出现的关键技术问题,以年度专项科研项目方式补充启动了料场智能开采系统研究工作。目前,设计院已建立了相应的研究组织机构,相关的测绘、地质、水工、施工、机电、交通等多专业协同参与。

4.1.1　施工总体布置动态规划调整系统实施情况

可研设计和招标施工图设计阶段,结合数字雅砻江平台和无人机航测技术,对坝区30 km 范围内的地形地貌条件进行了勘察,并通过细化土石方开挖、坝体填筑、渣场弃渣和场地启用规划,从时间和空间多方面对施工场地进行了分区规划研究,确定了以渣场造地和多用库区料场的总体布置原则,取消了坝下游 2 个土料场和 1 个石料场、取消了库区1 个土料场和 1 个石料场,减小坝下游临时征地 55 万 m^2,减小料场开采道路 10 km 和剥离料近 100 万 m^3,取得了较好的经济效益,并减小了建设征地移民难度。

与天津大学合作完成了大坝填筑交通道路仿真分析系统,对大坝开采和上坝施工各道路功能、运输强度、车流密度、运输距离等进行仿真分析,为合理确定各道路的建设标准、线路走向、建设时机等均提供了有力支持。

4.1.2　料场开采规划智能模拟技术研究进展

结合前期石料场勘察成果及开采进展揭示地质情况,基本完成了石料场三维地质构造模型,并随着收方测量成果和大坝填筑分区,实现了动态更新各坝区供料分区,并在保证坝体填筑质量的条件下,合理利用较差料源,减小弃料。

土料场智能开采系统结合库区瓜里料场 B 区地质勘察和地形测量成果,启动了土料场三维全信息模型建设和土料级配及含水快速检测技术研究工作,通过土料场三维全信息模型土料分类自动搜索技术,在瓜里 B1 区内新发现约 10 万 m^3 一类土,为大坝低高程采用一类土填筑以保证质量奠定了基础。

4.1.3　大坝施工及初期蓄水期安全监测反分析系统进展

完成了大坝反分析三维模型建设,完成了利用监测成果开展反分析计算的理论方法研究,并结合大坝已有的监测成果,提交了一期反馈分析成果报告。根据反馈分析成果,目前大坝应力、变形性态符合土石坝一般规律,坝体总体变形可控,说明坝体下游增设堆石Ⅲ区的优化设计总体合理,坝体填筑施工质量可控。

4.1.4　Hydro – BIM 设计优化平台

为保障 Hydro – BIM 设计优化工作顺利开展,现场成立了"两河口 BIM 技术中心"并组建数字交付项目部,通过制定标准、编制计划、定期考核、项目总结等措施,建立了一套完善的三维数字化工作流程,实现了按月更新以反映工程实际施工形象。已完成的三维数字化成果在三维地质分析、坝体进度分析、坝体结构分区优化设计、地质预测预报、边坡稳定分析、防渗系统空间分析、结构应力应变分析、施工仿真分析、料场开采与利用优化设计、工程计量、工程出图、现场技术交底等方面发挥了重要作用。

4.2　大坝施工期智能监控系统实施情况

4.2.1　智能大坝系统

1)仓面智能碾压

(1)仓面施工智能仿真与方案优化。

建立了仓面施工实时智能仿真模型,在施工仿真参数实时分析的基础上,应用基于边界过滤的贝叶斯施工参数动态更新方法动态更新仿真模型;应用动态更新的模型对仓面施工过程进行模拟,预测优化施工进度。在施工进行过程中仓面施工方案执行偏差超出允许范围或方案执行出现异常情况时,根据智能平台下存储的施工信息更新仿真模型,重新对仓面施工进行施工方案优选分析。

（2）无人驾驶机群智能作业。

依据大坝碾压施工过程智能仿真成果，采用智能方法与技术对大坝碾压机群作业过程进行有效管控，以实现高标准碾压作业的目标。通过碾压机作业过程的智能感知、智能避障、智能寻迹与循迹，实现无人操作状态下的碾压机群协同作业与稳定运行，并结合碾压作业路径的动态规划，实现无人驾驶碾压机群作业过程的智能管控。碾压机集群协同作业控制方案示意图如图 2 所示。

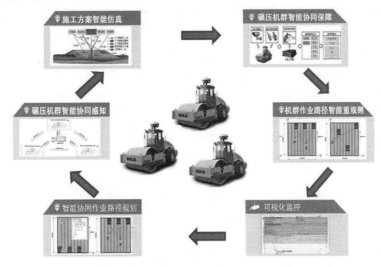

图 2　碾压机集群协同作业控制方案示意图

2）坝料运输智能监控系统

（1）车辆监测。

在上坝运输自卸车上安装自动定位设备（如 GPS 设备）及空满载操作设备，实现对自卸车从料源点到坝面的全过程定位与装、卸料监控。

对于非上坝车辆、非施工车辆，配发含有身份识别标志的卡片，在关键道路节点安装身份识别装置，区分上坝车辆、非上坝车辆、非施工车辆，分开进行车流量统计。在隧洞内则采用 zigbee 技术进行定位，兼具数据通信功能。

（2）可视化监控。

在现场分控站和总控中心配置监控终端计算机，对车辆进行图形化监控，并对上坝强度、道路车流量进行分类统计。

（3）报警反馈。

系统提供卸料偏差报警、实时路况提醒、施工车辆出厂提醒，以短信形式发送至施工管理人员的手持通信设备上。

3）智能加水系统

为有效保证施工坝料运输车辆的加水量，避免人工操作的误差以及常规加水量监控的局限性，集成无线射频技术（RFID）、自动控制技术和 CDMA 无线技术，建设一套土石料运输车辆加水量全天候、远程、自动监控系统，以实现按车按量精细监控，确保加水量满足设定的标准要求。

系统可以自动读取加水车辆的信息,如车辆编号、型号、应加水量、应加水时间、载重量等。车辆驶入加水区域后,系统自动打开加水管道阀门,并在达到该车应加水量后自动关闭阀门。将每台运输车的到达及离开时间、车辆编号等信息自动发送到总控中心,评判该车加水量是否达标;若不达标,通过现场监理分控站的监控终端进行报警。

4.2.2 土料冻融预测系统

结合冬季现场监测数据,对大坝心墙区气温条件进行了统计分析,以反映由太阳辐射控制的气温升温过程及对流控制的气温降温过程。同时,结合土体传热理论,并考虑冻融相变,建立心墙区土料传热过程数学模型。利用有限元数值计算方法,实现心墙区土料冻融过程的模拟和预测。

在上述心墙区土料冻融数值计算模型基础上,考虑土料冻融主控因素,将整个冬季划分为9个时段,结合现场监测结果,对主控因素的变化范围进行了统计分析,通过智能算法,系统模拟了各种工况条件下土料的冻融特征,进而编制了相应的预测软件,如图3所示。利用现场土料冻融实测结果,对数值预测软件进行了对比验证,结果表明预测结果与实测结果有较好的一致性,能够实现在整个冬季不同时段内土料冻融特征在各种工况条件下的预测分析。

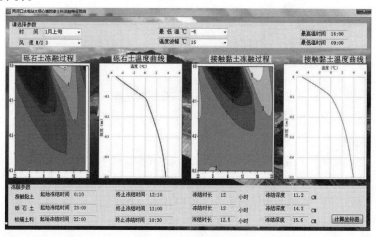

图 3   土料冻融预测系统

4.2.3 智能灌浆系统

灌浆工程是隐蔽性工程,所以对灌浆施工过程智能化管理显得尤为重要。充分考虑灌浆施工的分散性、流动性以及露天灌浆作业和洞室灌浆作业的特殊性,采用短距离无线网络和移动通信网络技术实现数据的传输。智能灌浆采集与分析系统如图4所示。

(1)在施工现场建立灌浆监测网络,自动实时采集灌浆施工中的过程数据,并将这些数据通过无线网络发送到系统服务器中;

(2)采用三维可视化建模技术,使现场灌浆网络中的数据能在灌浆数字化平台中进行直观展现;

(3)开发网络报警器,通过现场灌浆网络中的数据,将报警信息发送到灌浆施工现场及后方管理人员,便于及时处理各种问题。

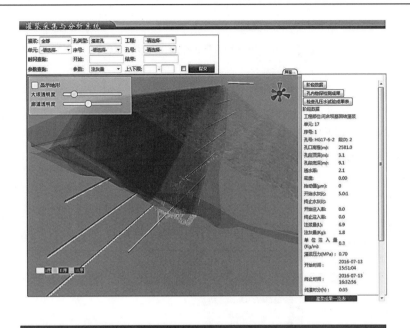

图 4　智能灌浆采集与分析系统

4.2.4　智能视频监控系统

智能视频监控由后台设备和现地设备组成,后台设备包括视频管理服务器、视频监控客户端等,现地设备由各区域的视频监控控制箱和现地摄像机组成。实现对现场的视频实时监控与数据网络存储,并采用目标智能检测算法、目标智能跟踪算法[15],实现对现场异常变化的侦测与报警。

1)远程控制功能

网络用户通过编解码器、数字矩阵、电子地图可以实时远程监控电站的任意摄像机,并可以控制任意摄像机光圈、焦点的旋转。

2)视频动态检测

视频动态检测可以实现动态图像检测,即每一路视频动态检测可划分为多个区域,可以自行设置检测区域,区域的灵敏度可以定义,并可以根据不同的摄像部位设置不同灵敏度的图像变化报警。视频动态检测主要实现以下功能:

(1)施工区域及哨位人员活动状态监控。使用视频运动分析和跟踪技术,对运动目标进行跟踪和统计(如人头计数、形状计数、群体计数、密度分析等)时,当出现人员异常状况(如人员出现密集状况等),能及时在监控终端进行报警,推出当前的监控画面,提醒监控值班人员注意。

(2)水位异常监控。对重点监控的河道区域,应能使用视频运动分析和跟踪技术,对目标进行跟踪和分析,当出现水位异常状况(如水位超过警戒线等)时,能及时在监控终端进行报警,推出当前的监控画面,提醒监控值班人员注意。

(3)环境监测。能实时监控河道水位及周边情况,通过软件实现水位自动报警,对可能的洪水或泥石流等突发状况实现实时预警,为发生超标准洪水和地质灾害条件下的远程会商及应急指挥提供现场实时影像。

（4）路况、交通流量监测。对交通流量高峰部位设置监控系统,实时监控车辆流量。

4.2.5 质量验评信息系统

目前行业工序验收及质量评定仍实行纸质填写,无法实现过程监管。信息化验评有利于监控工序验收及质量评定的时效性,同时具备统计分析功能,满足国家及行业档案验收要求,实现水电建设质量管理手段的革新。两河口质量验评系统采用电子版评定资料,实现工程单元划分、评定表配置、线上填报流转、查询统计,以及与雅砻江公司档案系统的对接等功能。

1）质量评定审核

建立全面的固定化、标准化评定表模板库,以便用户报验时随时调用。系统支持评定表的上传、更新、删除及属性配置等功能,由具有权限的监理工程师在 WEB 端进行操作维护。质量验评线上流转如图 5 所示。

图5　质量验评线上流转

2）质量评定评级分析

系统汇集从单位工程到单元工程各个维度的评定率、优良率等质量评定信息,实现按单位工程、分部工程、部位、分项工程及时段等条件进行筛选,实时显示当前评定数、优良数、评定率、优良率等指标,以便管理人员根据相关指标指导现场施工。质量验评结果统计分析如图 6 所示。

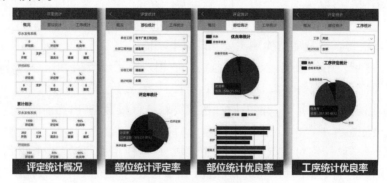

图6　质量验评结果统计分析

4.2.6 气象预测监测系统

与气象部门紧密合作,主要通过气象卫星、气象雷达和地面气象观测站获取监测资料。其中，气象卫星提供流域范围内大尺度气象趋势预报；气象雷达提供精准的短时临近降水预报，为大坝心墙雨季施工提供有效指导；地面监测站（网）实现地面气象信息监测数据的实时监测与共享。

1）气象雷达在雨季施工中的应用

雨季施工需要准确判断未来短时天气变化情况，便于制定决策，及时向现场发出雨前防护或复工指令，将降雨影响降低到最小。现场根据气象雷达回波的发展强弱和移动方向，开展降水的跟踪监测[16]，有效地提高了坝址区小区域的降雨预判准确率，提高了施工效率，避免了雨季停工及人员设备长时间闲置等情况的出现，确保了雨季填筑强度满足工期要求。多普勒雷达回波图如图7所示。

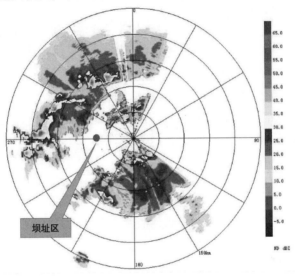

图7　多普勒雷达回波图

2）地面气象监测系统

地面气象观测站是监测降水信息的基本手段，可以进行最小时间尺度为5 min的降水监测，实现地面气象信息监测数据的实时共享与分析，为工程建设及防汛减灾提供精准的基础数据。

4.2.7　iDam 安全监测系统

iDam 安全监测系统将安全监测信息、人工记录信息及时远程报送、汇总到公司大坝中心，最终对大坝安全信息集中管理、分析、处理和发布，完成信息审核、监测资料整编、资料分析、大坝安全工作评价等主要信息处理工作。

系统采用 C/S 加 B/S 的混合结构模式，软件结构采用多层结构，分别为数据访问层、业务逻辑服务器层和表现层（包括客户端应用表现层和 Web 页面表现层），通过对软件层次结构的抽象和组合，能够将数据访问、业务逻辑处理和用户界面展示部分进行分割与组装，使得软件系统具备很好的伸缩性和灵活性，更好地适应复杂的网络环境、数据库类型和不同层次用户的特殊需求。

同时，系统实现与自动采集系统、信息管理系统、测斜监测数据、外观监测数据、人工监测数据、水情系统、强震系统、泄洪振动系统等与大坝安全监测相关的系统软件或者数据存储文件进行数据的无缝对接,并能够驱动自动化采集系统,实现远程采集、即时采集。iDam 土石坝安全监测模块如图 8 所示。

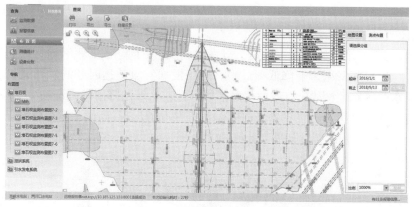

图 8　iDam 土石坝安全监测模块

4.3　大坝运行状态智能监测与判断系统实施情况

　　大坝运行状态智能监测与判断系统目前主要启动了大坝永久监测自动化系统规划设计,完成了施工期监测反馈分析系统的三维建模工作。后续系统研究工作主要围绕以下工作开展:

　　(1)完善拓展大坝永久监测自动化系统功能,提升永久监测数据自动采集及时性和数据智能校验能力(剔除异常数据),提高采集的时效性和可靠性,同时综合利用两河口大坝仿真计算成果及类似完建大坝的长系列监测成果对两河口大坝变形、渗流、应力等关键监测成果进行智能整理分析。

　　(2)对施工期监测反馈分析系统进行功能拓展,打通与永久监测自动化系统、iDam 大坝安全监测系统、施工期大坝智能监控系统的信息通道,实现利用已有大坝三维计算模型和实时监测信息自动进行反馈更新计算分析,并结合设计提出的监测量控制标准,对坝体当前运行状态进行分析判断。当分析出现异常情况时,能够自动调取前期已有监测成果、历次反馈分析成果、施工期历史监控数据及本期反馈分析中大坝运行调试信息,运用大数据分析技术从"海量"数据中查找筛选可能与异常状态相关的信息数据,从而对产生异常状况的原因、后续发展趋势进行分析评价,并提出可能的应对措施建议。

5　结　论

　　随着现代科技技术的发展,智能化建设已成为大型水电工程建设的必然趋势。基于人工智能、大数据、"互联网 +"等技术的智能建设,是推动土石坝筑坝技术革新的重要支撑,对提高工程建设管理水平、确保各项管控目标的实现意义重大。本文结合雅砻江两河口水电站高海拔寒冷地区特高土心墙堆石坝智能建设管理,提出了体系构建的总体规划原则,分析了实现智能化建设需要解决的关键技术问题及其实现的技术路线。本文所提出的部分技术与方法已在两河口水电站大坝工程建设中得到了应用,并在保证质量和进度、节约投资方面取得了一定效果。随着大数据和云计算等先进技术的不断进步以及大坝智能化建设管理体系随大坝施工进度的深度开发与实践应用,本系统仍需进一步提升完善,重点加强在复杂建设和运行环境条件下智能建设相关理论与方法的深入研究,重视已获取的海量数据信息的共享与开发利用,以促进各子系统在功能上的深度有机融合,同时需强化系统利用数据信息在模拟人工智能分析判断和辅助决策等方面的能力,不断提升水电工程建设和运行管理智能化水平。

参 考 文 献

[1] 马洪琪,迟福东. 高土石坝安全建设重大技术问题[J]. Engineering, 2016, 2(4).

[2] 吴高见,张喜英. 土石坝施工技术的现状与发展趋势[J]. 水力发电, 2018(2):1-6.

[3] 王爱玲,邓正刚. 我国超级高坝的发展与挑战[J]. 水力发电, 2015(2):45-47.

[4] 马洪琪,钟登华,张宗亮,等. 重大水利水电工程施工实时控制关键技术及其工程应用[J]. 中国工程科学, 2011, 13(12):20-27.

[5] 钟登华,刘东海,崔博. 高心墙堆石坝碾压质量实时监控技术及应用[J]. 中国科学:技术科学, 2011, 41(8):1027-1034.

[6] 李斌,杨斌,韦国虎,等. 碾压施工质量实时监控系统在南水北调工程中的应用[J]. 南水北调与水利科技, 2012, 10(2):30-33.

[7] 刘毅,张国新,王继敏,等. 特高拱坝施工期数字监控方法、系统与工程应用[J]. 水利水电技术, 2012, 43(3):33-37.

[8] 袁烽,胡雨辰. 人机协作与智能建造探索[J]. 建筑学报, 2017(5):24-29.

[9] 李庆斌,林鹏. 论智能大坝[J]. 水力发电学报, 2014, 33(1):139-146.

[10] 钟登华,王飞,吴斌平,等. 从数字大坝到智慧大坝[J]. 水力发电学报, 2015, 34(10):1-13.

[11] 赵继伟. 水利工程信息模型理论与应用研究[D]. 中国水利水电科学研究院, 2016.

[12] 方丽莉,齐吉琳,马巍. 冻融作用对土结构性的影响及其导致的强度变化[J]. 冰川冻土, 2012, 34(2):435-440.

[13] 许健,王掌权,任建威,等. 原状黄土冻融过程渗透特性试验研究[J]. 水利学报, 2016, 47(9):1208-1217.

[14] 彭虹,崔岗,沈慧. 高土石坝安全监测及其自动化[J]. 水电能源科学, 2016(6):88-90.

[15] 黄凯奇,任伟强,谭铁牛. 图像物体分类与检测算法综述[J]. 计算机学报, 2014, 36(6):1-18.

[16] 俞小鼎. 多普勒天气雷达原理与业务应用[M]. 北京:气象出版社, 2006.

雅砻江流域清洁能源开发重大科技创新及主要进展

吴世勇，杜成波，周济芳，张一

（雅砻江流域水电开发有限公司，四川 成都　610051）

摘　要　科技创新是企业生产力和综合实力的战略支撑。雅砻江公司采取多种措施不断完善科技创新体系、提升科技创新能力，解决流域清洁能源开发现实难题。通过建立健全科研管理制度、制定公司中长期科技发展规划，统筹开展企业重大科研专项研究；设立博士后科研工作站、雅砻江虚拟研究中心以及企业技术中心等科技创新平台，积极申请并承担国家科技支撑计划、国家重点研发计划课题，积极开展产学研工作，提高公司内部研发能力和水平。与国家自然科学基金会两次设立雅砻江联合基金，推进雅砻江流域水能开发"四阶段"战略和风光水互补清洁能源基地建设以及深地基础科学研究。与国内外十多家知名单位建立了战略合作伙伴关系，并成立了以院士、设计大师为主的特别咨询团，为解决工程建设中的重大技术问题提供了有力保障。与清华大学共建中国锦屏地下实验室，共同推进我国深地基础科学研究。雅砻江公司申请并获批成立四川省企业技术中心，研究成果先后获得世界工程组织联合会杰出工程建设奖、菲迪克2018年工程项目杰出成就奖，以及6项国家科技进步奖、90余项省部级科技奖，雅砻江流域清洁能源开发的一系列关键技术难题不断突破，科技创新成果不断涌现。

关键词　雅砻江流域；科技创新；清洁能源开发；风光水互补；深地基础科学

1　引　言

　　雅砻江流域水电开发有限公司（简称雅砻江公司）根据国家发改委授权，负责实施雅砻江水能资源的开发，全面负责雅砻江梯级水电站的建设与管理。雅砻江公司充分发挥"一个主体开发一条江"的独特优势，坚定不移地实施雅砻江流域水能资源开发"四阶段"战略，以"流域化、集团化、科学化"发展与管理理念，科学有序地推进流域各项目建设。截至2016年3月底，雅砻江公司水电装机规模达到1 470万 kW，拥有超过千亿元的优质资产。下游锦屏一级、锦屏二级、官地、二滩、桐子林水电站已全部建成，中游两河口、杨房沟水电站主体工程有序推进，上游"一库十级"规划已启动。同时雅砻江公司积极推进雅砻江流域风光水互补清洁能源基地建设，努力创建国际一流清洁可再生能源企业。

　　党的十八大明确提出"科技创新是提高社会生产力和综合国力的战略支撑"。十九

基金项目：国家重点研发计划项目（2016YFC0600702）。

作者简介：吴世勇（1965—），男，博士，教授级高工，研究方向为水电规划设计与建设、水能经济与梯级水电优化运行、工程地质与岩石力学等。E-mail：wushiyong@ ylhdc. com. cn。

大报告进一步提出"加快建设创新型国家。创新是引领发展的第一动力，是建设现代化经济体系的战略支撑"。雅砻江公司"流域化、集团化、科学化"发展与管理理念落地以及雅砻江流域清洁能源开发面临的技术与管理难题攻关都需要科技创新这一战略支撑。近年来，围绕雅砻江流域大型风光水互补清洁能源基地重大技术问题和深地基础科学研究，雅砻江公司继续加强科技创新力度，加大科研投入，规范科技创新及管理工作，促进科技成果转化和应用，多措并举，不断完善公司科技创新体系、提升科技创新能力和管理水平，解决了雅砻江流域清洁能源开发一系列现实难题。

2　多措并举，建立健全科学、完善的科技创新体系

2.1　成立科技创新组织机构，不断完善科技管理制度体系

雅砻江公司成立了由公司主要领导任组长的科研工作领导小组，作为公司科研工作的领导和决策机构，指导公司科技创新工作的开展。科研工作领导小组下设办公室，办公室是科研工作领导小组的日常办事机构，由战略发展部代管。

近年来，通过对科技管理制度不断修订和完善，建立了《科研管理办法》《科研项目专项经费财务管理暂行办法》《科技奖励实施细则》《博士后科研工作站管理办法》《专利管理办法》等制度。强有力的组织体系和完善的制度为科技创新奠定了良好的基础。

2.2　结合企业自身发展需求，制定中长期科技发展规划

公司在2004年制定了公司中长期科技发展规划纲要，明确了围绕公司核心业务开展技术创新工作的重大研究领域，包括企业发展战略和企业管理研究、流域综合规划开发和水能利用的研究、水电站设计施工关键技术的研究、水电站生产和运行优化关键技术研究。

随后先后开展了"十一五""十二五""十三五"发展规划（科技创新部分）的编制工作，过程中结合公司风光水战略转型发展需求及时进行调整，以指导企业科技创新工作的开展。

2.3　全方位、多层次构建科技创新平台

（1）设立博士后科研工作站，积极开展自主研发。

2003年12月，国家人事部正式批准公司设立博士后科研工作站，公司通过严格评审程序引入尖端人才。首批博士后于2005年进站、2007年出站，第二批博士后于2010年进站、2012年出站，两批博士后相继开展了锦屏一级水电站特高拱坝混凝土浇筑实时仿真与分析系统、施工期混凝土防裂性能研究，对锦屏一级水电站大坝施工起到了很好的指导作用；第三批博士后于2013年进站、2015年出站，第四批博士后于2015年进站、2018年出站，两批博士后围绕"数字雅砻江"工程建设开展了水电工程全生命周期可视化辅助管理、施工物资全过程跟踪管理研究，为雅砻江流域数字化平台建成和投入运行发挥了重要作用；目前第五批博士后正在围绕在建两河口工程关键技术问题开展高心墙堆石坝冬雨季填筑施工仿真和进度风险分析研究。

（2）延续雅砻江联合基金合作模式，构建"雅砻江虚拟研究中心"产学研平台。

2005年，雅砻江公司与国家自然科学基金委员会共同出资5 000万元设立了"雅砻江水电开发联合研究基金"，是水电行业当时规模最大、资助范围最全面的联合基金，资助

科研单位围绕雅砻江水电开发面临的关键科学技术问题开展研究。该基金资助的项目于2011年1月全部结题验收。

作为雅砻江水电开发联合研究基金合作模式的延续,2011年1月,雅砻江公司构建了我国水电行业首家产学研结合的雅砻江虚拟研究中心,首批成员包括雅砻江公司和20家在我国水电科技领域具有重要地位的高校及科研院所。雅砻江虚拟研究中心依托网络平台实现信息交流和资源共享,利用网络平台丰富的科技信息资源和流域开发中提炼的科研课题来吸引国内高端科研机构始终关注雅砻江流域开发,参与有关科研和咨询活动,通过组织开展科研项目、学术交流、技术咨询等多种形式的科技活动,在不改变中心成员主体地位和实体组织的条件下联合国内水电科技领域优势科研力量组成一个柔性的研发组织,开展产学研合作的研发活动。

自成立以来,雅砻江虚拟研究中心已于2013年1月和2014年4月召开两次年度大型学术交流会议,正式出版会议论文集《流域水电开发重大技术问题及主要进展——雅砻江虚拟研究中心2014年度学术年会论文集》。为加强各单位之间的学术交流,于2018年11月再次召开年度学术交流会议。雅砻江虚拟研究中心作为产学研结合的科技创新平台,在解决企业发展管理和流域水电开发面临的关键科学技术问题的同时,促进水电科技水平提升。

(3)成立企业技术中心,申请并获得四川省企业技术中心认定。

2014年,雅砻江公司在整合已有科技创新资源的基础上成立了企业技术中心,全面负责公司科技战略规划制定,科技创新体系的建立与完善,重大、关键、前瞻性技术项目的决策、研发及推广应用,公司内外科技资源的整合与互动,高端技术人才吸引和培养等工作。技术中心主任由公司董事长担任,下设专家委员会决策机构、特别咨询团咨询机构,设立了技术中心办公室为中心的管理机构,以及博士后科研工作站、雅砻江虚拟研究中心等创新研发机构,并根据科研立项需要和专业技术类型设立各专业研究小组(研究室),共同构成了企业的技术创新组织管理体系,按职责、制度推进中心各项工作的科学高效运行。

2017年,雅砻江公司经过长期实践构建起的科技创新体系及取得的科技创新成果得到政府部门的认可,申请并获得四川省企业技术中心认定。

2.4　积极承担国家科技计划项目,提高公司自主创新能力

为提高公司自主创新能力,雅砻江公司积极争取国家科技支撑计划以及国家重点研发计划等国家科技计划项目。目前,已成功牵头开展了国家"十二五"科技支撑计划课题"雅砻江流域数字化平台建设及示范应用",建立了流域水电全生命周期数字管理平台。此外,承担了两项国家"十三五"重点研发计划课题:"深部围岩长期稳定性分析与控制"和"特高拱坝及近坝库岸长期安全稳定运行",以及两项国家"十三五"重点研发计划专题:"水电开发对下游水温情势影响模式研究"和"流域水-能源-粮食资源特征及均衡关系",目前正在开展研究。

承担和参与国家科技计划项目,培养了一大批科技创新人才,提高了公司自主创新能力。

2.5 再次设立雅砻江联合基金,助力雅砻江流域风光水互补清洁能源基地建设

2016 年,雅砻江公司与国家自然科学基金委员会再次合作共同设立第二期雅砻江联合基金,共同出资 9 000 万元,分三年资助雅砻江联合基金(第二期)项目的研究,内容涵盖风光水互补清洁可再生能源开发技术、高坝工程建设和流域梯级电站长期安全经济运行、深地基础科学等三大领域,着力解决流域清洁能源开发面临的重大理论、技术难题。目前 2017 年度 17 项资助项目(其中 7 项重点支持项目、10 项培育项目)已获批并启动研究工作,2018 年度项目指南已发布并已完成项目申报工作。

2.6 积极开展战略合作,搭建战略合作平台

雅砻江公司深入推进与重点科研单位的战略合作,与清华大学、上海交通大学、四川大学、中国原子能科学研究院、中国科学院武汉岩土力学研究所、中国水利水电科学研究院、中国水电顾问集团、中国电力顾问集团、南瑞集团、华为集团、金风科技,以及 Norconsult AS、美华等十多家世界著名的高校、研究咨询机构和企业签订了战略合作协议,建立了战略合作伙伴关系,全方位开展科技开发和人才培养合作。同高校共建"研究生就业实践雅砻江公司基地",并开办清华大学、天津大学、四川大学工程硕士班,推进人才交流。

2.7 借力高端咨询平台,成立工程特别咨询团

2008 年 1 月,雅砻江公司成立了由国内院士、顶级专家组成的锦屏水电工程特别咨询团,特别咨询团组长由中国工程院院士马洪琪担任,特别咨询团顾问由两院院士潘家铮、中国工程院院士谭靖夷担任,为锦屏一级水电站大坝基础处理、大坝温控及防裂、左岸坝肩边坡安全监测及稳定、地下厂房洞室群安全监测及稳定研究,锦屏二级水电站深埋长大隧洞群安全快速施工技术、地下厂房围岩稳定及支护方案等开展了重大技术咨询,为锦屏一级、二级两座世界级工程的成功建成发挥了重要作用。

2014 年 10 月,雅砻江公司成立了由在土石坝设计、施工、建设管理方面具有丰富理论和实践经验的顶级专家、学者组成的两河口水电工程特别咨询团,特别咨询团组长由中国电建集团昆明院副院长兼总工程师、勘察设计大师张宗亮担任,特别咨询团顾问由中国工程院院士马洪琪担任,特别咨询团成员包括天津大学校长、中国工程院院士钟登华,中国电建集团成都院专家技术咨询委员会委员、勘察设计大师李文纲,长江设计院副院长兼总工程师、勘察设计大师杨启贵,水规总院副总工程师、勘察设计大师杨泽艳,武警水电一总队副总工程师、教授级高工黄宗营。两河口特别咨询团多次到两河口工程现场开展重大技术咨询,对包括两河口水电站大坝结构设计优化及料源使用规划、大坝填筑控制标准及施工参数、大坝基础处理、抗冲磨混凝土配合比设计等重大技术问题进行了咨询,为推动工程建设的顺利进行起到了非常重要的作用。

3 近年来科技创新主要进展

3.1 流域综合管理研究进展

雅砻江公司于 2013 年承担了国家"十二五"科技支撑计划课题"雅砻江流域数字化平台建设及示范应用",2016 年 1 月底通过水利部组织的课题验收,2016 年 6 月通过科技部组织的项目验收。课题以雅砻江流域水电全生命周期为主线,以流域基础地理和工程

三维模型为载体,融合应用了数据数字化采集、集成和分析等技术研究成果,健全了流域信息采集传输、存储管理和应用服务基础设施,开展了流域水电全生命周期数字管理研究及应用。首次提出了流域水电项目全生命周期、全空间尺度、全业务信息数据模型的构建和统一编码方法,以及相应的云平台架构、资源集成和技术标准;系统提出了流域水电工程管理的信息获取技术框架,建设了雅砻江流域水电全生命周期管理数据中心;建立了基于海量三维地理信息 3D-GIS 和建筑信息模型(BIM)的雅砻江流域三维可视化信息集成展现与会商平台,并在雅砻江流域中下游电站进行了应用示范,实现了工程建设、电力生产运行、梯级调度、公共安全、征地移民、环保水保、大坝安全监测等的三维数字化管理,推动了流域水电三维数字化管理的发展;建成了数字管理与应急指挥中心。"流域水电全生命周期数字管理平台研究与应用"获得水力发电科学技术一等奖。

为满足雅砻江流域水能资源开发第二阶段战略实施过程中物资供应管理的各项需求,雅砻江公司以供应链管理思想为引导,成功克服了施工场地狭窄、交通条件差、物资需求量大、市场竞争激烈、物资技术指标要求高等诸多难题的挑战,逐步建立并持续完善了水电工程多项目物资供应链管理体系,使雅砻江流域下游梯级开发过程中各建设项目的物资供应得到了有力保障、物资质量和采购成本得到了有效控制,进而促进了工程建设进度、成本和质量等各项管理目标的达成,为推进行业物资管理水平的提升具有重要意义。"水电开发企业的多项目物资供应链管理"获得国家级企业管理现代化创新成果二等奖,"流域多项目水电开发工程物资供应链管理"获得全国电力行业企业管理创新成果二等奖。

3.2　风光水互补清洁可再生能源开发研究进展

雅砻江公司于 2012 年成立了集控中心,作为流域梯级电站群联合调度和管控机构,同时也是流域梯级水电联合优化调度的研究中心,近年来立项并启动了"锦官电源组梯级水库洪水调节集中控制系统的仿真研究""基于来水变化的锦官电源组梯级水电站厂间负荷调整方式研究""面向水电需求的月尺度降水预报技术研究""雅砻江中下游梯级水库联合调度方案编制及软件开发项目""雅砻江流域防洪抗旱补水发电联合优化调度方案研究"等企业重大专项,建成了流域水情测报系统、水调自动化系统以及流域梯级风险调度与决策支持系统,不断探索流域降雨、径流预报精度提高,梯级电站集中控制、联合优化调度运行等先进技术方法,为公司每年增发电量发挥了重要作用。

目前雅砻江公司正积极推进雅砻江流域风光水互补清洁能源基地建设,着力将其打造成为国家级千万千瓦级清洁能源基地。为实现这一战略目标,公司于 2017 年与国家自然科学基金委联合设立了雅砻江联合基金(第二期),并在指南中设置"风光水互补清洁可再生能源开发"这一研究领域。在未来 3~4 年重点针对流域风光水多能互补联合优化调度相关基础理论和技术方法开展创新研究。在 2018 年基金指南中,进一步设置了风光水互补清洁能源建设、运行和消纳等方面的研究内容。

3.3　高坝工程建设和流域梯级电站长期安全经济运行研究进展

锦屏一级水电站特高拱坝坝高 305 m,是世界唯一一座已建成的超过 300 m 高的大坝,面临的关键技术难题包括:坝址左岸深卸荷极复杂地质条件的抗力体处理技术复杂;超 300 m 高拱坝复杂结构工作性态复杂,温控防裂难度大;特高水头、大泄量、窄河谷泄洪消能与减雾;特高拱坝安全度汛要求高,窄河谷高效施工困难。上述问题的复杂程度均超出国内外已建、在建的高拱坝工程的经验、认知和规范要求。为此,在国家自然科学基金和国家科技支撑计划的支持下,雅砻江公司联合各方开展了数十年的创新研究,建立了复杂地质条件下特高拱坝抗力体的综合处理与控制、实时仿真和智能控制的特高拱坝混凝土温控防裂、大坝混凝土通仓 4.5 m 仓层浇筑等高坝建设关键技术,以及高陡边坡开挖稳定性分析和微震监测预警、极低强度应力比条件下地下厂房洞室群围岩变形控制、高山峡谷区大型水电工程施工场地拓展、混凝土骨料大型管状带式输送机系统开发等技术方法,优质快速建成了拥有世界最高坝的锦屏一级水电站。"锦屏一级复杂地质特高拱坝建设关键技术研究与应用""超 300 m 高拱坝混凝土优质快速施工关键技术研究及应用""300 m 级特高拱坝安全控制关键技术及工程应用"分别获得水力发电科学技术特等奖、中国电力科学技术一等奖、四川省科学技术进步一等奖;"水电工程 600 m 级高陡边坡安全控制理论与开挖加固技术"获得中国大坝工程学会科技进步特等奖,"水电工程高陡边坡稳定性微震监测预警与数值仿真研究""横观各向同性岩体开挖稳定性分析理论与工程应用"获得中国岩石力学与工程学会科学技术一等奖;"锦屏一级地下厂房洞室群围岩破裂扩展机理与长期稳定控制关键技术""极低强度应力比条件下地下厂房洞室群围岩变形控制关键技术"获得中国岩石力学与工程学会科学技术特等奖;"高山峡谷区大型水电工程施工场地拓展关键技术""锦屏一级水电站工程混凝土骨料大型管状带式输送机系统的开发与应用"获得中国施工企业管理协会科学技术一等奖。

锦屏一级水电站获得国际工程咨询领域"诺贝尔奖"之称的"菲迪克 2018 年工程项目杰出成就奖",这是继锦屏项目团队荣获 2015 年世界工程组织联合会杰出工程建设大奖之后,雅砻江公司在水电工程建设管理领域再次获得世界认可。锦屏水电站(锦屏一级、锦屏二级)获得国家优质投资项目特别奖。雅砻江公司在锦屏工程关键技术问题的研究成果目前总计获得国际级科技奖项 2 项、国家科技进步奖 5 项、省部级科技奖 70 余项。

随着锦屏一级水电站的建成投产运行,电站的长期安全稳定运行相关理论方法和技术问题成为创新研究的重点。为此,公司于 2016 年承担了国家"十三五"重点研发计划"特高拱坝及近坝库岸长期安全稳定运行"课题,于 2017 年联合国内知名高校和科研机构申报并获批了"复杂环境下高坝枢纽泄流雾化机理与遥测-预测-危害防治技术研究""水电工程高边坡施工运行全过程稳定性演化机制与安全调控"等多项雅砻江联合基金项目,推进特高坝工程长期安全运行的研究创新。

雅砻江公司正在建设的两河口水电站拥有 300 m 高砾石土心墙堆石坝,海拔近 3 000 m。围绕大坝填筑面临的关键技术问题,雅砻江公司近年来主持开展了"心墙堆石坝施工质量与进度实时监控系统开发与实施""石料场开采料、主体工程洞挖料综合应用规划与坝体填筑控制标准深化研究""冬季土料冻融机理与防控体系深化研究""复杂土料场智能化开采系统、坝料级配及土料含水快速检测分析及反馈""堆石料填筑指标及应力路径现场试验复核研究""大坝填筑智能碾压系统研究与应用""防渗土料黏附机理及防控体系研究"等一系列企业重大专项,推动了国内土石坝筑坝技术从 200 m 级向 300 m 级跨越,破解了高寒地区大坝心墙土料冬季施工难题,建立了大坝心墙雨季施工成套技术,推动构建了数字大坝并升级为智能大坝,保证了大坝填筑的质量和进度。此外,雅砻江公司2017 年还联合国内知名高校和科研机构成功申报"特高土心墙堆石坝筑坝材料工程特性与坝体变形和渗流安全控制""特高土心墙堆石坝变形协调与施工质量控制理论与方法研究"等雅砻江联合基金项目,从基础理论和方法方面推动特高心墙堆石坝建设技术的进步。

面对电力体制改革逐步深化的外部环境,雅砻江公司主动成立售电公司并开展了售电管理平台的研究和建设,为电力市场交易提供了技术支撑。为监控流域梯级电站大坝、边坡的安全运行,雅砻江公司研究并建立了流域大坝安全监测系统和流域地震监测系统,"水电站群大坝安全集中管理平台"获得电力行业信息化优秀成果二等奖,"基于北斗的雅砻江锦屏一级水电站坝顶、边坡变形监测系统"获得卫星导航定位科学技术二等奖。同时,雅砻江公司平均每年立项 5 项左右的电力生产自主研究项目,围绕电站的生产运行和机电设备维护开展技术和方法创新研究,近年来相关研究成果已获得 9 项专利,并有10 项专利正在申请中,4 个项目获得电力建设 QC 成果奖。

3.4　深埋地下工程研究进展

雅砻江锦屏二级水电站装机 4 800 MW,是我国"西电东送"骨干工程。由 4 条引水隧洞组成的世界埋深最大、规模最大的水工隧洞群,长距离穿越地质条件异常复杂的雅砻江锦屏大河湾。工程建设面临 2 500 m 级超深埋隧洞强烈岩爆与严重破坏、千米水头级超高压大流量岩溶地下水重大危害等世界级技术挑战。在国家 973 项目、国家自然科学基金的支持下,雅砻江公司联合各方开展了长期理论创新和技术攻关,建立了超深埋特大隧洞强烈岩爆风险预测与防控集成技术体系、超高压大流量突涌水防治成套技术以及深埋长大隧洞群安全快速施工技术等,成功建成了世界埋深最大、规模最大、综合难度最大的水工隧洞群。"锦屏二级超深埋特大引水隧洞发电工程关键技术"获得国家科学技术进步二等奖;"锦屏二级水电站深埋长大水工隧洞群建设关键技术"获得水力发电科学技术特等奖;"超深埋高外水压水工隧洞建设关键技术""特高地应力大型水工隧洞群爆破开挖关键技术""深埋高外水压力水工隧洞关键技术研究及应用""深埋水工隧洞重大地质灾害风险识别关键技术与应用"分别获得中国电力科学技术一等奖、中国工程爆破科学技术进步一等奖、四川省科学技术进步一等奖、中国岩石力学与工程学会科学技术一等奖。

随着锦屏二级水电站进入运行期,雅砻江公司于 2016 年承担了国家"十三五"重点研发计划"深部围岩长期稳定性分析与控制"课题,于 2017 年联合国内知名高校和科研机构申报并获批了"深埋内压隧洞运行期工作机制与安全诊断""深埋引水隧洞围岩 - 支护系统长时力学特性及安全性评价与控制研究""岩体三维扰动应力长期动态测量光纤光栅传感器研发及观测研究""基于瞬态卸载诱发振动的深部硬岩工程原位三维扰动应力测试技术"等多项雅砻江联合基金项目,将继续围绕锦屏二级水电站推进深部地下工程长期安全运行的研究创新。

3.5　流域生态环境保护研究进展

雅砻江公司在雅砻江流域清洁能源开发过程中一如既往重视流域生态环境保护。围绕下游锦屏、官地水电站工程,雅砻江公司开展了大坝分层取水、生态流量泄放、鱼类增殖放流站等生态环境保护设施的研究和应用,帮助雅砻江锦屏河段原有鱼类生存和繁殖。近年来,围绕中游两河口、杨房沟水电站工程建设中下游电站运行,开展了"两河口水电站分层取水水工物理模型试验""鱼道水工模型实验研究""水利水电工程过鱼设施效果评估研究""杨房沟水电站鱼道式诱鱼设施水工物理模型试验""雅砻江流域水生生态现状评估""石爬鮡人工驯养技术研究""锦屏一级、二级、官地电站河段鱼类增殖放流效果研究""雅砻江锦屏大河湾减水河段生境修复研究"以及"雅砻江锦屏大河湾减水河段水生生物栖息地生态保护效果评估研究",既包含了对新建电站的鱼类保护设施型式的研究创新,又涵盖了对已建电站的环境保护效果的研究评估,同时雅砻江公司还深入开展了多种珍稀鱼类人工繁殖技术的自主研究并取得重大突破,目前已掌握了短须裂腹鱼、鲈鲤、细鳞裂腹鱼、长丝裂腹鱼、四川裂腹鱼、长薄鳅、石爬鮡、柳根鱼等的人工繁殖技术,其中相关技术成果已获得 2 项专利,另有 4 项专利正在申请中。

此外,雅砻江公司在国家科技支撑计划课题的支持下,积极开展了流域环保水保的三维数字化管理研究与应用,综合运用"3S"、无人机、移动应用、物联网等多种先进技术开展了流域环保水保信息采集,通过研发流域环保水保管理信息系统构建起环保水保相关实体管理对象基础信息和过程动态数据的数字化管理工具,建立了企业级数据中心作为多层级、多源异构、多类别数据的组织管理工具,为实现基于 3D-GIS 和 BIM 融合的三维可视化展示提供数据支撑,在此基础上研究了雅砻江流域环保水保数字化管理平台,实现了包含环境背景信息、环境监测、环保水保措施(设施)、库区环境演变趋势等的三维数字化管理与展示。

3.6 大型水电工程建设管理模式研究进展

面对 DBB 建设管理模式下逐渐显现的弊端,为适应新的发展形势,促进行业健康可持续发展,雅砻江公司开展了大型水电项目 EPC 管理模式研究和实践,对传统 DBB 模式的优势劣势及水电开发新形势进行分析,并结合国内水电开发建设实际,以及杨房沟水电项目自身的特点,最终在杨房沟 100 万 kW 装机规模的项目上采用 EPC 模式,开创了我国百万千瓦级大型水电项目采用 EPC 管理模式进行建设的先河,开启了项目建设管理的又一次创新,对水电行业可持续健康发展提供了重要的借鉴意义。

通过两年多的实践,EPC 管理模式优势在杨房沟水电项目上不断显现:设计与施工高度融合,充分发挥设计技术优势和施工管理优势,设计成果更加可靠、施工更加便利,管理效率显著提高;总承包人对整个项目安全和质量宏观把控、统筹兼顾,对安全和质量相关标准统一规划,工程安全质量管理目标持续可控受控;项目风险合理分配,参建各方持续开展风险监控和管理,项目风险可控在控;通过选择有设计管理和施工管理水平的监理单位,监理工作效率不断提高,综合管理职能得到充分发挥;设计变更、索赔事件比 DBB 模式明显减少,工程投资更为可控。

3.7 中国锦屏地下实验室建设进展

雅砻江公司在流域清洁能源开发过程中,坚定支持和推动国家基础科学研究。2010年,雅砻江公司与清华大学共同出资于锦屏二级水电站辅助洞中部建成了我国第一个地下实验室——中国锦屏地下实验室(一期空间约为 4 000 m³),标志着我国首个、国际上垂直岩石覆盖最深的极深地下实验室正式建成。清华大学领导的 CDEX 与上海交通大学领导的 PandaX 两项暗物质探测实验相继入驻锦屏地下实验室一期,使得我国暗物质探测从无到有,从跟跑到并跑,部分成果还取得了国际领先地位。

考虑到中国锦屏地下实验室一期实验空间已经全部占满,随着研究工作的进展,需要有更多的空间来满足进一步实验需求。2014 年 6 月,雅砻江公司与清华大学在地下实验室一期工程的基础上,统筹兼顾开展深部岩体力学实验和暗物质探测等物理科学实验需要,共同建设地下实验室二期工程。地下实验室二期土建工程于 2016 年 11 月完工,形成了 4 组 8 个实验洞室、约 30 万 m^3 的实验空间。在此基础上,公司 2017 年与清华大学共同启动了国家"十三五"重大科技基础设施"极深地下极低辐射本底前沿物理实验设施"项目的申报,拟申报经费 10 余亿元用于地下实验室二期建设。

中国锦屏地下实验室二期建成后未来将能够容纳包括吨级暗物质探测、双 β 衰变、深地核天体物理、深部岩体力学等在内的深地基础科学领域的实验项目同时开展实验研究,将对我国前沿基础科学领域的研究发展产生巨大的推动作用。

4   未来主要科技创新趋势

为充分利用物联网、机器智能、大数据和人工智能等新兴技术,推动流域数字水电向流域智能清洁能源发展,雅砻江公司在前期研究的基础上,及时启动了"智能电站规划及关键技术研究"企业重大专项,旨在提出上述新兴技术在智能电站的应用场景,开展智能电站建设关键技术研究,明确智能电站建设路径,满足未来 5 ~ 10 年电站规划、设计、建设、生产、管理智能化要求。

在已立项的雅砻江联合基金、国家重点研发计划以及未来两年雅砻江联合基金项目等国家科技计划项目和企业重大专项的支持下,利用已建成或规划、建设中的水电站的蓄能能力和外送通道的送出能力,积极开展风电、光伏、水电等的联合优化调度、智能化建设和运行、打捆送出和消纳等相关理论与技术的创新研究;依托进入运行期的锦屏一级 300 m 级高混凝土坝和锦屏二级深埋水工隧洞群工程,继续开展 300 m 级高混凝土坝和深埋地下工程长期安全运行重大技术问题研究;依托在建的两河口水电站,进一步深入开展高寒、高海拔地区特高土心墙堆石坝智能建设技术研究;依托在建的杨房沟水电站,继续完善总承包建设管理模式并结合信息、智能技术进一步挖掘该模式在工程建设中的优势;依托在建的中国锦屏地下实验室二期工程,开展吨级暗物质探测等深地科学实验关键技术问题研究。

5   结论与展望

雅砻江公司建立起由公司科研工作领导小组领导下的,包含企业技术中心、专家委员会、特别咨询团、科研归口管理部门、博士后科研工作站、雅砻江虚拟研究中心以及各专业研究室(课题组)等的科技创新组织体系,近年来依托国家自然科学基金、国家科技支撑计划、国家重点研发计划等国家科技计划项目及企业重大专项的研究,不断加强与国内外知名高等院校、科研院所的交流合作,开展了以企业为主体的全方位产学研合作和自主研发,在"流域综合管理""风光水互补清洁可再生能源开发""高坝工程建设和流域梯级电站长期安全经济运行""深埋地下工程""流域生态环境保护""大型水电工程建设管理模式""极深地下实验室建设"等领域取得了一系列重要的研究成果和进展。目前,雅砻江公司共获得3项国际级奖项、6项国家科技进步奖、90余项省部级科技奖、9项国家或行业标准等。

　　未来几年,雅砻江公司将结合企业发展战略和实际需求,继续发展完善科技创新体系,深化与外部科研力量的合作,重点围绕雅砻江流域风光水互补清洁能源基地建设中涉及的风光水互补清洁可再生能源开发、两河口300 m级高土石坝建设、锦屏水电工程长期运行、大型流域电力项目群管理等领域以及深地基础科学开展科技攻关,力争取得一系列高水平科技成果,基本解决风光水互补运行、高土石坝建设、高混凝土坝及深埋地下工程长期安全稳定等关键技术问题,初步建成流域数字化、智能化管理平台,建成中国锦屏地下实验室二期工程,支撑公司可持续发展。此外,通过建设科技创新管理平台,提高公司科研工作水平。

参 考 文 献

[1] 陈云华. 雅砻江流域数字化平台建设规划及关键技术问题[C]∥流域水电开发重大技术问题及主要进展——雅砻江虚拟研究中心2014年度学术年会论文集. 郑州:黄河水利出版社,2014:3-11.

[2] 吴世勇,周济芳,申满斌,等. 雅砻江流域水电开发重大科技创新及主要进展[C]∥流域水电开发重大技术问题及主要进展——雅砻江虚拟研究中心2014年度学术年会论文集. 郑州:黄河水利出版社,2014:12-20.

[3] 陈云华. 大型水电工程建设管理模式创新[J]. 水电与抽水蓄能,2018,4(1):5-10,79.

[4] 陈云华,吴世勇,马光文. 中国水电发展形势与展望[J]. 水力发电学报,2013,32(6):1-4.

[5] 陈云华. "一条江"的水电开发新模式[J]. 求是,2011(5):32-33.

智能水电站的解决方案

张帅，周碧云，岳超

（中国电建集团华东勘测设计研究院有限公司，浙江 杭州　310014）

摘　要　随着"大云物移"和人工智能等技术的兴起和快速发展，并在国家相关政策的推动下，我国发电企业正处在由数字化向智能化过渡的阶段。本文介绍了智能水电站建设的背景及意义，阐述了智能水电站的定义，智能水电站的建设框架，以设施的数字化建设、设备的智能化实现、平台的一体化管控、电站的智能化运维为建设思路，阐述了智能水电站的解决方案并提出当前智能水电站建设存在的重点和难点。

关键词　智能水电站；数据中心；大数据；智能设备

1　背景及意义

随着科学新技术和新方法的逐渐成熟，为水电站实现自动化、标准化、智能化提供了有力的技术基础。与此同时，在国家能源局发布《水电发展"十三五"规划》以及国家电网公司大力推进智能电网建设的背景下，智能水电站的需求日益凸显，成为未来电站设计和建设的重要发展方向。在当前国家工业智能化发展潮流中，实现智能水电站的建设对智能电网的支持具有里程碑意义。

现阶段数字化电站已建成的自动化系统虽然满足电站日常运行的需求，但是也逐步暴露出一些不足之处，主要表现为：

（1）在信息化规划层面，由于电站在设计、施工、移交、运营阶段产生的各类数据资产类型不同，无法共享和整合，故建设智能水电站要从根本上解决数据问题。

（2）传统的机电设备只能实时反映电站运行参数，而无法判断设备的运行状态、运行趋势以及健康情况。智能水电站的实现必须从机电设备智能化开始，为电站提供自身运行的所有数据，应用大数据挖掘技术，使其具有自我监测、自我诊断以及预报预警能力。

（3）电站虽按照"无人值班、少人值守"的原则来设计，但由于通常自动化元器件并不可靠、生产信息数据反映不够全面以及设备智能化程度不够高等多方面原因，实际生产过程中，还是需要人员值班值守。故电站自动化系统发展的方向和模式上需要改进，应用网络化、扁平化的设计思路，建立设备统一信息模型，实现各自动化系统网络化通信。

（4）电站生产辅助系统智能化程度低，如水工建筑物安全监测系统、照明系统、通风空调系统等系统间不能实现数据共享，存在信息孤岛。故各类辅助系统也应实现智能化，实现智能运行、智能预警、智能诊断等智能化应用目标。

2　智能水电站的定义

智能水电站是指采用先进、可靠、集成和开放的智能设备，以电站信息数字化、通信平台网络化、信息共享标准化为基本要求,自动完成信息采集、测量、控制、保护、监测、分析、诊断等功能,同时,具备支持智能调节、智能控制、智能决策、智能管理等高级功能的水电站。

智能水电站遵循设备全过程、项目全过程、资产全寿命周期管理理念,统筹规划设计、设备制造、施工建设、运维检修全过程,应用"大云物移"(大数据、云计算、物联网、移动互联)信息技术、自动控制技术和人工智能技术等技术手段实现对数据的挖掘和智能化应用,实现水电站的智能型发展。

3 智能水电站的建设框架

智能水电站的建设应确保标准先行,建立智能水电站统一技术标准体系,各个子系统的数据模型和接口规范统一要求,主要包括智能水电站技术导则、工程数据中心建设规范、数据建模技术标准、电站验收规程、电站组网及通信标准、智能化设备标准及电站业务系统建设标准等方面内容。

智能水电站的核心部分为一体化管控平台,通过数字化移交、数据访问接口等功能实现一体化管控平台的静、动态数据收集、存储、调用等。在平台基础之上,建立电站的各个业务子系统模块及移动端 APP。同时,通过大数据技术分析、设备知识库、专家知识库、先进的计算分析软件实现电站生产运行检修的智能化、生产决策的智能化。

智能水电站的建设框架如图 1 所示。

4 智能水电站的解决方案

智能水电站建设思路可以概括为以下四步:设施的数字化建设、设备的智能化实现、平台的一体化管控、电站的智能化运维。设施数字化和设备智能化是实现智能水电站的基础。

4.1 设施的数字化建设

基建阶段应用通用的三维数字化设计平台,通过三维设计模型采集设计、施工、设备全过程数据,通过数字化移交平台,实现基建期转为生产期的工程数字化交付,为电站运维期数字化应用奠定数据基础。建立数字化设备管理平台,实现电站主要机电设备供应商数据存储,包括设备三维模型、设备设计制造相关参数,通过与设备供应商的数据融合实现设备三维状态展示。结合生产实时数据信息,设备管理平台可拓展用于供应商远程互动服务。数字化设计解决方案如图 2 所示。

4.2 设施的智能化实现

将电站计算机监控、机组状态监测等系统中的各类实时数据按照统一的标准格式上传至工程数据中心,并且遵循 IEC 61850 标准进行数据建模,设备数据实现共享,各类智能化运检应用将统一在数据中心平台开发。设备数据可进行可视化的查询且关联生产各类业务管理系统实时获得最新的档案、运行数据等信息,设备全过程数据可实现集中数字化展示。

监控系统智能化设计实现计算机监控系统对 IEC 61850 标准的全面支持,各种智能化设备均按照统一的数据结构,并按标准的通信协议互联,数据的采集、传输和设备控制

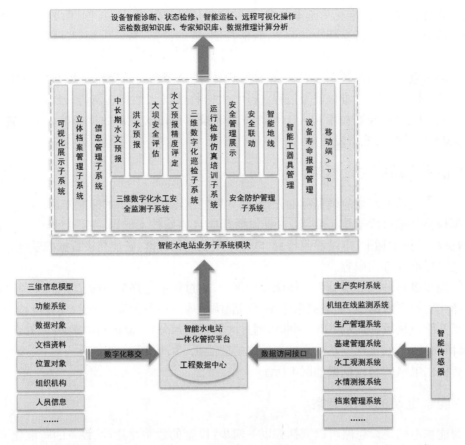

图 1　智能水电站建设框架

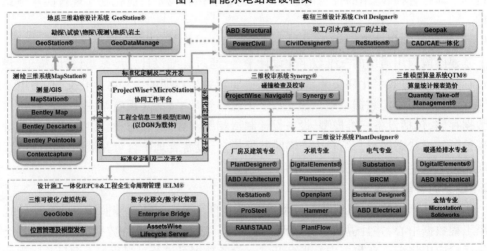

图 2　数字化设计解决方案

均基于高速网络;励磁、保护、SFC、球阀、调速器等辅助系统实现智能化设计,主机设备如转子、推力轴承、主变压器、GCB、开关柜、GIS 等设备现地具备智能化监测、诊断和预警功能,将各在线监测系统智能化,满足 IEC 61850 标准,建立全站数字化网络结构;生产现场采用先进成熟的数字化传感器、测控装置及互感器,自动化元器件全部采用数字化、智能化产品,设置现地智能测控单元,将采集的信号就地数字化,通过光纤传送,减少二次电缆的连接。

4.3 平台的一体化管控

建设具有高安全性、高可靠性、高可用性、高扩展性特点的海量数据中心,采集、存储电站在规划设计、工程建设、生产运维全过程中的各类信息、数据和资料。在建成物理电站的同时,形成一个完整的数字化电站资产,实现电站全过程数据共享、数据融合。

数据中心的建设遵循全过程、全寿命周期要求;充分利用云计算、物联网等前沿技术;对数据统筹规划、合理布局;以编码为纽带,打通业务间信息壁垒;全面实现对象可视化、数据可视化管理。

一体化管控平台总体架构包括四个部分:IDC机房、云平台、应用体系和管理体系。将IDC机房作为云计算资源统一资源进行管理,并形成异地灾备能力;管理体系包括各类管理流程,实现对资源、运维、安全保障以及项目组织协调的管理能力;采用计算平台,对底层物理资源进行云化,向上层应用提供各类服务;应用体系在云计算平台之上承载4大应用体系并进行统一接入、运维管理和安全控制。云平台架构如图3所示。

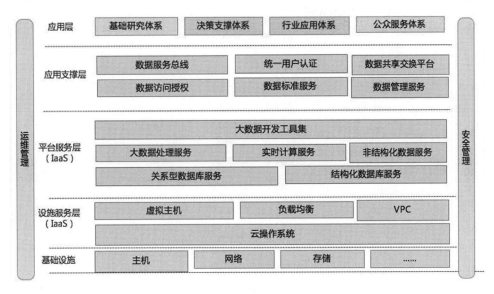

图3 云平台架构

4.4 电站的智能化运维

全面融合管理数据和业务数据,实现电站工程数据、生产数据、管理数据的关联、交换、共享、对外服务。应用先进、成熟的大数据挖掘技术、物联网技术、监测技术、智能化评估、智能诊断技术等,开发适用于生产现场的智能化功能应用,实现机组状态智能化监测、现场运维智能化作业、设备故障智能化诊断,最终实现电站生产决策的智能化。

电站的智能化可分为智能设备、智能系统、智能网络、智能控制、智能分析。

智能设备:应用先进的传感技术和边缘计算的应用技术,实现设备运行状态的实时分析、诊断和预警。

智能系统：在建设工程数据中心基础上，整合电站计算机监控系统、水工监测、水库调度、水情测报、在线监测、电力五防、工业电视、照明系统、消防系统、通风系统等电站生产辅助系统运行数据，建设智能化生产辅助系统，实现对电站各系统设施的运维、安防状态监视，自动推送维保提示或故障预警。

智能网络：电站计算机监控等二次系统应用网络化通信设计理念，执行国际通用的自动化技术标准，电站二次系统设备、智能化设备互联互通、数据共享，消除设备数据信息孤岛，以光纤传输网络为主干架构，设备数据建立统一信息模型，电站自动化系统数据交互实现扁平化模式。

智能控制：通过与数据中心的融合，电站实现物理电站与数字化模型同步运行。电站数字化模型通过自学习不断与标准数据进行原型对比，不断优化电站辅助系统设备的运行参数。电站与智能电网实现智能联动控制，能够按照智能电网预测的运行参数保持最优工况运行。

智能分析：应用云计算技术，将电站设备、设施的实时运行数据部署至云端，深入挖掘电站数据应用价值，基于云平台统一开发应用电站生产管理的各类高级应用，智能分析电站运维需求，实现电站智能决策、智能管理。

电站智能化运维架构如图 4 所示。

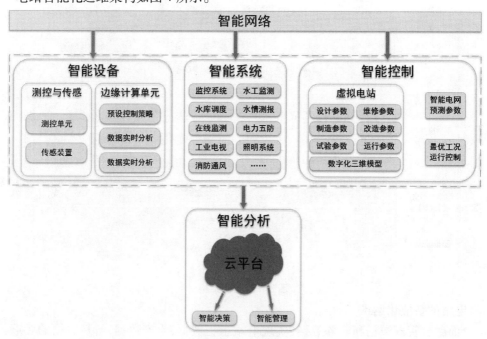

图 4　电站智能化运维架构

5　智能水电站建设重点与难点

5.1　智能水电站建设重点

（1）建立完善的智能水电站建设标准体系，在建设中完善，在完善中建设。

（2）建立统一的数据中心，打通电站各业务系统间的数据通信。

(3)加大电站建设各阶段的数据采集、移交、管理力度,提升电站静动态数据的有效利用率。

(4)协调各设备厂商基于 IEC 61850 进行产品设计,实现设备底层数据统一收集。

5.2 智能水电站建设难点

(1)在行业内对智能水电站概念没有统一的认识,在建设及推广应用上存在难度。

(2)基建期受电站现场的网络规定的限制,现场部署及业务系统应用受限。

(3)电站业务系统间对接困难,数据无法共享,造成孤岛现象;数据的完整性、准确性、实时性得不到保证,影响智能水电站功能的发挥。

(4)设备故障诊断和处理与管理平台的融合较为困难;电工二次信号传输介质的升级,在光纤敷设及传输的可靠性上存在不确定性。

(5)智能设备生产落后于智能水电站的建设需求,对于完整实施智能水电站存在技术壁垒。

(6)受现有的网络安全管理规定限制,新型智能化网络建设同原有网络存在矛盾之处。

5 结 语

智能水电站的建设是一个系统、长期、动态的过程。智能水电站可通过统一的数据标准体系和通信标准,消除信息孤岛,提高了电站的数字化水平;智能水电站将通信技术和电站自动化技术有机融合,突破传统的机电设备设计理念,使设备具备自我诊断等思维能力,提高了设备的智能化水平;智能水电站中自动化系统采用扁平化的网络设计原则,电站各系统、设备、设施信息的数据实现融合共享,应用大数据技术,使电站具备智能控制、智能分析等能力,提高了电站智能化水平;智能水电站采用智能化系统和设备,使得设备与人、设备与设备之间能实现互动化,以电站设备数字化模型、智能化设备及一体化管控平台为基础,降低设备对人的依赖,为电站实现闭门运行创造条件,进一步推动水电管理方式变革。

参 考 文 献

[1] 陈健,李鹏祖,王国光,等. 水电工程枢纽三维协同设计系统研究与应用[J]. 水力发电,2014(8):10-12.

[2] 王聪生. 新建电厂数据移交的方法[J]. 中国电力,2008(1):79-82.

[3] 芮钧,徐洁,李永红,等. 基于一体化管控平台的智能水电厂经济运行系统构建[J]. 水电自动化与大坝监测,2104(8):1-4.

智能水电站建设规划的思考

周律，申满斌，朱华林，宿建波

（雅砻江流域水电开发有限公司，四川 成都　610051）

摘　要　云计算、大数据、人工智能等信息技术正在深刻改变我们的生活，也推动了电力行业的变化，智能电网建设初具规模，智能发电厂建设也有探索实践。大型水电站较高的自动化水平以及智能化技术的快速发展为智能水电站建设创造了条件。本文基于当前电力行业智能化应用现状和水力发电企业发展要求，说明了智能水电站建设的环境基础，提出了智能水电站建设目标，阐述了智能水电站建设关键支撑技术，提出了智能水电站建设整体规划的实施建议。

关键词　智能水电站；自动化；大数据；规划

1　引　言

在物联网、云计算、大数据、移动互联等信息技术快速发展的背景下，各个行业的生产和管理模式都在发生深刻变革，智能的概念正逐步渗透到社会生产生活的各个方面，智慧城市、智慧医疗、自动驾驶、语音识别、图像处理、人工智能等新应用方兴未艾。在电力行业内，国家电网以电网架构为基础，开展电网智能化研究与实践，已经成为智能电网建设世界前沿，"智能变电站"也在大范围内推广应用；一些大型发电集团也开展了智能发电厂建设的探索实践。但相较于国家电网大力建设的"智能电网"已形成了一定建设标准，"智能电厂"的定义则是尚无统一定论，尤其是智能水电站的建设，业内还没有成熟的样板工程。

目前国内大型水力发电企业建设的水电站均具备较高的自动化和信息化水平，企业运营管理能力处于电力行业前列，但与国际一流清洁能源企业相比还存在较大差距。在新技术蓬勃发展的背景下，只有积极应用新技术推进技术和管理创新，企业运营管理水平才能始终走在前沿，并在市场竞争中处于有利地位。本文结合国内水电站运营管理现状，阐述了智能水电站建设关键支撑技术和实施路径，提出了发电企业智能水电站建设整体规划思路。

2　智能水电站建设目标

国内大型水电站均配置了计算机监控、自动控制、继电保护等专业系统，大多数企业还应用生产管理系统，在自动化、数字化、信息化等方面达到了较高水平，基本能满足现有

作者简介：周律（1986—），男，工程硕士，中级工程师，研究方向：企业信息化管理。E-mail：zhoulv@yl-hdc.com.cn。

环境下的水电站运营管理需求,但与智能化生产管理还存在一定差距。智能化并非简单的数字化+信息化,而是在此基础上实现更高级别的智能化应用。智能水电站建设的目标,是推进生产过程的智能化,实现更可靠、更高效、更安全的生产;更适应电力市场需求的企业运营决策;持续提升企业水电站运营管理水平,助力企业提质增效。

更可靠:通过智能水电站建设,促进以水轮发电机组为核心的电站设备运行更稳定,故障率更低,减少机组检修频次,延长计划性 AB 修间隔年限,使 C 修成为非固定性工作,最终达到状态检修或预防性检修目标,提升机组全年可用时间。

更高效:通过智能水电站建设,借助信息化工具、智能机器人等代替简单和重复性工作,将基层从重复的体力劳动和恶劣工作环境中解放出来,使其能将更多精力投入数据分析与管控决策中;通过管理流程改造,实现生产资源的优化配置和快速调度;通过设备设施升级,实现更高程度的自动化。

更安全:通过智能水电站建设,促进建立实时监测、在线管控、及时预警、快速反应,与生产现场深度感知与便捷交互的综合安全管理系统,进一步降低不安全事件发生的可能性。

更适应市场需求:随着电力体制改革的深入推进,电力市场的开放性会越来越高、市场竞争也会越来越激烈,降低生产成本、快速反应适应市场需求是发电企业的核心竞争力。通过智能水电站建设,打通市场与生产之间的通道,建立市场、生产间的反馈调节系统,提升快速适应市场需求能力,在未来市场竞争中处于有利地位。

3 智能水电站建设规划基础

我国在"智能发电"领域已经开展了一些探索和研究,但业内对智能电厂的定义尚无统一定论。有专家认为智能电厂是数字化水电站结合智能系统后的进一步发展,以新型传感、物联网、人工智能、虚拟现实为技术支撑,以创新的管理理念、专业化的管控体系、人性化的管理思想、一体化的管理平台为重点,具有数字化、信息化、可视化、智能化等特点。有学者认为,智能水电站由信息化、数字化、智能化等技术支撑,具有感知能力、记忆和思维能力(存储信息并有思维产生知识)、学习和自适应能力(学习并运用知识)这三种能力。

在国家和行业层面,也有一些与智能水电站建设相关的规划、政策和技术规范。2013年,国务院发布了《关于推进物联网有序健康发展的指导意见》,明确了推进物联网的应用和发展,有利于促进生产生活和社会管理方式向智能化、精细化、网络化方向转变。2016 年,国家能源局发布了《智能水电厂技术导则》(DL/T 1547—2016),导则规定了智能水电厂基本要求、体系结构、功能要求及调试试验要求,适用于智能水电厂规划、设计、调试、验收与维护(见图 1)。2017 年,国务院发布了《关于新一代人工智能发展规划》,规划指出,人工智能的迅速发展将深刻改变人类社会生活、改变世界,人工智能成为国际竞争的新焦点、成为经济发展的新引擎、带来社会建设的新机遇。

4 智能水电站建设实施路径

目前国内发电企业在"智能发电"方向的探索实践多注重智能管理及信息综合展示

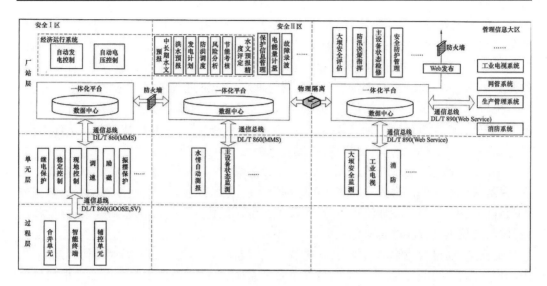

图1　智能水电厂系统架构

（来自国家能源局"智能水电厂技术导则"）

等方面,较少关注生产过程的智能化应用;另外,当前"智能发电"探索仅从部分独立系统进行智能化升级,未站在全局上对"智能发电"进行宏观规划和设计。因此,建议智能水电站建设遵照"先统筹规划、后逐步实施"的原则来推进。结合对云计算、大数据、物联网、移动互联等新技术的理解,智能水电站建设实施路径和阶段性特征主要包括以下方面:通过实现更全面的数字化信息采集和更高程度的自动化水平,夯实智能化电站建设基础;通过数据一体化管理和可视化应用,生产环境与操作行为的在线管控,提升智能化电站管控能力;通过对生产要素的精准预测与优化决策,智能机器人逐步替代人工操作,实现智能化电站应用。

4.1　实现更全面的数字化信息采集

发展和应用各种新型智能传感器,升级改造和扩展利用传统信息采集方式,补充和完善外部环境信息获取手段,对水电站管理涉及的建筑物、设备、人员和环境信息进行更加全面的数字化采集;加强水电站全生命周期各阶段信息化建设和应用,从规划设计到招标采购、建设安装、试验移交、运行维护等各个阶段,对所需信息资源进行梳理和补充,实现跨阶段数字化信息采集和应用。

4.2　进一步提升电站自动化控制水平

通过设备自动化升级改造,加强设备运行操作自动化控制的可靠性;通过对采集数据的自动分析,并与自动化控制系统反馈耦合,实现对电站设备和梯级水库调度等更高水平的自动化控制,减少人工干预,实现对自然环境变化和市场需求变化的快速、敏捷反应。

4.3　实现电力生产数据一体化管理

建设电力生产实时数据交换平台,实现电力生产实时数据(包括计算机监控、电能量、水调自动化、调速励磁等系统数据)安全地从生产控制大区接入管理信息区;通过统一数据模型和标准对电力生产实时数据整合汇总,消除数据孤岛,实现跨区汇集的一体化智能水电站大数据中心,作为数据统一管理和共享服务平台,为水电站及机组运行分析奠定数据基础。

4.4 实现生产数据可视化应用

基于水电站大数据中心,利用数据可视化技术对实时负荷、发电量、水雨情、售电收入、电力物资等水电站运营管理等数据开展综合分析及统一展示(见图2),动态监控水电站生产状况,并对关键生产指标设置预警,为流域电力生产业务决策提供数据支撑。还可利用开展三维可视化技术,实现水电站水轮发电机组及辅助设备三维影像与生产实时数据的集成展现等更高级的数据可视化应用(见图3),为水电站高效管控和科学决策提供数据支撑。

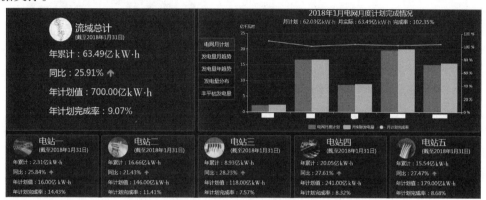

图2 国内某企业流域水电站发电量分析

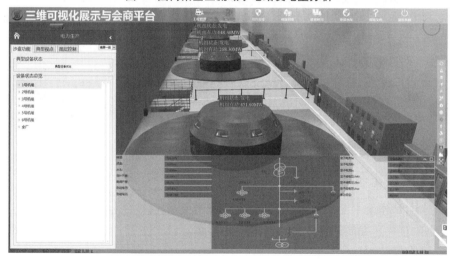

图3 国内某大型水电站三维可视化展示图(局部)

4.5 实现生产环境与操作行为的在线管控

探索智能设备和移动应用融合,通过图像识别、语音识别、室内定位等技术对生产环境和操作交互信息进行分析应用,实现生产环境和操作行为的在线管控(见图4),提升生产环境和人员操作行为的安全管控水平。在水电站设备技改过程中更多使用智能联网设备;开展室内高精度定位、移动化环境信息实时采集等技术应用,实现人员、设备和环境的信息联通和动态监控、预警和智能反馈,最终实现生产管理流程的优化和再造。

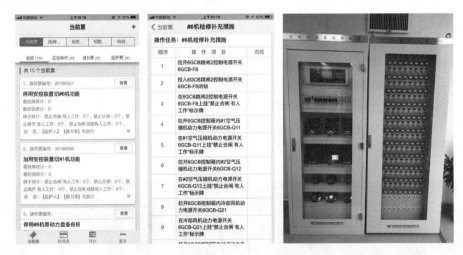

图4　国内某水电站与智能锁具结合的智能操作票系统

4.6　实现生产管理要素的精准预测和优化决策

应用大数据、机器学习和人工智能等技术,实现对海量数据的挖掘分析,发挥数据资源价值,实现对设备、建筑物、径流、市场等生产管理要素的精确预测和优化决策。识别设备状态趋势突变的数据特征,建立设备状态预警的模型算法,实现设备状态在线评估与趋势预警,逐步实现状态检修或预测性检修;实现备品备件需求预测、资源配置与优化调度。开展建筑物及边坡安全监测数据的深度分析,建立有效的安全预警指标体系和模型;结合气象大数据、水文大数据的挖掘利用,实现更精准、更长预见期的径流预报和水库优化调度;对电力市场、用户需求及竞争态势进行大数据预测,优化市场竞价策略。

4.7　逐步实现智能机器人替代人工操作

开展巡检机器人、特种环境作业机器人等智能机器人的研究和应用,逐步实现智能机器人替代人员进行日常巡检、狭小或带电等特殊环境下的检修作业,减少人工操作,将人员从烦琐重复的体力劳动和恶劣的工作环境中解放出来,把更多精力投入数据分析、决策管控和创新性工作中,逐步实现电站无人值班。

5　智能水电站建设关键支撑技术

智能水电站建设主要涉及数据采集、数据管理、数据可视化、数据挖掘分析、交互反馈等,需要当前正快速发展的物联网、云计算、大数据(人工智能)、移动应用、虚拟现实及可视化等关键支撑技术。

(1)物联网技术主要是应用更多智能设备,实现更全面的数字化信息采集,并通过智能设备进行操作行为的在线交互与管控。

(2)云计算技术主要是为海量大数据的集中存储提供支撑,并为虚拟现实环境渲染、数据可视化、大数据挖掘分析提供计算能力。

(3)大数据(人工智能)技术应用首先是实现海量数据的有效管理,在此基础上进行大数据挖掘,实现生产管理要素的精准预测与优化决策,并为智能机器人的发展应用奠定基础。

（4）虚拟现实及可视化技术应用主要是实现快捷、直观地展现数据，便于管理人员进行数据分析和应用。

（5）BI（商业智能）技术主要用于提供业务人员以业务为主导开展自助式数据分析，快速准确地提供报表及决策依据，为企业业务经营决策提供支撑。

（6）移动应用技术主要是通过移动终端的使用，实现方便快捷的信息交互和作业管控。

6 结 论

水力发电企业智能化水电站建设需遵循"统筹规划、逐步实施"的原则，因此站在顶层设计的角度对水电站规划、设计、建设、调试与运营等各阶段进行整体规划就显得尤为重要。本文对于智能水电站建设规划工作提出以下几点建议：

（1）水电行业相对传统，智能水电站规划不应受限于行业内的发展水平，除参考借鉴电力行业内智能电网、智能变电站以及其他发电企业的实践经验外，还应关注智能化应用广泛、发展领先的先进制造业和现代服务业等其他行业领域。建议在规划工作过程中广泛开展调研，到行业内外优秀的智能化实践企业去学习借鉴。

（2）制定智能水电站建设规划实施路线图过程中，充分考虑各电站智能化基础、新电站投产和老电站技改安排等情况，统筹考虑相关项目的先行试点电站，并在电站建设和技改过程中充分考虑智能水电站的技术要求，做好与智能水电站规划的衔接。

（3）高度重视智能水电站建设的信息安全。智能水电站需要实现生产信息和管理信息互联互通，网络安全统筹规划和设计就非常重要，需要在整个信息安全体系、软硬件配置上进行综合考虑，确保整个信息系统，特别是生产控制区的信息安全。

参 考 文 献

[1] 刘吉臻,胡勇,曾德良,等. 智能发电厂的架构及特征[J].中国电机工程学报,2017,37(22):6463-6470.

[2] 涂扬举,建设智慧企业,推动管理创新[J].四川水力发电,2017,36(1):148-151.

[3] 尹峰,陈波,苏烨,等.智慧电厂与智能发电典型研究方向及关键技术综述[R].浙江电力,2017,36(10):1-6.

[4] 国家能源局. 智能水电厂技术导则:DL/T 1547—2016[S].

智能电厂规划与设想

李政,刘剑,刘正国

(雅砻江流域水电开发有限公司,四川 成都　610051)

摘　要　随着大数据、云计算、物联网等新一代技术的崛起和发展,信息化与工业化的融合越来越紧密。伴随着 IEC 61850 标准的颁布,对电力行业的可靠性和效率提出了更高的要求,也对智能电厂的建设提供了条件。本文从电站自动化发展的几个阶段、智能电厂的特征、智能电厂的关键技术等方面入手,介绍了智能电厂的相关概念和技术,并结合雅砻江公司现状提出了智能化改造的一些规划和设想。

关键词　智能电厂;关键技术;雅砻江公司;智能化改造

1　引　言

当前,以物联网、云计算、移动互联网、大数据为代表的新一代信息技术突飞猛进,以信息化和工业化融合为基本特征的新一轮科技革命和产业变革正持续发展。面对信息化带来的战略机遇,我国政府高度重视并早在 2002 年党的十六大上,就提出"以信息化带动工业化,以工业化促进信息化",党的十七大提出"大力推进信息化与工业化融合",党的十八大又进一步提出两化深度融合,党的十九大提出要建设网络强国、数字中国、智慧社会,推动互联网、大数据、人工智能和实体经济深度融合。电力企业践行"两化融合",就是在电力企业的生产、管理、经营和服务以及决策等业务领域,信息技术驱动传统工业向自动化、数字化、智能化转变。强调以数据为中心,关注技术、组织机构、业务流程的持续优化。

《电力发展"十三五"规划(2016~2020 年)》提出,建设"互联网+"智能水电站。重点发展与信息技术的融合,推动水电工程设计、建造和管理数字化、网络化、智能化,充分利用物联网、云计算和大数据等技术,促进智能水电站、智能电网、智能源网友好互动。围绕能源互联网开展技术创新,探索"互联网+"智能水电站和智能流域,开展建设试点。

雅砻江公司积极响应国家两化融合、创新驱动的发展要求,践行十九大推动互联网、大数据、人工智能和实体经济的高度融合的纲领,着眼智能化电厂规划研究,通过智能化改造提升流域开发、电站建设、生产运行、电力交易及企业管理水平。

2　水电站自动化发展历程

水电站自动化控制技术的发展分为继电器时代、自动化阶段、数字化阶段和智能化阶

作者简介:李政(1982—),男,硕士,工程师,研究方向为水电站机电设备管理工作。E-mail:li_zheng@ylhdc. com. cn。

段。每个阶段的设备水平、技术条件、管理理念是不同的,每一个阶段都有自己的特征和建设任务。

20 世纪 70 年代及以前,水电站各种设备的控制操作以继电器加人工技能来实现,这种控制操作方式被称为水电站的继电器时代。

从 20 世纪 70 年代开始,各部委在多次会议及标准中对水电站自动化提出了明确的要求,并对电站的自动化改造提出了指导意见。各电站也全力进行自动化阶段的改造过程,经历了摸索、试点、推广、提高等过程后,初步形成了工业化生产,达到实用水平,并形成几种成熟的模式,目前已位居世界先进行列。

随着近年来各种智能化设备的发展、先进网络技术的运用、国际 IEC 61850 协议的实施,全数字化的水电站问世条件已经具备。数字化水电站所有数据均以数字量的形式按照统一通信协议进行传输,将从根本上解决电站抗干扰问题,同时降低成本,使各种智能设备之间的接口标准化,便于电厂自动化设备的互操作。目前虽然常规意义的水电站自动化系统监控、远动、自动安全装置等二次设备已基本采用数字技术,但通信规约未完全采用 IEC 61850 接口标准,而是主要采用 101/104、Modbus 等规约。为适应数字化水电站的发展需求,规范统一的接口标准也就成了数字化水电站的灵魂。IEC 61850 以其针对水电站提出的 IEC 61850 - 7 - 410 协议为数字化水电站的建设提供了一个强大而灵活的工具,解决了数字化水电站建设中的互联和互操作等关键技术。

智能水电站建设的核心内容是全面完善和优化水电站自动化、信息化系统,形成以综合数据平台及综合智能决策管理系统为核心的高度集成和一体化的"智能控制中心",开展数据挖掘,实现安全风险管控、生产过程监控、运行维护管理、设备故障诊断、辅助决策分析等高级应用,为电站优化经济运行、节能增效、安全生产、科学管理提供有力保障。

3 智能电厂的特征

智能电厂的特征就是全厂信息数字化、通信平台网络化、信息集成标准化、运行管理一体化、经济运行最优化、资源利用最大化、业务应用互动化、决策支持智能化。

全厂信息数字化:采用数字化测量方式取代传统模拟信号测量方式,建立标准的通信总线,实现测控信息数字化。

通信平台网络化:构建全厂统一的通信网络系统,采用国际开放的标准网络通信协议,实现各类传感器、装置及软件平台之间的高速可靠数据传输。

信息集成标准化:遵循"标准先行"的原则,制定统一的信息建模和命名规范,制定不同组件和系统之间的集成规范,实现全厂模型资源统一管理以及不同业务应用即插即用。

运行管理一体化:构建统一的消息总线和服务总线,研制一体化管控平台,实现各类业务的统一集中管理。

经济运行最优化:充分运用系统工程理论,持续改进水库调度、负荷分配等优化模型和算法,不断提高智能水电厂的发电能力和运行效益。

资源利用最大化:通过智能化分析,可以节约成本,针对性地对某些设备进行修理和更换,使其达到利用最大化。

业务应用互动化:加强各类业务应用之间的数据共享,规范化智能水电厂的业务流和信息流,实现各类业务应用之间的友好互动。

决策支持智能化:积极采用人工智能、专家系统、大数据分析等新兴技术手段,充分挖掘各类业务数据的潜在价值,建立并持续丰富水电企业专家知识库,不断提高系统的优化决策支持能力。

4　智能电厂内容及关键技术

4.1　智能电厂的内容

智能化电厂内容包括很多,而且随着技术的不断发展会有更多的新技术被运用于智能电厂之中,从可预知的范围内主要包括现地设备智能化、传输网络化、协议标准化、设备故障诊断智能化、预测设备使用寿命、三维模拟设备实时运行及故障、主设备状态检修、大坝安全评估、防汛决策指挥、安全防护管理、生产数据综合分析、设备风险自动识别、智能巡检、电站智能调度、流域经济运行等。

4.2　智能电厂的关键技术

4.2.1　智能终端技术

目前水电厂的终端设备主要靠硬接线、串口和网络进行信号传输,其传输的主要是开关量信号和 4～20 mA 的模拟量信号,通过现地处理单元进行处理后得到相应的信号。

智能终端是指与现地一次设备采用电缆连接,与智能现地处理单元等设备采用光纤连接,实现对一次设备的测量、控制等功能的一种智能组件。

智能终端具有信息处理、转换和通信功能,且通信遵循 IEC 61850 规约;能接收时钟同步信号;能接收各种信号的数字和模拟量输入输出;能直接发出自身设备的故障报警。

4.2.2　网络传输技术

目前,工业以太网、各类总线、串口及硬接线通信都不同程度地存在于各电厂中,但工业以太网一般只应用于单元级设备和厂站管理之间的通信。智能水电厂不仅要求采用工业以太网实现单元级设备与厂站级设备之间的通信,而且要求采用工业以太网实现用于测量的现地智能终端与用于现地控制的智能现地设备之间的通信。这就要求各层级的设备除网络统一外,传输协议也要统一。

IEC 61850 标准是基于通用网络平台的变电站自动化系统的唯一国际标准,核心是面向对象的信息建模和建模技术。IEC 61850 通过抽象通信服务接口(ACSI)和特殊通信服务映射(SCSM)技术完成了底层的通信,使得应用与网络和应用层协议分离,实现不同智能电子设备之间的信息交换和互操作。它的开放性可以不断地适应新技术的发展,避免了新的网络技术发展而导致的修改。IEC 61850 在电网、分布式能源领域也作为主要通信标准,将在无缝连接整个智能电网和智能电厂中起到越来越重要的作用。

4.2.3　大数据技术

大数据作为新技术发展中最热门的技术之一,在智能电厂的建设中也将扮演越来越重要的角色。对于大数据,IDC 的定义是"大数据是为了更经济地从高频率获取的、大容量的、不同结构和类型的数据中获取价值,而设计的新一代架构和技术"。大数据技术的产生就是应对更多数据存储、更快存储速度、更多数据存储格式、更多数据价值挖掘的需求。

当大数据应用于水电厂时,首先我们要存储关系型数据和很多非关系型数据(如波形图、文档、图片、视频等),其次我们需要对大量的数据进行清洗,将清洗后的数据存储于关系型数据库与分布式文件系统中。再通过各种数据和计算服务,为终端用户提供各类数据应用。

大数据技术贯穿于水电厂生产的方方面面,对于全景展示、智能分析和报警、多系统联动、多模型结合的设备状态评估、设备故障诊断、水情预测等方面有着极其重要的作用。

4.2.4　云计算技术

云计算是一种按量付费的模式,这种模式提供可用的、便捷的、按需的网络访问,进入可配置的计算资源共享池(资源包括网络、服务器、存储、应用软件、服务),这些资源能够被快速提供,只需投入很少的管理工作,或与服务供应商进行很少的交互。

云计算并非一种新技术,实质是通过并行计算、分布计算、网络计算的技术整合,结合虚拟化方式,使用户获得计算能力、存储空间、软件服务这三种服务的一种商业模式。

云计算以服务为基础,是互联网时代信息基础设施的重要形态,它以新的业务模式提供高性能、低成本的计算与数据服务,支撑各类信息化应用。

4.2.5　物联网技术

物联网是通过二维码识别设备、射频识别(RFID)装置、红外感应器、全球定位系统和激光扫描器等信息传感设备,按约定的协议,把任何物品与互联网相连接,进行信息交换和通信,以实现智能化识别、定位、跟踪、监控和管理的一种网络。概括而言,物联网就是物物相连的互联网。物联网具有全面感知、可靠传输、智能处理三大典型特征的连接物理世界的网络,实现了任何时间、任何地点与任何物体的连接,可以帮助人类社会与物理世界的有机结合,是人类可以以更加精细和动态的方式管理生产与生活,达到"智慧"状态,从而提高资源利用率和生产力水平,改善人与自然间的关系。

物联网在水电厂的应用非常广泛,包括各类发电设备和水工建筑物等,以及对其实现测量、监视、控制的各类元件。水电厂通过物联网技术实现对设备及人员的精细化管理,将对智能巡检、人员定位、设备日常运行等方面的管理工作有很大的提升。

当前的物联网主要集中在硬件方面,对于通信方面的协议规范、标准技术还有待完善,对于信息安全、运行可靠性等方面也有待提高,这样才能真正应用于安全要求极高的水电厂生产中。

4.2.6　智能决策技术

人工智能技术成为21世纪科学技术的前沿和焦点,专家系统则是从人工智能领域的研究发展而来的。而电厂的智能决策技术则是通过专家系统的分析处理得出的结论进行决策支持。

专家系统以数据库和专家基础知识库为基础,结合行业内专家、人工智能专家和电厂运维人员的专业知识,通过模拟人类的思维和推理过程完成辅助决策的过程。

目前水电厂主设备的专家系统主要受各电厂运行条件和机组制造水平相差太大,水、机械、电和网之间复杂的逻辑关系等条件的影响,并没有适合大多数机组的成熟模型可以借鉴。对于某些设备的运行模型也需要不同设备制造厂家、高校理论专家和电厂运维人员共同进行交流研究。

5　雅砻江公司现状

目前雅砻江公司流域各电厂处于数字化阶段,基本已实现信息化与数字化,自动化程度较高。由于设备分标采购的原因,各系统之间虽能互联互通,但通信效率低下,且各系统之间数据关联性挖掘及利用程度不够。其主要表现如下:

(1)主要发电设备及其辅助设备均安装相应的传感器采集数据,但均为传统传感器,信号采集后需借助现地处理单元进行数据处理转换为数字信号。一次设备(变压器、PT、CT等)智能化较为滞后,都是通过二次设备测量后进行数据处理。部分与发电无直接关系的设备数据收集不全或未进行数据自动收集(泵、电机、灯具、桥架、普通电缆等)。

(2)由于各系统均是随设备采购时一并采购的,涉及厂家较多,平台接口不统一,存在信息孤岛、应用孤岛和资源孤岛,维护管理和协调的工作量大。各系统接口众多,且不统一,虽通过二次开发实现了互联互通,但是影响系统整体的可靠性,增加了系统的安全隐患。

(3)电厂并未建立数据中心或数据交换平台,对于大数据的存储和处理还缺乏一定的能力。

(4)决策支持系统智能化程度不高。主设备有从底层传感器—数据收集/预处理—数据传输/存储—数据分析/展示等一整套的系统。但除机组和主变外,缺乏其余设备的分析系统。而主设备的分析系统与智能电厂的要求也存在很多缺陷,传感器布置不够全面、数据样本不够全面、专家分析系统主要依靠预设定的一些阈值来判断机组设备状况,缺乏设备各部位间关系的分析和模型建立,缺乏与设备实际运行状况相结合的能力,缺乏根据设备实际工况和运行环境进行自学习的本领,缺乏完整的模块式的专家分析模型系统。

(5)风险识别能力大多是依靠人工,智能化程度不够。目前电厂还是实行计划性检修,无论检修还是运行期间,设备状态识别大多依靠经验,这种模式跟个人经验关系很大,个人水平的参差不齐导致管理水平差别很大,也具有较大的安全风险。由于缺乏智能化手段,对设备故障判断时间较长,而且对于故障不能确定的设备只有整体进行更换,不利于电厂的经济运行。

(6)整个电厂甚至整个流域的经济运行水平(机组出力、水库调度、流域联合调度等)有待进一步提高。

(7)未实行状态检修,备品采购仍然是计划模式。设备安全管理能力不足,安全稳定运行方面的自动化水平有待提高。

(8)对设备的全生命周期管理有待进一步加强智能化,包括设备生产、运输、仓储和安装等实现实时监控和风险预警等功能。

6　智能化改造的设想

传统水电厂进行智能化改造时,应在对原设备进行最大的利用基础上进行。在改造设计中应统一考虑全厂所有设备,而不是对原有子系统进行智能化改造。在改造实施上应采取从上到下、从简入难的原则。

（1）厂站层。优先考虑用一体化管控平台去取代原有的计算机监控、水情水调系统、大坝监测系统等厂站级上位机系统。基于逐步实施的原则，也可保留部分原系统，将其改造为能与一体化管控平台进行 IEC 61850 通信的系统。

（2）单元层。优先考虑用智能电子装置取代原现地处理控制单元，也可通过对现地控制单元 PLC 进行更换或增设协议转换器等方式，使得现地单元的数据能通过 IEC 61850 与其他现地控制单元、厂站层设备以及现地智能终端等进行通信。

（3）过程层。目前水电厂超过一半的故障是由现地元件引起的，现地元件测量的不准确性和易受电磁干扰的特点已经成为制约智能电厂发展的主要因素。智能电厂对过程层的改造就是将现地终端设备全部更换为智能型终端设备，其受电磁干扰小，且能自身进行数据的采集、预处理和网络通信。过程层的智能化改造能大幅减少电缆的数量，实现真正意义上的智能化，但其涉及面太广，且受目前市面上智能化终端设备较少等原因的影响，可能将是一个漫长的过程，也有可能是制约智能化电厂发展的一个瓶颈问题。

7 结 论

目前智能电厂相关的关键技术发展已经相对成熟，各设备制造厂也陆续推出了适应 IEC 61850 协议的产品，面对新技术浪潮的不断来袭，面对新时代电力市场的不断改革，建设智能电厂的条件已经具备。雅砻江公司将按照党的十九大建设网络强国、数字中国、智慧社会，推动互联网、大数据、人工智能和实体经济深度融合的整体要求，创新发展理念，紧跟时代步伐，致力于智能电厂研究与建设。智能电厂的先进性和综合效益显而易见，但可靠性和安全性也将成为制约智能电厂建设的关键因素。面对目前的形势，建设智能电厂面对着机遇，同时也面对着挑战。既要做到依托智能电厂的建设提高电厂的综合效益，又要做到不影响电厂安全稳定运行。基于此，在建设过程中应及时总结和发展，积极吸收新思维、新技术，争取将雅砻江智能电厂做到行业内领先、国际知名，在智能化电厂的领域内烙上雅砻江品牌，实现电站效益的最大化。

参 考 文 献

[1] 国家能源局. 智能水电厂技术导则：DL/T 1547—2016[S].
[2] 黄其励. 对智能化水电厂的认识与实践[J]. 能源技术经济，2011，23(6)：1-8.
[3] 王德宽，张毅，刘晓波，等. 智能水电厂自动化系统总体构想初探[J]. 水电站机电技术，2011，34(3)：1-4.

水电站智能预警系统建设的探索与实践

刘正国，刘剑，李政

（雅砻江流域水电开发有限公司，四川 成都 610051）

摘 要 目前水电站计算机监控系统报警机制为简单的状态变位和模拟量越限报警，且报警机制仅考虑单个数据点的状态，对相关数据无关联分析功能，报警形式单一，报警信息繁杂。粗放的报警机制使监控系统产生大量过程数据报警信息，不利于事故处理。本文基于当前水电站计算机监控系统的技术水平，结合电站运行过程中出现的实际案例，提出了水电站智能预警系统建设思路和要求，可以为智能水电站的建设提供借鉴和参考。

关键词 智能水电站；设备状态智能预警系统；设备智能监控报警系统

1 引 言

为提高报警的有效性、减轻运维人员工作压力，使运维人员能够更加高效地掌控全厂设备运行状态，结合公司当前开展的智能水电站研究，可以考虑基于水电站计算机监控系统，建设水电站智能预警系统，其功能主要包括两个方面：一是对设备异常状态提前进行预判，为设备检修提供指导意见；二是优化计算机监控系统的报警功能，减轻运行人员监盘的工作压力。智能预警系统在先进数据结构、智能算法和计算机强大运算能力的支持下，能筛选设备重要的特征信号，对设备异常状态提前进行预判，指导运维人员快速定位和处理设备异常事件；还能综合判断设备实时运行状态，优化运行设备状态报警功能，生成简洁可靠的报警信息，减少运行人员监屏工作量，进而逐步替代运行人员人工监屏。

2 设备状态智能预警系统

二滩电厂运行人员通过监盘发现 5 号机油压装置自动补气装置动作比其他机组频繁，且压力油罐油位一直偏高。利用 IMS 系统查询各机组的自动补气动作历史事件，如表 1 ~ 表 3 所示。

表 1 5 号机油压装置自动补气动作事件统计

动作时间（时:分:秒）	事件描述	补气时间
03:05:26	补气阀动作	1 min 56 s
03:07:22	补气阀复归	
03:11:14	补气阀动作	1 min 19 s
03:12:33	补气阀复归	
03:16:20	补气阀动作	1 min 51 s
03:18:11	补气阀复归	
11:21:24	补气阀动作	间隔 8 h

表2 2号机油压装置自动补气动作事件统计

动作时间(时:分:秒)	事件描述	补气时间
02:49:27	补气阀动作	1 min 56 s
02:50:49	补气阀复归	
13:57:11	补气阀动作	间隔35 h

从表1可以看出,从03:05至03:18短短13 min内,5号机油压装置连续动作分3段补气,每段补气时间不到2 min,最终完成一次补气流程,再间隔8 h进入下一次自动补气过程;从表2可以看出,2号机油压装置每次仅一段补气,时间不到2 min,再经过一个周期35 h,进入下一次补气过程,其他机组补气过程与2号机类似。

表3 二滩电厂1~6号机自动补气装置动作情况统计

机组	补气周期(h)	单次补气分段数
1F	40.2	1
2F	34.5	1.05
3F	35.4	1.0
4F	17.0	1.07
5F	5.8	2.8
6F	39.5	1.2

从表3可以看出,1F~3F、6F机组油压装置自动补气周期为35~40 h,而5F为5.8 h,大大短于其他机组,4F介于两者之间。且5号机每次补气流程需要分成2.8段,其他机组几乎无此现象发生。统计1月内5F和其他机组(以2F为例)补气阀动作次数:$N_{2F} = 30 \times 24/34.5 \times 1.05 \times 2 \approx 44$(次);$N_{5F} = 30 \times 24/5.8 \times 2.8 \times 2 \approx 695$(次)。对比分析补气阀动作次数技术结果,2号机油压装置补气阀1月内平均动作约44次,而5F为695次,是2号机的15.8倍。电磁阀动作太频繁,不利于油压装置安全稳定运行。电厂根据发现的情况,及时检查相关设备,在排除了油压装置漏气、负荷调整频繁等因素后,查明原因为自动补气电磁阀动作不到位,补气量较小。在更换了自动补气电磁阀后,补气回路运行正常。

电厂运行人员在5号机自动补气电磁阀补气功能完全失效之前,通过监盘和统计发现了补气电磁阀的设备隐患,成功避免了5号机组的"非停"事件。发现问题是解决问题的前提,这个成功的案例有很多有益的启示。在电站日常的运维过程中,可以充分利用电厂的实时和历史数据,根据设备长期运行的特征数据和运行经验,通过建立设备智能预警监测模型,追踪特征值的分布区间,实现设备趋势报警,进而为设备的状态检修提供借鉴和参考。综合考虑电站机电设备运行的特点,设备状态智能预警系统应包括以下几个方面:

(1)设备变化趋势预警。在设备运行过程中,通过计算机监控系统采集的实时数据或者特征值虽然还未达到报警值,但是可以计算实时数据的变化趋势值,监测数据变化趋势,当数据变化趋势与历史稳定值有较大差异时,产生预警信息,告知运行人员设备有趋于故障报警的趋势。例如当地下厂房渗漏排水泵启动后,在正常的工况下集水井的水位应以一定的速率下降,如实时监测数据显示水位变化不明显,则需要检查排水泵、液位传感器的工作是否正常,厂房内的渗漏水量是否在合理范围内等。

(2)测量值超差报警。为保证测量回路的可靠性,针对重要的监测对象,在设计时均配置冗余的测量元件,例如设置液位变送器和液位开关测量集水井水位、调速器压力油罐和回油箱的油位;设置的多只位移传感器监测机组的导叶开度;在压力管道或者油泵出口处设置压力开关和压力变送器用于监测压力,设置流量开关和电磁流量计用于监测流速等。设备状态智能预警系统应能根据实时采集的数据进行技术分析比较,当测量值之差超过规定值时,应及时发出告警信息,提醒运检人员及时处理,可以在一定程度上避免因为自动化监测元件故障导致的不安全事件。

(3)偏离经验数据、特征数据报警。电站通过计算机监控系统采集机组的正常运行工况下和事故工况下的大量经验数据和特征数据,其中部分经验和特征数据能够直接反映机组的运行工况,如机组振摆数据,统计数据在不同工况下的分布区间,计算算术平均值,可以得到机组在不同工况下的稳定运行经验值或特征值,如当前实时数据偏离经验值超过设定值时,经过相应的逻辑判断后,应及时发出报警信息,提醒运维人员及时处理。

(4)设备启停频率分析报警。设备状态智能预警系统应能记录和统计电站油泵、水泵、空压机、电磁阀等周期启动设备的启停周期和运行时间,并与历史稳定运行值进行横向和纵向对比,如存在较大的差异,则及时发出报警信息。如上文中提到的二滩5号机油压装置自动补气电磁阀的问题,可以通过设备状态智能预警系统横向与其他机组的历史稳定运行值进行比较,纵向与5号机历史稳定运行值进行比较,可以得出补气电磁阀工作异常的结论。

(5)多数据综合计算分析报警。设备状态智能预警系统可以通过多个数据的算术运行,得到具有一定实际意义的综合数据,如水导上油箱+外油箱=水导系统总油量,通过集水井水位变化计算地下厂房的漏水量等,将计算后的综合数据与历史稳定运行时的数据比较,若差值大于报警限值,则产生报警信息。多数据综合计算分析报警主要包括以下几个方面:

①温度分析:设备智能状态预警系统应能实现对温度量的趋势分析,包含温度变化趋势报警(对比1 h、4 h、1 d、3 d、7 d等),当变化幅度超过限值时给出报警,并综合判断负荷调整、开停机等工况条件。

②油位分析:对调速器液压系统、水导油箱油位、大坝中表孔油箱油位、快速门油箱油位等进行趋势分析。能够计算调速器回油箱+压油罐的总油量,自动跟踪分析变化趋势,当油量变化超过限值时报警提示;计算水导系统油箱的总油量,根据油量变化提示漏油或油混水。

③集水井水位分析:目前监控系统集水井报警仅在水位越限时产生报警,设备状态预警系统应能根据集水井的水位变化,计算漏水量,当漏水量异常变大时报警提示,实现集水井的预警监视。

④辅助设备启停频率分析：对全厂主要辅助设备的启停频率进行分析，当频率异常时报警提示。如调速器油压装置油泵加载间隔及运行时间、空压机启动频率等。

⑤机组振摆数据趋势分析：综合分析机组振摆数据的主要分布区间，当机组多个同类型数据分布区间发生明显变化时，产生报警。

3 电站智能监控报警系统

当前为提高电站运行的安全性和可靠性，机组的辅助设备和监测设备配置数量成倍增加，同时随着水电站计算机监控技术的发展，扩展性好的可编程逻辑控制器和现场总线技术的广泛应用，计算机监控系统测点的规模在不断增加，但是当系统中测点数据规模达到一定阈值时，运行人员对报警信息的管控难度将会迅速增加，甚至超过人工检视的能力。例如在 2015 年 9 月 19 日，锦苏直流发生双极闭锁的恶劣工况，切除锦屏和官地水电厂大量的负荷，后续统计事故期间（故障发生后最关键的 12 min）雅砻江流域集控和各电站的报警信息多达 3 230 条，计算机监控系统的报警信号过多且杂乱，事件报警信号刷新极快，部分重要的信息被湮没在海量事件中以普通的事件报出，不利于运行值班人员快速获取有效的事故报警信息。

在计算机监控系统报警策略中，一般是根据事件的重要程度，通过设置报警限值和判断逻辑来产生报警信息，但由于存在大量数据测点，因此会产生大量的报警信息。当机电设备发生故障时，与之关联的设备也会伴随产生众多的事件和报警信息，其中部分信息是重复的，可以视为无效报警。虽然报警信息的详细程度和数量有所提高，但是报警的准确度和辨识度并未随之提升，特别是当事故发生时，由于系统设备内部相互作用关系，再加上一部分相关的、冗余的报警设置，会连续出现大量的报警信息，使运行人员难以分辨真实的源头和结果。针对当前计算机监控系统报警存在的问题，电站智能监控报警系统可以从以下几个方面对报警策略进行优化。

3.1 建立单点报警信息筛选逻辑

目前监控系统采集的单点报警信息直接反映了现地传感器的状态，无法有效屏蔽报警后瞬时复归的无意义报警信息，对于模拟量在报警临界值的反复刷屏信息也无有效过滤机制。电站智能监控报警系统应能够通过延时判断、设备状态判断、数据综合计算等屏蔽无任何作用的单点重复刷屏报警信息，实现单点报警信息过滤。

3.2 建立关联设备工况的条件报警

电站智能监控报警系统应能提供关联工况的条件报警图形化组态功能，使电厂能够编写报警条件逻辑屏蔽或生成报警，设备工况包括设备操作过程、特定报警条件、设备状态等。例如，当调速器运行正常，机组调速器控制方式为远方、一次调频未动作、上位机无人工设定值下发等状态下，通过分析机组负荷变化，监测机组有功实发是否出现异常变化。

出力异常变化判断：

$$| P - PS | \geq D$$

式中：P 为机组当前出力；PS 为机组最后一次下发设定值；D 为设定限值。

机组稳定运行后（机组下发设定值 1 min 后），计算当前机组出力与机组最终下发设定值的差值,当两者出力差值大于 50 MW,报警并显示相关数据。

3.3　报警信息分级和画面显示

报警信息按重要程度进行分级,实现设备的分级监视。根据报警严重程度将报警信息分为预警、异常、故障、事故四个等级,在报警主界面上以不同方式显示(如预警:黄色;异常:橙色;故障:红色;事故:白色)。

预警:设备趋于报警,但还未达到报警状态,比如通过温度变化趋势计算,发现温度有升高趋势。

异常:指设备能够继续运行,但某些部件发生故障,不需要运行马上介入,只需在适当的时候安排维护人员现场处理。

故障:设备发生故障,需要运行人员立即介入。

事故:发生事故停机等严重事故。

3.4　语音报警

语音报警是电站计算机监控系统报警形式多样化的重要手段,但是在电站投运初期,语音报警功能应用效果不理想,主要是监控误报信息较多,导致语音报警也经常发生误报。因此,建议在电站投运初期,只针对需要跳机或者启动停机流程的关键报警信号进行语音报警,后续待机组逐步进入稳定运行期以后,根据现场的实际情况和需要,增加相应的语音报警信息。结合语音报警现场使用情况,语音报警功能应具备以下功能:

(1)根据组态配置,报警发出后没有得到用户响应时,应能通过延时再次播报、加大音量或提高频率等多种方式提醒用户进行响应。

(2)能根据报警组态配置,当报警条件满足时,通过报警工作站发出播报语音,语音应能支持自动生成或提前录入语音文件。

(3)当多个语音报警同时发生时,应能区分重要程度,优先播报高级别报警。

在现场实际的运行过程中,充分利用语音报警的手段,可以在一定程度上避免运行人员遗漏关键的设备信息。

3.5　操作流程综合监视

操作流程综合监视应具备以下功能:

(1)应能自动跟踪监控系统在上位机启动的操作流程,并同步在显示界面上弹出流程执行监视窗口显示当前流程的执行过程。

(2)在流程执行监视窗口中用明确的文字或图符显示流程当前执行的操作、是否成功以及下一步将要执行的操作,若不成功,则显示流程执行失败的原因;对流程执行结果成功、失败和异常的显示须用带颜色的字体(或高亮、闪烁)以区别显示,并对失败或成功结果用语音报出。

(3)对于流程执行过程中产生的不影响流程执行的设备异常,则在流程执行完成后给出提示信息。

(4)若有多个流程同时启动执行,则需同时弹出多个流程执行监视窗口平铺显示用于分别监视,可使用缩放技术充分利用显示屏空间,做到既能监视流程,也不遮挡其他背景数据。

3.6　建立设备智能监控报警逻辑组态编辑平台

基于设备智能监控报警逻辑组态编辑平台,电厂的运行人员可根据实际的需求,实现报警逻辑自由编辑和新增自定义报警。设备智能监控报警逻辑组态编辑平台应具备如下功能:

(1)应能提供图形化的操作界面,用户可根据设备层级关系,利用树形图的方式编辑报警逻辑关系和相关性数据,组态界面应支持拖、拉、点选、勾取等方式编辑数据测点,以减少手动输入可能导致的错误。

(2)应能提供图形化的操作界面,用户可根据需要组态编制生产数据显示画面或报警报表,用于电厂运行人员浏览、巡视,并在这些画面上实时进行历史数据纵向查询和相关数据横向对比。

(3)应能提供图形化的编辑、操作界面,支持用户自定义报警,用户能够使用条件逻辑、循环逻辑、数值计算、逻辑计算、延时处理等编程语言工具及内置高级函数(如均值、极值、统计特征值、计时器等),对实时数据、历史数据进行报警分析计算,产生用户自定义报警;该功能必须支持用户根据应用需求自行进行添加、扩充报警定义,并确保系统的运行效率,满足实时性要求。

3.7　报警工作站人机界面

报警工作站是电厂运检人员接收报警提示、确认报警原因的工作界面,应按照界面精致、数据有序显示、操作简单、报警突出的原则来设计,报警工作站人机界面应具备以下功能:

(1)操作界面首页应用动态图形和数据组合的方式显示电站机组、开关站、主要公用设备的实时信息,若一屏显示不全,可采用分页方式;工作站正常工作时通过定在某一页或循环切换的方式显示画面。

(2)操作界面首页应提供用户登录、报警信息查询、流程监视查询、报表查询等功能的调阅操作接口,用户可通过鼠标点击、键盘快捷键呼出或隐藏这些窗口。

(3)报警事件产生时,主页窗口应能通过无级缩放的方式腾出窗口空间用以显示报警窗口同时根据组态配置发出语音,报警窗口应能根据组态定义以树形图和报警分类的方式显示报警信息及报警上下级、相关量等关系,并接受用户深度查询操作和确认操作;报警信号消失或经用户确认手动关闭后,报警窗口关闭,同时主页窗口恢复正常画幅显示;当多个报警事件同时报出时,可在报警窗口采用分页的技术显示报警信息,并在用户对所有报警事件确认后才允许报警窗口关闭。

(4)操作流程启动时,主页窗口应能通过无级缩放的方式腾出窗口空间用以显示流程监视窗口,流程监视窗口应能对流程执行过程中的重要步骤根据组态配置以特定颜色文字显示操作结果并辅以语音报警,流程执行完毕,经用户确认后,流程监视窗口关闭,同时主页窗口恢复正常画幅显示;当多个操作流程同时启动时,可在流程监视窗口采用分窗口技术平铺显示不同流程的监视过程信息,并在用户对所有流程操作结果确认后才允许流程监视窗口关闭。

(5)报表窗口应充分利用双屏资源,根据组态配置和用户需求,定时或手动显示在操作界面上。

（6）用户界面应提供窗口显示所有的用户自定义报警逻辑列表，在该逻辑列表中应实时显示每个报警逻辑的运算状态、结果输出，用户根据登录权限或配置可以对单个或批量报警逻辑执行启用、禁用、重启等操作。

（7）为保证报警实时，预警系统各项人机交互界面应采用应用 APP 形式实现，不应采用浏览器方式实现。

4　结　论

在当前的技术条件下，通过实时采集和沉淀历史数据，并利用大数据挖掘、处理和分析等手段，水电站智能预警系统能让数据帮助电厂不断进行运检的优化，实现生产过程与决策的智能化控制或者智能辅助决策，可在一定程度上减轻运检人员的劳动强度和工作压力，提高电厂劳动生产效率，保障电厂的安全生产。公司投运的水电站已积累了足够多的样本和数据，拥有非常丰富的数据资源，具备开展智能预警系统建设的基本条件。基于水电站计算机监控系统之上的智能预警系统可以作为智能水电站建设的一个切入点，在当前科技水平下，只需要较小的投资，便可取得良好的收益。

参 考 文 献

［1］李金明,唐杰阳,虎勇,等. 油压装置自动补气异常分析及处理［J］. 水力发电,2012,38(2):71-73.
［2］张明君,韩长霖,王桂平. 金沙江下游梯级"调控一体化智能报警技术研究"［J］. 水电站机电技术,2017,40(7):9-12.

关于智能水电站的建设构想

崔峻豪,刘娟莉

(雅砻江流域水电开发有限公司,四川 成都 610051)

摘　要　根据在水电站的工作经历,针对传统水电站的运维管理特点,并且结合水电站智能化的发展趋势,对比传统的水电站与智能水电站的差距,从智能水电站先进的传感技术与智能一体化平台的搭建等方面对智能水电站的建设提出构想。

关键词　水电站智能化;传感技术;智能一体化平台

1　引　言

随着电力行业的不断发展,用户的用电负荷也正在不断地增加,用户对于用电可靠性与电能质量的要求也越来越高,所以电力行业的挑战也越来越大。一方面要求能源的可持续性发展,对于煤炭等物资的不可再生性质会使得资源不断枯竭;另一方面又要求对环境的友好性,石化能源对于环境的污染已经日益凸显出来,引发了全国乃至全世界的普遍担忧。为提高能源利用效率,发展清洁能源,优化调整能源结构,水电站已经逐步取代了火电站成为电力行业的核心,而为了响应国家提出智能化的要求,建立以数字信息化、通信网络化、集成标准化、运营一体化、业务互动化、运行最优化、决策智能化等特征的智能水电站已经刻不容缓。

2　智能水电站建设的背景

2.1　符合国家战略发展的要求

2001 年,美国电力科学研究院(EPRI)提出了"Intelligrid"的概念,并于 2003 年提出了《智能电网研究构架》。同年美国能源部(DOE)发布 Grid 2030 计划,争取在 2030 年前建设自动化、高效能、低投资、安全可靠和灵活应变的输配电系统,以保证电网的安全性和稳定性,提高供电的可靠性和电能质量。2005 年,欧洲成立了"智能电网技术论坛",将智能电网上升到战略地位展开研究。而中国,2009 年 5 月,在北京召开的 2009 特高压输电技术国际会议上,国家电网公司正式提出"坚强智能电网"这一概念:立足自组创新,建立以特高压电网为骨干网架,各级电网电厂协调发展,具有信息化、自动化、互动化特征的智能电网的发展目标。而电厂作为电网的最基础的一个构成,建立起坚实可靠的智能化水电站也是最重要的环节。

2.2　符合经济发展的需要

为满足可持续发展的要求,在确保水电站能够安全稳定运行的情况下,提高现有设备

作者简介:崔峻豪(1995—),男,学士,研究方向为计算机监控系统。E-mail:cuijunhao@ylhdc.com.cn。

的使用效率,对现有不成熟设备进行技术改造,采用更加成熟、更加可靠的设备,并对数字信息化设备加以利用。以无人值班、少人值守方式来降低人力资源的成本。对水电站现有在线监测系统进行技术改造以实现机组状态检修,对设备进行全生命周期管理等方式以实现少弃水、多发电的经济效益;减少水电厂运行值班人员的数量;提高水电厂的运维管理水平等目的,大大提高了设备的使用效率,减少了机组检修所投入的大量人力物力,降低了经济投资成本。

3　智能水电站的特点

(1)操作流程模块化、智能化。

(2)自动化执行元件可靠性高。

(3)各种传感器精度高、性能稳定。

(4)拥有完整的智能分析系统,能够为设备缺陷提供完整详细的分析数据和检修建议。

(5)软件维护简单、实用性强。

(6)采用完全冗余结构设计。

(7)各模块的损坏不影响其他设备的使用,即能实现即插即用。

(8)相关设备的损坏能及时自动通知相关技术人员。

(9)智能对时,保证所有设备的时钟同步。

(10)有完整的设备运行记录,记录查询方式灵活。

(11)各辅助设备能独立工作并具备智能分析功能,上位机能通过网络查询各辅助设备的详细信息。

4　智能水电站的系统构成

(1)智能水电站横向应划分为生产控制大区(包括安全Ⅰ区、安全Ⅱ区)和管理信息大区,生产控制大区纵向应划分为过程层、单元层和厂站层,管理信息大区纵向应划分为单元层和厂站层。可参照图1和图2。

(2)合并单元、智能终端、辅控单元等智能电子装置(IED)或智能设备应部署在过程层;现地控制、继电保护、稳定控制、振摆保护应部署在单元层;一体化平台以及智能应用组件应部署在厂站层。调速励磁可部署在单元层,也可部署在过程层。可参照图2。

(3)继电保护、稳定控制、现地控制、调速、励磁应部署在安全Ⅰ区;主设备状态在线监测、水情自动测报应部署在安全Ⅱ区;大坝安全监测、工业电视、门禁应部署在管理信息大区。具备保护功能的消防系统应部署在安全Ⅰ区,不保护功能的消防系统应部署在管理信息大区。可参照图1。

(4)自动发电控制(AGC)、自动电压控制(AVC)等智能应用组件应部署在安全Ⅰ区;中长期水文预报、洪水预报、发电计划、防洪调度、风险分析、节能考核、保护信息管理、电能量计量、故障录波等智能应用组件应部署在安全Ⅱ区;大坝安全分析评估与决策支持、防汛决策支持与指挥调度、主设备状态检修决策支持、安全防护管理等智能应用组件应部署在管理信息大区。可参照图1。

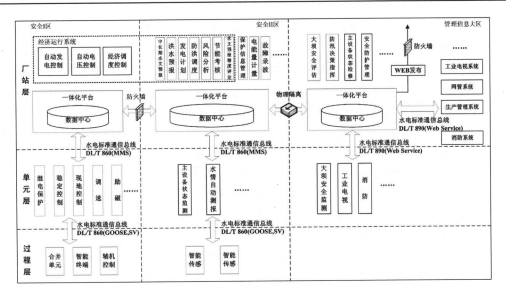

图 1 智能水电站系统架构

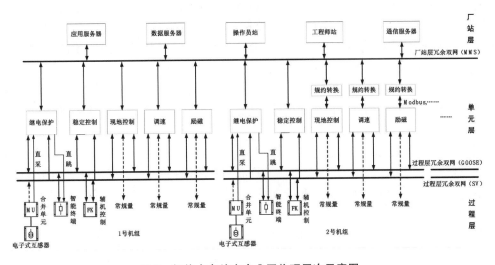

图 2 智能水电站安全Ⅰ区物理层次示意图

5 智能水电站的关键技术

5.1 先进的传感技术

目前,对于常规水电站来说也安装了各种不同的传感器,但就其作用来说,也仅限于测量和报警用。但对于水电站智能化的发展,这种传感器是远远达不到要求的。这就要求我们对于现有的传感器进行升级,研发出基于新原理、新材料、新工艺的先进传感器。这种传感器不光具有测量与报警的作用,还可以自校准、自诊断、自补偿,自愈合,具有无线低功耗的功能。随着对智能传感器的不断探索,智能化在线监测技术也将得以实现,将会解决目前传感器技术难以适应高速发展的电网需求,各种状态信息分散、孤立,大部分电厂设备都无法实现智能化在线监测,电学量和非电学量监测数据量巨大,监测传感器可靠性与寿命等问题。可以说,智能传感器是实现智能一次设备在线监测的关键,也是实现设备状态检修的关键。并且对于这一技术的实现还可以由目前的人工巡检转变为自动在线巡检,节约人力物力。所以,先进的传感技术是实现智能化水电站最重要的一个过程。

5.2　智能一体化平台的搭建

目前,对于常规水电站来说,信号的传输方式大多都是以电缆硬接线的方式进行相互传输与收集。实际现场中存在有大量的端子排,每一个端子或者几个端子对应一个信号点,这种方式对于检修人员来说虽然比较方便维护设备,但是在实际工作中也容易发生错误。而智能水电站则摒弃了这种端子排接线的方式,采用了一种"虚拟端子"的方式,即通过遥测、遥信、遥调、遥控等方式将信号上送至智能一体化平台,通过配置一种虚拟子地址将实际信号点与智能一体化平台对应起来,以实现数据的交互传输。而现在的常规水电站中,处于过程层中的各种设备都未配置与智能一体化平台交互的接口,目前只能以IEC61850协议传输,而要完全实现设备与智能一体化平台的交互,则需要对现在设备进行技术改造。而如何搭建智能一体化平台,则是一个漫长的探索过程,要将虚拟端子的虚拟子地址大量的信息数据建立在一体化平台中要消耗极大的人力。并且完全摒弃现有的设备点表,汇总建立新的信息点表,不光要包含现有点表的内容,还要将虚拟端子的描述与虚拟子地址建立在其中,以便于设备的管理与维护。这种方式与常规水电站最大的不同就是,常规水电站若需要增加信号点,需要启用相应的备用端配板或新增端配板,而智能水电站则无须这么做,而是将该功能直接集成于设备的智能芯片内,可以直接将数据传输到智能一体化平台中。但是,对于技术人来说,目前普遍认为硬接线是最可靠的传输方式,如何保证智能水电站这种网络化传输的稳定性与可靠性,仍是今后需要研究的课题。

5.3　物联网技术

物联网技术的定义是:通过射频识别(RFID)、红外感应器、全球定位系统、激光扫描器等信息传感设备,按约定的协议,将任何物品与互联网相连接,进行信息交换和通信,以实现智能化识别、定位、追踪、监控和管理的一种网络技术。"物联网技术"的核心和基础仍然是"互联网技术",是在互联网技术基础上的延伸和扩展的一种网络技术,其用户端延伸和扩展到了任何物品与物品之间,进行信息交换和通信。而这种技术如何应用到水电站中呢?举个简单的例子,将工业电视系统、消防系统和门禁系统通过物联网技术结合起来,当电厂某一位置发生火灾时,消防系统感知到火灾隐患并将信息上送至智能一体化平台,在开启消防系统的同时,由智能化一体平台统一调度,将信息下发至门禁系统和工业电视,运行人员此时在工业电视上即可看到火灾地点与火势大小(工业电视自动切换到火灾地点画面),同时火灾地点附近的门禁系统全部打开,不需要门禁卡也可通过,保障了人员安全,提高了消除火灾的效率。通过这种方式,可以保证在任何情况下,电厂都能够安全稳定地运行。另外,当物联网技术发展成熟后,即可实现故障自主定位、自主消除,当系统故障无法自愈时,自动通知相关检修维护人员进行维修,减少了故障排查时间,提高了工作效率,保证了运行设备的可靠性与稳定性。

6 建立智能水电站所面临的挑战

6.1 管理与立法障碍

立法者和管理者推动智能水电厂动力不足,缺乏对社会效益巨大的智能水电厂的激励措施,支持一体化电力市场的监管措施缺乏。

6.2 文化与交流方面障碍

目前水电站效益都还不错,缺乏变革的动力,并且对于智能水电站的宣传力度不够,缺乏必要的消费者教育,推动力不足。

6.3 产业障碍

目前国内还缺乏智能水电站的示范效应,没有示范点,还不足以引起人们的兴趣。并且目前水电行业的技术人员不愿意改变规划和设计相关的标准与规程。对于建设智能水电站的安全方面的投资所带来的收益很难评估,技术人员不愿意冒险。

6.4 技术障碍

目前缺乏相应的技术标准和规程,开放的通信和操作系统易引发安全问题,并且对于智能水电站的关键技术还未发展成熟,工作无法开展,配电系统动作机制还需进一步研究,且电能大规模存储受限也成为建立智能水电站的一大障碍。

7 结　论

对于智能水电站建设的构想,文中还存在着不足,对于智能水电站建设的研究还要一直持续下去。智能水电站的建设是一个艰辛而漫长的过程,随着社会的进步和技术的发展,智能水电站的建设终将实现,资源的利用率将大大提高。水电站作为电网最基础的一个环节,智能水电站的建成也将为智能电网的建设奠定基础。

参 考 文 献

[1] 国家能源局.智能水电厂技术导则:DL/T 1547—2016[S].
[2] 唐良瑞,吴润泽,孙毅,等.智能电网通信技术[M].北京:中国电力出版社,2015.
[3] 鞠阳.电网监控技术[M].北京:中国电力出版社,2013.
[4] 潘家才,纪浩.智能水电站建设思路[J].水电与抽水蓄能,2012,36(1):1-4.

流域水电开发企业应急能力建设关键问题探索

任江成，赵海峰，习小康

（雅砻江流域水电开发有限公司，四川 成都　610051）

摘　要　本文对电力企业应急能力建设的内容进行了简要介绍，对流域水电开发企业应急能力建设中的应急指挥中心、应急通信系统、应急管理系统建设的必要性和功能进行了分析，对电力企业如何规范开展应急演练等关键问题进行了阐述，并对电力企业应急能力建设评估中需要重点关注的问题进行了简述，对流域水电开发企业提高应急救援能力水平具有一定的参考价值。

关键词　流域水电开发企业；应急能力建设；应急演练；应急能力评估

1　引　言

近年来国家高度重视应急管理体系建设，根据党的十九届三中全会审议通过的《中共中央关于深化党和国家机构改革的决定》、《深化党和国家机构改革方案》和第十三届全国人民代表大会第一次会议批准的《国务院机构改革方案》，国家成立了应急管理部，负责全面贯彻落实党中央关于应急工作的方针政策和决策部署，国家对应急工作的重视程度上升到前所未有的高度。早在2016年，为促进电力行业应急管理制度化、规范化和标准化建设，提高电力行业突发事件应对能力，国家能源局对电力企业应急能力建设评估工作进行了安排、部署。而流域水电开发企业大多处于山区，地质条件复杂，交通不便，自然灾害频发，所属电站多数跨地区甚至跨省份，突发事件发生后应急救援难度大、社会影响大。因此，研究流域水电开发企业应急管理体系，健全应急管理机制，并通过应急能力建设评估查漏补缺，持续改进，提高应急能力水平，意义非常重大。

2　应急能力建设的主要内容

根据国家关于应急管理工作的法律法规要求和管理决策部署，电力企业应急能力建设，坚持预防与应急并重、常态与非常态结合，以加强应急基础为重点，以强化应急准备为关键，以提高突发事件处置能力为核心，在建立和完善本单位"一案三制"的基础上，全面加强应急重要环节的建设，包括监测预警、应急指挥、应急队伍、物资保障、培训演练、科技支撑、恢复重建等，即预防与应急准备、风险监测与预警、应急处置与救援、事后恢复与重建等四个方面。

应急能力建设评估按照静态查评和动态考评两个方法对电力企业应急能力进行全面

作者简介：任江成（1985—），男，大学本科，工学学士，工程师，主要从事流域水电站安全生产管理工作。E-mail：renjiangcheng@ ylhdc. com. cn。

的评估,查找电力企业应急能力存在的问题和不足,指导电力企业不断完善应急体系。

3　应急能力建设关键问题

3.1　流域水电开发企业应急指挥系统建设

　　流域水电开发企业一般由总部、各电站(分公司)、承包商(外协队伍)三个层次组成,按照统一领导、分级处置的原则,对突发事件进行响应和处置。遇突发事件时,由各电站(分公司)立即启动应急响应,进行先期处置和救援,并对事件的发展情况、严重程度和影响范围进行研判,决定是否扩大响应。扩大至流域企业总部响应的突发事件,企业总部成立应急指挥部,总指挥(或副总指挥)应第一时间赶赴事件发生现场,并根据事态发展将总部应急指挥部前移至各电站(分公司)现场,整合各方资源,统一指挥应急救援工作。然而,根据多年来大型自然灾害应急事件救援案例分析,一旦发生大型灾害,一般会伴随交通中断、通信中断等次生灾害,企业总部应急指挥部很难在第一时间参与突发事件应急救援工作。因此,建设一套完善的应急指挥系统很有必要,可以提高企业快速、有效地应对突发事件的能力。应急指挥系统建设主要包括以下方面:

　　(1)应急指挥中心。

　　企业应急指挥中心包括企业总部和各电站(分公司)分中心,每个应急指挥中心硬件平台包括指挥场所以及集成设备(如大屏显示及控制、视频会议、多媒体录播、视频监控、电话录音、网络等),集成视频会议、视频监控、录音录像、实时画面传送等多种功能,各中心之间通过广域网实现各点间的互联互通,以地面通信链路为主,卫星通道为备用。应急指挥中心可实现其他应用系统的接入,如应急管理系统、水情调度系统、大坝监测系统、工业电视系统等,融合形成完善的应急指挥体系。企业总部可通过系统软件远程调用各电站的所有工业电视监控画面。在日常应急管理中,可利用应急指挥中心开展应急演练、应急培训;在应对突发事件时,指挥人员通过多种手段,可第一时间在远方掌握事件现场情况,对突发事件的处置与救援进行异地指挥和应急资源的紧急调度,尽可能减轻突发事件的影响和损失。

　　(2)应急通信系统。

　　水电企业大多地处深山峡谷,通信信号差,施工现场网络不完善,在发生地震、泥石流等自然灾害时往往会导致通信基础设施、供电设备损坏、供电线路中断,从而导致常规通信网络瘫痪,即使网络未受损,也会因事发区人们的恐慌和外界关注,引起话务严重超标而瘫痪,紧急信息难以有效传递。应对突发事件,最重要的就是保持通信畅通,建立一套完善的应急通信系统是应对突发事件的关键。

　　目前,常用的应急通信系统以卫星通信和集群通信为主,作为企业总部与突发事件现场之间的应急保障通信。企业总部建设卫星主站,各电站(分公司)永久营地、主体施工区、厂区等部位建设固定卫星远端站和集群通信基站,可实现企业总部与各电站(分公司)长距离点对点的语音、视频和数据通信。可适当配置便携式卫星站和单兵系统,便携式卫星站作为备用,与单兵设备配套使用,可实现电站全场范围内的视频、语音功能,实现机动通信,可通过卫星通道将现场视频信息传到企业总部。

　　各电站(分公司)建设足够的集群通信基站,通过集群通信系统可满足电站人员、施工单位营地、主要施工区、大坝、电站厂房等重要区域的通信覆盖,提供语音、数据、定位功能,覆盖范围内任意位置人员直接通信,全流域漫游,通信方式灵活,可组呼、个呼和跨区域的"一呼百应"。使用集群对讲机可以在企业总部与各电站之间任意拨打对方手机和座机,也可拨打外部人员的手机和座机,大大提高紧急情况下的应急响应能力。集群基站采用四级故障弱化模式,以IP链路为主,卫星链路为辅,当IP链路发生故障时,系统将自动切换到卫星链路模式;当IP、卫星链路均发生故障时,基站以单基站集群方式独立工作;IP链路具有优先级,即故障恢复时,系统网络能自动切换回IP链路模式,具有很高的工作可靠性,其工作模式如图1所示。

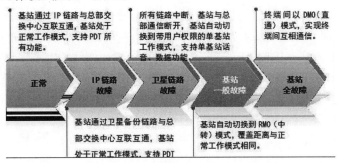

图1　集群基站四级故障弱化工作模式

（3）应急管理系统。

应急管理系统是作为应急指挥系统的软件平台,充分利用现有的软硬件基础设施,借助于现代网络技术、计算机技术和多媒体技术,整合各类业务数据库,以地理信息系统、大屏系统、工业电视系统等为基础平台,实现"预警、防范、化解、善后"一体化应急管理的信息系统流程。应急管理系统按照"平站结合"思想,是围绕应急工作流程建设的软件平台,包含应急日常管理、预警告警管理、应急指挥决策、应急灾后评估以及应急培训演练等主要模块,实现与企业现有系统的集成,能同时满足大型水电开发企业日常值守和处置突发事件的需求,系统支持突发事件的信息报告与发布、应急预案管理、综合业务管理、监测防控、预测预警、智能方案、指挥调度、应急保障、应急评估、模拟演练等应急工作。

流域水电开发企业涉及的项目较多,涵盖面较广,应急指挥系统的建设可采用统一规划、分步实施策略,在电站建设期即统筹规划建设完善的通信网络系统和信息系统,再通过应急指挥中心、应急通信系统的硬件平台与应急管理系统的软件平台融合形成企业应急指挥系统,建成"流域统筹、资源共享、平战结合、多重保障"的流域一体化应急指挥平台,将大大提高流域水电开发企业应对突发事件的能力。

3.2　应急演练

电力企业根据企业风险评估和应急资源配置情况,建立企业应急预案体系,包括综合应急预案、专项应急预案和现场处置方案,针对重要岗位、重点人员还编制简明实用的应急处置卡。按照《突发事件应急演练指南》相关要求,水电企业每年要针对各类应急预案进行多次不同类型和规模的应急演练,如综合演练、单项演练等,以达到检验预案、完善准备、锻炼队伍、磨合机制的目的。应急演练是要发现问题的,没有问题的演练是不成功的演练。应急演练是应急管理工作的重要抓手,电力企业要按照《突发事件应急演练指南》

和《生产安全事故应急演练评估规范》扎实有效地开展应急演练,应急演练实施过程如下:

(1)制订演练计划。

演练计划应包括演练目的、类型(形式)、时间、地点,演练主要内容、参加单位和经费预算等。

(2)演练准备。

①成立组织机构。综合演练通常成立演练领导小组,下设策划组、执行组、保障组、评估组等专业工作组,明确各组职责。根据演练规模大小,其组织机构可进行调整,组织机构可列入演练工作方案。

②编制演练文件。演练文件包括演练工作方案、演练脚本、评估方案,针对应急演练活动可能发生的意外情况制订演练保障方案或应急预案,保障方案中包括人员、经费、物资和器材、场地、安全、通信等保障条件,演练文件可单独编写,也可统一编写演练实施方案,以正文和附件形式,包含组织机构、工作方案、演练脚本、评估方案、保障方案等内容。根据演练规模和观摩需要,可编制演练观摩手册。演练文件应根据演练规模大小经部门或单位负责人审批。

(3)演练实施。

综合应急演练前,演练组织单位或策划人员可按照演练方案或脚本组织桌面推演或合成预演,熟悉演练实施过程的各个环节。演练实施过程中,安排专门人员采用文字、照片和音像等手段记录演练过程。

(4)现场总结、评估。

评估组人员和参演人员对演练中发现的问题、不足及取得的成效进行口头点评,填写评估记录表,评估记录表可采用规范内容格式,也可根据演练实际情况增加或减少评估的具体内容。

(5)撰写评估总结报告。

评估组针对演练中观察、记录以及收集的各种信息资料,依据评估标准对应急演练活动全过程进行科学分析和客观评价,并撰写书面评估报告,评估报告中应对应急预案的合理性、实用性、可操作性做出评价,提出修改建议。

演练组织单位根据演练记录、演练评估报告、应急预案、现场总结等材料,对演练进行全面总结,并形成演练书面总结报告。根据演练规模大小,评估报告和总结报告可合并编写,并经部门或单位负责人审批。

(6)演练资料归档。

演练组织单位将应急演练工作方案、应急演练书面评估报告、应急演练总结报告等文字资料,以及记录演练实施过程的相关图片、视频、音频等资料归档保存。

(7)持续改进。

①适时修订完善应急预案。

②应急管理工作改进。针对演练中发现的问题和建议,制订整改计划,明确整改目标,制定整改措施,落实整改资金,实行闭环管理。

4 应急能力建设评估需要关注的问题

（1）企业专（兼）职应急管理人员，需经安全培训合格，培训合格证可以是行业监管部门颁发的，也可以是培训机构颁发的，还可以是行业协会颁发的。

（2）在隐患排查和风险评估管理方面，可结合《中共中央 国务院关于推进安全生产领域改革发展的意见》开展风险分级管控与隐患排查治理双重预防机制建设，建立完善的隐患排查与风险评估管理制度，明确隐患排查到验收销号的全过程管理要求，落实隐患治理"五定"要求和闭环管理。电力企业隐患排查治理制度和重大隐患治理情况，还应向属地负有安全生产监督管理职责的部门和企业职工（代表）大会报告，即执行"双报告"制度。

（3）应急预案编制、修订前，要组织开展企业风险评估和应急资源调查。

（4）应急演练要按照规范要求开展，编写演练文件，组织演练评估，编写评估报告、总结报告，演练发现问题制订整改落实计划。

5 结 论

随着我国水电建设与开发的不断深入，流域梯级水电站的安全运行与突发事件的正确应对已经成为流域水电开发企业安全管理工作中的重要内容，安全生产工作的受重视程度已经上升到前所未有的高度，需要企业高度重视，加大应急基础设施建设资金投入，不断加强和完善应急能力建设，提高企业自身应对突发事件的能力水平，确保企业安全发展。

参 考 文 献

[1] 国家能源局综合司. 发电企业应急能力建设评估规范[S]. 2016.
[2] 国家电网公司. 国家电网公司应急指挥中心建设规范[S]. 2008.
[3] 王文新. 流域水电开发企业应急管理机制研究[J]. 大坝与安全, 2017(4):1-5.
[4] 潘振波, 王代亮, 王永亮. 应急指挥中心复用率探讨[J]. 东北电力技术, 2012(9):11-17.
[5] 王瑄. 远程监察及应急救援指挥中心大屏幕显示及控制技术的应用[J]. 通信设计与应用, 2018(5):43-44.

水电的困境与出路

姚雷,张鹏

（雅砻江流域水电开发有限公司,四川 成都　610051）

摘　要　我国水电开发已经取得巨大成就,近年来水电开发进程显著放缓,后续水电开发面临困难。本文分析了制约后续水电开发的消纳问题、成本问题,从支撑国家经济社会持续稳定发展和能源结构调整角度研讨了后续水电开发的必要性,提出针对清洁低碳可再生等要素强化能源政策导向作用来促进后续水电开发,通过基于开发成本、有序推进能源结构调整的方式使水电等能源的开发与经济社会发展相适应,通过建构促进后续水电开发新理念的方式解决后续水电开发与市场关系问题的思路,为科学有序地推进后续水电开发提供了新的观点。

关键词　水电开发;可再生;清洁低碳;能源结构调整

1　引　言

十九大报告提出"构建市场导向的绿色技术创新体系,发展绿色金融,壮大节能环保产业、清洁生产产业、清洁能源产业""构建清洁低碳、安全高效的能源体系""推进资源全面节约和循环利用"。这些要求是国家能源发展的方向。水电是清洁低碳可再生能源,开发水电是符合十九大报告要求的。我国水电开发在"十一五""十二五"已取得了突出成绩。截至 2017 年底,我国常规水电装机达到 3.12 亿 kW,占全国电力总装机的17.6%。同时,我国水电装机规模长期位居世界首位,水电开发技术处于世界领先地位。在水电取得重大成就的同时,近年来水电开发进程大幅度放缓,2011~2017 年水电装机规模趋势见图 1。根据统计,水电"十二五"规划开工目标为 12 000 万 kW,实际开工仅 5 800 万 kW。水电"十三五"规划的常规水电开工目标为 6 000 万 kW,可能开工的规模仅为 4 979 万 kW。据报道,2017 年国电、中广核、华能、大唐和华电等企业对部分西南水电资产实施了剥离转让。

2　制约后续水电开发的问题

制约后续水电开发的主要问题是市场消纳不足、成本电价高于市场电价。

当前水电市场消纳不足,造成水电弃水,影响后续水电开发信心。近年来水电弃水严重。据统计,川滇弃水电量 2015 年总计 345 亿 kW·h,2016 年 660 亿 kW·h,2017 年仅四川弃水电量已达 570 亿 kW·h。川滇弃水问题出现至今,时间已超过 3 年,实质问题并

作者简介:姚雷(1978—),男,硕士,工程师,主要从事水力电力经济管理、水电工程建设管理。E-mail:yaolei@ylhdc.com.cn。

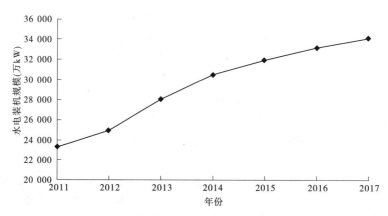

图1　2011~2017年我国水电装机规模

未解决,弃水规模逐年增加。

后续水电成本电价高于市场电价,市场竞争力不足。随着水电开发的深入,我国后续待开发的水电资源多数处于藏区,海拔高、气候条件恶劣、地质构造复杂,距离负荷中心远,建设难度大,开发成本、电力输送成本高。近10年内可能开发的水电项目单位电能投资多数分布在2.3~4.5元/(kW·h),以成本测算的上网电价达到0.32~0.55元/(kW·h),再考虑输电成本0.12元/(kW·h),在受电端的电价达到0.45~0.67元/(kW·h),超过多数负荷中心当前的火电上网电价。

在当前水电弃水严重、后续水电市场竞争力不足的情况下,后续水电不适应市场需求,无法继续开发。

3　后续水电是否有必要开发

我国水能资源技术可开发装机容量约6.6亿kW,年发电量约3万亿kW·h。截至2017年底,我国常规水电装机容量3.12亿kW,年发电量1.19万亿kW·h,分别占可开发量的47%和40%。发达国家水能资源开发程度总体较高,瑞士达到92%、法国88%、意大利86%、德国74%、日本73%、美国67%,我国水能资源开发程度与发达国家相比,仍存在一定差距。我国水电仍有可开发的空间,有必要研究后续水电开发问题。

3.1　继续开发水电有利于降低远期全社会用电成本

电力是当今经济社会发展的重要物质基础。为经济社会提供充足的、低价的电力是国家能源发展的内在要求。近年来,国家多次提出降电价的要求。降电价不可能以发电企业、电网企业亏损的方式,根本上需要降低电力的生产成本。分析电力未来生产成本,需要从两方面考察:现有成本构成及发展趋势、生产技术革新影响。

首先从现有成本构成及发展趋势分析。水电的成本电价由折旧、财务成本及经营成本构成。水电站经营成本包括修理费、材料费、职工工资及福利费等,基本是稳定的。水电投产初期成本电价最高,其经营成本为总成本的20%~30%,在折旧还贷完成后,发电成本主要由经营成本构成,发电成本大大降低。占据我国电力供应71%的火电,燃料费占发电成本的70%以上。燃料是不可再生能源,随着开采的深入,资源开采难度势必加大,当前优质低价的资源供给地在未来也将因资源枯竭而退出供应序列,煤炭的开采成本、供应成本势必增加,必将推高火电电价。与不采取措施相比,采取政策措施促进水电开发,有利于一次能源结构调整,全社会一次能源综合成本在水电投产后20年内有所增加,30年内可持平,30年后必然降低。

从技术创新降低开发成本看。虽然我国的水电开发技术已居世界前列,但水电开发必须充分考虑不良地质条件、极端气候条件、极端水文条件的影响,不可能为了降低投资而过度降低安全系数,技术革新对水电成本的影响较小,随着时间推移,水电开发成本不会有本质的变化。据统计,我国6 000 kW及以上电厂供电标准煤耗2011～2017年呈逐年下降趋势,已从329 g/(kW·h)降至309 g/(kW·h),降幅6%。风电、光伏也因技术进步而大幅度降低开发成本,一类资源区风电电价从2014年的0.49元/(kW·h)降至2018年的0.4元/(kW·h),一类资源区光伏电价从2016年0.8元/(kW·h)降至2018年的0.55元/(kW·h)。技术创新可以降低火电成本,大幅度降低风电、光伏成本。由此,通过技术革新降低远期综合发电成本的重要方式就是优先开发技术成熟的水电,在优先开展风电、光伏技术革新的同时,适度开发风电、光伏发电,研究并推广火电技术革新。

3.2 继续开发水电是国家能源结构调整的需要

为避免走"先污染后治理"的老路,国家提出了绿色发展理念;为积极应对气候变化,实现可持续发展,国家提出低碳发展的要求。根据国家绿色低碳发展要求,能源结构调整的方向是发展清洁低碳能源。2014年《国家应对气候变化规划(2014～2020年)》、2016年《能源发展"十三五"规划》和《可再生能源发展"十三五"规划》均明确了2020年非化石能源占一次能源消费的比重达到15%的能源发展战略目标。

水电在上述规划中均有专项部署。水电纳入其中具有独特的意义。既是因为水电属于清洁低碳能源,是国家能源结构重要组成部分,也是因为水电具有调度灵活、可以发挥调峰调频作用。水电的调度灵活,可以弥补风电、光伏的不均匀性,改善电网运行条件,促进风电、光伏等其他清洁低碳能源更好地得到利用。推进水电开发更有利于国家能源结构调整,实现绿色低碳发展的目标。

4 后续水电怎样开发

促进后续水电开发,需要解决市场消纳问题和后续水电开发成本问题,更需要解决水电经济性问题。解决市场消纳问题主要依靠电网建设配套的输配电工程送往需要电力的区域,降低后续水电开发成本问题也有专家学者进行研究,这些方案业内专家探讨得比较深入,在此不再引述。这里仅探讨构建促进后续水电开发的环境问题。

市场是引导电力生产的主要力量,而自发的市场无法推进后续水电开发。推进后续水电开发是着眼未来的能源发展要求,是能源战略要求。因此,有必要通过发挥能源政策的导向性作用,使市场更好地接纳水电,促进后续水电的开发。

4.1 正本清源,针对清洁低碳可再生等要素强化能源政策导向作用

实施政策导向的关键是对实现清洁、低碳、可再生的能源进行补贴,提高相应能源的市场生存能力;对不能满足清洁、低碳要求的,对不可再生能源,形成约束,使其担负起国家支持能源要素的成本,相对降低其市场竞争能力。只有对能源政策正本清源,通过发挥政策的导向作用,才能促使后续水电得到市场接纳,是能源结构向国家期望的方向调整。

国家对各要素采取了一系列政策措施:2005 年《可再生能源法》颁布;2011 年碳市场开始试点,2017 年全国启动;2017 年可再生能源绿色电力证书在全国试行核发和自愿认购。然而,《可再生能源法》规定"水力发电对本法的适用,由国务院能源主管部门规定,报国务院批准",绿色电力证书为非水可再生能源上网电量颁发,碳交易在试点时多数区域将水电排除在外。从要素导向的角度看,水电并未能得到应得的政策支持。

(1)构建因素导向性的可再生能源政策。

可再生能源发展基金的征收和使用是重要的导向性政策。2011 年,国家印发的《可再生能源发展基金征收使用管理暂行办法》,"对各省、自治区、直辖市扣除农业生产用电(含农业排灌用电)后的销售电量"征收可再生能源电价附加。2012 年,财政部印发《可再生能源电价附加补助资金管理暂行办法》,明确"再生能源发电是指风力发电、生物质能发电(包括农林废弃物直接燃烧和气化发电、垃圾焚烧和垃圾填埋气发电、沼气发电)、太阳能发电、地热能发电和海洋能发电等"。结合前后两个暂行办法,实际上把水电当作火电对待,向水电收取可再生能源电价附加补助资金且不向水电提供任何可再生能源的补助。

可再生能源发展基金收取对象不应向整个电力行业收取,也不应局限于电力行业,应该针对不可再生能源这一要素收取,应在煤炭、石油、天然气等的销售端收取。据统计,2017 年能源消费总量 44.9 亿 t 标准煤,其中不可再生能源消费占总量的 86%。2017 年可再生能源电价附加收入 705.50 亿元。如附加收入总额不变,仅对不可再生能源进行征收,征收标准仅为 18.3 元/t 标准煤。而当前对电力征收的标准是 0.019 元/(kW·h),以 2017 年 6 000 kW 及以上电厂供电标准煤耗 309 g/(kW·h)计算,相当于对电煤以 61.5 元/t 的标准征收。对全部的不可再生能源征收可再生能源基金,可以降低电力行业负担,同时更容易发挥政策导向作用。

可再生能源发展基金的使用也应以可再生能源这一要素为对象,不宜将水电排除在外。虽然长期以来水电开发的经济性远优于风电、光伏,在未得到任何补贴的情况下取得了巨大发展。但随着水电开发的深入,水电开发的成本也逐步提高,目前已处于无补贴难开发的境地。在后续水电因经济性问题而不能推进时,可再生能源发展基金的使用不宜继续忽略水电行业。

(2)坚持清洁、低碳的政策导向。

对于清洁要素,电力行业实施了火电环保电价等政策。通过这种方式,抬高了火电电价,相对改善了水电等清洁能源的电价竞争环境。2017 年出现取消环保电价、降低企业用电负担的讨论。脱硫脱硝等是社会对发电企业的环境保护要求,是避免形成先污染后治理局面的约束性要求,本应为电力生产成本。设置环保电价是考虑到历史原因为避免对经济造成大冲击而实施的措施,当环保电价固化在火电成本之后,相应环保不达标的火电应逐步退出市场。通过取消对火电环保约束来降低企业用电负担,既污染了环境,又逼退真正的清洁能源,其实不可取。目前环保电价政策仍需坚持。

对于低碳要素,国家实施了碳配额、碳交易等措施。这些措施将增加火电的成本,可以对水电等低碳能源进行一定的补贴,提高低碳能源竞争能力。目前碳交易存在的问题是部分省份规定的 CCER 把水电排除在外,碳排放免费配额过高。虽然碳交易尚不完善,碳交易形成的收益尚无法体现在水电经营收入中,但碳交易的未来必然可以为水电提供经营收益,相对降低水电经营成本,提高水电竞争力。

4.2 量力而行,基于开发成本,有序推进能源结构调整

不考虑电力行业外部价格变动因素,仅考虑进入市场的电力生产成本,如果增加经济指标较差的清洁低碳可再生能源发电比重,全社会平均发电成本必然增加,而增加的电力成本得到市场接纳,必然需要通过能源政策进行平衡。能源结构向清洁低碳可再生方向调整,就需要定向提供基于电力成本的支持性资金。陆上风电和光伏资源类别得到共识,分别划分了四类资源区和三类资源区,对不同的资源区设置了不同的标杆上网电价。水电资源同样存在资源的不同类别。据统计,四川、云南等省份水电的单位千瓦造价大多在12 000 元左右,很多延伸至上游高海拔地区的水电项目单位千瓦造价也已高达 20 000元,而西藏地区水电的单位千瓦造价则大部分已在 20 000 元以上。对于水电,不能回避资源开发差异带来的成本问题。长期以来,大量经济指标优越的水电资源得到积极开发,是因为其开发成本较低,在无资金支持的情况下仍然具有较好的竞争力。在经济指标优越的水电资源基本完成开发后,后续水电资源开发成本增加,经济指标下降,没有资金支持就难于推进开发。

能源政策发挥导向作用,必然调整现有电力生产收支结构,增加能源产业的短期投入,对社会经济发展造成影响。我国能源结构调整设立了阶段性目标,无论是可再生能源或是低碳发展,均是如此。不顾一切地推进能源结构调整,将会损伤经济发展,进而影响能源结构调整的稳步推进。清洁低碳可再生能源战略实现需要量力而行,有序推进。国家近年来针对风能、太阳能发电产业制定了一系列促进开发的支持性政策,全面促进了风力发电、太阳能发电的发展。2011 年底我国风力发电装机、太阳能发电装机分别为 4 623万 kW、162 万 kW,2017 年底已分别达到 16 367 万 kW、13 025 万 kW,增长幅度分别达 3倍、60 倍。这是支持性政策取得的成就。但风力发电、太阳能发电装机超预期的迅猛增长,使支持性的政策资金出现严重短缺。根据财政部的统计,2017 年我国可再生能源电价附加收入 705.50 亿元,而截至 2017 年底,我国可再生能源补贴缺口已达到 1 000 亿元。由此可见,按照现有规则,我国可再生能源发展基金的收入已无法满足可再生能源补贴的需要。不计代价地全面推进风电、光伏开发,对实现可再生能源发展是不利的。以 2017年执行的三类资源区新建光伏电站的标杆上网电价 0.85 元/(kW·h)为例,光伏发电每1 kW·h,对应的电力成本基本相当于火电的 2 倍。这样的补贴可以促进光伏发展,但社会平均发电成本、用电成本不得不推高。

为减轻对经济发展造成冲击,可再生能源发展应当结合市场,有序推进。以市场电价为基础,用有限的可再生能源发展基金先行推进开发条件好的资源。比如先行推进补贴较少的水电项目,在开发过程中进一步积累可再生能源发展基金,进而推进需要补贴稍多的项目,逐步实现可再生能源的全面开发。

近期,可考虑减免水电项目的输电费用,该费用通过补贴的方式支付电网企业。如果减去 0.12 元/(kW·h)的输电成本,可以使得 0.4 元/(kW·h)以内的水电电力在落地时具有较好的竞争力。未来,可根据水电开发状况,逐步考虑针对高成本的具体水电项目进行补贴。

4.3　转变思维,建构促进后续水电开发的市场新理念

长期以来,电力发展是由需求拉动,以保供思维推进各类电力生产。水电也曾因电力需求的快速增长而得到大力发展。2015 年以来,电力供应呈现供大于求的现象,电力需求增长放缓。在此情况下,继续采用保供的思维,以增量优先方式对待水电,得到的结论必然是水电无须继续开发。电力行业管理也因此对水电开发降温。电力需求增长是难于预测的。川渝弃水的主要原因之一就是以往对电力需求的预测过高,形成电力过剩。虽然当前预计电力需求增长放缓,但是如果等未来电力实际需求大幅度增长后再积极推进水电,而大型水电建设周期长达 10 年左右,是无法适应市场需求的。当前积极推进水电开发,才能应对未来的电力增长需求。

水电开发不仅仅是为了保障电力供应,更是能源结构调整的需要。增量优先的方式开发水电可以在需求快速增长时对国家能源结构调整发挥一定的作用,但整体上维持了不可再生能源消耗的规模,弱化了调整国家能源结构的作用。从促进可再生能源的利用,更加深入地推进国家能源结构结构调整角度,即使未来电力供应充足,仍需考虑对占据电力供应 71% 的火电进行部分存量替代,积极推进水电开发。

弃水问题是能源行业关注的重要问题。通常考虑的解决方案是电力外送。电力外送是开拓电力消纳市场的方案,仅依靠电力外送是难以解决弃水问题的。受电端期望得到的是电力供应,绝对不是为了解决其他区域的弃水问题。受电端为了接纳外部电力,必须压减自身的装机。受电端在送电端丰期弃水时可以得到电力供应,在送电端枯期没有弃水时就得不到电力供应,这对受电端的电力保供产生极大影响;如果送电端经济发展迅猛,弃水电量急剧减少,外送电力的能力随之降低,受电端的电力保供也将受到影响。解决川滇弃水的关键在于转变思想,从受电端利益出发,增强枯期电力供应能力,从弃水外送转变为电力供应。送电端需要做到三方面事情:第一,通过建设多年调节、年调节性能的水电站或配套实施互补性强的风电、光伏,解决丰枯矛盾,形成相对稳定的电力供应;第二,开发电力质量优越的水电站,解决本区域用电需求增长问题,同时保障区域电力外送的能力;第三,承诺电力供应,在不得已降低电力供应时应与相关各方协商处理。通过市场角度解决分歧,才能真正解决水电消纳问题,为后续水电开发创造条件。

5　结　语

水电是清洁低碳可再生能源。开发后续水电是国家经济社会持续稳定发展、调整能源结构的需要。针对清洁低碳可再生等要素强化能源政策导向作用来促进后续水电开发,基于开发成本、有序推进能源结构调整的方式使水电等能源的开发与经济社会发展相适应,建构促进后续水电开发新理念的方式解决后续水电开发与市场关系问题,必将有助于后续水电有序开发,有利于国家构建清洁、低碳、节约、低廉的能源供应体系,为国家经济社会的稳定发展做出贡献。

参 考 文 献

[1] 中国水力发电工程学会. 新常态下中国水电可持续发展政策研究报告[R]. 2016.

[2] 中国国际工程咨询有限公司. 增强水电市场竞争力 促进后续水电可持续发展政策措施研究(讨论稿)[R]. 2018.

[3] 杨娟,刘树杰. 有关"降电价"的看法和建议[J]. 价格理论与实践,2018(1):15-17.

[4] 艾明建. 当前四川水电弃水问题及解决对策研究[J]. 四川能源,2018(21):103-106.

电力生产企业数字化转型升级中的
几个重要研究课题

许明勇，周佳

（雅砻江流域水电开发有限公司，四川 成都　610051）

摘　要　随着雅砻江公司流域梯级电站开发战略持续推进，本文结合当前人工智能技术、深度学习等技术发展现状，立足电力生产实际，认为当前电力生产企业有必要突破传统的运维管理模式，实现数字化转型升级，提出了区块链技术在电力市场营销中的应用前景研究、数据中心的应用需求研究、人工智能在设备在线监测方面的应用研究等三个研究课题的初步思路、意义以及困难，为企业科学创新研究提供参考。

关键词　电力生产；数字化转型升级；研究课题；区块链；人工智能；数据中心；数学模型

1　引　言

随着雅砻江公司流域梯级电站开发战略的纵深推进，雅砻江公司工作重心正逐步由水电工程开发建设向电力生产和新能源开发板块转移。目前雅砻江公司已投产发电 5 个梯级水电站，总装机容量 1 470 万 kW，集团化管理、梯级电站补偿效益优势逐步显现。在深化电力体制改革的过程中，面对激烈的市场竞争，如何突破电力生产企业传统的运维管理模式，实现本质安全和达到降本增效目标，已成为电力生产企业在转型升级过程中遇到的最大瓶颈。

在以"信息化、智能化"为核心的第四次工业革命的浪潮中，深度学习、增强学习、区块链、虚拟现实等新兴科学技术发展迅速，声音视觉识别、生物特征识别、工业生产数字双生子、无人机、机器人等技术已得到广泛应用。根据权威机构 IDC 预测，目前全世界正处在数字化转型（DX）的快速发展时期，2027 年行业 75% 的组织将达到数字化转型成熟的最高级阶段，2030 年数字经济占比 GDP 的 77%。紧跟第四次工业革命步伐，实现电力生产过程数字化转型升级，是电力企业创新发展的必由之路。创新不是目的，是一种手段，企业创新的最终目的仍然是解决生存问题，如何实现利润目标问题。在创新的过程中，如何将这些数字化新技术融入生产实际中、如何平衡投入与产出的关系、如何提高生产力是亟待我们思考和积极探索的方向。

本文就电力企业数字化转型升级方面的思考过程中遇到的疑问和困难进行了梳理，为企业科学创新研究提供参考。

作者简介：许明勇（1975—），男，学士，教授级高级工程师，研究方向为计算机监控系统。E-mail：xumingyong@ ylhdc. com. cn 。

2 研究课题

2.1 区块链技术在电力市场营销中的应用前景研究

在深化电力体制改革进程中,按照《电力中长期交易基本准则》要求,发电企业市场交易电量逐渐增大,基数电量逐步缩减,在当前电力供给产能过剩的形势下,市场营销压力巨大。众所周知,发电企业生产的唯一商品就是电能,其品种单一,且由于各电力企业都接入电网共同支撑电网的安全稳定性,因此电能这个商品的品质难以定量衡量,在提升电能品质方面有所作为的空间有限。

雅砻江公司主体信用等级已连续 5 年维持 AAA 级,经营状况良好,清洁能源供应稳定,备用容量充裕,把这些积极因素按照某个数学算法进行计算,形成雅砻江公司的信用,将信用与电力销售挂钩,将可能为市场营销带来突破。这个数学算法的核心就是信用评价机制。

信用就是公信力,区块链技术的本质就是通过去中心化存储、点对点传输、加密算法等技术来建立公信力,因此推动了虚拟货币的蓬勃发展。当前区块链技术在合约、版权方面都已经得到了应用,可以预见,在不久的将来区块链技术在以信用为基础的金融系统中也将得到广泛的应用。信用往往能释放惊人的魅力,当钻石与忠贞不渝的爱情挂钩时,一颗石头变得比黄金更加珍贵,"钻石恒久远,一颗永留传"已俨然成为爱情的象征,众相传唱。

充分发挥雅砻江公司在主体信用、电力生产可靠性、人均产值、经营效益等方面的"隐形"经营管理优势,利用市场客户"品牌消费"的从众心理,在电力市场销售的甲方(电网或直供电用户)、乙方(雅砻江公司)、电力市场交易监管单位中,开展利用区块链技术建立发电企业信用并与电力销售挂钩的前瞻性信用评价规则、算法研究工作,对未来提升雅砻江公司的市场地位和企业品牌形象具有重要意义,将进一步促进公司电力市场营销向好发展。

2.2 数据中心的应用需求研究

电力生产数据是企业的重要资产,要把企业建设成百年老店,需要不断的积累、沉淀和传承。GE 公司提出数字双生子(Digital Twin)概念以来,已建设了 2 万余个数字双生子,实现了生产过程的数字化模拟,为新产品研发、改进生产流程、提升管理效率发挥了积极作用。目前,雅砻江公司已建成电力生产数据中心及企业私有云,逐步开始采集、挖掘电力生产大数据的潜在利用价值。

电力生产大数据的利用价值主要在于提高设备的可靠性,推动预防性检修,避免设备设施过修或欠修,实现生产过程的本质安全。在雅砻江公司二滩电厂按照行业规范推动状态检修的相关研究和探索工作中,提出了一种"设备特征向量累积能量波动预警数学模型",提前预警设备故障状态,示意图如图 1 所示。图 1(a)中,正常故障报警值在 A 点处,通过计算图 1(b) $f(x)$ 与 $g(x)$ 函数相交的积分值,能够在 B 点实现预警。由于受运行工况影响,设备特征值波动幅度大,无法通过向量的相关性来区分设备故障或工况变化,因此在此数学模型中提出了一种网格化切分运行工况(可以是二维切分或更多维度)作为模型应用的前置条件,以弥补模型的不足,使设备特征向量在同一个网格化工况下进行前后对比。

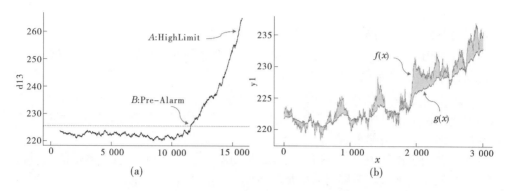

图1　设备特征向量累积能量波动预警数学模型

从该数学模型理论出发,推动其应用,能间接地估算出数据中心的存储规模,以及企业云平台(挂载数字化智能水电厂一体化管控平台应用)的实时性能、数据仓库容量、分布式计算、流式计算、内存计算等方面的性能指标和应用需求,初步功能框架构想见图2。

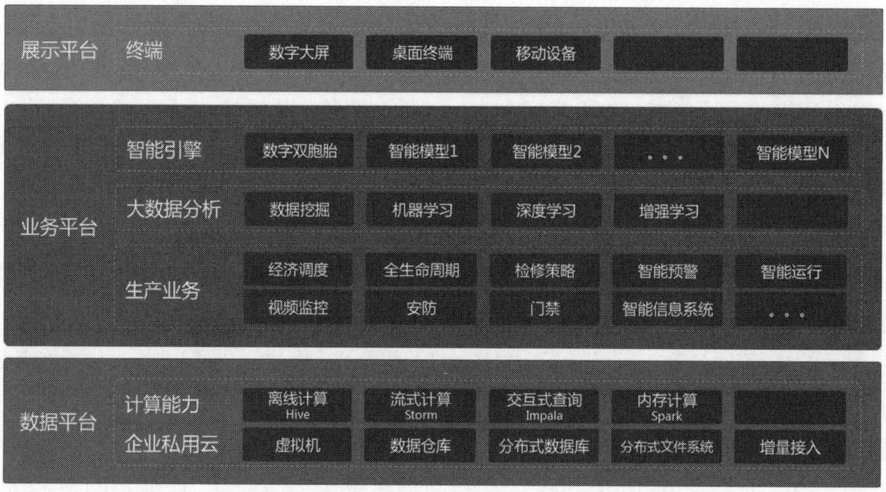

图2　设备特征向量能量波动预警数学模型功能框架

没有一种可以适应所有应用场景的设备特征向量劣化趋势监测的数学模型,笔者还检验过 M – K 突变、滑动 t 检验、启发式分割、相对熵、VMD 等模型效果,但其识别能力都不理想。

目前可直接应用的、通用的智能分析数学模型较为匮乏,企业云平台对电力生产大数据实现价值挖掘方面的应用需求尚不明确,建设规模及功能软件部署规划无法确定,因此开展此方面研究将会推动预防性检修策略优化,降本增效,实现电力生产过程本质安全。

2.3　人工智能在设备在线监测方面的应用研究

从感知学角度讲,人的感知器官主要包括触觉(振动和温度)、听觉(音频)、视觉(视频和图形)和嗅觉(颗粒密度和化学成分)。随着科学技术不断发展,传感技术和深度学习技术已能够替代或超越人的感知,准确感知设备的健康状况。近年来卷积神经网络(CNN)、递归神经网络(RNN,LSTM)技术方面的突破,在安防、工业领域得到了广泛应用,也推动着人工智能技术快速进入大众社会生活。

目前深度学习在电力行业缺乏设备在线监测方面的应用案例,也尚无一家企业能够提供完整的智能化水电站、数字化水电站解决方案,需要开展一系列跨行业前期研究工作,推动人工智能新技术在生产过程中落地,有助于解决电力生产过程中的一些疑难问题,优化设备设施检修维护方式。

3 结 论

企业数字化转型升级并非一帆风顺,创新也从来不会轻易成功。提前谋划,开展前瞻性科学技术研究和探索,沉淀技术储备,才能不断增强企业核心竞争力,促进企业在严酷的市场竞争中勇立潮头启新航。

参 考 文 献

[1] 张锐. 区块链技术与其应用前景[J]. 青年与社会,2015,618(36):216-217.

[2] 张璐,周跃. Mann - Kendall 检验及其河流悬沙浓度时间序列分析中的运用[J]. 亚热带水土保持,2007,19(4):13-16.

[3] 徐尧强,方乐恒,赵东华,等. 基于 LSTM 审计网络的用电量预测[J]. 电力大数据,2017,20(8):25-30.

超前谋划 等待时机

——对雅砻江上游水电开发的思考

潘令军

（雅砻江流域水电开发有限公司，四川 成都 610051）

摘 要 雅砻江上游河段水电开发是公司"四阶段"战略部署的收官之笔，上游河段开发时的政策环境、市场环境、自然条件、效益预期、技术保障程度等均较中下游河段开发时期发生了很大变化，为了在未来开发中管控住风险，保证项目的开发效益，本文针对与水电开发相关要素进行了思考分析，试图探寻一条适合上游水电开发之路，在开发条件成熟后适时践行。

关键词 雅砻江；上游水电；水电开发；管理

公司已完成了"四阶段"战略部署中第一、二阶段雅砻江下游河段开发的主要任务，现在已进入以中游河段为对象的第三阶段，上游河段开发是战略部署的第四阶段。上游河段地处高原，海拔在 3 000 m 以上，自然环境、社会环境、市场环境及项目经济性等均有别于流域中下游，按照常规实施开发会面临众多困难，以下对未来上游河段开发可能遇到的困难与应对措施进行了思考，希望在开发条件成熟后为项目的实施提供一些参考。

1 上游河段水电开发条件

根据初步规划成果，雅砻江上游河段规划有 11 级电站，从上而下分别为鄂曲（0.64 万 kW，已建）、温波（6 万 kW）、木能达（22 万 kW）、格尼（16 万 kW）、木罗（16 万 kW）、仁达（45 万 kW）、林达（15.6 万 kW）、乐安（10.8 万 kW）、新龙（25.8 万 kW）、共科（40 万 kW）、甲西（36 万 kW）。利用落差 648 m，总装机容量约 240 万 kW。其中，新龙县域内的仁达、林达、乐安、新龙、共科、甲西 6 级电站，总装机约 173 万 kW，占上游河段规划容量的 72%。

上游水电开发时，各类条件较中下游开发时期会发生较大的变化，主要有电力销售市场、建筑市场、技术保障深度等方面，主要差异如下：

一是电力消纳。由于公司超前谋划，利用国民经济高速增长、电力需求大的有利时机，顺利解决了下游开发的市场问题。中游河段开发时期是国民经济发展新常态下，能源结构进一步优化，清洁能源被更广泛地开发和使用，电力消纳也基本得到了落实。而上游河段电力市场需求还不十分明确。

二是建设成本。目前，上游河段规划编制已基本完成，待批，项目预可研报告在编制

作者简介：潘令军（1973—），男，工学学士，高级工程师、注册投资咨询工程师，主要从事工程管理相关工作。E-mail：panlingjun@ylhdc.com.cn。

中。从预可研中间成果的经济指标来看,上游河段新龙县域内的6级电站静态投资单位造价为1.58万~2.09万元/kW,预算上网电价为0.614~0.865元/(kW·h),高于中下游和当前市场水平,项目的经济性不可控。

三是技术保障深度。中下游电站开展前期施工准备工程时已完成了河段规划、预可研报告,基本完成了可研报告,对项目的经济技术指标、枢纽布置、建设周期、征地移民、施工组织等已有了较为全面清晰的认识,技术和成本区间可控,而目前上游河段规划环评与水电规划尚未批准,技术保障深度较中下游不足。

综上所述,要顺利实现公司一条江完整开发的战略目标,项目还要盈利,就需要认清和利用好上游水电开发的现有条件,开拓思路,创新思维,面向市场,走出一条既要开发又有效益的开发之路。

2　电站开发经济性分析

分析电站项目的经济性首先要研究电力销售市场、建筑市场、运行市场等,在这些与电站经济相关的要素市场中找到一条在电站全寿命周期内"项目总营业收入>项目总成本费用"的方法,做到这一点,就能做到经济可行。

在要素市场中需要研究的有电站发电量、上网电价、建设成本、运行成本、财务成本及各类税费等,并通过对这些要素采取技术优化及管理优化的具体措施努力实现总收入大于总成本费用的要求。

2.1　总营业收入分析

电站建成后顺利投产并网发电,是项目可行的基本条件。上游河段规划装机约240万kW,电站区域由甘孜北部电网覆盖,该电网2017年社会用电量为4.7亿kW·h,2018年预计用电量约5.1亿kW·h,2025年预测用电量约9.4亿kW·h,上游电站投产后可就地消纳容量10万~20万kW,若电站全部投产发电,需另建外送通道。

2015年3月15日《中共中央国务院关于进一步深化电力体制改革的若干意见》发布,按照电力改革"管住中间,放开两头"的体制架构,同网同价将是一种趋势,电厂间竞争也会越来越激烈,价格短期内会下行。长期来看,《巴黎协定》执行情况检查机制于2018年开始启动,并于2023年进行第一次"全球总结",随着时间的临近与措施的实施,清洁可再生电力应用将更趋广泛,水电有找平火电等其他电力价格的上涨空间。因此,电力体制改革后水电电价或将先降后升,基于以上分析,上游电站上网价格可按当前现有水平0.3元/(kW·h)预计。

根据电站的额定发电量和预计电价可以计算销售收入,在电站全寿命周期内将各年销售额按基准折现率折算,上游各电站预算营业收入(静态)在13.1亿~48.7亿元。

总营业收入反映的是下游用户愿意付出最高电价对应的总成本费用的高限,如果电站建筑、运行成本、财务成本等组成的总成本费用低于下游用户最高价格要求,则项目就是可盈利的。这种从下游买方市场反推总成本费用的方式与现行的按设计方案计算上网电价有着很大不同,前者是以适应买方市场需求为条件,在卖方市场寻求满足这种需求的方案,而后者是卖方提出方案在买方市场寻找愿意接受该方案的买主。显而易见,前者更有利于开发企业创新思路、积极探索,更适宜于电力结构改革的大趋势,有利于企业发展。

2.2　总成本费用分析

总成本费用包括建设成本、运行成本、财务成本和各类税费等,其中建设成本来源于建筑市场,是总成本费用中的主要组成部分,其费用水平很大程度上决定着项目的效益水平;运行成本来源于电站运行主体,可以由业主自营,也可以市场化采购,方案选择的原则是安全运行与低成本;财务成本与各类税费依现行法规标准执行。

2.2.1　建筑市场分析

国内水电开发由不同部门负责不同职能,政府负责河流的规划;企业是出资人,接受开发权、研究项目可行性并组织实施,而项目的实施主体则是建筑市场的设计与施工单位。而事实上,无论是河流规划、可行性研究,还是施工阶段的设计服务,都是由水电勘测设计院实施的,这是设计企业拥有的技术资质和资源优势决定的。

如果设计院利用这一天然优势,从减小自身风险或增加收益的角度出发,就有可能在设计规范框架内选择较高标准的方案、配置性价比较低的功能,这样对开发企业来讲就会增大项目投资,增加建设成本,降低项目的收益水平,甚至影响到项目的经济可行性,这种生产关系对开发企业不利。

生产关系必须适应生产力的发展,必须有利于生产力要素积极性的发挥。开发企业应当引导设计施工企业将其技术优势和创造力发挥出来,寻求电站在安全和功能前提下最优的解决方案,降低建设成本。尤其是对高出买方市场价格水平的上游电站,更应发挥其专业优势和积极性去优化方案,降低费用。

2.2.2　电站运行成本

运行成本是电站在全寿命周期内的经营成本的重要组成部分,包括人员费、设备大修费、修理替换费、现场管理费等。在设计报告中,该费用多由"定额法"计算而来,反映的是社会平均费用水平,但考虑到上游项目成本高的特殊性,需要重点研究降低运行费用的途径与方法,将电力成本降下来,以适应电力用户的承受价格水平。

人工费是运行成本的主要组成部分,开办费及办公费等现场管理费的发生也与人员数量相关。人员数量与费用水平的安排对运行成本影响很大。因此,要降低人工费成本,必须降低电站运行维护人员数量和人均费用标准。

位于石渠县的雅砻江某水电站和炉霍县的鲜水河某水电站,两电站装机规模小,分别为 4×1 600 kW 和 3×2 500 kW,运维合一,还包括机组年度检修工作,运维人员分别为10 人和 12 人,通过运维人员的市场化,人均费用比国内大发电集团大幅下降。人力成本是电站经营成本中的主要部分,人力成本锁定后运行成本也基本锁定。因此,上游水电站可以采用运行市场化的方式降低成本。

按照具体方案配置资源、测算成本的方法叫"实物法","实物法"预测成本是基于具体电站的运行方案和人力成本进行的,与设计方案中采用"定额法"预测成本的方法相比更具有针对性和准确性。

2.2.3　其他成本

电厂投产运行后的其他成本还包括财务成本和各类税费等,这些费用是项目的刚性成本,按现行贷款利率及相关要求计列。

对总成本费用分析可以看出,要将上游水电项目较高的造价降下来,以适应电力用户的要求,必须从降低建设成本和运行成本上想办法。

2.3　BOT采购方式的应用

广西某火电厂是国家计委批准的,国内第一个规范的BOT项目,总投资为6.16亿美元,折合人民币51.3亿元,装机2×36万kW,项目特许期为18年,1997年下半年开工建设,其中建设期为3年,商业运营期为15年。2015年9月3日,广西壮族自治区政府顺利接收了电厂。该项目运行效果较好,项目投资由外方负责,电厂移交了结时双方均获得了可观的利润,取得了双赢的效果。

该电厂从发电成本控制途径来看,一是优化设计,整个电厂布置紧凑合理,物料投放路径短,中控室、办公用房布局简约合理,节省了土地,节约了建设成本;二是降低了运行成本,该电厂在承包商运行期间投入人员约250人,为国内同期同规模火电厂人员的25%,大大降低了人员数量,控制了运行成本。

上游水电站开发可以借鉴BOT采购方式,面向国内水电建筑市场招标。业主按招标文件中约定的发电数量及价格收购,承包人带资开发,通过向业主售电,在授权运行期限内自主经营,运行期结束后由业主接收电厂。BOT合同风险界定清晰,承包人承担建设、运行、融资风险,业主承担电力市场价格变化的风险。

2.3.1　采用BOT方式开发利弊分析

1)有利方面

(1)可以降低建设成本。

根据预可研中间成果,新龙县域内的6座电站静态投资为21亿~82亿元。业主承担的投资部分可进行优化,主要包括工程主材、机电设备及金属结构采购可通过业主采购优势实现;按已完工项目价格水平,复建工程及施工供电系统的建设成本可控;项目BOT方式采购后,工程建设管理费、生产准备费、施工及专项科研实验费、咨询费、设计费等可在取费费率中选择较低值,独立费用可降低;税收改革"营改增"后税赋成本降低。综上,业主承担费用部分可节约投资11.7%~19.0%,投资额降至18.4亿~70.5亿元。

采用BOT后,承包人承担电站的设计施工及电站运行发电任务,设计方案的优化对其增加自身营利意义重大,承包人会充分发掘设计院方案优化的主观能动性,电站的结构性优化具有更大的潜力。公司范围内已实施的EPC项目有杨房沟主体工程、两河口征地移民安置工程、上游施工供电工程等,承包合同价格较设计概算分别减少10%~20%。如果上游工程在规划后就实施招标,结构性优化的优势将更加明显,效益更加显著。经BOT工程结构性优化后工程投资减少至14.2亿~53.6亿元,单位千瓦投资1.06万~1.35万元。

BOT合同执行中承包人工程管理主观上会更加积极主动,最大程度地保障建设进度、安全生产及工程质量等,业主可大幅减少现场管理力量,逐步从投资实施方转变为投资决策与筹资管理的投资人,适应市场配置资源的要求。

(2)可以降低运行成本。

BOT招标可以降低运行成本,主要表现在运行、检修、管理人员的配置数量比国内大集团电厂少。根据对中小型水电厂人员配置方案的调研,上游单个电厂参考配置运行及维护人员为15~30人。工资标准按承包人工资体系执行,通过市场竞争降低了人员费用。大修理费、修理替换费及二类费用等参考公司实际水平。运行方案优化后,电站运行成本降低可引起电价降低 0.055 ~ 0.217 元/(kW·h)。

经建设成本与运行优化后,上游电站上网电价可达 0.308 ~ 0.408 元/(kW·h)。如果按 0.3 元/(kW·h)的预计上网电价测算,各电站投资内部收益率在 3.75% ~ 5.70%,部分电站已高于 5% 的基准收益率。

(3)可以降低投资风险。

BOT 承包方式由承包人带资建设电站,业主的投资风险可由承包人分担一部分,可以减小业主风险。从当前国内水电建筑市场范围来看,承包人尚无 BOT 方式承建水电站的经验,但有承担政府主导的 PPP 项目,独立经营市政工程的经验,如城市地下管廊项目。承包人还拥有管理和运行中小型水电站的经验,许多设计院及施工单位均有相关经验。因此,当前建筑市场中有承担 BOT 承包责任的潜在承包人,其经验是项目成功的有利条件。

(4)可以开拓发展之路。

公司未来的投资更趋多元化,通过上游水电投资管理的创新实践与研究,总结经验,可以为以后的投资决策与管理积累经验、提供参考。

2)可能面临的风险

(1)水电行业中尚无 BOT 采购方式先例,业主招标经验不足。对 BOT 合同执行的边界条件认识不清,会对合同的执行带来困难。

(2)水电站 BOT 项目的工程与经济分析涉及方面多,技术难度大,承包人 BOT 水电站无成熟经验,投标时对各类风险预测不充分,对风险的应对措施准备不充分,实施过程中可能会遇到困难,甚至会导致项目失败。

(3)上游较为复杂的建设环境。

2.3.2 BOT 方式建设的一般架构

上游水电项目采用 BOT 方式建设需要的一般架构如下:

首先,上游河段规划环评和水电规划要通过政府批准,之后便可进行电站的 BOT 招标,承包人越早介入,越有利于方案设计优化、降低造价,越有利于项目的成功。

其次,发包的内容是整个电站的建设、运行、电力收购与接收移交,承包人自行筹资建设水电站,建成后运行 15 年,运行期间公司按合同约定价格和数量收购生产的电力,然后按市场价格上网发售,公司承担上网售电风险,承包人承担建设及运行风险,运行期结束后,公司有偿或无偿接收电站。需要说明的是,电站运行期限设置为 15 年,一是防止设计院的过度优化,影响电站长期运行安全和质量保障,二是考虑市场风险及银行所能承担的最大贷款风险。

再次,出于政策连续性考虑,电站的征地移民工作由业主负责。

3 上游电站开发与否的对比分析

3.1 经济性分析

上游电站与完善地方民生设施相结合,已开展了一些前期准备工程,电站继续开发与暂停开发在经济上差异较大。

如不进行后期开发,费用包括前期现金投入及其贷款利息,还有后期对这些资产照看费用,照看费用中主要包括供电系统运行维护、营地安保及必要的辅助项目,全寿命周期内逐年费用按基准折现率折算,现值FNPV为 -29.6亿元。

如果继续进行项目的后续开发,同等条件下6座电站的净现值FNPV在 -7.7亿 ~ 1.4亿元。

可见,按技术与管理优化后方案实施项目开发比暂停开发经济上更具优势。

3.2　后续业务发展

经过初步踏勘,上游河段周边新龙、甘孜、德格、石渠四县具有约2 000万 kW的光伏和风电资源,其中80%为光伏资源。水电项目的继续开发可以为其他能源开发打造一个平台,有利于实现公司"完整开发一条江"的战略目标,有利于"再造一条雅砻江"远期规划的实施,有利于风光水能源互补基地的建设。

3.3　电力消纳与建设风险

当前国民经济发展进入新常态,电力需求有许多不确定性,有待进一步研究,找好电站投产与经济规律相适应的接口。设施建设也需要当地政府的支持,这一点是非常重要的开发条件。

4　结　语

目前国内电力体制改革在进行中,水电建筑市场格局也发生着变化,处于电力市场上下游之间的电力生产企业发展条件也发生了变化,但万变不离其宗,效益与风险管控是企业发展永恒的主题。无论上下游两端市场如何变化,发电企业保持可持续的盈利能力是不变的目标。为了适应这种变化,需要引导生产关系朝着有利于降低生产成本的方向发展,适应下游市场、调整上游市场,认真研究上游河段的开发方式,超前谋划,等待开发时机的到来。坚信在公司统一领导下,上游河段会探索出一条更为有效的开发之路,实现全江完整开发的伟大目标。

基于电力体制改革背景下的雅砻江上游水电工程项目采购模式探索

马德君,吴智宇,曾景夫,肖稀

(雅砻江流域水电开发有限公司,四川 成都　610051)

摘　要　电力体制改革是电力行业发展的必然需求,我国现行的电改方案以"电网逐步退出售电和大用户直购竞价上网"为主线,以电价为核心,从配、售电侧起步,逐渐实行电力市场竞争机制。此举既为电力企业的发展运营提供了新的思路,同时对电力项目的开发建设提出了新的挑战。本文提出了雅砻江上游水电工程项目全寿命周期成本优化的必要性,并通过对项目采购模式的探索,梳理了上游电价招标模式思路,对于降低上游梯级水电站总投资成本、提高项目可行性具有一定的参考意义。

关键词　电力体制改革;采购模式;水电工程;全寿命周期;电价成本

1　引　言

　　早在 2002 年,国务院颁布了《关于印发电力体制改革方案的通知》(国发〔2002〕5号),为中国的电力体制改革规划了一条市场化的中长期路线,即通过"厂网分开、主辅分离、输配分开、竞价上网"四步改革措施,打造出政府监管下的政企分开、公平竞争、开放有序、健康发展的电力市场体系。随后,中国电力行业格局在后续 13 年的时间里基本维持了"电改 5 号文"的改革规划:原中国国家电力公司拆分、重组为两大电网公司、五大发电集团和四大电力辅业集团(中国电力工程顾问集团公司、中国水电工程顾问集团公司、中国水利水电建设股份有限公司、中国葛洲坝集团公司);并将两大电网公司省级(区域)电网企业所属勘测设计、电力施工、装备修造等辅业单位成建制剥离,与四大电力辅业集团重组为中国电力建设集团有限公司及中国能源建设集团有限公司。至此,"电改 5 号文"中的"厂网分开、主辅分离"措施已初见成效,但"输配分开、竞价上网"曾小范围试点均告失败[1]。

　　因此,2015 年,在全面深化改革的大背景下,中共中央发布了《关于进一步深化电力体制改革的若干意见》(中发〔2015〕9 号),基本延续了"电改 5 号文"的改革方向,并进一步提出了要建立相对独立的电力交易机构,打造公平规范的市场交易平台。

2　雅砻江上游水电工程简介

　　雅砻江流域是金沙江的最大支流,其上游河段水电规划主要集中在甘孜州新龙县和

作者简介:马德君(1974—),男,学士,高级工程师。E-mail:madejun@ylhdc.com.cn。

平乡以上,石渠县尼达坝多以下区域。河段长 624 km,天然落差 1 268 m,采用 11 级开发方案,利用落差 648 m,总装机容量 239.84 万 kW。其中,新龙县境内共有木罗、仁达、林达、乐安、新龙、共科、甲西 7 座梯级,总装机 189.2 万 kW,占上游河段规划容量的78.9%。

上游水电工程相较于流域中下游来说,其单电站装机规模小、工区跨度大、总体较分散;且地处青藏高原东缘梯级地貌的过渡带(海拔 2 948 ~ 3 989 m),毗邻甘孜康巴文化区核心腹地,地方经济基础薄弱、自然条件恶劣、人机降效严重,造成上游水电开发工作的各项资源投入大幅提升。根据预可研成果,上游新龙县境内水电站静态投资超过 1.5 万元/(kW·h),平均含税上网电价超过 0.5 元/(kW·h)。综合现阶段我国所有发电能源种类,以水电上网价格最低,仅为 0.2 ~ 0.4 元/(kW·h),平均水电市场上网电价为 0.3元/(kW·h)。

3　上游电站全寿命周期成本控制

3.1　全寿命周期成本控制的必要性

综合诸多客观因素及不利条件,当前雅砻江上游水电开发所面临的根本桎梏是如何保证上游电站上网电价符合“未来电力市场化定价机制”的要求,并具有相应的市场竞争优势。从现有条件来看,仅通过对项目局部阶段工程造价的深入优化,不足以填补上游各电站预可研成果与现行电力市场上网指标之间的缺口,理应考虑从水电站项目决策、设计、实施、验收到运维阶段进行全寿命周期成本控制,以最大程度地提高项目资源投入优化水平,促使上游水电工程具备一定的市场竞争条件。

3.2　全寿命周期成本控制思想

在建设项目的全寿命周期中,随着建设程序的推进,项目资源投入逐渐增加,但成本的可控程度却呈递减态势[2],因此建设项目全寿命成本的最佳控制时期主要集中在决策及设计阶段。鄂曲水电站作为雅砻江干流第一级水电站,于 2003 年 12 月投入试运行,其总装机容量 0.64 万 kW(4 台 1 600 kW),总投资 7 925.5 万元,平均单位投资 1.24 万元/kW、上网电价 0.24 元/(kW·h)、年发电量 2 831 万(kW·h)。鄂曲水电站最先为地方企业出资筹建,其在项目正式实施前,便通过简化电站设计需求、降低施工资源投入等方式以实现电站后期营收最大化的目的,即便在甘孜州电力公司将鄂曲水电站收购后,站内运维人员配置也仅满足日常基本发电所需,至今未开展过机组大修工作。

对于建设项目的工程质量与运维成本来说,两者互为对立统一关系[3]。片面地追求项目建设质量以期减小运行维护成本,并不是降低全寿命周期成本的合理选择。在项目决策及设计过程中,通过适当的优化措施,寻找工程质量与运维成本之间的最佳平衡点,才能实现项目全寿命周期成本的最优解。

4　上游水电项目采购模式探索

4.1　上游电价招标模式思路

综合比较国内外各类电源建设项目的采购模式,其根本在于解决业主需求,而雅砻江上游水电项目也需采取最适合自身条件的采购模式,以使其上网电价满足当前电力体制改革背景下的"交易公平,价格合理"要求。然而,目前水电项目的全寿命周期成本优化工作如基于国内主流的 DBB(Design—Bid—Build)或 EPC(Engineering—Procurement—Construction)模式实施,因参建各方的价值取向不同,易造成合同履约困难的局面。

广西来宾电厂 B 厂项目作为中国第一个规范的 BOT 项目,其总投资为 6.16 亿美元,总装机容量 72 万 kW,项目特许期为 18 年,于 1997 年下半年开工建设,其中建设期为 3年,商业运营期为 15 年。截至项目特许期结束,来宾 B 电厂累计上网电量 567 亿 kW·h,拉动 GDP 增长 5670 亿元;外方项目公司实现利润 45 亿元,上缴各种税费 52.6 亿元,社会捐赠 430 万元;广西方政府实现收益 91.2 亿元。来宾 B 电厂项目执行之前曾有过三个版本的可行性研究报告,电价收费分别是 0.077、0.077(边界条件不同)、0.080 美元/(kW·h),项目公司内部收益率分别为 19.01%、19.63% 和 18.88%。实际招投标过程中,法国电力联合体最终投标电价小于 0.05 美元/(kW·h),但仍然可以获得 17.5%的回报率。可见,采取适宜的采购方式,通过竞争招标机制及合理优化手段,将对项目成本优化工作产生积极的推动作用。

基于以上,在彻底"还原电力商品属性"的前提下,构思上游水电项目适宜的采购模式(电价招标 BOT 模式)如下:发包人根据现有成果,以"电价、电量"为标的物,在项目决策或设计阶段进行"项目融资、建设及运营主体责任人"(承包人)的招标,在承包人取得一定期限的特许经营权后,由其组建项目公司,全面负责项目的实施工作;在合同履行过程中,发包人以约定价格,收购约定电量,并将收购电力按上网电价销售给市场客户,以期获取价差收益;特许经营期满后,发包人按合同约定,有偿或无偿回收项目全部资产。

4.2　电价招标模式益处分析

通过电价招标方式,引进具备设计优化主导优势的承包人,组建利益共同体,在利润动机和市场竞争的双重推动下,有利于提高参建各方对于水电站全寿命周期成本优化的积极性,进而提高项目的建设与经营效率,降低项目总体投资成本,同时减少业主单位的管理对象数量、减小管理工作及风险、降低管理成本。

4.3　招标范围研究

4.3.1　招标范围

综合考虑上游水电开发所面临的自然条件、客观环境及市场竞争压力,上游水电站电价招标范围如下:待规划环评和河段规划通过后,将水电站项目预可研、可研、设备采购、工程建设、试运行、电力生产运行、工程项目移交等全部过程纳入招标范围。

4.3.2　征地移民问题

水电站项目征地移民工作受国家、地方政策影响较大,其投资测算具有明显的不确定性,建议将征地移民工作纳入到发包人的责任划分中,并要求承包人协助完成,且不对因此造成的工期影响或其他问题提出索赔条件。此举有利于发包人统筹考虑上游水电站的征地移民工作,避免造成相同属地、不同梯级电站间的征地补偿差距问题。

4.3.3　送出协调问题

电站建成投运后的送出问题关系到参建各方的根本利益,直接影响到上游水电站电价招标模式效益实现方式及投资回报机制的落实问题。同时,送出受阻将极大程度地影响承包人的积极性,建议将送出协调工作纳入到发包人的责任划分中,并要求承包人协助完成。此举从实际意义上构成了参建各方的利益共同体,有利于提高潜在承包人提出适应性的投标策略。

4.4　运营期限分析

根据《电力建设项目利用外资暂行规定》(电政法〔1994〕184 号),"中外合资或合作建设电力项目的合作期限(不含建设期),火电厂不高于 20 年;水电厂不高于 30 年"。特许经营权期限从理论上讲应是项目公司对项目的运营时间,但从实际操作来看,特许权期限往往是从发包人与项目公司签订协议开始计算,因此大多数特许权期限就包含了建设期。目前国际上的 BOT 项目特许权期限一般为 15～20 年(包含建设期),考虑到国内银行对项目及投资人的评估,一般贷款期限不超过 15 年(不含建设期),建议运营期限为 15 年。

4.5　回报机制研究

4.5.1　效益实现方式

(1)承包人效益实现方式。在特许经营权期限内,承包人将项目运营生产电量按合同约定电价向发包方出售,以此获取收益,其中承包人运营生产电量不得低于合同约定的发包方最低收购电量。

(2)发包人效益实现方式。发包人将收购电力上网销售,以期获取价差收益,并在特许经营期结束后,接收电厂,自行运营,赚取效益。

4.5.2　电价调整机制

在"项目发起人"(发包人)通过招投标方式引入"项目融资、建设及运营主体责任人"(承包人)后,合同双方应以承包人投标电价作为电站建设投运后的收购电价,并于《特许权协议》中进一步明确收购电量、投标电量及增量电价等,因水电行业市场电价随国家政策、经济形势而波动不定。

当"收购电价≥市场电价":发包人仍按合同进行约定电量的收购工作。

当"收购电价＜市场电价":发包人可根据期间的收益情况,给予承包人适当比例的分红,以提高其积极性,从而引导承包人在提高电站成本优化水平与保障电站建设质量之间探寻适宜平衡点。

5　上游林达电站"电价招标"模式实例分析

5.1　林达项目预可研概况

根据林达水电站预可研经济评价报告,林达水电站正常蓄水位 3 185 m,正常蓄水位以下库容 2 445 万 m³,调节库容 564 万 m³,具有日调节性能。电站装机容量 15.6 万 kW,单机容量 5.2 万 kW,枯水年枯期平均出力和多年平均年发电量分别为 4.66 万 kW、7.16 亿 kW·h(与上游木能达水电站梯级联合运行)。

在考虑林达上游水电站调蓄影响的前提下,按传统招标模式(预可研成果),以林达水电站为模型进行实例分析,如表 1 所示。

表 1 预可研林达水电站主要经济指标

序号	项目	单位	指标	备注
1	总投资	万元	304 430.7	—
1.1	固定资产投资	万元	262 653.1	—
1.2	建设期利息	万元	41 621.6	—
1.3	流动资金	万元	156.0	—
2	上网电价	元/(kW·h)	0.614	含税
3	发电销售收入总额	万元	982 085.8	—
4	总成本费用额	万元	659 069.7	—
5	销售税金附加总额	万元	15 717.2	—
6	发电利润总额	万元	307 298.8	—
7	盈利能力指标	—	—	—
7.1	投资利润率	%	4.5	—
7.2	投资利税率	%	6.4	—
7.3	资本金利润率	%	22.7	—
7.4	项目投资财务内部收益率	%	6.4	—
7.5	项目资本金财务内部收益率	%	8.0	—
7.6	投资回收期	年	18.0	—
8	清偿能力指标	—	—	—
8.1	借款偿还期	年	27.7	—
8.2	资产负债率	%	80.0	—
9	经济分析指标	—	—	—
9.1	经济内部收益率	%	9.88	—
9.2	经济净现值($i_s = 8\%$)	万元	34 974	—

5.2 项目可行经济指标

由于林达水电站预可研报告中的电价为 0.614 元/(kW·h)，远高于现行市场电价 0.3 元/(kW·h)，不满足竞争上网要求。现以市场电价倒推林达水电站建设成本，即林达水电站投资控制在 19.5 亿元以内，该项目发电具有竞争上网条件，林达水电站项目具有可行性。通过优化后的林达水电站经济指标见表 2（未考虑与木能达联合运行）。

表2　林达水电站项目可行主要经济指标

序号	项目	单位	指标	备注
1	总投资	万元	194 552.13	——
1.1	固定资产投资	万元	172 037.75	——
1.2	建设期利息	万元	22 358.38	——
1.3	流动资金	万元	156	——
2	上网电价	元/(kW·h)	0.3	含税
3	发电销售收入总额	万元	524 569.60	——
4	总成本费用额	万元	327 892.83	——
5	销售税金附加总额	万元	8 917.68	——
6	发电利润总额	万元	187 759.09	——
7	项目投资内部收益率	%	5.87	——
8	项目资本金内部收益率	%	7.99	——
9	投资回收期	年	18.71	——
10	借款偿还期	年	27	——

5.3　合同双方资本金回报率测算

以林达水电站为例,相关数据测算基础条件见表3。

表3　运营期限最优测算基础条件

序号	项目	单位	指标	备注
1	市场上网电价	元/(kW·h)	0.3	含税
2	市场上网电价	元/(kW·h)	0.256	不含税
3	年厂供电量(年最低收购电量)	亿 kW	4.51~6.73	《林达预可研经济评价》
4	银行贷款利率	——	4.9%	——
5	项目资本金比例	——	20%	——

通过以上条件,建立模型测算,按现行市场电价反算的林达水电站总投资为19.5亿元,项目资本金投资回报率为7.99%,满足项目可行性。在引入电价招标项目承包人后,按15年经营期限考虑,合同双方的项目资本金内部收益率基本相等的方案如下:

根据19.5亿元作为承包项目建设总投资,以上游水电站电价招标项目经营15年,项目资本金比例20%,发包人按0.256元/(kW·h)及预可研报告每年厂供电量收购承包人生产电能,并按市场价0.256元/(kW·h)出售,在建设期发包人每年投入资本金500万元进行现场管理等,发包人在第18年(运营期满10年后)至22年通过"逐年回购"方式,回购电站余值75 814.49万元(电站按25年折旧,且不考虑残值),即每年回购金额分别为15 000万元、10 000万元、10 000万元、10 000万元及30 814.49万元。同时,由于承包人在 15 年经营期内无法完全还本付息,发包人在第 20 ～ 22 年协助承包人还本付息,还本付息金额分别为 8 862.23 万元、8 862.23 万元及 8 741.92 万元。

满足以上测算条件后:发包人及承包人的资本金财务内部收益率分别为 7.25% 及 7.27%,基本达到一致,且接近双方行业平均资本金财务内部收益率 8% 的水平。如果承包人能进一步降低经营成本及取得更优惠的项目贷款利率,在经营期内基本实现还本付息,或减少发包人将为其承担的借款费用,那么双方的资本金内部收益率还将进一步提高,从而实现利益双赢。

通过林达水电站的实例分析,其项目总投资需在预可研的基础上优化 36.09%,参考广西来宾电厂 B 厂 BOT 项目,其最终投标电价相较可研电价整体下降约 35%。可见,通过电价招标模式,辅以合理优化手段,上游项目能够具备未来电价市场化的竞争条件。

6　结　论

通过传统水电项目采购方式以期达到上游电站项目可行的优化程度,从目前现有条件来看无法实现,采用电价招标方式,藉由"市场反馈情况"切实判断项目的"可行性",进而引进具备开发实力的"项目融资、建设及运营主体责任人",与发包人组建利益共同体,科学有序、开拓创新地推动上游水电开发工作,最大程度地激发承包人对于电站"全寿命周期成本优化"工作的积极性,为上游水电项目参与未来市场竞争创造有利条件。

参 考 文 献

[1] 刘斌,冯敏儒.浅谈电力体制改革对电网企业的影响[J].中国电业(技术版),2014(11):160-163.

[2] 宁华,戴温馨.论建设项目全寿命周期成本控制[J].华北电力大学学报(社会科学版),2013(6):44-47.

[3] 张悦民.浅谈建设项目全寿命周期成本控制[J].福建建筑,2008(5):91-93.

风光水互补清洁可再生能源开发

风光水多能系统短期优化运行研究

张鸿轩[1]，胡伟[1]，曾志[2]

（1.清华大学电机工程与应用电子技术系，北京 100084；
2.清华大学工程物理系，北京 100084）

摘 要 随着高比例可再生能源的不断接入，电力系统的安全稳定运行面临着更大的挑战。考虑到多种能源间的互补特性，构建了梯级水电、风电和光电联合系统的短期优化运行模型。基于自回归移动平均模型和 Copula 函数，利用实际运行数据建立了风电和光电有功出力的联合分布模型。针对水电站上游水位—水库库容、尾水位—下泄流量等非线性因素，采用多种线性化方法将原优化模型转换为混合整数线性规划（mixed integer linear programming，MILP）模型。该模型综合考虑了梯级水库间的水力联系和水流时滞效应，有效利用梯级水电站的调控能力与不确定的风光有功出力形成了互补。通过实际系统在不同场景下进行仿真计算，验证了该模型的有效性。

关键词 联合优化运行；风光水多能系统；互补特性；梯级水库

1 引 言

目前，随着化石能源的逐渐枯竭和全球气候的不断恶化，可再生能源的迅速发展和大规模并网成为发展的重要趋势。截至 2017 年底，中国的光伏发电和风力发电的总装机容量分别达到了 100 GW 和 165 GW[1]。然而风电和光电的有功功率有着随机性与不确定性，大量的风电和光伏并网不利于电网的安全稳定运行。因此，梯级水电在电力系统中起着越来越重要的作用，快速可调的水电出力可以有效平滑风电和光电出力的波动性，并提升电能的质量和电网的安全稳定性。多能互补联合发电系统也成为研究的热点。

历史数据表明，在中国的很多区域风电和光电的有功出力有着天然的时空互补性[2]。中国西南部等地区也有着丰富的水力资源以及大规模的梯级水电站，提供了充足的调控互补性。因此，多能源电力系统的管理和协调运行成为众多研究者所关注的发展方向。文献[3]基于历史数据，利用统计指标评估了光伏发电和水电的互补性，并估算了不同时间尺度下的有功波动性；文献[4]则分析研究了巴西海上风电和水电间的互补性。由于可再生能源出力不确定性的减小往往需要较高的经济成本，有研究者提出了一种改进的多目标优化模型以取得最大的综合效益[5]。2013 年，在中国黄河上游的龙羊峡流域，32 万 kW 水光互补多能系统正式建成投运，这也标志着大电网实用化规模的可再生能源联合系统成为可能[6]。同年，在新疆也有容量超过 10 万 kW 的风光互补发电系统并网运行[7]。有功出力的不确定性是阻碍可再生能源大规模接入电网的主要因素。而以上的研究成果表明，通过对不同类型的可再生能源进行组合，可以有效地改善电能质量并降低不确定性因素带来的影响。

　　然而,目前还少有研究者同时考虑到梯级水电、风力发电和光伏发电三种可再生能源间协调运行,尤其是在具有丰富水力资源和强大水电调蓄能力的大型流域中。另外,现有多能互补相关的研究工作更多地是从统计指标进行评价,而没有更深层次地分析互补特性与之后全系统调度间的联系,并量化分析互补性带来的效益。因此,本文提出了一种流域风光水多能系统的短期优化模型。通过对梯级水电站精细化的建模、风电和光电出力互补特性的分析以及联合分布的精确拟合,使得提出的模型更为接近实际系统。最后通过实际系统运行数据验证了该模型的有效性,并分析了风光水互补发电给之后系统调度带来的收益。

2　梯级水电站日前优化模型

　　风力发电和光伏发电的有功出力易受到气象因素的影响,不同时空分布下有明显的差异性,因而风光两种可再生能源出力不确定性的准确描述成为研究的关键。此外,梯级水电站的建模也是流域风光水多能系统优化运行的核心问题。具有大容量水库的电站有着强大的调节和蓄水能力,通过充分发挥梯级水库的容量效益,可以对来水量在时间尺度上进行合适的分配,既可以使水电出力与风光等不确定性资源形成互补,还可以提升风光水互补发电系统整体的运行效率。

2.1　优化目标

　　对于水电站,水电机组的发电出力、发电流量以及发电水头间是一个三维非线性关系,同时各梯级水库的上游水位—库容曲线和尾水位—下泄流量曲线也有着明显的非线性特性,因此梯级水电优化模型是一个典型的高维非凸非线性的优化问题。本文同时将梯级水库间的水力联系和水流时滞效应纳入考虑,并建立了梯级水电站的确定性模型。对于一个具备 N 个水库的梯级水电站,定义 $H = \{H_1, H_2, \cdots, H_N\}$ 代表 N 个梯级电站;$T = \{T_1, T_2, \cdots, T_m\}$ 代表时间周期,日前尺度下 $m = 24$;$W = \{W_1, W_2, \cdots, W_J\}$ 和 $S = \{S_1, S_2, \cdots, S_K\}$ 分别代表 J 个风电站和 K 个光伏电站。水电站的主要优势在于启停迅速以及强大的爬坡能力,本文以梯级水电站群总水头最大和总弃水量最小为优化目标,可以在保证全系统运行效率的同时减小可再生能源限电。优化目标表示如下:

$$\max \sum_{t \in T} \sum_{i \in H} h_i(t) - M \sum_{t \in T} \sum_{i \in H} \sigma_i(t) \tag{1}$$

式中:t 为运行时段,h;i 为对应水电站的编号;$h_i(t)$ 和 $\sigma_i(t)$ 分别为水电站 i 在 t 时段末的水头和弃水量;M 为惩罚系数,在不同的弃水量要求下可以给定对应的数值。

2.2　约束条件

　　水电站的运行效益很大程度上取决于其动力特性曲线,在给定水流量、水头和发电效率的情况下,可以得到有功输出;水头、有功功率、发电流量和弃水量需要满足上下限约束;在日前时间尺度上,上游水位—库容和尾水位—下泄流量的非线性约束也需要考虑。对于防洪、航运等任务对水电站提出的要求本文不作考虑。

　　(1)机组有功特性约束:

$$P_{h,i}(t) = \rho g \eta(h_i(t), q_i(t)) h_i(t) q_i(t) \tag{2}$$

式中:$P_{h,i}(t)$ 代表水电站 i 在 t 时段末的有功出力;ρ 为水的密度;g 为重力加速度;$q_i(t)$

为发电流量;$\eta(h_i(t), q_i(t))$是给定水头$h_i(t)$和发电流量$q_i(t)$下的发电效率。

（2）有功出力约束：

$$P_i^m \leqslant P_{h,i}(t) \leqslant P_i^M \tag{3}$$

式中：P_i^m和P_i^M分别为水电站i出力的上下限。

（3）发电流量约束：

$$q_i^m \leqslant q_i(t) \leqslant q_i^M \tag{4}$$

式中：q_i^m和q_i^M分别为水电站i发电流量的上下限。

（4）上游水位—水库库容约束：

$$Z_i^u(t) = \Phi_i(V_i(t)) \tag{5}$$

式中：$\Phi_i(\cdot)$为水电站i的上游水位—库容关系函数；$Z_i^u(t)$为水电站i在t时段末的上游水位；$V_i(t)$为水电站i在t时段末的水库库容。

（5）下游水位—下泄流量约束：

$$Z_i^d(t) = \Psi_i(q_i(t) + \sigma_i(t)) \tag{6}$$

式中：$\Psi_i(\cdot)$为水电站i的下游水位—下泄流量关系函数；$Z_i^d(t)$为水电站i在t时段末的下游水位。发电流量和弃水量之和为下泄流量。

（6）机组水头特性约束：

$$h_i(t) = \frac{1}{2}[Z_i^u(t) + Z_i^u(t-1)] - Z_i^d(t) - h_i^{\text{loss}}(t) \tag{7}$$

式中：$h_i(t)$为水电站i在t时段末的水头；$h_i^{\text{loss}}(t)$为水电站i在t时段末的水头损失，为简化模型，可认为$h_i^{\text{loss}}(t)$为固定值。

（7）水头上下限约束：

$$h_i^m \leqslant h_i(t) \leqslant h_i^M \tag{8}$$

式中：h_i^m和h_i^M分别为水电站i发电水头的上下限。

（8）弃水量上下限约束：

$$\sigma_i^m \leqslant \sigma_i(t) \leqslant \sigma_i^M \tag{9}$$

式中：σ_i^m和σ_i^M分别为水电站i弃水量的上下限。

（9）上下游水力联系约束：

$$V_i(t+1) = V_i(t) + Q_i(t) + q_{i-1}(t-\tau_{i-1}) + \sigma_{i-1}(t-\tau_{i-1}) - q_i(t) - \sigma_i(t) \tag{10}$$

式中：τ_{i-1}为水电站$i-1$的下泄流量到达水电站i所存在的水流时滞；$q_{i-1}(t-\tau_{i-1})$和$\sigma_{i-1}(t-\tau_{i-1})$分别为上游水电站发电流量和弃水流量对下游水电站产生的影响；$Q_i(t)$为水电站i在t时段末的径流量。

3　风光联合出力建模

在风光水多能互补系统中，对风电和光电不确定性评估的准确性很大程度上决定了模型的性能。目前场景生成法是风光不确定性分析的常用手段[8]，其中蒙特卡洛采样法（Monte Carlo Simulation, MCS）和拉丁超立方采样法（Latin Hypercube Sampling, LHS）是最常用的采样方法[9-10]。由于计算资源的限制，过多的场景往往不利于实际应用，因此K – means聚类等方法也常被研究者用来获取典型场景[11]。本文采用自回归移动平均

（Autoregressive Moving Average，ARMA）模型对风电和光电有功出力的时间序列进行建模。由于风光的有功出力有着明显的时空相关性，在场景生成中需要充分考虑到两者间的互补性，因此利用 Copula 函数对风电和光电的联合出力进行建模。

常用的 Copula 函数包括五类：t – Copula、高斯 Copula、Gumbel Copula、Clayton Copula 和 Frank Copula，前两个称为椭圆 Copula，后三个则称为阿基米德 Copula。通常来说，椭圆 Copula 无法描述变量间的尾部相关性，因此阿基米德 Copula 更适合用来描述风电有功和光电有功出力的联合分布。而三种阿基米德 Copula 函数中，Frank Copula 对于变量间的负相关特性有最好的拟合效果，因此更适合于描述风光的联合有功分布。Frank Copula 函数的概率密度函数如下：

$$c_F(u,v;\theta) = \frac{-\theta(e^{-\theta} - 1)e^{-\theta(u+v)}}{\left[e^{-\theta} - e^{-\theta v} - e^{-\theta u} + e^{-\theta(u+v)}\right]^2} \tag{11}$$

式中：θ 为需要拟合的 Frank Copula 参数；u 和 v 分别为需要拟合两随机变量的边缘分布函数。在本文中 u 和 v 分别表示风电和光电有功的预测误差的边缘分布。

θ 通常可以通过肯德尔相关系数 R 计算：

$$R = 1 + \frac{4}{\theta}\left(\frac{1}{\theta}\int_0^\theta \frac{t}{e^t - 1}dt - 1\right) \tag{12}$$

肯德尔相关系数可以通过风电和光电历史有功拟合得到的概率密度函数获得。$R > 0$（$R < 0$）分别代表随机变量 u 和 v 正相关（负相关），而 $R = 0$ 表示随机变量 u 和 v 间的相关关系无法确定。大多数情况下，风电和光电有功的肯德尔相关系数 $R < 0$。

基于风电和光电有功出力的历史数据，可以拟合出风光有功的联合分布函数，利用拉丁超立方采样可以通过两维曲面采样生成足够的场景，接下来便可采用 K – means 聚类得到典型场景，最后便可以根据典型场景进行协调优化策略设计。

对于每一个给定的风电和光电出力场景，在外送电力给定的情况下，风光水互补发电系统的总出力需要尽量接近外送需求，因此风电、光电和梯级水电站的联合出力约束如下：

$$P_D(t) + \Delta P_C(t) \geqslant \sum_{i \in H} P_{h,i}(t) + \sum_{j \in W} P_{w,j}^\xi(t) + \sum_{k \in S} P_{s,k}^\xi(t) \geqslant P_D(t) - \Delta P_L(t) \tag{13}$$

式中：$P_D(t)$ 为 t 时段末给定的外送需求；$\Delta P_C(t)$ 和 $\Delta P_L(t)$ 分别限制了风光水总出力不同时刻下相对外送量的盈余和缺额；$P_{w,j}^\xi(t)$ 和 $P_{s,k}^\xi(t)$ 分别对应场景 ξ 下风电场 j 和光伏电站 k 的有功出力。因此，模型整体协调优化的关键在于梯级水电站的控制。

4　基于线性化方法的模型求解

梯级水电站日前优化模型求解的困难之处在于模型中的非线性因素较多，对于这一类高维非凸非线性优化问题，目前还没有通用完备的求解算法，虽然启发式算法，如遗传算法等可以用来求解这类问题，但得到的结果往往不尽如人意。因此，本文中首先将式（2）、式（5）、式（6）等模型中的非线性部分进行线性化处理，然后利用成熟的商业软件对得到的混合整数线性规划问题（Mixed Integer Linear Programming，MILP）进行求解。

4.1　水头的线性化

在假设水电站水头损失恒定的情况下，发电水头由上游水位和尾水位线性决定，但通常来说,上游水位和水库库容间是非线性关系,而尾水位也是下泄流量的非线性函数,因此对上游水位—库容和尾水位—下泄流量函数进行如下线性化处理:

$$Z_i^u(t) = \sum_{r=1}^{R} v_i^r(t) \left[a_i^r \theta_i^r(t) + b_i^r \right] \tag{14}$$

$$Z_i^d(t) = \sum_{l=1}^{L} v_i^l(t) \left[a_i^l \theta_i^l(t) + b_i^l \right] \tag{15}$$

式中: a_i^r 和 b_i^r 分别对应上游水位—库容函数分段线性化后第 r 段的线性系数; a_i^l 和 b_i^l 则对应尾水位—下泄流量函数分段线性化后第 l 段的线性系数; $\theta_i^r(t)$ 和 $\theta_i^l(t)$ 分别为 t 时段末水库库容和下泄流量分别在第 r 段和第 l 段的变化范围; $v_i^r(t)$ 和 $v_i^l(t)$ 为 $0 \sim 1$ 变量,用来确定 $Z_i^u(t)$ 和 $Z_i^d(t)$ 所属的线性化区间。

其中以上游水位—库容函数为例,分段线性化后的函数需要满足如下约束条件:

$$\sum_{r=1}^{R} v_i^r(t) = 1 \tag{16}$$

$$v_i^r(t) \in \{0,1\} \tag{17}$$

若给定:

$$Z_{i,r}^u(t) = v_i^r(t) \left[a_i^r \theta_i^r(t) + b_i^r \right] \tag{18}$$

其中 $Z_{i,r}^u(t)$ 对应线性化后第 r 段的上游水位在 t 时段末的取值,且 $Z_{i,r}^u(t)$ 离散化为 R 段后对应上游水位分别为 Z_i ($i = 1,2,\cdots R$),则 $Z_{i,r}^u(t)$ 需要满足如下约束条件:

$$v_i^r(t) Z_{i-1} \leqslant Z_{i,r}^u(t) \leqslant v_i^r(t) Z_i \tag{19}$$

同理可以实现尾水位—下泄流量函数的线性化,并最终实现对水头的线性化。另外在日前的时间尺度上,容量较大的水库在一天内的库容变化很小,因此可以直接在水位附近线性近似,在满足精度要求的同时还可以大幅度减小 $0 \sim 1$ 变量的数目。

4.2　水电站出力特性曲线的线性化

在日前时间尺度上为简化模型,本文假设同一水电站内各机组的动力特性一致,且在一天内水库库容以及径流量的变化不会太剧烈,可认为发电效率恒定。但即便如此水电站的出力特性曲线也是一个非凸的双线性函数,因此利用 McCormick 不等式对其进行线性松弛[12],并转换成凸优化问题,如下:

$$P_{h,i}(t) \geqslant \gamma(q_i^m h_i(t) + h_i^m q_i(t) - q_i^m h_i^m) \tag{20}$$

$$P_{h,i}(t) \geqslant \gamma(q_i^M h_i(t) + h_i^M q_i(t) - q_i^M h_i^M) \tag{21}$$

$$P_{h,i}(t) \leqslant \gamma(q_i^m h_i(t) + h_i^M q_i(t) - q_i^m h_i^M) \tag{22}$$

$$P_{h,i}(t) \leqslant \gamma(q_i^M h_i(t) + h_i^m q_i(t) - q_i^M h_i^m) \tag{23}$$

其中 γ 对应发电效率,表示如下:

$$\gamma = \rho g \eta(h_i(t), q_i(t)) \tag{24}$$

通过进一步调整 $h_i(t)$ 和 $q_i(t)$ 的取值范围,并利用 $0 \sim 1$ 变量来确定变量受限的区域,可以进一步减小因线性松弛引起的误差,具体可以参考文献[13]。

4.3　模型求解流程

风光水多能互补系统协调优化模型建模求解的完整流程如图 1 所示。

首先基于历史风电和光电的有功出力数据,通过 ARMA 模型完成对风光时序有功出

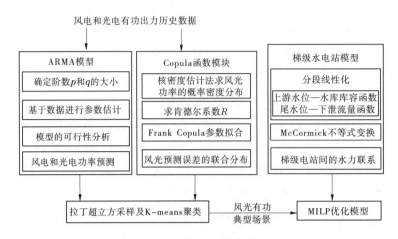

图1　协调优化模型的完整流程

力的建模,然后通过 Frank Copula 函数拟合风电和光电预测误差的联合分布,并抽样产生对应的误差序列,接下来通过场景生成和聚类得到风电和光电的典型场景。将典型场景与梯级水电站模型结合考虑,然后通过线性化方法对模型进行近似简化,最后便可通过MILP 问题的求解得到最终结果。

5　实例分析

5.1　工程背景

以雅砻江下游 5 梯级电站为研究对象,验证本文所提模型的有效性。雅砻江流域具有水能资源富集、调节性能好、淹没损失少、经济指标优越等突出特点。"十三五"期间,雅砻江水电开发公司也在积极拓展风电、光电等新能源开发利用,着手打造世界级的千万千瓦级风光水互补清洁能源示范基地。开展雅砻江梯级风光水互补运行的优化协调方式研究,对于解决目前雅砻江流域面临的大规模清洁能源外送问题意义重大,通过风光水资源的协调充分利用,既能满足大规模电力外送的需要,还能够有效缓建可再生能源限电的问题。

选取 2015 年平水期中的典型日进行分析,风电和光电出力的数据基于历史气象数据进行生成模拟,水库间流量和库容情况按照实际运行情况设置。时间尺度为日前,周期为1 h。利用 Python3.6 调用 Gurobi 软件包对模型进行求解,计算环境:四核 CPU,主频 1.8 GHz,内存 8 G 的 PC 机。

5.2　结果及分析

根据历史风光资源数据,求得风电总加和光电总加的肯德尔系数 $R = -0.182$,然后利用肯德尔系数对 Frank Copula 函数的参数进行拟合,得到风电和光电的近似联合分步,再对联合分步的二维曲面进行抽样,生成 500 个场景如图2 所示。

可以看出各种场景下,风电和光电的出力在日前时间尺度上有着明显的互补性,风电有功出力的峰值通常出现在夜间,而正午出力较小;光电有功则恰好相反,因此风电和光电的有功出力总加会更为平稳。

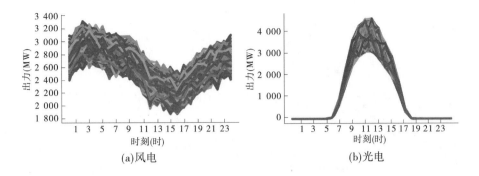

图2　风电和光电示例场景

　　为了控制风光水互补优化模型的计算复杂度,对图2中风电和光电有功出力采用 K－means进行聚合,选择聚类中心数目为10,则最终分别得到了风电和光电的10个典型场景,如图3所示。10个场景分别用 S1～S10 表示,且所得典型场景的取值被严格限定在图2给出的区间内。

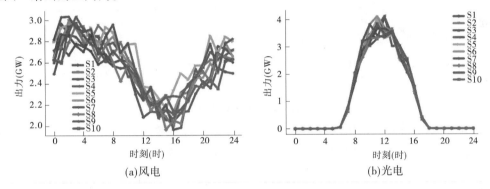

图3　风电和光电10个典型场景

　　基于场景生成方法,我们得到了10种不同预测误差下的典型风电和光电出力,并考虑到风光有功出力历史数据中所包含的时空相关性。接下来针对每一种场景,我们在给定的场景下对协调优化模型进行求解,得到不同场景下的计算结果以验证提出模型对于不确定性风光出力的适应能力以及方法的泛化能力。

　　对于每一个典型场景,需要充分利用梯级水电的调蓄能力以满足给定的外送需求。为了获得最大的运行效益,第一级水库需要充分利用大容量的优势,将来水量在不同时间尺度上适当分配;第二级水库有着最大的发电水头,因此主要承担调峰任务,并能够在高峰负荷时保持最大的发电效率;第三级和第四级可以小范围内进一步根据来水量进行调节库容,并充分考虑下游水电站以调节下泄流量;第五级水库可调库容最小,可以视为径流式水电站。选取某一典型场景,求解 MILP 模型得到的计算结果如图4和图5所示。

　　图4展示了不同梯级水电站的库容变化曲线。第一级水电站在初期主要进行蓄水,然后从15时起开始增加发电流量,既起到了一定的调峰作用,也为第二级水电站提供了更多的可用水量;第二级水库同样在初期进行蓄水,而后在负荷高峰期保持最高水头,承担主要调峰作用;第三和第四级水电站可以进一步提升多能互补系统跟踪负荷的能力,同

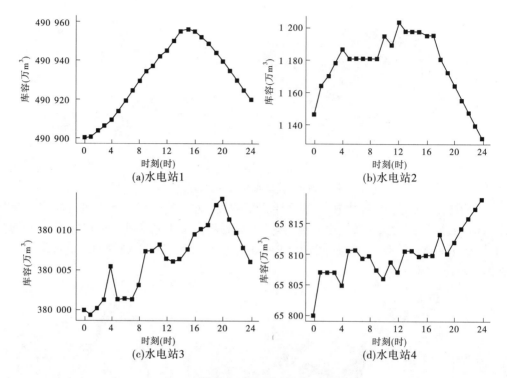

图4　前四级水电站库容变化曲线

时协助调控第五级水电站的出力。最终风光水多能互补系统的联合出力如图5所示。可以看出风光水多能系统几乎在所有时刻都能满足电力外送的需求。

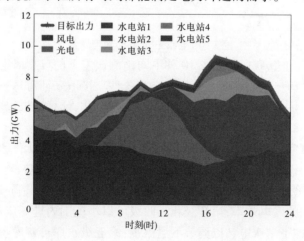

图5　风光水多能互补系统日互补特性

　　考虑到风电和光电出力的不确定性,通过产生足够的场景,可以得到风电和光电有功的不确定性区间,如图6所示。

　　而考虑到梯级水电站的调节能力,风光水多能互补系统的总出力如图7所示。可以看出风光水多能系统有功出力的不确定性明显小于风电或是光电。表1中详细比较了不

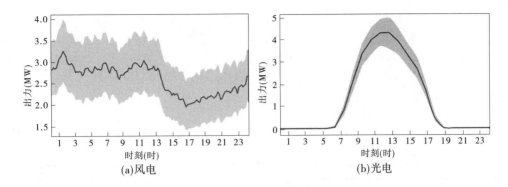

图6　风电和光电出力的不确定性

同电源结构下有功出力的不确定性,本文中定义相比预计有功出力最大的正负偏差比例为不确定性区间。

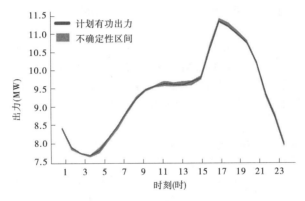

图7　风光水多能互补系统总出力

可以看出风光水多能互补发电系统得到了最优运行结果,通过梯级电站强大的调蓄能力,风电和光电互补性的充分考虑以及两者间的协调,风光水多能互补系统总出力的不确定性区间小于1%。因此,可以对系统内的风电、光电和水电进行组合,组成的电源聚合体既能够在一定程度上满足外送需求,在后续的全系统调度中也可以看作一个确定性模块,可以很大程度上减小后续调度的计算复杂度。

表1　不同电源结构下出力的不确定性区间

电源结构	不确定性区间
风电	(−22.0%,22.0%)
光电	(−11.9,11.9%)
风－光	(−12.8%,12.8%)
风－光－水	(−0.81%,0.85%)

6　结　语

本文针对迅速发展的可再生能源以及日益复杂化的电源结构,提出了流域风光水多能系统互补协调运行的优化模型,通过求解构造的 MILP 模型,得到了如下结论:通过充分利用流域风光水的互补特性,可以在平水期高效地满足负荷外送需求,同时风光水多能互补系统总出力的不确定性可以降到 1% 以下,可以进一步提升后续全系统调度的求解效率。接下来的研究中会进一步探索枯水期和汛期下风光水多能互补协调运行,同时负荷侧的不确定性也会纳入考虑。

参 考 文 献

[1] Kotzur L,Markewitz P,Robinius M,et al,Time series aggregation for energy system design:Modeling seasonal storage[J]. APPLIED ENERGY,2018,213:123-135.

[2] 刘怡,肖立业,Haifeng WANG,等. 中国广域范围内大规模太阳能和风能各时间尺度下的时空互补特性研究[J]. 中国电机工程学报, 2013, 33(25):20-26.

[3] Kougias I, Szabo S, Monforti – Ferrario F, et al. A methodology for optimization of the complementarity between small – hydropower plants and solar PV systems[J]. RENEWABLE ENERGY, 2016,87:1023-1030.

[4] Silva A R, Pimenta F M, Assireu A T,et al. Complementarity of Brazil's hydro and offshore wind power [J]. RENEWABLE & SUSTAINABLE ENERGY REVIEWS, 2016,56:413-427.

[5] Wang X, Mei Y,Kong Y, et al. Improved multi – objective model and analysis of the coordinated operation of a hydro – wind – photovoltaic system[J]. ENERGY, 2017,134:813-839.

[6] An Y, Fang W,Ming B,et al. Theories and methodology of complementary hydro/photovoltaic operation:Applications to short – term scheduling[J]. JOURNAL OF RENEWABLE AND SUSTAINABLE ENERGY,2015,7.

[7] Lin L, Li L Y, Jia L L. An Optimal Capacity Configuration Method of Wind/PV and Energy Storage Co – generation System[J]. IEEE Power and Energy Society General Meeting PESGM NEW YORK:IEEE, 2014.

[8] 刘斌,刘锋,王程,等. 考虑风电场灵活性及出力不确定性的机组组合[J]. 电网技术, 2015, 39(3):730-736.

[9] 蔡霁霖,徐青山,王旭东. 基于加速时序蒙特卡洛法的风电场置信容量评估[J]. 电力系统自动化, 2018, 42(5):86-93.

[10] Shukla A, Singh S N. Clustering based unit commitment with wind power uncertainty[J]. ENERG CONVERS MANAGE,2016,111:89-102.

[11] 徐源,程潜善,李阳,等. 基于大数据聚类的电力系统中长期负荷预测[J]. 电力系统及其自动化学报, 2017, 29(8):43-48.

[12] Al – Khayyal F A,Falk J E. Jointly constrained biconvex programming[J]. MATHEMATICS OF OPERATIONS RESEARCH,1983,8(2):273-286.

[13] Lima R M, Marcovecchio M G, Novais A Q,et al. On the Computational Studies of Deterministic Global Optimization of Head Dependent Short – Term Hydro Scheduling[J]. IEEE T POWER SYST, 2013,28:4336-4347.

风光捆绑容量配置评价指标体系研究

胡婧[1]，李昱[1]，丁伟[1]，黄焱[2]，窦延虹[1]，周惠成[1]

（1.大连理工大学水利工程学院，辽宁 大连 116024；
2.雅砻江流域水电开发有限公司，四川 成都 610051）

摘　要　对于能够并网的风电及光电出力，可通过合理配置风光容量，减少风光大规模并网对于电网的冲击程度，更好地发挥风光出力之间的互补效应，提高能源的利用效率。本文从风电出力与光电出力之间的互补特征、风光联合出力自身变化特征、风光联合出力相对于目标负荷之间的偏差特征三个方面分别定义了风光捆绑容量配置的互补性、平稳性及偏差性指标。以雅砻江流域为例，在流域风光出力特性分析基础上，确定了给定负荷水平下，流域光伏占比为0.59时，能较好地发挥风光之间的互补性，平稳性高，与负荷跟踪效果好。本研究可为风光规划提供技术支撑，为后续加入水电等能源进行风光水互补调控的研究奠定基础。

关键词　并网风光互补系统；指标体系；容量配比

1　引　言

风电与光电出力极易受气候条件以及地理位置的影响，具有间歇性、波动性以及随机性等特征[1]。单独的风电出力或者光电出力波动大，在并网运行时会对负载产生大的冲击，需要配置较大的储能设施或者调峰电站才能对风光出力进行消纳。然而，由于风电出力和光伏出力在季节、日内都具有一定的互补性，可通过合理地配置风电、光伏电站的容量比，降低风光联合出力的波动性，使其能更好地跟踪负荷趋势，降低其对电网调峰能力的需求。

目前国内外对于风光互补容量配置的研究多聚焦在供电系统的可靠性、系统建设运行的总成本等指标。例如，胡林献[1]以工程寿命内总收益最大为目标，综合考虑风光资源利用率、跟踪调度曲线等约束条件，构建了风光容量配置优化模型，适用于风光互补系统规划。Kaabeche[2]聚焦风光互补系统的供电可靠性，以风光系统供电不足概率最小为优化目标，并以电力系统单位成本最小为准则对风光系统的容量配置进行合理选优。

然而，上述模型在规模小、电源结构简单的电网系统中较为实用，在更为复杂的风、光、水、火等多能互补系统中难以获得最优解。在复杂多能互补系统中，应当充分利用风光资源的互补性与电站的出力特性，以平抑风光出力波动性。余梦泽[3]考虑风光出力的

基金项目：国家自然科学基金（U1765102，91647201）。

作者简介：胡婧（1995—），女，安徽黄山人，硕士研究生，主要从事风光水多能互补方面的研究。E-mail：crystalhj@ mail. dlut. edu. cn。

通信作者：李昱（1988—），E-mail：liyu@ dlut. edu. cn。

波动性,以风光出力的峰谷斜率总和、输出功率波动率和有功功率偏差率三个指标对风光储联合发电系统容量进行优化配置。成驰[4]与姚天亮[5]同样考虑风光季节特性定义了出力波动性指标,并以此确定并网风光容量配置。但是这些研究都忽略了风光出力与用电负荷之间的偏差,不能有效追踪负荷的整体趋势变动。总体而言,目前还未形成完整、简明、通用的评价指标体系。

为此,本文从风电出力与光电出力之间的互补特征、风光联合出力自身变化特征、风光联合出力相对于目标负荷之间的偏差特征三个方面分别定义了风光容量匹配的互补性、平稳性及偏差性指标,并以雅砻江流域为实例开展研究,对流域风光出力特性进行分析,合理配置风光容量,更好地发挥风光出力之间的互补效应,减少风光大规模并网对于电网的冲击,提高能源的利用效率。

2　风光容量匹配指标体系

为确定研究区域的风光容量匹配比例,首先根据风光出力模型确定研究区内不同风速和光伏所对应的风电出力与光电出力;对不同风光装机容量比方案的互补性、平稳性及其与负荷跟踪程度进行评估;然后针对每个评价指标选取较优的风光容量配比变动区间,最后对三个指标所确定的风光容量配比区间取交集,将其作为满足容量匹配指标的最优容量比。

2.1　风光联合出力模型

风电出力主要受区域的风速分布以及风力机的功率输出特性控制,风电出力模型对风电机组功率输出仿真具有重要意义,此处采用广泛使用的二次方模型[6]来描述风电单机出力 $P_{W,t}^u$:

$$P_{W,t}^u = \begin{cases} 0 & 0 \leqslant v_t \leqslant v_{ci} \\ (A + Bv_t + Cv_t^2)P_r & v_{ci} \leqslant v_t \leqslant v_r \\ P_r & v_{ci} \leqslant v_t \leqslant v_{co} \\ 0 & v_t \geqslant v_{co} \end{cases} \tag{1}$$

式中: v_t 为 t 时刻的站点风速,m/s; v_{ci}、v_r、v_{co} 分别为切入风速、额定风速、切出风速,m/s; P_r 为单机额定功率,W; A、B、C 为系数,具体获得方法可见文献[6]。

一般而言,气象站点测定的风速数据与实际风机高度不匹配,可通过以下转换公式将风速转换成风机轮毂高度的风速进行模拟[2]。

$$\frac{v(H)}{v(H_{ref})} = \left(\frac{H}{H_{ref}}\right)^\omega \tag{2}$$

式中: $v(H)$ 为轮毂处的风速,m/s; $v(H_{ref})$ 为测量处的风速,m/s; ω 为幂律指数,当无特定场址数据时,通常取1/7。

而对于光电出力 $P_{PV,t}^u$ 而言,其主要受辐射强度影响影响,具体如式(3)所示:

$$P_{PV,t}^u = P_{stc}\frac{I_{r,t}}{I_{stc}}[1 + \partial_t(T_t - T_{stc})] \tag{3}$$

式中: P_{stc} 为标准条件下单个光伏板的出力,W; $I_{r,t}$ 为 t 时刻实际辐射强度,W/m^2; ∂_t 为光伏板的功率温度系数;标准条件下对应太阳辐射强度 $I_{stc} = 1\,000$ W/m^2,温度 $T_{stc} = 25$ ℃。

T_t 为 t 时刻光伏板的温度,运用国家能源太阳能发电研发(实验)中心屋顶光伏电站的组件温度关系式对环境温度进行换算得出:

$$T_t = T_{e,t} + 0.021\ 4I_{r,t} + 0.97 \tag{4}$$

式中:$T_{e,t}$ 为环境温度,℃。

由于不同风机及光伏电池板的单机容量不同,为了统一进行计算,将其转换成风、光的出力系数。

$$\eta_{W,t} = \frac{P_{W,t}^u}{P_r} \tag{5}$$

$$\eta_{PV,t} = \frac{P_{PV,t}^u}{P_{stc}} \tag{6}$$

式中:$\eta_{W,t}$、$\eta_{PV,t}$ 分别为风光的出力系数。

当给定风总装机容量 N_W 和光总装机容量 N_{PV},则可计算出每小时可提供的风、光实际出力 $P_{W,t}$ 和 $P_{PV,t}$:

$$P_{W,t} = \eta_{W,t} N_W \tag{7}$$

$$P_{PV,t} = \eta_{PV,t} N_{PV} \tag{8}$$

综上,t 时刻的风光联合出力为:

$$P_{WPV,t} = \left[(1 - \varphi)\eta_{W,t} + \varphi\eta_{PV,t} \right](N_W + N_{PV}) \tag{9}$$

式中:φ 为光伏容量占总体风光容量的比例。

2.2 容量匹配指标

2.2.1 互补性指标

单独的风电或者光电出力波动频繁,若某时刻两者之间任意一个出力增加时,另一个出力能相应地减少,则对于此时刻来说,两者之间的互补性良好。良好的互补性可以弥补风电与光电独立发电时在资源上的间断性、不稳定性。

因此,可利用风电及光电出力此消彼长的特征定义两个出力序列之间的互补效应[7]。由于每时刻的风光出力变化速率是矢量,具有方向性,为此,本文将 t 时刻风电以及光电出力变化速率之和的绝对值 β_t 定义为互补性指标。

$$\beta_t = \left| \gamma_{W,t} + \gamma_{PV,t} \right|, t = 1 \sim T - 1 \tag{10}$$

$$\begin{cases} \gamma_{W,t} = \dfrac{P_{W,t+1} - P_{W,t}}{t} \\ \gamma_{PV,t} = \dfrac{P_{PV,t+1} - P_{PV,t}}{t} \end{cases}, t = 1 \sim T - 1 \tag{11}$$

式中:β_t 反映的是风电出力与光电出力变化速率的互补程度;$\gamma_{W,t}$ 为 t 时刻的风电出力变化率,MW/s;$\gamma_{PV,t}$ 为 t 时刻的光电出力变化率,MW/s;T 为年内总小时数,h。

当 $\beta_t = 0$,说明此时段风光出力变化率数值相等、方向相反,风光变化量完全抵消,互补性强;反之,$\beta_t > 0$,说明风光出力变化速率之间有着未抵消部分,β_t 越大,两者之间互补性越弱。

2.2.2 平稳性指标

互补性指标能够表征某一时刻风光联合出力的波动性,但是只考虑某一特定时刻的互补性,则忽略了风、光出力在年内季节上的差异性,不能保证全年内不同季节每日出力的平稳性。为此,我们定义平稳性指标用以表征全年日内的出力平稳程度。

首先计算日内每小时风光联合出力序列的变差系数来衡量联合出力在日内的平稳性,之后计算全年每天的风光联合出力变差系数,并取其平均值,将其定义为平稳性指标。

$$C_{v,i} = \frac{\sigma}{\bar{x}} = \frac{\sqrt{\frac{1}{n}\sum_{t=1}^{n}(P_{WPV,t} - \bar{P})^2}}{\bar{P}}, i = 1 \sim k \tag{12}$$

$$\overline{C_v} = \frac{1}{k}\sum_{i=1}^{k}C_{v,i} \tag{13}$$

式中: $\overline{C_v}$ 为平稳性指标; $C_{v,i}$ 为全年内第 i 天风光联合出力的变差系数; n 为日内小时数; k 为年内总天数; $\bar{P} = (\sum_{t=1}^{n}P_{WPV,t})/n$,MW。

$\overline{C_v}$ 越小,年内风光联合出力序列的日内波动程度越小,平稳性越好;反之,则平稳性越差。

2.2.3　偏差性指标

风光联合出力除去满足互补性与平稳性指标要求外,还要尽量跟踪负荷的变动趋势,即风光联合出力的日内变动趋势与日内的负荷变化趋势尽量相同,这样由其他能源补给的剩余负荷波动程度不会太大,利于后续水电等能源的平稳接入。本文定义偏差性系数 θ_i 为风光联合出力相对于目标负荷的日内偏差累积值:

$$\theta_i = \sum_{t=1}^{n}((P_{\text{load},t} - P_{WPV,t})/P_{WPV,t})^2, i = 1 \sim k \tag{14}$$

式中: θ_i 为年内第 i 天的日内偏差累积值; n 为日内小时数; k 为年内总天数; $P_{\text{load},t}$ 为 t 时刻的负荷要求,MW。

θ_i 表示了整个日内出力与目标出力之间的偏差程度。偏差性系数越小,则整体日内的偏差程度越小。

在实际运用中,可采用三个指标对不同光伏占比方案进行评估,选出互补性强、平稳性好与负荷偏差小的匹配方案。对于平稳性系数,可考虑季节特性做出不同季节下各光伏占比的平稳性指标变化过程,得到适应不同季节的光伏占比区间。对于互补性系数以及偏差性系数,绘制相应系数所有时刻的累计概率密度分布图,选择满足给定指标区间和置信水平[8]的光伏占比区间综合以上优选区间取交集,以互补性系数、平稳性系数以及偏差性系数最小为目标,权衡得出最终符合容量指标体系的最优光伏占比。

3　实例研究

3.1　研究流域基本概况

本文以四川省雅砻江流域为例进行研究,雅砻江流域位于青藏高原东部,流域内风能资源受季风气候及地形的多重影响,在时间以及空间分布上表现出较大的差异性。同时,雅砻江流域太阳能资源较为丰富,为风光互补提供了良好的资源条件。

此次选取二滩水电站周围的盐边县站点代表附近的风光资源,运用 Meteonorm 7.2

软件获取指定位置的风速、光伏以及温度数据,通过多年平均月值利用随机模型生成与实测数据具有相同统计特性(平均值、方差和自相关特性)的数据,并通过数据检验[9]。此处从 Meteonorm 7.2 取得时间尺度为小时,长度为 10 年的数据,其中以一年的 10 m 处风速、光伏强度及全年温度分布如图 1 所示。

风电场采用机组模型的技术参数如下:切入风速 3 m/s,额定风速 10 m/s,切出风速 20 m/s。∂_t 为光伏板的功率温度系数;光伏电站采用的标准条件下光伏板的出力 P_{stc} 为 250 W,∂_t 为 -0.5 %/℃。

3.2 出力特性分析

雅砻江流域气候主要受高空西风大气环流及西南季风的影响,以及流域内地形复杂,各谷岭之间高差悬殊,使得流域内平面变化和垂直变化受到落差与地势影响而存在明显的差异,从而造就了流域内十分复杂的气候条件[10]。复杂的气候及地形条件影响风光的出力特性,因而需要针对季节特性以及日内特性对风光出力进行不同尺度上的分析,为后续统计与建模提供准确可靠的理论依据。

将 10 年时间序列的数据按照不同月份划分为 12 个集合,运用风光出力模型分别计算出力。图 2 所示,风光出力表现出明显的季节特性:春冬风电出力较大,而在夏秋风电出力较小。光电出力年内分布波动不大,总体分布在春天较大,夏天次之,秋冬最小。

每年 11 月至次年 4 月风电出力较大,其原因是该季节高空西风带被青藏高原分成南北两支,流域南部主要受南支气流控制,天气晴朗,降水很少,气候温暖干燥;流域北部则受北支干冷西风急流影响,气候寒冷干燥;整体而言,这一季节为流域的干季,日照多,湿度小,日温差大,风力较强。5~10 月,由于西风带南支北移消失,西南季风控制全流域,携入大量水汽,使流域内气候温暖湿润,降雨集中,是流域的雨季,风力较弱,风电出力随之减弱。光伏发电方面,其出力受辐射、温度、降雨等多种因素控制,辐射占主导因素。春季属于流域内的干季,降雨少,且辐射较大,因而总体年内出力较大;5 月流域进入雨季,受云量以及温度的双重影响,使得光电出力有所下降;秋冬之后由于辐射较小,使得光电出力持续下降。

如图 2 所示,风光出力在年内总体上呈现出此消彼长,互相补充的特性:8~12 月风电出力趋势增大,而此时光电出力的趋势不断减小;1~5 月光电出力的趋势不断增大,而此时风电出力的趋势反而有所减小。

风光出力在日内的波动也较大,为此分析不同月份内典型日的日内 24 h 出力变动过程,如图 3 所示。可以看出,冬春季节的风电出力分布较为平稳。整体风速大,大部分风速处于额定风速与切出风速之间,使得出力按照额定风速发出,日内出力波动较小;夏秋季节风电出力呈现双峰特点。光伏出力特征呈现出较明显的时变性,光伏功率的日内总体特性表示为抛物线形式,即从日出开始一直增大到中午功率最大值之后在逐渐减小,直到日落无光照强度的时刻。夜间到凌晨的区间内光伏功率一直为零,整体光伏功率存在间歇性,其与光照强度的日内变化趋势相同。

风光在日内同样具有一定的互补特性,光伏发电受气候影响,日内波动较大,且只在白天发电,夜晚出力为零。而风电出力在正午光伏达到最大出力的时候具有向下波动的趋势;夜晚在光伏停止发电时,风电出力能以日内平均以上出力发出。因此,由于风电与

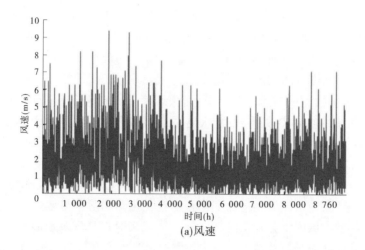

(a)风速

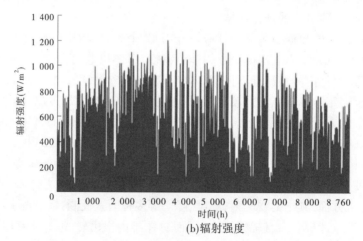

(b)辐射强度

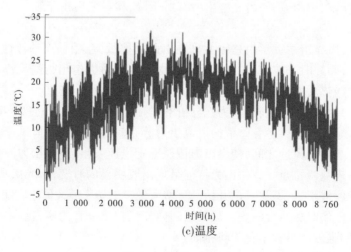

(c)温度

图1　全年风速、辐射强度、温度分布

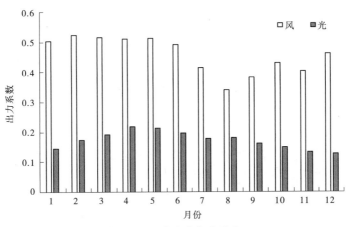

图2 风光出力年内分布

光电出力具有季节特性与日特性,其风光出力在不同季节及日内有着不同的功率范围和功率趋势细节,如果将其一概而论进行建模分析,并不能很好地体现风光出力的细节特性,造成数据的准确性以及能源分配的合理性下降。

3.3 雅砻江流域风光容量匹配方案

利用设计水平年的小时尺度风光数据,评价此风光联合出力序列的互补性、平稳性及偏差性。以联合输出功率的互补性系数、平稳性系数和偏差性系数最小为目标定出最优雅砻江流域风光容量配比方案。

3.3.1 互补性

计算年内风光出力的每小时变化速率及其两者之间的互补性系数,为确定合理的取值区间,需要对每个时段的互补性系数做统计分析,并绘制出不同光伏占比下年内互补性系数的累积概率密度分布函数图,如图4所示。一般不考虑极端下风或光单独运行的状况,即光伏占比为0或1的情况,因此图4中展示了光伏占比0.1~0.9范围内9个配比方案下的互补性系数累计分布。

由图4所示,在互补性系数较小的区间内,随着光伏容量的增加,该区间内互补性系数占的概率逐渐增大。图5展示了光伏占比为0.1和0.9时互补系数的概率分布,由图5可知,当光伏占比为0.1时,互补系数的取值范围很大,48%的互补性系数在3以内,6%的样本达到76;当光伏占比为0.9时,互补系数的取值范围较小,50%的互补性系数分布在3以内,互补性系数为34的达到99%。说明光伏占比越大,处于互补性程度较好的区间内的概率越大,风光联合出力的互补程度增大。主要是因为风电出力的波动程度比光伏出力大,可能会出现当前时刻风电出力为0,下一时刻直接转换到以额定功率发出的情况,从而风电容量越小,即光伏容量越大,则风光联合出力的互补程度越好。

为估计不同系列的互补程度,选出在给定的互补性系数阈值中满足一定置信水平的光伏占比。本文取累积概率的阈值为85%,互补性系数的阈值为28。如图4所示,光伏占比系列区间为[0.4,0.9]时,超过85%的互补性系数小于等于28;而光伏占比处于[0.1,0.3]的系列区间时,28以内的互补性系数低于85%,说明此系列区间内的风光互补程度低,不能满足风光联合出力应具备的互补性质,故将其舍去。则对于互补性系数而

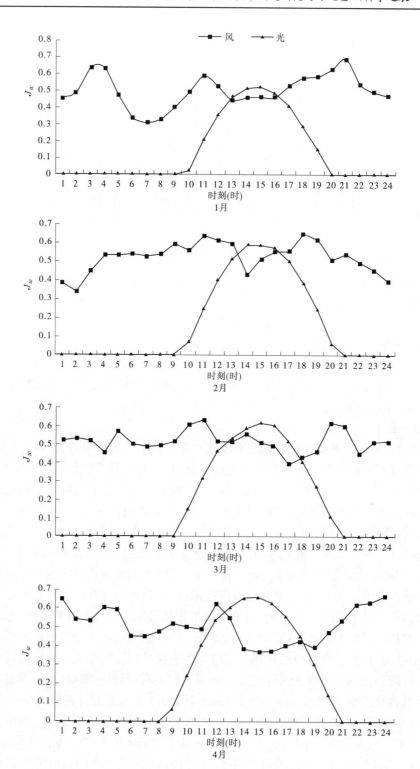

图3　风光出力各月日内分布

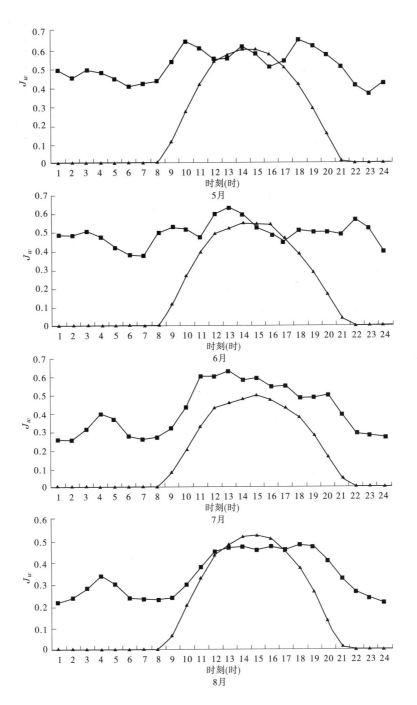

续图 3

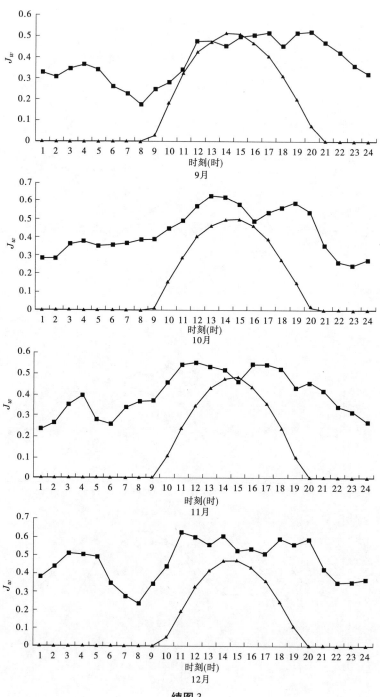

续图3

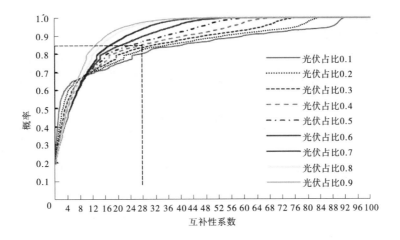

图4 互补性系数的累积分布函数

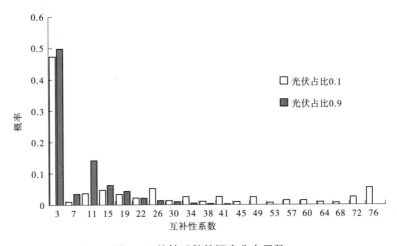

图5 互补性系数的概率分布函数

言,光伏占比的可取区间为$[0.4,0.9]$。

3.3.2 平稳性

由于不同季节的风光出力特征不同,偏差性系数的离散程度也不一,将日内偏差性系数按照春夏秋冬不同季节以及全年五个系列分别计算均值。为了更加细致地表示平稳性指标随着光伏占比变化而变化的特征,将光伏占比从0到1按照0.01的精度离散。计算出随着光伏容量的变化,不同季节序列的平稳性变化系数。

由图6所示,整体而言随着光伏占比的增大,平稳性指标呈现先减小后变大趋势,不同季节的平稳性系数总体趋势相当。当光伏占比为0.8之前,整体平稳性系数随着光伏占比的增大而略有减小,其中冬春的平稳性高于夏秋。但随着光伏占比增加到0.8之后,不同季节之间的平稳性系数的变化速率有了较大变化,其中秋冬的平稳性高于春夏。可知季节特性影响着序列整体平稳性的评价,不同季节平稳性指标的最小值对应的光伏占比也有所不同。从表1可得出不同季节下平稳性最小的光伏占比,一般在进行风光水多能互补研究中,夏季属于水电的大发期,可利用的风光能源较少,此处可不考虑夏季偏离较大的光伏占比,因此最终的优选区间为[0.58,0.59]。在实际给定较大的风光装机容量时,对于不同季节的最优光伏占比,其容量分配差别愈加明显,应针对具体工程问题考虑不同季节特性的影响,从而确定适用于本工程的光伏占比优选区间。综上,说明得到的区间为适用于年内不同季节对应的最平稳区间,可取此区间与其他指标得出的优选区间进行对比(见表1)。

表1　不同系列最小平稳性系数对应光伏占比

系列	春	夏	秋	冬	平均
光伏占比	0.58	0.64	0.59	0.58	0.60

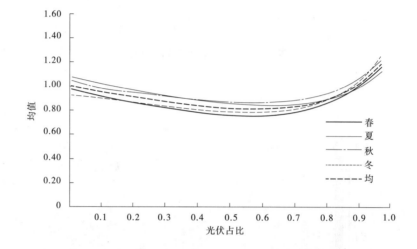

图6　不同季节平稳性系数的均值随光伏占比的变化

3.3.3　偏差性

　　按照每月不同典型日负荷,计算每小时的风光联合出力与负荷(即目标出力)的偏差程度,并绘制出不同光伏占比下偏差性系数的累积概率密度分布图,如图7所示。

　　总体来说,其累积概率密度函数分布的规律性明显:随着光伏占比的增大,每个光伏占比里偏差最小的值逐渐增大,即系列的整体偏差程度越来越大,且系列的增长速率也随之逐渐增大。取相同的偏差性系数阈值,光伏占比越小,系列内小于该阈值的概率越大。即随着光伏容量的增大,风光的联合出力偏差程度越来越大。这是由于风电出力的整体波动性比光伏出力大,随着风电装机的增加,可以更好地跟踪负荷的变动。

　　类比考虑互补性指标的光伏占比区间确定方法,选出在给定的偏差性系数阈值中满足一定置信水平的光伏占比。选取累积概率的阈值为85%,偏差性系数阈值为17。将整体偏差性系数的累积概率低于给定概率的系列舍去。如图7所示,光伏占比系列区间为[0.1,0.6]时,超过85%的偏差性系数小于等于17;而光伏占比处于[0.7,0.9]的系列区间时,17以内的偏差性系数低于85%,说明此区间内偏差性程度过大,不利于最终的取值。故对于偏差性系数而言,[0.1,0.6]区间内的系列满足给定概率,说明此区间的偏差程度可以接受。

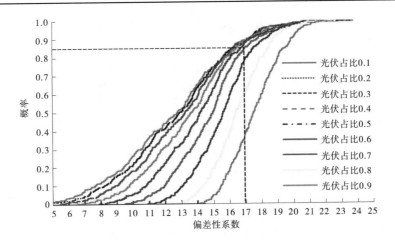

图7 偏差性系数的累积分布函数

综上,三个评价指标各有侧重,平稳性指标和互补性指标偏重于序列的整体平稳性,而偏差性指标则利用序列的波动性以匹配负荷的趋势。其指标之间既有协同之处,也有冲突之处。因此,可考虑结合三个特性指标中的光伏占比区间,将上述确定的最优区间取交集,得出满足风光联合出力平稳性以及偏差性最小、互补性最大的最优区间。最终满足三个容量匹配指标的光伏占比最优区间为$[0.58,0.59]$。

考虑在实际应用中,风光联合出力的光伏占比应为定值,故在上述容量区间中再次优选出一个光伏占比作为最终容量配比结果。表2展示了0.58、0.59两个光伏占比下互补性、平稳性、偏差性三个指标的具体数值。因风光容量配比的首要任务是平抑风光出力的波动性,因此选取平稳性最小的0.59作为最终的光伏占比。

表2 光伏占比区间下不同指标对比

光伏占比	0.58	0.59
互补性系数	14.682 5	14.756 5
平稳性系数	0.811 6	0.811 5
偏差性系数	12.570 9	12.355 9

4 结 论

(1)本文基于可并网的风光出力,从风电出力与光电出力之间的互补特征、风光联合出力自身变化特征、风光联合出力相对于目标负荷之间的偏差特征三个方面分别定义了风光容量匹配的互补性、平稳性及偏差性指标,并确定了与各个指标相对应的评价方法及优选条件。

(2)由于风光出力具有明显的季节特性以及日特性,不同季节和日内的功率范围及功率细节有较大差异:季节上表现在风电出力春冬较大,而在夏秋较小。光电出力年内分布波动不大,总体分布在春天较大,夏天次之,秋冬最小。日内差异表现在冬春季节的风电出力分布较为平稳,夏秋季节风电出力呈现双峰特点;光伏出力特征呈现出较明显的时变性,其日内总体特性表示为抛物线形式。因此,在建模中需仔细考量风光出力的特性,以提高建模的合理性。

(3)以雅砻江流域为例,在本文所给定的负荷水平下,基于风光容量配比指标确定出适应于流域的最优光伏占比为 0.59。在该配比下能较好发挥风光之间的互补性,平稳性高,与负荷跟踪效果好。

本研究可为风光规划提供技术支撑,减少风光大规模并网对于电网的冲击程度,更好地发挥风光出力之间的互补效应,提高能源的利用效率。为后续加入水电等能源进行风光水互补调控的研究奠定基础。

参 考 文 献

[1] 胡林献,顾雅云,姚友素. 并网型风光互补系统容量优化配置方法[J]. 电网与清洁能源,2016 (3):120-126.

[2] Kaabeche A, Belhamel M, Ibtiouen R. Sizing optimization of grid – independent hybrid photovoltaic/wind power generation system[J]. Energy, 2011,36(2):1214-1222.

[3] 余梦泽,贾林莉,朱浩骏,等. 平抑出力波动的风光储联合发电系统容量优化配置方法[J]. 电气应用, 2014(21):44-48.

[4] 成驰,许杨,杨宏青. 并网风光互补资源评价与系统容量优化配置[J]. 水电能源科学, 2014(6):193-196.

[5] 姚天亮,吴兴全,李志伟,等. 计及多约束条件的风光互补容量配比研究[J]. 电力系统保护与控制, 2017(9):126-132.

[6] 张宏宇. 考虑调峰因素的风电规划研究[D]. 中国电力科学研究院,2013.

[7] 曲直,于继来. 风电功率变化的一致性和互补性量化评估[J]. 电网技术,2013(2):507-513.

[8] 黄振平,陈元芳. 水文统计学[M]. 北京:中国水利水电出版社,2011.

[9] Handbook part II: Theory[M]. Renewable Energy System Design, Agriculture and Forestry, Environmental Research, 2017.

[10] 丁义,朱成涛,蹇德平. 雅砻江流域水文站网规划与建设[J]. 人民长江,2013(S1):1-2.

基于云模型的风光发电功率预测
不确定性分析方法

李莉[1]，朱成涛[2]，邹锡武[2]，李宁[1]，刘阿罗[1]，阎洁[1]

（1. 华北电力大学可再生能源学院，北京　102206；

2. 雅砻江流域水电开发有限公司，四川　成都　610051）

摘　要　风光发电功率的随机性及波动性严重影响电力系统安全稳定运行，功率预测是解决这一问题的有效途径。随着风光装机规模的增大，常规单点功率预测已无法满足电力系统运行的实际需求。本文提出了一种基于云模型的风光发电功率预测不确定性分析方法。首先建立风电、光伏发电预测功率的误差云模型，利用云模型数字特征（期望、熵、超熵）获得预测误差的云滴分布图；然后在给定置信水平下，分别计算风电、光伏预测功率可能发生波动的置信范围。以德国某风电场及光伏电站为例进行验证，结果表明：该方法在97.5%、95%，90%置信水平下，风电实际功率未超限比例分别为96.4%、95%及89.2%，光伏实际功率未超限比例分别为99.4%、98.2%和96.6%，预测可靠性较高，能够为新能源电力系统调度决策、备用安排提供支持。

关键词　风光发电功率预测；不确定性；云模型

1　引　言

　　风力和光伏发电受到风速、风向、光照强度等因素的影响，具有较强的随机性、间歇性以及波动性，使风光输出功率极不稳定[1]。随着风电、光伏并网比例逐渐提高，电网安全、平稳运行也将面临前所未有的压力，将加重电力系统调度决策及备用负担[2-3]。

　　为了进一步提高风电、光伏等可再生能源并网占比，同时保障电网安全、平稳地运行，国内外学者相继开展了风电、光伏发电功率确定性预测研究，并取得一些成果[4-8]。但由于天气等外部因素条件变化快速、测量数据质量、数值天气预报数据误差、预测模型误差等不确定性因素，严重影响并限制风电、光伏单点功率预测这种确定性预测方法的精度。而风光发电功率预测不确定性分析不仅可以为电力系统安全及优化运行提供全面的概率信息，还可为电力交易决策提供支持。

　　风力、光伏发电功率预测不确定性分析方法按照不确定性结果表达式分类，可以分为概率性信息法、情景模拟法、风险指数法。Pinson[9]和Kariniotakis[10]根据连续预测以及重新抽样方法，定义了一个权衡天气稳定性的指标，即风险指数（MR – Index），风险指数法

基金项目：国家自然科学基金资助项目（U1765104）。

作者简介：李莉（1974—），女，博士，副教授，研究方向为风电场功率预测、风能资源评估与微观选址、风电场尾流效应研究。E-mail：lili@ ncepu. edu. cn。

最大的特点是不需对预测误差的分布进行任何假设。Bremnes[11]运用局部性分位数回归方法,在不需要假定预测误差分布的前提下,建立了包含预测信息的概率预测模型,这种方法普适性较高,既适用于基于 NWP 的预测结果,也适用于基于历史数据的预测结果。刘永前等[12]对预测误差实际的分布特性进行研究后,提出一种预测评价方法:按照风电场功率值大小将预测误差划分为多段区间,应用蒙特卡罗随机模拟原理对风电场功率短期预测进行不确定性分析。阎洁等[13]根据分位数回归原理,定义了风电功率预测风险指数(PaR, Predict at Risk),根据不同预测模型所存在的不确定性因素来源,建立不确定的分析模型。该方法无须假设误差分布,计算简单。Iversen[14]提出一个随机微分方程的框架,用来模拟太阳辐照的不确定性,这种建模方法能够描述短期太阳辐射度预测误差的预测分布。Bracale[15]提出了一种预测光伏发电系统每小时有功功率概率密度函数的方法,利用贝叶斯自回归时间序列模型及蒙特卡罗模拟方法对每小时晴空指数的概率分布进行预测。周同旭等[16]采用独立分量分析光伏发电功率影响因子,建立了一种条件概率预测模型,对光伏发电功率的区间概率进行预测。赵唯嘉等[17]对光伏实际出力以及点预测的联合概率分布采用 Copula 函数进行建模,实现了对任意点预测值估计出的光伏实际出力值的"条件概率化"预测。

综上分析,国内外学者在该领域已取得些许成果。一些建模分析方法在实际应用中发挥了重要作用,但是仍存在以下一些问题:①模型自身存在误差,可靠性和精度需要进一步提升;②模型的普适性需要提高,既适用于基于 NWP 的预测结果,也适用于基于历史数据的预测结果;③大多数建模方法需要假设预测误差分布需要服从正态分布(高斯分布),但并不符合实际情况;④模型自身运算量大,运行时间长,需要大量的训练样本。

针对上述问题,本文提出了基于云模型的风光发电功率预测不确定性分析方法。通过建立未来各个时刻风光发电功率预测误差的云模型,计算任意置信水平下云滴分位点,实现对预测不确定性态势的估计。该方法无须假设单点预测误差的整体分布。测试结果表明:97.5%、95%、90%置信水平下不确定性结果满足可靠性需求。

2　风光发电功率单点预测误差云模型

1995 年,在探索模糊学、研究不确定性的过程中,我国工程院院士李德毅教授在隶属函数的基础上提出了隶属云[18]的概念。由他创造的正向、逆向隶属云发生器模型,用期望、熵和超熵三个隶属云的数字特征实现定性概念、定量描述之间的不确定转换,如式(1)~式(4)。

$$E_x = \frac{1}{n} \sum_{i=1}^{n} x_i \tag{1}$$

$$E_n = \sqrt{\frac{\pi}{2}} \times \frac{1}{n} \sum_{i=1}^{n} |x_i - E_x| \tag{2}$$

$$H_e = \sqrt{S^2 - E_n{}^2} \tag{3}$$

$$S^2 = \frac{1}{n-1} \sum_{i=1}^{n} (x_i - E_x)^2 \tag{4}$$

式中:x_i 为功率预测值与实际值的偏差;i 为样本序号;n 为样本总数;E_x 为数学期望;E_n

为熵；S^2 为样本方差；H_e 为超熵。

设 U 是一个定量论域，其用精确数值表示。而 C 是 U 上的定性概念，如果有定量值 $x \in U$，且 x 是定性概念 C 的一次随机实现，x 对 C 的确定度 $\mu(x) \in [0,1]$，其是有稳定倾向的随机数。若 $\mu:U \to [0,1]$，$\forall x \in U$，$x \to \mu(x)$，则 x 在论域 U 上的分布称作云，而每一个 x 则称为一个云滴。

云模型三个数字特征 (E_x, E_n, H_e) 可以表征云滴（风电、光伏发电功率单点预测误差）的分布规律，如图 1 所示。期望值 E_x 表征云滴在论域空间分布的期望，在风光发电功率预测不确定性分析中，表示功率预测误差幅值的平均值；熵值 E_n 表征概念数值范围的不确定性（方差），表示预测误差幅值的波动范围；超熵值 H_e 是熵的熵，可以反映熵的不确定性，表征预测误差波动范围的集中程度。

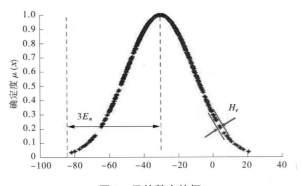

图 1　云的数字特征

云模型分为正向云与逆向云两种：

（1）正向云发生器。由云的数字特征产生云滴，称为正向云发生器。

（2）逆向云发生器。给定符合某一分布规律的云滴 (x_i, μ_i) 作为样本，产生某一分布规律的三个数字特征 (E_{xi}, E_{ni}, H_{ei})，称为逆向云发生器。

由于误差整体分布不服从任何已知分布，通过云模型可以展现未来任意时刻更加精细化的误差分布区间及不确定性结果。因此，本文中分别以各时刻预测功率为中心划定预测功率区间段，将各区间段内对应的预测误差样本误差分布近似视为高斯分布，据此通过逆向云发生器和正向云发生器计算每个区间段内的预测误差云模型数字特征值，把抽象的不确定性程度量化为云滴数值，从定性到定量的角度来进行风光发电功率预测不确定性分析。

3　实例仿真及分析

3.1　数据

以德国某风电场和光伏电站为例，采用 2015 年 1 月 1 日至 12 月 31 日的预测功率（MW）和实际功率（MW）进行算例分析，数据分辨率均为 15 min。选取 2015 年 1 月 1 日至 12 月 26 日的数据作为功率预测不确定性云模型的训练样本，2015 年 12 月 26 日至 31 日的数据作为云模型的测试样本，以 MATLAB2014 为平台对预测的云模型不确定性分析进行验证。

为了简化计算过程,将预测功率(MW)和实际功率(MW)进行归一化处理。归一化公式为:

$$x_{0-1} = \frac{x - \min(x)}{\max(x) - \min(x)} \tag{5}$$

3.2　云模型建模过程

基于云模型的风光发电功率不确定性预测建模步骤如下:

(1)以德国某风电场和光伏电站全年实际风光发电功率单点数据及单点预测结果为依据,将全年预测误差分为训练集和测试集。

(2)针对训练集建立以预测功率为索引的风光发电功率预测误差数据库,以测试集中各个待计算时刻的预测功率为中心划定功率区间范围,据此确定与每个时刻预测功率相对应的单点预测误差训练集。

(3)针对上述每个时刻所对应的单点预测误差训练集建立各自的误差云模型,通过逆向云发生器,得到各个时刻风电功率预测误差的云模型特征值。

(4)为了计算不确定性预测结果,依据各个时刻风光发电功率预测误差的特征值,通过正向云发生器,得到各个时刻风电功率预测误差的云滴图谱。

(5)根据各个时刻风光发电功率预测误差云滴的分布情况,采用分位数原理,在给定置信水平下,计算各个时刻风光发电功率可能波动的区间范围。

3.3　风电功率误差云模型生成结果

随机在测试集筛选四个风电功率区间段,表1为四个功率区间段内风电功率单点预测误差云模型的数字特征值,图2为上述四个功率区间段误差云滴图。可以看出,期望值E_x为负值且逐渐增大,风电预测功率小于实际功率,预测误差平均值逐渐减小并接近于零;风电功率预测误差云滴波动范围减小,熵值E_n逐渐减小;超熵H_e作为描述熵的不确定性,其值的变化规律刻画了功率预测误差云滴分布的集中程度。综上,云模型的三个数字特征及云滴图谱与预测误差分布规律相一致。

表1　不同风电功率区间内预测误差的云模型数字特征

区间	期望 E_x	熵 E_n	超熵 H_e
区间 1	− 0.023 7	0.064 4	0.020 2
区间 2	− 0.020 1	0.058 8	0.020 8
区间 3	− 0.016 6	0.052 8	0.022 2
区间 4	− 0.011 0	0.04	0.023 9

3.4　光伏功率误差云模型生成结果

随机在测试集筛选四个光伏功率区间段,表2为四个功率区间段内光伏发电功率单点预测误差云模型的数字特征值,图3为上述四个光伏功率区间段误差云滴图谱。由图3可见,云模型的三个数字特征及云滴图谱能够综合反映光伏预测误差的分布规律。随着期望绝对值的增大,光伏功率预测误差云滴集中程度下降,熵值增大,不确定程度增加。

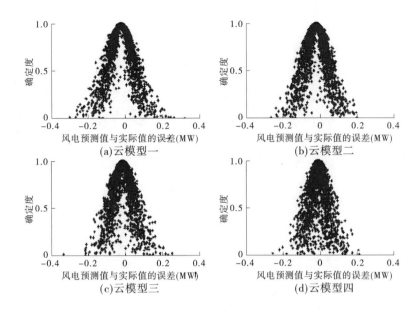

图2 随机选取的四个风电预测功率区间下预测误差的云滴图

表2 不同光伏发电功率区间内预测误差的云模型数字特征

区间	期望 E_x	熵 E_n	超熵 H_e
区间 1	− 0.004 6	0.040 3	0.025 5
区间 2	− 0.003 7	0.030 3	0.021 5
区间 3	− 0.003 1	0.057 6	0.035 8
区间 4	− 0.002 5	0.026 1	0.019 1

3.5 风电功率预测不确定分析结果

图4~图6描绘了97.5%、95%及90%置信区间下的风电预测功率可能发生的波动区间。尽管实际功率波动频繁,但各置信区间的上下限均能有效包络实际功率变化趋势。而单点预测功率的结果不可避免地会受到多种不可控误差因素的影响,出现误差骤增的情况,这种情况反映在计算结果中为超限数据(实际功率超过预测不确定性区间的上限、下限的数据)。

表3为风电实际功率不同置信水平下单超限比例以及未超限比例计算结果。97.5%置信水平时,未超限比例为96.4%;置信水平为95%时,未超限比例为95%;置信水平为90%时,未超限比例为89.2%。可见,不确定性分析结果的超限比例与设定的置信水平基本一致,验证了方法有效性。

表3 风电不确定性分析的有效性结果 （%）

置信水平	单上限超限比例	单下限超限比例	未超限比例
97.5	3.6	0	96.4
95	5	0	95
90	10.8	0	89.2

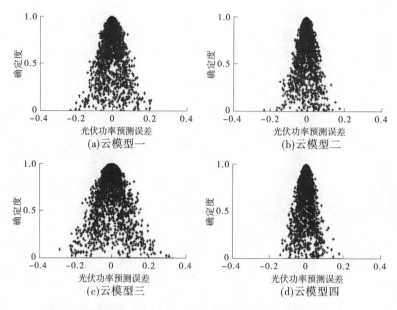

图3 随机选取的四个光伏预测功率区间下预测误差的云滴图

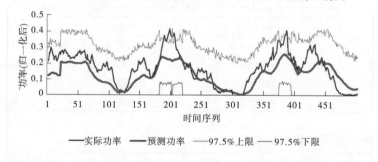

图4 97.5%置信水平下风电预测功率不确定性分析结果

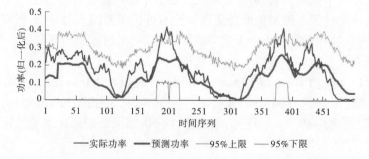

图5 95%置信水平下风电预测功率不确定性分析结果

3.6 光伏发电功率预测不确定分析结果

由图7～图9可见,光伏实际功率与预测功率波动趋势大体一致,偶有局部预测误差波动较大的情况。云模型描绘了不同置信水平下不确定区间与光伏实际功率的关系,97.5%、95%及90%置信区间上下限有效包络实际功率变化趋势,并且升降趋势大致相

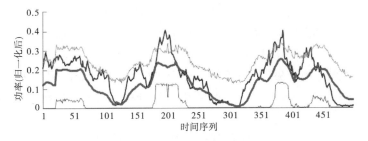

图6　90%置信水平下风电预测功率不确定性分析结果

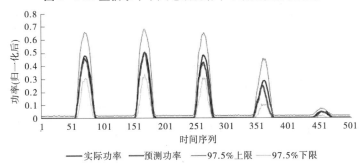

图7　97.5%置信水平下光伏预测功率不确定性分析结果

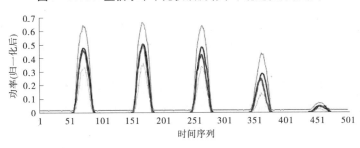

图8　95%置信水平下光伏预测功率不确定性分析结果

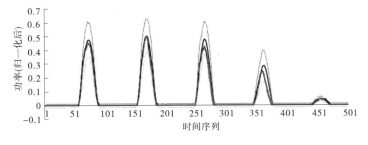

图9　90%置信水平下光伏预测功率不确定性分析结果

同。但光伏单点预测功率的结果不可避免地会受到（光照强度、电池温度等）因素影响，出现预测误差骤增的情况，这种情况反映在计算结果中为超限数据。

表 4 为光伏实际功率不同置信水平下单超限比例以及未超限比例计算结果。97.5% 置信水平时，未超限比例为 99.4%；置信水平为 95% 时，未超限比例为 98.2%；置信水平为 90% 时，未超限比例为 96.6%。可见，不确定性分析结果的超限比例与设定的置信水平基本一致，验证了方法有效性。

表 4　光伏功率不确定性分析的有效性结果　　　　　　（%）

置信水平	单上限超限比例	单下限超限比例	未超限比例
97.5	0	0.6	99.4
95	0	1.8	98.2
90	0.2	3.2	96.6

针对风电、光伏功率预测不确定分析，云模型运算过程简便、易行，整体运行时间较短，分别为 25.634 0 s 和 34.501 s。运算速率能够满足风电光伏功率预测系统在线运算的功能需求，在实际工程中具有实用价值。

4　结　论

本文提出了基于云模型的风光发电功率预测不确定性分析方法，以各个功率区间段内单点预测误差为模型输入参量，生成能够表达研究对象不确定特性和随机特性的云模型，无须考虑单一因素对误差大小的干扰，可以提供指定置信水平下的单点预测结果的上下波动范围。

通过德国某风电场及光伏电站数据进行模型验证，表明所提方法满足风光发电功率不确定性预测可靠性要求，且简单方便、普适性较强，能够为电力系统调度决策、备用安排等提供支持。

参 考 文 献

[1] 陈深,毛晓明,房敏.风力和光伏发电短期功率预测研究进展与展望[J].广东电力,2014,27(1):18-23.

[2] 曾元静.大型光伏电站发电功率预测及其接入对电网影响的分析[D].北京:东南大学,2016.

[3] 茆美琴,周松林,苏建徽.基于风光联合概率分布的微电网概率潮流预测[J].电工技术学报,2014,29(2):55-63.

[4] 李翠萍,卓君武,李军徽,等.光伏发电与风光联合发电系统输出特性分析[J].电网与清洁能源,2017,33(1):95-102.

[5] 申建.风光联合发电系统并网运行技术的研究[D].大连:大连交通大学,2007.

[6] 陈杰.基于功率预测的风光互补发电系统优化配置策略研究[D].乌鲁木齐:新疆大学,2016.

[7] 施佳锋,冯双磊,丁茂生,等.宁夏电网风光一体功率预测系统[J].宁夏电力,2011(1):1-3,19.

[8] Heimo A, Cattin R, Calpini B. WIRE: Weather Intelligence for Renewable Energies[J]. Ems Annual Meeting, 2012.

［9］ Pinson M P, Siebert N, Kariniotakis G. Forecasting of regional wind generation by a dynamic fuzzy – neural network based upscaling approach［C］// European Wind Energy Conference & Exhibition. Madrid, Spain, 2003.

［10］ Kariniotakis G N, Pinson P. Uncertainty of short – term wind power forecasts a methodology for on – line assessment［C］// International Conference on Probabilistic Methods Applied To Power Systems. IEEE, 2004:729-736.

［11］ Bremnes J B. Probabilistic wind power forecasts using local quantile regression［J］. Wind Energy, 2004(7):47-54.

［12］ 刘永前, 史洁, 杨勇平, 等. 基于预测误差分布特性的风电短期功率预测不确定性研究［J］. 太阳能学报, 2010, 33(12):2179-2184.

［13］ 阎洁, 刘永前, 韩爽, 等. 分位数回归在风电功率预测不确定性分析中的应用［J］. 太阳能学报, 2013, 34(12):2101-2107.

［14］ Iversen E B, Morales J M, Møller J K, et al. Probabilistic forecasts of solar irradiance using stochastic differential equations［J］. Environmetrics, 2014, 25(3):152-164.

［15］ Bracale A, Caramia P, Carpinelli G, et al. A Bayesian Method for Short – Term Probabilistic Forecasting of Photovoltaic Generation in Smart Grid Operation and Control［J］. Energies, 2013, 6(2):733-747.

［16］ 周同旭, 周松林. 光伏发电功率区间概率预测［J］. 铜陵学院学报, 2017(2):108-110.

［17］ 赵唯嘉, 张宁, 康重庆, 等. 光伏发电出力的条件预测误差概率分布估计方法［J］. 电力系统自动化, 2015(16):8-15.

［18］ 李德毅, 孟海军. 隶属云和隶属云发生器［J］. 计算机研究与发展, 1995(6):15-20.

基于TSP – CVaR风险规避的风光水互补运行优化调度研究

张蓓蓓,嵇灵

(北京工业大学经济与管理学院,北京 100124)

摘 要 为应对日益严峻的能源资源紧缺和气候变化的挑战,具有清洁、低耗等优点的风力发电、光伏发电和水力发电被大规模地接入电网中。但是新能源出力的间歇性和波动性对传统电网的安全运营带来了相当大的冲击。因此,为保证电力系统的平稳运行,会出现大量弃风、弃光和弃水的现象。考虑到风光水发电原有的互补性,提出了一个含风光水的互补发电系统,来探讨新能源消纳问题。运用两阶段随机规划与CVaR模型的方法,构建了以发电系统总收益为目标函数的优化调度模型,并将系统收益风险和新能源发电的不确定性纳入模型考虑之中。最后,使用算例分析验证此模型的合理性和可行性,并分析了权衡风险的权重对互补发电系统调度与运行的影响。

关键词 风光水互补发电;优化调度;两阶段随机规划;CVaR模型;联合运行

1 引 言

伴随我国经济的高速发展,全社会的电力需求量也节节攀升,在2017年我国人均用电量就达到了4 589 kW·h,比上年增加了268 kW·h。但是,电力工业又是二氧化硫、氮氧化物、颗粒粉尘污染的主要排放源之一,其中,火电厂排放的二氧化硫和氮氧化物占全国排放总量的40%。与此同时,受到以煤炭为代表的化石能源资源日益短缺的影响和来自生态环境日趋恶化的压力,污染严重且高耗能的传统火力发电的发展被大大地限制与制约。因此,具有低污染、低耗能特点的可再生能源被越来越多的加以利用,我国在2017年非化石能源发电装机容量为68 865万kW,占全国总装机容量的38.8%,比2010年提高了11.7%。其中以风、光电为代表的新能源的装机占比也不断提高,达到了16.5%,而水电的装机占比则达到了19.3%[1]。但是新能源电力的发电主要依赖于气象变化,具有天然的波动性和间歇性,故其装机规模的快速增长将给电网的安全运行带来一定的挑战。之前关于新能源的调度研究主要集中在单一类型新能源的并网优化方面,是通过调整火电机组的出力来消纳新能源的波动[2]。但随着电力系统中能源类型和新能源占比的增

基金项目:国家自然科学基金资助项目(U1765101,71603016);北京社会科学基金一般项目(18GLB019);北京市自然科学基金青年项目(9174028)。

作者简介:张蓓蓓(1994—),女,硕士研究生,研究方向为能源系统优化决策,不确定优化理论。E-mail:zhb326421@foxmail.com。

加,以上调节调度方法将无法有效地解决新出现的问题。另外,风力发电、光伏发电和水力发电的出力之间本身就具有时空方面的互补性,因此电力系统中风电、光电和水电的协调调度策略成为一个研究的热点,并对应对电力系统中新能源消纳问题为管理者提供有效的决策参考。

目前,国内外已经存在了一些关于多种能源互补运行的研究,主要的研究重点集中在风光互补发电、风水互补发电、风光柴互补发电等,对考虑新能源波动和运营风险的含风、光、水多种发电类型电力系统调度的经济性研究较少[3-5]。例如,文献[6]研究了有蓄水库的水电站与风、光电混合的发电系统,以能量转化的经济效益和节能减排的环境效益为优化目标进行最优调度研究,但没考虑到新能源发电的不确定因素。文献[7]提出了风 – 光 – 水互补发电系统的调度策略,在综合考虑了投资、系统运营成本、环境治理等因素,以及孤网、并网两种运行方式的前提下,建立了最低运行成本的优化模型,并提出了风 – 光 – 水互补发电系统的调度策略。文献[8]采用场景抽样生成与缩减技术处理风电与光伏发电出力的不确定性,建立了基于场景分析的虚拟电厂单独调度,与配电公司联合调度的两个优化调度模型,以分析含风光水的虚拟电厂与配电公司的合作空间以及利益分配问题。文献[9]则通过分析风、光、水资源之间的互补特性,提出了一种包含风、光、水、储的互补微网优化配置方法,并建立了互补特性对微网经济运行影响的评价体系,最后运用自适应遗传算法进行模型求解。文献[10]将风电配置相应的储能装置,并与水电进行互补运行,确定了以互补系统的日收益最大为目标函数的运行优化数学模型。文献[11]建立了风光水互补发电系统短期调峰优化调度模型,其中考虑到了风光电源的间歇性及波动性,同时考虑了梯级水库水力联系及不同电源之间的电力联系,并采用粒子群算法进行数值分析求解。

可见,考虑到互补发电系统中新能源出力的不确定性和风险规避问题的研究并不多,本文对含风光水的互补发电系统进行优化运行研究时,运用考虑随机事件发生后的调整决策的两阶段随机规划模型(Two-stage Stochastic Programming, TSP)以及 CVaR 模型的方法,构建了以互补发电系统运行日经济收益最大化的不确定风险规避优化模型,并选取相应的算例进行仿真计算,从而有效地展示出不同风险权重值下互补发电系统的不同运行调度策略。

2 研究框架

本文研究的风光水互补发电系统是由风电机组、光伏发电机组和梯级水力发电站组成的,其具体结构如图 1 所示。其中,风力发电的出力主要取决于风速的变化;光伏发电的出力则主要取决于晴朗指数,出力时间集中在 07:00 ~ 19:00,两者在短期内波动较大[12-14];水力发电的出力受制于多种因素,主要取决于大气降水和上游自然来水流量,季节性波动较大,但短期内出力较为稳定,具体而言,对于梯级水电站来说上级水电站的出力主要受上游来水量的影响,而其发电下泄水量将作为下游水电站的主要来水流量[15]。最后,风光水各机组的发电通过电力能源调度系统供应给最终用户,以满足用户实时用电负荷。同时,本文考虑到了水力发电过程中上游来水的不确定性,将上游来水量分为高中低三个场景,其中每个场景对应出现的概率分别设定为 0.2、0.6、0.2,在下面的模型中不

同场景用 s 表示,其概率为用 p_s 来表示[16]。另外,还考虑到用户负荷的不确定性,也将用电需求分为高中低三个场景,其中每个需求场景对应出现的概率分别设定为 0. 25、0. 45、0. 3,在下面的模型中这一场景用 h 表示,其概率用 p_h 表示。

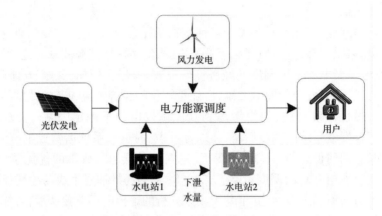

图 1　风光水互补发电系统结构

风光水出力特性有很大的差异,互补发电系统可利用水电的调节能力来抑制风力发电和光伏发电的波动性,而且风电与光伏发电的出力在一天内的时段中具有互补性,24 h 内当风电出力处于低谷的时段正好是光伏发电的高峰,这都使得互补发电系统相比于单一形式的能源并网有很大的优势,从而降低间歇性电源并网对电网的冲击,同时减少弃风弃光弃水现象的发生[17-18]。

3　模型构建

3.1　目标函数

本文将一天分为 24 个小时段,在保障系统安全稳定和满足系统内各项性能指标的基础上,以风光水互补发电系统日调度的利润最大为优化目标,同时考虑了水电的水资源利用成本和风险规避成本。其中,目标函数主要包括四个方面,分别是售电收益、系统发电成本、水资源成本和风险规避成本,其具体描述如下:

$$\max f = f_1 - f_2 - f_3 - f_4 \tag{1}$$

3.1.1　售电收益

$$f_1 = \sum_{t=1}^{24} EP_t \cdot \Big[\sum_{i=1}^{2} \Big(HP_{it} + \sum_{h=1}^{3} \sum_{s=1}^{3} p_s \cdot p_h \cdot HQ_{ihst} \Big) + WP_t + SP_t \Big] -$$
$$\sum_{t=1}^{24} \sum_{i=1}^{2} \sum_{h=1}^{3} \sum_{s=1}^{3} PC_t \cdot p_s \cdot p_h \cdot HQ_{ihst} \tag{2}$$

式中:WP_t、SP_t、EP_t、PC_t 分别为 t 时刻风电出力、光伏出力、电价及水电额外发电成本;HP_{it} 为水电站 i 在 t 时刻的发电量,是在随机事件发生之前制定的决策变量;而 HQ_{ihst} 为在需求场景 h 和上游来水场景 s 下水电站 i 在 t 时刻的额外发电量,变量 HQ_{ihst} 是依据不同的电力需求和上游来水量这两个场景的具体发生而改变的,也就是随机事件发生后对第一阶段决策结果进行调整[21-22]。

3.1.2 系统发电成本

$$f_2 = \sum_{t=1}^{24} \sum_{i=1}^{3} \sum_{h=1}^{3} \sum_{s=1}^{3} HOC_{it} \cdot (HP_{it} + p_s \cdot p_h \cdot HQ_{ihst}) + \sum_{t=1}^{24} WOC_t \cdot WP_t + SOC_t \cdot SP_t$$

(3)

式中：SOC_t、WOC_t 和 HOC_{it} 分别为光伏发电、风力发电和水力发电在 t 时刻单位发电量的运行成本，其具体取值情况见表1。

3.1.3 水资源成本

$$f_3 = \sum_{t=1}^{24} \sum_{i=1}^{3} \sum_{h=1}^{3} \sum_{s=1}^{3} WV_{it} \cdot p_h \cdot p_s \cdot Q_{ihst}$$

(4)

式中：Q_{ihst} 为需求场景 h 和上游来水场景 s 下水电站 i 在 t 时刻的发电下泄水量，WV_{it} 为政府向水力发电过程中使用水资源的费用，此参数的设定依据的是国家发布的《关于调整水力发电用水水资源费征收标准的通知》[19]。

3.1.4 风险规避成本

$$f_4 = \omega \left(\xi + \frac{1}{1-\alpha} \sum_{h=1}^{3} \sum_{s=1}^{3} p_s p_h V_{hs} \right)$$

(5)

式中：ω 为风险权重值，其取值越大则代表决策者对待风险的态度越消极，选择的调度运行策略就越倾向于保守；α 为置信水平，通常会设置为0.90、0.95或者0.99；V_{hs} 为辅助变量；ξ 为风险价值（Value at Risk，VaR），其是指（市场在正常波动条件下）在一定的概率水平（$1-\alpha$）下，某一金融资产在未来特定的一段时间内的最大的可能损失表示。该方法刻画了收益或损失在一定目标期内分布的分位数。f_4 这部分代表的是条件风险价值模型（Conditional Value at Risk，CVaR），指的是利润不超过 VaR 时，得到的期望值，用于度量由于发电系统中的随机因素造成发电收益波动性的风险[23]。

3.2 约束条件

（1）风电和光伏电站发电能力约束：

$$WP_t \leqslant PW_t^- + \lambda_w \cdot (PW_t^+ - PW_t^-), \forall t$$

(6)

$$SP_t \leqslant PS_t^- + \lambda_s \cdot (PS_t^+ - PS_t^-), \forall t$$

(7)

式中：PW_t^+、PW_t^- 为风力发电预测出力的上、下限；PS_t^+、PS_t^+ 为光伏发电预测出力的上、下限；λ_w、λ_s 为风电、光伏发电的安全系数，安全系数取值越高，则风、光电最优发电策略的决策范围就越大，新能源发电波动性对总收益带来的风险也就越大。

（2）水电站发电能力约束：

$$HP_{it} + HQ_{its} \leqslant \eta_H g h_{it} Q_{ihst}, \forall i, h, s, t$$

(8)

式中：η_H 为水电机组的发电效率，本文设定为0.83；g 为重力加速度，取值为 9.81 m/s²；h_{it} 为水电站 i 的水电机组在 t 时段的发电净水头，通常一天内的水头变化不大。这个约束条件要求每个水电站的水电总发电量要在其对应场景时刻下水电出力极限范围之内。

（3）需求平衡约束：

$$\sum_{i=1}^{2} (HP_{it} + HQ_{ihst}) + WP_t + SP_t \geqslant LD_{th}, \forall t, h$$

(9)

式中：LD_{th} 为需求场景 h 中 t 时段的电力需求量，在本电力系统中用电负荷是由风、光、水机组具体出力来满足的。

（4）水库库容约束：

$$E_{\min i} \leqslant E_{ihst} \leqslant E_{\max i}, \forall i, h, s, t \tag{10}$$

$$E_{1hs,\,t+1} = E_{1hst} - Q_{1hst} - S_{1hst} + \text{inflow}_{st}, \forall h, s, t \tag{11}$$

$$E_{2hs,\,t+1} = E_{2hst} - Q_{2hst} - S_{2hst} + Q_{1hst} \cdot \sigma, \forall h, s, t \tag{12}$$

式中：E_{ihst} 代表需求场景 h 和上游来水场景 s 下水电站 i 在 t 时刻的水库库容；$E_{\max i}$、$E_{\min i}$ 代表水电站 i 中水库的最大、最小库容，S_{ihst} 为需求场景 h 和上游来水场景 s 下水电站 i 在 t 时刻的水库溢出水量，inflow_{st} 为上游来水场景 s 下 t 时刻的上游来水量；σ 为第一个水库下泄水量 Q_{1hst} 进入第二个水库时的效率系数，本文取值为 0.95。具体来说，某时刻的水库容量是由上一时刻水库库容减去其发电下泄水量与弃水量，并加上实际的来水量情况进行计算的，并且要求任一时刻的水库库容均不可超过或者少于规定的库容上、下限。水库正常运行时，允许水库消落水位不得低于死水位，故水库最小库容不得小于死库容；而根据洪水特性和防洪要求，水库最高水位和允许最大库容在不同月份则存在不同的要求，在本文的短期规划中，将其也设定为固定值。

（5）风险规避约束：

$$V_{hs} \geqslant \sum_{t=1}^{24} EP_t \cdot \left(\sum_{i=1}^{2} HP_{it} + WP_t + SP_t \right) - \sum_{t=1}^{24} \sum_{i=1}^{2} PC_t \cdot HQ_{ihst} -$$

$$\sum_{t=1}^{24} \sum_{i=1}^{3} HOC_{it} \cdot (HP_{it} + HQ_{ihst}) - \sum_{t=1}^{24} (WOC_t \cdot WP_t + SOC_t \cdot SP_t) -$$

$$\sum_{t=1}^{24} \sum_{i=1}^{3} WV_{it} \cdot Q_{ihst} - \xi, \forall h, s \tag{13}$$

约束辅助变量 V_{hs}，在场景 h, s 下总利润大于 VaR 时为 0；否则，其是由 VaR 与场景 h, s 下总利润所决定的。

4　算例分析

4.1　算例介绍

为了展示所提出模型具体优化过程，本文引入一个含风电、光伏发电、水电的互补发电系统，其中，风力发电机组容量为 3.5 MW，光伏发电机组容量为 2 MW，梯级水电站的装机容量分别为 18 MW 和 9.6 MW，其相关经济及技术参数采用文献[8-9,14,20]的部分机组参数，具体数据情况如表 1 所示。另外，图 2、图 3 描述了风、光电在一天内预测出力的上下限和用户负荷的曲线，图 4 展示了售电电价在研究时段内的变化曲线，电价变化总体与负荷波动保持一致，其中 17:00 ~ 22:00 为用电高峰，这一时段的电价也相对比较高。

表 1　系统主要参数

参数	最大库容（10^6m^3）	最小库容（10^6m^3）	水电运行成本（元/(kW · h)）	水资源费用（元/(kW · h)）
水电站 1	207.3	46	0.04	0.005
水电站 2	80.75	34.54	0.043	0.005 6

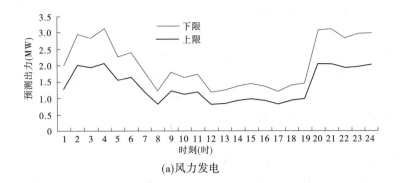

(a)风力发电

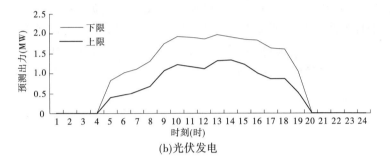

(b)光伏发电

图 2　风、光电在一天内预测出力的上下限曲线

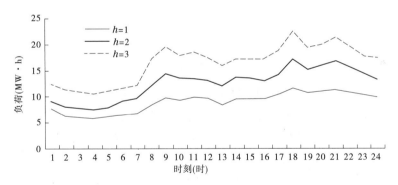

图 3　不同需求场景下一天内用户用电负荷曲线

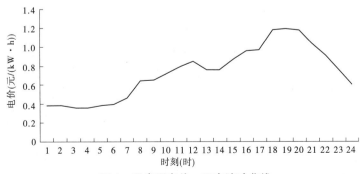

图 4　用户用电价一天内波动曲线

4.2 经济最优模型下系统运行分析

上述的风光水互补发电系统的经济调度风险规避优化模型通过 Lingo 软件进行求解，在此算例中将置信水平 α 设置为 0.9，讨论权重 ω 取值的变化对决策效果的影响，从而体现不同系统利润和风险的衡量水平。最后，模型的解集可以提供不同风险权衡水平下的系统总成本和水电机组发电策略的优化结果，以上内容的具体讨论分析如下。

4.2.1 ω 值对函数目标值的影响

图 5 中展示了不同的风险权重 ω 值下目标函数值的变化情况，当 ω 值取值为 0 时，表示决策者对风险的态度是中立的，此时函数目标值为 24.76 万元。随着 ω 值的增加，决策者对风险的态度越来越消极，相应的函数目标值也呈现下降的趋势。如图 5 所示，当风险权重分别设置为 0.4、0.8、1 时，对应的模型函数目标值分别为 17.15 万元、10.23 万元和 7.10 万元。总的来说，风险权重 ω 值的增加将增加风险项的权重，这样决策者将更倾向于选择保守的电力调度运行策略，从而导致系统风险的降低和利润的下降，相对应的 ω 值降低则会导致系统风险规避的能力随之削弱，而函数目标下则随之增加。

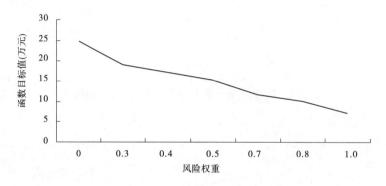

图5 不同风险权重 ω 值对目标函数值的影响

4.2.2 ω 值对风、光电出力的影响

图 6 展示了在不同风险权重 ω 值下，风力发电与光伏发电在优化时段内的最优发电策略，从中可以看出，ω 值的变化对风电、光伏发电的出力有直接的影响。在风险权重 ω 值取 0 时，风电总出力为 36.37 MW，光伏发电的总出力为 21.27 MW；当风险权重 ω 值分别取 0.5、0.7、1 时，风电总出力分别为 39.50 MW、24.77 kW 和 23.94 MW，光伏发电的总出力为 21.27 MW、18.91 MW 和 16.67 MW。由此可见，随着 ω 值的增加，风、光电在系统中的出力则随之明显减少，在风险权重 ω 值从 0 增加到 1 时，风电与光伏发电的最优总出力从 60.77 MW 减少到 40.60 MW，出力共减少了将近 1/3。在本发电系统中，风电与光伏发电的发电成本低于水力发电，所以在不考虑新能源发电的不确定性和系统风险的情况下，风光出力的优先调度符合系统总运营利润最大化的优化目标。而随着 ω 值的增加，决策者更加倾向于运营风险更小的电力发电策略，所以具有波动性的新能源发电类型的出力随之减少，更偏向于调用在优化时段内出力稳定的水电。

具体来看，例如当风险权重 ω 值从 0 增加到 1 时，风电各个时段的出力情况如图 7 所示。从中可以看出，不考虑风险衡量成本时，风电出力基本达到系统满足各项约束后的极限，所以此时风电的优先调用符合发电系统的优化目标。随着 ω 值的增加，风电出力开

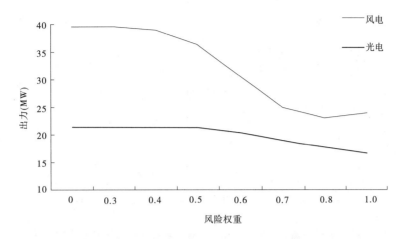

图6　不同风险权重 ω 值下风、光电在优化时段内的最优总发电量

始减少,而且其变化主要集中在后半段,而前半阶段变化不大。与此相似,光伏发电的最优出力随 ω 值变化的情况也是这样。

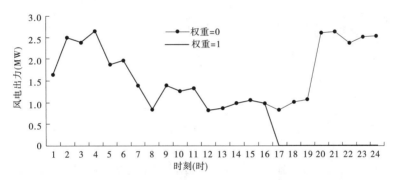

图7　不同权重值下风电各时段的出力变化

4.2.3　ω 值对水力发电出力的影响

在算例的调度研究中,可以发现在互补发电系统中水电是主要的电力供给类型,而风、光电则其次。在图8中展示了风险权重 ω 值取值为0和1时,梯级水力发电 HP_{it} 在优化时段内的最优发电策略。可以看出上级水电站1的出力受风险权重值变化的影响相较于下级水电站更加敏感,呈现出明显的出力减少的趋势。例如,在21时,上级水电发电量从11.81 MW 减少到9.12 MW。而下级水电站2的出力则总体变化不大,其中大部分时段随着 ω 值的增加而减少。总的来说,在满足用户电力负荷的前提条件下,风险在与利润的权衡中权重越大,决策者越倾向于减少水电 HP_{it} 的出力,而削减的主要是上级水电站1的水电出力,下级水电站2的变化则相对较平缓。

在图9中展示了风险权重 ω 值取值为0和1时,梯级水力发电 HQ_{ihst} 在优化时段内的最优发电策略。可以看出上级水电站1的出力受风险权重值变化的影响相较于下级水电站更加敏感,呈现出明显的出力增加的趋势。例如,在23时,上级水电发电量从6.49 MW 增加到8.33 MW。而下级水电站2的出力依然总体变化不大,其中大部分时段随着 ω 值的增加而增加。总的来说,在满足用户电力负荷的前提条件下,风险在与利润的权衡

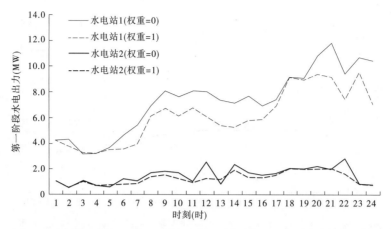

图 8　风险权重 ω 值为 0 和 1 下第一阶段水电在优化时段内的最优总发电量

中权重越大,越增加水电 HQ_{ihst} 的出力,而且主要调整的是上级水电站 1 的水电出力,下级水电站 2 的变化则相对较平缓。

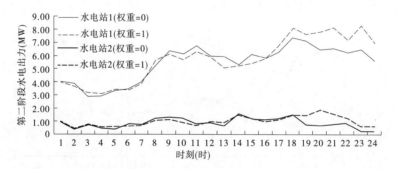

图 9　风险权重 ω 值为 0 和 1 下第二阶段水电在优化时段内的最优总发电量

5　结　论

在电力技术改革、社会经济快速发展和环境能源约束的前提环境下,本文考虑了新能源出力和用电负荷的不确定性和系统风险规避的问题,应用两阶段随机规划模型以及 CvaR 模型的方法,建立了以系统运营利润最大化为目标的风光水电互补发电系统日运行优化模型。同时,优化模型中考虑到了互补发电系统中各类发电机组的技术和经济约束,并选择具体算例进行分析。最后,讨论了在不同风险权重 ω 值的影响下,互补发电系统运营利润,风电与光伏发电最优出力以及水力发电出力的相应变化情况,并探讨含有多种能源类型发电系统的互补调度策略受决策者风险偏好的影响情况。

结果显示,发电系统的优化函数目标值与风、光电最优出力与风险权重 ω 值之间均是负相关的关系,都随着决策者对保守调度策略的倾向而减少。在总发电量满足用户负荷的基础上,水力第一阶段发电的出力亦随之减少,而水力第二阶段发电的出力则随之增加。同时,兼顾了梯级水电站中上级水电站水资源的合理分配。含风光水的多元发电系统利用水电来消纳新能源的波动,使之能安全稳定地接入电网。

参 考 文 献

［1］中国电力企业联合会.中国电力行业年度发展报告 2018［R］.2018.6.

［2］余志勇,万术来,明志勇,等."风光水"互补微电网的运行优化［J］.电力建设,2014,35(6):50-55.

［3］钱梓锋,李庚银,安源,等.龙羊峡水光互补的日优化调度研究［J］.电网与清洁能源,2016,32(4): 69-74.

［4］吴杰康,熊焰.风、水、气互补发电模型的建立及求解［J］.电网技术,2014,38(3):603-609.

［5］宋旭日,叶林.风/光/柴多能互补发电系统优化配置研究［J］.电网与清洁能源.2011,27(5):66-72.

［6］白雪,袁越,傅质馨.小水电与风光并网的经济效益与环境效益研究［J］.电网与清洁能源,2011,27 (6):75-80.

［7］陈丽媛,陈俊文,李知艺,等."风光水"互补发电系统的调度策略［J］.电力建设,2013,34(12):1-6.

［8］董文略,王群,杨莉.含风光水的虚拟电厂与配电公司协调调度模型［J］.电力系统自动化,2015,39 (9):75-82.

［9］夏永洪,吴虹剑,辛建波,等.考虑风/光/水/储多源互补特性的微网经济运行评价方法［J］.电力自 动化设备,2017,37(7):63-69.

［10］尚志娟,周晖,王天华.带有储能装置的风电与水电互补系统的研究［J］.电力系统保护与控制, 2012,40(2):99-105.

［11］张世钦.基于改进粒子群算法的风光水互补发电系统短期调峰优化调度［J］.水电能源科学,2018, 36(4):208-212.

［12］叶林,屈晓旭,么艳香,等.风光水多能互补发电系统日内时间尺度运行特性分析［J］.电力系统自 动化,2018,42(4):158-164.

［13］赵书强,王明雨,胡永强,等.基于不确定理论的光伏出力预测研究［J］.电工技术学报,2015,30 (6):213-220.

［14］闫鹤鸣,李相俊,麻秀范,等.基于超短期风电预测功率的储能系统跟踪风电计划出力控制方法 ［J］.电网技术,2015,39(2):432-439.

［15］徐毅,汤烨,付殿峥,等.基于水质模拟的不确定条件下两阶段随机水资源规划模型［J］.环境科学 学报,2012,32(12):3133-3142.

［16］邹云阳,杨莉.基于经典场景集的风光水虚拟电厂协同调度模型［J］.电网技术,2015,39(7):1855- 1859.

［17］张倩文,王秀丽,李言.含风 – 光 – 水 – 储互补电力系统的优化调度研究［J］.电力与能源,2017,38 (5):581-586.

［18］韩柳,庄博,吴耀武,等.风光水火联合运行电网的电源出力特性及相关性研究［J］.电力系统保护 与控制,2016,33(19):91-98.

［19］国家发展改革委、财政部、水利部.关于水资源费征收标准有关问题的通知:发改价格〔2013〕29 号.2013.

［20］盛四清,张立.考虑风光荷预测误差的电力系统经济优化调度［J］.电力系统及其自动化学报, 2017,29(9):80-85.

［21］Georgios Mavromatidis, Kristina Orehounig, Jan Carmeliet. Design of distributed energy systems under uncertainty：A two-stage stochastic programming approach［J］. Applied Energy,2018, 222：932-950.

［22］张艺镨,艾小猛,方家琨,等.基于极限场景的两阶段含分布式电源的配网无功优化［J］.电工技术 学报,2018,33(2):380-389.

［23］　Zhongfu Tan, Guan Wang, Liwei Ju, et al. Application of CVaR risk aversion approach in the dynamical scheduling optimization model for virtual power plant connected with wind-photovoltaic-energy storage system with uncertainties and demand response［J］. Energy, 2017, 124：198-213.

基于多目标优化的风光水多能互补
电源容量配比研究

卢迪，陈晓锋，赵岩

（中国电建集团华东勘测设计研究院有限公司，浙江 杭州　310014）

摘　要　我国将大力推进风光水互补可再生能源基地建设，基地规划设计阶段优化确定各电源容量规模对互补运行十分关键。本文以雅砻江流域风光水互补基地为例，建立多能互补电源容量配比的多目标优化模型，采用多目标遗传算法进行优化求解。结果表明，该模型得到的可行解集可提高电能输出稳定性，相邻时段平均出力变化及出力最大变幅目标值最大分别可降低19%、4.5%。研究成果对风光水互补运行时降低风光出力不确定性，改善水库调度决策有重要价值。

关键词　多能互补；多目标优化；电源容量

1　引　言

目前，全球可再生能源开发利用规模不断扩大，应用成本快速下降，发展可再生能源已成为许多国家推进能源转型的核心内容和应对气候变化的重要途径，也是我国未来推进能源生产和消费革命、推动能源转型的重要措施。国家"十三五"可再生能源规划也指出，将推进大型可再生能源基地建设，开展水风光互补基地示范，有序推动可再生能源跨省消纳。对于国内风光水互补基地，常规水电规模通常已经确定，研究风电、光伏电源容量配比方法，将为风光水互补基地规划设计提供可靠依据，对基地能否互补运行十分关键。

已有风电、光伏电源配比研究主要针对小规模发电系统，如微网中风电、光伏及简易抽水蓄能系统各电源的建设规模研究[1]，其电源配比主要采用建设成本分析的方法优化确定。文献[2-3]也进行了风光储微电网系统的容量配比相关研究。以上研究主要研究发电系统各类电源规模优化模型及方法，优化目标满足用电需求、储能成本、建设成本、环保效益等[4]，优化方法采用遗传算法、线性规划等优化方法进行求解[5-6]。然而，风光水互补基地通常规模大、项目多、空间上较分散。因此，风光水互补容量配比目标及约束条件比小型互补系统更复杂，受资源不确定性、建设条件、水电调度、电网消纳等多目标影响，是研究亟待解决的问题。本文以雅砻江流域风光水互补基地为例，建立多能互补电源容量配比的多目标优化模型，为大型风光水互补基地规划设计提供技术支撑。

作者简介：卢迪（1987—），男，吉林永吉人，博士，工程师，研究方向为新能源规划。

2　多能互补评价方法

目前常用的互补评价方法主要有联合概率分布、相关系数、电能输出稳定性等。联合概率分布可用于分析多种电源在不同出力区间的分布规律,进而分析出力特性及规律。相关系数用于分析不同电站间的互补性,相关系数越大,表示互补性越差。电能输出稳定性指标为最重要的评价指标,电力系统为了保证系统安全运行、供电质量等要求,对并网发电系统的功率具有严格限制。只有在保证发电系统可控、可预期的情况下,电网才能有效地接纳发电系统的功率。发电系统输出功率的波动程度决定了系统功率是否能够安全地输送到电网中,输出功率波动越小对并网越有利。因此,本文建立电能输出稳定性指标,用于表征互补系统并网功率的波动性,使得系统的并网对电网的影响最小,指标如式(1)、式(2)所示。

$$F_1 = \sum_{i=1}^{T} |(P_{sg,i+1} - P_{sg,i})/P| \tag{1}$$

$$F_2 = \max\{P_{sg,i}/P\} - \min\{P_{sg,i}/P\} \tag{2}$$

式中:$P_{sg,i}$ 为系统 i 时段的并网功率值;P 为系统的总装机容量;F_1 为相邻时段平均出力变化;F_2 为全时段出力最大变幅。

3　模型建立及求解

3.1　模型建立

采用电能输出稳定性指标为目标函数,如式(3)、式(4)所示,保证各电源出力总和在相邻时段平均出力变化 F_1 最小,全时段出力最大变幅 F_2 最小,即保证电能输出更稳定:

$$\min F_1(R) = \sum_{i=1}^{T} |(P_{sg,i+1} - P_{sg,i})/P| \tag{3}$$

$$\min F_2(R) = \max\{P_{sg,i}/P\} - \min\{P_{sg,i}/P\} \tag{4}$$

$$R = (R_1, R_2, R_3, \cdots, R_j) \tag{5}$$

式中:R_j 为待优化变量,表示分布在各个区域的风电场或光伏电站的最优规模;P 为规划总容量。约束条件如式(6)所示,各个区域的风电场或光伏电站的最优规模需小于最大可规划容量限制 N_{max} ,大于最小需求限制 N_{min} 。

$$N_{min} < R_j < N_{max} \tag{6}$$

3.2　求解方法

采用基于 ε – NSGAII[7] 多目标优化算法对模型进行求解,算法基本流程如下(见图1)。

步骤1:首先设定最大样本数或进化代数,随机初始化一个种群大小为 n 的父代种群。

步骤2:采用选择、交叉、变异产生子代种群,种群大小为 n。将子代种群与父代合并组成,种群大小为 $2n$。

步骤3:根据非支配排序法把合并种群分成不同的层级,则层级高的个体是最好的,先放入新的父代种群中。如果新的父代种群的大小超出 n。此时,需进行拥挤度排序,取前面的个体直到形成新的精英父代种群,大小为 n。

步骤4:应用 ε 支配方法进行,保留 Pareto 解集的多样性。

步骤5:由存档种群的种群增加随机生成样本成为 $4n$ 的种群,继续进行搜索。

步骤6:循环步骤2到步骤5直到达到程序设定的最大样本数或进化代数为止。

步骤7:输出符合评判标准的存档种群对应的参数组。

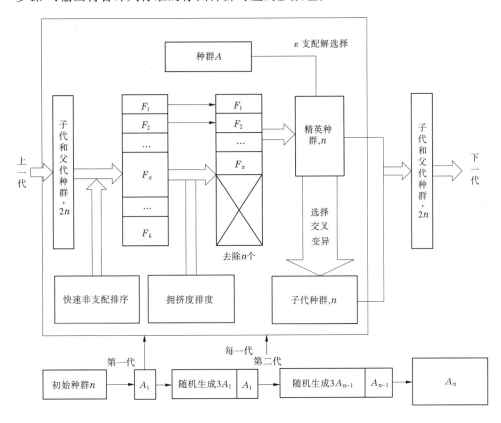

图1　ε－NSGAII 算法求解流程

4　研究实例

4.1　雅砻江流域概况

本文选择雅砻江流域风光水互补示范基地为研究对象,雅砻江流域具备较好的风、光、水电资源。雅砻江是金沙江第一大支流,发源于青海省玉树县境内的巴颜喀拉山南麓,自西北向东南流,在呷依寺附近流入四川省,在攀枝花市倮果注入金沙江。干流河道长 1 570 km,流域面积约 13.6 万 km²,占金沙江(宜宾以上)集水面积的 27.3%。河口多年平均流量 1 910 m³/s,年径流量近 600 亿 m³。雅砻江水量丰沛、落差巨大集中,水能资源丰富,规划总装机容量 29 155 MW。其中,中下游河段两河口江口按"三库12级"开发,装机容量 26 315 MW,占雅砻江干流可开发量的 90.3%,其规模在我国十三大水电基地中居第3位。雅砻江流域风光资源条件较丰富,已规划的风、光项目主要分布在凉山州、攀枝花、甘孜州,项目较为分散,均就近接入水电通道送出。

结合四川省风电开发规划和凉山州风电基地规划等成果分析,对雅砻江流域风电场址的风能资源、建设条件、周边制约因素等进行逐一分析,初步确定本次规划研究的雅砻江流域范围内风电规划场址 74 个。其中已建项目 7 个,核准项目 7 个,开展可研及预可研项目 8 个,其余项目均处于测风和规划阶段。

总体来看,规划风电场主要分为河谷风电场和山地风电场两类。河谷地形风电场内地面构筑物较多,铁路、公路、输电线路、民房等较多,交通条件较好,居民较多,地类以耕地为主;山地地形风电场内地面构筑物简单,交通条件较差,居民稀少,地类以荒草地和林地为主。

根据规划原则,对研究范围内规划场址的风能资源、建设条件、周边制约因素等进行逐一分析,初步确定雅砻江流域风光水互补基地风电规划总规模为 1 181.4 万 kW,其中凉山州境内 659.4 万 kW、攀枝花境内 42 万 kW、甘孜州境内 480 万 kW。

结合凉山州大型并网光伏电站规划场址等成果,对雅砻江流域光伏场址的太阳能资源、建设条件、周边制约因素等进行逐一分析,初步确定雅砻江流域光伏规划场址 26 个。

根据上述规划原则,对研究范围内规划场址的太阳能资源、建设条件、周边制约因素等进行逐一分析,初步确定雅砻江流域风光水互补基地光伏电站规划总规模为 1 887.5 万 kW,其中凉山州境内 432.5 万 kW、攀枝花境内 135 万 kW、甘孜州境内 1 320 万 kW。

4.2　雅砻江流域风光水互补特性

4.2.1　年内互补

雅砻江示范基地范围内水电出力视来水情况分为汛期、枯期,6 ~ 10 月为汛期,来水量大,月平均出力较大;11 月至次年 5 月为枯期,来水量小,月平均出力较小。

雅砻江示范基地范围内风电年内总体呈现出冬春季大,夏秋季小的特点,1 ~ 5 月风速、风功率密度大,风电出力系数在 0.256 ~ 0.352;6 ~ 10 月风速、风功率密度小,风电出力系数在 0.145 ~ 0.253。光伏发电年内逐月出力较为平缓,月出力系数保持在 0.13 ~ 0.21,总体也保持冬大夏小的特点。

从雅砻江示范基地风光水年内逐月特性上来看(见图 2),三种能源的天然互补性主要体现在水电与风电、光伏上。枯期,水电月平均出力较小时,风电、光伏月平均出力较大;汛期,水电月平均出力较大时,风电、光伏月平均出力较小。利用水电与风电、光伏的互补特性,可将电力打捆,充分利用水电输出通道。

4.2.2　日内互补

从三种能源日内出力特性上来看(见图 3),雅砻江示范基地风电、光伏两种电源存在较强的天然互补性。风电在夜间出力较高,正午前后小风时段为出力低值区,而光伏刚好相反,夜间出力为零,出力较高的时段主要集中在 8 ~ 16 时。利用风电光伏日内互补的特性,可以在一定程度上缓和两者的波动性。

风电、光伏最显著的出力特点是受气候影响,日内波动较大。雅砻江流域水电站具有非常强的调节能力,在日尺度内,水库的蓄水自身可以平抑来水的短期波动。当水电站与风电、光伏联合运行时,利用水库的调蓄能力以及水轮机的快速跟踪负荷能力可以有效弥补风电和光伏的短期波动,降低对电网的冲击。

总体来说,风光水联合运行时,从年的尺度看,雅砻江梯级水电整理具有卓越的多年

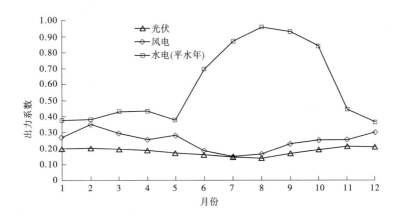

图2　雅砻江示范基地风光水年内互补特性图

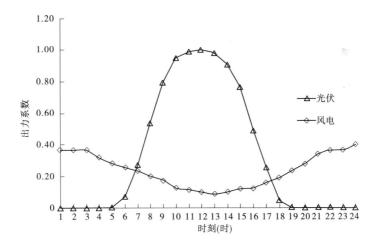

图3　雅砻江示范基地风光水日内互补特性

调节性能,能调节风电光伏年内的不均衡,充分利用水电站已有的并网外送通道;从日的尺度看,雅砻江水电可根据风电光伏出力的实时变化,利用自身具备调节库容的有利条件,实时跟踪负荷,平抑风电光伏的随机波动。

4.3　风光互补容量优化模型建立

本文以拟接入官地水库的风电场、光伏电站为例,优化风电、光伏电源规模,论证本文建立模型的有效性。

待优化数学变量如式(7)所示,优化目标函数同式(3)、式(4):

$$R = (R_1, R_2, R_3, R_4, R_s) \tag{7}$$

式中:R 为分布在官地水库周边各个区域(Z_1、Z_2、Z_3、Z_4)的风电场最优规模及光伏规模 R_s。设 $R_s = 1$,减少优化变量纬度,即 $R = (R_1, R_2, R_3, R_4)$。

4.4　结果与讨论

采用NSGAII算法进行优化求解,图4为各可行解目标函数值变化,可以看出,优化可行解集目标值均小于当前风电光伏初步规划的目标值,即优化后相邻时段平均出力变化及全时段出力最大变幅均减小，F_1、F_2最大分别可降低 19.0%、4.5%。如可行解 (0.033 6,0.945 2)，F_1、F_2分别降低 14.5%、2.67%。

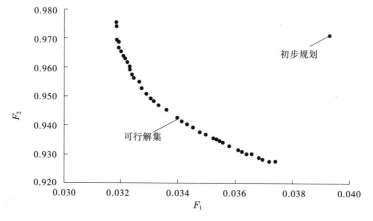

图4　优化可行解目标值

图5为参数后验分布情况。设 R_s 为1，R 为相对 R_s 的取值。可以得出，R_1 主要集中在 0.25～1.25 范围内，说明相比光伏规模为 1 时，R_1 可波动范围为 0.25～1.25。后验分布范围缩小和峰值的出现说明 R_2、R_3、R_4 区域规模的变化对电能输出稳定性影响更大，可作为确定规模的分析重点。最终规模比例结果需结合前期工作情况、资源条件、建设条件等因素在可行解内选择满意设计规模。

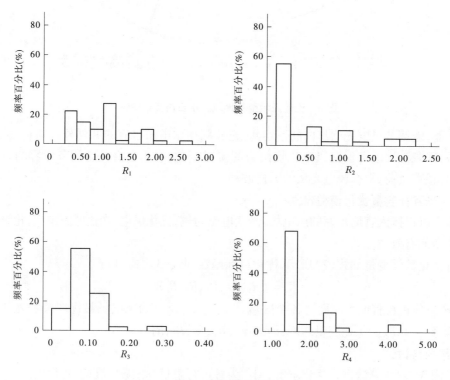

图5　参数后验分布

5 结　论

（1）本文建立可行的多能互补电源容量配比多目标优化模型，采用电能稳定性为目标函数，可行解集可为风光水互补工程设计阶段提供重要参考。

（2）应用多目标求解算法于多能互补电源容量配比多目标优化模型求解中，可分析各区域规模的敏感性、各目标的协同竞争关系。

（3）雅砻江流域风光水年内、日内都存在互补特性，风光发电依托水电通道送出，出力稳定性提高，对梯级电站稳定运行有重要意义。

（4）风光出力预测不确定性较大，互补后整体出力波动减少，可提高风光联合预测精度，为水电调度决策、实现互补运行提供依据。

今后研究可考虑电网送出通道可利用率、成本等更多目标，对风光水多能互补电源容量配比模型进行深入讨论。

参 考 文 献

［1］ Ma T,Yang H,Lu L,et al. Optimal design of an autonomous solar － wind－pumped storage power supply system［J］. Applied Energy,2015,160:728-736.

［2］ 何可人,滕欢,高红均.考虑季节特性的多微源独立微网容量优化配置［J］.现代电力,2017,34（1）:8-14.

［3］ 夏永洪,吴虹剑,辛建波,等.含小水电集群的互补微网混合储能容量配置［J］.可再生能源,2016,34（11）:1658-1664.

［4］ 杨菠,邵如平,张佑鹏.孤网运行下新能源配比与储能配置研究［J］.电源技术,2016,40（7）:1469-1472.

［5］ 吕崇帅.含风光水储电源的电力系统优化调度研究［D］.哈尔滨:哈尔滨工业大学,2016.

［6］ 郭佳伟.风光蓄柴微电网优化配置的研究［D］.呼和浩特:内蒙古大学,2016.

［7］ Deb K,Agrawal S,Pratap A,et al. A fast elitist non－dominated sorting genetic algorithm for multi－objective optimization:NSGA－II［J］. Lecture notes in computer science,2000,1917:849-858.

风光水多能互补开发管理方式探讨

曹薇, 周永, 左幸

(雅砻江流域水电开发有限公司, 四川 成都　610051)

摘　要　充分利用流域梯级水电的调节能力和送出通道, 实施风光水多能互补开发、打捆外送, 可有效解决新能源发电不稳定、送出难等问题, 对创新风光资源开发利用, 促进可再生能源消纳, 提高能源系统综合效率, 构建清洁低碳、安全高效的现代能源体系具有重要意义。由于风光水互补开发国内外均尚无成熟先例, 优化和创新现有管理方式, 提供适宜的体制机制保障, 成为推动互补项目落地实施的必要条件。本文依据风光水多能互补开发的工程技术特性, 结合当前项目管理实际, 从管理权限、开发模式、接入方式、调度方式、电价机制等方面对管理方式进行了系统探讨, 提出了相关优化和调整建议, 同时结合雅砻江等流域风光水互补开发工作进展, 提出了下阶段加快推进试点的工作建议, 对风光水互补开发研究工作具有借鉴作用。

关键词　风光水互补; 管理方式; 试点

1　引　言

水电、风电、光电同属清洁可再生能源, 是各国实施可持续发展的重要选择, 均服务于我国能源结构转型升级调整。风光水多能互补开发作为能源供给侧改革的一项有效手段, 可整合风、光、水清洁能源资源, 利用其发电出力季节性互补特性, 充分发挥水电的调节能力, 依托已有的水电送出通道进行打捆外送, 从而有效地解决新能源发电出力不稳定、送出难等问题, 是实现新能源与水电开发协调发展、打捆外送的有效路径。

目前国内外已有的多能互补研究和开发实例集中在两种能源互补发电系统, 包括风水[1-3]、水光[4]、风光[5]互补发电, 风光水多能互补开发目前尚无成熟先例可循, 国内具有代表性的多能互补工程是龙羊峡水光互补项目。为推动风光水互补开发落地实施, 在开展互补特性、协同运行等技术研究的同时, 也需要依据其工程技术特性, 优化和创新现有的管理方式, 提供适宜的体制机制保障。

2　管理方式研究

为了充分发挥互补效益, 依据风光水多能互补开发的工程技术特性, 需要从管理权限、开发模式、接入方式、调度方式、电价机制等多方面统筹考虑, 优化现有管理方式, 实现清洁能源高效开发。

作者简介: 曹薇(1982—), 女, 硕士研究生, 高级工程师, 从事水电及新能源规划与技术管理工作。E-mail: caowei@ ylhdc. com. cn。

2.1 管理权限

依据我国现有管理规定,水电项目实行核准管理,在跨界河流、跨省(区、市)河流上建设的单站总装机容量 50 万 kW 及以上项目由国务院投资主管部门核准,其中单站总装机容量 300 万 kW 及以上或者涉及移民 1 万人及以上的项目由国务院核准。其余项目由地方政府核准。

风电项目实行核准管理,由地方政府在国家依据总量控制制定的建设规划及年度开发指导规模内核准。一般而言,集中开发风电站项目由省政府投资主管部门核准,分散接入风电站项目由市(州)人民政府投资主管部门核准。

光伏发电项目实行备案制管理,由各省(区、市)依据项目类型、项目规模等制定政策明确项目备案机关。

由此,风光水互补开发项目可能存在项目管理权限不一致的问题。考虑到风光水互补开发主要依靠水电项目实施互补调节和接入送出,水电项目在风光水互补开发中发挥主体作用,建议由水电项目的管理权限确定风光项目的管理权限,保持三者管理权限一致,从而实现统筹高效管理。

2.2 开发模式

从水电在风光水互补开发中的定位和作用、风光水互补调度运行管理等方面综合考虑,宜整合区域内风光水能资源,以水电项目业主为主、相关风光电开发企业共同参与,统筹组织风光水互补开发。主要体现在:水电项目业主在相关各方共同成立的风光水互补开发平台公司中负有主导地位,由水电项目业主牵头和统筹负责风光水的互补调节、统筹调度等,该开发模式主要基于以下考虑:

(1)充分发挥水电站的调节能力。为了平抑风光电出力的随机性和波动性,需要实时、频繁地改变水电站水轮机导叶开度,为风光电进行无级调节,实现互补调节,提供平滑、安全、稳定的优质电能。以水电开发业主为主实施互补开发,才能充分发挥水电站的调节能力,同时避免水电站机组反复通过不稳定区域,造成机组振动超标、机械老化导致生产安全事故,保证水电机组的安全运行。

(2)依托流域集控实现统筹调度。水电单一主体开发方式下,水电项目业主可建立以流域干流梯级电站为主的流域集中控制机制,实现流域内水电资源的综合调度。雅砻江流域、金沙江下游等流域水电开发业主均已设立了梯级水电调度集中控制中心,实现了电站群的远程集中监控和多电站联合运行管理。以水电开发业主为主实施互补开发,可依托流域水电集控中心实现风光水互补联合调度运行,发挥互补开发的最大效益。

(3)充分发挥水电业主的统筹协调能力。互补开发的风光电作为虚拟水电,利用已有水电通道送出消纳,在风光水打捆跨区外送时,需要协调受电端省份、电网企业等保障项目电力消纳、合理电价结算,由大型水电企业牵头负责,可在原有水电外送消纳工作基础上,更好地整合力量,落实相关建设条件。

综上可以看出,该开发模式可减少开发过程中各方利益冲突,发挥最大互补效益,实现风光水能资源的快速、持续开发,宜作为风光水互补开发的推荐模式。

2.3 接入方式

风光项目接入综合考虑水电站位置、现有及规划输变电工程分布,可采取就近、多点接入方式。距离电网地理位置近的风光项目优先接入区域电网,与水电站位置相近的风光项目优先接入水电站,以流域内具备一定调节能力的水电站为汇集点,通过输电线路集中汇集、逐级升压汇入水电站,组成风光水电站互补群。

相比于风光电直接接入、单独调度,风光电接入水电站统一调度、风光水联合运行具有突出优势。

(1)避免风光电直接并网的不利影响。由于风电与光伏出力的随机波动性,在现有技术条件下,高比例风电、光伏直接并网,将对电网的安全稳定运行带来影响。通过调节性能好的大型水电站的调蓄能力,可以平抑风电和光伏出力变幅及瞬时变率,同时水电站启停灵活、响应速度快,能适应负荷的急剧变化,且能提供大量无功出力或吸收部分无功出力。水轮发电机具备一定的调相能力,可实现电网无功功率平衡和电压稳定,提高电网的电能质量。因此,风光水联合运行可减少风电和光伏并网对电网频率、无功电压的不利影响,维持电网频率和电压稳定性。

(2)提高水电已有外送通道的综合利用率,降低风、光能源的送出工程建设成本。我国能源资源禀赋分布不平衡,水能、风能、光能储量丰富,但富集区与需求区逆向分布,导致"三北"、四川、云南等地区的可再生能源电力在本地消纳空间不足的情况下出现了明显的弃风、弃光、弃水现象。解决此问题的有效途径是通过跨省跨区输电通道将电力外送到中东部电力负荷中心。受技术水平限制,风能和太阳能资源的年等效利用小时相对较低,单独新建送出线路的利用率不高。利用水电外送通道作为风光水能源的整体送出通道,可以充分发挥水电和风光电的出力互补特性,在水电枯期提高送出通道利用率,同时解决风光送出消纳问题。

(3)提高电网接纳风电和光伏的能力。风电和光伏并网对电力系统的影响主要体现在调峰、频率稳定、无功电压稳定等方面,常规水电站具备很强的调峰、调频能力,同时在调相方面具有一定作用,提高了电网的安全稳定运行水平,相应可提高电网接纳风电和光伏的能力。

因此,在具备条件下,推荐优先采用风光项目接入水电站开关站,充分利用水电的调节性能将具有随机性、波动性、间歇性的风光电调节为稳定的"虚拟水电"后,再送入电网的接入方式。

2.4 调度方式

目前电网企业调度中心同意相关流域水电开发业主建立了水电集控中心,但集控中心不承担调度职能,按调度要求或指令进行控制。为确保风光水互补项目实现协同运行,需要建立风光水协同调度策略,在现行调度规则框架下探索安全、高效、共享的互补调度运行机制,开发满足电网安全、"三公"调度要求的风光水联合调度系统,在保证电网安全稳定运行的基础上实施风光水互补开发。

鉴于风光水互补开发主要是配合水电调度运行实现风光打捆外送,宜由水电调度权限确定风光项目的调度权限,保持三者调度权限一致,以实现统筹统一调度的目标。依据目前有关研究成果[6],建议由电网调度系统将发电任务下发给风光水联合调度系统,由风光水联调系统根据水调需求及风功率预测、光功率预测结果安排梯级水电站及风电场、光伏电站的发电任务,并通过协调控制策略调节梯级流域各水电、风电场、光伏电站发电的实时输出,达到满足系统发电任务的目的。

2.5　电价机制

我国水电上网电价政策呈现多样化格局,总体看来,根据情况分别按经营期上网电价、标杆上网电价和根据受电端落地电价倒推三种方法确定。新能源方面,风光电实行标杆上网电价政策,光伏发电、风电上网电价在当地燃煤机组标杆上网电价(含脱硫、脱硝、除尘电价加0.01元/(kW·h)的超低排放加价)以内的部分,由当地省级电网结算;高出部分通过国家可再生能源发展基金予以补贴。新能源标杆上网电价实行退坡机制,国家计划在2020年实现风电与燃煤发电上网电价相当、光伏上网电价与电网销售电价相当。

水电开发技术较为成熟,目前水电上网电价一般相对稳定。新能源发电项目随着开发技术的不断突破和建设成本的不断降低,风光项目上网电价较目前还存在明显的下降空间。与此同时,土地、税收等非技术成本高企导致新能源项目由其是光伏项目度电成本仍明显高于燃煤发电,推动非技术成本的降低已成为实现我国新能源项目平价上网的关键。

当前,国家正深入推进电力市场化改革,着力构建有效竞争的市场结构和体系,形成主要由市场决定能源价格的机制。在此背景下,风光水互补项目电价机制的确立,一方面需要符合国家电力体制改革大方向,另一方面需要形成合适的电价,确保相关各方互利共赢。合理的上网电价可以支撑受电端的消纳,但也应保障开发业主、电网企业的合理收益,因此需要通过多方协商,探索在各方承受能力范围内的上网电价机制[6],实现参与方多方共赢的局面。

3　展望与建议

不稳定的电力特性已成为制约新能源规模化发展的关键瓶颈,发展储能被认为是最佳选择和最终途径,也成为新能源发展"最后一公里"的待解难题。在当前大规模化学储能等技术未取得突破的情况下,调节性能良好的水电是最佳的储能方式。因此,实施风光水互补开发符合我国能源禀赋特性、契合当前技术水平,可促进可再生能源消纳,提高能源系统综合效率,对于建设清洁低碳、安全高效的现代能源体系具有重要的现实意义和深远的战略意义。

目前,国家能源局已委托四川省开展雅砻江等流域风光水互补清洁能源基地规划[7]工作,相关基地建设已纳入国家《能源发展"十三五"规划》《可再生能源发展"十三五"规划》,以及四川省《能源发展"十三五"规划》《创建国家清洁能源示范省实施方案》等有关专项规划、方案内容。雅砻江流域干流水电总装机容量约3 000万kW,流域周边可互补开发风光电总装机规模初步预估达3 000万kW,有望成为世界上规模最大的风光水互补清洁能源基地,开发建设和运营管理面临巨大挑战。

下一步,建议按照规划和试点并行的原则,同步加快推进基地规划研究和试点工作。通过试点项目建设探索风光电源接入电站、与水电联合调度、打捆外送消纳,以及建设开发模式、电价形成机制等,探明互补开发相关的技术和管理问题,为后期规模化开发建立机制和积累经验。

参 考 文 献

［1］ Camille Belanger, Luc Gagnon. Adding wind energy to hydropower[J]. Energy Policy, 2002(30):1279-1284.

［2］ Julija Matevosyan, Magnus Olsson, Lennart Soder. Hydropower planning coordinated with power in areas with congestion problems for trading on the spot and the regulating market [J]. Electric Power Systems Research, 2009(79):39-48.

［3］ 万航羽,吴政声,丛翔宇,等. 云南省风水互补协调运行探讨[J]. 机电信息,2013(27):25-27.

［4］ 张娉,杨婷. 龙羊峡水光互补运行机制的研究[J]. 华北水利水电大学学报(自然科学版),2015,36(3):76-81.

［5］ 张旭,张楠,赵冬梅. 风光互补发电系统应用实例对比分析[J]. 电源技术,2014,38(7):1399-1401.

［6］ 四川省风光水能互补开发研究课题组(四川省能源局等). 四川省风光水能互补开发研究[R]. 2016.

［7］ 吴世勇,周永,王瑞,等. 雅砻江流域建设风光水互补千万千瓦级清洁能源示范基地的探讨[J]. 四川水力发电,2016,35(3):105-108.

雅砻江流域风光水互补特性及
接入调度方式研究

王瑞,左幸,周永

(雅砻江流域水电开发有限公司,四川 成都 610051)

摘 要 近年来,我国风电、光电快速发展,取得了举世瞩目的成绩,同时也出现了较为严重的弃风、弃光问题。本文通过分析雅砻江流域水电、风电、光电的出力特性,研究该区域风、光、水能之间的互补特性,并结合雅砻江流域水电开发研究了风光接入调度方式。分析结果表明,依托流域水电站建设开展风光水互补综合开发利用,可实现风能、太阳能资源的大规模开发和消纳,输送安全稳定的优质电能。

关键词 雅砻江流域;风光水互补特性;风光接入调度方式;基地规划

1 引 言

随着能源安全、生态环境、气候变化等问题日益突出,加快发展清洁能源已成为国际社会推动能源转型、应对全球气候变化的主要措施。我国积极推动风电、光电发展,到2017年底,风光电累计装机容量达到318 GW,居世界第一位。

风、光电出力具有随机性和波动性的特点,尤其是风电日内波动呈现一定的反调峰特性,光电受昼夜变化、天气变化还存在间歇性,大规模消纳问题比较突出。分析表明,电网系统内电源调节性能、电网互联互通等是影响我国风电、光电消纳的关键因素[1]。

水电是技术成熟的清洁能源,具有启停迅速、运行灵活、跟踪负荷能力强等特点,可将随机波动的风电、光电调整为平滑、安全、稳定的优质电源。雅砻江流域风电、光电、水电出力具有天然互补的特点,结合流域水电开发可实现风电、光电大规模开发和接入消纳。

2 雅砻江流域风光水资源概况及出力特性

2.1 资源概况

雅砻江流域是我国能源发展规划的十三大水电之一,干流全长1 571 km,天然落差3 830 m,技术可开发装机容量3 000万 kW。雅砻江干流水力资源主要集中在两河口以下的中下游河段,两河口、锦屏一级和二滩三座大型水库,调节库容分别为65.6亿 m³、49.1亿 m³和33.7亿 m³,三大水库总调节库容达148.4亿 m³,对雅砻江干流具有很好的调节能力,三大水库建成后可使雅砻江干流梯级水电站群实现多年调节。

作者简介:王瑞(1987—),男,博士,工程师,研究方向为风光水互补清洁能源开发。E-mail:wangrui@ ylhdc. com. cn。

雅砻江流域内风能、太阳能资源同样丰富,据初步匡算,雅砻江流域沿岸两侧风电、光电可开发量超过 3 000 万 kW。受四川省地形及环流特点影响,雅砻江流经的甘孜、凉山、攀枝花三个行政区为四川风能资源主要集中处。其中凉山州、攀枝花位于西南支通道上,气流在通道上受地形抬升的影响,形成较大风速。凉山州大部分可选风电场平均风速在 7 m/s 以上,部分风电场平均风速甚至达 9 m/s 以上。甘孜位于西风北支通道上,受北支气流影响,也有较好的风能资源条件。初步估计,雅砻江流域风电可开发量约 1 300 万 kW,其中凉山州、攀枝花境内约 800 万 kW。根据流域内气象站太阳能辐射实测数据以及 NASA 数据分析,雅砻江流域范围绝大部分地区太阳能总辐射均超过 5 500 MJ/m²,日照时数 2 000 ~ 2 500 h,大部分地区超过 6 000 MJ/m²,属于太阳能资源二类或三类地区,具有较大的开发价值。初步估计,雅砻江流域光电可开发量约 1 800 万 kW,其中凉山州、攀枝花境内为约 700 万 kW。

2.2 出力特性

雅砻江流域水电、风电、光电出力特性各不相同,通过分析不同尺度下的出力特性,进而探索风光水多种清洁能源之间的互补关系。目前,雅砻江下游的五个梯级已建成,在锦屏一级、二滩水库调节下,雅砻江下游梯级电站基本实现年调节;2020 ~ 2025 年,雅砻江中游龙头水库两河口电站将建成投产,流域调节能力进一步增强,雅砻江中下游梯级电站可实现多年调节。选取 2020 年、2025 年作为水电出力分析的水平年,枯水年和中水年出力过程见图 1、图 2。雅砻江流域水电出力则根据来水情况分为汛期、枯期,6 ~ 10 月为汛期,来水量大,相应出力大,11 月至次年 5 月为枯期,来水量小,相应出力小。

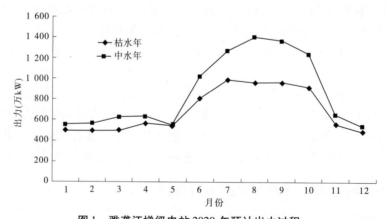

图 1 雅砻江梯级电站 2020 年预计出力过程

风电出力受区域风资源情况和地形条件影响较大,为更好地评估雅砻江流域风电出力特性,依据尽量选择代表性较好,代表测风时段更为接近的原则,在雅砻江中下游选取了 4 座测风塔进行出力特性分析。通过统计日内某第 i 小时的发电量 Q_{ih},可得到该小时内出力系数 $k_i = Q_{ih}/(N \times 1\ \text{h})$,其中 N 为电站装机容量,进一步可得到年内第 m 月出力系数 $k_m = \sum_{d=1}^{n} \sum_{i=1}^{24} Q_{ih} / \sum_{d=1}^{n} (N \times 24)$。逐月特征出力统计见图 3,典型日内平均出力统计见图 4。雅砻江流域风电出力的年内变化基本呈冬春季大,夏秋季小的特点,一般 11 月

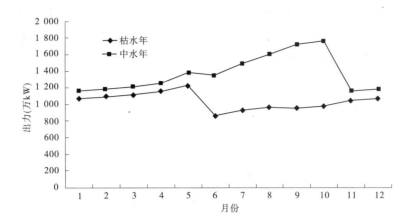

图2 雅砻江梯级电站2025年预计出力过程

至次年4月风电出力较大,7~10月的风电出力较小。

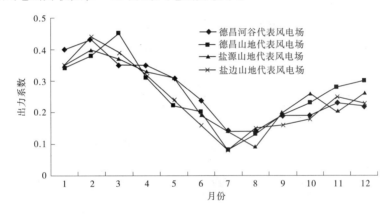

图3 雅砻江中下游风电逐月出力

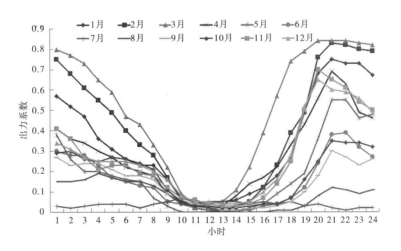

图4 雅砻江中下游风电典型日内平均出力

雅砻江流域光伏电站太阳能资源年内分布较为平均,季节性差异不明显。光伏电站逐月特征出力系数统计见图5。经统计,各光伏电站月平均出力的变化规律基本一致,光伏电站冬季出力一般较大、夏季较小,总体差距不大。光伏电站日内出力分布在8~18时,夜晚出力为0,出力最大值出现在12~14时,日内出力系数统计见图6。

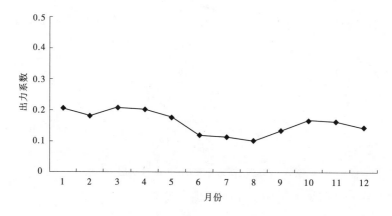

图5　雅砻江流域光电月平均出力

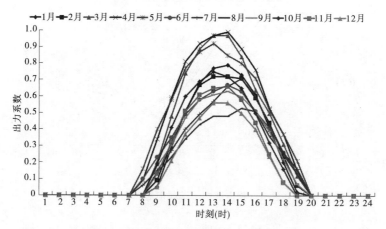

图6　雅砻江流域光电日内出力

3　多能互补模式

为平抑风电、光电出力的随机性、波动性、间歇性,国内外从多种角度开展了探索。新疆哈密风电基地利用风电夜晚出力大、白天出力小,可与光电形成互补的特点,实施风光互补,风电与光电共用输电线路,提高了输电线路的利用率[2]。黄河上游水电公司利用龙羊峡水电站优越的调节能力,实施水光互补项目,验证了水光互补运行机制的合理性和有效性[3]。此外,储能(如电池储能、抽水蓄能等)也可实现对风电、光电的互补,如青海海西地区120万kW抽蓄电站可提高光电接纳能力约200万kW[4]。

雅砻江流域水电开发规划规模巨大且调节能力强,可实现大规模、大范围的风光水互补开发。通过分析雅砻江流域水电、风电、光电的出力特性可知,雅砻江流域水电、风电、光电的自身出力存在季节上的互补性,联合运行时风电、光电在枯期对水电是有力的补充。水电的出力特点是季节性波动大,但日波动较小且调节能力强,风电的短期波动性很大,光伏发电受气候影响,日内波动较大,且只在白天发电,夜晚出力为零。当水电站的水库具有一定调节库容时,水库的蓄水可以平抑来水的短期波动,如果将水电站与风电场和光伏电站联合运行,就可以用水电站的短期波动平抑能力弥补风电和光电的短期波动,而风电、光电可在水电枯期时提供电量保证。因此,水电、风电、光电联合运行时,水电的年运行方式可维持单独运行时的调度原则和方式;在进行日调度时,可以根据风电、光电出力的变化,动用自身的调蓄能力进行日内调节,以平抑风电、光电的短期波动。

　　雅砻江流域风光水年内、日内互补出力系数对比见图7、图8。由图中可以看出,风电、水电的年内各月出力均呈现出明显的"一峰一谷"形式,风电的"峰""谷"与水电的"谷""峰"在时间上对应,风、水之间形成较为统一的互补关系。光电出力的年内各月差异较小,在日内与风电呈现出互补关系。水电站的日内波动较小,风电和光伏的日内波动性较大。光伏电站出力集中在9~16时,晚上出力为0,风电出力在下午和夜间较大,9~14时较小,光伏电站和风电的日内出力存在一定的互补性。因此,水电、风电、光伏发电联合运行消除了风电、光伏发电的日内波动,可更好地满足电力负荷要求。

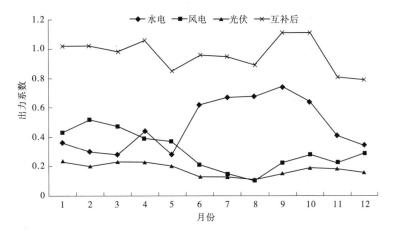

图7　雅砻江流域风光水年内互补出力

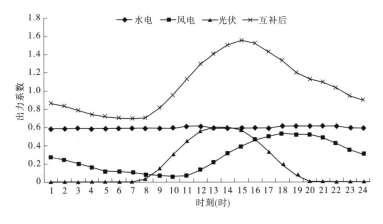

图8　雅砻江流域风光水日内互补出力

4 雅砻江流域风光规划规模及消纳能力

4.1 规划规模

雅砻江流域规划 22 级水电站,其中下游 5 座电站已投产运行,中游两河口和杨房沟水电站已核准开工,其他项目正加快推动前期工作;上游水电规划工作基本完成。依托雅砻江流域丰富的水能资源,可实现对风电、光电出力的互补,建设雅砻江流域风光水互补清洁能源基地。基地规划风电 1 200 万 kW,光电 1 800 万 kW,总规模超过 3 000 万 kW。

4.2 消纳能力分析

以锦屏—苏南 ±800 kV 特高压送出通道为例,2020 水平年锦屏一级可接入风电 105 万 kW、光电 209 万 kW,官地可接入风电 153 万 kW、光电 65 万 kW,共计消纳风光 532 万 kW。以 2020 水平年为例,结合流域风光水出力特性,锦苏直流接入风光后逐月出力见表 1,弃风弃光率可控制在 10% 以内。

表 1　2020 水平年锦屏一级、官地接入风光规模分析　　　　（单位:万 kW）

项目	1 月	2 月	3 月	4 月	5 月	6 月	7 月	8 月	9 月	10 月	11 月	12 月
锦苏直流容量	720	720	720	720	720	720	720	720	720	720	720	720
锦官水电外送出力	236	243	262	282	307	482	708	671	718	498	266	233
接锦官后剩余空间	484	477	458	438	413	238	12	49	2	222	454	487
锦屏一级互补后风光出力	82	89	87	76	68	41	7	30	1	57	50	52
官地互补后风光出力	60	58	77	50	36	35	5	19	1	38	48	55
接新能源后剩余空间	342	330	294	312	309	162	0	0	0	127	356	380

2025 水平年两河口电站水库发挥调节作用后,优化了下游梯级电站出力过程,锦苏直流接入风光后的弃风弃光率可控制在 5% 以内。雅砻江中游外送通道及孟底沟、杨房沟、卡拉水电站建成后,雅砻江流域中下游可利用的送出通道增加至 1 500 万 kW 以上,可消纳风电和光电装机容量总规模约 1 200 万 kW,达到千万千瓦级以上。

4.3 接入送出规划

在统筹考虑雅砻江全流域水电建设时序、风光资源分布基础上,为了不增加电网送电压力,风电、光电打捆接入水电站后的最大出力应不超过该水电站的额定装机容量。通过分析四川省电力电量总体平衡情况,四川西南电网目前已没有新能源接纳空间,按照四川电网 2020 年发展规划初步成果,随着盐源 500 kV 变电站、布拖 500 kV 变电站及雅中直流输变电工程的建成,川西南电网有 250 万 ~ 400 万 kW 的新能源接纳空间。

在考虑接入系统的基础上,综合考虑各梯级水电站的开发时序、调节能力、升压站扩建可行性、周边风光项目规划规模、风光项目开发现状以及风光水互补运行分析等因素,雅砻江流域风电和光电接入送出总体规划情况见表 2。雅砻江流域两河口电站以下风、光项目规划容量约 2 116 万 kW。根据风、光项目周边电网和水电站情况分析,约有 1 270 万 kW 风光项目打捆后直接接入雅砻江流域两河口、楞古、孟底沟、卡拉、杨房沟、锦屏一级、官地和二滩电站,然后通过各水电站送出线路打捆送出;约有 386 万 kW 风光项目接入川西南电网,主要在四川省内消纳;约有 460 万 kW 风光项目直接接入甘孜 1 000 kV 特高压,打捆送出。

表 2　雅砻江流域中下游风电和光电接入送出规划情况　（单位：万 kW）

拟接入点	风电	光伏	合计
官地	153	65	218
锦屏一级	105	209	314
二滩	20	128	148
卡拉	60	90	150
杨房沟	50	0	50
楞古	30	100	130
两河口	180	80	260
小计	598	672	1 270
川西南电网	310	76	386
甘孜 1 000 kV 特高压	70	390	460
合计	978	1 138	2 116

5　结　论

我国由于资源禀赋特点、电力系统条件和市场机制问题,新能源消纳困难、挑战大。雅砻江流域水能资源丰富、调节能力强,风光水出力具有天然的互补特性,通过水电优良的调节性能可实现大规模的风电、光电开发运行。同时,雅砻江流域具备成熟的外送消纳通道,结合流域水电规模,雅砻江中下游可实现千万千瓦级风光电接入送出,能够解决目前并网难、弃风弃光严重等问题,对我国风电、光电大规模开发及消纳具有借鉴意义。

参 考 文 献

[1] 舒印彪,张智刚,郭剑波,等.新能源消纳关键因素分析及解决措施研究[J].中国电机工程学报,2017,37(1):1-9.

[2] 胡伟,史瑞静,谢晓光,等.新疆哈密地区风光互补、氢储能耦合煤化工多能系统研究[J].应用能源技术,2017(3):11-14.

[3] 张婷,杨婷.龙羊峡水光互补运行机制的研究[J].华北水利水电大学学报(自然科学版),2015,36(3):76-81.

[4] 李富春,傅旭,王昭,等.抽水蓄能电站对海西地区光伏接纳能力的影响研究[J].陕西电力,2015,43(12):33-37.

浅析光伏发电平价上网及其对雅砻江风光水互补清洁能源基地建设的影响

吴火兵,冷超勤

（雅砻江流域水电开发有限公司,四川 成都　610051）

摘　要　风光水互补开发是一种创新的新能源开发运行模式,是未来重要的新能源发展方向之一。本文结合光伏行业发展现状、技术进步和管理创新,探讨了光伏发电平价上网进程、面临的主要问题和展望,分析了平价上网将进一步提升雅砻江风光水互补电力的经济性和市场竞争力,加快破解基地建设面临的技术和管理新挑战,促进清洁能源基地顺利建设实施。

关键词　光伏;平价上网;雅砻江;风光水互补

1　光伏发电行业发展概况

全国光伏装机规模快速增长。在国家光伏发电补贴、全额上网保障等支持政策指引下,光伏企业凭借市场规模大、人力资源成本低等独特优势,经过十多年的努力,我国光伏行业已形成了完整的产业技术体系、具有领先优势的产业。截至 2018 年 6 月底,全国光伏发电装机容量达到 15 451 万 kW(其中光伏电站 11 260 万 kW,分布式光伏 4 190.3 万 kW),光伏发电装机容量占总装机容量比重接近 9%[1],装机总量已超过国家"十三五"规划目标。

四川光伏开发程度较低,初步分析四川全省太阳能发电实际可开发规模超过 4 300 万 kW,截至 2018 年 6 月底,全省光伏装机规模 138 万 kW[1],开发程度较低。根据"十三五"发展规划,到 2020 年,四川省太阳能发电并网规模仅 250 万 kW,只占总装机容量的 2.2%,远落后全国平均发展速度。

光伏发电应用趋于多元化。随着光伏发电需求不断增长和电站建设条件不断变化,推动了光伏发电应用趋于多元化,实现创新发展,从政策上主要分为集中式光伏电站、分布式光伏电站、光伏扶贫电站等,从综合光伏利用工程上主要有水风光等多能互补、农光互补、渔光互补、林光互补等形式,从而实现光伏与其他资源的有机融合、综合高效利用。

2　光伏发电平价上网进程及面临的主要问题

2.1　技术进步和管理创新推动光伏平价上网进程加速

(1)产业政策和技术进步推动光伏发电主要设备价格快速下降。随着组件、逆变器、支架等主要设备技术不断创新突破、转换效率大幅提升、适应能力不断加强,主要设备价格快速下降。组件单价已由 2005 年的 40 元/W 左右下降到当前(2018 年 8 月)的 2 元/W 左右,组串式逆变器从 2.5 元/W 降到 0.3 元/W 左右,电站的投资降到了 5 元/W 左右。

（2）管理创新和竞价机制的全面推行促进光伏电价不断下降，补贴加快退坡，平价上网加速。国家从 2015 年起已组织三期光伏"领跑者"项目，总规模 1 300 万 kW，均是通过公开市场化竞争性方式配置，倒逼光伏发电技术的加速迭代，促进了度电成本的降低，向着平价上网目标快速迈进。

①从光伏标杆电价来看，Ⅰ、Ⅱ、Ⅲ类地区集中式电站的上网电价由 2016 年的 0.9 元、0.95 元、1.0 元下降为 2018 年的 0.5 元、0.6 元、0.7 元，降幅在 30% ~ 44%，光照资源条件越好的地区降价幅度越大。

②从光伏领跑者电价来看，第一批"领跑者"项目电价为 0.95 元（在当地光伏标杆电价基础上降低 0.03 元/(kW·h)）；第二批"领跑者"项目平均投标价格 0.75 元，比同类地区光伏标杆电价普遍降低 0.23 元/(kW·h)，最低投标电价与当地脱硫煤电上网标杆电价差在 0.197 ~ 0.478 元/(kW·h)；第三批领跑者项目最低中标电价在 0.34 ~ 0.478 元/(kW·h)，最低中标电价与当地脱硫煤电上网标杆电价差缩小为 0.036 ~ 0.125 元/(kW·h)，部分地区非常接近平价上网目标。

2.2　光伏发电平价上网面临的主要问题

国家在"十三五"能源发展规划中明确提出了实现平价上网的目标，近两年来光伏发电价格快速降低，但光伏发电实现平价上网、补贴完全取消还面临挑战。

（1）煤电标杆电价的波动直接影响光伏平价上网进程，目前国内煤电价格实行联动机制，煤电上网电价直接受煤炭价格的影响进行调整。

（2）从第三批领跑者的中标电价来看，光伏电价略高于当地煤电电价，仍然需要进一步降低电站的建设成本，当前光伏技术进步和成本下降进入一定瓶颈，电价下降的难度会进一步加大、速度进一步减慢。

（3）建设送出工程增加成本。按照相关规定，电站送出工程由电网企业负责建设，但由于光伏电站建设周期短，为满足项目送出要求，电站送出工程往往由发电项目业主自行建设，增加了光伏发电开发的成本。

（4）非技术成本增加风险大。各地方的土地、税收、金融等政策不明确和不规范、税费标准执行不统一，加大了光伏发电开发的成本和风险，融资难度增大，财务成本增加。

2.3　光伏发电平价上网进程展望

光伏发电长期依赖国家补贴是不可持续的，国家对平价上网的目标是非常明确的，光伏平价上网进程主要受光伏行业技术进步和成本下降速度、光辐射资源、土地等非技术成本、市场消纳、当地火电标杆电价等因素影响，从过去十多年来光伏行业技术进步和建设成本下降趋势来看，预计 2019 ~ 2020 年，在辐射资源好、土地等非技术成本低、市场消纳有保障、当地火电标杆电价高的地区和当地政府支持政策强的地区可以率先实现平价，后续其余地区陆续实现平价上网。

3　平价上网将积极促进雅砻江风光水互补清洁能源基地建设

3.1　基地规划情况及建设面临的主要挑战

3.1.1　基地规划情况

雅砻江流域干流共规划 22 级水电站，技术可开发装机容量 3 000 万 kW；雅砻江流域沿岸初步规划布局风电和光电项目总装机容量约 3 000 万 kW。风光水清洁能源互补开发能够利用雅砻江流域水电站良好的调节性能,平抑风电和光伏发电的不稳定性对电网的影响、提高现有送电通道综合利用率、减少电网投资、降低丰水期和枯水期电量供应波动、有效解决风电和光伏发电大规模集中并网接入在技术层面和经济层面的一些难题,对解决风电和光伏发电送出和消纳难题具有示范作用[2]。雅砻江风光水互补清洁能源示范基地建设得到相关主管部门高度认可和大力支持,已纳入国家、四川省"十三五"相关发展规划。

3.1.2 基地建设面临的主要挑战[2]

(1)风光水能互补开发是对现有电源接入方式的创新,为保证风光水打捆稳定外送及电网安全,需要在现行调度规则框架下探索统一高效的互补调度运行机制,开发满足电网安全风光水协调调度系统实现统筹调度。

(2)风光水能互补电力市场消纳,需要统筹考虑送端和受端的有关政策和市场情况,结合国家拟出台的非水可再生能源配额制安排,将风光水互补电力纳入全国能源平衡中,探索适宜的市场消纳机制。

(3)随着电力体制改革的不断深化,合理的上网电价才能支撑其市场消纳,探索在发电企业、电网及受端等各方承受能力范围内的上网电价机制,实现清洁能源电力参与方多方共赢的局面。

3.2 平价上网进一步提升雅砻江风光水互补电力的经济性和市场竞争力

尽管当前四川煤电标杆上网电价(0.401 2 元/(kW·h))比江苏(0.378 元/(kW·h))高 2.32 分/(kW·h),但雅砻江风光水基地大部分区域属于光资源一、二类地区,华东、华中地区主要属于光资源三类地区,前者太阳能资源条件明显优于后者,加上雅砻江流域光伏电站处于山区荒地等区域,土地成本相比江苏等经济发达地区要低,可以预见风光水互补基地范围的光伏发电平价上网进程会早于江苏等华中、华东地区。

当风光水互补基地范围的光伏可以实现平价上网时(四川煤电上网电价 0.401 2 元/(kW·h)),加上外送线路输电价格按 0.070 1 元/(kW·h)测算(当前国家正在进一步完善大型水电跨省跨区价格形成机制,拟进一步推进输配电价改革,完善跨省跨区专项输电工程输电价格复核和调整机制,本次参考国家发改委核定的酒泉至湖南特高压直流工程输电价格 0.070 1 元/(kW·h),输送风、光、火等电力,在江苏落地端电价约0.471 3 元/(kW·h)。国家能源局2017~2018 年先后三次核定的光伏标杆上网电价,江苏比四川均高出 0.1 元/(kW·h),按此价差测算,此时江苏光伏上网电价水平在 0.5 元/(kW·h)左右,风光水互补基地的光伏在江苏落地电价略低于当地的光伏电价,也比江苏当地的陆上风电(0.57 元/(kW·h))、海上风电上网(近海 0.85/(kW·h))电价便宜,风光水互补基地的光伏电力在江苏省与其新能源相比具有明显的经济性,加上风光水互补电力电能质量优于普通光伏电站,平价上网后的雅砻江风光水互补清洁能源光伏电力的经济性和市场竞争力进一步增强,市场前景广阔,将积极促进雅砻江风光水互补清洁能源基地建设。

3.3 平价上网有利于加快破解雅砻江风光水互补清洁能源基地建设面临的技术和管理新挑战

国家发改委从 2016 年开展推进多能互补集成优化示范工程建设,并有风光火、水光互补等极少数项目建成投产(比如甘肃省内的风、光、火等电力打捆外送),在实践中探索和积累了一定的调度运营、市场交易、电力消纳等技术管理经验,但每个项目的边界条件和特点有较大差异。风光水互补项目是一种创新的能源建设运行模式,有关部门、单位积极组织开展了技术研究和管理创新,但缺乏大规模风光水互补项目成功建设运营的实践,面临技术、经济及管理等诸多方面的挑战,需要通过具体项目的建设运行来进一步深化认识和破解。

光伏平价上网从根本上进一步提升雅砻江风光水互补电力的经济性和市场竞争力,在电力市场化改革不断推进的背景下,为解决市场消纳、调度运行管理等挑战奠定了基础,有利于相关各方进一步统一认识,加快项目审批和开发建设,并通过项目开发、建设及运行的具体实践,积极探索和破解风光水互补清洁能源基地建设面临的技术、管理等挑战,最终形成可复制、可借鉴、可推广的技术经验和运行管理模式,加快推动雅砻江风光水互补清洁能源基地顺利实施。

4 结 语

大力发展可再生清洁能源是国家能源发展战略,在国家政策引导下,光伏发电装机规模快速增长,应用趋于多元化,发电技术不断创新,光伏电站建设成本快速下降,光伏平价上网进程加速,预计 2019～2020 年在条件较好地区可率先实现平价上网目标。雅砻江风光水互补开发作为一种创新的新能源开发运行模式,平价上网将进一步提升雅砻江风光水互补电力的经济性和市场竞争力,加快破解雅砻江风光水互补清洁能源基地建设面临的技术和管理新挑战,促进清洁能源基地顺利建设实施。

参 考 文 献

[1] 国家能源局.2018 年上半年光伏建设运行情况[EB/OL].国家能源局网站,2018-08-02/2018-09-15.
[2] 四川省能源局.四川省风光水能互补开发研究[R].成都:四川省风光水能互补开发研究课题组,2016:109-110.

新形势下雅砻江流域风光水互补试点项目
光伏电站主要设备选型浅析

张贵龙，周洪波，陈星丞

（雅砻江流域水电开发有限公司，四川 成都　610051）

摘　要　雅砻江流域风光水互补清洁能源基地已列入国家相关能源发展"十三五"发展规划，试点项目旨在探索风光水互补调度运行、市场消纳、上网电价、利益协调体制等涉及体制机制问题，为下一步规模化建设积累可复制、可借鉴、可推广的经验。光伏电站主要设备（组件、逆变器）技术更新日新月异，投资占比较高，其选型直接影响光伏场址选择、发电量估算、经济性评价，有必要提前开展策划。本文针对雅砻江流域风光水互补清洁能源基地试点项目的光伏电站，依据初步选址特点，结合光伏组件和逆变器的发展趋势，通过分析政策影响和三批"领跑者"的技术应用成果，提出主要设备的选型原则，为试点项目实施提供建议和参考。

关键词　试点项目；光伏电站；组件；逆变器；选型

1　引　言

　　雅砻江流域风光水互补清洁能源示范基地已列入国家相关能源发展"十三五"规划，100 万 kW 先期试点项目是雅砻江流域 6 000 kW 风光水互补清洁能源示范基地的先导，旨在探索风光水互补调度运行、市场消纳、上网电价、利益协调体制等涉及体制机制问题，为下一步规模化建设积累可复制、可借鉴、可推广的经验，已完成预可行性研究。目前，受"5·31"新政及市场形势影响光伏电站主要设备（组件、逆变器）市场变动较大，同时第三批"领跑者"光伏组件、逆变器已完成初选，技术路线初步明确，不同于水电项目中机电设备的成熟稳定，光伏电站主要设备技术更新日新月异，虽然技术发展促进光伏组件的成本逐渐降低，但主要设备占光伏电站本体投资成本仍为 40% ~ 50%，其选型直接影响场址选择、发电量估算、经济性评价等，因此有必要提前开展策划。

　　本文针对雅砻江流域风光水互补清洁能源示范基地先期试点项目的光伏电站，依据初步选址特点，结合光伏组件、逆变器的发展趋势，通过分析政策影响和三批"光伏领跑者"的技术应用成果和市场情况，提出试点项目光伏电站主要设备的选型原则，为试点项目实施提供建议和参考。

2　试点项目光伏电站选址特点

　　雅砻江流域风光水互补清洁能源基地试点项目规划场址在官地水电站周边 60 km 范

作者简介：张贵龙（1985—），男，大学本科，工程师，电气工程与自动化、太阳能和风力发电。E-mail：zhangguilong@ ylhdc. com. cn。

围内,拟以官地水电站作为接入点,接入附近新能源项目共计 100 万 kW(包括光伏 50 万 kW,风电 50 万 kW),其中光伏电站选址在四川省盐源县境内,规划装机规模 50 万 kW。通过预可行性研究,初步选择场址条件如表 1 所示。

表 1　试点项目光伏电站预可行性研究初步选址情况(初步推选的 5 个地势较好的场址)

序号	装机容量 (万 kW)	占地面积 (m²)	太阳能资源 (MJ/m²)	平均高程 (m)	地形地貌
场址 1	10	3 000	6 041	2 670	地势平坦
场址 2	10	3 000	6 412	2 510	地势平坦
场址 3	20	6 000	6 084	2 740	地势平坦
场址 4	15	3 150	6 041	3 370	地势平坦
场址 5	10	3 000	6 322	2 770	地势平坦

通过预可行性研究,试点项目光伏电站的主要特点:

(1)资源较好。各项目场址太阳能辐射强度介于 5 600 ~ 6 400 MJ/m²,属太阳能资源很丰富区。

(2)可选场址较多,场址之间较为分散。预可行性研究比选了 20 余个场址,推荐规模较大、资源较好的 5 个场址,虽然单个场址装机规模尚可,但总体而言各场址较为分散,最远场址间距达 40 km。

(3)海拔跨度较大,平均海拔较高。初步场址的海拔从 2 400 m 至 3 500 m 左右,海拔跨度较大,平均海拔较高,温差变化较大,场址环境较为复杂。

(4)山地为主,地面状态各异。初选场址虽然地势总体平坦,但仍然位于山地、丘陵,包括部分高山平原,各场址包含荒草地、未利用土地、砂石地等,地面状态各异、反射率不同。

3　国内光伏组件、逆变器发展趋势

太阳能电池根据所用材料的不同可分为多种类型,目前大规模商用电池组件类型主要是晶硅类电池和薄膜类电池,其中晶硅类太阳能电池是目前发展最成熟并且作为商用电站应用最为广泛的电池,在应用中居主导地位。随着技术、工艺革新,光伏组件转换效率在一定时间内将持续提升,以 60 片为组件为例,每年其单片功率会提升 5 ~ 10 W。以下从单多晶市场份额、转换效率发展、技术路线发展、逆变器的发展等 4 个方面对光伏主要设备的趋势进行分析。

3.1　单多晶市场份额占比逐渐变化

不同硅片市场占有率的变化趋势如图 1 所示。从图 1 中可以看出,随着发展,高效电池将成为市场主导,单晶硅电池市场份额将会逐步增大,预计到 2025 年达到 49%,其中 N 型单晶硅电池的市场份额由 2016 年的 3.5% 提高到 2025 年的 25%,P 型单晶硅电池的市场份额由 2016 年的 16% 提高到 2025 年的 24%,而多晶硅电池的市场份额将由 2016 年的 80.5% 下降到 2025 年的 46%。

3.2　各种电池技术的平均转换效率变化

在"领跑者"和产业转型升级的推动下,各种晶体硅电池生产技术呈现百花齐放的发展态势,规模化生产的普通结构铝背场(BSF)单晶和多晶硅电池的平均转换效率分别达

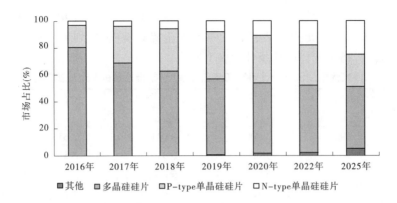

图1 2016~2025年不同硅片市场占比变化趋势

到20.3%和18.7%以上,使用PERC电池技术的单晶和多晶硅电池效率大幅度提升,未来仍有较大的技术进步空间。而N型晶硅电池技术已开始进入量产,背接触(IBC)电池、异质结(HIT)电池将会是未来发展的主要方向之一。各种晶硅组件的平均转换效率变化趋势如图2所示。

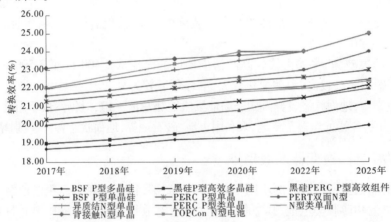

图2 2017~2025年各种晶硅组件的平均转换效率变化趋势

3.3 国内各种电池技术市场占比

BSF电池目前仍占据大部分市场份额,2017年占比为83.3%左右,随着新技术的发展其占比将逐年减少;PERC电池是当前产能最大的高效电池,2017年市场份额占比达到15%左右,未来随着各厂家产能建设完成及逐渐释放,PERC电池市场占比将逐年增加,2025年有望达到64%。而双面N型单晶电池、背接触(IBC)电池、异质结(HIT)电池等新兴高效电池也将逐步提高其市场份额。不同电池技术市场占比变化趋势如图3所示。

3.4 逆变器的发展趋势

(1)不同逆变器的市场占比发展趋势。随着集中式电站占比的下降,跟踪式系统的增加,集中式逆变器的市场占有率逐年下滑;集散式方案凭借其可实现大容量和多路MPPT跟踪优势,未来市场应用会逐年增加并占据一定市场份额;分布式市场正在快速崛起,组串式(包括单相和三相)的应用越来越多;微型逆变器在国内市场应用较少,未来的

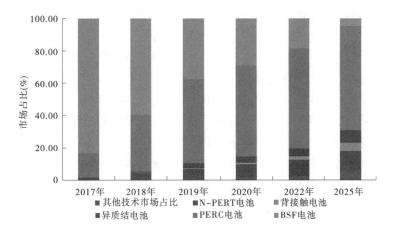

图3　2017～2025年不同电池技术市场占比变化趋势

应用会随着户用市场及民用市场的发展逐渐增加。不同类型逆变器的市场占比变化趋势如图4所示。

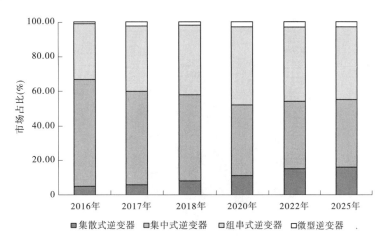

图4　2016年～2025年不同类型逆变器的市场占比变化趋势

（2）逆变器的市场情况。相比于光伏组件生产厂家,国内逆变器生产厂家相对较少,且各家技术特点鲜明,各自市场占有率趋于稳定,从2017年的出货量来看,排名前5的厂家占出货总量的70%左右,且排名前5的厂家的产品基本涵盖组串、集中和集散三种型式逆变器。

4　三批"领跑者"基地技术应用情况

2015～2018年,国家实施了三批"领跑者"计划,"领跑者"基地的建设加快促进了光伏发电技术进步、产业升级,促进了光伏发电成本下降、电价降低。从设备选型方面,"领跑者"始终代表技术发展的方向,影响着市场的选择。分析、整理三批"领跑者"的技术路线如下:

（1）第一批"领跑者"基地总装机1 GW,并网时间为2016年6月30日,多晶组件和单晶组件的光电转换效率分别达到16.5%和17%以上,60片电池的多晶组件功率和单晶组件功率分别达到 270 W 和 275 W。采用了包括 PERC、黑硅、N 型双面等多种技术路线的新型组件,使用单晶组件约 60% ,多晶组件约 40% 。

(2)第二批"领跑者"基地总装机 5.5 GW,并网时间为 2017 年下半年,技术指标门槛与第一批"领跑者"一致,但通过技术评分加分鼓励高效率组件。第二批"领跑者"中,PERC 组件用量占比达 30%,其中单晶 PERC 组件占比约为 80% ,相比第一批"领跑者" 21% 的 PERC 占比,2016 年 PERC 产品的应用比例和规模得到大幅提升。

(3)第三批"领跑者"(应用领跑者)装机 5 GW,并网时间为 2018 年底,采用的多晶组件和单晶组件的光电转换效率最低要求分别为 17% 和 17.8% 。目前,第三批"领跑者"已基本完成招标工作,光伏组件、逆变器选型已基本完成(详细参数在实施过程中会有所调整),主流组件型号包括单晶 PERC 310 W、多晶 295 W。组件技术路线多样,主要包括单晶 PERC、单晶 PERC – 双面、单晶 PERC – 半片、单晶 PERC – MWT、单晶 PERC – 叠瓦、 N 型 – 双面、N 型、多晶 – MWT、多晶 PERC – 黑硅、多晶 PERC、多晶 PERC – 双面等数十种技术,各技术份额占比见图 5。从图 5 看出,三种主要技术路线的容量和占比分别为:P 型单晶约 3 367 MW,占比 67% ;N 型单晶约 873 MW,占比 17% ;多晶约 765 MW,占比 15% 。PERC 单晶组件仍是主要选择技术,N 型组件和双面发电技术份额占比提升明显。

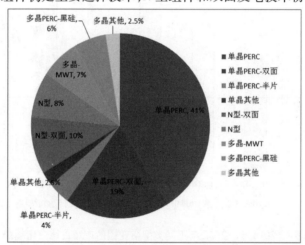

图 5 2018 年第三批"领跑者"(应用领跑者)技术路线及份额占比

5 政策对光伏电站主要设备价格的影响

光伏电站主要设备的价格主要受技术和市场的影响。一方面是随着技术进步、工艺改善,以及"领跑者"基地的引领,组件效率持续提升、成本逐渐下降;另一方面,组件价格波动主要受市场供需关系影响,而政策是影响供需关系的重要因素,例如:2017 年的 "6·30"组件供应紧张和 2018 年"5·31"后组件价格迅速下降均为政策的影响。光伏逆变器由于技术上较为成熟,竞争激烈程度较低,其价格受政策影响相对小一些。

5.1 对组件价格的影响

2018 年由于"5·31"新政影响,光伏组件价格变化较大。2018 年 2 ~ 9 月光伏组件的价格变化趋势如图 6 所示(主要为目前市场上主流功率型号组件,包括多晶 275 W、单晶 280 W 和单晶 300 W 三种型号),从图中可以看出,2018 年 2 ~ 5 月光伏组件价格均较为平稳,受"5·31"新政的影响,2018 年 6 月以后主流功率型号的组件价格下降明显,并且普通单晶、多晶组件价差逐渐减少,价格基本持平,2018 年 9 月,常规多晶组件单价在 1.88 ~ 1.92 元/W,单晶组件单价在 2.08 ~ 2.12 元/W。

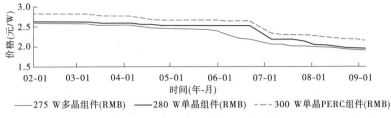

图 6　2018 年 2 ~ 9 月光伏组件的价格变化趋势(通过第三方公布数据整理)

5.2　对电站的成本及收益影响

以某 50 MW 光伏电站为例,不考虑送出工程,光照资源为每年 6 000 MJ/m²,选取 5 种不同的光伏组件,采用四川省燃煤发电标杆上网电价 0.401 2 元/(kW·h)分析不同类型组件光伏电站新政前后成本及收益的变化,测算成果见表 2。分析可知,采用技术先进和效率更高的组件,度电成本下降,收益率更好;光伏组件价格下调,度电成本降低和收益率提升明显;按当前光伏组件市场价格测算,光伏电站度电成本较"5·31"新政前的价格有 5% ~ 10% 的下降。

表 2　不同类型组件光伏电站新政前后成本及收益的变化

项目	多晶硅 275Wp	单晶硅 290Wp	单晶硅 PERC 305Wp	P 型双面 305Wp	N 型双面 310Wp
第一年利用小时(h)	1 521.2	1 539.7	1 563.1	1 640.7 (4.5% 增益)	1 693.7 (8.5% 增益)
度电成本(05-31 前)(元/(kW·h))	0.296	0.294	0.290	0.283	0.263
度电成本(05-31 后)(元/(kW·h))	0.268	0.263	0.265	0.255	0.249
财务内部收益率(%)(05-31 前)	4.06	4.13	4.29	4.52	5.23
财务内部收益率(%)(05-31 后)	5.22	5.42	5.32	5.76	5.83

6　试点项目光伏电站主要设备选型原则

通过国内光伏电站主要设备的发展趋势以及三批"领跑者"基地的技术成果可以看出,目前的光伏电站主要设备特点为:技术路线多样、效率提升持续、技术更新频繁、受政策影响较大、在光伏电站中投资占比较大、供货周期较短、制造厂家较多及市场竞争激烈等。据此特点,结合试点项目光伏电站初选场址特点,建议主要设备选型原则如下。

6.1　优先选择高效组件

高效组件中 IBC 电池、HIT 电池、MWT 电池、PERC 系列电池、黑硅电池属于电池技术革新,而双面发电、半片组件、MBB 组件、叠瓦组件属于电池结构的革新,其中黑硅电池属于多晶硅所特有的技术,PERC、双面、半片、MBB 和叠瓦属于可以叠加的技术方案。高效组件是发展趋势,也是发展的必然选择,无论是从光伏组件的发展趋势来看,还是从"领跑者"的应用来看,组件在一定时期内仍处于高速发展状态,未来仍有较大的技术提升空间,特别是随着各种电池技术革新、电池工艺的革新,以及不断的推广和叠加,转换效率将持续提升。由于试点项目选址大部分均为山地,高效组件可以增加发电量,减少土地占用,减少电缆、支架数量,综合分析可降低度电成本。

6.2　优先选择高性能组件

影响组件发电量的几个重要因素包括弱光特性、温度特性、功率衰减等方面,从目前的各种技术路线的组件来看,对于弱光特性,由于单晶硅量子效率高,对应的在辐照度 $100\ W/m^2$ 到 $600\ W/m^2$ 时,常规单晶硅组件比常规多晶硅发电增益约 0.6%,PERC 单晶硅相比常规单晶硅组件发电量增益约 0.5%;关于温度特性,单晶硅 PERC 电池组件由于晶体结构单一,硅材料纯度更高,内阻角,光电转换效率高,其工作温度比多晶硅低 2~5℃,实际输出功率更高;对于功率衰减,包括光致衰减、电致衰减(PID)及材料工艺导致的老化衰减等,光衰一般情况下单晶(首年 3%)略大于多晶(首年 2.5%),采用双玻组件可以有效防止 PID,而 N 型组件由于结构特点,理论上无光致衰减。组件使用寿命为 25 年,高性能才能保证较高的利用小时和收益,对于试点项目,由于海拔较高,温度变化较大,环境较为恶劣,优先选择高性能组件(单晶、PERC、N 型、双玻等技术)有利于提升全生命期的发电量。

6.3　积极采用双面组件

市场上主流的双面组件主要由 P 型单晶硅双面组件和 N 型双面组件,P 型双面组件背面率为 65%~75%,N 型双面组件的背面率为 80%~90%,N 型双面组件由于光致衰减和背面率的提升相比 P 型双面组件发电量增益约 4%,双面组件相比单面组件的发电增益取决于地表发射率、气候条件和支架形式。从国内电站实测数据来看,双面组件发电量增益明显,因此,采用双面组件是提升光伏电站收益率的一大重要途径。从组件的技术发展趋势,以及第三批"领跑者"基地应用情况来看(双面组件占比近 45%),双面组件应用越来越多。因此,对于试点项目,应充分结合各场址的地表发射率,积极选择双面发电,有效提升利用小时数。

6.4　因地制宜,合理选择 60 片和 72 片组件,探索使用 1 500 V 组件

60 片组件仍然是市场主流,市场占有率达到 65% 左右,72 片组件功率较大,可节省安装空间,有利于在场地较为平缓的地区使用,从行业发展上来看这两种组件仍将共存,但对于山地项目,从经济技术对比和施工便利的对比,72 片光伏组件并无太大优势,结合试点项目的地理特点,仍以 60 片组件选择为主,部分平坦、交通便利区域地区采用 72 片组件。

1 500 V 系统是发展的一种趋势,可以有效地降低系统损耗,提升系统效率 1.5%~2%,也可以减少相应配电设备的数量,在第三批"领跑者"基地中已大量的应用,但由于试点项目海拔较高,海拔修正后,对系统电气设备的绝缘水平要求较高,对于试点项目,建议根据技术和市场应用发展情况,在合适的场址和范围选择应用。

6.5　以组串式为主,集中、集散式为辅,合理开展逆变器选型

三种型式的逆变器,技术路线鲜明,优缺点显著,从逆变器的发展来看,三种型式的逆变器在短期内仍会共存,且随着跟踪系统的推广应用,组串式逆变器将进一步提升,从逆变器的市场分布和第三批"领跑者"中标结果来看,出货量排名前5的厂家仍占据主导地位。结合试点项目场址特点,以及跟踪系统的应用,考虑环境实用性、远程监控方便、智能运维高效等优势,应以组串式逆变器为主,考虑试点项目的试验性质,在场址条件较好区域,可以适当采用集中或集散式。

7　结语及建议

本文结合雅砻江流域风光水互补清洁能源基地试点项目光伏电站场址特点,通过分析光伏组件和逆变器的发展趋势、"领跑者"技术应用和政策对光伏电站主要设备的影响,进行成本费用测算,提出试点项目主要设备的选型原则:选择高效、高性能组件,积极采用双面发电技术和组串式逆变器,适度采用 1 500 V 技术,能不同程度地降低度电成本、提升收益率,希望能为试点项目的实施提供建议和参考。

由于光伏行业发展快、受政策影响大、光伏电站建设周期短等特点,在试点项目后续实施过程中,除遵循上述选型原则外,还需积极跟踪光伏行业发展,持续优化试点项目设备选型设计,以"领跑者"为向导开展设备选型,研究制定流域光伏主要设备企业标准,同时选择优秀制造企业形成战略合作伙伴,服务试点项目建设。

参 考 文 献

[1] 中国光伏行业协会和中国电子信息产业发展研究院. 中国光伏产业路线图(2017)[R].
[2] 太阳能光伏发电系统[M]. 北京:中国工信出版集团,2016.
[3] 雅砻江流域风光水互补清洁能源基地试点项目总体设计方案报告[R].

基于 BOT 方式发包的清洁能源项目风险分担浅析

汪彭生[1]，胡志刚[1]，邵欣[2]，王金兆[1]，何江[1]

（1. 雅砻江流域水电开发有限公司，四川 成都　610051；
2. 成都理工大学工程技术学院，四川 乐山　614007）

摘　要　随着越来越多的清洁能源项目采用 BOT 方式发包，对该模式下优缺点研究、风险分担及相应设计原则的研究变得迫切，笔者通过对 BOT 方式发包项目特点及清洁能源项目风险分配的深入研究，提出了风险分担设计原则，并以雅砻江流域上游梯级电站为例，分析了传统模式无法顺利落地的项目在进行合理风险分配后，BOT 方式发包将大大提高项目成功率，具有一定的指导意义。

关键词　BOT 发包；清洁能源；风险分担；风险分担原则

1　引　言

近年来，随着我国清洁能源的大力发展，越来越多的清洁能源项目采用了 BOT 方式进行投资、建设及运营管理，由于清洁能源项目属于资金密集型产业，常面临建设资金缺口较大，资金周转不及时等问题[1-2]，BOT 方式通过引入综合实力强劲的企业，发挥其资金、技术及项目管理的优势，有效地降低项目建设成本，保障项目施工质量，并解决好建设初期业主方资金的短缺及周转难题，实现双赢，因此这种模式在清洁能源项目的建设中越来越受到重视。

在当前的清洁能源建设项目中，将有大批项目采用 BOT 方式发包，要确保该模式的顺利运用及广泛推广，充分发挥该模式的优势及价值，需要完善风险分配，建立有效的风险共担、利益共享机制[3]。

2　BOT 发包方式概述

2.1　BOT 方式优缺点

BOT 发包方式即建造 – 运营 – 移交方式，在清洁能源项目的运用上，一般为具有开发权的发电企业（发包方）将企业自身整体或者部分的清洁能源项目的特许经营权外包，引入战略合作伙伴（一般为综合实力强劲的设计施工联合体），由该中标方组建项目公司，负责该清洁能源项目的融资、设计、建设及运营过程，在特许经营期内通过项目的运营

作者简介：汪彭生（1989—），男，工学硕士，工程师，主要从事清洁能源开发项目管理、合同管理相关工作。E-mail：wangpengsheng@ ylhdc. com. cn。

管理(主要为售电)收入获取利润,在特许期满后,中标方将无偿或者以较低的价格将整个清洁能源工程移交给发包方[4]。

该模式的优点体现在:有效提高承包方关于项目成本优化的积极性;减少业主单位投融资责任;合理规避业主单位关于工程项目的主要建设、运营风险。

该模式的缺点主要为:承包方需具备很强的经济实力,资格预审及招投标程序相对较为复杂;在特许权期限内,业主单位将失去对项目所有权和经营权的控制;项目前期过长且融资成本相对较高;承包方风险分摊过高,极端情况下造成合同履约困难。

2.2　BOT 方式发包项目的特点

采用 BOT 方式发包的清洁能源项目一般具有如下特点[5-6]:

(1)项目唯一性:清洁能源项目均独立设计,不存在重复性,且整个设计、施工、运营的实施过程均不可逆,存在诸多无法预料的风险点。

(2)项目周期较长:诸如水电开发的清洁能源项目一般的建设周期(含筹建期)就已超过十年,加之投资较大,特许经营期相对较长,从发包到最终移交经历三四十年的长周期。在这种长达数十年的项目管理过程中,诸多事前考虑不全或不可预见的风险点均会导致项目的失败。

(3)项目技术复杂:大型清洁能源项目的全寿命周期无不面临着技术难点,从建设期的外界地质水文条件复杂、施工技术复杂(如世界最高坝锦屏电站修建中出现的岩爆),到运营期电厂管理联动性要求高,均有着不可预见的风险。

(4)合同关系复杂:仅从项目公司的角度来看,面临与发包方、政府、项目公司众多股东、银团等融资方、总承包方、运营公司、保险公司、咨询公司等保有合同关系,与任一方的关系处理不好均会导致项目的失败。

3　BOT 方式风险特点及风险分担设计原则

3.1　BOT 方式的风险特点

在我国采用 BOT 方式发包的清洁能源项目,发包后的中标方几乎承担了项目全寿命周期的所有工作,因为项目具有唯一性、周期较长、项目技术复杂、合同关系复杂等特点,生命周期过程中面临诸多风险,按照其表现形式可以分为市场风险、完工风险、融资风险、生产风险等[7]。

市场风险多包括电力市场需求不足、出现竞争性项目、需求增长缓慢。完工风险包括核准、土地使用权、不良地质条件、项目所属地环境保护风险、成本超出预算、工期超出计划、施工质量出现问题、不可抗力等。融资风险包括未筹足所需资金、再融资不确定性、贷款利率上浮等。生产风险包括项目运行管理、建设期原材料价格上涨、运营期备品备件价格上涨、基数落后过时、通货膨胀风险、维护费用增加等风险。

一般可通过风险识别、分析,采用风险自留、风险转移、风险分担、风险回避来确保项目的成功实施。

3.2　清洁能源项目风险分担原则

清洁能源项目采用 BOT 方式发包设计众多参与方,不可预见风险较多,故所涉及风险较为复杂,因此如何对清洁能源项目中所涉及的风险进行分担不仅关乎着项目的成败,也是各方利益所在、各方谈判的焦点。根据已采用 BOT 方式发包实施的清洁能源项目来看,对于风险分担问题并没有采用固定的模式。不过一般而言,应当在风险设计过程中考虑以下三个基本原则。

(1)风险收益对等原则。参与项目投资的目的是为了追求对应收益,若投资收益期望值小于风险成本,将导致投资方不愿控制风险而导致项目投资的失败,项目的发起方也难获得任何收益。在清洁能源项目开发中,如参与的投资人获得不到承担风险后的预期收益,会导致撤资等后果,项目难以为继,故项目的成功必须满足风险与收益对等。

(2)风险与控制力对称原则。一般清洁能源项目的风险由对该风险最有控制力的一方负责,如设计施工等存在的各类风险将主要由项目中标方负责,项目的核准、用地风险多由项目发包方或双方共同负责;双方均无力控制的或者难以确定的由双方共同负责,或引入诸如保险公司等第三方单位共同承担。

(3)风险与参与深度对等原则。投资者可采用托管、租赁、市场准入或特许经营(如售电)参与项目的开发,参与深度的差异也导致了参与各方在项目中承担的风险不同,在设计风险分担机制时需着重考虑各方参与深度。

4　雅砻江流域上游清洁能源项目案例分析

4.1　上游水电能源项目概况

雅砻江是金沙江最大的一级支流,是典型的高山峡谷型河流,流域面积约 13.6 万 hm^2。流域涉及青海、四川两省,91.5% 的流域面积属四川省。干流全长 1 571 km,最大落差 3 830 m,雅砻江上游水电根据最新设计成果,雅砻江上游河段采用 11 级开发方案,利用落差 648 m,总装机容量 239.84 万 kW。

由于上游梯级水电站总体较分散,自然条件恶劣、人机降效严重;加之位于甘孜康巴文化区核心腹地,民族、宗教和政治环境复杂,致使设备采购、材料运输、工程施工、征地移民、地方协调、规划环评等各项工作的资源投入和困难程度大幅提升。

根据预可研成果,上游新龙县境内水电站单位千瓦静态投资超过 1.5 万元,上网电价超过 0.5 元/(kW·h);加之目前国内经济发展对电力增长需求大大降低,但电源装机却持续保持高速增长,电力需求增长与装机增长倒挂,电力出现过剩;同时,充分发挥市场配置资源作用、降低电站建设运营成本的关键问题,在于设计、施工单位能否积极主动地发挥其自身优势作用。因此,上游水电项目如继续沿用传统国内水电项目的开发方式将不具备任何市场竞争能力。

4.2　采用 BOT 方式发包使项目实施变得可行

由于该项目采用传统模式不可行,如采用 BOT 方式发包,合理的进行风险分配,引入综合实力强劲的中标单位,让渡经营期收益,项目将变得可行,那么对于业主而言,如何进行风险分配将决定着项目最终的收益率。

在风险分担设计中运用如下原则,将大幅提升项目的成活率:

(1)合理风险分配。根据风险收益对等原则、风险与控制力对称原则、风险与参与深度对等原则将对应的风险分配给相应的参与方,一般项目公司只愿意承担他们熟悉的风险,而完工风险、运营风险等可交由承包商承担,主要负责清洁能源项目后期维护及运营管理的各类风险(诸如环保风险、市场风险)均由运营公司承担。不可抗力风险交由保险公司等第三方承担。

(2)保证风险分担过程中充分的信息交流。因参与方众多,充分的交流将促进信息共享,消除信息不对称,降低相应风险及成本。

(3)量化风险分担比例。清洁能源项目一般投资额较大,风险期望净收益率、风险控制奖励、风险控制成功概率的细微变化都对各方的利益产生巨大的影响,因此要在事前交由专业的咨询机构对所涉及的风险进行量化,保证数据的精确、合理。

(4)建立风险分担的监督和考核及多种制度的综合应用。

采用图 1 所示的 BOT 方式发包,并对风险进行合理识别及分配后,将提高项目的成功率,可促使上游水电早日具备开发条件。

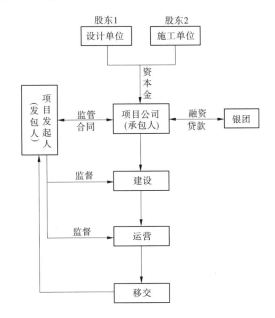

图 1　水电项目 BOT 发包流程示意图

5　结　论

在清洁能源迅猛发展的背景下,BOT 发包方式得到了大力发展,BOT 方式通过特许经营权(售电收入)外包,将相应的风险转移至中标人,中标人及相应的项目参与方通过合理的风险分配,可以实现项目的顺利实施。

BOT 发包方式导致的市场风险、完工风险、融资风险、生产风险等可通过风险收益对等原则、风险与控制力对称原则、风险与参与深度对等原则将风险合理分配,从而实现传统开发方式无法推进的清洁能源项目落地。本文对拟采用 BOT 发包方式的雅砻江流域上游梯级电站进行风险分析,提出可行的风险分担设计原则,将大大提高该项目落地的可能性。

随着相关研究的不断深入,采用 BOT 发包方式的清洁能源项目,其风险分担模式将会越来越成熟,未来将在更多的清洁能源项目中得到应用。

参 考 文 献

［1］何伯森,万彩芸. BOT 项目的风险分担与合同管理[J]. 中国港湾建设, 2001(5):63-66.

［2］肖云. 城市基础设施投资与管理[M]. 上海:复旦大学出版社, 2004.

［3］罗春晖. 基础设施民间投资项目中的风险分担研究[J]. 现代管理科学, 2001(2):28-29.

［4］卫志民. 国际 BOT 方式风险结构分析及回避[J]. 西安石油学院学报, 2000(3):7-9.

［5］Tiong R L K. Risk and Guarantees in BOT Tender[J]. Journal of Construction Engineering and Management, 1995, 121(2):183-188.

［6］解广宾. 高速公路特许经营模式的选择[J]. 经济论坛, 2003(18):65.

［7］杨萍. BOT 项目中风险分担模型研究[J]. 价值工程, 2005(7):116-118.

水电站建设

粗粒土强度与变形特性的
大型真三轴试验研究

程展林[1,2],潘家军[1],江泊洧[1],左永振[1]

(1.长江水利委员会长江科学院,湖北 武汉 430010;
2.长江勘测规划设计有限责任公司,湖北 武汉 430010)

摘 要 采用长江科学院自主研制的大型微摩阻土工真三轴仪,对粗粒土开展不同中主应力系数(b值)、不同固结压力下的真三轴试验,研究三向应力状态下粗粒土应力变形和强度演化规律,并采用试验数据对几种经典强度准则进行初步验证。结果表明:相同中主应力系数b,试样应力—应变曲线初始阶段斜率以及峰值应力均随初始固结压力的提高而增大,低固结下试样体变先缩后胀,剪胀效应明显,而在高围压下,加载全过程试样均呈体缩,剪胀被显著抑制;固结压力一定,随b值的增大,试样峰值应力后软化现象和脆性破坏特征愈加明显,小主应变—大主应变关系曲线的斜率绝对值增大,且试样峰值应力对应的应变量略滞后于体变曲线反弯点对应应变,体现了粗粒土结构破坏过程机制;中主应力对粗粒土强度的影响显著,特别当b值在0~0.25范围内,较常规三轴试验其强度指标有显著增加;相对于其他几种强度准则,Lade-Duncan强度准则可较好地描述该粗粒料强度演化趋势。
关键词 粗粒土;真三轴;中主应力系数;应力变形;强度特性;强度准则

1 引 言

粗粒土作为高堆石坝的主要筑坝材料,长期以来粗粒土力学特性研究主要采用大尺寸常规三轴试验[1-2]。实际工程中粗粒土往往处于较为复杂的三向应力状态,若试验过程中不考虑中主应力的影响,则难以合理和准确地揭示粗粒土真实的变形及强度特性。

对此,国内外诸多学者都尝试采用真三轴试验对土体在三向应力状态下的力学特性进行了研究[3-4]。Lade 等[5]基于真三轴试验研究砂的应力—应变特性,指出中主应力系数增大会使中主应变从膨胀变为压缩,并以此为基础提出 Lade-Duncan 破坏准则;Anhdan等[6]研制了真三轴仪对砂砾在小应变条件下的准弹性性能进行了初步研究;Suits等[7]研制的真三轴仪可对边长 241 mm 的立方体试样进行试验,并对平均粒径 6.6 mm 的砂砾料进行了应力变形特性试验;施维成等[8-9]基于河海大学研发的中型真三轴仪,对粒径为 2~5 mm 的砾石料进行了大、中主应力等比例同时加载(等b)试验,研究了中主应力对砾石料应力变形及强度的影响规律,基于内摩擦角与b的关系式推导并提出一个破坏准则,并通过几组真三轴试验对该准则进行了初步验证;扈萍等[10]、代金秋等[11]以及邵

基金项目:国家自然科学基金-雅砻江联合基金重点项目资助(U1765203);长江科学院创新团队项目资助(CKSF2015051/YT);中央级公益性科研院所基本科研业务费(CKSF2017023/YT)。

生俊等[12]也都基于真三轴试验对包括粉细砂、粉质黏土以及黄土等在三向应力状态下的应力变形及强度特性进行了试验研究。但由于受试验设备尺寸的限制,目前土工真三轴试验多针对细粒土,而采用与粗粒料常规大型三轴试验匹配的试样级配开展真三轴试验很少。

论文采用长江科学院自行研制的大型微摩阻真三轴(试样尺寸 30 cm×30 cm×60 cm),对某土石坝粗粒土料开展不同中主应力系数 $b[b=(\sigma_2-\sigma_3)/(\sigma_1-\sigma_3)]$ 条件下的真三轴试验,研究中主应力对粗粒料变形及强度的影响规律,并对粗粒料的强度准则适用性进行初步探索。

2　试验条件

2.1　试验设备

图 1 所示为长江科学院自主研制的大型微摩阻真三轴仪进行试验,该设备主要由压力室、加荷系统、控制和量测系统、分析输出系统等几部分组成。

大主应力 σ_1 和中主应力 σ_2 方向采用刚性加载方式,小主应力 σ_3 方向为水压(柔性加压)。该设备的一个重要特点是 σ_2 方向采用了可压缩双向减摩板结构,极大地降低了试样与加载板之间的摩擦力。图 2 为制备完成待测试的粗粒土试样以及 σ_2 方向减摩板。

图 1　大型土工微摩阻真三轴仪　　　　图 2　真三轴试样

2.2　试验粗粒料试样

采用我国西南某土石坝粗粒土填料,粗粒土母岩为砂岩。针对原型级配堆石料,采用相似级配法缩尺后用于试验的级配曲线如图 3 所示。试样的最大允许粒径为 6 cm,控制干密度为 2.06 g/cm³。

2.3　试验过程

从研究三向应力状态下粗粒料强度变化规律的角度,需得到试样从加载至破坏的大变形全过程,试验中保持 b 值不变,研究中主应力因素对试样变形和强度的影响。真三轴试验过程如下:

分别采用 b=0、0.25、0.50 和 0.75 四种不同的中主应力系数开展真三轴试验。制样

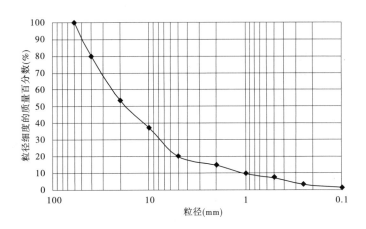

图 3　粗粒土试验级配曲线

完成后,充分饱和并在相应围压水平(σ_3)下固结不少于 24 h,待试样稳定后,按照设计应力路径对试样进行加载。加载过程中,中主应力比 b 在整个剪切试验过程中保持不变,同步加载 σ_1 和 σ_2,并同时记录各级荷载条件下的排水量,记录试样全过程体变数据。测试以 σ_1 超过峰值或轴向应变 ε_1 达到 15%作为试验结束判别标准。每组 b 值条件下的真三轴试验中,小主应力 σ_3 依次选取 0.2 MPa、0.4 MPa、0.6 MPa 和 0.8 MPa。另外,按照相同的围压水平,开展 1 组平面应变试验,用于对比分析。

3　应力应变分析

3.1　($\sigma_1-\sigma_3$) ~ε_1 关系

图 4 分别为不同中主应力比 b 值条件下粗粒料的($\sigma_1-\sigma_3$) ~ε_1 关系曲线。经过对比分析,可以看出,随着 b 值的增加,($\sigma_1-\sigma_3$) ~ε_1 关系曲线形态在应变初期呈陡变趋势,直接反映出中主应力 σ_2 对粗粒料起到明显的硬化作用;同时,从应力应变全过程曲线来看,随着 b 值的增大,应力在峰值后的软化现象愈加明显,当 $b=0$ 时(常规三轴应力状态),试样在高固结压力条件下尚呈现应变硬化特性、在低固结压力条件下呈现应变软化特性,该过程直到轴应变 15%左右仍能持续;在 $b=0.25$ 和 $b=0.5$ 条件下,有部分试样在一定围压下尚能在峰值应力附近持续应变增加而应力基本不变,但该过程持续 10%左右即结束,应力随即呈快速下降趋势;当 $b=0.75$ 时,各试样均在轴应变 5%左右时达到峰值强度,随即应力出现下降,应变软化特征明显。故可认为中主应力比 b 值的增加使得粗粒料的软化特征逐步显现。

图 5 为相同固结压力、不同 b 值条件下粗粒料的应力应变曲线图,图中也增加了相应条件下平面应变试验成果。从图 5 可以看出,由于有中主应力 σ_2 的作用,试样在应变初期的线弹性特征较明显,强度与 $b=0$ 相比有明显提升,但同时注意到,即便 b 从 0.25 增至 0.75,应变初期的($\sigma_1-\sigma_3$) ~ε_1 关系曲线却是接近重合的,表明中主应力 σ_2 对粗粒料硬化特性的增强是有限的,且具有一个阈值,注意到平面应变路径下的($\sigma_1-\sigma_3$) ~ε_1 关系曲线始终在 $b=0$ 与 $b=0.25$~0.75 的三条曲线之间,表明其强度居中,很好地体现出强度随 b 值升高,粗粒料由软到硬的过渡。

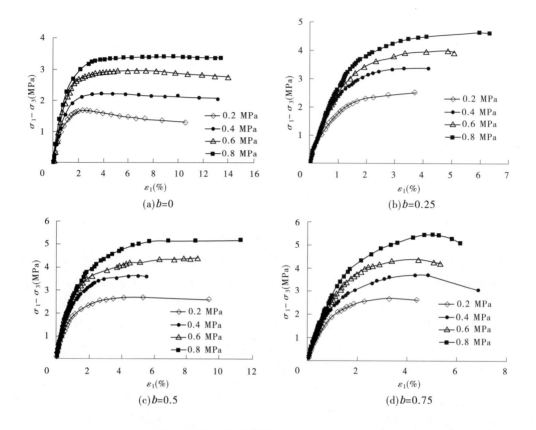

图4 不同 b 值条件下的 $(\sigma_1 - \sigma_3) \sim \varepsilon_1$ 关系曲线

3.2 体变关系

图6为各种应力路径下堆石料的 $\varepsilon_v \sim \varepsilon_1$ 关系曲线。从图6中可以看出：

（1）不同 b 值下，$\varepsilon_v \sim \varepsilon_1$ 关系曲线变化规律相同，其综合反映了应变增加过程中粗粒土试样体积压缩和剪胀，在试验应力范围内都出现了剪胀现象，但围压越低，剪胀性越明显，低围压条件下，试样除初期的压密外，整体呈现剪胀性，在高围压条件下，试验整体则表现为全程剪缩特性，原因主要是围压对试样小主应变 ε_3 的约束作用正相关。

（2）从 $b=0$ 增加到 $b=0.75$，相应的 $\varepsilon_v \sim \varepsilon_1$ 曲线也体现出堆石料的整体剪胀特性不断被压制，即试样的剪胀性弱与剪缩性导致试验整体表现为剪缩性。

（3）随着 b 的增大，体变全过程曲线反弯点对应的临界固结压力越来越低，b 值和围压对试样体变变形机制的影响略有差异，但均为正相关影响。

由 $b=0.5/\sigma_3=0.2$ MPa 和 $b=0.75/\sigma_3=0.4$ MPa 条件下的 $(\sigma_1-\sigma_3) \sim \varepsilon_1$ 及 $\varepsilon_v \sim \varepsilon_1$ 关系曲线图7可以看出，试样由体缩向体胀过渡也恰是轴向应力增速迅速下降的区间段，峰值应力对应的应变量略微滞后于体变曲线的反弯点对应的应变量，这也是粗粒土变形破坏机制的一个特征，即粗粒土结构临近破坏反映了结构内部力链的失效，不论是受颗粒旋转还是颗粒自身强度控制，结构失效即力链的破坏会引起体变趋势的改变。

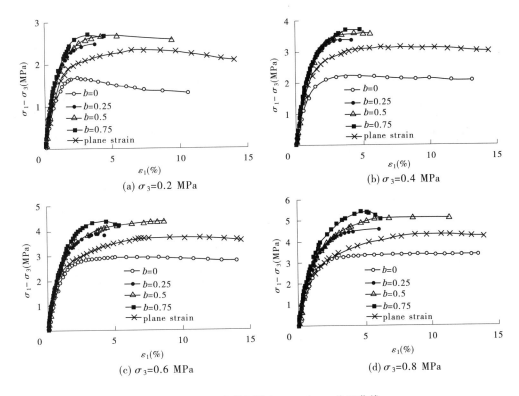

图5　不同 σ_3 条件下的 $(\sigma_1-\sigma_3)\sim\varepsilon_1$ 关系曲线

3.3　主应变关系

图8为不同应力条件下粗粒料 $\varepsilon_3\sim\varepsilon_1$ 关系曲线,从图8中可以看出:

(1)小主应变在任意 b 值下均膨胀,但 $\varepsilon_3\sim\varepsilon_1$ 关系曲线的斜率绝对值随着 b 的增大而增大,即曲线斜率绝对值与 b 值呈正相关关系,实质即为前文所说的 ε_2 方向约束不断增强,而引起的 ε_3 方向的膨胀。

(2)除初始阶段($\varepsilon_1<0.5\%$)因试样制备过程中分层击实而存在的部分结构不均,加之 ε_1 和 ε_2 双向同时挤压而引起的 ε_3 短暂激增外, $\varepsilon_3\sim\varepsilon_1$ 关系曲线线性关系明显,斜率基本上为一定值,可以发现,实际上除 b 等于0外,其余情况下 $\varepsilon_3\sim\varepsilon_1$ 关系曲线斜率非常接近,表明中主应力对试样变形的影响主要集中在 $b<0.25$ 区间内,平面应变作为一种位移约束的简化条件,其 $\varepsilon_3\sim\varepsilon_1$ 关系曲线斜率与 $b=0.25$ 接近。

4　三维应力下的强度特性

4.1　线性强度指标

图9所示为不同 b 值条件下,真三轴试验得到的粗粒料莫尔应力圆及线性拟合曲线;图10为不同 b 值条件粗粒料强度变化曲线。可以看出:

(1)各 b 值条件下,除个别试样外($b=0.25$,围压0.4 MPa),采用线性关系均能够很好地拟合不同围压下试样的莫尔应力圆。

(2)粗粒料为无黏性土,黏聚力 c 实际反映为颗粒间的机械咬合力,可以看出 $b=0$

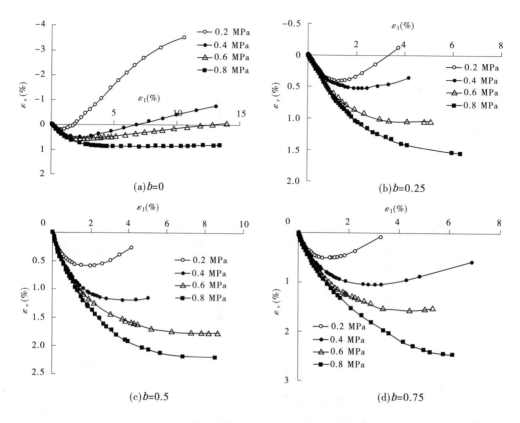

图6　不同 b 值条件下的 $\varepsilon_v \sim \varepsilon_1$ 关系曲线

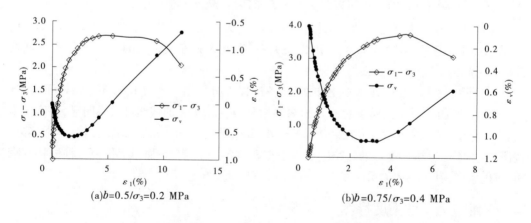

图7　不同 b 值、σ_3 条件下的应力————应变关系曲线

时,c 约为 0.27 MPa,而当 b 分别为 0.25、0.50 和 0.75 时,c 值基本稳定在 0.42 MPa,其表明 b 值增大对于试样水平方向约束效应的提高,对粗颗粒之间机械咬合力呈有限提高作用,当约束性不断增强后,在大变形过程中,将以颗粒破碎的方式实现应力变形的调整。试验过程中,特别是 $b=0.75$ 时,能够非常清晰地听见颗粒破碎的声响。

（3）在试验所涉的 b 值范围内,φ 随 b 值的提高呈显著上升趋势,这表明中主应力 σ_2

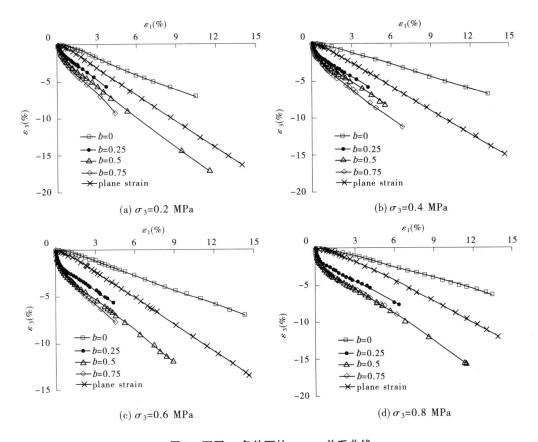

图8　不同 σ_3 条件下的 $\varepsilon_3 \sim \varepsilon_1$ 关系曲线

对粗粒料强度有较大影响,由 $b=0$ 时的 36.7° 提升至 $b=0.75$ 时的 44.5°。

4.2　强度准则

对土体而言,目前采用较多的强度准则主要有莫尔-库仑(M-C)准则、拉德-邓肯准则[13] 和松岗元-中井(SMP)准则[14],其表达式依次如下:

摩尔-库仑(M-C)准则:

$$\sigma_1 = \sigma_3 \tan^2(45° + \varphi/2) + 2\cot(45° + \varphi/2)$$

拉德-邓肯(LADE-DUNCAN)准则:

$$\frac{I_1^3}{I_3} = k_f$$

松岗元-中井(SMP)准则:

$$\frac{I_1 I_2}{I_3} = k_f$$

$$I_1 = \sigma_1 + \sigma_2 + \sigma_3$$
$$I_2 = \sigma_1\sigma_2 + \sigma_2\sigma_3 + \sigma_3\sigma_1$$
$$I_3 = \sigma_1\sigma_2\sigma_3$$

式中: I_1 、 I_2 、 I_3 分别是第一、第二、第三应力不变量; k_f 是与试验应力值有关的比例系数。

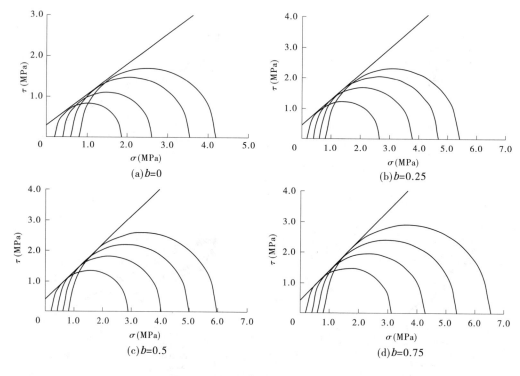

图9 不同 b 值条件下的莫尔应力圆

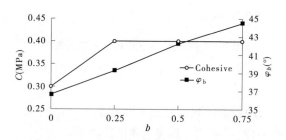

图10 不同 b 值条件下的强度指标变化曲线

根据试验成果分别绘制了不同围压条件下试验数据点与拉德-邓肯强度准则、SMP 强度准则和 M-C 强度准则在 π 平面上的破坏轨迹(见图 11);图 12 为不同围压下基于不同强度准则的 $\varphi_b \sim b$ 曲线与试验结果。可以看出,试验成果与拉德-邓肯强度准则描述的趋势符合较好,特别是 b 较大时符合程度高;SMP 准则次之,M-C 准则由于未考虑中主应力的影响而显著低估了粗粒土的强度,其包络线范围最小,相对而言最为保守。拉德-邓肯破坏准则虽不能很好地拟合各工况下的试验数据,但其能反映中主应力系数不断提高后对强度指标增加的贡献有限。

5 结 论

本文基于长江科学院自主研制的大型微摩阻土工真三轴仪,对某土石坝粗粒土填料开展了不同中主应力系数(b 值)条件下的真三轴试验研究,得到以下结论:

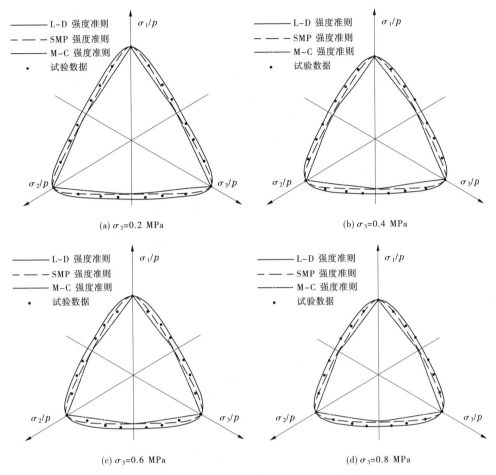

图 11 不同强度准则在 π 平面上的破坏轨迹

（1）当中主应力系数 b 值为一常数，试样应力—应变关系曲线斜率和峰值应力均随固结压力的提高而增大，低围压下的体变关系曲线呈先剪缩后剪胀之特性，而在高围压下，整个加载过程试样均呈剪缩特征。

（2）固结压力一定，随 b 值的增大，试样峰值应力后软化现象愈加明显，小主应变—大主应变关系曲线的斜率绝对值增大，中主应力对小主应变方向的挤压效应显著，且试样峰值应力对应的应变量略微滞后于体变曲线反弯点对应的应变。

（3）小主应力方向始终处于膨胀状态。当固结压力一定时，小主应变—大主应变关系曲线线性特性显著，曲线斜率随 b 值增加而增加，但对试样变形特性的影响主要发生在 $b<0.25$ 范围内。

（4）中主应力对粗粒料强度影响显著，强度指标随 b 值增加而增加，特别是 b 值在 0~0.25 区间内，相较于常规三轴试验，其强度指标有显著增长。

（5）经与几种经典强度准则对比，M-C 准则由于未考虑中主应力的影响而显著低估了粗粒土的强度，拉德-邓肯强度准则能够较好地反映粗粒料在三向应力状态下的强度演化趋势。

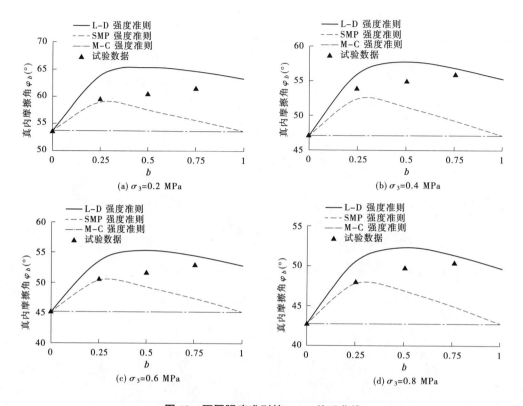

图 12 不同强度准则的 $\varphi_b \sim b$ 关系曲线

参 考 文 献

［1］程展林, 丁红顺, 吴良平. 粗粒土试验研究［J］. 岩土工程学报, 2007, 29(8): 1151-1158.

［2］程展林, 姜景山, 丁红顺, 等. 粗粒土非线性剪胀模型研究［J］. 岩土工程学报, 2010, 32 (3): 331-337.

［3］Abelev Andrei V, LADE Poul V. Characterization of failure in cross-anisotropic soils［J］. Journal of Engineering Mechanics, 2004, 130(5): 599-606.

［4］Khalid A A, Heath S W. A true triaxial apparatus for soil testing with mixed boundary conditions［J］. Geotechnical Testing Journal, 2005, 28(6): 534-543.

［5］Lade P V. Assessment of test data for selection of 3-D failure criterion for sand［J］. International Journal for Numerical and Analytical Methods in Geomechanics, 2006, 30: 307-333.

［6］AnhDan L, Koseki J, Sato T. Evaluation of quasi-elastic properties of gravel using a large-scale true triaxial apparatus［J］. Geotechnical Testing Journal, 2006, 29(5): 374-384.

［7］Suite L D, Sheahan T C, Choi C, et al. Development of a true triaxial apparatus for sands and gravels［J］. Geotechnical Testing Journal, 2008, 31(1): 32-44.

［8］Shi Wei cheng, Zhu Jun gao, Chiu Chung fai, et al. Strength and deformation behaviour of coarse-grained soil by true triaxial tests［J］. Journal of Central South University, 2010, 17: 1095-1102.

［9］施维成, 朱俊高, 何顺宾, 等. 粗粒土应力诱导各向异性真三轴试验研究［J］. 岩土工程学报, 2010, 32(5): 810-814.

［10］Hu Ping, Huang Mao-song, Ma Shao, et al. True triaxial tests and strength characteristics of silty sand

[J]. Rock and Soil Mechanics, 2011,32(2): 465-470. (in Chinese)

[11] Dai Jin-qiu, Su Zhong-jie, Zhao Ming-chao, et al. True triaxial tests and strength characteristics of silty clay[J]. Rock and Soil Mechanics, 2016,37(9): 2534-2542. (in Chinese)

[12] Shao Sheng-jun, Xu Ping, Wang Qiang, et al. True triaxial tests on anisotropic strength characteristics of loess[J]. Chinese Journal of Geotechnical Engineering, 2014,36(9): 1614-1623. (in Chinese)

[13] Lade P V, Duncan J M. Elastoplastic stress-strain theory for cohesionless soil[J]. Journal of the Geotechnical Engineering Division, 1975,101(10): 1037-1053.

[14] Matsuoka H, Nakai T. Relationship among Tresca, Mises, Mohr-Coulomb and Matsuoka-Nakai failure criterion[J]. Soils and Foundations, 1985,25(4): 123-128.

粉砂质板岩工程地质特性研究

吴章雷

(中国电建集团成都勘测设计研究院有限公司,四川 成都 610072)

摘 要 本文以某水电站的浅变质粉砂质板岩为主要研究对象,在其矿物成分分析的基础上,进行各项物理力学试验,如岩石物理力学性质试验、岩石中剪试验、岩体变形试验、岩体变形试验配套声测、岩体强度试验、结构面强度试验、岩体应力测试,通过试验数据和板岩的构造研究,得出粉砂质板岩具有明显的各向异性的工程地质特性,作为建筑材料时具有粒型差及碳质对混凝土中气体排放有抑制作用的工程地质特性。究其原因,分析其间的相关性,将该区域岩体特征更好地利用,以服务于工程建设。对于类似岩性条件的各类工程具有很好的实际参考意义。

关键词 粉砂质板岩;物理力学特性;各向异性;工程地质特性

1 前 言

近年来,由于工程建设的需要,板岩被广泛用做建筑物的基础、隧洞或地下洞室围岩、建筑材料等,人们对板岩的认识也越来越深入,开展了大量的研究工作,尤其是板岩的物理力学特性。在雅砻江中游大范围内发育一套三叠纪(T3)浊积相碎屑建造岩,经后期变质后,形成浅变质的砂板岩。砂岩一般因其坚硬,抗风化能力强,具有较高的物理力学指标,在工程建设中成为较理想可利用岩体和建筑材料。板岩因其坚硬性较差,抗风化能力较弱,物理力学指标较低,需进行改造后方可利用[1]。

雅砻江某水电站枢纽区出露基岩地层属玛多–马尔康地层分区,雅江地层小区之上三叠系统新都桥组和两河口组浅变质岩系,两河口组整合于新都桥组之上。新都桥组和两河口组可分为上、中、下三段,其中坝址区出露的地层为新都桥上段和两河口组中、下段,出露地层。板岩是坝区出露最常见的岩石类型,在各地层组合中均有出露,按成分特征和含量,板岩可分为绢云母板岩和粉砂质板岩两种。绢云母板岩:绢云母含量达50%以上,岩石一般为深灰色–灰黑色,风化面呈黄褐色,有时为浅灰色粉尘状。粉砂质板岩:岩石中变余粉砂质含量大于50%,板理发育,不具千枚理化,有时较隐性而不易观察。坝区出露的砂岩为泥质粉砂岩、粉砂岩、细砂岩等。

雅砻江中游某水电站修建于这套浅变质砂板岩出露地区,工程建设需大量的利用板岩,才能满足枢纽布置和工程建设要求。要利用坝区发育的板岩,必须研究板岩的工程地质特性,只有研究清楚板岩的工程地质特性后,才能明确是否对其直接利用或改造,以满足工程建设的需要。

坝区发育的这套浅变质板岩,经过沉积建造及后期的变质改造后,板岩的物质组成、物理力学特性及其构造已经发生了很大的改变。因此,要研究板岩的工程地质特性,必须从组成板岩的矿物成分、物理力学特性及其构造方面进行研究。本文依托某水电站对板岩开展的研究工作,对板岩的矿物磨片成果、室内及现场开展的力学试验成果进行分析研究,同时利用枢纽区板岩地表露头或探硐、钻孔揭示的情况对其构造进行研究,从而分析研究板岩的工程地质特性。

2 板岩的矿物成分分析

岩石是矿物的集合体,矿物的类型和胶结物是岩体物理力学特性的基础,因此对板岩物理力学特性的研究,首先应对其矿物成分进行分析研究。在地表及探硐内取样,开展板岩的矿物成分分析工作,岩石磨片矿物鉴定采用偏光显微镜进行,在偏光显微镜下观察组成岩石的各种矿物,以及它们的结构构造及含量等。具体成果见表1。

表 1 岩石磨片矿物鉴定成果

野外编号	室内编号	野外定名	鉴定定名	镜下描述
DB1	1	粉砂质板岩	黑色粉砂质泥板岩	岩石组分主要由黑色隐晶质泥质含较多细小片状绢云母及粉砂微粒石英碎屑组成,隐晶质泥质含量在50%左右,绢云母含量在20%~30%,石英碎屑在20%左右
DB2	2	粉砂质板岩	粉砂质黑色泥板岩	岩石组分主要由隐晶质泥质及片状绢云母组成,含少量石英粉砂及云母碎片,灰色隐晶质组分占岩体的60%以上,绢云母含量超过30%,石英碎屑<10%
DB3	3	粉砂质板岩	黑色(含碳质)泥板岩	岩石组分主要由绢云母及隐晶质片状的绿泥石质矿物和少量黑云母组成,含少量细粒不等粒石英碎屑
YWD01-1	4	板岩	黑色砂质泥板岩	岩石组分主要由泥质含较多碎屑组成,碎屑组分主要由石英、长石、云母及较多岩屑组成,胶结物以泥质为主,含较多细粒石英云母等碎屑共生。富泥质基质组成岩石主体,碎屑组分40%左右
YWD01-2	5	板岩	黑色粉砂质泥板岩	岩石组分以隐晶质为主,含较多细粒石英碎屑。碎屑组分<30%(石英碎屑、云母碎屑为主),泥质基质70%左右
PD12 主洞	6	板岩	黑色粉砂质泥板岩	岩石组分主要由隐晶质泥质、绢云母和较多细粒砂屑组成。砂状碎屑20%~30%,绢云母20%左右;隐晶质泥质50%左右;少量细粒铁矿
PD12 支洞	7	板岩	黑色含粉砂质泥板岩	岩石组分主要由隐晶质泥质组成,含少量细粒石英碎屑和绢云母。石英碎屑5%;绢云母10%;绿泥石少量;隐晶质>80%

岩石磨片矿物鉴定成果表明板岩为浅变质岩,板状构造,变余结构,由黏土岩或黏土质粉砂岩浅变质而形成。主要矿物成分为黏土矿物、绢云母、绿泥石、石英等。在变质不均匀的情况下,局部将可能部分显现原岩的矿物成分、构造及结构状态。组成板岩的矿物除石英的硬度较高外,其余硬度均较低[2]。

在沉积过程中,由于环境的动荡,板岩中各种矿物及砂质的含量不均一。现场调查发现板岩因其砂质的含量不同新鲜断口的表现不同,砂质和石英含量较高板岩断口呈浅灰色,断面较粗糙,强光下可见砂质光泽,反之,断口岩石呈深灰色,染手,断面较光滑[3]。

3 板岩的物理特性

为了研究板岩的物理力学性能,依托勘测设计的水电项目开展了大量的室内试验,共完成了 72 组室内物理力学试验。下面重点介绍工程中常用的几个物理指标的试验成果。

试验数据分析统计表明板岩干密度范围值 2.62 ~ 2.78 g/cm³,多数集中在 2.72 ~ 2.78 g/cm³ 区间内,见图 1;比重范围值 2.69 ~ 2.80,大多数集中在 2.76 ~ 2.80 区间内,见图 2。

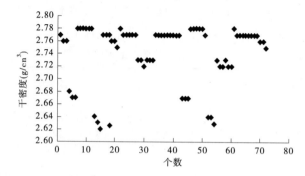

图 1   板岩干密度统计散点图

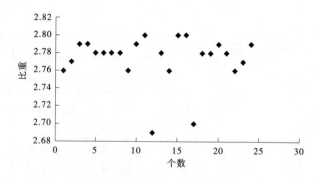

图 2   板岩比重统计散点图

板岩的饱和吸水率较低,范围值 0.1% ~ 1.2%,大部分 ≤ 0.9%,见图 3;软化系数范围值 0.6 ~ 0.8,主要集中在 0.7 ~ 0.8,见图 4。

经分析研究板岩的物理特性和矿物的组成及成分密切相关,随硬度较大的石英,砂质碎屑含量高,干密度、比重、弹模、软化系数,湿润抗压强度等值较高,黏土矿物、泥质、云母等含量较高,上述值则较低,基本呈线性关系。大量的试验值表明粉砂质板岩干密度为 2.72 ~ 2.78 g/cm³,比重为 2.76 ~ 2.80,饱和吸水率 ≤ 0.9%,软化系数为 0.7 ~ 0.8[4]。

4 板岩的力学特性

由于板岩在变质过程中,受高温高压影响,矿物定向排列形成板理面,板理发育,因此在对板岩开展室内力学试验时,加载方向分为(∥)板理面和(⊥)板理面。试验成果表明,(∥)板理面的湿抗压强度为 25 ~ 80 MPa,大部分为 40 ~ 80 MPa,见图 5;(⊥)板理面

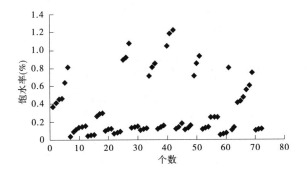

图3 板岩饱水率统计散点图

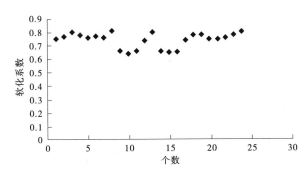

图4 板岩软化系数统计散点图

湿抗压强度为40~100 MPa,大部分为60~100 MPa,见图6。

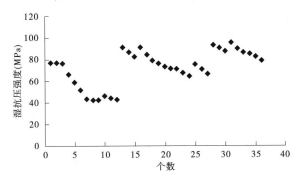

图5 (⊥)板理面湿抗压强度统计图

试验数据表明,板岩各向异性明显,(⊥)板理面方向湿抗压强度大于(∥)板理面的湿抗压强度。由于板岩的板理面往往是黏土矿物、云母及绢云母富集,为一软弱面,平行板理面方向加载时,试验表明试样容易沿板理面破坏,强度低,垂直板理面加载,试样往往是岩体被剪坏,强度高,(⊥)和(∥)板理强度比为1.25~1.5。

统计表明,岩体的泊松比范围值0.22~0.26,大多数为0.23~0.24;进一步统计表明,垂直板理的泊松比大于平行板理方向的泊松比,最大值可达0.26,最小值0.23,由此可见泊松比也反映了板岩具有各向异性的特点。但无论是垂直还是平行板理泊松比值主要集中在0.23~0.24,见图7。

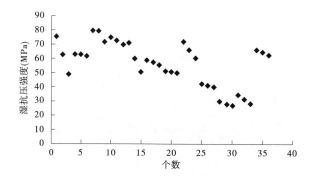

图 6　(∥) 板理面湿抗压强度统计图

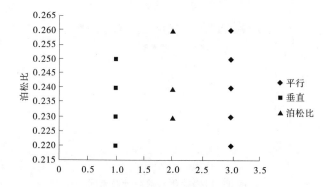

图 7　泊松比统计散点图

现场开展了 9 组变形试验,现场试验表明微新的板岩,(⊥) 板理面 $E_0 = 11 \sim 14$ GPa,(∥) 板理面 $E_0 = 30 \sim 36$ GPa;弱下风化板岩(∥) 板理面 $E_0 = 4 \sim 5$ GPa,(⊥) 板理面 E_0 可达 3 GPa,见表 2。

表 2　现场原位变质板岩岩体变形试验成果

序号	试点编号	试点地质特征		割线模量 E_0
		岩性	风化	(GPa)
1	E_0PD12-3(∥)	$T_3lh^{2(1)}$ 粉砂质板岩	微新	30.1
2	E_0PD12-4(∥)			35.6
3	E_0PD18-2(∥)	$T_3lh^{2(3)}$ 粉砂质板岩	微新	31.0
4	E_0PD18-1(⊥)			11.6
5	E_0PD18-3(⊥)			14.2
6	E_0PD18-4(⊥)			10.6
7	E_0PD11-4(∥)	$T_3lh^{2(1)}$ 粉砂质板岩	弱下	4.02
8	E_0PD04-1(⊥)	$T_3lh^{2(3)}$ 粉砂质板岩	弱下	2.66
9	E_0PD04-2(∥)			4.66

试验表明,平行板理面的板岩模量大于垂直板理面模量,弱风化的粉砂质板岩为1.5倍,新鲜的可达2~3。由此可见,相同的压力下,垂直板理面方向板理面被压密实,变形较大,因而模量较小,平行板理面则反之,反映了板岩各向异性的特点。压力和变形关系曲线表明,垂直板理面以直线型或准直线型为主,平行板理面以下凹型为主,见图8。

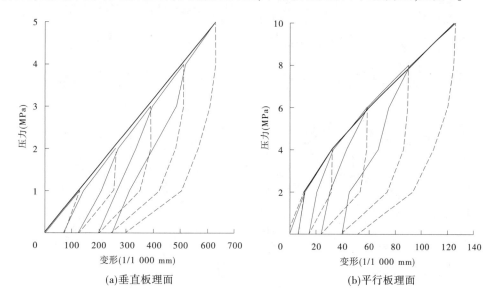

(a)垂直板理面   (b)平行板理面

图8   垂直和平行板理面压力—变形关系曲线

5   板岩构造

通过地表及探硐对板岩的构造进行分析研究,板岩中发育的构造以板理为主,板理是板岩中普遍存在的一种典型的次生面理构造。它是由岩石中矿物颗粒的扁平化变形后形成的,平行排列。由于板理形成过程中重结晶作用较弱,矿物颗粒度极细,因此板理面一般都平直光滑。根据板理的发育密度(间隔)、形态及组合样式可以分为以下四类:

(1)稀疏间隔型。

板理的间隔一般在5 cm以上,每条劈理的延伸长度不大,并且不很平直,甚至可呈弧形或透镜化趋势,但总体方向是一致的。岩石已不具有完好的连续性,见照片1。

(2)厚板型。

板理间隔2~5 cm,各条板劈理平直,但延伸长度仍不大,通常为数十厘米,总体上形成厚板状外观,这也是板劈理的典型形态之一。该类型发育在变形强度中等,或者粉砂质含量较多的板岩中。岩石的连续完整性已明显被破坏,见照片1。

(3)薄板—页片型。

这是板岩中最常见的板理构造类型,板劈理密度间隔多为毫米级,劈理的连续性和平直性均很好,使岩石易于沿劈理分割成薄板状、页片状,是板劈理极为发育的特有表现形式。多反映强挤压变形,主要出现在含粉砂质较少的泥质为主的岩石中。当泥质含量极高时,可向千枚理过渡,劈理可呈现微波状弯曲,见照片2。

照片1　稀疏间隔、厚板型板理

照片2　薄板—页片、隐蔽型板理

（4）隐蔽型。

可称隐性板劈理，从露头新鲜岩石表面上看，外观完整，甚至可呈块状，似乎并无面理发育，但打开岩石，断面上即可出现细条纹，有时岩石还可沿这种条纹破裂。实际上，板理的发育已经具有很强的透入性。只是由于岩石较为新鲜（未经受长时间风化或卸荷过程），潜在的板理未发生分离和破解，见照片2。

6　板岩工程地质特性

根据板岩磨片后，在高倍显微镜下观察，板岩的矿物成分石英、长石等含量高，具有一定的强度，力学试验也验证了板岩抗压强度可达 25～100 MPa，强度的变化幅度较大。通过强度及变形模量研究，垂直板理方向和平行板理方向差异较大，具各向异性。

板岩构造研究发现，板理是板岩的主要的典型构造，细分为稀疏间隔、厚板、薄板—页片、隐蔽型等四类，沿板理方向，岩石极易劈开。而垂直方向不易劈开。

室内试验及现场试验研究发现，板岩的破坏主要沿板理面方向破坏，垂直板理面方向不易破坏。因此，各向异性是板岩主要的工程地质特性。

板岩越来越多的作为人工骨料及堆石料使用，板岩加工破碎后多呈板状及片状，粒型差。由于板岩中含有碳质，作为骨料加工后，碳质吸附在骨料上，难以清洗，使混凝土骨料在浇筑过程中，里面的气体难以完全排除，影响混凝土质量。因此，粒型差及碳质对混凝土中气体排放有抑制作用是板岩作为建筑材料使用时表现出的工程地质特性。

板岩具有上述工程地质特性，在板岩的利用过程中要充分考虑其工程地质特性。例如板岩作为地基时,要利用它垂直板理面强度高、变形模量大的特点,基础置于和板理面垂直方向;洞室开挖其轴线和板岩的主要构造面垂直,避免和板理方向平行,轴线和板理方向平行后,围岩稳定性差,变形破坏大;作为建筑材料时,要通过施工工艺解决其粒型差及碳质对混凝土中气体排放有抑制作用的问题。

7 结 论

本文依托雅砻江中游某水电站对浅变质粉砂质板岩开展了大量研究工作,在研究其矿物成分、物理力学试验值及构造的基础上,分析研究粉砂质板岩工程地质特性,研究成果表明:

(1)雅砻江中游大范围出露三叠纪(T_3)变质粉砂质板岩,矿物成分主要为黏土矿物、绢云母、绿泥石、石英等,板岩变质浅。板岩的物理特性和矿物的组成及成分密切相关,石英,砂质碎屑含量高,干密度、比重、软化系数等值较高,黏土矿物等含量较高,上述值则较低。

(2)湿抗压强度、变形模量等试验反映了荷载的加载方向与板理面相关,究其原因,板岩在变质过程中矿物定向排列,形成了板理面,板理面往往是黏土矿物、云母及绢云母富集,为一弱面。该面力学强度低,变形较大,因此垂直和平行板理面的湿抗压强度及变形模量区别较大[5]。

(3)通过对板岩的构造研究,板理是板岩中主要的典型构造,细分为稀疏间隔、厚板、薄板—页片、隐蔽型等四种类型,沿板理方向,岩石极易劈开,岩石的变形破坏主要沿该面发生。

(4)粉砂质板岩主要的工程地质特性是其具有明显的各向异性,其次作为建筑材料其工程地质特性表现为粒型差及碳质对混凝土中气体排放有抑制作用。在工程建设中要充分认识上述特征,趋利避害,合理地利用或改造板岩,满足工程建设需要。

参 考 文 献

[1] 中国水力发电工程编审委员会.中国水力发电工程·工程地质卷[M].北京:水利水电出版社,2000:101-367.
[2] 李四光.地质力学概论[M].北京:科学出版社,1972.
[3] 彭土标.水力发电工程地质手册[M],北京:中国水利水电出版社,2011.
[4] 赵勇进,曾纪全.岩石力学实验报告[R].2008.
[5] 张倬元,王士天,王兰生.工程地质分析原理[M].2版.北京:地质出版社,1994.

两河口水电站心墙堆石坝堆石分区及变形控制研究

姜媛媛，金伟，周正军，杨凌云

（中国电建集团成都勘测设计研究院有限公司，四川 成都　610072）

摘　要　雅砻江两河口砾石土心墙堆石坝坝高 295 m，为中国国内目前正在填筑施工的同类工程中的最高坝。坝壳堆石料主要采用粉砂质板岩、变质砂岩以及变质粉砂岩夹板岩，针对料源的复杂性，本文通过室内三轴试验，研究了板岩及砂岩的物理力学特性，在此基础上，分析坝体堆石分区范围及力学参数变化对坝体应力变形的影响。同时，结合同类工程，从堆石体分区、堆石料岩性及力学特性等方面进行堆石体变形控制的探讨。

关键词　心墙堆石坝；堆石料；应力变形；变形控制

1　引　言

堆石坝具有就地取材、对复杂地质条件有良好的适应性、施工方法简单以及抗震性能好等优点，是世界坝工建设中最广泛采用的坝型。两河口心墙堆石坝坝址附近主要为粉砂质板岩、变质砂岩以及变质粉砂岩夹板岩，如何因地制宜地采用坝址区附近的堆石料是两河口大坝筑坝需要考虑的问题。

本文主要针对粉砂质板岩、变质砂岩作为两河口坝壳堆石料进行了物理力学特性试验，在此基础上对堆石分区进行了数值计算分析，以期为大坝的分区及变形控制提供参考。

2　工程概况

两河口水电站以发电为主，控制流域面积 6.57 万 km^2，水库正常蓄水位 2 865 m，相应库容 101.5 亿 m^3，调节库容 65.6 亿 m^3，具有多年调节能力，电站装机容量 300 万 kW。

拦河大坝采用砾石土直心墙堆石坝，坝顶高程为 2 875.00 m，最大坝高为 295.00 m。坝顶宽度 16 m，上游坝坡为 1∶2，下游布置"之"字路，综合坡比大于 1∶1.9。防渗心墙顶宽 6 m、底宽 141 m，心墙料采用宽级配砾质土。心墙与两岸坝肩接触部位的岸坡基岩表面设厚度为 1 m 的混凝土盖板，盖板与心墙连接处铺设水平厚度 4 m 的接触黏土。心墙上游设置两层水平厚度为 4 m 的反滤层，下游设两层水平厚度为 6 m 的反滤层，上、下游坡比与心墙坡比相同，均取为 1∶0.2。上、下游反滤层与坝体堆石之间设置过渡层，上、下游坡均为 1∶0.4。过渡层外侧为堆石区，堆石料主要采用粉砂质板岩、变质砂岩以及变质粉砂岩夹板岩。

3　堆石用料物理力学特性分析

堆石料母岩力学试验表明，变质粉砂岩干抗压强度平均为 112.9 MPa，湿抗压强度平均为 86.2 MPa,软化系数为 0.76,按湿抗压强度平均值划分为坚硬岩,且没有软化现象;粉砂质板岩干抗压强度平均为 73.8 MPa,湿抗压强度平均为 40.0 MPa,软化系数为 0.54,按湿抗压强度平均值划分为较硬岩,岩体存在明显的软化现象。

3.1 压缩特性

根据堆石料现场碾压试验,砂岩、板岩堆石料均在设计级配包线内,设计级配曲线如图 1 所示。在相同碾压条件下,碾后的板岩堆石料孔隙率、破碎率均大于砂岩堆石料。

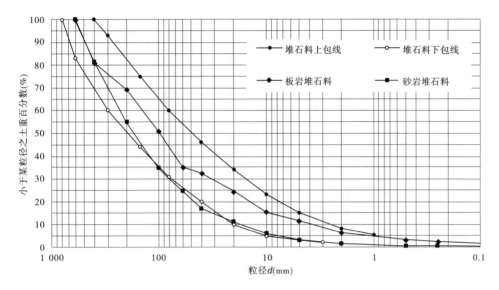

图 1 堆石料级配曲线

根据室内试验,砂岩和板岩堆石料随着压力的增大,孔隙比不断减小,具体如图 2 所示。堆石料在 0.8~3.2 MPa 压力下颗粒破碎严重,模量在此压力区间内逐步衰减,但压力增至 4.0 MPa 以后时,随着破碎量减少,颗粒骨架得到充分填充后,侧限压缩模量逐步回升。通过压缩曲线综合分析,砂岩堆石料综合饱和压缩模量为 99 MPa,板岩堆石料综合饱和压缩模量为 89 MPa。并且在压缩试验过程中,高压力状态下板岩孔隙比变化斜率较大。

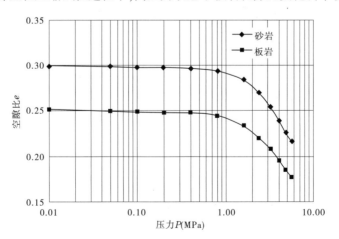

图 2 两河口堆石料孔隙比与压力关系曲线

表1列出了国内已建同类工程堆石料的压缩模量。由表1可知,板岩作为堆石料的压缩模量明显小于花岗岩堆石料。因此,两河口大坝的变形控制是一个技术难点之一。考虑到坝壳料和心墙料变形协调,只要堆石体变形控制在允许范围内,堆石料模量适当降低有利于整个大坝的协调变形。

表1 国内已建工程堆石料压缩模量对比

工程名称	坝高(m)	堆石料岩性	最大垂直压力(MPa)	饱和状态下综合压缩模量数值(MPa)	
				主堆石	次堆石
长河坝	240	花岗闪长岩	3.2	205	
瀑布沟	186	花岗岩	3.2	171	146
糯扎渡	261.5	花岗岩、角砾岩	5.0	224	155
两河口	295	砂岩与板岩	5.6	99	89

3.2 大三轴试验成果

大三轴试验试样直径300 mm,高度600 mm。同一围压下偏应力$(\sigma_1-\sigma_3)$与轴向应变ε_1和体积应变ε_v的试验曲线,如图3、图4所示。板岩与砂岩的试验成果曲线基本相似,轴向应力和轴向应变增量随着固结围压的增大,相应的切线斜率有所增加;在高围压条件下,试验整体表现为全程剪缩特性。根据大三轴试验成果,整理了两河口堆石料邓肯-张模型参数,同时列出了国内已建同类工程参数(见表2),符合高心墙堆石坝堆石料力学特性的一般规律。

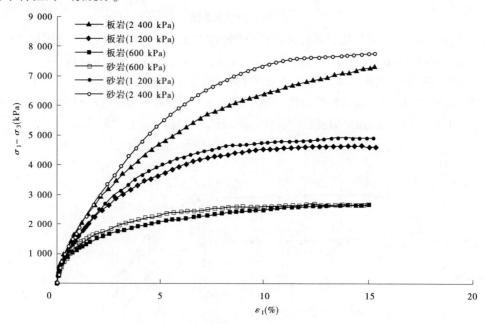

图3 砂岩、板岩轴向附加应力与轴向应变的关系曲线

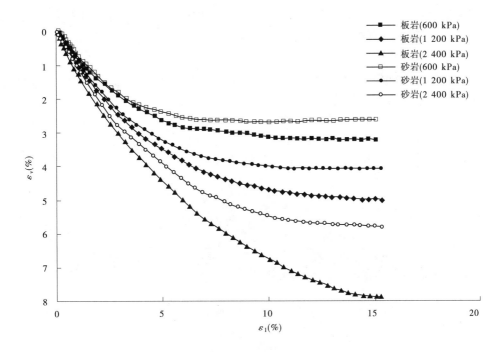

图 4　砂岩、板岩体积应变与轴向应变关系曲线

表 2　堆石料高压大三轴试验 *E—B* 模型参数成果

工程		Duncan–Chang Parameters								
		C_d (kPa)	φ_d (°)	φ_0	$\Delta\varphi$	K	n	R_f	k_b	m
两河口	板岩	224	34.8	47.7	7.5	849	0.21	0.74	425	0.22
	砂岩	220	36.2	48.1	7.1	1 093	0.24	0.80	540	0.25
长河坝	主堆石	189	39.2	51.8	8.9	1 276	0.35	0.77	467	0.28
瀑布沟	主堆石	206	39.2	51.6	8.3	1 279	0.37	0.73	453	0.27
	次堆石	186	38.3	49.8	7.4	1 183	0.36	0.72	418	0.27
糯扎渡	主堆石	120	38.2	54.2	10.1	1 425	0.26	0.73	540	0.16
	次堆石	130	37.5	50.6	10.2	1 530	0.175	0.76	376	0.10

4　堆石分区的影响分析

4.1　材料参数

　　利用数值计算方法,采用邓肯-张模型分析堆石分区对大坝应力变形的影响。各分区填筑料的物理力学参数如表 2 所示。

4.2　堆石分区计算模型

　　坝壳堆石料一般遵循的分区设计原则为:坝顶部位、坝壳外部及下游坝壳底部、上游坝壳死水位以上为坝坡稳定、坝体应力变形、坝体透水性、抗震要求较高的关键部位,设置为堆石料Ⅰ区,采用具有较高强度指标、透水性好的优质堆石料。其他部位对石料强度指标及透水性要求可适当降低,根据料源可设置为堆石料Ⅱ区。

为分析两河口坝体堆石分区范围对坝体应力变形的影响,以基本方案为基础(见图5),考虑扩大堆石Ⅱ区,其中,方案1堆石分区如下(见图6):下游坝壳内部高程2 630.00~2 803.00 m设置为堆石Ⅱ区,其外坝壳采用堆石Ⅰ区料填筑;方案2堆石分区如下(见图7):上游坝壳内部高程2 658~2 775 m增设堆石Ⅱ区,下游坝壳内部高程2 630~2 775 m,设置为堆石Ⅱ区,其外坝壳采用堆石Ⅰ区料填筑。

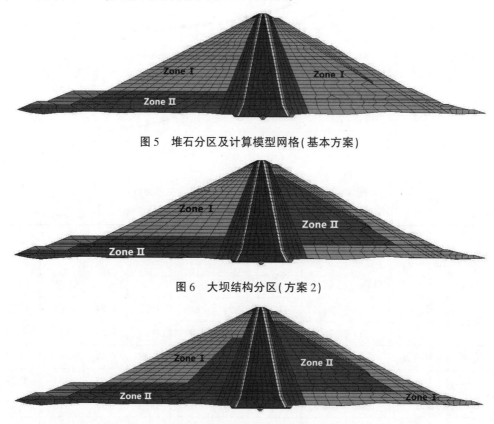

图5　堆石分区及计算模型网格(基本方案)

图6　大坝结构分区(方案2)

图7　大坝结构分区(方案3)

4.3　结果分析

3种方案竣工期和蓄水期的沉降变形、水平变形规律均符合心墙堆石坝变形的一般规律。对比3种工况,整体上最大沉降变形和最大水平变形工况3最大;水荷载对大坝的水平变形影响显著,其中工况3影响最明显,其次是工况2。各工况最大变形值如表3所示。

表3　坝体最大变形值

序号	竣工期			蓄水期		
	最大沉降量（cm）	最大水平位移（cm）		最大沉降量（cm）	最大水平位移（cm）	
		上游	下游		上游	下游
1	358	110	95.0	369	92.1	175
2	365	106	117	361	85.1	200
3	368	116	116	380	95.2	200

　　表4列出了世界各地已建成的几座高心墙堆石坝蓄水后实测变形情况。在坝体材料为线性弹性体的假设下，坝体的最大沉降变形与坝体高度的平方成正比。因此，两河口大坝的沉降变形是合理的。

表4　已建成的几座高心墙堆石坝蓄水完成后的实测变形

工程	心墙类别	坝高（m）	心墙沉降变形	下游坝壳		变形倾度（%）
				沉降	水平位移	
契伏坝	斜心墙	237		3 070	1 160	1.3
Guavio	直心墙	247	5 800	4 330	740	2.3
奇科森	直心墙	261	2 840	2 060	310	1.07
瀑布沟	直心墙	186	1 943	2 440	616	1.3
糯扎渡	直心墙	261.5	4 170	2 681	1 344	1.59

　　心墙与堆石之间由于模量差异存在变形不协调的问题。其中，由材料模量差异引起的心墙拱效应是坝体变形控制所需关注的技术问题之一。图8和图9分别显示了在施工填筑期和蓄水期3种工况的竖向压力分布等值线。由图可知，在已有土石料填筑的基础上，坝体心墙区存在拱效应，填筑完成后3种工况的拱效应系数比较接近，平均拱效应系数约为0.78；在库水作用下此时最小拱效应系数出现在工况2中，最小拱效应系数为0.67。文献指出，当心墙承受的竖向压力只有相邻坝壳竖向应力的20%~50%时，就有产生坝体横向水平裂缝的风险，由此可知3种分区对心墙与堆石变形不协调都有较好的适应性，其中，适当采用堆石Ⅱ区有利于减小由于材料模量差异产生的心墙拱效应。

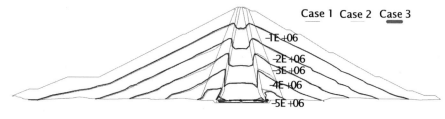

图8　竣工期坝体的竖向应力分布

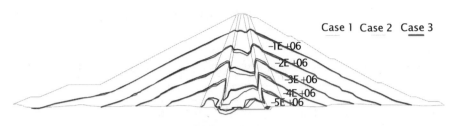

图 9　蓄水期坝体的竖向应力分布

变形倾度可用来评价坝体整体的不均匀沉降情况。由图 10 和图 11 可知,在 3 种方案中,坝体的不均匀沉降规律相似,最大不均匀沉降为 0.016~0.018 且位于坝体内部。通过对比 3 种工况量值的发展可知,采用变形模量较大的岩体(方案 1)堆石区的不均匀沉降要略小于其他两个方案。在 3 个方案中,因为材料分区和水荷载产生的不均匀沉降均控制在合理的范围内,不均匀沉降较大的区域未延伸至坝面。

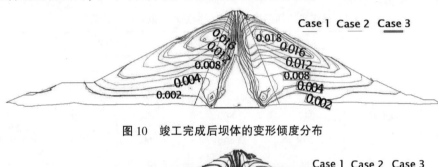

图 10　竣工完成后坝体的变形倾度分布

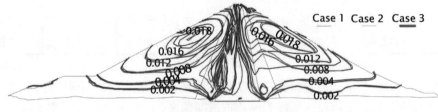

图 11　蓄水完成后坝体的变形倾度分布

5　结论和建议

本文基于室内试验分析了两河口大坝堆石料的物理力学特性,利用数值分析计算分析了不同分区坝体的变形规律。具体结论和建议如下:

(1)相同碾压遍数条件下碾后的板岩堆石料孔隙率、破碎率均大于砂岩堆石料;两类岩体均为硬岩,但板岩存在软化现象。

(2)从三轴压缩试验可知,两河口堆石料应力变形特性符合堆石料变形的一般规律,与国内已建工程具有一致性。

(3)数值计算结果表明,坝体的变形规律符合心墙堆石坝变形的一般规律,类比国内外已建过程变形量值较为合理;为减小因为材料变形模量差异而产生的拱效应,可适当降低堆石的变形模量。

(4)整体上坝体发生不均匀沉降的位置位于坝体内部,未发展至坝表面,不均匀沉降变形在合理范围内。

（5）由于高心墙堆石坝变形协调机制复杂，仍需结合其他设计措施和施工措施开展更深入和全面的分析。

参 考 文 献

［1］DING Yanhui，YUAN Huina，ZHANG Bingyin，et al.Stress-deformation characteristics of super-high central core rock-fill dams［J］. JOURNAL OF HYDROELECTRIC ENGINEERING，2013，32（4）.

［2］CHEN Zhibo，ZHU Jungao.Three－dimensional finite element analysis on stress－strain and materials parameters sensibility of Lianghekou core rockfill dam［J］. Journal of Fuzhou University（Natural Science），2010，38（6）.

两河口水电站采暖通风空调设计分析

兰茜

（中国电建集团成都勘测设计研究院有限公司,四川 成都　610000）

摘　要　介绍了两河口水电站的工程概况及采暖通风系统设计要点。在冬季采暖设计中,研究了三个类似高寒高海拔电站的采暖措施及实际效果,分析出以目前的技术手段最适合的采暖模式,地下电站保温效果较好,主厂房可不设置采暖措施,副厂房局部设置采暖措施。对厂房的发热量、散湿量进行了计算,对气流组织进行了分析,选择了全面通风垂直气流组织,局部采暖加空调相结合的方式,满足厂内的温湿度需求。

关键词　两河口水电站;采暖通风;气流组织;机组放热风

两河口水电站地处青藏高原,位于雅砻江干流与支流鲜水河汇合的河段上,海拔在 2 620 m 左右。厂址区域属川西高原河谷性气候区,主要受高空西风环流和西南季风影响,干、湿季分明,气候变化多样,立体气候显著,夏无酷暑,电站站址气温较低,日温差大,空气干燥。

两河口水电站是雅砻江干流上的一座巨型水电站,为地下式厂房,电站安装 6 台混流式水轮发电机组,总装机容量为 3 000 MW。厂房由深埋于地下的主、副厂房、主变洞和尾水调压室三大洞室组成,三大洞室平行布置。在主厂房与主变洞之间有母线洞相连;主厂房的安装间与进厂交通洞相通;副厂房顶设有进、排风道,与地面相通;在主变洞设有两个出线竖井,与地面开关站相连。电站的主要机电设备布置在主、副厂房和主变洞内,地下厂房的通风、空调根据三大洞室的布置和机电设备的布置进行设计。

目前电站冬季采暖模式主要使用电采暖,设备耗电量巨大,而且需设置大容量的配套厂用变,导致设备初投资费用高,电采暖设备运行费及维修保养费用也高。因此,有效挖掘和最大利用厂内水轮发电机组发热设备内部的热量作为厂房保暖的主要热源的研究,对降低工程投资、改善两河口整个厂房工作环境、保证设备冬季安全运行、节能及创新,具有重大的现实意义。

1　设计依据

1.1　室外气象参数

两河口坝区附近雅江气象站有 1961~2006 年的实测降水资料和 1961~2006 年的气温资料,气象站海拔为 2 600.9 m,厂区的海拔(发电机层)为 2 608.00 m,两者海拔基本相同,其观测到的气象资料能真实地反映厂房和坝区的气象特征,气象参数不需作海拔修正,故本阶段的气象参数以雅江的气象资料为主(见表 1)。

作者简介:兰茜(1987—),女,硕士研究生,工程师。E-mail:nancyascy@163.com。

表1 室外主要气象参数

气象参数	数值
室外年平均温度	10.9 ℃
多年月平均最高气温	18 ℃
极端最高温度	35.9 ℃
极端最低温度	−15.9 ℃
年平均相对湿度	55 %
夏季通风室外计算温度	24 ℃
累年最热月平均温度	18 ℃
累年最冷月平均温度	1.2 ℃
冬季供暖室外计算温度	−5 ℃
冬季通风室外计算温度	1.2 ℃
室外平均风速	1.8 m/s
气象站海拔	2 600.9 m

1.2 室内气象参数

依据《水力发电厂供暖通风与空气调节设计规范》[1]的要求,参考、对比国内一些通风空调运行状况良好的大型地下水电站设计标准,结合两河口水电站的现场环境及运行要求,室内温、湿度设计标准确定,如表2所示。

表2 室内温、湿度设计参数

部位	夏季		冬季	
	温度(℃)	湿度(%)	温度(℃)	湿度(%)
发电机层	≤27	≤75	≥10	
电气夹层	≤30	≤75	≥10	
水轮机层	≤30	≤75	≥8	
蜗壳层(水泵室)	≤30	≤80	≥5	
电缆道、厂用变	≤35	不规定		
蓄电池室	≤30	≤80	≥10	
副厂房一般房间	≤30	≤75	≥12	
中控室	25~28	45~65	18~22	≥30
计算机室	25~28	45~65	18~22	≥30
主变室	排风温度≤40	不规定		
母线洞	排风温度≤40	不规定		
其他电气设备房间	≤35	≤75	≥12	

2 地下厂房散湿量及发热量分析计算

2.1 散湿量分析

厂内散湿量与厂内岩壁的衬砌形式密切相关,两河口水电站发电机层、电气夹层、水轮机层均采用防潮隔墙,发电机层和电气夹层可不考虑洞壁散湿量。水轮机层虽然设了防潮隔墙,但水管较多且管内水温较低,所以水机管道壁面不可避免地要结露,尾水管操作廊道层未设防潮隔墙,这些区域会出现渗漏水现象。根据初步计算和类似电站的回访情况知道,厂内散湿量主要发生在水轮机层和尾水管排水廊道层,应充分考虑这些部位的除湿措施[2]。

2.2 发热量计算

水电站显热冷负荷主要来自设备散热[3],根据设计参数及相关专业提供的发热设备初步资料,按照《水力发电厂供暖通风与空气调节设计规范》(NB/T 35040—2014)、《水电站厂房通风、空调和采暖》和《采暖通风与空调》手册等的计算方法进行分析计算,地下厂房内各主要区域的发热量统计计算结果如表 3 所示。

表 3 地下厂房全厂发热量

部位	发热量(kW)
发电机层	769.07
电气夹层	291.28
水轮机层	58.84
蜗壳层	131.98
母线洞	925.58
主变洞	1 021.18
副厂房	272.77
地下厂房全厂发热量 3 470.70 kW	

3 厂房供暖方式研究

水电站主厂房由于空间大,一般采用机组放热风和电热暖风机供暖。机组放热风采暖是通过风机强制排出机组内部余热风采暖,厂房温升明显,是一种非常节能的采暖方式。机组在放出热风的同时,又在水轮机层将机罩外空气补入发电机冷却空气系统,这对整个发电机冷却来讲也是有利的。采用电热暖风机或电辐射板供暖效果也明显,而且环保清洁,但主副厂房的这种供暖方式耗电量巨大,而且需设置大容量的配套厂用变,导致设备初投资费用高,电采暖设备运行费及维修保养费用也较高。而对于热泵型空调采暖方式,由于热泵型空调系统在高寒地区运行效率低,甚至无法稳定连续运行,因而在高寒、高海拔地区很少采用。综合比较,目前地下封闭厂房的大型水电站普遍采用环保、清洁但不节能的、热效率低的电热辅助采暖方式为主(包括中温电辐射板、电热暖风机、电加热器等)。

　　由于青海地区部分电站冬季气候条件及海拔与两河口电站相似,因此两河口水电站选择了青海高寒地区三个具有代表性的电站(公伯峡、李家峡、拉西瓦水电站)进行了调研,主要调研其供暖方式、采暖效果及优缺点(见表4),综合比较,取其精华,在其基础上完善提升,以研究确定适合两河口水电站的供暖方式。

表4　类似气候电站供暖对比

电站名称	公伯峡水电站	李家峡水电站	拉西瓦水电站
厂房形式	地面厂房	坝后封闭式厂房	地下厂房
采暖方式	发电机放热风由将带有热量的冷却空气不经过空气冷却器,而直接引热风至发电机上盖板,通过开设在上盖板的风口直接送入主厂房发电机层,作为全厂采暖的热源,发电机放热风口布置在发电机钢盖板及发电机风罩上,分别向发电机层和母线层放热风,补风口设置在水轮机机坑侧墙上,补风口和放热风口设置有防火阀	发电机机组放热风,电热辐射板、设备散热为辅。在发电运行初期及停机检修期间由电热辐射板供暖,在机组3台以上同时运行时,全部由机组放热风供暖根据供暖负荷确定所需的发电机放热风量及补风机数量,在补风口设防火、滤尘、消声、自控装置自然向发电机网罩内补风,依靠设在风罩外热风口处的通风机(与防火消声阀组合)的抽风作用,将热风输送到需要供暖的部位,送热风方式与公伯峡稍有区别,但原理一样,都是利用发电机组放热风	设计时考虑到地下厂房围护结构保温性能好,主厂房未额外设置采暖设备及机组放热风,直接利用机组、电气柜等余热采暖,副厂房设置有电加热器采暖
采暖效果	冬季在门窗全部关闭的情况下,发电机热风直接进入厂房,厂房内最高能达到20 ℃,采暖效果非常明显。但夏季必须将发电机层阀门关闭,并将热风全部引至下部阀门室,由于风阀不可能完全关闭严实,导致厂房内夏季温度较高,最后电厂不得不采用铁皮将管道堵死,冬季寒冷需要采暖时再拆除。同时,排风口上尽管布置了过滤器,但排出的空气依然有油气等异味,过滤效果非常有限,而且过滤器需要经常更换或清洗,代价较大	本电站在发电机层机组盖板上设有放热风风口,在厂房温度低于10 ℃开启,冬季温度10 ℃以上及夏季时处于关闭状态,参观时未到10 ℃以下,盖板处于关闭状态,但电气夹层风口及补风口均开启,采暖效果非常明显。但虽然已采取了过滤措施,热风带出的油气味非常明显	冬季,参观时拉西瓦电站的通风系统部分开启,主厂房未设置采暖设备,但由于为地下封闭式厂房,开挖深,围护结构保温性能好,同行人员均未明显感觉厂房内温度低。副厂房主要采用电板加热器,保证办公室工作人员的冬季采暖

　　通过上述三个类似电站供暖系统设置及效果来看,电厂(特别是高寒、高海拔地区的

地面式厂房电站)采用机组放热风供暖是可行、可靠的,既利用了发电机废热,也减少了电采暖的设施用量,同时,地面厂房的废气等可以通过门窗缝隙正压能够部分排除,而且降低了工程投资及运行成本,经济节能。但从目前看来,不足也是明显的,机组放热风供暖在提高厂内温度的同时也带出了机组内的废气,使整个厂房(特别是封闭的地下厂房电站)内油气味较重,不易扩散,不完全满足劳动安全卫生规范的要求,同时,夏季热风的完全关闭隔绝问题也有待研究解决。

因此,我们认为对于高寒、高海拔地区的地下式厂房——两河口水电站,采用机组放热风采暖尽管可行,但目前来讲弊大于利,且作为地下封闭厂房,围护结构保温好,开挖深,从拉西瓦电站的厂房冬季温度情况比较看,主厂房在不设置采暖措施的情况下也能满足规范要求温度,因此两河口的采暖方式定为仅副厂房采用电加热器局部辅助采暖,主厂房仍然利用机组及控制柜等的余热采暖,既保障地下封闭空间内部永久运行人员的身心健康,也满足国家节能减排和劳动安全卫生的要求。

4　通风空调系统

水力发电厂厂房的通风空调系统,应做到经济合理、技术先进,符合工业卫生和环境保护的要求,为机电设备安全运行、改善电厂运行人员环境条件和提高劳动生产率提供必要的条件。

4.1　通风系统

整个厂房采用全机械通风系统方案:室外新风通过进风洞和交通洞进入厂内。交通洞进风采用自然进风,室外新风经交通洞自然降温后分别进入主变室、电缆层及出线竖井。主厂房从进风洞进风,室外新风经进风洞自然降温后进入主厂房拱顶送风道,通过拱顶上的送风口下送至发电机层,再从发电机层进入厂内各室[4]。主厂房排风通过主厂房排风竖井及排风机室的离心风机排至室外,送风机和排风机配变频器可进行风量调节[5]。

主变洞通过交通洞直接从室外引进新风,新风通过设在各室与运输道隔墙上的防火阀进入各主变室及其端部第二副厂房各层。主变洞的排风,一部分从主变压器室下游墙排风口通过夹墙排至拱顶排风道,一部分为主变洞端部第二副厂房各层排风,最后经夹墙排至拱顶排风道,一部分排风为主变搬运道上部电缆夹层,通过夹墙经风机排至主变拱顶排风道[6]。这三部分排风最终汇集在拱顶排风道内,通过主变排风道经主变排风洞风机室内的离心风机排至室外。

出线洞的引风,从交通洞直接进入再经洞壁吸热降温后的新风,经主变运输道顶部上的吊物孔进入 500 kV 电缆层及出线竖井,其排风经 2 个直径约为 8.9 m 的电缆出线洞竖井分隔的专用排风道,由设在出线洞联系平洞口的离心风机排至室外(见图 1)。

4.2　空调系统

地下第一副厂房的电气房间,采用机械排风的通风方式排风至主厂房拱顶排风道。办公室和会议室等采用冷暖型多联变频空调机。冬季采用电加热器辅助供暖。

地下第二副厂房的电气房间,采用机械排风的通风方式排风至主变拱顶排风道。

地面副厂房电气房间采用机械排风,对中控室、通信室、办公室和会议室等采用冷暖

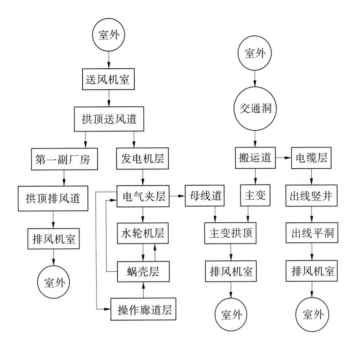

图1　厂内空气主流向

型多联变频空调机。冬季采用电加热器辅助供暖。

4.3　除湿系统

地下厂房内潮湿来源主要是地下或水下围护结构表面的散湿、生产设备的渗漏水、厂外潮湿空气带入的水分和人体的散湿。水轮机层及以下各层布置的水管较多，相对湿度较大，为了控制主厂房水轮机层、蜗壳层、尾水管操作廊道层的湿度，除在水轮机层至发电机层设置防潮隔墙，确定送风系统进风口位置最大限度避开雾化区外，水轮机层及蜗壳层的所有水管采用防潮、防火保温材料进行防潮隔热处理，防止水管表面结露。同时，在上述部位设置除湿系统进行机械局部除湿。让上述区域的湿度满足设计、规范的要求，使电站在任何运行工况下都能保持厂内干燥。

4.4　气流组织分析

水电站地下厂房气流组织一般包括三种：纵向气流组织、横向气流组织、垂直气流组织。各种气流组织有各自的优缺点，结合两河口水电站实际情况，纵向气流组织不适合纵深较长的水电站，无法保证工作区风速均匀[7]；横向气流组织在水电站中无法在拱顶与夹墙之间开设足够大截面的风道连通，大尺寸风管也无法穿越岩锚吊车梁，因此无法实现；垂直气流组织在大风量情况下不会在工作区产生死角，送风均匀，能保证工作区的风速场、温度场均匀，能在发电机层工作区形成较理想的气流[8]，且地下厂房的主厂房拱顶作为总送风道也最经济，因此两河口水电站最终采用拱顶下送风的垂直气流送风方式。

5　结　论

(1)对于高寒、高海拔地区的地下式厂房，在不设置采暖措施的情况下也能满足规范要求温度，可以利用机组及控制柜等设备的余热采暖，既保障地下封闭空间内部运行人员的身心健康,也满足国家节能减排和劳动安全卫生要求,但考虑到运行人员的舒适性,机组放热风采暖依然是一个研究方向。

(2)由于水电站结构的特殊性,适合水电站地下厂房的气流组织模式为垂直气流组织,送风均匀,保证工作区的风速场、温度场均匀,在发电机层工作区形成较理想的气流。

参 考 文 献

[1] 水力发电厂供暖通风与空气调节设计规范:NB/T 35040—2014[M].北京:中国电力出版社,2014.

[2] 贺婷婷,李伟,何银芝.龙滩水电站地下厂房通风空调系统设计[J].水力发电,2004(6):62-64.

[3] 陆耀庆.实用供热空调设计手册[M].2版.北京:中国建筑工业出版社,2008.

[4] 肖益民,林婷莹,徐蒯东.地下水电站主厂房通风空调系统设计风量的确定[J].暖通空调,2014,44(12):27-31.

[5] 唐文华.街面水电站地下厂房通风空调系统设计[J].水电暖通空调技术,2010(18):40-42.

[6] 赵鸿寿.二滩水电站通风空调设计[C]//国内外水电站地下与封闭厂房暖通空调论文专集.1990:90-95.

[7] 肖益民.思林水电站暖通动态计算研究报告[R].重庆:重庆大学,2008.

[8] 郭建辉,王迪良.彭水地下水电站厂房通风气流组织的数值模拟及方案比较[J].水电暖通空调技术,2004(14):115-117.

砾石土粗粒含量对高土石坝稳定渗流的影响

常利营[1],叶发明[1],陈群[2]

(1.中国电建集团成都勘测设计研究院有限公司,四川 成都　610072;
2. 四川大学水利水电学院水力学与山区河流保护国家重点试验室,四川 成都　610065)

摘　要　砾石土粗粒含量超过50%时,渗透系数很可能超过规范要求,此时心墙质量存在随机缺陷,对坝体渗透稳定不利。针对某高心墙堆石坝,对心墙分区不同部位存在随机缺陷时对坝体渗流的影响进行了三维有限元数值模拟,结果表明:心墙某高程范围内存在随机缺陷对坝体的渗流场分布和单宽渗流量影响都较小,而对心墙内渗透坡降影响较大,且心墙下部存在缺陷时影响最大,心墙内最大渗透坡降会明显超过出逸处的渗透坡降,甚至超过心墙料的允许坡降,且当缺陷率超过7.5%时,超出体积百分比增幅更加明显,对心墙整体的渗透稳定性不利,在实际工程中应引起重视。

关键词　粗粒含量;砾石土;稳定渗流;随机缺陷

目前我国已建及在建的高心墙堆石坝都采用砾石土作为心墙防渗料,砾石土已成为特高心墙堆石坝防渗料的主流。砾石土的工程性质与其级配有着密切的关系。如何选择砾石土的级配控制标准是土石坝工程需要特别重视的一个关键问题。

《碾压式土石坝设计规范》[1]中对填筑防渗体砾石土的要求为:粒径大于5 mm 的颗粒含量不宜超过50%,击实后渗透系数小于$1×10^{-5}$cm/s。砾石土心墙坝为当地材料坝,最大限度地利用当地天然材料是其一大特点。由于地理、地质条件限制,很多地区的天然土料不能同时满足高坝防渗与强度性能要求,因而需要考虑掺配或其他处理方式以改善其工程特性。然而,由于料源的复杂性、开采的难度以及料源的储量受限等特殊情况[2],掺配后的砾石土 P5 含量有可能无法完全满足规范要求;另外在施工过程中,由于施工质量的差异,也会导致心墙局部出现 P5 含量不满足规范要求的情况。当 P5 含量超过50%时,其渗透系数会超过 $1×10^{-5}$cm/s,可能会对坝体渗透稳定不利,因此可将砾石土 P5 含量超过50%称为心墙缺陷,心墙中出现 P5 含量超过50%的部位也是随机分布,此时心墙整体渗透性存在一定的不均匀性[3],目前对于心墙随机缺陷对坝体渗流的影响研究还相对较少。

胡冉等[4]通过对心墙渗透坡降较大区域节点建立渗透稳定功能函数,分析了心墙渗透系数变异性等对心墙渗透破坏失效概率的影响;王林等[5]采用蒙特卡罗随机有限元法对山坪土石坝进行了随机渗流场分析,研究了渗透系数等的随机特性对渗流的影响;王飞

基金项目:国家重点基础研究发展计划(2013CB036403-03);成都院青年创新基金(P30915)。

作者简介:常利营(1986—),女,工程师,博士,主要从事土石坝应力变形及渗流稳定等研究。E-mail: togive@ 126.com。

等[6]基于一阶 Taylor 随机有限元法,将渗透系数视为三维独立正交随机场,研究了其对渗流场中水头和水力梯度的影响;李守巨等[7]采用 ANSYS 中 APDL 语言,模拟了多孔介质材料随机渗流场,研究了等效渗透系数与孔隙率的相关关系;汪涛等[8]通过引入随机数的概念,研究了不同施工缺陷率和缺陷单元渗透系数对坝体渗流场的影响;冯璐[9]研究了渗透系数的随机程度、各向异性程度以及分层随机性对坝体渗流场的影响。

上述研究均表明材料渗透系数的变异会对渗流场产生较大的影响,但是研究对象都是整体存在渗透性随机差异的岩土体,在实际工程中,为了更合理地利用天然土料,一般会对坝体进行分区设计,对不同区域采用不同的土料,以满足工程实际情况,最大限度地节约工程造价,因此本文结合坝体心墙的分区设计,采用 ABAQUS 有限元软件,研究砾石土随机缺陷时对坝体稳定渗流场的影响,为心墙土料的分区利用原则提供一定的参考方案。

1 计算模型、方案和参数

1.1 计算模型

本文对两河口心墙堆石坝进行了简化,设计了如图 1 所示的计算模型,坝底高程为 0.0 m,坝顶高程为 295.0 m,坝顶宽 16 m,顺河向坝底总长 1 137 m,大坝心墙采用砾石土直立式心墙型式,心墙上、下游坡比均为 1∶0.2,上游反滤层水平厚度为 8 m,下游反滤层水平厚度为 12 m,上、下游反滤层的坡比也都为 1∶0.2,上、下游反滤层与堆石体间设置过渡层,上、下游过渡层的坡比均为 1∶0.4,上游坝坡坡比为 1∶2.0,下游坝坡坡比为 1∶1.8。心墙分三区,下部高程范围 0~140 m,中部高程范围 140~210 m,上部高程范围 210~295 m。以坝体典型横剖面为基础建立了有限元模型,如图 2 所示,有限元单元分网基本尺寸为 5 m,并对心墙进行了加密分网,计算模型共有单元 35 664 个,有限元计算中顺河流方向为 X 轴,坝轴线方向为 Y 轴,高程方向为 Z 轴,沿坝轴线方向取 40 m。

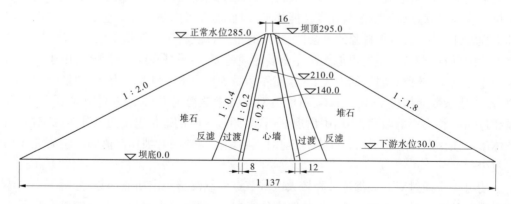

图 1　坝体典型横剖面

1.2 计算方案

稳定渗流工况下,坝体上游水位为 285 m,下游水位为 30 m,大坝迎水面上游水位以下、背水面下游水位以下都施加定水头边界条件,背水面下游水位以上为自由出流边界,其余坝体外表面为不透水边界。

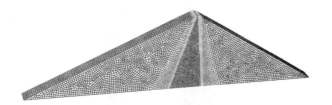

图2　典型坝段有限元模型

本文主要研究心墙三个分区内分别出现随机缺陷时对坝体渗流的影响,计算方案如表1所示。在进行有限元计算时,首先对心墙某高程范围内的所有单元按均匀分布进行随机抽样,使抽得的单元体积占比(缺陷率)满足设定的缺陷率(该区域内粗粒含量超过50%的体积占比),并对这些单元赋予相比无缺陷心墙料渗透系数 k 更大的渗透系数 k' (渗透系数比值 $k'/k>1$),以模拟心墙料中粗粒含量超标的情况。有限元计算中心墙下部随机缺陷单元分布如图3所示,从图3可以看出,缺陷单元在空间上都为均匀分布,无局部集中情况出现。其余方案缺陷单元分布类似,本文不再给出。心墙无缺陷时为基准方案。

表1　心墙随机缺陷计算方案

缺陷部位	方案编号	缺陷率(%)	k'/k
心墙上部	C1-1	2.5	5、10
	C1-2	5.0	5、10
	C1-3	7.5	5、10
	C1-4	10.0	5、10
心墙中部	C2-1	2.5	5、10
	C2-2	5.0	5、10
	C2-3	7.5	5、10
	C2-4	10.0	5、10
心墙下部	C3-1	2.5	5、10
	C3-2	5.0	5、10
	C3-3	7.5	5、10
	C3-4	10.0	5、10
心墙无缺陷	C0	0.0	1

1.3　计算参数

计算中坝体各材料的渗流特性计算参数如表2所示,坝体材料都为各向同性材料,其中心墙砾石土无缺陷时渗透系数 k 采用 $1×10^{-5}$ cm/s,满足规范要求,对于缺陷情况下砾石土的渗透系数 k' 按表2中计算方案设计的渗透系数比值进行赋值。结合工程经验,坝体材料的土—水特征曲线如图4所示,以描述土料的非饱和特性。

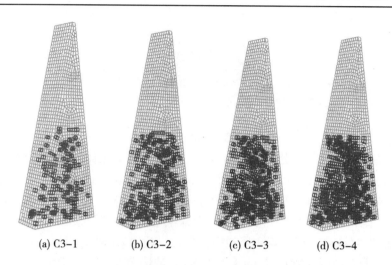

(a) C3-1　　　(b) C3-2　　　(c) C3-3　　　(d) C3-4

图 3　心墙下部随机缺陷单元分布示意图

表 2　坝体材料计算参数

材料名称	孔隙率	渗透系数 k(cm/s)
心墙(无缺陷)	0.26	1e-5
反滤	0.22	3e-3
过渡	0.21	3e-2
堆石	0.20	3e-1

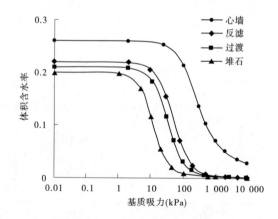

图 4　坝体材料土—水特征曲线

2　计算结果及分析

2.1　心墙缺陷对坝体孔压及水头分布的影响

当心墙存在缺陷时,坝体堆石区、过渡区和反滤区的孔压分布与心墙无缺陷时(基准方案)几乎相同,因此以下分析中仅给出不同方案下心墙中的孔压等值线分布图进行对比分析。

图5给出了心墙下部存在缺陷时各方案心墙内孔压等值线分布图,心墙中部和上部的规律与之类似,文中不再给出。当心墙某高程范围内存在缺陷时,在无缺陷部位孔压等值线分布规律与基准方案一致,但缺陷部位等值线不再光滑平顺,且随着缺陷单元渗透系数和缺陷率的增大,等值线弯曲程度更加明显。

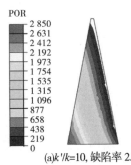
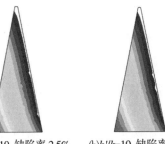

POR
2 850
2 631
2 412
2 192
1 973
1 754
1 535
1 315
1 096
877
658
438
219
0

(a)k'/k=10,缺陷率2.5%　　(b)k'/k=10,缺陷率5.0%　　(c)k'/k=10,缺陷率7.5%　　(d)k'/k=10,缺陷率10%

图5　心墙下部缺陷各方案心墙内孔压等值线

图6给出了心墙下部存在缺陷时各方案心墙内渗流出逸高程,心墙中部和上部的规律与之类似,文中不再给出。从图6中可以看出,随着缺陷单元渗透系数和缺陷率的增加,心墙内渗流出逸高程也有所抬高;当缺陷单元渗透系数为无缺陷心墙渗透系数的10倍且缺陷率为10%时,心墙内渗流出逸高程最高,心墙下部存在缺陷时比基准方案抬高约0.4 m,心墙中部存在缺陷时比基准方案抬高约0.2 m,心墙上部存在缺陷时比基准方案抬高约0.14 m。由此可以看出,心墙存在缺陷时(缺陷率不超过10%)对坝体的渗流场分布影响都较小。

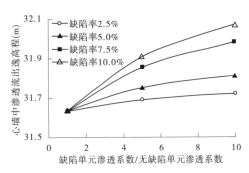

图6　心墙下部缺陷时各方案心墙中渗流出逸高程

2.2　心墙缺陷对坝体渗流量的影响

图7给出了心墙下部存在缺陷时各方案坝体的单宽渗流量,心墙中部和上部的规律与之类似,文中不再给出。从图7中可以看出,随着缺陷单元渗透系数和缺陷率的增加,坝体单宽渗流量也增加;当缺陷单元渗透系数为无缺陷心墙渗透系数的10倍且缺陷率为10%时,渗流量增加最多,心墙下部存在缺陷时比基准方案增加约21%,心墙中部存在缺陷时比基准方案增加约11%,心墙上部存在缺陷时比基准方案增加约9%。由此可以看出,心墙存在缺陷时(缺陷率不超过10%)对坝体单宽渗流量影响也较小。

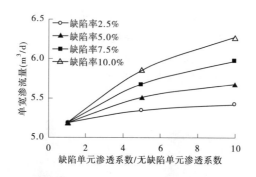

图7　心墙下部缺陷时各方案坝体单宽渗流量

2.3　心墙缺陷对坝体渗透坡降的影响

当心墙上部85 m范围内(高程210~295 m)存在质量缺陷时,心墙内的最大渗透坡降相比基准方案都有所增加,而出逸处的最大坡降都与基准方案相同(见图8)。从图8中可以看出,当缺陷率一定时,随着渗透系数比值的增加,心墙内最大渗透坡降随之增大。当渗透系数比值一定时,心墙内最大渗透坡降在缺陷率为10%时达到最大,缺陷率为10.0%、渗透系数比值为10时,最大值约为3.85,比基准方案心墙内最大渗透坡降(也即出逸处最大渗透坡降,约为2.9)增加了约31%。当缺陷率为2.5%时,心墙内最大渗透坡降都出现在出逸处,随着缺陷率的增加,心墙内最大渗透坡降基本上都出现在心墙内部而非出逸处,出现的位置比较随机,且都位于心墙上部,这与缺陷单元的随机分布有关。

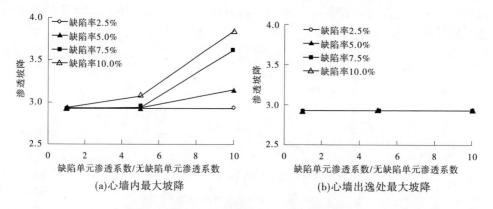

(a)心墙内最大坡降　　　　　　　　(b)心墙出逸处最大坡降

图8　心墙上部缺陷时各方案心墙内渗透坡降对比

对比图8(a)和图8(b)可以看出,当缺陷率为2.5%和5.0%时,心墙内的最大渗透坡降与出逸处最大坡降基本相当;当缺陷率为7.5%和10.0％时,心墙内的最大渗透坡降要大于出逸处最大坡降,且随着比值的增加,心墙内最大渗透坡降增大越明显,当比值为10且缺陷率为10%时,心墙出逸处的最大坡降约为2.93,而此时心墙内的最大渗透坡降约为3.85,稍大于出逸处坡降,对心墙的渗透稳定影响较小。图9给出了不同方案下心墙内渗透坡降超出出逸处最大渗透坡降的体积百分比,从中可以看出,超出百分比随着渗透系数比值和缺陷率的增大而增大,最大超出百分比小于0.3%,说明心墙内只有极少部分单元渗透坡降超过出逸处最大坡降,分布高程位于210~232 m,因此对心墙整体的渗透稳定性影响较小。

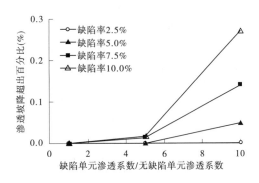

图9　心墙上部缺陷时各方案心墙单元渗透坡降超出百分比

当心墙中部70 m范围内(高程140~210 m)存在质量缺陷时,心墙内的最大渗透坡降相比基准方案都有所增加,而出逸处的最大坡降都与基准方案相同(见图10)。从图10中可以看出,当缺陷率一定时,随着渗透系数比值的增加,心墙内最大渗透坡降增大。当渗透系数比值一定时,心墙内最大渗透坡降在缺陷率为10%时达到最大,缺陷率为10.0%、渗透系数比值为10时,最大值约为4.38,比基准方案心墙内最大渗透坡降增加了约49%。随着渗透系数比值和缺陷率的增加,心墙内最大渗透坡降都出现在心墙内部而非出逸处,出现的位置比较随机,且都位于心墙中部,这与缺陷单元的随机分布有关。

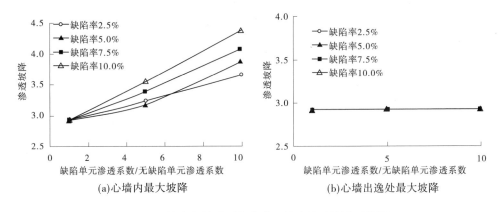

(a)心墙内最大坡降　　　　　　　　　　　　　(b)心墙出逸处最大坡降

图10　心墙中部缺陷时各方案心墙内渗透坡降对比图

对比图10(a)和图10(b)可以看出,心墙内的最大渗透坡降都明显大于出逸处最大坡降,且随着比值和缺陷率的增加,心墙内最大渗透坡降增大越明显,当比值为10且缺陷率为10%时,心墙出逸处的最大坡降约为2.93,而此时心墙内的最大渗透坡降约为4.38,远大于出逸处坡降,有可能超出心墙料的允许渗透坡降,对心墙的渗透稳定较为不利。图11给出了不同方案下心墙内渗透坡降超出出逸处最大渗透坡降的体积百分比,从中可以看出,超出百分比随着渗透系数比值和缺陷率的增大而增大,最大超出百分比为2.4%,说明心墙内少部分单元渗透坡降超过出逸处最大坡降,分布高程位于135~210 m,这些部位如果发生渗透破坏并形成渗漏通道,可能会对心墙整体的渗透稳定性产生一定影响。

当心墙下部(高程0~140 m范围内)存在质量缺陷时,心墙内的最大渗透坡降和渗流出逸处的最大坡降相比基准方案都有所增加(见图12)。从图12中可以看出,当缺陷率

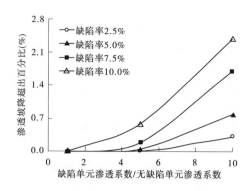

图11　心墙中部缺陷时各方案心墙单元渗透坡降超出百分比

一定时,随着渗透系数比值的增加,心墙内最大渗透坡降和出逸处最大坡降都随之增大。当渗透系数比值一定时,心墙内最大渗透坡降随着缺陷率的增加而增大,缺陷率为10.0%、渗透系数比值为10时,最大值约为4.75,比基准方案心墙内最大渗透坡降增加了约62%。当渗透系数比值一定时,心墙出逸处最大渗透坡降都在缺陷率为7.5%时达到最大,其最大值约为3.95,比基准方案时出逸处的渗透坡降(约2.9)增加了约35%。随着渗透系数比值和缺陷率的增加,心墙内最大渗透坡降更多地出现在心墙内部而非出逸处,出现的位置比较随机,且都位于心墙下部,这与缺陷单元的随机分布有关。

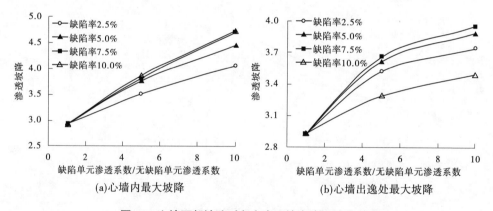

(a)心墙内最大坡降　　　　　　　　(b)心墙出逸处最大坡降

图12　心墙下部缺陷时各方案心墙内渗透坡降对比

对比图12(a)和图12(b)可以看出,当缺陷率为2.5%时,心墙内最大渗透坡降与出逸处最大坡降基本相当;当缺陷率增大时,心墙内的最大渗透坡降明显大于出逸处最大坡降,且随着比值和缺陷率的增加,心墙内最大渗透坡降明显增大,当比值为10且缺陷率为10%时,心墙出逸处的最大坡降约为3.5,而此时心墙内的最大渗透坡降约为4.75,远远大于出逸处坡降,很有可能超出心墙料的允许渗透坡降,对心墙的渗透稳定极为不利。图13给出了不同方案下心墙内渗透坡降超出出逸处最大渗透坡降的体积百分比,从中可以看出,超出百分比随着渗透系数比值的增大而增大,但当缺陷率不大于7.5%时,超出百分比都在0.5%以内,对心墙整体的渗透稳定性影响较小;当缺陷率为10.0%时,超出百分比明显增加,心墙内越来越多的部位渗透坡降超过出逸处最大坡降,甚至有可能超过其允许的最大坡降,随着超出的体积百分比增大,心墙内的薄弱部位有可能发生渗透破坏并形成渗漏通道,且这些薄弱部位都位于心墙下部,分布高程位于 0～135 m,会对心墙整体的渗透稳定性产生较大影响。

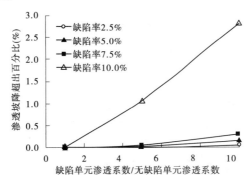

图 13　心墙下部缺陷时各方案心墙单元渗透坡降超出百分比

以上分析表明,心墙上部存在缺陷,对心墙出逸处的坡降几乎没有影响,缺陷率大于7.5%时,心墙内的最大渗透坡降会大于出逸处最大坡降,但超出的体积百分比很小,对心墙整体的渗透稳定性影响较小;心墙中部存在缺陷,对心墙出逸处的坡降也几乎没有影响,心墙内的最大渗透坡降会明显大于出逸处最大坡降,最大超出百分比为 2.4%,可能会对心墙整体的渗透稳定性产生一定影响;心墙下部存在缺陷对坝体的渗透坡降有较大的影响,当缺陷率大于2.5%时,心墙内最大渗透坡降会明显超过出逸处的渗透坡降,甚至超过心墙料的允许坡降,渗透系数比值越大,超出的百分比也越大,且当缺陷率超过 7.5%时,超出的百分比增幅更加明显,这对大坝的渗透稳定极为不利,在实际工程中应引起重视。

3　结　论

采用 ABAQUS 有限元软件,研究了心墙不同高程范围内砾石土粗粒含量超过 50%时对坝体稳定渗流场的影响,得到如下一些结论:

(1)心墙某高程范围内存在缺陷时(粗粒含量超过 50%的体积占比,也即缺陷率,不超过 10%)对坝体的渗流场分布影响都较小,主要是在缺陷区域内的孔压等值线出现一定程度的弯曲,且随着缺陷单元渗透系数和缺陷率的增大,弯曲程度更加明显。

(2)心墙某高程范围内存在缺陷时(缺陷率不超过 10%)对坝体单宽渗流量的影响都较小,心墙下部存在缺陷时,最大渗流量比心墙无缺陷时增加约 21%。

(3)心墙某高程范围内存在缺陷时(缺陷率不超过 10%)对心墙内渗透坡降影响较大,当心墙下部存在缺陷时影响最大,对心墙的渗透稳定最为不利,心墙内最大渗透坡降会明显超过出逸处的渗透坡降,甚至超过心墙料的允许坡降,且当缺陷率超过 7.5%时,超出的百分比增幅更加明显,在实际工程中应引起重视。

参 考 文 献

[1] 碾压式土石坝设计规范:SL 274—2001[S].
[2] 保华富,谢正明,庞桂,等.长河坝水电站大坝砾石土心墙填筑质量控制[J].云南水利发电,

2015, 31(5): 20-25.

[3] 王冕, 陈群. 库区蓄水速度对不均匀心墙渗流场的影响[J]. 地下空间与工程学报, 2014, 10(S2): 1794-1799.

[4] 胡冉, 陈益峰, 李典庆, 等. 心墙堆石坝渗透稳定可靠性分析的随机相应面法[J]. 岩土力学, 2012, 33(4): 1051-1060.

[5] 王林, 徐青. 基于蒙特卡罗随机有限元法的三维随机渗流场研究[J]. 岩土力学, 2014, 35(1): 287-292.

[6] 王飞, 王媛, 倪晓东. 渗流场随机性的随机有限元分析[J]. 岩土力学, 2009, 30(11): 3539-3542.

[7] 李守巨, 上官子昌, 孙伟, 等. 多孔岩土材料渗透系数与孔隙率关系随机模拟[J]. 辽宁工程技术大学学报(自然科学版), 2010, 29(4): 589-592.

[8] 汪涛, 徐力群. 考虑随机施工缺陷的心墙坝三维渗流特性分析[J]. 水电能源科学, 2016, 34(12): 87-89.

[9] 冯璐. 土体不均匀性和各向异性对土坝渗流场的影响分析[D]. 西安: 西安理工大学, 2013.

高地应力砂板岩区大型地下厂房
岩锚梁精细化开挖施工技术研究

张东明,李宏璧,施召云,王晋明

(雅砻江流域水电开发有限公司,四川 成都　610051)

摘　要　两河口水电站地下厂房处于高地应力砂板岩区,厂区第一主应力与厂房轴线大角度相交,应力集中释放破坏岩体问题突出,且存在优势裂隙发育不利于块体稳定等地质问题,导致厂房岩锚梁开挖施工难度大、成型质量难控制。开挖中严格遵循"薄层开挖、随层支护"原则,并采用"先固后挖"等预加固措施严格控制围岩变形;通过1:1精细化爆破试验优选爆破参数并严控爆破钻孔质量;根据地下厂房洞室群围岩稳定速率监测与反馈分析成果进行支护参数动态调整,确保了岩锚梁开挖优质成型。本文对高地应力砂板岩地层岩锚梁精细化开挖施工控制措施全过程做了详细介绍,可供同类工程参考。

关键词　高地应力;砂板岩;岩锚梁;爆破试验;反馈分析;施工技术

1　工程概况

两河口水电站是雅砻江中下游的控制性工程,水库总库容107.67亿 m³,为一等大(1)型工程[1-3]。右岸地下厂房系统由主副厂房、主变室、尾调室等建筑物组成,主厂房长275.94 m,最大跨度28.4 m,高63.9 m,纵轴方向为 N3°E,安装6台机组,是目前国内藏区最大规模的地下厂房。

岩锚梁与普通吊车梁相比可有效减小厂房跨度、利于厂房稳定、节约工程投资,目前,水电工程地下厂房吊车梁结构大多采用该种形式。本文结合两河口水电站地下厂房岩锚梁开挖实例,从地质条件、专项施工措施、精细化爆破设计、基于监测与反馈分析的支护参数动态调整等多个角度分析了岩锚梁精细化开挖施工技术。

2　地质条件

两河口水电站地下厂房布置在右岸山体内,水平埋深350~700 m,垂直埋深400~450 m,最大主应力范围值为21.57~30.44 MPa,属高应力区。

厂房区岩性为砂板岩,岩性较单一,无规模较大的断层、构造带和软弱岩带分布,小断层主要发育多条Ⅲ级结构面,断层破碎带宽度不大,以几厘米至50 cm 为主;断层充填物以片状岩为主,碳化、糜棱化强烈[4](见图1)。厂房轴线 NNE 向短小裂隙与边墙夹角均

作者简介:张东明(1980—),男,工学硕士,教授级高工,研究方向为水电工程施工管理。E-mail: 63134138@ qq.com。

较小,存在边墙随机块体局部稳定问题,对吊车梁平台成型影响较大。同时,断层、挤压带内物质性状较软,宽度变化较大,易在上下游边墙产生掉块(见图2),施工期围岩稳定问题比较突出。

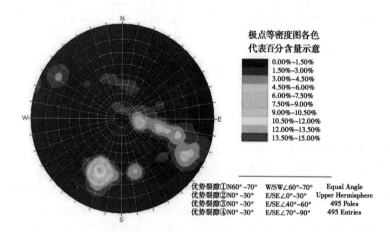

图 1　厂区节理玫瑰图

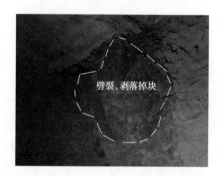

图 2　厂房上游拱角劈裂剥落掉块

3　岩锚梁精细化施工技术

3.1　专项施工措施

3.1.1　"薄层开挖、随层支护"及"先固后挖"

主厂房分为9大层、14小层,自上而下逐层分区开挖支护(见图3)。主厂房开挖严格遵循"薄层开挖、随层支护"及"先固后挖"的原则。厂房岩锚梁位于厂房三层开挖区,分中槽(上、下层)、上下游保护层(各两层)和岩锚梁岩台岩体三区进行开挖,具体施工顺序为Ⅲ$_{1-1}$→Ⅲ$_{1-2}$→Ⅲ$_{2-1}$→Ⅲ$_{2-2}$→Ⅲ$_3$,且岩锚梁台体开挖支护施工根据开挖1:1模拟试验成果制定了专项施工措施。

3.1.2　开挖及保护措施

(1)造孔控制。采用1.5吋钢管搭设样架准确定位,手风钻造孔。每个孔均进行测量放线,并做到"三点一线",光面爆破(简称光爆)孔钻孔实行"三定"制度,即定人、定机、

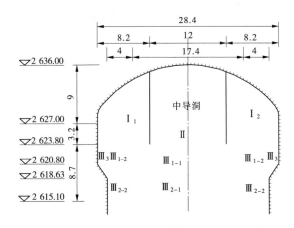

图 3　厂房岩锚梁开挖分层示意图　（单位:m）

定孔位施钻。

（2）开挖控制。在进行第Ⅲ层开挖前,完成上部全部锚喷支护（含锚索）,尽可能控制上部水平向变形的发生,减少围岩松弛变形。总体开挖采取两侧预留保护层,先中槽浅层水平光爆,再保护层浅层水平光爆开挖,最后精细双向岩台开挖。

3.2　精细化爆破设计

3.2.1　爆破试验设计

根据厂房地质条件及岩性、技术规范要求、开挖方法及以往施工经验,厂房Ⅲ层边墙设计轮廓线采用预裂爆破,岩台竖直面及斜面采用光面爆破,严格控制最大起爆药量。爆破试验安排在主厂房第Ⅲ层距下游边墙 5.5 m 处保护层范围内进行,分 4 个区域采用不同的爆破参数按规范和设计要求的质点振动速度值对爆破参数进行试验,共布置 50 个光爆孔。

为有效控制岩体应力释放及爆破对岩台的破坏,在爆破之前增加预固措施:

（1）岩台竖向和斜面各增加两排 ϕ 25@ 1.0 m（间）×1.5 m（排）、L=4.5 m 的玻璃纤维锚杆。

（2）在下拐点下方增加一排 ϕ 25 锁口锚杆,在垫板上采用 2 ϕ 25 纵向钢筋进行焊接,使锁口锚杆连接成整体,形成锁口压条。

3.2.2　爆破振动监测

爆破试验过程中对试验段爆破进行了振动监测,总药量为 17.225 kg,单孔最大装药量 0.25 kg,单响最大药量 17.225 kg。监测所得最大质点振动速度为 6.212 7 cm/s。三个方向质量振动速度均在 7.0 cm/s 以内,满足《爆破安全规程》（GB 6722—2003）振动安全标准。具体数据如表 1 所示。

表 1   质点振动速度检测

仪器编号	距爆破源距离（m）	X 向振动速度（cm/s）	Y 向振动速度（cm/s）	Z 向振动速度（cm/s）
0001	10	1.448 5	6.212 7	1.980 9
0002	15	1.302 8	5.778 4	1.852 4
0003	20	1.221 4	5.257 3	1.627 6
0004	30	1.035 6	3.165 5	1.245 8

3.2.3   爆破参数及效果评价

光面爆破试验共造孔 55 个，从造孔质量检测及开挖后揭露的造孔情况看，均满足平、直、齐的设计要求。爆破试验共选取了 3 组装药参数，分别为 55 g/m（Ⅰ区）、71 g/m（Ⅱ区、Ⅲ区）、83 g/m（Ⅳ区）。从各个分区爆破效果看，爆破后整个斜向成型效果较好，大面较平整，四个区域残半孔率分别为 95%、88%、88%、91%，其中Ⅱ区和Ⅲ区岩体完整性较差，残孔率较低，各区域残孔率均能满足设计技术要求（见图 4）。

图 4   爆破试验效果

（1）竖向光面效果差于斜向光面效果。经综合分析认为，竖向光爆孔有多条水平向裂隙穿过整个光爆岩体，且试验岩台上部为临空面，没有高边墙的约束；另有Ⅲ_{-1} 层开挖爆破对该部位岩体有扰动，该部位岩层有错台或位移，导致预先完成的钻孔塌孔，无法装药，只能采用导爆索爆破。由于导爆索爆速（6 000~7 000 m/s）与普通炸药爆速（2 000~4 000 m/s）有差异，造成竖向光面爆破效果不理想。

（2）岩台斜面孔与竖向孔结合部位岩体无欠挖，孔壁无明显爆破损伤裂隙，表面斜面孔底部采用 1 节 ϕ25 mm（2# 岩石乳化炸药）药卷结构较合理。从上述成果看，玻璃纤维锚杆及钢筋束压条等预固措施有效可行，能有效控制岩体应力带来的不利影响，爆破后效果较好，斜面与下拐点交线较完整，没有被破坏。

（3）Ⅰ区爆破效果较好，开挖规格、残孔率等满足设计和规范要求，该段孔间距 30 cm，爆破孔线密度 55 g/m（导爆索未计入），光爆孔 20 个，残孔 19 个，残孔率 95%，不平整度最大值 5.7 cm，最小值 2.7 cm。后续岩锚梁开挖爆破参数可参照该段执行，根据不同的岩性和节理裂隙发育程度局部微调。

（4）竖向孔采用导爆索装药,开挖效果不理想,不具有参考价值。

（5）根据厂区地应力高、岩体松弛和节理裂隙张开较快这一特性,实际开挖过程中应及时支护,及时完成既定的预加固和保护。

3.2.4 爆破参数选定

从爆破后效果来看,Ⅰ、Ⅳ区装药量可以满足要求,可在Ⅰ区线密度上增加 5 g/m,Ⅳ区基础上减少 5 g/m 进行优化调整。孔间距为 30 cm 时装药线密度控制在 60 g 较为合适,孔间距为 35 cm 时装药线密度控制在 78 g 较为合适。试验Ⅰ、Ⅳ区以超挖为主,平均超挖 3.22~5.61 cm,Ⅱ、Ⅲ区平均超挖 6.96~11.44 cm,超挖值满足设计技术要求,各区不存在欠挖。在线密度基本保持不变的情况下,将孔内装药间距由底部至孔口进行调整,并将孔口段药卷间距适当调大。具体爆破参数见表 2。

表 2　推荐光面爆破参数

炮孔类别	孔深(m)	孔距(m)	装药规格	单孔药量(kg)	线装药密度(g/m)
斜面光爆	2.61	0.30	$\phi 25$	0.2	60
垂直光爆	2.73	0.30	$\phi 25$	0.225	60
斜面光爆	2.61	0.35	$\phi 25$	0.25	78
垂直光爆	2.73	0.35	$\phi 25$	0.25	78

3.3　依托施工期快速监测与反馈分析,动态优化支护参数,严控围岩变形

考虑到节理、裂隙等不良地质条件的出露具有一定的随机性,为确保地下厂房洞室群施工期的安全稳定及洞室开挖成型质量,有必要根据施工期安全监测及开挖施工揭示的实际地质条件对厂房支护参数进行动态优化调整[5-6]。为此,特设置了施工期专项科研项目"地下厂房洞室群围岩稳定及支护设计反馈分析研究"。两河口地下厂房洞室群施工期快速监测与反馈分析评价体系流程图如图 5 所示。

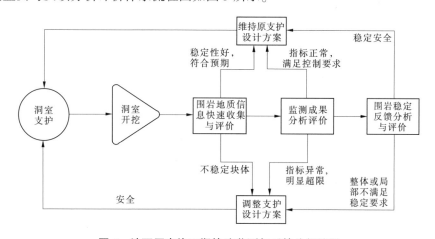

图 5　地下厂房施工期快速监测与反馈分析流程

在两河口水电站地下厂房洞室群围岩稳定及支护设计反馈分析研究第Ⅲ期报告中,对厂房岩锚梁开挖施工期围岩稳定进行了三维仿真分析,研究表明:

（1）地下厂房洞室群区域，以岩锚梁高程为例，水平向地应力约为垂直向地应力的 1.4~1.8 倍，是以构造应力为主的构造应力与自重应力复合地应力场。以该部位的最大主应力水平估算，岩石强度应力比大于 3，属于高地应力区。

（2）开挖过程中厂房上游拱脚和下游边墙下部是应力集中区，应力集中系数为 1.3~1.4；厂房上游边墙下部、下游拱脚和下游边墙上部属强卸荷区，也是洞壁位移最为显著的区域，会导致下游侧岩锚梁岩台开挖成型困难，建议进行预加固处理。

同时，根据岩锚梁 1:1 开挖模拟试验，下游侧 III_{1-1} 层预留保护层段确实难以形成光爆面。据此，项目业主会同主体设计院对原有支护方案进行了针对性补充。具体如下：

（1）对于陡倾角结构面及不利结构面段，在下拐点以下 20 cm、垂直岩台斜面增设 1 排 φ 32@1.0 m、L=4.5 m（孔深 6.4 m、孔径 76 mm）的斜向沉头锚杆，按先插杆后灌浆工艺施工。利用沉头锚杆试灌浆，对岩石破碎、节理发育部位提前喷 10 cm 厚 C25 混凝土封闭，并利用锚杆孔预灌浆。

（2）对于陡倾角结构面及不利结构面段，在上拐点垂直面、岩台斜面各增打 2 排 φ 25@1.0 m、L=4.5 m 的玻璃纤维锚杆，对破碎岩面喷 C25 混凝土 10 cm 封闭，并利用锚杆孔预灌浆。

（3）将原设计所有下拐点 30 cm 的 φ 25@1.0 m、L=4.5 m 锁口锚杆改为 120 kN 级预应力锚杆。

（4）将所有锁口锚杆下一排 φ 32@1.5 m、L=6.0 m/9.0 m 系统锚杆调整为间距 1.0 m 的 50 kN 级预应力锚杆，使之也起到锁口锚杆作用。

调整后的支护方案见图 6。

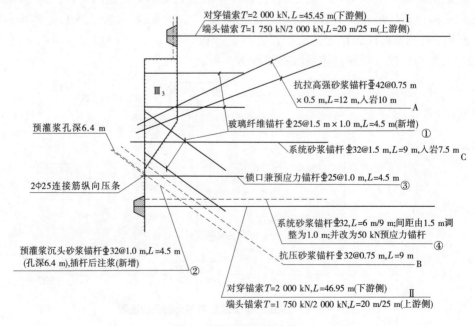

图 6　厂房 III 层加强支护

4 开挖质量成果

通过认真落实以上精细化施工技术方案,两河口水电站地下厂房岩锚梁较计划提前20 d开挖完成且开挖成型效果良好。

4.1 长观孔观测成果

2016年8月10日至2017年5月23日厂房开挖施工期间,对布置在厂房上、下游边墙岩锚梁部位的2个长观孔分别进行了5次、4次声波检测。根据长观孔声波检测成果(见图7),上游边墙岩锚梁部位岩体开挖后0~2.4 m段为弱松弛段,岩体波速累计衰减8.0%,2.4~20 m段无松弛岩体波速累计衰减2.7%;下游0~3.8 m段弱松弛岩体波速累计衰减8.9%,3.8~20 m段无松弛岩体波速累计衰减2.9%。钻孔全景图像揭示岩体较完整—完整,多次观测获取的图像基本一致,裂隙的张开度、数量等均无明显变化。表明岩锚梁施工中采用的“薄层开挖、随层支护、先固后挖”的工程措施在减少岩体损伤、控制岩体松弛变形方面效果较好。

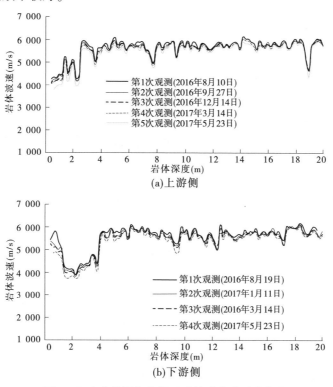

图7 厂房岩锚梁部位长观孔钻孔声波测试曲线

4.2 实体质量成果

岩锚梁整体上上直立面、斜面和下直立面三面平整、棱角分明。测量数据显示岩锚梁岩台角度偏差±0.5°、岩台斜面不平整度1.5~9.5 cm,半孔率96.3%,平均超挖7.26 cm,岩锚梁开挖的不平整度、残孔率等质量控制指标均满足设计要求。

参 考 文 献

[1] 武晓杰,施召云.两河口水电站大坝心墙掺砾土料工艺及碾压试验[J].云南水力发电,2016(3)：33-38.

[2] 陈宁,杨正权,袁林娟,等.两河口水电站高土石坝地震反应地震模拟振动台模型试验研究[J].水利水电技术,2010(10)：80-86.

[3] 陈志波,朱俊高.两河口心墙堆石坝应力变形及参数敏感性三维有限元分析[J].福州大学学报(自然科学版),2010(6)：893-899.

[4] 王震洲,侯东奇,曾海燕,等.两河口地下厂房轴线方位选择与围岩稳定分析[J].地下空间与工程学报,2016(1)：227-235.

[5] 武世婷,周广峰,蒋锋,等.两河口地下厂房洞室群围岩稳定性三维有限元分析[J].四川水力发电,2008(3)：123-126.

[6] 王子成,张社荣,谭尧升,等.大型地下洞室群动态安全可视化系统研发及应用[J].水电能源科学,2015,33(5)：97-100.

大吨位、超长预应力锚索施工难点控制

黄辉,王晋明,黄驰,叶秋强

(雅砻江流域水电开发有限公司,四川 成都 610051)

摘 要 锦屏一级水电站泄洪洞进口边坡主要由大理岩局部夹绿片岩透镜体组成,靠近普斯罗沟沟边全部为风化卸荷岩体,局部强卸荷,裂隙明显,岩体完整性较差,结构较松弛。为了工程施工期及电站运行期安全,工程采用 $T = 3\,000\ KN$, $L = 70 \sim 100\ m$ 预应力锚索对开挖边坡进行锚固支护。本文主要介绍了大吨位、超长预应力锚索的主要施工难点及控制措施,为其他类似工程提供借鉴。

关键词 大吨位;超长孔深预应力锚索;施工难点;控制措施

1 概 述

雅砻江锦屏一级水电站泄洪洞进口普斯罗沟左侧边坡岩体为杂谷脑组第二段第5、6层(T2~3 z 2(5、6))层厚层——块状角砾状大理岩和薄——厚层条带条纹状、角砾状大理岩,局部夹绿片岩透镜体,大理岩岩石坚硬,整体强度高。岩层总体产状 N40°~60°E,NW∠30°~40°[1]。开挖边坡岩体在 1 885~1 925 m 内,靠近普斯罗沟沟边全部为风化卸荷岩体,局部强卸荷,裂隙明显,岩体完整性较差,结构较松弛。

为了工程施工期安全及电站运行期安全,采用预应力锚索对泄洪洞进口边坡进行锚固支护,共计在 EL.1 917~EL.1 827 m 间边坡布置 $T = 3\,000\ kN$, $L = 70 \sim 100\ m$ 预应力锚索 187 束,锚索采用形式为自由式单孔多锚头防腐性预应力锚索。

2 大吨位超长锚索施工难点

大吨位超长预应力锚索因其钻孔深度大,钻孔穿过岩层复杂性高,索体自重大,灌浆孔道长及单根锚索工程造价高(如出现返工,经济效益损失大)等特点,其施工过程质量及安全控制较常规锚索要求高,其主要施工难点如下:

(1)锚索施工排架总高 90 m,施工时受钻具荷载、钻孔过程荷载、排架自重荷载及外部环境荷载等影响,施工排架设计安全性直接影响施工平台安全,排架设计稳定性要求高。

(2)钻孔孔径大、孔深长,钻孔穿过不同特性岩层,钻孔孔斜控制难度大。

(3)单根索体自重大,索体安装过程安全风险大,控制难度大。

(4)锚索孔道长,灌浆过程中出现异常情况易影响灌浆质量。

作者简介:黄辉(1978—),男,学士,高级工程师。E-mail:huanghuicdut@ 126.com。

3　施工难点解决措施

3.1　施工排架设计

（1）排架设计严格遵守《建筑施工扣件式钢管脚手架安全技术规范》[2]及《建筑结构荷载规范》[3]相关要求,按照安全系数1.3进行校核。排架设计方案为:锚索施工排架按照三排承重脚手架要求进行搭设,梯段搭设高度按照30 m进行控制。搭设基本参数为:立杆横距1.5 m,立杆纵距1.5 m,立杆步距1.8 m,连墙件按照二步三跨进行设计。所有坡面立杆均内套在锚筋上(锚筋φ32 mm,入岩1.0 m,外露0.5 m,灌注M30水泥砂浆)[4]。

（2）所有边坡立杆均通过横向扫地杆、纵向扫地杆进行连接;在排架的所有外侧面均设置连续剪刀撑,剪刀撑从排架底部至顶部连续设置;连墙件采用花杆螺栓,螺栓与边坡锚筋进行连接;排架上设置安全通道,通道除顶部外其余面均进行全封闭,两侧设置防护栏杆,底部及两侧设置安全网。

（3）锚索造孔高程设置连通工作平台,满铺厚度不小于5 cm的结实木板;所有木板捆绑扎实,工作平台外侧设置防护栏杆、踢脚板及安全网进行全封闭,工作平台与安全通道顺畅连接。

（4）造孔工作平台设置头顶防护及外侧面挡脚板,所有钻杆及其他设备不得在工作平台上集中堆放;施工荷载不得大于3 kN/m²,具体搭设平面及立面见图1。

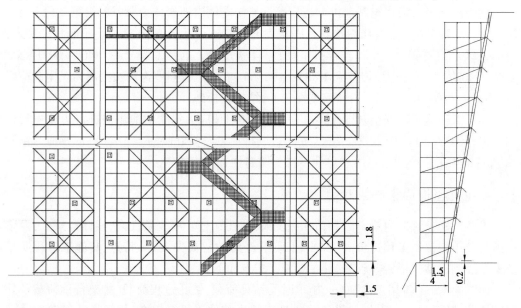

图1　施工排架立面及侧面示意图　（单位:m）

3.2　钻孔孔斜控制及钻孔效率保证

3.2.1　孔斜控制难度[5]

大吨位、超长孔深预应力锚索较小吨位、浅孔锚索钻孔孔斜控制主要存在以下较大难点:

（1）钻孔内径与锚固钻机钻杆间存在较大间距(钻孔内径φ178 mm,钻杆外径φ89

mm)，钻孔过程中钻杆因存在一定扰度，从而在间距中产生不规则偏心旋转，从而带动钻杆前端冲击器及钻头产生偏心运转，影响钻孔精度。

（2）常规钻杆单根长度为1.5 m，钻孔过程中随着钻孔孔深的增加，应将各单根钻杆通过内锥形式进行连接。多根单钻杆连接后受连接误差影响及钻进过程中钻杆自重对连接处刚度的影响，钻杆连接长度大后无法满足所有钻杆轴线处在同一线上，从而造成"长钻杆"偏心，影响钻孔精度。

（3）钻进断层带及岩性变化区域时，冲击钻头钻进时会出现"吃软不吃硬"的现象，钻头主动从硬岩弹开偏向软岩及断层区域，造成钻孔偏斜。

（4）下倾孔钻孔过程中随着钻孔深度的加大，钻头冲击岩石后形成的岩屑很难及时从钻孔前端及时排出孔内，岩屑的堆积影响钻孔时钻头钻进方向，从而影响钻孔精度。

3.2.2 孔斜控制措施

（1）采用"开孔定型限位+螺旋钻杆+扶正钻杆"的防斜工艺设计。开孔时，在设计孔位上，人工或用风钻在边坡上凿出与孔径相匹配的10 cm左右深的槽（孔），以利开孔时于钻具定位及导向，开孔1 m时及时校正钻孔倾角、方位角。

（2）在冲击器的后端使用10根长度分别为2 m镶嵌金刚石晶粒的带凹槽扶正钻杆。每根扶正钻杆上按照10 cm×10 cm（轴向与环向间距）钻孔后镶焊球形硬质合金金刚石晶粒，扶正钻杆焊接金刚石晶粒后最大外径为176 mm，钻杆与钻孔内径的间距由原来的89 mm减小为2 mm，从而减少前端钻杆在孔内的弯曲扰度，提高前段钻具的总体刚度，大大提高孔斜控制质量。钻孔形成的岩屑通过扶正钻杆中的四条凹槽排出，凹槽深度为1.5 cm，钻杆与孔壁间距减小后，岩屑通过凹槽排出时返风压力大大增加，从而大大提高携渣能力，很好地解决了排渣问题。扶正钻杆外的其他钻杆利用焊接螺旋片进行扶正及排渣，焊接螺旋片后钻杆最大外径176 mm，每根钻杆螺旋片焊接长度为150 cm。

（3）调整使用大扭矩钻机。使用输出动力及输出扭矩最大的MG-100A型锚固钻机（无锡双帆）替换原计划使用的YG-80钻机，并将钻机动力头下部滑板由原设计硬塑材料改为钢板，解决滑板磨损严重影响钻机平稳推进，影响钻孔精度的问题。

（4）将原使用的单根1.5 m的旧钻杆全部调整为单根长度为2.0 m的新钻杆；加长钻杆公锥丝扣及母锥丝扣长度，增加钻杆间连接长度及刚度。

（5）在钻杆连接处设计增加套锁扣（锁扣厚度加钻杆外径达170 mm），锁扣长度为40 cm，分别在相邻钻杆各20 cm处。通过锁扣，可以提高增加钻杆间的刚度，从而提高整根钻杆的同心度及杜绝出现钻杆连接断裂形成孔内事故，提高钻孔精度。

（6）高度重视钻孔过程孔斜控制。钻进过程中采用KXP-1S数字测斜仪进行孔斜测量、监控并绘制钻孔轨迹图（前30 m按照每钻进5 m进行测斜控制，30 m后按照每钻进10 m进行测斜控制），如遇孔斜偏差较大，及时采取纠偏措施（主要为灌注水泥砂浆封孔后重新钻孔）。

（7）根据钻进岩层特性，及时调整钻进给力及钻进速率，基本控制原则为：在大理岩体中进行钻进时，提高钻压并保持匀速钻速；在强风化绿片岩体中及卸荷区域钻进时，降低钻压、提高钻速，加快钻机旋转，适当减少供风量，尽量快速通过，避免扰动破碎岩体造成掉块卡钻，产生钻孔轴线偏差。

3.3 锚索体安装

大吨位、超长锚索自重大(一束 3 000 kN 长 100 m 的锚索自重达 2 500 kg),下索过程安全控制尤为重要。本工程区域内锚索均采用由高到低的方法进行索体安装。锚索体编制平台设置在 EL.1 917 m 监测平洞内,索体安装时从平洞洞口向下送入孔道内进行。为了确保索体安装过程施工作业人员安全,主要采用"三绳三保险,循序送入法"进行索体安装,具体重点步骤如下:

(1)索体安装前必须使用探孔器对钻孔孔道进行通畅性检查,如检查发现探孔检查不顺畅,则必须进行扫孔施工,否则不允许进行索体安装施工,以避免出现索体安装过程中"进退两难"的情况,造成报废返工及较大经济损失。

(2)索体运输路线中中继站(导向人员站位平台)均进行全封闭,确保临边安全,杜绝高空坠落。

(3)采用定滑轮导向,三根下索绳限位控制循序推进方法进行。安装时先将第一根下索绳编扣锁在索体导向帽位置,第二根下索绳锁在距第一根保险绳 4 m 处,第三根下索绳锁在距第二根保险绳 10 m 处,三根下索绳均采用定滑轮进行方向控制。及时先同时缓慢松动三根保险绳直到索体达到安装平台(安装平台横向 3 m,全封闭),施工人员将索体前端通过人工导向送入孔内,此时锁紧第二、第三根保险绳,将第一根解除后锁在第二根后面;然后同时松动三根保险绳(每次允许索体下移距离不得大于 3 m),索体下移一定距离进入安装平台后,锁紧后两根保险绳,松动最前端保险绳,人工将索体送入孔内。如此循环,按照 2 m/次将索体缓慢送入孔内,每次人工将索体送入孔内时,至少有两根保险绳是锁紧的。

(4)索体与排架接触点垫橡胶片,杜绝索体与架管摩擦损坏钢绞线 PE 套。

3.4 锚索灌浆

自由式单孔多锚头防腐型预应力锚索采用孔口封闭,孔内循环,全孔一次性灌注进行灌浆施工。常规情况时下倾角锚索灌浆系统一般由两根灌浆管(含进、回浆管)组成[6],其中进浆管末端设置在索体最前端导向帽内,回浆管设置在孔口,通过孔底进浆孔口返浆,完成全孔一次灌浆过程。

超长锚索因索体长度较常规锚索大很多(常规锚索长度一般为 40 m 及以下,本工程超长锚索最长达 100 m),灌浆过程时间较常规锚索将会增加 2~3 倍,如仍采取上述常规锚索灌浆系统进行设置,在灌浆过程中出现异常情况中断情况(主要为突然断电且无法及时恢复、灌浆设备故障无法及时修复、灌浆浆液大量从断层或裂隙外露需要进行待凝处理等),将会直接导致已经灌入浆液凝固后堵塞唯一的进浆管,造成无法进行二次灌浆,无法确保锚索全孔灌浆密实饱满,形成后期张拉达不到锚固力设计要求及全孔浆液对索体进行防腐保护要求,造成返工经济损失或长期质量隐患[7]。

为了有效地解决超长锚索灌浆质量保证问题,将常规"一进一出"灌浆体系加强调整为"一进一检查,多回管路"灌浆体系,具体设计为:沿索体通长安设 1 根进浆管至最前端导向帽内,在内锚段最后一级承压板后往孔口方向 2 m 位置安设 1 根锚固段灌浆检查管,从检查管往孔口方向,每隔 30 m 安设一根孔内回浆管,孔口入岩 50 cm 处设置孔口回浆管。灌浆时,浆液从进浆管进入孔底,随着灌浆的持续,浆液从孔底向孔口慢慢返出;当浆液液面漫过检查管孔口时,操作人员通过孔口吹气判断锚固段灌浆情况(如在灌浆过程中因异常情况进浆管堵塞,该检查管即调整为二次进浆管恢复灌浆施工)。检查管往孔口安设的回浆管主要作为灌浆情况检查管及异常情况灌浆中断后的进浆管,灌浆过程按照逐级回浆方式直至孔口回浆管返出比重满足要求的浆液。具体灌浆体系见图2[8]。

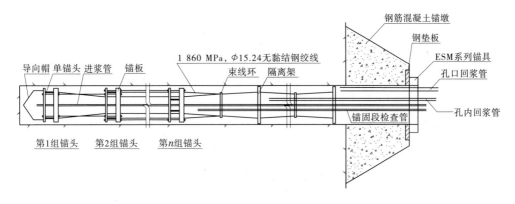

图2 锚索灌浆体系管路布置

4 结束语

随着预应力锚固技术在水电、公路、桥梁、地质灾害处理等各行业工程边坡、地下工程、桥梁加固中广泛应用并取得了良好的经济效益和社会效益,预应力锚索锚固技术在各类工程中运用越来越多。锦屏一级水电站泄洪洞进口边坡大吨位、超长锚索在使用以上控制技术后,施工安全总体可控,未发生人员伤亡事故;锚索钻孔孔斜及灌浆质量均满足设计技术要求,工程总体优良。本工程大吨位、超长锚索所采用的施工难点解决办法,可以为其他类似工程提供借鉴。

参 考 文 献

[1] 赵洪彬. 锦屏一级水电站泄洪洞进水口洞脸边坡稳定性研究[D].成都:西南交通大学,2009.

[2] 建筑施工扣件式钢管脚手架安全技术规范:JGJ 130—2011[S].

[3] 建筑结构荷载规范:GB 50009-2012[S].

[4] 黄辉,陈志远,李武成. 边坡预应力锚索施工排架设计及搭设质量控制[J].云南水利发电,2013,29(1):97-100.

[5] 黄辉,牟文俊,陶林.浅析大吨位、超长孔深锚索钻孔孔斜控制[J].探矿工程(岩土钻掘工程),2010,37(6):71-74.

[6] 吴丽,陈礼仪,黄辉.自由式单孔多锚头防腐型预应力锚索的施工质量控制[J].工程质量,2010,28(10):20-24.

[7] 黄辉.锦屏一级水电站尾水调压室大角度上仰孔锚索施工[J].探矿工程(岩土钻掘工程),2009,36(2):55-58.

[8] 黄辉. 自由式单孔多锚头防腐型预应力锚索在地下厂房的运用[J].西部探矿工程,2008,28(6):25-28.

两河口水电站泄洪系统进口 700 m 级特高边坡施工技术研究

谭海涛,王力,杨明,李明辉

(雅砻江流域水电开发有限公司,四川 成都　610051)

摘　要　复杂高边坡施工是水电工程常见项目,施工技术在很大程度上会影响工程安全、质量、进度等。为总结提炼出高效实用的高边坡施工技术,文章立足于两河口泄洪系统进口特高边坡施工难点、所遇问题和应对措施,运用经验总结法,重点研究高边坡开挖质量控制、关键设备配置、多层交叉干扰施工、高寒高海拔环境条件下冬季施工、施工通道规划布置等若干关键施工技术,并进一步提出复杂高边坡施工建议。施工技术在两河口特高边坡施工中充分实践,取得较好成效,对类似边坡施工具有借鉴意义。

关键词　特高边坡;施工技术;关键因素;建议

1　工程概况

两河口水电站是雅砻江中下游的龙头水库电站,地处青藏高原东侧边缘地带,属川西高原气候区,是目前藏区开工建设投资规模和装机规模最大的水电站工程,拦水建筑物为砾石土心墙堆石坝,坝高 295 m,总库容 107.67 亿 m^3,调节库容 65.6 亿 m^3,具有多年调节能力,装机容量 300 万 kW,左右岸分别布置泄水建筑物系统、引水发电系统。

两河口水电站泄洪系统进口原设计边坡开口线高程 EL.3 135 m,开挖坡度 1∶0.5～1∶0.75,每 25 m 设置 3 m 宽马道。施工便道开挖至开口线后发现新增倾倒变形体,由于新增变形体体积较大,且位于泄洪系统进口正上方,综合考虑各影响因素,选定"挖除强弱变形体并适当锚固"的处理方案,投资增加约 1 亿元,泄洪系统进口边坡开口线由 EL.3 135 m 抬高到 EL.3 345 m,边坡治理高度由原设计的 480 m 增加到 684 m(见图 1)。

2　两河口水电站工程泄洪系统进口边坡工程特点

两河口水电站泄洪系统进口边坡岩性主要为深灰色中厚层变质粉砂岩、变质粉砂岩夹深灰色中—薄层粉砂质板岩、绢云母板岩,产状 N60°～70°W/SW∠65°～75°。覆盖层较薄,厚度一般为 2～5 m,堆积物以崩坡积块碎石为主,结构松散。主要发育 f_1、f_4、f_8、f_{12}、f_6 和 f_{22} 等断层,以顺层挤压为主,是两河口工程最具代表性的边坡,具有以下特点。

2.1　边坡高差大

两河口水电站泄洪系统进口边坡开口线高程 EL.3 345 m,开挖底高程 EL. 2 661 m,

作者简介:谭海涛(1983—),男,硕士,高级工程师,研究方向为工程项目管理。E-mail:93666771@ qq. com。

图 1　两河口水电站泄洪系统进口边坡群

边坡开挖高度 684 m,地形陡峭、施工场地狭小,便道依地形布设,物资运输、人员通行困难。

2.2　施工规模大

两河口水电站泄洪系统进口边坡施工土石方开挖约 800 万 m³,喷锚面积 25 万 m²,布设 1 500 kN、2 000 kN 锚索 8 384 束,锚杆约 13 万根,排水孔约 3 万个。开挖支护强度 18 m/月,工期紧张。

2.3　交叉作业多

两河口水电站泄洪系统进口边坡上半部(EL.2 834.5 m 以上)与洞式溢洪道进口边坡紧邻,下半部(EL.2 834.5 m 以下)与 5# 导流洞进口边坡连成一片,且深孔泄洪洞、放空洞、竖井泄洪洞进口边坡与洞式溢洪道进口边坡、5# 导流洞进口边坡开口线存在较大高差,相邻开挖工作面始终存在 110 m 以上高差,深孔泄洪洞、放空洞、竖井泄洪洞进口边坡翻渣、人员及材料通行均可能造成石渣滚落到下方工作面,相邻边坡同期施工干扰大,且边坡正下方有一条地方通行道路,立体交叉问题突出,安全风险较大。

2.4　高原降效明显

工程地处高原,施工作业面平均海拔 EL.3 000 m,空气含氧量不足,人工、机械降效明显,施工人员流动性大。

2.5　冬季昼夜温差大

冬季施工昼夜温差达 20 ℃以上,夜间极限温度 -15 ℃,混凝土施工须采取冬季保温措施确保施工质量。

2.6　建设环境复杂

工程地处藏文化核心区域,地方经济欠发达,宗教氛围浓厚,稳定敏感度高,外部建设环境复杂。

3　两河口泄洪系统进口边坡施工关键控制点

3.1　管控预裂孔,提高边坡开挖成型质量

泄洪系统进口边坡以Ⅳ、Ⅴ类岩体为主,局部风化强卸荷,根据边坡岩性特点,现场开展了深孔梯段预裂爆破与光面爆破两种开挖方式的生产性试验,最终选定开挖效果相对较好的深孔梯段预裂爆破开挖方式[1],并在实践中总结出指导性较强的"一五一"工法。

边坡每级马道分两层开挖,梯段高度 12 m 和 13 m,预裂孔间距根据岩性控制为 70 cm 或 80 cm,为保证预裂孔钻孔质量,采用ϕ48 焊接钢管搭设预裂孔钻孔样架、QZJ-100B 潜孔钻机钻孔。实践证明,边坡开挖质量控制的关键在于做好预裂孔钻孔质量[2-4]及装药量,现场总结出"一五一"工法控制预裂孔质量,工法中的"一"指的是施工过程根据岩性特点对预裂孔间距、装药量实行一炮一设计;"五"指的是五个环节的复核:预裂孔钻孔样架搭设及钻机定位时使用全站仪校核,预裂孔钻进 1 m、2 m、5 m 时采用坡度尺复核钻孔角度,确保预裂孔钻孔精度;"一"指的是每次预裂爆破后监理工程师要检查成型效果并召开现场总结会,指导下一炮爆破设计。"一五一"工法能切实指导现场规范施工,有效提高边坡开挖质量,开挖整体成型效果较好,半孔率在80%以上,超挖控制在 20 cm 以内,不平整度控制在 15 cm 以内,各项数据满足设计技术要求。

3.2　配关键设备,提升支护施工效率

泄洪系统进口边坡支护工程量大,支护紧跟开挖掌子面是确保边坡施工稳定的核心[5-6],是制约边坡施工进度的关键因素,也是高边坡施工的难点。

为不制约边坡开挖进度,采用常规的支架式锚索钻机及手风钻锚杆造孔效率已不能满足施工强度需要,现场推广使用履带式锚索钻机钻锚索孔、液压履带钻机钻锚杆孔,将 12~13 m 一级的爆破梯段分 2 个台阶翻渣,每翻渣 6~7 m 高差形成一个工作平台,履带式锚索钻机钻锚索孔、液压履带钻机在翻渣形成的平台上作业,机动性强、钻孔效率高,锚索、锚杆施工能紧跟开挖作业面,后期锚索灌浆、锚墩浇筑、张拉等仅搭设顺坡排架即可,不需要搭设承重排架,提高了支护效率,有效解决了支护与开挖进度协调配合问题(见图2)。

4　泄洪系统进口边坡施工难点及应对措施

4.1　多层立体交叉施工干扰及应对措施

根据现场实际地形,泄洪系统进口边坡与下游侧洞式溢洪道进口边坡紧邻,以一条山脊为界,5#导流洞进口边坡处在洞式溢洪道进口边坡正下方,招标阶段设计图显示泄洪系统进口边坡开口线高程 EL.3 135 m,洞式溢洪道进口开口线高程 EL.3 035 m,原计划泄洪系统进口边坡开挖至高程 EL.3 035 m 高程后,再开始洞式溢洪道进口边坡开挖施工,保持两个区域边坡高度同步下降,以减少相互施工干扰,洞式溢洪道进口边坡开挖完成后,紧接着 5#导流洞进口边坡开挖施工。因泄洪系统进口边坡开口线抬高 210 m,但洞式溢洪道进口边坡受工期制约不能待泄洪系统进口下降到 EL.3 050 m 高程后再组织施工,形成开口线高差 310 m 的两个紧邻边坡需要同期施工的局面,且 5#导流洞进口边坡也受工期制约需提前实施,造成深孔泄洪洞、放空洞、旋流竖井泄洪洞进口边坡与洞式溢洪道进

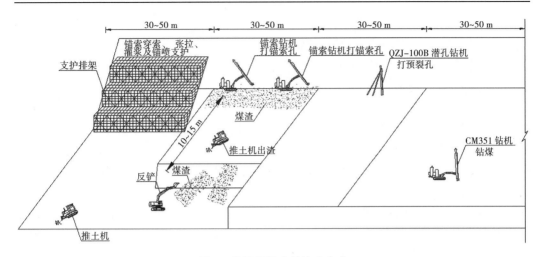

图2   边坡开挖支护流水作业

口、5#导流洞进口边坡工作面动态高差达110 m以上。

为解决施工干扰问题,经反复论证后确定先将交界处EL.2 975 m以上的山脊按1∶1坡度开挖成临时边坡,再沿交界的山脊两侧EL.2 975～EL.2 875 m"人"字形布设6 m高型钢贴钢板结构防护墙,减少对防护墙下方边坡的施工干扰;在洞式溢洪道进口边坡正上方的EL.3 125 m施工便道上布设钢筋石笼,防止泄洪系统进口渣料滚落到洞式溢洪道区域,在洞式溢洪道进口边坡上方EL.3 100 m、EL.3 050 m、EL.3 000 m高程分别布置被动

防护网拦挡石渣滚落。同时,在EL.2 834.5 m平台增加一道钢筋石笼拦挡石渣,减少泄洪系统进口对5#导流洞进口边坡的施工干扰(见图3),防护措施取得了预期成效。

4.2 临建施工通道安全隐患多、物资运输困难及应对措施

泄洪系统进口边坡原始地形陡峭,上游侧地形不利于布设施工便道,施工便道沿下游稍缓的天然冲沟"之"字形蜿蜒爬升,线路总长4 km(含11个回头弯),起

图3   泄洪系统进口施工干扰突出

止点高差400 m,大部分路段只能布设单行道,且便道大多处于覆盖层上。虽然采取了临时支护措施,但汛期路基及边坡依然容易出现小规模坍塌、掉石,安全隐患突出,保通维护工作量大,施工材料运输困难。

经反复论证,最终确定将该便道结合电站永久监测通道一并考虑,对处于永久构筑物上方的、会直接影响构筑物运行安全的便道边坡、路基进行了加固治理,有效降低了便道通行安全风险,保障物资运输线路畅通,同时有利于下方构筑物长期运行安全。

4.3　高寒高海拔冬季施工措施

根据两河口水电站坝区自记气象站气象资料显示,每年11月中旬至次年2月中旬,昼夜平均气温低于5 ℃,边坡施工除开挖作业不受冬季施工影响外,锚杆、喷混凝土、锚索施工均受冬季施工影响[7]。

依据设计技术要求,泄洪系统进口边坡施工过程中,锚索支护不得滞后边坡开挖25 m、浅层支护不得滞后边坡开挖15 m,支护紧跟开挖面是确保边坡施工安全的关键因素。因泄洪系统进口边坡开挖进度直接制约泄洪系统进口闸室混凝土施工进度,工期紧张,要确保开挖进度不受影响,则需要采取必要的冬季施工措施使锚索及浅层支护正常施工以匹配开挖进度。

经现场生产试验确定,泄洪系统进口边坡锚墩混凝土入仓温度控制在8 ℃以上,依据热工计算公式[8]反推,须确保拌和楼出机口混凝土温度在14 ℃以上,浇筑完成后对成型锚墩"先包裹一层塑料薄膜,再覆盖双层保温被,然后覆盖单层薄膜进行包裹"的措施,充分利用水泥硬化过程时的水化热,在防火保温被内自然养护,可以满足保温要求;锚索灌浆及锚杆注浆在10:00～20:00气温相对较高时段进行,须加热拌制用水使浆液温度维持在10 ℃以上,才能够满足≥5 ℃的规范要求。喷混凝土因作业面过大、采取保温措施成本过高,且受现场施工条件限制,保温效果差,施工质量无法保证,冬季不施工。

5　高边坡施工建议

高边坡施工是处于高山峡谷中的水电站工程的常见项目[9-10],其治理是一项大规模系统工程,要实现快速、安全稳定施工,有以下几点建议:

(1)高边坡施工前的地质勘察要细致,特别是处于永久边坡开口线附近的冲沟,有必要进一步详细勘察[11-13],可避免开挖结构面高程降下来后又需要对上部开口线冲沟进行治理的情况,后期施工难度加大,施工安全风险及投资增加。

(2)均衡布置高边坡施工通道。现场地形允许情况下,最大不超过每75 m的高度布置一条机械通道,否则会影响施工组织。受现场地形限制,两河口泄洪系统进口边坡在EL.3 050 m～EL.2 900 m间未能布置施工便道,在长达6个月的时间内反铲、液压履带钻机、履带式锚索钻机等主要施工设备只能停留在工作面上,没有进出通道,设备维修和材料垂直运输难度大,进度、安全管控风险极大。

(3)施工便道布置规划应结合永久监测通道一并考虑,以利于后期运行管理。

(4)相邻边坡作业面高差不宜超过25 m,否则相互干扰大,需采取必要的防护措施确保施工安全。

(5)锚索施工资源要配套[14-15]。泄洪系统进口大量锚索施工经验证实,履带式锚索钻机机动性强,能快速完成锚索钻孔任务,是确保深层支护及时跟进的有力保障。

(6)超前谋划施工干扰防护措施降低安全风险。施工前要充分分析施工过程中可能遇到的相邻边坡相互干扰、上下交叉施工干扰、与周边通行道路的施工干扰等工况,提前研究应对的措施,减少安全风险,保障施工进度。

(7)边坡安全监测要及时。监测墩、锚杆应力计、锚索测力计等安全监测设施要有专业承包人施工,务必及时按设计要求安装并持续监测边坡稳定动态[16],密切关注边坡内观、外观监测成果,发现异常及时分析原因并提醒相关方采取必要措施,确保边坡施工安全稳定。

6　结　语

　　两河口水电站泄洪系统进口边坡是世界上规模最大的开挖边坡群,处于高海拔、高山峡谷地区,具有边坡施工规模大、高度大、工期紧、便道布置困难、相邻作业面施工干扰因素多等施工特点。通过采取多种应对措施,边坡群于 2017 年 7 月 31 日顺利开挖支护完成,高边坡施工技术在不断总结中提升,施工全过程实现安全“零事故、零伤亡、零塌方”目标,始终保持快速、稳定施工,高边坡施工实现了质量、进度、安全等管理目标全面受控。施工过程未出现边坡变形,至今各项安全监测成果显示岩体应力稳定,外观测点位移变化量小,边坡整体稳定,700 m 级特高边坡施工开挖支护施工技术历经实践检验。

参 考 文 献

[1] 王永虎,李雷斌,金沐,等.大型弧形高边坡预裂爆破设计与施工技术[J].石油工程建设,2016,42(5):34-38.

[2] 孙永敏,汤玉琼.向家坝水电站右坝肩边坡预裂爆破质量控制[J].水利水电施工,2014(4):1,19.

[3] 汪日生,龚传昌,刘建国,等.乌东德水电站拱肩槽建基面爆破开挖钻孔质量管控[J].施工技术,2017,46(S1):1218-1221.

[4] 王思.大型水利枢纽工程土石方开挖技术措施分析[J].水利建设与管理,2016,36(2):21-24.

[5] 周强,王学斌,刘学.锦屏一级水电站坝肩高陡边坡开挖施工技术[J].人民长江,2009,40(18):40-41,52.

[6] 钟德华.高边坡支护施工与开挖技术应用[J].河南水利与南水北调,2016(12):55-56.

[7] 谭海涛.两河口水电站右岸边坡冬季施工措施应用[J].施工技术,2015,44(S1):832-835.

[8] 中华人民共和国住房和城乡建设部.建筑工程冬季施工规程:JGJ/T 104—2011[S].北京:中国建筑工业出版社,2011.

[9] 吴世勇,杨弘.雅砻江流域工程安全关键技术与风险管理[J].大坝与安全,2018(1):4-10.

[10] 彭江,张优秀.峡谷地区直立高边坡稳定性及支护措施研究[J].水电站设计,2011,27(3):52-58,66.

[11] 杨桂红,梁宏伟.我国水利水电工程高边坡的加固与治理[J].中国新技术新产品,2010(4):78.

[12] 秦定龙,田洪,杨福蓉.长河坝水电站工程特陡高边坡开挖施工技术[J].水力发电,2010,36(11):32-34.

[13] 宋胜武,冯学敏,向柏宇,等.西南水电高陡岩石边坡工程关键技术研究[J].岩石力学与工程学报,2011(1):1-22.

[14] 高铭智.试析路桥施工中高边坡预应力锚索施工技术措施[J].黑龙江交通科技,2016(12):39-40.

[15] 敬旭.预应力锚固技术在大渡河黄金坪水电站边坡支护中的研究与应用[D].成都:成都理工大学,2011.

[16] 张金龙,徐卫亚,金海元,等.大型复杂岩质高边坡安全监测与分析[J].岩石力学与工程学报,2009,28(9):1819-1827.

两河口水电站大坝心墙岸坡盖板混凝土施工技术

岳攀[1,2]，张登平[1]，王爱国[1]，杨希[1]

（1.雅砻江流域水电开发有限公司，四川 成都 610051；
2.天津大学 建筑工程学院，天津 300072）

摘 要 两河口水电站大坝心墙岸坡盖板为大体积贴坡混凝土，采用薄层浇筑，具有上下高差大、混凝土运输及入仓困难、温控难度大、交叉作业干扰大等特点，缺少可供参考的工程经验。为确保工程优质建设，在岸坡盖板混凝土浇筑施工中，根据现场实际情况，分析了该工程混凝土施工的重点与难点，采取了一系列施工优化措施，确保了施工进度与质量，为大坝心墙填筑施工提供了有利条件。本文详细介绍了施工方案的优化与具体控制措施，可为后续类似工程提供有益借鉴。

关键词 心墙盖板；大高差；贴坡混凝土；方案优化；质量控制

1 引 言

随着我国土石坝建设逐渐向 300 m 级发展[1]，陡峻边坡、大高差盖板混凝土工程也越来越多。此类工程大多为大体积贴坡混凝土，采用薄层浇筑，温度控制难度大，容易产生温度裂缝[2]；同时浇筑作业面长期处于大坝填筑、固结灌浆、帷幕灌浆及心墙填筑上下交叉作业环境中，给混凝土运输及入仓、基础面处理、混凝土浇筑作业、盖板灌浆抬动控制及安全施工等带来极大难度，缺少可供借鉴的工程经验。

结合两河口水电站心墙盖板大高差、陡峻边坡混凝土工程，分析了该工程混凝土施工的重点与难点，对原施工方案进行优化，并详细介绍了该工程大高差贴坡混凝土的施工技术措施，实践表明，该施工方案技术措施可靠，实施效果较为理想，能够有效地减少混凝土裂缝，有利于控制施工质量及进度。

2 工程概况

两河口水电站为雅砻江中下游的"龙头"水库，坝址位于四川省甘孜藏族自治州雅江县境内。电站以发电为主，兼顾防洪，采用"拦河大坝+左岸泄洪系统+右岸引水发电系统+左、右岸导流洞"枢纽建筑物总体布置格局。拦河大坝为砾石土心墙堆石坝，最大坝高 295 m，总填筑方量约为 4 200 万 m³，建设规模及难度位居世界土石坝工程前列。

作者简介：岳攀（1988—），男，在读博士后，工程师，研究方向为水电工程施工。E-mail：yuepan@ ylhdc. com. cn。

　　两河口大坝心墙盖板混凝土为砾石土心墙与基岩的垫层,厚度为 1 m,上下高差为293 m,坝底宽(河床上下游)143 m,坝顶宽 17.52 m,总浇筑量为 6.5 万 m³。混凝土盖板(含河床)从上下游按照结构分缝共划分为 9 个条带 251 块,其中左岸岸坡 111 块、右岸岸坡 112 块、河床水平 28 块。左右岸 EL.2 580 m~EL.2 725 m 高程岸坡坡比为 1:0.9,左岸EL.2 725 m 以上高程坡比为 1:1.3,右岸 EL.2 725 m 以上高程坡比为 1:1.1。大坝心墙盖板三维模型如图 1 所示。

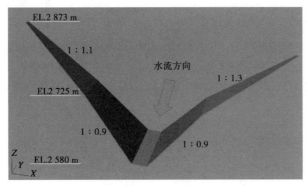

图 1　大坝心墙盖板三维模型

　　结合已建土石坝工程经验及温度控制分析[3-5],薄层结构混凝土受基础约束作用大,容易产生温度裂缝,根据两河口混凝土原材料特点,心墙混凝土盖板采用结构分缝的方法,力求减少约束,降低混凝土盖板裂缝产生的可能性;同时,盖板分结构缝有利于适应温度变形及结构的永久变形;在结构缝之间设置可靠的止水结构,形成完整、封闭的防渗体系,可保证渗控系统安全;为提高安全裕度,并便于施工,在止水外侧采用 GB 填料进行填充。右岸坝肩心墙盖板混凝土平面分块如图 2 所示,盖板分缝如图 3 所示。

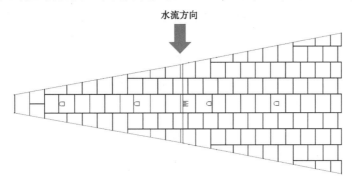

图 2　右岸坝肩心墙盖板混凝土平面分块示意图

3　施工难点分析及方案优化

3.1　施工难点分析

　　两河口水电站河谷狭窄、岸坡陡峻。心墙盖板混凝土工程量不大,但高差达 293 m,同时浇筑作业面长期处于大坝填筑、固结灌浆、三角区帷幕灌浆及心墙填筑上下交叉作业环境中,给混凝土运输及入仓、基础面处理、混凝土浇筑作业、抬动控制及安全施工等带来

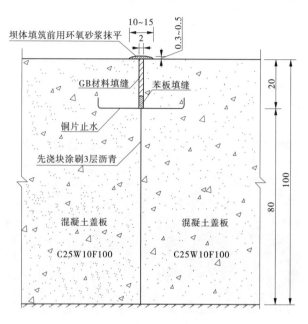

图 3　盖板分缝结构图

极大难度,可供借鉴的工程经验不多。

3.2　原施工方案

原方案全部采用泵送混凝土,胶凝材料用量高,不利于盖板混凝土裂缝控制;同时混凝土输送泵布置在心墙填筑面,容易污染心墙土料,不利于心墙填筑质量控制。混凝土浇筑随填筑面上升,施工难度随泵送高差同步增大,材料运输、上下交通困难,混凝土浇筑进度不易保证,而且混凝土浇筑、灌浆施工、心墙填筑进度相互制约,施工进度直接影响灌浆、心墙填筑进度。为确保心墙岸坡盖板混凝土浇筑满足现场施工要求,需要对原施工方案进行优化。

3.3　基于大高差的盖板混凝土施工方案优化

优化后的方案主要采用洞线运输方案,通过改造施工交通洞及灌浆平洞,形成左右岸中高程、高高程施工通道,解决施工材料运输和浇筑设备布置问题,即扩挖改造 EL.2 700 m、EL.2 760 m 灌浆平洞及辅助洞室,使其具备混凝土运输条件。同时采用常态混凝土浇筑,降低胶凝材料用量,有利于混凝土盖板质量控制;提前完成心墙盖板混凝土施工,能有效减少上下交叉作业影响,材料运输和交通更加安全可靠,有利于降低安全风险。具体方案如下:

(1)EL.2 640 m 以下混凝土:直接采用二级配泵和三级配泵进行泵送入仓。所使用的材料由履带吊输送至 EL.2 620 m,采用人工搬运至相应的工作面。

(2)EL.2 640 m～EL.2 700 m 岸坡混凝土:利用 EL.2 700 m 灌浆平洞及其相连的辅助洞室,作为运输通道,在灌浆平洞洞口布置三级配泵和集料斗,根据施工环境向仓面布置溜槽或溜管,采用三级配常态混凝土入仓,局部辅以三级配泵送入仓。

(3)EL.2 700 m～EL.2 760 m 岸坡混凝土:利用 EL.2 760 m 灌浆平洞及其相连的辅助洞室,作为运输通道,在灌浆平洞洞口布置三级配泵和集料斗,根据施工环境往仓面布置溜槽或溜管,采用三级配常态混凝土入仓,局部辅以三级配泵送入仓。

4 施工措施

4.1 基础面处理

(1)凿除原喷射混凝土。

前期大坝心墙边坡开挖时,为确保大坝左右岸边坡开挖爆破面岩体稳定及支护施工安全,在左岸 EL.2 687 m 及右岸 EL.2 658 m 高程以上均采用干喷混凝土对边坡进行了封闭施工。为加强盖板与基岩的结合,需将已施工的坡面喷射混凝土进行凿除。

①对防渗关键部位的喷混凝土按高程与作用水头进行清除。

②坡面平台喷混凝土清除,主要有:当平台宽度超过 30 cm 时,对整个平台范围喷混凝土进行全面清除;当平台宽度小于 30 cm 时,对坝轴线上游 25 m(不足 25 m 全部凿除)、下游 8 m 范围内平台喷混凝土进行全面清除。

③考虑到心墙部位为防渗体系的重要部位,在心墙盖板混凝土上游边界处增加凿除3 m 宽混凝土。

(2)基础面清理。

在立模前,先清除建基面松动岩块,随后采用高压水将基础面冲洗干净,并及时排除积水。分层浇筑水平施工缝均采用 35 MPa 高压水枪(冲毛机)进行冲毛处理,冲去表层乳皮和灰浆,直到混凝土表面露出粗砂粒或小石、积水由浊变清,冲毛时间在收仓以后规定时间内进行。

4.2 模板及止水铜片施工

(1)盖板两侧采用钢木组合模板,斜坡段主要采用组合钢模板和滑框倒模。模板打磨和除锈满足规范要求,同时及时清理侧部黏附在模板表面的浆液。

(2)为进一步加强混凝土盖板间的结合和心墙与混凝土盖板之间的防渗,后期在两岸坝轴线上混凝土盖板的每条水平向结构缝内增设两道法向铜片止水,并取消未浇筑混凝土块结构缝铜片止水以下的苯板,相邻混凝土块浇筑前在先浇混凝土块的铜片止水以下缝面涂刷 3 层沥青,铜片止水如图 4 所示。

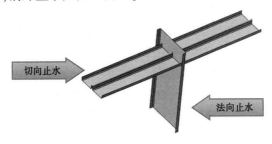

图 4 铜片止水效果

止水加工采用分段成型,加工后的止水在安装前进行人工检查校正,确保无缺陷后方可用于安装,安装前在加工厂内焊接成 4.5~6 m 的长段,运至现场进行焊接拼装。焊接成品使用前需通过监理相关部门对焊接成品相关检测以后,再进行现场制安使用。通过在竖向围檩上制作止水定位卡,确保止水安装位置。

4.3 钢筋施工

心墙盖板锚筋采取 2.0 m×2.0 m 梅花形布置方式,顶面钢筋网片为φ 12@ 12.5。考虑到混凝土入仓会影响钢筋制安效果,故采用φ 22 钢筋增加架立筋,与设计的锚筋共同布置成 1.0 m×1.0 m 梅花形,以保证钢筋网片制安效果。

4.4 混凝土浇筑施工

左右岸心墙 EL.2 640 m 以下盖板混凝土,在具备条件时,首选履带吊及长臂挖机进行入仓浇筑;以外范围均利用布置在 EL.2 580 m 河床上的 3 台 HBT80 混凝土拖泵泵送入仓进行浇筑。下料时自下向上逐坯铺筑,每坯料铺筑厚度控制在 30~50 cm,采用人工平仓振捣,大面采用φ 100 高频振捣器振捣,靠近模板和止水部位采用φ 50 或φ 70 插入式振捣器振捣。岸坡段由于混凝土气泡难以完全排除,在模板外侧安装附着式振捣器配合振捣。

4.5 拆模及养护

大坝心墙盖板混凝土基本均为侧面或表面(盖模)等非承重模板,在保证其表面及棱角不因拆模而损伤时,即可进行模板拆除。高温或寒冬季节施工时,应适当推迟拆模时间,避免因过早拆模导致混凝土表面温差过大或急剧变化引起温度裂缝[6]。

前期生产性试验中采用多种养护方式,通过对比发现,采用"单层塑料薄膜+1 层泡沫保温材料"的方式进行保温、保湿,一方面能隔绝外界空气,同时混凝土内外温差能得到一定的控制,此种方式浇筑未发现贯穿性裂缝。因此,后期在混凝土浇筑完毕后 6~18 h 内开始覆盖上述防护材料养护。

4.6 缺陷处理措施

4.6.1 一般缺陷处理

(1)表面不平整部位、错台及漏浆形成的挂帘进行打磨平顺。

(2)麻面、气泡面积较小且数量不多的混凝土表面,采用环氧胶泥刮补。对孔洞、蜂窝按其深度凿除薄弱的混凝土层和个别突出的骨料颗粒,不足 3 cm 深的修补区至少凿深至 3 cm,平面薄层修补区边缘凿成齿槽状,所凿出的边界大致规整,并清洗干净,待混凝土面干燥后,回填环氧砂浆。

(3)局部架空、露筋,先将缺陷部位凿成规则形状,局部架空进行全部凿挖清理。顶面凿除深度大于 15 cm 或露出钢筋,再采用环氧砂浆进行回填,对于凿除深度小于 3 cm 的特殊缺陷,采用环氧砂浆进行涂抹处理。

(4)表面孔洞(螺栓孔、模板定位锥孔等),将混凝土基面凿毛,回填环氧砂浆。

(5)对于因碰撞或拆模造成的边角破损,在修补时先把边角修整成四边形,洒水湿润后使用环氧砂浆进行修补。

4.6.2 裂缝处理措施

经过上述方案优化后,盖板裂缝发育明显减少,且均为表面轻微裂缝,采用高性能环氧材料,在缝深 2/3 及 1/3 处钻孔进行化学灌浆处理。同时为确保化学灌浆质量,根据缝宽情况,在缝顶部凿梯形槽(宽 10 cm、深 5 cm)并用快凝型堵漏剂封堵后,统一刮 1~2 mm 环氧胶泥进行封缝。

5 施工效果

2017年5月施工方案优化以后,全部使用120~140 mm坍落度的二级配混凝土,左、右岸盖板EL.2 640 m~EL.2 700 m从EL.2 700 m灌浆平洞采用溜槽+溜管的方式入仓;EL.2 700 m~EL.2 760 m从EL.2 760 m灌浆平洞采用溜管+溜槽的方式入仓;由于EL.2 820 m灌浆平洞不具备通车条件,EL.2 760 m~EL.2 875 m从EL.2 875 m坝顶采用溜管+溜槽的方式入仓。

2018年8月,两河口水电站大坝心墙混凝土盖板施工全部完成,根据过程控制及试验检测结果,施工原材料及中间产品质量检测合格,工程实体质量满足规范及设计要求,混凝土工程整体质量良好。

6 结　论

两河口水电站大坝心墙岸坡盖板为典型的大高差贴坡混凝土,具有上下高差大、混凝土运输及入仓困难、温控难度大、交叉作业干扰大等特点,缺少可借鉴的工程经验。针对施工难点,优化了混凝土运输及入仓方式,采取了凿除原喷射混凝土、加强心墙与混凝土盖板之间的防渗、增加架立筋等措施。通过优化施工方案,形成了满足现场需要的技术措施,同时不断加强过程管控,确保了浇筑质量、进度满足要求。

参 考 文 献

[1] 吴高见,张喜英. 土石坝施工技术的现状与发展趋势[J]. 水力发电,2018(2):1-6.
[2] 朱伯芳. 大体积混凝土温度应力与温度控制[M]. 北京:中国水利水电出版社,2012.
[3] 黄君香,龚政休. 丹江口大坝加高贴坡混凝土施工中的温控措施[J]. 四川水力发电,2009,28(2):158-160.
[4] 唐儒敏,方德扬,宁占金. 泵送混凝土在糯扎渡大坝心墙垫层中的应用[J]. 人民长江,2009,40(10):8-9.
[5] 张礼宁,柴喜洲. 糯扎渡大坝心墙垫层混凝土温控施工技术[J]. 水利水电施工,2013,42(4):18-20.
[6] 阳小东,刘俊松. 白鹤滩水电站左岸进水口基础固结灌浆抬动控制[J]. 水利水电技术,2017(S2):122-125.

柔性测斜仪在高土石坝沉降监测中的应用

方达里，刘健，谭海涛

（雅砻江流域水电开发有限公司，四川 成都　610051）

摘　要　随着一批巨型大坝的相继建设，对大坝安全监测的要求也越来越高，除常规的内部变形监测手段外，一些新型监测技术也在研发和应用之中。本文介绍了柔性测斜装置变形计算原理及其监测布置和安装工艺，并对其在应用中取得的数据进行分析，发现柔性测斜仪能较好地反映大坝心墙的变形规律，填补了国内高土石坝心墙沿坝轴线沉降分布及变化规律的盲区。研究认为，柔性测斜装置相比传统心墙沉降监测手段，具有安装简便、高精度、大量程、测点连续等优势，在大坝沉降监测中能取得较为理想的效果。

关键词　高土石坝；沉降监测；柔性测斜仪；仪器安装；监测成果分析

1　引　言

随着一批巨型大坝的相继建设，高土石坝均面临大变形、不均匀变形、高土压力、高水压力的环境，对大坝安全监测的要求也越来越高。因此，除常规的内部变形监测手段外，一些新型监测技术也在研发和应用之中。

目前，国内外土石坝内部沉降观测方法有电磁沉降环法和沉降板法[1]、连通管法（水管式沉降计，主要用于面板坝、气动式沉降仪）等。

电磁沉降环法目前仍然采用测尺人工测量，劳动强度大、采集数据精度较低、深孔精度不易保证、测量成果受人为因素影响大。

连通管法在均质土坝或黏土心墙坝中因易形成渗流通道等问题而无法采用，而且分层埋设对坝体施工影响较大，所以布置测点相对较少、代价高，获取的信息量少[2]。

这些传统仪器在高土石坝心墙应用中，受大变形、高土压力及高水压力影响，监测成果并不理想，且传统仪器多为竖向埋设或顺流方向埋设，无法反映高土石坝心墙沿坝轴线沉降分布及变化规律，已逐渐无法适应新的要求。

柔性测斜装置是近年来随着 MEMS 技术兴起的一类新型滑坡深部位移监测装置，其特点是不使用测斜管及传统的机械组件进行倾角测量，而改用加速度传感器组合代替[3]。柔性测斜仪普遍具有高精度、高稳定性、可重复利用性、大量程、持久稳定性、数据自动采集及存储等技术优势，被广泛应用于边坡、隧道、路基、桥梁变形监测，积累了大量优质的监测数据。但目前在高土石坝，尤其是特高土石坝采用柔性测斜仪进行变形监测的应用仍为空白。柔性测斜仪的出现，对监测设计的参考指导及其在高土石坝监测等不

作者简介：方达里（1987—），男，硕士，工程师，主要从事工程地质及大坝安全监测相关研究工作。
E-mail：fangdali@ ylhdc.com.cn。

同领域的应用都带来了机遇和挑战。

2　工程概况

本工程为在建 300 m 级砾石土心墙堆石坝,坝高 295 m,坝顶高程 2 875 m,河床部位心墙底高程 2 580.00 m,底部设 1 m 厚混凝土基座,坝线位置基座下设置帷幕灌浆廊道(3 m×4 m);坝顶宽度为 16.00 m,上、下游坝坡坡比为 1∶2.0、1∶1.9。

挡水大坝坝体共分为防渗体、反滤层、过渡层和坝壳四大区。防渗体采用砾石土直心墙形式,坝壳采用堆石填筑,心墙与上、下游坝壳堆石之间均设有反滤层、过渡层。心墙顶宽 6 m,顶高程 2 873 m,与防浪墙连接。心墙与两岸坝肩接触部位的岸坡表面设厚度为 1 m 的混凝土盖板;心墙与盖板连接处铺设水平厚度 4 m 的黏性土,河床底板铺设垂直厚度 1 m 的黏性土。

3　柔性测斜仪原理及安装埋设

3.1　柔性测斜仪基本原理

柔性测斜仪是一种可以被放置在一个钻孔或嵌入结构内的变形监测传感器,由多段连续节串接而成,内部由微电子机械系统加速度计组成。

柔性测斜仪的测量方式与传统测斜仪类似,通过内部加速度计检测各部分的重力场,可以计算出各段轴之间的弯曲角度 θ,而后利用计算得到的弯曲角度和已知各段轴长度 L,每段的变形 ΔX 便可以完全确定出来, 即 $\Delta X=\theta \cdot L$,再对各段算术求和 $\sum \Delta X$,可得到距固定端点任意长度的变形量 X[4]。

基于以上原理,柔性测斜仪对于传统仪器,普遍具有高精度、高稳定性、可重复利用性、大量程、持久稳定性、数据自动采集及存储等技术优势,已被广泛应用于边坡、隧道、路基、桥梁变形监测,也在中小型土石坝中获得一定程度的应用。

3.2　监测方案

鉴于柔性测斜仪为新型设备,在土石坝中应用实例较少,本工程借鉴已有工程经验,先选择坝体低高程部位开展少量现场埋设试验。最终在大坝心墙低高程坝高 60 m 处心墙的左右岸各水平布置一条柔性测斜仪,分别采用两种柔性测斜仪,沿坝轴线向心墙中部埋设。每套柔性测斜仪长度为 40 m,测点间距为 1 m。

3.3　仪器安装埋设

(1)待心墙填筑至安装高程时,在两岸盖板预埋管保护位置沿心墙坝轴线开挖长×宽×高=40 m×1.3 m×1.2 m 的沟槽,之后整平沟槽基床,沟槽内回填 20 cm 厚接触黏土,均匀人工夯实。

(2)以左右岸心墙基础混凝土盖板内预埋的不锈钢保护管为锚固端,锚固端与柔性测斜仪端头采用活动铰接头(或专用铰接头)进行连接,为防止端头被破坏,连接处须设置专用保护装置。

(3)将柔性测斜仪穿入 PE 保护管,PE 管长不小于仪器长度,为防止仪器被大变形拉断,需在 PE 管内外壁涂膜黄油或润滑油,使仪器具备一定的活动空间。

(4)将柔性测斜仪和 PE 保护管,平整放入沟槽内。在柔性测斜仪固定端安装活动铰接头,连接处采用专用保护装置,而后将柔性测斜仪固定端通过活动铰接头与镀锌钢管固定端连接,牵引电缆至指定位置(见图1)。

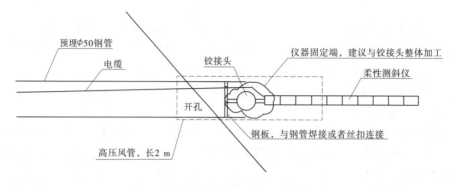

预埋φ50钢管
电缆
铰接头
仪器固定端,建议与铰接头整体加工
柔性测斜仪
开孔
钢板,与钢管焊接或者丝扣连接
高压风管,长2 m

图1 柔性测斜仪与盖板固定端链接方案

(5)对仪器性能检查,检查正常后对PE管底加盖密封,采用锚固剂等对镀锌钢管固定端管口进行封闭,采用水泥砂浆对混凝土盖板预留孔进行回填抹平。

(6)沟槽回填。为防止碾压设备对仪器造成破坏,仪器周边20 cm内回填接触黏土,人工均匀夯实,再回填剔除5 cm以上粒径原坝料,用小型碾压设备静碾,当填筑面高于仪器埋设高程1 m后恢复正常填筑。

(7)埋设后初期防止碾压干扰数据采集时,应选心墙填筑面未施工时或为进行碾压作业时进行数据采集(禁止碾压作业时采集数据)。人工每次数据采集设置为连续采集10次数据。

4 监测成果分析

左、右岸柔性测斜仪分别于2017年11月12日和2017年11月8日安装完成,监测成果截至2018年3月23日,其监测成果见图2、图3。图2横坐标表示的是各测点离混凝土盖板的距离,图3中10 m、20 m、30 m、40 m测点表示离混凝土盖板距离分别为10 m、20 m、30 m、40 m的测点。

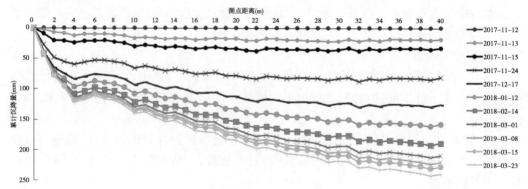

图2 柔性测斜仪各测点沉降过程线

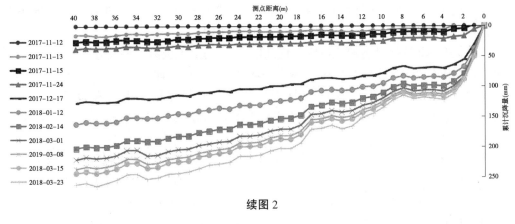

续图 2

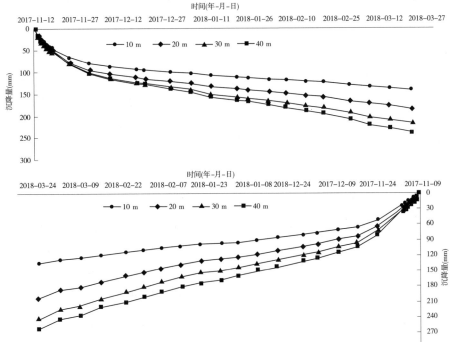

图 3　柔性测斜 10 m、20 m、30 m、40 m 测点沉降时间过程线

自 2017 年 11 月截至 2018 年 3 月，5 个月的观测期间，左岸柔性测斜仪 IN-R1 实测大坝心墙累计沉降量在 242.50 mm 以内，沉降量最大点距左岸盖板 39 m 处；右岸柔性测斜仪 IN-R2 实测大坝心墙累计在 264.40 mm 以内，沉降量最大点距右岸盖板 38 m 处，变形规律基本一致。

从图 1 可以看出，离盖板 0~4 m 接触黏土区域出现较大的剪切位移 122.21 mm，该部位曲线斜率较大，表明该区域剪切错动位移较大，证明接触黏土起到了很好的协调砾石土心墙变形效果。经过 2017-11-12~2018-01-12 近 2 个月的心墙沉降变形后，离盖板 0~2 m 区域黏土沉降量开始趋于平缓，变形逐渐协调；离盖板 2~4 m 区域随砾石土心墙沉降增长仍在继续发挥协调变形作用。

离盖板 4~8 m 砾石土区域相比接触黏土沉降减小,根据分析是由于接触部位碾压次数多,压实度较大,真实反映了接触部位施工工艺的不同。

离盖板 8~40 m 区域各测点沉降量逐渐增大,说明从盖板沿坝轴线方向,心墙沉降变形呈抛物线形分布,中间大两头小,这符合心墙坝变形一般规律。

从图 3 可以看出,随大坝填筑高程增大,柔性测斜仪各测点沉降量呈逐渐增长的趋势,且越靠近心墙中部,沉降量增幅相对更大,累积沉降量也更大,这也符合土石坝心墙变形的一般规律。

总体来看,混凝土盖板沿坝轴线埋设的 2 套柔性测斜仪监测成果很好地反映出砾石土心墙沿坝轴线沉降分布规律和累计沉降量变化规律,同时对高砾石土心墙坝采用接触黏土或者高塑性黏土来协调大坝心墙变形的效果也起到了很好的验证作用,填补了国内高土石坝心墙沿坝轴线沉降分布及变化规律的盲区,同时给后续柔性测斜仪安装埋设保护积累了重要宝贵经验。

5　结　论

(1)柔性测斜仪普遍具有高精度、高稳定性、可重复利用性、大量程、持久稳定性、数据自动采集及存储等技术优势,已被广泛应用于边坡、隧道、路基、桥梁变形监测,也在中小型土石坝的水平位移监测中获得一定程度的应用,同时结合本工程所进行的仪器性能测试和安装埋设试验成果,可以认为柔性测斜仪在性能方面可以总体满足高土石坝变形监测的需要。

(2)柔性测斜仪对于传统仪器,最大的优势之一是能提供心墙内部分层沉降的全断面连续线性分布,反映砾石土心墙坝沉降变化规律,填补了国内外同类型高土石坝变形监测中存在的不足和空白,为全面掌握大坝变形分布规律提供了良好的条件。

(3)从柔性测斜仪安装埋设施工全过程来看,埋设重点在于仪器固定端与混凝土盖板预埋钢管如何保证可靠连接,且适应接触黏土的大剪切变形;同时如何最大限度地保护仪器电缆,一方面避免电缆牵引过长可能带来信号减弱导致监测数据失真,另一方面避免电缆受砾石土心墙大变形导致的电缆损坏。

(4)柔性测斜仪用于 300 m 级高土石坝变形监测,尤其是沉降变形监测,在国内外尚属首例,可借鉴经验不多。仪器在高水头、高土压力环境下的长期耐久性还有待工程进一步验证。

参 考 文 献

[1] 美国内务部垦务局.土石坝观测仪器手册.南京:能源部南京自动化研究所,1989.
[2] 卢新民,刘广林,耿凡坤,等.新型土石坝沉降监测仪器杆式沉降计的应用[J].水电自动化与大坝监测,2009,33(6):59-61.
[3] 李果,王毅,吴铸,等.基于柔性测斜装置的滑坡大变形误差识别与修正[J].人民长江,2016,42(4):74-77.
[4] 李果,房锐,戴锐,等.新型柔性测斜装置在大变形公路滑坡监测中的应用[J].公路交通科技(应用技术版),2015(2):33-35.

水工安全监测粗差定位技术的方法比较

刘健,方达里,谭海涛

(雅砻江流域水电开发有限公司,四川 成都　610051)

摘　要　粗差定位是水工安全监测数据预处理中的一项重要工作。对比介绍了几种粗差定位的几种方法,并讨论其适用范围和局限性。基于正态分布函数,传统的粗差定位技术无法适应长序列大样本监测数据所面临的外界动态荷载条件;通过"3σ 准则"改进而得到的逻辑检验法能够顾及监测值在时序上的相关关系;ARIMA 建模的方法适用于在时间上较为连续的监测序列粗差探测;统计模型分析可定位有明确相关影响因子的监测效应量中的粗差点;灰色系统 GM(1,1)、GM(2,1)模型适用于贫信息数据的粗差识别;根据仪器性能及工作原理可对特定类型的监测仪器的异常测值进行判断。研究成果具有一定的参考价值。

关键词　水工结构;安全监测;粗差定位;统计模型;灰色系统

1　引　言

　　水利水电工程进行安全监测是施工期检验施工、反馈设计的有效手段,也是运行期确保工程安全,发挥工程效益的重要保障。安全监测仪器是工程师们了解水工结构安全工作性态的"耳目",由于仪器性能、二次仪表的精准度、人工观测条件等影响,监测数据中无法避免误差的存在。误差可分为三类,即偶然误差、系统误差、粗差。偶然误差也称随机误差,通常情况下,偶然误差多在监测允许的误差范围内,不会严重污染数据。而系统误差则是在监测值与结构被测物理量间存在着重复性、方向性的非随机误差,这种误差一般可通过严格率定仪器、校核二次仪表以及相关仪器相互验证予以检验和修正。而粗差则是对监测数据质量危害最为严重的一种过失误差,通常是由于仪器或二次仪表故障、观测人员错误记读等原因而造成的异常数据误差。粗差的出现常常使监测成果超过设计警戒值与安全阈值,造成不必要的恐慌和错判或出现明显不合常理的异常值,影响施工进度以及运行期工程效益的发挥。

　　通过统计检验的方法是将监测数据序列中的粗差甄别,在一定显著性水平下将其剔除,是最常用的方法。此外,应用逻辑检验、数据跳跃法等技术手段在不同适用条件下也可对粗差进行定位。上述方法均可归于测量统计学中的"平均漂移模型",由于仅从监测值的数据变化的角度出发而未考虑相关因子(如库水位对坝体变形的荷载作用)的影响因素,因此属于静态定位的方法。

　　应用统计模型的方法建立相关影响因子与监测效应量之间的监控预测模型,通过监

作者简介:刘健(1993—),男,硕士,研究方向为水工安全监测及结构诊断技术。E-mail:liujian_iwhr@126.com。

测值与估计值(包括拟合值、预测值)之间的差值即残差的大小来定位粗差则是一种动态的方法。由于能够顾及相关荷载、环境条件等因素的变化,因此动态定位的方法更具合理性。当前,已有研究运用该类方法进行长序列、大样本的粗差剔除,取得了良好的效果[1]。

本文对比讨论了几种监测数据粗差定位探测的传统检验方法与数学模型定位方法,并总结其适用范围。结合相关工程实例探讨了粗差处理分析手段,研究成果对监测数据的粗差预处理具有一定的借鉴和参考意义。

2　传统粗差定位技术

2.1　统计检验法

2.1.1　格拉布斯判据

将 $n(<100)$ 个监测数据自小到大排列成一组样本值 $\{x_i\}(i=1,2,\cdots,n)$,并根据样本均值 $\bar{x}$ 和样本方差 S 计算格拉布斯上下侧统计量 G_1 与 G_n:

$$G_1 = \frac{\bar{x} - x_1}{S} \qquad G_n = \frac{x_n - \bar{x}}{S} \tag{1}$$

取一定的显著性水平 α(通常取 0.05 或 0.1),查表得到该组样本的临界格拉布斯判据值 $G(\alpha,n)$。若 G_1 或者 G_n 大于 $G(\alpha,n)$,则相应将其剔除,反之亦反。应用格拉布斯准则进行粗差剔除时,是假设了原样本服从正态分布[2]。而通常采集到的某一时段的监测值由于其面临着动态的荷载、环境条件,往往不符合正态分布,且运用该准则一次只能剔除一个或者两个异常粗差。

因此,对于水工监测而言,格拉布斯准则可用于多次重复测量数据,如仪器率定或监测系统稳定性鉴定时高频次采集数据的粗差检验。但在面对长序列大样本监测数据时,其可靠性程度降低。

2.1.2　狄克逊准则

同格拉布斯准则一样,在得到 n 个顺序样本值 $\{x_i\}(i=1,2,\cdots,n)$ 后,根据样本容量的大小,计算以下 4 个 Dixon 统计量 r_{ij} 之中的一个:

$$r_{10} = \frac{x_n - x_{n-1}}{x_n - x_1} \qquad r_{11} = \frac{x_n - x_{n-1}}{x_n - x_2}$$

$$r_{12} = \frac{x_n - x_{n-2}}{x_n - x_2} \qquad r_{22} = \frac{x_n - x_{n-2}}{x_n - x_3} \tag{2}$$

随机模拟试验表明,当样本容量 $3 \leqslant n \leqslant 7$ 时,Dixon 统计量应取为 r_{10};当 $8 \leqslant n \leqslant 10$ 时,取统计量为 r_{11};当 $11 \leqslant n \leqslant 13$ 时,取统计量为 r_{12};当 $14 \leqslant n \leqslant 30$ 时,取统计量为 r_{12}。给定显著性水平 α(通常取 0.05 或 0.1),即可查狄克逊判据取值表得到 $D(\alpha,n)$。若 $r_{ij} > D(\alpha,n)$,则相应剔除 x_n,反之则将其保留。

狄克逊准则的建立也是以样本 $\{x_i\}$ 服从正态分布为前提的,具有局限性。较之格拉布斯准则,狄克逊判据计算较为简便(无须重复计算样本均值和方差)。但由于其受到严格的样本容量控制 $(n \leqslant 30)$,加之存在的局限性,该法仅适用于小样本重复测量值中的粗差甄别。

2.1.3　肖维勒准则

基于正态分布,肖维勒准则认为在 n 个监测值中,其出现的概率小于 $1/2n$ 的数据为粗差。据此舍弃该值生成新样本继续检验粗差。设第 i 个监测值误差 $\nu_i = x_i - x_{(i)}$, $x_{(i)}$ 为监测值 x_i 对应的真值。则对于某个满足 $|\nu_i - \overline{\nu}| \leqslant kS$ 的某个正数 k,有:

$$P(\frac{|\nu_i - \overline{\nu}|}{S} \leqslant k) = 2\frac{1}{\sqrt{2\pi}}\int_0^k e^{-\frac{t^2}{2}}dt \tag{3}$$

则存有一个肖维勒数 k_s,当 $|\nu_i - \overline{\nu}| > k_sS$,可认为 ν_i 为粗差,即:

$$P(\frac{|\nu_i - \overline{\nu}|}{S} > k_s) = \frac{1}{2n} \tag{4}$$

联合式(3)、式(4)可得:

$$2\frac{1}{\sqrt{2\pi}}\int_0^{k_c} e^{-\frac{t^2}{2}}dt = 1 - \frac{1}{2n} \tag{5}$$

因此,可据样本容量 n 结合式(5)计算 k_s,从而判断 ν_i 是否为粗差。当 $n = 190$ 时,$k_s = 3$,此时肖维勒准则为"3σ 准则"。此外,样本容量 n 越大,k_s 也越大。由此可见,除受正态分布前提的局限影响外,对于测次累积较多的监测数据,肖维勒准则定位粗差的方法偏于保守。

2.2　逻辑检验法

拉伊达准则("3σ 准则")由于其理论浅显易懂、计算简便、能一次性检验所有数据,因此被广泛应用于监测数据可靠性判别和粗差定位处理中。但存在以下几个误区:①关于方差 σ 的取定,常认为一段时序监测值的样本方差 S 与 σ 接近,并以"$3S$"为尺度进行粗差的判别。而真实的 σ 应为仪器厂家卡片上的精度才能体现测值的稳定性,它与外界条件不变,多次重复测量样本的方差接近;②对于粗差密度较大的数据,计算得到的 S 值偏大,剔除粗差过于保守;③通常监测效应量是一组在时序上具有连续变化特征数据,而"3σ 准则"在处理粗差时则将数据间的联系忽略,将数据点孤立起来进行处理。

因此,从逻辑上说,推荐使用以下两种方法进行检验:

(1)顺序偏差法。将一组监测数据按测量的先后顺序排成样本 $\{x_i\}$ $(i = 1,2,\cdots,n)$,描述某一点按顺序变化的幅度的统计量为 d_i:

$$d_i = 2x_i - (x_{i+1} + x_{i-1}) \tag{6}$$

因此,可得到样本容量为 $n-2$ 的新样本 $\{d_i\}$,并计算其均值 $\overline{d}$ 和样本方差 S_d:

$$\overline{d} = \sum_{i=2}^{n-1} \frac{d_i}{n-2} \qquad S_d = \sqrt{\sum_{i=2}^{n-1} \frac{(d_i - \overline{d})}{n-3}} \tag{7}$$

至此,即可计算 x_i 的顺序偏差 q_i:

$$q_i = \frac{|d_i - \overline{d}|}{S_d} \tag{8}$$

若 $q_i > 3$，则可认为 x_i 含有粗差，应予剔除，反之则保留 $x_i^{[3]}$。

（2）循环检验法。以某一测点一段时序（如取一年）内的监测值为样本，并计算其样本方差 S。绘制监测数据时序曲线，检验"毛刺"所在测点值 A_i 是否满足以下两式。

$$|A_i - A_{i\pm1}| \geqslant 3S \tag{9}$$

$$|A_{i+1} - A_{i-1}| \leqslant S \tag{10}$$

通常短时段内监测测值的时效特征不明显，则可假设某个短时间区段内服从正态分布 $N(\mu, \sigma^2)$。以一年的数据样本为例。式中，A_i 为一年中第 i 天的测值（一天中若有多个测值，则取其均值），按"3σ 准则"认为该处测值超过 $\mu\pm3\sigma$ 就认为该处测值不合理，应予剔除。而某一点的 σ 应小于年测值样本方差 S，因为与某一固定时间点条件不变不同，一年中外界条件处于不断变化当中，故增加了测值的波动性，因此有 $|A_i - A_{i\pm1}| \geqslant 3S > 3\sigma$。式中，$A_{i+1}$、$A_{i-1}$ 分别为一年中第 $i+1$ 与 $i-1$ 天的测值。若某一点测值满足式（9），则说明该点测值与前后两点存在较大的偏差；在此情况下，若满足式（10），则说明除去点 A_i 测值，A_{i+1} 与 A_{i-1} 原本具有良好的观测数值连续性。

因粗差的存在而导致年时序线上测值跳动，常常使年极值、变幅产生异常结果，实际操作中，为节省工作量，采用图 1 所示步骤循环，将一组监测数据中的粗差进行剔除。

2.3　数据跳跃法

对于一组按大小顺序排列的监测值 $\{x_i\}$（$i = 1, 2, \cdots, n, n+1$），其互差为 $\Delta_1 = x_2 - x_1$，$\Delta_2 = x_3 - x_2, \cdots, \Delta_{n-1} = x_n - x_{n-1}, \Delta_n = x_{n+1} - x_n$。当 Δ_{n-1} 为互差组中最大值时，即认为出现了数据跳跃点，则取前 n 项目计算其均值 $\bar{x}_i$ 及样本方差 S_1，观测值改正数 $v_i = x_i - \bar{x}_i$。若 $|v_n| \geqslant 3S_1$，则认为 v_n 是粗差。

去掉跳跃点即剔除含粗差的监测值后的样本均值为 $\bar{x}_i' = (x_{n+1} + \sum_{i=1}^{n-1} x_i)/n$，样本方差为 S_2，改正数 $v_i' = x_i - \bar{x}_i'$。文献[4]证明了当 $n \geqslant 12$ 时，无论粗差值位于顺序监测值样本 $\{x_i\}$ 的哪一侧，都有 $|v'_{n+1}| > 3S_2$，则位于 x_n 后的所有值均应被认为是异常值。

该法的核心思想是将 $\{x_i\}$ 分为两段，含粗差的监测值必定在改正数较大的一侧，运用"3σ 准则"及文献[4]的证明结果即可批量对粗差值进行剔除。

对于监测数据序列波动中心稳定的样本，如受温度影响呈连续性周期变化的效应量，该法可有效检验数据粗差。但由于其定位粗差的技术原理仍然基于正态分布，且将原本有时序先后的数据按大小重新排列，即便考虑了互差，也不能弥补其忽略监测值在时间上联系的缺陷。此外，对于外界荷载变化引起的监测效应量陡增陡降（如大坝短时间蓄水引起的坝基渗透压力陡增、洞室爆破开挖引起围岩变形量的台阶状变化），该法会出现误判。图 2、图 3 所示为运用数据跳跃法正确定位及误判粗差的两种情况。

3　模型检验技术

3.1　时间序列法

监测效应量在时间顺序上通常是不独立的，因此可以利用监测数据之间的自相关性建立相应的数学模型来描述客观现象的动态特征。时间序列分析的基本思想是：对于平稳、正态、零均值的监测序列 $\{x_t\}$，若 x_t 的取值不仅与其前 n 步的各个取值 $x_{t-1}, x_{t-2}, \cdots,$

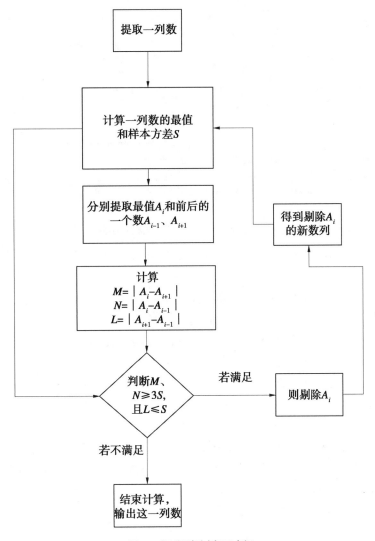

图 1 粗差剔除循环过程

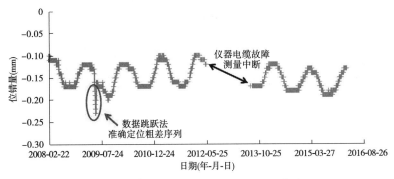

图 2 某工程位错计开合度监测时序曲线

x_{t-n} 有关,而且与前 m 步的各个干扰 $a_{t-1}, a_{t-2}, \cdots, a_{t-m}$ 有关 $(n, m = 1, 2, \cdots)$,则按多元线性回归的思想,可得到最一般的 ARMA 模型:

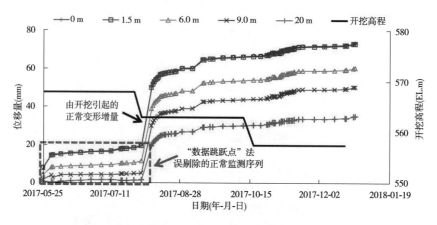

图 3　某地下工程围岩变形监测时序曲线

$$x_t = \varphi_1 x_{t-1} + \varphi_2 x_{t-2} + \cdots + \varphi_n x_{t-n} - \theta_1 a_{t-1} - \theta_2 a_{t-2} - \cdots - \theta_m a_{t-m} + a_t$$

$$a_t \sim N(0, \sigma_a^2)$$

(11)

式中：$\varphi_i (i = 1, 2, \cdots, n)$ 称自回归（Auto-Regressive）参数；$\theta_j (j = 1, 2, \cdots, m)$ 为滑动平均（Moving Average）参数；$\{a_t\}$ 这一序列为白噪声序列。

式（11）称为 x_t 的自回归滑动平均模型（Auto-Regressive Moving Average Model），记为 ARMA (n, m) 模型。对于齐次非平稳性变化的序列，只需进行一次或多次差分，就可以转化为平稳序列。差分算子∇的定义如下：

一阶差分：
$$\nabla x_t = x_t - x_{t-1}$$

二阶差分：
$$\nabla 2 x_t = x_t - 2x_{t-1} - x_{t-2}$$

(12)

显然，差分算子∇和位移算子之间的关系为：$\nabla = 1 - B$。因此，高阶差分可以表示成：

$$\nabla 2 = (1 - B)^2 = 1 - 2B + B^2 = x_t - 2x_{t-1} - x_{t-2}, \nabla 3 = (1 - B)^3, \cdots, \nabla d = (1 - B)^d$$

(13)

因此，含有 d 为阶差分处理的 ARMA(n, m) 模型称 ARIMA(n, d, m) 模型[5]：

$$\varphi_n(B) \nabla d x_t = \theta_m(B) a_t$$

(14)

经过时间序列建模，可以得到监测效应量的拟合序列，并根据残差的大小（用 3 倍剩余标准差 $3S$ 作为上下限）来定位粗差。图 4 所示为应用 ARIMA$(1, 2, 1)$ 模型对某大坝坝体上下游变形进行时间序列分析，并根据建模结果定位粗差。

3.2　统计模型法

以混凝土坝体变形监测为例，可将坝体 δ 主要分为由水压分量 δ_H、温度分量 δ_T、时效分量 δ_θ[6]，即

$$\delta = \delta_H + \delta_T + \delta_\theta$$

(15)

在坝体已运行多年，温度场基本趋于稳定的条件下，根据坝工理论和数学力学原理常规统计模型可表示为：

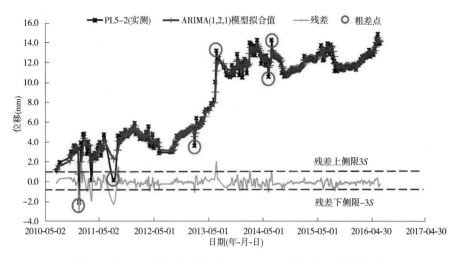

图 4　某大坝坝体上下游向变形 ARIMA 建模结果及粗差定位

$$
\begin{aligned}
\delta = &\sum_{i=1}^{3} \left[a_{1i}(H_u^i - H_{u0}^i) \right] + \\
&\sum_{i=1}^{2} \left[b_{1i}\left(\sin\frac{2\pi it}{365} - \sin\frac{2\pi it_0}{365} \right) + b_{2i}\left(\cos\frac{2\pi it}{365} - \cos\frac{2\pi it_0}{365} \right) \right] + \\
&c_1(\theta - \theta_0) + c_2(\ln\theta - \ln\theta_0) + a_0
\end{aligned} \tag{16}
$$

式中:H_u、H_{u0} 分别为监测日、始测日所对应的上游水头;t 为监测日到起始监测日的累计天数;t_0 为建模资料系列第一个监测日到始测日的累计天数;θ 等于 t 除以 100,θ_0 等于 t_0 除以 100;其余均为回归系数。

同样,根据统计建模结果和拟合残差的大小可定位粗差,如图 5 所示。

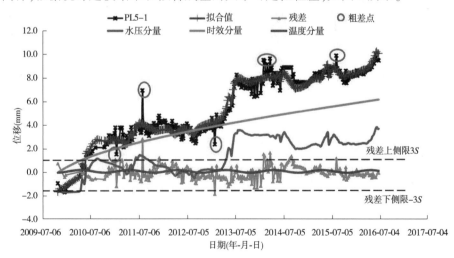

图 5　某大坝坝体上下游向变形统计建模结果及粗差定位

3.3　灰色系统法

在监测数据的采集工作中,常常由于仪器故障、电缆线断开或者观测难度等因素造成数据采集频次低的"小样本""贫信息"的不确定数组。如何通过已知的部分信息,在对监测结构的工作性态及监测效应量的演化规律进行正确把握就可运用灰色动态(GM)建模进行分析。

GM(n,1)是常用的 n 阶单变量模型,可用于监测序列的拟合和预测[7]。对于非负离散数列 $x^{(0)} = \{ x^{(0)}(1), x^{(0)}(2), \cdots, x^{(0)}(n) \}$,经一次累加,即可生成新序列 $x^{(1)} = \{ x^{(1)}(1), x^{(1)}(2), \cdots, x^{(1)}(n) \}$。一阶线性动态模型 GM(1,1)的微分方程为:

$$\frac{\mathrm{d}x^{(1)}}{\mathrm{d}t} + ax^{(1)} = \mu \tag{17}$$

式中:a、μ 为待定系数,记系数向量为 $A = [a, \mu]^{\mathrm{T}}$。应用最小二乘解法,得 $A = (B^{\mathrm{T}}B)^{-1}B^{\mathrm{T}}Y_n$,其中矩阵 B 和向量 Y_n 分别为:

$$B = \begin{bmatrix} -\frac{1}{2}(x^{(1)}(1) + x^{(1)}(2)) & 1 \\ -\frac{1}{2}(x^{(1)}(2) + x^{(1)}(3)) & 1 \\ \cdots & \cdots \\ -\frac{1}{2}(x^{(1)}(n-1) + x^{(1)}(n)) & 1 \end{bmatrix} \quad Y_n = \begin{bmatrix} x^{(0)}(2) \\ x^{(0)}(3) \\ \cdots \\ x^{(0)}(n) \end{bmatrix} \tag{18}$$

求解微分方程,得到:

$$\hat{x}^{(1)}(t+1) = \left(x^{(1)}(0) - \frac{\mu}{a} \right) \mathrm{e}^{-at} + \frac{\mu}{a} \tag{19}$$

求导还原,可得:

$$\hat{x}^{(0)}(t+1) = -a\left(x^{(0)}(1) - \frac{\mu}{a} \right) \mathrm{e}^{-at} \tag{20}$$

以上建模全部基于等时间间距的数列,小概率误差 P 与后验差比值 c 是常用于评价模型精度的指标。c 越小,表明预测误差离散性越小;P 越大,表明出现小误差的概率越大,其精度也越好。对于动态过程呈现非单调或摆动的贫信息,还可应用 GM(2,1)模型进行分析,其微分方程为:

$$\frac{\mathrm{d}^2 x^{(1)}}{\mathrm{d}t^2} + a_1 \frac{\mathrm{d}x^{(1)}}{\mathrm{d}t} + a_2 x^{(1)} = \mu \tag{21}$$

GM(2,1)模型微分方程的解法及其精度评价指标和 GM(1,1)模型基本一致,此处不再赘述。对于单独的监测效应量而言,由于模型的阶数 n 越高,计算越复杂,且其精度未必更高,因此一般 n 取在 3 阶以下。如图 6、图 7 所示为分别运用 GM(1,1)和 GM(2,1)模型对某工程两个不同的变形监测点的"贫信息"(测频为 2 个月一次)进行灰色系统分析,并根据输出误差率的大小(50%)定位粗差。

3.4　稳健估计法

根据上述分析可知,以上三类模型的参数求解均基于最小二乘法。但粗差的存在导致模型参数为之迁就,进而造成统计模型一定程度的失真。稳健的含义就是粗差出现的情况下使参数的估计结果不致失真。与最小二乘法追求统计意义上的最优方程不同,稳健估计着眼于抗差意义下的最优或接近最优,即追求回归参数的可靠性。总体而言,稳健

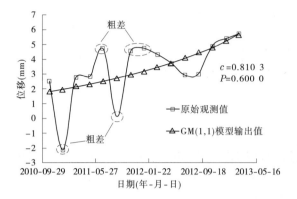

图6 某变形测点 GM(1,1)模型粗差定位(测频)

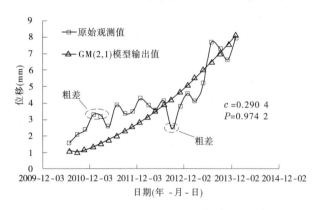

图7 某变形测点 GM(2,1)模型粗差定位

估计共三大类型,即 M 估计、基于顺序统计量线性组合的 L 估计和基于秩检验导出线性组合的 R 估计。其中,M 估计又称极大似然估计,在测量界应用成熟广泛[8,9]。以多元回归为例,模型参数 β 的求解方法基于残差平方和最小的原则:

$$\hat{\beta} = (X^{\mathrm{T}}X)^{-1}X^{\mathrm{T}}Y \tag{22}$$

式中:Y 为监测值向量;X 为相关因子的结构矩阵。

M 估计的准则为:

$$\sum_{i=1}^{n} \rho(v_i) = \min \tag{23}$$

ρ 称极值函数(增长速率小于残差平方和 v_i^2),对 β 求导,并令其为零可得:

$$\frac{\partial \sum_{i=1}^{n} \rho(v_i)}{\partial \beta} = \sum_{i=1}^{n} \rho'(v_i)\frac{\partial v_i}{\partial \beta} = 0 \tag{24}$$

考虑到多元的残差方程 $V = X\hat{\beta} - Y$;$v_i = x_i\hat{\beta} - y_i(x_i$ 是 X 的第 i 行向量),有:

$$\sum_{i=1}^{n} \rho'(v_i)x_i = 0; \sum_{i=1}^{n} x_i^{\mathrm{T}}\frac{\rho'(v_i)}{v_i}v_i = 0 \tag{25}$$

令权函数 $p_i(v_i) = \dfrac{\rho'(v_i)}{v_i}$，则式（25）变为 $\sum\limits_{i=1}^{n} x_i^{\mathrm{T}} p_i(v_i) v_i = 0$，值得注意的是与最小二乘等权处理不同，M 稳健估计的权函数 $p(v)$ 是残差 v 的函数。由于极值函数 p 的选取不同，可构成的权函数也就不同，因此称选权迭代法，常用的权函数迭代方法有 Huber 法、Andrews 法、IGG 方案等。

4 结　论

本文针对水工监测数据中广泛存在的粗差问题，探讨了传统粗差定位技术的适用性及其局限性。并通过时间序列、多元回归、灰色系统等数学分析手段，探究了相关模型探测粗差的可行性，得到以下主要认识：

（1）统计检验的粗差定位技术均基于正态分布，与监测效应量所面临的动态影响条件存有差异。格拉布斯、狄克逊或者肖勒维准则可用于探测小样本重复观测数组的粗差。较之而言，通过改进"3σ 准则"而得到的逻辑检验法能够顾及监测值在时序上的相关关系，可应用于定位连续渐变的监测数据序列中出现的粗差。

（2）数据跳跃法可有效探测波动中心稳定的监测样本粗差，但对于由于外界荷载变化引起的测值陡增陡降，该法会出现误判。

（3）时间序列分析的方法可利用监测数据之间的自相关性建立相应的模型来描述监测效应量在时序上的动态特征，可准确定位连续性较强的数据序列中的粗差；对于有明确影响因子的监测效应量（如坝体变形与水位、温度、时效等），可经相关分析建立统计模型，得到拟合过程线，进而定位粗差；灰色系统 GM(1,1)、GM(2,1) 建模方法适用于数据采集频次低的"小样本""贫信息"的粗差探测。

（4）采用稳健估计的方法可使在粗差出现的情况下使保证模型参数的估计结果不致失真，即追求模型参数的可靠性。

参 考 文 献

[1] 朱赵辉,刘健,李新,等.基于稳健估计的大坝变形监测统计模型分析[J].中国水利水电科学研究院学报,2018,16(2):105-112.

[2] 李啸啸,蒋敏,吴震宇,等.大坝安全监测数据粗差识别方法的比较与改进[J].中国农村水利水电,2011(3):102-105,112.

[3] 黄声享.变形监测数据处理[M].武汉:武汉大学出版社,2010.

[4] 毛亚纯,王恩德,修春华.剔除变形监测粗差数据的新方法——数据跳跃法[J].东北大学学报(自然科学版),2011,32(7):1020-1023.

[5] 唐启义.DPS 数据处理系统：实验设计、统计分析及数据挖掘：DPS data processing system：experimental design, statistical analysis and data mining[M].北京:科学出版社,2010.

[6] 吴中如.水工建筑安全监控理论及应用[M].北京:高等教育出版社,2003.

[7] 邓聚龙.灰理论基础[M].武汉:华中科技大学出版社,2002.

[8] 周江文,黄幼才,杨元喜,等.抗差最小二乘法[M].武汉:华中理工大学出版社,1997.

[9] 李德仁.测量平差系统的误差处理和可靠性理论[M].武汉:武汉测绘科技大学.1985.

杨房沟水电站左岸坝肩边坡断层 f$_{37}$ 变形机制及其加固设计

殷亮,魏海宁,周勇,黄熠辉,么伦强

（中国电建集团华东勘测设计研究院有限公司,浙江 杭州　311122）

摘　要　杨房沟水电站左岸坝肩边坡高陡、长大结构面较发育、开挖卸荷作用强烈,造成了边坡岩体结构的复杂性和边坡变形破坏方式的多样性。其中,在左岸缆机平台以下边坡开挖中因受不利断层 f$_{37}$ 影响,出现了局部变形开裂现象,并对后续工程施工安全与边坡稳定影响较大。本文结合现场工程地质调查、岩体结构特征和监测成果,采用三维块体离散元方法,深入分析了在断层 f$_{37}$ 影响下该边坡的变形机制及稳定性特征,并据此对针对性加固设计方案进行评估。综合分析认为,断层 f$_{37}$ 发生变形开裂的主要原因是结构面与坡体在不利的空间交切关系下,该边坡开挖卸荷作用导致断层 f$_{37}$ 上、下岩体表现出了非连续变形特征和卸荷松弛现象。在针对性加固设计方案实施后,左岸坝肩边坡处于整体稳定状态,实践表明该加固方案合理可行。

关键词　杨房沟水电站;岩石高边坡;变形机制;离散单元法;稳定性

1　引　言

杨房沟水电站为一等工程,工程规模为大(1)型。枢纽主要由混凝土双曲拱坝、泄洪消能建筑物和引水发电系统等主要建筑物组成。挡水建筑物为混凝土双曲拱坝,坝顶高程 2 102 m,坝高 155 m。拱坝坝址河谷狭窄,坝址区边坡为典型深切"V"形深切河谷地形,两岸山高坡陡、地应力水平中等,均为燕山期花岗闪长岩,岩体坚硬完整、风化卸荷较弱,坡体非连续面发育。

左岸坝肩边坡开挖揭示岩体以Ⅲ类为主,局部较破碎,岩体呈次块状—镶嵌结构,上、下游开口线附近岩体呈强卸荷属Ⅳ类岩体,边坡整体稳定较好。在缆机平台 EL.2 190 m 以下边坡开挖过程中,受不利断层 f$_{37}$ 的影响,在缆机 EL.2 187 m 平台上出现了沿断层 f$_{37}$ 变形开裂现象,其对后续工程施工安全与边坡稳定影响较大,因此深入分析该边坡的变形破坏机制非常重要。

本文将结合现场工程地质调查、岩体结构特征和监测成果,主要基于数值分析手段,对上述典型工程问题开展研究工作,通过分析复核在断层 f$_{37}$ 影响下边坡的变形及稳定性特征,评估针对性加固方案的可行性和合理性,为后续现场采取积极主动的安全防护措施和拟订合理的开挖支护方案提供参考依据,也可以为类似的岩质高边坡工程提供参考资料。

2　工程问题简述

根据左岸坝肩边坡开挖揭示情况,断层 f_{37} 具有分布范围较大、产状偏转明显、局部影响带较宽等典型特征,使其对边坡变形及稳定性的影响随边坡开挖而趋于复杂化,断层 f_{37} 在 EL.2 190 m 以上产状 N75°～80°W,SW∠45°～50°,在 EL.2 190 m 以下产状变为 N40°～60°W,SW∠60°。断层 f_{37} 影响带宽为 10～15 cm,带内岩块岩屑填充、铁锰渲染较严重。以 EL.2 190 m 为界,走向变化为 20°～30°,倾角变化为 10°～15°,即断层 f_{37} 由原来的与开挖坡面呈"中等角度相交"变为"近平行或小角度相交"的情况,整体上对缆机平台及以下边坡稳定性较为不利。图 1 为断层 f_{37} 在左岸坝肩边坡的空间分布特征。

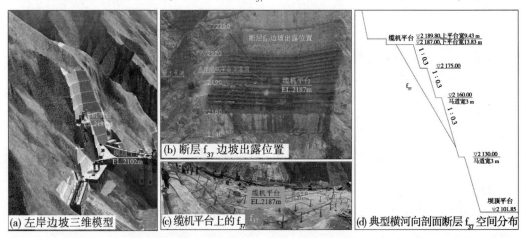

图 1　左岸坝肩边坡开挖施工面貌与断层 f_{37} 分布特征

施工过程中,在左岸坝肩边坡上游侧 EL.2 145～2 130 m 梯段爆破后,缆机 EL.2 187 m 平台出现了沿断层 f_{37} 的变形开裂现象,缝宽在 1～2 mm,延伸情况及变形开裂细部情况见图 2。从工程地质角度分析其主要原因是:随着边坡的开挖,顺坡向倾坡外断层 f_{37} 上盘的临空岩体也逐渐变单薄,在边坡岩体二次应力调整下,断层 f_{37} 上盘岩体产生卸荷松弛现象。根据开挖揭露的断层 f_{37} 轨迹线分析,受断层 f_{37} 与其他不利结构面组合的影响,后续开挖可能会存在局部边坡失稳风险。因此,为确保工程安全,有必要在边坡继续开挖前,进一步分析复核断层 f_{37} 影响下的边坡变形及稳定特征,并及时采取针对性的加固处理措施。同时,现场立即布置了临时表面观测点、砂浆条带、裂缝开合计、钻孔摄像、锚索应力计、多点位移计等安全监测仪器,以便及时掌控边坡变形及稳定状况,并为计算分析决策提供基础资料。

3　左岸边坡断层 f_{37} 变形机制数值模拟分析

3.1　分析方法

近年来,对岩体非连续力学行为的模拟一直是一个难点,同时也是岩体工程研究的热点所在,当前 DDA、离散元法、界面元法等非连续数值分析方法已应运而生,并逐步形成了可供工程实践应用的商业化程序。其中,3DEC(Three-dimension Distinct Element Code)

图 2　左岸 EL.2 187 m 平台断层 f_{37} 延伸情况及变形特征

是一款基于块体离散单元法作为基本理论,用以描述离散介质力学行为的计算分析程序,其作为一种非连续力学分析方法,可再现岩体中结构面产生的非连续变形,甚至完全脱离的行为,同时也可以模拟岩块的连续变形特征。本次研究工作主要采用 ITASCA 公司 Peter Cundall 院士等开发的 3DEC 程序,该离散单元方法在处理非连续变形问题和结构面控制型岩体稳定问题上具有显著优势,能够方便地模拟各类地质构造面,适用于节理岩质高边坡的开挖变形响应及稳定分析。

3.2　三维数值模型与参数选取

3DEC 程序可直接对岩体结构面进行模拟。三维数值计算模型中岩体物理力学参数主要基于可研地质建议值和现场监测反馈分析成果,并结合实际开挖揭示条件、声波检测成果等综合拟定,具体取值见表 1。岩体本构模型采用摩尔-库仑弹塑性本构模型,该准则是传统 Mohr-Coulomb 剪切屈服准则与拉伸屈服准则相结合的复合屈服准则。

表 1　岩体物理力学参数取值

岩性	岩体类别	密度 (kN/m^3)	变形模量 (GPa)	泊松比	抗剪断强度	
					f'	C'(MPa)
花岗闪长岩	II	27.0	13.0	0.23	1.35	1.10
花岗闪长岩	III_1	26.5	9.0	0.26	1.10	1.05
花岗闪长岩	III_2	26.5	5.0	0.27	0.90	0.80
花岗闪长岩	IV	26.0	3.0	0.28	0.75	0.60

针对结构面的模拟将选用接触面模型,接触面的破坏准则基于库仑剪切强度准则。根据边坡实际开挖揭露地质情况,结合可研阶段坝址区岩体结构面力学指标建议值,并参考相关规范规程,岩体结构面力学参数见表 2。

表 2　岩体结构面力学参数取值

结构面类型	充填类型	法向刚度	剪切刚度	摩擦系数	黏聚力
		K_n(GPa/m)	K_s(GPa/m)	f	C(MPa)
断层、挤压破碎带等	岩块岩屑	1~10	0.5~5	0.50~0.60	0.10~0.15
	岩块岩屑夹泥模型			0.35~0.40	0.05~0.10
断层 f_{37}	岩块岩屑	5	2	0.50	0.10

3.3　左岸坝肩边坡开挖变形响应特征分析

针对缆机平台以下梯段开挖过程进行动态仿真数值模拟,分析左岸边坡在该开挖阶段的卸荷变形、结构面非连续变形演化特征。

图 3 为坝肩边坡开挖至缆机平台 EL.2 190 m 时的累计变形分布特征,此阶段边坡以向上的卸荷回弹变形为主,受断层 f_{37} 影响,断层两侧岩体表现出轻微的非连续变形特征,其中上盘岩体的卸荷回弹变形较大,一般在 10~14 mm。图 4 为坝肩边坡开挖至 EL.2 140 m 时的累计变形分布特征,此阶段边坡仍以卸荷回弹变形为主,新开挖坡面的累计变形一般为 5~8 mm,其中断层 f_{37} 影响区域的变形量一般可达 10~12 mm,在缆机平台 EL.2 190 m 处断层 f_{37} 上盘岩体仍表现为向上的卸荷变形特征,累计变形一般在 15~17 mm。

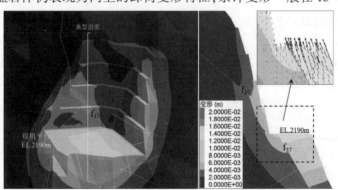

图 3　坝肩边坡开挖至 EL.2 190 m 时的累计变形分布特征

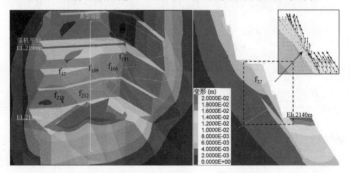

图 4　坝肩边坡开挖至 EL.2 140 m 时的累计变形分布特征

　　由此可见,在缆机平台以下开挖过程中,随着顺坡向倾坡外断层 f_{37} 在开挖坡面的逐步出露,其上、下盘岩体的非连续变形特征逐步显现,其中 f_{37} 上盘岩体的开挖卸荷变形特征相对突出,在断层出露部位的薄层岩体表现出一定的松弛特征。从变形发展趋势看,这一差异变形现象将会持续直至断层 f_{37} 在开挖面完全揭露。其间,断层 f_{37} 的变形响应特征则主要受结构面性状、赋存地应力条件、爆破控制以及后续针对性加强锚固方案等因素共同影响。

　　图5给出了假定后续开挖"无支护"情况下,边坡开挖至坝顶平台 EL.2 102 m 时的累计变形特征预测情况。与前一开挖阶段相比,断层 f_{37} 上盘岩体松弛特征明显,变形增长可达到 25~35 mm,断层上、下盘岩体表现为明显的错动变形,表明边坡继续开挖过程中可能存在较突出的变形及稳定问题,若不针对断层 f_{37} 影响区进行加固处理,将会存在边坡松弛变形及块体失稳风险。

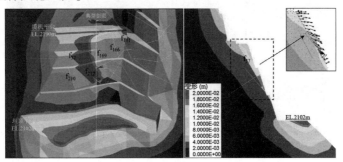

图5　无支护条件预测的坝肩边坡开挖至 EL.2 102 m 时的累计变形分布特征

3.4　左岸坝肩边坡断层 f_{37} 变形机制分析

　　根据缆机平台以下边坡开挖过程简化为三个典型阶段:EL.2 190~2 160 m 梯段、EL.2 160~2 145 m 梯段、EL.2 145~2 135 m 梯段进行对比分析。图6分别给出了三个典型开挖梯段的开挖垂直向下变形增量分布情况,图7为 EL.2 145~2 135 m 梯段典型剖面的开挖垂直向下变形增量及变形增量矢量分布特征。结合前文边坡开挖总变形响应特征,有如下特点:

　　(1)在 EL.2 187~2 160 m 梯段开挖后,断层 f_{37} 逐步在坡面靠上游侧出露,受其影响缆机平台的岩体变形以斜向上游侧的卸荷回弹变形为主,缆机平台的垂直向下(下沉)变形特征不明显。

　　(2)在 EL.2 160~2 145 m 梯段开挖后,缆机平台局部岩体沿断层 f_{37} 出现了轻微的垂直向下(下沉)变形特征,量值在 1 mm 左右。

　　(3)在 EL.2 145~2 135 m 梯段开挖后,断层 f_{37} 在坡面靠上游侧几乎完全揭示,其在临时坡脚的出露范围也逐渐变广(推测 f_{37} 将在 EL.2 130 m 全面揭露),其上盘岩体渐变单薄、承载能力降低,在此开挖阶段的变形增长和二次应力调整均将相对强烈,并表现出一定的卸荷松弛特征。受此梯段开挖卸荷影响,边坡沿 f_{37} 产生了相对明显的斜向下卸荷松弛变形现象,量值可达到 2~5 mm。在缆机平台处断层 f_{37} 上盘部分岩体表现出相对明显的下沉变形特征,量值可达到 1~3 mm。

　　总的来看,受顺坡向倾坡外不利断层 f_{37} 切割影响,对左岸缆机平台边坡稳定性乃至缆机的运行均产生了较大的不利影响。在该段边坡开挖卸荷作用下,断层 f_{37} 上、下盘岩体表现出了一定的非连续变形特征和卸荷松弛现象,且随着断层 f_{37} 在开挖坡面的逐步揭露而趋于明显,其中 EL.2 145~2 135 m 梯段开挖对上部边坡的影响相对显著,这应当是该时段在缆机平台沿断层 f_{37} 出现变形开裂现象的主要原因。

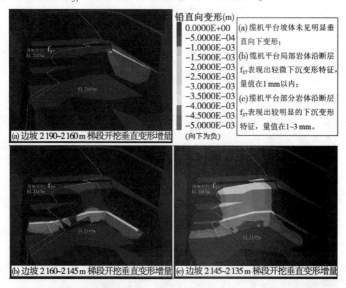

图 6　边坡 EL.2 190~2 135 m 典型开挖阶段的垂直向下变形增量

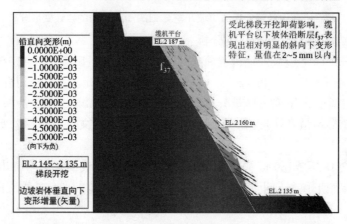

图 7　边坡 EL.2 145~2 135 m 梯段开挖垂直向下变形增量及矢量分布

4　断层 f_{37} 针对性加固设计方案与稳定性分析

4.1　断层 f_{37} 针对性加固设计方案

针对左岸坝肩缆机平台以下边坡受断层 f_{37} 影响区稳定性较差的情况,为满足边坡继续下挖及缆机基础混凝土浇筑、缆机运行等边坡稳定要求,通过深入分析论证拟定了针对性的加强支护处理措施(典型剖面见图 8)。结合现场施工安排,提出了分两期实施的处理方案。

(1)一期加强支护措施。必须在 EL.2 133 m 以下边坡开挖及缆机基础混凝土浇筑前完成,主要包括:①高程 2 162 m、2 167 m、2 172 m、2 177 m、2 182 m 共布置 5 排 2 000 kN 预应力锚索,$L=30$ m/40 m 间隔布置,间距 5 m,下倾 15°。各锚索之间设混凝土连系梁(30 cm×40 cm),锚墩与连系梁需浇筑形成整体。②考虑到高程 2 160 m 以下块体较薄,存在开挖卸荷松弛变形问题,利用当前开挖作业面在高程 2 143 m 布置 1 排 2 000 kN 预应力锚索,$L=30$ m/40 m 间隔布置,间距 5 m,下倾 15°。③完成以上措施后,可对 EL.2 133 m 以上已完成爆破的松渣进行开挖,清渣后利用 EL.2 133 m 平台在坡脚处施工一排马道锁口锚筋桩 3 ⊕ 32@2 m,$L=9$ m。完成一期加强支护措施,并在制定严格的开挖爆破控制措施后,可对 EL.2 133 m 以下边坡进行开挖,缆机基础混凝土方可浇筑。

（2）二期加强支护措施。必须在缆机运行前完成,主要包括高程 2 138 m、2 150 m、2 155 m 共布置 3 排 2 000 kN 预应力锚索,$L=30$ m/40 m 间隔布置,间距 5 m,下倾 15°。各锚索之间设混凝土连系梁(30 cm×40 cm),锚墩与连系梁需浇筑形成整体。

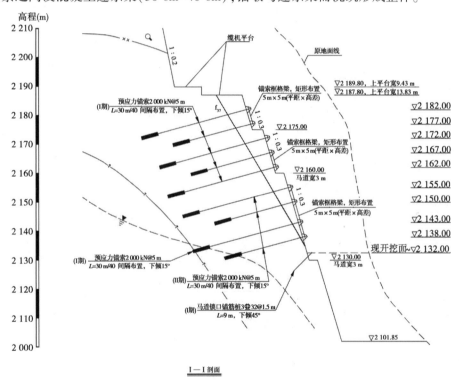

图 8　断层 f_{37} 加强支护处理方案典型剖面

4.2　断层 f_{37} 针对性加强支护处理方案评价

根据现场开挖揭露的岩体结构特征,在缆机平台以下边坡组合形成潜在不利块体 A($f_{37}+f_{169}$+优势节理)、块体 B($f_{37}+f_{166}$+优势节理)、块体 C($f_{169}+f_{166}$+优势节理),三个不利块体均以 f_{37} 为潜在底滑面,其空间分布见图 9。

根据拟订的加强支护处理方案(计算中仅考虑预应力锚索加固效果,挂网喷混凝土、锚杆、锚筋桩等均作为安全储备),基于离散元强度折减法,计算出各种工况下块体稳定安全系数见表 3。

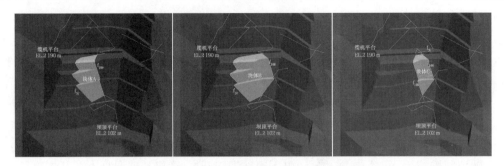

图9 缆机平台以下与断层 f_{37} 相关的组合块体

表3 各种工况下块体稳定安全系数

工程方案	计算工况或荷载	阶段	安全标准	块体A	块体B	块体C
无支护方案	天然		—	0.92	0.95	1.30
	暴雨		1.15	0.88	0.92	1.28
EL.2 187~2 160 m 布置 5 排 2 000 kN 锚索	天然	施工期	—	1.30	1.24	1.63
	暴雨		1.15	1.26	1.21	1.60
	天然+缆机基础自重		—	1.27	1.21	1.60
	暴雨+缆机基础自重		1.15	1.23	1.18	1.57
EL.2 187~2 160 m 布置 5 排 2 000 kN 锚索+ EL.2 160~2 130 m 布置 1 排 2 000 kN 锚索	天然		—	1.38	1.28	1.65
	暴雨		1.15	1.34	1.25	1.62
	天然+缆机基础自重		—	1.34	1.24	1.63
	暴雨+缆机基础自重		1.15	1.30	1.22	1.60
EL.2 187~2 160 m 布置 5 排 2 000 kN 锚索+ EL.2 160~2 130 m 布置 4 排 2 000 kN 锚索	天然+缆机基础自重 +缆机工作荷载	运行期	1.30	1.50	1.40	1.75
	暴雨+缆机基础自重 +缆机工作荷载		1.20	1.45	1.36	1.72
	天然+缆机基础自重		1.30	1.53	1.42	1.76
	暴雨+缆机基础自重		1.20	1.49	1.39	1.74
	地震+缆机基础自重		1.10	1.42	1.32	1.63

注:①根据《水电水利工程边坡设计规范》,左岸坝肩边坡属A类(枢纽工程区)I级边坡。

②地震工况计算按拟静力法简化。

③缆机基础混凝土自重的影响按极端情况考虑,假定其沿 f_{37} 断层错断,与后缘脱空,前部荷载则作用于计算块体上。

④缆机工作荷载按全部作用于计算块体上等效考虑。

采用三维块体离散元方法,对断层 f_{37} 影响区潜在不利块体的稳定分析成果表明:

(1)无支护状态下,块体A、块体B安全系数均小于1.0,无法满足自稳要求。

(2)EL.2 187~2 160 m 布置5排2 000 kN预应力锚索支护后,各种工况下块体稳定安全系数均满足规范要求,即完成一期加强支护措施后,边坡具备继续开挖及缆机基础混凝土浇筑的条件。

（3）EL.2 187~2 130 m 布置 9 排 2 000 kN 预应力锚索支护后,各种工况下块体稳定安全系数均满足规范要求,即拟订的加强支护处理方案可以满足缆机运行期、工程永久边坡稳定要求。

5　断层 f_{37} 针对性加固效果分析复核

5.1　数值反馈分析论证

图 10 给出了断层 f_{37} 在针对性加强支护处理方案下,左岸坝肩边坡开挖至坝顶平台 EL.2 102 m 的累计变形特征。可以看出,断层 f_{37} 影响区域岩体变形增长明显降低,最大变形一般仅在 10~15 mm,表明设计拟订的加强支护处理方案对岩体变形起到了较好的控制作用,方案合理可行,能够确保施工期、缆机运行期、工程永久边坡稳定满足规范要求。

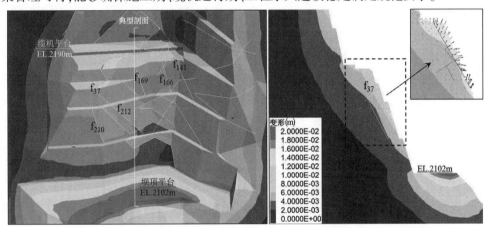

图 10　针对性加强支护条件下,左岸坝肩边坡开挖至 EL.2 102 m 累计变形特征

5.2　监测成果分析论证

针对断层 f_{37} 的加强支护处理措施实施以后,断层 f_{37} 影响区的相关监测成果均处于平稳状态,无持续变形或其他异常现象。目前,左岸坝肩边坡已开挖至 EL.2 000 m,图 11、图 12 给出了 2 个典型测点的变形过程线,累计变形在 3 mm 左右,且趋于收敛稳定。这表明针对性加强支护处理措施对控制边坡变形作用十分明显,边坡处于稳定状态。

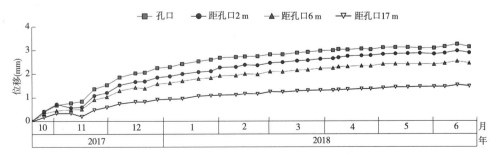

图 11　左岸边坡 EL.2 172 m 多点位移计 M4zbp-1-3 测值过程线

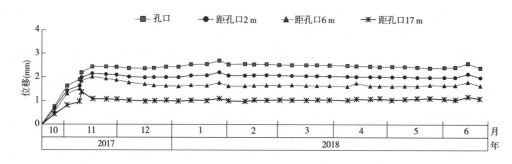

图12 左岸边坡 EL.2 182 m 多点位移计 M4zbp-7-1 测值过程线

6 结 论

本文针对杨房沟水电站左岸坝肩边坡受断层 f_{37} 影响下的变形及稳定特征进行了深入分析,并对拟订的针对性加强支护处理方案进行分析复核论证,主要结论包括:

(1)左岸坝肩边坡 EL.2 190~2 102 m 受顺坡向倾坡外不利断层 f_{37} 切割影响,形成了较为不利的薄层岩体,在边坡开挖卸荷作用下,断层 f_{37} 上、下盘岩体表现出了一定的非连续变形特征和卸荷松弛现象。根据开挖揭示地质条件,在断层 f_{37} 分布范围较前期预测大、产状出现偏转明显、局部影响带较宽等不利情况下,在进一步补充勘察、数值模拟分析和安全监测成果的基础上,开展动态设计工作是十分必要的,对保障工程建设安全具有重要意义。

(2)针对左岸坝肩边坡受断层 f_{37} 影响区稳定性较差的情况,为满足边坡继续下挖及缆机基础混凝土浇筑、缆机运行等边坡稳定要求,通过数值计算深入分析论证,拟订了针对性的加强支护处理措施,并结合现场施工安排,提出了分两期实施的处理方案是合理可行的。

(3)针对断层 f_{37} 的加强支护处理措施实施以后,相关监测成果均处于平稳状态,无持续变形或其他异常现象。目前左岸坝肩边坡已开挖至 EL.2 000 m,累计变形在 3 mm 左右,且趋于收敛。针对性加强支护处理措施对控制边坡变形作用十分明显,目前边坡处于稳定状态。

(4)基于非连续方法的块体离散元(3DEC 程序)在分析研究受控于多组不利结构面的岩质边坡变形破坏机制时具有较明显的优势,可真实、快速再现边坡开挖卸荷过程中的非连续变形特征。

参 考 文 献

[1] 黄润秋. 岩石高边坡发育的动力过程及其稳定性控制[J]. 岩石力学与工程学报, 2008, 27(8): 1525-1544.

[2] 宋胜武, 巩满福, 雷承第. 峡谷地区水电工程高边坡的稳定性研究[J]. 岩石力学与工程学报, 2006, 25(2):226-234.

[3] 张正虎, 邓建辉, 魏进兵, 等. 长河坝水电站左坝肩边坡变形机制分析[J]. 工程科学与技术, 2017 (S2):1-7.

[4] Itasca Consulting Group, Inc. Online Contents for 3 Dimensional Distinct Element Code(3DEC Version 5.0)
[M]. Minneapolis, Minnesota, USA：Itasca Consulting Group, Inc. 2013.
[5] 中华人民共和国行业标准编写组. 水电水利工程边坡设计规范：DL/T 5353—2006[S].北京：中国
电力出版社, 2007.

杨房沟水电站地下厂房若干典型岩石力学问题与工程对策研究

周勇[1,2]，钟谷良[3]，潘兵[1,2]，褚卫江[1,2]，刘宁[1,2]，蔡波[1]

(1.中国电建集团华东勘测设计研究院有限公司，浙江 杭州　311122；

2. 浙江中科依泰斯卡岩石工程研发有限公司，浙江 杭州　311122；

3. 雅砻江流域水电开发有限公司，四川 成都　610051)

摘　要　杨房沟地下洞室群规模大，地应力、陡倾角优势结构面、地下厂房纵轴线三者空间组合关系较为不利。在地下厂房开挖过程中先后出现了围岩应力型破坏、结构面控制的坍塌破坏、岩体蚀变影响带承载力偏低、母线洞环向裂缝等典型岩石力学问题。基于工程经验类比和现场地质调查，制定了花岗闪长岩的围岩启裂强度标准，并结合离散元数值方法对洞室开挖的围岩应力集中程度和高应力破坏风险进行了分析预测；针对缓倾结构面引起的顶拱坍塌破坏问题开展数值反馈分析，确定了加强支护措施及范围；针对岩体蚀变影响带问题深入开展分析研究，系统形成了地下厂房岩体蚀变影响带的现场识别、快速评估及控制措施体系；针对母线洞环向开裂问题，重点分析了其成因机制，包括受地应力格局、多洞室空间交叉结构体型、顺洞向陡倾优势结构面等不利因素共同影响，并基于此研究拟订了针对性的加强支护方案。研究表明，大型地下洞室围岩的稳定问题通常较为复杂，在施工期依据施工地质、监测成果和数值模拟计算相结合的反馈分析手段，不仅能够解释各类围岩变形破坏机制，而且能够为动态优化设计提供重要参考依据。

关键词　杨房沟水电站；地应力；围岩破坏；岩体蚀变；环向裂缝

1　引　言

　　杨房沟水电站地下厂房位于左岸山体内，布置 4 台单机容量 375 MW 的水轮发电机组，总装机容量 1 500 MW，工程级别为一等大(1)型。主副厂房洞纵轴线方位 N5°E，开挖尺寸为 230 m×28 m×75.57 m，岩锚梁以上宽 30 m。主变室开挖尺寸为 156.0 m×18.0 m×22.3 m，两洞室间净距为 45 m。尾水调压室采用阻抗长廊式，1# 和 2# 调压室尺寸分别为 24 m×69.5 m×63.75 m 和 24 m×82 m×63.75 m。整个三大洞室共历时 26 个月开挖完成。

　　地下厂房洞室群区域岩性为燕山期花岗闪长岩，呈微风化—新鲜状，块状—次块状结构。岩体完整性较好，除局部蚀变影响带和断层、节理密集带影响区域外，围岩整体以 Ⅱ 类和 Ⅲ 类为主。地下洞室群开挖揭示 Ⅳ 级小断层和陡倾角节理、裂隙较发育，大部分断层宽度 1~5 cm，延伸长度一般 40~100 m，除个别局部为岩块岩屑夹泥型外，大部分断层为岩块岩屑型(见图 1)。地下洞室群整体稳定条件较好，开挖揭示三大洞室不存在整体和大型块体稳定问题。

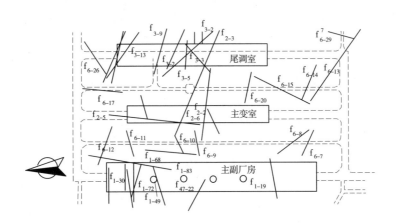

图1　地下洞室群地质平切图(厂房顶拱 EL. 2 022.5 m)

由于杨房沟地下洞室群规模大,陡倾角优势结构面与厂房夹角较小,地应力与厂房呈大角度相交,在地下厂房开挖过程中先后出现了围岩应力型破坏、结构面控制的坍塌破坏、岩体蚀变影响带、母线洞环向裂缝等典型岩石力学问题(见图2)。本文针对上述在地下厂房施工期揭示的典型复杂岩石力学问题,结合工程经验类比、现场地质调查、监(检)测数据与数值反馈模拟技术等展开深入分析研究,并据此制定针对性的工程处理措施,以满足工程安全性与经济合理性的迫切需求。

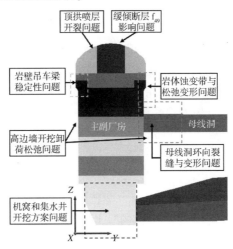

图2　杨房沟地下厂房施工期典型工程问题示意图

2　围岩应力特征与潜在高应力破坏风险分析

2.1　初始地应力特征

在地下厂房洞室群区域,开展了大量水压致裂地应力测试工作[1]。其中二维地应力测试结果显示,厂区最大水平地应力范围值为 5.34~15.52 MPa,平均值 11.54 MPa,最小主应力范围值为 4.17~9.76 MPa,最大水平主应力方向范围 N79°W ~ N85°W。三维地应力测试成果显示,厂区第一主应力为 12.62~13.04 MPa,方位 S61°~79°E,倾角 13°~18°;第二主应力为 10.83~11.08 MPa,方位 S4°~9°E,倾角 -46°;第三主应力为 5.08~8.04 MPa,方位 N23°~26°E,倾角 -38°~-41°。总体上看,地下洞室区的地应力场受区域构造应力影响较明显,以水平应力为主,属中等应力水平格局,水平大主应力方向为 NWW,与厂房轴线大角度相交,对洞室稳定有不利影响。

2.2 花岗闪长岩高应力破裂特征分析

杨房沟水电站地下厂区最大主应力为 12~15 MPa,花岗岩闪长岩饱和抗压强度 80~100 MPa,可知围岩的应力强度比在 0.12~0.19,可达到一般片帮破坏的阈值 0.15[2-3],初步判断该洞室开挖具备发生高应力型破坏的条件,但预计以轻微的应力型破坏为主(见图 3)。

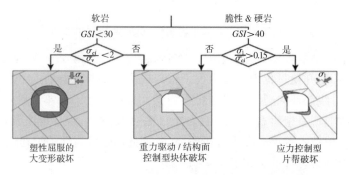

图 3 基于岩体质量和地应力条件的地下工程围岩破坏模式[2]

Martin 等[2-3]以洞壁围岩应力和岩石单轴抗压强度之比为指标总结出:①当该比值达到 0.3 时,可以出现声发射现象,即应力水平超过岩体的启裂强度;②该比值达到 0.4 时,围岩变形可以被监测仪器所测试;③该比值达到 0.5 时,出现宏观破裂可以被观察到。

相比于完整岩块而言,岩体的启裂强度要略低一点。一般脆性岩体在应力集中水平达 0.3~0.4 倍单轴抗压强度时,即进入了微裂隙萌生扩展的阶段,并定义为岩石的启裂强度。例如,白鹤滩地下右岸厂房洞室群将 $\sigma_1 - \sigma_3 > 0.4$ UCS(40 MPa)[4]作为脆性岩石具备产生应力型微裂纹的条件,当洞室开挖导致的应力集中大于启裂强度时,即可能导致脆性完整岩体破裂扩展与不同形式的围岩应力型破坏。

根据上述认识,可将杨房沟地下厂房洞室开挖导致围岩二次应力集中达到 24 MPa(0.3~0.4 UCS)作为初步判定发生围岩应力型破裂的阈值,即当洞室开挖导致的应力集中大于 24 MPa 时,该部位浅层围岩存在应力型破坏风险,应力集中程度越高,破坏的程度越强烈。

2.3 顶拱围岩应力型破坏特征分析

图 4 给出了杨房沟地下洞室群各中导洞开挖过程中的应力型片帮破坏分布特征。地下洞室群中导洞开挖揭示围岩整体完整性相对较好,以Ⅱ、Ⅲ类围岩为主,三大洞室中导洞开挖中均出现了一定程度应力型片帮破坏现象。主要有如下特点:①初始地应力场特征决定了洞室围岩的总体开挖应力响应特征,中导洞开挖中的连续轻微片帮破坏发生部位与顶拱应力集中区相对应(见图 5),主要发生在中导洞上游侧拱肩位置;②在围岩相对

完整(Ⅱ类围岩)洞段,围岩应力型片帮破坏较其他洞段相对普遍和突出;③洞室群中导洞开挖中的应力型破坏主要为轻微片帮破坏,发展深度多在数厘米,一般小于 20 cm,局部表现出结构面-应力组合型破坏的程度相对要强烈一些。

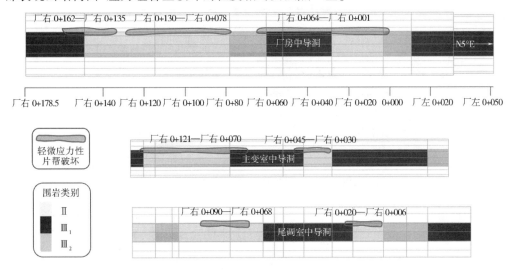

图 4　中导洞开挖顶拱应力型片帮破坏分布特征

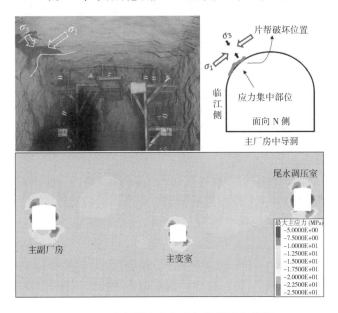

图 5　厂房顶拱应力集中与片帮破坏特征

对于复杂洞室群开挖以后围岩的三维应力分布及其决定的围岩破坏方式,可以借助于数值模拟准确预测围岩应力集中区和高应力风险区。采用 3DEC 离散元程序[5],可计算获得地下洞室群开挖过程的二次应力分布特征,如图 6 所示。杨房沟地下洞室群在下卧过程中,主副厂房和尾水调压室顶拱应力集中范围与程度均有所加强,但总体应力量值水平不高,一般在 22～26 MPa,并未普遍高于洞室围岩的启裂强度 24 MPa,预测顶拱出现普遍性应力破坏问题的风险较小。数值分析结论与现场情况基本一致,洞室开挖过程中未见明显的顶拱围岩应力型破坏现象,但在厂房第Ⅲ层及持续下卧阶段,顶拱靠上游侧一定范围内出现了较明显的喷层开裂和局部脱落现象(主要为复喷层)。

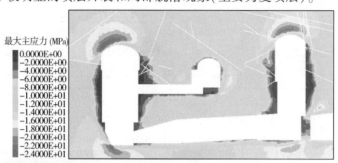

图6　地下洞室群开挖完成阶段围岩最大主应力分布

2.4　工程措施建议

主要工程措施建议包括:①针对脆性岩体的高应力破坏特征,需要强调支护的及时性和系统性,可以充分利用掌子面拱效应,在围岩保持良好的围压状态时完成支护,达到支护系统最大程度维持围压水平和围岩承载力的作用。②在开挖环节上,尽量避免上游侧(临江侧)半幅放置过久,现场拟订优先开挖上游侧半幅的施工方案是合理的。③参照相关工程经验,轻微片帮破坏并不会对围岩稳定产生明显不利影响,但可考虑适当加强上游侧拱肩应力集中部位的支护强度。④为降低顶拱喷层开裂掉块风险,在超挖部位的喷层不宜过厚或适当增设钢筋网和插筋;复喷前需对先喷混凝土面进行清面处理;对可能出现片帮的部位,尽可能采用性能较好的喷混凝土材料,如掺钢纤维或纳米混凝土。

3　厂房顶拱缓倾不利断层 f_{49} 影响分析

3.1　工程问题简述

大型软弱构造对围岩稳定的影响体现在两个方面:一是对岩体初始应力分布造成影响,二是对开挖后围岩二次应力分布造成影响。在顶拱部位出露的大型缓倾软弱结构面,其下盘岩体一般存在较明显的开挖卸荷变形和应力松弛现象,易造成局部坍塌破坏。主副厂房中导洞开挖过程中,在厂左0+04—厂左0+7段顶拱受缓倾断层 f_{49} 影响(断层产状为N75°~80°ESE∠25°,宽1~5 cm,夹碎块岩、岩屑,带内岩体挤压破碎,见绿泥石化蚀变,两侧蚀变带宽10~40 cm不等),断层出露部位数米长范围内,出现了顶拱坍塌掉块问题。根据类似工程经验,一般洞室顶拱发育此类缓倾长大软弱结构面时,可能对顶拱围岩稳定产生较大不利影响,特别是随着洞室进一步下卧,顶拱应力持续调整,该断层影响带围岩也将存在持续变形松弛的问题。另外,该洞段顶拱发育顺洞向陡倾角断层 f_{83} ,可与 f_{49} 组合切割形成潜在的不稳定块体,需开展针对性加强支护设计和稳定性分析。

3.2　数值模拟分析

基于3DEC程序对本工程问题展开分析计算,从而研究确定相应的开挖支护处理措施。当缓倾结构面切割顶拱时,断层下盘岩体产生松弛变形,在次级结构面的辅助切割下,容易形成不稳定块体,产生坍塌破坏。如图 7 所示,主副厂房厂右 0+00—厂左 0+20 洞段顶拱揭露缓倾角断层 f_{49},受该断层影响,在断层下盘 2~5 m 范围内出现了坍塌破坏,在计算模型中该部位表现为明显的非连续变形特征和应力松弛现象。

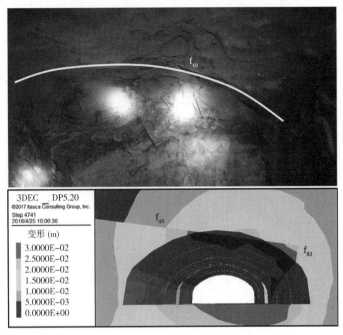

图 7　主副厂房顶拱缓倾断层 f_{49} 导致坍塌破坏的机制分析

3.3　加强支护措施与效果

3.3.1　加强支护措施

针对顶拱受缓倾断层 f_{49} 下盘岩体松弛变形显著问题,现场在清除松动岩体后,针对缓倾断层 f_{49} 影响的 15 m 左右区域,采取了包括预应力锚索、预应力锚杆等加强支护处理,充分发挥浅层支护与深层支护的协同作用。根据该洞段开挖揭露的结构面切割组合关系,对顶拱确定或半确定塌落或滑移型块体的稳定性进行复核分析,在考虑上述加固措施后均可满足规范要求。

3.3.2　加固效果

据施工期安全监测成果,该洞段顶拱后续变形增长幅度较小,围岩变形影响深度较其他洞段偏大,锚索轴力有一定增长并且控制在设计荷载以内,目前该部位监测数据均已收敛,在顶拱拱效应的有利结构条件下,断层 f_{49} 影响洞段顶拱围岩具备整体稳定性。

4　厂房岩体蚀变影响带稳定性分析

4.1　工程问题简述

在杨房沟地下厂房第Ⅲ层开挖中,厂房厂右 0+05—厂左 0+35 下游侧边墙开挖揭露断层 f_{83}(N10°~20°ENW ∠75°~85°)及其影响带,洞段节理裂隙密集发育,岩体存在不同程度蚀变现象。f_{83} 影响带内岩体单轴饱和抗压强度平均值降至约 40 MPa。从现场开挖揭露的岩体蚀变分布范围看,其主要分布在断层影响带及邻近的节理密集带等部位。由于岩体蚀变一般伴随节理裂隙发育,其较差的物理力学性能往往控制着工程的安全与稳定,因此有必要对此展开深入分析研究,为工程采取积极主动的防护措施和合理拟订施工技术方案,从而加快施工进度、保障施工安全、确保工程永久运行稳定可靠。

4.2 工程问题分析

4.2.1 技术路线

针对厂房岩体蚀变影响带,相关分析研究主要遵循现场调查(基本认识)—监检测和试验(基础数据)—经验判断(定性判断)—数值分析(定量计算)—认识修正(可靠性研究)—实践检验(实施与验证)—经验累积(归纳总结,流程化)的基本工作思路和研究路线。具体内容包括:

(1)依托现场开挖现象、地质素描成果、监测数据及现场大量声波检测成果等综合信息,结合可研阶段的地质勘探成果,进行系统的整理与深入分析,形成基于声波波速 V_p(作为岩体质量综合评价指标)与工程经验法(Hoek-Brown 经验强度理论)估算岩体力学参数的分析思路,进而实现对洞室围岩精细化描述、质量评价及力学参数的选取与确定。

(2)根据上述围岩质量及力学参数评价体系,构建厂房下游侧边墙岩体蚀变影响洞段的数值概化模型,并基于现场监测数据对该模型进行校核和修正。

(3)基于校核后的代表性数值模型,对厂房岩体蚀变影响带洞段的围岩开挖响应展开计算分析,并进一步分析研究相应洞段的岩壁吊车梁施工期和运行期的稳定性,为设计施工提供参考依据。

(4)通过提炼总结,形成了闭环式的"地下厂房岩体蚀变影响带的现场识别、快速评估及控制措施"方法技术体系。

4.2.2 概化模型及岩体力学参数取值

根据相关规范和工程经验,岩体纵波波速 v_p 作为能够反映岩体质量的综合指标之一,既能较客观地反映地质条件多样性对岩体强度的影响,也能较好地体现岩体力学特性空间差异性特征,在一定程度上也可用于围岩岩体质量分区或分类。根据厂房下游侧边墙开挖揭露的岩体蚀变影响洞段的声波检测成果和现场开挖揭露地质情况,结合岩体的蚀变程度、节理发育程度、松弛损伤程度等典型围岩特征,给出了表1所示基于声波波速 v_p 的岩体质量分区标准以及相应的岩体力学参数综合建议取值,并作为三维数值模型概化依据及其主要初始参数,图8为地下厂房岩体蚀变影响洞段概化模型。

4.2.3 数值计算结果分析

数值分析结果(见图9)表明,厂右 0+05—厂左 0+35 洞段下游侧边墙受"断层 f_{1-83}/岩体蚀变/节理发育/开挖松弛损伤"影响,其整体变形较大,EL. 2 014~2 008 m 区域浅层岩体累计变形可达到 50 mm 以上,第Ⅲ层开挖完成后,岩锚梁区域围岩累计变形也达到约 40 mm。下游侧拱座和下游侧边墙区域的围岩均表现出了明显的应力松弛特征,第Ⅲ层开挖完成后,下游边墙应力松弛深度一般在 5~6 m,边墙围岩应力松弛深度整体偏大。总体上,厂右 0+05—厂左 0+35 洞段围岩条件较差,岩锚梁部位的浅层岩体存在较明显的不良变形和松弛特征,围岩承载能力偏低,浅层岩体存在一定的变形失稳风险,为保证该部位围岩及岩锚梁的整体稳定性,需针对性地采取精细化爆破开挖技术和补强加固措施。

表1　岩体质量分类与物理力学参数综合建议取值

围岩类别		岩体特征	平均纵波波速 v_p(m/s)	变形模量 E(GPa)	泊松比	摩擦系数 f	黏聚力 C(MPa)
Ⅱ		完整—较完整,强度高	5 000	18	0.23	1.4	1.30
Ⅲ₁		较完整,局部完整性差,强度较高	4 500	13	0.26	1.2	1.15
Ⅲ₂	Ⅲ₂ₐ	节理较发育/轻微蚀变/轻微损伤	4 000	9	0.27	1.0	1.00
	Ⅲ₂ᵦ	节理发育/轻微蚀变/中等损伤	3 500	4	0.28	0.8	0.70
Ⅳ		节理密集发育/中等蚀变/严重损伤松弛	2 500	2	0.30	0.6	0.45

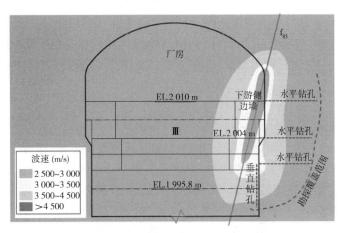

图8　地下厂房岩体蚀变影响洞段概化模型

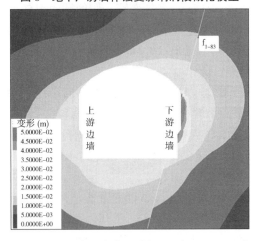

图9　第Ⅲ层开挖完成围岩变形特征(厂右0+05—厂左0+35)

4.3 工程处理措施及效果

从确保工程安全角度,考虑到厂房后续开挖影响,现场采取了控制爆破开挖技术和系统性加强支护措施,具体建议如下:

(1)现场严格控制爆破施工,并根据现场开挖情况及时动态调整爆破和支护参数,做到"开挖一区支护一区",充分保证支护的系统性、及时性和支护质量,尽量减少施工爆破对保留岩体的扰动和松弛损伤。

(2)考虑到岩台部位整体承载能力相对偏低,综合采用系统预应力锚杆加强支护、局部混凝土置换及增设扶壁墙等措施,以有效改善岩台基座的岩体受力状态,提高其承载力和安全裕度。

(3)增强岩体蚀变影响带岩壁吊车梁部位的系统支护强度。主要包括对岩锚梁下拐点以下边墙采取系统性预应力锚杆和预应力锚索加强支护,进一步降低该洞段边墙围岩变形松弛问题风险。

现场在实施上述针对性控制开挖方案及加强支护措施后,考虑运行荷载(两台 700 t/150 t 单小车桥机)时岩台的最大压应力小于 0.5 MPa(不增设扶壁墙方案下的岩台最大压应力为 1.4 MPa),未超过蚀变岩体允许承载力。目前岩锚梁以上围岩最大累计变形达 70 mm(预埋),围岩变形基本稳定,后续开挖变形增长基本控制在安全预警指标以内,围岩变形和松弛问题得到了基本控制,表明该针对性开挖支护方案取得了较好的工程处理效果。

5 母线洞环向裂缝成因机制与工程措施

5.1 工程问题描述

杨房沟水电站主变室和母线洞于 2017 年 4 月开挖支护完成,随着主副厂房洞持续下卧,4 条母线洞均内出现不同程度的裂缝,尤其各母线洞内在距离厂房下游边墙约 10 m 区域,逐步出现了多条延伸较长的环向裂缝,并有贯通趋势,最大裂缝宽度可达 10 mm。根据现场调查跟踪和地质素描的洞壁裂缝成果,有如下认识:

(1)靠厂房一侧的环向裂缝较靠主变室一侧发育,且裂缝开展宽度也相对较宽,靠厂房一侧的环向裂缝平均宽度约 3 mm,靠主变室一侧的环向裂缝平均宽度约 0.5 mm。

(2)靠厂房一侧的环向裂缝主要分布在距离厂房下游边墙 10 m 区域内,其中靠近厂房下游边墙 5 m 区域均存在一条宽 8~10 mm 的环向贯通性裂缝,该位置顶拱的环向裂缝开展宽度较边墙窄。

(3)边墙的环向裂缝开展宽度明显大于顶拱的环向裂缝开展深度,且越往顶拱处延伸,裂缝宽度越小。推测贯穿裂缝可能是从母线洞底板产生,然后逐步延伸到边墙顶拱。

(4)环向裂缝断口多呈现锯齿状,破坏模式表现为拉裂破坏。

(5)清理母线洞底板后,发现裂缝主要沿切洞向 NNE 向节理发育,多呈微张状态,宽度一般 0.5~2 mm,断续延伸。

(6)随着厂房下部机窝层开挖完成,靠近主变室一侧母线洞底板垫层混凝土出现开裂,开裂宽度最大达 10 mm。

基于上述不利现象,现场针对厂房下游侧边墙开展了全面的松弛声波检测,成果表明,围岩松弛区具有较明显的空间分区分异特征,并与母线洞位置具有关联性。下游侧边墙围岩整体松弛深度一般在 1~5 m 范围内,其中母线洞洞间岩柱中间(EL. 1 976 m/EL. 1 993 m)的松弛深度一般在 1.6~4.6 m,远离母线洞部位(EL. 1 967 m)的岩体松弛深度在 1.0~5.0 m。而母线洞底板以下局部(EL. 1 978.5 m)的松弛深度普遍偏深,可达到 9~10 m,超出系统锚杆支护深度。显然,该部位围岩松弛与上部母线洞底板开裂问题有直接相关性,受母线洞空间位置和厂房开挖卸荷影响,出现了较强烈的开挖卸荷松弛损伤,围岩声波波速明显降低,为确保施工期围岩稳定,有必要针对该区域实施以长预应力锚索加固为主的补强加固处理。

5.2　成因机制分析

杨房沟母线洞靠厂房侧出现较明显环向开裂现象,其成因机制是多方面的,主要有以下三个方面:一是厂区地应力偏高,属中等应力条件,加之厂区最大主地应力方向接近垂直于厂房轴向,加大了厂房边墙的侧向开挖卸荷作用和水平变形量值;二是洞室空间交叉结构体型影响,地下厂房和主变室之间的岩柱受力机制复杂,又加之布置了 4 条母线洞,是整个地下洞室中的薄弱环节所在;三是下游边墙顺洞向陡倾优势结构面发育,为岩柱的侧向开挖卸荷变形提供了内部条件,这些陡倾结构面在厂房持续下卧(尤其在第Ⅴ~Ⅶ层开挖期间)中表现出了法向卸荷张开、扩展甚至局部贯通现象,在一定程度上加大了母线洞环向开裂的程度和影响深度等。

针对厂房洞室群整个施工开挖过程展开数值模拟分析,图 10 为地下厂房开挖全过程变形响应情况。在地下厂房边墙持续下卧的开挖卸荷作用下,尤其在厂房第Ⅴ~Ⅶ层开挖期间,主厂房和主变室洞间岩柱的受力状态逐步由三向压缩应力状态调整为整体双向压缩状态(竖向加载、侧向卸荷),形成沿母线洞轴线方向的广义拉伸应力状态。分析表明,母线洞与厂房下游边墙交叉部位母线洞顶拱变形和应力释放主要发生在厂房第Ⅴ~

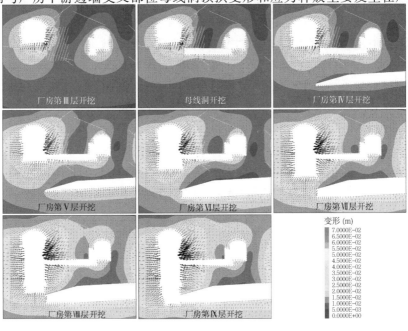

图 10　地下厂房开挖全过程变形响应情况

Ⅶ层开挖期间(变形释放量占总变形的 65% ~ 70%,水平变形增量可达到 30 ~ 50 mm),母线洞底板变形和应力释放主要发生在厂房第Ⅵ ~ Ⅶ层开挖期间(变形释放量占总变形的 70%左右,水平变形增量可达到 20 ~ 40 mm),影响深度一般可以达到 10 ~ 15 m。从现场母线洞环向裂缝开展的时间和位置来看,主要发生在厂房第Ⅴ ~ Ⅶ层开挖期间,环向裂缝的主要分布位置一般在距厂房下游边墙 10 ~ 12 m 距离以内,与数值分析基本一致。

5.3 加固处理措施及效果分析

(1)加固处理措施:考虑到地下厂房后续开挖(Ⅷ、Ⅸ)过程中母线洞环向开裂变形仍存在持续发展的可能,从确保工程安全和围岩稳定角度,现场及时采取了针对性加强支护处理,主要的加强支护方案包括:①在 EL.1 989.5 m(母线洞边墙中部)增设一排预应力锚索,$T = 2 000$ kN,$L = 25$ m;②在 EL.1 983.5 m 增设一排预应力对穿锚索,$T = 2 000$ kN,见图11;③在 EL.1 976 m 增设一排预应力锚索,$T = 2 000$ kN,$L = 35/40$ m 间隔布置;④针对母线洞底板(距离厂房 0 ~ 20 m 区域)增设倾向下游系统锚杆φ28@1.5 m,$L = 4.5$ m,倾角60°。

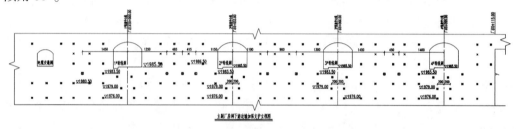

图 11　地下厂房下游侧边墙母线洞底板以下锚索布置立视图

(2)加固效果分析:在厂房第Ⅵ、Ⅶ层期间,母线洞部位受开挖卸荷影响出现了较明显的环向开裂现象。之后现场实施了上述加强支护措施,在后续机窝层(第Ⅷ、Ⅸ层)开挖期间,母线洞底板以下厂房边墙围岩变形仍有增长,但均基本控制在安全预警等级以内,该部位的锚索测力计也均未超设计荷载,母线洞部位变形开裂问题得到了有效控制。在地下洞室群开挖支护完成后,该部位各测点变形在短时间内可处于基本收敛状态,表明上述针对性工程处理方案有效地提升了该部位围岩的整体稳定性,相应的加强支护措施起到了控制围岩松弛变形、提高边墙整体安全裕度的作用。

(3)目前,厂房洞室群变形应力基本稳定,厂房下游边墙多个测点累计最大变形达 60 ~ 70 mm,地下厂房锚索超限率为 10%,下游边墙单根锚索最大超限幅度为 10.1%,超限幅度基本控制在规范允许范围内,母线洞之间的岩柱未出现明显深部开裂,母线洞衬砌混凝土亦未出现明显裂缝。综合评判,洞室群围岩处于稳定状态。

6　结　论

杨房沟地下厂房施工开挖过程中遇到了各类复杂岩石力学问题,本文综合现场地质调查、监(检)测成果和数值反馈模拟分析等手段,对典型岩体工程问题进行了深入分析,结论如下:

(1)杨房沟厂区受大主应力与厂房轴线呈大角度相交、顺洞向陡倾优势结构面发育、局部岩体蚀变等不利地质条件影响,在地下厂房开挖过程中先后出现了围岩应力型破坏、结构面控制的坍塌破坏、岩体蚀变影响带、母线洞环向裂缝、支护结构超限等典型岩石力学问题。在类似工程的设计与施工中,需深入认识和分析评估上述工程地质问题的潜在风险,建议优先从整体设计布局上规避或降低相关工程风险,必要时应采取可靠的针对性处置措施。

(2)结合现场围岩破坏特征、工程经验和数值分析成果,将围岩二次应力集中达到24 MPa作为判定发生围岩破裂或应力型破坏的阈值是合适的。及时、有效的系统支护对抑制此类围岩应力型破坏问题至关重要。

(3)地下厂房顶拱发育缓倾软弱断层f_{49},开挖后顶拱出现局部坍塌掉块,采取针对性的预应力锚索、预应力锚杆等加强支护处理可有效地控制围岩的后期变形及稳定问题。

(4)针对局部的岩体蚀变影响带问题,本工程通过采取控制爆破开挖技术和系统性综合加强支护措施进行处理是合理可行的。

(5)在地应力和陡倾角优势结构面不利组合影响下,边墙稳定和母线洞环向开裂问题突出,需高度重视,针对性实施以长预应力锚索加固为主的补强加固处理后,边墙稳定和母线洞部位的变形开裂问题得到了有效控制。实践表明,对于此类围岩变形开裂问题,行之有效的加固措施是适当布设系统对穿预应力锚索。

(6)复杂条件下的地下工程关键岩石力学问题,都有其特殊性和不可预见性。因此,在工程建设阶段,结合地质勘察、数值模拟和监测成果开展反馈分析与动态设计工作,对保障工程建设的安全性和经济性具有重要意义。

参 考 文 献

[1] 单治钢,段伟锋,吕敬清,等.四川省雅砻江杨房沟水电站可行性研究报告[R].杭州:中国电建集团华东勘测设计研究院有限公司,2012.

[2] MARTIN C D,KAISER P K,CHRISTIANANSSON R. Stress,instability and design of underground excavations[J]. International Journal of Rock Mechanics and Mining Sciences,2003,40(7):1027-1047.

[3] MARTIN C D,MAYBEE W G. The strength of hard-rock pillars[J]. International Journal of Rock Mechanics and Mining Sciences,2000,37(8):1239-1246.

[4] 孟国涛,樊义林,江亚丽,等.白鹤滩水电站巨型地下洞室群关键岩石力学问题与工程对策研究[J].岩石力学与工程学报,2016,35(12):2549-2560.

[5] Itasca Consulting Group Inc. 3DEC(3 dimensional distinct element code) user's manual version 5.0[M]. Minneapolis:Itasca Consulting Group Inc.,2013:26-32.

卡拉水电站地下厂房区域初始地应力场分析

吴家耀[1,2]，褚卫江[1,2]，徐全[1,2]

（1.中国电建集团华东勘测设计研究院有限公司，浙江 杭州 310014；
2.浙江中科依泰斯卡岩石工程研发有限公司，浙江 杭州 310014）

摘 要 在地下洞室的设计中，工程区域的地应力是地下洞室开挖支护设计重要的边界条件之一，也是最重要的荷载。具体到不同的工程，初始地应力的评估和确定是非常困难的。通常，现场地应力测试是获得地应力大小和方向最直接的手段，但是由于不同的测试方法适用于不同的岩体质量，以及在具体实施过程存在的困难，要获得准确的地应力张量极具挑战。本文主要通过世界地应力图、水压致裂法测试成果分析以及数值反分析方法等手段对雅砻江卡拉水电站工程地下厂房区域地应力的大小和方向进行了分析，为地下厂房洞室群的布置、开挖支护设计等提供了依据。

关键词 地应力；水压致裂；地下厂房；水电站

1 引 言

岩体地应力场，即天然岩体在工程建设之前所具有的自然应力状态，是地下洞室等岩石工程设计中重点关注的问题之一。在进行地下工程设计时，应重点关注洞室开挖前所在区域岩体中的初始地应力大小和方向，以及开挖引起的围岩应力重分布特性，以确定合适的轴线布置方案、洞室体型、开挖断面尺寸和支护参数。总体上，地应力、岩体参数和结构面特征是岩石工程分析的三要素，地应力甚至可以说是地下工程最重要的荷载。

影响现今地应力场的因素很多且非常复杂，一般认为是岩体重力和地球板块历次构造运动发展的结果，其形成还涉及地形、地质构造、风化剥蚀等众多因素，其中大多数因素对岩体地应力的影响无法精确量化，如何准确地反映初始地应力场特征是岩体工程一直所面临的难题之一。

目前，应力场的测量方法主要有震源机制解法[1-2]、水压致裂法[3]、应力解除法[4]等，水电工程中应用最多的是水压致裂法和应力解除法。由于场地、经费、工期等现实矛盾，绝大部分工程不可能进行大量地应力测量，加上地应力场成因复杂，影响因素众多，部分测量成果可能反映的仅是测点位置附近的局部应力场。受到测量精度的影响，地应力测量成果本身有一定程度的离散性，有时很难达到工程要求。在过去几十年的研究和工程实践中，一方面在不断改进地应力测试方法，另一方面也试图努力解译地应力实际分布状态。

2010~2012 年，在雅砻江卡拉地下厂房洞室区域的勘探平硐内进行了多组二维和三维的水压致裂法地应力测试。水压致裂地应力测试测印模结果可以帮助判断主应力和地应力的格局，尤其是高质量的印模结果对判断地应力特征具有极其重要的意义。为对该工程区域的地应力有一个较为准确的评估，本文通过水压致裂测试数据、地应力统计资料、工程区地质情况、经验判断法以及数值反分析等多种手段对卡拉地下厂房洞室群区域的初始地应力场进行了分析。

2 区域地应力分析

区域地应力分析主要是依据世界地应力图、GPS大地运动监测成果、区域地质构造（区域活性断层、褶皱）等资料，由于这些资料描述的空间区域较大，因此区域地应力分析的范围一般要明显大于工程区域。工程区域的地应力特征一般来说与区域地应力特征相一致，但工程区域的地形地貌和地质构造也可能会使得工程区域地应力特征和更大区域的地应力特征形成差异，工程区域的地应力分析需要在大区域地应力分析的基础上具体问题具体分析。

区域地应力分析的主要目的有两个：①确定区域地应力格局；②明确水平大主应力的方向。

2.1 工程区域地应力格局判断

地应力的格局按照三个方向主应力之间的关系，可以分成逆断型（Thrust faulting regime，$S_H>S_h>S_v$）、正断型（Normal faulting regime，$S_v>S_H>S_h$）和平断型（Strike-slip regime，$S_H>S_v>S_h$）[6]。图1是这三种地应力格局三个主应力分量之间的关系，左侧为这3种地应力格局区域可能出现的活断层形态，图中S_H和S_h表示两个水平方向的主应力，S_v表示竖直方向的主应力。

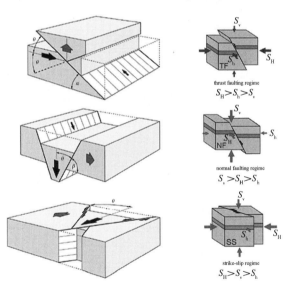

图1 三种地应力格局及地应力特征

从卡拉水电站工程区的位置看，其主要位于喜马拉雅造山系的东缘，所在区域近代或现代构造运动相对活跃，构造应力场可以处于潜在逆断型状态，即最大主应力近水平。雅砻江流域内其他两个水电站工程：锦屏一级地下厂房和锦屏二级引水隧洞，其开挖施工过程中围岩响应的种种迹象和地质资料也都揭示了潜在逆断型地应力状态特征。基于以上认识，宏观判断卡拉水电站工程区的地应力格局为:$S_{Hmax}>S_h>S_v$,最大主应力是水平向应力。

2.2 最大主应力 S_H 的方向判断

世界地应力图提供了世界范围内的地应力信息,从世界地应力图中可以得到某区域的地应力格局和最大主应力的方向。GPS 大地运动的监测成果可以对现今的地壳运动进行判断。区域水平大主应力的方向一般可以结合世界地应力图和 GPS 大地运动监测资料等进行大致的判断,区域的活性走滑型断层也可以作为校核预估的区域水平大主应力方向是否正确的依据之一。

图 2 给出了卡拉工程区域附近的地应力分布情况,图中绿色标识表示逆断型地应力格局(TF regime,$S_H>S_h>S_v$),黑色标识表示未知的地应力格局。从图 2 可知,在工程区域附近,地应力图和地表 GPS 位移测量成果均显示 S_H 的方向具有高度的一致性,最大主应力基本在 NWW 方位。

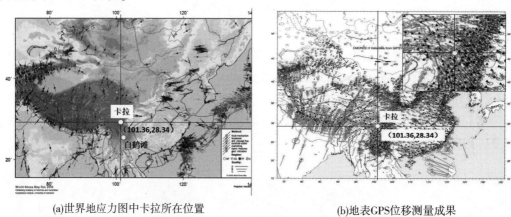

(a)世界地应力图中卡拉所在位置　　　　　　(b)地表GPS位移测量成果

图 2　世界地应力以及地表 GPS 位移测量成果在卡拉工程区域的分布情况

3　地应力大小的判断

3.1　水压致裂法

水压致裂法是测量地壳深层岩体地应力状态的一种有效方法,采用该方法对地应力测量的测试原理基于三个基本假定:①岩石为均匀、各向同性的弹性体;②岩石为多孔介质时,流体在空隙内的流动符合达西定律;③主应力方向中有一个应力方向与钻孔的轴向平行[6,9]。

水压致裂法测量地应力具有许多独特的优点,在岩体工程等领域得到了广泛的应用,以竖直钻孔确定水平应力最为常用。测试方法是:在竖直钻孔内封隔一段,向其中注入高压水,压力达到最大值 P_b 后岩壁破裂压力下降,最终保持恒定以维持裂隙张开;关闭注液泵,压力因液体流失而迅速下降,裂隙闭合,压力降低变缓,其临界值为瞬时关闭压力 P_s;完全卸压后再重新注液,得到裂隙的重张压力 P_r 以及瞬时关闭压力 P_s,最后通过印模器或钻孔电视记录裂缝的方向。图 3 是测试示意图和相应的压力曲线[10-11]。

假设原岩应力有一个主应力 σ_v 沿竖直方向,另两个主应力 $\sigma_2 \geqslant \sigma_1$ 是水平方向,依据弹性理论,孔内作用在径向压力 P 时孔壁应力(压应力为正):

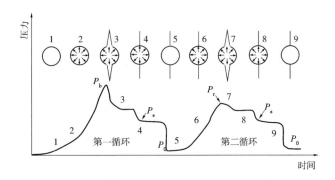

图3　水压致裂法测试地应力的示意图

$$\sigma_\theta = (\sigma_1 + \sigma_2) - 2(\sigma_1 - \sigma_2)\cos\theta - P \qquad (1)$$

$$\sigma_r = P \qquad (2)$$

在式(1)的最小值达到岩体的抗拉强度 $-T$ 时,及注入液体达到破裂压力:

$$P_b = 3\sigma_2 - \sigma_1 + T \qquad (3)$$

孔壁发生破坏,产生张开裂隙,为大主应力的 σ_1 方向。停止注入液体后裂隙的瞬时关闭压力:

$$P_s = \sigma_2 \qquad (4)$$

而再次向钻孔注入液体时裂隙重新张开的压力:

$$P_r = 3\sigma_2 - \sigma_1 \qquad (5)$$

因此,只要从图3中的曲线上读出 P_b、P_r、P_s,就可以确定水平主应力和岩体的抗拉强度。

在工程区域的勘探平硐 PD17 和 PD18 内,进行了多组二维和三维水压致裂方法地应

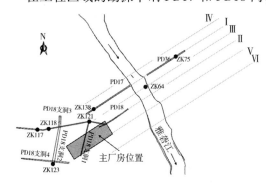

孔号	ZK117	ZK118	ZK121
大致埋深(m)	350	331	185
自重应力 γ_h(MPa)	9.45	8.94	5.00
竖向应力σ_c(MPa)	7.04	8.70	7.26
最大主应力值σ_1(MPa)	8.44	11.3	8.88
σ_1/自重应力 γ_h	0.89	1.26	1.78
σ_2/自重应力 γ_h	0.74	0.97	1.45

（a）地应力测试孔位置　　　　　　　　（b）主要地应力场测试成果

图4　卡拉工程区域主要地应力测试孔布置和地应力测试成果

力测试。其中卡拉地下厂房洞室群位置的主要测试成果如图4所示。图4中厂房区域地应力测点成果显示,第一主应力量值为 8.44~11.3 MPa,最大主应力的方位角在 N43.5°W~N80.7°W,与区域水平大主应力方向为 NWW 向的宏观判断基本一致。

3.2 霍克的世界地应力统计方程法

E. T Brown 和 E. Hoek(1978)对大量地应力测试成果进行了统计[12],并将统计结果

制成了如图 5 所示的图表。图 5 主要反映了不同埋深下水平—垂直应力的比值 k，通常 k 满足如下条件：

$$\frac{100}{H} + 0.3 \leqslant k \leqslant \frac{1\,500}{H} + 0.5$$

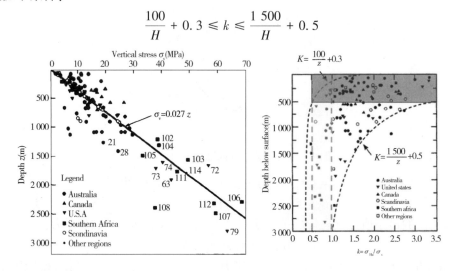

图 5　地应力测量的统计结果

假设卡拉地下厂房埋深 $H = 200\,m$，则可以得到：

$$0.80 \leqslant k \leqslant 8.0$$

可以发现，通过这种方法得到的水平—垂直应力的比值 k 的范围偏大，因此该方法不是特别适用于该工程。

3.3　数值反分析结果

数值反分析主要是根据有限的地应力测点成果资料，反演分析回归得到整个工程区域的地应力场特征。地应力反演分析应遵循两个主要原则：点符合，即反演的应力场在测点处的值应与实测值基本符合；场符合，即地应力场分布规律应与基本的地应力格局符合。数值反演分析方法从区域构造应力场特征着手，能够反映河谷地形地貌、河谷演化规律等对岸坡岩体地应力场分布规律的影响，数值计算模型如图 6 所示。

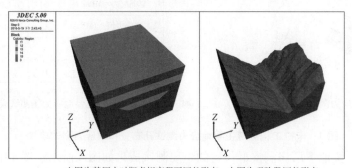

左图为某历史时期虚拟高程下河谷形态，右图为现阶段河谷形态
(a)地应力反演数值模型

图 6　地应力反分析数值模型及参照点布置

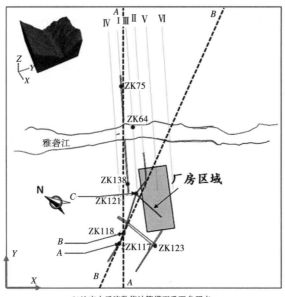

(b)地应力反演数值计算模型重要参照点

续图6

图7显示了 A—A 剖面河谷地应力场分布情况,与一般深切河谷区域地应力场的基本规律一致。反演分析成果显示河谷底部出现了一定程度的应力集中现象,与地质勘察成果在坝址河床钻孔 ZK64 中,孔深 75~85 m 实测最大主应力为 20~22 MPa 的成果基本相符(见表1)。

结合现场地应力测试成果和数值反演分析成果,最终可以得到卡拉地下厂房区域的地应力场分布规律,如图8所示。

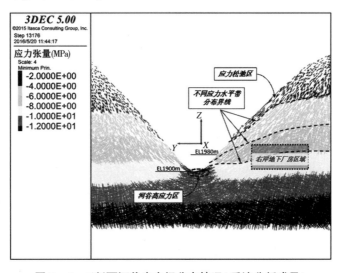

图7　A—A 剖面河谷应力场分布情况(反演分析成果)

表 1　实测应力值与数值计算值对比

监测点	主应力	量值			倾角			走向		
		实测值（MPa）	模拟值（MPa）	相对误差（%）	实测值（°）	模拟值（°）	误差（°）	实测值（°）	模拟值（°）	误差（°）
测点 A_1 PD18 深 425 m 处	σ_1	8.44	8.26	−2.1	24.2	10.1	−14.1	N50.3°W	N31°W	−19.3
	σ_2	7.14	7.63	6.9	−57.7	−76.8	−19.1	N84.9°E	N98.5°E	13.6
	σ_3	4.39	4.17	−5.0	2.01	8.5	−11.6	N30.2°E	N57.5°E	27.3
测点 B_1 PD18 深 375 m 处	σ_1	11.30	8.14	*28.0	41.9	16.6	−25.3	N78.7°W	N59.4°W	−19.3
	σ_2	9.50	7.53	−20.7	23.6	16.7	−6.9	N11°E	N61°E	82
	σ_3	5.50	4.08	−25.8	38.9	1.67	−37.2	N57.6°E	N57.6°E	0
测点 C_1 PD18 深 195 m 处	σ_1	8.88	7.63	−14.1	47.1	17.3	−29.8	N80.7°W	N51°W	−29.7
	σ_2	5.42	6.57	21.2	42.0	45.6	3.6	N66.4°E	N18°E	84.4
	σ_3	4.55	2.49	−45.3	7.10	36.3	29.2	N171.1°E	N52°E	34.9

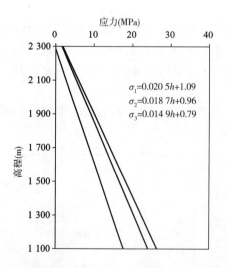

$\sigma_1 = 0.020\,5h + 1.09$
$\sigma_2 = 0.018\,7h + 0.96$
$\sigma_3 = 0.014\,9h + 0.79$

图 8　卡拉水电站右岸地下厂房区域地应力与埋深关系

4　分析结论

本文首先对工程区域的区域地应力场进行了分析,再通过水压致裂法、经验方法、反演分析法等方法对工程区域地应力的方向和大小进行了分析,由以上分析可知:

(1)工程区域的地应力格局受地壳运动影响,综合判断为逆断型地应力格局(TF regime,$S_H > S_h > S_v$)。

(2)根据世界地应力地图和GPS地表位移监测,结合地应力测试成果确定最大水平主应力方位在 N40°W ~ N80°W。

(3)根据水压致裂测试成果和数值反演分析,可判断卡拉地下厂房区域的初始地应力的三个主应力大小与埋深的相对关系满足以下公式：

$$\sigma_1 = 0.020\ 5h + 1.09$$
$$\sigma_2 = 0.018\ 7h + 0.96$$
$$\sigma_3 = 0.014\ 9h + 0.79$$

参 考 文 献

[1] 盛书中,万永革,黄骥超,等. 应用综合震源机制解法推断鄂尔多斯块体周缘现今地壳应力场的初步结果[J]. 地球物理学报,2015,58(2):436-452.

[2] 李方全. 套芯法、水压致裂法原地应力测量、钻孔崩落及震源机制解分析所得结果的对比[J]. 地震学报,1992(2):149-155.

[3] Haimson B C, Cornet F H. ISRM Suggested Methods for rock stress estimation-Part 3: hydraulic fracturing (HF) and/or hydraulic testing of pre-existing fractures (HTPF) [J]. International Journal of Rock Mechanics & Mining Sciences, 2003, 40(7):1011-1020.

[4] 乔兰,蔡美峰. 应力解除法在某金矿地应力测量中的新进展[J]. 岩石力学与工程学报,1995,14(1):25.

[5] Heidbach O, Rajabi M, Reiter K, et al. World stress map 2016[J]. Science, 2016, 277: 1956-1962.

[6] 陈桂忠,蔡美峰,于波,等. 对水压致裂地应力测量资料的解释[J]. 中国矿业,1996,5(4):52-55.

[7] 欧阳健,王贵文. 电测井地应力分析及评价[J]. 石油勘探与开发,2001,28(3):92-94.

[8] 刘允芳. 水压致裂法地应力测量的校核和修正[J]. 岩石力学与工程学报,1998,17(3):297-304.

[9] 刘允芳,刘鸣. 水压致裂法地应力测量破裂准则的探讨[J]. 长江科学院院报,1995,12(9):36-42.

[10] 尤明庆. 水压致裂法测量地应力方法的研究[J]. 岩土工程学报,2005,27(3):350-353.

[11] 刘允芳. 水压致裂法三维地应力测量[C]∥夏熙伦. 工程岩石力学. 武汉:武汉工业大学出版社,1998:199-207.

[12] Wansink G. Trends in relationships between measured in situ stresses and depth[J]. Technical note: BrownE T, Hoek E,Int J Rock Mech Min Sci, V15, N4, Aug 1978, P211-215. International Journal of Rock Mechanics & Mining Sciences & Geomechanics Abstracts, 1973, 15(6):130.

基于钢岔管水压试验中的声发射
检测技术应用研究

李东风

（水利部水工金属结构质量检验测试中心，河南 郑州　450044）

摘　要　为保证钢岔管在水压试验过程中能够安全进行，本文描述了声发射实时监测技术对钢岔管焊缝和母材产生的声发射信号进行实时监测的方法。在升压之前，用断铅信号模拟源分析了随着传播距离的增加声发射信号衰减的情况，并给出了满足同类型试验的幅值与传播距离的关系式；在升压和保压过程中，综合采用声发射源的平面定位分析法、特征参数分析法、波形分析法对出现有意义的声发射信号时段进行了详细分析，为钢岔管水压试验的安全监测提供了技术支撑。试验结果对同类型钢岔管水压试验声发射安全监测具有一定的参考价值。

关键词　钢岔管；声发射；水压试验；波形；安全监测

声发射检测技术是一种动态的无损检测技术，用于鉴别声发射源的类型，确定声发射源的部位，以及确定声发射载荷与时间的关系，与常规无损检测技术综合应用，可评价声发射源的严重性[1]。适用于在线实时监控以及早期或临近破坏预警[2]。能够解决常规无损检测方法所不能解决的问题。声发射是指材料局部因能量的快速释放而发出瞬态弹性波的现象。材料在应力作用下的变形、裂纹扩展或裂纹萌生，是结构失效的重要机制。这种与断裂和变形机制直接相关的弹性波称为典型的声发射源。通过对声发射源信号的采集分析处理，可对被检对象的安全性进行科学评估[3]。

水电站钢岔管水压试验过程中执行《水工金属结构声发射监测技术规程》（SL 751—2017），实时监测钢岔管水压试验中升压及保压阶段焊缝表面、内部缺陷及岔管管壁产生的声发射源信号。确定有意义声发射源的位置、活性、强度及划分综合等级，为评价钢岔管水压试验过程的安全提供技术支持。

1　声发射信号衰减测试分析

水电站钢岔管基本情况：钢岔管主管内径 4.0 m，支管内径 2.8 m，采用对称"Y"形内加强月牙形肋钢岔管，分岔角 70°，公切球半径 2 267.7 mm，为主管内径的 1.134 倍。管壳厚度 58 mm，月牙肋厚度 126 mm。岔管钢材采用 SX780CF 高强钢，水压试验前所有焊缝经过 UT、TOFD 和 MT 无损检测，均未发现超标缺陷。

钢岔管水压试验的最高试验压力为 6.5 MPa（设计压力的 1.25 倍），进行两次加压循环，试验分为两个阶段：预压试验、水压试验。水压试验过程中从 0~6.5 MPa 每加压 0.5 MPa 保压一次，保压时间为 30 min。水压试验加载方式采用重复逐级加载，缓慢增压，以削减加工工艺引起的部分残余应力,使结构局部应力得到调整并变得均匀且趋于稳定,使测试数据反映岔管的弹性状况。

1.1 传感器布置方案

声发射监测主要监控对象为月牙肋组合焊缝、主锥焊缝。月牙肋与主锥焊缝采用德国 ASMY-6 型声发射仪进行监控,在焊缝两边共布置 14 个声发射传感器;月牙肋组合焊缝两边各 200 mm 处布置 12 个声发射传感器,每个声发射传感器间距近似 1.8 m,月牙肋组合焊缝上下两端头各布置一个声发射传感器,采集定位方式简化为平面定位。图 1 所示为月牙肋组合焊缝声发射传感器布置示意图。

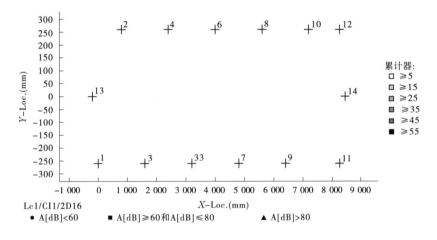

图1 月牙肋组合焊缝声发射传感器布置

主锥焊缝采用德国 ASMY-6 型声发射仪进行监控。监控的信号采集定位方式简化为平面定位,在焊缝两边共布置 18 声发射传感器,分别布置在主锥焊缝两边 200 mm 处,每个传感器的间距近似为 1.8 m。图 2 所示为主锥焊缝声发射传感器布置示意图。

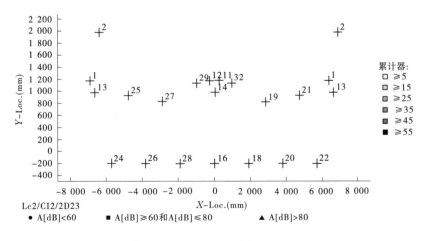

图2 主锥环缝声发射传感器布置

1.2 断铅信号衰减测试

在检测前,根据检测标准的要求使用模拟声发射源对检测灵敏度、传感器的标定进行校准。对幅度信号衰减的情况进行测试。采用硬度为 HB、直径为 0.3 mm 的铅笔芯作为折断信号模拟源。铅笔芯的伸出长度在 2.5 mm 左右,与岔管表面的夹角在 30°左右。距离 1# 探头不同距离处进行断铅,将每一个距离位置处使用抛光机打磨出金属光泽并断铅 5 次,将 5 次断铅信号幅值的平均值作为该距离处的幅值,得出 9 组距离幅度数据,如表 1 所示。

表 1　幅值—距离实测数据

距离 （mm）	幅值					
	均值（dB）	第 1 次断铅	第 2 次断铅	第 3 次断铅	第 4 次断铅	第 5 次断铅
0	90.9	92.3	93.0	91.2	89.3	88.5
300	87.1	87.0	88.9	86.3	84.8	88.5
500	84.5	85.9	83.6	84.4	82.9	85.9
800	81.8	81.0	80.2	83.3	82.9	81.7
1 000	77.7	76.9	79.9	78.0	78.0	75.7
1 500	76.4	76.5	76.9	76.9	75.7	76.1
2 000	75.1	76.5	75.4	75.4	74.6	73.8
2 500	75.0	73.8	74.2	74.6	77.2	75.0
3 000	73.6	75.7	74.2	72.3	74.2	71.6

根据表 1 的实测数据,以幅值作为变量、距离作为自变量可做出一条幅值随距离的衰减曲线,如图 3 所示。

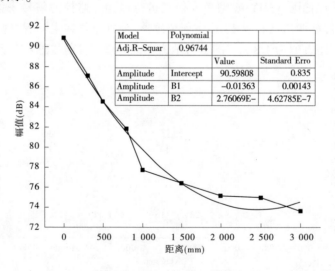

图 3　幅值—距离衰减曲线

在图 3 中,将 9 组数据点进行多项式拟合,R-Square 为 0.967 44,即该多项式函数比较理想,并得出该曲线方程为:

$$f(x) = 2.761x2 - 0.014x + 90.6$$

通过该曲线可以看出断铅信号幅值随着距离的增加呈递减的趋势,递减的速率逐渐减小。由此表明该距离—波幅曲线与实际情况相符合,断铅信号衰减测试正确。

2 声发射检测结果分析

2.1 声发射定位特征分析

2.1.1 升压过程

岔管在第一个打压循环中,水压在 0~4.0 MPa 升压时段,声发射信号较多,但幅度很低。而在降压后的第二次 0~4.0 MPa 升压时段,由于 Kaiser 效应,二次加载没有超过第一次所加最高压力,所以因材料变形应力释放所产生的声发射信号消失。但是,如果在降压后的第二次升压过程中存在新的微裂纹扩展,声发射信号将会明显增加[6]。图 4 为钢岔管两个不同时段升压过程中有意义的声发射定位图,X、Y 分别表示定位图的横纵坐标,不同颜色的点代表定位事件数。

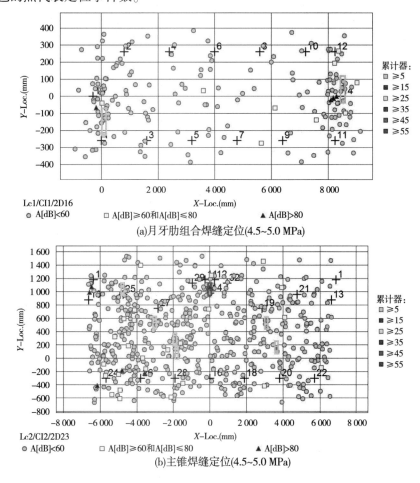

图 4　升压阶段声发射定位

在逐渐加压的过程中,声发射事件越来越密集(见图 4),出现大量 AE 信号和事件数,高幅度信号增多。分析原因可能是加载时,水流冲击器壁引起,所以产生大量 AE 信号。第二个原因可能是因为支柱、支座和接管等角焊缝缝部位存在焊接残余应力和应力集中,在升压过程中会引起残余应力释放和整体应力重新分布,所以产生大量 AE 信号。在(4.5~5.0 MPa)升压阶段首次出现幅度大于 80 dB 的高幅度信号(13 号、14 号传感器附近),这些信号可能是裂纹萌生和扩展产生。从图 4 中可以看出,大部分的定位信号幅值均在 60 dB 左右,这些信号特征对声发射结果分析尤其是对缺陷的判断和识别非常重要。

2.1.2 保压过程

图 5 是 5.0 MPa 保压过程中的声发射定位图,通过对比可以看出保压过程中声发射事件计数明显低于升压过程,因为保压过程中岔管受压保持稳定,扰动减少,引起的干扰信号减少。在此阶段,如果没有活性缺陷出现,将不会产生声发射信号(外界噪声除外),通过保压阶段的声发射信号就可以对岔管的缺陷性质做出初步的判断。

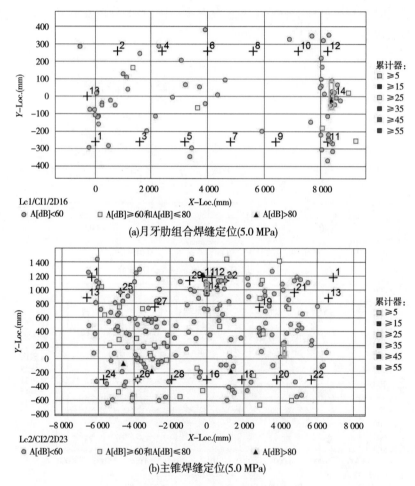

(a)月牙肋组合焊缝定位(5.0 MPa)

(b)主锥焊缝定位(5.0 MPa)

图 5 保压阶段声发射定位

两个保压阶段在 14 号传感器附近(月牙肋的上端头)均出现幅度很高的声发射事件计数(见图 7),因此可以判断此区域存在活跃的声发射源。在适当的时间,经人员进入检查此区域完好,故排除了泄漏造成的影响,初步推断是岔管发生了少量的塑性变形,残余应力的释放和发生微小裂纹的扩展。在保压阶段可以排除水流与管壁的摩擦和载荷的冲击所引起的声发射信号。信号多是由于材料发生物理变化和缺陷扩展所引起的,因此将该类信号提取也是排除水流与管壁的摩擦产生的噪声信号的一种方法。

2.2 声发射信号特征分析

2.2.1 升压过程

图 6 为升压过程所有撞击次数的幅度分布图,表示不同幅度下撞击次数的累积,信号主要集中在 60 dB 以下,对升压过程中的声发射源进行分析可判断,其主要原因可能是升压过程中的干扰,残余应力的释放以及水流与岔管管壁的摩擦所引起产生的信号,因为在升压过程中会引起残余应力释放和整体应力重新分布,所以会产生大量的低幅度声发射信号。图 6(b)中出现了非常明显的高幅度信号,而且累计撞击次数均比其他几个阶段高,推测钢岔管材料内部开始出现微裂纹扩展。

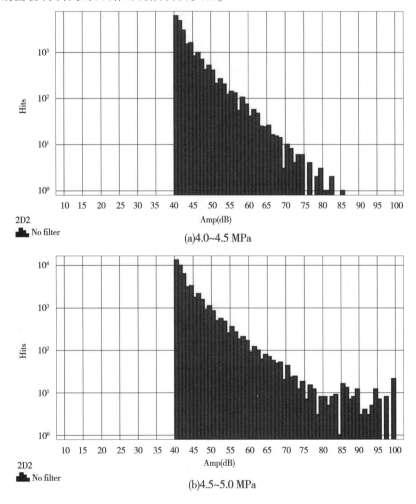

(a)4.0~4.5 MPa

(b)4.5~5.0 MPa

图 6 升压过程撞击计数—幅度分布

2.2.2 保压过程

图 7 为保压过程所有撞击次数的幅度分布图,通过与升压过程相比可知,幅度在 60

dB 以下的信号撞击次数明显下降,原因是保压过程低幅度的干扰信号减少,这些干扰信号的主要特点是持续时间长、幅度较低,主要出现在升压过程中,因此对岔管的整体评价应该重点分析保压过程中采集到的声发射信号。通过观察图 7(b),钢岔管在 5.0 MPa 保压时出现了明显的高幅度信号,其原因可能与 4.5~5.0 MPa 升压过程相同,可能出现焊接缺陷的开裂和微小裂纹的扩展。

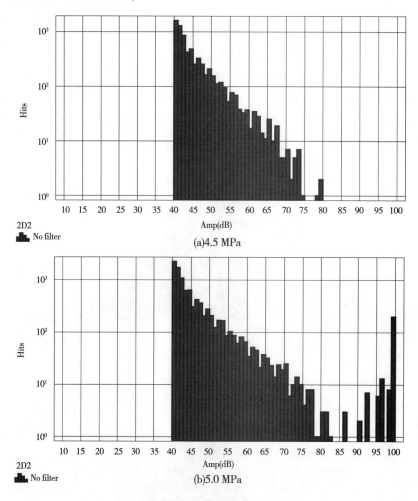

图 7   保压过程撞击计数—幅度分布图

3   声发射波形信号分析

声发射信号特征主要分为两种,即突发型和连续性信号。如果声发射事件信号是断续的,且在时间上可以分开,那么这种信号就称为突发型声发射信号;反之,如果大量的声发射事件同时发生,且在时间上不可分辨,这些信号就叫做连续型声发射信号。一般情况下裂纹扩展、断铅信号等都是突发型声发射信号,流体泄漏、金属塑性变形等都是连续型信号。

图 8(a)是笔芯折断模拟声源信号,为典型的突发信号波,其与结构表面裂纹扩展产生的声发射信号波形图非常相似,可以作为表面裂纹扩展信号的参考波形,其主要频带在

80~300 kHz,并且在 180 kHz、250 kHz 处具有峰值。图 8(b)既有突发型信号又有连续型信号,其为连续和突发信号的混合型信号,其主要频带在 50~220 kHz 并且在 175 kHz 处具有峰值。分析产生混合信号可能的原因,在升压过程中造成了岔管发生微小的塑性变形从而产生连续型信号(已检查无泄漏),表面裂纹的扩展产生了突发型信号。图 8(c)为保压时刻的波形图,由频谱图可以看出,其频带分布范围非常广泛,在 50~500 kHz 有多个峰值出现,主要峰值集中在 200~360 kHz。在 1 000 μs 之前可能是在保压过程中缺陷扩展所产生,在 1 000~1 500 μs 可能是采集卡等电子设备噪声干扰所产生的信号。

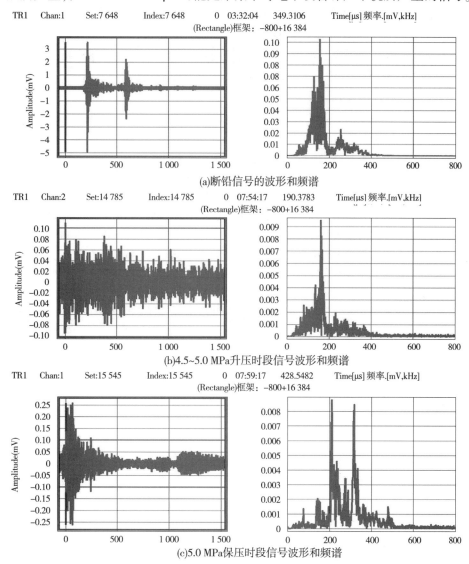

图 8　钢岔管水压试验典型的声发射信号波形和频谱

4　结　论

通过本次对声发射检测技术在钢岔管水压试验中的应用研究,得出以下结论:

（1）断铅信号衰减测试表明,信号幅值随着传播距离的增加呈非线性关系衰减,且衰减速率逐渐减小,并得出了幅值随着距离增加而衰减的关系表达式。

（2）分析声发射平面定位图得出:在 4.5~5.0 MPa 升压阶段首次出现幅度大于 80dB 的高幅度信号(13 号、14 号传感器附近),这些信号可能是裂纹萌生和扩展产生的;5.0 MPa 保压时 14 号传感器附近出现了幅度很高的声发射事件计数;分析撞击计数与幅值的关系得出,在 4.5~5.0 MPa 升压阶段幅值在 80~100 dB 范围内的撞击次数增多,5.0 MPa 保压阶段幅值为 100 dB 时的撞击次数比升压阶段增加了 1 倍;分析波形图得出,裂纹扩展的频带范围在 80~300 kHz,在升压过程由于岔管发生微小的塑性变形产生连续型信号,在保压时产生了电子设备噪声干扰信号。

本次试验采用声发射源的平面定位分析法、特征参数分析法、波形分析法对数据进行分析,为评价水压试验过程中的安全性提供了实时的数据支持和评判分析,为后续的试验顺利进行奠定了良好的基础。

参 考 文 献

[1] 王立宝.大盈江水电站(四级)钢岔管水压试验[J].云南水力发电,2011,27(4):18-22.

[2] 张伟平,胡木生.国产 790 MPa 级高强钢岔管水压试验测试及监测技术特性及成果[C]//水电站压力管道——第八届全国水电站压力管道学术会议.2014:11.

[3] 桂亚伯.声发射监控技术在瓦屋山水电站压力钢岔管水压试验中的应用[J].四川水利,2010:30-31.

[4] 张延兵,顾建平,张文斌,等.金属压力容器水压试验声发射检测[J].无损检测,2013,29(11):39-43.

[5] 沈功田,李金海.压力容器无损检测[J].无损检测,2004,26(9):457-463.

[6] 沈功田,吴占稳.声发射技术在桥式起重机检测中的应用研究[C]//中国第十二届声发射学术研讨会.2009.8.

[7] 李光海,刘时风.基于信号分析的声发射源定位技术[J].机械工程学报,2004,40(7):136-140.

清水混凝土在雅砻江流域
电站装修中的应用与展望

刘家艳,李俊

（雅砻江流域水电开发有限公司,四川 成都　610051）

摘　要　清水混凝土是近年来发展起来的新兴技术,主要是以降低工程造价为原则,符合工程建设节能减排、绿色施工、生态文明建设产业发展方向和可持续发展战略。这项技术的推广和应用对我国建筑行业的发展起到巨大的促进作用,然而其还有待更深入的发展和理论研究。本文阐述了清水混凝土配合比、模板体系、施工工艺等主要技术问题及控制要点,研究了清水混凝土在水电站的应用范围及标准,分析了清水混凝土对水电站构建物尺寸及净空的影响,推动清水混凝土在雅砻江水电站的应用,将产生极大的环保效益、经济效益、社会效益,展望三者效益的统一将备受赞誉,并提升工程建设质量管理水平。

关键词　清水混凝土;绿色施工;节能减排;生态文明建设

1　引　言

清水混凝土是指直接利用混凝土成型后的自然质感作为饰面效果,不做其他外装饰的混凝土工程。根据混凝土表面的装饰效果,清水混凝土分为普通清水混凝土、饰面(装饰)清水混凝土两类,其中饰面(装饰)清水混凝土表面颜色基本一致,由有规律排列的对拉螺栓孔眼、明缝、蝉缝、假眼等组合形成,以自然质感作为饰面效果,在水电工程领域得到广泛应用,三峡水电站右岸厂房及黄登水电站厂房免装修混凝土浇筑效果分别见图1、图2。本文结合雅砻江公司开展的提质增效活动和清水混凝土在雅砻江水电站引水发电系统、大坝、公路交通、房建营地、变电站等工程部位免装修的实践,在合理控制水电站工程造价的基础上,对清水混凝土在雅砻江水电站简化装修的应用与展望做一些探讨。

2　清水混凝土在雅砻江水电站的应用前景分析

在水电建筑行业,清水混凝土有着很好的发展前景。混凝土本身是一种经济环保的材料,而且它具有很强的设计潜力和可塑性。在雅砻江流域水电站建设过程中,采用清水混凝土,将极大地简化装修装饰,优化空间,降低成本,同时可促进公司的质量管理升级,进一步推进公司更好地发展。

2.1　清水混凝土较其他混凝土具有的优势

（1）清水混凝土不做任何修饰,颜色均匀、线条顺畅、棱角倒圆,层间过渡自然,质量集

作者简介:刘家艳(1969—),男,工学学士,教授级高级工程师,研究方向为水电工程施工及建设管理。
E-mail:LJY427@ 163.com。

(三峡水电站右岸厂房上下游墙内墙面镜面混凝土浇筑效果)

图1　三峡水电站右岸厂房免装修混凝土浇筑效果

图2　黄登厂房免装修混凝土浇筑效果

"精、细、美"于一身,是工程建设项目"创精品工程、优质工程"的关键所在,也是公司提升质量,降低成本,节约投资的重要手段之一。水电站免装修清水混凝土施工情况见图3。

（2）清水混凝土是直接利用混凝土成型后的自然质感作为饰面效果而不做其他外装饰的混凝土工程,故在水电站建设项目中可减少水工建筑如板、梁、柱等工程部位的空间净尺寸,而增大孔、洞、井、口等空间净尺寸,从而优化地下洞室空间布置尺寸。水电站清水混凝土排架、梁、柱、墩见图4。

（3）清水混凝土取消抹灰层,观感质量可直接达到较高的艺术境界。同时还能消除抹灰工程中常见的表面空鼓和裂缝等质量通病,降低了工程成本,清水混凝土在房建中的使用见图5。

（4）清水混凝土可以提高建筑结构的内在质量,使其强度、均质性和外观质量的尺寸精确度、平整度、光洁度等得到有效保证,清水混凝土对提高工程结构质量意义重大。

图 3　水电站免装修清水混凝土施工情况

图 4　水电站清水混凝土排架、梁、柱、墩

图 5　清水混凝土在房建中的使用

（5）清水混凝土还可降低能耗、节水、节电、节材，减少建筑垃圾固体废料，减少施工扬尘作业，减轻工人湿作业劳动强度，是混凝土外观质量大幅度改观和提高的最好手段及方法。

2.2 雅砻江已建或在建水电站部分水工建筑物装修费用

公司已建或在建水电站部分工程项目建筑装修装饰费用见表1~表3。

表1 杨房沟水电站大坝及引水发电系统装修费用

项目	部位	面积(m²)	单方指标(元/m²)	合价(万元)
一	地下主厂房	12 572	1 500	1 885.8
二	地下副厂房	4 081	600	244.86
三	主变洞(含通风层)	6 932	600	415.92
四	母线洞	1 624	600	97.44
五	电缆交通洞	180	600	10.8
六	尾水调压室	3 497	600	209.82
七	尾水洞检修闸门室	705	600	42.3
八	500 kV 开关站	5 117.2	600	307.032
九	大坝及进水口相关水工建筑物	2 605	600	156.3
十	大坝及进水口主要防护栏杆	500	600	30
合计		3 400.27		

表2 两河口水电站部分项目装修费用(可研概算)

序号	部位	数量(m²)	单价(元)	总价(万元)
一	主厂房装修工程	11 800.00	1 200.00	1 416.00
二	安装间装修工程	1 456.00	1 200.00	174.72
三	GIS 楼装修工程	7 352.00	1 200.00	882.24
合计		2 473		

表3 公司部分水电站建设项目装修费用

序号	项目	部位	费用(万元)	备注
一	桐子林	地上厂房	3 200	合同结算预估
二	锦屏一级	大坝及地下厂房系统	5 700	完工结算预估
三	锦屏二级	大坝及地下厂房系统	8 000	完工结算预估
四	杨房沟	大坝及地下厂房系统	3 038	可研概算
五	卡拉	地下厂房	2 149	可研概算
六	两河口	地下厂房	2 473	可研概算

2.3 清水混凝土在水电站的应用范围及标准

随着清水混凝土施工工艺和模板工程标准的提高，国内外免装修清水混凝土的设计理念和设计标准、施工技术规范和工艺工法在工程建设项目成功地获得了大量应用，并得到了大量的工程实践。根据公司水电站"无人值班，少人值守"生产营运调度模式，结合水电站建设项目的应用范围以及建筑物的外观需求、体积大小、所处的环境特点，雅砻江公司后续电站推广应用免装修清水混凝土简化水电站的设计、施工、建设，优化水电站水工建筑空间尺寸，从而提升工程质量，降低工程投资，节约工程成本，节省建设工期。通过研究分析及清水混凝土的工程实践，初步可确定新建项目应用清水混凝土的范围及标准，见表4。

表4 公司后续或再建项目清水混凝土应用范围及标准

序号	清水混凝土部位		质量目标
1	主厂房发电电动机层以上	岩壁吊车梁(含安装间)	普通清水混凝土
2	主厂房发电电动机层以下	楼板(底面)	普通清水混凝土
3		边墙	
4		风罩(外壁)	
5		机墩(外壁)	
6		蜗壳(外壁)	
7		球阀基础	
8		柱	
9		楼梯(不含踏步)	
10	主变洞	梁、板(底、侧面)	普通清水混凝土
11		墙体	
12		柱	
13	尾闸室	吊车梁	普通清水混凝土
14	交通洞	安装场至主变洞衬砌混凝土	普通清水混凝土
15		洞口衬砌混凝土	
16		洞口门楼	饰面清水混凝土
17	开关站GIS楼厂房	楼板(底面)	普通清水混凝土
18		柱	
19		吊车梁	
20		电缆沟	
21	开关站户外	电缆沟	
22		户外设备基础	
23	进水洞/尾水洞进出水口	启闭机室排架	饰面清水混凝土

续表 4

序号	清水混凝土部位		质量目标
24	大坝	防浪墙	饰面清水混凝土
25		坝顶电缆沟、人行道	普通清水混凝土
26	水电站公路	桥梁墩柱、安全护栏(柱)等	普通清水混凝土
27		隧洞进出口门楼(脸)	饰面清水混凝土
28		隧洞进出口洞身段	普通清水混凝土
29	营地房建	板、梁、柱、台、墙等外观装修装饰要求	饰面清水混凝土
30	其他水电站工程部位	对外观混凝土有装修装饰要求的部位	普通或饰面清水混凝土

3　清水混凝土应用的工程案例

　　清水混凝土设计理念和技术标准、施工技术规程和施工工艺等各个环节曾在长江三峡水利枢纽二期工程左右岸电站厂房、华能澜沧江黄登、大华水电站引水发电系统、雅砻江杨房沟水电站和两河口水电站、成都二环高架桥等工程局部或部分获得广泛应用,已形成了一整套成熟的清水混凝土施工工法,具有十分广阔的推广应用前景。在同等条件下,清水混凝土不仅能达到镜面效果,而且本身质量得到了较大的提高,产生了良好的社会效益、经济效益、环保效益。随着经济的发展,清水混凝土的应用将越来越广泛,对于企业的经济效益、环保效益、社会效益的提升将是巨大的。

3.1　雅砻江杨房沟和两河口水电站清水混凝土的应用

　　岩锚梁是电站厂房中极为重要的混凝土结构物,承担着发电厂房中行车的运行和吊装上百吨发电机组的重任。雅砻江杨房沟和两河口水电站都成功将岩锚梁混凝土质量要求上升至清水混凝土的标准。具体工艺及参数如下。

3.1.1　杨房沟水电站

　　杨房沟水电站地下厂房岩锚梁的长度为 420 m,断面为 2.0 m×3.0 m(宽×高)的梯形,面积为 4.97 m², 3.0 m 的长边为基岩接触面,混凝土浇筑分为 38 个仓位,混凝土方量 2 087 m³。岩壁吊车梁混凝土共分两期进行浇筑,一期混凝土强度等级为 C30,二期混凝土为 CF30 钢纤维混凝土。杨房沟水电站地下岩锚梁清水混凝土施工效果见图 6。

　　(1)混凝土施工工艺及配合比。岩壁吊车梁单仓长度按照 9~14 m 进行控制,仓面面积约 20 m²,根据试验确定浇筑的分层高度为 40 cm/层进行控制,共分 7 层。同时,经过试验确定清水混凝土拌和时间为 105 s,坍落度为 180~200 mm,水胶比为 0.42 时,采用原状砂时的最佳砂率为 38%[1]。

　　(2)模板体系。模板采用钢模台车面板+清水混凝土覆模板的组合方式,模板支撑体系采用内撑+外拉外撑的方式进行。

　　①板支撑体系:模板采用内撑+外拉外撑的方式满足受力要求。

　　②模板选材:清水混凝体覆模板和厂房岩壁梁钢模台车面板浇筑拆模后混凝土表面轴线通直、线条平顺、表面平整光洁,满足清水混凝土质量要求。

图6　杨房沟水电站地下岩锚梁清水混凝土施工效果

③模板拼缝:模板拼缝宜选用双面胶+腻子粉堵缝的方式。拆模后模板接缝和施工缝处无挂浆、漏浆、无变形。

④脱模剂:采用HD-1型长效脱模剂,不存在与混凝土之间的附着,拆模后混凝土表面色泽均一、一致,表面无明显气泡、色差带和黑斑,质量满足清水混凝土标准要求。

3.1.2　两河口水电站

两河口水电站地下厂房岩锚梁长度为474 m,断面为2.7 m×2.87 m(宽×高)的梯形,面积为5.3 m²,2.61 m的长边为基岩接触面,混凝土浇筑分为46个仓位,混凝土方量约2 514 m³。岩壁吊车梁混凝土共分两期进行浇筑,一期混凝土强度等级为C30W8F150,二期混凝土为C30细石混凝土。两河口地下岩锚梁清水混凝土施工效果见图7。

(1)混凝土施工工艺及配合比。岩壁吊车梁单仓长度按照8.21~13.86 m进行控制,仓面面积约32 m²,根据厂房岩壁梁试验段分层高度不同浇筑效果确定,现场浇筑采用泵送入仓,按每次铺料厚度30~50 cm控制,经试验确定清水混凝土拌和时间为270 s,坍落度为180~200 mm,水胶比为0.42,砂率为45%[2]。

图7　两河口地下岩锚梁清水混凝土施工效果

(2)模板体系。模板用全新酚醛胶合模板+内粘贴PC板,模板支撑体系采用内撑+外拉方式进行。

①模板支撑体系:模板采用内撑+外拉方式满足受力要求。

②模板选材:全新酚醛胶合模板+内粘贴 PC 板,拆模后混凝土表面平整光洁均能满足清水镜面混凝土质量要求。

③模板拼缝:模板拼缝选用双面胶方式,效果较好。

④脱模剂:未采用。

3.2 成都二环路高架桥市政工程建设

为加快城市经济建设、缓解市区交通压力,成都市推进二环路改造工程,全段包含承台 145 个、墩柱 168 根、预应力盖梁 168 根,预制箱梁 1 217 根。所有的墩柱、盖梁、箱梁等均做成清水混凝土。该改造工程于 2012 年 4 月全面启动,于 2013 年 6 月正式通车。成都二环路高架桥全部实行免装修清水混凝土的项目建设、设计、施工,符合我国绿色建筑的发展潮流,不仅实现了绿色环保和经济效益的提升[3],而且避免了很多烦琐的工序和质量通病的困扰,成都二环路高架桥免装修清水混凝土见图 8。

图 8 成都二环路高架桥免装修清水混凝土

3.3 大渡河长河坝水电站地下厂房岩锚梁清水混凝土的应用

大渡河流域长河坝水电站地下厂房岩锚梁的长度为 228 m,断面为 3.2 m×2.65 m 的梯形,面积为 5.705 m^2,3.2 m 的长边为基岩接触面,混凝土浇筑分为 38 个仓位,混凝土方量约 2 600 m^3。混凝土的原设计等级为 C25,后因胶凝材料偏少不能满足清水混凝土的外观要求,将强度等级提高至≥C30。混凝土施工时入仓坍落度控制在 100~120 mm,采用吊罐入仓。为了避免或减少混凝土出现裂缝,设计采用中热 42.5 水泥,以减少混凝土的绝热温升引发的收缩。

3.4 三峡公司向家坝水电站清水混凝土的应用

向家坝水电站采用免装修清水混凝土部位主要有坝后主厂房内外墙、下有副厂房空调机房、坝后排风机房、坝顶及尾水平台实体栏杆等部位,结构复杂多变,通过免装修清水混凝土的设计、施工、实施,产生了良好的经济效益及环保效益,并提升了工程的质量管理和控制。

4　清水混凝土对水电站建筑物尺寸及净空的影响

4.1　水电站地下厂房、主变洞、尾调室等三大地下洞室群的影响

在水电站工程建设中,在地下厂房、主变洞、尾调室等三大地下洞室采用免装修清水混凝土的设计技术标准及施工工艺要求,可优化地下厂房及相关洞室的空间净尺寸,减少洞室开挖量、混凝土量,特别可优化大跨度高边墙地下洞室的支护系统及参数设计,增强围岩的稳定性,从而减少工程量,降低工程成本,节约工程造价,增强地下洞室的施工期安全和运行期的工程安全,加快地下洞室的施工进度。

4.2　水电站柱、墩、板、口、槽、廊道等的影响

根据已有的使用免装修清水混凝土在水电站引水发电系统等工程部位成功应用的工程实践来看,对水电站地下厂房操作廊道混凝土、机墩混凝土、母线层楼板混凝土、风罩混凝土、发电机层楼板混凝土、安装间楼板混凝土、主变室及绝缘油库混凝土、主变交通洞混凝土以及母线洞衬砌混凝土等工程部位进行免装修混凝土的设计及施工,提高混凝土施工工艺,一方面可优化地下厂房净空间尺寸,减少开挖断面;另一方面在满足基本地下厂房防火、防水、防潮、降噪、通风、照明及设备布置等使用要求的前提下,可优化地下洞室的装修装饰方案,简化装修方案,节约装修材料,从而降低了工程成本,节约了工程投资,提高了地下厂房的使用功能及效益。

4.3　对主厂房上下游通风夹墙、交通通道的影响

目前水电站一般均是按无人值班、少人值守进行设计布置,电站在正常投运以后,厂房内的运行维护人员是很少的。因此,考虑在能满足设备的安装、维护和交通及设备搬运通道以及通风道通风功能的基础上,通过免装修清水混凝土的实施,可适当压缩部分通道和主厂房上下游通风夹墙(包括通风道和墙体),从而通道有较大的压缩空间,优化上下游通风夹墙占用主厂房的宽度,可减小主厂房跨度。

4.4　对水电站开关站柱、墩、排架等建筑物结构的影响

水电站开关站 GIS 推行免装修清水或饰面混凝土,一方面可节约投资和成本控制,另一方面可便于施工和简化施工程序。同时,也对后期投运提供良好的工作环境。

5　清水混凝土主要控制的技术问题

纵观国内外清水混凝土应用研究表明,免装修清水混凝土的控制要点为混凝土配合比、模板体系、施工工艺三大方面的技术问题。[4]

5.1　混凝土配合比

免装修清水混凝土要求结构密实,以减少混凝土含气量,因此混凝土中胶凝材料总量不宜过低,但是水泥用量过高,易造成混凝土收缩开裂,且经济性不好。普通混凝土配合比计算采用的是经验式设计方法,而高密实清水混凝土配合比设计采用的是理论模式,以混凝土的致密性、工作性、耐久性为主要目标,以密实骨架堆积的观点进行混凝土配合比设计。密实骨架堆积方法是通过寻求混凝土中的粗细集料的最大密实度来寻找最小空隙率,通过曲线拟合可以得出骨料间的最佳比例。

5.2　模板体系

模板是清水混凝土的核心,模板是混凝土结构赖以成型的临时性模具,由面板、支撑系统和连接配件组成。根据国内外免装修清水混凝土模板处理技术研究,清水混凝土模板一般采用钢模板及木模板两种,个别对外观要求较高的项目甚至采用不锈钢模板进行清水混凝土施工。根据已实施免装修清水混凝土的水电站工程项目,模板一般采用"WISA 板"(维萨模板),外贴 PVC 板(薄的、硬脆质的)的方式。大面积墙体采用大型钢模板做背架,并配维萨板做面板的方式组合使用,以提高模板刚度。

5.3　主要施工工艺及控制

根据国内外研究免装修清水混凝土施工工艺,清水混凝土的施工工艺主要包括三个部分:按照设计的免装修清水混凝土配合比的搅拌,待搅拌结束后运输到施工现场;清水混凝土现场浇筑及振捣;浇筑振捣结束后对清水混凝土的养护及后期保护,通过大量工程实践和科学试验,目前已经建立确定了一整套的清水混凝土施工工艺及控制标准。

6　效益分析

6.1　经济效益

(1)在亚洲,日本最先运用这项技术,在我国,该技术率先在高铁领域使用,在成都二环路高架桥市政工程首次使用该技术。清水混凝土施工要求极其精细,工人将混凝土倒入密封模板后,必须将混凝土中的气泡全部挤出。混凝土成品非常密实,不易受风雨侵蚀,抗腐化程度比普通混凝土高 30%以上。另外,由于使用寿命长,还省去了二次刷漆、贴瓷砖以及后期维护费用,综合造价比普通混凝土还低。

(2)清水混凝土和普通混凝土相比,精工细作投入主要在人力、物力上,造价成本要高一些。但后期清水混凝土可减少施工环节,节省抹灰材料,加快施工进度,免去装饰环节,减少维护费用,经过计算,每平方米造价可以节省 300 元,降低工程总造价[5],而且外形也比较美观,有种本质美。

(3)免装修清水混凝土施工与传统混凝土施工相比,解决了传统混凝土施工中的柱根部漏浆、烂根,混凝土面模板拼缝明显,混凝土错台,柱梁线角漏浆,起砂混凝土表面起皱,混凝土表面存在气泡,混凝土表面颜色不一致、无光泽,预埋件不平、歪斜、内陷,对拉螺栓孔周围漏浆、起砂等一些质量通病,保证了混凝土内实外光、内实外亮,光亮照人,减少或避免了进行后期修补,大大加快了工程的施工进度,保证了工期,提高了施工工效,降低了施工难度,提高了模板使用率,减少了材料浪费,节约人工费,创造了良好的经济效益。

(4)清水混凝土除了可简化水电站水工建设物的装修装饰,最为重要的是可优化地下洞室的空间布置尺寸,特别可优化大跨度高边墙地下洞室的支护系统及参数设计,增强围岩的稳定性,从而减少地下洞室的支护工程量,降低工程成本,节约工程造价,同时,可以增加地下洞室施工期的围岩稳定性和运行期的工程安全,加快地下洞室的施工进度。通过初步测算,应用清水混凝土简化对水电站水工建筑物的装修,建筑物装修部分的直接费用一般可节约 30%~45%。

(5)清水混凝土直接作为饰面层,减少了二次装饰工序和二次装修污染,可直接节约装修材料等相关费用,节约垃圾处理费用。免装修清水混凝土是以混凝土原浇筑表面或以透明保护剂做保护性处理的混凝土表面作为项目构建物的建筑外表面,减少了装饰层的施工,缩短了施工工期,节约自然资源,节约了人力、机械、装饰材料等费用,最终降低了工程总体造价,创造了良好的经济效益。同时,清水混凝土性能满足高性能混凝土的要求,提高建筑结构的耐久性能,不仅降低了维修费用,更直接延长了建筑物使用寿命,具有显著的经济效益。

6.2 环保效益

(1)北京某建筑公司提供数据显示,不采用清水混凝土的一幢 1.5 万 m² 高层,拉出垃圾 130 卡车,而类似的 2.29 万 m² 高层本应拉出 200 卡车垃圾,而使用免装修清水混凝土后只拉出 20 卡车,一进一出就减少了 360 卡车的交通负担以及运输费用,符合我国可持续发展战略和大力发展"绿色建筑"的理念,将产生极大的环保效益、经济效益。

(2)在水电站建设过程中,通常情况下水电工程设计过程更注重内在质量,对外观质量重视不够。再加上水电站设计专业分工细致,相互间协同不够,对细节往往重视不够。因此,往往需要对引水发电系统、大坝和房屋营地、道路交通桥梁和隧洞口等工程项目的一些重要部位进行二次装修装饰,使用大量的砂浆、骨架、瓷砖、水泥、钢材等,而推行水电站建筑物免装修清水混凝土还可降低能耗、节水、节电、节约材料,优化水工建筑物的空间净尺寸,减少建筑垃圾固体废料,也可产生极大的环保经济效益。

6.3 社会效益

在水电建设工程中,混凝土工程占有很大的比重。因此,要想实现工程质量的超越,节约工程成本,控制工程投资,控制好混凝土工程是成功的关键。清水混凝土作为一种新型的建筑形式,一次浇筑成形,采用无缺陷的混凝土自然色作为饰面,以其细腻的纹理、均质的质感形成了独特的美感,并产生了良好的经济、社会效益及环保效益。同时,清水混凝土在提高混凝土结构物外观质量的基础上,大大提高了工程质量和使用寿命。对推动建筑业新技术的推广应用,营造绿色生态建筑,并在降低工程成本、消除质量通病、实现环境效益和社会效益等方面有着重要的现实意义。

(1)混凝土结构物的质量包括内在质量和外表质量两个方面,内在质量(混凝土的力学性能如抗压强度等)可以通过检测的手段获得,而外表质量(混凝土表面平整光滑程度和色感等)则是综合肉眼观察和统计混凝土的外表特征后评价得到的。一般来说,内在质量合格而外表质量欠佳的混凝土总是给人留下某种遗憾或不放心的感觉;而清水混凝土则是属于内外质量较好的一类混凝土,它给人留下的印象不但是质量放心,而且是看到后就有一种欣赏工程艺术品的感觉。

(2)三峡水利枢纽二期工程左右岸厂房混凝土工程的应用,均取得了设计要求的永久不装修的效果,得到了国务院质量检查专家组的高度评价。其中左岸厂房免装修墙面积达 20 920 m²,右岸厂房免装修墙面积达 40 361 m²。

(3)贵州索风营水电站、思林水电站地下厂房、安装间、主变室的应用,取得良好效果。其中索风营电站地下厂房岩壁吊车梁免装修清水混凝土被乌江开发公司评为"样板工程",受到了各界的一致好评。

(4)免装修混凝土在青海苏只水电站枢纽、青海李家峡水电站枢纽、重庆江口水电站枢纽工程的成功应用,取得了良好的经济效益和社会效益,其中李家峡水电站共完成大体积混凝土浇筑量287万 m³,获中国建筑工程最高奖——鲁班奖。

7　展望清水混凝土在水电站中的推广应用

清水混凝土符合产业发展方向和可持续发展战略,同时也是我国混凝土结构工程质量发展的方向,符合建筑节能减排和绿色施工、生态文明建设的原则,并符合我国可持续发展战略和大力发展"绿色建筑"的理念,推动清水混凝土在公司水电站的推广应用,产生了极大的环保效益、经济效益、社会效益,取得了"经济、环保和社会效益"三者的统一而备受赞誉。

随着模板技术的发展以及矿物掺合料、高效减水剂的广泛使用,目前清水混凝土在水工建筑物中应用的工艺成熟、技术可靠,应用也越来越广泛。清水混凝土应用于水工建筑物的装修装饰,一方面可简化水工建筑物装修;另一方面可优化水电站水工建筑物的空间尺寸,从而产生良好的环保效益、社会效益和显著的经济效益。

通过深入调查研究,通过经济效益、环保效益、社会效益等方面的分析,建议结合公司制定颁布水电站水工建筑装修装饰企业标准,从工程设计理念和设计标准、施工组织和施工技术规范规程、过程控制和激励机制、经济合同等方面制定流域水电站清水混凝土应用的企业标准和清水混凝土应用导则,并在雅砻江流域后续水电站建设过程中大力推广清水混凝土。

8　结束语

清水混凝土是近年来发展起来的新兴技术,对我国建筑行业的发展起到巨大的促进作用,同时这项技术的发展还有待更大范围的理论研究和实践应用。相信在不久的将来,这项技术一定可以在水电站工程中得到广泛的推广应用,并提升工程建设质量管理水平,促进水电站工程建设质量管理升级、理念升级、效益升级。

参 考 文 献

[1] 2017年5月22日地下厂房岩壁梁混凝土浇筑工艺试验评审会纪要:长杨监厂〔2017〕会011号.
[2] 对《关于报送主厂房岩壁梁清水混凝土浇筑试验总结的函》的批复:长杨监厂〔2017〕030号.
[3] 《关于引水发电系统工程清水镜面混凝土工艺试验总结的报告》的批复:长河监理〔2016〕123号.
[4] 《引水发电系统工程清水镜面混凝土生产性试验大纲的报告》的批复:长河监理〔2016〕105号.
[5] 李彬.清水混凝土施工过程中的表面污痕的防控技术[J].四川建筑,2015,35(6).
[6] 水电水利工程清水混凝土施工规范:DL/T 5306—2013[M].北京:中国电力出版社,2014.
[7] 张轶.清水混凝土的发展与应用[J].建材发展导向,2005(1).

大型地下洞室群开挖支护快速安全施工技术研究与实践

李俊，魏宝龙，焦凯

（雅砻江流域水电开发有限公司，四川 成都 610051）

摘　要　雅砻江杨房沟水电站地下洞室群施工布置紧凑，地质条件较为复杂，开挖支护工程量大。工程坚持"安全为天、质量是命"的管理理念，始终按照"动态设计、本质安全"的工作原则，在施工过程中，根据实际揭露地质条件，及时优化支护参数、调整开挖方法，形成设计、施工、监测反馈快速响应体系，顺利完成厂房开挖。同时，结合现场实际积极推行改进设备和优化工艺等有效措施，极大地降低了安全风险，同时加快了施工进度。监测成果显示，围岩变形始终控制在允许范围之内，开挖完成后，主副厂房围岩变形趋于稳定，在受不良地质条件及增加支护等情况影响下，仍顺利实现提前6个月向混凝土转序。本文系统总结了杨房沟水电站地下洞室群施工实践中形成的设计、施工技术，以期为其他工程提供借鉴。

关键词　地下洞室群；开挖支护；快速安全；蚀变岩体

1　引　言

随着我国国民经济的不断发展，清洁能源得到有效开发，水电事业取得了诸多举世瞩目的成绩，大型水电工程施工技术居世界领先水平[1]。在我国西南地区拥有大量的水能资源，因地形地貌特征多为高山峡谷，较多电站采用地下厂房进行规划布置，进而形成了规模巨大的地下洞室群[2]。

大型地下洞室群一般特点是总体施工布置紧凑，开挖支护工程量大，施工组织管理难度大，同时受复杂地质条件制约，施工期存在洞室围岩稳定等不确定性风险问题，如何快速安全施工仍面临着诸多技术和管理难题。本文以杨房沟水电站为背景，系统介绍地下洞室群开挖支护施工过程、施工程序和主要施工方法，着重阐述施工中存在的特殊地质现象、快速处理措施及关键技术要点，并通过安全监测数据最终验证总体处理方案的合理性，以期为类似工程提供参考。

2　概　述

2.1　工程概况

杨房沟水电站地下洞室群布置于雅砻江左岸，主要由压力管道、主副厂房、主变室及母线洞、出线洞、尾水调压室、尾水闸门室、尾水隧洞、排水廊道等组成。主副厂房洞、主变洞、

作者简介：李俊（1989—），男，硕士，工程师，研究方向为水电工程项目管理。E-mail：lijun2@ylhdc.com.cn。

尾水调压室三大洞室依次平行布置,主副厂房洞与主变洞的净距为45.0 m,主变洞与尾水调压室的净距为42.0 m。主副厂房洞纵轴线方位N5°E,最大开挖尺寸230 m×28(30) m×75.57 m(长×宽×高),主变洞室最大开挖尺寸156 m×18 m×22.3 m(长×宽×高),尾水调压室开挖尺寸为166.1 m×24 m×61.75 m(长×宽×高)。地下厂房洞室群布置格局见图1。

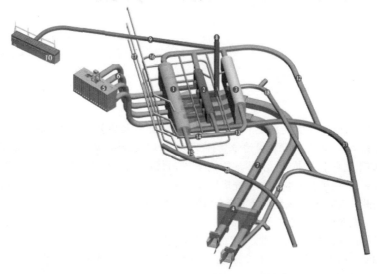

1—主副厂房洞;2—主变洞;3—尾水调压室;4—尾水闸门室;5—进水塔;6—引水隧洞;7—尾水隧洞;
8—出线竖井;9—出线平洞;10—地面开关站;11—进厂交通洞;12—厂房进风洞;13—尾调排风洞;
14—主变排风洞;15—通风兼安全洞;16—排水廊道;17—灌浆廊道;18—尾调通气洞;
19—尾闸交通洞;20—左岸绕坝交通洞

图1　地下洞室群三维布置图

2.2　工程地质

左岸地下洞室群部位地面高程2 240~2 370 m,上覆岩体厚度197~328 m,水平岩体厚度125~320 m。总体围岩岩性为浅灰色花岗闪长岩,呈微风化—新鲜状,岩质坚硬,岩石的单轴饱和抗压强度在80~100 MPa。厂区最大主应力σ_1值为12.62~13.04 MPa,最大主应力方向为N61°W~N79°W,与厂房轴线夹角56°~74°,属于中等地应力区。洞室围岩以次块状—块状为主,岩体完整性差—较完整,主要以Ⅱ类、Ⅲ$_1$类围岩为主,局部Ⅲ$_2$类。三大洞室开挖揭露共约194条构造,多以小断层和挤压破碎带组成,除f_{49}、f_{94}、f_{152}为岩屑夹泥膜外,其余均为岩块岩屑型,以切洞向中陡倾角为主,顺洞向中陡倾角和切洞向缓倾角次之。

2.3　主要支护参数

三大洞室总体支护方式基本一致,主要参数有顶拱及边墙采用普通砂浆锚杆ϕ28,$L=6$ m/ϕ32,$L=9$ m,@1.5×1.5 m,挂网ϕ8@20×20 cm,龙骨筋ϕ12@2×2 m,喷射混凝土C25厚15 cm;拱座部位预应力锚杆ϕ32,$L=9$ m,@1.0 m×1.0 m;上下游边墙采用分层系统布置无黏结预应力锚索$T=2\,000$ kN,$L=20/25$ m,@4.5 m。在尾水调压室中隔墙部位,采用分层系统布置无黏结预应力对穿锚索$T=1\,000/1\,500$ kN,$L=14.6$ m,@4.5×4.5 m。

3　施工情况

3.1　主要施工过程

　　地下厂房三大洞室主副厂房、主变室、尾水调压室开挖分层依次为Ⅸ层、Ⅳ层、Ⅷ层，其中，主副厂房于 2016 年 4 月 6 日开工，2017 年 6~8 月进行岩锚梁混凝土施工，至 2018 年 5 月底，地下洞室群总体开挖支护施工基本完成，关键线路共历时约 26 个月，平均每月开挖下降高度 3.44 m。杨房沟水电站地下洞室分层情况见图 2。

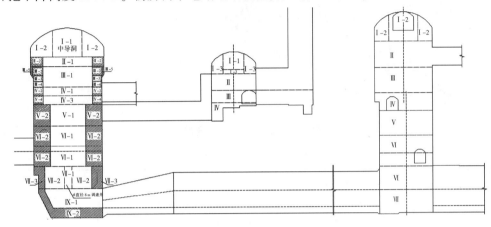

图2　杨房沟水电站地下洞室分层

3.2　施工重难点

　　(1)杨房沟水电站地下洞室群规模大，具有"高边墙、大跨度"等特点，各洞室布置密集，上、中、下各高程洞室交叉口较多，施工过程中洞室之间相互影响作用突出，洞室群效应十分明显。

　　(2)围岩地质条件总体良好，但在施工中发生局部片帮、缓倾角断层、蚀变岩体、顺洞向多组中陡倾角结构面等问题；局部发生卸荷松弛，稳定问题突出；局部岩体完整性差——较破碎，浅表岩体易松弛塌落，造成开挖成型质量差。

　　(3)开挖和支护工程量较大，施工强度高；支护类型较多，有普通砂浆锚杆、喷射混凝土、预应力锚杆、预应力锚索等，工艺复杂，施工技术含量高，且施工工作面较多，多工序交叉施工持续时间长，施工组织和过程控制难度加大，施工期间安全问题突出。

　　(4)受开挖程序与开挖方式的影响，地下洞室群围岩松动现象明显加大，局部监测数据超限，影响围岩稳定的作用效应问题突出。

4　主要施工方法

4.1　主要施工通道布置

　　根据杨房沟地下洞室群总体布置特点，为实现"平面多工序、立面多层次"的施工组织要求，采用统筹规划、永临结合的基本原则，充分考虑各独立系统开挖支护及混凝土浇筑施工节奏，同时满足施工通风、供水、供电，总共布置 25 条施工通道及 5 条通风竖井。地下洞室群施工通道布置见图 3，主要施工通道统计见表 1。

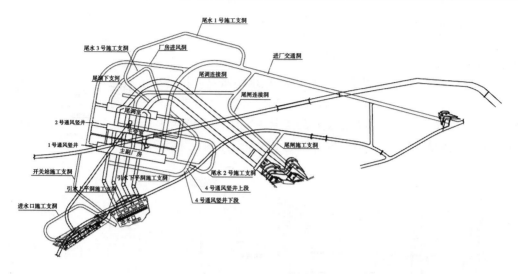

图 3   地下洞室群施工通道

表 1   主要施工通道统计

施工部位	施工分层	施工通道
上部	第Ⅰ、Ⅱ层	左侧:进厂交通洞→厂房进风洞 右侧:左岸低线绕坝交通洞→通风兼安全洞
中部	第Ⅲ、Ⅳ层	进厂交通洞
	第Ⅴ层	进厂交通洞→母线洞
	第Ⅵ层	上游:进厂交通洞→引水下平洞施工支洞 下游:进厂交通洞→主变进风洞→主变洞→母线洞
下部	第Ⅶ层	进厂交通洞→引水下平洞施工支洞
	第Ⅷ、Ⅸ层	进厂交通洞→引水下平洞施工支洞→尾水 2 号施工支洞→ 尾水连接管→尾水扩散段

4.2   主要开挖支护方法

总体规划设计遵循"以已建工程经验和工程类比为主,岩体力学数值分析为辅;以系统支护为主,局部加强支护为辅,系统与随机支护相结合"的原则。施工中充分注重安全、高效,合理进行施工布置,在做好开挖方法"平面多工序"的基础上形成一套开挖与支护"流水化、标准化、工厂化"作业,即充分采用大型挖装、成套台车等机械设备实施开挖支护,替代传统排架、小型土制台车等进行施工的方式。不仅满足开挖与支护在同一平面流水作业,而且按照相关技术要求采用精细化管理理念建设现场作业面的标准化作业,最终实现水电工程工厂化作业。主要开挖支护施工方法如表 2 所示。

表2　主要开挖支护施工方法统计

施工部位	施工分层	施工程序	施工方法
主副厂房	第Ⅰ层	中导洞先行→两侧边墙扩挖	开挖:采用光面爆破法,利用Y-28手风钻造孔,楔形掏槽;周边孔间距按(10~12)d控制;掏槽孔及主爆孔,采用连续装药,反向起爆。起爆顺序:掏槽孔→崩落孔→周边孔→底孔,主爆孔一般奇数段位跳段起爆。周边孔采用ϕ42孔径,间距50 cm,ϕ25药卷间隔装药,线密度154 g/m;掏槽孔及主爆孔,采用ϕ32药卷连续装药。 支护:采用成套的大型机械设备进行及时施工,多臂凿岩台车进行锚杆支护造孔,湿喷台车进行喷射混凝土施工,锚索钻孔采用KLEMNKR805-1和AtlasA66型液压履带钻机
	第Ⅱ层	中部拉槽→两侧扩挖	开挖:采用中部拉槽预裂爆破、两侧边墙光面爆破方法,利用履带钻机进行中部拉槽造孔、轻型潜孔钻进行两侧边墙造孔。中部拉槽预裂孔采用ϕ90孔径,间距150 cm,ϕ70药卷间隔装药,线密度290 g/m;孔深8 m;两侧扩挖周边孔采用ϕ76孔径,间距80 cm,宽度7 m,线密度190 g/m。 支护:同第Ⅰ层
	第Ⅲ层	中部拉槽→两侧分区分层开挖	开挖:采用中部拉槽预裂爆破、两侧边墙分层分区薄层光面爆破方法,中部拉槽同第Ⅱ层;两侧保护层及岩台采用Y-28手风钻造竖直孔及斜面孔,配合样架进行精确实施,同时按照"采用均匀微量化装药"原则,双向光面爆破技术,岩台开挖竖、斜向孔线密度分别为59 g/m、69 g/m。 支护:基本采用第Ⅰ层支护方式;在岩锚梁下拐点部位安装锁口锚杆和压条;下游侧边墙地质不良部位,进行岩台直立面安装树脂锚杆
	第Ⅳ、Ⅴ层	边墙先行预裂→中部拉槽→两侧扩挖	开挖:同第Ⅱ层 支护:同第Ⅱ层
	第Ⅵ、Ⅶ层	上游侧半幅开挖→边墙光爆→下游侧半幅开挖→边墙薄层分区光爆	开挖:同第Ⅱ层 支护:同第Ⅱ层
	第Ⅷ层	溜井先行→边墙薄层分区光爆	开挖:采用中部溜渣井先行贯通,四周预留保护层进行竖向井挖。利用履带钻机进行中部主爆孔造孔、轻型潜孔钻进行永久面边墙造孔。主爆孔采用ϕ90孔径,间距120~150 cm,ϕ32药卷装药,周边孔采用ϕ76孔径,间距70 cm,ϕ32药卷装药,线密度190 g/m。 支护:同第Ⅱ层
	第Ⅸ层	中导洞先行→边墙薄层分区光爆	开挖:利用尾水连接管作为施工通道先行进行中导洞的开挖,为上部开挖溜渣创造条件,待上部开挖完成后,进行两侧边墙保护层竖向开挖,开挖分层高度3 m。利用YT-28手风钻钻孔,光面爆破。 支护:同第Ⅱ层

5　主要问题及关键处理措施

5.1　顶拱层围岩破坏现象

5.1.1　问题描述

杨房沟左岸地下洞室群顶拱层围岩总体以Ⅱ和Ⅲ类为主,局部为Ⅳ类围岩。施工过程中,主要出现以下几种类型的围岩破坏:

(1)靠江侧上游拱肩连续片帮破坏,破坏程度主要以"轻微—中等程度的片帮破坏为主",发展深度为20~30 cm,片帮破坏出现位置与断面应力集中位置相对应。主厂房中导洞临江侧拱肩片帮典型断面如图4所示。

图4　主厂房中导洞临江侧拱肩片帮典型断面

(2)靠厂左洞段揭露出缓倾角断层f_{49},断层出露部位出现数米长的坍塌破坏。

(3)在厂房下挖过程中,受断层、优势节理等不利结构面影响,应力调整及差异变形问题相对明显,顶拱陆续发生喷层开裂、掉块现象。主要集中分布于上游侧拱肩及沿缓倾角断层f_{49}区域,并呈断续状延伸扩展,裂缝张开1~2 cm以内,延伸长度一般为1~3 m,局部喷层脱落掉块,脱落体为钢筋网外侧喷层。

5.1.2　处理措施及关键技术要点

(1)在施工方面,制定中导洞先行两侧半幅扩挖跟进方式,且边墙优先施工上游侧;调整上游侧拱肩部位原设计的普通砂浆锚杆为预应力锚杆,并增加一排预应力锚杆,其入岩角度倾向于临江侧,实现加固应力集中部位的目的。

(2)考虑到受f_{49}断层影响,顶拱围岩变形仍将继续发展,则采取对f_{49}断层影响段进行预应力锚索支护方案,共4排12索,具体方案见图5;f_{49}断层下盘岩体10~20 m范围内"弱爆破、短进尺"开挖,控制爆破药量减小围岩的扰动,并及时进行支护封闭;加密观测频次,增加该部位多点位移计监测仪器。

(3)根据喷层开裂、掉块情况,分析上游侧拱肩部位发育的f_{49}断层是造成喷层开裂的重要原因之一,喷层裂缝主要沿该结构面发生发展,而厂房第Ⅲ层开挖扰动和开裂部位的渗水问题是主要诱因。经数值计算分析,施工期后续变形仍然会持续增长,占总累计量的20%~30%,对应变形增量为6~10 mm。为确保施工期安全,现场在一定范围内增加防护

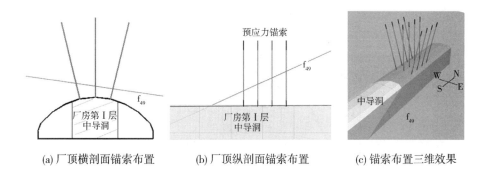

(a) 厂顶横剖面锚索布置　　　(b) 厂顶纵剖面锚索布置　　　(c) 锚索布置三维效果

图 5　顶拱 f_{49} 断层影响洞段的预应力锚索加强支护方案

网,具体是在厂房 EL. 2 014.5 m 以上顶拱增设主动防护网(GPS2 型),同时加强监测、巡视,发生喷层开裂后及时处理。

5.2　岩锚梁层岩体蚀变现象

5.2.1　问题描述

岩体蚀变是岩石力学常见的工程地质问题之一,主要机制在于岩体内部的矿物成分、结构—构造类型发生改变,进而影响原生岩体力学特性,易造成岩体性状的不均匀,甚至形成局部的工程岩体软弱带,影响着岩体的工程特性[3]。

在厂房第Ⅲ层中部拉槽过程中,发现如下地质问题:①在厂右 0+33—厂右 0+47 段下游临时边墙部位,开挖揭露出洞段节理发育、沿节理面见蚀变现象,部分临时边墙岩体较破碎;②在厂右 0+05—厂左 0+35 段下游侧边墙开挖揭露断层 f_{83} 及其影响带,节理裂隙密集发育,洞段岩体存在不同程度的蚀变现象,在断层影响带附近的蚀变程度较强,表层岩体较破碎。综合上述,依据现场开挖揭露的蚀变岩体分布范围,其主要分布在断裂影响带和节理密集带等部位。

5.2.2　处理措施及关键技术要点

在施工方面,存在蚀变岩体区域开挖施工时采用小药量控制爆破,及时动态调整爆破及支护参数,做到"开挖一区支护一区",加强围岩观测,并做好围岩破碎带影响区域内的支护施工,确保岩壁梁岩台开挖质量。

为确保该区域岩壁吊车梁运行期安全,确定采取"扶壁墙和加强预应力锚固"的补强设计方案,主要部位为厂左 0+31.5—厂右 0+29.5 段下游侧边墙,补强加固方案示意见图 6,具体参数如下:

(1)岩壁吊车梁下方增加扶壁墙结构;墙体与岩壁之间布置 3 排插筋 φ 32@1.4 m×1.4 m,$L=9$ m,外露 0.9 m;EL. 2 004.35 m 增设 1 排普通砂浆锚杆 φ 32@0.7 m($L=9$ m,外露 1.4 m),上仰 15°。

(2)将原设计 EL. 1 997 m 的预应力锚索调整至 EL. 1 998.5 m,与 EL. 2 001.5 m 的预应力锚索共同将扶壁墙固定在岩壁上,预应力锚索长度均采用 20 m。

5.3　下游边墙变形异常现象

5.3.1　问题描述

在进行厂房第Ⅲ~Ⅶ层岩锚梁及高边墙开挖过程中,除前文所述蚀变岩体现象外,下

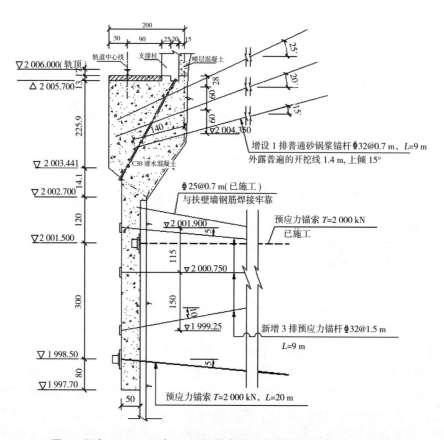

图 6　厂右 0+20 — 厂右 0+45 洞段岩壁吊车梁补强加固方案示意图

游边墙总体地质条件相对较差,主要是开挖揭露出多条顺洞向倾向洞内的中倾角节理,其中断层 f_{123} 和挤压破碎带 J_{150} 对边墙围岩变形及稳定存在一定不利影响。高边墙下挖后,局部存在较明显结构面-应力组合型破坏现象,产生机制是受河谷地应力场影响,厂房下游侧边墙墙脚区域一般为应力集中区,浅层顺洞向中倾结构面出现拉裂松弛,现场集中反映出以下三个突出问题:

(1)下游侧边墙整体开挖成型偏差。

(2)受第Ⅲ层中间拉槽及保护层开挖影响,厂右 0+66 m EL. 2 006 m 下游侧边墙的多点位移计监测到变形增幅相对较大,浅层岩体变形的累计变形达 32.4 mm,超安全预警值且持续未明显收敛。

(3)随着主副厂房洞持续下卧,母线洞内靠主副厂房洞一侧也逐步出现了多条裂缝,其中靠厂房一侧的环向裂缝主要分布在距离厂房下游边墙 10 m 区域,最大裂缝宽度达 10 mm 左右,松弛深度明显加深。母线洞开裂情况典型示意图见图 7。

5.3.2　处理措施及关键技术要点

(1)根据杨房沟地质特点,开展有针对性的开挖施工设计调整与优化,采用"边墙预留保护层+水平光面爆破"方案,同时分上下游半幅制定个性化爆破参数,加强爆破控制并及时施作系统支护,保证边墙开挖面成型,以控制围岩松弛损伤。

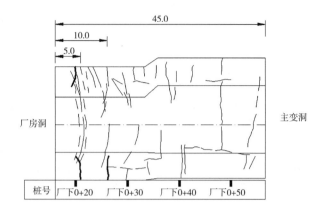

图7　3号母线洞顶拱和左右边墙喷层裂缝分布

（2）经数值计算分析可得,厂右 0+66 洞段下游侧边墙围岩变形量值偏大的问题主要在于下游边墙洞段发育的顺洞向陡倾不利结构面,如揭露的优势节理裂隙组（N15°~20°E,NW∠75°~80°）、顺洞向陡倾挤压破碎带 J_{150}、断层 f_{123} 等。鉴于此,在厂右 0+153.95—厂右 0+43 洞段下游边墙 EL.2 001.5 m 高程增设一排预应力锚杆φ 32@1.5 m（$T=120$ kN,$L=9$ m,外露 15 cm）,垂直入岩,与系统锚杆间隔布置;在厂右 0+50—厂右 0+80 下游边墙 EL.2 001.5m 增设一排预应力锚杆φ 32@1.5 m,$L=9$ m,调整原 EL.1 997.5 m 系统锚索高程至 EL.1 998.5 m 并下倾 5°,在 EL.2 008.5 m 增设一排锚索（$T=2 000$ kN,锁定荷载采用 1 600 kN）。厂右 0+50—厂右 0+80 m 洞段下游边墙补强支护典型示意图如图 8 所示。

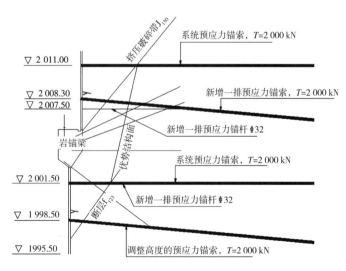

图8　厂右 0+50—厂右 0+80 洞段下游边墙补强支护典型示意图

（3）考虑到母线洞作为地下洞室群中应力最集中部位之一,受洞群开挖扰动效应影响严重,洞间岩柱部位的应力状态和变形响应特征十分复杂,确定以减小主副厂房洞下游边墙（母线洞交叉区域）应力松弛损伤、确保母线洞内施工安全为基本原则,进行系统支护和加强支护设计。主要措施是调整厂房下游边墙的母线洞锁口锚杆为预应力锚杆φ32 @1.0 m(L=9 m);在厂房下游边墙1 995.50 m、1 989.50 m分别增设一排预应力锚索,同时调整母线洞对应位置底板以下的锚索高程至1 982.50 m;母线洞洞内(近厂房一侧10 m范围内)增设工字钢;在系统锚杆的基础上,内插预应力锚杆,加强支护后,锚杆间距为0.75 m×0.75 m。在此基础上,统筹考虑下游边墙支护强度,在母线洞附近EL.1 983.5 m、EL.1 979 m、EL.1 976 m新增52根锚索,T=2 000 kN,35 m/40 m间隔布置;在母线洞底板EL.1 983.5 m隔墙之间增加8束与主变室对穿锚索,T=2 000 kN,L= 45.5 m。主副厂房洞下游边墙加强支护措施如图9、图10所示。

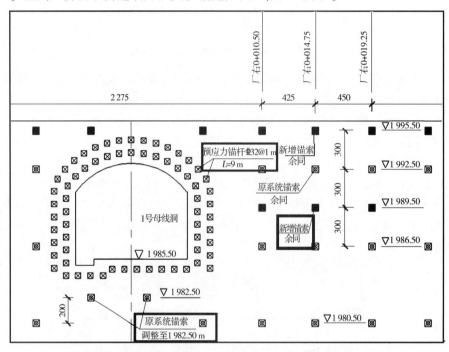

图9　主副厂房洞下游边墙支护示意图(包含加强支护和系统支护)

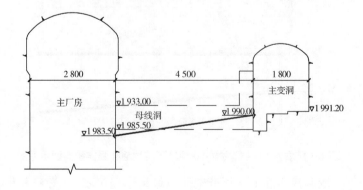

图10　主副厂房洞下游边墙对穿锚索支护示意图

6 结 语

杨房沟水电站地下洞室群工程规模巨大,工程地质条件复杂。参建各方从工程实际出发,针对现场存在的特殊问题,通过多方位的分析论证,制定出强有力的开挖支护施工措施,逐步克服施工中局部片帮、缓倾角断层、蚀变岩体、顺洞向多组中陡倾角结构面等问题,在确保施工安全的同时,不断提高施工质量。同时高度重视安全监测成果,及时组织各方进行专题分析,最终证明针对不良地质洞段开展的动态设计工作是科学、有效的,施工程序和方法达到了预定目的。

目前,杨房沟水电站地下洞室群开挖支护施工全部完工并通过验收,整个施工过程较为顺利,工程质量、安全、进度全面受控,充分体现出在复杂边界条件下设计、施工方案的合理性和先进性,其经验可供类似工程参考。

参 考 文 献

[1] 杨昆.西南水电开发亟待统筹优化[J].中国能源报,2018-01-22(001).

[2] 黄康鑫,袁平顺,徐富刚,等.大型地下硐室群施工期围岩应力变形及稳定分析[J].水利水运工程学报,2016(2):89-96.

[3] 孙强,朱术云,薛雷.西南某地岩石蚀变机制及工程地质特性[J].中南大学学报(自然科学版),2012(12):4819-4826.

钢纤维喷混凝土界面黏结强度研究

曲懋轩[1]，者亚雷[2]，李饶[1]，崔伟杰[1]

（1.雅砻江流域水电开发有限公司，四川 成都　610051；
2.昆明理工大学，云南 昆明　650000）

摘　要　结合复核材料理论，对钢纤维混凝土的界面微观特征进行了分析，通过劈裂、单轴抗压强度试验验证了钢纤维不同的分布状态对混凝土强度的影响。针对钢纤维拉拔试验结果，通过极差分析对各个因素对钢纤维混凝土抗拉强度的影响效应进行了排序，同时提出采用钢纤维数量代替钢纤维体积率进行基体抗拉强度计算更为准确，可供钢纤维混凝土强度试验参考。

关键词　钢纤维；微观结构；黏结强度；界面效应

1　引　言

在地下工程施工中，喷射混凝土已经成为最有效的支护技术之一。如今，随着水利、公路、矿山等工程的大规模建设，地下工程的深度与硐室断面不断加大，地压问题十分突出，导致隧道、硐室围岩初期变形明显，因此对于支护技术要求更高。近年来，各界对混凝土的研发十分火热，大量新型混凝土相继出现，在综合考虑混凝土力学性能、材料获取、投资成本等因素下，钢纤维混凝土在工程界更受到青睐。本文以钢纤维喷射混凝土支护为主题，对钢纤维喷射混凝土微观结构特征进行了分析研究。

钢纤维喷混凝土微观结构特征：根据复合材料理论，钢纤维混凝土在物料拌和阶段，基体包裹钢纤维呈流动状态，在水泥硬化过程中，混凝土与钢纤维相互黏结在一起，形成界面层[1]。钢纤维在界面层的包裹下形成一层具有厚度的"管套"状的结构，是维系两相材料应力传递的纽带，直接影响钢纤维在材料中所发挥的作用[2]。

在通常条件下，界面层处所具备的水灰比是材料中最大的，该区域的氢氧化钙晶体高于其他部分20%~40%，堆积于钢纤维表面，形成具有厚度的富集层。富集层的存在，阻碍了钢纤维与基体之间的接触，水化产生的凝胶作用减弱，从而界面层黏结性能差。伴随着界面层中离子浓度的降低，水化生成的凝胶减少，因而钢纤维表面产生一种疏松的网络结构。这种薄弱的微观结构通常造成复合材料受载过程中，钢纤维容易拔出而破坏。界面微观结构的薄弱区可以分为两部分：过渡区的微观结构可分为两个薄弱区：其一为CH富集区，该区中CH晶体无节制地发展，且尺寸大，具有选择性的定向排列，从而使孔隙率明显变大，阻碍凝胶与纤维表面接触，当受剪力时易产生滑移破坏；其二是多孔区，由于界

作者简介：曲懋轩（1990—），男，硕士，工程师，研究方向为工程项目管理。E-mail：qumaoxuan@ ylhdc. com.cn。

面水膜层中硅酸离子浓度低,削弱了水化反应,使产生黏结性能的凝胶量减少,与钢纤维的接触也不充分,界面区容易产生许多微裂缝并相互贯通,形成多孔疏松的网络结构,导致界面区黏结性能差,成为材料的软弱面,钢纤维增强作用不明显。因此,强化界面区必须从上述两个薄弱环节着手,即抑制 CH 晶体的大量生成,并破坏其有选择性的排列行为,减少微裂缝的出现。

2　界面层叠加效应及钢纤维分布对强度的影响

2.1　界面层叠加效应

在钢纤维复合材料中,微观界面层可分为围绕钢纤维和围绕集料两类,并有各自的界面效应范围。在承受荷载时,空间结构内各界面层的效应范围投影到二维平面上会是一个完整的面,并随产生空间随机叠加效应共同作用。界面层与钢纤维一样,杂乱无章地分散于基体内部,有研究表明,当界面层在三维空间的宽度大于钢纤维间距的一半以上时,它们彼此间就会出现不同程度的交叉、搭接,投影到平面上就是叠加重合的,这就产生了界面层随机叠加强化效应[3]。对于钢纤维增强混凝土材料,钢纤维、物料及相应的界面层均处于三维空间的乱向分布状态,只要在空间体系中随机叠加,就有可能产生钢纤维—水泥基体、集料—水泥浆体诸界面层双重叠加强化效应,通过这一效应,使界面层自身调整组成结构,它对宏观力学行为具有增强效果。

2.2　钢纤维分布对强度的影响

钢纤维分布的方向效应是影响钢纤维混凝土力学性能的重要因素之一。为了研究这一效应对钢纤维混凝土强度的影响,在计算出的初步配合比基础上,制作三种不同钢纤维分布状态的立方体试件:①在高程上每 2 cm 铺设一层水平钢纤维,即水平分布;②在高程上每 3 cm 垂直向下插入钢纤维,即垂直分布;③在高程上每 3 cm 既水平铺设钢纤维,又垂直插入纤维。试件制备见图1,测定 7 d 劈拉强度和抗压强度结果见表1。

图1　不同方向钢纤维试件制备

表 1　不同钢纤维分布情况的试验结果

强度	钢纤维分布状态			
	无钢纤维	水平	垂直	水平+垂直
劈拉强度(MPa)	1.25	1.51	1.29	1.72
抗压强度(MPa)	10.5	9.8	11.2	11.5

2.2.1　劈拉强度

从表1可以看出,钢纤维的分布与劈拉强度密切相关,当钢纤维的分布与受力方向垂直时能够明显提高劈拉强度,平行时影响不大。说明钢纤维在拉伸方向上的取向系数对抗拉强度影响较大。

2.2.2　抗压强度

从表1可以看出,钢纤维的掺入对抗压强度影响不大,但钢纤维水平铺设时抗压强度比没掺钢纤维的要低。主要是因为在铺设层可能存在钢纤维叠加,发生团聚隔离的现象,这样铺设层就会成为薄弱面影响抗压强度。

因此,单一方向的钢纤维分布不能对混凝土性能有较好的提高,只有改善钢纤维在混凝土基体中的分散性,在空间构成网络结构,才能提高钢纤维的利用率,提高材料的均匀性,避免薄弱面的出现,使得材料整体性能提高。

为了进一步了解钢纤维在基体内部的分布情况对强度的影响,选择了同一配合比下,劈拉强度差异较大的两块试件,见图2。图2(a)是劈拉强度较大的试件,图2(b)是劈拉强度相对较小的试件。把破坏面上出露的钢纤维投影在水平面上,如图3所示,从图3中可以看出,两个试件破坏面上出露的钢纤维在数量上大致相同,但是图3(a)的分散性好,分布比较均匀,排布比较规律,出露方向大都与破坏面垂直,投影的长度较短;而图3(b)钢纤维则比较集中于一处,相互搭接甚至合并抱成一团,并且出露方向与破坏面近似平

(a)　　　　　　　　　　　　　　　(b)

图2　同一配合比下劈拉强度差异较大的破坏试件

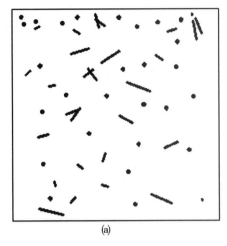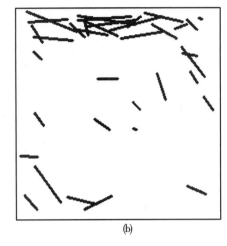

(a)　　　　　　　　　　　　　　　　　　(b)

图 3　破坏面上出露钢纤维的水平投影

行。可以得出,钢纤维界面叠加强化效应,指的并非是钢纤维的相互触碰叠加,钢纤维在二维方向的过分叠加反而破坏这一效应,成为钢纤维混凝土的薄弱面,破坏将从这里开始。因此,只有合理的钢纤维间距和较均匀的钢纤维分布才能发挥界面叠加强化效应。

3　钢纤维混凝土界面黏结强度

钢纤维混凝土界面黏结强度是该复合材料力学性能增强效果的决定性因素,在工程实践中,经常出现的破坏都是由于该强度不够,导致的钢纤维被拔出破坏。由于钢纤维受力时的脱粘和拔出将会消耗大量能量,因此界面黏结强度也是影响裂后形态的主要因素。通过测量单根钢纤维从基体中拔出所需的拉拔力,能够比较直观地反映该强度的特征。

3.1　钢纤维拉拔力

采用直接拔出试验法,在正交设计方案的基础上(见表 2),研究水灰比、砂率、水泥用量、钢纤维体积掺量对钢纤维与基体黏结强度的影响,以及钢纤维处于不同埋深的拉拔力。分别用模具盛装 9 种不同配合比的钢纤维混凝土,在表面插入事先用黑胶带裹好的不同预埋深度的钢纤维,拉拔力的测量设备采用数显推拉力计,最大量程为 500 N。试验结果见表 3。

表 2　正交试验配比

试验编号	水灰比	砂率 (%)	水泥用量 (kg/m³)	钢纤维体积掺量 (%)
1	0.48	47	468	0.5
2	0.48	50	496	1.0
3	0.48	53	527	1.5
4	0.51	47	496	1.5
5	0.51	50	527	0.5

续表 2

试验编号	水灰比	砂率 （%）	水泥用量 （kg/m³）	钢纤维体积掺量 （%）
6	0.51	53	468	1.0
7	0.54	47	527	1.0
8	0.54	50	468	1.5
9	0.54	53	496	0.5

表 3　拉拔力测定结果

试验编号	钢纤维不同埋深拉拔力（N）			
	0.5 cm	1 cm	1.5 cm	2 cm
1	35.2	132.1	173.4	212.5
2	36.4	156.4	197.5	226.7
3	41.2	174.2	218.3	245.3
4	39.5	122.3	165.2	190.4
5	40.3	155.6	197.3	224.5
6	36.7	164.9	206.5	237.2
7	35.8	135.2	162.3	189.4
8	38.2	142.1	178.3	205.7
9	37.5	160.5	203.2	230.5

选择钢纤维长度的一半,即 1.5 cm 进行极差分析,见表 4。

表 4　钢纤维埋深长度 1.5 cm 拉拔力极差分析

埋深 1.5 cm 拉拔力 （N）	K1	196.4	167.0	186.1	191.3
	K2	189.7	191.0	188.6	188.8
	K3	181.3	209.3	192.6	187.3
	R	15.1	42.4	6.6	4.0

从极差分析结果来看,影响钢纤维与混凝土黏结力的主次顺序为:砂率>水灰比>水泥用量>钢纤维体积掺量。从图 4 可以得到,随着砂率的增大,拉拔力逐渐增大,这是由于砂子的粒径比较小,能够填充石料与石料之间的空隙,提高整体密实度,反之,过多的钢纤维则会使内部产生大量微裂缝,影响密实度,不利于黏结力的提高;水灰比增大,拉拔力反而减小,从另一个角度说明,黏结强度随着基体强度的提高而增大。

从图 5 看出,虽然随着钢纤维埋深的增加,拉拔力增大的趋势很明显,但是两者并未成线性关系。原因在于所采用的钢纤维为端钩形,并非是平直形,钢纤维底部的异形弯钩

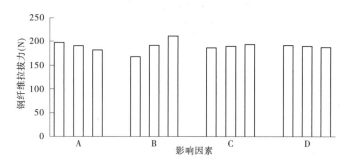

图4 拉拔力随因素水平列号变化直观图

能够使其有效地锚固在基体当中,增大摩擦阻力,拔出时吸收更多的能量,说明钢纤维的外形对黏结强度也会产生较大的影响。

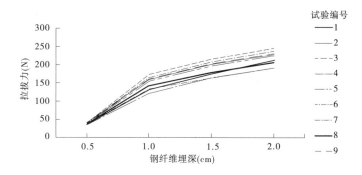

图5 不同配合比不同钢纤维埋深拉拔力

3.2 界面黏结强度与抗拉强度的关系

钢纤维体积掺量的多少直接影响基体内部总体的钢纤维黏结强度,而黏结强度的大小是提升抗拉强度的主要因素,为了反映三者的关系,在进行正交试验测定 14 d 劈拉强度后,掰开劈裂的试件,对破坏面上出露的钢纤维数量进行统计。由于有钢纤维的存在,试件在掰开后仍然比较完整,并不会像素混凝土一样散落。观察破坏面上出露的钢纤维,发现试件上的出露数量差不多,分布比较均匀。并且出露的钢纤维长度大多数都在总长度的一半或低于一半的范围内,极少数大于一半,认为钢纤维在混凝土中发挥的最大黏结强度为钢纤维埋深长度为一半时的强度,因此用一半长度产生的黏结强度作为钢纤维与混凝土基体的黏结强度。结合上两节中钢纤维黏结力和劈拉强度,统计结果见表5。

表5 破坏面钢纤维数量与强度关系统计

组别	破坏面钢纤维数量 (根)	钢纤维埋深 1.5 cm 拉拔力 (N)	钢纤维混凝土劈拉强度 (MPa)
1	70	173.4	2.5
2	121	197.5	3
3	183	215.2	3.5
4	170	165.2	3.3

续表 5

组别	破坏面钢纤维数量 （根）	钢纤维埋深 1.5 cm 拉拔力 （N）	钢纤维混凝土劈拉强度 （MPa）
5	82	197.3	2.7
6	98	206.5	2.7
7	125	162.3	2.6
8	162	178.3	3.1
9	43	203.2	2.2
素混凝土			1.9

图 6 再一次证明了，钢纤维体积掺量是抗拉强度最主要的影响因素，并且破坏面即薄弱面上的钢纤维数量、分布情况对抗拉强度的影响至关重要。前人根据复合材料理论将纤维增强混凝土看作是纤维强化体系，认为纤维混凝土的抗拉强度取决于基体混凝土和纤维的抗拉强度及纤维体积分数，可按式（1）计算[4]：

$$\sigma_c = \sigma_m(1 - V_f) + \sigma_f V_f \tag{1}$$

式中：σ_c 为纤维混凝土抗拉强度，MPa；σ_m 为基体混凝土抗拉强度，MPa；σ_f 为纤维抗拉强度，MPa；V_f 为纤维体积分数。

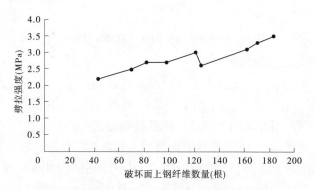

图 6　破坏面上钢纤维数量与劈拉强度关系

由于钢纤维混凝土在实际施工中钢纤维不可能完全均匀地分布在基体的每一部分，并且会存在方向效应。从表 5 试验数据可以看出，采用破坏面上的钢纤维数量来表述式（2）将更加准确：

$$\sigma_s = \sigma_m + \frac{n}{100} \frac{F_{fu}}{u_f l_{fe}} \tag{2}$$

式中：σ_s 为钢纤维混凝土抗拉强度，MPa；n 为破坏面上钢纤维的数量，根；F_{fu} 为钢纤维埋深 1.5 cm 拉拔力，N；u_f 为钢纤维横截面周长，mm；l_{fe} 为钢纤维的埋入长度，mm。

4 结 论

本文对钢纤维混凝土界面微观结构进行了研究,采用数显推拉力计,测量单根钢纤维直接拔出时的拉拔力,研究钢纤维界面黏结强度,得出以下结论:

(1)界面层在钢纤维增强混凝土中扮演着重要角色,它是维系钢纤维混凝土两相材料应力传递的纽带,直接影响钢纤维的作用效果。钢纤维间距为一定值时,界面区越强,叠加强化效应越显著;当钢纤维所起作用效应范围一定时,界面效应叠加的面积随钢纤维间距减小而增大。

(2)由于钢纤维的分散性,在用复合材料理论推导钢纤维混凝土的抗拉强度公式时,采用破坏面上的钢纤维数量代替钢纤维体积率更为准确。

参 考 文 献

[1] 罗立峰,周建春,黄培彦.聚合物钢纤维混凝土的增强机理分析[J].复合材料学报,2002,6(3):46-50.

[2] 高丹盈,刘建秀.钢纤维混凝土基本理论[M].北京:科学技术文献出版社,1994.

[3] 孙伟,Mandel J A.纤维间距对界面层的影响[J].硅酸盐学报,1989,17(3):266.

[4] 黄土元,蒋家奋,杨南如,等.近代混凝土技术[M].西安:陕西科学技术出版社,2002:321-362.

建管结合管理模式在桐子林水电站
金属结构安装中的应用

陆明,杨骥

(雅砻江流域水电开发有限公司,四川 成都　610051)

摘　要　在桐子林水电站金属结构(以下简称"金结")安装过程中,管理局充分发挥项目管理人员具有电厂运行维护的工作经验优势,从设计、制造、安装调试等各个环节出发去挖掘问题、合理建议、解决问题,有效地将"建"和"管"紧密结合起来,最大限度地为电厂后期的安全稳定运行以及维护、检修的便利创造条件,尽可能地避免了设备移交电厂后设备的技术改造工作。

关键词　建管结合;金属结构;应用

1　工程概述

桐子林水电站位于四川省攀枝花盐边县境内的雅砻江干流上,上游有已建成的二滩水电站,电站安装 4 台 150 MW 轴流转桨式水轮发电机组,总装机 600 MW。电站金结设备按布置分厂房坝段和溢流闸坝段两个部位。厂房坝段每台机组进水口设置 3 孔,进水口共 77 套闸门(拦污栅)及埋件、12 套液压启闭机。每台机组尾水出口亦设置 3 孔,共计32 套尾水、冲沙孔闸门及埋件。进水口及尾水各 1 台双向门式启闭机。溢流闸坝段分为河床段左四孔和明渠段右三孔:共计 24 套闸门及埋件、7 套溢流闸液压启闭机、1 台单向门式启闭机。安装工期分为两个时段:二期工程厂房坝段及河床段左四孔金结安装于2014 年 7 月开始至 2014 年 10 月完成,三期工程右三孔金结安装于 2015 年 4 月底开始至2015 年 5 月安装完成。

2　成立"建管结合"金结管理小组

桐子林水电站由雅砻江流域水电开发有限公司桐子林建设管理局(以下简称"管理局")负责现场建设管理工作,根据管理局的内部工作分工,金结现场安装管理由管理局机电物资部归口负责。安装工程前期,管理局为充分发挥建管结合模式效益,直接从电厂抽调运行维护人员加入建设管理队伍中,负责金结项目管理工作。部门内部设金结安装管理小组,并进行了职责划分,明确每个人的工作任务,既高效地推动了金结工程建设,又可以从电厂用户的角度对设备安装提出合理化改进,为设备安全稳定运行以及维护、检修

作者简介:陆明(1987—),男,学士,工程师,研究方向为水电站金属结构安装管理与运行维护。E-mail:luming@ ylhdc.com.cn。

的便利创造条件。

2.1 "建管结合"管理模式的意义及本工程具体应用

目前,在国内大多数金属结构安装工程中,电力生产人员较少参与设备设计讨论、设备安装过程控制,这种"建管分离"的模式极易造成设备移交后的使用条件与电力生产单位的要求有一定的差距,后期技术改造,持续时间长,技术难度大,且重复性地投入人力、财力,不利于实现工程效益最大化。工程建设与生产运行二者是紧密结合、相辅相成、不可分割的关系,生产运行人员全面深入地参与工程建设管理是成功实施"建管结合"管理模式的关键,从设备设计、出厂检验、设备仓储、安装调试等各个环节均应全面参与把关质量,该模式在桐子林金结安装工程中具体应用如下:

(1)重视设备设计,优化设计工作。

由于设计人员从事现场安装及生产运行维护的经历、经验较少,部分设计人员只是单纯地按照设计规范进行产品设计,未能充分地考虑到现场实际安装及设备运行维护的需要,易给安装及维护带来工作上的困难。桐子林项目管理人员结合在电厂长期积累的运行维护经验以及其他投运电厂在设备方面存在的设计缺陷,参与闸门、液压启闭机、门机等设备设计联络会,从生产运行维护角度提出合理化建议,协助设计人员在安全、可靠、美观、方便维护等方面再进一步进行优化。

(2)参加设备出厂验收,把关制造质量。

参与公司总部组织的设备出厂验收,了解制造厂关于原材料质量控制、设备重要制造工序及质量点控制、特殊工序质量控制、外协外购件控制以及质量检验等过程,查阅设备相关制造资料,进行设备尺寸检测、质量外观检查、设备试验测试等检查工作,发现的制造缺陷要求在设备出厂前进行消除,对设备出厂质量进行把关。

(3)加强设备仓储管理,防止损伤设备。

督促监理要求施工单位严格执行仓储管理制度,在设备工地交货时做好卸车、存放及保管与防护管理,并全程进行旁站,同时项目管理人员不定期对设备仓储情况进行检查,避免在仓储、倒运过程中损伤设备。所有露天存放的金属结构设备底部支垫合理、固定可靠、堆放平整,闸门支臂和门叶、门机门腿、液压启闭机油缸等在存放时均需采取防变形措施,设备特殊部件如门叶滑块、缸旁液压阀组等存放时避免尖锐的物体擦碰,设备局部部件如门机大车行走机构电机、油缸吊耳孔等采取防雨措施,电气设备、闸门水封、精密元件、盘柜、细小部件等在库房内储存。液压油、油漆类等做到分类存放,且防水、防潮、防火、防异物污染。

(4)严控设备安装质量,注重设备防护。

项目管理人员对金结安装工序质量进行全过程的跟踪检查,每道工序完成后,严格执行施工班组初检、班组技术复检、质量管理部门终检,三检质检合格签字后,并经监理工程师验收合格签认后才能进行下一道工序。同时,管理局项目管理人员对监理签认后的验收项目现场进行抽查、抽检。金结安装所需的测量基准点、设备安装中心、里程、高程等重要放样数据,监理检测合格后,须经管理局综合管理中心进行复测,复检结果符合规范要求后方可进行下道工序。严控闸门焊接过程,做到焊前认真清理坡口,焊中采取措施防止变形,焊后清理焊缝并进行无损检测,最终管理局聘请第三方检测机构再次对焊缝进行无损检测抽检。设备调试阶段,严格按照调试大纲进行,在不同工况下对设备运行状态、工作性能、调节参数等进行全面测试,确保设备制造、安装满足设计及规范要求。在施工过程中要求对已安装完成的设备进行防护,尤其涉及与土建交叉作业面的已安装设备,如液压启闭机活塞杆、管路、泵站、闸门水封滑块等必须做好严密防护,防止设备被后续土建作业污染、损坏。

2.2 搭建技术培训平台,培养技术骨干

"建管结合"模式为电力生产人员提供了一个宽广的技术培训平台,不但大大减少了培训成本,而且理论联系实际效果显著。通过设计人员进行安装技术交底,了解设计意图以及安装风险控制点。邀请监理、安装单位及制造厂家进行现场技术培训,全面熟悉设备的结构、性能及存在的薄弱环节,认真分析设备可能存在的问题,尽可能在设备正式投运前完成处理。

3 "建管结合"管理模式产生的效益

项目管理人员从电厂用户的角度发出,在桐子林金属结构安装过程中进行了诸多细节方面的优化工作,取得了显著成果,在工程投资上节约了一定成本。

3.1 优化溢流闸坝段油缸检修平台钢爬梯设计

充分吸取其他电厂在弧门液压启闭机检修钢梯设计方面的教训,在钢梯设计样式、安全系数、外观效果等方面对设计要求进行严格要求。经反复多次修改、完善设计图纸,最终施工完成的钢爬梯不仅安全可靠,而且十分美观(见图1),满足了达标投产要求,避免了后期电厂花费大量精力对钢梯进行整改。

图1　油缸检修钢梯安装效果

3.2 改造进水口液压管路布置,方便维护

每台机组三孔进水口液压启闭机管路按设计图纸布置在狭窄的沟槽内。原管路设计采用三层横向全部不锈钢硬管,布置在沟槽底部,管路交叉重叠严重(见图2),不便于电厂后期运行维护。现场对已安装管路进行了优化布置,即左侧油缸液压硬管靠下游沟槽布置,中间油缸液压管路布置在沟槽底部,右侧油缸液压管路靠沟槽上游布置(见图3)。对于缸旁阀组管路采用一次性弯管成型,尽量减少使用管路接头,降低管路漏油概率。泵

站出口管路采用高压软管连接,利于硬管走向的布置,同时可以减少管路振动,且便于后期维护、拆卸。进水口液压系统管路布置美观、维护方便,满足达标投产要求的同时也更利于后期的运行维护工作。

图 2 原液压管路布置及走向   图 3 改造后的液压管路布置

3.3 增设弧形闸门永久淋水润滑设施、拦污栅拉杆锁定板

设计单位原设计方案未考虑弧门投运后水封淋水润滑措施,为避免在弧门调试期间及投运后发生水封磨损、撕裂的情况,施工单位根据现场实际进行临时水封管路及取水源设计,利用水泵从库区抽水至临时水箱,再通过 PVC 管路统一送至各孔弧门水封位置,在弧门启闭过程中能够较好地对水封进行喷淋润滑。在工程后期,现场具备条件时再将原有的临时水封临水管路改为永久的镀锌管路,确保了后续运行的需要。

根据其他类似工程的经验,在拦污栅制造过程中存在误差,导致拦污栅在入槽落至底坎后,拉杆无法锁定在锁定梁上,为避免此情况发生,设计人员稍微放大拉杆锁定孔的设计尺寸,但易导致拉杆锁定孔板悬空高于锁定梁(见图 4)。从电厂角度出发,存在安全运行隐患。根据现场实际尺寸,在每根拉杆锁定孔处增设焊接一块厚度 30 mm 的钢板,拉杆可靠地锁定在锁定梁上(见图 5),满足了达标投产的要求,也确保了后续运行的安全。

图 4 拦污栅拉杆悬空于锁定梁   图 5 整改后的拦污栅拉杆

3.4 尾水检修闸门加装防淤钢板,避免首次开启时增加闸门启闭力

因电站机组尾水检修闸门出口底板设计为一定斜度的护坡,考虑到机组出口尾水检修闸门在二期上下游围堰拆除过程中,被水流冲走部分泥沙以及汛期洪水带来的推移质

易倒灌入尾水检修闸门隔梁内,造成尾水检修闸门淤积,增加闸门启闭力,在每扇尾水检修闸门底部两节门叶的梁格后翼缘外侧加装焊接厚度12 mm防淤钢板(见图6),同时在梁格内填充不吸水泡沫,有效地避免了泥沙淤积问题。

3.5 防护已安装完成的设备

在设备安装期间,土建施工人员往往不具备对已安装设备的防护意识,施工过程中极易造成已安装设备的损伤、污染,必须采取一定的防护措施。涉及与土建工序衔接的安装作业面如门槽、液压泵房的浇筑等,采取设备防护措施,如对门槽的不锈钢采取贴胶带保护水封接触面,后期拆掉胶带来防止混凝土附着在不锈钢面板上;在已安装完成的液压泵站搭设活动板房(见图7),既可避免土建在永久泵站房浇筑时污染、砸伤设备,又可避免泵站系统日晒雨淋导致快速老化。同时,对已安装设备的相关防护要求以正式文件下发至参建单位,要求监理加强对现场巡视,发现设备防护不到位等问题立即要求施工单位整改。由于该项工作贯彻力度大、持续时间长、对违规行为处罚严厉,最终的效果非常明显,因施工导致的设备污染、损坏较其他工程大为减少,有效地保证了最终移交设备的完好。

图6　尾水检修闸门加装防淤钢板

图7　液压泵站搭设活动板房

4　结束语

通过电厂人员参与到桐子林水电站金属结构安装项目管理,不仅按期实现了金属结构安装节点目标,保证了首台机组按期投产发电。在施工过程中时刻从电厂用户角度出发,不断地优化、完善设备安装,有效地避免了后期电厂花费大量的人力、财力进行技改,实现了工程建设和运行管理"双赢"局面。

截至2018年8月底,桐子林泄洪闸动作次数已超过6 700次,设备运行稳定,动作准确,连最易损坏的橡胶水封等均未出现明显磨损、损坏,有力地证明了良好、有效的安装管理所带来的显著效益。

参 考 文 献

[1] 张诚,赵峰,杨续斌."建管结合、无缝交接"管理模式的探讨[J].中国三峡,2006,11(6):65-67.

[2] 杨兴斌,陈辉,魏东升,等."建管结合,无缝交接"参建模式在溪洛渡水电站的应用[J].水力发电,2013(8):9-11.

[3] 李福年,罗永强,杨晓泰.阿海水电站金属结构安装工程项目过程管理[J].云南水力发电,2012,28(3):42-43.

[4] 丁平翠.水工金属结构现场施工质量管理[J].水电与新能源,2010(1):33-35.

桐子林水电站混凝土配合比设计优化

熊奔,吴乃文

(雅砻江流域水电开发有限公司,四川 成都 610051)

摘 要 目前水利水电工程中,混凝土结构或多或少都存在开裂的现象,甚至普遍认为"无坝不裂"。在目前的设计、施工管理体制下,要使大体积混凝土做到无裂缝,经济投入大,技术水平要求高。本文就桐子林水电站工程对混凝土配合比优化设计在温控防裂方面的应用进行了论述,供大家讨论研究。

关键词 温控防裂;配合比;设计;优化

1 前 言

桐子林水电站位于四川省攀枝花市,是雅砻江流域梯级开发最末一级电站,是以发电为主的综合利用水利枢纽,属二等大(2)型工程。工程枢纽由左右岸挡水坝段、河床式发电厂房、泄洪闸等建筑物组成。总装机容量 600 MW,多年平均发电量 29.75 亿 kW·h。

桐子林水电站大坝混凝土因在气候条件、混凝土浇筑强度、浇筑仓面和结构体型、施工质量要求 4 个方面存在的客观约束与管理要求,在目前设计、施工管理体制下,要使大体积混凝土做到无裂缝,大坝混凝土温控防裂控制存在较大的技术难点:

(1)气候条件对混凝土抗裂不利。坝址区旱季长、气候干燥、蒸发量大,容易产生初生裂缝。日温差和月温差大,2 月的月温差最高,月平均最高温度和月平均最低温度之差达 21.5 ℃,容易导致混凝土产生温度裂缝。

(2)混凝土浇筑高峰期持续时间长、强度高。与同等规模的工程相比,本工程的施工强度很高:混凝土浇筑主要集中在 2012 年枯期至 2014 年汛前,高峰期持续时间长达 16 个月,最高月浇筑强度达 6.5 万 m³,而且机电埋件安装工程量大,外观质量要求高,施工干扰大,从而给大坝混凝土的温控防裂增加了难度。

(3)混凝土浇筑仓面面积大、上部结构体型复杂。桐子林电站为大(2)型闸坝工程,混凝土结构形式个性突出。除了溢流坝段、挡水坝段是大体积混凝土结构外,还存在许多建于岩基上刚性较大的底板以及长且厚的闸墩和导墙等墙体结构,这些结构的长度特征尺寸达到了 50~60 m,甚至更长,最大仓面面积达 1 975 m²,且厂房坝段上部结构体型复杂、孔洞多,结构本身防裂难度较大。

(4)混凝土施工质量标准要求高。雅砻江流域水电开发有限公司对桐子林水电站工程提出了创建"精品工程"的要求,对混凝土施工工艺、表观及内在质量提出了更高的要求。

作者简介:熊奔(1988—)男,工程师,学士,主要从事水利水电工程项目管理工作。E-mail:870310992@qq.com。

2　温控防裂措施

针对本工程在温控防裂上的技术难点,桐子林水电站通过以下措施来做好工程的温控防裂工作:①优选温控防裂混凝土的施工配合比参数及其性能;②为温控计算提供坝体典型温度历程下的温控防裂混凝土性能参数;③提供温控防裂设计依据和参考,制定温控标准,优化温控防裂方案;④提出有效可行的温控施工的控制措施。

本文主要就优选温控防裂混凝土的施工配合比参数及其性能在桐子林工程的应用进行阐述,重点针对温控防裂的重点和难点部位——溢流坝段和厂房坝段,也是混凝土放量较大的 2 个部位,通过试验研究,优选混凝土配合比参数,包括粗骨料级配、砂率、用水量、外加剂掺量、粉煤灰掺量,提出温控防裂混凝土的施工配合比。

3　混凝土配合比设计

3.1　混凝土配合比设计要求

混凝土设计要求如表 1 所示。

3.2　混凝土配合比设计

3.2.1　石子最佳比例试验

合理的骨料级配,会使空隙率和总表面积减小,这样拌制的混凝土水泥用量少,可以减少发热量及混凝土的收缩,并且密实度也较好。

3.2.2　外加剂掺量选择

采用北京冶建特种材料有限公司的 JG-3 缓凝高效减水剂及 KF 型引气剂,粉煤灰掺量 40%、20%,骨料为金龙沟的二级配混凝土进行试验。试验结果见表 2。

根据试验结果,常态混凝土减水剂掺量选定为 0.7%;引气剂掺量根据煤灰的掺量不同而进行调整。

3.2.3　砂率选择试验

混凝土含砂率的大小,直接影响到混凝土拌和物和易性、硬化混凝土质量及单方水泥用量,因此在进行配合比设计时必须合理地选择砂率。

最优砂率选择试验中,水胶比固定为 0.50,混凝土中粉煤灰掺量按 20%、40% 考虑。选择了多个砂率分别对常态混凝土进行试验,试验结果见表 3。

从以上试验结果来看,当水胶比为 0.50 时,普硅水泥二级配常态混凝土最优砂率确定为 36%;三级配常态混凝土最优砂率确定为 30%;四级配常态混凝土最优砂率确定为 25%。中热水泥二级配常态混凝土最优砂率确定为 35%;三级配常态混凝土最优砂率确定为 29%;四级配常态混凝土最优砂率确定为 25%。

3.2.4　混凝土拌和物性能试验

试验采用的水泥为云南省丽江水泥有限责任公司生产的普通硅酸盐 42.5 级水泥及 P.MH42.5 级水泥;煤灰采用攀枝花市利源粉煤灰制品厂生产的 Ⅱ 级粉煤灰(原状);外加剂采用北京冶建特种材料有限公司的 JG-3 缓凝高效减水剂和 KF 型引气剂。常态混凝土试验以二级配为主,然后确定三、四级配混凝土用水量和砂率与二级配混凝土的关系。室内成型试件时对常态混凝土采用振动台振实,混凝土性能试验结果见表 4。

表 1　混凝土设计要求

水泥品种及强度等级	混凝土设计等级	混凝土种类	级配	骨料最大粒径(mm)	设计龄期(d)	设计坍落度(mm)	强度保证率(%)	使用部位
P.MH42.5 或 P.O42.5	C_{90}25W8F100	常态	三	80	90	50~70	90	护坦
	C_{90}20W8F100	常态	四	120(150)	90	30~50	85	挡水坝,厂坝
	C_{90}20W8F100	常态	三	80	90	50~70	85	
	C_{90}15W6F50	常态	四	120(150)	90	30~50	85	泄洪闸坝内部
	C15W6F50	常态	四	120(150)	28	30~50	95	厂坝下游纵向导墙基坑回填
	C25W8F100	常态	三	80	28	50~70	95	拦沙坎,引水渠底板,尾水渠底板、闸墩,储门槽坝段,主机间底板、进口闸墩门墩蜗壳,尾水闸墩混凝土
	C25W8F100	常态	二	40	28	50~70	95	闸墩
	C35W8F100	常态	三	80	28	50~70	95	
	C10	常态	三	80	28	50~70	95	基础回填
	C10	常态	四	120(150)	28	30~50	95	
	C15	常态	四	120(150)	28	30~50	95	
	C15	常态	三	80	28	50~70	95	抗滑桩锁口及护壁,边坡压条
	C15	常态	二	40	28	50~70	95	
	C20	常态	二	40	28	50~70	95	顶座、盖帽,排水沟混凝土
	C25	常态	二	40	28	50~70	95	预制混凝土,安装间吊车墙

表 2　常态混凝土外加剂掺量选择试验结果

级配	减水剂掺量(%)	引气剂掺量(%)	煤灰掺量(%)	水胶比	砂率(%)	用水量(kg/m³)	坍落度(mm)	含气量(%)	体积密度(kg/m³)	和易性		
										棍度	黏聚性	离析
二	0.5	0.020	20	0.50	36	128	30	2.0	2 422	下	差	无
	0.7	0.020	20	0.50	36	128	54	3.1	2 418	上	好	无
	0.9	0.020	20	0.50	36	128	55	4.2	2 410	上	好	少量
	1.2	0.020	20	0.50	36	128	55	5.2	2 402	上	好	少量
	0.7	0.030	40	0.50	36	128	56	3.2	2 402	上	好	无

表3 常态最优砂率选择试验结果(金龙沟人工骨料)

水泥品种强度等级	级配	JG-3掺量(%)	KF掺量(%)	煤灰掺量(%)	水胶比	砂率(%)	用水量(kg/m³)	坍落度(mm)	体积密度(kg/m³)	和易性 棍度	和易性 抹平	和易性 离析
"石林" P.O42.5	二	0.7	0.020	20	0.50	37	130	50	2 415	较好	较好	轻
					0.50	36	130	52	2 416	好	好	轻
					0.50	35	130	51	2 409	较差	较好	较轻
					0.50	34	130	49	2 417	差	较差	较轻
	三				0.50	31	110	53	2 450	较好	较好	较轻
					0.50	30	110	54	2 448	好	好	轻
					0.50	29	110	50	2 442	差	较差	较轻
	四				0.50	27	95	52	2 476	较好	较好	较轻
					0.50	25	95	60	2 479	好	好	轻
					0.50	23	95	54	2 480	较好	好	较轻
"石林" P.MH42.5	二	0.7	0.030	40	0.50	36	128	52	2 413	好	好	较轻
					0.50	35	128	54	2 418	好	好	轻
					0.50	34	128	43	2 408	较好	较好	较轻
	三				0.50	30	108	54	2 446	好	好	较轻
					0.50	29	108	56	2 447	好	好	轻
					0.50	28	108	49	2 456	较好	较好	较轻
	四				0.50	27	93	53	2 476	较好	较好	较轻
					0.50	25	93	58	2 479	好	好	轻
					0.50	23	93	51	2 480	较好	好	较轻

表 4　混凝土性能试验结果（金龙沟人工骨料）

水泥品种及等级	混凝土类型	煤灰(%)	减水剂(JG-3)(%)	引气剂KF(%)	级配	试件编号	水胶比	用水量(kg/m³)	砂率(%)	实测湿容重(kg/m³)	坍落度要求(mm)	坍落度实测(mm)	含气量(%)	抗压强度7d(MPa)	28d	90d	28d劈拉	28d抗渗	28d抗冻	28d极限拉伸(×10⁻⁶)	90d抗渗	90d抗冻
P.MH42.5	常态	20	0.7	0.020	一	28	0.45	128	35	2 397	50~70	68	3.6	19.8	33.5	/	/	/	/	/	/	/
					一	30	0.35	145	34	2 403		64	3.0	29.7	44.0	/	/	/	/	/	/	/
					一	31	0.30	150	33	2 421		60	2.7	43.9	55.2	/	/	/	/	/	/	/
					一	T-26	0.50	128	36	2 419		51	3.2	15.4	28.5	/	2.76	>8	>100	/	/	/
					一	T-27	0.45	128	35	2 416		54	3.5	19.5	32.9	/	/	/	/	/	/	/
					一	T-28	0.40	130	34	2 412		51	3.1	24.5	38.4	/	/	/	/	124	/	/
					一	T-29	0.35	145	34	2 417		53	3.2	30.5	43.6	/	/	/	/	128	/	/
					三	49	0.50	108	30	2 440		62	3.7	15.7	27.4	31.8	/	/	/	/	/	/
					三	T-38	0.50	108	30	2 450		64	3.6	16.4	28.0	32.0	/	/	/	/	/	/
					三	T-39	0.45	108	29	2 442		51	3.1	20.0	33.1	37.5	/	/	/	/	/	/
					三	T-40	0.40	110	29	2 440		56	4.0	26.6	37.7	43.0	/	/	/	/	/	/
					三	T-41	0.35	125	28	2 449		56	3.2	29.5	43.7	51.0	/	/	/	/	/	/
P.MH42.5	常态	30	0.7	0.025	一	T-30	0.50	128	36	2 417	50~70	52	3.1	14.3	25.8	/	/	/	/	/	/	/
					一	T-31	0.45	128	35	2 415		51	2.8	17.3	29.8	/	2.81	>8	>100	/	/	/
					一	T-32	0.40	130	35	2 410		52	3.1	22.7	34.3	40.0	/	/	/	/	/	/
					一	T-33	0.35	145	34	2 410		53	2.9	28.2	42.0	/	/	/	/	/	/	/
					三	T-42	0.45	108	29	2 446		61	3.0	17.2	29.2	34.2	/	/	/	/	/	/
					四	T-46	0.50	93	25	2 485		61	3.3	15.0	26.2	29.3	/	/	/	/	/	/

续表 4

水泥品种及等级	混凝土类型	煤灰(%)	减水剂(JG-3)(%)	KF引气剂(%)	级配	试件编号	水胶比	用水量(kg/m³)	砂率(%)	实测湿容重(kg/m³)	坍落度(mm)要求	坍落度(mm)实测	含气量(%)	抗压强度(MPa)7 d	28 d	90 d	28 d 劈拉	28 d 抗渗	28 d 抗冻	28 d 极限拉伸(×10⁻⁶)	90 d 抗渗	90 d 抗冻
P.MH42.5	常态	35	0.7	0.025	二	32	0.60	128	37	2 396	50~70	70	3.0	11.8	19.7	22.2	/	/	/	/	/	/
					二	33	0.50	128	36	2 391		66	3.2	16.4	24.1	28.2	/	/	/	/	/	/
					二	34	0.45	128	36	2 394		63	2.9	18.8	27.9	33.1	/	/	/	/	/	/
					二	35	0.40	130	35	2 400		50	3.2	25.7	32.4	38.5	/	/	/	/	/	/
					二	36	0.35	145	34	2 391		52	3.0	28.3	41.4	46.1	/	/	/	/	/	/
					三	48	0.50	108	29	2 440		68	3.4	17.9	23.6	28.4	/	/	/	/	/	/
					四	52	0.55	93	25	2 470		59	4.3	13.2	21.1	/	/	/	/	/	/	/
P.MH42.5	常态	40	0.7	0.030	二	37	0.60	128	36	2 391	50~70	60	3.2	8.2	15.7	20.8	/	/	/	/	/	/
					二	38	0.50	128	35	2 392		59	3.0	14.6	22.9	27.9	/	/	/	/	/	/
					二	39	0.45	128	35	2 389		55	3.1	16.1	25.8	33.2	/	/	/	/	/	/
					二	40	0.40	130	34	2 397		40	3.0	20.7	32.0	38.4	/	/	/	/	/	/
					二	41	0.40	132	34	2 401		51	2.8	20.4	31.7	37.6	/	/	/	/	/	/
					二	42	0.40	132	34	2 402		50	3.0	19.6	32.1	38.2	/	/	/	/	/	/
					二	T-22	0.60	128	36	2 410		50	3.0	8.0	16.6	/	/	/	/	/	/	/
					二	T-23	0.45	130	35	2 397		56	3.5	15.0	26.6	/	/	/	/	/	/	/
					二	T-24	0.40	130	34	2 394		55	3.2	19.6	31.1	/	/	/	/	/	/	/
					二	T-25	0.50	130	35	2 400		50	3.1	13.0	22.2	/	/	/	/	/	/	/
					三	T-43	0.60	108	30	2 439		64	3.4	8.6	16.5	20.9	2.58	/	/	/	/	/
					三	T-44	0.50	108	29	2 445		62	3.7	13.5	23.4	28.3	2.64	>6	>50	/	/	/
					三	T-45	0.40	110	28	2 442		51	3.2	20.9	30.5	38.2	/	>8	>100	/	/	/
					四	47	0.50	108	28	2 440		60	3.1	13.3	21.9	27.1	/	/	/	/	>8	>100
					四	51	0.55	93	25	2 470		60	3.2	11.2	18.4	24.6	/	/	/	/	/	/
					四	T-47	0.50	93	25	2 472		50	3.1	13.4	22.4	28.2	/	/	/	/	/	/

续表4

水泥品种及等级	混凝土类型	煤灰(%)	(JG-3)减水剂(%)	KF引气剂(%)	级配	试件编号	水胶比	用水量(kg/m³)	砂率(%)	实测湿容重(kg/m³)	坍落度要求(mm)	坍落度实测(mm)	含气量(%)	抗压强度(MPa) 7d	28d	90d	28d劈拉	28d抗渗	28d抗冻	28d极限拉伸(×10⁻⁶)	90d抗渗	90d抗冻
P.MH42.5	常态	45	0.7	0.035	二	43	0.60	128	35	2 395	50~70	64	3.2	7.0	13.6	20.1	/	/	/	/	/	/
					二	44	0.50	128	34	2 390		68	3.6	11.4	19.2	26.9	/	/	/	/	/	/
					二	45	0.40	130	32	2 401		51	3.0	18.7	27.2	37.3	/	/	/	/	/	/
					三	46	0.50	108	27	2 440		70	3.7	11.4	18.6	26.5	/	/	/	/	/	/
					四	50	0.55	93	24	2 470		70	3.0	10.2	15.1	22.5	/	/	/	/	/	/
					二	56	0.50	130	36	2 386		54	3.6	18.6	28.2	/	/	/	/	/	/	/
					二	57	0.40	132	34	2 409		51	3.1	28.3	38.8	/	/	/	/	/	/	/
					二	58	0.35	155	33	2 403		50	2.9	33.3	45.8	/	/	/	/	/	/	/
P.O42.5	常态	20	0.7	0.020	二	T-1	0.45	130	35	2 420	50~70	57	3.0	23.7	33.9	39.8	/	/	/	/	/	/
					二	T-2	0.40	132	34	2 410		52	3.2	29.6	39.0	42.7	/	/	/	/	/	/
					二	T-3	0.35	155	33	2 403		57	3.1	33.6	45.1	53.7	/	/	/	/	/	/
					二	T-4	0.30	160	32	2 407		50	3.0	40.3	58.2	/	/	/	/	/	/	/
					二	T-5	0.50	130	36	2 420		54	3.5	18.3	27.8	32.2	/	/	/	/	/	/
					二	T-6	0.60	130	37	2 417		60	3.2	11.5	19.6	27.1	/	/	/	/	/	/
					三	T-15	0.55	110	30	2 442		51	3.1	17.0	24.6	27.1	/	/	/	/	/	/
					三	65	0.60	110	31	2 442		50	3.2	12.3	18.4	27.1	/	/	/	/	/	/
					三	66	0.50	110	30	2 442		52	3.0	19.2	28.5	32.6	/	/	/	/	/	/
					四	T-19	0.55	95	26	2 472		52	3.1	16.7	25.5	/	/	/	/	/	/	/
					一	T-18	0.40	148	40	2 360		62	4.1	29.1	39.1	/	/	/	/	/	/	/

续表 4

水泥品种及等级	混凝土类型	煤灰(%)	减水剂(JG-3)(%)	KF引气剂(%)	级配	试件编号	水胶比	用水量(kg/m³)	砂率(%)	实测湿容重(kg/m³)	坍落度(mm) 要求	坍落度(mm) 实测	含气量(%)	抗压强度(MPa) 7 d	抗压强度(MPa) 28 d	抗压强度(MPa) 90 d	28 d 劈拉	28 d 抗渗	28 d 抗冻	28 d 极限拉伸(×10⁻⁶)	90 d 抗渗	90 d 抗冻
P.O42.5	常态	30	0.7	0.025	二	T-10	0.40	132	35	2 420	50~70	50	2.8	26.4	37.3	/	/	/	/	/	/	/
					一	T-7	0.60	130	37	2 410		51	3.0	11.7	18.1	/	/	/	/	/	/	/
					二	T-8	0.50	130	36	2 403		66	3.3	16.8	26.6	/	/	/	/	/	/	/
					二	T-9	0.45	130	36	2 392		64	3.4	21.9	32.8	/	/	/	/	/	/	/
					三	T-16	0.50	110	30	2 419		62	2.9	17.1	26.7	/	/	/	/	/	/	/
					四	T-20	0.50	95	25	2 481		55	2.8	18.0	26.8	/	/	/	/	/	/	/
P.O42.5	常态	35		0.030	二	59	0.45	0.7	130	35	2 405	50~70	58	3.1	21.0	29.7	/	/	/	/	/	/
			0.7		二	60	0.40	132	35	2 412		65	3.4	25.1	35.9	31.8	/	/	/	/	/	/
			0.8		二	61	0.50	130	35	2 400		70	4.5	15.6	24.5	32.0	/	/	/	/	/	/
			0.7		二	62	0.50	130	35	2 417		68	3.0	15.4	25.5	36.8	/	/	/	/	/	/
			0.7		二	63	0.45	130	34	2 418		55	3.1	25.8	30.3	43.1	/	>2	>50	/	/	/
			0.8		二	64	0.40	132	34	2 403		50	4.2	27.4	36.1	32.2	/	/	/	/	/	/
			0.7		四	67	0.50	95	25	2 468		52	3.0	14.5	25.0	22.4	/	/	/	/	/	/
P.O42.5	常态	40	0.7	0.030	二	T-11	0.60	130	36	2 410	50~70	50	3.0	9.9	15.3	22.4	/	/	/	/	/	/
					二	T-12	0.50	130	35	2 405		51	3.1	13.4	23.2	28.3	/	/	/	/	/	/
					二	T-13	0.45	130	35	2 406		50	3.2	15.7	27.5	32.7	/	/	/	/	/	/
					二	T-14	0.40	132	34	2 398		51	3.2	19.4	33.8	41.6	/	/	/	/	/	/
					三	T-17	0.60	110	30	2 440		58	2.8	8.0	15.8	/	/	/	/	/	/	/
					四	T-21	0.60	95	26	2 487		56	3.1	9.0	16.5	/	/	/	/	/	/	/

备注：T-40(28 d)弹模 32.7(GPa)、T-41(28 d)弹模 32.7(GPa)

3.2.5 混凝土强度与水胶比的变化关系

根据混凝土硬化性能检测结果,分别建立 28 d、90 d 抗压强度与胶水比的关系曲线,如表 5 所示。

表 5 混凝土胶水比与抗压强度关系回归式

混凝土类型	级配	煤灰掺量(%)	JG-3外加剂掺量(%)	KF引气剂掺量(%)	龄期(d)	回归方程式	相关系数	组数
常态(中热)	一、二、三、四	20	0.7	0.020	28	$f_{28}=19.183(c+p)/w-10.113$	0.995	5
					90	$f_{90}=21.904(c+p)/w-11.581$	0.999	4
		30	0.7	0.025	28	$f_{28}=18.473(c+p)/w-11.275$	0.996	4
					90	$f_{90}=21.379(c+p)/w-13.404$	0.999	3
		35	0.7	0.030	28	$f_{28}=18.266(c+p)/w-12.137$	0.990	6
					90	$f_{90}=20.207(c+p)/w-11.861$	0.999	5
		40	0.7	0.030	28	$f_{28}=18.271(c+p)/w-14.139$	0.995	5
					90	$f_{90}=20.571(c+p)/w-13.215$	0.998	3
		45	0.7	0.035	28	$f_{28}=16.759(c+p)/w-14.727$	0.996	4
					90	$f_{90}=20.966(c+p)/w-15.208$	0.997	4
常态(普硅)	一、二、三、四	20	0.7	0.020	28	$f_{28}=22.036(c+p)/w-16.208$	0.995	7
					90	$f_{90}=21.878(c+p)/w-10.152$	0.988	5
		30	0.7	0.025	28	$f_{28}=23.352(c+p)/w-20.176$	0.993	4
		35	0.7	0.030	28	$f_{28}=21.539(c+p)/w-18.091$	0.997	3
					90	$f_{90}=22.147(c+p)/w-12.313$	0.999	3
		40	0.7	0.030	28	$f_{28}=21.392(c+p)/w-19.778$	0.987	4
					90	$f_{90}=22.666(c+p)/w-16.285$	0.998	4

3.2.6 混凝土配制强度的确定

为了确保混凝土的各种性能指标达到设计要求,在设计施工配合比时,应充分考虑施工质量的不均匀性。根据《水工混凝土施工规范》(DL/T 5144—2001)的规定,混凝土配制强度按下式计算:

$$f_{cu,0}=f_{cu,k}+t\sigma$$

式中:$f_{cu,0}$ 为混凝土的配制强度,MPa;$f_{cu,k}$ 为混凝土设计龄期的强度标准值,MPa;t 为概率度系数,依据保证率 P 选定;σ 为混凝土强度标准差,MPa。

为了确保混凝土的各项性能达到设计指标和施工的要求,据 DL/T 5330—2005 规定,28 d 龄期混凝土抗压强度保证率 P 采用 95%,其他龄期的强度保证率应符合设计要求(P 采用 90% 或 85%)。

3.2.7 混凝土水胶比的确定

根据混凝土水胶比与28 d、90 d抗压强度回归关系方程式，计算出满足混凝土设计强度等级及耐久性要求的水胶比，并结合设计和施工规范的最大水胶比限制值，确定各强度等级混凝土水胶比的取值，见表6。

表6 常态混凝土水胶比计算

混凝土设计强度等级	强度保证率（%）	28 d 配制强度（MPa）	抗压强度回归方程式	计算水胶比	水胶比取值
$C_{90}10W2F50$	85	13.64	20%煤灰掺量中热水泥 $f_{90} = 21.904(c+p)/w - 11.581$	0.868	0.65
$C_{90}15W6F50$		18.64		0.725	0.55
$C_{90}20W8F100$		24.16		0.613	0.55
$C_{90}25W8F100$	90	30.12		0.525	0.52
$C_{90}10W2F50$	85	13.64	30%煤灰掺量中热水泥 $f_{90} = 21.379(c+p)/w - 13.404$	0.791	0.65
$C_{90}15W6F50$		18.64		0.667	0.55
$C_{90}20W8F100$		24.16		0.569	0.55
$C_{90}25W8F100$	90	30.12		0.491	0.49
$C_{90}10W2F50$	85	13.64	35%煤灰掺量中热水泥 $f_{90} = 20.207(c+p)/w - 11.861$	0.790	0.65
$C_{90}15W6F50$		18.64		0.663	0.55
$C_{90}20W8F100$		24.16		0.561	0.55
$C_{90}25W8F100$	90	30.12		0.481	0.47
$C_{90}10W2F50$	85	13.64	40%煤灰掺量中热水泥 $f_{90} = 20.571(c+p)/w - 13.215$	0.766	0.60
$C_{90}15W6F50$		18.64		0.646	0.55
$C_{90}20W8F100$		24.16		0.550	0.54
$C_{90}25W8F100$	90	30.12		0.475	0.47
$C_{90}10W2F50$	85	13.64	45%煤灰掺量中热水泥 $f_{90} = 20.966(c+p)/w - 15.205$	0.727	0.60
$C_{90}15W6F50$		18.64		0.619	0.55
$C_{90}20W8F100$		24.16		0.533	0.53
$C_{90}25W8F100$	90	30.12		0.463	0.46

3.2.8 混凝土配合比参数

通过以上试验及计算，每立方米混凝土各种材料用量见表7。

3.3 推荐配合比复核试验成果表

配合比复核成果表如表8所示。

推荐配合比性能结果如表9所示。

3.4 配合比应用基本检测统计分析

混凝土力学性能检测成果统计如表10所示。

表 7 混凝土配合比每方材料用量

配合比设计采用（金龙沟人工骨料，减水剂为萘系（JG-3）；引气剂为 KF 二级配为（45：55） 三级配为（25：30：45）

混凝土设计等级	级配	坍落度(mm)	水胶比	粉煤灰掺量(%)	减水剂掺量(%)	引气剂掺量(%)	砂率(%)	湿密度(kg/m³)	水	水泥	煤灰	砂	小石(5~20 mm)	中石(20~40 mm)	大石(40~80 mm)	特大石(80~120 mm)	减水剂	引气剂	备注
C10	三	50~70	0.60	40	0.7	0.030	32	2 440	109	109	73	688	365	438	658	0	1.272	0.054 50	普硅水泥
C10	四	30~50	0.60	40	0.7	0.030	27	2 470	94	94	63	599	324	405	405	486	1.097	0.047 00	
C15	二	50~70	0.52	40	0.7	0.030	36	2 400	129	149	99	728	583	712	0	0	1.737	0.074 42	
C15	三	50~70	0.52	40	0.7	0.030	31	2 440	109	126	84	658	366	439	659	0	1.467	0.062 88	
C15	四	30~50	0.52	40	0.7	0.030	26	2 470	94	108	72	571	325	406	406	487	1.265	0.054 23	
C20	二	50~70	0.46	40	0.7	0.030	35	2 400	130	170	113	696	581	710	0	0	1.978	0.084 78	
C20	三	50~70	0.46	40	0.7	0.030	30	2 440	110	143	96	627	366	439	659	0	1.674	0.071 74	
C25	二	50~70	0.45	30	0.7	0.025	35	2 400	130	202	87	693	579	708	0	0	2.022	0.072 22	
C25	三	50~70	0.45	30	0.7	0.025	30	2 440	110	171	73	626	365	438	657	0	1.711	0.061 11	
C30	一	50~70	0.40	30	0.7	0.025	40	2 380	150	263	113	742	1 113	0	0	0	2.625	0.093 75	
C30	二	50~70	0.40	30	0.7	0.025	34	2 400	132	231	99	659	576	703	0	0	2.310	0.082 50	
C30	三	50~70	0.40	30	0.7	0.025	29	2 440	115	201	86	591	362	434	651	0	2.013	0.071 88	
C35	二	50~70	0.36	20	0.7	0.020	33	2 410	138	307	77	623	569	696	0	0	2.683	0.076 67	
C40	一	50~70	0.32	20	0.7	0.020	40	2 380	160	400	100	688	1 032	0	0	0	3.500	0.100 00	
C40W8 F100	二	50~70	0.32	20	0.7	0.020	32	2 410	140	350	88	586	561	685	0	0	3.063	0.087 50	
C45	二	50~70	0.30	20	0.7	0.020	32	2 410	142	379	95	574	549	671	0	0	3.313	0.094 67	
C35W8 F100	二	50~70	0.36	20	0.7	0.020	33	2 410	138	307	77	623	569	696	0	0	2.683	0.076 67	

续表 7

配合比设计采用（金龙沟人工骨料，减水剂为萘系（JG-3）；引气剂为 KF）　二级配为（45：55）　三级配为（25：30：45）

| 混凝土设计等级 | 级配 | 坍落度 (mm) | 水胶比 | 粉煤灰掺量 (%) | 减水剂掺量 (%) | 引气剂掺量 (%) | 砂率 (%) | 湿密度 (kg/m³) | 混凝土各种材料用量 (kg/m³) | | | | | | | | | | 备注 |
									水	水泥	煤灰	砂	小石 (5~20 mm)	中石 (20~40 mm)	大石 (40~80 mm)	特大石 (80~120 mm)	减水剂	引气剂	
C45W8 F100	三	50~70	0.30	20	0.7	0.020	28	2 440	122	325	81	535	344	413	619	0	2.847	0.081 33	中热水泥
C10W2 F50	三	50~70	0.58	40	0.7	0.030	32	2 440	108	112	74	687	365	438	657	0	1.303	0.055 86	
C25W8 F100	二	50~70	0.43	30	0.7	0.025	35	2 400	128	208	89	691	577	706	0	0	2.084	0.074 42	
C25W8 F100	三	50~70	0.43	30	0.7	0.025	30	2 440	108	176	75	624	364	437	655	0	1.758	0.062 79	
C_{90}25W8 F100	三	50~70	0.47	40	0.7	0.030	30	2 440	108	138	92	631	368	441	662	0	1.609	0.068 94	
C_{90}20W8 F100	三	50~70	0.54	40	0.7	0.030	31	2 440	108	120	80	661	368	441	662	0	1.400	0.060 00	
C_{90}20W8 F100	四	30~50	0.54	40	0.7	0.030	26	2 470	93	103	69	573	326	408	408	489	1.206	0.051 67	
C15W6 F50	四	30~50	0.52	40	0.7	0.030	26	2 470	93	107	72	572	325	407	407	488	1.252	0.053 65	
C15	四	30~50	0.52	40	0.7	0.030	26	2 470	93	107	72	572	325	407	407	488	1.252	0.053 65	
C_{90}15W6 F50	四	30~50	0.55	40	0.7	0.030	26	2 470	93	101	68	574	327	408	408	490	1.184	0.050 73	
C35W8 F100	三	50~70	0.36	20	0.7	0.020	28	2 440	118	262	66	558	359	431	646	0	2.294	0.065 56	

表 8　配合比复核成果

设计强度等级	坍落度(mm)	煤灰(%)	减水剂(%)	KF引气剂(%)	级配	水胶比	用水量(kg/m³)	实测坍落度(mm)	含气量(%)	抗压强度（MPa）			28 d 劈拉	28 d 抗渗	28 d 抗冻	备注
										7 d	28 d	90 d				
C10	50~70	40	0.7	0.030	三	0.60	109	52	3.3	11.3	16.9	/	/	/	/	普硅水泥
C10	30~50	40	0.7	0.030	四	0.60	94	51	3.1	10.8	16.4	/	/	/	/	
C15		40	0.7	0.030	四	0.52	94	50	3.0	12.7	22.0	/	/	/	/	
C15		40	0.7	0.030	三	0.52	109	53	3.1	14.2	23.0	/	/	/	/	
C15		40	0.7	0.030	二	0.52	129	51	2.8	13.1	21.3	/	/	/	/	
C20		40	0.7	0.030	二	0.46	130	50	3.0	16.2	27.3	/	/	/	/	
C25		30	0.7	0.025	二	0.45	130	51	3.0	22.5	32.9	/	/	/	/	
C30		30	0.7	0.025	二	0.40	132	53	3.0	26.5	38.2	/	/	/	/	
C30		30	0.7	0.025	一	0.40	150	50	3.1	27.2	38.6	/	/	/	/	
C35		30	0.7	0.025	一	0.36	138	62	3.2	28.3	43.1	/	/	/	/	
C40		20	0.7	0.020	一	0.32	160	52	3.0	32.7	48.5	/	/	/	/	
C45		20	0.7	0.020	二	0.30	142	51	3.2	38.6	54.2	/	/	/	/	
C25W8F100	50~70	30	0.7	0.025	二	0.43	128	52	3.2	16.4	32.2	/	/	>W8	>100	中热水泥
C25W8F100		30	0.7	0.025	三	0.43	108	54	3.2	21.3	35.9	/	/	>W8	>100	
C_{90}25W8F100		40	0.7	0.030	三	0.47	108	57	3.4	16.7	24.5	32.5	/	W6	>50	
C_{90}20W8F100		40	0.7	0.030	三	0.54	108	56	3.3	11.8	19.5	25.6	/	W6	>50	
C_{90}20W8F100	30~50	40	0.7	0.030	四	0.54	94	60	3.4	11.6	18.8	25.1	/	/	/	
C35W8F100	50~70	20	0.7	0.020	三	0.36	125	56	3.2	28.2	44.3	/	/	>W8	>100	

表 9 推荐配合比性能结果

设计强度等级	坍落度(mm)	煤灰(%)	减水剂(%)	KF引气剂(%)	水胶比	级配	用水量(kg/m³)	实测坍落度(mm)	含气量(%)	抗压强度(MPa) 7 d	28 d	90 d	90 d 极限拉伸(×10⁻⁶)	90 d 抗渗	90 d 抗冻	备注
C_{90}25W8F100	50~70	40	0.7	0.030	0.47	三	108	57	3.4	16.7	24.5	32.5	120	>8	>100	中热水泥
C_{90}20W8F100	50~70	40	0.7	0.030	0.54	三	108	56	3.3	11.8	19.5	25.6	112	>8	>100	
C_{90}20W8F100	30~50	40	0.7	0.030	0.54	四	94	60	3.4	11.6	18.8	25.1	111	>8	>100	

表 10 混凝土力学性能检测成果统计

工程名称	统计时段(成型日期)	混凝土种类	设计指标	检测项目	龄期(d)	组数	最大值	最小值	平均值	标准差	离差系数	P_s^*(%)	保证率(%)	生产质量
厂房和泄洪闸工程	2012-08-08~2013-03-16 金龙沟砂、金龙沟骨料	常态	C10F50W2	抗压强度(MPa)	28	76	20.5	12.6	16.8	1.82	0.11	100.0	99.9	良好
					28(仓面)	11	18.4	14.8	16.8	—	—	100.0	—	良好
				劈拉强度(MPa)	28	5	1.75	1.12	1.41	—	—	—	—	—
		常态	C15	抗压强度(MPa)	28	17	27.4	18.1	23.0	—	—	100.0	—	良好
		常态	C20F100W8	抗压强度(MPa)	28	41	34.8	24.1	29.6	3.73	0.13	100.0	98.8	良好
					28(仓面)	1	—	—	21.2	—	—	100.0	—	良好
				劈拉强度(MPa)	28	2	2.81	2.51	2.66	—	—	100.0	—	—
		常态	C25F100W8	抗压强度(MPa)	28	542	50.1	25.0	32.6	3.37	0.10	100.0	98.1	良好
					28(仓面)	61	47.1	26.2	33.1	3.71	0.11	100.0	98.0	良好
				劈拉强度(MPa)	28	81	4.62	1.99	3.03	—	—	100.0	—	良好
		常态	C30	抗压强度(MPa)	28	17	42.9	32.7	37.3	—	—	100.0	—	良好
					28(仓面)	1	—	—	35.7	—	—	100.0	—	—

续表 10

工程名称	统计时段(成型日期)	混凝土种类	设计指标	检测项目	龄期(d)	组数	最大值	最小值	平均值	标准差	离差系数	P_{s*}(%)	保证率(%)	生产质量
厂房和泄洪闸工程	2012-08-08~2013-03-16 金龙沟砂、金龙沟骨料	高流态	C35F100W8	抗压强度(MPa)	28	35	49.6	35.3	41.2	2.82	0.07	100.0	98.2	良好
				抗压强度(MPa)	28(仓面)	6	47.9	37.4	40.4	—	—	100.0	—	良好
				劈拉强度(MPa)	28	5	4.57	3.20	3.67	—	—	—	—	—
		常态	C_{90}15F50W6	抗压强度(MPa)	28	17	22.8	11.9	15.9	—	—	—	—	—
				抗压强度(MPa)	28(仓面)	2	17.6	15.1	16.4	—	—	100.0	—	—
				抗压强度(MPa)	90	20	33.9	20.8	25.9	—	—	100.0	—	良好
				抗压强度(MPa)	90(仓面)	5	34.6	23.7	28.2	—	—	100.0	—	良好
				劈拉强度(MPa)	90	2	3.01	1.96	2.49	—	—	—	—	—
		常态	C_{90}20F100W8	抗压强度(MPa)	28	95	32.9	15.1	20.9	3.82	0.18	—	—	—
				抗压强度(MPa)	28(仓面)	17	26.7	14.0	20.1	—	—	—	—	—
				劈拉强度(MPa)	28	6	2.20	1.90	2.06	—	—	—	—	—
				抗压强度(MPa)	90	109	36.7	21.6	32.4	4.28	0.13	100.0	99.5	良好
				抗压强度(MPa)	90仓面	20	38.1	23.3	31.5	3.10	0.13	100.0	—	良好
				劈拉强度(MPa)	90	6	3.55	2.30	2.97	—	—	—	—	—
		常态	C_{90}25F100W8	抗压强度(MPa)	28	77	33.4	17.2	24.0	—	—	—	—	—
				抗压强度(MPa)	28(仓面)	11	28.8	18.3	24.7	—	—	—	—	—
				劈拉强度(MPa)	28	5	2.92	2.21	2.55	—	—	—	—	—
				抗压强度(MPa)	90	87	40.5	26.0	35.3	4.17	0.12	100.0	98.4	良好
				抗压强度(MPa)	90(仓面)	12	40.1	26.2	34.9	—	—	100.0	—	良好
				劈拉强度(MPa)	90	3	3.69	2.80	3.10	—	—	—	—	—

从统计分析结果显示,混凝土各项被测指标满足设计要求,配合比设计合理。

综上,根据设计要求,在厂房、挡水坝、溢流坝等混凝土试验、不同粉煤灰掺量混凝性能比较等研究基础上,提出如下结论:

在各种原材料满足相关规范要求,各部位混凝土抗压强度、抗渗性与抗冻性均满足设计要求情况下,不同粉煤灰掺量混凝土性能比较试验结果显示:粉煤灰掺量对混凝土强度性能有一定影响,总体上呈现强度随粉煤灰掺量增加略有降低的趋势,但较为微小。粉煤灰掺量对混凝土弹性模量与极限拉伸性能影响不大。在规范限定的范围内,适当提高粉煤灰掺量可有效降低混凝土绝热温升,利于混凝土温控防裂(施工推荐配合比 90 d 龄期混凝土煤灰掺量为 40%,其他龄期混凝土根据早期强度要求适当降低粉煤灰掺量)。

3.5 配合比优化

桐子林水电站工程以 $C_{90}20W8F100$ 三级配大坝混凝土和 C25W8F100 厂房大体积混凝土作为主要研究对象,采用温度—应力试验这一抗裂性综合评价仿真试验方法及其得到的开裂温降等抗裂性综合评价指标,在常规试验所得温控防裂施工配合比的基础上,在保证混凝土施工性能良好、强度满足温控防裂要求的前提下,提出优化混凝土施工配合比:混凝土单位用水量降低 3~5 kg、单方胶凝材料总量减少 6~32 kg、砂率减少 1%~2%。

4 结 论

通过试验研究确定的优化混凝土施工配合比,已于 2013 年 2 月 7 日投入使用,自使用优化后的混凝土配合比进行浇筑后,桐子林水电站大坝混凝土内部温度得到了较大改善:优化前最高温度为 25.7~43.6 ℃,优化后为 27.6~37.8 ℃,满足设计温控技术要求,且大坝混凝土在施工期没有出现危害性裂缝,大坝混凝土浇筑施工进度加快,弥补了坝基开挖工期滞后的影响,实现了按期发电,取得了良好的经济效益和社会效益,可为类似工程建设提供借鉴。

参 考 文 献

[1] 水工混凝土施工规范:DL/T 5144—2001[S].

[2] 陈波,蔡跃波,丁建彤. 大坝混凝土抗裂性综合评价指标[J]. 混凝土,2008(10):5-7.

[3] 王岗,徐劲松,陈磊.厂房坝段混凝土温控防裂技术措施研究[J].云南水力发电,2016(1):78-83.

桐子林水电站工程软弱地基综合处理关键技术研究与应用

郑永胜,伍宇腾

(雅砻江流域水电开发有限公司,四川 成都　610051)

摘　要　随着水电工程开发建设逐步向西部崇山峻岭、高山峡谷转移,将面临高寒高海拔、复杂地形地质条件等,对地基处理与基础工程技术不断提出新的要求,要求地基处理与基础工程采用更加快速有效的施工技术。本文依托桐子林水电站,对导流明渠左导墙末端深厚覆盖层加固及防淘、一期围堰堰体堰基覆盖层防渗、二期上游围堰左堰肩深厚覆盖层防渗等关键技术进行系统研究及科技攻关。详细介绍了采用框格式混凝土地下连续墙进行导流明渠左导墙末端深厚覆盖层加固及防淘处理,采用高压旋喷灌浆进行一期围堰堰体堰基覆盖层防渗处理及二期上游围堰左堰肩复杂地质条件下深厚覆盖层帷幕灌浆等关键技术研究和应用效果,可为类似软弱地基综合处理工程施工提供参考。

关键词　桐子林水电站;深厚覆盖层;框格式地下连续墙;高压旋喷;帷幕灌浆

1　工程概况

桐子林水电站位于四川省攀枝花市盐边县境内,距上游二滩水电站18 km,距雅砻江与金沙江交汇口15 km,是雅砻江下游最末一个梯级电站。电站装机容量为60万kW,属二等大(2)型工程,坝顶长度439.73 m,最大坝高69.50 m。

河床覆盖层一般厚20~25 m,最厚达42 m,沿深槽分布。按成因和地层结构特征自下而上分为砂卵砾石层(alQ_3)、青灰色粉砂质黏土层(Q_{3l}^3)、含漂砂卵砾石层(alQ_4^3)。

2　工程地基处理技术重点与难点

2.1　导流明渠左导墙覆盖层基础处理难度大

导流明渠左导墙下游段位于厚约40 m的粉砂质黏土上,基覆界线起伏变化大,受地形限制不具备采用大开挖基岩建基的条件,采用沉井易偏斜,同时需先对其周围河床闭气,需以人工施工为主,施工工期长,工程投资大,安全隐患高。因此,选择何种基础处理措施,满足导墙结构基础承载防淘要求并能快速施工,同时减少工程投资及安全隐患是研究的重点和难点之一。

2.2　一期围堰覆盖层防渗施工难度大

一期围堰轴线较长,约1 100 m,覆盖层为粉砂质黏土层和砂卵砾石层,最大深度约

作者简介:郑永胜(1982—),男,工程硕士,工程师,研究方向为水力学。E-mail:343252114@qq.com。

41 m,加上土石堰体深约 52 m,防渗面积约 44 000 m²,施工工期仅有 2.5 个月。采用混凝土防渗墙,工期长、投资大,不能满足施工进度要求;采用高喷防渗,工期短、投资省,但担心防渗效果,且导流工程无采用如此深度和规模高喷防渗的经验。

2.3　二期上游围堰左堰肩深厚覆盖层防渗施工难度大

二期上游围堰左堰肩覆盖层帷幕灌浆防渗轴线长 193.9 m,防渗工程量约 2.33 万 m²,施工工期 4 个月,施工强度(5 800 m/月)及孔深(最大施工孔深为 92 m)均属国内罕见。受成昆铁路限制,施工场地狭窄,覆盖层帷幕灌浆施工主要集中在 3.0 m×3.5 m(宽×高)的铁路涵洞内,只能用小型的施工机械进行施工。

3　项目研究的创新点和经济社会效益

3.1　项目的创新点

(1)框格式混凝土地下连续墙。通过联合高等院校和科研单位,多年、多轮次、多形式的技术调研论证,集思广益,最终创造性地采用了框格式混凝土地下连续墙来加固明渠左导墙末端软弱基础,由于框格式地下连续墙是首次在水电站工程中应用,在地下连续墙平面布置方面进行了充分计算和研究,在节点设计及接头保护等方面做了工艺改进。

(2)深厚(50 m)覆盖层高压旋喷灌浆防渗。鉴于导流明渠枯期施工,基坑内外水头差不大,经充分研究,一期围堰采用单排高喷墙,桩径 1.2 m,桩间距 0.8 m;局部(桩号 0-020.0~0-050.0 m 和 0+080.0~0+190.0 m)采用双排孔,孔距为 1.0 m,排距为 0.6 m,呈梅花形布孔。

(3)复杂地质条件下深厚(90 m)覆盖层帷幕灌浆。为解决涵洞(宽 3 m、高 3.5 m)施工,且覆盖层厚达 91 m 带来的一系列钻孔塌孔和灌浆分段等难题,通过研发并运用"套管-循环综合灌浆法""预设花管模袋式分段阻塞灌浆法"等若干新工艺和新方法,顺利解决了这一难题。

3.2　经济社会效益

经经济测算,上述 3 项创新项目共节约工程直接投资约 3 912.11 万元,新增产值 44 948.83 万元,新增利税 22 133.94 万元,年增收节支总额 42 938.4 万元,经济效益显著。

导流明渠左导墙末端覆盖层采用框格式混凝土地下连续墙加固,相比采用沉井加固,其施工安全性更有保障,该技术直接应用于本工程厂坝分隔导墙基础加固,取得良好的效果。一期围堰、二期基坑上下游围堰均做到"滴水不漏",防渗效果良好,确保了工程 2011 年大江截流,工程能按期发电。作为国家西部大开发重点工程,其发电效益和社会效益显著。

桐子林水电站以深厚覆盖层加固技术、深厚覆盖层高喷和帷幕灌浆防渗技术为代表的施工导流及基础处理技术,对推动我国复杂地形地质条件和大流量下的大型水电站建设及其他行业基础处理的技术创新与进步有重大影响,具有广泛的推广价值。其中,深厚覆盖层框格式地下连续墙地基加固技术已经推广应用至加查水电站、硬梁包水电站等项目。

4 框格式地下连续墙关键技术研究与应用

4.1 地下连续墙平面布置

框格式地下连续墙的纵横墙布置首先应满足结构需要,其次应方便施工。根据委外计算成果及本工程地质实际,确定连续墙厚度为1.2 m。墙底一般嵌入基岩1.0 m,同时考虑到临河侧纵向墙(1#纵向墙)在永久运行期间可能的冲刷,以及明渠出口末端横向连续墙在二期导流期间及永久运行期间可能的冲刷,该部位墙底入岩加深为2.0 m。框格式地下连续墙平面布置见图1。

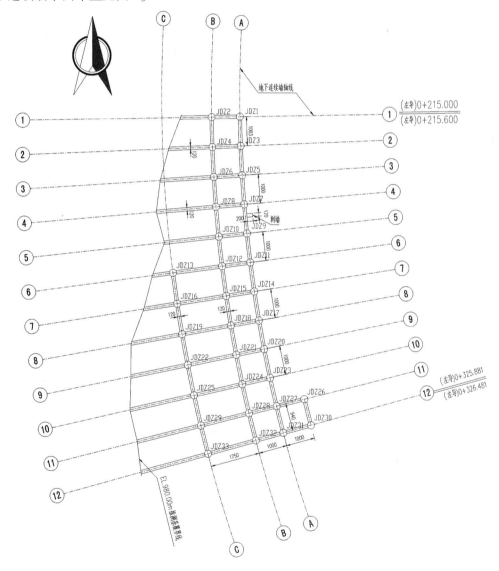

图1 框格式地下连续墙平面布置

4.2 地下连续墙节点设计

根据以往的工程经验,节点槽孔在实际施工过程中,极易发生垮塌,给地面设备、人员带来较大的安全隐患,因此有必要对节点槽段的结构布置及施工方式方法进行研究。经研究,拟订三种布置方案进行对比研究,具体见图2~图4。三种施工方案优缺点比较见表1。

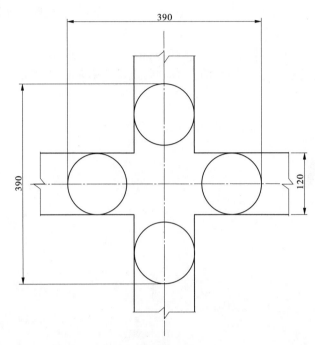

图2 常规节点槽段施工 （单位:cm）

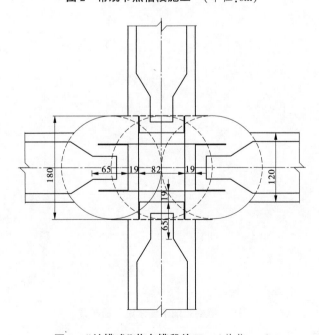

图3 "扩槽式"节点槽段施工 （单位:cm）

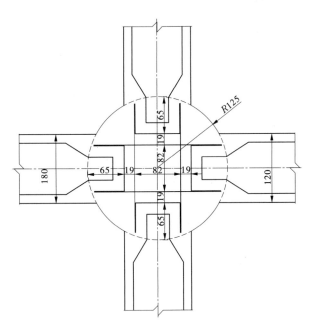

图4　"扩桩式"节点槽段施工

表1　三种方式优缺点比较

项目	常规节点	"扩槽式"节点	"扩桩式"节点
方案描述	1.采用钻抓法施工十字接头 2.采用十字钢板或型钢接头	1.采用钻抓法先施工扩槽方向槽段 2.采用工字钢接头	1.采用冲击钻先施工节点的扩大桩 2.采用工字钢接头
投入设备	冲击钻、抓斗	冲击钻或冲击钻配抓斗	手把式冲击钻
优点	1.十字节点本身为刚性	1.可避免常规十字形槽段施工易发生的塌孔 2.槽段扩大,加强了节点处刚性	1.可避免常规十字形槽段施工易发生的塌孔 2.槽段扩大,加强了节点处刚性 3.工期较优
缺点	1.十字交叉施工时覆盖层易塌孔,覆盖层下基岩采用冲击钻施工易导致覆盖层垮塌,存在安全隐患 2.施工复杂,工期长	1.十字节点与一字墙连接为半刚性 2.工序较多,工期长	1.十字节点与一字墙连接为半刚性

　　扩桩式结构实质就是一个放大了的十字结构,该结构与常规十字形节点结构和扩槽式结构相比,不但加强了框格式地下连续墙节点的刚性,同时也大大简化了施工,工期保证性提高,也减少了施工过程中的安全隐患。因此,结合计算分析,经综合比选,节点槽段结构采用扩桩式结构。

4.3 接头保护研究与应用

本工程接头搭接形式有"L"形、"丁"形、"十"形,详见图5。

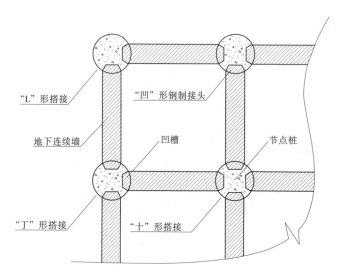

图5   框格式地下连续墙搭接样式示意图

4.3.1 接头保护技术研究

为攻克混凝土不绕流到钢制接头凹槽内和保护好一个节点多个接头壁板都不被混凝土包裹这一难题,本工程进行了试验研究和大胆尝试,主要围绕三个研究方向进行:

(1)采用"模袋法",即利用高强无纺布或薄铁皮,将扩大节点桩钢筋笼的混凝土溢流面进行包裹,阻止混凝土绕流到扩大节点桩钢制接头背后。

(2)采用"投袋法",即在节点桩混凝土浇筑前,将预先装好的黏土袋填充到钢制接头凹槽内,阻隔混凝土与钢制接头壁板接触,从而达到接头不被混凝土黏结、包裹。

(3)采用"拔板法",在钢制接头外侧,通过自制装置隔断混凝土初凝前渗流到钢制接头凹槽内,而这个装置又能待混凝土初凝后具备一定塑性时完全拔出不变形,装置可重复利用且便于一个节点桩多个接头的施工保护。

经初步试验,"模袋法"不可行,"投袋法"施工成本高、劳动强度大,决定采用"拔板法"进行试验研究。

在框格式地下连续墙接头处理中,与前面两种试验方案相比,第三种方案存在以下优点:

(1)有效保护了钢制接头不被混凝土所包裹、凹槽内不被混凝土所充填,保证了优良的接头搭接质量。

(2)施工效率更高,降低了人工体力劳动强度,满足了水下混凝土浇筑质量要求(即满足清孔后4 h内进行混凝土浇筑),避免了二次清孔及对填充袋二次造孔清除。

(3)接头板重复使用,降低了施工成本,带来了良好的经济效益。

(4)拔板系统体积小,自重较轻,拔板机松动起拔后可用小吨位吊车完成起拔工作,起拔速度更快、效率更高。能根据需要,起拔同一个节点的每一个接头的接头板。

(5)接头板及配套设备(如拔板机、起拔垫架等)占用施工场地较小,对施工场地开阔度要求不高,克服了拔接头管、拔接头箱等接头处理方法对场地的要求。

4.3.2 接头保护技术应用

拔板技术试验成功后,在厂房和泄洪闸工程厂坝上、下游纵向导墙及尾水渠出口防冲结构框格式地下连续墙中广泛应用,共计拔板 395 m。相对于投袋法,减少了黏土袋投放 220 m³,避免二次造孔 217 m²。拔板技术的成功运用降低了施工成本,加快了施工进度。

施工实践表明,混凝土未进入凹槽内,成功防止了混凝土绕流,保护了钢制接头壁板不被混凝土包裹、黏结,确保了后期接头搭接质量。拔板法在工程中的应用见图6。

图6 拔板法在工程中的应用

4.4 质量检查及实施效果

4.4.1 质量检查成果

对钻孔取芯孔进行了注水试验,共注水试验 27 段,最大渗透系数为 1.58×10^{-7} cm/s,最小渗透系数为 6.7×10^{-8} cm/s,平均渗透系数为 1.1×10^{-7} cm/s,满足设计要求。

4.4.2 实施效果

自导流明渠 2010 年 4 月 18 日施工完成至 2015 年 6 月,先后经历了二期导流明渠过流、三期河床过流,在二期导流明渠过流期间还经历了 10 600 m³/s 洪水考验,完成了工程导流任务。截至 2018 年 5 月监测成果,框格式地下连续墙及左导墙安装埋设的表面变形监测点、测斜孔、渗压计、土压力计、钢板计和钢筋计的监测成果变化量不大,目前处于稳定状态。

5 深厚(50 m)覆盖层高压旋喷灌浆防渗设计与施工

5.1 一期围堰堰体及堰基防渗设计

根据桐子林工程地质条件,同时考虑到施工进度要求,一期围堰堰基采用高喷防渗墙防渗。鉴于导流明渠枯期施工,基坑内外水头差不大,经计算,围堰防渗设置一排高喷墙,桩径 1.2 m,桩间距 0.8 m。另外,由于河床覆盖层第②层不连续,局部存在天窗,因此堰基需全封闭防渗。高喷防渗墙平面布置简图见图 7。

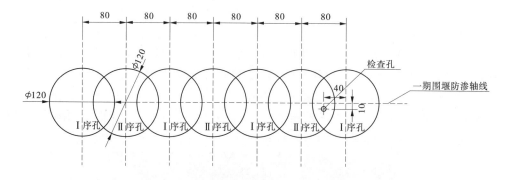

图 7　高喷防渗墙平面布置简图　（单位:cm）

现场施工时,考虑到围堰局部地质条件复杂,受承压水及地下动水影响,为确保防渗效果,将(围)0-200.000~(围)0-050.000 m 及(围)0+080.000~(围)0+190.000 m 段调整为双排孔,孔距为 1.0 m,排距为 0.6 m,呈梅花形布孔,孔位布置见图 8。

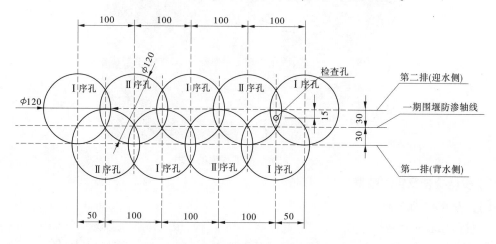

图 8　双排高喷防渗墙孔位布置　（单位:cm）

5.2　实施效果

一期围堰于 2009 年 11 月开工,2010 年 3 月完建,通过墙体开挖、围井抽水检查、钻孔取芯、钻孔注水试验、围井注水试验、水位观测等多种质量检查方式,反映出一期围堰高喷防渗墙防渗标准符合设计要求(不大于 1×10^{-5} cm/s),试段渗透系数 K 值在 10^{-6} ~ 10^{-7},全围堰防渗效果显著。一期围堰高压旋喷防渗墙共完成高喷灌浆孔 1 760 个,单元工程 47 个。其中,合格单元工程 47 个,合格率为 100%;优良单元工程 46 个,优良率为 98%。

6　深厚(90 m 级)覆盖层帷幕灌浆设计与施工

6.1　深厚覆盖层钻孔工艺方法研究与应用

6.1.1　钻孔方法选择

克服地质条件复杂、钻孔成孔难度大的技术难题,目前的常规处理方式有:①采用地质钻机钻孔,直接清水裸钻,无护壁效果,部分孔段需注浆待凝或直接缩短段长进行灌注;

②采用地质钻机钻孔,植物胶或黏土浆护壁;③套管护壁钻孔。三种处理方式对比,套管护壁钻孔,除能解决成孔难度大的难题外,还可解决施工强度大、钻孔精度要求高等技术难题。

经过反复研究与试验,在规模性覆盖层防渗帷幕灌浆施工前,确定了钻孔方法如下:

(1)灌浆孔的上部0~50 m深度,采用套管护壁钻孔,进行灌浆处理。

(2)灌浆孔的上部0~50 m经过灌浆处理后,灌浆孔下部50 m左右至孔底深度,采用金刚石回转钻进,清水钻孔循环液。

从表2可以看出,对于90 m级孔深而言,每台钻机每天需完成钻、扫孔251 m、184 m,在国内外均无法达到,而套管护壁钻孔,每8 h最低可到达28 m,完全符合施工进度要求。

表2 钻孔强度比选

钻孔方法	单孔总钻扫孔量 (m)	小单元内钻孔量 (m)	工期 (d)	灌浆时间总计 (d)	钻扫孔强度 (m/d)
循环钻灌法	857	5 142	30	9.5	251
套管+循环钻灌法	630	3 780	30	9.5	184
套管护壁钻孔	90	540	30	9.5	26

注:1.小单元为施工的最小单元体,本工程背水排相邻的1、2序孔,迎水排相邻的1、2序孔,中间排相邻的1、2序孔,共6个孔,此6孔必须按序施工,无搭接时间。

2.表中的钻扫孔强度为一台钻孔设备的强度。

6.1.2 钻孔工艺选择

由于地质情况复杂,为保障钻孔施工精度、钻孔施工质量和整体施工进度,研究实践表明,针对不同的地质条件,采取相对合理的综合钻孔工艺及工法,是确保钻孔质量及进度的关键所在。本工程主要比选了偏心跟管钻孔工艺、卡式扩孔钻头同心跟管钻孔工艺及同心跟管钻孔工艺(配置高频顶驱冲击器)3种钻孔工艺。

(1)偏心跟管钻孔工艺:依靠中心钻头破碎底部岩石钻进,偏心钻头对孔壁周围的岩石进行破碎扩孔,稳杆器带动外壁套管跟进护壁成孔。优点为钻具能重复使用,适用地层范围广、功效高;不足为在遇孤石、飘石等地层,扩孔过程受偏心头影响,钻进速度较慢、孔斜不易控制。

(2)卡式扩孔钻头同心跟管钻孔工艺:采用大于套管直径的环形均匀镶嵌的合金柱齿钻头,扩孔钻头与同心钻头同步旋转,配合冲击器高频冲击及回转钻进实现跟管护壁成孔。优点为适用于大孤石、漂石等复杂地层,较偏心跟管钻进精度高,对密实、坚硬地层扩孔迅速,进尺快,不易卡钻,避免了卡钻、跳钻对机械设备的损伤,提高了钻孔功效,节约了施工成本;不足为当地层较柔软或出现架空现象时,扩孔套、中心钻头易脱落,加大孔故频率和施工成本,影响施工进度。

(3)同心跟管钻孔工艺:由中心钻头和外管扩孔钻头进行扩孔同心钻进。优点是适用范围为黏土层、细沙层等柔软密实的地质条件,钻孔精度易控制,进尺速度快、功效高。缺点是在原始河床、大孤石、漂石较多的复杂地层,进尺困难,使用局限性较大。

课题研究过程中针对工艺的使用及改进采用了量化标准的动态研究方法,再依托工程中按不同的地质情况进行针对性的处理,能将孔斜控制在可靠的标准范围内,并能最大限度地满足对钻孔功效的要求,单班进尺达 30~35 m(按 8 h/班计算),为成本、进度及质量控制的最优结合点(综合钻孔工艺在不同孔深及地层下的技术性能对比见表3)。

表3 综合钻孔工艺在不同孔深及地层下的技术性能对比

序号	工艺名称	适用地层	测试孔深（m）	最优孔斜控制（%）	功效指标（m/8 h）	实施效果
1	偏心跟管	孤漂石含量 10%~20%	0~35	≤0.6	32~34	良好
		孤漂石含量 50%以上	0~35	≤1.0	24~26	较差
		孤漂石含量 20%~30%	0~52	≤0.8	28~30	一般
2	卡式同心	孤漂石含量 10%~20%	0~35	≤0.6	28~29	一般
		孤漂石含量 50%以上	0~35	≤0.6	31~33	良好
		孤漂石含量 20%~30%	0~52	≤0.6	29~30	一般
3	同心跟管	孤漂石含量 10%~20%	0~35	≤0.6	32~35	良好
		孤漂石含量 50%以上	0~35	≤0.9	23~26	一般
		孤漂石含量 20%~30%	0~52	≤0.6	32~35	良好

通过对各种钻孔工艺的研究、分析与对比,钻孔工艺在本工程的钻孔过程中使用范围如下:

(1)偏心跟管钻孔工艺,钻进孤石、漂石含量少,孔深较浅的地层。

(2)卡式扩孔钻头同心跟管钻孔工艺,钻进孤石、漂石含量多的地层。

(3)同心跟管钻孔工艺,钻进孤石、漂石含量少的深孔地层。

6.2 深厚覆盖层灌浆方法、工艺研究与应用

6.2.1 "预设花管膜袋分段阻塞灌浆法"关键技术研究与应用

水泥灌浆帷幕在防渗轴线上需与前期完成的防渗墙进行搭接,搭接质量要求高。搭接处施工为洞外施工,最深孔达到 92 m。本工程工期紧、工程量大、灌浆孔深,必须使用快速、高效的钻孔、灌浆工艺,才能满足工程的需要。

经过试验研究,发明了"预设花管内注浆式膨胀膜袋分段阻塞灌浆法"。同时,根据不同的地层、孔深要求,还使用了"预设花管外注浆式膨胀膜袋分段阻塞灌浆法"。

"预设花管内注浆式膨胀膜袋分段阻塞灌浆法"较其他的膜袋灌浆有一次性钻孔、连续卡塞、连续灌浆等优点,操作简单、施工成本低,简化了施工工序,可实现快速施工,尤其适用于深覆盖层帷幕灌浆工程施工。其具体工作原理见图9。

"预设花管外注浆式膨胀膜袋分段阻塞灌浆法"的原理如下:在花管外壁安设膜袋注浆管,灌浆前先通过膜袋注浆管对膜袋进行注浆,待膜袋膨胀后再在花管内卡塞进行分段灌浆。此法工序繁杂,涨模注浆管路多、钻孔孔径较大,不利于快速施工及成本控制。其具体工作原理见图10。

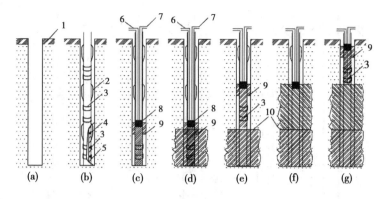

（a）套管护壁钻孔；（b）下入花管并拔出套管；（c）卡塞，从花管上设置的注浆孔使膜袋膨胀；（d）第一段灌浆；
（e）第二段卡塞，从花管上设置的注浆孔注浆使膜袋膨胀；（f）第二段灌浆；（g）循环（e）、（f），至最后一段灌浆
1—盖板；2—膜袋；3—橡皮箍；4—射浆孔；5—防滑环；6—进浆管；7—回浆管；8—灌浆塞；
9—水泥填充后的膜袋，防止浆液外窜；10—浆液填充后的地层

图9　"预设花管内注浆式膨胀膜袋分段阻塞灌浆法"工作原理

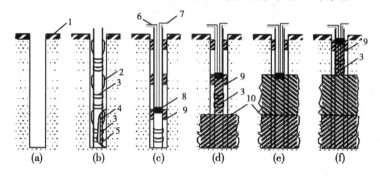

（a）套管护壁钻孔；（b）下入花管并拔出套管；（c）从膜袋注浆管注浆使膜袋膨胀；（d）卡塞开始第一段灌浆；
（e）卡塞开始第二段灌浆；（f）卡塞开始最后一段灌浆
1—盖板；2—膜袋；3—橡皮箍；4—射浆孔；5—防滑环；6—进浆管；7—回浆管；8—灌浆塞；
9—水泥填充后的膜袋，防止浆液外窜；10—浆液填充后的地层

图10　"预设花管外注浆式膨胀膜袋分段阻塞灌浆法"工作原理

6.2.2　"套管护壁灌浆+孔口封闭孔内循环综合灌浆法"技术研究与应用

本工程施工强度大，一部分工程量分布在涵洞内，施工场地狭小。据此，使用了"套管护壁灌浆+孔口封闭孔内循环综合灌浆法"技术。

（1）套管灌浆法。

利用钻孔时的护壁套管进行灌浆的方法（见图11）。优点：钻孔由于有套管护壁，消除了塌孔之虑。采用跟管钻进，效率高，孔底偏差小。不足：在灌浆过程中，浆液容易沿着套管外壁向上流动，甚至地表冒浆；如果灌注水泥浆时间过长，则可能会凝固住套管，造成起拔困难，增大施工成本。

（2）循环钻灌法。

自上而下分段钻孔和灌浆，各段灌浆时都利用孔口安装孔口封闭器的灌浆方法（见图12）。特点：①适宜于砂卵砾石中灌注水泥黏土浆或水泥浆；②在钻孔的过程中，也利用

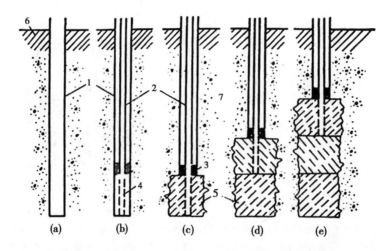

(a)套管护壁钻孔;(b)下入灌浆管;(c)起拔套管,第一段灌浆;
(d)起拔灌浆花管和套管,第二段灌浆;(e)起拔灌浆花管和套管,第三段灌浆
1—护壁套管;2—灌浆管;3—橡皮塞;4—花管;5—浆液扩散范围;6—盖重层;7—受灌地层

图 11　套管灌浆法施工程序示意图

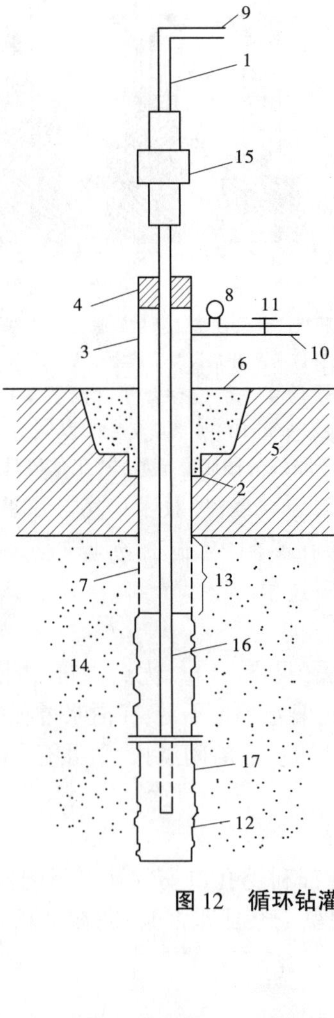

1—灌浆管(42 mm 钻杆);

2—防浆环;

3—孔口管;

4—封闭管;

5—黏土铺盖;

6—混凝土或砂浆;

7—孔口管下部的花管;

8—压力表;

9—进浆管;

10—回浆管;

11—阀门;

12—孔壁;

13—盖板灌浆段;

14—砂砾石层;

15—钻机立轴;

16—孔内灌浆管;

17—射浆花管

图 12　循环钻灌法灌浆图示

循环泥浆对地层进行灌浆;③由于每段灌浆都是在孔口封闭,各个灌浆段可以得到多次复灌,因而灌浆质量好;④工序相对比较简单,操作容易。不足:由于钻灌工序交替进行,工序衔接多;各段灌浆均在孔口封闭,因而灌浆时地表出现一些冒浆现象,灌浆不能使用较高压力,即便孔段较深时,也不能使用很高的灌浆压力;当覆盖层由多种地层组成,需要灌注不同类型浆液时,有一定的局限性。

以上两种灌浆方法综合运用,即"套管护壁灌浆+孔口封闭循环钻灌"综合灌浆法,适用于狭小场地施工。根据不同地层、不同部位综合使用,效率较高。灌浆孔上部 0~50 m 用套管灌浆法进行施工;灌浆孔下部 50 m 左右至孔底,用孔内循环灌浆法进行处理。以上两种方法综合运用,解决了塌孔、抱钻等施工难题,提高了施工工效。

6.3 质量检查及实施效果

6.3.1 质量检查结果

上游围堰左堰肩深覆盖层灌浆,进行了 217 段注水检查,最大渗透系数 1.38×10^{-4} cm/s,符合设计防渗要求。

6.3.2 实施效果

本工程工程量大、工期紧,钻灌深度达 90 m,且部分部位空间狭小,通过顺利研究、实施"套管护壁灌浆+孔口封闭孔内循环综合灌浆法"及"预设花管膜袋分段阻塞灌浆法",按时、保质、保量完成了施工任务。本工程于 2011 年 11 月施工,至 2014 年 11 月二期围堰拆除,共运行 3 年,历经 3 个汛期,运行情况良好。

运行期间,表面变形监测数据表明二期上游围堰各测点累计沉降量为 14.0~76.4 mm,在设计范围内,沉降变形较小。根据围堰运行期间水位观测过程曲线,基坑内所布置的水位观测孔的水位与库水位相关性不明显,说明围堰防渗效果良好。

7 结 论

依托桐子林水电站工程软弱地基综合处理,采用课题研究成果,成功解决了软弱基础上建筑物承载、防渗、防冲、防淘刷等工程难题。以深厚覆盖层加固技术、深厚覆盖层高喷和帷幕灌浆防渗技术为代表的施工导流及基础处理技术,对推动我国复杂地形地质条件和大流量下的大型水电站建设及其他行业基础处理的技术创新与进步有重大影响,具有广泛的应用推广价值。其中,深厚覆盖层框格式地下连续墙地基加固技术已经推广应用至加查水电站、硬梁包水电站等项目。

参 考 文 献

[1] 骆秋林.深厚覆盖层全帷幕灌浆技术研究与应用[J].建材与装饰,2018(37):282-283.

[2] 王小波,雷运华.桐子林水电站一期围堰高喷防渗墙设计与施工[J].中国西部科技,2014,13(7):8-10.

[3] 徐劲松,何长青,冷超勤.桐子林水电站工程技术特点和难点[J].四川水力发电,2014,33(3):129-131.

[4] 孔科,雷运华,徐远杰.探析渗流对框格式地下连续墙应力与变形的影响[J].中国西部科技,2013,12(11):17-19,33.

［5］孔科,雷运华,徐远杰.框格式地下连续墙的嵌岩深度研究[J].中国西部科技,2013,12(10):1-4.

［6］王立伟,孔科,徐远杰.嵌岩型框格式地下连续墙的结构布置型式研究[J].黑龙江科技信息,2013(23):228-229.

［7］雷运华,黄勇.桐子林水电站框格式地下连续墙设计研究[J].黑龙江水利科技,2013,41(03):1-4.

［8］田彬.桐子林水电站导流明渠框格式地下连续墙结构优化及施工[C]//中国水利学会地基与基础工程专业委员会.中国水利学会地基与基础工程专业委员会第十一次全国学术技术研讨会论文集.2011:5.

［9］邹刚.桐子林水电站高喷灌浆防渗施工技术[J].水力发电,2011,37(9):55-57,64.

［10］冯永祥,伍宇腾.框格式地下连续墙基础在桐子林水电站导流明渠工程中的应用[J].大坝与安全,2011(3):47-50.

［11］王旭辉.框格式地下连续墙在水利水电工程中的应用[J].工程建设与设计,2011(4):172-175.

［12］邹刚.框格式地下连续墙在桐子林水电站中的应用[J].水力发电,2011,37(2):40-42.

［13］李进,周喜德,张建民,等.桐子林水电站明渠导流方案优化研究[J].水力发电,2010,36(3):59-62.

桐子林水电站机电设备安装
工艺质量控制管理实践

李甜甜,杨骥

(雅砻江流域水电开发有限公司,四川 成都 610051)

摘 要 桐子林水电站机电设备安装管理以"建精品工程"和"创机电品牌"作为机电管理目标,把工艺质量管控作为工程建设管理的重点,以达标投产管理为抓手,在机电设备安装过程中抓质量管控前期规划,强化主导引领作用;抓固化工艺,强化过程控制;抓制度修编,强化管理流程;抓样板标准,强化示范引领;抓质量管控,强化责任落实,为电站达标投产和创建精品工程打下坚实的基础。本文总结了桐子林水电站机电设备安装工艺质量控制管理过程中的特点及实践经验,对同类型电站的机电设备安装管理具有一定的参考作用。

关键词 工艺;质量;控制

1 概 况

桐子林水电站位于四川省攀枝花市盐边县境内,距上游二滩水电站 18 km,距雅砻江与金沙江交汇口 15 km,是雅砻江下游最末一个梯级电站。电站装设 4 台单机容量 150 MW 的轴流转桨式水轮发电机组,设计年枯水期平均出力 22.7 万 kW,多年平均发电量 29.75 亿 kW·h,设计年利用小时数 4 958 h。电站采用计算机监控系统,按"无人值班"的原则设计。桐子林水电站以发电任务为主,兼有下游综合用水要求,水库具有日调节性能。桐子林水电站机电设备安装工程于 2013 年 5 月 19 日正式开工,首批机组于 2015 年 10 月 28 日投产发电,最后一台机组 2016 年 3 月 24 日投产发电,机电设备安装总工期为 2 年零 10 个月。

2 桐子林水电站机电设备安装特点

根据桐子林水电站特点,雅砻江公司在工程建设开始就对桐子林提出了"创精品工程"的建设目标,同时要求"先达标后投产"的管理目标。作为电站建设的重要组成部分,机电设备安装工艺及质量控制管理对桐子林创建精品工程至关重要。根据桐子林建设管理局建精品工程实施方案,桐子林建设管理局机电团队针对桐子林水电站机电安装自身特点,从机电安装招标开始,即提出了"创精品机电"的建设管理目标,在后续的机电设备安装管理过程中,始终以"建精品机电"为目标导向,严控安装质量和工艺。

作者简介:李甜甜(1985—),男,工程硕士,工程师,研究方向为水电站机电设备安装与维护。E-mail: litiantian@ylhdc.com.cn。

桐子林电站单机容量为 150 MW,机组具有设计水头低、通流能力大和部件尺寸大(定子外径 17.6 m,810 槽;转子外径 15.318 m,磁极 45 对;转轮直径 10.09 m,5 个活动桨叶;座环外径 15.8 m,高度 5.1 m)的结构特点。虽然单机容量是目前雅砻江公司投产电站中最小的机组,但机组尺寸却是目前雅砻江流域最大的。在机电设备安装过程中,存在机电安装工期紧、交叉作业干扰多、施工场地狭窄、工位紧张、转轮翻身难度高、座环吊装运输困难等特点,这些都增加了电站机电设备安装工艺质量管控难度。

3 机电设备安装工艺质量控制实践

3.1 抓质量管控前期规划,强化主导引领

为更好地开展机电设备安装质量管理工作,桐子林建设管理局统筹安排,提前规划,在机电设备安装前期通过开展调研,学习其他电站在质量工艺管理和达标创优方面的经验。桐子林建设管理局组织机电安装参建各方,对近年投产的水电、抽蓄、火电等具有代表性的电厂进行了考察调研并交流了建设经验,以借鉴建设过程中的质量工艺管理经验。通过调研学习,桐子林建设管理局结合桐子林水电站实际情况完善了机电设备安装质量工艺管理流程,编写了《桐子林水电站达标创优报告》。报告对桐子林电站开展工程达标创优工作提出了规划和建议,同时对电站电气接地、照明、桥架、电缆敷设、盘柜接线、管路布置等方面的工艺提出了要求。桐子林建设管理局在后续机电设备质量管控过程中,充分借鉴前期规划总结内容,强化主导引领作用。

3.2 抓固化工艺,强化过程控制

在机电安装的前期,通过对参建单位进行培训、检查等手段让参建各方充分了解和学习《水电水利工程达标投产验收规程》,同时桐子林建设管理局还收集和整理了水电站电力建设相关的规范及标准目录,下发设计、监理及安装单位,统一各方的安装质量管理思路、标准、安装、调试的规范等。为高效推进达标创优工作,桐子林建设管理局组织召开了机电安装工程达标投产和工程创优方案策划讨论会,明确加强设备安装工艺控制,成立了由桐子林建设管理局,设计、监理、施工单位,设备厂家,二滩电厂共同组成的达标投产和工程创优专业技术工艺小组,工艺小组分为电气一次组、电气二次组、辅助机械组、通风组四个小组。工艺小组打破了由监理和施工单位进行工艺质量控制的传统管理模式,业主也深度参与桐子林水电站机电设备安装全过程,在安装初期就对设备施工工艺及观感质量提出明确要求,对安装工艺实施动态监控,对不满足工艺要求的情况现场提出整改要求。针对设备安装现场出现的各种突发状况,为避免影响安装质量及施工进度,工艺小组充分发挥协调作用,高效处理施工过程中的问题。工艺小组现场协调工作流程如图 1 所示。

在机电设备安装初期,工艺小组编制了规范现场观感质量的工艺手册,秉承重质量、重工艺、重观感的管理方法,抓固化工艺,强化过程控制,使机电设备安装实现了"内坚外美",为电站创精品工程和达标创优工作打下了坚实的基础。

3.3 抓制度修编,强化管理流程

为规范施工工序、提高工艺水平,进一步推进桐子林水电站机电安装精细化建设,提高机电安装现场工程的施工质量,桐子林建设管理局组织监理、施工单位在总结在建、已

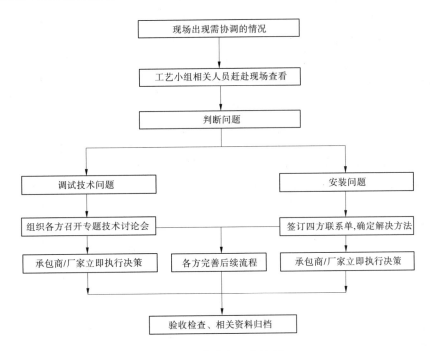

图1　工艺小组工作流程

建电站经验的基础上,编制了《桐子林水电站辅机、电气施工工艺要求及效果》,提升机电设备安装工程质量。

施工工艺要求及效果针对各施工工艺的不同特点,采用图文并茂的方式,对电站辅机、电气施工各工艺提出相应的标准及要求,进一步落实桐子林水电站达标投产及创优要求,提高施工工艺水平,统一电站建成后的观感效果,实现了标准要求与施工工艺的统一化、规范化和标准化。具体包括:管路、设备接地、二次管线、电气盘柜、电缆桥架、电缆敷设、二次接线、照明、防火封堵等方面的工艺流程及主要质量控制要求。《桐子林水电站辅机、电气施工工艺要求及效果》作为现场机电安装工艺质量控制标准,极大地促进了桐子林水电站机电设备安装工艺水平的提升。

3.4　抓样板标准,强化示范引领

在工程建设初期,雅砻江公司制定了高于国标的《四川省雅砻江桐子林水电站水轮机安装质量检测标准》等企业标准,并在合同中要求参建单位严格执行。为避免在机电设备安装过程中出现外观不一、返工等情况,桐子林建设管理局遵照《桐子林水电站辅机、电气施工工艺要求及效果》和雅砻江公司企业标准,重点推进样板工程建设,做到了机电安装质量有标准、工艺有要求。通过工艺和质量两方面的约束,开展样板工程建设,先对即将大面积开展的同类设备制作出一个样板,如电气二次盘柜配线,选取安装现场一个典型的二次盘柜,对照工艺手册,将盘柜的电缆进线捆扎、配线、电缆号牌等工艺展示出来,组织监理和安装单位工作人员参与观摩、学习,在后续的盘柜配线安装过程中,以样板工程为范本,保证了电站整体安装观感统一,有效降低了返工率。抓样板工程建设,强化了示范引领,通过以点带面,有效引领、提升了整个工程质量。桐子林水电站样板工程建设对水电站提高整体观感质量来说,意义重大,也使得桐子林水电站在各项验收过程中受

到专家的一致好评。

3.5 抓质量管控,强化责任落实

在机电设备安装过程中,桐子林建设管理局重点抓好质量管控,通过现场日协调会、周例会,对安装现场的质量检测情况进行通报,有效促进了质量责任制的落实,并多管齐下加大现场监督整改力度。在桐子林建设管理局主导下,监理严格对照安装标准进行检查,并对现场机电安装的精细化管理也提出了严格的要求,比如在辅机管路安装过程中,监理工程师要对管路方位、高程等数据进行抽查,检查管路焊接坡口角度、焊缝间隙、焊接填充量等是否满足规范要求,安装完成后,见证管路的打压试验过程,并督促承建单位及时进行管路封堵、保护,避免土建与机电交叉作业过程中的施工垃圾、混凝土等对管路造成堵塞。在机电设备安装和验收过程中,桐子林建设管理局严格执行国标、厂标及雅砻江公司企业标准中的最高标准,加强安装过程质量的控制和检查,提高了机电设备安装工艺和质量,较好的工程质量为"精品工程"建设提供了有力保障。

4 结 语

桐子林水电站工程自开工以来,机电设备安装管理始终把"建精品工程、创机电品牌"作为机电管理的中心目标。机电设备安装工艺及质量控制是确保机组安全稳定运行的前提条件。在桐子林水电站参建各方的共同努力下,桐子林水电站机组安装工艺及观感效果良好,机组轴线调整优良,4台机组均未进行配重,机组调试期间一次启机成功,体现了机组安装的整体高质量水平。根据调试所试验数据,与同类型其他电站相比,机组运行振摆数据优良,机组振摆数据均明显小于其他同类型电站,机组的制造和安装质量得到了专家和行业各方一致认可。在设备运行方面,自首台机组投产发电以来,相关设备运行可靠,机组一直稳定运行,未发生一起一类障碍及以上事故,未发生一起机组强迫停运,水工建筑物完好率、主设备完好率、自动装置投入率、继电保护投入率、继电保护正确动作率等均达100%,所有机组运行安全可靠。

参 考 文 献

[1] 陈大森,纪云峰.水电站机电安装质量控制要点分析 [J].科技风,2013(20):33.
[2] 许佩剑.水电站机电设备安装质量控制 [J].民营科技,2012(9):255.
[3] 刘元强,朱新元.构皮滩水电站工程施工质量管理 [J].贵州水利发电,2010,24(2):62-65.
[4] 龚正波,刘发明,宫占明.缅甸太平江水电站质量管理综述 [J].云南水利发电,2010(5):13-15.

桐子林水电站坝基帷幕灌浆施工效果分析

吴乃文,熊奔

(雅砻江流域水电开发公司桐子林建设管理局,四川 攀枝花　617100)

摘　要　桐子林水电站坝基帷幕灌浆工程施工中,厂房坝段和泄洪闸坝段大量灌浆孔段出现涌水及"回浆变浓"现象,通过分析研究灌浆试验成果与坝基工程地质条件特点,确定了坝基帷幕灌浆工程复杂地层综合处理措施,分析阐述了综合处理措施的实施效果。

关键词　桐子林水电站;帷幕灌浆;回浆变浓;处理措施

1　前　言

桐子林水电站位于四川省攀枝花市盐边县境内,距雅砻江与金沙江交汇口 15 km,系雅砻江下游最末一个梯级电站,是以发电为主的综合利用水利枢纽,属二等大(2)型工程。工程枢纽由左右岸挡水坝段、河床式发电厂房、泄洪闸等建筑物组成。坝顶轴线长439.73 m,坝顶高程 1 020.00 m,最大坝高 69.5 m;河床式电站共装四台 ZZ-LH-1020 型水轮发电机组,单机容量 150 MW,总装机 600 MW,多年平均发电量 29.75 亿 kW·h。水库正常蓄水位 1 015.00 m,死水位 1 012.00 m。

坝基岩体为晋宁期英云闪长质混合岩,岩体质量等级大多为Ⅲ、Ⅳ级,以碎裂—块裂结构为主,岩体十分破碎,小断层、挤压带普遍发育;Ⅳ、Ⅴ级结构面方向各异、随机分布,延展性差;劈理带、裂隙密集带则随处可见。右岸缓倾结构面较发育,并在高程 930~940 m 以上相对比较集中。坝区岩体总体以弱—微透水性为主,局部为中等透水,两岸强卸荷带内存在局部强透水带。

桐子林水电站坝基防渗型式为平行于大坝轴线布置的悬挂式灌浆帷幕,帷幕灌浆防渗标准为岩体灌后透水率 $q \leqslant 5$ Lu,幕后扬压力折减系数 $\alpha \leqslant 0.25$。坝基帷幕布置于左右岸灌浆平洞及 $1^{\#}$ 灌浆排水廊道,设计轴线长约 602.0 m,帷幕顶线高程取坝顶高程为 1 020.00 m,帷幕底线高程 1 013.5 m~911.0 m,帷幕深度为 7.5~55.0 m 不等,最大钻孔深度 80 m。帷幕防渗设计为单排孔,分Ⅲ序施工,明渠结合段泄洪闸以左(桩号 0+00 以左)孔距 1.5 m,以右(桩号 0+00 以右)孔距 2.0 m。

桐子林水电站坝基帷幕灌浆工程施工中,厂房坝段和泄洪闸坝段大量帷幕灌浆孔段出现涌水及"回浆变浓"现象,后经多次灌浆试验并采取调整浆材细度(采取湿磨细水泥和干磨细水泥灌注)、提高灌浆压力、缩小孔排距、浆液置换、屏浆待凝等一系列综合处理措施后,帷幕灌浆施灌效果满足设计要求。目前,国内已建或在建的水电站坝基帷幕灌浆

作者简介:吴乃文(1964—),男,高级工程师,学士,主要从事水利水电工程项目管理工作。E-mail:1871314238@qq.com。

工程中出现"回浆变浓"现象的工程实例不少，如 20 世纪 90 年代建成发电的湖南五强溪水电站、皂市水电站[1]、近期建成发电的湖南托口水电站[2]、四川大岗山水电站[3]、锦屏一级水电站[4]、溪洛渡水电站[5]等，业界同仁对出现"回浆变浓"现象的产生原因、施工技术处理措施及其实施效果均有一些研究成果与实践经验，本文结合桐子林坝基帷幕灌浆工程实际，拟就其涌水及"回浆变浓"孔段的综合处理措施分析和实施效果与业界同仁共同探讨分享。

2 综合处理措施

为确定桐子林水电站坝基帷幕灌浆孔排距、灌浆深度、灌浆压力等技术参数及合适的灌浆方法工艺、灌浆材料及浆液施工配合比，选择厂房坝段和泄洪闸坝段两个部位分别进行了帷幕灌浆试验。试验结果表明，灌浆过程中多数孔段出现涌水和"回浆变浓"现象，各序孔平均透水率随孔序递减不明显、各序孔透水率累计曲线相互交叉，灌后检查孔透水率孔段合格率不足 70%；后经三次补充试验，并采取调整浆材细度（采取湿磨细水泥和干磨细水泥灌注）、提高灌浆压力、缩小孔排距、浆液置换、屏浆待凝等一系列综合处理措施后，帷幕灌浆工程检查结果满足设计要求。现将桐子林水电站坝基帷幕灌浆因涌水及"回浆变浓"而采取的各项综合处理措施阐述如下。

2.1 调整帷幕灌浆设计标准

设计规范[6]规定，坝高 50~100 m 的重力坝坝基帷幕防渗标准为 3~5 Lu；鉴于桐子林水电站坝基帷幕灌浆施工过程出现涌水及"回浆变浓"现象，坝基普遍存在细微裂隙，灌浆试验检查结果达不到坝基帷幕防渗标准上限（3 Lu），而帷幕防渗采取设计规范规定的上限或下限使坝基渗漏量产生的变化量相对较小（坝基渗漏量一般以 1 m³/s 数量级以下），与桐子林水电站发电的设计引用流量（3 473.2 m³/s）及河流多年平均流量（1 920.0 m³/s）相比则更少，基本不会对电站运行的经济效益产生影响，把坝基帷幕防渗标准由设计规范规定的下限（5 Lu）提高到上限（3 Lu）将大幅度增加帷幕灌浆工程建设成本，影响项目建设的经济效益；设计单位经对比分析后将桐子林电站坝基帷幕设计标准由设计规范规定的上限（3 Lu）调整为下限（5 Lu）。

2.2 调整灌注浆材细度

岩体裂隙开度是坝基帷幕灌浆施工选择灌浆材料和灌浆工艺的主要依据。由于表面张力和颗粒架桥的原因，悬浊液型浆材难以渗透进大小与浆材固相颗粒直径大小相似的裂隙。业界同仁普遍认为，对于普通硅酸盐水泥浆液，可灌的裂隙开度下限值为 0.2 mm，或 3~5 倍水泥浆的最大粒径[7]。经分析灌浆试验施工成果，各序孔平均透水率随孔序递减不明显、各序孔透水率累计曲线相互交叉，灌后检查孔段合格率达不到设计要求。结合灌前灌后孔内电视及其岩芯分析，宽大裂隙中水泥结石充填密实，达到了一定的灌浆效果，但细微裂隙少见水泥结石，同时考虑到灌浆试验过程中大量出现的"回浆变浓"现象，说明灌注浆液中的水泥颗粒未有效进入细微节理裂隙，而留存灌浆系统内致使"回浆变浓"。试验用灌浆材料不适应坝基岩体细微裂隙开度，需进一步改善灌注浆材的颗粒细度，以确保岩体内细微节理裂隙得到充分灌注。参考国内外湿磨细水泥浆液和干磨细水泥浆液的应用成果及工程实践经验[8-10]，基于控制浆材有效扩散范围和合理减少工程建设成本的原则,桐子林水电站坝基帷幕灌浆使用浆材采用"普通硅酸盐水泥+湿磨细水泥+干磨细水泥"的综合利用方案:采用价格相对便宜、颗粒较粗的普通水泥灌注封闭开度较大的宽大裂隙,用颗粒相对较细、价格较贵的湿磨细水泥和干磨细水泥灌注封闭开度较小的裂隙及细微裂隙。即泄洪闸坝段、右岸挡水坝段及右岸灌浆平洞帷幕灌浆材料调整为Ⅰ、Ⅱ序孔采用普通硅酸盐水泥,Ⅲ序孔采用干磨细水泥灌注;厂房坝段、左岸挡水坝段及左岸灌浆平洞帷幕灌浆材料调整为Ⅰ序孔采用普通硅酸盐水泥、Ⅱ序孔采用湿磨普通硅酸盐水泥、Ⅲ序孔采用干磨细水泥灌注。普通硅酸盐水泥标号不低于P.O42.5,细度要求为水泥比表面积大于 $3\,00\ \mathrm{m^2/kg}$;湿磨细水泥 $D_{97} \leqslant 40\ \mathrm{\mu m}$,$D_{50} = 10 \sim 12\ \mathrm{\mu m}$;干磨细水泥比表面积大于 $800\ \mathrm{m^2/kg}$。

2.3 提高灌浆压力

岩体的可灌性不仅取决于岩体节理裂隙的开度与灌注浆材的颗粒细度,还与灌浆压力的大小有关。在不使岩体破坏产生塑性变形的条件下,灌浆压力的扩缝效应能使岩体受到挤压产生弹性变形而致使岩体裂缝扩宽,能使浆液中数量更多、粒径更粗的固体颗粒被灌入,并通过扩宽的缝隙流得更远;同时有助于浆液的排水固结,提高结石强度,而未被灌入的细微裂隙将被压紧,使得整个地层提高密实性与承载能力,灌浆施工时的压力扩缝效应能够较显著地改善岩体中细微裂隙的可灌性[11-12]。鉴于灌浆试验过程中大量出现涌水与"回浆变浓"现象、大坝基础普遍存在细微裂隙的特点及帷幕灌浆试验检查结果不满足合格标准的实际,适当提高坝基帷幕灌浆压力有利于坝基岩体细微节理裂隙在灌浆压力作用下的压力扩缝效应,从而提高其可灌性。桐子林水电站坝基帷幕灌浆压力在保证大坝安全稳定的前提下采取随孔深增加逐渐提高至最大灌浆压力的方案,即厂房坝段及左岸挡水坝段最大灌浆压力由原设计的 2.0 MPa 提高至 3.0 MPa,泄洪闸坝段及右岸挡水坝段灌浆压力由原设计的 2.0 MPa 提高至 2.5 MPa。

2.4 缩小孔排距

在帷幕灌浆工程实施过程中,个别灌后检查不合格的部位采取局部孔间加密或局部加排补强措施处理,即在灌后检查不合格区域的原帷幕灌浆轴线上,每两个灌浆孔中间增加一个灌浆孔,缩小钻孔孔距至 0.75 m,或在原帷幕灌浆轴线下游加一排(排距 0.8 m)灌浆孔,孔距 1.5 m。

2.5 浆液置换

对于灌浆过程中出现"回浆变浓"的孔段,如果浆液"回浆变浓"效果明显(在较短时间内回浆变浓一至二级),则采用同级水灰比的新鲜浆液置换系统内原浆继续灌注直至结束。桐子林坝基帷幕灌浆工程施工中"回浆变浓"孔段的浆液置换次数最多达 4 次。

2.6 调整灌浆结束标准

对于灌浆过程中出现"回浆变浓"的孔段,将灌浆结束标准调整为"在最大设计压力下,注入率足够小时换用相同水灰比的新浆灌注,若效果不明显,且注入率小于 3 L/min时,则继续灌注 30 min 后结束"或"当灌浆段在最大设计压力下,注入率不大于 1 L/min后,继续灌注 30 min,即可结束灌浆"。

2.7 屏浆待凝

对于灌浆过程中出现涌水的孔段,适当延长帷幕灌浆的屏浆和待凝时间。屏浆时间不少于 90 min,待凝时间不少于 8 h。

3　孔段涌水及"回浆变浓"情况

3.1　孔段涌水情况分析

坝基帷幕灌浆施工过程中,孔段涌水现象主要发生在厂房坝段和泄洪闸坝段(5#~ 11#坝段,钻孔孔口高程 965.6~959.7 m),最大涌水流量达 $61.8×10^{-3} m^3/min$,最大涌水压力为 0.06 MPa,一般为 0.02 MPa 以下,孔段涌水流量与孔序关系统计结果见表 1。

表 1　5#~11#坝段坝基帷幕灌浆孔段涌水流量与孔序关系统计

孔序	钻孔数	涌水孔数	涌水孔数占比(%)	孔段数	涌水段数	涌水段数占比(%)	平均涌水流量($10^{-3} m^3/min$)	占上序百分比(%)	序间递增减(%)
I	56	33	58.9	499	219	43.9	6.8	—	—
II	52	32	61.5	432	211	48.8	4.4	64.7	35.3
III	181	85	46.9	1 492	602	40.3	3.6	81.8	18.2

3.2　孔段"回浆变浓"情况分析

经统计,坝基帷幕灌浆施工过程中共有 175 个孔的 627 段出现"回浆变浓"现象,其中 131 个孔的 534 段分布于厂房坝段和泄洪闸坝段(5#~11#坝段),其孔段"回浆变浓"情况与孔序关系统计结果见表 2,其余 44 个孔的 95 段零星分布于左右岸灌浆平洞、左右岸挡水坝段(1#~4#、12#~15#)。补强灌浆孔及检查孔灌浆施工时极少见"回浆变浓"现象。

表 2　5#~11#坝段坝基帷幕灌浆"回浆变浓"孔段与孔序关系统计

灌浆孔序	钻孔数	孔段数	"回浆变浓"孔数	"回浆变浓"孔数占比(%)	"回浆变浓"孔段数	"回浆变浓"孔段数占比(%)
I	56	499	36	64.3	189	37.9
II	52	432	28	53.8	129	29.9
III	181	1 492	67	37.0	216	14.5

4　施工成果分析

4.1　钻孔施工成果

据坝基帷幕灌浆钻孔测斜统计成果,钻孔孔底偏斜值范围为 0~1.03 m,均满足规程规范及工程设计对帷幕灌浆孔孔底允许偏差的要求。

4.2　灌浆材料检测成果

坝基帷幕灌浆材料普通硅酸盐水泥及干磨细水泥化学性能及物理性能试验检测成果见表 3、表 4,湿磨水泥浆液的粒径试验检测成果见表 5,其各项检测指标均满足设计及相关规程规范的要求。

表3　灌浆材料化学性能指标试验检测结果

水泥品种规格	检测项目	烧失量(%)	三氧化硫(%)	氧化镁(%)	氯离子(%)
干磨细水泥	设计要求	≤5.0	≤3.5	≤5.0	≤0.06
(P.O42.5,800型)	检测平均值	1.81	2.78	1.64	—
普通硅酸盐水泥	设计要求	≤5.0	≤3.5	≤5.0	≤0.06
(P.O42.5)	检测平均值	3.17	2.33	3.41	—

表4　灌浆材料物理性能指标试验检测结果

水泥品种规格	检测项目	比表面积(m²/kg)	细度	安定性(雷氏法)(mm)	标准稠度(%)	凝结时间(min) 初凝	凝结时间(min) 终凝	抗压强度(MPa) 3d	抗压强度(MPa) 28d	抗折强度(MPa) 3d	抗折强度(MPa) 28d
干磨细水泥	设计要求	≥800	≤5%	≤5.0	—	≥45	≤600	≥17.0	≥42.5	≥3.5	≥6.5
(P.O42.5,800型)	检测平均值	863.62	—	0.53	28.79	91.15	129.85	40.79	75.14	6.42	9.42
普通硅酸盐水泥	设计要求	≥250	≤5%	≤5.0	—	≥45	≤600	≥17.0	≥42.5	≥3.5	≥6.5
(P.O42.5)	检测平均值	371	4.3	合格	27.1	190	246	26.5	48.5	5.3	7.70

表5　湿磨水泥浆液粒径试验检测结果

水泥品种规格	检测项目	$D_{50}(\mu m)$	$D_{95}(\mu m)$	$D_{97}(\mu m)$
湿磨水泥	设计要求	10~12	—	≤40
(P.O42.5)	平均值	11.18	36.00	38.34
	最小值	10.13	33.60	35.12
	最大值	11.97	38.02	39.78

4.3　检查孔检查成果

坝基帷幕灌浆灌后检查以单元工程为单位,在该部位帷幕灌浆结束14d后采取钻孔取芯、压水检查、物探检测及孔内电视等方式进行;压水检查质量评定的合格标准按行业规范执行,检查结束后不管检查孔合格与否均按Ⅲ序孔的要求进行灌浆、封孔与回填处理。

4.3.1　压水检查成果

坝基帷幕灌浆按原设计的单排帷幕施工完成后进行压水检查,其中6~14坝段中的20个单元工程(坝基帷幕灌浆共划分为69个单元工程)压水检查成果不满足帷幕灌浆质量评定的合格标准,经局部采取加排或加密补强灌浆后,压水检查全部合格;完成95个检查孔,压水检查575段,其中562段(97.2%)灌后岩体透水率小于5 Lu,13段大于5 Lu但低于7.5 Lu。

4.3.2　物探检测及钻孔全景图像检测成果

据第三方检测成果反映,泄洪闸坝段灌前单孔声波检测波速范围在4 150~6 040 m/s,

平均波速 5 371 m/s,灌后波速范围 4 180~6 190 m/s,平均波速在 5 368~5 890 m/s,灌浆后,波速明显提高,岩体较完整至完整,灌浆效果明显。厂房坝段灌前单孔声波检测波速范围 4 040~6 140 m/s,平均波速 5 360~5 546 m/s,灌浆后波速范围 4 460~6 250 m/s,平均波速 5 407~5 810 m/s,灌浆后波速有较显著的提高,岩体较完整,灌浆效果明显。通过对泄洪闸坝段和厂房坝段进行钻孔全景数字成像检测,灌前其部分位置可见裂隙发育,灌浆后在部分裂隙位置可见水泥结石,岩体较完整。

4.4 灌浆施工成果

（1）各序孔水泥单位灌入量、透水率。

经对坝基帷幕灌浆施工成果资料统计分析,各次序孔水泥单位灌入量、透水率与孔序关系见表6、图1、图2。

表6　各序孔水泥单位灌入量、透水率综合统计

灌浆次序	孔数	混凝土厚度（m）	灌浆延米（m）	实际水泥灌入量（kg）	总耗灰量（kg）	平均单位灌入量（kg/m）	占上序百分比（%）	序间递减（%）	平均透水率（Lu）	占上序百分比（%）	序间递减（%）
I	328	842.38	6 185.15	1 213 120.06	1 476 418.71	196.13	—	—	13.78	—	—
II	308	794.71	5 575.96	759 181.14	937 726.08	136.15	69.4	30.6	8.83	64.1	35.9
III	263	1 308.80	9 398.20	804 991.20	1 027 810.51	85.65	62.9	37.1	7.77	88.0	12.0
补强孔	96	481.25	3 610.37	128 601.11	170 336.28	35.62	41.6	58.4	4.60	59.20	40.8
检查孔	95	346.9	2 557.30	35 529.99	51 732.98	13.89	39.0	61.0	2.57	55.90	44.1

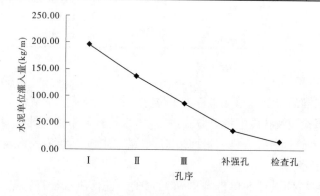

图1　水泥单位灌入量与孔序关系

（2）各序孔水泥单位灌入量区间分布及区间分布累计频率与孔序关系见表7、图3。

（3）各序孔透水率区间分布及区间分布频率与孔序关系见表8、图4。

4.5 坝基渗流监测成果

坝基永久量水堰的观测成果表明,截至2016年11月底,1#~8#坝段（左岸挡水坝段和厂房坝段）总渗漏量为 8.1×10⁻³ m³/s,9#~15#坝段（泄洪闸坝段和右岸挡水坝段）总渗漏

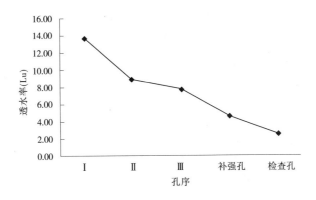

图2 透水率与孔序关系

量为$15.9\times10^{-3}\,\mathrm{m^3/s}$。坝基渗流总量($24\times10^{-3}\,\mathrm{m^3/s}$)远低于设计计算渗漏量($48.7\times10^{-3}\,\mathrm{m^3/s}$),且远低于设计总抽排能力($105.6\times10^{-3}\,\mathrm{m^3/s}$);13支测压管实测水头为高程958.7~995.8 m,其扬压力折减系数平均值为0.101,$\alpha_{min}=0$,$\alpha_{max}=0.24$,满足$\alpha\leqslant0.25$的设计要求;其中11支测压管扬压力折减系数$\alpha\leqslant0.15$,2支测压管扬压力折减系数α介于0.15与0.24之间。

综合分析上述灌浆施工成果,灌浆孔段平均单位灌入量、平均透水率均随孔序递增而逐渐减少,且序间递减幅度明显,单位灌入量和透水率小的灌浆段的频率值随孔序递增而逐渐增加,且增加幅度明显,符合灌浆施工的一般规律,说明灌浆施工效果好,灌浆施工质量良好。帷幕灌浆压水检查成果满足质量评定合格标准,坝基总渗漏量远低于设计要求,坝基扬压力折减系数满足设计要求,说明坝基帷幕体质量良好。

表7 各序孔水泥单位灌入量区间分布及区间分布累计频率统计

灌浆次序	水泥单位灌入量(kg/m)区间分布段数及分布频率(%)/累计频率(%)				
	总段数	<10	10~50	50~100	100~300	>300
Ⅰ	1 380	96	381	145	446	312
		7.0/7.0	27.6/34.6	10.5/45.1	32.3/77.4	22.6/100
Ⅱ	1 257	130	398	132	520	77
		10.3/10.3	31.7/42.0	10.5/52.5	41.4/93.9	6.1/100
Ⅲ	2 159	272	705	342	824	16
		12.6/12.6	32.7/45.3	15.7/61.0	38.3/99.3	0.7/100
补强孔	826	242	436	78	70	0
		29.3/29.3	52.8/82.1	9.4/91.5	8.5/100	0/100
检查孔	575	438	121	13	3	0
		76.2/76.2	21.0/97.2	2.3/99.5	0.5/100	0/100

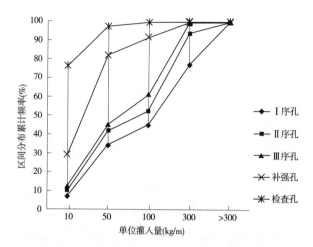

图3 各序孔水泥单位灌入量区间分布累计频率曲线

表8 各序孔透水率区间分布及区间分布累计频率统计

灌浆次序	透水率区间分布段数及分布频率(%)/累计频率(%)				
	总段数	<1	1~5	5~10	10~100	>100
Ⅰ	1 380	59	319	369	617	16
		4.3/4.3	23.1/27.4	26.7/54.1	44.7/98.8	1.2/100
Ⅱ	1 235	54	353	411	415	2
		4.4/4.4	28.6/33.0	33.3/66.3	33.5/99.8	0.2/100
Ⅲ	2 158	130	811	910	304	3
		6.0/6.0	37.6/43.6	42.2/85.8	14.1/99.9	0.1/100
补强孔	826	55	600	135	35	0
		6.7/6.7	72.6/79.3	16.4/95.7	4.3/100	0/100
检查孔	575	93	469	13	0	0
		16.2/16.2	81.6/97.8	2.2/100	0/100	0/100

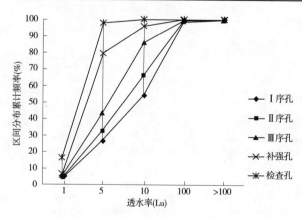

图4 各序孔透水率区间分布累计频率曲线

5 结 语

(1)桐子林水电站坝基帷幕工程采取调整浆材细度(采取湿磨细水泥和干磨细水泥灌注)、提高灌浆压力、缩小孔排距、浆液置换、屏浆待凝等一系列措施,综合处理出现涌水和"回浆变浓"的复杂地层,符合工程客观地质条件,取得了预期效果,坝基帷幕灌浆工程质量良好。

(2)桐子林水电站坝基帷幕工程实践表明,在确保大坝安全稳定的前提下,其防渗设计标准由设计规范规定的上限(3 Lu)调整为下限(5 Lu)是符合工程实际的正确决策,节约了帷幕灌浆进一步补强处理的工程投资,缩短了项目建设工期。

参 考 文 献

[1] 丁建波,万海涛.皂市水利枢纽石英砂岩微细裂隙帷幕灌浆效果分析[C]//地基基础工程与锚固注浆技术:2009年地基基础工程与锚固注浆技术研讨会论文集. 2009:389-393.

[2] 冯辉,郑文华.托口红层岩溶地基常规帷幕灌浆施工技术研究[C]//2013水利水电地基与基础工程技术——中国水利学会地基与基础工程专业委员会第12次全国学术会议论文集. 2013:315-320.

[3] 肖平,吴楠.帷幕灌浆回浆返浓问题处理及施工技术研究[J].人民长江, 2014,45(22):69-71.

[4] 何向红,管仕军. 锦屏一级水电站坝基深孔帷幕灌浆问题处理[J]. 人民长江,2015,46(10):4-6.

[5] 王海东,贺毅.溪洛渡水电站深孔帷幕灌浆施工技术[C]// 2015水利水电地基与基础工程技术——中国水利学会地基与基础工程专业委员会第13次全国学术研讨会论文集. 2015:293-298.

[6] 混凝土重力坝设计规范:NB/T 35026—2014[S].北京:中国电力出版社,2015.

[7] 陈旭荣. 对坝基帷幕岩体细裂隙水泥灌浆问题的探讨[J]. 人民长江, 1987(12):48-54.

[8] 谢华东,张高举.超细水泥灌浆施工工艺在锦屏Ⅱ级水电站引水隧洞工程中的应用[J].水利水电技术,2013,(5):7-9.

[9] 肖恩尚,张良秀.湿磨细水泥灌浆的特点及应用[J]. 水利发电,1999(11):41-43.

[10] 陈昊,董建军.湿磨细水泥-化学复合灌浆在三峡基础处理中的应用研究[J].长江科学院院报,2006(8):64-66.

[11] 张景秀. 坝基防渗与灌浆技术[M].2版.北京:中国水利水电出版社,2002.

[12] 郑长成. 灌浆压力对裂隙岩体可灌性的影响分析[J].湖南文理学院学报,2006(9):65-68.

高原地区电气设备选型的探索与实践

马德君，曾景夫，吴智宇

（雅砻江流域水电开发有限公司，四川 成都　610051）

摘　要　高原地区特有的低压缺氧环境，对电气设备的性能提出了不同的要求，这就使得设备选型尤为重要。本文以位于川西高原的雅砻江上游施工供电工程为例，对电气设备选型的全过程进行了系统的阐述，并结合设备后期的运行状况总结了高原设备选型的主要经验，以期为后续类似工程的建设提供参考和借鉴。

关键词　高原地区；电气设备；设备选型

1　引　言

随着我国西部大开发的不断推进和精准扶贫项目向无电地区的延伸，电力工程项目正逐步由东南沿海向西部高原山区过渡，建设环境发生了较大的变化。根据《电力发展十三五规划》，在"十三五"期间我国将加强老少边穷地区电力供应保障、加大电力扶贫力度，推进西部地区电网和水电站建设，使得西电东送格局基本形成[1-3]。随着电力工程建设不断向西部地区的拓展，高原特有的低压、严寒、干燥自然环境因素将对电气设备的运行安全提出新的要求和考验。本文结合具体的工程项目，旨在通过对电气设备选型的控制，从源头入手，保证电力工程建设的质量和设备的安全稳定运行[4]。

2　建设环境

雅砻江系金沙江第一大支流，发源于青海省玉树藏族自治州称多县境内的巴颜喀拉山（海拔5 267 m）南麓，自西北向东南至尼达进入四川境内。新龙县境内雅砻江为其上游河段，全长220 km，河道平均比降2.04‰。河段主要为"V"形峡谷，属高山峡谷地貌，谷底宽度50~150 m，最窄处仅15~20 m。根据统计资料，雅砻江在新龙县茹龙镇附近年径流量为318 m^3/s。

新龙县地处青藏高原东侧边缘地带，属川西高原气候区，主要受高空西风环流和西南季风影响，干、湿季分明。每年11月至次年4月，为全年干季，日照多、湿度小、日温差大；5月至10月，为全年雨季，雨量占全年雨量的90%~95%，雨日占全年雨日的80%左右，日照少、湿度较大、日温差小。根据新龙气象站实测资料统计，新龙县历年气象数值如表1所示。

作者简介：马德君（1974—），男，学士，高级工程师。E-mail：madejun@ ylhdc.com.cn。

表1 新龙气象站历年气象特征值

项目	数值	项目	数值
观测场海拔(m)	3 000.0	最大积雪深度(cm)	8
年平均气压(hPa)	695.3	平均风速(m/s)	2.3
年平均气温(℃)	7.4	最大风速(m/s)	25.7
极端最高气温(℃)	33.6	平均雨日数(d)	136
极端最低气温(℃)	−19.2	平均大风日数(d)	76
平均水气压(hPa)	6.1	平均雾日数(d)	1.3
平均相对湿度(%)	55	平均降雪日(d)	40.7
最小限度湿度(%)	0	平均积雪日(d)	11.5
年平均降雨量(mm)	599.3	平均雷暴日(d)	71.0
一日最大降雨量(mm)	38.4	最大冻土深度(cm)	50
年平均蒸发量(mm)	1722.4		

3 工程规模

雅砻江上游施工供电工程主要包括供电一期工程和营地变电站工程,位于雅砻江上游河段的河谷地带,建设单位为雅砻江流域水电开发有限公司。项目主要服务于新龙县境内梯级水电站的建设,其目的是为电站建设提供可靠的施工用电。两个项目分别于2013年8月和2014年11月开工建设,2015年9月同时投入运行。

3.1 供电一期工程主要设备

供电一期工程建设规模为"四站三线",电源接入点为220 kV甘孜变电站,通过1条220 kV和2条110 kV线路连接1座220 kV变电站(仁达站)和2座110 kV变电站(吉龙站和共科站)。变电站采用半户内式设计,主变压器位于户外,通过GIS组合电器引入室内变配电设备,完成电能的传输、转换和分配。220 kV、110 kV、35 kV及10 kV均采用单母线分段接线,站用电采用双母线接线;主变中性点经隔离开关或消弧线圈接地。变电站内主要的电气设备有:

(1)主变压器。每个变电站内各1台,其中仁达站主变压器容量为63 MVA,变比220/110/35 kV;吉龙站主变压器容量为16 MVA,变比110/35/10 kV;共科站主变压器容量为20 MVA,变比110/35/10 kV。

(2)户内GIS组合电器。

(3)成套开关柜。35 kV开关柜为户内充气式,六氟化硫断路器,额定电压40.5 kV,额定电流1 250A;10 kV开关柜为铠装移开式,真空断路器,额定电压24 kV。

(4)并联电容器。35 kV电容器单只容量417 kvar,分组容量10 Mvar;10 kV电容器单只容量334 kvar,分组容量2 Mvar。

(5)并联电抗器。35 kV及10 kV电抗器容量3 Mvar。

（6）消弧线圈接地变压器。

（7）电气二次设备。

3.2 营地变电站工程

营地变电站工程主要包含 35 kV 变电站 1 座、35 kV 线路 1 条及柴油发电机组 1 台，其电源接入点为吉龙站。柴油发电机组、变电站配电装置布置在一个整体建筑物内，主变压器布置在变电站端部的户外。变电站接线方式为单母线分段接线，其中 35 kV 线路 2 回，10 kV 线路 10 回；主变压器中性点均采用不接地方式。变电站内主要的电气设备有：

（1）主变压器。35 kV 变压器 2 台，每台容量为 5 000 kVA，变比 35/10/0.4 kV。

（2）成套开关柜。35 kV 开关柜为户内型、SF_6 气体绝缘、金属铠装式，真空断路器，额定电压 40.5 kV。10 kV 开关柜为户内型、SF_6 气体绝缘、金属铠装式，额定电压 12 kV。

（3）低压配电盘和动力箱。

（4）无功补偿装置。2 套户内成套框架式电容器补偿装置，每套容量 1 000 kvar。

（5）电气二次设备。

（6）柴油发电机组，额定出力 1 300 kW。

4 设备选型过程

雅砻江上游施工供电工程设备种类多、电压等级多、运行环境苛刻，导致设备选型的难度较大。为确保所用电气设备能够满足工程建设的需要，设备的选型过程主要分为技术参数确定、设备厂家调研及使用情况调查三个阶段。

4.1 技术参数确定

运行环境是确定设备主要参数和性能的决定性因素，也是进行设备选型的前置条件。为确定满足施工供电工程要求的设备参数，建设单位会同设计单位在充分收集环境资料的前提下，对电气设备的参数重新进行了核算，优化了设计参数。经过多次的讨论并聘请专家对设计方案进行了论证，在满足经济节约、检修方便的前提下，确定所有设备均需是高原型产品，对于主变压器、GIS 组合电器及高压开关柜等主要设备，其电气绝缘按照海拔 3 300 m 进行了系数修正。

4.2 设备厂家调研

根据具体项目确定的设备参数改变了设备原有的设计，属于非标准设备，其制造性能、使用性能和试验性能能否满足要求仍是一个未知数，因此有必要对设备的生产厂家进行调研，以了解设备是否能够按照设计参数生产制造。与此同时，对设备厂的调研能够同时了解厂家的生产能力、技术水平、管理理念以及供货周期等，为后期设备采购积累相应的材料和经验。

4.3 使用情况调查

在施工供电工程电气设备的选型过程中，建设单位根据工程建设的特点，前往国内类似工程进行了调查学习，了解在类似环境中电气设备的使用运行情况、容易出现的主要问题及应对措施。通过借鉴已有的运行经验，最终检验工程设备的设计选型能否满足运行要求，修正错误的部分，增加未考虑的内容。

5 主要控制指标

高原稀薄的空气和相对较低的大气压对电气设备的主要影响体现在绝缘和温升两个方面。空气压力和空气密度的降低,会引起固体绝缘材料沿表面放电能力的降低,其下降程度不仅与电场均匀程度有关,而且与固体绝缘材料介质常数有关,电场不均匀程度越大,放电能力降低越大。因此,在设备选型的过程中,绝缘和温升应是重点关注的对象。总结施工供电工程的建设经验,高原电气设备选型的主要控制指标有以下几个[5]:

(1)要求设备厂家具有高原的供货经验。根据调研成果,高原供货业绩对于厂家对高原环境的理解有着极其重要的作用。一个拥有诸多高原业绩的设备厂家对高原环境有着较为成熟和清晰的认识,能够在产品制造中自主修正部分参数,以适应运行环境的要求。

(2)主变压器及 GIS 组合电器应选用高原型产品。对于大型的电气设备,设备厂家根据多年的供货经验,针对高原独特的环境对设备进行了优化,加大了电气绝缘距离,修正了设备运行参数。选用高原型的产品,能较好地适应高原环境的要求。例如仁达站主变压器型号为SSZ11-63000/220GY,共科站主变压器型号为 SFSZ9-20000/110GY,均为高原型产品。

(3)35 kV 开关柜采用充气式开关柜。高原 35 kV 开关柜的体积较普通开关柜增大15%~30%,绝缘径距由 300 mm 增加至 410 mm。为避免占用较大的空间,可选用绝缘性能更好的充气式开关柜。

(4)10 kV 开关柜采用 24 kV 铠装柜。同 35 kV 开关柜一样,由于绝缘距离不足,为适应高原绝缘要求,在综合考虑造价和现场条件下,10 kV 开关柜可选用高电压等级的铠装柜。

(5)柴油发电机组提升一个功率等级。营地变电站内柴油发电机组额定出力为1 300 kW,其配备的柴油机额定功率为 1 650 kW,发电机额定功率为 1 600 kW。

6 设备运行效果

雅砻江上游施工供电工程自 2015 年 9 月投运以来,至今已连续安全稳定运行超过1 000 d。在设备的运行过程中,未发生设备安全和人身安全事故,设备运行状况良好,操作顺畅,能够达到工程建设的目的,满足高原环境对电气设备安全稳定运行的要求。

7 结 语

本文通过对雅砻江上游施工供电工程设备选型过程的分析,总结提炼了在高原进行电气设备选型过程中应注意的主要事项及控制要点,其主要的建设经验和教训对后续高海拔地区电气设备的选型具有一定的参考价值和推广意义。

参 考 文 献

[1] 徐刚.论防爆电气设备选型与安全应用[J].中国石油和化工标准与质量,2009(1).
[2] 隋毅.浅谈变电站电气设备的安装和调试[J].中国高新技术企业,2014(29).
[3] 杨志强.水电站电气设备技术改造实施的管理措施分析[J].南方农机,2018(16).
[4] 唐泉涌,李言龙,张峥.高海拔环境下的励磁设备选型[J].东北水利水电,2015(12).
[5] 孔航迪.浅谈高原地区有色冶金企业电气设备的选型与应用[J].机械加工与制造,2017(15).

钢管混凝土劲性骨架施工技术
研究及质量控制

范智强，刘云峰，戚翔宇

（雅砻江流域水电开发有限公司，四川 成都　610051）

摘　要　钢管混凝土劲性骨架拱桥先制作骨架、拼装合龙骨架，再以骨架为支架进行混凝土的内填和外包施工，而劲性骨架进行外包后可作为主拱圈一部分参与受力，是跨越江河、峡谷等障碍的大跨径拱桥优选施工方法之一。本文以玻璃沟特大桥为背景，介绍大跨径钢管混凝土劲性骨架的制作、拼装等工序，并简单介绍施工中质量控制重难点事项。

关键词　劲性骨架；施工；拼装

1　概　述

玻璃沟特大桥为雅砻江两河口水电站库区复建县道 X037 线溪工沟至尤拉西沟段的一座劲性骨架钢筋混凝土箱型拱桥，在玻璃沟沟口以内约 150 m 附近跨越玻璃沟，沟口为现有 X037 公路。起讫里程桩号为 K69 + 239.79 ~ K69 + 487.00，主孔为净跨 170 m，孔跨布置为 3 × 13 m 连续板 + 170 m 劲性骨架钢筋混凝土箱型拱桥 + 20 m 简支空心板，拱桥总长 247 m。雅江岸 3 × 13 m 连续板引桥位于平曲线上。桥面净宽：2 × 3.5 m 车行道 + 2 × 0.5 m 防撞护栏，桥梁全宽 8 m；设计荷载为：公路 - Ⅰ 级，特 - 220 验算；桥梁纵坡 - 1.6%。

2　劲性骨架构造

劲性骨架为槽钢与钢管混凝土组成的桁架结构（见图 1），全桥共两片拱肋，两片拱肋间以横联进行连接，拱肋高 2.64 m，单肋宽 2.25 m。每肋上下各有 2 根 $\phi 377 \times 12$ mm、内灌注 C50 微膨胀混凝土的钢管混凝土弦杆。弦杆通过横联槽钢和竖向槽钢连接而构成型钢—钢管混凝土桁架。拱肋每间隔 10 m（拱脚 7.5 m）在肋间设置横撑，共 18 道横撑，在横撑对应位置设置交叉剪刀撑，加强横向连接。腹杆及平联与弦杆均采用焊接连接。劲性骨架预拱度设置为 45 cm，其他位置按二次抛物线进行分配。

3　劲性骨架拼装

3.1　拼装平台场地布置

玻璃沟特大桥劲性骨架采用 5 段双肋吊装，每段吊装长度约为 38.2 m。桥位沟心处

作者简介：范智强（1992—），男，工学学士，助理工程师，主要从事工程项目管理工作。E-mail：fanzhiqiang@ ylhdc.com。

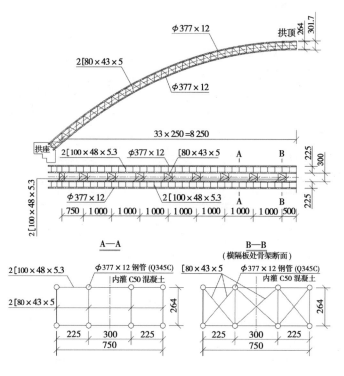

图1　玻璃沟特大桥劲性骨架构造

实测沟宽26 m,原有的宽度不能满足拼装及吊装要求,故布置12 m(宽)×45 m(长)拼装平台1座(顺桥向)。拼装平台下方设置4.5 m(宽)×5.0 m(高)交通涵洞一座,保证道路通行。设置3.0 m(宽)×3.0 m(高)排洪涵洞一座,保证汛期排洪。拼装平台两侧挡墙采用M10浆砌片石砌筑。拼装平台雅江端设置从玻璃沟上游方向依山侧便道,供小型车辆运输各种材料。

3.2　劲性骨架片存放

　　劲性骨架构件由工厂负责加工制造,加工完毕运输至施工现场,按照拼装节段编号存放在劲性骨架构件存放区,存放区位于玻璃沟拼装平台上游侧,方便拼装。

3.3　劲性骨架拼装

3.3.1　立拼支架布置

　　为方便运输,劲性骨架加工厂出厂的为9 m左右的骨架片,拼装在施工现场拼装平台上。劲性骨架现场拼装采用顺桥向立拼法进行拼装,拼装时按照劲性骨架吊装顺序进行拼装(见图2)。按照设计线型,在拼装平台预先设置拼装支架,拼装支架采用HN300×175型钢,保证拼装支架的刚度。支架设置的支点线型与设计的内弧曲线完全一致,保证拼装精度。待下段骨架拼装前,需要对拼装平台进行校核。

3.3.2　劲性骨架拼装

　　骨架片采用25T吊车由存放场吊至型钢支架上,通过精确放样定位后进行骨架片接长及横联槽钢的焊接,钢管对接焊及横联槽钢焊接均采用CO_2气体保护焊,劲性骨架主钢管之间的对接环向、纵向焊缝均应达到Ⅰ级焊缝要求,其他型钢与主钢管、型钢之间的

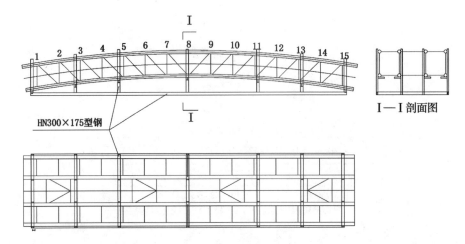

图 2　拼装支架示意图

连接焊缝应达到Ⅱ级焊缝要求。

　　骨架拼装完成后,应对骨架进行全面检测,包括截面尺寸检测、曲线检测、锈蚀情况检查等,待检测合格后,允许吊装作业。

　　(1)截面尺寸检查(见图 3)。一段骨架拼装焊接完成后,测量人员对骨架的截面尺寸、骨架曲线(弧度)进行检查。截面尺寸如有偏差及时调整,并填写尺寸记录表,与下节段接头尺寸进行对比。

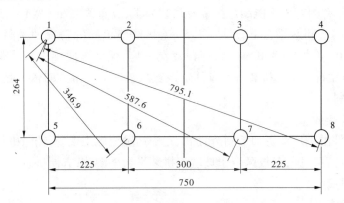

图 3　劲性骨架截面尺寸

　　(2)曲线检查。骨架成型后,先复核拼装支架支点位置,是否符合设计要求;然后在骨架的顶部均匀布置 15 个测点,用全站仪进行测量,并记录数据,然后把数据整理到电脑CAD 中,与设计曲线进行校核。

　　(3)锈蚀检查。骨架放置时间相对较长,对拼装完成的骨架进行打磨除锈,并涂抹水泥浆。对节段构件进行覆盖,对生锈的构件进行打磨后,在支架上拼装。对锈蚀严重的构件,进行打磨处理后,用游标卡尺对钢管的厚度进行检查,看是否符合规范要求,不符合要求的构件不允许使用。

3.3.3　焊接质量保证措施

（1）劲性骨架对接焊缝在空中设置操作平台。

（2）劲性骨架组装由于组装平台场地受限及吊装工期紧的因素影响不具备搭设整体防护棚的条件,当现场风速大于 2 m/s 时,现场搭设临时焊接局部防护棚,防护棚采用 ϕ 48 × 3.5 钢管搭设,钢管外采用彩条布包裹,防护棚平面尺寸为 2 m × 2 m。

（3）根据历年天气情况,3 月有时夜间最低温度低于 0 ℃,故在 3 月夜间进行焊接时要及时观测温度情况,当温度低于 0 ℃时,停止焊接施工。当采用局部防护棚无法保证风速小于 2 m/s 时,停止焊接施工。当环境湿度大于 90%时,停止焊接施工。

（4）所有焊接材料应符合设计文件的有关规定。

（5）焊接人员必须严格遵守焊接工艺,不得随意变更焊接规范参数。

3.3.4　焊缝检测

各节段骨架起吊前,委托有资质的单位对每节段劲性骨架在组装平台上完成的焊缝进行探伤检测,检测合格后出具中间检测报告或中间检测合格通知单。在劲性骨架全部合龙后,对所有节段间、劲性骨架与拱座间的连接焊缝进行探伤检测。不合格的焊缝同一部位修补次数不宜超过两次,经返修的焊缝应随即打磨匀顺,并按原质量要求复检。

4　劲性骨架吊装

4.1　吊装系统设计

根据玻璃沟特大桥实际地形特点,确定吊装索跨为 105 m + 288.175 m（主跨）。雅江岸根据现有地形地质情况,山势较陡,布置吊装索塔无施工操作空间且措施费用较高,设计吊装系统时考虑雅江岸不用索塔,悬索系统直接利用现有地形锚固于山体上。因雅江岸台尾上方坡角较陡,且岩石局部裸露,强度及整体性较好,适合洞锚及锚索结构,因而雅江岸主锚碇设计为锚索分配梁结构,通过锚索锚固型钢分配梁,再在分配梁上设置座（拉）板和转向滑轮来锚固钢索;主锚碇用于主索、工作索、二扣扣索等的锚固。新龙岸塔架设于 5 号桥台后,距台尾 6 m,索塔中心桩号为 K69 + 493。在新龙岸塔后 105 m 设置桩式主锚碇来进行主索、工作索、二扣扣索及塔架后风缆的锚固,共设置 4 根 ϕ 1.5 m 钢筋混凝土锚桩,新龙岸主索后拉索水平夹角为 23°。新龙岸拱脚段扣索通过 4 号墩顶座滑轮转向后,直接在 5 号引桥台内的预埋锚固拉板上进行锚固,每根一扣索由 1 个锚固拉板承载,5 号桥台共预埋 4 个锚固拉板。雅江岸拱脚段扣索通过 3 号墩顶座滑轮转向后,捆绑锚固于 0 号台引桥墩根部,在墩根部后缘设置小型钢防止扣索上滑。劲性骨架分 5 段双肋整体吊装,通过钢绳捆绑两组主索前后 4 个吊点抬吊,主索正对所安装拱肋布置。

4.2　劲性骨架吊装施工

4.2.1　劲性骨架吊装施工准备工作

吊装系统安装完成,正式吊装前,应进行以下几方面的工作:

（1）复核拱脚预埋件的平面位置及标高及拱座倾角等几何尺寸。

（2）对劲性骨架的加工焊接质量及几何尺寸进行检查和校正,相关尺寸应满足表 1 标准。

（3）检测吊装段劲性骨架之间的横向连接情况。

(4)对吊装系统进行全面检查并进行试吊,以检验吊重能力及系统工作状态。缆索系统的试吊包括吊重的确定及重物的选择、系统观测、试验数据收集整理。

表1 钢管拱肋制作质量检测标准

检查项目	规定值或允许偏差(mm)
焊缝质量	符合设计要求
内弧偏离设计弧线	8
每段拱肋内弧长	0,-10
钢管直径	$\pm D/500$ 及 ± 5
拱肋接缝错边	0.2 壁厚,且≤2

4.2.2 劲性骨架合龙工艺

全桥劲性骨架分5段双肋整体吊装。合龙施工工艺如下:

(1)先吊装两个拱脚段,不设置施工预抬高值。

(2)再安装两个第二段,由监控单位根据计算给出具体数值。

(3)最后吊运拱顶段至跨中并下放至约高于设计标高,使接头慢慢靠拢,用事先准备好的码板进行固定,尽量避免拱顶段冲击第二段。

(4)合龙松索控制:

当下放至第二段前接头与拱顶段端头标高基本一致时,先焊接固定好拱顶段与第二段之间一端码板,再慢慢用码板固定好另外一端的接头。

扣索及起吊滑车组松索过程中,除应注意同时两岸对称循环逐渐下放拱脚段扣索、第二段扣索和拱顶段滑车组外,拱顶段起吊滑车组及各扣索一次松索长度应尽量小,通过增加循环次数来达到扣索基本放松的目的,以保证施工安全。松索采取定长松索方法进行,扣索一次松索量可采用2~3 cm,起吊滑车组跑头可采用20~30 cm,并用粉笔在滑车组跑头钢索上做好标记;每松一次索(对称),应进行一次各接头及拱顶的标高观测,并根据反馈的标高数据随时进行松索量调整。扣索的调整利用滑车组和卷扬机进行。

(5)劲性骨架轴线控制:

劲性骨架轴线横向偏位、标高是吊装劲性骨架的控制指标。在整个吊装过程中,测量技术人员进行跟踪观测,使用劲性骨架侧风缆对轴线偏位进行调节。风缆的锚固设置在两岸。

劲性骨架轴线标高调节依靠调整扣索长度来实现;劲性骨架轴线横向偏位调节依靠调整劲性骨架侧风缆长度来调节,扣索收紧、放松(合龙)的同时,测量小组对整个过程进行跟踪观测,同时将所有已安装劲性骨架的标高和轴线横向偏位观测数据反馈到指挥台,由技术组分析数据后制定出扣索和劲性骨架侧风缆调整措施,确保吊装节段准确、快速完成对接就位并转换到完全扣挂状态。

5 施工观测控制

劲性骨架安装施工观测主要分为六个方面:塔架在劲性骨架安装过程中的偏移控制、

劲性骨架轴线控制、劲性骨架各分段点在各阶段的标高控制、扣索各阶段索力观测、缆索吊装系统主缆垂度及索力观测、锚碇的位移变形观测。劲性骨架轴线及高层检验标准详见表2，参考《公路桥涵施工技术规范》。

表2　劲性骨架拱桥混凝土浇筑质量检测标准

项目		规定值或允许偏差（mm）
混凝土强度（MPa）		符合设计要求
轴线横向偏位	$L \leq 60$ m	10
	$L = 200$ m	50
	$L > 200$ m	$L/4\ 000$
拱圈高程		$L/3\ 000$
对称点高差		$L/3\ 000$
断面尺寸		± 10

注：L 为跨径，当 L 在 60～200 m 时，轴线偏位允许偏差内插。

6　劲性骨架吊装施工质量控制要点

6.1　劲性骨架焊缝质量控制

劲性骨架节段钢管间焊缝应符合设计要求，且为了确保焊缝密实度及后期吊装安全，应聘请第三方检测单位对焊缝开展专项检测工作。

6.2　劲性骨架合龙段准确吊装就位

合龙段的准确吊装是整个劲性骨架吊装的关键环节，必须通过施工监测准确计算合龙段标高及轴线横向偏位，若产生偏差，应及时通过缆索吊系统进行校正，确保合龙段准确吊装就位。

7　结　论

由于工作面悬空，劲性骨架吊装施工难度较大，应特别注意骨架节段与节段间的接合。施工中采用了缆索吊系统的吊装方法，技术较为成熟，安全性高。在劲性骨架合龙过程中，必须注意合龙段的标高及轴线横向偏位的数据观测，确保吊装节段准确、快速完成对接就位。施工监控测量是整个劲性骨架吊装过程中一项重要的工作，必须认真观测，综合分析，发现异常及时调整。

参 考 文 献

［1］周鑫.皎平渡大桥预制安装箱拱施工技术［B］.攀枝花：攀枝花市瑞达交通工程有限责任公司，2008.
［2］刘晓鸣.大跨径钢管混凝土劲性骨架拱桥施工过程研究［D］.武汉：长安大学，2007.
［3］张万晓.劲性骨架组合法施工的大跨径混凝土拱桥合理设计状态研究［D］.重庆：重庆交通大学，2014.
［4］姚国文，晁阳，吴海军，等.中承式钢管混凝土劲性骨架拱桥拱肋吊装施工控制［B］.重庆：重庆交通大学山区桥梁与隧道工程国家重点实验室培育基地，重庆交通大学土木工程学院，2016.

电站长期安全经济运行

基于人工智能算法的水库调度决策系统技术框架

张迪[1]，彭期冬[1]，王东胜[2]，林俊强[1]，刘雪飞[1]，庄江波[1]，吴夺[1]

(1. 中国水利水电科学研究院，北京 100038；2. 水电水利规划设计总院，北京 100120)

摘　要　随着我国水电事业的快速发展和信息技术在水利行业应用的日趋广泛，如何实现水库的智能化运行管理逐渐成为当前水库调度研究工作急需突破的难点。本文在综合分析目前水库调度管理现状的基础上，以人工智能算法为技术手段，搭建了水库调度决策系统的技术框架，系统包含水文预报、水库调度、水温预测和水质预测四个模块，将入流预报耦合进入水库调度模型，同时实现水库的多目标调度。

关键词　人工智能算法；水库调度；决策系统；技术框架

1　引　言

水库作为人类利用和管理水资源的重要水利工程措施，具有防洪、发电、供水、灌溉、航运、养殖、旅游等一系列综合效益。近几年，随着我国大力发展水电方针的落实，水电事业得到快速发展。根据中国大坝工程学会的统计结果，截至 2015 年底，全国已建水库工程共 97 988 座，总库容 8 580.8 亿 m^3 (中国统计年鉴 2015)[1]。与此同时，水库调度研究也同步展开，并取得了长足的发展。当前，水库调度的研究方法可大致分为两类：模拟方法和优化方法。模拟方法以水库调度规则为依据，模拟水库调度的实际决策过程，生成满足水库防洪、发电、供水和环境质量等效益目标的调度方案。该方法的研究起步较早，目前在实践中应用较为广泛，已经开发建立了成熟的商用软件，如 HEC – ResSim、USACE、DMRSIM、WEAP21 等[2-4]。优化方法常用于寻求水库的最优运行过程，根据目标函数和约束条件，建立适当模型并求解最优运行方案。求解方法可分为数学规划方法和人工智能优化方法两种，且后者因其易处理、鲁棒性、低求解成本等优势而被广泛应用。两种水库调度方法相较，模拟方法由于其更容易加入规划设计人员和管理者的经验与判断，以及可操作性强等因素，在实际调度中应用较为广泛，也是本文研究的重点[4]。

然而，鉴于水库调度过程的复杂性、动态性，涉及因素(自然因素、人类活动等)的多

基金项目：国家重点研发计划项目(2016YFE0102400)，中国水利水电科学研究院基本科研业务费专项项目(SD0145B162017)。

作者简介：张迪(1991—)，女，河北省唐山人，博士研究生在读。主要从事生态水力学方面研究。E-mail：zhangd_91@163.com。

样性及关联性,导致现有水库调度模拟模型在实际应用中常常捉襟见肘。

1.1　缺乏耦合来水预报的水库调度模型

　　水库来流的不确定性一直是影响水库调度的主要因素,可靠的入库流量预报是支撑水库科学调度决策的基础。但现阶段水库入库径流预报与水库调度决策研究大多独立展开,缺乏耦合水库入库径流预报的水库调度模型研究。而建立科学精准的水库入流预报模型,并以此为据指导水库调度工作的开展,对于实现水库的多重目标,提高水库综合效益意义重大。

1.2　对生态环境目标的关注度欠缺

　　水库的建设和运行改变了河流的原始流态,造成自然水文周期的人工化,进而影响生态环境系统。现行水库的管理制度和调度运行模式重点关注如何处理、协调防洪与兴利之间的矛盾和利益,缺乏对流域生态环保的认识[5]。因此,现阶段大多数的水库调度模拟模型未能考虑水库库区及下游水生态环境保护的要求,而对生态和环境造成了一定的负面影响[6]。这就要求我们在制订水库调度方案的过程中,把生态环境目标纳入水库调度目标统一考虑,以弥补或减缓水电站运行对生态环境的影响。探索防洪、兴利与生态环境协调的水库综合调度方式,建立耦合多种调度目标的综合水库调度模型。

1.3　难以应对复杂的实际应用场景

　　水库调度的实际应用场景极其复杂,涉及多时间尺度、多流量等级,还常伴随偶然突发场景。例如,水库既要承担中长期(季尺度或月尺度)下游供水保障和经济效益优化的调度任务,又要承担短期(日尺度或小时尺度)电网负荷、用水、航运、刺激鱼类繁殖的调度任务,还要承担洪水(高流量)、干旱(低流量)等防灾和应急调度任务。由此可以,洞见水库的实际调度过程是瞬息万变的,常常偏离调度计划,这使得现有基于物理意义的水库调度模拟模型难以有效应对调度计划偏离情况下的应用场景[7-8]。而以新的调度计划重新构建模型,对水库调度操作人员的专业性提出了过高的要求,且此类模型计算耗时较长,难以满足突发应急调度的快速决策需求[9]。另一方面,水库调度受到降水、径流等自然条件和供水保障、电网调峰、洪水调峰等人为需求影响,是多重因素、强非线性相互作用的结果,且这些复杂因素还具有不确定性,更是增加了水库调度模拟的难度,大幅限制了基于物理意义的水库调度模型的应用。

1.4　对管理人员业务水平要求较高

　　水库调度模拟模型的提出改变了早期依据绘制的包络调度图进行水库调度的经验式调度模式,使水库调度计算具备了更切合实际的物理数学依据[3, 10]。此类模型基于水库的调度规程所构建,具有鲜明的物理意义,便于使用者的理解和认知。但同时,此类模型也对操作者的专业水平提出了较高的要求,其构建过程复杂,操作烦琐,需要使用者具备水利专业知识背景与较强的软件操作能力。因此,限制了模型在实际中的应用推广。

　　近年来,数字化、网络化、智能化等先进信息技术的高速发展,极大提升了各行业的智能化水平,信息技术与行业技术日趋呈现深度融合的态势。泛在感知网络、虚拟化资源、数据挖掘等新技术在水利信息化建设过程中的创新应用,已经对水利行业的管理方式和技术发展产生了深远的影响,同时也成为水利枢纽工程信息资源整合、应用平台建设、综合管理调度决策等的有力技术支撑[11-13]。同时,人工智能和大数据挖掘技术的发展,改变了传统研究的科学范式,研究的理论基础不再仅关注于对象的物理意义,而是从大量的已知数据中自主学习研究对象背后的理论。此类模型超脱物理意义,善于解决多复杂影响因素及其不确定性共同作用下的非线性模拟和预测问题,目前已被成功推广到水库调度领域。相比于确定性水库调度模拟模型,人工智能模型能够从海量水文数据和水库实时调度数据中自主学习水库各种调度规则,且具有对操作人员专业要求低、计算响应速度快、灵活度高等的显著优势[14]。

综上所述,本文以人工智能算法为技术手段,搭建了水库调度决策系统的技术框架,系统包含水文预报、水库调度、水温预测和水质预测四个模块,将入流预报耦合进入水库调度模型。同时系统还设置水温预测模块和水质预测模块,以实现水库调度的多目标决策。

2 水库综合管理系统技术框架

按照系统设计思路,系统逻辑结构包括数据层、人工智能层和应用层三个部分,系统总体构架图如图 1 所示。

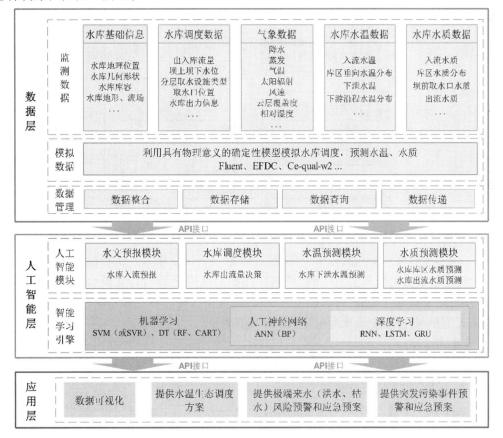

图1 水库综合管理系统技术框架

数据层是水库的各类数据的集中存储和管理中心,是整个系统的数据支撑平台,为系统提供数据整合、存储、查询和传递功能,同时为人工智能层模型的构建提供数据支持。

人工智能层是整个系统的技术核心,用于实现水库的入流预报、出流决策、水温预测以及水质预测,其技术手段主要为各类人工智能算法,主要有机器学习算法、人工神经网络算法和深度学习算法。应用层是系统的落脚点,为用户提供各类业务应用,通过 GIS、三维、虚拟现实等展示技术再现工程主要业务的真实管理和决策环境,提供水电站监控、水库调度、水温水质监测等的电子沙盘,实现水库的全局运行状况的可视化服务。同时,结合人工智能层的模拟结果,制订满足下游水温要求的生态调度方案,提供极端来水(洪水、枯水)风险预警和应急预案、突发污染事件预警和应急预案。

其中,人工智能层是实现整个系统功能的核心,根据功能的不同,人工智能层分为四个主要模块:水文预报模块、水库调度模块、水温预测模块和水质预测模块。

2.1　水文预报模块

由于水文系统的复杂性和不确定性,径流预报一直是水文研究的重点和难点。人工智能算法是目前水文预报的主要方法之一[15]。本文结合前人的研究成果[15],构建了水库入流预测模型,其主要结构和计算流程如图 2 所示。

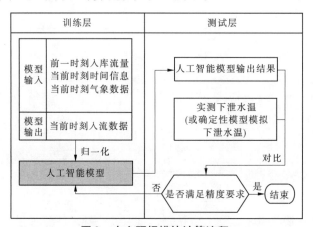

图 2　水文预报模块计算流程

以前一时刻入库流量和当前时刻时间信息(月份)和气象数据(降水、蒸发等)等为输入因子,以当前时刻水库入流为模型输出,将数据归一化后输入人工智能模型开始训练,之后对比模型输出结果和实测结果(或确定性模型模拟结果),计算模型精度,若不满足精度要求,则重新训练模型,若满足精度要求,则模型构建完成。构建完成后的模型可用于水库入流预测,以及提供水库极端来水风险预警。

2.2　水库调度模块

利用水文及预报信息并结合气象信息,确定水库的预泄决策是水库科学高效运行的关键。本文结合前人的研究成果[3,10,16],以人工智能模型为工具,构建了耦合入流预测的常规水库调度模型,自主学习水库的调度规则,提出水库出流量决策,其主要结构和计算流程如图 3 所示。

以前一时刻出库流量和当前时刻时间信息(月份)、气象数据(降水、蒸发等)、入流数据、坝上水位和水电站出力信息为输入因子,以当前时刻的出库流量为输出因子。其中,输入因子中的当前时刻入库流量为水文预报模块预测的水库入流量。将数据归一化后输

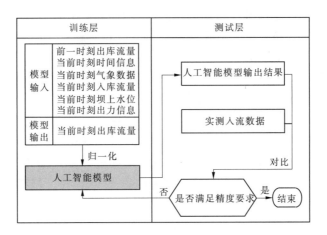

图3　水库调度模块计算流程

入人工智能模型开始训练,之后验证模型输出结果精度,若不满足精度要求,则重新训练模型,若满足精度要求,则模型构建完成。该模型可为水库调度提供预泄方案,同时提供应对极端来水条件的应急预案。

2.3　水温预测模块

大型水库在确保兴利目标的同时,通过合理的生态环境调度,可以补偿水库对河流生态系统的不利影响[17-19]。其中,在水温生态调度方面,研究工作的焦点在于利用数学模型与物理模型试验的手段,确定库区水温分层及泄水调度方式与下泄水温的对应关系,并以此为据制订合理的水温生态调度方案,减轻水库低温水下泄对下游河道生态系统的不利影响。本文结合前人的研究成果[17, 20],合理选定了水温预测模型的输入因子,构建了水库下泄水温预测模型,其计算流程图如图4所示。

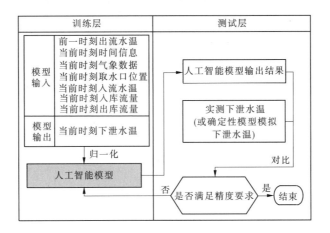

图4　水温预测模块计算流程

模型的输入因子主要包括前一时刻下泄水温和当前时刻时间信息(月份,若预测的时间尺度为日内,则还需加入日内时刻信息)、气象数据(气温、光照强度、风速、云层覆盖度等)、取水口位置、入流水温、入库流量和出库流量等,模型输出为水库下泄水温。将数据归一化后输入人工智能模型开始训练,之后测试模型输出结果精度,若不满足精度要求,则重新训练模型,若满足精度要求,则模型构建完成。构建完成后的模型可为水库提供满足下游水温要求的生态调度方案。

2.4 水质预测模块

水库的建设降低了水体的流动性,在坝前形成大面积的停滞水体,易导致库区水体的富营养化,同时影响水库下游水质。因此,水质是水库运行管理需重点考虑的因素。通常水库水体主要监测的水质变量包括溶解氧、化学需氧量(COD)、生化需氧量(BOD_5)、氨氮(NH_3-N)、总氮(TN)、总磷(TP)、叶绿素a及透明度等,这些指标是判定水库富营养化的重要指标[21-23]。本文以前人的研究为参考依据[21-23],构建了基于人工智能算法的水库水质预测模型,模型详细结构及计算流程如图5所示。

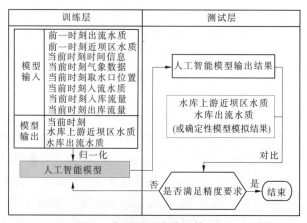

图5　水质预测模块计算流程

模型的输入因子为前一时刻水库出流水质、近坝区水质和当前时刻时间信息(月份)、气象数据(降水、蒸发、气温、相对湿度等)、取水口位置、入流水质、入库流量、出库流量等,模型输出为水库上游近坝区水质和水库出流水质。需要注意的是,此模型中需保证模型输入和模型输出的水质指标一致,如利用模型预测水库下游溶解氧含量时,模型输入的水质指标也需是溶解氧的含量。之后,将数据归一化处理,输入人工智能模型开始训练。模型训练完成后将输出结果与实测结果或确定性模型模拟结果对比,若不满足精度要求,则重新训练模型,若满足精度要求,则模型构建完成。此模型可为水库提供水质风险预警和突发污染事件应急预案。

3 关键技术分析

3.1 数据库构建

数据库是整个水库调度系统搭建的基础,本文所构建的数据库包括实际监测数据和模拟数据两部分。监测数据包括水库的基础信息数据(水库地理位置、几何形状、库容、地形、流场等)、水库调度数据(出入库流量、坝上坝下水位、分层取水设施类型,取水口位置信息等)、气象数据(降水、蒸发、气温、太阳辐射、风速、相对湿度、云层覆盖度等)、水温监测数据(入流水温、库区垂向水温分布、水库下游沿程水温分布等)、水质数据(入库水质、库区垂向水质分布、水库下游沿程水质分布等)。

模拟数据是监测数据的补充,考虑到运行时间较短的水库,其调度数据较少,加之现阶段水库水温监测数据和水质监测数据尚不完善,因此难以达到人工智能模型训练所需的海量数据需求,故本系统中以模型模拟数据弥补数据样本的不足。此外,水库在运行过程中面临的多种复杂场景,一些极端场景(如洪水、枯水、突发水污染事件等)虽尚未发生,但仍旧是水库运行的潜在威胁。确定性模型可以弥补这些缺失的场景,帮助人工智能网络学习相应的对应方案,处理此类在水库未来运行过程中可能遇到的极端事件或突发状况。本文选择的确定性模型为现阶段应用较为成熟的商用模型,如 Fluent、EFDC、Ce - qual - w2 等。以此类得到广泛认可的模型为工具,模拟水库的调度过程、水温、水质等,经实测数据验证有效后,将模拟结果加入到数据库中,与实测数据共同作为后续人工智能算法的数据支撑。

3.2 算法的选择

人工智能算法是整个系统的技术核心,也是实现系统功能的关键。因此,如何在众多人工智能算法中选出适合的模型,也是本文的研究重点和技术关键点。通过文献调研,本文总结了在水库调度领域应用较为广泛以及效果较好的人工智能模型。

人工神经网络(ANN)、支持向量机或支持向量回归(SVM 或 SVR)、决策树(DT)是提出时间最早且在水库调度领域应用最为广泛的两大类人工智能模型。ANNs 模型的推广得益于反向传播算法(BP)的提出。BP 算法解决了神经网络的训练问题,使得 ANN 模型具备了良好的非线性预测能力。此后,众多学者将 ANN 成功推广到了水库调度领域,并验证了 ANN 模型在水库调度中的适用性[16, 24, 25]。SVM 和 SVR 基于结构风险最小化理论,在特征空间中建构最优分割超平面,因此可获取全局最优解。SVM 和 SVR 算法的核心在于核函数的选择,一般认为,径向基核函数和 Sigmoid 核函数的应用效果较好[10, 26]。决策树是一种基本的分类与回归方法,主要优点是模型具有可读性,分类速度快。学习时,利用训练数据,根据损失函数最小化的原则建立决策树模型。预测时,对新的数据,利用决策树模型进行分类。目前,在水库调度领域应用较广的决策树算法有随机森林(RF)和分类回归树(CART)[3]。

除上述传统的人工智能模型外,近年来迅速发展的深度学习算法也是目前水库调度领域的研究热点。深度学习算法打破了原有人工智能模型难以挖掘数据深层次特征的瓶颈,大幅提高了机器学习算法的精度和计算速度。在众多深度学习模型中循环神经网络可以保存、记忆和处理长时期的复杂信号,在当前时间步将输入序列映射到输出序列,并预测下一时间步的输出,因此具有很强的处理复杂时序问题的能力,因此适合应用于水库调度领域,代表性模型有循环神经网络(RNN)、长短期记忆网络(LSTM)、门限循环单元网络(GRU)。

同时根据前人的研究成果,上述几种不同的人工智能模型中,ANN、SVM 或 SVR、DT的模拟效果与模型训练输入的数据量和数据结构有关,模型性能各具优劣,模型训练完成前,难以准确判定何种模型模拟效果最佳。而循环神经网络善于处理时序问题,在水库调度应用中展现出显著优于传统人工智能模型的模拟性能。因此,本文建议在选择人工智能算法时应优先考虑深度学习算法。

4　结论与展望

4.1　结论

新一代信息技术的快速发展,推动了各行各业信息化技术的发展,以大数据为基础的智能化水利建设是水利行业信息化发展的必然结果。本文重点研究了基于人工智能算法的水库调度决策系统技术框架,将传统的水库调度决策从数理统计、调度包络图绘制及确定性模型模拟层面提升到智能算法、全数据处理、可视化展示和决策支持层面,改变了传统水库调度模型水文预报与水库调度决策独立展开的弊端,构建了耦合入流预报与气象信息的水库调度模型。同时,加入水温预测模块和水质预测模块,以助于水库开展合理的生态环境调度,补偿水库对河流生态系统的不利影响。

同时,系统创新性地将实测数据与确定性模型模拟数据整合进入数据库,共同支撑后续人工智能模型的构建,弥补了水库实测运行数据在数据量的不足,丰富了人工智能模型的学习样本,有助于水库应对多种复杂场景以及各类突发状况。

4.2　展望

水电工程的生态环境影响是近年来的研究焦点问题,水库生态调度是减缓水电站不利生态影响的重要非工程措施,开展水库生态调度研究,首先必须确定水库生态调度的目标,而如何实现生态目标定量化,建立生态目标与水流特性之间的关系,是目前尚待解决的问题,也是我们未来研究工作的重点问题。

本文针对单一水库,构建了功能全面的,集水文预报、水温水质预测和风险预警于一体的水库调度系统,但是如何开发设计出更好的梯级水电站调度系统,还需要进一步的研究与探索。

参 考 文 献

[1] 中华人民共和国. 中国统计年鉴 2015[M]. 北京:中国统计出版社,2015.

[2] Lund J R,Guzman J. Derived operating rules for reservoirs in series or in parallel [J]. Journal of Water Resources Planning & Management, 1999, 125(3): 143-153.

[3] Yang T,Gao X,Sorooshian S,et al. Simulating California reservoir operation using the classification and regression - tree algorithm combined with a shuffled cross - validation scheme [J]. Water Resources Research, 2016, 52(3): 1626-1651.

[4] 郭旭宁,胡铁松,方洪斌,等. 水库群联合供水调度规则形式研究进展 [J]. 水力发电学报, 2015, 34(1): 23-28.

[5] 王远坤,夏自强,王桂华. 水库调度的新阶段——生态调度 [J]. 水文, 2008, 28(1): 7-9.

[6] 蔡其华. 充分考虑河流生态系统保护因素 完善水库调度方式 [J]. 中国水利, 2006(2): 14-17.

[7] Johnson S A,Stedinger J R,Staschus K. Heuristic operating policies for reservoir system simulation [J]. Water Resources Research, 2008, 27(5): 673-685.

[8] Oliveira R,Loucks D P. Operating rules for multireservoir system. Water Resour Res [J]. Water Resources Research, 1997, 33(4): 839-852.

[9] Draper A J,Arora S K,Reyes E,et al. CalSim:Generalized Model for Reservoir System Analysis [J]. Journal of Water Resources Planning & Management, 2004, 130(6): 480-489.

［10］Zhang D,Lin J,Peng Q, et al. Modeling and simulating of reservoir operation using the artificial neural network, support vector regression, deep learning algorithm［J］. Journal of Hydrology, 2018, 565：720-736.

［11］李磊. 水电站优化调度决策辅助系统的研究［J］. 水利技术监督, 2016, 24(2)：33-35.

［12］徐刚,周栋,王磊,等. 乌溪江梯级水电站水库调度自动化系统研究与应用［J］. 水利水电技术, 2018(2).

［13］周大鹏. 辽宁省水库调度管理系统建设与应用探析［J］. 水利信息化, 2016(2)：64-68.

［14］Hejazi M I,Cai X, Ruddell B L. The role of hydrologic information in reservoir operation-Learning from historical releases［J］. Advances in Water Resources, 2008, 31(12)：1636-1650.

［15］Yang T, Asanjan A A,Welles E,et al. Developing reservoir monthly inflow forecasts using artificial intelligence and climate phenomenon information［J］. Water Resources Research, 2017, 53(4)：2786-2812.

［16］Chaves P,Chang F J. Intelligent reservoir operation system based on evolving artificial neural networks［J］. Advances in Water Resources, 2008, 31(6)：926-936.

［17］柳海涛,孙双科,郑铁刚,等. 水电站下游鱼类产卵场水温的人工神经网络预报模型［J］. 农业工程学报, 2018, 34(4)：185-191.

［18］骆文广,杨国录,宋云浩,等. 再议水库生态环境调度［J］. 水科学进展, 2016, 27(2)：317-326.

［19］徐杨,常福宣,陈进,等. 水库生态调度研究综述［J］. 长江科学院院报, 2008, 25(6)：33-37.

［20］Sahoo G B,Schladow S G,Reuter J E. Forecasting stream water temperature using regression analysis, artificial neural network, and chaotic non-linear dynamic models［J］. Journal of Hydrology, 2009, 378(3)：325-342.

［21］Zhang L, Zou Z, Wei S. Development of a method for comprehensive water quality forecasting and its application in Miyun reservoir of Beijing,China［J］. Journal of Environmental Sciences, 2017, 56(6)：240-246.

［22］陈俊. 大伙房水库水质预测中水文水质模型联合应用分析［J］. 黑龙江水利科技, 2017, 45(1)：146-148.

［23］费丹. 大伙房水库水质的 BP 神经网络模拟预测［J］. 水资源开发与管理, 2018(2).

［24］Jain S K,Das A,Srivastava D K. Application of ANN for Reservoir Inflow Prediction and Operation［J］. Journal of Water Resources Planning & Management, 1999, 125(5)：263-271.

［25］Thirumalaiah K,Deo M C. River Stage Forecasting Using Artificial Neural Networks［J］. J Hydrologic Eng, 1998, 3(1)：26-32.

［26］Yaseen Z M,El-Shafie A,Jaafar O,et al. Artificial intelligence based models for stream-flow forecasting：2000－2015［J］. Journal of Hydrology, 2015, 530：829-844.

基于无人机影像的水面波动量测技术

吴修锋[1]，阮哲伟[2]

（1. 南京水利科学研究院，江苏 南京　210029

2. 南京昊控软件技术有限公司，江苏 南京　210029）

摘　要　水位及水面波动观测是水利工程运行管理和水文测报的重要内容。受某些天然复杂环境的影响，传统的水位观测仪器适用性有所限制。本文将无人机技术与图像识别技术相结合，提出了一种基于无人机视频影像的水面波动检测技术，由无人机悬停拍摄水面波动过程的视频影像，采用图像识别技术对视频中水面线识别与提取，并对其波动参数进行定量计算与统计，矫正无人机偏移造成的识别误差。该技术在某水利工程水力学原型观测中进行了应用，结果表明具有较好的适用性与先进性。

关键字　水位；水面波动；无人机；图像识别；偏移矫正

1　概　述

在水利枢纽运行管理和水文测报中，需要对水利枢纽泄水建筑物（如溢洪道、引航道、水垫塘等）及其下游河道的水位、水面波动过程进行观测。对于新建水利枢纽及河道工程，在工程首次度汛期间，更需对两者进行原型观测，获取汛期水位、水面波动等实测资料，以分析工程过水时的工作性态，检验工程设计，指导工程运行。因此，高精度的水位及水面波动获取对水利枢纽和河道安全运行具有重要的指导意义[1]。

原型观测仪器、设备的选型应在可靠、经济、耐久、实用的前提下，力求先进，便于自动化观测[1]。对于水位及波浪观测，目前的常用仪器主要包括水尺、浮子式水位计、压力式水位计、超声波水位计和雷达水位计等，这些仪器受天然环境限制，具有一些局限性：①水尺：接触式测量，需人工读取，自动化程度低，难以对水面进行连续测量，当水流流速较高时，水尺在高速水流冲击下易损坏。②浮子式水位计：需设置专用测井，适用于低含沙水体水位测量，要定期校正水位、清理管道淤积，运行成本较高。③压力水位计：水下工作，精度受水体杂质及波浪影响，仪器校正复杂，故障率高。④超声波水位计和雷达水位计：采用声波反射原理，预装测量仪器并做好标定，需配套辅助设施，使用成本高。对于某些过流建筑物（如溢洪道、引航道等），在对沿程水位及水面波动变化过程进行观测时，需布设多台仪器，布设难度大、安装工作量大，使用成本较高。此外，在某些情况下（如新建水利枢纽首次度汛期间），仅需对水位及水面波动短期观测，进一步增加了上述观测仪器的使用成本。

近年来，随着无人机性能的不断提高及图像识别技术的不断发展，利用无人机机载相机近距离获取目标视频影像，再采用图像识别技术对视频中目标形态及动态特征进行识别与分析，已成为水利测量领域研究的一个热点。文献[2,3]介绍了无人机遥感技术的特点，并对其在水利相关领域的应用进行了展望。Lin[4]将无人机与图像识别技术应用于河冰的识别与分析，介绍了具体实现流程，并在黄河冰凌河段中进行了应用。Room[5]将摄影测量与图像识别技术结合,在河流模型中实现了河道和河漫滩的识别与测量。Nuske[6]自主研发了一套基于无人机影像的河流边界识别系统,详细介绍了系统的图像识别与规划算法。Thumser[7]开发了一套基于无人机影像的天然河流表面流场实时检测系统,并将其在 Brigach River 中进行了实践。本文整合无人机技术和图像识别技术的优点,提出了一种基于无人机视频影像的水面波动量测技术,并在某水利工程水力学原型观测中进行了应用。

2　研究思路

本文以四旋翼无人机作为空中平台,近距离获取水面波动过程的视频影像,采用图像识别算法对视频中水面波动过程进行识别,并对其波动参数进行定量计算与统计。量测技术研究思路如下(见图1):①在水位测量断面边墙上设置 2 个标定点(B_1、B_2),2 个标定点位于同一铅垂线 L,且两点均高出测量断面最高水位,并分别求出两标定点的绝对高程(Z_1、Z_2);此外,还需设置矫正点(J),J 点与 B_1、B_2 不共线,用以修正无人机微小晃动产生的误差。②无人机悬停对测点水面波动过程进行录像,采集区应包括 B_1、B_2、J 三点,并考虑测点处最高水位及最低水位。③根据视频资料,以 Windows 7 为操作平台,以vs2008[8]结合 OpenCV[9] 为开发工具,采用图像识别算法依次自动识别每帧图像中垂线 L与水面交点 W,并基于标定系数计算其实际高程。具体图像识别流程见示意图2。

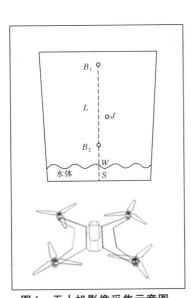

图 1　无人机影像采集示意图

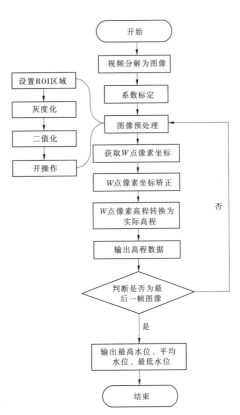

图 2　图像识别流程示意图

3　实现过程

3.1　系数标定

系数标定是采集照片与实际空间尺度转换过程中的映射关系,是准确、定量测取图像中目标特征的关键环节。本文关注测点的水位时间序列。通过对空间垂向尺度进行系数标定,可以准确换算出水位高程数据(见图3)。图3中坐标原点为左上角(O),根据B_1、B_2点像素垂向坐标(P_1、P_2)、实际高程(Z_1、Z_2)、S点像素垂向坐标(P_s)5个参数,获取S点实际高程(Z_s),即为采集区内水位测量断面的实际基准高程,具体采用式(1)计算。

$$Z_s = \left[Z_2 - (Z_1 - Z_2) \right] \frac{P_s - P_2}{P_2 - P_1} \tag{1}$$

根据式(1)求出的基准高程,采用式(2)即可计算W点实际高程。式中P_w为未知,需采用图像识别算法获取。

$$Z_w = Z_s + P_w \frac{Z_1 - Z_2}{P_2 - P_1} \tag{2}$$

3.2　图像预处理

图像预处理的主要目的是消除图像中无关信息,增强有关信息的可检测性和最大限度地简化数据,从而改进图像分割、特征识别的可靠性及处理效率[9]。本文采用图像预处理过程包括提取ROI(region of interest)、图像灰度化、二值化、开操作等步骤。

3.2.1　选取ROI

在图像处理中,从被处理的整幅图像中以方框、圆等方式选出需要处理的区域,称为ROI,并将其作为后续处理的基础区域,可减少处理时间,增加识别精度,提高处理效率。本文以方框方式选定了ROI,见图3,计算测量断面横向像素坐标X_c,后续图像处理以该ROI区为处理对象。

3.2.2　图像灰度化

无人机拍摄照片为彩色图像,每个像素的颜色由R、G、B三个分量决定,每个分量均有256(0~255)个值可取,一个像素点有1 600多万种颜色的变化范围,如此庞大的数据量会降低图像处理效率。灰度图像是通过对彩色图像中每个像素点的R、G、B进行计

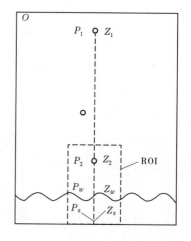

图3　系数标定及ROI

算,仅用一个数值(0~255)表示该像素点的特征,采用合理的灰度计算方法得到的灰度图仍可反映彩色图像中目标的特征,且可极大地降低了数据量,提高图像处理效率[9]。经过对不同灰度化计算方法的测试比选,本文采用灰度平均值法获取灰度图,可满足后续处理的需求。

3.2.3　图像二值化

图像二值化又叫图像分割[9],采用适当的阈值区分灰度图像中的目标与背景,便于后续目标提取与参数计算,在图像处理中占有非常重要的地位。为规避不均光照对分割

效果的影响,本文采用自适应阈值分割方法,通过计算像素点邻域内像素灰度值的平均值得到该邻域的阈值。灰度值大于阈值的像素被判定为一类,其灰度值为255,灰度值小于阈值的像素被判定为另一类,其灰度值为0。通过对算法中阈值参数进行调整,实现了水体与墙体的分割,其中水体区域灰度值为255,墙体区域灰度值为0。

3.2.4 图像开操作

经过图像分割后的二值化图一般会存在部分噪点或者断点,这种现象在野外环境下拍摄的照片中尤为明显,为了消除噪点,并对水面线断点进行融合,本文对二值化图进行了开操作处理。

3.3 偏移矫正

无人机悬停拍摄视频过程中难免会存在微小偏移,使得拍摄区域发生变化,影响识别准确率。因此,本文考虑了无人机平移产生的测量误差,采用对矫正点实时追踪定位,考虑当前帧图像与首帧图像中矫正点的坐标差异,对无人机进行了偏移矫正,方法如下:①选取包含标定点(J)的区域作为 ROI_b(以区分前述 ROI);②识别首帧ROI_b中标定点(J),并计算其质心坐标(X_{J0}, P_{J0}),作为对后续 ROI_b 中偏移矫正的基点;③识别第 i 帧图像ROI_b中标定点的质心坐标(X_{Ji}, P_{Ji});④计算 i 帧图像 ROI_b 中质心坐标与基点坐标的差值 ΔX、ΔZ,其中 $\Delta X = X_{Ji} - X_{J0}$,$\Delta P = P_{Ji} - P_{J0}$,见图4。

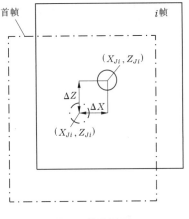

图4 偏移矫正

3.4 水位识别

采用下述判别算法获取 W 点高程,在横向像素坐标 X_c(测量断面)的垂向基准测线上,从图像底部依次向上部判别每个像素灰度值是否为0(水体灰度值为255,墙体灰度值为0),当灰度值为0时,即表明到达水面,即停止对该帧图像的计算,获取 W 点像素坐标值(X_w, P_w),考虑偏移矫正后的像素坐标值为($X_w + \Delta X, P_w + \Delta P$),将 $P_w + \Delta P$ 代入式(2)即得到该帧图像中测量断面水面高程 Z_w。依次计算每帧图像中 W 点高程,即可获取测量断面水面高程及水面波动过程。当识别完最后一帧照片后,输出采集时段内最高水位、平均水位、最低水位。

4 工程应用

某水电站水力学原型观测时,需对溢洪道泄洪期间水垫塘边墙处水面波动进行测量。边墙高达15 m 以上,且此处水流流速高、波动大,水尺安装较为困难。此外,由于仅需对水位短期观测,其余几种水位测量设备安装或使用成本较大,适用性不高。因测量断面处河宽约160 m,不具备布在对岸布设固定摄像头条件,因此采用基于无人机视频影像的水面波动监测技术。在水位测量断面边墙上部设置长度6 m 的标定尺,泄洪期间由无人机悬停拍摄测量断面水面波动的视频(帧率:10 Hz,像素:3 840×2 160),后期采用图像识别算法获取水面波动时间序列。无人机拍摄的照片及相关标示见图5,图像预处理效果见图6。

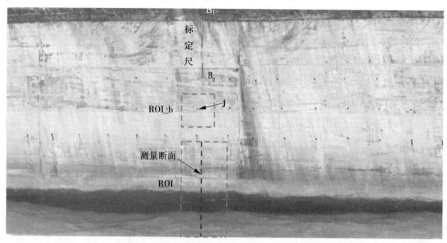

图5 无人机拍摄原始照片及相关标示

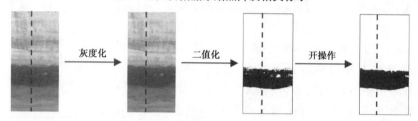

图6 图像预处理效果

采用上文方法获取无人机拍摄时段内测量断面水位波动时间序列,见图7。为检验量测系统的可靠性,在图中点绘了人工读取的水位时间序列。由图7可知,矫正前量测技术获取的水位波动数据与人工读取的数据存在较大偏差,量测技术矫正后的水位波动数据与人工读取的水位数据吻合较好,表明采用的矫正方法是合理的。此外,人工读取数据存在明显断点,数据连续性不好,主要为人工误差所致,而量测技术获取的水位数据连续性优于人工识别数据,且量测技术对每帧图像处理仅需约0.2 s,速度明显快于人工识别。因此,本文提出的基于无人机视频影像的水面波动量测技术是合理的、适用的。

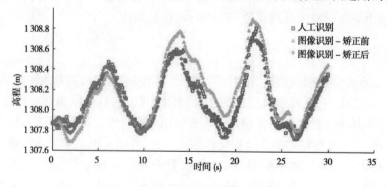

图7 量测技术识别可靠性检验

采用上述量测技术对 5 个泄洪工况的水垫塘水位进行量测,各工况水位时间序列见图 8,可知随着流量的增加,瞬时水位整体增加,其中 3 组 800 m³/s 流量工况下的三条水位波动基本维持在同一水位高程区间。各工况平均水位见图 9,可以看出平均水位与泄流量基本呈正相关关系,其中,3 组 800 m³/s 流量的工况下的平均水位波动呈现的微小差异是由于下游初始水位以及溢洪道闸门(5 孔)运行方式造成的。

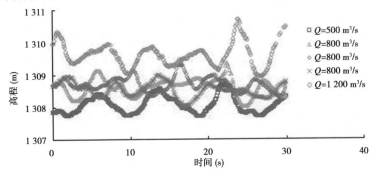

图 8　水面波动时间序列

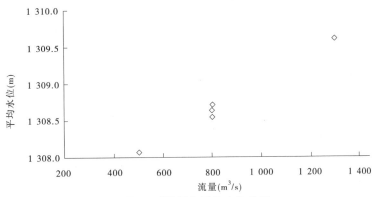

图 9　泄流量与平均水位关系

5　结　论

将无人机影像技术与图像识别技术结合,提出了一种基于无人机影像的水面波动量测技术。本文介绍了该技术的研究思路与具体实现过程,并对无人机偏移造成的识别误差进行了矫正。工程实践表明,该技术具有较好的适用性,大大降低了复杂条件下(高陡边坡、高流速)水位及水面波动观测的难度与成本。无人机采集视频影像技术机动灵活、图像识别与分析自动化程度高、识别准确率高,该技术具有广阔的推广应用前景。

参 考 文 献

[1] 夏毓常. 水工水力学原型观测与模型试验[M]. 北京:中国电力出版社,1999.

[2] 王新,陈武,汪荣胜,等. 浅论低空无人机遥感技术在水利相关领域中的应用前景[J]. 浙江水利科技,2010(6):27-29.

[3] 王光彦,姚坚,李登富,等. 低空无人机遥感在水利工程测绘中的应用研究[J]. 测绘与空间地理信

息, 2016, 39(5):113-115.

[4] Lin J, Li S. Experimental observation and assessment of ice conditions with a fixed-wing unmanned aerial vehicle over Yellow River, China[J]. Journal of Applied Remote Sensing, 2012, 6(1):3586.

[5] Room M H M, Ahmad A. Mapping of a river using close range photogrammetry technique and unmanned aerial vehicle system[C]// IOP Conference Series: Earth and Environmental Science. IOP Conference Series: Earth and Environmental Science, 2014.

[6] Nuske S, Choudhury S, Jain S, et al. Autonomous Exploration and Motion Planning for an Unmanned Aerial Vehicle Navigating Rivers[J]. Journal of Field Robotics, 2015, 32(8):1141-1162.

[7] Thumser P, Haas C, Tuhtan J A, et al. RAPTOR-UAV: Real-time particle tracking in rivers using an unmanned aerial vehicle[J]. Earth Surface Processes & Landforms, 2017, 42(14).

[8] Randolph N, Gardner D. Professional Visual Studio 2008[J]. 2006.

[9] Bradski G, Kaehler A. Learning OpenCV: Computer Vision with the OpenCV Library, ISBN 978 – 0 – 596 – 51613 – 0[J]. 2008.

滑坡堰塞形态研究

肖华波,杨静熙

（中国电建集团成都勘测设计研究院有限公司,四川 成都　610072）

摘　要　我国西南高山峡谷地区,由于地震和强降雨等作用,大型滑坡时有发生,一旦滑坡堆积物堵塞河道,堰塞淹没和堰塞溃决风险巨大。预测滑坡堰塞形态,对滑坡应急预案制定、灾害预防至关重要。本文利用二维图解法和PFC³ᴰ数值模拟研究预测了雅砻江中游马河变形体失稳的堰塞堆积形态,分析认为PFC³ᴰ数值模拟能反映出边坡地形地质条件、物质组成、失稳规模、失稳方式、物质间力学作用等因素对堆积形态的影响,计算成果更为可靠,成果已用于堰塞防治应急泄洪道设计。

关键词　大型滑坡;唐古栋滑坡;马河变形体;滑坡堰塞;堰塞形态;PFC³ᴰ

1　前　言

河岸大型滑坡变形体失稳后将在河道内形成堰塞体,进而在其上游形成堰塞湖淹没,堰塞体一旦溃决,形成溃决洪水,堰塞湖淹没及堰塞体溃决都将对上下游人民的生命和财产安全等造成很大影响,表1列举了国内外部分典型的滑坡堰塞体堵江及溃决实例[14]。

表 1　国内外部分典型的滑坡堰塞体堵江及溃决实例

序号	滑坡名称	滑坡时间	失稳规模（万 m³）	滑坡堰塞溃决概况
1	塔吉克斯坦Sarez 湖滑坡	1911 年	220 000	地震诱发山体滑坡,滑坡体积约 22 亿 m³,形成库容约 160 亿 m³ 的 Sarez 湖,堰塞坝高约 567 m,威胁着四个国家的总计数百万人的安全,目前溃决的风险仍然存在。在塔政府的一再请求下,有关国家和国际组织开始关注 Sarez 湖问题,世界银行已为相关风险评估与风险减缓工程等研究提供了资金支持
2	四川岷江茂县叠溪地震诱发滑坡	1933 年8 月 25 日	15 000	岷江上游茂县境内的叠溪 7.5 级地震诱发山体滑坡,滑坡体积达 1.5 亿 m³,堵断岷江 3 处,古城叠溪被淹,6 865 人葬于江中,在堵塞岷江 45 d 后溃缺,水头高达 65 m,至下游 200 km 的都江堰水头仍高达 12 m,造成沿途茂县、汶川等地死伤惨重,都江堰水利工程的渠道工程全部损毁

作者简介:肖华波（1982—）,男,硕士,高级工程师,主要从事水利水电工程地质、边坡工程方面的研究工作。E-mail:35491441@ qq. com。

续表1

序号	滑坡名称	滑坡时间	失稳规模（万 m³）	滑坡堰塞溃决概况
3	四川绵竹瓦窑堡滑坡	1934 年	3 000	堵塞绵远河 30 min 后溃决,使下游 20 km 的汉王镇突然被洪水淹没,致 200 余人死亡
4	四川会理芭蕉乡沙坝沟滑坡	1935 年 11 月 22 日	9 500	滑体越过金沙江(云南鲁布渡)形成 1 座高 50 m 的天然堆石坝,江水断流 3 d,毁地 27 hm²。致该县和云南共 286 人死亡,毁 2 个村庄
5	四川西昌东河者木组河滑坡	1965 年 10 月 27 日	2 900	450 万 m³ 滑坡物质进入河谷,形成高 50~70 m、长 300 m 的拦河坝和库容 270 万 m³ 的天然水库,次年 5 月 26 日坝身被冲开一决口,当时最大流量 670 m³/s,冲毁淹没农田 66.7 hm²
6	云南禄劝马鹿塘乡普福烂泥沟滑坡	1965 年 11 月 22~24 日	40 000	1965 年 11 月 22~23 日产生滑动,其中 1 亿 m³ 土石滑入普福河,形成高 167 m 的堆石坝、500 万 m³ 的堰塞湖,毁村庄 5 个,造成 444 人死亡;1965 年 11 月 24 日在烂泥沟出水平源头再次滑动;1966 年 7 月 10 日,天然坝两侧溃决,冲出土石 700 万 m³ 的,形成巨大泥石流,使普福沟与金沙江交汇处的丙级险滩成为乙级险滩
7	四川省雅江县唐古栋滑坡	1967 年 6 月 8 日	6 800	在四川省雅江县孜河乡唐古栋发生的滑坡,以其规模巨大而载入历史记录。失稳边坡高达 1 000 m,剪出口高程 2 500 m,开口线高程 3 550 m,总方量约 0.68 亿 m³,堵塞雅砻江后形成一长约 500 m、高 175 m(右岸)至 335 m(左岸)的堰塞坝,江水倒流,堰塞湖形成 53 km 的回水区,库容 6.8 亿 m³。堵塞河道 9 d 后溃坝,溃决洪水位高达 50.4 m,洪峰流量达 53 000 m³/s,溃坝洪水沿雅砻江而下,波及下游达 1 000 km,洪水冲毁沿江 435 间房屋、230 hm² 田地、8 座公路桥梁和 3 座小水电站
8	四川盐源老厂滑坡	1989 年 10 月 16 日	1 000	前部滑入清水河,形成厚 50 m、宽 100 m 的土石坝
9	四川康定白土坎东侧滑坡	1995 年 6 月 15 日至 7 月 7 日	900	系 2 000 万 m³ 古滑坡体复活,前缘两次塌滑 150 万 m³,土石体进入折多河,淤堵河道,洪水爬岸,溃决后洪水冲毁河堤,涌入城区,使全城基本陷入瘫痪,冲毁下游 318 国道瓦斯沟段 56 处,中断交通 12 d,且冲毁 3 座水电站,造成 33 人死亡,100 多人受伤,直接经济损失 8.5 亿元
10	云南中甸三坝乡滑石板滑坡	1996 年 10 月 28 日	1 355	滑坡发生前,每逢雨季均有失稳现象,后缘不断崩落块石,1996 年 10 月 28 日 8 时 8 分整体顺层滑移 300 m,形成堆石坝,金沙江水壅高数十米,下游水位下降 30 多 m,金沙江断流 40 多分钟

续表1

序号	滑坡名称	滑坡时间	失稳规模（万 m³）	滑坡堰塞溃决概况
11	四川宣汉县天台乡特大山体滑坡	2004年9月5日	6 500	四川省达州市宣汉县天台乡因连降暴雨发生特大山体滑坡，导致约6 500万 m³山石整体下滑，阻断前河9 d，形成回水20余 km，最大库容近亿 m³的天然水库，上游五宝镇及天台乡1万多人被水围困
12	四川唐家山滑坡	2008年5月12日	2 037	受"5·12"汶川8级大地震影响，唐家山斜坡失稳，形成顺河向长803.4 m，横河向最大宽度611.8 m，高82～125 m，面积约20万 m²的堰塞坝。滑坡共导致近百人死亡。6月9日，堰塞湖蓄水已达2.425亿 m³，6月10日，堰塞湖水通过开挖泄洪槽成功泄洪，堰塞湖未发生整体溃坝，残余坝体整体稳定
13	阿富汗巴达赫尚省"5·2"特大山体滑坡	2014年5月2日	1 200	由于连日暴雨，5月2日当天，阿富汗巴达赫尚省荷波巴利克村（Hobo Barik）1 h内连续发生2次山体滑坡，数百间民房被埋，造成2 100人死亡。滑坡形成了一个长约800多 m、最大宽约240 m的堰塞体，堵塞河流形成堰塞湖。堰塞湖水位不断上升，存在溃坝隐患，对下游沿河100多个村庄村民的生命财产构成了严重威胁，至5月21日，堰塞湖已蓄水约10万 m³。后经现场处置，23日成功打通导流槽，堰塞湖险情成功解除

　　针对滑坡"失稳—堰塞—溃决"这一灾害发生过程，关于滑坡失稳机制的研究相对成熟，最具代表的成果是成都理工大学张倬元、王兰生教授等于20世纪70年代经过系统的研究，提出了蠕滑—拉裂、滑移—拉裂、滑移—压致拉裂、弯曲—拉裂、塑流—拉裂和滑移—弯曲共6种基础的斜坡变形破坏力学机制模式。对于堰塞坝溃决理论国内外学者进行了大量的研究，其中美国国家气象局DAMBRK溃坝洪水计算数学模型应用较为广泛。目前，对滑坡失稳、堰塞坝溃决已有大量的研究成果，但对滑坡失稳后堰塞堆积形态的预测研究，尚无相关文献资料。本文针对堰塞堆积形态的预测研究，结合工程实践，提出了二维图解法，并将PFC³ᴰ数值模拟引入堰塞堆积形态研究。研究成果填补了堰塞堆积形态预测研究方面的空白，对高山峡谷区滑坡应急预案制定、灾害预防具有较大参考意义。

2　滑坡堰塞形态计算方法

2.1　二维图解法

　　结合工程实践，提出了二维图解法。其基本原理是假定横河断面上，滑坡失稳面积乘以松散系数，等于失稳后松散堆积物的面积（包括落入河床部分和残留岸坡部分）。通过类比得出滑坡失稳后横河向堰塞堆积坡比，根据失稳前滑坡断面面积乘以松散系数、落入河床占比计算堰塞堆积断面面积，利用堰塞堆积断面面积、堰塞堆积坡比在CAD内可绘制出堰塞堆积的形态，见图1、图2。

图1 失稳前滑坡断面

图中:S_1—滑坡失稳断面面积

图2 失稳后堰塞堆积断面

图中:S_2—堰塞堆积断面面积;S_3—坡面残留堆积断面面积;$1:n$—堰塞堆积坡比

图解步骤:

(1)在 CAD 软件内,在剖面上量测失稳前滑坡断面面积 S_1;

(2)类比相关资料分析得出滑坡失稳后横河向堰塞堆积坡比 $1:n$;

(3)根据地形、滑面形态等分析滑坡后落入河床占比 p;

(4)类比分析得出滑坡堰塞堆积的松散系数 K;

(5)堰塞堆积断面面积 S_2 计算,计算公式:

$$S_2 = S_1 p K \tag{1}$$

(6)根据堰塞堆积断面面积 S_2、堰塞堆积坡比 $1:n$,在 CAD 软件内绘制堰塞堆积断面,得出堰塞堆积的高度。

2.2 PFC³ᴰ数值模拟

2.2.1 PFC³ᴰ颗粒流简介

PFC³ᴰ适用于研究颗粒集合体的破裂、破裂发展和大位移问题,在胶结材料变形和流动过程,弹脆性介质损伤、断裂破坏过程等领域的研究也具有独到的优势。

PFC³ᴰ继承了 DEM 的时步显示计算原理,处理对象只有两种基本单元,一是球形颗粒(ball),二是墙面(wall),由 facet 组成。整个模型遵循牛顿运动定律,并用离散元法的力位移关系来计算颗粒与颗粒及颗粒与墙体之间发生接触时的作用力。

PFC³ᴰ中的模型基于以下假设:

(1)颗粒单元被视为刚性体。

(2)颗粒间的接触在可忽略不计的点上。

(3)颗粒间的接触视作柔性接触,颗粒允许在接触点上相互重叠。

(4)重叠量与接触力大小有关,接触力通过力–位移定律计算。需要指出的是,重叠量相比于颗粒尺寸非常小。

（5）颗粒间的接触点可以存在连接（bonds）。

（6）所有的颗粒的形状都是球形，也可以用到 clump 生成任意的形状，在每个 clump 中颗粒相互重叠但没有相互作用力。

该假设适用于岩土工程中的大部分散体材料，如砂土、粉土、岩石等，因为其变形主要是材料内部相对滑动，裂隙的张开或闭合产生，而不是由材料自身组成物质的变形所致。颗粒流更适用于模拟岩土体材料的力学性质。

除了颗粒单元，在 PFC^{3D} 中还包括墙单元。墙单元上可以施加速度边界条件，从而对颗粒进行压密。墙和颗粒之间同样通过接触产生作用力。墙单元不满足牛顿运动定律，不受力的作用的影响。在每个计算时步（timestep）内，依次利用力与位移法则更新模型中的接触力，运动法则更新模型中颗粒和墙的位置，直到达到平衡状态。

2.2.2　颗粒流接触本构模型

颗粒流中材料的本构行为通过接触点上的本构模型来模拟。颗粒间的接触本构模型有三种，接触刚度模型、滑动模型和接触连接模型。滑动模型提供颗粒球间相对滑动时切向接触力和法向接触力之间的关系。连接模型提供了限制颗粒间的连接的法向力和切向力。

2.2.3　阻尼本构

实际问题中，岩土体并非刚性体，系统的能量并不仅仅通过单元之间的摩擦方式进行耗散，颗粒与颗粒及颗粒与墙体之间的碰撞能耗也是系统能量损失的最重要途径之一。为了更真实地还原岩土体介质在运动过程中的碰撞问题，PFC^{3D} 提供了两类基本阻尼模型，即局部阻尼、黏性阻尼。对于考虑仅在重力场作用下的滑坡动力学问题，加入局部阻尼并不符合实际，所以滑坡堰塞堆积模拟中局部阻尼一般设为零。

3　马河变形体概况及稳定性

马河变形体位于雅砻江中游右岸雅江县孜河乡境内，上距拟建楞古水电站河道距离 9.5 km。前缘高程 2 305 m，后缘高程 3 580 m，垂直高差 1 275 m，顺河宽 730 m，主要由表层堆积物和变形岩体两部分组成，总体积 1.9 亿 m³，其中覆盖层体积约 3 500 万 m³。

在地形上呈下凹的"簸箕"形，坡面覆盖层呈坡度 35°的"斜板"状，覆盖范围及厚度大，前缘 2 540 m 高程以下为冰水堆积物，厚 50 ~ 80 m，结构较紧密，天然状态边坡稳定性较好；2 540 m 高程以上为崩塌堆积物，厚 50 ~ 60 m，结构松散，架空明显，块石含量 20% ~ 30%。基岩为三叠系侏倭组中厚层夹薄层变质砂岩，岩层反倾坡内，层间软弱夹层发育，岩体有明显的倾倒变形迹象。根据岩体变形及卸荷特征的不同，可划分为强松动带、弱松动带、强卸荷带、弱卸荷带[5-6]（见图 3）。强松动带钻孔岩芯多呈碎块状，因变形程度的差异，呈现出随高程增加而碎块粒径变小的趋势，强松动带内钻孔一般不返水，漏浆严重，钻进感觉时快时慢、掉钻、无芯或少芯。弱松动带钻孔岩芯多为 3 ~ 6 cm 的碎块，少量短柱状。强卸荷带钻孔岩芯一般以短柱状—柱状、柱状—长柱状与碎块状交替分布，碎块状结构。弱卸荷带钻孔岩芯以短柱状—长柱状为主，镶嵌结构为主。

马河变形体稳定性计算成果见表 2，地震工况下覆盖层和强松动岩体可能发生整体失稳，经计算失稳方量约 1.6 亿 m³。

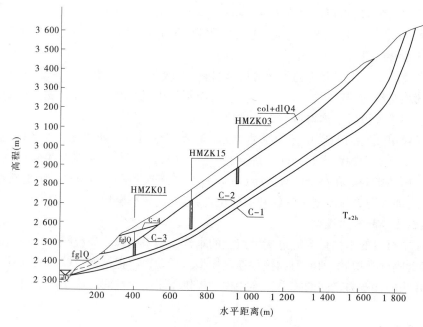

图3　马河变形体计算滑面示意图

图中：C‑1 为弱松动岩体底界；C‑2 为强松动岩体底界；

C‑3 为堆积体底界；C‑4 为崩塌堆积物底界

表2　马河变形体稳定性系数计算成果

滑面编号	岩土体名称	工况		
		天然	暴雨	地震
C‑1	弱松动岩体	1.194	1.117	1.102
C‑2	强松动岩体	1.081	1.022	0.991
C‑3	堆积体	1.067	1.01	0.988
C‑4	崩塌堆积物	1.067	1.011	0.983

4　马河变形体堰塞堆积形态计算

以马河变形体为例进行堰塞堆积形态计算。

4.1　二维图解法计算

经过量测，马河变形体失稳前滑坡断面面积 $S_1 = 383\,737\ \mathrm{m}^2$。由于分布位置高、势能大，易产生整体高速失稳，失稳后一般形成对岸高、本岸低的堰塞堆积形态，马河变形体所在岸坡地形地貌、组成物质与上游唐古栋滑坡类似，类比唐古栋滑坡，横河向堰塞堆积坡比取1∶4。马河变形体2 550 m 高程以上滑面坡度达到35°，以下滑面坡度15°～20°，经分析，变形体失稳后2 550 m 高程附近及以下可停留少量滑坡残留堆积物，大部分均高速滑动进入河床，经估算落入河床占比 p 取85%。类比唐古栋滑坡堰塞堆积物，马河变形体堰塞堆积松散系数 K 取1.3。根据以上取值,计算得到堰塞堆积断面面积 S_2 = 463 938 m²。根据河道地形断面、堰塞堆积断面面积、堰塞堆积坡比在 CAD 软件内绘制堰塞堆积断面,最终得出堰塞堆积形态成果,对岸(左岸)高约 391 m,本岸(右岸)高 169 m。

4.2　PFC³ᴰ数值模拟计算

4.2.1　计算参数反演分析

为确定 PFC³ᴰ数值模拟计算的参数,利用其上游6 km 处唐古栋滑坡堰塞堆积形态进行参数反演,两者组成物质基本一致。唐古栋滑坡发生于1967年,顺河宽1.1 km,前缘高程2 475~2 500 m,后缘高程3 500 m,高差约1 000 m,前缘高出河床60~100 m,失稳方量6 800万 m³。失稳后河床内堰塞坝左岸(对岸)高 335 m,右岸(本岸)高 175 m,左岸堰塞坝残余痕迹明显。通过调查残余痕迹,结合访问调查,分析出堰塞坝顺河向坝底宽1 485 m,上游坝坡坡比为1:2.5,下游坝坡坡比为1:3,横河向坡比为1:4。

1)模型建立及计算方法

根据调查访问,唐古栋滑坡失稳前与现今上游侧地形基本一致。因此,据上游侧地形恢复滑坡发生前地形,用于反演计算,反演计算模型见图4。滑床由18 409个三角形单元组成,滑体由半径为6~8 m 的171 343个球形单元(模拟滑坡颗粒)组成,滑坡颗粒间采用平行黏结模型进行计算,滑坡颗粒与滑床间采用线弹性模型进行计算。

图4　唐古栋滑坡失稳堰塞堆积形态计算模型

2)参数选取

PFC³ᴰ数值模拟计算所需参数较多,不能通过物理力学试验直接得到,需通过运行 PFC³ᴰ自带的虚拟三轴测试程序进行参数标定,与坡体物质内摩擦角、内聚力进行对比,确定模拟计算所需的物理力学参数,参数选取见表3。

3)堆积形态分析

模拟计算过程中,施加重力使滑坡失稳,经过100 000时步后,滑坡失稳运动达到稳定状态,最终滑坡堆积形态见图5~图7。河床内堰塞坝顺河向呈中间高、上下游低的梯形形态,顺河向坝底宽1 483 m,坝顶宽516 m,上游坝坡坡比为1:2.5,下游坝坡坡比为1:3,横河向坡比为1:4。由于滑坡高位、高速失稳,堰塞坝横河向顶部高程对岸高、本岸低,对岸(左岸)高约350 m,中部约245 m,本岸(右岸)高178 m,堆积形态与实际情况基本相符,说明计算方法及参数选用可靠。

表3　唐古栋滑坡堰塞堆积形态数值模拟参数

颗粒密度 (kg/m³)	颗粒最小半径 R_{min} (m)	颗粒半径比 R_{max}/R_{min}	法向刚度 (N/m)	切向刚度 (N/m)	摩擦 系数
2 020	6	1.33	1×10^6	1×10^6	0.324
连接半径 (m)	黏结模量 E_c (Pa)	黏结刚度比 (k_n/k_s)	法向强度 (N/m²)	切向强度 (N/m²)	摩擦 系数
1.0	2.5×10^7	1.2	2×10^7	1.5×10^7	0.15

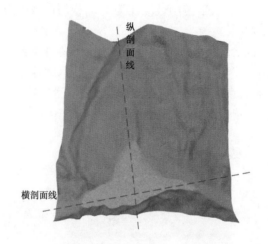

图5　唐古栋滑坡失稳后堆积形态

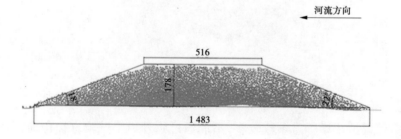

图6　唐古栋滑坡失稳后顺河向堆积形态

4.2.2　堰塞堆积形态模拟

1)模型建立及计算方法

马河变形体堆积堰塞堆积形态计算模型见图8,滑床由15 901个三角形单元组成,潜在滑体由半径为3~5 m的100 625个球形单元(模拟滑坡颗粒)组成,滑坡颗粒间采用平行黏结模型进行计算,滑坡颗粒与滑床间采用线弹性模型进行计算。

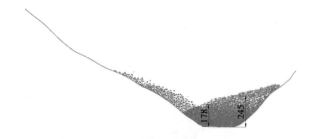

图7 唐古栋滑坡失稳后横河向堆积形态

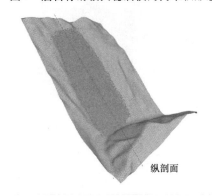

纵剖面

图8 马河变形体失稳堰塞堆积形态计算模型

2）参数选取

马河变形体与唐古栋滑坡组成物质基本一致,岩体相比较为破碎,颗粒粒径相比较小,因此颗粒最小半径、颗粒半径比两个参数不同,其余参数类比唐古栋滑坡相关参数,马河变形体堰塞堆积形态数值模拟参数见表4。

表4 马河变形体堰塞堆积形态数值模拟参数

颗粒密度 （kg/m³）	颗粒最小半径 R_{min}（m）	颗粒半径比 R_{max}/R_{min}	法向刚度 （N/m）	切向刚度 （N/m）	摩擦系数
2 020	3	1.67	1×10^6	1×10^6	0.324
连接半径 （m）	黏结模量 E_c（Pa）	黏结刚度比 （k_n/k_s）	法向强度 （N/m²）	切向强度 （N/m²）	摩擦系数
1.0	2.5×10^7	1.2	2×10^7	1.5×10^7	0.15

3）堆积形态分析

模拟计算过程中,施加重力使滑坡失稳,经过70 618时步后,滑坡失稳运动达到稳定状态,最终滑坡堆积形态见图9~图11。马河变形体组成物质破碎,中—上部分布位置高,失稳后,物质充分解体,形成的滑坡堆积物为松散物质。相比失稳前边坡体积,滑坡堆积物密度减小、体积增大。通过计算,除边坡上部分残余滑坡堆积物外,堆积于河床内的堰塞体总体积为1.77亿 m³。由图10可见,河床内堰塞坝顺河向呈中间高、上下游低的梯形形态,顺河向坝底宽1 955 m,坝顶宽719 m,上游坝坡坡比为1:3.2,下游坝坡坡比为

1∶3.3。由图11可见,堰塞坝对岸高、本岸低(即左岸高、右岸低),这与边坡变形机制和失稳方式有关,马河变形体主要发育倾倒变形岩体,倾倒变形孕育时间长,储存变形能高,失稳后一般为高速滑坡,滑坡物质直接冲入对岸,形成对岸高、本岸低的堰塞坝。堰塞坝顶最低高188 m,对应高程为2 508 m。

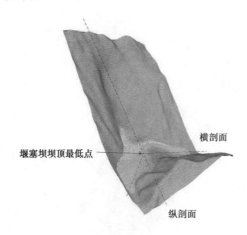

图9　马河变形体失稳后堰塞堆积形态

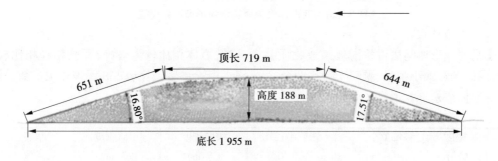

图10　马河变形体失稳后顺河向堰塞堆积形态

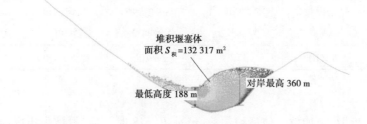

图11　马河变形体失稳后横河向堰塞堆积形态

4.3　计算结果分析

通过采用两种不同方法对马河变形体滑坡堰塞堆积形态进行计算,二维图解法、PFC^{3D}数值模拟计算得到堰塞坝顶最低高度分别为169 m、188 m。

二维图解法假定横河断面上,滑坡失稳面积乘以松散系数,等于失稳后松散堆积物的面积(包括落入河床部分和残留岸坡部分),未能考虑滑坡滑入河床后,滑坡物质将向上、下游分散;此外,横河向堰塞堆积坡比通过类比得出,实际上不同滑坡堰塞堆积坡比相差较大,参考意义较小。因此,二维图解法计算结果不能完全反映实际情况,误差相对较大,但由于计算速度快,可用于滑坡堰塞堆积形态初步估算。采用PFC^{3D}软件模拟计算,能真实地反映出地形条件、物质组成、失稳规模、失稳方式、物质间力学作用等因素对堆积形态的影响,计算结果更符合实际,缺点在于建模计算耗时长。

5 结 论

本文探讨了滑坡堰塞形态预测研究的两种计算方法,并以雅砻江中游马河变形体为例进行了计算分析,主要有以下几点认识:

(1)高山峡谷地区一旦发生滑坡,堆积物易堵塞河道,堰塞淹没和堰塞溃决风险巨大,预测滑坡堰塞形态,对滑坡应急预案制定、灾害预防至关重要。

(2)针对滑坡堰塞形态预测,首次提出了二维图解法,并将PFC^{3D}数值模拟引入堰塞形态计算,填补了滑坡堰塞形态预测研究的空白。

(3)二维图解法是在一定假设、类比条件下进行计算的,不能完全反映实际情况,误差相对较大,但计算速度快,可用于滑坡堰塞堆积形态初步估算。PFC^{3D}数值模能真实地反映出边坡地形条件、物质组成、失稳规模、失稳方式、物质间力学作用等因素对堆积形态的影响,计算结果更符合实际,缺点在于建模计算耗时长。

参 考 文 献

[1] 黄润秋. 20世纪以来中国的大型滑坡及其发生机制[J]. 岩石力学与工程学报,2007,26(3):433-454.

[2] 肖华波,王刚,郑汉淮,等. 唐古栋滑坡变形破坏机制及岸坡稳定性研究[J]. 长江科学院院报,2014,31(11):76-80.

[3] LO K Y, WAI R S C.. Time-dependent deformation of shaly rocks in southern Ontario[J]. Canada Geotechnical Journal,1978,15(2):537-547.

[4] 冷伦,冷荣梅. 雅砻江垮山洪水和历史的教训[J]. 四川水利,2002(2):42-44.

[5] 肖华波,杨静熙,王刚. 楞古水电站河段岸坡稳定性及对坝址选择影响[J]. 人民黄河,2017,39(2):107-111.

[6] 沈军辉,王兰生,王青海,等. 卸荷岩体的变形破裂特征[J]. 岩石力学与工程学报,2003,22(12):2028-2031.

基于一体化平台的智能集控建设探讨

李文友

(雅砻江流域水电开发有限公司,四川 成都　610051)

摘　要　智能电力是未来技术发展的方向,智能集控建设是能源企业实施提质增效的重大创新举措,也是配合国家智能电网建设战略发展的必然趋势。本文通过对智能集控建设需求的分析,提出了应用虚拟化、云计算、SDN 网络和大数据挖掘等最新技术,基于一体化平台的智能集控建设思路,可为智能集控建设提供参考。

关键词　智能集控;云计算;虚拟化;大数据挖掘;智能决策

1　前　言

《关于促进智能电网发展的指导意见》(发改运行〔2015〕1518 号)、《关于推进"互联网+"智慧能源发展的指导意见》(发改能源〔2016〕392 号)等文件的发布,对智能电网、智能能源的建设进行了指导和规范。智能电网是一个涵盖了电源、电网、用户的全过程的有机统一体,智能水电厂、智能集控作为智能电网的电源端,其建设对保障电网安全运行起直接支撑作用,积极推进能源生产智能化建设,也成为能源企业实施提质增效的重大创新举措。智能水电是未来技术发展方向,流域梯级水电厂以及集控中心智能化建设是配合国家智能电网建设战略发展的必然趋势。

国内大型水电开发企业普遍建成的集控中心,已天然成为各公司电力生产的"联合优化调度运行中心和数据中心",积极发挥着通过联合优化调度显著提升发电效益的重要功能。集控中心传统自动化系统逐渐显露出信息共享困难、一体化程度低、技术标准差异大、建设及维护工作量大、源网协调能力不足、智能决策能力有限等问题,无法为智能电网发展提供足够的技术支撑。建设智能集控中心可充分利用流域水库群调节优势,发挥水电负荷调节的灵活性,改善新能源发电随机性大、间歇性、平衡性差等不足之处,实现水电、风电及光伏发电互补,增加智能电网对新能源发电的接纳能力,提高流域发电效益和经济效益,有力支撑可再生能源发电和智能电网建设,改善能源结构。

中国自动化学会发电自动化专业委员会发布《智能电厂技术发展纲要》对智能电厂(Smart Power Plant)的定义为:智能电厂是指在广泛采用现代数字信息处理技术和通信技术基础上,集成智能的传感与执行、控制和管理等技术,达到更安全、高效、环保运行,与智能电网及需求侧相互协调,与社会资源和环境相互融合的发电厂。《智能水电厂技术导

作者简介:李文友(1973—),男,硕士,高级工程师,主要从事集控自动化系统及通信系统管理工作。
E-mail:liwenyou@ylhdc.com.cn。

则》(DL/T 1547—2016)的颁布,对智能水电厂的基本要求、体系结构、功能要求等进行了规范,可用于指导智能水电厂的建设。

集控中心为快速发展的新兴事物,智能集控目前仍没有形成公认的、系统全面的定义和架构。关于智能集控的建设,还缺乏相关的规程规范指导,但可参照智能水电厂、智能电网的建设经验开展。且各科研机构,生产厂家及能源生产企业等单位已积极开展了大量有益的探索、研究和应用实践。智能集控建设涉及生产、运行、维护管理等各个方面,具有规模大、结构复杂、研发内容多、技术难度大、建设周期长等特点,是一项开创性的系统工程,需要研究解决的技术关键问题很多,为保证智能集控建设的高起点和高水平,有效实现集控各系统的统一运行管理,避免重复建设,须提前谋划,按照"适度前瞻、逐步深入、迭代演进"的建设原则,对智能集控建设进行总体规划设计[1]。

2 智能集控建设需求

《关于加强流域水电管理有关问题的通知》(发改能源〔2016〕280 号)对集控中心的建设提出了新的更高的要求,从集控中心承担的职能来看,对调度部门而言,集控中心为分布式水电厂群,承担能源企业生产运行发电职能;对各水电厂而言,集控中心又为调度管理部门,承担流域各水电厂水电联合优化调度管理职能;而对各发电企业而言,集控中心是企业实现流域经济调度运行,提高企业精益化管理水平的关键部门,负责流域水文、气象以及电力生产等数据的管理和应用,承担为流域水电联合优化调度、流域经济调度运行等提供智能决策支持的职能。因此,智能集控建设应紧紧围绕集控中心所承担的这三个方面的职能开展,智能集控中心的建设需求如下。

2.1 生产运行需求

水电企业其水电站通常位于海拔高,含氧量低、环境恶劣,远离大城市,生活条件艰苦的地区,其落后的交通、文化、通信、医疗、教育等周边软硬件环境,难以吸引和留住人才,对公司的长远发展产生严重不利影响。对标国外的发电企业,已普遍实现远程集控:位于美国哥伦比亚河上的大古力电站是装机容量为 650 万 kW 的梯级电站,其集控中心已经实现集中调度和管理全厂 24 台水轮机和 3 个变电站的全部设备,全厂房无人值班;法国电力公司近 500 个电站仅有 14 个地点保留了值班人员。20 世纪 90 年代初日本东京电力公司 4 900 万 kW 装机,156 座电站,1990 年仅有不到 2% 有人值班[2]。

水电企业智能集控、智能水电厂建设的远期目标应能实现电站现场"无人值班,少人值守",智能集控中心远程智能调度和控制的运行管理模式能改善水电厂运行人员的工作和生活条件,提高员工的生活幸福指数,也为减员增效和人力资源优化调配提供支撑,有利于企业留住和吸引高素质的管理人员及技术人员,保持职工队伍稳定,增强员工的归属感,体现企业"以人为本"的管理理念,增强企业的凝聚力,有利于企业长远发展和核心竞争力的提高。

2.2 调度管理需求

实现流域水能资源优化利用,通过水电站群上下游信息共享,有效协调优化各级水电站调度过程,充分挖掘水电站发电能力,通过降低发电耗水率、充分利用洪水资源等措施,提高水电站发电量和发电效益,提高水能资源利用率和水资源综合利用水平。

2.3 智能决策需求

实现流域水电站群集约化生产管理,通过全流域各水电站各类自动化系统信息、流域水文、气象信息等全生产过程数据的集成,形成流域电力生产数据中心,应用大数据挖掘、人工智能等最新技术,为流域水电联合优化调度、流域经济调度运行等提供智能决策支持,并最终实现对决策的智能响应和执行。

3 智能集控基础设施建设

3.1 通信系统建设

高速可靠的通信网络是智能集控建设的基础,没有高速可靠的通信网络作为保障,智能集控建设犹如沙上建塔,必然是无源之水、无本之木。企业应充分重视通信系统的建设工作,提前规划各水电厂、集控中心和电网调度部门的接入网络结构,在三者间形成光纤骨干网络。提前就集控中心与流域各水电厂间的数据流量做好量化测算,研究优化数据传输模式,确保海量数据顺畅传输的同时系统能够安全稳定运行,尤其是应充分考虑为提高集控遥视水平,传送水电厂现场高清视频画面所需的通信带宽需求[3]。

3.2 基础平台建设

在传统集控自动化系统的架构中,通常采用固定拓扑结构,即每台服务器固定运行一个模块以实现特定功能,通过多台服务器及多个模块的组合运用,实现集控自动化系统的完整功能。这种架构模式存在架构繁杂、耦合度高、维护难度大、通用性差、容灾性差等问题[4]。以云计算、大数据、物联网、人工智能为代表的新兴技术快速发展,并开始应用于不同的产业领域,为水电运行管理的提升提供了新的思路和工具。云计算在通信、金融、医疗、气象等领域已得到大量应用,国内众多电力科研单位、国家电网公司、众多电力企业也在积极开展云计算在电力系统的相关应用研究和实践。《关于促进智能电网发展的指导意见》要求:配合"互联网+"智慧能源行动计划,加强移动互联网、云计算、大数据和物联网等技术在智能电网中的融合应用;国家电网公司信息化"十三五"规划明确提出建设"国网云",并已于2017年正式发布,将云计算技术应用于智能集控建设已成为技术发展的一种趋势。

智能集控的硬件基础平台,采用一体化私有云平台,即应用虚拟化、云计算等最新技术,对集控中心服务器、存储设备、网络设备等物理硬件资源"池化"处理,按需分配和使用,并采用SDN技术对网络统一规划、分配和管理,搭建集控基础资源池硬件平台,平台由三大资源池构成[5]:

(1)网络资源池:采用SDN技术,将网络通过软件单独定义,实现网络资源按需分配和管理网络资源。

(2)计算资源池:应用虚拟化技术,将多台高性能服务器物理主机虚拟化处理,组建虚拟集群,构成云计算资源池,按需分配和使用计算资源。

(3)存储资源池:应用虚拟化技术、分布式存储技术,将多个存储磁盘系统、SAN(Storage Area Network 存储区域网络)多个磁盘阵列虚拟化处理,组建存储资源池,实现存储资源按需分配和管理。

集控一体化私有云平台,可实现网络、计算和存储资源按需分配与使用,并可在线动态扩容,对业务无任何影响的将设备退出维护。平台为各类应用开发、集成和部署提供通用服务,能够屏蔽操作系统和网络协议的差异,并动态分配相应的资源满足不同应用的需求,实现业务系统的高性能和高可用。云计算集群具有非常好的繁殖能力,可以根据需要扩展节点数,而不是将系统平台推倒重新建设,大大提高了系统的可靠性。集控云平台将不再单独采购硬件、操作系统、数据库建设业务系统,而是使用云平台提供的虚拟资源搭建子业务功能模块,或将传统架构专业系统迁移到云平台中。借助云集群和分布式计算技术,平台上的功能与硬件完全脱钩,各业务系统也将逐步整合为功能模块[6]。

为满足电力监控系统安全防护体系"安全分区、网络专用、横向隔离、纵向认证"的相关要求[7-8],应分别组建安全Ⅰ区、安全Ⅱ、安全Ⅲ区私有云,各类功能模块作为不同的应用模块,采用虚拟化技术分别部署于相应的安全分区。集控云平台建设建议分两阶段实施:第一阶段,建设安全Ⅱ、安全Ⅲ区云平台,并将集控水调应用、电能量计量应用、保护信息管理应用、故障录波信息管理应用、流域经济调度(EDC)应用等功能模块虚拟化部署于对应的安全Ⅱ、安全Ⅲ区私有云平台;第二阶段,待条件成熟时建设安全Ⅰ区私有云,将集控电调应用、电力系统实时动态监测应用(WAMS)等功能模块部署于安全Ⅰ区私有云。

4 智能集控应用模块组成

智能集控在一体化私有云平台的基础架构之上,除实现流域水调、电调业务运行管理外,还包括建立在生产数据中心基础上的各种智能应用模块,其智能应用功能应覆盖流域梯级水电站日常生产运行管理等各领域,按照不同的业务应用领域,可将智能集控应用模块主要分为以下几类。

4.1 电调应用模块

集控电调应用具有对梯级各厂站子系统进行数据采集与处理、安全运行监视、运行调度、操作控制、流域梯级 EDC、泄洪闸门联动等功能,同时负责接受上级调度系统下达的各项指令,向上级调度传送所需的数据,对整个梯级枢纽进行有效的远方集中监视、调度、控制、联合优化调度及管理。实现流域梯级水电厂远方集中控制、机组优化运行,对于提高流域梯级水电厂运行管理的智能化决策水平,减轻运行人员劳动强度,提高经济效益,意义十分重大。

4.2 水调应用模块

水调自动化应用作为集控中心获取流域实时气象、雨水情和电力生产数据,集流域各水电厂水务计算、洪水预报与调度、防汛决策、水库经济运行、发电调度等功能于一体,是智能集控建设的重要组成部分。水调应用从流域整体水能利用率最大化角度出发,对梯级各水电厂进行联合优化运行,合理分配各梯级负荷,实现发电量和经济效益的最优化,可有效降低水库运行维护人员的工作强度,节约人力资源,不仅可提高水电企业的发电效益,而且可降低电网企业的购电成本,达成厂网双赢之目标。

通过接受流域实时水雨情、气象等信息,水调模块还应实现防汛信息管理、防汛值班管理、防汛决策支持和防汛指挥调度功能。防汛信息管理应包括水雨情信息服务、防汛物资储备管理、防汛人员与队伍管理、防汛电话录音以及防汛信息短信发布功能;防汛决策支持应包括防汛应急预警、洪水预报、防洪调度、防洪风险分析以及防汛会商功能;防汛指挥调度应包括应急预案管理、防汛应急指挥以及防汛工作考评功能。

4.3 工业电视应用模块

智能集控应能实现对流域电站的实时可视化监控,并实现与相关系统的联动功能:

(1)生产管理联动。开机、停机操作或有设备故障告警时,一体化平台通知工业电视系统实现自动切换,推出该设备的相应画面;同时一体化平台从数据中心调出近期该设备相关的维护、检修信息、设备操作统计数据和人员操作统计数据等。

(2)消防联动。电站消防系统通过标准接口将火灾信号送到集控一体化平台,平台接到火警信息后,发紧急火灾短信并将报警信息传送到工业电视系统和门禁系统,工业电视系统切换视频画面实现视频联动,同时门禁系统自动关闭相应的防火门(火灾隔离)和自动开放相应的门禁(逃生通道)[9]。

4.4 数据中心模块

通过统一规范的传输规约和网络接口,跨安全分区整合计算机监控、气象信息、水情测报、水库调度、状态监测、保护信息、网络通信、大坝监测、电能计量、工业电视、GPS对时、动力环境、消防门禁等系统数据资源,消灭信息孤岛,形成流域电力生产数据中心,为智能集控提供统一的信息支持和管理应用环境,满足流域梯级水电厂远方集控、水库联合优化调度、经济运行、设备状态在线监测与诊断等系统的应用需求,并为大数据挖掘、人工智能等高级应用提供数据支撑。

4.5 经济运行应用模块

运用大数据挖掘、云计算和人工智能等最新技术,对数据中心海量数据开发经济运行应用模块,涉及水电厂自动发电控制(AGC)、自动电压控制(AVC)、经济调度控制(EDC)、流域中长期水文预报、洪水预报、发电计划、防洪调度、节能考核、风险分析、水文预报精度评定等各方面内容,主要利用各类预测、调度、控制及仿真智能模型与算法,实现流域水电厂水资源合理高效利用、提高机组发电效率,并进一步加强与电网的优化协同互动[10]。

4.6 其他智能决策应用模块

智能集控建设的终极目标是通过对生产数据中心大数据的挖掘利用、应用专家知识库、机器学习、人工智能等技术,开发一系列的高级智能应用功能模块,以提高生产管理自动化水平和安全运行可靠性,取得更好的经济效益,其他智能决策应用模块在生产数据中心模块基础上二次开发独立的高级智能应用,重点开展预测预报、优化调度与经济运行三方面工作,建议应用开发方向为:

(1)智能预测:基于数值天气预报技术、大数据理论、人工智能技,持续丰富河流特性、气象、历史观测等影响要素数据,采用机器学习等智能化技术,逐步提高气象、水文预报精度,延长预见期,提升预见精度,实现对全流域发电资源的高精度动态预测;增强设备"感知"能力,通过对电厂测机组状态、集控侧系统状态、电网侧线路状态等数据进行分析,可对发电能力进一步把握。

(2)智能预警:从流域发电单元报警信号组合、联合运行典型事故、送出线路典型故障、来水区间流量突变下的负荷动态分配、水库安全运行约束条件等多个维度,由系统智能判断,实现对影响流域电力生产的各种内外部因素的智能预警。

（3）智能预控：基于足够丰富的内外部信息，对影响流域电力生产各种潜在风险，进行智能推演和识别，自动决策可采取的预控手段。

（4）智能调度：综合预测、预警、预控的实时情况，按年、月、周、日发电目标、电网调峰模式、断面约束等条件，建立符合实际业务的决策模型，逐步形成流域电力生产的发电与检修计划的优化决策、水库调度的优化决策、发电单元实时运行的优化决策。

5 结 语

作为智能电网发电环节的重要组成部分，智能集控建设是配合国家智能电网建设战略发展的必然趋势，对提高电网电能质量和安全稳定性，实现发电企业经济和社会效益最优化具有重要意义。不可否认的是，智能集控建设目前仍处于起步和探索阶段，其建设还应结合应用需求的变化，智能电网、智能水电厂的建设进程以及技术的发展，按照"适度前瞻、逐步深入、迭代演进"的建设原则，进行相应的调整和优化，在实际建设中不断探索、丰富和完善。

参 考 文 献

[1] 王德宽,张毅,余江城.流域梯级集控中心自动化系统智能化建设总体规划设计[J].水电站机电技术,2012,35(3):1-4.

[2] 王松林.梯级大型水电站取消现场中控室的远程集控管理[C]∥中国水力发电工程学会信息化专委会 2015 年学术交流会论文集.中国水力发电工程学会信息化专委会,2015:6.

[3] 谌斐鸣,陈曙东,汪涛.流域梯级集控及水电厂智能化建设规划初探[J].水电站机电技术,2015,38(9):61-64.

[4] 潘原离,李泉.基于云计算技术的电力调度自动化系统架构分析[J].河北电力技术,2016,35(1):4-7.

[5] 李文友.集控中心系统私有云部署思考[J].大电机技术,2017(8):154-158.

[6] 梁寿愚,胡荣,周华锋.基于云计算架构的新一代调度自动化系统[J].南方电网技术,2016,10(6):8-14.

[7] 中华人民共和国国家发展和改革委员会令〔2014〕第 14 号.电力监控系统安全防护规定[S].

[8] 国能安全〔2015〕36 号.国家能源局关于印发电力监控系统安全防护总体方案等安全防护方案和评估规范的通知[S].

[9] 杨炳良.智能水电厂的构想与实现[J].福建水力发电,2017(2):63-66.

[10] 华涛,芮钧,刘观标.流域智能集控体系架构设计与应用[J].水电与抽水蓄能,2017,3(3):35-41.

雅砻江集控中心电力生产数据整合技术研究

洪林,李文友,魏鹏,石发太

(雅砻江流域水电开发有限公司,四川 成都　610051)

摘　要　分析了流域梯级滚动开发模式下电力生产数据整合的现状及面临的挑战,通过数据补召、断点续传、数据缓存等关键技术的初步研究,提出了一种改进后的数据整合思路,进一步提高复杂多源异构系统间数据整合的安全、可靠及实时性能。

关键词　数据整合;多源异构;数据补召;断点续传;数据缓存

1　引　言

截至 2017 年底,全国全口径发电装机容量 17.8 亿 kW,同比增 7.6% ,其中全年新增水电装机 1 287 万 kW[1]。水电在节能减排、调峰调频以及优化调度方面具有显著的优势。流域梯级化联合开发运行模式是进一步提升水电调节能力和优化调度能力的主要技术措施。

雅砻江干流全长 1 571 km,规划建设多级梯级电站,技术可开发容量 3 000 万 kW。根据雅砻江公司"四阶段"开发战略,按规划电站地理分布实施分阶段滚动开发模式。为配合流域分阶段滚动开发模式,雅砻江公司采取"统一规划、分步实施"的原则建设了集控中心,适应不同开发阶段电站数据接入及联合优化调度的需求。

随着电力监控系统安全防护以及各业务系统技术的发展[2-3],集控中心电力生产数据在数据规模、数据分布、数据存储格式、数据处理速度等方面呈现高度复杂的多形态。为了更好发挥集控中心电力生产数据的作用,保障电力生产过程,进行数据整合是有效方法之一,其中数据采集的安全可靠及实时性是重中之重。

2　数据整合

2.1　现状

数据整合就是基于通用技术规范和标准实现系统之间的信息互联互通、信息资源共享,打破信息孤岛,使信息"活"起来[4]。数据整合不是对某个自动化系统数据的简单整理,而是跨越各自动化系统[5],建立统一信息模型,构建合理的数据结构及存储模式,形成跨系统的数据整合平台,满足报表统计分析、辅助决策、移动式发布等智能化发展的需求。

作者简介:洪林(1984—),男,工程师,主要研究方向:流域梯级电站远程集控技术及其综合应用等。
E-mail:honglin@ ylhdc. com. cn。

　　常规数据整合系统在结构上分层、网络上分区。数据采集对象一般是多源异构系统，处于流域各电站的各安全分区。在数据通信环节，由于各数据采集对象的系统架构和数据结构不同，采用定制化的电力通信协议进行数据交互。数据整合系统网络结构一般采用星形结构，在数据传输环节没有使用进一步的技术手段保证传输的可靠性。不同采集对象的数据结构不同，采集的数据需要进行数据整编后才能存储在整合系统中。常规数据整合系统数据流如图1所示。

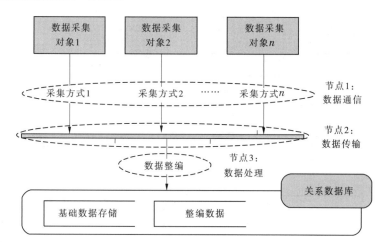

图1　常规数据整合示意图

2.2　面临的挑战

　　（1）复用性差。数据通信是数据整合数据流的源头。由于数据流源头系统的异构性，数据通信技术的定制化，往往造成数据通信复用性差，即针对不同数据源需要定制采用不同数据通信方法。

　　从数据整合的数据流向来看，如果数据采集端是源头，则一般数据整合都是"头重脚轻"。大量的工作都用在了为各异构系统的不同数据结构数据定制特定的通信手段上。针对不同的操作系统，提供的通信方式不同，常规数据整合中数据通信方式定制化、专一化，无法复用，增加了调试周期，也增加了数据采集的故障点。

　　数据整合的数据源分布在各分布式异构系统中，各系统的应用不同，数据结构不同，后续数据整编工作量大，数据整编算法不通用，维护工作量大，且数据完整性无法保证。

　　（2）可靠性差。由于各分布式异构系统所在地理位置不同，数据传输一般有一定的距离，甚至复杂的网络结构。如何保证数据整合中数据的完整性和可靠性，在常规数据整合中是缺失的。传输链路上数据异常通常导致数据整合的失败，影响整个数据整合系统的可靠性和完整性。

　　（3）实时性差。数据实时采集与数据整编存储之间的时间差影响数据的写入速度和实时性。由于各系统架构不同，采集的数据往往需要经过整编才能存储在目标介质上，整编的操作通常影响数据的写入速度和实时性。

3　关键技术的研究

数据整合是当前电力生产系统融合发展的必经之路,常规数据融合方法存在一定局限性。在数据整合的关键路径上,通过数据补召、断点续传、数据缓存等技术的研究,进一步提升数据整合的安全、可靠、实时等性能指标。一种改进后的数据整合结构图如图2所示。

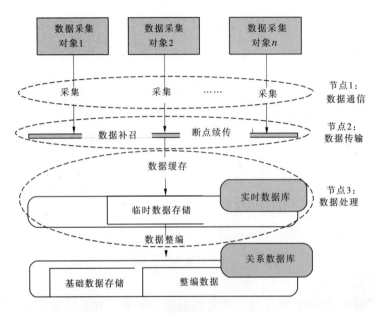

图2　改进后数据整合示意图

3.1　数据补召

数据补召提高了数据传输过程中数据可靠性与完整性。在网络异常、系统异常等情况下,保证数据的二次传输。针对系统服务器停机或网络故障等原因可能导致记录数据缺失的情况,实现对丢失数据的补召功能。通过客户端服务的组态功能,设置需要补召的数据点和时间信息,并将补召的信息保存至数据库中,设置完成后补召任务进入就绪状态。后台补召服务将根据系统负荷情况,选择负荷较低时进行数据的补召。通过网络接口将请求信息发送至数据采集对象,数据采集对象准备需要的数据并按照约定的数据格式发送至采集前置服务器,由采集前置服务器将数据保存为缓存文件,并最终记录入历史数据库。数据补召功能如图3所示。

3.2　断点续传

断点续传功能是解决数据丢失的高效手段,既避免数据的重复传输,又保证了在网络中断、服务器宕机等异常发生时数据的可靠性。

在采集对象的前段设置通信前置机,断点续传模块部署在通信前置机中。当通信前置机与系统主服务器之间发生故障时,通信前置机可以继续从采集对象上收集数据并存储,在故障排除后自动将存储的数据续传至主服务器。

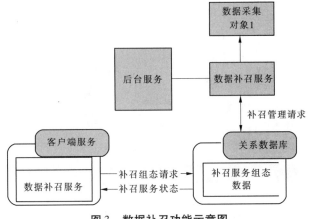

图3　数据补召功能示意图

3.3　数据缓存

数据缓存是解决数据实时性的有效手段。由于各自动化系统数据结构不同,数据整合系统采集的数据需要经过一定算法的整编后才能进行存储。数据整编一定程度上影响了数据采集的实时性。在数据整编之前,增加实时库缓存技术能够很好地解决实时采集和数据整编之间的矛盾。通过采用数据缓存功能、实时采集、实时缓存、后台非实时整编等技术措施,提高了数据采集的实时性。

4　集控中心数据整合技术

集控中心数据整合技术以 IEC 61970/61968 系列标准为基础,构筑基于 CIM/CIS/UIB 标准的具备开放式信息集成能力的数据整合体系。数据整合中的所有信息都来自于各相关系统,其他综合自动化系统的模型、设备信息以标准 CIM/XML 方式统一建模。通过数据整合,实现集控中心电力生产数据的信息单点维护、自动同步、统一使用。

集控中心数据整合采用总线型集成、模型驱动等技术,避免采用定制化的接口开发,并借鉴和采用国际上相关的行业标准进行规范化设计、规范化实施。采用基于 SOA 标准架构、遵循分层构件化及应用模块化的设计原则。遵循国际开放式标准和规范,采用基于面向对象的应用开发体系。

数据整合的数据模型主要参照 IEC 61970/61968 CIM 模型,同时也可以支持对 CIM 模型进行扩展的功能,当 CIM 模型标准不满足水电行业特性需求的情况下,参照其他通用标准实现。集控中心数据整合框架如图 4 所示。

由于各电力生产系统在技术上存在一定封闭性,集控中心数据整合技术主要基于上述通用框架实施,在数据补召、断电续传及数据缓存等关键技术的全面应用之前还需要进一步技术细化研究及功能测试。

5　结　论

数据整合是提升数据利用率,充分发挥数据效益的主要技术手段。然而在流域梯级滚动开发模式下,由于建设时间不同、主要技术路线不一致等,复杂多源异构电力生产系

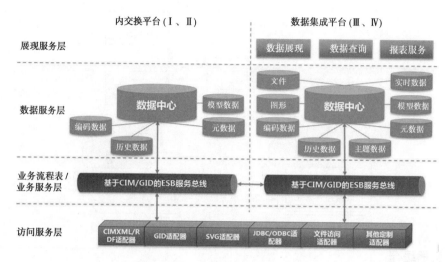

图4　集控中心数据整合框架示意图

统普遍存在数据结构不一致、数据接口不统一等特征,因此必然面临数据整合技术复用性差、可靠性差、实时性差等众多挑战。

　　数据整合关键技术的研究与应用,提高了梯级滚动开发模式下复杂多源异构电力生产系统数据整合的安全可靠性及实时性,为复杂多源异构系统的数据整合提供了新的思路和方法,但在实际应用过程中,由于缺乏数据提供者与数据接受者之间的统一规范要求,实施难度较大。

参 考 文 献

[1] 中电联.2017—2018年度全国电力供需形势分析预测报告[R].
[2] 国家发展和改革委员会〔2014〕14号令.电力监控系统安全防护规定[S].
[3] 国家能源局 国能安全〔2015〕36号.国家能源局关于印发电力监控系统安全防护总体方案等安全防护方案和评估规范的通知[S].
[4] 杨贤,冯加辉,李朝晖,等.智能电站控制－维护－管理系统集成中的安全隔离技术[J].电网技术,2013,36(7):269-274.
[5] 刘晓彤,文正国,杨春霞,等.巨型水电机组在线监测系统与监控系统数据交换的研究[J].水电站机电技术,2014,37(3):91-92.

基于泄洪建筑物运行要求数值化的锦官
电源组梯级水库防洪优化调度

邵朋昊，缪益平，朱成涛，丁义

（雅砻江流域水电开发有限公司，四川 成都　610051）

摘　要　目前主流的水库防洪优化调度模型未考虑泄洪建筑物运行要求，导致防洪优化调度成果缺乏可操作性。针对这一问题，本文在实现泄洪建筑物约束数值化、建立泄洪建筑物方案数据库的基础上，基于动态规划遍历思想，以防洪安全为约束，以闸门操作次数最少化为优化目标，构建了防洪优化调度－闸门启闭反馈模型，并将该模型应用于锦官电源组梯级水库防洪调度中。应用结果表明，在入库流量已知的条件下，防洪优化调度－闸门启闭反馈模型不仅能制订具有可操作性的泄洪建筑物调度方案，而且能有效地减少闸门操作次数。

关键词　防洪优化调度；泄洪建筑物；约束数值化；方案数据库；锦官电源组

1　引　言

　　水库防洪优化调度是根据水库的入流过程，按照水库防洪最优准则，通过最优化方法，对水库防洪调度的数学模型进行求解，生成比较理想的水库防洪调度方案，使水库按照最优调度方式进行调度蓄水和泄水[1]。水库防洪优化调度是具有多约束、高维度和非线性特点的优化问题，随着计算机水平的提高以及优化算法的发展，水库防洪优化调度问题得到了深入的研究，诸如动态规划（DP）[2-3]、遗传算法（GA）[4]、逐步优化算法（POA）[5-6]、粒子群算法（PSO）[7-9]等现代算法及其改进算法被应用到水库防洪优化调度中，并取得了较好的效果。

　　水库防洪优化调度主要包括以下 3 类优化准则[10]：①最大削峰准则；②洪灾淹没历时准则；③最小洪灾损失或最小防洪费用准则。但无论基于何种优化准则，水库防洪优化调度最终得到的是水库优化泄流流量过程。若要得到能更有效地指导实际防洪调度的泄洪建筑物调度方案，则仍需利用泄流曲线，根据泄流流量及库水位过程，反复插值计算得到泄洪闸开度过程。但由于水库尤其是大型水库的泄洪建筑物种类较多，闸门数量较大，运行条件及运行要求迥异，因此由泄流流量过程推求泄洪闸建筑物调度方案难度较大，即便实现，也会出现为了逼近优化泄流流量过程，而频繁操作泄洪建筑物的情况，这违背了实际防洪调度中，尽量减少泄洪建筑物操作次数的原则。

基金项目：国家重点研发计划项目"枢纽暴雨洪水预报及应急调控技术"（2016YFC041903）。
作者简介：邵朋昊（1990—），男，硕士，工程师，研究方向为水文预报及水库调度。E-mail：shaopenghao@ylhdc.com.cn。

实际上,制订优化的、可执行的泄洪建筑物调度方案,需解决以下 4 类问题:①在防洪安全的前提下,如何尽量减少泄洪建筑物的操作次数;②如何满足泄洪建筑物调度规程;③如何规避处于检修状态的泄洪建筑物;④如何匹配调度人员关于泄洪闸开度的调度习惯(如习惯将泄洪闸操作至整米开度)。

综上所述,在水库防洪优化调度中,考虑泄洪建筑物运行要求具有实际的必要性。针对上述问题,本文在实现泄洪建筑物约束数值化、建立泄洪建筑物方案数据库的基础上,基于动态规划遍历思想,以防洪安全为约束,以闸门操作次数最少为优化目标,构建了防洪优化调度 – 闸门启闭反馈模型,并应用于雅砻江流域锦官电源组梯级水库防洪调度。

2　防洪优化调度 – 闸门启闭反馈模型

结合闸门启闭数值化原则,构建防洪优化调度 – 闸门启闭反馈模型,即建立洪水调度模型与闸门启闭数值化的良好反馈模式,驱动闸门启闭数值化运行原则去主动影响洪水调度方式,两者并驾齐驱地结合泄洪建筑物运行原则、运行要求及流量条件和水位条件,分析出判别条件明确、可操作性强的水库泄洪建筑物闸门组合及其对应闸门开度,制订出泄洪建筑物闸门启闭的方案数据库,以闸门状态而非水位流量过程寻优,以尽量回到指定水位范围为结果,计算闸门操作次数最少化的水库泄洪建筑物闸门组合方案,进而获得不同情景下水库防洪调度的水库水位过程、下泄流量过程。

2.1　优化目标函数

防洪优化调度 – 闸门启闭反馈模型以闸门操作次数最少为优化目标。优化目标函数如下(见图 1):

$$\mathrm{Min}F = \sum_{t=1}^{T} \sum_{k=1}^{K} BOOL(fabs[\,O_{t+1,k} - O_{t,k}\,]) \tag{1}$$

式中:$O_{t+1,k}$ 为 $t+1$ 时段 k 闸门的开度;$O_{t,k}$ 为 t 时段 k 闸门的开度;K 为水库的闸门个数;T 为计算时段个数;$fabs$ 为取绝对值函数;$BOOL$ 为布尔函数,当参数为 0 时,函数值为 0,当参数不为 0 时,函数值为 1;F 为整个计算过程中闸门开度发生改变的次数,即闸门操作次数。

2.2　防洪安全约束条件

优化闸门操作次数必须在防洪安全的条件下进行。防洪优化调度 – 闸门启闭反馈模型防洪安全约束条件主要有:

水量平衡约束　　　　　$V_{t+1} - V_t = (Q_t - q_t) \cdot \Delta t \tag{2}$

库水位约束　　　　　　$Z_{\min} \leqslant Z_t \leqslant Z_{\max} \tag{3}$

下泄流量约束　　　　　$q_{\min} \leqslant q_t \leqslant q_{\max} \tag{4}$

式中:V_t 为 t 时段初库容;V_{t+1} 为 t 时段末库容;Q_t 为 t 时段入库流量;q_t 为 t 时段下泄流量;Δt 为计算时段长;Z_t 为 t 时段库水位;$Z_{\min}$、$Z_{\max}$ 分别为调度允许的最低、最高库水位;$q_{\min}$、$q_{\max}$ 分别为水库最小、最大下泄流量。

2.3　泄洪建筑物约束数值化

泄洪建筑物约束数值化是将"文字化"的泄洪建筑物调度规程"数值化"为防洪优化调度计算中的约束值,如泄洪建筑物的运行水位范围可数值化为两个约束端点值,再如设置"0"和"1"区分某个泄洪闸是否处于检修状态。借助于泄洪建筑物约束数值化,可保证防洪优化调度计算所得的泄洪建筑物调度方案满足调度规程要求,符合泄洪建筑物实际运行情况。

2.4　泄洪建筑物方案数据库

泄洪建筑物方案数据库即不同泄洪建筑物组合策略的集合,或者说是各泄洪闸不同开度的所有组合,它是防洪优化调度中动态规划遍历的可行域。需要说明的是:①组合方案条数与各泄洪建筑物的离散程度有关,如果离散值取的越小,则开度数越多,生成的闸门组合方案数会呈指数级增长,计算时间也会呈指数级增长;②有些约束条件要在防洪优化调度中结合水位条件、闸门开启条件等进行重新筛选,如泄洪建筑物未到达运行水位范围条件,会直接拒绝接受该组合方案。

2.5　计算流程

防洪优化调度 - 闸门启闭反馈模型的计算流程如下(见图1):

(1)确定初始条件。确定水库的初始起调水位、入库流量过程、闸门初始状态、计算时段数等,并在初始阶段设置水库约束条件,包括最低最高水位、最小最大库容、最小最大流量、闸门开度区间、非负条件约束等,并从数据库中读取相关基础曲线,包括水位库容曲线、下泄能力曲线等。

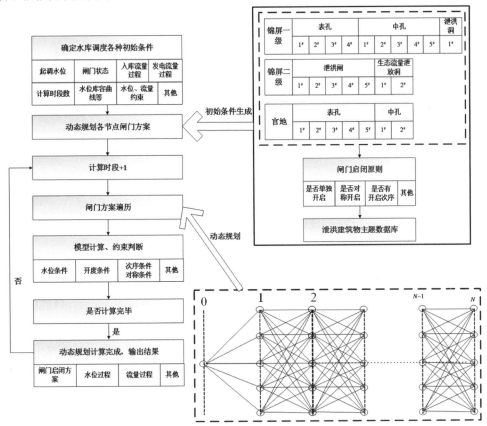

图1　防洪优化调度 - 闸门启闭反馈模型计算流程

（2）生成初始节点。根据泄洪建筑物的闸门启闭原则，包括是否允许单独开启、是否需要对称开启、是否有开启次序、是否有开启最大开度等要求，形成泄洪建筑物方案数据库，这些都是各计算节点闸门方案必须考虑的可行空间。

（3）动态规划遍历。对每个时段的所有闸门方案进行比较分析，判断其约束是否满足水位条件、开度条件、开启次序条件和对称条件，舍弃不满足约束条件的节点，记录每个节点对应的最佳方案，并计算选用该组闸门方案后计算的水位、流量过程，以及闸门操作次数，是一个"约束判断—方案选择—结果计算"的迭代过程。

（4）输出计算结果。判断调度时段所有时段是否计算完毕，如果没有计算完毕，将计算时段加1，然后开始下一个时段动态规划遍历，并重复以上"约束判断—方案选择—结果计算"的迭代过程；如果已经计算完毕，则通过判断每个方案闸门操作次数，优选出最佳的闸门组合方案。

3 案例分析

以雅砻江流域锦官电源组梯级水库（见图2）为研究对象，包括锦屏一级、锦屏二级及官地水库。其中锦屏一级水库具有年调节性能，锦屏二级及官地水库仅具有日调节性能。锦官电源组梯级水库泄水建筑物较多，闸门开启方式迥异复杂，且协调联动响应速度快要求高，尽可能实现三水库洪水统一调度，才能最大程度地确保水库安全运行。

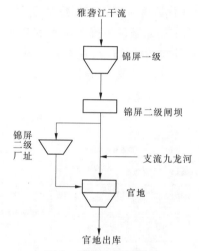

图2　锦官电源组梯级水库位置分布示意图

3.1 模型构建

3.1.1 泄洪建筑物约束数值化

根据锦屏一级、锦屏二级及官地水库泄洪建筑物的闸门启闭原则和运行要求，数值化了泄洪建筑物的约束条件。表1展示了锦屏一级水库泄洪建筑物约束数值化成果。

3.1.2 泄洪建筑物方案数据库

以锦屏电源组梯级水库的约束数值化表格为基础，采用必要的离散步长，且尽量满足其约束条件，根据锦屏一级、锦屏二级及官地水库的泄洪建筑物情况，即锦屏一级水库泄洪建筑物4个表孔、5个中孔、1个泄洪洞，锦屏二级水库泄洪建筑物5个泄洪闸和官地水库泄洪建筑物5个表孔，进行离散、组合和选择，分别形成了泄洪建筑物方案数据库。其中，锦屏一级水库涉及表孔、中孔、泄洪洞的闸门组合方案共680条，锦屏二级水库涉及泄洪闸的闸门组合方案共511条，官地水库涉及表孔的闸门组合方案共926条。表2展示了锦屏一级水库部分泄洪建筑物组合方案。

表1　锦屏一级水库泄洪建筑物约束数值化

类别	默认值	说明
水位可行范围	1 800 ~ 1 880 m	
表孔运用水位范围	1 868 ~ 1 882.6 m	
表孔是否能够使用	1,1,1,1	以1表示是,以0表示否
表孔对称开启过程最大开度差	1 m	
表孔相邻最终最大开度差	3 m	
表孔最大开度	12 m	
表孔离散步长	1 m	
中孔运用水位范围	1 807 ~ 1 882.6 m	
中孔是否能够使用	1,1,1,1,1	以1表示是,以0表示否
泄洪洞运用水位范围	1 850 ~ 1 882.6 m	
泄洪洞离散步长	0.50	
泄洪洞是否能够使用	1	以1表示是,以0表示否
水位在1 850 ~ 1 855 m时泄洪洞开度范围	0.25 ~ 0.5	
水位在1 855 ~ 1 865 m时泄洪洞开度范围	0.5 ~ 0.75	
水位高于1 865 m时泄洪洞开度范围	0.25 ~ 1	

表2　锦屏一级水库部分泄洪建筑物组合方案

序号	表孔1	表孔2	表孔3	表孔4	中孔1	中孔2	中孔3	中孔4	中孔5	泄洪洞
1	0	0	0	0	0	0	0	0	0	0.00
2	0	0	0	0	0	1	0	0	0	0.00
3	0	0	0	0	0	0	0	1	0	0.00
4	0	0	0	0	0	1	0	1	0	0.00
5	0	0	0	0	0	1	1	1	0	0.00
6	0	0	0	0	1	1	1	1	1	0.00
7	0	0	0	0	1	1	1	1	1	0.50
8	0	0	0	0	1	1	1	1	1	1.00
9	0	1	1	0	0	0	0	0	0	0.00
10	0	1	1	0	0	1	0	0	0	0.00
⋮	⋮	⋮	⋮	⋮	⋮	⋮	⋮	⋮	⋮	⋮
680	12	12	12	12	1	1	1	1	1	1.00

3.2　单库典型设计洪水模拟调度

为验证防洪优化调度 – 闸门启闭反馈模型能够严格遵循泄洪建筑物数值化约束进行计算,以锦屏一级水库为研究对象,以 1965 年 114 个时段(每时段为 3 h)的典型设计洪水为入库洪水过程,设置锦屏一级水库初水位为 1 878 m,考虑 2 种泄洪建筑物情况:①泄洪建筑物均可用,且初始状态均为关闭状态;②表孔 1# 检修,其他泄洪建筑物均可用,且初始状态均为关闭状态。采用防洪优化调度 – 闸门启闭反馈模型对该 2 种情况进行模拟调度,调度成果如图 3 所示。

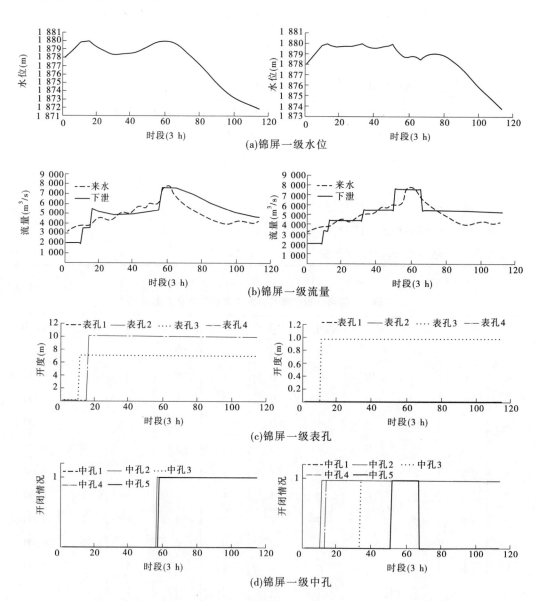

图 3　锦屏一级水库防洪优化调度成果(左:1#表孔可用;右:1#表孔检修)

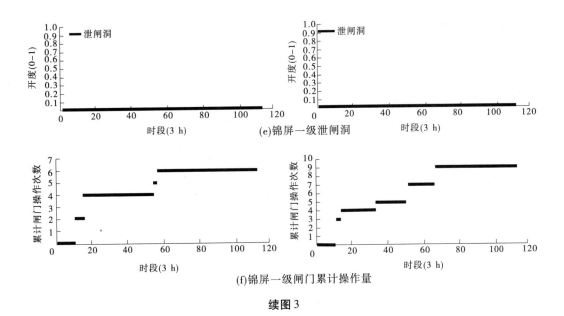

(e)锦屏一级泄闸洞

(f)锦屏一级闸门累计操作量

续图3

防洪优化调度计算成果表明：

(1)泄洪建筑物调度方案满足了锦屏一级水库防洪安全条件。

(2)从优化后的闸门开度调整过程曲线来看,各闸门的运行状态符合实际调度规则及检修情况,从而验证了优化结果的可行性和合理性。

3.3　梯级水库实际来水模拟调度

防洪优化调度－闸门启闭反馈模型以闸门操作次数最少化为优化准则,为验证其优化效果,以锦屏二级和官地水库为研究对象,对2013年7~8月实际来水进行防洪优化调度－闸门启闭反馈模型计算,并将优化后的闸门操作次数与实际闸门操作次数进行对比,结果见表3。

表3　与实际运行的锦屏二级和官地水库闸门操作次数对比

水库	项目	初水位 (m)	末水位 (m)	最低水位 (m)	最高水位 (m)	总闸门操作次数(次)
锦屏二级	实际	1 643.95	1 644.04	1 640.89	1 645.54	416
	优化	1 643.95	1 643.81	1 640.10	1 645.94	55
官地	实际	1 326.22	1 325.56	1 322.44	1 329.70	64
	优化	1 326.22	1 326.38	1 321.29	1 329.97	21

由表3可知,防洪优化调度－闸门启闭反馈模型计算成果中闸门操作次数少于实际运行操作次数。一方面是由于实际运行常常是结合运行人员的调度经验,主观性较大;另一方面是由于实际运行常常是根据当前和下一时刻来水来判定闸门方案,忽视了对来水情势的预判,无法进行有效的反馈控制,而基于防洪优化调度－闸门启闭反馈模型的优化调度计算中已知了来水过程,因此考虑来水情势后做出了更好的闸门启闭方案抉择。

4　结　论

　　（1）本文将水库调度最关键的因素——泄洪建筑物运行需求纳入防洪优化调度的研究范围,使防洪优化调度成果由泄流流量过程进一步具体为泄洪建筑物调度过程,提高了防洪优化调度成果的实用性和可操作性。

　　（2）在泄洪建筑物数值化基础上,构建了防洪优化调度－闸门启闭反馈模型,该模型能在保证防洪安全的前提下,实现闸门操作次数最少化。

　　（3）随着气象降雨预报技术的发展及预见期和预测精度的不断提高,可尝试采用本文提出的方法与实时防洪优化调度进行结合。

参 考 文 献

［1］纪昌明,吴月秋,张验科. 混沌粒子群优化算法在水库防洪优化调度中的应用[J]. 华北电力大学学报,2008,35(6):103-107.

［2］葛永明. 最大削峰准则在水库防洪优化调度中的应用[J]. 浙江水利科技,2005(5):47-48.

［3］梅亚冬. 梯级水库防洪优化调度的动态规划模型及解法[J]. 武汉水利电力大学学报,1999,32(5):10-12.

［4］陈立华,梅亚东,董雅洁,等. 改进遗传算法及其在水库群优化调度中的应用[J]. 水利学报,2008,39(5):550-556.

［5］杨斌斌,孙万光. 改进 POA 算法在流域防洪优化调度中的应用[J]. 水电能源科学,2010,28(12):36-38.

［6］秦旭宝,董增川,费如君,等. 基于逐步优化算法的水库防洪优化调度模型研究[J]. 水电能源科学,2008,26(4):60-62.

［7］王国利,梁国华,彭勇. 基于 PSO 算法的水库防洪优化调度模型及应用[J]. 水电能源科学,2009,27(1):74-76.

［8］罗君刚,张晓,解建仓. 基于量子多目标粒子群优化算法的水库防洪调度[J]. 水力发电学报,2013,32(6):69-75.

［9］谢维,纪昌明,吴月秋,等. 基于文化粒子群算法的水库防洪优化调度[J]. 水利学报,2010,41(4):452-463.

［10］邹强,王学敏,李安强,等. 基于并行混沌量子粒子群算法的梯级水库群防洪优化调度研究[J]. 水利学报,2016,47(8):967-976.

雅砻江流域大坝安全监测管理对策研究

樊垚堤,李啸啸

（雅砻江流域水电开发有限公司,四川 成都　610051）

摘　要　大坝安全监测作为大坝安全管理重要手段之一。通过开展安全监测工作,电力企业可有效降低大坝运行管理风险,极大保障了大坝等水工建筑物安全运行。雅砻江公司依托信息化建设手段,从监测成果获取、管理、应用等全过程出发,开展了大坝安全监测管理工作,对大坝安全管理创新起到了推动作用。

关键词　监测仪器物流码;信息管理系统;监管指标;整编分析

1　引　言

　　大坝运行安全直接关系人民群众生命财产安全。受设计和施工条件限制,大坝运行失事风险时刻存在,电力企业开展大坝安全管理工作实际上就是对大坝运行安全风险的管控。大坝安全监测作为大坝安全管理重要手段,通过埋设监测仪器、数据观测、日常水工巡视检查和监测成果整编分析,可发现大部分事故征兆,从而提示电力企业及时采取工程措施、启动应急预案等,将大坝风险降至最低。

　　按照国家及行业相关要求,大坝安全监测系统需与大坝结构主体工程同时设计、同时施工、同时运行。大坝安全监测仪器设备在安装埋设时,要严格按照相关仪器设备安装埋设技术文件、厂家说明书进行;投运后,要做好日常检查维护和更新改造工作,保证监测系统完备可靠运行;电力企业需定期开展监测资料整编分析工作,并向国家大坝中心报送大坝安全信息。雅砻江流域水电开发有限公司(简称"雅砻江公司")作为流域化大坝安全管理单位,认真梳理大坝安全监测仪器到货验收、仓储、安装埋设,数据测读计算、资料整编分析,仪器系统日常维护等全部环节,依托雅砻江流域大坝安全信息管理系统(简称"流域大坝系统"),不断提升大坝安全监测管理水平。

2　大坝安全管理信息化平台建设

　　根据《水电站大坝运行安全信息化建设规划》(电监安全〔2006〕47 号),信息化建设的任务就是建设国家电力大坝安全信息主系统、各流域(区域)大坝安全信息分系统、各水电站运行单位大坝安全信息子系统,实现远程管理与现场检查相结合的大坝安全监督和管理新格局。雅砻江是国内大江大河中唯一由一个主体开发的河流,为实施流域化大坝安全信息分系统建设提供有利条件[1-2]。

　　为统筹大坝安全管理,雅砻江公司于 2011 年启动了流域大坝系统建设,作为公司级流域大坝安全管理统一技术平台。系统于 2013 年开始上线运行,目前已实现桐子林、二滩、官地、锦屏一级、锦屏二级共 5 个运行电站安全监测、巡视检查、定检注册等大坝安全信息管理,并对在建的两河口、杨房沟水电站大坝安全监测信息进行管理。大坝安全管理信息化平台的建立,为开展安全监测仪器、监测信息管理,进行资料整编分析提供极大便利。

3　安全监测仪器管理

3.1　监测仪器物流码应用

借助物联网技术的应用,雅砻江公司以监测仪器为单位,以仪器身份识别信息(条形码、二维码等)为载体,开展监测仪器物流码研究与应用。目前,在水利工程领域,物流码是对能够携带仪器相关信息的条形码及二维码的统称。仪器出厂前,仪器厂家根据公司提交的所需信息清单进行统一编辑汇总并录入信息库或 Excel 文件中,信息清单包括订货批次、合同编号、钢印号、仪器名称、仪器类型、生产厂家、仪器型号、仪器参数、生产批次、检验日期、出厂日期等信息。仪器到货验收后,可通过扫码枪读取厂家信息库中各仪器物流码信息(见图1),实现所有信息自动进入流域大坝系统中进行管理(见图2);仪器出库时,扫描物流码可继续填写出库类型、领用信息等。通过物流码应用,可快速判断到货批次、仪器型号是否一致,极大提高了监测仪器到货入库、出库的效率[3]。

图1　监测仪器物流码示意图

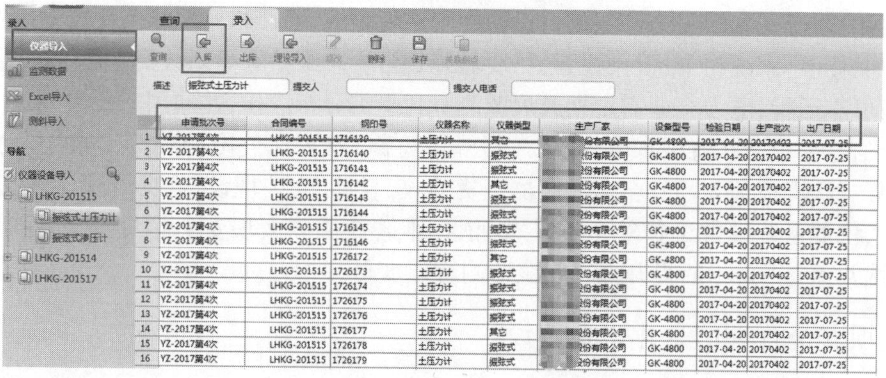

图2　监测仪器信息扫码入库后界面

3.2　监测仪器仓储管理

监测仪器仓储管理是监测仪器管理的重要环节。流域大坝系统在仓储方面,提供了场内调拨归还、借出归还、领用退回、返厂维护后再次入库等操作。

监测仪器入库时自动记录时间、人员、仪器状态等信息;出库时,通过测点属性信息修改完成仪器设备调拨确认(见图3),并记录时间、人员等信息;现场埋设工作完成后,立即在流域大坝系统中补充仪器埋设信息,包括埋设部位、高程、日期、初始值等,并与系统中设置的测点进行关联。信息化手段提高了后续仪器设备管理、核销工作效率。

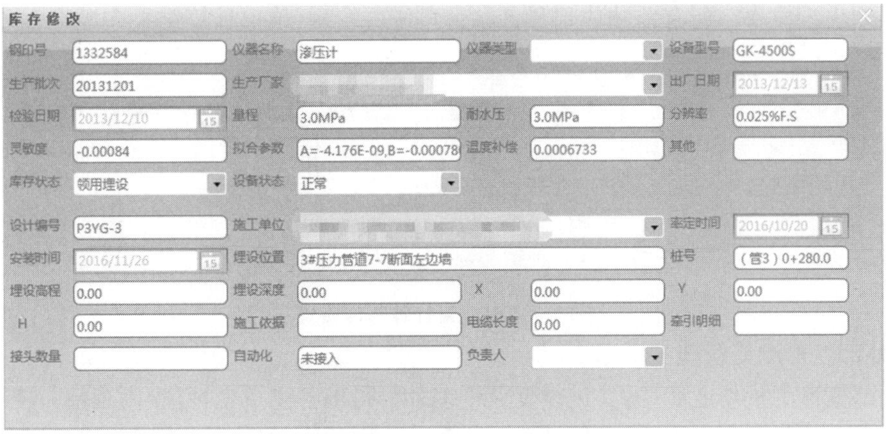

图3 监测仪器库存修改界面

4 安全监测信息管理

安全监测信息是大坝安全运行状态的"体检参数"。雅砻江公司历来十分重视安全监测信息管理工作,依托流域大坝系统,规范了监测数据采集、计算、审核工作流程。

4.1 监管指标研究与应用

监测数据采集是大坝安全监测重点工作之一。监测数据的完整性为后续资料整编分析,合理准确评价建筑物结构的安全性具有重要意义。根据监测数据采集方式不同,设置自动化监测数据完整率和人工观测项目数据完整率指标。通过月度统计与发布,规范了各电站安全监测数据采集工作。

4.2 变形类监测项目变形方向统一

现行《混凝土坝安全监测技术规范》(DL/T 5178—2016)和《土石坝安全监测技术规范》(DL/T 5259—2010)对相应坝型大坝及边坡水平位移、垂直位移等各类变形监测物理量的正负号均有明确的方向规定,但未对监测项目的观测坐标系进行统一说明。为便于对各类变形监测数据变化规律进行整编分析,雅砻江公司根据实际情况,对流域各电站变形类监测项目观测坐标系与变形方向进行统一,大大提高资料整编分析工作效率。

拱坝水平位移监测项目坐标系均采用径向位移和切向位移划分,垂直位移为铅垂向划分;重力坝、土石坝水平位移监测项目坐标系采用顺河向位移和横河向位移划分,垂直位移为铅垂向划分;边坡水平位移坐标系采用向临空向和垂直临空向划分,向临空向为边坡潜在失稳(或滑坡体)的主位移方向。上述坐标系方向规定适用于外部变形观测、垂线、引张线、真空激光准直系统等。

4.3 监测成果计算

监测数据采集后,需进行计算得出各监测成果物理量。振弦式监测仪器一般通过采集频率模数计算出变形量、渗透压力、锚固力、钢筋应力等;差阻式监测仪器一般采集到电阻比和电阻和,通过修正计算得出开合度、锚杆应力等。以往,监测成果来源不一致,如原始观测数据通过 Excel 计算得出最终成果物理量时,由于计算时中间成果量(有时中间成果量不止一次计算)四舍五入的问题,最终进行成果数据转入时会造成人为误差。通过流域大坝系统,统一所有监测仪器类型计算公式、计算成果精度后(见图4),可大大减小人为误差出现概率。所有监测成果量计算公式统一管理,确保计算结果来源唯一。

名称:	振弦式渗压计		仪器样式:	振弦式	监测分类:	普通	编码:	
	测值分量名称	单位	最小值	最大值	分量类别	数据类型	小数精度	整编列
1	频率		-1000000	1000000	原始量	双精度	2	
2	电阻	Ω	-1000000	1000000	原始量	双精度	2	
3	频率模数		-100000	100000	原始量	双精度	2	
4	温度	℃	-100000	100000	原始量	双精度	2	
5	水压	KPa	-100000	100000	计算成果	双精度	2	
6	水位	m	-1000000	1000000	计算成果	双精度	2	✓

图4　监测成果计算精度设置

4.4　外部变形测量管理

外部变形测量作业后,需要进行专业平差计算得出各测点坐标值、高程值。成果量精度不仅受观测作业条件影响,成果结算方法和人为因素也常常会成为影响因素,甚至造成结果偏差。流域大坝系统是国内首个可对外部变形观测进行综合管理和计算的信息管理系统,可通过直接读取测量仪器(全站仪等)记录文件或人工输入等方式,存储所有原始测量数据、计算参数(包括边长的加常数、乘常数,水准尺的每米真长改正等)等,并进行平差计算,得到各类外观变形量(见图5)。外部变形观测成果量可和其他测点监测量一样在系统中进行计算、查询、整编等操作。

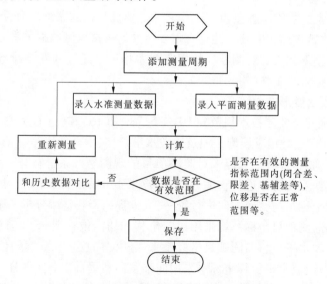

图5　流域大坝系统变形测量计算流程

5　监测资料整编分析管理

5.1　报告模板定制

依托流域大坝系统,雅砻江公司开展了监测资料整编分析月报、年度报告模板定制工作,对重复性的图表整编内容进行固定,大幅提高了整编效率,将精力重点放在数据规律分析研判上。

5.2　报告大纲统一

监测资料整编分析工作具有较强的专业性,一般电力企业均通过外委方式开展。受合同额度、外委单位技术人员水平参差不齐影响,外委安全监测项目分析报告质量较难得到满足。雅砻江公司梳理了外部变形观测分析,大坝、近坝库岸边坡、枢纽区边坡、引水发电系统整编分析报告内容,编制了运行期水电站安全监测外委项目年度报告大纲,进一步规范各电站安全监测外委项目年度报告编写质量。

以外部变形观测分析报告为例,需重点突出执行标准、仪器检定、外业质量评定、内业精度评价以及基准网稳定性评价等内容。

6　监测仪器设备更新改造

大坝安全监测仪器设备、自动化监测系统投运后,电力企业要做好日常检查维护和更新改造工作,保证监测系统的完备性和可靠性。《水电站大坝安全定期检查监督管理办法》(国能安全〔2015〕145号)中明确要求对大坝安全监测系统进行鉴定和评价。雅砻江公司二滩水电站已经于2008年、2015年进行两次大坝安全定期检查,针对定检专家提出的监测仪器更新改造要求,雅砻江公司认真分析,积极组织落实相关要求。

依托流域大坝系统,雅砻江公司实现了对流域大坝系统硬件服务器、网络通信运行状态进行实时监视;通过监测数据完整率、自动化系统运行率、平均无故障工作时间等指标统计分析结果,指导运行维护工作关注重点;结合实际工作开展,开发缺陷处理模块,通过填报运行问题(系统及设备)、指定消缺人处理、消缺人填报处理情况、审核人复核等流程,规范运维工作开展。2016年下半年起,官地水电站大坝坝顶真空激光准直系统监测数据持续出现异常波动问题,经现场检测分析,发现该系统真空度不满足规范要求,存在漏气的问题。通过对系统发射端装置及接收端装置进行更换、加装大功率真空泵等措施后,系统恢复正常观测。

7　结　论

雅砻江公司高度重视大坝运行安全管理工作,认真梳理大坝安全监测仪器到货验收、仓储,数据采集、计算、审核,资料整编分析,仪器系统日常维护等全部环节,依托信息化建设手段,开展了大坝安全监测管理,对大坝安全管理创新起到推动作用。

大坝安全信息化创新,已被证实是促进现代企业管理方式发展最有效的方式之一。2015年国家发改委颁布的《水电站大坝运行安全监督管理规定》,对电力企业大坝运行安全管理提出明确的监控要求,对坝高100 m以上的大坝、库容1亿m^3以上的大坝和病险坝,电力企业应当建立大坝安全在线监控系统,相关研究仍然任重道远[1]。各电力企业只有不断提高大坝运行主体单位管理工作水平,才能保障大坝安全稳定运行。

参 考 文 献

[1] 冯永祥. 水电站大坝运行安全管理综述[J]. 大坝与安全,2017(2):1-6.

[2] 聂强. 雅砻江流域梯级水电站群大坝运行安全管理现状[J]. 大坝与安全,2017(2):7-13.

[3] 张晨,冯永祥. 基于全生命周期的大坝安全监测信息管理[J]. 大坝与安全,2018(2):42-45.

雅砻江流域化水库地震监测台网的构成与应用

柳存喜,陈锡鑫,樊垚堤

（雅砻江流域水电开发有限公司,四川 成都　610051）

摘　要　雅砻江流域化水库地震监测台网是四川省首个流域化统筹设计、梯级建设、一个台网中心多个子台网实时监测运行水库地震活动的专用监测系统,具有监测范围流域覆盖、通信组网集成复杂度高、系统运行稳定、监测成果实时共享等特点。监测系统为保障水电站运行安全、防震减灾及相关研究提供了及时准确的监测成果。本文主要梳理阐述了雅砻江流域化水库地震监测台网的布局及应用成效,旨在为同类工程及大规模的水库地震台网设计和建设提供参考依据。

关键词　雅砻江台网;地震监测;流域化监测系统;监测能力

1　前　言

自 1962 年新丰江水库地震监测工作开始开展以来,水库地震监测工作已经走过了半个世纪,伴随科学技术水平的发展,水库地震监测工作管理水平和技术能力得到了不断的提升,相继也产出了大量的监测成果,对水库地震监测技术的发展、水库地震监测研究及防震减灾工作等具有重要的意义（杨晓源,2000）。

雅砻江发源于青海省巴颜喀拉山南麓,自西北向东南流至呷依寺附近进入四川省境内,干流由北向南流经四川甘孜藏族自治州、凉山彝族自治州,在攀枝花市的倮果注入金沙江,全长 1 571 km;雅砻江流域地处南北地震带中部的川滇菱形块体,伴随青藏高原不同程度大规模强烈的隆升,区域新构造运动以大面积的整体极速隆升及块体间差异运动为主,块体边界断裂带活动性较强,断裂构造发育,在雅砻江流域水能资源梯级开发过程中,为确保水工建筑物和库区周边人民生命财产的安全,根据《水库地震监测管理办法》（中国地震局第 9 号令）、《水库地震监测技术要求》等一系列法规及规范对坝高、库容达到一定规模的水库应建设水库地震监测台网开展水库地震监测的要求,按照雅砻江流域"四阶段"水电开发战略,以统筹规划、分步实施、集中管理的原则,于 2008 年启动了雅砻江水库地震台网(以下简称"雅砻江台网")技术系统设计与建设工作,2012 年 3 月雅砻江台网一期正式运行,雅砻江台网二期拟于 2018 年投用。

本文通过对雅砻江流域化水库地震台网技术系统的全面介绍,从技术系统的构成和

作者简介:柳存喜(1988—),男,理学硕士,工程师,从事地震监测及安全监测工作。E-mail:liucunxi@ylhdc.com.cn。

台网的运行情况论述了流域化水库地震台网的技术思路,为同类工程及大规模的水库地震台网设计和建设提供了借鉴与参考依据。

2 流域化地震台网概述

雅砻江台网技术系统的前身是二滩水电站水库遥测地震台网,始建于 1989 年,1991 年 5 月建成,按照流域化开发战略 2008 年启动了设计与建设工作,其中包含了二滩水电站水库遥测地震台网数字化改造工作,2011 年 8 月台网投入试运行,2012 年 3 月转入正式运行,其中包括二滩桐子林台网、官地台网、锦屏台网;2016 年启动了包括杨房沟台网和两河口台网的建设工作,拟于 2018 年投运。雅砻江台网技术系统由流域化人机交互的水库地震监测台网中心、中继站和野外无人值守测震台站构成;采用宽频带地震计、短周期地震计、加速度计相结合的测震观测和强震观测采集仪器;应用卫星、公网 CDMA(含4G)、数传电台、超短波及及有线(SDH 光纤通信)等多种数据传输的组网方式,在雅砻江流域形成了野外全台站及中转站无人值守运行、监测动态范围全面、数据传输方式多样综合的流域化、一体化、远程控制、集中管理、实时数据共享的流域化水库监测系统。

3 台网技术系统构成

3.1 台站布设

按照《水库地震监测技术要求》(GB/T 31077—2014)规范,测震观测台站的布设数量和分布应满足监测能力达到近震震级 $M_L1.5$ 级,水平定位误差小于 3 km,重点监测区的监测能力达到近震震级 $M_L0.5$ 级,水平定位误差小于 1 km,数字化测震观测频带带宽应满足能够记录一定振幅的地面震动;强震观测台站布设数量和分布应满足最大烈度区及重点区域的强震动观测频带涵盖 0.01 ~ 50 Hz、能够完整记录加速度的峰值不大于 20 m/s^2 等相关要求。

雅砻江台网技术系统采用测震观测和强震观测相结合的方式,根据测震观测站布设原则建设子台网 5 个、观测台站 54 个,其中已投入运行台站 38 个,在建台站 16 个;在近坝区的重要部位、水库地震监测区中的最大烈度区建强震观测站 9 个。地震观测包括了宽频带数字化观测和短周期数字化观测,观测环境地噪声水平 $E_{nl} < 3.16 \times 10^{-8}$ m/s 的 I 类台站 19 个,3.16×10^{-8} m/s $\leq E_{nl} < 1.00 \times 10^{-7}$ m/s 的 II 类台站 31 个,1.00×10^{-7} m/s $\leq E_{nl} < 3.16 \times 10^{-7}$ m/s 的 III 类台站 4 个,满足 B 类地区 I、II 类台站环境地噪声水平占总数 3/4 的要求,测震观测台站分布图见图 1。

雅砻江台网技术系统测震观测台站由地震计、地震数据采集器、通信设备、太阳能供电设施及避雷设备等构成。地震计是测震观测中的关键仪器,它通过直接感知地面的运动,将地面复杂的波动转化成电压信号,模拟电压信号被地震数据采集器转换为数字化信号,最后通过通信设备实时传送到台网中心。台站供电设施结合台站所有设备的总功率需求和观测区域气象情况配备了提供不间断电力供应的太阳能电池板和蓄电池组。由于观测范围地处高原,为避免观测设备受雷击破坏,台站按照雷电防护有关要求安装了避雷设备。野外台站技术系统布置图和观测房布置见图 2。

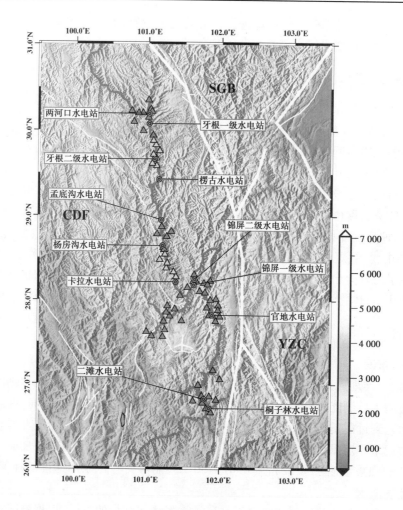

图 1   台站分布

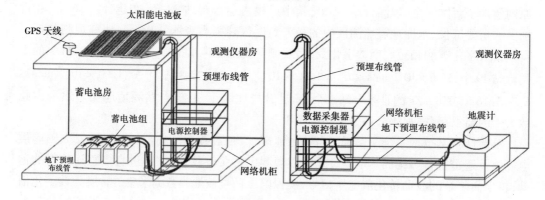

图 2   台站观测房示意图

3.2   组网方式及特点

自 20 世纪 90 年代我国设计建设的第一批数字地震台网以来,随着通信技术的进步和公网质量不断提高与完善,供数字台网选用的传输组网方式及其相应的技术也日趋多样化,如有线光纤组网、卫星组网、超短波无线组网、扩频微波组网及移动公网中的 GPRS 或 CDMA 组网等。

雅砻江台网技术系统组网方式结合雅砻江流域水库地震观测范围内的通信和自然条件,采用了卫星、公网 CDMA、数传电台、超短波及有线光纤通信等传输方式,设立通信中继站 7 座,利用各通信方式的传输特点(见表1),构建了实时稳定的地震数据传输网络,将雅砻江台网地震观测数据实时传输至成都地震监测台网中心和四川省地震局水库所。

表 1 通信方式传输特点

通信方式	优点	不足
卫星传输	覆盖范围广、不受通信两点间任何复杂地理条件的限制、通信距离远、信号配置灵活、传输较稳定、成本不因距离而改变	地震数据传输时延较大(10~30 s)、受落地点气候影响较大、短距离传输成本相对较大
公网 CDMA	通信质量好,地震数据传输速度较快、兼容性好、具有自适应功能、较灵活	信号覆盖范围有限、信号易受服务基站位置的影响、运维节点较多
数传电台	成本低、绕射能力强、组网结构灵活、覆盖范围远、适合地理环境复杂等场合	接收、发射装置安装条件要求苛刻、传输距离受基站及发射功率影响较大、信号传输稳定性易受环境影响
超短波	频率较高,频带较宽,能用于多路通信,可用功率较小的发射机,易于维护	通信距离较近;受地形影响较大,电波通过山岳、丘陵、丛林地带和建筑物时,会被部分吸收或阻挡,使通信困难或中断
有线光纤	地震数据传输速度快、无时延,传输稳定,运维节点较少	成本高

随着公网数据传输业务的发展和普及,雅砻江台网技术系统引入了移动 4G、电信 4G 及双网自适应切换技术等。综合使用多种通信方式相结合的方式,解决了偏远山区、复杂地形地貌条件下远程通信传输的困难,保证台网监测数据的实时传输,雅砻江台网通信组网方式拓扑见图3。

3.3 台网中心

雅砻江台网技术系统按照一个台网中心多个子台网模式设计,采用基于网络的分布式系统技术,通过路由器、认证服务器、实时数据流服务器、数据库服务器及交互处理服务器等相互协作,并配套测震行业专业软件构成。台网中心承担了雅砻江流域各子台网数据传输和存储、系统监视、人机交互处理、网络数据服务、日常处理等服务,实现了流域地震速报、地震编目、地震系统运行情况监控及与区域地震台网进行数据相互共享等一系列功能,同时,台网中心为后续建设的台网预留了以备接入的空间和接口。相较各电站单独建设运行,流域化地震台网中心实现了雅砻江流域各水库地震子台网的流域化、一体化、远程集中控制的管理模式,进一步提升了管理效率,同时大大节省了建设及运行成本,保证了雅砻江台网成果产出的质量。台网中心技术系统拓扑图见图4。

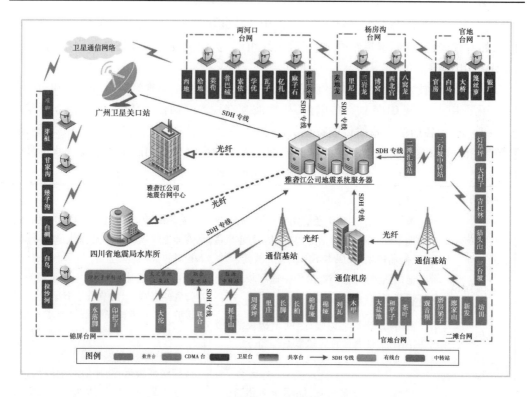

图 3　雅砻江台网通信拓扑

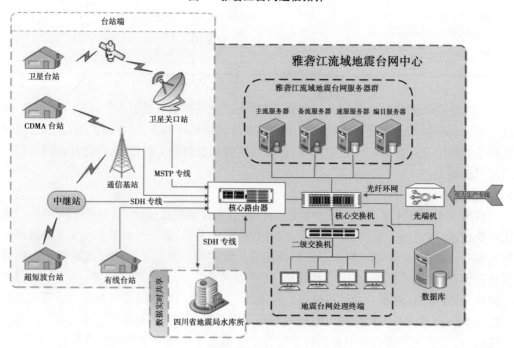

图 4　雅砻江台网中心技术系统拓扑

4 流域化技术系统监测能力及运行评价

4.1 监测能力

4.1.1 台网理论监测能力

地震台网监测能力是指在满足一定精度条件下,台网能测定震源位置、发震时刻和震级大小等基本参数的监测地震范围的能力(张有林,2005),其估算原理是根据各测震台站台址的背景噪声确定各台站可观测地震事件的 S 波振幅值,由该 S 波振幅值结合近震 M_L 震级计算公式确定量规函数:

$$M_L = \lg(A_\mu) + R(\Delta) + S(\Delta) \tag{1}$$

式中:M_L 指用 S 波最大振幅计算的震级;A_μ 指最大地动位移,取值为 S 波峰值振幅的估计值;$R(\Delta)$ 指量规函数;$S(\Delta)$ 指台站校正值。量规函数 $R(\Delta)$ 参考地震震级规定附录 A 中近震震级量规函数表确定,雅砻江台网选用川滇区域 R13 的取值;台站校正值 $S(\Delta)$ 在本文中取值为 0。按照量规函数与震中距的关系确定各台站指定震级的有效监测范围。然后,取 M_L 震级值依次计算各个台站对应取值的监测范围,按照 4 个台站监测区域的交集作为测震台网的监测区域,相应的 M_L 震级取值即为测震台网对该区域的监测能力。根据近震震级公式确定台网的理论监测能力得到了广泛的应用(何少林,2003;王俊,2007)。

测震台网的监测能力主要取决于台站的分布、台基噪声、地震计灵敏度等,根据雅砻江台网测震台站分布,各台址场地背景噪声和测震台站对地震的最小可分辨振幅,即测震台站灵敏度。我们选取了已运行台站和开展了设计工作台站的相关参数,经计算得到雅砻江台网监测能力,计算结果表明,台网的实际监测能力达到近震震级 M_L1.5 级,在水库重点监视区域监测能力下限可达到 M_L0.5 级,监测能力分布见图 5。

4.1.2 台网实际监测能力

古登堡-里克特研究表明地震震级与相应震级频度对数呈线性分布(国家地震局科技监测司,1995):

$$\lg N = a - bM \tag{2}$$

式中:M 为震级;N 为震级不小于 M 的地震事件个数;a、b 为常数。由于受台网观测能力的限制会存在小震事件的缺失现象,在震级—频度关系曲线上表现为小震级端出现"折头"现象,出现非线性分布,偏离非线性的拐点可定为台网观测的下限,即最小完整性震级。因此,最小完整性震级可以被用来表示台网的实际监测能力(蔡明军,2010)。

本文选取了监测区 2013 年 9 月至 2014 年 6 月和 2015 年 6 月至 2016 年 8 月两个时间段台网记录可定位的地震事件目录,经计算获得了台网的实际的监测能力,两个时间段内在理论震级为 M_L0.5 监测范围的震级频度最小完整性震级 M_c 分别为 0.3 和 0.2,结果表明雅砻江台网的实际监测能力能够满足相关要求,见图 6。

4.2 运行评价

雅砻江台网技术系统自投运以来,按照水库地震监测运行相关规程规范要求,每月定期对台站地震计开展脉冲标定工作,各台站基地震计自振周期与阻尼的变化率基本均小于 5%,各台站地震计电压灵敏度变化率在 10% 以内,仪器响应较稳定,台网运行率及数

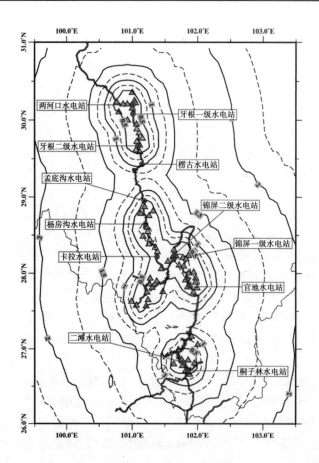

图 5　雅砻江台网理论监测能力

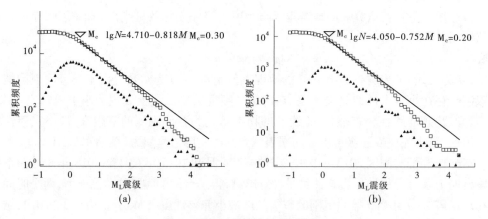

图 6　雅砻江台网实际监测能力

据完整率均高于95%(见图7),系统运行稳定。

雅砻江台网技术系统准确地监测到了各主要监测区及周边区域的地震活动,监测成果表明锦屏一级大坝监测区地震活动分布区域及最大震级总体上与国家地震局地质研究所编著的《四川雅砻江锦屏水电站地震安全性评价报告》预测成果基本一致。该系统监

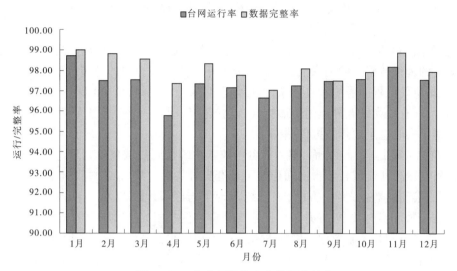

图7 2017年台网运行率和数据完整率

测所记录的地震波形震相清晰(见图8),总体记录的地震波形数据较完整,基本无失真、缺记和丢数现象,产出了高质量的监测成果,曾多次在四川省地震局组织的水库地震台网质量评比中取得了优异的成绩。

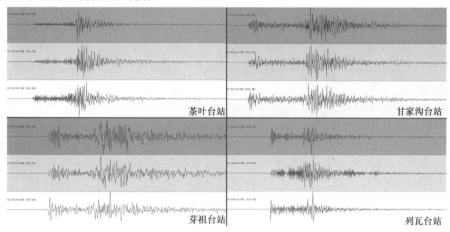

图8 部分台站记录的波形图

5 结 论

雅砻江台网技术系统按照流域化建设和运行模式,以科学合理测震台站布设、多样化的及时通信组网方式和现代化的台网中心,构成了一个台站流域化布局、地震数据传输通信方式多元化、监测成果实时共享的水库地震监测系统,为工程安全监测和区域防震减灾及相关研究工作提供了准确详实的基础资料。

(1)台站布设流域化统筹,实现大范围高精度监测。雅砻江台网技术系统打破了单一电站独立开展水库地震建设及运行维护的模式,按流域化统筹规划的理念,开展设计、建设及运行维护,充分考虑所开展水库地震监测的大坝在空间上的分布,对各子台网野外测震台站布设合理优化,均衡科学布局,各子台网测震台站相互衔接共享,扩大了监测范围,提升了监测精度,加强了监测能力。

(2)通信组网方式多样化。雅砻江台网技术系统是由野外无人值守测震台站构成,实时、稳定的远程数据传输是保证台网正常运行的一个至关重要的环节;该系统结合各野外测震台站所处位置的通信和自然条件,因地制宜采用了卫星、公网 CDMA(含 4G)、数传电台、超短波、有线光纤五种通信传输方式,设立通信中继站 7 座,通过多样化的通信组网方式,构建了实时稳定地震数据传输网络。

(3)监测成果共享。一方面,雅砻江台网技术系统按照流域化规划理念,合理的优化台站布局,在雅砻江流域各子台网间形成了数据实时共享,为地震定位及其他震源参数确定提供了更准确的数据;另一方面,该系统实现了与区域地震台网(四川省地震局水库所)的数据交换和实时共享,提升了台网边缘地震定位及相关参数测定的质量。

本文通过对雅砻江流域化台网技术系统构成和应用的介绍,论述了流域化地震观测系统的技术思路,为同类工程及大规模的水库地震台网设计和建设提供了参考依据。

参 考 文 献

[1] 杨晓源. 水库诱发地震和我国近年水库地震监测综述(一)[J]. 四川水力发电, 2000, 19(2):82-85.

[2] 杨晓源. 水库诱发地震和我国近年水库地震监测综述(二)[J]. 四川水力发电, 2000, 19(b08):87-89.

[3] 刘洋君, 王燕, 杨毅,等. 滩坑水库地震台网建设[J]. 地震地磁观测与研究, 2014(3):233-238.

[4] 张有林, 戚浩, 王燚坤,等. 安徽省地震台网监测能力和监控范围估算[J]. 地震地磁观测与研究, 2005, 26(6):56-59.

[5] 赵建和. "九五"区域数字遥测地震台网[M]. 合肥:安徽大学出版社, 2004.

[6] 国家地震局科技监测司. 地震观测技术[M].北京:地震出版社,1995.

[7] 何少林. 甘肃省地震台网监测能力分析[J]. 地震地磁观测与研究, 2003, 24(6):103-108.

[8] 王俊, 蔡舒梅, 崔庆谷. 云南区域数字地震台网的监测能力与限幅问题[J]. 地震地磁观测与研究, 2007, 28(1):84-89.

[9] 蔡明军, 叶建庆, 毛玉平. 景洪电站水库诱发地震监测台网地震监测能力评估[J]. 地震地磁观测与研究, 2010, 31(3):107-110.

高拱坝运行条件下坝肩软弱结构弱化规律研究及应用

杨宝全[1]，郭绪元[2]，李新[1,3]，张林[1]，陈媛[1]

（1. 四川大学 水力学与山区河流开发保护国家重点实验室，水利水电学院，
四川 成都 610065；2. 雅砻江流域水电开发有限公司，四川 成都 610051；
3. 中国核电工程有限公司，北京 100840）

摘 要 基于断裂力学及岩石力学理论，对软弱岩体弱化特性及影响机制进行分析，可以看出高拱坝工程运行后，坝肩岩体受孔隙水压、围压的影响，会对软弱结构产生较强的水压效应和围压效应。采用现场采集的某典型高拱坝坝肩软弱结构岩体，开展了水岩耦合三轴压缩试验，得到了不同孔隙水压、围压状态下，软弱结构抗剪强度参数结果。通过总结、归纳，依据库仑定律及有效应力理论，得到了软弱结构强度参数和抗剪强度弱化规律。将弱化规律在白鹤滩工程中推广应用，得到了相同的应力条件，各软弱结构的平均抗剪强度随水压的增加而降低，且弱化比例随水压增加逐渐增大等结论，还推求得到在 1 MPa 渗透压力、4 MPa 拱推力条件下（围压增加5%情况），结构面主错带降强幅度平均值为 14.47%。抗剪强度弱化规律在白鹤滩工程中的成功应用，为地质力学模型试验结构面弱化参数取值提供了有力支撑，为结构面降强幅度的确定提供了科学依据。

关键词 高拱坝工程；运行条件；坝肩软弱结构；弱化试验；弱化规律；工程应用

1 引 言

水—岩相互作用（Water-Rock Interaction，WRI）这一术语由水文地球化学学科的奠基人之一、苏联 A. M. Овчинников 于 20 世纪 50 年代提出。水—岩之间的相互作用分物理和化学作用，使岩石的渗透性和力学性质发生改变[1]。水对结构面抗剪强度参数的影响较为明显，主要表现在两个方面：一是使填充物力学性质恶化；一是沿岩体的裂隙形成渗流，影响岩体的稳定性。

构造和软弱岩体（带）对坝基和坝肩的稳定性影响很大，水库蓄水后坝肩结构面和软弱岩体的力学性质会发生较大变化，尤其是对于高坝，在高应力与强渗水作用下，其强度会出现一定程度的降低。拱坝坝肩软弱结构面对大坝的安全具有重要影响，如对法国马尔帕塞拱坝的失事，Bellier[2]认为，大坝坝肩岩体的结构面走向与拱坝推力方向平行，在坝肩岩体中形成高的压应力区，因渗透流动受阻使大坝坝肩岩体失稳。因此，对于在应力场和渗流场耦合作用下，研究结构面尤其是软弱结构面的特性，对于拱坝稳定性的影响具有非常重要的工程意义。

对于水岩相互作用方面的研究，国内外学者进行了大量的研究。周翠英[3]对软岩遇

水后力学性质软化的规律进行了研究,结果表明:软岩与水相互作用后,其抗压强度、抗拉强度及抗剪强度变化的定量表征关系一般服从指数变化规律。许模[4]对地下水对边坡岩体物理软化作用进行了研究,认为地下水对边坡岩体的物理软化作用是显著的,主要发生在水岩作用的前 10 h。借助于数值模拟来研究水岩作用的问题也是一个研究方向,如王保平、王威、马良荣、刘新荣等[1,5-7]利用试验和数值模拟方法对岩体中的软弱结构面进行了研究和探讨。由于对软弱结构面进行孔隙水压力作用下的试验测试具有较大难度,对其在高孔隙水压下的试验研究也是研究的一个方向。徐德敏[9]对高水头压力作用下岩石(体)的渗透特性、破坏机制和力学特性进行了研究后,得到了孔隙性介质,不论试样的渗透性大小,围压升、降渗透性变化均处于同一数量级,说明渗透性越大的试样受围压条件的影响性就越大等结论。刘涛影[10]对高渗压条件下裂隙岩体的劈裂破坏特性进行了研究,分析了裂隙岩体在复杂应力和高水头压力共同作用下的破坏模式、力学机制。目前,对于高拱坝运行条件下,也即孔隙水压、围压作用下软弱结构弱化规律的研究较少。

在进行降强法或综合法地质力学模型试验和数值计算中,研究软弱结构面对拱坝及地基整体稳定的影响时,以前的研究往往根据经验,取 15% ~30% 的降强幅度,但是缺少理论支撑。同时由于新建和待建的巨型拱坝工程所处地质条件大都面临高渗透水及高围压,若每一项工程都进行重复的试验,将面临试验工序烦琐、试验周期长等问题,期望通过典型高坝工程高孔隙水压条件下软弱结构弱化研究,得到可供类似工程应用的普适性规律,具备一定的经济价值、应用价值。

本文通过高孔隙水压、围压条件下的水岩耦合三轴压缩试验,从软弱岩体弱化特性及影响机制出发,对软弱结构强度参数的弱化规律进行分析,将揭示的规律在白鹤滩工程中推广应用,推求得到结构面主错带降强幅度平均值为 14.47%,为地质力学模型试验结构面降强参数的确定提供了有效依据。

2　软弱岩体弱化特性及影响机制分析

裂隙压力对岩石强度的影响可以归结为孔隙水对裂纹扩展的影响,如对闭合裂纹面的润滑作用和对裂纹尖端的劈裂作用。岩体内部均存在着大量缺陷(微观或宏观的裂隙),正因为这些缺陷的存在,使岩体的性质(如抗压、抗拉、抗剪强度及弹性模量)表现出各向异性;在实际的抗压试验中,岩石试样内的裂纹都存在由张开到闭合直至扩展破坏的过程。因此,研究抗压试验中裂纹对强度的影响,必须从闭合裂纹着手。

根据断裂力学及岩石力学理论,假设一无限大板内部存与垂直主应力夹角为 α 的裂纹 CD,闭合裂纹在平面应力 σ_1 和 σ_3 作用下,裂纹的正应力和剪应力分别为:

$$\sigma_\alpha = \frac{\sigma_1 + \sigma_3}{2} - \frac{\sigma_1 - \sigma_3}{2}\cos 2\alpha \tag{1}$$

$$\tau_\alpha = \frac{\sigma_1 - \sigma_3}{2}\sin 2\alpha \tag{2}$$

当裂隙内存在渗透压力 p 时,此时含渗透水压裂隙面上的正应力和剪应力分别为:

$$\sigma_\alpha^\omega = \frac{\sigma_1 + \sigma_3}{2} - \frac{\sigma_1 - \sigma_3}{2}\cos 2\alpha - p \tag{3}$$

$$\tau_\alpha^\omega = \frac{\sigma_1 - \sigma_3}{2}\sin2\alpha \tag{4}$$

根据断裂力学理论,裂纹尖端的应力强度因子为:

$$K_\mathrm{I} = -\sigma_\alpha\sqrt{\pi\alpha}, K_\mathrm{II} = \tau\sqrt{\pi\alpha} \tag{5}$$

平行裂纹面所受到合力为:

$$\tau = \tau_\alpha^\omega - F = \tau_\alpha^\omega - c_i - f_i\sigma_\alpha^\omega \tag{6}$$

对于闭合裂纹,裂纹表面的摩擦力为:

$$F = c_i + f_i\sigma_\alpha^w \tag{7}$$

式中:c_i 为黏聚力;f_i 为摩擦系数。

因此,裂纹强度因子可以写为:

$$K_\mathrm{I} = -\left[\frac{\sigma_1 + \sigma_3}{2} - \frac{\sigma_1 - \sigma_3}{2}\cos2\alpha - p\right]\sqrt{\pi\alpha} \tag{8}$$

$$K_\mathrm{II} = \left[(\sin2\alpha + f_i\cos2\alpha - f_i)\frac{\sigma_1}{2}\right]\sqrt{\pi\alpha} - \left[(\sin2\alpha + f_i\cos2\alpha + f_i)\frac{\sigma_3}{2} + pf_i - c_i\right]\sqrt{\pi\alpha} \tag{9}$$

对受压条件下的剪切断裂,裂纹 CD 的断裂韧度为:

$$\lambda_{12}K_\mathrm{I} + K_\mathrm{II} = K_\mathrm{IIc} \tag{10}$$

式中:λ_{12} 为压剪系数;K_IIc 为压缩状态下的剪切断裂韧度,则裂纹初裂强度为:

$$[\sigma_1] = \frac{\sin2\alpha + f_i\cos2\alpha + f_i + \lambda_{12}(1 + \cos2\alpha)}{\sin2\alpha + f_i\cos2\alpha - f_i - \lambda_{12}(1 - \cos2\alpha)}\sigma_3 + \frac{2(\lambda_{12} - f_i)}{\sin2\alpha + f_i\cos2\alpha - f_i - \lambda_{12}(1 - \cos2\alpha)}p +$$

$$\frac{2K_\mathrm{IIc}/\sqrt{\pi\alpha} + 2c_i}{\sin2\alpha + f_i\cos2\alpha - f_i - \lambda_{12}(1 - \cos2\alpha)} \tag{11}$$

通过以上软弱岩体特性的影响机制可以看出,裂纹初裂强度受围压及孔隙水压影响。高拱坝建成运行后,由于高水头、高渗压及围压作用,一方面要引起断层、软岩介质有效应力变化;另一方面,这些变化又反过来影响孔隙水压及围压的分布,这就是所谓的水—力耦合作用。

3　高孔隙水压软弱结构弱化试验

3.1　试验条件与步骤

试验采用现场采集的某典型高拱坝坝肩软弱结构岩体,对象分别为 1#、2#、3#、4#、5# 软弱结构面(控制坝肩稳定的主要结构面),制备成软弱结构试样,进行水岩耦合三轴压缩试验,试验设备为 MTS815 Flex Test GT 岩石力学试验机,力学参数及类型如表 1 所示。

主要试验步骤如下:

(1)试样采集与制备。将现场采集的软弱结构试样,制备成尺寸为 $\phi100\ \mathrm{mm} \times H200\ \mathrm{mm}$ 的试件。试件制备中,将最大粒径确定为 10 mm,对于超粒径部分,采用等量替代法,用原样中的 2 ~ 10 mm 砾粒组予以等量替代。试样制备的密度与含水量均按天然密度与天然含水量控制。每级围压一个试件,每条断层 5 组试件,共 25 组试件。

(2)围压加载。将围压加载到弱化试验所需要的围压,此时轴压略高于围压(称为初始轴压)。

（3）试件饱和。保持围压与初始轴压,向岩体试件渗透水流进口端施加渗透水压 1 MPa,出口端排气,待试件中空气完全排除后关闭出口阀门,并监测进、出口端水压差,待该水压差为零,此时岩体试件饱和完成。

（4）不同水压的弱化试验。围压分为 5 MPa、6.25 MPa、7.5 MPa、8.75 MPa、10 MPa 五级,每组试件一级围压,在每级围压下,按 1 MPa、2 MPa、3 MPa、4 MPa 逐级升高水压。试验采用先应力控制,加载到应力差达到 10 MPa 后转为侧向应变控制,至轴向应力不随应变增加而变化时结束;再将应力差降到初始轴压,水压升高到下一级后重复试验,直到水压 4 MPa 试验完成后,试验结束。

表1　软弱结构面力学参数

软弱结构面 编号	抗剪断参数	
	f	$c(\text{MPa})$
1#	0.27	3.3
2#	0.30	2.7
3#	0.49	0.9
4#	0.42	1.7
5#	0.55	1.5

3.2　弱化试验结果分析

限于篇幅,仅列出 3# 软弱结构面抗压强度试验结果(见表2),由表2可以获得天然状态和每一级水压下的轴向应力 σ_1 与围压 σ_3 关系的散点包罗曲线(见图1),可得软弱结构面天然状态与各级水压下的抗剪强度参数(3# 软弱结构面结果见表3)。

表2　3# 软弱结构抗压强度试验成果　　　　　　　　　　　　(单位:MPa)

试验围压	抗压强度				
	天然状态	不同孔隙水压力状态(弱化试验)			
		1 MPa	2 MPa	3 MPa	4 MPa
5	17.2	16.4	14.7	13.0	11.0
6.25	20.7	20.0	18.5	16.3	14.5
7.5	25.3	23.7	22.4	20.8	18.9
8.75	30.0	28.9	27.9	25.3	23.7
10	34.2	33.3	32.5	30.9	29.1

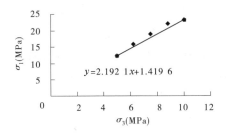

图1　3#软弱结构面 $\sigma_1 \sim \sigma_3$ 关系曲线（$p_w = 3$ MPa）

表3　3#软弱结构面抗剪强度参数结果　　　　　　　（单位：MPa）

围压 σ_3	天然状态		水压							
			1		2		3		4	
	c	f	c	f	c	f	c	f	c	f
5 ~ 10	0.9	0.49	0.6	0.50	0.0	0.52	0.0	0.46	0.0	0.40
5 ~ 7.5	0.9	0.49	0.6	0.50	0.0	0.52	0.0	0.46	0.0	0.40
6.25 ~ 8.75	0.0	0.57	0.4	0.52	0.0	0.52	0.0	0.49	0.0	0.43
7.5 ~ 10	0.0	0.58	0.0	0.56	0.0	0.55	0.0	0.50	0.0	0.47

　　表3中，为揭示强度参数与应力条件的关系，试验成果整理过程中，分围压范围进行分析计算，其中5 ~ 10是围压范围为5 MPa至10 MPa（包括5、6.25、7.5、8.75、10 MPa）全部五级围压试验获得的强度参数，5 ~ 7.5是上述围压范围中的前三级围压（即5、6.25、7.5 MPa）试验获得的强度参数，其他以此类推。

4　软弱结构弱化规律分析

4.1　软弱结构强度参数弱化规律分析

　　参照《水力发电工程地质勘察规范》（GB 50287—2006）对软弱结构的分类，以在不同孔隙水压力作用下的弱化试验为基础，寻找软弱结构弱化规律。由于这些软弱结构的基本性状、总体物理力学特征、工程特性没有本质差别，在工程岩体结构面分类分级中，它们均被归入软弱结构面中的主错带；另一方面由于弱化试验所选软弱结构面充填物不是单一类型，且与规范没有明显的一一对应关系，而所选样本数量有限，要通过本次试验寻找相对合理的普适性规律，本着抓住关键因素、忽略次要因素以及样本存在离散点的原则，结合规范中提出的参考数值，做出以下假定：弱化试验得出的规律适用于 f 取值介于0.25 ~ 0.6的软弱结构面。

　　由于软弱结构面试验围压介于5 ~ 10 MPa，而工程实际中围压大多超出此范围，且样本容量有限，故在寻找其弱化规律中，将强度弱化率 W_f 作为目标对象，建立弱化率 W_f 与

水压 p_w、围压增加率 W_{σ_3} 的函数关系。根据软弱结构弱化试验中 W_f、p_w、W_{σ_3} 的对应关系，以 p_w、W_{σ_3} 为横、纵坐标（x、y 坐标），以 W_f 为竖向坐标（z 坐标），采用 matlab 进行曲面拟合，根据强度参数 f 随水压及围压变化情况，拟合得到的曲面及公式如图 2 所示（限于篇幅，仅列出 3# 软弱结构面结果）。

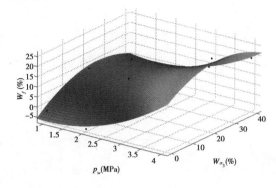

拟合公式：

$$W_f = -0.68 - 5.67p_w + 0.95W_{\sigma_3} + 2.53p_w^2 - 0.045\ 7p_wW_{\sigma_3} - 0.017\ 1W_{\sigma_3}^2$$

图 2　3# 软弱结构面强度参数 W_f 与水压及围压拟合曲面

对于强度参数 c 随水压及围压的变化情况，由于单点数据较为离散，单就每一软弱结构面拟合弱化规律较为困难，拟合度（确定系数）较低。为简化分析，将各软弱结构面数据点集中在一起进行拟合，采用 matlab 拟合出三者关系曲面及函数关系，曲面及拟合公式如图 3 所示。

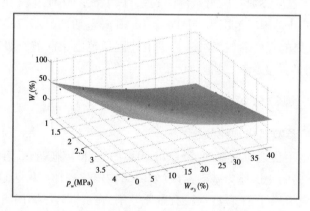

拟合公式：$W_c = 23.54 + 20.6p_w - 3.22W_{\sigma_3} - 0.022\ 2p_wW_{\sigma_3} + 0.034\ 2W_{\sigma_3}^2$

图 3　软弱结构面强度参数 W_c 与水压及围压拟合曲面

将软弱结构强度参数弱化规律进行汇总，可得强度参数 f 及 c 的弱化规律（见表 4），可见 W_f 及 W_c 拟合度均较高，绝大部分 R^2 均大于或等于 0.95。

表4 软弱结构强度参数弱化规律

f 范围	W_f 拟合规律公式	R^2
$0.25 \leqslant f < 0.3$	$W_f = -6.34 + 35.19p_w - 0.249W_{\sigma_3} - 11.18p_w^2 + 0.423p_wW_{\sigma_3} - 0.0174W_{\sigma_3}^2$	0.95
$0.3 \leqslant f < 0.4$	$W_f = -19.56 - 13.55p_w + 2.07W_{\sigma_3} + 0.367p_wW_{\sigma_3} - 0.029W_{\sigma_3}^2$	0.97
$0.4 \leqslant f < 0.45$	$W_f = -5.42 - 2.62p_w - 1.35W_{\sigma_3} + 0.235p_wW_{\sigma_3} + 0.0367W_{\sigma_3}^2$	0.97
$0.45 \leqslant f < 0.5$	$W_f = -0.68 - 5.67p_w + 0.95W_{\sigma_3} + 2.53p_w^2 - 0.0457p_wW_{\sigma_3} - 0.0171W_{\sigma_3}^2$	0.95
$0.5 \leqslant f < 0.6$	$W_f = 8.51 - 6.31p_w + 1.94p_w^2 + 0.58W_{\sigma_3} + 0.058W_{\sigma_3}^2 - 0.0020W_{\sigma_3}^3$	0.87
c 及抗剪强度 τ 弱化规律		
W_c 规律	$W_c = 23.54 + 20.6p_w - 3.22W_{\sigma_3} - 0.0222p_wW_{\sigma_3} + 0.0342W_{\sigma_3}^2$	0.95
c_w 规律	$c_w = c_n(1 - W_c/100)$	
f_w 规律	$f_w = f(1 - W_f/100)$	
抗剪断强度	$(\tau_s)_w = c_w + \sigma f_w$	
W_τ 弱化率	$W_\tau = \left[(\tau_s)_n - (\tau_s)_w\right]/(\tau_s)_n \times 100\%$	

4.2 抗剪强度弱化规律分析

理论及试验表明,在高渗透水压、高围压的耦合作用下,岩石强度存在明显的弱化效应,在弱化试验中,该效应表现为不同孔隙水压、围压条件下,岩石强度的弱化;在工程实际中,该效应表现为水库蓄水开始至正常运行的阶段,坝肩软弱结构面强度的弱化。

另外,软岩及断层中裂隙发育、相互连通,在静水压力作用下,裂隙中的水压力将抵消等量值正应力,同时水压力导致 f 及 c 参数弱化,使得强度弱化。其弱化作用可据摩尔 - 库仑强度理论进行定量分析,即库仑定律:

$$\tau_s = \sigma f + c \tag{12}$$

当岩体中具有孔隙水压力的时候,根据有效应力理论,上式改写为:

$$(\tau_s)_n = \sigma' f + c = (\sigma - p_w)f + c \tag{13}$$

式中:σ' 为有效应力;p_w 为孔隙水压力。

根据抗剪强度规律,以 $0.25 \leqslant f < 0.3$ 的软弱结构面为例进行分析,由式(13)可得弱化后强度为:

$$\begin{aligned}
(\tau_s)_w &= (\sigma - p_w)f_{pw} + c_{pw} \\
&= (\sigma - p_w)f_{pn}(1 - W_{pw-f}) + c_{pn}(1 - W_{pn-c}) \\
&= (\sigma - p_w)f(1 - W_{pn-f})[1 - (p_w/3)W_{3w-f}] + c(1 - W_{pn-c})[1 - (p_w/3)W_{3w-c}] \\
&= (\sigma - p_w)f[1 - (-6.34 + 35.19p_w - 11.18(p_w)^2 - 0.249W_{\sigma_3} + 0.423p_wW_{\sigma_3} - \\
&\quad 0.0174(W_{\sigma_3})^2)/100][1 - (p_w/3) \times 20\%] + c[1 - (23.54 + 20.6p_w - 3.22W_{\sigma_3} - \\
&\quad 0.0222p_wW_{\sigma_3} + 0.0342(W_{\sigma_3})^2)/100][1 - (p_w/3) \times 100\%] \\
&= (\sigma - p_w)f[93.66 - 35.19p_w + 11.18(p_w)^2 + 0.249W_{\sigma_3} - 0.423p_wW_{\sigma_3} +
\end{aligned}$$

$0.017\ 4(W_{\sigma_3})^2)/100](1 - 0.667p_w) + c[76.46 - 20.6P_w + 3.22W_{\sigma_3} +$

$0.022\ 2p_wW_{\sigma_3} - 0.034\ 2(W_{\sigma_3})^2)/100](1 - 0.333\ 3p_w)$ （14）

式中：f_{pn}、c_{pn} 为在水压 p_w 下弱化后的强度参数。

式（14）右侧多项式展开共17项，为水压 p_w 相关的3次多项式、围压增加比例 W_{σ_3} 相关的2次多项式、正应力 σ 及强度参数 f、c 相关的1次多项式，限于篇幅不进行展开。

类似地，可得不同 f 条件下的抗剪强度值，则弱化率：

$$W_\tau = [(\tau_s)_n - (\tau_s)_w]/(\tau_s)_n \times 100\%$$ （15）

式中：W_τ 为软弱结构抗剪强度弱化率；$(\tau_s)_n$ 为软弱结构天然状态下的抗剪强度；$(\tau_s)_w$ 为软弱结构在各级水压下的抗剪强度。

综合上述，可知强度参数 f、c 的弱化率具有随 p_w、W_{σ_3} 变化的多次方规律，可用与 p_w 相关的1次方、2次方或3次方，与 W_{σ_3} 相关的2次方或3次方函数关系表达；弱化后的抗剪强度可表示为与水压 p_w、围压增加比例 W_{σ_3} 相关的二元函数，可用与 p_w 相关的2次方或3次方、与 W_{σ_3} 相关的2次方、与正应力 σ 及强度参数 f 和 c 相关的1次方函数关系表达；弱化规律用数学公式进行表达，适用范围广，基本涵盖规范中的软弱面强度参数值区间，易于在工程实践中运用。

5 抗剪强度弱化规律应用

为将试验成果推广运用、举一反三，将弱化规律在与试验工程（典型工程）具有较大相似性的白鹤滩工程中推广应用，选取的控制白鹤滩坝肩稳定的软弱结构面物理力学参数如表5所示。将前述的弱化规律在白鹤滩工程中应用，推求得到了其强度弱化效应，弱化后平均强度值及平均弱化率见表6，并将不同正应力条件下（围压增加5%情况），抗剪强度弱化率随孔隙水压变化用曲线表示，见图4。

表5 白鹤滩软弱结构面物理力学参数

断层	F_{14}	F_{16}	F_{17}	F_{18}	f_{108}	f_{114}	f_{320}	F_{33}	f_{101}
f	0.47	0.59	0.51	0.46	0.5	0.58	0.5	0.5	0.58
c(MPa)	0.13	0.18	0.1	0.13	0.18	0.23	0.18	0.18	0.23

表6 抗剪强度弱化效应推求结果（围压增加5%情况）

正应力 （MPa）	软弱结构强度弱化后（平均值）					
	1 MPa		2 MPa		3 MPa	
	$(\tau_s)_w$	W_τ	$(\tau_s)_w$	W_τ	$(\tau_s)_w$	W_τ
5	1.64	6.32	1.09	10.93	0.53	24.73
10	2.14	5.75	1.59	9.02	1.00	18.36
15	4.66	4.71	4.10	6.33	3.37	12.53
20	9.70	4.25	9.10	5.35	8.11	10.95

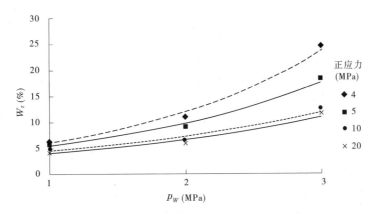

图 4　抗剪强度弱化率变化曲线（围压增加 5% 情况）

由表 6 和图 4 可知：

(1)相同的应力条件下,各断层的平均抗剪强度随水压的增加而降低,且弱化比例随水压增加逐渐增大。

(2)在正应力 4 MPa 时,弱化率随水压的升高增速较快,如在 3 MPa 孔隙水压下,弱化率达到约 25%;在正应力介于 10 ~ 20 MPa 时,弱化率随水压的升高增速趋缓,如在 3 MPa 孔隙水压下,10 MPa、20 MPa 正应力情况下弱化率均为 10% 左右。

(3)当正常运行后,白鹤滩坝肩抗力体内的渗透压力综合按 1 MPa 考虑,拱推力综合按 4 MPa、围压增加率按 5% 考虑,根据抗剪强度弱化规律,可得到结构面降强幅度平均值 14.47%。

6 结 语

(1)高孔隙水压、围压条件下的软弱结构强度参数 f、c 的弱化率具有随 p_w、W_{σ_3} 变化的多次方规律,可用与 p_w 相关的 1 次方、2 次方或 3 次方,与 W_{σ_3} 相关的 2 次方或 3 次方函数关系表达。

(2)高孔隙水压、围压条件下软弱结构弱化后的抗剪强度可表示为与水压 p_w、围压增加比例 W_{σ_3} 相关的二元函数,可用与 p_w 相关的 2 次方或 3 次方、与 W_{σ_3} 相关的 2 次方、与正应力 σ 及强度参数 f 和 c 相关的 1 次方函数关系表达。

(3)白鹤滩工程应用表明,相同的应力条件下,各断层的平均抗剪强度随水压的增加而降低,且弱化比例随水压增加逐渐增大。

(4)在正应力 4 MPa 时,弱化率随水压的升高增速较快,如在 3 MPa 孔隙水压下,弱化率达到约 25%;在正应力介于 10 ~ 20 MPa 时,弱化率随水压的升高增速趋缓,如在 3 MPa 孔隙水压下,10 MPa、20 MPa 正应力情况下弱化率均为 10% 左右。

(5)根据抗剪强度弱化规律,当正常运行后,白鹤滩拱坝坝肩抗力体内结构面降强幅度平均值 14.47%。抗剪强度弱化规律在白鹤滩工程中的成功应用,为地质力学模型试验结构面弱化参数取值提供了有力支撑,为结构面降强幅度的确定提供了科学依据。

参 考 文 献

[1] 黄润秋,徐德敏. 高渗压下水—岩相互作用试验研究[J]. 工程地质学报,2008,16(4):489-494.

[2] Bellier J Londe P. The Malpasset Dam [C] // Evaluation of damsafety. Engineering Foundation Conf. Proeeedings,1976,72-136.

[3] 王思敬,马凤山,杜永廉. 水库地区的水岩作用及其地质环境影响[J]. 工程地质学报,1996(3):1-9.

[4] 周翠英,邓毅梅,谭祥韶,等. 饱水软岩力学性质软化的试验研究与应用[J]. 岩石力学与工程学报,2005,24(1):34-38.

[5] 王保平. 公路岩体软弱结构面抗剪强度参数试验研究[J]. 交通科技,2011(6):43-46.

[6] 王威,许宝田. 灰岩岩体软弱结构面抗剪强度试验研究[J]. 工程勘察,2011(3):15-17.

[7] 马良荣,王燕昌. 含有软弱结构面的岩体非线性边界元分析[J]. 宁夏大学学报(自然科学版),1999,20(1):42-44.

[8] 刘新荣,傅晏,王永新,等. 水-岩相互作用对库岸边坡稳定的影响研究[J]. 岩土力学,2009,30(3):613-616.

[9] 徐德敏. 高渗压下岩石(体)渗透及力学特性试验研究[D]. 成都:成都理工大学,2008.

[10] 刘涛影,曹平. 高渗压条件下裂隙岩体的劈裂破坏特性[J]. 中南大学学报(自然科学版),2012,43(6):2282-2287.

[11] 朱珍德,胡定. 裂隙水压力对岩体强度的影响[J]. 岩土力学,2000,21(1):64-67.

[12] 水力发电工程地质勘察规范:GB 50287—2006[S]. 北京:中国计划出版社,2008.

锦屏一级拱坝蓄水初期工作性态分析

周钟[1],张敬[1],薛利军[1],郭绪元[2],蔡德文[1],杨强[3]

(1. 中国电建集团成都勘测设计研究院有限公司,四川 成都　610072;
2. 雅砻江流域水电开发有限公司,四川 成都　610051;
3. 清华大学 水沙与水工结构国家重点实验室,北京　10083)

摘　要　锦屏一级水电站2014年8月24日水库首次蓄水至正常蓄水位1 880 m,目前已经过5次高水位的检验。锦屏一级拱坝坝区地质条件复杂,主要地质缺陷有 f_5、f_8、f_{13} 和 f_{14} 断层,深部裂缝,层间挤压带,煌斑岩脉及变形拉裂岩体等。本文简要介绍大坝体形设计和坝基处理,根据蓄水初期监测值反演坝体混凝土基础变形模量,并使用反演参数进行整体稳定性分析。分析表明锦屏一级拱坝具有较高的极限承载力,整体稳定性是有保证的,分析拱坝-基础受力体的整体工作性态。

关键词　特高拱坝;整体稳定;基础处理;工作性态

1　引　言

锦屏一级双曲拱坝坝高305.0 m,是世界第一高坝。电站以发电为主,装机容量3 600 MW,是国家实施"西电东送"的骨干电源点。坝址河谷呈不对称的深切"V"形河谷,地质条件复杂,具有高山峡谷、高拱坝、高边坡、高地应力、高水头及深部卸荷等"五高一深"的特点,是"技术难度最大、施工环境最危险、施工布置难度最大、建设管理难度最大"的巨型水电工程。

锦屏工程水推力巨大,约1 300万 t,坝体应力水平高,要求基础必须具有足够的强度、刚度、抗滑稳定性和抗渗稳定性。对此,采用有限元法等数值方法和地质力学模型试验法,进行各阶段拱坝整体稳定分析,研究了各荷载工况下的拱坝基础的受力性态,对超载工况下拱坝和坝肩岩体从开始承载到破坏的整个过程进行极限分析,指导了拱坝结构、地基处理和坝体抗裂等方面的设计。

锦屏一级水电2014年8月24日水库首次蓄水至正常蓄水位1 880 m,目前已经过5次高水位的检验,在蓄水初期,根据监测值反演蓄水期坝体混凝土弹性模量和基础变形模量,使用反演参数进行整体稳定性分析。分析表明锦屏一级拱坝具有较高的极限承载力,整体稳定性是有保证的。

基金项目: 国家重点研发计划(2016YFC0401908)。

作者简介: 周钟(1962—),教授级高级工程师,中国电力勘测设计大师。E-mail:zzhong@chidi.com.cn。

2 拱坝体形设计和地基处理

2.1 坝体体形

坝址两岸地形陡峻、地形不对称、岩性不对称、地质条件复杂,坝址区左岸存在 f_5(f_8)断层、煌斑岩脉、深部裂缝,以及低波速拉裂松弛岩体等不良地质条件,在拱坝建基面选择及拱坝体形设计方面均面临巨大的挑战(见图1、图2、表1)。左岸建基面高程1 820 m 以上为砂板岩,弱卸荷水平深度较大,若将弱卸荷岩体全部挖除,工程量巨大,并带来高陡工程边坡稳定问题;同时嵌深过大,也给拱坝体形设计带来较大困难。拱坝体形设计遇到三个不对称问题。一是结构不对称性,受地形、地质条件的影响,右岸下部弦长大,左岸上部弦长大,拱坝体形有很大的不对称性。二是荷载不对称性,结构不对称性导致左半拱经受的水压力大于右半拱;左、右半拱横向水压力差异较大,导致坝体受力状态不对称。三是基础条件不对称,左右岸高程1 730 m 以下均为大理岩,右岸下部低高程存在部分Ⅲ$_2$级岩体,而对应的左岸为Ⅱ级岩体;左岸上部采用垫座,而垫座基础为Ⅳ类的砂板岩,基础承载能力及抗变形能力较差。通过调整拱坝中心线位置,左岸砂板岩部位设置大混凝土垫座,减小左半拱圈的跨度,适当减小右岸下部拱圈嵌深,调整拱圈及拱端厚度,达到改善坝体受力状态不对称问题,较好地解决了锦屏一级拱坝体形设计难题,通过运行后的坝体变形、坝体应力监测,基本符合设计预期。

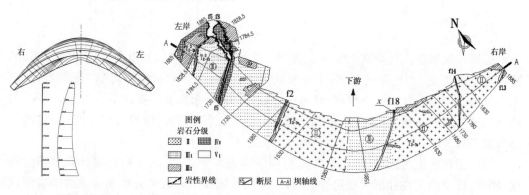

图 1　锦屏一级拱坝体形　　　　　　　　图 2 锦屏一级拱坝建基面

表 1　锦屏一级拱坝体形参数

项目	参数	项目	参数
坝高(m)	305.00	最大中心角(°)	93.12
拱冠顶厚(m)	16.00	厚高比	0.207
拱冠底厚(m)	63.00	弧高比	1.811
拱端最大厚度(m)	68.50	柔度系数	7.99
顶拱中心线弧长(m)	552.23	坝体混凝土方量(万 m³)	476.47

2.2 地基处理

坝址河谷呈不对称的深切"V"形河谷,地形上右岸陡于左岸,下部陡于上部;拱坝右岸高程 1 830 m 部位存在一个垭口,地形出现突扩;地质条件上,左右岸坝基地质条件呈左岸上部软、下部硬,右岸上部硬、下部软的扭曲不对称;此外,大坝坝基发育 f_2、f_5、f_8、f_{42-9} 断层,煌斑岩脉,深部裂缝,f_{18}、f_{13}、f_{14} 断层及软弱岩带,开挖揭示,坝基共出露 123 处地质缺陷。左岸坝基分布 f_5 断层、煌斑岩脉、深部裂缝及卸荷松弛带等软弱岩体,两岸地基变形模量相差 10 ~ 13 倍,是影响工程安全的关键问题。为此,左坝肩及抗力体部位采用高度 155 m 混凝土用量达 56 万 m^3 的大垫座、5 层灌浆洞群 72 万 m 抗力体固结灌浆、3 层抗剪传力洞、14.6 万 m^3 的 f_5 断层和煌斑岩脉混凝土网格置换(见图 3),完成了世界上规模最大的拱坝抗力体基础处理工程,攻克特高拱坝复杂地质条件基础处理的关键问题。

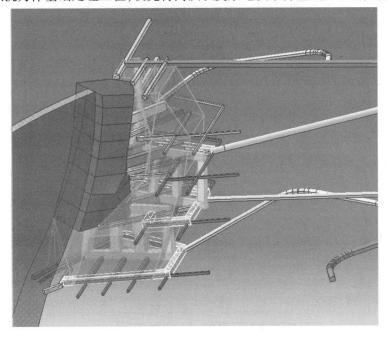

图 3　锦屏一级拱坝左岸抗力体处理措施

3　监测成果

3.1　坝体变形

3.1.1　径向位移

坝体径向位移与库水位相关性良好,水位上升时坝体径向位移向下游,水位下降时坝体径向位移向上游。高水位运行时,各高程均表现出向下游的位移。径向位移整体以坝体中部为中心,向两岸测值逐渐变小,两岸基本对称。2017 年正常蓄水位时,11# 坝段的 1 730.0 m 高程测点位移最大,位移值 43.04 mm;截至 2018 年 6 月 30 日,11# 坝段的 1 730.0 m 高程测点位移最大,位移值为 31.45 mm。2017 年正常蓄水位时,大坝径向位移实测值都处在监控指标范围内,说明拱坝变形正常,见图 4。

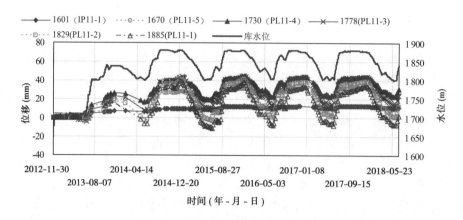

图4　大坝 11# 坝段径向位移过程线

3.1.2　切向变位

坝体切向位移与水位相关性良好,水位上升时切向位移方向向两岸,水位下降时切向位移方向向河床。加载过程中,坝体切向位移方向左岸向左、右岸向右,左岸位移稍大。

2017 年正常蓄水位时,11# 坝段的 1 730.0 m 高程测点位移最大,位移值 11. 45 mm,表现为向左岸;2018 年死水位时,11# 坝段的 1 730.0 m 高程测点位移最大,位移值 7. 93 mm,表现为向左岸。截至 2018 年 6 月 30 日,切向位移最大值为 9. 25 mm,出现在 11# 坝段 1 730.0 m 部位,表现为向左岸,见图 5。

3.1.3　垂直位移

坝体垂直位移,在水库蓄水前,随着坝体向上浇筑呈沉降量增大趋势,水库蓄水时拱坝沉降量减小。坝体

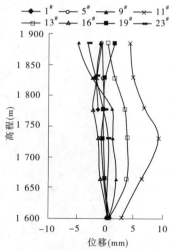

图5　各坝段切向位移分布图

垂直位移呈现拱冠大、向两岸逐渐减小的特征,各坝段沉降变形协调,历史沉降量最大值 18. 02 mm。历年水位循环,加载时垂直位移呈整体回弹趋势,高程越高回弹量越大;卸载时垂直位移整体呈沉降趋势。截至 2018 年 6 月 30 日,1 664 m 高程 14# 坝段沉降量最大,量值 17. 30 mm,见图 6。

3.2　坝基变形

3.2.1　径向位移

坝基径向位移典型过程线见图 7。监测成果表明,坝基径向位移表现为向下游位移。截至 2017 年 9 月 30 日,河床坝基最大径向位移 15. 64 mm,出现在 16# 坝段;河床中部坝段的坝基径向位移与库水位相关性较好,河床坝段径向位移大于两岸坝段坝基径向位移,小于设计计算值,位移对称性较好,左岸坝段坝基径向位移总体大于右岸坝段径向位移,历年正常蓄水位下典型坝段坝基径向位移成果表明,河床坝基顺河向位移存在向下游的时效位移,但年变化量呈减小趋势。

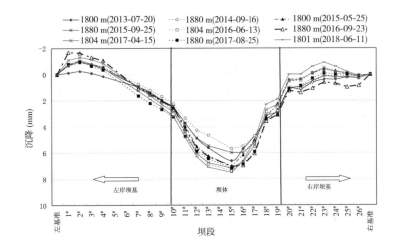

图6　大坝1 601.0 m廊道水准观测成果

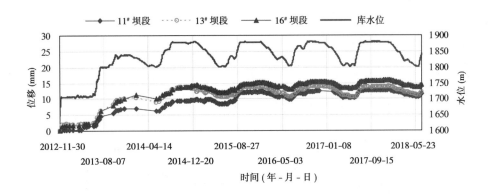

图7　河床坝段坝基垂线测点径向位移过程线

3.2.2　切向位移

左岸坝基切向位移较小,河床11#坝段切向位移相对较大,其他坝段切向位移较小,左岸坝段坝基切向位移大于右岸坝段坝基切向位移。截至2017年9月30日,河床坝基最大切向位移3.19 mm,出现在11#坝段,见图8。

3.3　大坝弦长

拱坝弦长总体呈缩短趋势。1 664 m弦长伸缩量与库水位相关系数较小,弦长伸缩量与库水位相关性不明显;其他各条弦长伸缩量与库水位呈现相关性越来越好的趋势,近一个库水位循环相关系数在0.82~0.92(见表2),相关性较明显,弦长变化表现出一定的弹性特征。截至2018年6月30日,大坝弦长压缩总量3.40~17.60 mm,1 778.0 m高程弦长缩短量最大,见图9。

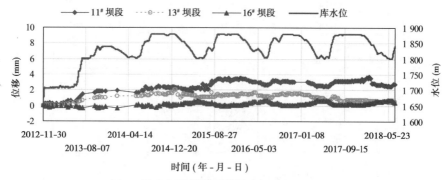

图8　河床坝段坝基垂线测点切向位移过程线

表2　弦长伸缩量与库水位相关系数统计

弦长测线 （m）	弦长伸缩量与库水位相关系数			
	第一个蓄水周期	第二个蓄水周期	第三个蓄水周期	第四个蓄水周期
1 885	0.45	0.71	0.65	0.83
1 829	0.65	0.67	0.86	0.92
1 778	0.60	0.67	0.88	0.92
1 730	0.37	0.38	0.77	0.82
1 664	0.42	0.03	0.64	0.47

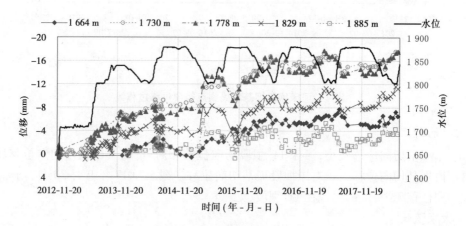

图9　大坝弦长变化过程线

3.4　渗压

正常蓄水位时,左岸 1 820.3 m 高程处 PDZ－1 渗压折减系数为 0.41,坝基建基面帷幕后其他渗压折减系数都小于 0.25(最大值出现在垫座 PDZ－2),小于设计控制值 0.4;坝基排水幕后渗压折减系数都小于 0.11,小于设计控制值 0.2。

从两岸坝基渗压测值(见表3)看,两岸坝基渗压受上游水位、山体地下水位以及排水孔等多因素的影响。从加卸载期间水头差比值看,帷幕后测点没有出现实测地下水位快速上升或上升幅度过大等现象,说明两岸坝基帷幕和排水效果良好。

表3　坝基渗压计监测成果

仪器编号	埋设高程（m）	埋设部位	2017年正常蓄水位		2018年死水位	
			水位高程（m）	折减系数	水位高程（m）	折减系数
PDZ-1	1 820.30	幕后	1 842.12	0.37	库水位低于仪器安装高程	
PDZ-2	1 775.90	幕后	1 801.81	0.25	1 786.63	0.43
PDZ-3	1 726.00	幕后	1 763.70	0.24	1 740.14	0.19
P13-3	1 579.00	排水后	1 612.64	0.11	1 605.94	0.12
P13-4	1 579.00	坝趾	1 603.77	0.08		
P13-5	1 545.00	幕后1/4深度	1 645.32	0.30	1 627.02	0.32
P13-6	1 505.00	幕后1/2深度	1 641.90	0.37	1 623.85	0.40

4　拱坝工作性态分析

4.1　参数反演

4.1.1　方法和成果

运用正交试验设计方法来寻求更接近真实状态下的最优弹模,基于监测数据反演得到最优弹模为垫座和河床以下的材料弹模为设计弹模的1.73倍,其余材料弹模为设计弹模的1.85倍时计算变形量与监测变形量吻合较好,见表4。

表4　参数反演正倒垂测点

坝段	高程（m）	坝段	高程（m）	坝段	高程（m）	坝段	高程（m）	坝段	高程（m）	坝段	高程（m）
5	1 778	9	1 664 1 778	11	1 601 1 664 1 730 1 778	13	1 601 1 664 1 730 1 778	16	1 664	19	1 664

4.1.2　参数合理性分析

设计考虑的工况是拱坝长期运行的工况,与监测反馈的工况有所区别。

（1）混凝土设计变模是考虑徐变等影响的持续变形模量,为瞬时弹性模量的0.6~0.7倍。实际承受作用水荷载的龄期远远超过设计龄期,龄期以后的弹模增长未计入。

（2）岩体和结构面的变形参数一般由现场试验确定。岩体变模是根据大平板试验成果,取平板试验的$\sigma \sim \varepsilon$曲线外包线切线斜率,再经地质条件判断与修正作为地基变模的设计采用值。设计是按最不利情况考虑的,因此,设计值总是小于平板试验$\sigma \sim \varepsilon$曲线外包线切线斜率平均值。全面固结灌浆是基岩的整体性得到提高,变形模量相应地有所提高,坝基岩体灌浆后的钻孔变模平均提高66.5%。

（3）监测反馈分析对坝体及地基变形特性的考虑与设计不同点在于，监测反馈分析应采用实际最可能存在的变形参数，而不是最不利的参数。

（4）综合考虑岩体变模试验成果、设计变模取值方法、坝基固结灌浆后钻孔变模的提高等方面的因素，现阶段反馈的岩体变模总体合理。

4.2　基本荷载组合下的拱坝受力状态

4.2.1　位移

对比设计参数结果可知，仿真计算正常工况的顺河向位移情况，拱冠最大顺河向位移减小 27.9 mm，左右拱端最大顺河向位移减小 7 ~ 8 mm，见图 10；拱坝整体横河向位移减小 2 ~ 3 mm。最大位移出现的位置基本不变。

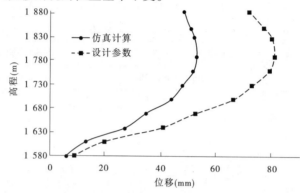

图 10　正常工况下游坝面拱冠梁顺河向位移对比曲线

4.2.2　应力

上游最大拉应力和下游最大压应力的量值和位置变化不大；上游坝面塑性区范围略大于设计参数，下游坝面右拱端塑性区范围小于设计参数，建基面塑性区分布差别不大，见表5。

表5　非线性仿真计算坝体的应力特征值　　　　　（单位：MPa）

工况	位置	拉应力		压应力	
		值	部位	值	部位
正常工况	上游坝面	2.94	高程 1 640 m 右拱端	−5.20	高程 1 770 m 拱冠梁
	下游坝面	0.31	高程 1 885 m 左拱端	−19.87	高程 1 670 m 左拱端

4.3　超载工况下的拱坝受力状态

（1）采用反演计算的拱坝和地基力学参数，上游坝踵在 $2P_0$ 以上开裂，其非线性超载倍数 $K_2 \geqslant 3.5$，说明坝肩岩体具有足够的稳定度。极限超载系数 $K_3 \geqslant 7$，见图11。

（2）上游坝面塑性区范围略大于设计参数，下游坝面右拱端塑性区范围小于设计参数，建基面塑性区分布差别不大；余能范围比设计参数略有降低（由 0.309 降到 0.204），坝趾不平衡力变化不大，坝踵不平衡力略有降低（左岸由 1 583.44 t 降为 1 492.77 t，右岸由 1 788.86 t 降为 1 765.68 t）。总体上，采用反演参数后锦屏拱坝的整体稳定性比设计参数略有提高。

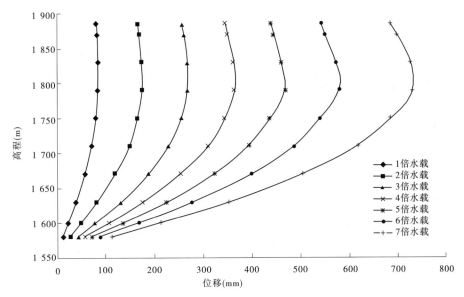

图11 拱冠梁顺河向位移随水载倍数的变化曲线

5 安全评价

（1）拱坝整体处于弹性工作状态。

初蓄期，坝体径向位移，与库水位相关性良好，水位上升时坝体径向位移向下游，水位下降时坝体径向位移向上游。径向位移整体以坝体中部为中心，向两岸测值逐渐变小，两岸基本对称。

坝体切向位移，与水位相关性良好：水位上升时切向位移方向向两岸，水位下降时切向位移方向向河床。加载过程中，坝体切向位移方向左岸向左、右岸向右，左岸位移稍大。

各坝段径向位移变形规律相同，拱向和梁向变形协调，变化量基本一致。拱坝处于正常工作状态。

（2）坝体、坝基渗压监测值基本正常，渗流量可控。拱坝基础帷幕防渗效果良好。初蓄期帷幕后各测点渗透压力与上游水位有较好的相关性，测值随上游水位变化。帷幕后渗压折减系数均小于设计控制值。

（3）三维非线性数值分析表明锦屏一级拱坝具有较强的超载能力，坝基处理措施有效，拱坝地基系统整体安全。

6 结 论

（1）监测数据和反馈分析表明，拱坝处于正常工作状态。采用超载法三维非线性有限元计算表明，拱坝具有较高的整体安全裕度。

（2）锦屏一级水电站地质条件复杂，环境、长期荷载变化、结构或材料蓄水后的劣化，以及边坡变形，都会对拱坝安全产生影响，需要持续密切关注各监测成果，进行及时分析评价。

参 考 文 献

[1] 中华人民共和国行业标准编写组. 混凝土拱坝设计规范 DL/T 5436—2006:[S]. 北京:中华人民共和国国家发展和改革委员会,2007.

[2] 中国电建成都勘测设计研究院有限公司.雅砻江锦屏一级水电站枢纽工程专项验收报告[R]. 2015.11.

[3] 周钟,张敬,薛利军.锦屏一级水电站左岸边坡变形与拱坝相互作用研究[J].人民长江,2017,48(603):49-54.

[4] 杨强,刘耀儒,程立,等.锦屏一级水电站左岸边坡长期变形与拱坝相互影响的安全性研究[R].清华大学水利系科研报告,2015.9.

[5] 程立,刘耀儒,潘元炜,等. 锦屏一级拱坝左岸边坡长期变形对坝体影响研究[J].岩石力学与工程学报,2016(增2):4040-4052.

[6] 程立,刘耀儒,潘元炜,等. 基于蓄水期反演的锦屏一级拱坝极限承载力分析[J].岩土力学,2016, 37(5):1388-1398.

大型水电站厂用电系统设计思考

汪江昆，刘剑，徐晖

（雅砻江流域水电开发有限公司，四川 成都　610000）

摘　要　大型水电站的厂用电设计关系到水电站的安全稳定运行，厂用电设计的科学、合理也对电站后续的运行产生重大影响。本文针对大型水电站厂用电特点，按照水电站厂用电系统传统的设计内容，结合已投运水电站对厂用电系统的运行维护经验，进行思考与探讨，对厂用电的设计提出合理化建议，以促进厂用电设计达到生产安全、节约能源、检修运行灵活方便的目标。

关键词　大型水电站；厂用电系统；供电范围与容量；电源与接线；设备选择；电缆敷设路径规划；备自投逻辑

1　引　言

大型水电站的厂用电系统设计是水电站设计中重要组成部分。大型水电站虽地处偏远，但由于其容量较大，在电力系统中占有很重要的地位，因此要求电站的厂用电系统必须可靠、灵活，能够确保水电站的长期安全稳定运行。大型水电站厂用电系统的设计，除满足现有的规程规范外，还需结合各自电站自身的特点，因地制宜，优化、细化设计，使厂用电系统的设计科学、合理，符合实际情况。本文针对大型水电站厂用电特点，按照水电站厂用电系统传统设计内容，结合已投运水电站对厂用电系统运行维护经验，进行思考与探讨，提出合理化建议。

2　大型水电站厂用电系统的主要特点

（1）供电区域大、负荷较分散。大型水电站的枢纽布置范围比较大，如大坝、引水发电系统、泄洪放空系统、导流洞、主副厂房、主变洞、交通洞、GIS楼和出线楼等彼此相距较远，分布区域较广，负荷分布分散，厂用电系统设计考虑的范围较大。

（2）厂用电系统总负荷较大。现大型水电站大多采用地下厂房形式，保证机组正常运行的机组自用电负荷、保证地下厂房通风、渗漏、检修排水等的全厂公用电负荷、全厂照明系统负荷和检修用电负荷等均较大；同时由于需要考虑将来的水电站生活营地、库房等负荷容量，总负荷进一步增大。

（3）单台电动机容量大。大型水电站地下厂房大容量电动机主要有厂房渗漏排水

作者简介：汪江昆（1986—），男，学士，工程师，研究方向为电气一次设备管理。E-mail：wangjiangkun@ylhdc.com.cn。

泵、检修排水泵、机组技术供水泵电机等,电动机电压等级包含 10 kV、400 V,部分水泵单台电动机额定功率已达到 300 kW。

(4)需配置应急备用电源。大型水电站地处偏远,远离城市,其施工供电电源和外来电源不是十分可靠,但是对关系到渗漏排水、泄洪等的厂用电系统要求较高,因此大型水电站必须根据实际需要设置应急备用电源。

3 厂用电供电范围及容量选择

3.1 厂用电供电范围选择

大型水电站传统厂用电设计考虑的范围较大。通常包括机组自用电负荷、全厂油系统设备、全厂气系统设备、全厂水系统设备、厂房起重设备、通风设备、直流及二次设备、全厂照明设备、厂外泄洪设备、排水设备等。根据现阶段已投运电站实际经验,厂用电系统设计范围建议将电站生活营地、工区隧洞、辅助生产设备等纳入厂用电系统。

3.2 厂用电变压器容量选择

厂用电变压器容量根据厂用电负荷的计算容量选取。负荷的计算容量按照"全部机组运行"和"一台机检修"两种工况统计,《水力发电厂厂用电设计规程》(NB/T 35044—2014)提供了两种用电负荷计算方法,即综合系数法和负荷统计法。高压厂用变压器容量一般采用综合系数法和负荷统计法结合的方式,根据计算结果较大者确定高压厂用变压器容量。其他厂用变压器的容量选择一般采用负荷统计法计算,按照各负荷点的统计容量进行选择。需要注意的是,采用综合系数法计算时,需要根据公用电和自用电的供电方式合理选择综合系数,再根据《水力发电厂厂用电设计规程》(NB/T 35044—2014)附录公式进行计算。另外,厂高变的容量应考虑预留足够容量和扩展性,避免后续由于外部条件变化对原设计的容量进行调整。

4 厂用电电源与接线

4.1 厂用电电源与接线选择

厂用电电源包括工作电源、备用电源、保安电源和黑启动电源。根据《水力发电厂厂用电设计规程》的要求,通常大型水电站工作电源由主变低压侧引接,由本厂机组供电或者系统倒送;备用电源由施工变电站引接和柴油发电机方式组合;保安电源一般由柴油发电机供电;黑启动电源根据电力系统调度部门的要求进行设置,一般采用柴油发电机供电。

厂用电接线一般根据负荷的类型进行选择,通常采用通过高电压等级引接至负荷附近再降压后供电,自用电系统、公用系统、照明系统等负荷均采用双电源供电,部分配电系统采用单电源供电。

4.2 厂用电电源与接线选择注意事项

4.2.1 检修维护电源的考虑

现在已经投运的电站部分配电中心是单电源,在安装阶段处于持续运行的状态,未暴露出问题。在电站投运后,需要将配电中心停电进行定期维护与预试,但是原设计考虑的检修动力箱、照明等负荷均引自本段母线,配电中心停电后其检修动力箱和照明等负荷均停电,现场无法进行检修维护工作。针对类似的情况,后续进行改造困难也很大。因此,针对现阶段厂用电设计原则仅满足规程要求,对用户的需要,特别是电站投产后电厂运行维护过程中的需求,存在不了解的现象。在厂用电设计中,应提前考虑用户的需求及设备停电检修时的电源状态。建议如下:

(1)条件允许的情况下,尽量选择双电源接线。

(2)若无法选择双电源接线,应从就近的配电中心引接电源,供单电源配电中心检修维护预试使用。

(3)上述两条均无法满足时,建议单独引接电源,采用并接方式统一考虑单电源配电中心的检修维护电源使用问题。

4.2.2 接地开关的设置

现在厂用电设计中接地开关位置和数量未明确标示,但是接地开关的设置会直接影响电站的安全稳定运行。电站有两个部位容易出现带电投接地开关或者带接地开关合隔离开关的情况:一是母线联络开关部位,现在开关柜对处于同一柜的断路器和接地开关设置有机械闭锁,对旁边的隔离开关柜无闭锁装置,这就会有接地开关处于合闸状态能够合隔离开关的隐患;第二个部位为长距离连接电缆两端的部位,两端部位若设置接地开关,下级侧的接地开关与上端断路器无法闭锁,存在下端接地开关处于合闸状态能够合上级断路器的风险。因此,在厂用电设计阶段就应对接地开关的设置原则提出要求,防止在运行过程中出现不安全事件,针对上述问题建议如下:

(1)在进行厂用电设计时,应将接地开关在厂用电图纸中标明数量和位置,以便于后续工作的开展。

(2)10 kV 联络开关部位不设置接地开关。

(3)长距离电缆只在馈线开关侧设置接地开关,接地开关与馈线开关设置机械闭锁。

4.2.3 检修动力箱的设置

水电站中检修动力箱虽然不影响机组的正常稳定运行,但是关系到电站投产后检修工作的开展。现在投运的电站检修动力箱普遍存在如下现象:

(1)部分区域未设置检修动力箱。在大型水电站的地下厂房的部分区域(例如主变洞顶拱部位)未设置检修动力箱,但是在进行定期维护时需要检修电源。

(2)部分部位的检修动力箱数量不足。在进行厂用电设计时,检修动力箱的位置和数量一般都是平均分布,不会考虑电站投运后实际的需求位置和数量。检修动力箱里面的航空插座数量也不会因地制宜去考虑。

因此,在厂用电设计阶段,根据已投运电站的运行经验,建议如下:

(1)在检修工作使用电源较集中的部位水车室、蜗壳门处应适当增加检修动力箱数量及内部插座数量;在未考虑周全的部位设置检修动力箱。

(2)进行检修系统相关的招标审查、招标文件编制时与电站后续使用人员共同确定检修系统需求要求,充分借鉴投运人员的运行维护经验。

5 厂用电系统主要设备的选择

5.1 厂用电系统主要设备的选择

厂用电系统主要设备包括厂用变压器、高压开关柜、低压开关柜、电缆电线、电缆桥架等。厂用变压器一般采用干式变压器,其优点是具有良好的防火性、安全可靠、节能环保、体积相对较小、安装维护简单。高压开关柜主要选择空气绝缘柜或者气体绝缘柜。低压开关柜主要采用抽出式器件或插拔式器件的封闭式开关柜。电缆电线和电缆桥架主要根据环境及需求进行选择。

5.2 厂用电系统主要设备的选择注意事项

大型水电站大多采用地下厂房形式,地下厂房内土建空间尺寸有限制,厂用系统电气设备的布置大都取决于土建的尺寸及布置,因此需要提前与土建设计沟通并提出要求,使电气设备布置更加整洁合理,也为后期运行维护预留足够的空间。另外,高压、低压开关柜的选择需要考虑开关柜整体可更换性,为后续可能的更换工作打下基础。

6 10 kV 备自投逻辑原则及与 400 V 备自投的动作配合

6.1 10 kV 备自投逻辑原则

大型水电站厂用电系统 10 kV 系统备自投对于保证厂用电系统运行的可靠性有重要的作用。现在水电站设计中 10 kV 母线均进行了分组,备自投逻辑原则主要有以下两种:一是本段母线停电后,先投组内备用电源,再投组外备用电源,最后投外来电源;另一原则是本段母线停电后,先投组内备用电源,再投外来电源,最后投组外备用电源。这两种备自投逻辑均能够实现,但是由于一般外来电源的投入需要与电站外部单位进行沟通协调,应急处理时会增加时间成本。因此,通过经济性及协调的高效性看,在不违反每台厂高变所带母线数量限定条件下,建议使用第一种 10 kV 备自投逻辑原则,即先投组内备用电源,再投组外备用电源,最后投外来电源。

6.2 10 kV 备自投与 400 V 备自投动作配合

现在大型水电站厂用系统一般会采用 10 kV 与 400 V 两种电压等级设置,厂用电系统中存在多级电压,因此进行备自投设计时需要考虑各级备自投间的动作配合问题,否则会出现备自投成功率低,不利于运行安全。一般 10 kV 备自投与 400 V 备自投动作配合是根据先头电源侧,再投负荷侧的原则,即实际进行设置时先投 10 kV 备自投再投 400 V 备自投,两级备自投的时间需要配合好。

7 电缆敷设路径的规划

大型水电站厂用电系统有供电区域大、负荷较分散的特点,各负荷点需要通过电缆进行连接,现在对电站达标投产的要求较高,因此要保证电缆及其通道的整齐美观,需要在设计阶段就考虑电缆及电缆桥架路径规划。根据已投运电站的安装经验,在电缆桥架三通、四通部位电缆非常乱,后期无法进行整改;同时由厂房至厂外的穿路面底部埋管连接电缆由于裕量不足,又明敷电缆桥架。因此,在进行电缆敷设路径规划时,建议如下:

(1)电缆桥架连接部位。根据安装时的经验,电缆桥架的三通、四通部位电缆比较凌乱,安装较困难。在厂用电设计阶段应充分考虑此处的电缆数量,保留足够的裕量。

（2）电缆穿路面部位。水电站负荷分布较广,厂内与厂外连接大多会采用电缆沟的敷设方式,并会以埋管的方式穿过路面。这种方式无明敷电缆,利于保证整齐美观。但是,若埋管被堵和裕量不足,就会破坏再回填路面或者做明敷桥架,增加工作量,同时也破坏原来的形象面貌。因此,建议若电缆以埋管的方式穿过路面,要留充足的裕量。

（3）电缆及电缆桥架的专项设计。根据后续安装改进的经验,电缆及电缆桥架在厂用电设计阶段进行专项设计能够为后续的安装工作提供便利,能够更好地控制安装完成后的形象面貌,达到高标准、高要求。专项设计中的三维设计尤其重要,针对部分走线复杂、电缆数量较多的节点位置,三维设计能够直观地掌握电缆走向,使施工更加便利和规范。

8 结 论

本文通过对大型水电站特点、厂用电供电范围与容量选择、厂用电电源与接线、厂用电系统主要设备的选择、10 kV 厂用电备自投逻辑、电缆路径敷设的规划等对大型水电站厂用电系统的部分设计进行了阐述研究,并根据已投运电站的运行维护经验,提出厂用电设计的建议和注意事项。当然,厂用电系统的设计是个复杂的系统过程,除上述方面,还包括厂用电电压等级的选择、厂用电接地方式、厂用电系统短路电流的计算等方面的详细设计。因此,在厂用电系统的设计中,依据规程规范的同时,应充分借鉴同类大型水电站的经验,超前谋划,对其进行专项设计,以达到厂用电设计生产安全、节约能源、检修运行灵活方便的目标。

参 考 文 献

[1] 水力发电厂厂用电设计规程:NB/T 35044—2014[S].

[2] 张贵龙. 大型水电站厂用电系统设计浅谈[J]. 大电机技术,2016.

[3] 张蕾. 三河口水电站厂用电系统设计[J]. 陕西水利,2017(5):109-111.

[4] 古树平. 糯扎渡水电站厂用电备自投系统的分析与设计[J]. 水电站机电技术,2016,39(10):19-21.

基于实景三维模型的1:1 000地形图要素提取方法及应用检验

冯艺[1],罗浩[1],邵茂亮[2],严晓玲[2]

(1.雅砻江流域水电开发有限公司,四川 成都　610051;
2.成都远石信息技术有限公司,四川 成都　620500)

摘　要　无人机航拍技术在国土资源普查、环保执法、景区宣传等领域有较为广泛的应用,近年无人机技术及计算机技术飞速发展,无人机摄影能够将立体的山地形象数据为我们更加清晰地展示出来,有利于更加方便快捷地提取与处理各种地形信息。本文阐述了倾斜摄影生产实景三维模型的工作流程,并以木里县芽祖乡为例,进行了无人机航空摄影、像控测量、地形图要素采集及数据精度分析,证明了基于实景三维模型提取1:1 000地形图在木里县芽祖乡地形测量的应用,提高了数据精度,降低了安全风险,在地形测量方面有一定的推广价值。

关键词　无人机;三维模型;地形图;要素提取

1　引　言

随着无人机技术的高速发展,无人机航测已成为生产大比例尺地形图的主要手段,具有成本低、效率高、机动性好等优点,在灾后应急测绘、小范围内的大比例尺地形图测绘等工作中发挥了重大作用。

倾斜摄影技术的出现,为大比例尺测图提供了新的解决方案,摆脱了以往垂直摄影的局限,在同一飞行平台上同时搭载多个不同角度的传感器,同时从多个角度(前、后、左、右、下)采集影像。倾斜摄影与垂直摄影相结合,同时得到地面地物的顶部和侧面的纹理信息,获取的实景三维模型成果更接近真实场景,用矢量绘图平台基于模型1:1 000地形图要素,有效避免了传统作业方式强度大、效率低、周期长、重复测量等弊端,提升了生产效率。

2　倾斜摄影生产实景三维模型作业方案

2.1　设备及软件

无人机倾斜影像获取利用多旋翼无人机搭载五拼倾斜相机进行航摄(见图1、图2),由5个SONY LICE – 5100相机组装而成,每个相机像幅大小为6 000 × 4 000像素,配备

作者简介:冯艺(1978—),男,硕士学位,高级工程师,从事水电站大坝安全管理工作。E-mail:fengyi@ylhdc.com.cn。

旋翼地面站系统。实景三维模型制作采用 Bently Context Capture 软件进行空中三角测量及全自动三维建模。地形图采用 EPS 2012 地理信息工作站进行地形图要素提取及图形编辑。

图1　大疆 M – 600 型无人机

图2　航摄传感器

2.2　作业流程

根据无人机倾斜摄影测量的技术特点及相关要求制定作业流程,主要包括项目准备、航空摄影、像片控制测量、实景三维建模、数据采集、编辑、成果提交等内容,生产流程如图3所示。

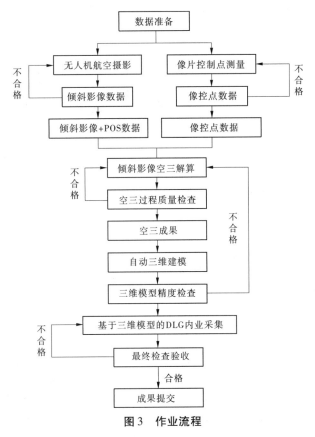

图3　作业流程

3 应用案例

3.1 测区概况

测区位于四川省凉山彝族自治州木里藏族自治县芽祖乡,地处雅砻江流域,测区内最高海拔2 290 m,最低海拔1 850 m,总面积约0.6 km²,测区内植被覆盖类型交错复杂,地势陡峭。本次测图作为倾斜摄影1∶1 000 地形图生产应用对象,全要素采集房屋、道路、农田、坡坎等地形图基本要素。

3.2 作业步骤

3.2.1 无人机航空摄影及像控测量

本次航飞采用 YS - 6 - 1 航测倾斜摄影系统,表1为测区作业的相关信息。

表1　无人机倾斜摄影相关信息

测区地形	山地
摄影相机	SONY LICE - 5100
焦距(mm)	35
影像分辨率(像素)	2 430 万
像素大小(μm)	23.5
平均航高(m)	2 400
拍摄面积(km²)	0.25
航线数(条)	18
像片总张数(张)	3 950
像控点数量(个)	15

3.2.2 自动三维建模

倾斜摄影无须相机检校及影像畸变纠正,通过自动建模软件自动完成影像配准,人工像控刺点、自动空三平差、空三解算完成后,利用空三成果自动三维建模及映射纹理,获取实景三维模型后可直接用于数据采集见图4～图7。

倾斜摄影实景三维模型影像质量良好,分辨率高、纹理清晰,无大面积噪声、拉花,依据模型可多角度、多尺度浏览并进行距离、面积、体积等测量。

3.2.3 地形图要素采集

以 EPS 2012 地理信息绘图软件为地形图要素采集平台,利用倾斜摄影模型进行高精度大比例尺地形数据的矢量采集工作,无须佩戴立体眼镜,根据三维模型直接定位地物要素的三维信息。软件内置地类地物属性模块实现要素分类编码分类,实现二三维显示一体化、符号一体化、编辑一体化,最后经整理编辑形成1∶1 000 数字地形图,如图8、图9

图 4　空三匹配高密度点云

图 5　测区三维模型

所示。

3.3　精度分析

3.3.1　测量精度要求

根据《低空数字航空摄影测量内业规范》(CH/Z 3003—2010),1:1 000 数字线划图的地物点对附近野外控制点的平面位置中误差不应大于 1.2 m(平地、丘陵)、1.6 m(山地、高山地),高程注记点的高程中误差不应大于 1.0 m(平地、丘陵)、2.0 m(山地、高山地)。

3.3.2　成果精度检测

项目成果采用全野外数字化实测检查点与倾斜摄影内业提取成图成果对比的方法进行精度检测,所有检查点均使用油漆做标识或采用明显地物点,成果精度检查内容包括平面精度和高程精度,精度分析如表 2 所示。

图 6　测区内建筑

图 7　道路、植被及山体

表 2　精度分析

	点号	Y		X		Z	
jcd1	实测检查点	3078147.8671	0.047 1	431314.7169	-0.003 1	1952.7695	0.019 5
	模型量测点	3078147.8200		431314.7200		1952.7500	
jcd2	实测检查点	3077918.2154	0.055 4	431511.0708	0.040 8	1919.2012	-0.038 8
	模型量测点	3079918.1600		431511.0300		1919.2400	
jcd3	实测检查点	3078518.9196	-0.000 4	431299.7913	0.031 3	1880.6169	0.066 9
	模型量测点	3078518.9200		431299.7600		1880.5500	
jcd4	实测检查点	3078005.8763	0.036 3	431259.7557	-0.024 3	1988.8635	0.003 5
	模型量测点	3078005.8400		431259.7800		1988.8600	

图 8　房屋、道路轮廓提取

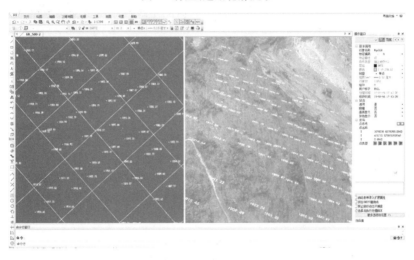

图 9　地面高程点提取

由此可知,基于实景三位模型提取的 1:1 000 地形图测绘精度明显优于规范要求。

3.3.3　误差原因分析

(1)原始像片分辨率受限引起的航摄误差。由于无人机倾斜摄影受地理条件局限、安全飞行高度影像以及设备精度等综合因素制约,可能造成原始像片分辨率不足,因此通过优化航飞参数(降低航高、使用长焦镜头等),提高像片地面分辨率,进而提高数据成果精度。

(2)自动空三加密匹配引起的模型误差。数据影像进行空三匹配时,因倾斜影像的航摄比例尺不一致、分辨率差异、地物遮挡等因素导致获取的数据中含有较多的粗差,影响到后续空三解算的精度。高精度匹配成为倾斜摄影测量中的技术性关键,目前可通过人工干预方式将空三成果优化到最佳。

(3)人工采集操作产生的误差。人工采集产生的误差是基于倾斜摄影实景三维模型提取地形要素的重要误差来源,某一地物在不同角度时会因视差造成采集要素的不准确,需要作业员根据将模型变换不同角度进行调整。提高作业员操作经验和熟练程度,可提高采集成果的精度。

4 优势分析

本次生产应用案例证明,应用这种三维采集新方法,可基本满足1:1 000 数字线画地形图测图的精度要求,能有效提升测绘生产效率,使地形图精度和工期得到保障。同时也反映出使用三维模型进行数据采集与传统外业实测地形图相比,大大减少了外业工作量,节约了许多外业成本,且对作业员要求相对较低。与常规摄影测量立体测图相比较存在以下优势。

4.1 降低了安全风险

需进行地形测量的部位,如果山高路远坡陡或有毒蛇出没,则大大增加作业人员的安全风险。采用无人机航拍代替传统地形测量方法,作业人员可以预先设计好飞行路线,就近找到安全的操作平台进行操作,降低了测量人员测量过程中的安全风险。

4.2 提高了精度

进行地形测量现场工作,很难对所有的点全面覆盖到,一般采用特征点进行地形测量,遇到大树或建筑物遮挡,还不便于棱镜架设。采用无人机航拍三维地形图提取的地形图,通过除噪方式消除树木或建筑物遮挡影响,并匹配高密度点云数据,提高了测量精度。

4.3 其他

(1)空三加密人工干预较少。

(2)在三维模型上测图,不需要立体显示器、立体眼镜及手轮脚盘等立体采集设备,从而降低了成本。

(3)可采集到房屋主体结构,无须房檐改正;各类坡坎易于分辨,裸露地表可精确采集;房屋层数可内业识别并标注。

4.4 存在的难点

基于无人机倾斜摄影模型提取地形要素为大比例尺地形图测绘提供了一种新的方法,同时也存在很多难点:

(1)对于电杆、路牌、独立树等杆状地物识别度较低。

(2)由于高分辨率倾斜影像数据量大,地表植被覆盖区域及建筑物复杂密集等区域数据提取困难,加大内业处理工作量。

5 结论与展望

由于无人机的成本及可控性、安全性等各项指标越来越完善,无人机应用将趋于普及状态,随着航摄影像采集方案的优化以及倾斜摄影技术的不断进步,基于实景三维模型的大比例尺测图将具有更加广阔的应用前景。展望如下:

(1)可在电站蓄水发电前,对整个库区及周边进行全方位航拍,获取 DEM 信息,并提取1:1 000地形图,可获取变形库岸原始地形资料,同时可以复核库容参数,提高工作效率。

（2）针对无人机地形图可提取的剖面图，下一步可以用于不稳定库岸及建筑物边坡的变形监测。

参 考 文 献

［1］周亚林.探讨无人机在消防灭火救援行动中的应用［J］.科技创新与应用,2018(16):173-174.

［2］魏扬,徐浩军,薛源.无人机三维编队保持的自适应抗扰控制器设计［J］.系统工程与电子技术.

［3］贾志才.基于无人机倾斜摄影技术矿山地形精准测量方法探讨［J］.中小企业管理与科技(上旬刊),2018(7):145-146.

［4］熊一,王琳,罗莎.浅谈无人机航测技术在矿山测绘作业中的运用［J］.世界有色金属,2018(8):33-34.

某国调水电站机组运行优化的策略研究

黄金山,王志,韩勇,杨艳,彭兴东,王升,李林

(雅砻江流域水电开发有限公司,四川 成都　610051)

摘　要　为提高水电站机组运行的安全性与经济性,以某国调水电机组为例,充分考虑了包括机组安控要求、GIS 运行情况、机组开停机耗水、机组频繁穿越振动区等众多影响该电站机组安全经济运行的因素,深入研究并建立了全成本最小的机组运行优化数学模型,结合国调直调机组管辖要求深入研究了机组开停机策略,在此基础上提出了一种更为全面、更符合国调管辖要求且易于计算机程序实现的机组运行优化策略。

关键词　国调电站;机组安全;运行优化

1　前　言

为解决资源条件、电源结构、负荷特性、电网接收能力等因素导致的能源消纳不平衡、电源与电网发展不协调及电源结构不合理等问题,构建以特高压电网为骨干网架、各级电网协调发展的全国能源互联网已成为我国电网发展的必然趋势。而电网的互联互通、相互影响对联网的机组,特别是国调机组提出了更高的涉网安全要求。为保障电网安全稳定,各大电站正陆续实现自动发电控制(AGC),但 AGC 只以频率、电压作为控制指标,忽视机组的具体特性及当前的状态,造成机组频繁穿越气蚀振动区、相邻时段内机组出力波动剧烈等现象。因此,探寻电站机组更加安全、经济的运行策略显得尤为重要。

水电站机组运行优化包含两个方面:优化机组组合、优化负荷分配。其中机组组合是首要的、更为复杂的问题,机组组合分配合理可以有效改善电站运行安全。水电站机组运行优化研究主要包括两个方面:一是找到合适的模型,更好地反映水电站的安全要求、发电成本及各种约束限制条件;二是提出优秀的寻优策略与算法,使其更快、更好地找到寻优结果。

国内外众多学者对水电机组经济性能的评价多以发电成本——等价耗水量 W 作为评价标准,W 值越小,反映机组经济性能越好[1-3],经多次实践验证,该评价办法简单直接且便于实施,因此本文仍以等价耗水量 W 作为评价标准。

以往机组运行优化研究多集中在经济运行优化,对电站安全性能优化考虑较少,本文在充分考虑机组、电网安全运行的基础上结合经济运行,提出了一个综合的数学模型及优化策略,为机组实现智能运行奠定了基础。

作者简介:黄金山(1989—),男,硕士,工程师,从事水电站机组运行管理相关工作。E-mail:huangjinshan@ylhdc.com.cn。

2 影响机、网安全运行的因素

2.1 机组气蚀振动特性

由于机械及水力两方面因素,各水轮机组在不同水头下存在特定的气蚀振动区,若水轮机组长时间运行在振动区,会引起机组零部件金属和焊缝中疲劳破坏区的形成与扩大,使机组各部位紧密连接部件松动,使尾水管壁产生裂缝,加速机组转动部分的相互磨损,严重威胁水轮机组运行安全。

以 $N_i(h)$ 表示各水轮机组在不同水头下的气蚀振动区,以 $f_i(N,h)$ 表示 i 号机组出力在水头为 h、出力为 N 时是否处于强振区:

$$f_i(N,h) = \begin{cases} 1, N \in N_i(h) \\ 0, N \notin N_i(h) \end{cases}$$

$f_i(N,h)=1$,说明机组在当前水头、当前负荷下处于气蚀振动区,$f_i(N,h)=0$,说明机组处于稳定区。

2.2 机组频繁穿越振动区

机组频繁穿越振动区不仅造成水量浪费,更会导致机组频繁处于强振区运行,增大机组损耗,威胁机组安全,而传统 AGC 控制在负荷调整时只简单避免机组运行于振动区,忽略了频繁穿越振动区的危害,具有一定局限性。

本文在优化模型中增加机组频繁穿越振动区的影响,以 T_p 时间的空载流量衡量机组穿越一次气蚀振动区增加的损耗成本。时间常数 T_p 设定越长,机组穿越振动区成本越高,优化后机组穿越振动区次数也就越少。

以 $m_i(t)$ 表示 i 号机组在 t 时段是否穿越了气蚀振动区:

$$m_i(t) = \begin{cases} 1, [N_i(t) - N_{iH}(h)][N_i(t-1) - N_{iL}(h)] < 0 \\ 0 \end{cases}$$

$m_i(t)=1$,表示当前时段 i 号机组穿越了气蚀振动区;$m_i(t)=0$,表示机组未穿越气蚀振动区。$N_{iH}(h)$、$N_{iM}(h)$ 分别表示当前水头下 i 号机组气蚀振动区的上限与下限。

2.3 机组可用状态要求

机组检修或存在重大缺陷、故障会导致该机组不可用,以 $E = \{e_i(t)\}$ 表示机组的可用状态。

$$e_i(t) = \begin{cases} 1 \\ 0 \end{cases}$$

$e_i(t)=1$,表示当前时段 i 号机组完好,可并网运行;$e_i(t)=0$,表示当前时段 i 号机组不可并网运行。此值需要根据机组当前状态人工设置,以避免故障机组误自动开机运行。

2.4 机组不同水头下出力约束

水轮机组的出力受水库水位影响,水位下降会导致机组出力能力下降,若出力超过限制会使水轮机导叶开度过大,事故停机时会造成机组严重过速。以 $N_i(t)$ 表示 i 号机组在 t 时段的出力,以 $X = \{x_i(N,t)\}$ 表示机组当前出力是否满足出力约束要求:

$$x_i(N,t) = \begin{cases} 1 \\ 0, N_i(t) \leqslant N_{imax}(h) \end{cases}$$

式中: $N_{imax}(h)$ 为当前水头机组可带最大出力。$x_i(N,t)=1$,说明机组当前时段、当前负荷不满足出力约束条件;$x_i(N,t)=0$,说明满足机组出力约束条件。

2.5　有功平衡约束

为维持系统电压、频率稳定,电站总出力应实时满足电网需求(国调 96 点计划出力),但若限制电站总出力始终等于电网需求会造成机组频繁调整出力,增加机组损耗,因此本文根据该国调水电站容量设置了 $N_r=10$ MW 的容差,以 $y(t,N_c)$ 表示电站当前总出力是否满足有功平衡约束要求:

$$y(t,N_c) = \begin{cases} 1 \\ 0, & \left| \sum_{i=1}^{I} k_i(t)N_i(t) - N_c(t) \right| \leqslant N_r \end{cases}$$

其中:

$$k_i(t) = \begin{cases} 1 \\ 0 \end{cases}$$

$k_i(t)=1$,表示 i 号机组在 t 时段运行;$k_i(t)=0$,表示 i 号机组在 t 时段停运。$N_c(t)$ 为 t 时段国调下发的计划出力;I 为总机组台数。$y(t,N_c)=1$,表示电站当前总出力不满足有功平衡要求;$y(t,N_c)=0$,表示满足要求。

2.6　机组安控要求

为保证电网的可靠性,国调要求该电站出力超过 2 500 MW 时,电站投入切机压板的机组单机出力应不低于 400 MW。传统 AGC 控制及以往研究未考虑该要求,使国调水电站存在违反调规的安全隐患。以 $D=\{d_i(t)\}$ 表示机组的安控投退状态,以 $L=\{l_i(N,t)\}$ 表示机组当前出力是否满足安控要求:

$$d_i(t) = \begin{cases} 1 \\ 0 \end{cases}$$

$$l_i(t) = \begin{cases} 1, & \{d_i(t)N_i(t) < 400 \ \wedge \ d_i(t)N_c(t) \geqslant 2\ 500\} \\ 0 \end{cases}$$

$d_i(t)=1$,表示当前时段 i 号机组投入切机功能;$d_i(t)=0$,表示当前时段 i 号机组是不切机组;$l_i(t)=1$,表示当前时段 i 号机组不满足安控要求;$l_i(t)=0$,表示当前时段 i 号机组满足安控要求。

2.7　GIS 运行情况的影响

该水电站电气主接线采用 4/3 和双断路器的混合接线方式,全站出力经 3 回出线送至某换流站。接线方式如图 1 所示。

在电力系统中,机组和线路的安全稳定性相对于 GIS 开关、高压母线不高,出现故障的概率较大,为避免机组或线路故障后引起事故扩大、降低系统运行可靠性,可以通过调整并网机组组合方式实现。

事故扩大的情况分为四种:线路跳闸后联跳机组、机组跳闸后联跳线路、机组跳闸后出力无法送出联跳其他机组、机组跳闸后系统单母线运行。

该国调电站主接线具有很强的对称性,我们假设某个开关编号为 K_{abc},其中 $a=\{1,2,3\}$ 分别表示该开关位于第一串、第二串、第三串,$b=\{1,2\}$ 分别表示该开关位于所在串的上

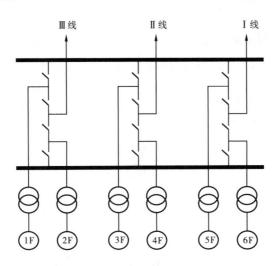

图1　某国调电站主接线图

部还是下部,$c = \{1,2\}$分别表示该开关是边侧开关还是中间开关。

GIS开关运行状态组合较多,由于篇幅有限,本文只举例几个典型情况进行分析,如下:

(1)单边侧开关停运。假设K_{111}开关停运,此时若Ⅲ线故障跳闸,则1F连带跳机,所以应尽量不安排1F运行。

(2)单中间开关停运。假设K_{112}开关停运,此时若2F故障跳机,则Ⅲ线连带跳闸,所以应尽量不安排2F运行。

(3)两边侧开关停运。假设两边侧开关位于不同串,但属于同一部位(同属上部或下部),如K_{111}、K_{211}开关停运,此时若5F故障跳机,则Ⅰ母被甩开,系统单母线运行,所以除了情况(1)处理方法,还应尽量不安排5F运行。

其他停运开关组合处理方法参考情况(1)。

(4)两中间开关停运。假设两中间开关位于不同串,但属于同一部位(同属上部或下部),如K_{112}、K_{212}开关停运,此时若5F故障跳机,则Ⅰ母被甩开,1F、3F出力无法送出连带跳机,所以除了情况(2)处理方法,还应尽量不安排5F运行。

(5)一边侧一中间开关停运。假设这两开关位于不同串,但属于同一部位(同属上部或下部),如K_{111}、K_{212}开关停运,此时若5F故障跳机,则Ⅰ母被甩开,3F出力无法送出连带跳机,所以除了情况(1)、(2)处理方法,还应尽量不安排3F运行。

若电站某条电站线路停运,则不存在该线路跳闸连跳其他机组的情况,也不存在机组跳闸连跳该线路的情况,所以反而提高了机组组合的安全性能。

3　影响机组经济运行的因素

3.1　机组动力特性

水轮机组动力特性$Q_i(N_i,h)$是指某水头、某负荷下,机组单位出力所需水流量,是反映机组经济效益的固有属性。本文研究的国调电站经多年统计验证得出了各台机组的动力特性曲线。

3.2　机组开停机耗水

机组在开、停机过程中所耗水量未产生经济效益,为提高电站经济效益,对开停机过程耗水较多的机组应减少开停机频次,且机组开停机过程会穿越机组振动区,因此不宜频繁开停机。

以 W_{iK}、W_{iT} 分别表示在 i 号机组开机、停机时的耗水量,以 $p_i(t)$ 表示 i 号机组当前时段的开、停机状态:

$$W_{iK} = Q_{iD} T_{iK}/2$$
$$W_{iT} = Q_{iD} T_{iT}/2$$

$$p_i(t) = k_i(t) - k_i(t-1) = \begin{cases} 1 \\ 0 \\ -1 \end{cases}$$

其中,Q_{iD}、T_{iK}、T_{iT} 分别表示 i 号机组的空载流量、开机时间、停机时间(公式中忽略机组启励、逆变时间,将开停机过程中导叶变化近似为匀速)。$p_i(t) = \{1, 0, -1\}$ 分别表示 i 号机组当前时段状态{开机,不变,停机}。为减少机组开停机频次,可通过提高开停机耗水权重实现。

4　机组开停机策略研究

机组开停机策略是机组运行优化的基础,开停机策略应充分考虑机组的安全运行、经济运行及其他各种规定要求,最后形成开停机规则融入机组运行优化策略中。

当机组需开停机时,应首先考虑机组开停机优先顺序。该国调水电站有 6 台机组,将每台机组设置一个优先级定值,其范围为 0~6。数字越大代表机组安全性、经济性越高,数字 0 代表该机组不可用。因此,开机优先级从低到高为 1~6,数字越大的机组越应优先开机;停机优先级从低到高为 6~1,数字越小的机组越应优先停机。

在制定机组开停机策略时要考虑以下六个方面:

(1)该国调水电站并网机组台数受国调中心管控,因此在调整电站总出力时有开、停机台数限制。

(2)减少机组开、停机次数,在满足机组、电网安全运行的情况下,尽量保持原机组运行,避免开停机。

(3)制定开停机策略时应均衡各台机组运行时间。

(4)考虑机组并网最短时间和备用最短时间,避免某台机组短时并网就停机或短时停机就并网,增加机组损耗。

(5)相邻时段机组台数不变时,沿用上一时段的机组组合,只重新分配负荷;相邻时段机组台数增加时,原有运行中的机组仍然保持运行状态不变,另外从原来停机的机组中选出效率较高的机组开启,直到达到要求;相邻时段机组台数减少时,上一时段停机的机组仍停机,从原先运行的机组中选出效率最低的机组关闭,直到达到机组台数需求。

(6)GIS 运行情况直接关系到机组和线路的运行安全,在制定机组开停机顺序时应充分考虑当前 GIS 运行状态下的各机组安全等级。

5 机组运行优化模型建立

水电站机组运行优化是一个高维数、非线性、多目标、多约束的求解问题,当电站内机组台数较多且机组动力特性各不相同时,该求解问题显得尤为复杂[4]。

由于优化模型为多目标函数求解问题,而且各子目标单位不统一,因此在进行优化计算时,可以采用权重系数法或归一法将多目标转化为单目标以便于求解。由于国调电站的出力时刻受国调中心管控,因此可以采用以电定水模型作为综合优化模型,即将所有安全成本、发电成本等所有不利因素转换为耗水当量进行目标统一。耗水量最小的那组解即为机组运行的最优方式。在转换过程中可以通过增加某因素的权重来提高该因素的影响。

考虑到机组运行优化过程含有多重约束,可以通过设置惩罚系数 C(C 设为无穷大)来筛除不满足约束条件的优化结果。

综上所述,该国调水电站机组运行优化模型可表述如下:

$$W = \min_{k \in E} \sum_{t=1}^{T} \sum_{i=1}^{I} \left\{ k_i(t) Q_i(N_i(t), h) + m_i(t) T_P Q_{iD} + C[f_i(N_i(t), h) + x_i(N_i(t), t) + y(t, N_c(t)) + l_i(t)] + \frac{|p_i(t)|}{2} [(p_i(t) + 1) W_{iK} + |p_i(t) - 1| W_{iT}] \right\} \Delta T$$

其中,ΔT、T 分别为优化采样周期与优化时间段。因该水电站总出力受国调下发的 96 点计划出力约束,即机组负荷调整周期为 15 min,故建议设置 $\Delta T = 15$ min,为发挥该数学模型在降低机组开停机频次上的作用,建议优化时间段 T 选取存在负荷变化的时间段(有可能开停机时间段)。

由于该水电站水库库容较大,单日水位变幅引起各参数的变化不明显,因此在优化时间段 T 内可将水位视作常数。

通过先进的寻优算法,可以较快地找到使等价耗水量 W 最小时的变量解集 $[k_i(t)]$、$[N_i(t)]$,即找到了该优化时间段内各个时段最安全、最经济的机组运行组合与负荷分配。

6 机组运行优化策略

机组运行优化主要包含两个方面:优化机组组合、优化机组间负荷分配[5],上文已研究出机组运行优化模型及机组开停机策略,通过合理调用优化模型与开停机策略,形成总的机组运行优化策略,在已知各类参数的情况下就可以寻得当前运行要求下机组安全性、经济性最高的运行方式。机组运行优化策略如图 2 所示。

运用机组运行优化策略优化机组组合和负荷分配,既能实现传统 AGC 具有的保证电网系统频率及母线电压稳定的功能,还能规避机组、电网运行的各类安全风险,控制机组启停频率及穿越机组气蚀振动区的次数,且该优化策略充分发挥了各台机组的性能优势,使机组运行的安全性、经济性保持较高水平。

7 结 论

本文对某国调水电站机组运行优化进行了深入研究,取得了如下成果:

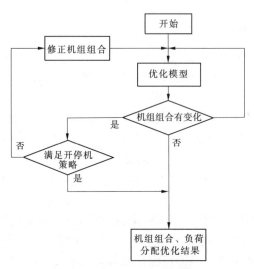

图 2　机组运行优化策略

（1）本文对影响机组运行安全性、经济性的因素考虑得较为全面，特别是针对机、网安全性能，首次提出了机组安控要求与 GIS 运行情况的影响。

（2）本文对机组运行优化数学模型研究得较为深入，将影响机组安全、经济运行的各类因素都转换为耗水当量，且转换公式简洁明了，对后续研究者有一定参考意义。

（3）本文对机组开停机策略考虑得较为全面，对后续研究者有一定参考意义。

参 考 文 献

［1］陶春华，马光文，涂扬举，等. 一种水电站厂内经济运行算法［J］. 水利水电科技进展，2007(2)：30-33.

［2］徐峰. 石泉水电厂机组优化运行的实践［J］. 科技资讯，2015(18)：61-62.

［3］林繁. 水电机组运行优化分析［J］. 机电信息，2014(39)：39-40.

［4］冯雁敏，张成铸，张雪源. 丰满发电厂水电机组运行方式优化研究［J］. 水电能源科学，2011(8)：155-158.

［5］徐进. 水电站实时运行状态转换优化研究［D］. 天津：天津大学，2009.

大泄量、窄河谷、深覆盖层闸坝设计与消能防冲运行安全研究

陆欣,刘晓宇

(中国电建集团华东勘测设计研究院有限公司,浙江 杭州　310014)

摘　要　在我国西南山区的大江大河上,因泄流量大、河谷狭窄等特点,干流上的水电站多以高坝大库为主,少有低闸坝径流式或引水式电站,而其中建基于深厚覆盖层上的闸坝更是少见。本文以雅砻江锦屏二级水电站拦河闸坝为例,论述在窄河谷、深覆盖层上兴建满足大泄量要求的闸坝设计要点,包括闸室结构设计、坝基防渗和基础加固等,重点研究闸坝下游的消能防冲运行安全,并结合电站实际运行情况进行安全评价。

关键词　西部山区;大泄量;窄河谷;深覆盖层;闸坝设计;消能防冲

1　引　言

在我国西南山区的大江大河上,因泄流量大、河谷狭窄等特点,干流上的水电站多以高坝大库为主,比如金沙江上的溪洛渡、白鹤滩水电站,雅砻江上的二滩、锦屏一级水电站等;干流上仅有少数低闸坝径流式或引水式电站,比如雅砻江上的锦屏二级水电站,大渡河上深溪沟、沙坪二级水电站。这是因为,大江大河上往往下泄流量巨大,设计洪水流量普遍在 10 000 m³/s 以上,要求泄水建筑物具有足够大的泄流能力;而闸坝多采用流量系数低的宽顶堰堰型,这就给设计者带来了在窄河谷内进行闸室优化布置的难题。相应衍生出的,如巨大弧门推力下的闸室结构设计、大单宽流量下的下游消能防冲等问题都是考验设计者的拦路虎。这就是为什么我国西部山区已建闸坝多建于大河支流上,比如雅砻江支流九龙河上的江边水电站,大渡河支流瓦斯河上的小天都水电站和金沙江支流西溪河上的联补水电站等。

除上述大泄量和窄河谷的难点外,在西部山区大江大河上兴建闸坝还面临一个难题就是坝基的深厚覆盖层如何处理。高山峡谷河道覆盖层普遍深厚,有的工程覆盖层甚至上百米深,且覆盖层结构复杂,不均匀分布有砂层透镜体,可能引起液化问题。如何减少坝基渗漏量,确保坝基渗透稳定,避免坝基的不均匀沉降都是设计面临的现实难题。

事实上,近些年无论是国内还是国外,受制于移民、环保等问题,在大江大河上兴建高坝大库的难度越来越大,而径流式或引水式电站,因其壅水水头低、淹没范围少等特点越来越为人们所接受,闸坝坝型也将成为设计者的首选。因此,本文即以大泄量、窄河谷、深覆盖层为切入点,以雅砻江锦屏二级水电站拦河闸坝为例,论述在狭窄河谷和深厚覆盖层

作者简介:陆欣(1980—),男,江苏苏州人,高级工程师,研究方向为水工结构设计。

上兴建满足大泄量要求的闸坝设计要点,包括闸室布置和结构设计、坝基处理,重点对下游消能防冲运行安全进行研究,同时结合工程实际运行情况进行安全评价,力图为类似工程设计提供有益的参考。

2　工程概况

锦屏二级水电站拦河闸坝位于雅砻江锦屏大河弯西端的猫猫滩,距上游锦屏一级水电站约 7.5 km。最大闸高 34 m,正常蓄水位 1 646 m,最高运行水位 1 648 m,总库容 1 930 万 m³,电站总装机容量 4 800 MW。本工程属大(1)型工程,工程等别为一等,首部拦河闸坝按 1 级建筑物设计,按甲类工程抗震设防,地震设计烈度为 8 度。

锦屏二级水电站拦河闸坝是国内首个在大江大河上修建的覆盖层闸坝工程,河床覆盖层厚最大深度 42 m;泄洪闸工作弧门推力巨大,为首个在覆盖层基础上采用预应力闸墩技术的工程;大坝洪水流量大,最大泄量 13 980 m³/s,因枢纽区河道狭窄,设计单宽流量居国内同类工程之首;下游覆盖层抗冲能力弱,消能防冲运行安全问题突出。

3　拦河闸坝总体布置

猫猫滩闸址区河谷呈"V"形,枯水期河水面宽仅为 70 ~ 100 m,不利于工程建筑物布置。考虑到巨量洪水安全下泄为第一要务,泄洪闸按照占满河床布置,两岸采用重力坝与高陡边坡衔接,上游设铺盖、下游设消能防冲设施与天然河床相接。

泄洪闸建基于深覆盖层上,共设置 5 个独立闸室段,每个闸室段长 20 m,孔口净宽 13 m,泄洪闸段总长 100 m,闸顶高程 1 654 m,最大闸高 34 m。闸室左、右岸分别接 27 m、38 m 长的建基于基岩的混凝土重力坝段。闸室上游设长 30 m、厚 4 m 的混凝土铺盖。闸室下游接长 60 m、厚 3 m 的混凝土护坦,护坦上部设有导流墙用于调整急流流态,末端接 100 m 长的大块石海漫。拦河闸坝总体布置和上游立视图见图 1 和图 2。

4　泄洪闸闸室结构设计

为了提高平底泄洪闸的过流能力,降低闸门挡水水头,有效利用下游水深大的特点,泄洪闸底板高程抬高至 1 626 m,较河床平均高程 1 620 m 抬高约 6 m。基于水工水力学模型试验成果,综合考虑泄流能力、流态、下游消能防冲效果等因素,通过优化闸墩墩头体型和优选下游消能措施,选定闸孔按照 5 m×13 m 布置。

泄洪闸采用弧形闸门挡水,弧门尺寸为 13 m×22 m(宽×高)。可研阶段按照工程经验,采用常规钢筋混凝土结构;在施工阶段,根据非线性有限元法的复核成果,在巨大的水推力作用下,弧形闸门支铰附近的闸墩内出现很大的拉应力,受溢流宽度限制,闸墩厚度不宜设计过大,采用常规钢筋混凝土结构解决难度很大。工程实践证明,在大型弧形闸门的闸墩结构设计中采用预应力闸墩,对改善闸墩的应力状态、限制闸墩的变形、降低工程造价、保证工程长期安全运行是较为合理的技术措施。因此,经过深入研究比较后决定采用预应力闸墩结构型式。按照国内工程经验、设计规范、施工水平和可靠性,闸墩拉锚系数取 2.2,单个闸墩施加的预应力达 42 000 kN,单索设计吨位 4 200 kN。

为提高闸室抗震性能和适应基础变形的能力,泄洪闸闸室采用单孔独立缝墩式结构,

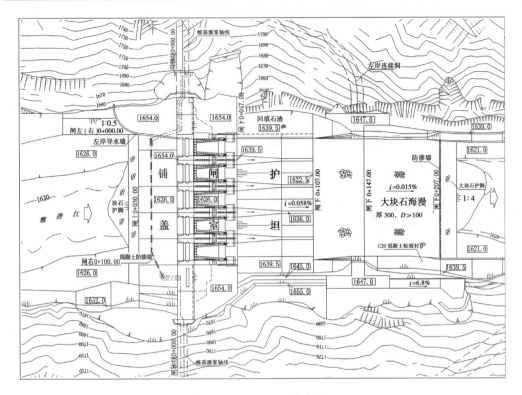

图 1　拦河闸坝总体布置

闸底板与闸墩整体浇筑,每个闸室段长 20 m,顺河向长 47 m,闸墩厚 3.5 m。经对闸室采用单孔独立缝墩式结构(闸墩顶无连结)、闸顶设置拉板的框架结构以及相邻闸墩顶部设置水平传力键三种形式进行比较,后者能更有效地降低闸室结构的应力水平,因此在相邻闸墩顶部增加设置了水平传力键。

5　坝基处理

　　闸址河床覆盖层深厚,层次结构复杂,局部分布有砂层透镜体,存在坝基不均匀变形、渗漏和渗透稳定、浅部砂层透镜体可能地震液化等问题,需采取相应的措施进行处理。

5.1　坝基防渗处理

　　基础防渗处理设计是覆盖层上闸坝设计的关键。锦屏二级坝基覆盖层的渗透性普遍较强,且不均一,各层的渗透性差异较大。其中块碎石层结构松散,架空现象较普遍,抗渗性能较差,其渗透破坏形式将以管涌破坏为主。考虑到工程的重要性,拦河闸坝河床覆盖层采用全封闭混凝土防渗墙和两岸采用水泥帷幕灌浆相结合的基础防渗处理措施。

　　混凝土防渗墙布置在闸室上游的铺盖底部,墙底嵌入弱风化基岩以下 1.0 m,两岸接基岩,墙顶嵌入铺盖 0.5 m。防渗墙厚度为 0.8 m,混凝土强度为 C25,抗渗强度等级为W8,全断面配筋。防渗墙的质量采用钻孔取芯、压水试验、单孔声波、声波 CT、钻孔变模检测等多种检测方法,检测防渗墙各项物理力学参数,从而评价其施工质量。质量检查显示,防渗墙的透水率小于 0.1 Lu,声波速在 4 000 ~ 4 500 m/s,墙体的变模为 11.2 ~ 12.8GPa。

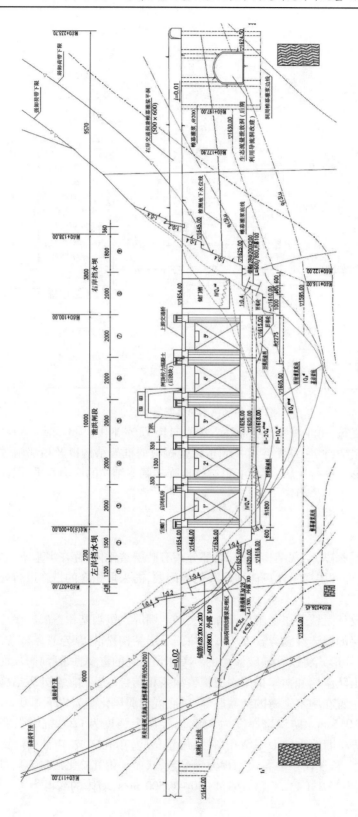

图 2　拦河闸坝上游立视图

防渗墙与铺盖之间设置 10 cm 的周边缝以适应变形,缝内嵌填 SR 柔性止水材料,并设置一道铜片止水和一道橡胶止水。

防渗墙通过灌浆帷幕与两岸重力式坝段基础的灌浆帷幕衔接。考虑到两岸坝肩岩体有一定的卸荷影响,岩体渗透性较好,同时,水库蓄水后可能给岩体及边坡带来不利影响,帷幕灌浆深度按深入 5 Lu 线以下 5 m 控制。

5.2 坝基覆盖层加固处理

拦河闸坝工程基础覆盖层深厚,成分较复杂,地基存在不均匀沉降问题,分布在埋深 15 m 范围内的砂层透镜体在 8 度地震条件下可能发生液化。结合抗液化设计,考虑对闸室基础、上游铺盖基础、护坦上游侧 5 m 范围基础采用固结灌浆加固处理,以减小闸坝基础沉降和相对沉降差,加强地震时地基与闸底板的连接,并改善闸底板和防渗墙应力状况;同时对开挖揭露的砂层采用洞渣料进行置换。

固结灌浆孔、排距 2.5 m,梅花形布置,灌浆深度 15 m。覆盖层固结灌浆采用自上而下分段、孔口封闭、孔内循环灌浆法。灌后质量采用声波测试、压水试验、钻孔取芯、孔内变模、孔内电视等多种措施检测,进行综合评定。灌后质量检测成果显示,覆盖层灌后透水率小于 10 Lu,灌后变模为 134.3 ~ 251.0 MPa,灌后基础承载力提高至 881 kPa。根据监测成果,实测最大沉降仅为 8.82 mm,满足规范有关基础变形、承载力及砂层液化等要求。

6 消能防冲运行安全

西部山区河流中一般裹挟大量泥沙,特别在汛期,会有推移质如大块石、卵石等随洪水过坝。如果采用底流式消力池消能,则推移质对消力池底板、尾坎的磨损很大,极易破坏。采用斜坡护坦急流式水面衔接,并加强护坦的抗冲磨保护可以较好地解决上述难题。这种消能方式下,在护坦末端会形成较深的冲坑,所以,护坦末端需要设置深齿槽或防冲墙加以保护,防止淘刷护坦基础。齿槽或防冲墙的设计深度应根据水工模型动床试验来确定,同时,护坦下游还应设置有海漫和防冲齿槽以防止冲坑的扩大。

锦屏二级拦河闸坝闸址区河谷狭窄,泄洪时洪水流量和流速均较大,上下游水位差较小。下游河床为砂卵石覆盖层,抗冲流速较小,抗冲刷能力弱。工程具有洪水流量大、流速大、消能率低、河床抗冲能力弱、岸坡为岩体抗冲能力强的特点。通过系统的水工模型试验研究论证,"斜坡混凝土护坦 + 大块石海漫"的消能防冲布置形式是合适的,较好地解决了本工程流量大、泥沙多、河谷窄、消能率低、河床抗冲能力差等消能防冲的关键问题。

经模型试验确定,护坦长 60 m、厚 3 m,上、下游底部设 8 m 深齿槽,以提高护坦抗冲稳定性,防止护坦末端被淘刷。护坦下游接 100 m 长的大块石海漫,护坦下游 40 m 范围内铺厚 5.0 m、粒径大于 1.5 m 的大块石;其余 60 m 铺厚 3.0 m、粒径大于 1.0 m 的大块石。

自 2012 年 10 月蓄水运行以来,锦屏二级拦河闸坝已经过 5 个汛期的考验。根据拦河闸坝下游海漫 2017 年 11 月水下检查情况及 2017 年 12 月 24 日闸下基坑抽水后对护坦、海漫现场检查情况,护坦底板混凝土冲磨情况总体正常,护坦末端海漫局部冲刷。

海漫局部冲刷主要分布在闸下 K0 + 107.00 ~ K0 + 132.00,冲坑深度 1.0 ~ 3.0 m(最大深度位于 2 号和 3 号闸室下游区域,深约 3.0 m),平均深度约 1.3 m;其中 1 号、2 号、3 号闸室下游冲刷现象较 4 号、5 号闸室强,见图 3。经研究决定,对上述海漫冲刷区域采用棱长为 3.3 m 的混凝土四面体预制块进行回填,每 6 个混凝土四面体通过钢丝绳串连。从处理后的运行情况看,冲刷情况趋于稳定,长期安全可以得到保证。

图 3　拦河闸坝下游冲刷
堆积区域示意图

7　结　语

锦屏二级水电站于 2012 年 9 月通过蓄水验收,并于 2012 年 10 月蓄水运行至今。目前各项监测成果显示,拦河闸坝运行正常,达到了设计预期的效果。本文以雅砻江锦屏二级水电站拦河闸坝为例,对大江大河上的具有大泄量、窄河谷、深覆盖层等特点的闸坝设计进行了阐述,指出结构设计、基础处理和消能防冲设计等方面的难点和解决方案,并结合工程实际运行情况进行了安全评价,相关问题的解决措施可为类似工程设计提供有益的参考或启发。

参 考 文 献

[1] 雅砻江锦屏二级水电站可行性研究报告[R]. 中国电建集团华东勘测设计研究院有限公司,2005.
[2] 水闸设计规范:SL 265—2001[S].

锦屏二级水电站地下厂房设计与
安全运行研究

万祥兵,陈祥荣

(中国电建集团华东勘测设计研究院有限公司,浙江 杭州 310014)

摘 要 锦屏二级水电站地下厂房洞室群规模庞大、地质条件复杂,安装有 8 台单机 600 MW 的水轮发电机组。本文从基本地质条件、地下厂房洞室群布置、防渗排水设计、支护设计、施工期围岩稳定分析等方面介绍电站地下厂房的设计和施工实践,并结合运行期的围岩监测、渗流量监测、边坡监测等,对电站的安全运行及应对措施进行思考和研究。

关键词 锦屏二级水电站;地下厂房;支护设计;防渗排水设计;安全运行

1 工程概况

锦屏二级水电站位于雅砻江干流锦屏大河湾上,利用雅砻江 150 km 大河湾的天然落差,通过长约 17 km 的引水隧洞,截弯取直,获得水头约 310 m。电站总装机容量 4 800 MW,单机容量 600 MW,是雅砻江上水头最高、装机规模最大的水电站。工程枢纽主要由首部拦河闸、引水系统、尾部地下厂房三大部分组成,为一低闸、长隧洞、大容量引水式电站。

发电厂房采用地下式布置,开关站采用地下 GIS 布置方案,GIS 布置于主变洞内,地面仅布置 500 kV 出线场。出线场内布置 SF_6 空气套管、避雷器和出线构架等。

2 厂区地质条件

地下厂房地层岩性为 T_{2y}^4 灰绿色条带状云母大理岩和 $T_{2y}^{5-(1)}$ 灰黑色中厚—厚层细晶大理岩,微风化,岩体完整性以一般为主,局部较完整或较破碎—破碎。以Ⅲ类围岩为主,部分为Ⅱ类围岩,局部为Ⅳ类围岩。$T_{2y}^{5-(1)}$ 多为中厚—厚层块状,围岩完整性较好,且稳定条件较好;T_{2y}^4 层由于层理发育,且层面裂隙中局部见有暗色矿物形成的软弱夹层,围岩稳定条件一般。T_{2y}^4 饱和抗压强度为 50 ~ 62 MPa,$T_{2y}^{5-(1)}$ 饱和抗压强度为 65 ~ 85 MPa。整个岩层均为陡倾—竖直的层状岩体,岩层走向与厂房洞轴线呈小角度相交。

地下厂房上覆盖岩层厚度为 231 ~ 327 m,实测最大主应力值为 10.1 ~ 22.9 MPa,以近垂直岸坡方向为主,倾角变化范围为 30° ~ 55°。

作者简介:万祥兵(1978—),男,江西南昌人,高级工程师,主要从事水工建筑物布置及结构设计、地下洞室支护设计。

3 地下厂房洞室群布置

地下厂房共安装 8 台水轮发电机组,机组间距 31 m。地下厂房主要建筑物包括主副厂房洞、主变洞、母线洞、交通系统、进排风系统、出线系统、防渗排水系统等辅助洞室等(见图 1)。

主副厂房洞、主变洞平行布置,主变洞位于主副厂房洞下游,两洞间距 45 m。主副厂房洞(包括安装场)的开挖尺寸为 352.44 m×28.3 m×72.20 m(长×宽×高),洞室结构采用喷锚支护,主厂房拱顶开挖高程为 1 364.30 m。主变洞开挖尺寸为 374.60 m×19.80 m×40.50 m(长×宽×高)。

地下厂房位置选择兼顾枢纽总体布置的合理性与流道布置的顺畅性,主厂房纵轴线与地应力方向夹角较大,与陡倾岩层夹角较小,地下厂房高边墙的围岩稳定问题较相对突出。地下厂房断层构造较发育,其中 f_{16} 断层斜切主厂房与主变洞之间的中隔墙,对地下厂房洞室群围岩稳定产生不利影响。

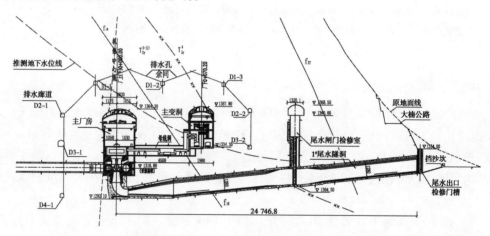

图 1 厂区洞室群剖面图

4 地下厂房支护设计

依据规程、规范,借鉴已建工程经验;遵循充分发挥围岩本身的自承能力,围岩支护遵循以喷锚支护为主,钢筋拱肋支护为辅;采取分层开挖,及时支护;充分利用监测手段,采用"设计、施工、监测、修正设计"的动态支护设计。施工阶段地下厂房支护设计参数如表 1 所示。

施工图设计阶段,设计院开展科研项目"大型地下厂房洞室群施工期快速监测与反馈分析",结合工程建设中的实际地质条件、现场监测数据、数值仿真计算,采用快速的全局智能优化算法。对开挖方案与围岩支护参数进行必要的优化,建立围岩安全监测变形管理标准,研究洞室围岩变形与破坏模式的机制及时空演化过程,预测洞室后续开挖过程中围岩力学行为、可能的破坏模式及防治措施,形成施工过程动态反馈控制机制,为地下厂房洞室群的顺利开挖和围岩稳定提供了快速的技术保障。

表 1　主副厂房洞系统支护参数表(施工阶段)

洞室部位	系统支护参数
顶拱	预应力中空注浆锚杆:$\phi 28$、$L = 6$ m,$\phi 32$、$L = 8$ m,@1.5×1.5 m 间隔布置;挂网喷聚丙烯混凝土:$\delta = 15$ cm
上游边墙	预应力锚索:$T = 1\ 750$ kN,$L = 20$m,@4.5×4.5 m 普通砂浆锚杆:$\phi 28$、$L = 6$ m,中空注浆锚杆:$\phi 32$、$L = 9$ m,@1.5×1.5 m 间隔布置;挂网喷聚丙烯混凝土:$\delta = 15$ cm
下游边墙	与主变洞上游边墙对穿预应力锚索:$T = 2\ 000$ kN,@4.5×4.5 m 普通砂浆锚杆:$\phi 28$、$L = 6$ m,中空注浆锚杆:$\phi 32$、$L = 9$ m,@1.5×1.5 m 间隔布置;挂网喷聚丙烯混凝土:$\delta = 15$ cm

5　地下厂房排水设计

根据水文地质条件和厂区枢纽建筑物的布置,地下厂房周围自上而下设置了 4 层排水廊道,并在排水廊道内设置系统的排水孔幕,将地下厂房洞室群全面覆盖,有效地引排了地下厂房周边的围岩渗水,使地下厂房置于一个相对干燥的地下围岩中。

地下渗水具有较大的不确定性,对于地质条件复杂的地下洞室群很难精确计算,为了提高地下厂房防水淹的安全性,设置了厂内、厂外两套单独的抽排水系统,4 层排水廊道的渗水全部进入厂外集水井,通过厂外抽排水系统排出。厂内集水井仅收集地下厂房围岩渗水和厂内设备渗漏水,渗漏水量基本可控,大大降低水淹厂房的概率,提高了厂房运行的安全性。

4 层排水廊道采用高水自流、低水抽排的设计方案,有效地降低了抽排的渗水量。第 1、2 层排水廊道高程较高,通过自流排水洞自流至洞外,第 3、4 层排水廊道渗水汇集至厂外集水井,再抽排至自流排水洞自流至洞外。

6　水电站安全运行

随着国家经济的发展、社会的不断进步,对重要建筑的设计标准和安全要求也不断提高,《水利水电工程结构可靠性设计统一标准》(GB 50199—2013)明确规定,1 ~ 3 级主要建筑物结构的设计使用年限应采用 100 年。

水电站建成以后,其安全运行至关重要。锦屏二级地下厂房洞室群规模巨大、电站装机容量大、地质条件复杂、锚杆(索)支护工程量大等,如何能保证电站的长期安全可靠运行是个值得思考的难题,以下就锚杆(索)支护结构耐久性、地下洞室渗水量复核、边坡的日常巡视三方面进行相关讨论。

6.1　锚杆(索)支护结构耐久性

锚杆(索)支护结构是地下洞室群围岩加固的主要手段,其长期有效运行直接影响电站运行安全,开展锚固系统长期有效运行及安全研究,评价锚固系统在长期运行条件下的安全性,对于确保水电站长期运行安全有着重大意义。

由于锚杆(索)是以钢筋或钢绞线为材料的一种结构,锚索钢绞线在复杂的水文地质环境和高应力作用下,可能出现不同程度的环境腐蚀或应力腐蚀,从而影响长期有效性。国际预应力协会收集的 35 例国外预应力锚索破坏实例显示,有 19 例破坏发生在锚索运行的 2～6 年间,16 例破坏发生在锚索运行的 7～31 年间。

系统调查锚固系统的运行现状和存在的主要问题,研究锚固系统材料特性及耐久性,揭示锚固系统应力演化机制,构建长期运行条件下的安全体系,为水电工程的长期运行安全的评价与维护提供重要的技术支撑,具有重要的应用价值和实际意义。

6.2　地下洞室渗水量复核

由于地下洞室水文地质条件的复杂性,地下厂房所在部位属裂隙散流型水文地质单元,岩体透水性具有非均质各向异性的特点,岩体渗漏问题突出。导致渗水量在设计阶段很难精确计算,给电站的集水井容量设计和抽排设备选型带来一定的不确定性,根据设计阶段的渗流计算,考虑一定的安全储备,厂外集水井的渗流量按 333 L/s 进行设计。

根据锦屏二级厂区渗水总量的统计来看,渗水总量与季节性降雨有着密切的关系,其在旱季的渗水量明显小于汛期。以 2016 年为例,其最小渗水量发生在 6 月,约 45 L/s,最大渗水量发生在 9 月底,约 105 L/s,小于设计渗水量。

6.3　边坡的日常巡视

锦屏二级水电站的地面出线场布置有出线构架、避雷器和出线套管,其余设备均布置于地下洞室。出线场边坡高陡,植被良好(见图 2)。设计阶段,为提高出线场设备的安全性,在出线场边坡上设置了混凝土挡墙和两道被动防护网,对边坡上的危岩体进行了针对性的处理。

图 2　锦屏二级出线场边坡

西部地区旱季、雨季季节变化明显,边坡上的裸露风化岩石在雨季易产生滚落,对边坡下部的设备存在一定的安全隐患。如何加强雨季边坡的日常巡视,发现危岩体,并及时进行处理,保证边坡的长期稳定性,是我们要面对的一个难题。

目前,无人机航拍及倾斜三维影像技术已大量应用于高陡边坡地质勘察、危岩体排查等方面,将边坡的地质地貌条件、整体场景真实、完整地再现,大大提高勘察的工作效率和精度,并降低地质勘察人员的安全风险。这一技术的快速应用,对电站边坡的日常巡视带来了极大的便利。

7　结　语

（1）地下厂房于2009年底开挖完成，2014年机组已全部投产发电，从各项监测数据和电站运行情况来看，地下洞室群围岩稳定，建筑结构安全可靠。

（2）对于地质条件复杂、洞室群规模巨大的地下厂房，在施工期对开挖方案与围岩支护参数进行必要的优化调整，形成动态支护设计机制是十分必要的。

（3）鉴于地下厂区渗漏水的不确定性，厂内、厂外集水井分开设置，且对渗漏集水井的容积和抽排能力考虑安全储备，可有效地提高地下厂房防淹的安全性。

（4）开展锚固系统长期有效运行及安全研究，评价锚固系统在长期运行条件下的安全性，对于水电站长期运行安全有着重大意义。

（5）出线场为电站运行期的重要建筑物，加强边坡的日常巡视，并对边坡上部的滚石等进行必要的防护，对电站的安全运行十分必要。

参 考 文 献

[1] 雅砻江锦屏二级水电站可行性研究报告（工程布置及建筑物）[R].杭州:中国水电顾问集团华东勘测设计研究院,2005.

[2] 雅砻江锦屏二级水电站厂区枢纽建筑物土建招标设计报告[R].杭州:中国水电顾问集团华东勘测设计研究院,2006.

[3] 锦屏二级水电站技施阶段大型地下厂房洞室群施工期快速监测与反馈分析总报告[R].中国水电顾问集团华东勘测设计研究院、中国科学院武汉岩土力学研究所,2011.

[4] 万祥兵,陈建林,陈祥荣.锦屏二级水电站地下厂房设计和工程实践[J].水力发电,2016,42(7):53-57.

[5] 段建肖,廖立兵,肖鹏,等.UAV及Smart3D整合技术在水利水电工程地质勘察中的应用[J].水利规划与设计,2018(2):108-111.

高坝大库下游引水式电站取水防沙安全运行措施研究

——以锦屏一、二级电站为例

杨立锋,王飞,徐达

（中国电建集团华东勘测设计研究院有限公司,浙江 杭州　310014）

摘　要　锦屏一级采用坝后式开发,最大坝高305 m,锦屏二级采用引水式开发,闸址位于一级坝址下游约7.5 km处,进水口位于闸址上游约2.9 km处。本文根据锦屏一、二级电站的径流、洪水、泥沙等实测资料,以及泥沙物理模型试验成果,分析了高坝对下游电站取水方式安全运行的影响,如高坝泄洪冲刷河道,导致河道形态变化和大量泥沙起动,严重影响了下游梯级取水防沙安全。根据各种影响的成因,提出了优化上游高坝泄洪方式,抬高下游水库运行水位,进行取水河段清淤,必要时进行束水攻沙、畅泄冲沙等方式加快河床稳定等安全措施。随着河道的稳定,汛期最大可发电安全流量也逐步增大,高坝汛期泄洪对取水防沙安全影响也逐步减小。研究结果为电站的取水防沙安全运行提供了技术支撑,同时也为类似工程的设计和运行提供参考。

关键词　锦屏二级;泥沙;运行措施;高坝

1　锦屏一、二级电站概况

雅砻江干流全长1 570 km,流域面积约13.6万 km²,占金沙江(宜宾以上)流域面积的28.7%,河口多年平均流量1 930 m³/s,系金沙江最大支流。雅砻江河道下切十分强烈,沿河岭谷高差悬殊,河源至河口海拔高程自5 400 m降至980 m,落差4 420 m,平均比降2.82‰,水力资源丰富。

锦屏二级水电站利用雅砻江卡拉至江口下游河段150 km长大河弯的天然落差,通过长约16.7 km的引水隧洞,截弯取直,获得水头约310 m(见图1)。电站总装机容量4 800 MW,单机容量600 MW,额定水头288 m,多年平均发电量242.3亿 kW·h,保证出力1 972 MW,年利用小时5 048 h,是雅砻江上水头最高、装机规模最大的水电站。

锦屏一级水电站位于锦屏二级闸址上游约7.5 km处,采用坝后式开发,挡水建筑物为混凝土双曲拱坝,最大坝高305 m,电站总装机容量3 600 MW,水库正常蓄水位1 880.0 m,死水位1 800.0 m。正常蓄水位以下库容为77.6亿 m³,其中调节库容为49.1亿 m³,具有年调节能力。

作者简介:杨立锋,男,教授级高工,研究方向为水利水电规划,河流动力学。E-mail:yang_lf@ecidi.com。

图 1　电站位置示意图

2　锦屏一级对二级水沙特性的影响

2.1　天然水沙特性

2.1.1　天然径流特性

雅砻江洼里水文站集水面积为 102 350 km², 锦屏二级水电站景峰桥闸址集水面积为 102 603 km², 猫猫滩闸址集水面积为 102 663 km², 猫猫滩闸址与洼里水文站集水面积相差不到 1%。根据规范, 本工程采用洼里水文站的实测径流系列, 经插补、延长后得到洼里站 1953 年 6 月至 2003 年 5 月共 50 个水文年月平均流量系列。其多年平均流量为 1 220 m³/s, 汛期(6~10 月)多年平均流量 2 236 m³/s, 平枯期(11 月至翌年 5 月)多年平均流量 491 m³/s, 枯水期(12 月至翌年 4 月)多年平均流量 388 m³/s, 多年平均年径流量 385 亿 m³, 其多年平均流量年内分配情况见表 1, 丰平枯三个典型年特征流量见表 2。

表 1　锦屏二级坝址径流年内分配

月份	1 月	2 月	3 月	4 月	5 月	6 月
平均流量(m³/s)	359	323	329	436	689	1 630
占全年比例(%)	2.5	2.2	2.2	3.0	4.7	11.2
月份	7 月	8 月	9 月	10 月	11 月	12 月
平均流量(m³/s)	2 800	2 610	2 520	1 610	808	489
占全年比例(%)	19.2	17.9	17.3	11.0	5.5	3.3

表 2　三个代表年的流量及频率对照

时段	全年 6 月至翌年 5 月		汛期 6 月至 10 月		平枯期 11 月至翌年 5 月		枯水期 12 月至翌年 4 月	
	平均流量 (m³/s)	频率 (%)	平均流量 (m³/s)	频率 (%)	平均流量 (m³/s)	频率 (%)	平均流量 (m³/s)	频率 (%)
丰水年	1 740	4.2	3 300	4.2	611	4.2	492	2.1
平水年	1 210	47.9	2 230	47.9	474	60.4	352	70.8
枯水年	855	95.8	1 520	93.8	377	97.9	300	97.9
三年均值	1 268		2 350		487		381	
系列均值	1 220		2 236		491		388	

2.1.2　入库泥沙特性

锦屏二级水电站闸址处多年平均流量 1 220 m³/s,年均含沙量 555 g/m³,多年平均悬移质输沙量 2 120 万 t,其中汛期(6 ~ 10 月)输沙量 2 082 万 t,占全年输沙总量的 98.43%。锦屏二级水电站采用输沙量年内分配及多年逐月含沙量见表 3。

表 3　锦屏二级水电站采用悬移质含沙量、输沙量年内分配成果

月份	1 月	2 月	3 月	4 月	5 月	6 月	7 月	8 月	9 月	10 月	11 月	12 月	年
输沙量(万 t)	0.102	0.074	0.166	3.15	26.7	288	779	592	351	72.5	3.86	0.187	2120
占全年(%)	0.005	0.003	0.008	0.149	1.26	13.6	36.8	28.0	16.6	3.43	0.182	0.009	100
含沙量(g/m³)	1.1	1.0	1.9	28.1	143	689	1 060	870	538	173	18.7	1.5	555

锦屏二级水电站采用平均悬移质颗粒级配见表 4。悬移质颗粒级配的最大粒径为 2 mm,中数粒径 0.056 mm,平均粒径 0.101 mm。

表 4　锦屏二级水电站采用悬移质颗粒级配成果

粒径(mm)	0.007	0.01	0.025	0.05	0.10	0.25	0.50	1.0	2.0
小于某粒径沙重百分数(%)	15.4	18.9	31.8	46.5	70.0	91.5	97.9	99.9	100

本河段河床为卵石夹沙河道,本河段床沙级配如表 5 所示。

表 5　锦屏二级水电站采用床沙颗粒级配成果

粒径(mm)	1	3	5	10	20	40	80	100	200	300	500
小于某粒径沙重百分比(%)	0	4.1	6.3	8.2	13.9	23.2	33.0	37.7	63.7	85.4	100

2.2　电站运行特性

锦屏一级水电站的开发任务以发电为主,兼顾长江中下游防洪作用。其调度原则为:在确保枢纽工程安全和最小下泄流量的前提下,利用兴利调节库容,合理控制水位和调配水量多发电,适度承担电力系统调峰运行,充分发挥工程综合利用效益;汛期发电调度应服从防洪调度;发电调度应以电站安全运行为前提,并努力做好经济、优质运行;锦屏一级水电站发电调度应兼顾上下游水电站,实行梯级联合调度;根据防洪需要,实施分级调度(见图 2)。

根据《长江流域防洪规划》和《长江流域综合规划(2012 ~ 2030 年)》,为配合三峡水库为长江中下游防洪,锦屏一级 7 月预留防洪库容 16 亿 m³用于拦洪蓄水,其相应库水位为 1 859.06 m。发电调度原则为:6 月初水库开始蓄水,9 月底前水库水位蓄至 1 880 m,12 月至 5 月底为供水期,5 月底水库水位降至死水位。

锦屏二级水电站的开发任务主要是发电,除需泄放一定量的生态环境用水外,无其他综合利用要求。一般情况下,锦屏二级水电站水库在正常蓄水位与死水位之间作日调节消落运行,生态环境流量通过生态环境流量泄放洞按要求泄放,发电多余水量主要通过生

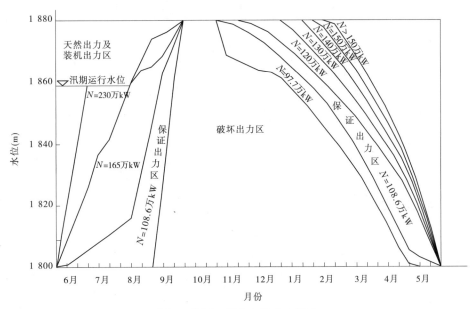

图2 锦屏一级水电站水库调度

态环境流量泄放洞或舌瓣门泄放,洪水则主要通过泄洪闸下泄。

锦屏二级水电站调节库容496万 m³,具有日调节能力,与锦屏一级同步运行,具有年调节性能。锦屏一、二级按一库两站设计,实际上为一整体,两电站应协调运行。针对一级电站在不同水库水位运行时发电流量变化大的特点,为达到减少一级电站机组水头变幅、改善一级电站运行条件的目的,二级水库运行水位可进行适当调整。锦屏二级电站水库库容小,为保持水库有效的调节库容,并保证二级电站取水防沙安全,做到进水口的"门前清",每年汛期需进行排沙运行,当二级入库流量达到或大于2年一遇标准洪水5 390 m³/s时,五孔闸门全开敞泄冲沙。

2.3 高坝对下游入库水沙影响

锦屏一级水库具有年调节能力,其正常蓄水位为1 880 m、死水位为1 800 m,对应水库调节库容49.1亿 m³,死库容28.5亿 m³。锦屏一级电站坝址多年平均悬移质年输沙量2 120万 t,推移质年输沙量为74.7万 t。正常蓄水位1 880 m及死水位1 800 m时,水库库沙比分别为430及158,表明该水库有较好的梯级拦沙作用,坝区在相当长的时期内不会出现泥沙问题。

根据锦屏一级可行性研究成果,经一级调节后,一级出库流量(二级水库入库流量)大为均化,枯水期出库流量大,且月内变化小,汛期则在水库蓄满前出库流量变小。锦屏一级出库泥沙颗粒相对较细,出库最大粒径为0.05 mm,出库泥沙主要集中在5～11月。锦屏一级调节后日平出库流量、含沙量和出库泥沙级配见表6及表7。

2.4 高坝对下游河道冲刷影响

在锦屏一级可行性研究阶段对泄洪洞的运行后对河道形态冲刷影响分析,高坝泄洪洞泄洪时,将在下游河道形成冲坑,并且水位越高,冲刷深度越深(见图3)。

表6　锦屏一级第10年、20年及50年的出库水沙过程

年份	月份	1	2	3	4	5	6
第10年	流量(m³/s)	643.6	677.9	729.9	810.5	898.6	1 450
	含沙量(kg/m³)	0	0	0	0	0.038	0.154
第20年	流量(m³/s)	643.6	677.9	729.9	810.5	898.6	1 450
	含沙量(kg/m³)	0	0	0	0	0.039	0.161
第50年	流量(m³/s)	643.6	677.9	729.9	810.5	898.6	1 450
	含沙量(kg/m³)	0	0	0	0	0.041	0.168
年份	月份	7	8	9	10	11	12
第10年	流量(m³/s)	2 016.4	2 016.4	2 618.5	2 560	1 140	734.9
	含沙量(kg/m³)	0.228	0.047	0.123	0.017	0.002	0
第20年	流量(m³/s)	2 016.4	2 016.4	2 618.5	2 560	1 140	734.9
	含沙量(kg/m³)	0.232	0.047	0.123	0.017	0.002	0
第50年	流量(m³/s)	2 016.4	2 016.4	2 618.5	2 560	1 140	734.9
	含沙量(kg/m³)	0.242	0.047	0.124	0.017	0.002	0

表7　锦屏一级第10年、20年及50年的平均出库级配

年份	泥沙各粒径含量(%)			
	0.007 mm	0.01 mm	0.025 mm	0.05 mm
第10年	64.3	75.8	98.5	100
第20年	63.6	75.1	98.3	100
第50年	61.8	73.2	97.6	100

2.5　初期运行情况

2.5.1　锦屏一级对径流调节作用

锦屏一级电站,自2012年11月30日开始,水库开始蓄水;至2013年8月24日,首台机组投入商业运行;2014年7月12日,6台机组全部投产;2014年8月24日,水库首次蓄水至正常蓄水位1 880 m,此后,电站开始正常发电。

2013年5月31日至2016年5月11日,锦屏一级电站逐日8时入库流量、出库流量和泄洪流量见图4。入库和出库流量大于3 000 m³/s和4 000 m³/s的大流量天数统计见表8。经水库调蓄后,除泄洪设施调试外,出库大流量时间均少于入库大流量天数。8时出库流量大于4 000 m³/s,2015年有3 d,2014年有9 d。

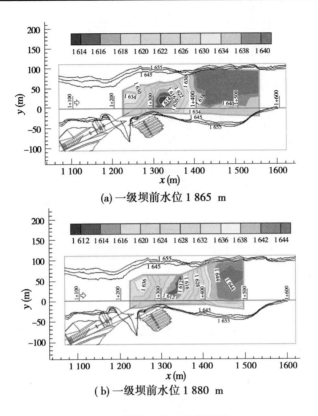

(a) 一级坝前水位 1 865 m

(b) 一级坝前水位 1 880 m

图3　锦屏一级冲坑等值线

表8　锦屏一级电站入库及出库大流量统计

项目		流量大于 3 000 m³/s			流量大于 4 000 m³/s		
年份		2015 年	2014 年	2013 年	2015 年	2014 年	2013 年
入库	出现天数	37	43	15	12	14	1
	平均流量(m³/s)	3 797	3 759	3 458	4 445	4 258	4 072
出库	出现天数	16	22	16	3	9	0
	平均流量(m³/s)	3 721	3 916	3 523	4 350	4 557	—

2.5.2　锦屏一级泄洪洞运行情况及对下游影响

2014 年 8 月 24 日及 10 月 15 日期间,锦屏一级进行坝身泄洪枢纽建筑物的水力学及雾化原型观测。水库上游水位 1 880 m,泄流量 329 ~ 5 450 m³/s,对深孔及表孔采用不同的启闭方式进行坝身泄洪。其中泄洪洞原型观测于 2014 年 10 月 10 日进行,上游水位 1 880 m,对泄洪洞工作闸门采用不同的开度进行泄洪(见图 5),该闸门全开时的泄流量约为 3 210 m³/s。

2015 年 9 月 26 日,锦屏一级水电站泄洪洞进行了第 2 次水力学原型观测,库水位 1 879.35 m,共分为 6 个工况,累计 4.5 h,其中闸门全开持续时间 45 min。

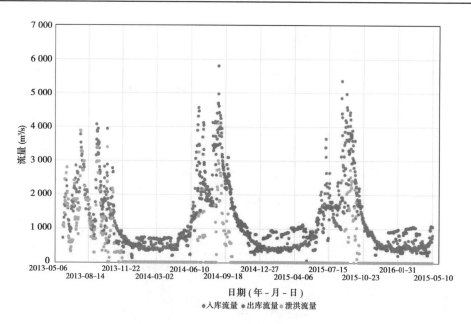

图4　锦屏一级水库运行情况示意图

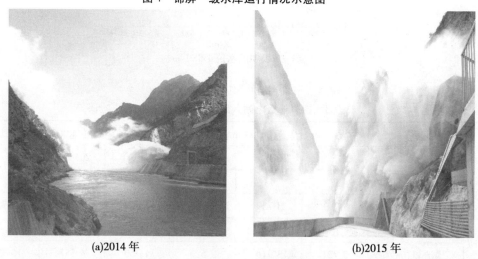

(a)2014 年 　　　　　　　　　　　　　　(b)2015 年

图5　泄洪洞水力学原型观测泄洪

2015 年 12 月 22 日,锦屏水电工程测量管理中心对锦屏一级水电站泄洪洞出口至锦屏西桥区域水下地形进行了测量,锦屏一级水电站泄洪洞出口至锦屏西桥区域水下地形见图6。

根据实测地形图,经过两次泄洪洞泄洪后,锦屏一级泄洪洞冲坑深度目前已经达到 1 617.85 m 和 1 618.10 m,位于锦屏西桥上游约 420 m。在锦屏西桥上游约 245 m,河道的右岸和左岸均出现岛状淤积,右岸淤积较多,最高高程达 1 643.15 m,左岸淤积略少,淤积高程达 1 634.50 m。根据可研阶段模型试验分析成果,如图3所示,冲坑深度较会达到 1 612 m,而且淤积高度将会达到 1 644 m,而且冲坑和淤积均覆盖整个河道断面。因此,目前的冲坑和淤积均尚未稳定。

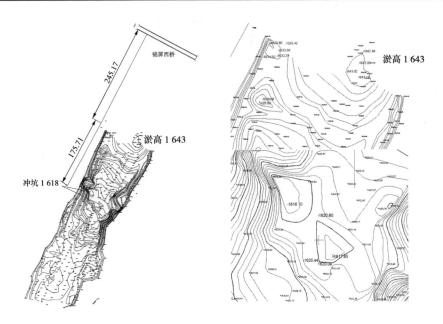

图6 泄洪洞泄洪后锦屏一级水电站泄洪洞出口至锦屏西桥区域水下地形

在锦屏一级泄洪洞泄洪时,从锦屏西桥、景峰桥、二级电站进水口等各处观测,整个二级库区河道河水非常浑浊,泥沙含量很高,并且挟带大量推移质,对于二级库区河道上游河段的冲刷和中下游的淤积均有较大影响。

3 锦屏二级库区泥沙运行特性与治理方案

3.1 锦屏二级泥沙水工模型试验研究

模型试验在2012年库区清淤地形基础上进行了锦屏二级水电站运行发电期引水防沙试验研究。具体方案为:库区定床采用2004年实测地形,库区动床采用2012年锦屏一级转流期库区清淤后地形,动床泥沙级配在锦屏二级河段实测床沙级配基础上有所细化,进水口拦沙坎高程为1 635.0 m。

模型试验主要针对锦屏二级满发情况进行研究,考虑到锦屏二级满发流量为 $Q = 1 860$ m³/s,而锦屏一级电站满发流量为 $Q = 2 024$ m³/s,故模型试验选择来流 2 024 m³/s、3 000 m³/s、4 000 m³/s、4 500 m³/s 与 5 390 m³/s 进行了不同运行水位下电站满发引水防沙试验研究。模型试验观测工况见表9,典型工况进水口泥沙淤积情况见表10。

表9 锦屏二级泥沙物理模型试验工况

项目	单位	观测工况				
入库流量	m³/s	2 024	3 000	4 000	4 500	5 390
发电流量	m³/s	1 860	1 860	1 860	1 860	1 860
下游河道流量	m³/s	164	1 140	2 140	2 640	3 530
进水口水位	m	1 640 ~ 1 642	1 640 ~ 1 643	1 643 ~ 1 646	1 643 ~ 1 646	1 643 ~ 1 646

表 10 各工况进水口泥沙淤积情况

项目	单位	工况 1	工况 2	工况 3	工况 4	工况 5	工况 6	工况 7
入库流量	m³/s	2 024	3 000	3 000	4 000	4 000	5 390	5 390
发电流量	m³/s	1 860	1 860	1 860	1 860	1 860	1 860	1 860
下游河道流量	m³/s	164	1 140	1 140	2 140	2 140	3 530	3 530
进水口水位	m	1 640	1 640	1 642	1 643	1 645	1 643	1 646
拦沙坎平台淤积		无	大量	无	大量	极少	严重	大量
进水口前淤积 中值粒径 最大粒径		无	少量 中 2.5 cm 大 20 cm	无	少量 中 2.0 cm 大 10 cm	无	严重	无

试验模型历时 6 h,相当于原型 42 h。试验结束后观测进水口内及进水口前 1 630 m 平台的泥沙淤积情况,并对淤积泥沙进行取样分析。试验观测结果表明:

(1)来流 $Q = 2\,024$ m³/s 时,电站即使在 1 640.0 m 水位下满发,进水口内及进水口前 1 630 m 平台上均无泥沙淤积,如图 7 所示。

图 7 工况 1 进水口前泥沙淤积情况($Q = 2\,024$ m³/s,水位 1 640.0 m)

(2)来流 $Q = 3\,000$ m³/s 时,电站在 1 642.0 m 水位下满发,进水口内及进水口前 1 630 m 平台上均无泥沙淤积,如图 8 所示。

图 8 工况 2 进水口前泥沙淤积情况($Q = 3\,000$ m³/s,水位 1 642.0 m)

(3)来流 $Q = 3\,000$ m³/s 时,电站在 1 640.0 m 水位下满发,进水口内有少量泥沙淤积,进水口前 1 630 m 平台上有大量泥沙淤积,如图 9 所示。进水口内落淤泥沙中值粒径达 2.5 cm,最大粒径达 20 cm。

图 9　工况 3 进水口前泥沙淤积情况(Q = 3 000 m³/s,水位 1 640.0 m)

综合考虑进水口模型引水流态观测成果"4 洞 8 机情况下,建议在 1 642.0 m 以上水位运行,亦可降低到 1 641.0 m 水位运行",建议来流 Q = 3 000 m³/s 及以下流量时,锦屏二级水电站保持在 1 642.0 m 及以上水位运行。

(4)来流 Q = 4 000 m³/s 时,电站在 1 645.0 m 水位下满发,进水口内无泥沙淤积,但在进水口前 1 630 m 平台上有极少量泥沙淤积,如图 10 所示。

图 10　工况 4 进水口前泥沙淤积情况(Q = 4 000 m³/s,水位 1 645.0 m)

(5)来流 Q = 4 000 m³/s 时,电站在 1 643.0 m 水位下满发,进水口内有少量泥沙淤积,进水口前 1 630 m 平台上有大量泥沙淤积,如图 11 所示。进水口内落淤泥沙中值粒径达 2.0 cm,最大粒径达 10 cm。

(6)来流 Q = 5 390 m³/s 时,电站在 1 646.0 m 水位下满发,进水口内无泥沙淤积,但在进水口前 1 630 m 平台上有大量泥沙淤积,如图 12 所示。

(7)来流 Q = 5 390 m³/s 时,电站在 1 643.0 m 水位下满发,进水口内及进水口前 1 630 m 平台上泥沙淤积严重,电站引水防沙安全得不到保障,如图 13 所示。

根据锦屏二级电站进水口模型试验研究,拦沙坎顶高程 1 635 m 时,有如下成果(见表 11):

(1)4 洞 8 机运行情况下,电站在 1 642.0 m 以上水位运行流态良好,在 1 641.0 ~ 1 642.0 m 水位运行流态略差,在 1 641.0 m 以下水位运行流态较差。

图 11　工况 5 进水口前泥沙淤积情况（$Q = 4\ 000\ \text{m}^3/\text{s}$,水位 1 643.0 m）

图 12　工况 6 进水口前泥沙淤积情况（$Q = 5\ 390\ \text{m}^3/\text{s}$,水位 1 646.0 m）

图 13　工况 7 进水口前泥沙淤积情况（$Q = 5\ 390\ \text{m}^3/\text{s}$,水位 1 643.0 m）

（2）4 洞 4 机、2 洞 4 机、1 台机与 2 台机运行情况下,电站在各级水位下运行流态均良好。

（3）4 洞 8 机运行情况下,电站在 1 641.0 m 与 1 642.0 m 水位下运行最大过栅流速分别为 2.77 m/s 与 2.31 m/s,最大过流不均匀系数分别为 18.67% 与 17.49%。

（4）4 洞 8 机运行情况下,电站在 1 646.0 m、1 645.0 m、1 644.0 m、1 643.0 m、1 642.0 m、1 641.0 m 与 1 640.0 m 下拦沙坎外与事故闸门内 30 m 处（桩号引 0 - 050 ~ 引 0 + 070）水头损失分别约为 0.50 m、0.50 m、0.52 m、0.70 m、0.77 m、0.90 m 与 1.05 m。

表 11 不同运行组合下进水口进流观测成果

运行组合	运行水位(m)	开启引水洞	流态	最大过流不均匀系数(%)	最大过栅流速(m/s)	水头损失(m)	典型工况
4洞8机	1 643.0	1#~4#	良好	—		0.70	—
	1 642.0	1#~4#	良好	17.49	2.31	0.77	29
	1641.0	1#~4#	略差	18.67	2.77	0.90	30
	1 640.0	1#~4#	较差	—	—	1.05	—
4洞4机	1 641.0	1#~4#	良好	17.01	1.24	0.52	31
	1 640.0	1#~4#	良好	21.73	1.45	0.57	32
2洞4机,1洞2机在不同水位工况下,流态均良好							

根据锦屏二级电站进水口模型试验研究成果,8 台机组满发工况下,进水口运行水位不宜低于 1 642 m,并且水位越高,下拦沙坎外与事故闸门内 30 m 处的水头损失也越高,有利于提高锦屏二级电站发电量。

根据表 10 模型试验研究成果,工况 2、4、6、7 情况下,在水库运行 42 h 后,拦沙坎外平台均发生了大量淤积,均不能维持电站的正常持续运行。这四种工况的共同特点是在进水口以上河段的平均流速(以横 2b 断面表征)普遍达到了 2.6 m/s 以上,水流对河道冲刷,使得河床内大量的卵石等推移质能够向下输移,并堆积到拦沙坎外,对电站的正常运行构成了威胁。工况 3、5 情况下,水库运行 42 h 后,拦沙坎外平台极少有泥沙淤积,或者无泥沙淤积,电站可正常持续运行。这两种工况的普遍特点是进水口以上河段的平均流速均在 2.4 m/s 以下,水流的挟沙能力不强,大部分卵石等大颗粒推移质未启动,或者输移量较少,输移速度很慢。

3.2 锦屏二级运行后泥沙冲淤情况

3.2.1 河道实际冲淤情况

锦屏二级水库 2016 年 5 月实测地形图,与 2012 年年底库区河道清渣后实测地形图相比,水下地形变化以上游河段冲刷、中下游河段淤积为主。其中,锦屏一级泄洪洞出口至锦屏西桥之间河段,河床普遍发生冲刷,冲刷深度以 1~3 m 为主;锦屏西桥至横 1-2 断面淤积在 3~4 m;横 1-2 断面至进水口河段淤积以 1~2 m 为主;进水口河段,由于引水洞的分流,河床流速变小,淤积达到 3~4 m;进水口以下至闸址之间河段以淤积为主,平均淤积深度以 1~2 m 为主。锦屏二级水库深泓线复核成果与 2012 年年底库区河道清渣后实测地形图观测成果对比见图 15。

根据 2016 年 5 月锦屏二级库区实测地形图,锦屏二级水库死水位 1 640 m 对应死库容为 657 万 m³,较 2012 年清淤后死库容减少 56 万 m³;正常蓄水位对应库容为 1 132 万 m³,较 2012 年清淤后减少 85 万 m³;调节库容 475 万 m³,较 2012 年清淤后减少 29 万 m³。本次 2016 年 5 月实测地形图复核的特征库容与 2012 年清淤后地形图复核的特征库容对比见表 12,库容曲线对比见图 14。

表 12　锦屏二级特征库容本次复核与 2012 年清淤后成果对比

水位（m）	2013 年 1 月		本次复核		变化值	
	面积（万 m²）	库容（万 m³）	面积（万 m²）	库容（万 m³）	面积（万 m²）	库容（万 m³）
1 640	76.54	712.82	72.79	656.95	−3.75	−55.87
1 646	89.21	1 216.90	84.52	1 131.89	−4.69	−85.00
调节库容		504.08		474.94		−29.14

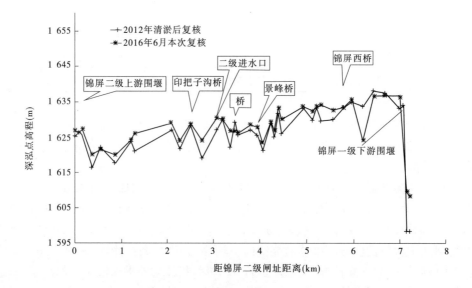

图 14　锦屏二级深泓线本次复核与 2012 年清淤后成果对比

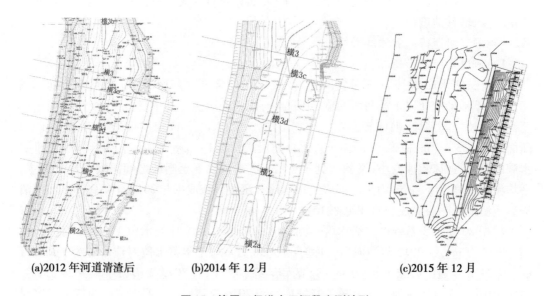

(a)2012 年河道清渣后　　　　(b)2014 年 12 月　　　　(c)2015 年 12 月

图 15　锦屏二级进水口河段实测地形

3.2.2 进水口实际冲淤情况

2012年11月30日至12月6日,利用锦屏一级水电站转流时机,对锦屏二级水电站库区进行了集中清理施工,河道清渣后锦屏二级库区实测地形图见图15(a),测量精度1:1 000。

2014年12月9日和20日,对进水口河段进行考虑测量,地形图见图15(b),测量精度1:500。2014年12月时,进水口河段较2012年锦屏二级库区清理后地形已经产生了较多淤积,平均淤积高程3~4 m,此时进水口外侧河道河床平均高程约1 630 m,拦沙坎外侧淤积已经达到1 633.5~1 633.7 m,拦沙库容已经大部分淤满。

2015年12月,锦屏二级水库地形进行了实测,见图15(c),测量精度1:500,地形与2014年12月比较,拦沙坎外平台进一步淤积,且有大量的泥沙通过了拦沙坎,淤积在拦污栅前或进入引水隧洞。

2016年5月,进水口附近河段的实测地形与2015年12月实测地形基本相同,无明显变化。

3.2.3 集渣坑实际冲淤情况

2014年12月中旬,进行了1#洞的放空检查,引水洞底部的磨损不明显,集渣坑的淤积较少,主要为建筑垃圾和细颗粒的泥沙,集渣坑尚有约1 m的沉沙空间,见图16(a)。事故闸门水下探摸检查清理时,发现淤积物大约有0.48 m³,水下探摸摄像检查主要成分为树根、树枝、木方、钢管、钢筋等多种杂物,无泥沙卵石。

(a)2014年1#引水洞集渣坑　　　　　　　　(b)2015年2#、3#引水洞集渣坑

图16　引水洞集渣坑淤积情况

2016年2月和4月,分别进行了2#引水洞和3#引水洞的放空检查,两个引水洞的情况较为类似,集渣坑已经全部淤满,引水隧洞的磨损较为明显,如图16所示。其中,底部以建筑垃圾和较细粒径的泥沙为主,中部卵石和泥沙均有,表层均为5~15 cm大粒径的卵石。2#引水洞和3#引水洞级配曲线试验成果见图16(b)。

3.3　锦屏二级泥沙工程泥沙问题成因分析

锦屏二级水电站入库泥沙在锦屏一级水库蓄水发电后已经大幅减少,对锦屏二级进洞及过机泥沙影响较大的主要为库区内的存量泥沙,即2013年6月锦屏一级水库蓄水之前的二级库区河道中淤积的泥沙,以及锦屏一级泄洪洞冲坑冲刷出来的泥沙。目前锦屏二级库区河道河床尚未稳定,根据2016年5月实测地形图,锦屏西桥以上河段普遍发生冲刷,锦屏西桥以下河段以淤积为主,其中进水口河段淤积较多。

目前,锦屏二级拦沙坎外高程已经达到 1 633.5 m 以上,大量泥沙进入引水洞,并且部分泥沙通过过流部件进入尾水管,主要原因包括:

(1)2013～2015 年大流量工况运行水位偏低。入库流量大于 3 000 m³/s 的天数达 50 d,入库流量大于 4 000 m³/s 的天数达 11 d,汛期水位绝大部分时间均在 1 643～1 644 m 运行,水库运行水位较低。模型试验结果已表明,在水库水位 1 643 m,流量为 4 000 m³/s,运行 42 h 后,拦沙坎前就会出现大量泥沙淤积,拦沙库容基本被淤满,因此锦屏二级水库初期运行水位偏低,容易引起河床冲刷和进水口泥沙淤积。

(2)工程建设期内,由于施工弃渣、天然入库泥沙落淤、锦屏一级下游围堰残埂、2012 年库区滑坡清理后残留等原因,2012 年,锦屏二级库区清理后的河道地形与 2004 年时地形相比,河床已经抬高 5～10 m。可研阶段,建议锦屏二级库区在进水口以上河段河床均清理到 1 630 m 高程,以减少存量泥沙冲刷输移对二级电站发电构成影响,而实际并未对该部分河床泥沙进行清理。锦屏二级库区淤积下来的大量泥沙,在汛期较大流量低水位时,开始起动并向下输移,尤其是在锦屏一级电站泄洪时,大量堆积物将随水流顺江而下。在拦沙库容淤满后,大流量低水位工况发电时,泥沙就会翻过拦沙坎进入引水洞。

(3)在锦屏一级泄洪时,在二道坝下游和泄洪洞出口下游形成了两个较大的冲坑,冲坑最深点 1 616～1 618 m,冲坑冲出的泥沙体积分别有 12.34 万 m³ 和 13.84 万 m³,一定程度上也加剧了下游河道的淤积。在锦屏西桥上游形成了较多的泥沙堆积,缩窄了河道,加大了断面流速,一定程度上增加了河道的冲刷强度。锦屏一级水库泄洪也是锦屏泥沙问题的主要原因之一。

4　锦屏二级取水防沙安全运行措施研究

4.1　适当抬高汛期运行水位

根据 2016 年 5 月实测地形资料,锦屏二级库区地形已经与原模型试验研究采用的地形资料有所变化,除锦屏西桥以上河段冲刷外,其他河段普遍发生淤积 1～2 m,其中进水口河段淤积达 3～4 m。

根据 2012 年库区清理后的地形图(2013 年 1 月测量)进行了进水口泥沙模型试验研究成果,不同入库流量和进水口运行水位工况下,锦屏二级电站满发 42 h 后拦沙坎平台及进水口前淤积情况见表 13。

表 13　各工况进水口泥沙淤积情况一览表

项目	单位	工况 1	工况 2	工况 3	工况 4	工况 5	工况 6	工况 7
入库流量	m³/s	2 024	3 000	3 000	4 000	4 000	5 390	5 390
进水口水位	m	1 640	1 640	1 642	1 643	1 645	1 643	1 646
拦沙坎平台淤积		无	大量	无	大量	极少	严重	大量
进水口前淤积		无	少量	无	少量	无	严重	无
2013.01 过水面积	m²	1 168	1 168	1 382	1 491	1 713	1 491	1 826
断面横 2b 平均流速	m/s	1.73	2.57	2.17	2.68	2.34	3.61	2.95

锦屏二级库区为高山峡谷型河道,河道总体顺直,过水面积沿程变化不大。本次为研究进水口以上河段的断面流速对河床泥沙起动和输移的影响,根据锦屏二级库区水下地形特点,初步选择断面横2b的平均表征进水口以上河段的平均流速,该断面位于进水口上游约200 m。工况2、4、6、7情况下,拦沙坎外平台均出现了大量淤积,共同特点是进水口以上河段(横2b)平均流速达到了2.6 m/s以上,挟沙能力较强,使得大量推移质、河床质随水流向下输移,在进水口河段流速下降后落淤。工况1、3、5情况下,拦沙坎外基本无淤积,共同特点是进水口以上河段(横2b)平均流速均在2.4 m/s以下,挟沙能力相对较弱,河床泥沙起动的粒径较小、数量较少,拦沙坎平台和进水口前基本无淤积,电站可持续正常运行。

影响锦屏二级水库库区泥沙运移的主要控制性指标为河道流速,流速越大,挟沙能力越强。根据模型试验研究成果,进水口以上河段(横2b)平均流速2.4～2.6 m/s是库区河床卵石泥沙大量起动输移的过渡阶段。因此,为保障锦屏二级电站的正常持续稳定运行,应当保障进水口以上河段(横2b)平均流速在2.4 m/s以下。

根据上述原则,采用2016年5月实测横2b断面,在断面平均流速2.4 m/s控制下,不同进水口水位对应的电站满发最大运行入库流量见表14。由于目前拦沙坎外平台及进水口前淤积严重,已无拦沙库容,因此为保守考虑,水位宜按闸址处库水位控制。

表14 不同闸前运行水位下机组满发最大允许入库流量

项目	单位	工况1	工况2	工况3	工况4	工况5
闸前水位	m	1 642	1 643	1 644	1 645	1 646
断面横2b平均流速	m/s	2.4	2.4	2.4	2.4	2.4
2013年1月过水面积	m^2	1 169	1 269	1 370	1 473	1 578
最大入库流量	m^3/s	2 806	3 045	3 288	3 536	3 786
建议最大流量	m^3/s	2 750	3 000	3 250	3 500	3 750

根据上述分析,在现状地形和泥沙条件下,锦屏二级水电站应根据入库流量大小控制水库水位,具体如下:

(1)来流$Q < 3 000$ m^3/s时,锦屏二级水电站保持在1 643.0 m及以上水位运行。

(2)来流$Q = 3 000 \sim 3 500$ m^3/s时,锦屏二级水电站保持在1 645.0 m及以上水位运行。

(3)来流$Q = 3 500 \sim 3 750$ m^3/s时,锦屏二级水电站保持在1 646.0 m水位运行。

(4)$Q \geq 3 750$ m^3/s时或一级泄洪洞运行时,锦屏二级水电站敞泄排沙(机组停机)。

此外,在锦屏二级库区河床稳定前,若锦屏二级水电站正常安全发电,锦屏一级水库应当停止采用泄洪洞泄流。

4.2 挖沙清库腾空库容

锦屏二级拦沙坎外拦沙库容已经全部淤满,进水口拦污栅外侧淤积达到2～9 m,当河道大流量工况发电时,就会有一定的推移质越过拦沙坎进入引水洞,这也是集渣坑淤积和过机泥沙较多的原因。

根据河道地形特点和泥沙淤积情况、河床演变趋势、水库水流特性和泥沙冲淤特性，锦屏二级应当重点清理如下地形：

（1）进水口、拦沙坎外侧均要清理，以保持拦沙坎具有一定的拦沙能力，对拦沙坎外侧平台高程 1 630 m 以上部分的淤积泥沙进行清除。

（2）进水口下游右岸河道淤高的部分，该部分清理后，同时进水口附近主河道高程宜清理到 1 628 m 以下，这样将会加大主河道的水流流速，提高畅泄冲沙能力，同时也减少中小流量发电时进入引水洞沙量。

（3）对进水口及以上河段进行清理，增加过水面积，降低河道流速，减少河床泥沙起动和输移，建议应清理到 1 630 m 以下，局部宜清理到 1 626 m 以下。

（4）建议清理锦屏一级泄洪洞冲坑下游的堆积体。

根据 2016 年 5 月实测地形图分析，库区各部分需要清理的工程量约 62 万 m³。

4.3　合理安排畅泄冲沙运行

根据物理模型研究，模型采用 2012 年水库清淤后的地形图，由小到大共施放了 8 个流量，每个流量模型放水时间约 6.8 h，相当于原型约 48 h。模型试验对各级流量作用后的进水口以上河段库区地形变化以及进水口前地形均进行了观测，库区地形变化观测结果如图 15 所示。从观测结果可以得到：

（1）各方案下大量的库区施工弃渣以及淤积泥沙在水流作用下会重新起动，并经过进水口前河流主槽向下游输移，库区淤积形态有所调整。

（2）经过长时间的水流冲刷后，各方案下库区河床形态几乎相同，具体表现为：坝前 1 800 m 河段与进水口河段均相对开阔，河床以淤积为主；进水口以上 500～2 000 m 河段冲淤交替；进水口 2 000 m 以上河段以冲刷为主。

（3）各方案下进水口河段最终淤积形态几乎相同，水库敞泄排沙初期进水口拦沙坎外 1 630.0 m 平台有少量粗沙落淤。该部分泥沙相对还是较粗，最大颗粒约 20.0 cm，5.0 cm 以上的占该区域落淤泥沙总量的约 11.3%，2.5 cm 以上的占该区域落淤泥沙总量的约 37.0%。随着排沙时间增长，落淤粗沙会再次起动输移，平台上不再有粗沙落淤，平台外河流主槽淤积高程在 1 629.0～1 630.0 m。

根据锦屏二级水电站的实际情况，考虑到进水口拦沙坎外侧及库区泥沙不一定能够及时清理，2016 年度安排畅泄冲沙运行是必要的；今后宜根据库区和进水口泥沙淤积情况合理安排，一般当进水口拦沙坎外侧泥沙淤积高程超过 1 632.0 m 且又不能及时清理时，应安排畅泄冲沙运行。

畅泄冲沙运行可安排在锦屏一级水库第一次泄洪调度时进行，在畅泄冲沙运行时，二级电站机组应停机避沙，并应做好上下游安全保障工作。为增加冲沙效果，在条件允许的情况下，应与锦屏一级水库联合调度，尽量适当加大畅泄冲沙流量，畅泄冲沙流量可控制在 4 500 m³/s 左右及以上，畅泄冲沙时间应达到 6 h 以上，畅泄冲沙运行时，应做好监测分析工作，积累经验，优化调整畅泄冲沙运行方式。

5　结　论

通过对锦屏一级高坝对锦屏二级水电站入库水沙影响的理论分析和实测数据可知，

正常运行工况下,高坝大库对于下游梯级电站的入库径流具有较好的年内分布均匀化作用,同时可以较大程度上减少下游梯级的入库泥沙。当上游高坝泄洪时,尤其是采用泄洪洞泄洪时,由于消能不够充分,高速水流带着大量的能力冲击河床,使得下游河道产生大型冲坑和堆积体,在泄洪过程中大幅增加下游梯级库区河道内起动的泥沙数量,对下游梯级的取水防沙安全产生了较大的不利影响。

为减轻上游高坝泄洪对下游河道的冲刷影响,对于较小洪水正常发电工况,上游梯级应采用溢洪道或泄洪表孔、中孔进行泄洪,下泄水流通过二道坝前的水垫塘消能,可以有效减弱高坝泄流对下游河床冲沙和泥沙起动的影响。同时,下游梯级电站应尽可能保持较高水位运行,下游库区高水位具有一定的消能作用,减弱下泄水流冲击力;高水位运行,增加了河道过流面积,可以减少河道平均流速,有效地降低泥沙起动粒径,减少起动泥沙数量;高水位还可以保持进水口流场形态的稳定,减少不利流态对取水、引水建筑物及机组的不利影响;同时也可以获得较高的水头增加发电量,提高经济效益。为同时兼顾取水防沙安全程度和提高发电效益,还应在非汛期进行清淤,保持拦沙坎内外足够的拦沙库容,在汛期时可以提供工程的防沙安全程度,增加最大可发电安全流量,较少因取水防沙安全导致的停机,从而提高发电效益。

对于较大洪水,或者需要泄洪洞泄洪时,若下游梯级库区河道在泄洪流量工况下尚未基本稳定,则为确保下游梯级的取水防沙安全,下游梯级应当停止发电,必要时,可以通过上游梯级的调节作用和洪水预报情况,在保障下游梯级安全的情况下,加大下泄流量,进行畅泄冲沙,加快河道稳定。随着河道的稳定,汛期最大可发电安全流量也逐步增大,汛期泄洪对取水防沙安全影响也逐步减小。

参 考 文 献

[1] 钱宁,万兆惠.泥沙运动力学[M].北京:科学出版社,1981.

[2] 韩其为.水库淤积[M].北京:科学出版社,2001.

[3] 彭睿,聂锐华,张洋,等.锦屏二级水电站进水口引水防沙模型试验研究[J].水力发电,2013,39(4):90-94.

[4] 刘凡成,吴宪生.锦屏二级一期水电站首部枢纽的引水防沙[J].水电工程研究,1993(1):8-13.

[5] 陈祥荣,刘兴年,杨立锋,等.锦屏二级水电站首部水库施工期及运行初期工程泥沙问题研究[R].杭州:华东勘测设计研究院,2014.

[6] 谢鉴衡.河床演变及整治[M].武汉:武汉大学出版社,2013.

[7] 陈祥荣,杨立锋,等.雅砻江锦屏二级水电站可行性研究报告[R].杭州:华东勘测设计研究院,2005.

[8] 聂锐华,郭志学,杨立锋,等,锦屏二级水电站首部水库施工期及运行初期工程泥沙问题研究成果报告[R].中国电建集团华东勘测设计研究院有限公司,四川大学水力学与山区河流开发保护国家重点实验室,2014.

特大引水发电工程水力过渡过程仿真计算与运行灵活性研究

李高会,周天驰,陈祥荣

(中国电建集团华东勘测设计研究院有限公司,浙江 杭州 310014)

摘 要 锦屏二级水电站是雅砻江上水头最高、装机规模最大的引水式水电站,输水系统水力学具有过渡过程复杂及运行调度难度大等特点。本文首先介绍了针对复杂水道系统开发的"水-机-电"一体化仿真计算平台,该平台采用结构矩阵计算方法、模块化建构思路,能够较好地进行过渡过程模拟。基于该仿真平台,以锦屏二级水电站为依托,开展了全过程水力过渡过程仿真计算分析研究工作,主要有优化调压室体型,确定输水发电系统内水压力取值以及机组不同并网运行方式情况下的水力干扰程度等工作;现场还开展了机组甩负荷试验和输水系统原位监测,验证了仿真平台的准确性。为满足电站并网运行灵活性的要求,提出了水力-机械协同工作的"时间窗口"智能调控方法,极大地缩短了电站运行工况转换时机组调度间隔时间,提高了机组运行的灵活性。研究成果可以为长引水式电站的设计和运行提供参考与借鉴。

关键词 特大引水发电工程;过渡过程;仿真平台;调节控制

1 工程概况

锦屏二级水电站位于四川省凉山彝族自治州木里、盐源、冕宁三县交界处的雅砻江干流锦屏大河湾上,利用雅砻江锦屏 150 km 大河湾的 300 m 天然落差截弯取直、引水发电。电站总装机容量 4 800 MW,单机容量 600 MW,额定水头 288 m,是目前雅砻江上水头最高、装机规模最大的水电站,被誉为行业内"规模最大、水力惯性巨大、水力过渡过程最复杂的水电工程"。为了保证运行安全,应对输水系统水力过渡过程进行系统性计算研究分析[1-3]。经分析,电站输水发电系统水力学主要特点和难点如下:

(1)输水发电系统规模最大。锦屏二级水电站总装机容量 4 800 MW,采用一洞两机布置形式,单条引水隧洞长 16.67 km、引用流量 457 m³/s、装机容量 2×600 MW,厂房上游侧设 4 座巨型差动式调压室,单座调压室高 149 m,开挖直径 32.5 m,是目前世界上规模最大的长引水式电站。

(2)数值仿真计算难度较高。锦屏二级电站引水发电系统布置复杂,包含水力元素众多,水力瞬变流计算涉及学科跨度大,因而精准仿真难度大。目前国内还没有一个能够将复杂水道、水力机械、局域电网等系统元素予以集成的高精度仿真软件,一体化仿真计算软件开发技术难度大。

(3)引水发电系统水力惯性大,调压室水位波动周期长、波动幅度大、衰减速率慢、水力压差大。锦屏二级总装机 4 800 MW,单洞水体动量 800 万 t·m/s,而目前国内第二大的长引水式电站天生桥二级装机 1 320 MW,单洞水体动量 275 万 t·m/s,从装机容量和单洞水体动量看,锦屏二级分别是天生桥二级的 3.6 倍和 3 倍。巨大的水力惯性导致锦屏二级调压室的波动周期长达 10 min,最大波动振幅超过 70 m,同一水力单元双机甩负荷 1 h 后,调压室的水位波动振幅仍高达 20 m,此外,升管与大井隔墙承受的最大水力压差达 70 m,而隔墙厚度仅 2.5~4.0 m,结构承载力问题突出。

(4)机组安全调控难度高。锦屏二级水电站引水发电系统采用一洞两机布置形式,同一水力单元相邻机组之间水力干扰很大,以机组甩满负荷或增满负荷为例,当一台机组负荷变化时,调压室水位波动振幅达 50 m,相邻机组将超额定出力 20% 以上,给机组带来很大的安全调控风险。

2 一体化仿真计算平台

用于建立复杂水道系统计算模型最为常见的方法为以环路压力方程及节点流量方程为基础的方程组解法[4-10]。本仿真计算平台采用的基本方法是结构矩阵法,该方法是利用了有压水网系统中压力、流量(H、Q)与结构梁架的应力与位移(F、S)相同的特征,将结构分析中所使用的刚性矩阵模型建立方法来建立复杂有压水道系统的数学模型,如图1所示。

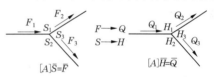

图1 结构矩阵法节点原理图

结构矩阵法可将复杂系统分解为简单问题,并建立起表达元素数学模型的全系统矩阵,其优点是编程更为便捷且模块化更易实现,如图2所示。本仿真平台综合 ADO 数据库技术、OLE Automation 技术来管理计算结果数据、图形输出以及 HTML 文件帮助系统服务于整个仿真计算平台的开发,主要架构如图3所示,主界面如图4所示。针对锦屏二级电站过渡过程仿真计算的特殊要求,本仿真平台额外开发了水轮机转轮特性智能生成、机组多种运行

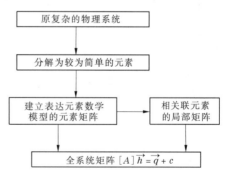

图2 结构矩阵法流程

模式精确模拟、多电站联网运行仿真以及差动式调压室精确仿真等技术。经鉴定,本仿真平台已经达到国际先进水平。

3 复杂输水系统水力过渡仿真计算研究

考虑到锦屏二级水电站水力学的复杂性,在电站的可研、招标、施工以及真机原位试验各个阶段持续开展了水力过渡过程深化研究,重点对输水发电系统衬砌长度、断面形状以及调压室型式等方面调整所带来的影响进行了系统性的计算分析,为最终实现水力过渡过程的动态调控提供有利条件。本节简述调压室型式优选、真机反演计算以及极端工况预测等三个方面的相关计算分析成果。

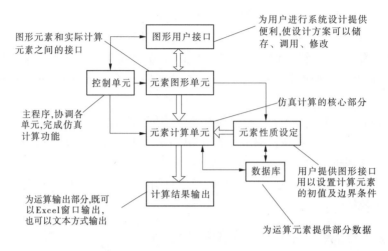

图3 仿真平台架构简图

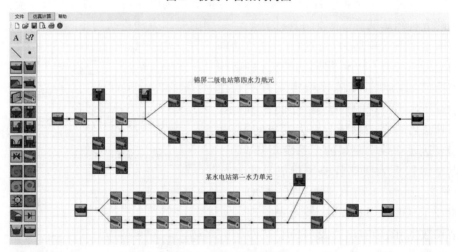

图4 仿真平台主界面

3.1 调压室选型分析

考虑到本工程引水隧洞长、引用流量大、洞内流速较高，导致上游调压室内存在涌波振幅大、波动时间长、衰减速率慢等问题，目前国内外针对长引水隧洞、高水头的电站采用的调压室型式通常是阻抗式调压室（见图5），主要是基于其结构简单，且涌波衰减速率较快的特点，但差动式调压室较阻抗式调压室，水位波动衰减率提高2倍以上，并且能够有效缩短引水系统水压振荡稳定时间，

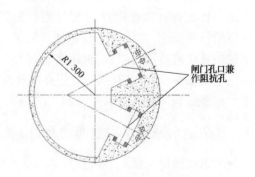

图5 阻抗式调压室典型断面图

如图6所示，有利于机组平稳运行，提高发电质量。但水力过渡过程中差动式调压室升管与大井存在较大的压差，结构承载力问题突出，常规的差动式调压室结构承载能力弱，自

20 世纪 90 年代西南某水电站差动式调压室由于水压差作用导致胸墙垮塌事故后,调节性能优化的差动式调压室因高压差问题应用受到极大的限制,实际工程应用的也越来越少。

　　锦屏二级水电站利用研发的全过程高精度的仿真计算平台,准确分析差动式调压室的水力特性和受力状态,充分利用洞室空间,发明了三井集成、多孔阻抗、双拱隔墙、分流减跨的新型差动式调压室结构,如图 7 所示,使承载能力大幅提高,结构承载力由原 30 m 级提高到 70 m 级,解决了调压室结构承载力问题,建成了世界上规模最大的差动式调压室。

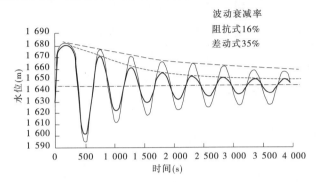

图 6　不同调压室型式及室内水位变化过程线

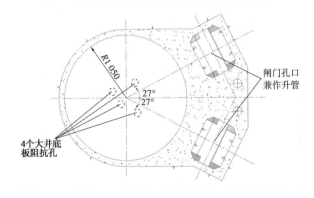

图 7　新型差动式调压室典型断面

3.2　真机试验与反演分析

　　本节首先介绍锦屏二级水电站现场试验与同边界条件下的反演计算,通过实测结果与计算结果的对比来验证仿真平台的可靠性和准确性,接着选取电站运行过程中可能遇到的极端工况进行仿真计算,将计算结果与设计值比较,复核电站在极端工况下的安全性。根据输水系统布置及其参数,在仿真平台中构建的锦屏二级电站计算模型如图 8 所示。

　　2012 年 12 月底,锦屏二级水电站 1 号引水系统 1 号、2 号机组先后进行了带 25%、50%、75% 和 100% 额定负荷的机组甩负荷试验;2014 年 12 月 19 日,锦屏二级电站 4 号引水系统投产的 7 号、8 号机组带额定负荷正常运行,由于线路事故发生同时甩负荷,事故未造成引水发电系统损害,经过检查,两台机组重新并网发电。针对这两个水力单元的机组甩负荷试验和突发事故,根据现场的水位、流量、机组出力等条件,进行了反演计算,反演计算的结果和现场实测值具有较高的吻合度,机组蜗壳进口压力、上游差动式调压室结构压差和涌波水位等计算误差均在 1% 以内,见表 1、图 9。

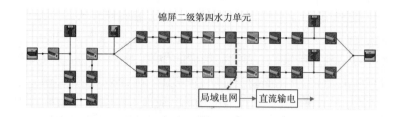

图 8　锦屏二级水电站计算模型

表 1　实测极值与计算极值对比

项目		单机甩 100% 负荷	双机同时甩 100% 额定负荷	
		1 号机组	7 号机组	8 号机组
蜗壳进口压力	计算值(m)	368.0	368.3	368.2
	实测值(m)	364.7	365.9	365.5
机组转速极值	计算值(%)	41.0	40.6	40.6
	实测值(%)	40.0	39.8	39.9
调压室涌波	计算最高涌波水位(m)	1 675.9	1 681.4	
	实测最高涌波水位(m)	1 675.1	1 681.0	
	计算最低涌波水位(m)	1 622.8	1 603.5	
	实测最低涌波水位(m)	1 622.0	1 603.9	
	计算总振幅(m)	53	77.9	
	实测总振幅(m)	53.1	77.2	

3.3　极端工况预测分析

由于真机原位试验不可能涵盖电站可能遇到的所有工况,因此在原位试验验证后,采用仿真软件对极端工况进行了预测计算分析,通过计算结果校核电站的安全。由于本电站水头高,引水调压室到尾水隧洞出口的水流惯性时间常数 $T_w = 1.66$ s, $T_a = 9.46$ s,一次调频效果较好,在此不再进行一次调频效果的定量分析,预测分析主要针对大波动和水力干扰过渡过程进行。

3.3.1　大波动过渡过程计算

锦屏二级电站包含 4 个水力单元,大波动计算共考虑了 21 个工况,涵盖了各种可能出现的不利状况组合叠加,其中主要的控制参数极值结果如表 2 所示。计算表明,锦屏二级水电站大波动过渡过程工况各主要控制参数,包括蜗壳末端最大压力、机组转速上升率、尾水管进口最小压力、调压室极值涌波及结构压差、隧洞沿线最小压力等均能满足控制要求,电站输水系统布置及机组参数选择是合适的。

3.3.2　水力干扰过渡过程计算

根据锦屏二级电站的电网条件,电站孤网运行的可能性极低,因此水力干扰过渡过程

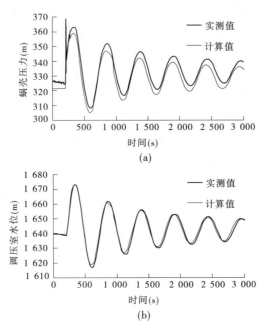

图 9　1 号机组甩 100% 额定负荷工况调保参数曲线对比

表 2　大波动主要控制参数极值结果汇总

计算参数	工况类别	数值	控制工况
蜗壳末端最大压力 （m）	设计	382.66	D1：上游正常蓄水位，1 台机突甩负荷
	校核	409.96	Z3：上游正常蓄水位，2 台机相继突甩负荷
尾水管进口最小压力（m）		−1.13	D6：上游死水位，1 台机突甩负荷
机组最大转速上升率（%）		46.86	D5：额定工况，2 台机同甩负荷
调压室涌波最高水位 （m）	设计	1 683.91	D4：上游正常蓄水位，2 台机同甩负荷
	校核	1 688.29	D9：上游校核洪水位，2 台机同甩负荷
调压室涌波最低水位 （m）	设计	1 589.44	D8：上游死水位，1 台机增至 2 台机
	校核	1 577.71	Z5/Z6：上游死水位，2 台机同甩负荷后， 相继增加 1 或 2 台机
调压室底板最大压差 （m）	设计	40.68	D5：额定工况，2 台机同甩负荷
	校核	60.98	Z9：上游死水位，2 台机连续增负荷后， 不利时刻同甩负荷
升管隔墙最大压差 （m）	设计	37.56	D5：额定工况，2 台机同甩负荷
	校核	57.53	Z9：上游死水位，2 台机连续增负荷后， 不利时刻同甩负荷

分析主要考虑并理想大电网功率调节、并理想大电网频率调节两种运行方式。功率调节模式下，调速器将给定的水轮机功率作为输入信号，当电网负荷发生变动或者同一水力单元其他机组发生增减负荷时，调速系统根据功率给定的指令信号，自动调整导叶开度，使

机组的出力和负荷达到新的平衡。频率调节模式下,调速器将电网频率的变化作为输入信号,当电网因负荷和出力失衡而产生频率波动时,调频机组将此网频变化量作为调速器的指令信号,自动调整导叶开度,使网频相应变化以恢复至设定值。两种模式中,频率调节模式下机组的过电流强度最大,可能导致受扰机组因为过电流保护发生甩负荷事故。

水力干扰计算共考虑了 4 个工况,由于电站的一、三和二、四水力单元比较相似,所以水力干扰计算针对一、四两个水力单元。经过初步计算,水力干扰控制工况为:上游 1 646 m,下游 1 333.03 m,机组初始出力 610 MW,导叶初始开度 95%,1 号台机机组甩负荷,导叶 13 s 直线,2 号台机机组正常运行,该工况下的机组出力摆动情况如表 3 所示。

表 3　水力干扰危险工况机组出力摆动计算结果

计算参数	第一水力单元		第四水力单元	
	并网调功	并网调频	并网调功	并网调频
初始出力(MW)	610	610	610	610
最大出力(MW)	661.95	744.56	664.04	736.45
向上最大振幅(MW)	51.95	134.56	54.04	126.45
向上摆动幅度(%)	8.52	22.06	8.86	20.73

由表 3 可以看出,并理想大网频率调节模式下的水力干扰比并理想大网功率调节模式下的水力干扰较大。两种并网调节模式下,上游调压室水位波动均是收敛的,被干扰机组出力振动幅度均在规范的范围之内,水力干扰各项计算指标均能满足要求,因此锦屏二级水电站机组并网运行方式是灵活的、不受限制的。

4　运行灵活性研究

由于引水隧洞较长,锦屏二级水电站调压室具有较长的波动周期,根据数值分析和实测成果,一个波动周期长达 8~9 min,也充分说明了特大引水发电系统的这一固有特性。在波动过程中,调压室的一个水位上升或下降过程持续时间为 4~5 min,对于机组调速器调节时间而言,这是一个十分"漫长"的过程,因此这样一个个水位上升或下降过程就形成了一个个可操作的"时间窗口"。

以往工程机组运行的调节思路是,一次机组动作后,等待一段时间,待调压室水位波动振幅衰减到一定范围内,再进行下续机组操作动作。这种方式较为安全可靠,误操作的可能性较小,但对机组运行灵活性影响较大。

调压室水位波动实际上是整个输水系统动能与势能相互转化的过程,调压室水位上升时输水系统的动能在减小,且水流方向为从上游向调压室方向流动,势能在增加,若此刻开机,可使输水系统水体动能不完全转化为调压室水位势能,降低调压室最高涌波;调压室水位下降时势能在减小,而动能在增加,且水流从调压室向上游方向流动,若此刻开机,调压室需要向引水隧洞和机组双向补水,调压室水位会下降更大,存在拉空的风险,因此若机组甩负荷后机组在重新并网运行时,应选择调压室水位上升过程中输水系统中水体动能最大时刻附近为最佳开机时刻,此种运行方式既可以防止调压室被拉空,又可以降低调压室最高涌波水位,加快调压室水位衰减到正常波动范围的时间,有利于机组稳定运行。利用时间窗口的调节思路是化被动等待为主动调节,将前一时刻工况操作时在大容量差动式调压室蓄积的巨大水力能量,用于下一时刻机组工况转换,通过人工干预上游调压室水位波动进行反调节的方式来优化机组运行条件。

这种调控方法突破了大容量长引水式电站负荷调整时间间隔过长带来的运行限制瓶颈,极大地缩短了运行调节间隔时间。表4和图10是利用数值计算模型,模拟了不同的典型工况下,传统机组调节方式和利用"时间窗口"调节方式对调压室水位衰减的影响。

表4　采用时间窗口与否的水位波动成果

工况说明	增/减负荷后1 000 s调压室的水位波动总振幅	
	无人为干预	人为参与干预
工况1:先增负荷,再增负荷工况	约30 m	约3 m
工况2:先减负荷,再减负荷工况	约32 m	约5 m

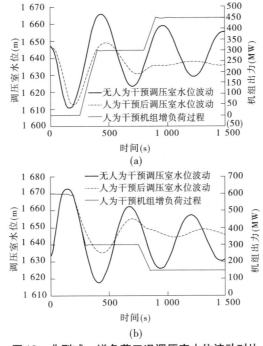

图10　典型减—增负荷工况调压室水位波动对比

从表4和图10中可以看出,当1号机组从空载增至满负荷时,在无人干预的情况下,调压室涌波振幅大,且衰减慢,1 000 s之后调压室振幅依旧能够达到30 m;若利用"时间窗口",人为施加干预,在调压室涌波上升阶段缓慢开启2号机组导叶(500 s直线开启的速率,分两次开启至最大出力对应的开度),调压室涌波振幅明显减小,且衰减很快,1 000 s之后调压室振幅已经削减至10 m以内。

2014年12月19日,电站供电线路因烧秸秆产生误报警,运行的7号、8号机组双机突甩负荷,运用该调控方法进行了精准控制,两台机组相继并网,快速恢复正常运行,这说明基于"时间窗口"的机组运行调控方法是可行和有效的。

5 结 语

本文以锦屏二级水电站为例,对特大引水发电工程水力过渡过程仿真计算与运行灵活性进行研究,主要结论如下:

(1)借鉴结构桁架共结点合力为零的思想,提出了水力瞬变流结构矩阵新算法,采用模块化的建构思路,自主开发了"水－机－电"一体化仿真计算平台,仿真速度快、计算精度高,有力地支撑了工程设计与优化工作。

(2)利用差动式调压室升管反应灵敏、差动效应显著、涌波衰减较快等特点,提出了多井集成、双拱隔墙、多孔阻抗、分流减跨的新型差动调压室,水力学条件优良,结构承载能力强,为长引水式电站调压室设计提供了新的思路。

(3)通过对比分析现场实测数据与反演计算结果,进一步验证了一体化仿真软件的精度和可靠性,根据电站可能遭遇到的极端工况,对大波动及水力干扰进行了预测计算分析,过渡过程各参数均满足设计要求,保证了电站的安全。

(4)为解决机组运行灵活性的问题,提出了"时间窗口"的概念,利用"时间窗口"主动寻找机组调节有利时刻点,积极响应机组负荷变化需求,化被动等待为主动调节,提高了机组运行灵活性的问题。

参 考 文 献

[1] 陈祥荣,范灵,鞠小明.锦屏二级水电站引水系统水力学问题研究与设计优化[J].大坝与安全,2007(3):1-7.

[2] 吴世勇,周济芳,申满斌.锦屏二级水电站复杂超长引水发电系统水力过渡过程复核计算研究[J].水力发电学报,2015,34(1):107-116.

[3] 吴疆,陈祥荣,潘益斌,等.超长大容量复杂引水发电系统水力过渡过程关键技术研究及应用[J].水力发电,2015(6):98-101.

[4] 侯才水,程永光.高水头可逆式机组导叶与球阀的协联关闭[J].武汉大学学报(工学版),2005,38(3):59-62.

[5] 齐央央,张健,李高会,等.抽水蓄能电站球阀联动——导叶滞后关闭规律研究[J].水电能源科学,2009,27(5):176-178.

[6] Wylie E B, Streeter V L. Fluid transients[J]. Journal of Fluids Engineering, 1978, 1(3).

[7] Brekke H. A Stability Study on Hydropower Plant Governing Including the Influence from A Quasi Nonlinear Damping of Oscillatory Flow and From the Turbine Characteristics[J]. Dr. Techn. Thesis of The Norwegian Institute of Technology, May 1984. Trondheim.

[8] Brunone B, Golia U M, Greco M. Modelling of Fast Transients by Numerical Methods[J]. Proc. Int. Conference on Hdr. Transients with Water Column Separation, IAHR, Spain, 1991,

[9] Yu X D, Zhang J, Fan C Y. Influence of Successive Load Rejections on Water Hammer Pressure of Spiral Case in Long Diversion-Type Hydropower Station[J]. Applied Mechanics & Materials, 2014, 607(48): 551-555.

[10] Lai X, Wang X W, Chu X L. Model tests of hydraulic transients of hydropower station with a surge tank[J]. Journal of Wuhan University of Hydraulic & Electric Engineering, 2004.

锦屏二级水电站进水口运行初期
泥沙冲淤分析

孙洪亮,陈祥荣

(中国电建集团华东勘测设计研究院有限公司,浙江 杭州 311122)

摘 要 锦屏二级为河床式大型引水电站,库区河床稳定性及进水口前河段泥沙淤积直接威胁电站的安全运行。本文基于库区泥沙实测资料和水工模型试验成果,对库区河床变化趋势及进水口附近河段泥沙冲淤规律进行了分析。结果显示,施工期间随着遗弃渣土增多,河床比降逐步增大,稳定性减弱,运行初期,随着上游高坝泄洪增多,泥沙开始向库区下游河道输移,稳定性逐渐增强。通过与模型试验成果对比分析,随着泥沙输移量累积,进水口河段淤积严重,运行前3年淤积最明显,年淤积量达2.19万 m^3 ,截至2015年12月,进水口前拦沙库容基本被淤满,极大地影响了电站取水防沙安全。2016年汛期冲沙试验显示进水口河段冲沙量为4.28万 m^3 ,冲沙效果明显,可以有效腾空拦沙库容,预计未来4~5年库区河道将趋于稳定。研究结果可以为电站取水防沙安全运行提供技术支撑,为类似工程设计和运行提供参考。

关键词 锦屏二级;引水防沙;比降;稳定性

1 工程概况

锦屏二级水电站位于雅砻江干流锦屏大河湾上,是雅砻江干流上的重要梯级电站。其上游为具有年调节能力的龙头梯级锦屏一级水电站,下游为官地电站。该电站采用引水式开发,具有低闸、长引水隧洞和大流量引水等特点,总装机容量8×600 MW,为雅砻江上水头最高、装机规模最大的水电站。拦河闸位于大河湾西端的猫猫滩,最大闸高34 m;电站进水口位于闸址上游约2.9 km处的景峰桥,与拦河闸坝呈分离式布置。总体布置示意如图1所示。

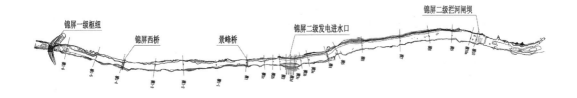

图1 输水系统示意图

作者简介:孙洪亮,男,工程师,博士,研究方向为工程水力学。E-mail:sun_hl2@ ccidi.com。

锦屏二级与取水防沙相关的水库泥沙特性有:①水库河道短且库容小,猫猫滩闸址—锦屏一级坝址的二级库区河道总长仅约7.5 km,水库正常蓄水位1 646 m相应的库容为1 401 万 m³,死水位1 640 m相应的库容为905 万 m³,水库调节库容仅约496 万 m³。②电站进水口位于景峰桥,距猫猫滩拦河闸上游2.9 km 处。两者相距较远,进水口剖面图如图2所示,拦沙坎顶高程为1 635 m,拦沙坎外侧平台高程1 630 m。③上游锦屏一级水库具有年调节能力,推移质及粗颗粒泥沙拦蓄在库内,出库泥沙最大粒径为0.05 mm,颗粒较细,总体上不会对二级电站取水防沙产生不利影响,长远期锦屏二级电站的取水防沙是安全可靠的。

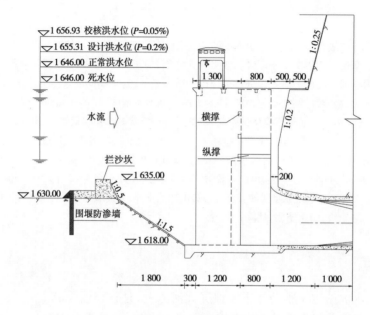

图2 进水口剖面图

泥沙问题关键在于运行初期。锦屏一级和锦屏二级几乎同时施工和发电,施工期间边坡开挖遗弃渣量较大,2012 年转流前库区地形实测显示,上游侧库区河床普遍抬高5～10 m,抬升明显。另外上游锦屏一级坝高305 m,泄洪功率巨大,截至2016 年5 月,泄洪洞出口冲坑冲出的泥沙约13.84 万 m³,二道坝下游冲坑冲出的泥沙约12.34 万 m³,形成大量推移质向下游输移,目前冲坑尚未稳定。受大量施工遗弃渣土和锦屏一级泄洪冲刷的影响,运行初期锦屏二级库区河道河床变化剧烈,稳定性差,必然对锦屏二级电站取水防沙带来严重影响。

锦屏二级库区河道淤积实测和输水系统放空检查显示,取水口河段淤积较严重,拦沙库容基本淤满。部分泥沙翻过了拦沙坎,淤积在拦污栅前或进入引水隧洞内,部分水轮机活动导叶存在撞击磨损现象。所以有必要对锦屏二级库区河床变化趋势及进水口前泥沙冲淤规律进行分析。

本文根据锦屏二级库区及进水口实测地形资料,对库区河道比降和稳定系数变化规律进行了分析,通过与模型试验成果对比,对未来库区变化趋势进行了预测,另外对进水口河段泥沙淤积规律进行了分析,进而提出了敞泄冲沙和人工局部清淤建议。

2 河床稳定性分析

2.1 河床比降变化趋势

河道比降变化,直接反映河床的演变趋势。根据库区河道实测资料统计,泥沙冲淤量及河床比降随时间变化规律如表1和图3所示。结果显示,施工期内,河道比降呈逐渐增大趋势,从2014年的0.758 m/km增大到2012年转流之前的2.887 m/km,说明泥沙主要淤积在库区河道靠上游侧,运行初期,河道库区比降呈减小趋势,说明泥沙向库区下游输移。期间锦屏一级转流,相当于锦屏二级敞泄冲沙及2016年锦屏二级的敞泄冲沙试验,使库区比降局部增大,说明冲沙对中下游冲沙效果明显,锦屏一级转流后实测也表明,坝前河段有一定冲刷,而库尾河段有一定淤积。

表1 库区河道比降及泥沙淤积统计

时段	河道比降(m/km)	淤积量(万 m³)	累计淤积(万 m³)
2004年1月至2009年汛前	0.758~2.040	85	85
2009年汛前至2010年汛前	2.040~2.188	0	85
2010年汛前至2011年汛前	2.188~2.106	35	120
2011年汛前至2012年汛前	2.106~2.265	70	190
2012年汛前至2012年转流前	2.265~2.887	-28	162
2012年转流前至2012年清淤后	2.887~2.399	-88	74
2012年清淤后至2016年汛前	2.399~1.994	85	159
2016年汛前至2016年拉沙后	1.994~2.253	-30.86	128.14

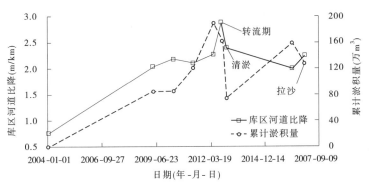

图3 库区河道比降及泥沙淤积随时间分布

由图3可知,运行初期锦屏二级库区泥沙累计淤积量与河道比降之间呈负相关关系,相关性良好,与李琦[1]、丁翔[2]等研究结论相同。而施工期,由于受到强人类活动(开挖)干扰,泥沙累计淤积量和河道比降之间呈明显正相关关系。

河道达到冲淤平衡时,存在平衡比降[2]。前期锦屏二级电站模型试验[3]研究了各流量下,敞泄冲沙时库区河道泥沙平衡冲淤规律,统计库区河道平衡比降见表2,认为冲沙试验所得平衡比降为相应流量下库区河道多年运行平衡比降。从锦屏二级电站入库及出库大流量统计可知,汛期库区河道大流量在 4 000 ~ 5 000 m³/s,所以选取表 2 冲沙流量 4 500 m³/s 对应的比降 1.801 m/km 作为库区河道平衡比降。目前库区河道比降为 2.253 m/km,可见河道尚未稳定,上游泥沙会继续向下游输运,仍然会威胁进水口安全。由表 1 中数据统计运行期内河道比降减小速率为 0.119(m/km)/a;由此估算库区河道达到平衡比降需要 4 年时间。

表 2 模型试验所得河道平衡比降

流量(m³/s)	3 000	4 500	5 390	6 920	8 850	11 800
比降(m/km)	2.258	1.801	1.729	1.391	1.398	1.404

2.2 河床稳定系数

河床稳定系数主要反映一定河段不同时段,或者同一条河流不同河段因流域来水来沙条件变化,河流所表现出来的暂时的、相对变异幅度。河床稳定性系数计算涉及河道的床沙粒径、水面比降、平滩水位下的断面特征值及河道的造床流量等要素[4-7]。包括纵向稳定系数、横向稳定系数及综合稳定系数。

河床在纵向的稳定性主要取决于泥沙抗拒运动的摩阻力与水流作用于泥沙的拖曳力的对比。目前最常用的是希尔兹(Shields)数的倒数表达[8]。因此,纵向稳定系数:

$$\varphi_h = \frac{d}{hJ} \tag{1}$$

式中:h 为平滩水深;d 为床沙平均粒径;J 为比降。其值越大,泥沙运动强度越弱,河床泥沙运动强度越弱,河床变化越小,因而越稳定。

横向稳定系数与河岸稳定密切相关,通常用河岸变化的结果来描述河岸的稳定性。常用阿尔图宁计算稳定河宽的经验公式[8]计算:

$$\varphi_b = \frac{Q^{0.5}}{J^{0.2}B} \tag{2}$$

式中:Q 为平滩流量;B 为平滩河宽。

谢鉴衡[8]认为河流的稳定性,既决定于河床的纵向稳定,也决定于河床的横向稳定。因此,将纵向、横向稳定系数联系在一起,建立了综合的稳定系数关系式:

$$\varphi = \varphi_h(\varphi_b)^2 = \frac{d}{hJ}\left(\frac{Q^{0.5}}{J^{0.2}B}\right)^2 \tag{3}$$

本文采用以上公式,计算分析了锦屏二级库区河床稳定性,稳定系数随时间变化如图 4 所示,纵向、横向及综合稳定系数变化趋势相同,都是先减小,然后增大,转流和冲沙引起局部减小。施工初期库区河道稳定性急剧变弱,泥沙运动强度增强,2010 年库区河道稳定性达到最弱,泥沙输运能力最强,随后河床稳定性逐渐增强,分析原因为施工初期河道上游侧淤积迅速升高,比降增大,对河床稳定性起到关键影响作用,2010 年后虽然河道比降继续增大,但平滩水深减小,平滩流量减小,水流作用减弱起主要作用,河床稳定性开始增强,泥沙运动能力开始减弱。

纵向稳定系数变化相对明显,为河床稳定性趋势的主要影响因素,且横向与纵向稳定

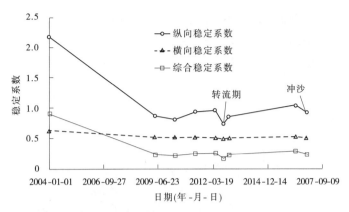

图4 库区河道稳定系数随时间分布

系数变化趋势相同。因此,可以直接用纵向稳定系数来研究库区河道的演变趋势。

比降分析时,选取泄洪流量4 500 m³/s时敞泄冲沙试验的地形为平衡比降判定标准,而稳定系数分析过程中,假设正常蓄水位为平滩水位,河道敞泄流量为5 390 m³/s。所以,河床稳定系数判别标准选取泄流量4 500 m³/s和5 390 m³/s时,敞泄冲沙试验的河道稳定系数为库区稳定标准,分析结果如图5所示,可以发现两个流量下,河道纵向稳定系数基本相同,且大于目前库区河道实测的稳定系数,说明河道目前尚处在不稳定状态,未来运行过程中,河道会进一步淤积,有两方面发展趋势,一方面是是河床高程进一步抬高,另一方面是河道比降继续减小,从而使得稳定系数进一步增大,达到稳定状态。2012年发电运行以来稳定系数平均比降增大速率为0.054/a,以此计算达到稳定需要5.4年,结合比降分析,在河床无干扰情况下,预测库区河道泥沙达到平衡稳定需要4~5年时间。遇特大洪水锦屏一级泄洪,锦屏二级拉沙均会影响稳定时间。

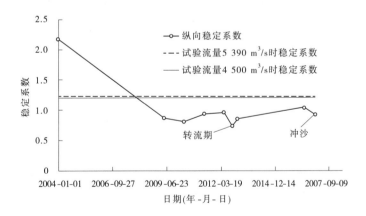

图5 纵向稳定系数对比分析

3 进水口河段泥沙冲淤分析

3.1 泥沙淤积情况

进水口河段泥沙淤积直接威胁电站安全运行,本文对进水口河段运行初期冲淤量进行了统计,统计时段为2012年12月(河道清淤后)至2016年12月(敞泄冲沙后)。分析断面布置如图 6 所示。根据进水口河段河型和实测数据范围,分别统计了进水口上游 212 m 范围内河道(断面横 2b—横 2)、进水口河道(横 2—横 3c)和进水口下游 109 m 范围内河道(横 3c—横 3b)泥沙冲淤变化。

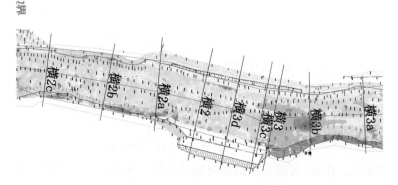

图 6　进水口河段分析断面布置

统计范围内各时段泥沙冲淤量列于表 3,各时段累计淤积量分布如图 7 所示,可知, 2012 年 12 月至 2014 年 12 月,各河段均变现为淤积,总淤积量达 6.42 万 m³,平均年淤积量达 3.21 万 m³。上游淤积最大,向下游淤积量逐渐减小,淤积主要发生发电进水口一岸。

表 3　运行初期进水口河段冲淤量分布统计

时段 (年-月)	不同河段冲淤量(m³)			各河段汇总 (m³)
	上游	进水口	下游	
2012-12 ~ 2014-12	42 639	11 903	9 634	64 176
2014-12 ~ 2015-12	− 9 300	717	10 189	1 606
2015-12 ~ 2016-05	—	− 1 715	—	− 1 715
2016-05 ~ 2016-12	− 29 341	− 1 641	− 11 838	− 42 820
各时段汇总(m³)	3 998	9 264	7 985	21 247

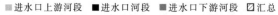
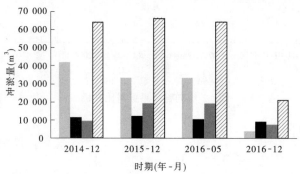

图 7　运行初期各年度累计冲淤量分布

2014 年 12 月至 2015 年 12 月,上游河段为冲刷,进水口河段少量淤积,下游河段淤积较多。整体表现为淤积,年均淤积量为 0.16 万 m³,拦沙坎外侧淤积高程已达到 1 634.5 ~ 1 634.8 m,拦沙库容已经大部分淤满,主河道淤积变化较小。

2015 年 12 月至 2016 年 5 月,进水口附近河段冲淤基本无变化(见表 3)。

3.2 与模型试验成果对比

进水口泥沙淤积情况及位置基本与模型试验预测结果一致。电站实际运行情况显示,2013 年 1 月 1 日至 2016 年 5 月 11 日,锦屏二级电站逐日 8 时入库流量、出库流量和泄洪流量情况,入库流量大于 3 000 m³/s 的天数达 50 d,入库流量大于 4 000 m³/s 的天数达 11 d,汛期水位绝大部分时间均在 1 643 ~ 1 644 m 运行,其中 2014 ~ 2015 年流量达 4 000 m³/s 以上的 11 d 内,水库运行水位在 1 643.33 ~ 1 643.97 m,平均水位 1 643.65 m。试验结果显示水库水位 1 643 m,流量为 4 000 m³/s,运行 42 h 后,拦沙坎前出现了大量泥沙淤积,拦沙库容基本淤满,淤积情况如图 8 所示,基本与 2016 年 5 月实测地形一致。当运行水位为 1 645 m 时拦沙坎前几乎没有淤积,如图 9 所示。流量为 5 390 m³/s 时,水位为 1 646 m 时,淤积较少,所以根据试验建议在来流 $Q = 4\,000 \sim 5\,390$ m³/s 时,锦屏二级水电站保持在 1 645 m 及以上水位运行。实际运行水位偏低,也是目前进水口前泥沙淤积的主要原因之一。

图 8 进水口前泥沙淤积情况 　　　　　　图 9 进水口前泥沙淤积情况
($Q = 4\,000$ m³/s,水位 1 643 m) 　　　　　($Q = 4\,000$ m³/s,水位 1 645 m)

3.3 库区敞泄冲沙结果

2016 年 5 ~ 12 月,本时段内 2016 年 9 月库区进行了敞泄冲沙,所以该时段表现为冲刷状态,总冲刷量为 4.28 万 m³,进水口上、下游河段冲刷效果明显,冲刷主要发生在进水口一岸,与淤积正好相反,可以有效腾空拦沙库容。整体来看,运行以来,进水口附近河段表现为淤积,淤积总量 2.12 万 m³,运行前两年淤积量迅速增大,然后年淤积量相对较小。

4 引水防沙措施建议

根据目前存在的工程泥沙问题及以上分析,为保证引水防沙安全,节省工程投资,建议实际运行中抬高水位运行,并采取敞泄冲沙与局部人工清淤相结合的排沙措施。

4.1 合理安排畅泄冲沙运行

经前文分析可知运行初期库区河道及进水口泥沙运动的特点为:

（1）库区淤积量大，进水口以上河段河床普遍抬高 5～10 m，全部清空投入大、难度大。河床稳定性差，尚未达到冲淤平衡，上游泥沙会继续向下游输移。而进水口河段过流断面大，泥沙会在进水口河段大量淤积，威胁取水防沙安全。通过多次敞泄冲沙可以有效清空上游大量施工弃渣，有效降低库区河床，从而减轻进水口淤积。

（2）进水口上游，断面横 2b—横 2 之间河段过流断面开始增大，此河段河床高程较低，拦沙库容较大。由前文分析可知，运行初期泥沙会先在此河段淤积，然后向下游发展，所以此河段拦沙库容可有效保证引水防沙安全。2016 年冲沙实践表明，可以基本清空此河段的泥沙淤积，恢复拦沙库容。所以敞泄冲沙可以腾空进水口前拦沙库容，减小进水口清淤量。

综上所述需合理安排冲沙，一般当拦沙坎外侧泥沙淤积高程超过 1 632 m 时，应畅泄冲沙。在条件允许的情况下，应与锦屏一级联合调度，尽量加大畅泄冲沙流量，模型试验表明冲沙流量可控制在 4 500 m³/s 及以上时，效果明显。

4.2　人工清淤方案

进水口拦沙坎高程 1 635 m，外侧平台高程设计为 1 630 m，拦沙库容较小，很容易淤满，而库区敞泄冲沙对拦沙坎外侧河段效果不明显，所以拦沙坎外侧平台高程 1 630 m 以上部分的淤积泥沙需及时清理，以保持拦沙坎的拦沙作用。另外上、下游河段右岸靠近进水口部位，1 630 m 以上的淤积也可能翻过拦沙坎，尤其上游侧，需清除。2016 年敞泄冲沙后，拦沙坎外侧平台上游端泥沙淤积高程 1 631～1 634 m，下游端泥沙淤积高程已达 1 633～1 635 m，建议清淤范围如图 10 所示，清淤量约为 2.82 万 m³。

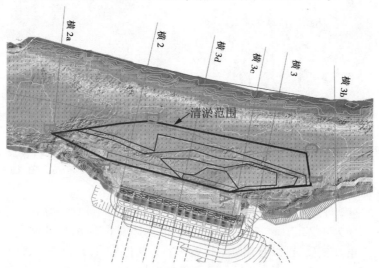

图 10　运行初期各年度累计冲淤量分布

5　结　论

通过对锦屏二级库区河床稳定性分析可知，受锦屏一级和二级电站建设的影响，施工期内河床比降迅速增大，河床稳定性迅速变弱，2010 年库区稳定性达到最弱，随后河床稳定性逐渐增强。通过与模型试验成果对比分析，目前河床尚未达到稳定，上游泥沙会继续向下游输移,并在进水口河段淤积,威胁取水防沙安全。

进水口附近河段淤积严重,运行初期前 3 年淤积明显,总淤积量达 6.58 万 m³,其中上游淤积量最大,向下游逐渐减小,主要淤积在进水口一岸。随后淤积量相对较小,截至2015 年 12 月,拦沙坎外侧淤积高程已达到 1 633.5 ~ 1634.8 m,拦沙库容已经大部分淤满,严重威胁进水口防沙安全。2016 年 9 月库区进行了敞泄冲沙,进水口附近河段总冲刷量为 4.28 万 m³,上、下游河段冲刷效果明显,冲刷主要发生在进水口一岸,与淤积正好相反,可有效腾空拦沙库容。整体来看,从 2012 年库区清淤到 2016 年拉沙后,进水口附近河段表现为淤积,淤积总量 2.12 万 m³,需要进行清淤处理。

最后根据库区泥沙运动特性及进水口河段的冲淤特性,针对锦屏二级电站引水防沙安全,建议采取敞泄冲沙与局部清淤相结合的排沙措施。通过多次冲沙已达到降低上游河床和腾空进水口上游拦沙库容的目的,然后对进水口拦沙坎外侧进行局部清淤,恢复拦沙坎的拦沙作用,从而确保电站安全运行。

参 考 文 献

[1] 李琦,宋进喜,宋令勇,等. 渭河下游河道泥沙淤积及其对河床比降的影响[J]. 干旱区资源与环境,2010,24(9):110-113.

[2] 丁翔,陈稚聪,邵学军. 引海水冲刷黄河下游河槽平衡比降试验研究[J]. 泥沙研究,2003(1):64-69.

[3] 陈祥荣,刘兴年,杨立锋,等. 锦屏二级水电站首部水库施工期及运行初期工程泥沙问题研究[R]. 杭州:华东勘测设计研究院,2014:54-91.

[4] 夏细禾,余文畴. 长江中下游分汊河道稳定性与治理方略的探讨[J]. 人民长江,1999,30(9):21-22.

[5] 林木松,唐文坚. 长江中下游河床稳定性系数计算[J]. 水利水电快报,2005,26(17):25-27.

[6] 姚仕明,黄莉,卢金友. 三峡、丹江口水库运行前后坝下游不同河型稳定性对比分析[J]. 泥沙研究,2012(3):41-45.

[7] 林木松,韦立新. 长江中下游干流河道的造床流量与河床稳定性系数计算[C]//全国泥沙基本理论研究学术讨论会. 2005.

[8] 谢鉴衡. 河床演变及整治[M]. 武汉:武汉大学出版社,2013.

多波束系统在锦屏水电工程水下
检测中的应用分析

王军，徐金顺

（雅砻江流域水电开发有限公司，四川 成都 610051）

摘 要 近年来，多波束测深系统逐步应用于水下地形测量、水下隐蔽工程测量、水下管线布设监测以及水下打捞搜寻等领域，在国家基础经济建设中发挥着越来越大的作用。本文主要介绍了多波束系统在锦屏水电工程水下地形现状与冲刷淘蚀情况检测中的实践运用，包括多波束系统的组成及测量原理、设备安装、参数校准、水深测量及数据处理、成果分析等，为多波束探测系统在水电站的综合应用提供参考借鉴。

关键词 锦屏水电工程；多波束；水下检测

1 前 言

多波束测深是一种具有高效率、高精度和高分辨率的水下地形测量新技术，采用广角和多信道定向接受技术，能够精确快速地测出水下目标的大小、形状和高低变化，从而比较可靠地描绘出水下物体的精细特征。近年来，随着科技的发展，多波束测深系统在精度、效率等方面得到了极大的发展。与传统的单波束测深技术相比，多波束测深系统具有测量范围大、速度快、精度高等诸多优点，它把测深技术从点线状扩展到面状，并进一步发展到立体测图，从而使水下地形测量发展到一个全新的水平。

锦屏水电工程自 2013 年 8 月首台机组投产发电以来已正常运行 5 年，为全面掌握工程水下状况，需重新对水下具体情况进行检测，本文采用多波束系统对锦屏水电工程水下地形现状与冲刷淘蚀情况进行检测分析。

2 工程概况

雅砻江锦屏水电工程包括锦屏一级水电站和锦屏二级水电站，位于四川省凉山彝族自治州木里、盐源、冕宁三县交界处的雅砻江干流锦屏大河湾上。

根据锦屏水电工程检修工作需要，对闸坝进行水下检测，测量分析水下地形现状与冲刷淘蚀情况。

闸坝闸址区河道顺直，河谷较开阔，两岸山体雄厚，河谷呈"V"形之纵向谷，左岸为顺

作者简介：王军（1990—），男，硕士学位，工程师，主要从事水电站大坝安全管理工作。E-mail：1163083831@qq.com。

向坡,地形较陡;右岸为反向坡,地形总体为下陡、中缓、上陡,两岸无阶地及漫滩分布。闸址下游左岸发育有一条大奔流沟,沟床深切,基岩裸露,常年有流水,沟口有洪积扇堆积;此外,两岸冲沟发育短浅。

3 多波束测深系统及其原理

多波束测深系统一般由窄波束回声测深设备(换能器、测量船摇摆的传感装置、收发机等)和回声处理设备(计算机、数字磁带机、数字打印机、横向深度剖面显示器、实时等深线数字绘图仪、系统控制键盘等)两大部分组成。

多波束测深是利用超声波原理进行工作的,是水声技术、计算机技术、导航定位技术和数字化传感器技术等多种技术的高度集成,首先探头的电声换能器在水中发射声波,然后接收从河底反射的回波,测出从发射声波开始到接收回波结束这段时间,计算出水深。多波束系统同时获得多个相邻窄波束的回声测深系统。测深时,载有多波束测深系统的船,每发射一个声脉冲,不仅可以获得船下方的垂直深度,而且可以同时获得与船的航迹相垂直的面内的多个水深值。多波束测量工作原理见图1。

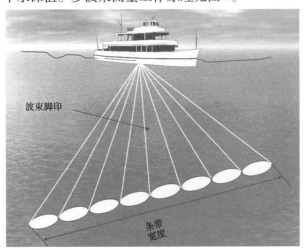

图1 多波束工作原理示意图

多波束系统成功集侧扫声呐、合成孔径、多波束成像及水下定位功能于一体,能在零能见度的水域(浑水)中大范围、远距离检查水下全景目标,是实时三维立体成像声呐系统。目前广泛应用于世界各地军用、警用和民用领域,主要应用于港口、水下设施、水底勘探、疏浚监控、水下地形勘测和水下建筑物检查等工程。

该系统能够实时观察一个完整的目标或特征,使数据的分析简单快捷,增强复杂3D结构的成像能力,可以实时成像,无须穿过这些物体的结构完成扫描成像;使用3D实时图像,能够在很大的水域中,远距离跟踪移动目标,或在水体内任何地方检查到接近的目标。与其余可视化检查手段相比,该系统不会受到低能见度的影响;可提供较大的观测距离,能够很好地对水下建筑物三维结构、水底地形进行探测。多波束探测系统组成示意图如图2所示。

图 2　多波束探测系统组成示意图

4　锦屏水电工程水下多波束检测

锦屏水电工程水下检测所采用的方法与技术为水下多波束和水下无人潜航器。首先，利用水下多波束检查方法能够精确、快速地描绘出水下三维特征物的特点，对水下地形进行全覆盖扫描；然后，根据水下多波束检查初步成果，圈定重点关注部位，使用水下无人潜航器技术进行详细检查；最后，综合分析水下多波束和水下无人潜航器检查成果，得出混凝土表观缺陷的规模、类型、深度等参数。

4.1　多波束测深系统

本项目投入使用的多波束测深系统通过采用波动物理原理的"相控阵"方法精确定位(或称为指向)256 个波束中每个波束的精确指向(位置)。其指向性可控制到 0.5°。然后根据每个波束位置上的回波信号用振幅和相位方法确定深度，同时，具备 TruePix 功能，可以直观地得到水下地貌及其类型等特征。

本次探测工作采用 Sonic 2024 多波束测深系统，其主要指标要求见表 1。

4.2　现场工作方法

4.2.1　定位坐标系的测量与转换

本次多波束水下测深系统采用了 RTK·GPS 技术提供定位参数，项目所采用的雅砻江坐标系的相关参数及资料由锦屏建设管理局提供。实测坐标系为 WGS - 84 坐标 13 高斯 3°带投影，测区中央子午线为 102°，高程采用 1956 年黄海高程系。

工作现场首先将 RTK 基准站架在 JP112 控制点上，同时，使用 RTK 流动站对引用的控制点进行了测量，作为本次水下检测项目的坐标框架，最后，完成 WGS - 84 与雅砻江锦屏坐标系之间的转换七参数及高程拟合计算。

表 1　Sonic 2024 多波束测深系统主要指标

项目	技术指标	项目	技术指标
工作频率	200 ~ 400 kHz 20 多个频率值可选,用户在线实时选择	横摇补偿	有
带宽	60 kHz,全部工作频率范围内	纵摇补偿	有
波束大小	0.5° × 1°、0.5° × 0.5°（选择带有"steerable"功能的发射换能器）	多 PING	有,同时发射 4 个 PING @ 带有"steerable"功能的发射换能器
覆盖宽度	10° ~ 160°（用户可实时在线选择）	耐压深度	100 m,3 000 m 可选
最大量程	500 m	工作温度	0 ~ 50 ℃
最大发射率	高达 75 Hz	存储温度	− 30 ~ 55 ℃
量程分辨率	1.25 cm	电源	90 ~ 260 VAC,45 ~ 65 Hz
脉冲宽度	10 μs ~ 1 ms	功耗	< 50 W
波束数目	（每个"ping"）标准发射换能器	数据传输	10/100/1 000Base − T 以太网
	256 个@ 等角方布	电缆长度	标配 15 m;25 m,50 m 可选
	1 300 个@ 等距分布	接收阵尺寸	480 mm × 109 mm × 190 mm（LWD）Sonic2024 发射阵
	带有"steerable"功能的发射换能器	接收阵重量	12 kg
	1 024 个@ 等角方布	发射阵尺寸	273 mm × 108 mm × 86 mm（LWD）
	5 200 个@ 等距分布	发射阵重量	3.3 kg
近场聚焦	有,全部波束,整个条带覆盖范围	接口盒尺寸	280 mm × 170 mm × 60 mm（LWD）
波束等角等距分布	有	接口盒重量	2.4 kg

4.2.2　多波束检测系统各项传感器的安装

以快艇船只作为多波束检测系统的载体,安装多波束系统水下发射及接受换能器,表面声速探头、固定罗经、三维运动传感器及 RTK 流动站,各项安装须确保设备与船体摇晃一致。

4.2.3　船体各传感器相对位置的测量

船体坐标系统定义船右舷方向为 X 轴正方向,船头方向为 Y 轴正方向,垂直向上为 Z 轴正方向。分别量取 *RTK* 天线、定位罗经天线、接受换能器相对于参考点（三维运动传感器中心点）的位置关系,往返各量一次,取其中值。

4.2.4　多波束系统水下检测作业

多波束检测系统对水垫塘进行全覆盖扫测时,遵循测线尽量保持直线,特殊情况下,测线可以缓慢弯曲,同时,相邻测线覆盖范围重合至少 20% ,且对于重点部位(如水垫塘地板等)进行多次覆盖扫测。锦屏一级水电站水垫塘多波束测深实际测量航迹图见图 3。

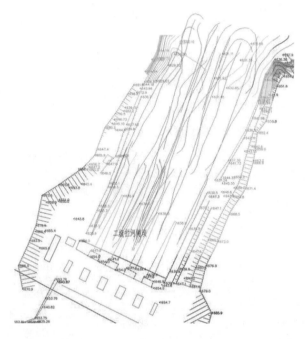

图 3　锦屏水电工程闸坝下游河道多波束测深航迹

为进一步提高水下检测成果的可靠度,在作业过程中,根据现场条件适时进行声速剖面的测量,且两相邻声速剖面采集时间间隔不应超过 6 h。测试作业过程中,测得的水垫塘声速剖面见图 4。

4.3　数据处理

多波束系统内业数据处理采用 Qinsy 数据采集软件以及 CARIS HIPS and SIPS 实测数据后处理软件共同进行,实测数据的处理主要是对数据采集软件采集来的各传感器数据进行处理及对水深数据设定各项合理的过滤参数删除大部分假信号。完成数据合并后,对得到的水深及位置进行精过滤,其主要内容是对两条相邻测线重

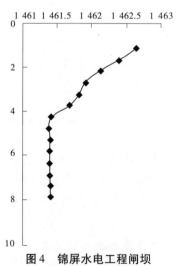

**图 4　锦屏水电工程闸坝
下游河道声速剖面**

覆盖的地方的多余观测数据进行筛选、删除,以保留高精度的水深数据(见图 5)。最后,绘制等深线图以及典型测线地貌图。

 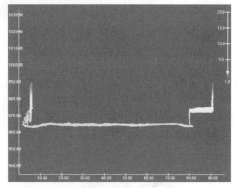

图5 实测数据典型剖面噪声干扰剔除前后对比示意图

4.4 检查成果分析

4.4.1 整体分析

采用多波束探测技术进行锦屏二级水电站闸坝下游探测,探测成果总览图见图6,三维效果图见图8。其中闸下 0 + 124.00 至闸下 0 + 144.00 间,检查过程中 1 号闸室下游混凝土堆石区水深仅 1 m 左右,测量船舶无法通过测量,该区域水下地形通过插值补充,如图7中所示。分析可知,锦屏二级闸坝导墙区域内底板及边墙未发现明显的混凝土缺陷,混凝土表观完整;桩号闸下 K0 + 107 ~ K0 + 132 为闸坝下游冲刷淘空区;桩号闸下 K0 + 132 ~ K0 + 147 段抛填混凝土块石堆积区;堆积区域下游闸下 K0 + 147.00 ~ K0 + 207.00 无明显冲刷淘空。

图6 闸坝下游多波束检测成果

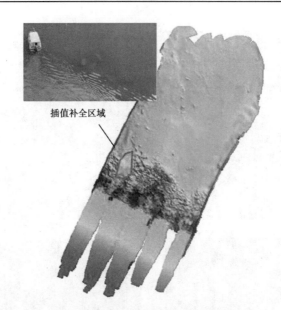

图 7　闸坝下游局部插值区域示意图

图 8　闸坝下游多波束检测三维效果图

4.4.2　断面分析

为了全面分析探测范围内实测水底地形的变化情况,提取了9条典型断面,断面位置示意图见图9;实测数据断面曲线图见图10。通过分析比较可以获得以下结论:

(1)闸坝导墙区域内底板及边墙未发现明显的混凝土缺陷,混凝土表观完整。

(2)通过闸坝下游多波束测深探测,下游闸下 K0+107.00~K0+132.00 间存在冲刷淘空的情况,冲刷淘空深度 1.0~3.0 m(最大淘空位于 2 号和 3 号闸室下游区域,深约 3.0 m),平均深度约 1.3 m;冲起的混凝土块石堆积在下游闸下 K0+132.00~K0+147.00 间(非线性分布),堆积高度 1.0~3.0 m。其中 1 号、2 号、3 号闸室

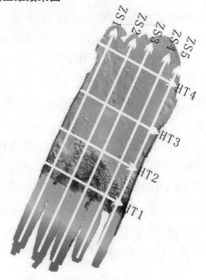

图 9　闸坝下游地形断面示意图

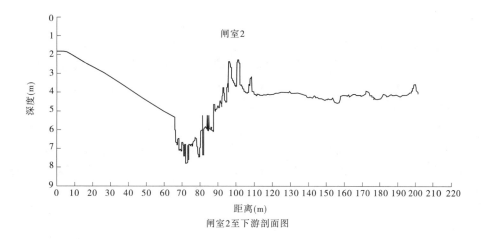

图 10　断面曲线

下游冲刷和堆积现象较 4 号、5 号闸室强。

（3）堆积区域下游闸下 0 + 147.00 ~ 0 + 207.00 无明显冲刷。

针对冲刷堆积区域截取断面点云图进行重点分析，点云图见图 11。

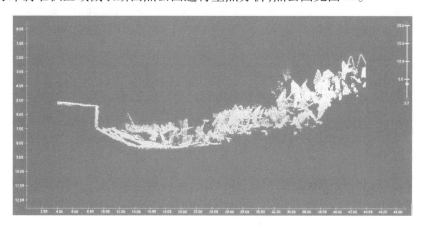

图 11　闸坝下游护坦冲刷区域点云图

对淘空区域进行分析，利用网格划分取样，通过统计各网格内淘空深度和网格面积计算淘空方量。经核算，淘空区域面积约 1 800 m²，淘空深度平均为 1.3 m，淘空方量约 2 340 m³。

4.4.3　结论

通过成果整体分析及断面分析表明，桩号闸下 K0 + 107 ~ K0 + 132 为闸坝下游冲刷淘空区，淘空方量约 2 340 m³；桩号闸下 K0 + 132 ~ K0 + 147 段抛填混凝土块石堆积区。分析结果与实际情况基本一致，测量精度满足要求。

5　总结与展望

　　通过多波束检测,可以精确得出各类水下物体的坐标,进而得出物体尺寸、形状等参数,并形成高精度的三维图像,因此具备对水下建筑物、边坡等运行状况和形态的检测功能。多波束测深系统在锦屏水电工程水下地形现状与冲刷淘蚀情况检测等水下检测中,得以充分应用,为同类工程水下探测工作提供了经验借鉴。

　　多波束测深系统在水下检测中的应用,使得目前的测量技术日趋完善,勘测手段更加先进,勘测劳动强度大幅降低,工作效率显著提高,实现了水下地形测量的自动化。随着人们对新技术新设备的不断深入认识和运用,以及对测绘成果的要求越来越高,多波束测深系统在水下测绘中的应用将会日益普及,并发挥更大的作用。

参 考 文 献

[1] 刘经南,赵建虎. 多波束测深系统的现状和发展趋势[J]. 海洋测绘,2002,22(5):3-6.

[2] 王闰成,卫国兵. 多波束探测技术的应用[J]. 海洋测绘,2003,23(5):20-23.

[3] 赵钢,王冬梅,黄俊友,等. 多波束与单波束测探技术在水下工程中的应用比较研究[J]. 长江科学院院报,2010,27(2):20-23.

[4] 黄辰虎,陆秀平,欧阳永忠,等. 多波束水深测量误差源分析与成果质量评定[J]. 海洋测绘,2014,34(2):1-6.

[5] 陈璞然. 多波束测深系统在1:2 000水下测量中的应用分析[J]. 北京测绘,2018,32(5):583-585.

锦屏二级水库水位自动控制研究的现状与展望

雷立超，马银萍，高国

（雅砻江流域水电开发有限公司，四川 成都 610051）

摘 要 本文介绍了锦屏水力发电厂关于锦屏二级水库水位自动控制研究的现状和既有成果，通过运用曲线拟合方法建立了锦屏二级水库的数学模型，为锦屏二级水库水位自动控制打下了理论基础；生态流量泄放洞实现了定点精准控制（固定式卷扬机）以及锦屏二级电站闸坝工作门定点精确控制功能方案的确立，为锦屏二级水库水位自动控制打下了硬件基础。同时对锦屏二级水库水位自动控制研究的下一步研究思路进行了阐述及展望，以期专家及同行的指点和帮助。

关键词 水位自动控制；建模；定点精确控制；展望

1 引 言

锦屏水电站，包括锦屏一级和二级水电站，总装机 840 万 kW。锦屏一级水电站水库总库容 77.6 亿 m^3，调节库容 49.1 亿 m^3，具有年调节性能，装机容量 360 万 kW，是雅砻江下游河段的龙头电站。锦屏二级水电站利用雅砻江 150 km 锦屏大河湾的天然落差，截弯取直开挖隧洞引水发电，装机 480 万 kW 首部设低闸，闸址以上流域面积 10.3 万 km^2，总库容 1 428 万 m^3，调节库容为 502 万 m^3，本身具有日调节性能，与锦屏一级同步运行，同样具有年调节特性。由于锦屏二级水电站的设计特点，其拦河闸坝的可调节库容非常小，因此对闸坝水位的调节和控制提出了非常高的要求，若闸坝水位过高，则存在漫坝风险；若闸坝水位过低，则可能导致锦屏二级水电站进水口进气，可能对引水系统造成严重的破坏[2]。对闸门操作的及时性和精确度要求很高；如果能实现水库水位自动控制，可以降低水库水位失控风险，提高节水发电效益[1]，降低人员劳动强度，节约人力资源。

目前锦屏水力发电厂运行部和检修二部、检修一部均进行了一些探索与实践，为锦屏二级水库水位自动控制的研究打下了基础。

2 锦屏二级水库水位自动控制研究的现状

2.1 锦屏二级电站库水位自动控制研究[2]

锦屏水力发电厂运行部员工通过库容与水位的关系、泄流量与开度的关系、泄流量与

作者简介：雷立超（1985—），男，学士学位，工程师，主要从事水电站自动控制专业检修维护工作。E-mail：leilichao@ylhdc.com.cn。

水位的关系研究,建立一个小型的闸门开度—流量—水位数据库,计算出控制所需的闸门控制策略,运用曲线拟合方法建立锦屏二级水库的数学模型,分别计算出库容与水位,流量与开度、水位的数学关系(见图1、表1、表2),然后通过实施监测与逻辑判断,不断反馈,通过条件启动的方式,实现闸坝水位的自动控制,建立水位自动控制系统 MATLAB 仿真模型,在不同运行方式下对水位自动控制的性能进行验证。同时运行部员工还设计了软件,用于辅助计算闸门开度,已运用到实践中。

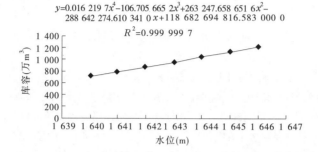

$y=0.016\ 219\ 7x^4-106.705\ 665\ 2x^3+263\ 247.658\ 651\ 6x^2-$
$288\ 642\ 274.610\ 341\ 0x+118\ 682\ 694\ 816.583\ 000\ 0$

$R^2=0.999\ 999\ 7$

图1　四次多项式拟合下水位与库容关系[2]

表1　库水位 1 643 m 单孔闸门下泄流量与闸门开度的关系(部分)[2]

闸门开度(m)	单孔下泄流量(m³/s)	闸门开度(m)	单孔下泄流量(m³/s)
0.1	14	0.7	96
0.2	28	0.8	110
0.3	42	0.9	123
0.4	55	1.0	137
0.5	69	1.1	150
0.6	83		

表2　不同库水位时单孔闸门各开度的下泄流量(部分)　　(单位:m³/s)[2]

水位(m)	单孔闸门开度(m)					
	1.1	1.2	1.3	1.4	1.5	1.6
1 643.1	152	164	177	189	202	204
1 643.2	153	165	178	190	203	215
1 643.3	154	166	179	191	204	217
1 643.4	155	167	180	193	205	218
1 643.5	156	168	181	194	207	219

2.2　锦屏二级电站生态流量泄放洞定点精确控制功能的实现

生态流量泄放洞每孔设置一扇工作闸门,一孔一门布置,主要用于泄放生态流量,续期不参与泄洪,需要时可局部开启。闸门形式为平面滑动钢闸门,动水启闭,由启闭容量为 2×630 kN 的固定卷扬式启闭机通过拉杆进行操作,卷扬机采用串电阻启动。

锦东电厂生态流量泄放洞工作闸门已实现远方操作,可在 CCS 上对闸门进行开启、关闭、停止的单步操作,开启或关闭工作闸门至预定开度需要人工提前进行干预。检修二部监控班编制并实施了《锦东电厂监控系统增加生态流量泄放洞工作闸门定点控制功能实施方案》,实现了生态流量泄放洞工作闸门远方定点精确控制,通过优化算法,采用设定值与实测值对比,通过数据分析,提前开出停止命令,实现精度控制,目前控制精度在 0.01~0.02 m。

2.3 锦屏二级电站闸坝工作闸门定点精确控制功能的实践

拦河闸每孔设置一套工作闸门,孔口宽 13.0 m,底坎高程 1 626.00 m,按正常蓄水位进行设计,为满足锦屏一级水电站与二级水电站机组满发时不平衡流量的泄放,每扇弧门的顶部设有一扇舌瓣门,舌瓣门底坎高程 1 646.00 m,闸门顶高程 1 648.0 m。工作闸门弧面曲率半径为 27.0 m,启闭设备采用双吊点后拉式液压启闭机,一门一机进行操作。弧门液压启闭机容量为 2×3 600 kN,启闭行程 12 m,每套液压启闭机设置 1 套泵站,每套泵站设置 2 个泵组,互为备用。

启闭机控制采用现地/远方集控的方式。目前可在 CCS 上对闸门进行开启、关闭、停止的单步操作,开启或关闭工作闸门至预定开度需要人工提前进行干预。目前检修一部已编制《锦东电厂拦河闸坝闸门控制系统增加远方开度模拟量控制功能实施方案》,检修二部已编制《锦东电厂监控系统增加闸坝溢洪门工作闸门定点控制功能实施方案》,等待闸门 2018 年汛后检修维护时进行程序完善和试验。

2.4 锦屏二级水库闸门在通信中断情况下水位自动控制系统的研究

该项目研究、编制锦屏二级水电站闸坝区域与外部通信中断的情况下,由控制系统自动根据水库水位及其变化速率进行闸门开启或关闭操作以控制水库水位的技术方案,并评估方案正确动作率、误动概率,以及实施该方案需要的设备(含技术参数要求)与工程量清单、估算费用,目前正在由南瑞公司进行研究。

3 锦屏二级水库水位自动控制研究的后续计划与展望

3.1 实现对已建数学模型的实用性测试

目前运行部建立的数学模型只在 MATLAB 软件上进行了测试,需要进行现场实用性转化,同时需要增加库水位流量、水位的实测硬件来对计算结果进行辅助和纠正,实现算法的自适应性与可靠性。

3.2 实现闸坝工作闸门和生态流量泄放洞闸门操作的辅助性自动控制系统

通过对已建数学模型的实用性测试后,完成测试系统的转移,编制显示界面,使计算结果显示在操作界面上,显示出优化的闸门操作结果及对应的开度,在计算机监控系统上直接输入计算结果,实现半自动的闸门控制,控制系统根据实时水位进行实时计算,并将实时结果发送至计算机监控显示画面上,控制流程见图 2。

3.3 实现生态流量泄放洞在枯水期的自动控制系统

雅砻江流域集控中心负责编制发电计划与泄流计划,锦屏一级下泄流量与锦屏二级发电流量的差值,正常情况下从生态流量泄放洞泄放。通过一二级下泄流量及水库水位

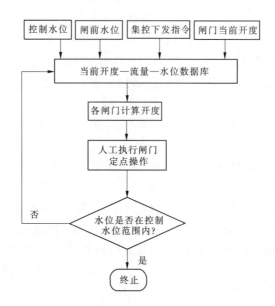

图2 辅助性自动控制系统控制逻辑

的情况自动计算出闸门开度,并将开度转化成模拟量,发命令给生态流量泄放洞闸门控制系统,实现对闸门的自动控制。

3.4 按照一二级电站联动的逻辑和变量完善既有的自动控制系统及辅助控制系统

结合一级电站水库水位、闸门启闭状况及对应开度、发电流量,二级水电站水库水位、闸门启闭状况及对应开度、发电流量,建立一二级联动逻辑,提高二级的闸门自动控制及辅助控制系统的响应性和及时性。

4 结 语

目前锦屏水力发电厂已按照电厂的自研计划实现和即将实现生态流量泄放洞与闸坝工作闸门的定点精确控制,为锦屏二级电站库水位自动控制打下了硬件基础,将继续按照研究计划进行研究和实践,同时加强与流域电站及其他类似电厂的交流,不断总结经验和借鉴好的做法,最终实现既定目标。

参 考 文 献

[1] 阮凡,何勇,顾和鹏,等.浅析锦屏二级电站水头变化对节水发电效益的影响[J].大电机技术,2017(8):44-48.

[2] 夏远洋,李振鹏,阮凡,等.锦屏二级电站库水位自动控制研究[J].大电机技术,2017(8):56-59.

[3] 张晓辉.桐子林水电站水库智能调度控制逻辑研究[J].大电机技术,2017(8):49-52.

[4] 段瞳.基于实际运行的雅砻江官地水电站水位控制方式研究[J].大电机技术,2017(8):30-35.

[5] 胡黄,徐亮,张晓辉.桐子林水电站泄洪闸门应急控制系统策略研究[J].大电机技术,2017(8):79-82.

基于锦屏二级水库的提高闸门
操作精准度的优化控制

朱斌，张青伟，高国

（雅砻江流域水电开发有限公司，四川 成都　610051）

摘　要　锦屏二级水电站装机容量4 800 MW(8×600 MW)，调节库容0.049 6亿 m³，属于日调节水库，水库水位通过闸门的操作进行调节。目前，锦屏二级水电站已实现了对生态流量泄放洞闸门的远方控制，然而闸门操作至目标开度还需要人为进行干预。为提高生态流量泄放洞工作闸门操作控制的精准度，降低运行人员负担，本文通过对操作过程惯性现象的深入分析，提出了解决生态流量泄放洞闸门定点控制的优化策略，旨在更好地实现水位控制，实现闸门操作的高可靠性、高精准度。

关键词　闸门；优化控制；惯性运动；锦屏二级水库；精准度

1　引　言

　　锦屏二级水库由5个泄洪闸门及2个生态流量泄放洞工作闸门实现对水库水位的调节。生态流量泄放洞工作闸门由卷扬机控制，主要用于枯期下泄生态流量。

　　目前运行人员可在CCS系统上远方操作生态流量泄放洞工作闸门，当需要操作至上级调度下发的开度时，运行人员在操作后，需要实时观察当前测量开度与预定开度之间的差值。实际操作中，当发出闸门停止运行的命令后，由于卷扬机自身的特性还会继续转动带动闸门运动一段距离，这是卷扬机运行中的惯性现象影响。

　　在这种情况下，操作人员需要提前做好预估量，确保实际操作后的开度与预定开度接近。但由于人员的经验水平和响应速率存在差别，精准控制很难实现。

　　为此，通过对监控系统采集的闸门开度变化数据进行研究，发现了卷扬机惯性现象的迟滞特性。针对存在的惯性，将原来需要人为干预的过程在PLC程序中进行自动控制。实时比较预定开度与测量开度的偏差，当偏差进入死区时，及时响应停止操作命令，并在多次试验中对比控制精度，适时修改死区参数，实现了高精度的开度定点控制。本文中提出的方法降低了操作的风险和难度，实现并提高了定点开度的精确性。

2　闸门动作过程分析

2.1　闸门运动模型

　　闸门是由卷扬机带动进行上升和下降运动，闸门嵌在门槽中，做直线运动，闸门在运

作者简介：朱斌(1990—)，男，学士学位，工程师，主要从事水电站计算机监控系统维护工作。E-mail：zhubin@ ylhdc. com. cn。

动过程中受到卷扬机的牵引力、自身的重力以及闸门侵入水部分的浮力。闸门运动时开度随时间发生变化,闸门在上升和下降过程中的开度与时间的关系如图1、图2所示。

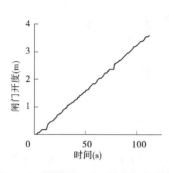

图1　闸门上升过程中开度变化曲线　　　　图2　闸门下降过程中开度变化曲线

由图中可观察到闸门开度变化可简化为匀速直线运动。

$$S = K\Delta T$$

式中:S 为闸门开度;K 为速度;ΔT 为开启时间。

2.2　闸门运动速度

在将闸门的运动简化为匀速运动后,我们对不同开度变化下闸门的运动速度进行分析,闸门运动速度如图3、图4所示。

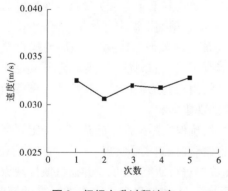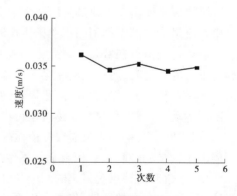

图3　闸门上升过程速度　　　　　　　　图4　闸门下降过程速度

不同开度变化下,闸门运动的速率相对稳定,开启速率在 0.031 ~ 0.033 m/s,关闭速率在 0.034 ~ 0.036 m/s,这进一步验证了将闸门运动过程简化是可行的。

2.3　人工控制过程

优化前,闸门只能执行远方开启、停止、关闭的单步操作。在理想状态下(忽略人员反应时间、信号动作时间、闸门惯性运动开度),当需要开启闸门至目标开度时,远方开闸门,在闸门上升过程中,操作人员需实时对比当前闸门开度与目标开度的差值,当这个差值变为0时,则迅速执行远方停止闸门。然而在实际过程中,如果这样进行操作,则实际开度与目标开度会产生偏差,因为需要提前停止闸门运动。闸门控制精准度靠操作人员的经验实现。

3 影响闸门精准控制的因素

3.1 信号动作时间

操作人员远方操作闸门时,信号通过光缆由电厂地下厂房中控室传送至生态流量泄放洞现地控制单元,空间距离约 30 km,相对光信号传输速率,信号传送时间可忽略不计。信号传送至现地控制单元由 PLC 程序检测控制信号并开出动作,检测动作过程为毫秒级。因为信号动作时间是次要因素。

3.2 人员反应时间

从闸门开启到停止的过程,操作人员需在上位机操作画面上进行开启和关闭 2 次操作,过程中需要进行点击、确认并检查简报信号等事项,且实际中往往需要监护确认,这就存在延迟时间,使目标开度的实现有不确定性,因此人员反应时间是引起控制准确的因素。

3.3 闸门惯性运动开度

运动中的闸门在接收到停止命令后,卷扬电机失去动力,制动闸进行制动,但闸门会保持原有的运动方向继续运动一段距离,这类似于汽车的制动过程,对闸门的控制精度产生影响,属于主要因素。

在上位机操作停止后,现地控制卷扬机动作的接触器分闸后就反馈停止成功,随后闸门还会运动 2~3 s,至制动闸闭合成功,我们将闸门停止成功至闭合制动闸成功这个时间段内闸门的运动距离,认定为闸门的惯性运动开度。闸门在开启和关闭过程中的惯性运动开度如图 5 所示。

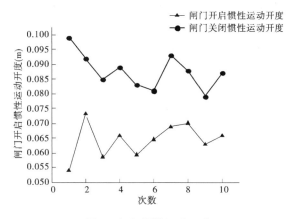

图 5 闸门惯性运动开度

从图 5 中可以看出,闸门在开启时的惯性运动开度在 0.065 m 左右,关闭时惯性运动开度在0.085 m 左右。闸门运动过程中的惯性运动开度在小范围内相对稳定,关闭时的惯性运动开度略大于开启时的惯性开度,与上文中两种运动过程的速率成正相关关系。

4 提高精准控制的策略

4.1 合理使用惯性运动

闸门的惯性运动是客观存在的,在不改变一次设备的前提下是无法消除的。通过数据我们已经发现了不同运动状态下惯性运动开度的特性,就可以在控制中引入死区值,当目标值与实际值进入死区值时,就开出停止命令,利用自身惯性滑动一定距离至目标开度附近,提高精度。

4.2　定点控制

由于控制过程由人工进行把控,操作精度低。可以通过优化程序将原来的人工单步操作升级为输入目标开度值由程序比较目标开度与当前开度,自动控制闸门的开启、关闭、停止,使用 PLC 程序替代人工操作这一过程。闸门定点控制流程如图 6 所示。

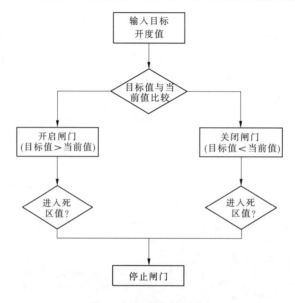

图 6　闸门定点控制流程

在上位机画面中输入目标开度值后,目标开度值与当前开度值进行比较,若目标值 > 当前值,则开启闸门;若目标值 < 当前值,则关闭闸门;闸门运动后,当目标值与当前值的差值进入死区后,则自动开出停止命令。死区值参考闸门惯性运动开度与对应的运动速率进行设置,开启、关闭过程的死区值略有差异,可缩小偏差。

在程序优化完成后,对闸门定点开启、关闭过程进行实际操作,记录每次操作完成后实际到达的开度与目标开度的差值,分析偏差趋势,进一步修改控制过程中的死区值,使偏差进一步缩小。

5　实现的效果

对闸门定点控制进行优化后,生态流量泄放洞闸门进行了多次实际随水库调节的操作,闸门开度的控制曲线如图 7 所示。

闸门实际完成开度较好地跟随了目标值,综合误差在 0.01 ~ 0.02 m,满足现场生产控制要求。

6　结　论

为提高生态流量泄放洞闸门的控制精度,本文对闸门的运动过程进行深入研究,基于

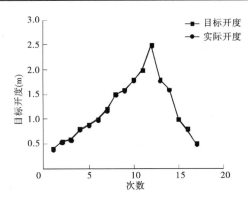

图7　闸门开度的控制曲线

数据分析,将闸门运动简化为匀速直线运动,通过对闸门运动速率的分析,间接证实这样简化是可行的。

在影响闸门控制精度的因素中,找到人员反应时间和惯性运动开度这2个主要的点,采用设定死区值、优化程序实现定点自动控制的方法,改造了原有的闸门控制过程,在实际操作过程中,闸门控制精度得到提高,运行人员操作效率提升,增强了操作可靠性。生态流量泄放洞定点控制的实现,为后续水库的智能调节打下了基础。

参 考 文 献

[1] 周依风.底横轴翻转式钢闸门开度的高程测量与自动控制[J],水利水电工程设计,2016,35(1):38-41.

[2] 周依风.一种无人值守的自动控制式新型水闸技术研发[J].水利建设与管理,2017,37(2):55-57.

[3] 刘寿辉.水库远程自动控制计量闸门控制系统设计[J].中国水运(下半月),2017,17(1):145-146.

[4] 董琳琳.关于谢寨引黄灌区远程自动控制计量闸门控制系统设计的思考[J].中国水运(下半月),2017,17(6):161-162.

[5] 杜纪奎,周蕾.桃山水库闸门自动控制系统的组成及技术应用[J].黑龙江水利,2011(4):30-31.

[6] 杨朋林,赵成萍,施一潭.基于PLC的闸门自动控制系统的设计与实现[J].中国测试,2006,32(5):107-109.

二滩拱坝抗震复核

薛利军[1]，牟高翔[1]，王进廷[2]，舒涌[1]

（1. 中国电建集团成都勘测设计研究院有限公司，四川 成都　610071；
2. 清华大学水利系，北京　100083）

摘　要　二滩水电站 1991 年 9 月开始建设，1998 年 8 月第一台机组正式并网发电，1999 年 12 月 2 日全部机组投产，2000 年 12 月完成枢纽工程竣工验收。在 2008 年"5·12"汶川地震后，按照国家发改委相关文件的要求，中国电建集团成都勘测设计研究院有限公司开展了二滩水电站防震抗震研究设计复核工作，本文主要介绍相关研究成果。复核分析表明，依据四川地震局对二滩水电站工程区地震危险性的复核成果，根据规范法大坝动力分析、线弹性和非线性动力分析结果，在设计地震和校核地震作用下，二滩拱坝及坝肩抗震安全能得到保证。
关键词　抗震；拱坝整体安全度；最大可信地震

1　引　言

二滩水电站是我国 20 世纪完建的最大水电站，最大坝高 240 m。工程规模大，技术复杂，多项工程指标居世界前列，是我国特高拱坝建设的一个里程碑。二滩水电站自 1998 年 5 月 1 日首次下闸蓄水，至今已正常运行 20 年，其间经历了 1998 年和 2005 年汛期大洪水的考验，以及 2008 年四川汶川"5·12"8.0 级特大地震、同年四川攀枝花"8·30"6.1 级地震、2013 年雅安市芦山"4·20"7.0 级地震。在 2008 年"5·12"地震以后，按照国家发改委相关文件的要求，中国电建集团成都勘测设计研究院开展了二滩水电站防震抗震研究设计复核工作，对二滩水电站地震动参数补充复核论证，完成防震抗震研究设计复核专题报告并通过审查。

2　地震荷载

2.1　电站建设期地震荷载

根据国家地震局〔85〕震发科字第 116 号批文，坝区地震基本烈度为 7 度。本工程属于 Ⅰ 等工程，其重要性和遭受震害的危害性，拱坝地震设计烈度为 8 度，此时大坝最大地面加速度值为 0.2g。"国家七五科技攻关"期间通过以地震烈度为参数的地震危险性分析，坝址区地震影响烈度为 8 度时的年超越概率约为 0.7×10^{-4}，地震影响烈度为 7 度时的年超越概率约为 0.76×10^{-4}。按我国建议的烈度与加速度换算关系，年超越概率为

基金项目：国家重点研发计划（2016YFC0401908）。
作者简介：薛利军(1968—)，男，江苏如皋人，博士，教授级高级工程师，研究方向水工结构及岩土工程。E-mail：chengdu815@163.com。

10^{-4}时,加速度为$0.18g$;年超越概率为$2×10^{-4}$时,加速度仅为$0.15g$。虽然二滩地震危险性分析中未进行不确定性因素校正,但在当时的设计和科研条件下,加速度峰值按$0.2g$考虑仍是偏于安全的。

2.2　抗震复核设计荷载

四川汶川"5·12"地震以及攀枝花"8·30"地震发生以后,四川地震局重新对二滩水电站工程区地震危险性进行了复核。

2.2.1　坝址基本烈度及基岩地震加速度

根据有关部门批复的概率地震危险性分析结果,二滩水电站坝址工程场地的基岩水平向峰值加速度计算结果见表1。

表1　基岩水平向峰值加速度计算结果

烈度和地震动参数	50年超越概率				100年超越概率	
	63%	10%	5%	3%	2%	1%
烈度	6.1	7.2	7.6	7.8	8.1	8.4
基岩水平峰值加速度(cm/s^2)	36	121	156	185	258	310

2.2.2　复核设计采用的地震动参数

根据水电规计〔2008〕24号文所印发的《水电工程防震抗震研究设计及专题报告编制的暂行规定》的要求,"大型水电工程中,1级挡水建筑物取基准期100年超越概率2%的动参数作为设计地震""1级挡水建筑物可取基准期100年超越概率1%或最大可信地震(MCE)动参数进行校核"。二滩水电站工程等别为一等工程,工程规模为大(1)型,挡水建筑物为1级建筑物。根据此规定,二滩拱坝设计地震基岩水平峰值加速度按基准期100年超越概率2%选取,为$0.258g$;校核地震基岩水平峰值加速度按基准期100年超越概率1%选取,为$0.310g$。

2.2.3　抗震复核采用的设计地震反应谱及设计地震波

1)设计地震反应谱

设计地震反应谱采用现行抗震规范规定的标准反应谱。

已有研究表明,场地土越硬,场地加速度反应中高频成分越多,反映地震卓越周期的特征周期越小。对于基岩,规范规定其特征周期为0.2 s。同时,考虑到远震主要影响高度大、基频低的柔性结构,现行抗震规范规定设计烈度不大于8度且基本周期大于1.0 s的结构,反应谱特征周期宜延长0.05 s。二滩拱坝设计烈度为8度,基本周期约0.8 s,因而不必延长反应谱的特征周期。

2)设计地震波

本次抗震复核采用的地震波取与反应谱分析同样的基岩峰值加速度,按规范规定的标准反应谱生成的人工模拟地震波,作为大坝动力时程分析的输入波。加速度反应谱及人工地震波见图1、图2。

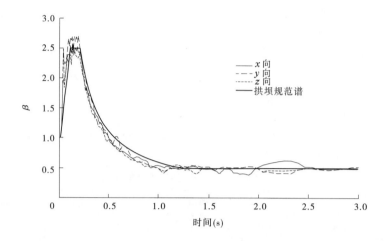

图 1 规范谱地震时程加速度反应谱

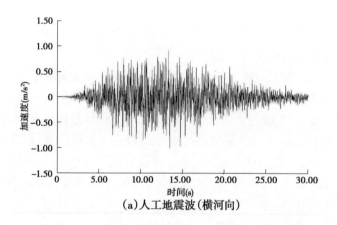

（a）人工地震波（横河向）

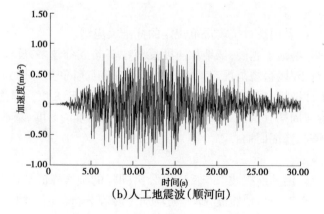

（b）人工地震波（顺河向）

图 2 规范谱地震加速度时程曲线

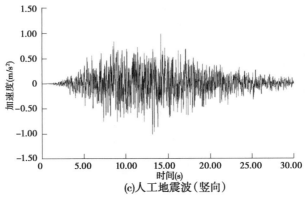

(c)人工地震波(竖向)

续图2

3 抗震复核方法和标准

3.1 抗震复核方法

3.1.1 坝体强度复核

抗震复核以动力拱梁分载法为拱坝动强度分析的基本分析方法,同时进行线弹性有限元和考虑横缝状态与材料屈服等非线性有限元法动力分析。

3.1.2 坝肩稳定复核

抗震复核拱座稳定分析以刚体极限平衡法为主,按抗剪断强度公式计算,即对静力计算得到的控制性滑块,采用了三维刚体极限平衡法,依据有限元动力分析成果,复核了地震作用下二滩拱坝的坝肩稳定。

3.2 复核分析标准

3.2.1 坝体应力控制指标

我国混凝土拱坝设计规范规定,拱高在200 m以下的拱坝,混凝土极限抗压强度按龄期90 d,试件尺寸为边长20 cm的立方体强度求取。对于200 m以上的高拱坝,应专门研究确定。

二滩拱坝初设阶段提出的坝体应力控制值,按应力分析成果,难以满足抗压安全系数≥4.0的要求。经"七五"国家科技攻关论证,二滩拱坝按180 d的混凝土龄期进行设计,并将正常荷载组合时的主压应力控制标准提高到9.0 MPa。

经拱坝混凝土大量试验研究及质量检测,二滩大坝运行期混凝土长期荷载作用下的容许拉应力取为2.5 MPa。考虑到抗拉强度和抗压强度的可靠性差异及拱坝主要承受压应力的特点,特殊组合有地震时动力作用下的容许拉应力,按静载作用下提高30%考虑,容许压应力按提高10%考虑,容许拉应力取为3.25 MPa,容许压应力取为12.5 MPa。

对于有限元法计算成果,按应力集中区(距建基面5%坝高范围考虑)和非应力集中区的应力分开考虑,线弹性有限元法计算成果,以非应力集中区的应力是否满足容许应力值进行评价。

3.2.2 坝肩稳定控制指标

根据《水工建筑物抗震设计规范》(DL 5073—2000)规定,用抗滑稳定极限状态设计式验算拱座岩体稳定时,岩体材料性能的分项系数取 1.0,而相应的设计地震工况的结构系数应取 1.40,相当于安全系数为:

$$K = \gamma_0 \psi \gamma_d$$

式中:γ_0 为结构重要性系数,对于属结构安全级别为 1 级的二滩拱坝取 1.1;ψ 为设计状况系数,地震工况为 0.85;γ_d 为结构系数,取 1.4。

因此,二滩拱坝设计地震工况下坝肩抗滑稳定安全系数为:$K = 1.1 \times 0.85 \times 1.4 = 1.31$。

4　大坝复核分析成果

4.1　自振特性

拱梁分载法计算表明,大坝自振频率较低,基本振型呈反对称,正常蓄水位和死水位时反对称第一阶模态自振频率分别约为 1.23 Hz、1.43 Hz,与原设计的大坝自振频率吻合良好。

有限元法计算分析考虑了二滩拱坝在空库、正常蓄水位(1 200 m)、死水位(1 155 m)条件下的坝体自振频率,计算结果如表 2 所示。

表 2　二滩拱坝不同水位情况下的自振频率　　　　　　　　　（单位:Hz）

自振频率阶数		1	2	3	4	5	6	7	8	9	10
空库		1.433 8	1.597 1	1.978 1	2.563 7	3.070 2	3.249 2	3.580 0	3.917 9	4.063 7	4.459 2
水位	1 200 m	1.032 8	1.065 7	1.452 1	1.889 5	2.168 5	2.369 0	2.669 1	2.940 6	2.990 1	3.251 1
	1 155 m	1.289 8	1.352 6	1.823 4	2.378 8	2.566 1	3.007 4	3.120 2	3.330 8	3.681 3	3.770 9

计算结果表明,死水位的前十阶自振频率比高水位的同阶自振频率值要大 13% ~ 27%,符合拱坝动力特性的一般规律。

4.2　拱梁分载法和线弹性有限元应力分析

4.2.1　动力拱梁分载法

动力拱梁分载法计算结果表明:

(1)设计地震作用下,正常蓄水位工况为坝体最大顺河向动位移和拱、梁向动应力的控制工况。大坝最大顺河向动位移发生在顶拱冠附近,量值为 8.18 cm。地震动应力以拱向动应力为主,高应力区分布在坝体上部高程拱冠梁附近,最大值为 5.03 MPa。梁向高应力区主要分布于坝体中高程拱冠梁附近,最大值为 3.26 MPa;校核地震作用下,正常蓄水位工况坝体最大顺河向动位移和拱、梁向动应力增加了 20% 左右。

(2)"正常蓄水位 + 温升"工况为静动综合主压应力的控制工况,最大主压应力为 11.21 MPa,发生在上游面顶拱拱冠左岸侧,小于相应部位混凝土压应力控制标准。"死水位 + 温升"工况为地震作用下的静动综合主拉应力的控制工况。设计地震作用下最大主拉应力为 3.85 MPa,发生在上游面顶拱拱冠附近,局部高拉应力超过动拉容许应力值,但范围不大,面积占上游坝面面积的 2%。校核地震作用下最大主拉应力增加 19% 左右,局部高拉应力超过动拉容许应力值的范围约 9%(校核地震)。类比同类工程,二滩拱坝最大静动综合主拉应力低于小湾、溪洛渡、白鹤滩拱坝。

4.2.2 线弹性有限元法

有限元规范反应谱法和人工波时程法计算结果表明：

(1)大坝基本振型线弹性有限元与动力拱梁分载法结果一致,基本自振频率(有限元法:正常蓄水位1.03 Hz,死水位1.29 Hz;动力拱梁分载法:正常蓄水位1.23 Hz,死水位1.43 Hz)相比,有一定差异,但差异不大。

(2)拱向、梁向高应力区同拱梁分载法基本一致,正常蓄水位工况为拱、梁向动应力的控制工况,设计地震作用下,反应谱法拱向动应力最大值为6.16 MPa,梁向非集中动应力最大值为4.63 MPa;校核地震作用下拱向动应力和梁向非集中动应力最大值增加了20%左右。

(3)类比拉西瓦、溪洛渡、大岗山工程,二滩拱坝的静动叠加拱梁向应力水平属于较低水平。

(4)规范法大坝动力响应分析表明,大坝拱冠梁中高高程和河床坝趾静动综合拉应力水平较高;实际上,坝体应力的线弹性分析,不可避免地会夸大应力集中现象,在受力过程中,除坝体横缝张开的非线性外,无限地基辐射阻尼、坝体材料的非线性作用等因素的影响,都会导致高拉应力降低。

4.2.3 非线性有限元动力分析

分析采用非线性材料本构Drucker-Prager模型,考虑坝体混凝土在强地震加速度作用下可能产生的材料屈服,并与线弹性动力计算结果对比,分析材料非线性对坝体地震反应的影响;完全模拟二滩拱坝的实际横缝条数与布置,给出横缝可能的最大张开度与开度历程以及应力重分布规律等分析结果。最后,综合考虑坝体材料非线性以及实际横缝布置,并采用无限地基辐射阻尼模型,研究二滩拱坝在非线性条件下的抗震性能。计算表明:

(1)考虑大坝38条横缝,拱、梁向拉应力值大幅度降低,尤其是拱向拉应力,降低幅度很大,为73%~94%,同时坝面高拉应力区也减小。设计地震作用下最大拱向拉应力值由4.98 MPa减小到0.33 MPa,校核地震作用下由6.03 MPa减小到0.39 MPa。对于坝面拱梁向压应力,二者差异不大,横缝张开效应对坝体压应力的影响不大。

(2)"死水位+温升"工况为大坝横缝张开度的控制工况,设计地震作用下,上游坝面坝顶以下约1/2坝高范围、下游坝面约1/4坝高范围横缝张开(见图3),横缝张开度最大值为7.0 mm,发生在顶拱拱冠附近。校核地震工况大坝横缝张开范围略大,增大30%左右。正常蓄水位下最大横缝张开度较小,为0.6 mm(设计地震)、1.8 mm(校核地震)。

(3)类比拉西瓦、溪洛渡、大岗山工程,二滩拱坝横缝非线性分析的应力水平在这四座高拱坝中属于较低水平。

二滩拱坝坝体混凝土标号强度等级为$R_{180}25$、$R_{180}30$、$R_{180}35$,设计地震条件下,二滩拱坝横缝非线性分析的最大压应力约11 MPa,出现在上游面顶拱位置;校核地震条件下,最大压应力约11.5 MPa。压应力值均控制在坝体混凝土的允许压应力值范围以内。

另外,将二滩拱坝横缝非线性分析计算结果和拉西瓦、溪洛渡、大岗山等拱坝同等条件下的计算结果做了对比,如表3、表4所示。同等条件是:无质量、均匀截断地基,各自工程的设计人工地震荷载作用,各自工程的运行水位。

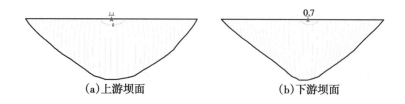

(a)上游坝面　　　　　　　　　　　(b)下游坝面

图3　坝面横缝最大张开度(工况46)　(单位:mm)

工况:分缝自重 + 上游水压(水位1 200.0 m) + 下游水压(水位1 011.8 m) +
泥沙压力(1 062.5 m) + 设计温升 + 校核地震(310 cm/s²)

表3　四座拱坝横缝非线性分析坝面应力、横缝开度最大值比较(高水位条件)

拱坝名	坝高 (m)	人工地震 峰值加速 度(g)	横缝最大 开度 (mm)	上游坝面应力(MPa)				下游坝面应力(MPa)			
				拱向最大值		梁向最大值		拱向最大值		梁向最大值	
				拉	压	拉	压	拉	压	拉	压
二滩	240	0.263	0.9	0.49	−10.44	2.61	−5.90	0.32	−10.33	2.39	−11.0
拉西瓦	250	0.230	5.65	2.23	−8.72	3.24	−7.25	1.39	−8.14	2.98	−9.73
溪洛渡	278	0.321	4.42	1.55	−10.72	3.55	−7.63	1.16	−9.71	3.98	−10.05
大岗山	210	0.568	13.19	3.91	−13.76	4.32	−10.40	2.41	−11.49	6.44	−12.58

表4　四座拱坝横缝非线性分析坝面应力、横缝开度最大值比较(低水位条件)

拱坝名	坝高 (m)	人工地震 峰值加速 度(g)	横缝最大 开度 (mm)	上游坝面应力(MPa)				下游坝面应力(MPa)			
				拱向最大值		梁向最大值		拱向最大值		梁向最大值	
				拉	压	拉	压	拉	压	拉	压
二滩	240	0.263	7.0	0.37	−4.94	2.78	−4.96	0.29	−6.89	1.23	−8.0
拉西瓦	250	0.230	9.33	2.23	−7.65	3.48	−7.72	1.49	−7.69	4.07	−9.10
溪洛渡	278	0.321	11.60	1.37	−6.24	2.50	−8.96	1.84	−5.99	2.83	−7.83
大岗山	210	0.568	14.44	3.85	−12.79	4.53	−11.60	2.43	−10.84	7.05	−12.63

　　从四座拱坝的分析计算结果看,二滩拱坝横缝非线性分析的应力水平在这四座高拱坝中属于较低水平。从另外一个侧面反映出二滩拱坝即使在调整了设计地震的条件下,与同类拱坝相比,也具有较强的抗震能力。

4.2.4　坝肩动力抗滑稳定分析

　　采用了三维刚体极限平衡法,并依据三维非线性有限元动力分析成果,复核了地震作用下二滩拱坝的坝肩稳定性。即根据坝区工程地质资料,得到可能滑移块体组合和主要结构面及滑移边界,采用刚体极限平衡法,计算搜索得到相应的控制性滑移块体;再应用有限元动力分析结果求得滑块抗滑稳定安全系数。据此综合分析二滩拱坝在地震作用下的坝肩稳定性,给出各块体动力抗滑稳定安全系数等分析结果。有限元动力分析采用非线性材料本构关系、精细基岩分区和无限地基辐射的计算模型。

三维刚体极限平衡法结果表明,设计地震作用下左右岸滑块最小动力抗滑稳定安全系数为3.02、2.42,校核地震作用下两岸滑块的最小抗滑稳定安全系数分别降低3%、6%左右,但均大于1.31的规范控制标准,二滩拱坝坝肩动抗滑稳定有保证。

三维非线性有限元动力分析成果表明,考虑渗压荷载后,帷幕正常工作时:设计地震作用下,左岸各滑块的最小动力抗滑稳定安全系数(纯摩)为2.95,右岸各滑块的最小动力抗滑稳定安全系数(纯摩)为1.57;校核地震作用下,左岸各滑块的最小动力抗滑稳定安全系数(纯摩)为2.70,右岸各滑块的最小动力抗滑稳定安全系数(纯摩)为2.51,均大于设计参考值1.31。考虑渗压荷载后,帷幕失效时:设计地震作用下,左岸各滑块的最小动力抗滑稳定安全系数(纯摩)为2.50,右岸各滑块的最小动力抗滑稳定安全系数(纯摩)为1.48;校核地震作用下,左岸各滑块的最小动力抗滑稳定安全系数(纯摩)为2.27,右岸各滑块的最小动力抗滑稳定安全系数(纯摩)为1.41,均大于设计参考值1.31;左右岸滑块按照高程的分布规律与不考虑渗压荷载时基本一致,帷幕失效时的安全系数比帷幕正常工作时更低,但是均大于设计参考值1.31。

分析表明,在考虑渗压荷载后,二滩拱坝坝肩滑块抗滑稳定安全系数均大于设计参考值1.31,二滩拱坝的坝肩抗滑稳定是有保证的。

5　结　论

依据四川地震局对二滩水电站工程区地震危险性的复核成果,根据规范法大坝动力分析、线弹性和非线性动力分析结果,在设计地震和校核地震作用下,二滩拱坝及坝肩抗震安全能得到保证。

参 考 文 献

[1] 混凝土拱坝设计规范:DL/T 5346—2006[S].

[2] 水工建筑物抗震设计规范:DL 5073—2000[S].

[3] 中国电建集团成都院.二滩水电站防震抗震复核设计专题报告[R].2015.11.

[4] 清华大学水利系.二滩水电站大坝动力分析报告[R].2015.9.

[5] Wang R. Key Technologies in the Design and Construction of 300 m Ultra – High Arch Dams[J]. Engineering, 2016:350-359.

[6] Zhang C, Jin F, Wang J, et al. Key issues and developments on seismic safety evaluation of high concrete dams[J]. Journal of Hydraulic Engineering, 2016, 47(3):253-264.

二滩水电站下导/推力油槽甩油治理

向欣欣,马振华

(雅砻江流域水电开发有限公司,四川 成都 610051)

摘 要 二滩水电站水轮发电机组推力/下导轴承由于厂家设计原因,在现场安装过程中无法达到设计时的精度,后期运行中均出现不同程度的甩油。机组投运以后,电厂经过不断分析,弄清了机组推力/下导甩油的两种主要情况,利用机组检修的时机,对机组下导/推力油槽结构进行了多次改造,最终使得机组甩油情况得到了大幅改善,基本上消除了推力/下导油槽甩油。

关键词 推力/下导油槽;甩油;治理

1 引 言

二滩水电站水轮发电机下导轴承安装在下机架内,采用分块扇形瓦结构,由 34 块巴氏合金瓦组成。轴瓦包合在推力头提供的轴颈上,坐放于下机架支撑环上,机组运行过程中的径向力通过抗重螺栓经下机架传递到机坑混凝土基础上。下导瓦瓦面加工横向进油槽,进油边加工有一纵向储油槽。进油槽槽上方有一排油槽,槽内有 3 个径向排油孔。

二滩机组推力轴承的支撑方式为小弹簧簇式。每块瓦下由 70 个高度为 (58.67 ± 0.08) mm、预紧力为 (770 ± 45) kg 的弹簧支撑,可自动调节瓦的受力和保证瓦面自由随动倾斜、机械变形小。机组推力瓦共有 24 块,瓦的厚度仅为 45 mm。瓦背有一块 5 mm 厚的不锈钢垫板,用以平衡瓦的受力同时形成瓦附加冷却通道。瓦背设有 126 个独特的冷却槽,用专用的油嘴吸入冷油对瓦背进行冷却,在运行中减小瓦体的温度梯度,减小热变形的影响。

2 二滩水电站下导/推力油槽油循环路径介绍

二滩水电站推力轴承油循环采用内循环的方式,即轴承和冷却器在一个油槽内(见图 1)。依靠镜板转动产生的黏滞泵效应,带动油流在轴承和冷却器之间不间断地循环流动,润滑冷却轴承。

2.1 下导轴承油循环方式

机组运行时,因镜板泵效应,油槽内分为高压和低压两个油区,高压油区的循环油路为:经冷却器冷却后的透平油从推力瓦间间隔处①进入,一部分进入推力瓦,另一部分通过转动裙环与镜板间的间隙②,流到推力头与镜板间的通道③;至此,油分两路,一路直接

作者简介:向欣欣(1991—),男,本科,助理工程师,研究方向为水电站运行。E-mail:xiangxinxin@ ylh-dc. com. cn。

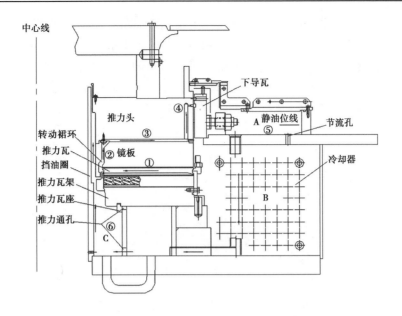

图 1 推力油槽结构

出推力头到油水冷却器;另一路沿推力头上行,出推力头④,经过下导瓦的下行通道,出下导瓦再到冷却器。从④出来的油,有少部分通过下导瓦$\phi 20$的径向通孔(每块瓦3孔),从瓦背出来到低压油区⑤。低压油区的循环油路:透平油从⑤开始,沿8根$DN50$的管道下行到挡油圈侧⑥,通过推力瓦座内环与转动裙环之间的4 mm间隙(单边)进入②,最后参与高压油区的循环。高压油区与低压油区由8个$\phi 3$的孔相通[1]。

2.2 推力轴承油循环方式

油槽内放置了4台冷却器,运行中在推力头/镜板旋转泵效应和冷热油对流作用的驱动下,带动油流对推力/下导轴承瓦面进行润滑冷却。

推导油槽内共有3个油区。下导瓦外侧与下导瓦基础环板以上构成A区,即下导油槽。推力轴承外侧与下导瓦基础环板以下分隔为B区,即推力油槽。推力瓦架与内挡油圈之间形成了C区。A区与C区间由8根$\phi 50$ mm连通管和瓦座的通孔相连(在8根连通管相应位置上,推力瓦环形瓦座上开有8个40 mm×100 mm的通孔,环形瓦座上设有一个45 mm×15 mm的平压通孔)。机组运转时在旋转油流的作用下,B区的油被下导轴承密封,压力最高,C区上部直接与大气连通,压力最低,A区与B区在下导瓦基础环板开有8个$\phi 2$ mm的节流通孔,部分平衡了A区、B区之间的压力,使得A区压力介于B、C之间。B区为冷油区、A区为热油区,C区温度在B区、A区之间。

3 推力油槽甩油情况介绍

3.1 甩油情况介绍

机组运行时,因镜板泵效应,油槽内分为高压和低压两个油区,高压油区的循环油路(见图2)为:经冷却器冷却后的透平油从推力瓦间隔处①进入,一部分进入推力瓦面,另一部分与流过推力瓦背的透平油一起通过转动裙环与镜板间的间隙②,流到推力头与镜板间的通道③；至此油分两路，一路直接出推力头到冷却器；另一路沿推力头上行，出推力头④，经过下导瓦的下行通道，出下导瓦再到冷却器。有少量从④出来的油上行通过下导瓦φ20的径向通孔（每块瓦3孔），从瓦背出来到低压油区⑤。低压油区的循环油路为：透平油从⑤开始，沿8根DN 50的管道下行到挡油圈侧⑥，通过推力瓦座内环与转动裙环之间的4 mm间隙（单边）进入②，最后参与高压油区的循环。高压油区与低压油区由8个φ3的孔相通。

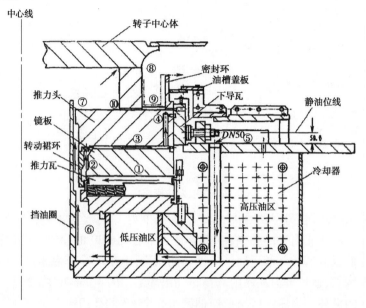

图2　推力油槽油路

从⑥处来的一部分具有一定黏度的透平油在离心力的作用下，沿推力头内侧表面上行，越过静油位线，到达推力头上平面⑦。于是透平油不断集于推力头与转子中心体之间的后腔中，并通过推力头上一个10 mm的通孔（该孔从推力头位置⑩直通推力头密封环）将油高速喷至低压油区⑤中，并形成部分油雾逸出油槽外。当积油超过排油时，形成上行油漫过挡油圈造成内甩油，甩向水车室，污染水车室和下机架中心体。在改造中加高挡油圈后便阻止了内甩油。

由于推力头与转子中心体的结合缝有间隙，而在结构设计中未考虑此处加装密封，使得油从间隙处⑧甩出来，形成外甩油，甩向风洞内，这部分油在通风作用下直接污染整个发电机。采用材料对推力头与转子中心体的结合缝进行封堵后，由于固化后的胶层与推力头黏结不实，在胶层与推力头之间形成空腔，甩出的油顺空腔下行至⑨，从推力头的密封环顶部甩出。

6台机组投运初期，下导/推力轴承相继出现了不同程度的甩油现象，其中2号、4号、6号机组较1号、3号、5号机组严重，又以6号机组甩油最为突出。经过分析，1号、3号、5号机组甩油并不明显的原因为：推力头内侧至内挡油圈壁，形成从低到高的油面。若挡油圈的圆度以及挡油圈和推力头的同心度不是很好，即动静部件间隙不均和偏心，这样引起的容积泵效应将会使油面波动变大,挡油圈附近油面变高,甚至出现甩油的现象。5 号机情况较好,主要是因为油槽内较小间隙的动静部件的圆度和同心度不同。按设计要求内挡油圈外径为(3 035 ±1.0)mm,挡油圈是经厂家加工后,运至现场焊接安装的,在运输和焊接安装过程中的变形远远超过了 ±1.0 mm,并且安装完后要调整到这样的范围内也不可能。内挡油圈的圆度和动静部件中心误差是客观存在的,甩油问题也就容易出现,每台机组因各自的实际情况不一样,甩油程度也就不一样。实际上同一机组甩油的程度还与油槽油温有着密切关系。当油槽油温变高时,透平油的运动黏滞系数变小,甩油情况将加重。特别是机组在汛期大发电期间,机组温度较高,油槽油温也较高,甩油也更严重。

3.2 甩油改造过程

在机组运行过程中,对各台机组进行了不同的处理措施,其中在厂家的指导下采取了内挡油圈靠大轴侧加高挡油圈 150 mm,并加工有反螺纹槽,阻止内甩油,将原 1 层下导油槽密封顶盖板换成 3 层密封盖板,在最上层和最下层采用毛毡做动密封,并从发电机下挡风板处引风至 3 层密封盖板,以消除该处的负压等措施,解决了内甩油,但是外甩油问题并未解决。根据试验结果分析,在 5 号机和 3 号机推力下导油槽挡油圈上加装带螺纹的阻油环和在推力头上⑦处加装抛油环,阻油环用于阻断透平油沿挡油圈和推力头内表面上行,这是解决机组甩油的根本性措施,抛油环即用于挡住越过静油位线的透平油,防止其通过转子中心体和推力头之间的缝隙。在 2 号和 4 号机的推力下导出现内甩油后,临时加高挡油圈解决了内甩油问题。在 1 号机和 4 号机的推力头与转子中心体的结合缝处加装"O"形橡胶密封条防止外甩油。

对于 6 号机在后续的运行中又增加挡油盖板(见图 3),当机组高速运转时,其油滴碰上挡油盖板后,一部分会因其黏性而粘在挡油盖板上,另一部分则会反弹回去,改造中采用了斜盖板,使得反弹回去的油继续黏连在原来的水平盖板上,大大减少油雾的产生。在实际设计中将挡油盖板的角度设置为 43°,并且内表面较粗糙。

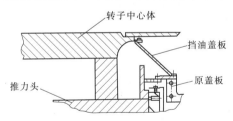

图 3 挡油盖板安装示意图

由于机组推力下导油槽挡油圈运至安装现场后,存在不同程度的变形;安装时,受油槽结构的限制,测量、调整十分困难,结果造成阻油环与推力头内侧间隙不均匀而出现内甩油。为了彻底根治推力下导轴承甩油,电厂在挡油圈上增加了叶栅(见图 4),阻止透平油超过静油位线继续上行。随推力头运动的透平油绕过固定于挡油圈上的叶栅后,具有一定动能的透平油在垂直方向上形成一定油柱分力阻止内甩油。根据机组转速和推力轴承实际情况,在静油位线上,把 47 块长度均为 240 mm、水平夹角为 6°的不锈钢导流叶栅等间距安装在挡油圈上。叶栅迎着油流方向侧高,出油侧低。这样的叶栅布置,起到了压油的作用。

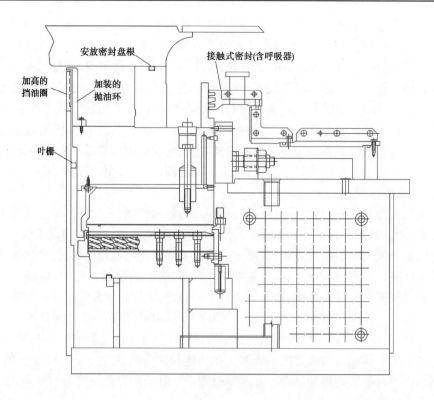

图 4   油槽改造示意图

4   油雾改造过程

经过上述改造后,机组甩油状况得到了极大的改善,但机组运行过程中仍有油雾逸出(见图 5),为此电厂又进行了专门的针对处理。

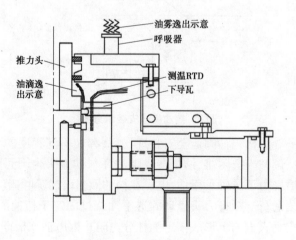

图 5   油雾逸出示意图

第一阶段,将油槽的顶层盖板由间隙式毛毡密封更换为哈尔滨通能电气公司生产的

DNS 接触式碳精密封结构,并沿盖板一周布置 6 个呼吸器。改造完后油雾逸出情况有一定程度的改善,但部分机组仍有较严重的油雾。分析原因为:在机组运行时,机组推力下导轴承油槽内有大量的油雾产生,一旦透平油不断形成油雾,油槽内(气体)就变成正压区。推力/下导轴承顶层盖板接触式密封及呼吸器正位于转子支架的进风口附近,机组运行时该处为负压区,此负压区虽不是油槽内部产生油雾的原因,但会加重油雾外逸。另外,盖板上 6 个呼吸器分离油气不彻底,生产厂家对呼吸器结构进行了多次改进和优化,但效果仍不理想。油槽内不断产生的油雾就源源不断地逸出油槽外,通过通风系统进入发电机内部。

第二阶段,遵循循序渐进的原则,不改变油槽运行状态,只将逸出油雾收集引出集中进行处理,并且暂不对推力/下导轴承内挡油圈处油雾逸出进行改造,只对油槽的顶层盖板处油雾逸出进行改造,将现有的 6 个呼吸器出口全部封堵,在每个呼吸器侧壁开口,加装油雾引出支管及调节阀门,并将 6 个呼吸器分两组,通过两根母管经下机架走台引至水车室顶盖与机坑里衬之间,根据油雾引出效果,在引出母管出口处加装油箱,并在油箱上加装油雾分离器[2]。

第三阶段,经过以上改造,在实际运行中观察,油滴依然存在,没有完全达到油滴治理的目的。从下导瓦的结构看,进入进油槽的油除建立油膜外,向上运动的油大部分通过排油沟排入上部油槽,但在推力头的旋转过程中,仍有一部分油越过排油沟上窜到下导瓦上端非工作面;下导瓦上端非工作面与推力头间隙之间的润滑油在动摆度的作用下受到挤压而成喷射状直达盖板,并因该处为负压区,黏附在油槽顶层盖板处的油从推力头与盖板间的间隙处逸出。为防止或者减轻下导油槽油滴的外逸,在机组检修中对推力/下导油槽进行以下改造:

(1)取消原安装在下导瓦上端部的"L"形挡油板,在推力头的凸台上加设由环氧玻璃布层压板材料制作的环形挡油板,阻挡从下导瓦非工作面处喷射出来的高速油流。

(2)取消原安装在油槽上层盖板的呼吸器,在下机架 -X 偏 -Y 方向的呼吸器位置布置一根排气管路引至下机架走台板下方,其余呼吸器位置安装专用堵板进行封堵。

(3)减小油槽内油雾沿密封齿间隙逸出的通道,在下导油槽盖板下端面安装 10 块 2 mm 厚的铝制环形立式挡圈,控制与环氧板在高度和周向方向上各 5 mm 间隙,与安装在推力头上的环氧板联合作用,来达到减小油雾逸出通道的目的。

(4)整体更换下导油槽接触式密封的密封齿。原接触式密封的密封齿已运行多年,磨损严重,加上在历年机组检修时,下导油槽密封盖板经常拆卸、回装,周向相邻密封齿接缝处的柔性密封胶管存在脱落、损坏现象,使得相邻密封齿之间存在间隙。

(5)为有效防止下导油槽内油气混合物在转子旋转过程中沿推力轴领上窜,结合下导油槽上层盖板结构,采用气密封原理,在 10 块下导油槽上层盖板上下两层密封齿之间的周向中部位置各钻一个 $\phi 12$ 的通风孔,引出 10 根支管与引风环管相连,再通过引风环管与 3 路主引风管路相连,将转子与下机架环形工字梁挡风圈处的漏风引至下导油槽上层盖板双层密封齿之间,从而形成气密封装置(见图 6、图 7)。

第四阶段,经过上次改造仍有一些油滴从油槽上层接触式密封处逸出,对发电机设备和风洞环境造成污染。经分析,机组运行时,推力/下导油槽内油流旋转搅动不断产生油

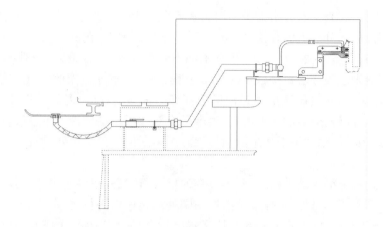

图6　气密封管道示意图

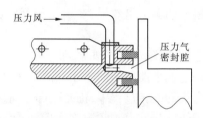

图7　气密封示意图

气混合气体,在油槽内形成正压区;推力/下导油槽上层接触式密封位于转子支架进风口附近,机组运行时处于负压区。油槽内油滴经接触式密封外逸,而油槽内外的压差是油滴外逸的重要原因。根据4号机推力/下导油槽结构特点,分析油槽甩油的途径为:在机组运转过程中,推力头挤压下导瓦间隙而产生高速上窜油流,在机组旋转离心力的作用下四处飞溅,当飞溅的油滴溅到推力头上部与油槽上层盖板(固定部分)密封处时,在转子转动的负压作用下,油滴连续越过两层接触式密封的间隙从油槽内逸出。

　　针对以上情况,对4号机决定拆开 +Y 方向两块推力/下导油槽上层盖板,用 $\phi 6$ mm 的钻头,在推力头上部对应油槽上层盖板两层接触式密封中间的区域,钻1个水平的与机组旋转方向(从推力头外侧看)相同的斜向通孔。第一次钻孔完成后,进行人工盘车,每盘车60°钻一个孔,即最终在推力头上相应位置均布加工6个气孔,推力头随机组运行转动时,空气从气孔强制灌入两层接触式密封之间,使该区域形成一定的正压,从而防止油滴从上层接触式密封处逸出。

5　甩油状态下机组运行的注意事项

　　(1)加强机组推力油槽的油位和推力/下导轴承油位及温度监视。机组在运转情况下油位显示相对较高,需要定期对机组带相同负荷情况下的油位进行分析对比,做好趋势分析。发现推力油槽油位有波动或者推力/下导轴承温度有波动时,务必及时通知专业班组进行检查,确定油槽油位是否正常。

　　(2)对发电机定子铁芯温度和风洞内冷热空气温度进行长期跟踪分析,机组甩油会导致发电机通风道堵塞,同时下导油槽的气密封取用的空气减少了发电机的通风量,都会影响发电机各部的冷却效果,对机组定转子温度进行长期的跟踪分析有利于实时掌握机组的运行状态,根据温度的变化趋势合理安排机组的运行方式。机组透平油长期附着在发电机表面吸附空气中的粉尘后形成油污,会在一定程度上加速发电机内二次设备的腐蚀。要加强机组运行的日常监视,发现设备异常后及时利用机组检修期对发电机通风槽和空冷器进行清扫,保证发电机的正常运行。

(3)发现下风洞和水车室地面积油后及时通知专业班组进行清扫,如果发现机组甩油很严重,应该在机组顶盖排水自流孔和排水泵出口处加装油处理设备,防止造成环境污染。同时相关人员进出风洞注意滑跌摔跤。

6 结 论

经过上述改造,基本解决了二滩水电站发电机组推力/下导油槽甩油的问题,相关改造过程也可以为同类型机组提供相关参考借鉴。

参 考 文 献

[1] 贺蕴谷,李民希.二滩6号机组推力下导轴承防甩油改造探讨[J].水电站机电技术,2000(2):49-52.
[2] 段绪芳,苗彩凤.二滩水电站推力/下导轴承甩油及油雾防治对策[J].机电设备,2010(1):40-42.

水轮发电机组振摆故障浅析

邵建林，廖润，谢林

（雅砻江流域水电开发有限公司，四川 成都　610051）

摘　要　水轮发电机组最常见、最主要的故障就是振摆故障，振摆直接影响机组的安全稳定运行。引起机组振动的主要原因有水力因素、机械因素、电磁因素。通过频谱分析、轴心轨迹分析、变转速试验、变励磁试验、噪声分析等方法可有效地分析振摆故障原因，及时消除设备隐患，确保机组安全稳定运行。

关键词　振摆故障；频谱分析；轴心轨迹分析；变转速试验；变励磁试验；噪声分析

1　引　言

2009 年 8 月 17 日 8 时 0 分，俄罗斯萨扬水电站 2 号机在顶盖振动值（实测值 600 μm，标准：<160 μm）严重超标的情况下运行，顶盖把和螺栓断裂导致事故发生。萨扬水电站事故造成 75 人死亡，13 人失踪，直接经济损失 70 亿卢布（约 7.6 亿人民币），事故中共 100 t 油料流入河流，造成严重的环境污染。

大型水电站安全事关国家经济发展和社会安定大局，水电站重大机械设备事故也会导致灾难性后果。有资料表明，水轮发电机组所发生的 70% ~ 80% 的故障都能通过水轮发电机组的振动反映出来，水轮发电机组故障的发展多数是渐变的，突发性恶性事故较少。因此，做好水轮发电机组振摆故障诊断分析工作，及时发现并消除设备隐患、故障，对保障机组安全稳定运行具有重要意义。

2　振摆故障原因

2.1　水力因素

（1）尾水管内低频涡带引起的振动。

（2）卡门涡、空化空蚀引起的振动。

（3）水轮机止漏环间隙（桨叶间隙）不均引起的振动。

（4）蜗壳、导叶、转轮水流不均引起的振动。

2.2　机械因素

（1）大轴不直、轴线不对中引起的振动。

（2）发电机转子、水轮机转轮质量不平衡引起的振动。

（3）机组转动部件与固定部件磨碰引起的振动。

（4）导轴瓦间隙大引起的振动。

作者简介：邵建林（1984—），男，学士，工程师，主要从事水电站机组检修维护工作。E-mail：shaojianlin@ ylhdc. com. cn。

　　（5）推力头松动、推力瓦不平引起的振动。

2.3　电磁因素

　　（1）转子与定子间气隙不均匀引起的振动。

　　①转子外缘不圆导致气隙不均匀。

　　②定子内腔不圆导致气隙不均匀。

　　③定子与转子不同心导致气隙不均匀。

　　④转子动、静不平衡导致气隙不均匀。

　　⑤磁极松动导致气隙不均匀。

　　（2）磁极匝间短路引起的振动。

　　（3）定子铁芯组合缝、定子铁芯松动引起的振动。

3　振摆故障分析方法

3.1　频谱分析

　　频谱分析是机械故障诊断中用得最广泛的信号处理方法。根据频谱图（见图1）上的频率、幅值结合机组振摆特征，可有效地分析引起振摆故障的可能原因。

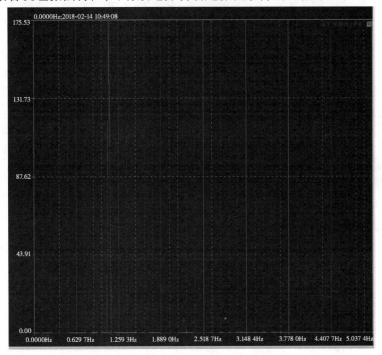

图1　频谱图

　　从图1中看到，下导摆度主要频率为1倍频（幅值248.611 μm），结合表1，分析认为下导摆度过大的可能原因为：

　　（1）转子质量不平衡。

　　（2）机组轴线问题。

　　（3）磁拉力不平衡。

表1　常见振动故障原因与频率、故障特征关系

序号	振动原因	频率	特征
1	质量不平衡	1 倍频（即转频）	空载无励磁情况下,承重机架处径向振动明显
2	轴线不对中（轴线不在中心位置）	1 倍频、2 倍频	空载低转速时,机组有明显振动
3	导轴瓦有问题	低频、高频都有	与瓦温关系密切
4	转动部件与固定部件摩擦	高倍频	振动强烈,轴承温度高
5	定子铁芯松动	100 Hz 极频	上机架振动明显
6	气隙不均	1 倍频	上机架振动明显
7	磁极线圈短路	1 倍频	与励磁电流大小有关
8	水力不平衡	转频乘以活动导叶或转轮叶片数	水导轴承振动明显,随工况变化明显
9	止漏环间隙不均	1 倍频	随负荷和流量变化明显
10	偏心涡带	1/4 ~ 1/3 转频	与运行工况关系密切
11	空腔气蚀	300 ~ 500 Hz 高倍频	气蚀部位发出特殊的噪声和撞击声,顶盖垂直振动明显

3.2　变转速试验

质量力相对于旋转中心线的对称状况是影响机组稳定性的重要因素,通过空转试验验证机组转动部件质量平衡状态对机组各部位振动和摆度的影响。当转动部件的质量不平衡较大时,主轴摆度随转速变化而变化的趋势很明显,且径向轴承支架振动幅值与机组转速的平方近似成正比关系。表2 中对比 50% 和 100% 额定转速,上导摆度转频峰峰值增大约 110 μm,下导摆度转频峰峰值增大约 200 μm,上机架水平振动增大约 50 μm,机组存在明显质量不平衡。

3.3　变励磁试验

电磁力是影响机组稳定性的重要因素之一,可通过升压变励磁试验检查机组电磁力对机组振动和摆度的影响。25% 、50% 、75% 、100% 空载额定电压工况下,测量导轴承摆度、上下机架振动,若随励磁电压上升,摆度值明显增大、机架振动明显增大,则机组存在磁拉力不平衡。

表3 中对比 25% 和 100% 励磁电压,上导摆度转频峰峰值增大约 25 μm,下导摆度转频峰峰值增大约 25 μm,上机架水平振动增大约 13 μm,机组存在轻微磁拉力不平衡。

表2 变转速试验数据

转速(%)	上导 X 向摆度			上导 Y 向摆度			下导 X 向摆度		
	总振值(μm)	转频值(μm)	$r(°)$	总振值(μm)	转频值(μm)	$r(°)$	总振值(μm)	转频值(μm)	$r(°)$
50	169	78	181	126	73	858	221	86	182
75	222	137	171	192	133	82	294	188	174
100	267	189	166	236	174	78	371	281	174
100(25 min 后)	195	115	160	161	101	68	314	226	174

转速(%)	下导 Y 向摆度			水导 X 向摆度			水导 Y 向摆度		
	总振值(μm)	转频值(μm)	$r(°)$	总振值(μm)	转频值(μm)	$r(°)$	总振值(μm)	转频值(μm)	$r(°)$
50	188	82	90	120	86	307	253	109	225
75	270	190	87	139	97	304	254	105	207
100	344	277	86	146	92	288	254	105	207
100(25 min 后)	294	227	83	166	101	280	267	113	201

转速(%)	上机架水平 Y 振动		上机架垂直 Z 振动		下机架水平 Y 振动		下机架垂直 Z 振动	
	总振值(μm)	转频值(μm)	总振值(μm)	转频值(μm)	总振值(μm)	转频值(μm)	总振值(μm)	转频值(μm)
50	36	24	64	44	45	32	68	9
75	51	40	45	29	28	17	61	15
100	87	75	66	42	55	37	68	22
100(25 min)后	77	63	66	42	48	31	70	28

表3 变励磁试验数据

励磁电压(%)	上导 X 向摆度			上导 Y 向摆度			下导 X 向摆度		
	总振值(μm)	转频值(μm)	$r(°)$	总振值(μm)	转频值(μm)	$r(°)$	总振值(μm)	转频值(μm)	$r(°)$
25	177	99	155	136	82	60	285	197	172
50	178	105	155	142	89	60	287	199	173
75	185	115	153	148	98	59	285	204	172
100	193	124	152	149	105	57	296	215	172

续表3

励磁电压(%)	下导 Y 向摆度			水导 X 向摆度			水导 Y 向摆度		
	总振值 (μm)	转频值 (μm)	$r(°)$	总振值 (μm)	转频值 (μm)	$r(°)$	总振值 (μm)	转频值 (μm)	$r(°)$
25	265	199	81	170	105	278	279	119	198
50	272	206	81	166	95	277	265	109	198
75	277	216	79	167	94	275	269	107	197
100	279	223	77	165	90	271	261	102	195

励磁电压(%)	上机架水平 Y 振动		上机架垂直 Z 振动		下机架水平 Y 振动		下机架垂直 Z 振动		
	总振值 (μm)	转频值 (μm)	总振值 (μm)	转频值 (μm)	总振值 (μm)	转频值 (μm)	总振值 (μm)	转频值 (μm)	
25	74	59	82	59	61	42	76	28	
50	80	64	82	54	52	35	76	28	
75	83	69	66	42	58	40	76	31	
100	87	72	82	57	68	48	79	32	

3.4　轴心轨迹分析

（1）轴心轨迹可以反映某些故障特征，图2为几种设备故障对应的轴心轨迹图。

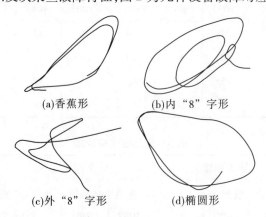

(a)香蕉形　　　(b)内"8"字形

(c)外"8"字形　　　(d)椭圆形

图2　轴心轨迹（一）

①由转动部件不平衡或大轴轴线不直引起的摆度过大，轴心轨迹为椭圆形。

②油膜涡动、动静碰磨引起的轴心轨迹为内"8"字形。

③轴线不对中引起的轴心轨迹为香蕉形或外"8"字形。

（2）结合轴瓦温度，轴心轨迹可分析轴瓦间隙情况，如图3所示。

①轴心轨迹杂乱无章，大轴在轴瓦中受到较大约束，瓦温相对变大，说明调整的瓦间隙过小。

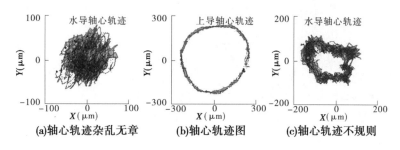

(a)轴心轨迹杂乱无章　　　(b)轴心轨迹图　　　(c)轴心轨迹不规则

图3　轴心轨迹（二）

②轴心轨迹呈圆形或近似圆形,大轴在轴瓦中受到较小约束,瓦温相对变小,说明调整的瓦间隙过大。

③轴心轨迹不规则,大轴在轴瓦中受到不均匀约束,不同方位瓦温相差较大,说明调整的瓦间隙不均匀。

3.5　噪声分析

水轮机在封闭的水环境中运行,我们无法用肉眼观察其运行状况。声音的本质就是振动,水轮机发生的一些振动故障可以通过声音表现出来。

(1)转轮叶片与水流相互作用发生弹性形变,故障时有明显的啸叫噪声,噪声频率为200～300 Hz,桐子林、葛洲坝等电站出现过该故障。

(2)卡门涡:故障时有明显的金属蜂鸣噪声,噪声出现在高负荷区并伴有明显的机组振动异常,大朝山、三峡等电站出现过该故障。

(3)叶道涡:故障时有明显的类似拍击(打鼓)噪声,声音低沉,噪声出现在低负荷区,龚嘴等电站出现过该故障。

(4)空化空蚀:故障时有明显的破裂性的金属噪声,噪声频率为高频(4 kHz以上),常出现在机组在振动区或振动区边沿运行时,故障时机组振动加剧,是水轮发电机不可避免的一种故障。

4　振摆故障案例分析

4.1　案例一:某电站上导摆度超标

某电站3号机组为混流式机组,立轴半伞式结构,额定水头165 m,额定功率550 MW,额定转速142.9 r/min。3号机运行中上导摆度周期性出现摆度超标(标准:≤180 μm)现象,如图4所示。通过数据分析及现场检查排除了传感器故障的原因,通过频谱分析、动平衡试验找到了引起上导摆度超标的真正原因,通过磁极匝间短路故障处理、转子配重有效消除了引起上导摆度超标的原因,机组恢复正常状态。

(1)频谱分析:上导摆度主要频率为1倍频,幅值为177.9 μm,见图5。分析认为上导摆度超标的可能原因为:①转子质量不平衡;②机组轴线问题;③磁拉力不平衡。

(2)试验论证:

①盘车检查机组轴线:盘车测量上导摆度为47 μm(标准:50 μm),标准满足要求,确认上导摆度超标并非由机组轴线变化引起。

②变转速试验:随着转速的上升,机组上导摆度、下导摆度、上机架振动均明显增大。

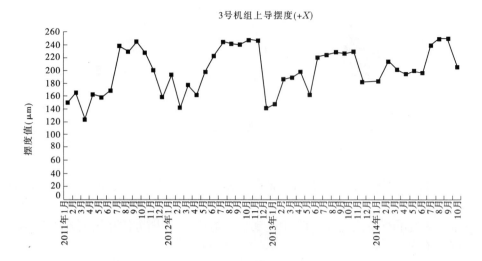

图 4　摆度趋势

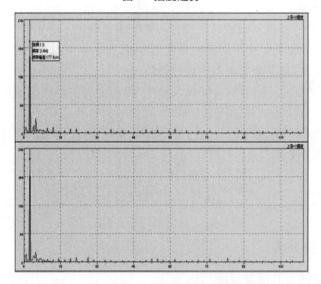

图 5　摆度频谱

对比 50% 和 100% 额定转速,上导摆度转频峰峰值增大约 110 μm,下导摆度转频峰峰值增大约 200 μm,上机架水平振动增大约 50 μm,机组存在明显质量不平衡。

③变励磁试验:随着励磁电压的上升,机组上导摆度、下导摆度、上机架振动随励磁电压的上升而有所增大,机组存在磁拉力不平衡。

④交流阻抗试验:经检查,6 号、8 号、10 号、16 号、25 号、27 号、28 号、39 号共 8 个磁极交流阻抗值偏低,存在匝间短路现象,与上导摆度随负荷变化而变化现象相吻合,确认因磁极匝间短路是引起磁拉力不平衡的主要原因。

通过处理磁极匝间短路及质量不平衡问题后,上导摆度由约 220 μm 降至约 80 μm,配重效果明显。动平衡处理有效地减小了质量不平衡,控制了磁力不平衡的影响,如图 6 所示。

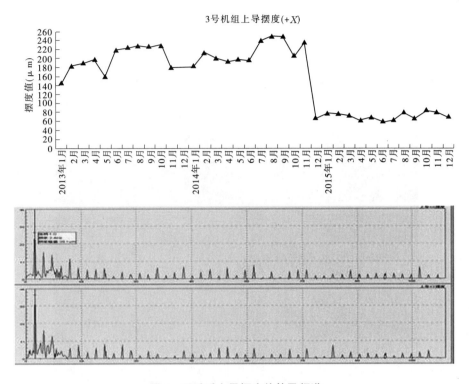

图6　配重后上导摆度趋势及频谱

4.2　案例二:某电站下导、水导摆度异常

某电站 4 号机组为轴流转桨式机组,立轴半伞式结构,额定水头 20 m,额定功率 150 MW,额定转速 66.7 r/min。4 号机开机后存在下导、水导摆度缓慢上升的异常现象。通过数据分析及现场检查排除了传感器故障、机械设备故障的原因,分析认为下导、水导摆度缓慢上升的原因为异物进入流道引起水力不平衡,现 4 号机运行正常。

(1)下导摆度、水导摆度、负荷的关联趋势图如图 7 所示。

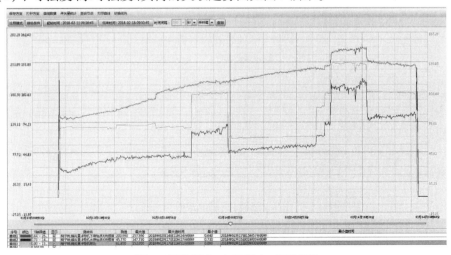

图7　下导摆度、水导摆度、负荷趋势

①机组开始后下导摆度由 130 μm 左右缓慢上升至 250 μm 左右后趋于稳定。

②机组开始后水导摆度由 20 μm 左右缓慢上升至 120 μm 左右后趋于稳定。

③水导摆度随负荷变化明显。

（2）频谱分析：下导、水导摆度主要频率为 1 倍频（见图 8）。分析认为下导、水导摆度异常的可能原因为：①转子质量不平衡；②机组轴线问题；③磁拉力不平衡；④单个导叶过流异常；⑤桨叶间隙异常。

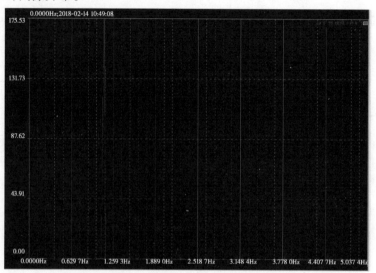

图 8　下导摆度、水导摆度频谱

（3）试验论证（见图 9）：

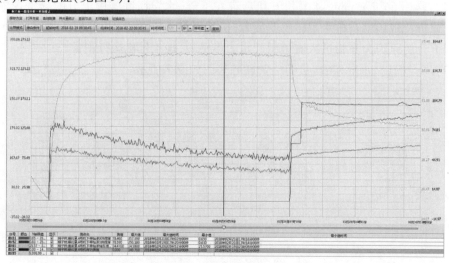

图 9　空转、空载试验趋势

①空转试验：随转速上升，下导摆度未出现明显上升，排除转子质量不平衡、机组轴线问题。

②空载试验:随励磁电压上升,下导摆度未出现明显上升,排除磁拉力不平衡。

③因水导摆度随负荷变化而变化明显,分析认为水导、下导摆度异常的原因为异物进入流道,导致桨叶间隙或导叶开度异常,从而导致摆度异常。

鉴于机组摆度趋于稳定,下机架、顶盖振动值正常(约 15 μm),认为机组可以继续安全运行。机组运行一周后该异常现象消失,至今,机组正常运行近 6 个月,未再出现异常,与异物进入流道导致摆度异常,异物消失后摆度恢复正常的现象相吻合。

4.3 案例三:某电站下导摆度异常

某电站 1 号机组为混流式发电机组,立轴半伞式结构,额定水头 31.9 m,额定功率 35 MW,额定转速 200 r/min,机组在额定功率运行时,下导摆度严重超标,转频峰峰值超过 460 μm(标准:≤350 μm),其他部位如上导、水导、顶盖等部位振动摆度值均正常。通过数据分析及现场检查排除了传感器故障的原因,通过频谱分析、轴心轨迹分析、机械设备分解检查找到了下导摆度超标的真正原因,通过调整推力瓦水平、下导瓦间隙有效消除了引起下导摆度超标的原因,机组恢复正常状态。

(1)频谱分析:以转频和 2 倍转频为主,其他成分很小,见表 4。结合现象认为摆度超标原因为机组轴线异常。

表 4　频谱数据

特征频率	$(1/6 \sim 1/2)f_0$	$1f_0$	$2f_0$	100 Hz	≥300 Hz
幅值(μm)	1.964 8	429.934 6	35.429	0.446 6	0.0

(2)轴心轨迹分析:轴心轨迹为椭圆形,结合下导摆度变大,认为下导瓦有间隙变大可能,见图 10。

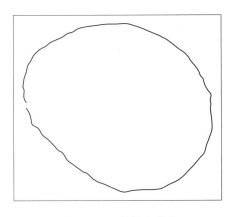

图 10　下导轴心轨迹

(3)结果:下导瓦抗重螺栓松动导致下导瓦间隙变大,推力瓦不平导致机组轴线异常,两者结合导致下导摆度异常。

5　结　论

先进可靠的故障诊断技术是开展状态检修,发展"无人值班(少人值守)"管理模式,实现决策智能化,建设智能化水电厂的基础。

　　本文对频谱分析、试验论证、轴心轨迹分析、噪声分析等常用故障诊断方法进行了阐述,结合事故案例使用故障诊断方法,有效分析了设备故障原因,及时消除故障,确保了机组的安全稳定运行。

参 考 文 献

[1] 石清华,尹国军.大朝山电站225 MW水轮机转轮卡门涡共振分析[J].东方电气评论,2005,19(3):128-131.

[2] 唐拥军,周喜军,张飞.噪声分析在水电机组故障诊断中的应用[J].中国农村水利水电,2017(8):206-208.

[3] 王泉龙.高水头水轮机主要部件振动研究[D].哈尔滨:哈尔滨工程大学,2005.

[4] 三峡右岸ALSTOM水轮机转轮卡门涡分析与处理[C]//中国水利学会第四届青年科技论坛论文集.北京:中国水利水电出版社,2008.

[5] 蒋致乐,耿清华.龚嘴电站7号机组高负荷异常噪音分析及处理[J].水电与新能源,2017(9):51-55.

[6] 邵建林,廖润,谢林,等.水轮发电机上导摆度超标原因分析及处理[J].大电机技术,2018(1):59-64.

[7] 陈欣.大型混流立轴半伞式水轮发电机组运行振摆超标分析及处理[C]//南方十三省(市、区)水电学会联络会暨学术交流会.2007.8.

[8] 邢立坤,汪军,徐洁.故障诊断专家系统在水电厂的应用[J].水电厂自动化,2013,2(2):62-65.

[9] 朱文龙.水轮发电机组故障诊断及预测与状态评估方法研究[D].武汉:华中科技大学,2016.

[10] 江志农,李艳妮.旋转机械轴心轨迹特征提取技术研究[J].振动、测试与诊断,2007,27(2):98-101.

多重约束条件下的若水电站安全调度风险及对策研究

唐杰阳,丁仁山,代小龙

(雅砻江流域水电开发有限公司,四川 成都 610051)

摘 要 针对若水电站日调节库容小、运行环境复杂等特点,本文综合了各方的运行要求并总结形成了若水电站运行约束条件,通过辨识安全调度风险,分析了调度难点,结合枯期、汛期电站调度运行方式以及调度目标,提出了相应的调度对策和管理措施,对日调节电站的安全调度运行具有极强的借鉴作用。

关键词 多重约束;日调节;安全调度;风险辨识;对策

1 前 言

若水电站位于四川省攀枝花市盐边县境内,是雅砻江下游最末一个梯级电站,电站距上游二滩水电站坝址 18 km,距攀枝花市 28 km,雅砻江支流安宁河汇入电站库区。为河床式电站,总装机容量为 4×150 MW,2015 年 10 月首台机组发电,2016 年 3 月全部投产。电站设计为日调节水库[1-2],汛期主要以攀西地区风光水清洁能源互补调度运行方式为主,调峰深度大,呈现"填空式"发电的特点,同时受雅砻江支流安宁河来水不确定性及上下游沿江两岸生产生活作业影响,加之政府、电站、调度机构、公司营销及生产管理、设计院等单位的业务诉求不一且复杂变化,电站发电及水库运行环境复杂,实时调度难度高,电站安全运行风险极大。

2 多重约束条件

若水电站在运行过程中受到防洪、发电、环保、库区管理、水工作业、泄洪建筑物消缺等多重约束条件制约。将来自政府部门、调度机构、设计院、电站、管理局等各方的诉求汇总,如表 1 所示,也就是电站运行的约束条件。

3 安全调度风险辨识[3-5]

3.1 工程安全风险

(1)大坝漫坝或水库拉空。汛期安宁河突发大洪水、泄洪设施功能损坏无法泄洪,或者枯期维持高水位运行发生机组跳闸等紧急情况,库水位迅速上涨无法控制,可能发生大

作者简介:唐杰阳(1981—),男,高级工程师,从事流域梯级电站集控运行管理等工作。E-mail: tangjieyang@ ylhdc. com. cn。

坝漫坝的风险。

表1 电站运行的多重约束条件

来源	运行要求	来源	运行要求
政府机构	1. 泄洪预警时间一般情况下提前3 h,紧急情况下提前30 min以上	若水电站	10. 水工作业计划多变
	2. 泄洪流量变化超过一定幅度预警		11. 泄水建筑物缺陷处理期间配合多且条件复杂多变
	3. 夜间尽量避免蓄、放水	调度机构	12. 批复的发电计划与建议相差较大
若水电站	4. 机组50 MW以下运行工况差		13. 为攀西新能源让通道发电
	5. 库区管理需要定期摸高库水位		14. 负荷变化频繁且变幅大
	6. 闸门操作次数尽可能少	营销	15. 现货交易日电量变幅大
	7. 避免库水位陡涨陡落	设计单位	16. 按设计实现与二滩的同步运行
	8. 夜间避免预警扰民		17. 入库小于机组过水能力时力争全部由机组过流
	9. 库区冲沙冲漂		18. 泄水优先保证电站出力不低于30万kW

枯期低库水位运行,调度下令大幅增加负荷或者申请调度不同意调减负荷等紧急情况时,存在水库拉空的风险。

(2)泄水建筑物损毁。根据电站设计运行要求,应在保证足够的发电流量基础上,开启闸门泄洪。若水电站的实际运行情况与设计预期存在一定偏差,因市场消纳、攀西断面受限,以及攀西风光水互补调度运行方式等因素影响,汛期发电形势难以大幅改观。电站在发电流量小时开启泄洪设施,难以形成淹没水跃,恶化了泄洪设施的水力学流态,对泄洪建筑物形成安全隐患。

3.2 外部政策风险

(1)泄洪预警时间不足。政府要求预警时间正常情况下提前1~3 h、紧急情况下提前30 min。由于库容小、电网调度机构下令临时调整负荷的幅度大、安宁河湾滩电站出库突变等因素影响,从实时调度操作层面,难以完全满足泄洪预警时间要求。当电站泄洪造成下游河道生命财产损失,而泄洪预警时间不满足要求可能存在诉讼、赔偿的政策风险。

(2)下游河道或库区发生居民生命财产损失带来的法律风险。电站紧邻县城,上下游居民活动频繁,库水位越限或总出库流量陡涨陡落可能危及库区、河道人员安全和船舶设施安全。若调度不当,预警时间不足,发生生命财产损失事故,存在诉讼、赔偿的法律风险。

(3)不满足生态流量要求。为满足下游居民生活用水等要求,电站出库流量要满足基本的生态流量要求。枯期电站小负荷运行,发电流量可能不满足生态流量要求,带来风险。

3.3 调度失误带来的责任风险

受攀西地区风光水互补调度运行方式影响,电网调度机构下令短时大幅度调整负荷。日常运行长期存在 15 min 内负荷变幅达 30 万 kW、流量变化超过 2 000 m³/s、下游水位变幅超过 2 m 的情况,极端情况下超过 3 m,给调度工作带来极大考验。

另外,从工作量来看,2016 年下达闸门操作命令单 625 份,2017 年 758 份,2016 年负荷临时调整共 370 次,2017 年 639 次。

电站运行工况复杂多变、不确定性大,安全风险高,调度难度大,加之水库调度滚动计算、闸门调整频繁,工作量成倍增加,人员压力难以释放,长此以往,容易引起调度失误,带来责任风险。

3.4 经济效益风险

(1)枯期弃水。枯期因攀西断面受限或者调度原因,若水电站不能跟随二滩电站同步加大出力产生弃水。据统计,2015 ~ 2017 年枯平期,若水电站共发生 6 次弃水。

(2)枯期居民侵占库区淹没线以下土地。枯期库水位维持较低水位运行,当地居民违规侵占淹没线以下土地,进行耕种或者进行生产的情况,损害公司利益。

4 调度难点分析

4.1 电站自身特性决定了运行难度大

电站为日调节水库,库水位变化受出入库流量差变化的影响剧烈,如净入库流量 100 m³/s,库水位上涨速率为 7 ~ 9 cm/h。

发电水头低(额定水头 20 m)、单机发电流量大(额定流量 926 m³/s),库水位与发电流量的强耦合关系,同一发电负荷随着发电水头降低,发电流量增加,其边际增量也变大。库水位运行在上下限近区呈现"加速趋势"的特点,加剧了水库安全运行的风险。

4.2 来水组成复杂且不确定性大

若水电站入库流量主要由其上游二滩电站出库流量及安宁河支流来水组成。

二滩电站泄水流量可提前掌握,但发电负荷受电网需求影响临时调整情况较多,影响入库流量预报;安宁河为雅砻江左岸一级支流,受安宁河流域暴雨、洪水特性和多级电站水库调节及无预警等因素影响,安宁河来水的不确定性明显,对若水电站入库流量预测带来较大难度。

4.3 二滩、若水电站分属两级调度,难以实现同步调峰运行

二滩电站属西南分中心调度,通过 500 kV 接入电网;若水电站属四川省调调度,通过 220 kV 接入电网。因分属两级调度机构、不同电压等级接入电网,市场消纳方向及消纳量不同,上下游两个电站难以实现同步调峰运行,也无法发挥若水电站对二滩电站的反调节作用。

4.4 电网运行方式复杂且负荷变幅大

若水电站参与攀西地区风光水互补调度运行,汛期发电计划曲线呈现"填空式"陡涨陡落的特点,给水库调度带来了下游河道水位陡涨陡落、上游库水位风险高以及难以满足泄洪预警时间等一系列问题。

4.5 电站特性曲线影响水库调度计算的准确性

电站特性曲线缺乏原型观测校正,存在一定误差,加之水库库容小、调节能力差,造成实时调度计算结果与实际运行情况偏差较大,增加了负荷调整或闸门操作频次。

5 安全调度对策[6-7]

5.1 枯期调度对策

(1)按来水发电,主要通过临时调整负荷控制库水位。根据水库实时水情信息,按照出入库水量平衡原则申请调度动态调整发电计划。当调度未批复负荷调整申请或者机组跳闸等紧急情况,则采取启闭闸门的措施。

(2)定期抬升库水位运行。2018 年枯期,根据电站现场库区综合管理要求,抬升库水位运行,力争枯平期每天至少一次达到 1 014.5 m,每周至少一次达到 1 015 m,充分发挥水头效应增发电。

2018 年 1~3 月的平均库水位达到了 1 014 m 以上,其中 1 月抬高水位最明显,为 1 014.78 m;4、5 月效果稍差些,主要是调度机构对水位控制有要求或者水工检修作业的影响。2018 年枯期库水位抬升整体效果明显,同比 2017 年共计增发电量 3 747 万 kW·h,并且未发生枯期弃水和库水位越限不安全事件。

(3)紧急情况下的处置策略。库水位不断下降,调度不批复负荷调整申请,水库面临拉空风险时的调度策略:电站可不待调度指令自行强减负荷,以产生考核电量的方式保证水库运行安全,事后进行免考核申诉。

全厂带小负荷,申请调度不同意调整,而机组在振动区运行或者全厂出库流量不能满足生态流量时的调度策略:电站可不待调度指令自行强减负荷,以产生考核电量的方式保证水库运行安全,事后进行免考核申诉。

库水位上涨,由于断面受限等因素,调度不批复负荷调整申请,水库面临弃水或者越限时的调度策略:请西南分中心协调四川省调,采取置换负荷等措施,避免枯期弃水。

综合来看,若水电站枯期实时调度的“网源协调”关系呈现稳中向好的趋势,水位越来越可控。

5.2 汛期调度对策

汛期按照计划发电并为攀西新能源调峰运行,主要通过闸门泄洪控制水库水位。

5.2.1 针对“填空式”发电的调度对策

统计 2017 年汛期日前发电计划负荷变幅的情况如表 2 所示。

表 2　2017 年汛期计划曲线负荷变幅统计情况

变幅(MW)	6 月	7 月	8 月	9 月	10 月
150~200	46	18	15	1	0
200~300	1	50	50	48	72
300~400	0	9	16	3	25
>400	0	0	5	3	14

从表 2 可以看出,2017 年若水日前发电计划曲线每 15 min 变幅超过 150 MW 的负荷点 376 个,其中,150～300 MW 的负荷点 301 个,占比 80%,变幅超过 300 MW 的负荷点 75 个,占比 20%。综合分析,15 min 负荷变幅小于 300 MW 的负荷点占大多数。

以负荷突变量 300 MW 作为水库调度计算的重要参考值,考虑闸门调令时间 40 min 以及库水位上限 1 015 m,计算得出安全起始水库水位为 1 014 m,考虑起始的库水位上涨速度,并留有 50 cm 库水位安全余量。

针对发电计划曲线陡涨陡落或者调度下令临时大幅调整负荷的情况,其对策为:

(1)被动策略:加强与调度部门沟通,争取日计划曲线 15 min 或者下令临时调整的负荷变幅不超过 200 MW。

(2)主动策略:控制库水位不超 1 014 m。防止临时大幅调整负荷留有闸门操作时间并有一定的安全余量,并利用水头因素不带大负荷,对计划曲线主动削峰,增加曲线的平滑性,既降低库水位控制难度,又降低下游水位波动幅度。两方面考虑控制库水位不超 1 014 m 的措施增加了水库调度安全性,但可能产生考核电量。

5.2.2　针对复杂来水的调度对策

若水入库流量主要存在两个影响因素:一是二滩大级别流量泄洪,叠加传播时间的非线性关系,若水库水位波动较大,增加了闸门配合调整的难度。二是安宁河局部暴雨天气频发,湾滩电站人工报送出库流量的准确度随着来水增加而降低,即安宁河来水越大,湾滩人工报汛的准确度越低,安宁河来水的不确定性越大。

二滩按照 1 000 m³/s 逐级泄洪,若水配合调整闸门,有利于库水位平稳波动。

按照"逆调节"原则控制,即来水越大、安宁河流量的不确定性越高,库水位就要控制得越低,库水位高低按 1 014 m 考虑。

5.2.3　针对泄洪预警的调度对策

从法律程序上来看,更关注的是泄洪预警时间,而不是泄洪流量本身。预警时间越充分,越有利于预警信息传递到位,越降低法律风险;实时水库调度既要关注泄洪流量,又要关注时间,如果预警时间长,则闸门调令不得不动态调整。

采取"两段式闸门调令",第一段调令由集控中心提前 100 min 下达闸门调令,电站按照 1.5 h 传达预警信息,满足政府预警要求;第二段调令由集控中心根据实时运行情况在闸门操作前 10～30 min 内动态调整闸门操作指令,既满足预警时间要求,又不会增加下游河道的安全风险。动态调整主要是跟随发电负荷临时性调整,发电负荷增加,泄水相应流量减少,其总出库流量不会发生大的变化,不会增加下游河道的安全风险。

5.2.4　多目标调度的协调策略

汛期水库调度目标分为 3 个层级:工程安全、法律法规安全以及优化调度。工程安全指水库不能漫坝或拉空、泄洪建筑物不能发生损毁;法律法规安全指泄洪预警时间不满足要求或者上下游水位陡涨陡落等原因导致的生命财产损失所带来的法律风险;优化调度主要指的是减少闸门操作频次,减少闸门损害程度,增发电量。

建立汛期水库多层级调度目标的协调调度策略,如表 3 所示。

表3 若水电站汛期多层级调度目标的协调调度策略

调度目标			调度策略
主要目标	具体要求	序号	
大坝安全	极端情况不漫坝、不拉空	①	立即下达即时闸门调令(先操作,后预警)。 不待调令先行调整负荷,为闸门操作预留时间
	泄洪设施安全	②	宏观策略:多拿市场发电指标,协调电网多下达发电计划。 操作层面无策略
法律法规安全	泄洪预警时间	③	弹性闸门调令措施。 建立通常情况1.5 h、紧急情况40 min、极端情况即时共3级闸门调令预警时间线
	下游河道安全	④	协调调度部门降低发电负荷陡升陡降情况(15 min变幅不超过200 MW)。 控制库水位不超过1 014 m,利用水头因素削减高峰负荷,降低下游水位陡涨陡落情况
	夜间泄洪广播扰民问题	⑤	采取综合闸门操作调令:根据流量分级分段操作闸门,避免夜间发布泄洪广播。 注意:白天泄洪仍使用广播,强化居民的泄洪安全风险意识
优化调度	减少闸门操作次数	⑥	宏观措施:与②相同,协调增加电网下达的月发电量指标,至少保证汛期大于枯期;操作层面无优化空间
	其他	⑦	实时调度层面,以保证水库运行安全为主,兼顾发电效益。 在诸如水库要漫坝、下游河道安全风险突出等紧急情况,以"电调服从水调"原则,不待调令自行调整负荷,以产生考核电量的方式保证安全

5.3 管理措施

(1)编制实时调度方案,并不断完善。明确了水库运行方式、发电计划编制、实时运行调度规定、应急处置规定等内容,对若水调度运行起到了极强的指导作用。为防止发生水库漫坝、人身伤亡等极端事件,遇有下列紧急情况,电站现场可不待调令先操作泄洪闸门后汇报或先调整负荷后汇报:

①库水位超过1 015 m并持续上涨时。

②库水位高于1 014.7 m,且发生机组跳闸或全站负荷受限减负荷。

③电站现场与集控中心通信全部中断(失去联系)。

④电站库区或下游河道发生人员遇险。

⑤电站现场判断需要立即操作的其他紧急情况。

(2)大力推进水电调合一。2018年6月、7月,先后实现二滩、若水电站电调业务转移至集控中心,首次实现了集控中心对流域电站的水电调合一,减少了沟通环节,提高了工作效率。

(3)建立协调对话机制,创造良好的调度运行环境。集控中心领导带队,加强与电站、管理局、市场营销、调度机构等单位的沟通,充分交流工作开展情况、存在的难点和采取的措施,对无法解决的问题进行探讨,取得多方的理解支持,为若水电站调度运行创造了良好的外部环境。

6 结 论

本文对多重约束条件下的若水电站安全调度风险及对策进行了研究,得到如下结论:

(1)根据电站运行的约束条件,一一辨识了安全调度风险,包括工程安全风险、外部政策风险、责任风险以及经济效益风险。

(2)结合安全调度各方因素,分析总结了电站特性影响、来水组成复杂且不确定性大、两级调度难以实现上下游电站同步调峰运行、电网运行方式复杂等调度难点问题。

(3)枯期,结合枯期按来水发电的运行方式,提出了临时调整负荷、定期摸高库水位以及紧急情况下的调度对策。

(4)汛期,针对"填空式"发电运行方式,提出了控制库水位不超 1 014 m 等策略,针对复杂来水提出了"逆调节"原则,针对泄洪预警提出了"两段式闸门调令"的措施,并建立了水库多层级调度目标协调调度对策。

(5)为加强电站安全调度管理,提出了实时调度方案、水电调合一、领导带队沟通协调等管理措施。

参 考 文 献

[1] 王嘉阳.西南干流梯级水电站群短期与实时精细化调度研究[D].大连:大连理工大学,2017.
[2] 牛文静.梯级水电站群复杂调度需求多目标优化方法研究[D].大连:大连理工大学,2017.
[3] 王勇飞,吴震宇,张瀚,等.流域梯级电站群运行安全风险动态评估模型研究[J].水力发电,2018,44(5):86-89,93.
[4] 曾辉,杨志刚,牛文彬.流域梯级水电站风险分析及对策研究[J].中国应急救援,2018(1):30-32.
[5] 蒲瑜.首尾相连型流域梯级水库水电联合调度研究[D].成都:西南交通大学,2017.
[6] 孟雪姣,畅建霞,王义民,等.考虑预警的黄河上游梯级水库防洪调度研究[J].水力发电学报,2017,36(9):48-59.
[7] 刘宝军.水库防洪调度存在的问题及对策[J].水利水电技术,1994(5):49-51.

西南电网异步运行桐子林水电站调速器运行风险分析及预控

程文，宋训利

（雅砻江流域水电开发有限公司，四川 成都 610051）

摘 要 针对西南电网异步运行，桐子林水电站按照电网要求，对机组调速器控制系统增加了小网模式和孤网模式。本文对调速器新增的各模式功能进行了介绍，结合桐子林电站实际分析了西南电网异步运行过程中可能存在的风险以及对设备造成的影响，并针对各类风险提出了相应的预控措施，确保了西南电网异步运行试验的顺利进行，在水电机组应对电网异步运行风险预控方面有一定的意义。

关键词 异步运行；调速器；风险；预控措施

1 引 言

随着特高压直流的建设，电网强直弱交特性愈发明显，华东电网故障引发直流换向失败进而造成西南—华中电网稳定破坏成为影响西南—华中交流电网稳定运行的主要威胁。为了彻底解决西南电网扰动及直流故障对华中主网的冲击，提高电网运行的灵活性和断面输电能力，国网公司规划建设 ±400 kV、5 000 MW 渝鄂背靠背柔性直流输电工程，将渝鄂交流断面通过柔性直流互联，工程投运后，西南电网将异步运行。为充分检验西南电网异步运行能力以及相关安全控制措施的有效性，根据相关要求已对桐子林水电站调速器控制系统增加了小网模式和孤网模式。

2 桐子林水电站调速器大网模式、小网模式、孤网模式介绍

根据试验要求，机组调速系统具备基于开度调节的大网、小网、孤网模式，三种模式应具有相同的模型（采用 PID 调节），3 组参数互不相同且均独立配置。

2.1 功能介绍

西南—华中直流联网时，机组调速系统应在正常并网时自动选用基于开度调节的小网模式；西南—华中交流联网时，机组调速系统应在正常并网时自动选用基于开度调节的大网模式。无论在大网模式还是在小网模式，当频差大于 0.5 Hz，持续 1 s 后，调速器自动转入孤网模式运行。

大网、小网模式均可自动和手动方式切换至孤网模式运行，自动切换时根据"频率偏

作者简介：程文（1987—），男，学士，工程师，研究方向为水电站运行。E-mail：chengwen@ ylhdc.com.cn。

差＋延时"判据自动切换至孤网模式,但孤网模式不能自动返回大网或小网模式。并网状态下,机组调速器可通过远方、就地的方式进行大网、小网、孤网模式相互切换,切换信号将进入历史事件记录,同时传送至电网调度端。孤网模式优先级最高,孤网投入时退出大网、小网模式,此时投入大网、小网模式无效,但程序里已经将大网、小网模式设定,此时退出孤网则切换至大网、小网模式;若不设定大网、小网模式直接退出孤网,则切回最后一次投入的大网、小网模式。

机组进入孤网时,运行方式会有如下变化:

(1)任意一台机组进入孤网,全厂 AGC 自动退出。

(2)监控画面上有功目标值自动跟随实测值,防止孤网模式切换至大网时发生有功波动。

(3)机组进入孤网切换瞬间,导叶开度值保持不变。

(4)闭锁一次调频功能。

(5)孤网模式下,转速调节环节参与控制,即进行频率控制,在孤网模式下采用独立的 PID 参数;调速器自动根据频差调整导叶开度来维持机组频率,此时运行人员可以通过监控调速器画面"增/减有功"按钮或者电调柜导叶手动把手调整导叶开度给定来实现有功调整,两种方式均直接下发脉冲信号调整导叶。

2.2 PID 调节的作用

桐子林调速器的发电控制策略框图如图 1 所示,采用 PID 调节。

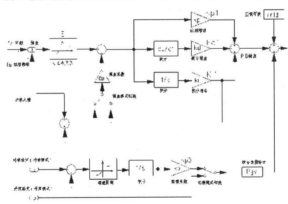

图 1 发电控制策略框图

比例调节作用:按比例反映系统的偏差,系统一旦出现了偏差,比例调节立即产生调节作用,用以减少偏差。比例作用大,可以加快调节,减少误差,但是过大的比例,使系统的稳定性下降,甚至造成系统的不稳定。

积分调节作用:使系统消除稳态误差,提高无差度。积分作用的强弱取决于积分时间常数 T_i,T_i 越小,积分作用就越强;反之,T_i 大则积分作用弱,加入积分调节可使系统稳定性下降,动态响应变慢。

微分调节作用:微分作用反映系统偏差信号的变化率,具有预见性,能预见偏差变化的趋势,产生超前的控制作用,在偏差还没有形成之前,已被微分调节作用消除,减少超调,减少调节时间,改善系统的动态性能。微分作用不能单独使用,需要与另外两种调节规律相结合,组成 PD 或 PID 控制器[1]。

2.3 调速器大网模式、小网模式、孤网模式的区别

根据表 1～表 4 所示,从比例增益参数可以看出调速器在大网模式下比例增益参数最大,表明大网模式下,调速器调节最快;从积分增益参数可以看出,孤网模式积分增益参数最小,积分作用最强,动态响应最慢,大网模式积分增益参数最大,积分作用最弱,动态响应最快;从微分增益参数可以看出,大网模式和小网模式均未设置微分环节,仅孤网模式设置了微分环节,其作用主要体现在减少超调,改善动态性能。新增小网模式,大幅减小 P 和 K_i 等 PID 调节控制参数,降低机组一次调频响应和调速相位特性,当系统频率偏差超过调速器动作死区 0.05 Hz 时,机组参与超低频振荡平息[2]。

表1 1号机调速器大网、小网和孤网模式 PID 参数一览表

开度大网参数		开度小网参数		开度孤网参数	
比例增益	5	比例增益	2	比例增益	2
积分增益	6	积分增益	2	积分增益	0.1
微分增益	0	微分增益	0	微分增益	4

表2 2号机调速器大网、小网和孤网模式 PID 参数一览表

开度大网参数		开度小网参数		开度孤网参数	
比例增益	5	比例增益	2	比例增益	2
积分增益	6	积分增益	2	积分增益	0.1
微分增益	0	微分增益	0	微分增益	3

表3 3号机调速器大网、小网和孤网模式 PID 参数一览表

开度大网参数		开度小网参数		开度孤网参数	
比例增益	5	比例增益	2	比例增益	2
积分增益	6	积分增益	2	积分增益	0.08
微分增益	0	微分增益	0	微分增益	3.1

表4 4号机调速器大网、小网和孤网模式 PID 参数一览表

开度大网参数		开度小网参数		开度孤网参数	
比例增益	5	比例增益	2	比例增益	2
积分增益	6	积分增益	2	积分增益	0.07
微分增益	0	微分增益	0	微分增益	4

3 异步运行风险分析

渝鄂背靠背柔性直流工程投运后,西南电网将与华中电网异步运行,西南电网异步运

行后,西南电网装机仅为原华北—华中电网的1/5,转动惯量仅为原华北—华中电网的1/5,频率调节能力下降,将导致频率稳定问题突出,且存在严重的由于水电机组负阻尼效应导致的超低频振荡风险[3]。同时桐子林电站调速器刚刚完成大网模式、小网模式和孤网模式等试验,未经受实际运行的考验,可能存在调速器调节不及时等情况。

3.1 高频风险

西南电网向外输送电量,特高压直流故障后安控拒动可能引发严重的高频风险。

3.2 低频风险

其他电网向西南电网输送电量时,由于西南电网转动惯量小,当损失大电源时,系统存在低频风险。

3.3 超低频振荡

渝鄂背靠背后,由于水电高占比和同步电网规模减小,异步运行后西南电网存在超低频振荡风险和频率稳定问题。在原有水电调速器参数下,经西南电网分析,超低频振荡频差将会在0.3~0.4 Hz,振荡周期一般在15~19 s。

3.4 孤网模式下有功异常波动

当系统故障导致频差过大,调速器转入孤网模式运行时,由于转为带孤岛负荷,负荷变化幅值较大,调速器在调整过程中可能会出现有功异常波动的情况。

3.5 调速器运行风险

1~4号机调速器控制系统进行参数优化工作后,增加了大网、小网、孤网运行方式,调速器未经历系统实际运行考验,存在调速器调节不及、频率波动大、溜负荷、调速器元件故障等风险。

4 预控措施

4.1 超低频振荡预控措施

针对西南电网超低频振荡风险,按照"以水电机组调节为主、主流附加控制为辅"的原则,西南电网大面积优化调速器控制参数,新增小网模式,大幅减小P和K_i等PID调节控制参数,降低机组一次调频响应和调速相位特性,当系统频率偏差超过调速器动作死区0.05 Hz时,机组参与超低频振荡平息[4]。

4.2 高频风险预控措施

(1)加强监视系统频率,加强安控装置运行维护力度,严格执行频率电压紧急控制装置切机方案:双机及以上机组运行时,投入一台运行机组的允切和出口压板,确保安控装置正确动作。

(2)当启停机组时,及时调整安控装置切机方式。

4.3 低频风险预控措施

(1)当损失大电源时,系统存在低频风险,上级调度机构可能下令立即开启备用机组,增加出力,维持系统频率稳定。停机机组保持备用状态,涉及机组停机退备消缺等检修工作,须严格按照规定流程执行。

(2)开机过程中检查PSS投退情况,若未投入,应立即通知班组检查,并将其投入。

(3)当系统发生低频振荡时,立即检查机组和线路电流、功率指示变化情况;检查发电机端和 220 kV 母线电压表指示波动情况,增加机组无功出力,维持系统电压。如振荡源为桐子林侧,则降低机组有功,直至振荡平息。

（4）根据《四川电力系统调度控制管理规程》,电网频率低于 49.00 Hz 时,可不待调度指令采用增加发电机出力并短时发挥机组过负荷能力、开启备用机组等措施。

4.4　孤网模式下有功异常波动预控措施

（1）压机组开限至当前开度值,并保持机组当前负荷不变。

（2）立即汇报值班调度员,密切监视系统频率变化,根据调度指令调整其他机组负荷。

（3）调整机组无功,维持电压在曲线范围内。

（4）调速器孤网模式下,不盲目切换调速器头。

4.5　调速器运行风险预控措施

运行人员熟练掌握调速器大网、小网运行方式切换和孤网模式投退等操作,在运行过程中关注调速器运行情况以及机组频率,如有异常现象,立即通知检修班组检查处理。发现调速器水头故障、测频故障、功率故障、溜负荷等故障时,检查调速器头切换是否正常,若没有正常切换,立即手动切换,观察调速器调节情况,并通知班组检查,必要时申请停机处理。

5　结　语

西南电网异步运行试验期间,桐子林水电站 1 号、3 号、4 号机作为并网试验机组,2 号机停机备用。1 号、3 号、4 号机均检测到系统低频或高频,并立即执行了一次调频动作指令,增加或减少机组出力以维持系统频率稳定,各机组均未报故障及其他异常现象,顺利通过了各试验项目。

参 考 文 献

[1] 陈刚,丁理杰,李旻,等.异步联网后西南电网安全稳定特性分析[J].电力系统保护与控制,2018,46(7):76-82.

[2] 姚李孝,雷晓鹏,杨洁,等.电力系统异步运行状态下各个电气量的变化规律[J].电网与清洁能源,2008,24(7):34-38.

[3] 周保荣,洪潮,金小明,等.南方电网同步运行网架向异步运行网架的转变研究[J].中国电机工程学报,2016,36(8):2084-2092.

[4] 付超,张丹,柳勇军,等.云南电网与南方电网主网异步联网实施阶段的系统风险分析[J].南方电网技术,2016,10(7):24-28.

复杂环境下混凝土坝 GNSS 观测数据质量与误差特征分析

陈锡鑫，李啸啸，柳存喜

（雅砻江流域水电开发有限公司，四川 成都　610051）

摘　要　GNSS 观测数据质量直接关系到 GNSS 测量精度和可靠性，本文通过对官地水电站观测环境测试数据质量分析，说明了深山峡谷等复杂环境下水电站大坝 GNSS 卫星观测信号质量和典型误差源特点，为下一步针对性研究 GNSS 技术在高山峡谷典型条件下的环境误差处理模型及数据质量控制技术，实现水电站大坝 GNSS 精密监测提供参考。

关键词　大坝精密变形监测；BDS/GPS；数据质量分析；多路径效应

1　引　言

外观变形监测是综合评价大坝安全性态的重要指标，一直以来，大坝外部变形监测都是以常规周期性的人工大地测量模式为主，受深山峡谷地区气候复杂多变、人工观测工作量大、人员更替频繁等因素影响，常规周期性人工大地测量模式在及时性、可靠度及灵敏度上难以满足高坝大库安全监测需要。

近年来，随着北斗卫星导航系统的逐渐完善，空间信息技术的不断发展，以及智慧流域、智慧大坝的高端引领，建立满足精度要求的大坝外观自动化变形监测系统已成为一种发展趋势，BDS/GPS 组合定位方法，大大增加卫星信号的可用性和可靠性，也为解决深山峡谷地区卫星数量和信号质量问题提供了有效思路。

为掌握高山峡谷区域混凝土坝典型误差源特征，以便寻求相应的解决方案，有效控制各种误差因素对 GNSS 测量精度的影响，本文通过对官地水电站大坝 GNSS 测试信号质量进行分析，明确了高山峡谷区域混凝土坝典型误差源，为后续改进算法，有效削弱环境相关性误差影响指明了研究方向。

2　现场测试情况

官地水电站位于四川省西昌市和盐源县接壤的打罗村境内雅砻江干流上，大坝坝高 168 m，为国内第三高碾压混凝土坝，坝址位于高山峡谷区，谷坡陡峻，地质构造相对复杂，河谷呈不对称"V"形，两岸地形总体坡面较为整齐。

现场 GNSS 信号测试选取平面控制网基准点中稳定性较好的 TN03、TN06、TN07 和

作者简介：陈锡鑫（1992—），男，学士，助理工程师，从事水电工程安全监测及大坝安全管理。E-mail：chenxixin@ ylhdc. com. cn。

TN19 作为备选基准站,选取坝顶代表性坝段测点 TP03、TP07、TP11、TP15、TP19、TP23、TP25、TP27、TP31、TP35、TP39、TP43 和 TP46 作为监测站(见图 1),通过采用不同类型的 GNSS 接收机(Leica GS10、Trimble NET R5 和国产北斗星通 M6200),在不同天气条件下(晴天、雨天、阴天)进行连续静态测量数据采集作业(卫星截止高度角 15°),获取 GNSS 数据,分析判断外界环境对 GNSS 观测误差的影响程度。

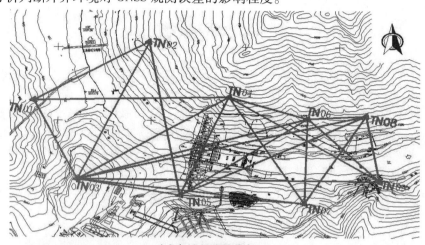

(a)备选基准站分布

(b)监测站分布

图 1　备选基准站、监测站分布

3　现场实测数据质量情况

GNSS 观测数据质量指标一般分为误差显著性指标、数据完整性指标和卫星空间分布指标三类。误差显著性指标主要有多路径效应、观测值与周跳比、接收机钟差、信噪比等,数据完整性指标主要有观测历元数、实际历元数、数据利用率、可视卫星数等,卫星空间分布指标有卫星高度角、卫星方位角、卫星几何精度因子等。其中多路径效应、观测值与周跳比、信噪比是衡量测站 GNSS 数据质量的主要指标。

本文数据通过业内通用数据质量评价软件 TEQC 和 RTKlib 对实测数据质量进行系

统检测,得到可见卫星数、PDOP 值、数据利用率、多路径效应(MP1\MP2)、观测值与周跳比(O/slips)等主要质量评价指标(见表 1)。

表 1　观测数据质量评价指标统计

测站编号	天气	可视卫星数	PDOP值	数据利用率(%)	MP1(m)	MP2(m)	O/slips	GNSS 接收机	GNSS 天线
TN03	晴天	6~10	2.6	86	0.23	0.25	19 061	Trimble NET R5	TRM55971
	阴天	14~18	3.2	—	0.35	0.34	4 880	北斗星通 M6200	A6000
	雨天	6~10	2.5	87	0.30	0.30	17 888	Trimble NET R5	TRM55971
TN06	晴天	5~9	3.0	80	0.31	0.35	3 044	Trimble NET R5	TRM55971
	阴天	5~9	3.6	78	0.36	0.42	1 224	Trimble NET R5	TRM55971
	雨天	4~8	4.1	78	0.47	0.48	1 254	Trimble NET R5	TRM55971
TN07	晴天	4~7	5.9	63	1.11	0.78	128	Trimble NET R5	TRM55971
TN19	阴天	5~8	3.9	76	0.51	0.54	1 214	Trimble NET R5	TRM55971
TP03	晴天	13~17	6.7	—	0.73	0.45	—	北斗星通 M6200	A6000
	阴天	13~18	5.2	—	0.73	0.46	—	北斗星通 M6200	A6000
TP07	晴天	13~19	5.2	—	0.66	0.37	—	北斗星通 M6200	A6000
	阴天	13~18	5.0	—	0.66	0.38	—	北斗星通 M6200	A6000
	雨天	5~8	3.8	72	0.08	0.09	2 348	Leica GS10	Leica AS10
TP11	晴天	5~9	3.4	76	0.30	0.31	5 286	Trimble NET R5	TRM55971
	阴天	5~9	3.3	75	0.22	0.27	848	Trimble NET R5	TRM55971
TP15	晴天	14~18	3.6	—	0.67	0.62	—	北斗星通 M6200	A6000
	阴天	13~17	4.0	—	0.67	0.66	—	北斗星通 M6200	A6000
	雨天	5~8	3.4	73	0.39	0.41	146	Leica GS10	Leica AS10
TP19	晴天	13~18	4.5	—	0.66	0.43	—	北斗星通 M6200	A6000
	阴天	13~18	4.1	—	0.65	0.43	—	北斗星通 M6200	A6000
TP23	晴天	10~16	5.5	—	0.60	0.55	—	北斗星通 M6200	A6000
	阴天	5~9	3.3	77	0.08	0.08	3 530	Trimble NET R5	TRM55971
TP25	晴天	5~9	3.5	81	0.28	0.32	13 853	Trimble NET R5	TRM55971
	阴天	5~9	3.6	79	0.24	0.36	678	Trimble NET R5	TRM55971
TP27	晴天	15~19	3.5	—	0.59	0.48	—	北斗星通 M6200	A6000

续表1

测站编号	天气	可视卫星数	PDOP值	数据利用率（%）	MP 1（m）	MP 2（m）	O/slips	GNSS 接收机	GNSS 天线
TP31	晴天	13 ~ 17	5.7	—	0.52	0.32	—	北斗星通 M6200	A6000
	阴天	12 ~ 16	5.5	—	0.53	0.32	—	北斗星通 M6200	A6000
	雨天	5 ~ 8	3.6	78	0.34	0.36	1 449	Trimble NET R5	TRM55971
TP35	晴天	15 ~ 19	3.5	—	0.59	0.48	—	北斗星通 M6200	A6000
	阴天	5 ~ 9	3.2	78	0.17	0.40	644	Trimble NET R5	TRM55971
	雨天	5 ~ 8	3.5	81	0.35	0.36	2 413	Trimble NET R5	TRM55971
TP39	晴天	10 ~ 17	5.4	—	0.61	0.49	—	北斗星通 M6200	A6000
	阴天	12 ~ 16	5.0	—	0.64	0.32	—	北斗星通 M6200	A6000
	雨天	5 ~ 8	4.1	81	0.37	0.36	2 521	Trimble NET R5	TRM55971
TP43	晴天	4 ~ 8	5.3	73	0.27	0.35	604	Trimble NET R5	TRM55971
	阴天	4 ~ 8	4.0	73	0.26	0.31	490	Trimble NET R5	TRM55971
TP46	晴天	13 ~ 19	4.2	—	0.67	0.56	—	北斗星通 M6200	A6000
	阴天	12 ~ 18	4.2	—	0.58	0.60	—	北斗星通 M6200	A6000

4 GNSS 观测数据质量与误差特征分析

4.1 数据利用率

数据利用率反映了数据的完好性和可用性，接收机故障或环境干扰可能导致数据利用率过低。根据 IGS 经验值，基准站有效数据率宜大于 85%，监测站有效数据率宜大于75%，总体看，备选基准站和大坝坝顶各监测站数据利用率偏低。

4.2 卫星可见性与几何精度因子

卫星的空间几何分布本身不是误差，但对误差起到放大作用，通常用精度因子 DOP 来评价卫星分布的几何图形强度，GPS 定位的误差与 PDOP 值的大小成正比。

备选基准站中，TN03 可见卫星数最多，PDOP 值最小，而山体和植被遮挡较严重的 TN07 可见卫星数最少，PDOP 值最大，TN03 参考点质量明显优于 TN07。大坝坝顶各变形监测站 GPS 可见卫星数总体上为 5 ~ 8 颗，平均为 6 颗，数量偏少，采用 BDS/GPS 双系统 GNSS 接收机能显著提高测站可见卫星数量，左右岸坝段由于山体遮挡，PDOP 值略大于河床段，见图 2 ~ 图 4。

4.3 多路径效应及观测值信噪比

多路径效应是 GNSS 变形监测主要误差源之一，主要与天线周边环境有关。多路径效应机制复杂，可以采用 L1、L2 载波上的多路径效应对伪距和相位影响的综合指标 MP1 和 MP2 组合量来检验其影响，若发生周跳，则需要首先进行周跳探测和修复。根据国际

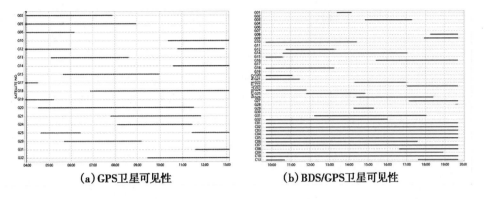

（a）GPS卫星可见性　　　　　　　　　　　**（b）BDS/GPS卫星可见性**

图 2　TN03 GPS、BDS/GPS 卫星可见性

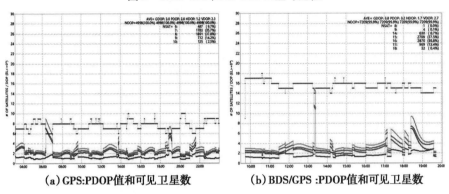

（a）GPS:PDOP值和可见卫星数　　　　　**（b）BDS/GPS :PDOP值和可见卫星数**

图 3　TN03 GPS、BDS/GPS PDOP 值和可见卫星数

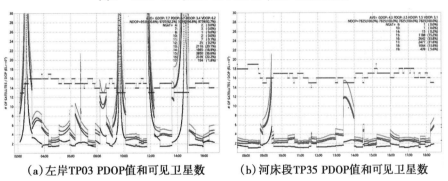

（a）左岸TP03 PDOP值和可见卫星数　　　　**（b）河床段TP35 PDOP值和可见卫星数**

图 4　左岸 TP03 与河床段 TP35 PDOP 值和可见卫星数

公认的数据质量检测系统规定的惯用参考指标,本文采用 MP1 <0.5 m、MP2 <0.75 m 作为标准参考值,MP 值越大,多路径效应越严重。

观测值信噪比(SNR)主要受天线增益参数、接收机中相关器状态、多路径效应 3 个方面的影响。根据 IGS 数据检测经验,一般情况下 L1 载波的信噪比 SN1 >4,L2 载波的信噪比 SN2 >6。若信噪比较低,即观测噪声较大,将严重影响 GNSS 信号的质量。

通过 TN03 和 TN06 不同天气的多路径指标 MP1 和 MP2 数值对比可知,晴天时多路径效应影响最小,雨天时多路径效应影响有所增大,可见不同观测天气对 GNSS 观测会产生一定影响。大坝坝顶多路径效应指标 MP1 和 MP2 数值总体偏大,超过50%的测点 MP1 > 0.5 m,反映监测站受到来自上游侧水面和山体的多路径影响较为明显,在空间分布上,大坝左右岸坝段相对河床坝段多路径效应偏大。

对于同一测站,采用 Trimble 接收机观测的 MP1 和 MP2 指标低于北斗星通接收机的,这与 Trimble 接收机采用的扼流圈天线和接收机自身的性能有关,采用扼流圈天线,抗多路径效果明显提升,见图5~图7。

基准站及坝顶监测站实测的信噪比指标能够满足要求。

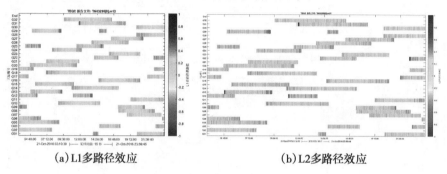

(a)L1多路径效应　　　　　　　　　　　(b)L2多路径效应

图5　TN03 L1/ L2 多路径效应

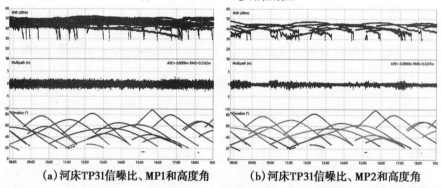

(a)河床TP31信噪比、MP1和高度角　　　(b)河床TP31信噪比、MP2和高度角

图6　河床 TP31 信噪比、MP1、MP2 和高度角

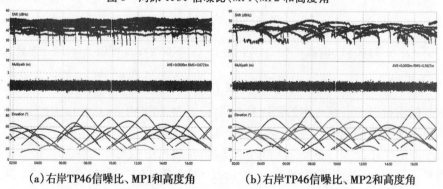

(a)右岸TP46信噪比、MP1和高度角　　　(b)右岸TP46信噪比、MP2和高度角

图7　右岸 TP46 信噪比、MP1、MP2 和高度角

4.4 观测值与周跳比

周跳是由于卫星信号失锁或其他软硬件和环境原因而使载波相位观测值中的整周计数所发生的突变,是反映相位观测数据质量的重要指标。TEQC 采用电离层残差法进行周跳的探测与评定,电离层变化率最小允许值为 400 cm/min,大于此值的观测历元将视为发生周跳。根据 IGS 数据检测经验,一般要求观测值与周跳比 O/slips > 200,小于此值表示对系统的稳定运行产生影响。

从备选基准站 TN03、TN06、TN07 和 TN19 的 O/slips 值对比统计可以看出,TN03 周跳最少,其次为 TN06,最多为 TN07,反映 TN03 和 TN06 观测数据质量稍好,观测环境条件较 TN07 适宜。从坝顶监测站的 O/slips 值对比统计可以看出,部分测站 O/slips 值相对偏小,反映坝顶 GNSS 观测数据质量总体欠佳,监测站周边的多路径效应、障碍物遮挡等环境条件影响较突出。

5 结论及建议

(1)现场 GNSS 信号测试成果显示,复杂环境下混凝土坝 GNSS 观测数据质量总体偏差,残余对流层延迟误差和多路径效应误差是坝址区典型的重要误差源,采用 BDS/GPS 组合定位,可大大增加卫星信号的可用性和可靠性,建议针对高山峡谷区域混凝土坝典型误差源特征,采取严密的质量控制措施,改进 BDS/GPS 融合定位算法,有效地削弱环境相关性误差影响,最终实现 GNSS 定位技术应用于复杂环境下混凝土坝高精度自动化变形监测。

(2)备选基准站 TN03 可见卫星数最多,PDOP 值小,卫星图形结构较好,数据利用率、多路径效应指标满足要求,周跳发生次数较少,选取基准站位置可综合参照 TN03 环境条件及位置特征。

(3)坝顶监测站可见卫星数偏少,数据利用率偏低,多路径效应较明显,周跳相对较多,坝址区 GNSS 各测站信号质量指标差异性较小,表明高山峡谷典型环境下测站观测条件适宜性总体偏差且误差影响规律具有较强的相关性。此外,引入北斗系统,进行 BDS/GPS 融合定位,卫星可见数显著增多,卫星图形结构仍能保持较好的一致性。

(4)采用带有抗多径扼流圈天线的高性能接收机,能增强对卫星的跟踪锁定能力、削弱多路径效应误差、提高观测值信噪比等。

参 考 文 献

[1] 张永奇,丁晓光,韩晓飞,等.陕西省 GNSS 连续运行基准站数据质量评价与分析[J].高原地震,2014,26(2):64-68.

[2] 邓清军.高精度 GPS 变形监测数据处理与分析方法研究[D].沈阳:东北大学,2008.

[3] 布金伟,左小清,常军,等.GNSS 多星定位数据的质量分析[J].昆明理工大学学报(自然科学版),2017,42(6):24-36.

[4] 黄丁发,丁晓利,陈永奇,等.GPS 多路径效应影响与结构振动的小波滤波筛分研究[J].测绘学报,2001,20(2):36-41.

[5] 丁超.中国沿海 GNSS 观测站数据质量检核和分析[D].青岛:山东科技大学,2017.

[6] 侯海东,杨艳庆,等.北斗卫星导航系统在变形监测中的应用展望[J].测绘与空间地理信息,2015(7):142-144.

高山峡谷环境下北斗/GPS融合定位
混凝土坝变形监测能力验证

李小伟，冯永祥，陈锡鑫

（雅砻江流域水电开发有限公司，四川 成都　610051）

摘　要　随着我国北斗导航卫星系统逐步建立完善，多频多模GNSS特别是北斗/GPS融合定位已成为行业研究和应用的热点。北斗卫星的引入，大大增加了卫星信号的可用性和可靠性，为解决西南深山峡谷地区水电站大坝GNSS变形监测卫星数量和信号质量问题提供了有效思路。本文通过在官地水电站大坝坝顶进行复杂环境北斗/GPS融合定位变形监测精度测试验证，实测表明内、外符合精度满足高山峡谷典型环境条件下混凝土坝精密形变监测要求，北斗/GPS融合定位在西南山区高山峡谷环境下大坝精密形变、滑坡体地质灾害等监测预警方面具有良好的应用前景。

关键词　高山峡谷；大坝变形监测；北斗/GPS融合定位；精度

1　引　言

雅砻江流域规划有22级电站，各电站坝址多具有地处深山峡谷、工程地质条件复杂、气象环境多变等特点。官地水电站位于四川省凉山州西昌市与盐源县交界的雅砻江干流河段上，拦河大坝为碾压混凝土重力坝，最大坝高168 m。坝址位于高山峡谷区，谷坡陡峻，河谷呈不对称"V"形，枯水期江水位1 203 m时，水面宽90～110 m，正常蓄水位1 330 m时，相应谷宽396～440 m。

大坝变形监测精度要求高，一般要达到误差优于±2 mm精度要求。在典型大坝变形监测的观测条件下，由于受到周围山体的遮挡，坝体上各监测点只能观测到部分高度角和方位角内的卫星，这会使单一定位系统的可用性大大降低，给高精度变形监测造成了极为不利的影响，单个卫星定位系统很难满足高精度的大坝监测要求。使用北斗/GPS双系统融合定位，大大增加可观测卫星数量，获取尽可能多的多余观测信息，可有效地提高定位结果的可靠性，为解决深山峡谷地区卫星数量和信号质量问题提供了有效思路。本文通过采用定制的精密云台设施进行官地水电站大坝现场实地测试，分析验证北斗/GPS融合定位技术的变形监测能力。

作者简介：李小伟(1991—)，男，安徽亳州人，工学学士，工程师，长期从事大坝安全监测及大坝运行安全管理工作。E-mail：lixiaowei@ ylhdc. com. cn。

2 北斗/GPS 融合定位

2.1 定位原理

GNSS 定位原理是空间距离后方交会,设时刻 t_i 在测站点 P 用 GNSS 接收机同时测得 P 点至 4 颗 GNSS 卫星 S1、S2、S3、S4 的距离 ρ_1、ρ_2、ρ_3、ρ_4,通过 GNSS 电文解译出 4 颗 GNSS 卫星的三维坐标 (X_j, Y_j, Z_j),$j = 1, 2, 3, 4$,用距离交会的方法求解 P 点的三维坐标 (X, Y, Z) 的观测方程为:

$$\rho_1^2 = (X - X_1)^2 + (Y - Y_1)^2 + (Z - Z_1)^2 + c\delta t$$
$$\rho_2^2 = (X - X_2)^2 + (Y - Y_2)^2 + (Z - Z_2)^2 + c\delta t$$
$$\rho_3^2 = (X - X_3)^2 + (Y - Y_3)^2 + (Z - Z_3)^2 + c\delta t$$
$$\rho_4^2 = (X - X_4)^2 + (Y - Y_4)^2 + (Z - Z_4)^2 + c\delta t$$

式中:c 为光速;δt 为接收机钟差。

北斗/GPS 融合定位主要涉及两方面的问题:参考系的统一问题和两卫星系统观测融合时的定权问题。GNSS 融合定位是采用多频多模 GNSS 接收机,同时接收北斗、GPS 等不同卫星定位系统观测数据,对多星座观测数据进行组合处理实现定位。与单星座 GPS 定位系统相比,GNSS 多星座组合系统具有更好的卫星星座几何图形强度,在连续性、可用性、可靠性、精度性能上更具优势。

2.2 精度评定

北斗/GPS 融合定位精度评定,可从反映 GNSS 定位稳定性的内符合精度和通过测定已知位移量来评价定位准确性的外符合精度进行分析评定。

2.2.1 内符合精度

内符合精度是同一观测点多次测量结果与其最或然值之差,它反映系统自身的稳定性和可靠性。

对同一个量重复观测值为 $l_1, l_2, \cdots, l_n$,设各观测值与平均值的差值为 $\bar{v}_i = L_i - \bar{l}$,则各观测值的内符合精度计算公式为:

$$\sigma = \sqrt{\frac{\overline{V^{\mathrm{T}} P \overline{V}}}{n - 1}} = \sqrt{\frac{\sum_{m=1}^{n} (l_m - \bar{l})^2}{n - 1}}$$

式中:σ 为 GNSS 在 N、E、U 方向的内符合精度;v 为观测值与其最或然值的差值;n 为观测点数量。

2.2.2 外符合精度

外符合精度表示测量定位的可靠性和准确性,可采用带有精密导轨的云台设施,在 X、Y、H 方向人为施加一定的已知位移量,采用 GNSS 定位测定这一位移量的观测值,通过观测值与已知值的差值来验证分析变形监测能力和外符合精度水平。

设 $\bar{l}$ 为观测值向量 $L = [l_1, l_2, \cdots, l_n]^{\mathrm{T}}$ 的真值,则各观测值相对于真值的改正值 $\bar{v}_i = L_i - \bar{l}$,则外符合精度计算公式为:

$$\sigma = \sqrt{\frac{\hat{V}^{\mathrm{T}} P \hat{V}}{n}} = \sqrt{\frac{\sum_{m=1}^{n}(l_m - \hat{l})^2}{n}}$$

3 现场测试

3.1 测试设施布置

在官地水电站大坝上游 TNgd－1、TNgd－3 和下游 TN06 建立 GNSS 工作基站,选取坝顶左岸坝段靠山侧的 TP05 和坝顶中间河床段的 TP25 两个强制观测墩作为典型观测点进行云台测试。观测墩对中盘安置定制的云台导轨装置(可精密施加位移量)和 GNSS 接收机,通过人为精确移动导轨,进行变形监测能力与外符合精度测试。基准站和监测点布置见图1、图2。

图1　基准站和监测站布置

(a)云台上下游方向滑轨

(b)云台河床方向滑轨

(c)云台高程方向滑轨

(d)观测设施

图2　云台装置及观测设施

3.2　现场测试实施

测试外业观测时段为2018年1月30日至2月12日。观测采用自动化全天候观测模式,其间确保设备连续稳定供电,记录天气与周边环境变化情况,并按计划精确移动云台导轨,云台具体设定情况见表1。

表1　精密云轨施加已知位移参考值测试过程　　　　　　（单位:mm）

日期(月-日)	TP05			TP25		
	ΔX_0	ΔY_0	Δh_0	ΔX_0	ΔY_0	Δh_0
01-30 ~ 01-31	− 3.0	0	5.0	− 3.0	0	5.0
02-01 ~ 02-03	− 1.0	0	2.0	− 1.0	0	2.0
02-04 ~ 02-06	− 3.0	0	5.0	− 3.0	0	5.0
02-07 ~ 02-08	− 1.0	0	2.0	− 1.0	0	2.0
02-09 ~ 02-10	1.0	0	− 1.0	1.0	0	− 1.0
02-11	3.0	0	− 4.0	3.0	0	− 4.0
02-12	5.0	0	− 7.0	5.0	0	− 7.0

注:上下游方向 X 向下游为" + ",高程方向 h 沉降为" + "。

3.3　卫星可见性

提取工作基站 TNgd − 3 和监测站 TP05、TP25 试验数据,使用 TEQC 软件进行有效卫星数指标统计,单 GPS 系统的可见卫星数为5 ~ 9 颗,平均为6 颗左右,数量偏少;采用多系统 GNSS 接收机接收北斗/GPS 双系统观测数据,卫星可见数为13 ~ 18 颗,平均为16 颗左右,可见卫星数量显著提高。PDOP 值显示卫星图形结构能保持较好的一致性,见表2。

表2　各测点 GNSS 可视卫星情况统计

测站编号	定位系统	可视卫星数	PDOP 值
TN03	GPS	6 ~ 10	2.6
	北斗/GPS	14 ~ 18	3.2
TP05	GPS	5 ~ 8	3.8
	北斗/GPS	13 ~ 18	5.0
TP25	GPS	5 ~ 9	3.6
	北斗/GPS	15 ~ 19	3.5

4　精度分析

试验数据后处理采用自主研制的北斗/GPS 变形监测数据处理软件,卫星星历采用广播星历,多路径效应和对流层延迟通过构建自适应环境模型进行改正,周跳的探测及修复采用改进的 TurboEdit 算法,整周模糊度的固定采用 LAMBDA 方法,工作基站选取距离最近的 TNgd – 3,数据处理采用双差观测模型。

4.1 内符合精度

以 TNgd – 3 为基准点,分别解算 TP05、TP25 两监测点,统计结果表明 24 h 平面位移解算精度均优于 2 mm,内符合精度良好,见表 3。

表 3 各测点 GNSS 变形监测内符合精度统计 （单位:mm）

基线	N	E	U	平面精度
TNgd – 3_TP05_1h – 24h	0.80	0.90	2.30	1.20
TNgd – 3_TP25_1h – 24h	1.10	1.00	2.20	1.50
TNgd – 3_TP05_24h – 24h	0.70	0.80	1.70	1.00
TNgd – 3_TP25_24h – 24h	1.10	0.90	1.10	1.30

4.2 外符合精度

4.2.1 解算成果

表 4 和表 5 分别为 TP05 和 TP25 各位移分量变形监测成果表,其中 $[\Delta x_0\ \Delta y_0\ \Delta h_0]$ 为云台移动的已知参考值,$[\Delta x\ \Delta y\ \Delta h]$ 为 GNSS 变形监测计算值,$[dx\ dy\ dh]$ 为计算值与参考值较差。图 3 ~ 图 5 分别为 X 向、Y 向和 H 方向位移监测过程线。

表 4 左坝段 TP05 监测点各位移分量变形监测成果 （单位:mm）

日期(年-月-日)	ΔX_0	ΔX	dX	ΔY_0	ΔY	dY	Δh_0	Δh	dh
2018-01-30	– 3.0	– 3.5	– 0.5	0	– 0.4	– 0.4	5.0	5.7	0.7
2018-01-31	– 3.0	– 3.8	– 0.8	0	– 0.7	– 0.7	5.0	5.4	0.4
2018-02-01	– 1.0	– 0.8	0.2	0	0.4	0.4	2.0	4.7	2.7
2018-02-02	– 1.0	– 0.9	0.1	0	– 0.3	– 0.3	2.0	3.8	1.8
2018-02-03	– 1.0	– 1.0	0	0	– 0.7	– 0.7	2.0	4.9	2.9
2018-02-04	– 3.0	– 2.5	0.5	0	– 0.1	– 0.1	5.0	8.7	3.7
2018-02-05	– 3.0	– 2.0	1.0	0	– 0.2	– 0.2	5.0	7.5	2.5
2018-02-06	– 3.0	– 2.2	0.8	0	– 0.1	– 0.1	5.0	5.6	0.6
2018-02-07	– 1.0	– 0.2	0.8	0	0.4	0.4	2.0	5.2	3.2
2018-02-08	– 1.0	– 0.1	0.9	0	0.0	0.0	2.0	5.6	3.6
2018-02-09	1.0	2.8	1.8	0	– 0.1	– 0.1	– 1.0	3.5	4.5
2018-02-10	1.0	2.9	1.9	0	– 0.2	– 0.2	– 1.0	1.2	2.2
2018-02-11	3.0	4.4	1.4	0	0.0	0.0	– 4.0	– 1.4	2.6
2018-02-12	5.0	6.0	1.0	0	0.0	0.0	– 7.0	– 2.4	4.6

表5　河床坝段 TP25 监测点各位移分量变形监测成果　　　　（单位:mm）

日期(年-月-日)	ΔX_0	ΔX	dX	ΔY_0	ΔY	dY	Δh_0	Δh	dh
2018-01-30	-3.0	-3.8	-0.8	0	-0.9	-0.9	5.0	6.2	1.2
2018-01-31	-3.0	-4.1	-1.1	0	-0.4	-0.4	5.0	3.6	-1.4
2018-02-01	-1.0	-1.2	-0.2	0	0.0	0	2.0	2.8	0.8
2018-02-02	-1.0	-1.3	-0.3	0	-0.2	-0.2	2.0	1.3	-0.7
2018-02-03	-1.0	-0.4	0.6	0	-0.9	-0.9	2.0	3.5	1.5
2018-02-04	-3.0	-2.7	0.3	0	-0.5	-0.5	5.0	6.0	1.0
2018-02-05	-3.0	-1.2	1.8	0	-1.0	-1.0	5.0	7.5	2.5
2018-02-06	-3.0	-1.7	1.3	0	-0.7	-0.7	5.0	6.3	1.3
2018-02-07	-1.0	0.3	1.3	0	-1.3	-1.3	2.0	4.7	2.7
2018-02-08	-1.0	0.6	1.6	0	-0.7	-0.7	2.0	3.8	1.8
2018-02-09	1.0	1.1	0.1	0	-1.4	-1.4	-1.0	1.5	2.5
2018-02-10	1.0	1.3	0.3	0	-0.6	-0.6	-1.0	-1.2	-0.2
2018-02-11	3.0	2.5	-0.5	0	-0.2	-0.2	-4.0	-4.0	0
2018-02-12	5.0	3.5	-1.5	0	-0.3	-0.3	-7.0	-6.0	1.0

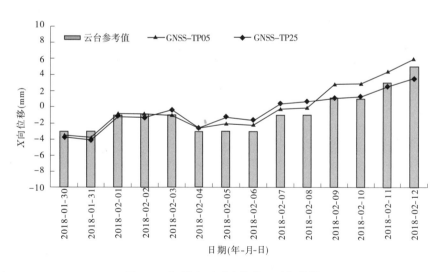

图3　X 向(顺河方向)位移—时间曲线

4.2.2　精度分析

坝顶变形监测点 GNSS 变形计算值(24 h 解)与云台精确移动的变形参考值一致性良好,水平方向较差在 1.9 mm 以内,高程方向较差在 4.6 mm 以内。根据各较差统计外符合精度指标情况见表6。

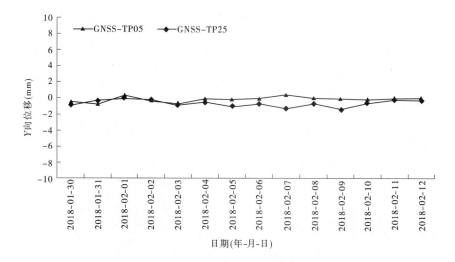

图4　Y 向（河床方向）位移—时间曲线

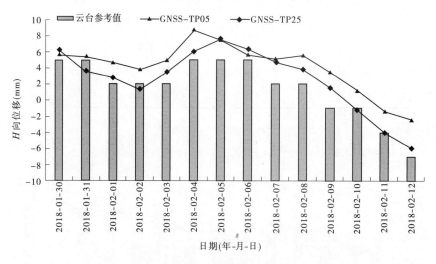

图5　H 向（高程方向）位移—时间曲线

表6　各站点 GNSS 变形监测精度统计　（单位:mm）

点位	X	Y	H	平面精度
TP05	0.80	0.30	1.30	0.85
TP25	1.00	0.40	1.20	1.08

根据官地水电站坝址区 GNSS 实测数据分析,24 h 时段解变形监测外符合精度水平方向优于 1.0 mm,高程方向优于 2.0 mm,能够较好地探测和识别出云台导轨移动参考值。对比各分量监测精度,左右岸方向最佳,顺河方向次之,高程方向最弱。

5　结　语

随着我国北斗导航卫星系统逐步建立完善,多频多模 GNSS 特别是北斗/GPS 融合定位已成为行业研究和应用的热点。北斗卫星的引入,大大增加了卫星信号的可用性和可靠性,为解决深山峡谷地区卫星数量和信号质量问题提供了有效思路。现场验证测试效果显示,在官地水电站高山峡谷、高坝大库复杂环境条件下,应用北斗/GPS 融合定位技术进行变形监测的内、外符合精度满足《混凝土坝安全监测技术规范》(DL/T 5178—2016)的技术要求,北斗/GPS 融合定位在西南山区高山峡谷环境下大坝精密形变、地质灾害等监测预警方面具有良好的应用前景。

参 考 文 献

[1] 侯海东,杨艳庆,等.北斗卫星导航系统在变形监测中的应用展望[J].测绘与空间地理信息,2015(7):142-144.

[2] 闵从军,周瑛,等.北斗/GPS 大坝实时监测与预警系统精度测试研究[J].勘察科学技术,2018(2):19-22.

[3] 吴世勇,杨弘.雅砻江流域工程安全关键技术与风险管理[J].大坝与安全,2018(1):4-10.

[4] 张逸仙.探究 GNSS 技术在大坝变形监测中的应用[J].价值工程,2017,36(22):198-200.

[5] 李征航,黄劲松.GPS 测量与数据处理[M].武汉:武汉大学出版社,2005.

[6] 李红连,黄丁发,陈宪东.大坝变形监测的研究现状与发展趋势[J].中国农村水利水电,2006(2):89-90.

官地水电站1号水轮发电机组盘车异常原因分析及处理

商长松,李有春,寒万祥,黄帅超

(雅砻江流域水电开发有限公司,四川 成都　610051)

摘　要　官地水力发电厂在进行1号机组停机检修时,利用人工对水轮发电机组转动部分进行盘车,发现盘车不动,经过一系列的排查,发现7号推力轴承瓦与高压油支管接头松脱,经过对推力轴承瓦和支撑的受力情况分析后,确定7号推力轴承瓦与高压油支管接头松脱是造成盘车不动的原因,将脱落的接头回装后问题成功解决,此问题的解决为快速处理相类似问题提供了思路。

关键词　水轮发电机;盘车;异常

1　概　述

官地水力发电厂发电机为立轴半伞式发电机,水轮发电机组的轴系由顶轴、转子支架中心体、发电机轴、水轮机轴组成,径向支撑为发电机上导轴承、下导轴承和水轮机水导轴承,轴向支撑为发电机推力轴承。

发电机推力轴承布置在下机架中心体上部,承受机组所有转动部件重量和轴向水推力,并将载荷传递给基础,推力轴承主要包含推力头、镜板、16块推力轴承瓦、推力轴承支撑等,如图1所示。

发电机推力轴承配备有高压油顶起系统,在机组启动前高压油系统投入,使推力轴承瓦和镜板间形成压力油膜,防止推力轴承瓦和镜板间干摩擦而发生烧瓦事故,当机组转速达到90%额定转速时,推力轴承瓦与镜板间因旋转会自行形成润滑油膜,高压油顶起系统退出;在机组停机时,当转速小于90%额定转速时,高压油系统投入,机组停机后,高压油顶起系统退出。

2　异常现象

2018年5月,在1号机组停机检修时,开展了1号发电机制动环紧固螺栓检查工作,由于部分制动环螺栓处于制动器上方,需盘车方可对其检查。在投入高压油系统后,利用两台2 t手拉葫芦对转动部分进行人工盘车,未能将转子转动。

作者简介:商长松(1965—),男,教授级高工程师,从事水力发电厂生产管理工作。

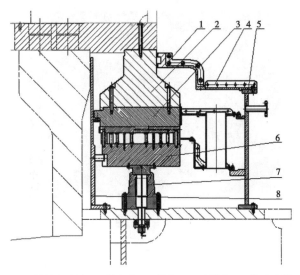

1—接触式油挡;2—推力头;3—镜板;4—油槽盖;5—推力油槽;
6—推力轴承瓦;7—推力支撑;8—推力挡油管

图 1　推力轴承结构

3　现场检查及处理

鉴于以往人工盘车所投入人力的情况,初步分析此次盘车不动存在异常情况,遂对影响盘车的各个部位以从易到难的顺序进行了全面的检查,包括空气间隙检查、补气头检查、转轮及上下止漏环间隙检查、导轴承分解检查、推力轴承分解检查,检查情况如下:

(1)空气间隙检查。采用一条约 5 m 长白布贯穿发电机上下部空气间隙,绕转子一周无卡阻,检查空气间隙无异物卡阻。

(2)补气头检查。采用 3 mm 塞尺检查补气管与集水盆间隙一周,塞尺可以顺利通过,无异物卡阻。

(3)转轮及转轮上下止漏环间隙检查。外观检查转轮无异物卡阻,用钢板尺通划转轮上下止漏环,无异物卡阻。

(4)下导轴承油槽盖板分解检查。分解下导油槽盖板后,检查 12 块下导瓦无轴向、周向移动痕迹,楔子板卡板固定螺栓无松动,轴领无剐蹭痕迹,下导瓦巴氏合金层无脱落,下导轴承油槽内无异常。

(5)推力轴承油槽分解检查。检查发现 7 号推力轴承瓦与高压油支管接头松脱,如图 2 所示;检查其余 15 块推力轴承瓦与高压油支管接头,接头紧固无松动。

外观检查推力轴承瓦无移动痕迹,用制动器将转子顶起 8 mm,检查推力轴承瓦面及镜板无明显划痕。

用游标卡尺测量 16 个与推力轴承瓦连接高压油支管外径均为 5.9 mm,检查 7 号推力瓦对应单向阀接头无异常,将 7 号推力轴承瓦与高压油管接头恢复后,启动高压油系统,检查高压油拱起压力及油泵出口压力正常,推力轴承瓦与镜板之间出油正常,推转子支架盘车一圈,1 号机盘车正常。

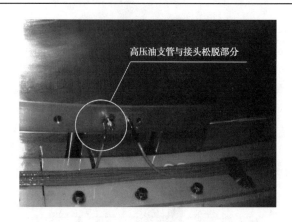

图2　7号推力轴承瓦与高压油支管接头松脱

4　原因分析

通过上述一系列检查,仅发现7号推力轴承瓦与高压油支管接头松脱,其余各部件无异常,初步认为盘车不动原因为7号推力轴承瓦与高压油支管接头松脱,经过对推力轴承瓦和支撑的受力情况进行分析后,确定7号推力轴承瓦与高压油支管接头松脱是造成盘车不动的原因,具体分析如下。

推力轴承瓦承受机组所有转动部件重量和轴向水推力,通过推力轴承支撑传递到下机架,然后传递给基础。支撑结构是推力轴承的重要组成部分,主要包括支柱、测量杆、支撑座等,如图3所示。

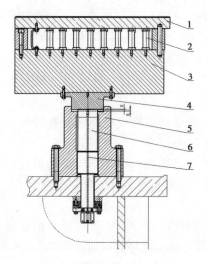

1—薄瓦;2—弹性柱;3—托瓦;4—托盘;
5—支撑座;6—支柱;7—测量杆
图3　推力轴承瓦及支撑结构

推力轴承瓦和托盘支撑在支柱上,它们由固定在下机架上的支撑座来支撑。支柱通过一段M120的螺纹与支撑座相连,这段M120的螺纹既要承受整个推力负荷,同时也用来调节支柱的高度。支柱中心加工有 $\phi7.5$ 的通孔，里面装有测量杆。因为各推力轴承瓦上的不均衡载荷会造成各支柱的压力差，这个压力差直接反映为各支柱中测量杆的不同位移量，在安装时可以通过电子位移表测量该位移量，并据此对支柱进行高度调节，使各支柱的压缩量偏差在标准要求范围内，以确保各推力轴承瓦受力平衡。

查询《雅砻江官地水电站机电安装工程验收检查记录》中 1 号机推力轴承支柱螺钉压缩量检查记录，在承受发电机轴、转子、水轮机轴、转轮的重量时，1 号机 7 号推力轴承瓦支柱压缩量 H_1 为 0.141 2 mm。在启动高压油后，现场实测转子顶起高度 H_3 为 0.095 mm。在高压油系统运行状态，由于 7 号推力轴承瓦与高压油支管接头松脱，7 号推力轴承瓦与镜板间没有油膜，且 7 号推力轴承支柱的压缩量大于转子顶起的高度，导致 7 号推力轴承瓦与镜板没有脱离开而形成干摩擦。可以通过计算得出高压油系统运行后 7 号推力轴承瓦承受轴向力大小，计算方法如下：

在承受水轮发电机组转动部件的总重量时，7 号推力轴承瓦支柱螺钉压缩量 H_2 为：

$$H_2 = \frac{G_1}{G_2} \times H_1 \approx 0.143\ 6\ \text{mm}$$

推力轴承每块推力轴承瓦受到轴向力 F_1 约为：

$$F_1 = \frac{G_1}{n} = \frac{18\ 735.24}{16} \approx 1\ 170.95(\text{kN})$$

7 号推力轴承瓦与高压油支管接头松脱状态下启动高压油系统，7 号推力轴承瓦支柱螺钉压缩量 H_4 为：

$$H_4 = H_2 - H_3 = 0.048\ 6\ \text{mm}$$

根据胡克定律，金属在弹性变形范围内，应力与应变成正比例关系，7 号推力轴承瓦与高压油支管接头松脱状态下启动高压油系统，7 号推力轴承瓦受轴向力 F_2 约为：

$$F_2 = \frac{F_1}{H_2} H_4 \approx 396.3(\text{kN})$$

式中：H_1 为在承受发电机轴、转子、水轮机轴、转轮的重量时，1 号机 7 号推力轴承瓦支柱螺钉压缩量；H_2 为在承受水轮发电机组转动部件的总重量时，1 号机 7 号推力轴承瓦支柱螺钉压缩量；H_3 为高压油运行时转子顶起高度；G_1 为水轮发电机组转动部件总重量；G_2 为发电机轴、转子、水轮机轴、转轮总重量；n 为推力轴承瓦总数。

由上述计算可知，在停机状态下，7 号推力轴承瓦与高压油支管松脱，启动高压油系统后，7 号推力轴承瓦仍然受到 396.3 kN 的轴向力，参考《机械设计手册》中的摩擦因数，暂按照较低的摩擦因数 0.15 计算，推力轴承瓦与镜板间的摩擦力也为 59.45 kN，所以利用两台 2 t 手拉葫芦对转动部分进行人工盘车不能将转子转动。

5　结　语

通过以上分析，在机组停机和压力钢管排水的情况下，高压油系统投入运行后，只要有一块推力轴承瓦与镜板之间未能正常出油，便无法进行人工盘车。因此，建议在机组检修工作中增加机组盘车检查工作，以检查高压油系统在推力油槽内部是否运行正常。此问题的解决也为盘车不动问题提供了一条快速排查的思路。

参 考 文 献

[1] 闻邦椿. 机械设计手册[M]. 北京：机械工业出版社, 2010.

[2] 陈铁华. 水轮发电机原理及运行[M]. 北京：中国水利水电出版社, 2018.

[3] 宋洪占, 张砚明. 水轮发电机推力轴承推力瓦、托盘或托瓦的变形分析与计算[J]. 防爆电机, 2011 (6): 17-21.

[4] 官地电站水轮发电机设计说明书: 0EA. 460. 746.

离相封闭母线电流互感器等电位弹簧放电检查及处理

周浩,黄世超

(雅砻江流域水电开发有限公司,四川 成都　610051)

摘　要　官地水力发电厂某台 600 MW 水轮发电机组在运行过程中,20 kV 离相封闭母线扩大段电流互感器部位出现间歇性放电声音,进一步检查放电部位为电流互感器断裂的等电位弹簧尖端与封闭母线导体之间,分析放电的原因为等电位弹簧断裂导致空气间隙被击穿。对此,在电流互感器内腔环氧树脂表面与封闭母线导体之间加装了裸铜线作为等电位线,加装后放电现象消失。

关键词　封闭母线电流互感器;放电;等电位

1　引　言

离相封闭母线因防尘效果好、磁屏蔽效果好、维护量小等优势,在大型水电站中得到广泛应用,但同时因其封闭性,导致日常巡视检查过程不易及时发现设备相关问题。本文针对一例 600 MW 水轮发电机组 20 kV 离相封闭母线等电位弹簧放电检查及处理情况进行分析,供同类发电机组处理相关问题时参考借鉴。

2　故障现象与处理

官地水力发电厂安装有 4 台 600 MW 水轮发电机,离相封闭母线额定电压 20 kV,在封闭母线内部布置有穿心式电流互感器。

2.1　故障现象

2017 年 11 月,电厂人员在巡检过程中发现,1 号机厂高变部位离相封闭母线扩大段有间歇性放电异响,进一步检查发现放电异响来源为封闭母线内部电流互感器位置。

1 号主变停电后,检修人员对封闭母线放电部位进行检查,封闭母线导体、外壳均无放电痕迹,电流互感器本体及其固定螺栓无异常,进一步检查发现电流互感器内腔上等电位弹簧断裂,如图 1 所示,其对应位置封闭母线导体上有明显放电痕迹,如图 2 所示。

2.2　现场处理

取下电流互感器内腔上方及下方的等电位弹簧,采用软裸铜线连接电流互感器内腔与封闭母线导体,如图 3 所示。安装软裸铜线时注意与电流互感器端连接紧固,防止运行

作者简介:周浩(1988—),男,本科学历,工程师,从事水电厂电气一次设备检修维护相关工作。
E-mail:515368780@ qq.com。

图 1　等电位弹簧断裂　　　　　　　　图 2　封闭母线导体上放电痕迹

过程中软铜线脱落造成封闭母线接地故障。软铜线安装完毕后应留有适当的裕度,防止铜线过度绷紧导致运行过程中断裂。

　　处理完成后对封闭母线进行了绝缘电阻和交流耐压试验,试验结果正常,放电异响消失。对封闭母线恢复送电后持续观察,放电异响消失,各设备运行正常。

图 3　电流互感器等电位线处理

3　原因分析

　　故障电流互感器型式为穿心式环氧树脂浇筑电流互感器,其本身结构不含一次绕组,封闭母线导体穿过电流互感器中心起一次绕组作用,二次绕组均匀缠绕在电流互感器圆形铁芯上,与仪表等二次负荷串联形成闭合回路。

　　由此可见,电流互感器一次绕组与二次绕组之间相当于存在空气与环氧树脂两个介电常数不同的电容器,等效原理图如图 4 所示。

　　根据

$$C = \frac{\varepsilon S}{4\pi d}$$

式中:ε 为介电常数;S 为电容两极板正对面积;d 为两极板间距离。

　　由于 $S_1 = S_2$,$d_1 \approx d_2$,$\varepsilon_1 > \varepsilon_2$,因此 $C_1 > C_2$。电容两端电压 $U = \dfrac{I}{\omega C}$,因 $I_1 = I_2$,$C_1 > C_2$,因此 $U_1 < U_2$。

　　由此可见,如果不采取任何措施,封闭母线运行过程中,分配在空气上的电压值 U_2 高于分配在环氧树脂上的电压值 U_1,而环氧树脂耐压强度远高于空气耐压强度,因此容易造成空气击穿放电,产生异响。

　　当通过等电弹簧或等电位线将电流互感器内腔与导体(一次绕组)相连接后,相当于空气介质被短接,一次绕组与二次绕组之间仅存在环氧树脂介质,其等效原理图如图 5 所示。一次绕组与二次绕组之间电压全部分配在环氧树脂绝缘材质上,消除了因空气间隙存在可能导致的放电现象。

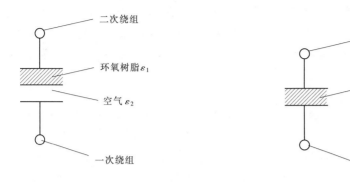

图 4　一次、二次绕组间等效原理　　　图 5　一次、二次绕组间等效原理

图中 $\varepsilon_1 = 3 \sim 4, \varepsilon_2 = 1$。

综上,此次放电现象的原因为电流互感器等电位弹簧断裂导致封闭母线导体与电流互感器内腔之间存在空气间隙,而该空气间隙绝缘强度不足以承受如此高等级电压,导致空气击穿放电,产生异响。

为全面普查等电位弹簧情况,结合机组检修对全厂封闭母线电流互感器等电位弹簧进行了检查,发现多处等电位弹簧存在缺失、断裂、歪斜或与导体未接触现象,分析导致此类情况的原因多为安装不到位引起。具体原因分析如下:

(1)电流互感器在运输、安装过程中,部分等电位弹簧因振动等因素从电流互感器本体固定销上脱落,安装完成后未引起重视,导致缺失的弹簧未及时补全。

(2)电流互感器安装时,需要预先将电流互感器从吊装孔起吊至适宜位置,再水平推移至固定螺栓安装位置,电流互感器移动过程中,等电位弹簧与导体之间存在挤压现象,导致弹簧不能与导体垂直接触,而是倾斜着与导体接触。

(3)电流互感器安装时,因离相封闭母线外壳的螺栓固定孔存在偏差,导致电流互感器安装后位置有一定程度偏移,造成电流互感器内表面与导体表面各方向间隙不一致,部分电流互感器等电位弹簧与导体间隙过大,造成等电位弹簧与电流互感器未接触或接触不可靠。

(4)设备运行过程中,由于存在轻微振动等因素,导致电流互感器等电位弹簧与导体接触从垂直接触转变为倾斜接触,造成接触不良。

4　安装及维护建议

针对上述原因,为保障设备安全稳定运行,避免出现因等电位弹簧缺失、断裂、歪斜等现象造成电流互感器一次绕组与导体接触不良问题,建议在安装及维护过程中做好以下措施:

(1)封闭母线运行过程中,加强对电流互感器部位巡视检查,如发现异常放电声响,应及时停机检查,防止事故扩大。

(2)电流互感器安装前,专人检查电流互感器内腔等电位弹簧齐全,固定牢固。如有缺失,及时补充并安装到位。电流互感器安装到位后,专人检查等电位弹簧无脱落现象。

(3)电流互感器吊运到位并固定牢固后,专人检查等电位弹簧无挤压变形现象。对于歪斜的电流互感器等电位弹簧,应及时调整位置,使其与导体保持垂直接触状态。

(4)电流互感器安装完成后,专人检查导体与电流互感器内腔各方向的间隙,必要时调整电流互感器位置,使其与封闭母线导体各方向间隙基本一致,电流互感器弹簧与导体接触良好。

(5)在设备定期维护期间,每年对电流互感器等电位弹簧状态安排专人进行专项检查,发现有异常的现象及时进行调整,保证等电位弹簧与导体始终处于良好的垂直接触状态。

(6)必要时,可考虑使用软裸铜线代替等电位弹簧连接电流互感器内腔与封闭母线导体,确保软裸铜线与电流互感器内腔及封闭母线导体连接紧密,无松脱风险。

5 结 论

离相封闭母线的优势有效地提升了设备的稳定运行,但由于其封闭性,导致在日常巡视检查过程不易发现文中的类似设备隐患。因此,在机组检修过程中,应将该类型电流互感器等电位弹簧或等电位线的检查列入重点检查项目,以便及早发现隐患,及时处理。另外,文中针对此次放电现象的处理效果显著,达到了预期目的,为同类水力发电厂处理此类放电现象提供了案例参考和实用方法。

参 考 文 献

[1] 梁国玲,马雅英.离相封闭母线运行中放电声音的检查处理[J].电力安全技术,2014,16(5):49-50.
[2] 刑福全,谭艳华.母线式电流互感器使用等电位线的机理[J].变压器,2004,41(1):8-9.

官地水电站 500 kV GIS 主变高压侧 T 区停电后电压过高原因分析及应对策略研究

王定立,毛成钢,杨永洪,张贺伟,付张雨

(雅砻江流域水电开发有限公司,四川 成都　610051)

摘　要　官地水电站在进行 500 kV GIS 主变高压侧 T 区停电倒闸操作时,曾经出现 T 区停电后电压过高的问题,对运行操作及二次系统产生了不利影响,例如运行人员可能对开关状态产生误判,安控装置因报 PT 断线而闭锁等。经分析,该问题主要由 PT 激发铁磁谐振引起,本文通过对官地水电站接线图的分析,结合 GIS 主变高压侧 T 区简化等效电路以及 500 kV 设备参数,对 T 区停电倒闸操作后可能出现的过电压进行计算,既找出 T 区过电压的原因,又对过电压的危害进行分析。最后结合官地水电站实际情况提出应对策略,包括避免 PT 铁磁谐振的操作方式及减小铁磁谐振影响的措施。

关键词　官地水电站;GIS 过电压;电压互感器;铁磁谐振

1　前　言

当电力系统内部运行方式发生改变,会偶发过电压现象。按照过电压形成的原因划分有三种:暂态过电压、操作过电压和谐振过电压。官地水电站出现的过电压现象,是出现在 T 区由冷备用转运行的过程中,主变并没有接入,综合分析后,可以排除暂态过电压以及操作过电压的可能。导致官地水电站在倒闸操作过程中出现过电压的原因应为铁磁谐振引起的谐振过电压[1]。

我国电力系统高压设备上的电压互感器(PT)大部分是电磁感应式的,如在官地 500 kV GIS 主变高压侧 T 区上装设的电压互感器就是电磁式电压互感器,开关断口也装设有并联电容[2]。当系统中发生某种大的扰动或操作时,PT 的铁芯就有可能饱和,进而可能诱发铁磁谐振。铁磁谐振是一种在电力系统上并不少见的非线性共振现象,这种不正常的谐振造成的瞬时或稳态过电压和过电流将引起电气设备的损坏,铁磁谐振主要的特性是在不同的初始条件下,却有不止一种的稳态响应,在铁磁谐振发生时,电压和电流的响应会从正常的稳态响应突然跳跃至波形失真的另一种稳态,甚至会产生数倍额定电压的过电压、过电流现象,而导致设备的绝缘破坏[3]。

铁磁谐振则与电压大小突然改变或频率变动有关,上述变动均有可能会引起铁磁谐振过电压现象,它的谐振频率发生于某一范围内,这种不正常的谐振造成的瞬时或稳态过

作者简介:王定立(1983—),男,本科学历,工程师,从事发电厂运行相关工作。E-mail:wangdingli@ yl-hdc.com.cn。

电压和过电流将引起电气设备的损坏。本文将结合官地水电站的主接线及有关参数,对GIS 主变高压侧 T 区停电后电压过高原因进行分析和计算。

2　系统条件

2.1　系统接线方式

官地水电站 500 kV 电气主接线及站内断路器、刀闸、PT 等如图 1 所示。

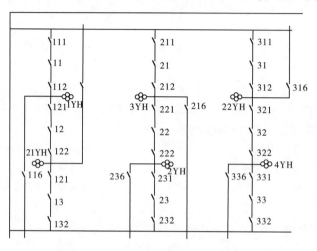

图 1　官地水电站主接线图

2.2　电压互感器参数

根据厂家提供的资料,表 1 给出了 500 kV 电磁式电压互感器相关电气参数。

表 1　电压互感器参数表

参数名称		单位	数值
直流电阻 (75 ℃换算值)	二次绕组	kΩ	41.02
	二次绕组	Ω	0.022
短路阻抗(等效至二次侧)		Ω	0.037 3
杂散电容 C_p		pF	150

表 2 给出了 500 kV 电磁式电压互感器铁芯励磁特性的设计值,相应的励磁特性曲线如图 2 所示。

表 2　PT 伏安特性参数

励磁电压(kV)	励磁电流(A)
60.9	0.000 1
179	0.000 3
292.2	0.000 4

续表 2

励磁电压（kV）	励磁电流（A）
386.2	0.000 5
409.7	0.001 0
501.8	0.003 8
601.7	0.008 7
703.2	0.022 7
800.0	0.091 1

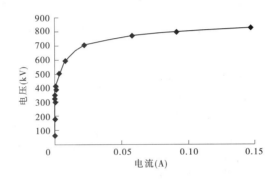

图 2　PT 励磁曲线

2.3　GIS 主变高压侧 T 区简化等效电路

　　一般铁磁谐振的激发因素是合刀闸和断路器分闸[4]。铁磁谐振是一种非线性谐振。设 E 为电源电压；L_s 为电源漏感；C_m 为地刀、隔刀及电压互感器对地电容；C_k 为断路器等值均压电容；L 为电互感器的激磁电感；R 为回路等效损耗电阻。中性点直接接地系统中发生铁磁谐振过电压的等效电路可用图 3 表示。

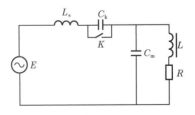

图 3　GIS 主变高压侧 T 区简化等效电路

　　在图 3 中，由于电源漏感 L_s 很小，故可忽略不计。当拉开断路器 K 投入 C_k 时，C_m 上会产生一个过渡过程。正常情况下，C_m 和 L 并联支路呈容性，且一般情况下，$C_m > C_k$，C_m 上分担的电压（电压互感器上分担的电压）并不高。但当 C_m、C_k 和 L 三个参数配合不当时，上述暂态过程将导致 PT 铁芯饱和，使得 C_m 和 L 并联支路呈感性，设其等值电感为 L'。此时，它与 C_k 成为串联回路，当 $X_{C_k} = \omega L' = 2\pi f L'$ 时，电路进入串联谐振状态，C_k 和 L 上都将出现很高的过电压。

2.4　T区对地电容与断路器断口电容参数

官地水电站 500 kV 开关站第一串与第三串结构相同,并且第二串长度也在前两者研究范围内。基于上述考虑,并考虑隔刀(80 pF)、地刀(5 pF)、电流互感器(56.2 pF)、断路器(225 pF)等设备杂散电容,研究中考虑了可能存在的各种 T 区对地电容 C_2 和断路器断口电容 C_1 组合情况,其中 T 区结构 1 对应于 1YH 与 116 之间、3YH 与 216 之间、2YH 与 236 之间以及 4YH 与 336 之间 T 区及相联设备的对地电容,结构 2 对应于 21YH 与 136 之间、22YH 与 316 之间 T 区及相联设备的对地电容,如表 3 所示。

表3　T 区对地电容和断路器断开电容组合

所操作 T 区结构	断路器不同运行状态下,T 区电容 C_2(pF)		
	两台串	单台	两台并
结构 1	—	813	813
结构 2	—	914	—
2 段结构 1	813 + 813	—	813 + 813
结构 1 和 2	813 + 944	—	813 + 914
推算	—	1 900	1 900 或 1 900 + 1 900

3　空载 T 区操作引起的 PT 铁磁谐振问题分析

3.1　操作方式

(1)单断路器:单断路器操作单段空载 T 区,如 32 断路器操作 4YH 与 336 之间 T 区。

(2)双断路器串联:双断路器串联操作两段空载 T 区,如 12 与 13 断路器操作 1YH 与 116 及 21YH 与 136 之间的 T 区。

(3)双断路器并列:双断路器并列运行操作单段空载 T 区,如 22 与 23 两组断路器并列运行,操作 2YH 与 236 之间的 T 区。

上述操作方式下,与 T 区相联的 500 kV 断路器由冷备用转热备用(合闸隔离开关)或断路器由运行转热备用(断路器分闸)等操作方式下,不同的断路器断口电容 C_1 和 T 区对地电容 C_2 组合情况下,隔离开关(DS)合闸或断路器(CB)分闸 0.5 s 后,500 kV 空载 T 区电压的统计分析结果见表4。

3.2　计算结果分析

从计算结果可以看出,当隔离开关合闸操作方式空载 T 区时,对 PT 的激励作用很小,各种 T 区操作方式下均无谐振产生。而在断路器操作空载 T 区情况下,由于 T 区对地电容小,由此引发的 PT 铁磁谐振问题较为严重,具体情况如下:

(1)当出现单断路器操作单段空载 T 区时,T 区对地电容 C_2 在 813 ~ 944 pF 范围内,断路器分闸后 T 区出现了高幅值、持续不衰减的谐振过电压,频率在 1/2 次分频和工频之间,并包含一定比例的高次谐波。C_2 为 813 pF 时,谐振过电压最为严重,达到 2.09 p.u.。从 PT 励磁电流波形图(图4)中可以看出,PT 明显进入了饱和区域,产生了持续不衰减的励磁涌流,其频率与电压一致。T 区对地电容 C_2 为 1 900 pF 情况下,断路器分闸后 T 区电压也出现了持续不衰减的谐振现象,频率为 1/3 次分频,过电压幅值为 1.08 p. u.。

表4　500 kV 空载 T 区电压的统计分析结果

C_1(pF)	C_2(pF)	开关操作方式	500 kV T 区电压	
			幅值(kVp)	过电压(p. u.)
单断路器	813	DS 合闸	175	—
		CB 分闸	931	2.09
	944	DS 合闸	161	—
		CB 分闸	920	2.07
	1 900	DS 合闸	103	—
		CB 分闸	479	1.08
双断路器串联	813 + 813	CB 分闸	723	1.62
			185	—
	813 + 944	CB 分闸	710	1.60
			188	—
	1 900 + 1 900	CB 分闸	413	—
			119	—
双断路器并列	813	CB 分闸	1 400	3.15
	1 900		786	1.77
	813 + 813		980	2.20
	1 900 + 1 900		479	1.08

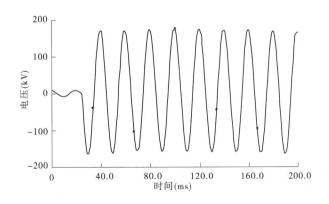

图4　$C_2 = 813$ pF 时 PT 励磁电流波形

　　(2)当出现双断路器串联操作两段空载 T 区时,若 T 区之间的断路器先分闸(热备用状态),则电源侧断路器分闸 T 区操作方式下,T 区对地电容 C_2 在 813 ~ 944 pF 范围内,电源侧断路器分闸后 T 区出现了高幅值、持续不衰减的谐振过电压,频率在 1/2 次分频和工频之间。C_2 为 813 pF 时,谐振过电压最为严重,达到 1.62 p.u.。从 PT 励磁电流波形图(图5)中可以看出,PT 明显进入了饱和区域,产生了持续不衰减的励磁涌流,其频率与电压一致。T 区对地电容 C_2 为 1 900 pF 情况下,断路器分闸后 T 区电压也出现了持续不衰减的谐振现象,频率为 1/3 次分频,但电压幅值不高,为 413 kVpeak(0.93 p.u.)。

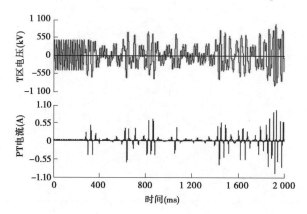

图5　C_2 = 813 pF 时 PT 励磁电流波形

(3)当出现双断路器串联操作两段空载 T 区时,若电源侧断路器先分闸(热备用状态),则 T 区之间的断路器分闸 T 区操作方式下,T 区对地电容 C_2 在 813 ~ 1 900 pF 范围内,电源侧断路器分闸后 T 区无谐振现象发生。

(4)当出现双断路器并列运行操作单段空载 T 区时,T 区对地电容 C_2 在 813 ~ 1 900 pF 范围内,断路器分闸后 T 区出现了高幅值、持续不衰减的谐振过电压,频率在 1/2 次分频和工频之间。C_2 为 813 pF 时,谐振频率为工频,谐振过电压最为严重,在断路器跳闸后 0.5 s,过电压幅值维持在 3.15 p.u. 不衰减。从 PT 励磁电流波形图(图6)中可以看出,PT 明显进入了饱和区域,产生了持续不衰减的励磁涌流,其频率与电压一致。T 区对地电容 C_2 为 1 900 pF 情况下,断路器分闸后 T 区电压也出现了持续不衰减的谐振现象,频率为 1/2 次分频,过电压幅值为 1.77 p.u.。

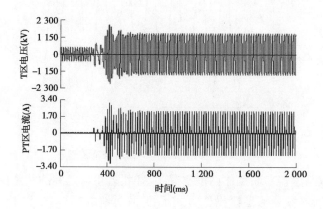

图6　C_2 = 813 pF 时 PT 励磁电流波形

4　应对策略研究

通过上文分析,结合目前官地水电站 GIS 一二次设备的实际情况,可采取的应对策略主要有两个方面:一是优化操作顺序,避免发生铁磁谐振;二是出现铁磁谐振后减小其产生的影响。

4.1　避免 PT 铁磁谐振的操作方式

(1)避免出现单断路器、双断路器并列运行及三断路器并列运行三种方式下操作空载短引线。

(2)当出现双断路器串联操作两段空载短引线时,建议先分闸电源侧断路器(热备用状态),再分闸短引线之间的断路器。12 断路器和 13 断路器分闸 1YH 和 116 之间及 21YH 和 136 之间短引线时,先分闸 13 断路器,再分闸 12 断路器。

(3)在铁磁谐振过电压发生过程中,不应将 T 区投入运行。此时一旦合上带电源的开关,就会在谐振过电压上再叠加上合闸过电压,励磁电流更大,很可能造成电压互感器的损坏。

4.2　减小铁磁谐振影响的措施

(1)完善相关操作规程,及时调整设备运行方式。当机组处于检修状态时,如果先将安控装置上机组检修压板加用,对应主变高压侧电压即使出现满足 PT 断线条件的现象,也不会出现"PT 断线"报警信号。或者出现"PT 断线"报警信号后,将安控装置柜后对应主变高压侧电压开关拉开,该报警信号也会复归,安控装置出口功能闭锁被解除。

(2)在 PT 二次侧开口三角形绕组两端接入消谐电阻,但应注意的是该措施的目的在于防范 PT 二次侧的二次装置系统发生谐振,如果 PT 一次侧发生谐振,其对二次设备的影响采用该方式并不能避免[5]。

(3)将主变高压侧刀闸位置开关量引入安控装置,优化安控装置的判断逻辑,当主变处于冷备用或机组处于检修状态时,不对 T 区电压进行异常判断。

参 考 文 献

[1] 杨斌文,李文圣.电压互感器铁磁谐振的产生与消除[J].电力自动化设备,2010,30(3):134-136.

[2] Sowa P, Walczak J, Pasko M. Evaluation of the influence of the chaotic ferroresonance in transformer on the power system work conditions[J]. Electro technical Conference,1998(2):1126-1130.

[3] 赵兴泉.论开关断口电容与母线 PT 的谐振过电压问题[J].山西电力技术, 2000(4):45-47.

[4] 赵翠宇, 管益斌.电压互感器与开关断口电容铁磁谐振的分析与预防[J].电力系统造化,2002, 26 (2):72-74.

[5] 刘凡.中性点直接接地系统铁磁谐振过电压的混沌特性与控制及检测方法研究[D].重庆:重庆大学,2006.

基于无线传输技术的泄洪警报系统设计与实施

樵斌贤,王亚华,刘凯

(雅砻江流域水电开发有限公司,四川 成都　610051)

摘　要　国内水电站的泄洪警报系统普遍采用传统的架空线路有线传输方式,传统架空线路存在敷设工程难度大、作业风险高、故障影响范围广及维护强度大等问题,新型无线泄洪警报系统能够有效地解决传统泄洪报警系统所存在的问题,并具有施工简单、运行可靠、冗余备用的特点。本文重点对新增一套无线泄洪警报系统的设计和实施过程进行分析,通过长期的运行监视,验证其可靠性及稳定性,为水电站泄洪警报系统提供一定的参考。

关键词　泄洪警报;无线传输;施工难点

1　概　述

官地水电站位于雅砻江上,水电站库容4.3亿 m^3,为日调节水库,水电站共有5座表孔泄洪闸门和2座中孔泄洪闸门。泄洪时,需对大坝下游16.2 km弯曲河道进行警报提示。为确保电站的安全运行,保障人民群众的生命和财产安全,避免电站泄洪时由于下游水位变化造成人员伤害和财产损失,该电站需设置一套泄洪警报系统,用于在泄洪前发出警报和语音提示,提醒停留在电站下游河道区域内人员、船只注意安全并及时撤离。

2　系统设计

2.1　设计要求

(1)增加一套泄洪警报平台,平台能够监视和控制沿线泄洪警报喇叭。

(2)新增加的泄洪警报范围为大坝至下游16.2 km路段,设置1面控制柜、20个沿线泄洪广播站点。20个杆塔保证安排合理,泄洪广播单点响度覆盖范围为半径1 km,相邻两个广播站点间响度最小值不低于80 dB。

(3)要求泄洪警报系统具有现地、远程启停功能,具有设备故障监视与报警功能;控制器具备与20个沿江站点无线控制功能,能进行广播启停操作,对启停指令是否成功具备状态监视功能。

(4)控制柜与20个沿江泄洪广播站点通过移动运营商的 GPRS/GSM 网络采用"一对多"方式进行通信,各个站点具有独立性,站点间互不影响。

(5)现地泄洪广播站点具有防盗报警功能,由于沿江无交流电源提供,泄洪广播设备电源应采用新能源自供电方式。

2.2 系统设计

泄洪警报系统设计为 1 个控制站和 20 个播放站点,为方便系统设计,将站点分为 1 个 A 型站、4 个 B 型站、15 个 C 型站。

控制站和 A 型站放置在大坝控制室的泄洪警报控制柜内,中心站主要包括一台电脑服务器,预装泄洪警报软件,通过 GPRS 网络监测和控制 20 个站点(包含 A 型站)。

A 型站主要由无线警报设备、FM 收发机、、室外号角扬声器、室外声光报警器组成(见图 1),A 型站通过硬接线接收中控室启动/停止泄洪警报信号。

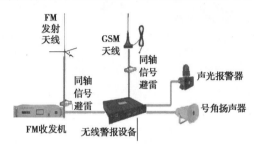

图 1　A 型站原理图

B 型站用于现场警报并起到信号中继作用,主要由无线警报设备、FM 收发机、室外设备箱、号角扬声器、声光报警器、太阳能电源系统、杆塔组成(见图 2),其中 6 号 B 型站包含两个 FM 收发机,主要接收 A 型站或上一级 B 型站射频信号,并发出射频信号。6 号站点作为 B 型站,包含两个 FM 收发机。因 11 号站点和 12 号站点位于隧道出入口,为防止信号减弱无法正常传送,将 11 号和 12 号站点设置为 B 型站。17 号站点作为最后一个 B 型站。

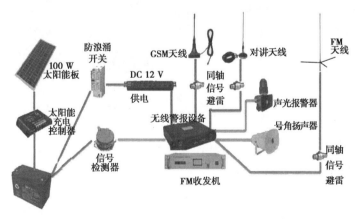

图 2　B 型站原理图

C 型站用于现场警报,主要由无线警报设备、室外设备箱、号角扬声器、声光报警器、太阳能电源系统、杆塔组成(见图 3),不需要通过 FM 收发机向外发送信号,只需要利用无线警报设备接收信号,相对 B 型站少了 FM 收发机。

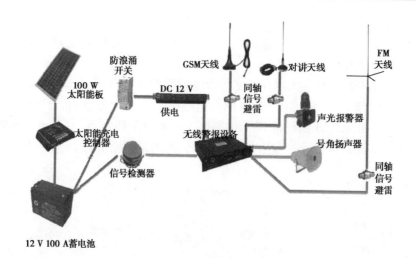

图 3　C 型站原理图

2.3　系统运行原理

播放/停止泄洪警报有两种方式,主要方式为无线信号传输。

各个站点最重要的设备是 FM 收发机和无线警报设备,FM 收发机主要用来发射和接收播放/停止无线信号,无线警报设备来执行播放/停止动作,如图 4 所示。

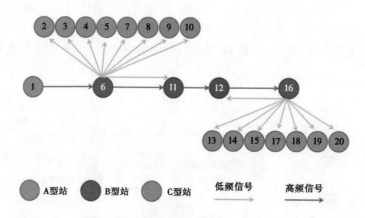

图 4　信号传输图

(1)1 号 A 型站通过硬接线接收到中控室启动泄洪警报后,无线警报设备开始播放内置警报音乐,号角扬声器开始播放,声光报警器开始动作,A 站开始报警,同时,FM 收发机持续发出高频信号给 6 号 B 型站。

(2)6 号 B 型站的 1 号 FM 收发机收到高频信号后,持续给 6 号 B 型站的无线警报设备,2 号、3 号、4 号、5 号、7 号、8 号、9 号、10 号、11 号 C 型站无线警报设备发出低频信号,各站点开始报警。6 号 B 型站的 2 号 FM 收发机收到高频信号后,持续给 11 号 B 型站发高频信号。

(3)11 号 B 型站的 FM 收发机收到高频信号后,持续给 12 号 B 型站发高频信号,12 号 B 型站的 FM 收发机收到高频信号后,持续给 16 号 B 型站发高频信号。

（4）16 号 B 型站的 FM 收发机收到高频信号后，持续给 12 号 B 型站的无线警报设备，16 号 B 型站的无线警报设备，13 号、14 号、15 号、17 号、18 号、19 号、20 号 C 型站的无线警报设备发出低频信号，各站点开始报警。

（5）当中控室通过硬接线停止泄洪警报时，A 站点 FM 收发机停止工作，不再发送信号，所有站点停止报警。

备用播放/停止方式为中控室卫星电话发送 GSM 短信。

每一个站点的无线警报设备都有 GSM 卡，将中控室卫星电话号码写入每个设备白名单，播放警报时直接用中控室卫星电话群发短信指令：1234（BFMP3：00001），沿线站点收到短信后，会播放内置的第一首警报音乐，联动声光报警，成功执行警报，并将播放信息回复至中控制。需要停止警报时，群发短信指令：1234（TZMP3：），所有站点停止报警，并将停止播放信息回复至中控室。除特殊恶劣天气影响 GSM 信号，正常情况下电站区域 GSM 信号非常稳定，通过长时间测试，发送 GSM 短信播放/停止方式可靠，如图 5 所示。

图 5　播放/停止短信指令和回复

2.4　系统运行监视

控制室内电脑服务器可以监视沿线所有泄洪站点的运行状况，包含电量状态、电源电压、上报时间、播放状态、设备状态、报警状态和报警详情，如图 6 所示。

设备编号	设备名称	电量状态	电源电压(V)	最后上报时间	播放状态	设备状态	报警状态	报警详情
00000001	1站点	无电压	欠压	2018-08-10 08:03:16	◀	◎	无	?
00000002	2站点	正常	正常	2018-08-10 08:03:30	◀	◎	无	?
00000003	3站点	正常	正常	2018-08-10 07:59:17	◀	◎	无	?
00000004	4站点	正常	正常	2018-08-10 08:03:54	◀	◎	无	?
00000005	5站点	正常	正常	2018-08-10 08:01:32	◀	◎	无	?
00000006	6站点	正常	正常	2018-08-10 08:04:34	◀	◎	无	?
00000007	7站点	正常	正常	2018-08-10 08:00:45	◀	◎	无	?
00000008	8站点	正常	正常	2018-08-10 08:09:02	◀	◎	无	?
00000009	9站点	正常	正常	2018-08-10 09:15:23	◀	◎	无	?
00000010	10站点	正常	正常	2018-08-10 08:21:59	◀	◎	无	?
00000011	11站点	正常	正常	2018-08-10 08:01:32	◀	◎	无	?

图 6　系统运行监视画面

2.5　系统日志查询

控制室内电脑服务器可以查询日志，包含系统日志、报警日志、音量日志、预警日志。

系统日志可以查询操作用户、IP 地址、操作内容和操作时间（见图 7），日志能够正确体现出某个 IP 地址的操作用户在某一时间在系统上进行了什么操作。

报警日志可以查询站点设备的故障报警，站点设备具备自检功能，出现故障后可以及

图7　系统日志查询画面

时将信息上送至服务器,日志可以正确体现出某个站点在某一时间发生了什么报警。

音量日志可以查询站点音量转态、开始时间、结束时间和警报类型,预警日志可以查询预警类型、预警内容和预警时间。音量日志和预警日志相对应,可以正确体现泄洪预警在某一时间段正常播放。

2.6　系统优化

在测试中发现,在某一站点播放主机正常的情况下,如果喇叭出现故障无法出声,短信依然会确认播放成功,实际上因为喇叭故障并没有成功播放泄洪警报。

为解决这一问题,设计在主机上通过串口连接一个拾音器,将拾音器安装在杆塔靠近喇叭处,来检测喇叭是否发声并且测量出声音分贝。当播放主机开始播放泄洪警报时,喇叭正确发声,则拾音器可以检测到声音,将信息传至监视服务器,监控人员确认此站点播放正常,如图8所示。

图8　喇叭无声、发声监视画面

3　工程实施

站点临近江边,再加上山大、沟深,施工难度大、危险性高,因此必须科学合理、安全规范地进行施工。

3.1 水泥杆埋设

除 1 号站点在大坝控制室内,从大坝至下游需埋设 19 个水泥杆。水泥杆高 7 m,根据行业标准,水泥杆埋设平均深度为 1.2 m,底部用水泥墩固定,并用斜拉线增加其稳定性。

3.2 设备安装

搭建脚手架用镀锌抱箍将天线和避雷针固定在水泥杆离地面 5.6 m 处,将号角扬声器和声光报警器安装在水泥杆离地面 5.2 m 处,将太阳能板固定在水泥杆离地面 4.5 m 处并调整好方向,将设备箱安装在离地面 3.6 m 处,将 FM 收发机、无线警报设备、蓄电池等固定在设备箱里面,根据技术要求和规范,连接各个设备形成一个完整站点,如图 9 所示。

图 9 泄洪警报站点

4 系统运行

泄洪警报系统竣工至今共运行 150 d,共进行 24 次警报试验,63 次正式警报,正式警报成功率 100%(见表 1),沿江测试分贝平均 80 dB,高于背景分贝 30 dB,很好地起到了泄洪警报效果。

表 1 运行统计

运行总数(d)	试验警报(次)		正式警报(次)	
	成功	失败	成功	失败
150	24	0	63	0

5 结 论

无线传输泄洪警报省去了传统泄洪警报的架空线路,减小了建设难度,降低了工程成本。采用新能源供电,利用无线信号和 GSM 短信来播放/停止警报,维护方便、可靠性高,并且可以监测每个站点播放情况。无线技术是未来泄洪警报的趋势,本文重点对新增一套无线泄洪警报系统的设计和实施过程进行分析,对水电站无线泄洪警报系统提供一定的参考。

参 考 文 献

[1] 中国移动通信集团设计院有限公司.综合布线系统工程设计规范:GB 50311—2007[S].北京:中国计划出版社,2007.

[2] 中华人民共和国工业和信息部.公共广播系统工程技术规范:GB 50526—2010[S].北京:中国计划出版社,2010.

[3] 彭云辉.泄洪告警及指令广播通信系统在龙滩电厂的应用[J].水电自动化与大坝监测,2012,36(6):12-17.

[4] 杨凡.蜀河水力发电厂泄洪报警系统设计与建设[J].科技与创新,2014(14):51-52.

水电站机组风闸制动系统常见故障
原因分析及对策探讨

曹艳明，熊世川

（雅砻江流域水电开发有限公司，四川 成都　610051）

摘　要　风闸制动系统作为水电站机组的一个重要辅助控制系统，该系统的正常运行直接关系到水电站机组的安全稳定运行，某水电站 2012 年首台机组投产至今，风闸制动系统已出现过多种类型的故障；本文主要统计了该水电站机组投产至今风闸制动系统常见的故障类型，分析了该水电站机组风闸制动系统常见故障的原因以及处理方法，并介绍了利用计算机监控系统机组现地控制单元（简称机组 LCU）对机组风闸制动系统控制逻辑优化的方法，以及优化后的运行情况。

关键词　风闸制动系统；故障类型；故障原因；机组 LCU；优化方法

1　引　言

某水电站共有 4 台单机容量 600 MW 的混流式机组，该电站机组的风闸制动系统采用机械制动的方式，承担这一任务的制动器（俗称风闸）共有 24 个，制动器为三腔双活塞结构，从上到下依次为复位气腔（简称上腔）、制动气腔（简称下腔）、顶转子油腔。制动器按最大气压 0.8 MPa 下运行，并按开始制动时工作压力为 0.5 ~ 0.7 MPa 设计，顶转子油压按 13 MPa 设计，耐压试验压力不小于 20 MPa。两个一组共分为 12 组对称安装在下机架 12 个支臂上。

风闸制定系统的作用主要有三个：一是在机组正常停机时投入，2 min 内使机组从 20% 额定转速到完全停止，防止机组在低转速下长时间运行破坏推力轴承与静板间油膜发生烧瓦事故；二是机组停机备用时，一旦发生蠕动，制动器自动投入，阻止机组蠕动；三是兼作顶起发电机转子和水轮机转动部分的千斤顶，以便机组检修时，顶起整个水轮发电机组转动部分。

2　风闸判断逻辑及控制原理

2.1　风闸投入、退出的判断逻辑

风闸是否投入或退出的测量主要依靠安装在 24 个制动器侧边的 24 个测量制动器是否顶起的位移行程开关（以下简称顶起开关）和 24 个测量制动器是否复位的位移行程开

作者简介：曹艳明（1988—），男，大学本科，工程师，研究方向为水电站计算机监控系统。E-mail：caoyanming@ ylhdc. com. cn。

关(以下简称复位开关)来实现,顶起开关及复位开关安装方式如图1(a)所示。制动器投入时,支架随风闸向上运动,顶起开关动作信号即可到达,复位开关动作信号复位;制动器退出时,支架随风闸向下运动,顶起开关动作信号即可复位,复位开关动作信号到达。将每个制动器的顶起开关信号和复位开关信号编为一组,当24组制动器有1组顶起即判断风闸投入,当24组制动器全部复位即判断风闸退出,判断逻辑如图2所示。

(a)改造前　　　　　　　　　(b)改造后

图1　顶起开关及复位开关安装方式改造前后对比

```
(* 判断风闸状态 *)
IF (DI[309] AND DI[333]=0) OR (DI[310] AND DI[334]=0) OR (DI[311] AND DI[335]=0) OR (DI[312] AND DI[336]=0)
OR (DI[313] AND DI[337]=0) OR (DI[314] AND DI[338]=0) OR (DI[315] AND DI[339]=0) OR (DI[316] AND DI[340]=0)
OR (DI[317] AND DI[341]=0) OR (DI[318] AND DI[342]=0) OR (DI[319] AND DI[343]=0) OR (DI[320] AND DI[344]=0)
OR (DI[321] AND DI[345]=0) OR (DI[322] AND DI[346]=0) OR (DI[323] AND DI[347]=0) OR (DI[324] AND DI[348]=0)
OR (DI[325] AND DI[349]=0) OR (DI[326] AND DI[350]=0) OR (DI[327] AND DI[351]=0) OR (DI[328] AND DI[352]=0)
OR (DI[329] AND DI[353]=0) OR (DI[330] AND DI[354]=0) OR (DI[331] AND DI[354]=0) OR (DI[332] AND DI[355]=0)
THEN
    DUMMY.DI_VALUE[61]:=1;  (* 有一个制动闸顶起则认为风闸投入 *)
ELSE
    DUMMY.DI_VALUE[61]:=0;
END_IF;

IF (DI[309]=0 AND DI[333]) AND (DI[310]=0 AND DI[334]) AND (DI[311]=0 AND DI[335]) AND (DI[312]=0 AND DI[336])
AND (DI[313]=0 AND DI[337]) AND (DI[314]=0 AND DI[338]) AND (DI[315]=0 AND DI[339]) AND (DI[316]=0 AND DI[340])
AND (DI[317]=0 AND DI[341]) AND (DI[318]=0 AND DI[342]) AND (DI[319]=0 AND DI[343]) AND (DI[320]=0 AND DI[344])
AND (DI[321]=0 AND DI[345]) AND (DI[322]=0 AND DI[346]) AND (DI[323]=0 AND DI[347]) AND (DI[324]=0 AND DI[348])
AND (DI[325]=0 AND DI[349]) AND (DI[326]=0 AND DI[350]) AND (DI[327]=0 AND DI[351]) AND (DI[328]=0 AND DI[352])
AND (DI[329]=0 AND DI[353]) AND (DI[330]=0 AND DI[354]) AND (DI[331]=0 AND DI[355]) AND (DI[332]=0 AND DI[356])
THEN
    DUMMY.DI_VALUE[62]:=1;  (* 所有制动闸复位则认为风闸退出 *)
ELSE
    DUMMY.DI_VALUE[62]:=0;
END_IF;
```

图2　风闸投入、退出判断逻辑(优化前)

2.2　控制原理

风闸控制原理如图3所示。

投入风闸控制原理:打开1SV电磁阀,同时关闭2SV电磁阀,即制动器下腔开始充气的同时上腔开始排气(正常情况下上腔已经处于无气压状态),当有一组顶起信号到达,机组LCU即判断风闸投入完成。

退出风闸控制原理:关闭1SV电磁阀,同时打开2SV电磁阀,即制动器下腔排气的同时上腔开始充气,当24组风闸节点全部退出后;延时2 min,关闭2SV电磁阀,上腔开始排气,风闸退出完成。

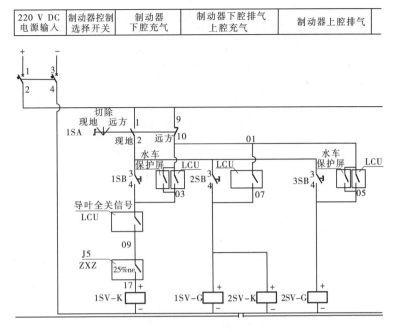

图3　风闸控制原理图（优化前）

3　风闸常见故障现象及原因

3.1　故障类型

经过对某电站风闸系统近几年的故障进行统计,风闸系统常见故障现象如下:

一是信号反馈异常:停机过程中,风闸投入使机组完全停止后,执行退风闸流程,当24组风闸实际已全部退出时,"风闸退出"信号未到达,导致机组停机流程报警。

二是风闸无法正常退出:在进行退风闸操作时,发现部分风闸无法正常退出,一直处于顶起状态。

3.2　故障原因

信号反馈异常:经现场检查发现,信号反馈异常均为顶起开关信号未正常复位所致。经分析得知,在机组停机风闸投入过程中,风闸受到发电机转子切向的作用力,使顶起开关摆杆侧风闸支架产生轻微颤动,易导致摆杆滑轮与支架发生卡顿,从而使顶起开关动作信号无法复归,"风闸退出"信号即无法到达。

风闸无法退出:在退风闸过程中,由于下腔排气和上腔充气同时进行,使得制动活塞上、下腔体之间的密封圈在两侧均有气压的情况下,密封圈位置产生不定态位移,且密封圈本身由于长期使用会产生压缩形变和磨损,当两者相结合时,就会出现制动活塞上腔与下腔之间串气现象;在退风闸过程中,虽然上腔的气压比下腔气压高,但是当24组制动活塞上腔至下腔的串气总量与下腔排气量相当时,制动活塞上、下腔的压力维持稳定,制动活塞不再向下运动,而此时下腔的压力足以将风闸顶起,导致风闸无法正常复位。风闸内部结构如图4所示。

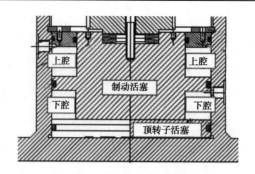

图 4　风闸内部结构

4　解决对策

4.1　信号反馈异常的解决对策

由于信号反馈异常的根本原因是支架不稳固,为彻底解决"风闸退出"信号未到达,导致机组停机流程报警的异常情况发生,在对安装支架进行改造(见图1(b),主要是将支架的制作材料由 3 mm 的铸钢改为 4 mm 的铸钢,同时依据三角形的稳定性焊接一条连接扁铁)后,对机组 LCU 风闸判断程序亦做了进一步优化:一是顶起开关的信号不再参与风闸状态逻辑判断,仅作为辅助监视用;二是风闸状态逻辑判断主要由复位开关的信号来完成,当有任意一个复位开关动作信号复归即判断风闸投入,当 24 个复位开关动作信号到达即认为风闸退出,判断逻辑如图5 所示。

```
(* 判断风闸状态 *)
IF ( DI[333]=0) OR (DI[334]=0) OR (DI[335]=0) OR (DI[336]=0)
OR (DI[337]=0) OR (DI[338]=0) OR (DI[339]=0) OR (DI[340]=0)
OR (DI[341]=0) OR (DI[342]=0) OR (DI[343]=0) OR (DI[344]=0)
OR (DI[345]=0) OR (DI[346]=0) OR (DI[347]=0) OR (DI[348]=0)
OR (DI[349]=0) OR (DI[350]=0) OR (DI[351]=0) OR (DI[352]=0)
OR (DI[353]=0) OR (DI[354]=0) OR (DI[355]=0)
THEN
     DUMMY.DI_VALUE[61]:=1. (* 有一个制动闸顶起则认为风闸投入 *)
ELSE
     DUMMY.DI_VALUE[61]:=0.
END_IF.

IF (DI[333]) AND (DI[334]) AND (DI[335]) AND (DI[336])
AND (DI[337]) AND (DI[338]) AND (DI[339]) AND (DI[340])
AND (DI[341]) AND (DI[342]) AND (DI[343]) AND (DI[344])
AND (DI[345]) AND (DI[346]) AND (DI[347]) AND (DI[348])
AND (DI[349]) AND (DI[350]) AND (DI[351]) AND (DI[352])
AND (DI[353]) AND (DI[354]) AND (DI[355]) AND (DI[356])
THEN
     DUMMY.DI_VALUE[62]:=1. (* 所有制动闸复位则认为风闸退出 *)
ELSE
     DUMMY.DI_VALUE[62]:=0.
END_IF.
```

图 5　风闸投入、退出判断逻辑(优化后)

4.2　风闸无法正常退出的解决对策

由于风闸无法退出的根本原因是风闸制动器活塞上、下腔同时带有气压,所以此次解决对策是将风闸制动系统控制原理结合机组 LCU 控制程序进行优化。优化的主要内容是在退风闸时,先进行制动器下腔排气,延时 30 s 后,再进行制动器上腔充气。优化内容主要有:

一是对风闸退出控制回路进行修改,将制动器上腔充气电磁阀控制回路从原控制回路(同时投入制动器上腔充气电磁阀、下腔排气电磁阀)拆除并独立出来,改为独立受控回路,如图6所示。

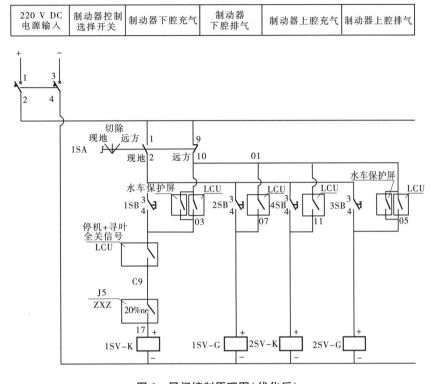

图6　风闸控制原理图(优化后)

二是对机组 LCU 风闸退出流程进行优化,增加退出制动器上腔充气电磁阀的开出继电器 OUT[70],修改机组 LCU 控制程序中所有 OUT[73](原为同时投入上腔充气电磁阀、下腔排气电磁阀的开出继电器,现改为下腔排气电磁阀的开出继电器)所在的程序段,在开出 OUT[73]后,延时 30 s 后,开出 OUT[70]继电器(上腔充气)。以机组停机流程中退风闸为例。

原程序如下:

```
360:KON_1(IN1:=(DI[45]=0 AND DI[46]=1),T1:=T#20S);(*接力器锁定投入*)
    IF KON_1.Q1 THEN
        OUT[73]:=5000;(*打开制动下腔排气阀、上腔充气电磁阀*)
    ALARM_CODE:=77;(*接力器锁定投入失败,流程报警*)
        ALARM:=1;
            SEQ_INFO[1].CSTEP:=365;
    END_IF;
    IF KON_1.Q2 THEN
        OUT[73]:=5000;(*打开制动下腔排气阀、上腔充气电磁阀*)
            SEQ_INFO[1].CSTEP:=365;
    END_IF;
```

修改后程序如下：

```
360：KON_1(IN1：=(DI[45]=0 AND DI[46]=1),T1：=T#20S)；（＊ 接力器锁定投入 ＊）
    IF KON_1.Q1 THEN
        OUT[73]：=5000；（＊ 打开制动下腔排气阀＊）
    ALARM_CODE：=77；　（＊接力器锁定投入失败,流程报警＊）
        ALARM：=1；
            SEQ_INFO[1].CSTEP：=361；
    END_IF；
    IF KON_1.Q2 THEN
        OUT[73]：=5000；（＊ 打开制动下腔排气阀＊）
    SEQ_INFO[1].CSTEP：=361；
    END_IF；
361：KON_1(IN1：=0,T1：=T#30S)；
    IF KON_1.Q1 THEN
        OUT[70]：=5000；（＊ 打开制动上腔充气阀＊）
    SEQ_INFO[1].CSTEP：=365；
    END_IF；
```

5　结　语

在对机组风闸制动系统进行了信号测量装置结构上的改造和判断逻辑上的优化后，风闸制动系统运行正常、信号反馈正常，未再出现因风闸制动系统信号反馈异常而导致机组停机过程中流程报警的现象；在利用机组 LCU 对机组风闸制动系统进行控制逻辑优化后，机组风闸制动系统未再出现因制动器上腔与下腔之间串气导致风闸退出超时甚至无法退出的现象。优化后的机组风闸制动系统达到了运行快速、平滑、安全、准确的要求，取得了令人满意的效果。

参 考 文 献

[1] 陈喜新.水轮发电机组风闸制动系统故障分析与流程改进[J].水电站机电技术,2009,32(5):60-62.
[2] 王涵.隔河岩电厂机械制动系统改造[J].水电与新能源,2016(8):38-39.
[3] 杨存勇,柴世强,余齐齐.发电机风闸不能正常复位的原因分析及讨论[J].水电站机电技术,2015,38(6):57-59.

深地基础科学

CJPL-Ⅱ中铜和锗的宇生放射性核素的模拟研究

曾炜赫,曾志,马豪,程建平

(清华大学工程物理系,北京 100084)

摘 要 在稀有物理事例探测实验中,材料中的放射性是重要的本底来源之一。在地下实验室生产高纯度材料可以有效降低宇宙射线活化产生的放射性核素。本文通过模拟计算,介绍一种在中国锦屏地下实验室二期(CJPL-Ⅱ)生产铜和锗两种材料,估算宇生放射性产额的方法。结果表明,在 CJPL-Ⅱ 中铜和锗的主要宇生放射性核素的产率为 $10^{-9} \sim 10^{-6}$ $kg^{-1} \cdot d^{-1}$。

关键词 宇生核素;地下实验室;低本底

1 引 言

稀有物理事例探测实验中,为了在统计范畴内观测到物理信号,要求极低的本底干扰。科学家和实验人员通过将实验室建造在岩石覆盖的地下,减小了来自宇宙射线的本底,其中,中国锦屏地下实验室(CJPL)是目前运行的最深的实验室[1]。通常实验仪器周围还会用各类屏蔽体进一步降低环境本底,这些屏蔽体以及探测器本身,都需要使用高纯度的材料,避免引入额外的放射性本底。

暗物质探测和无中微子双贝塔衰变是备受关注的两类物理实验,锗制成的探测器是多个实验组选用的直接探测仪器,例如:CDEX、CoGeNT、GERDA、MAJORANA 等[1-5]。在 Edelweiss-Ⅲ 的实验中,已经测量到锗晶体中多种宇生核素的含量[5]。由于极高的纯度和较好的辐射屏蔽效果,高纯无氧铜被用于制造探测器外壳和内层屏蔽体等结构。为了降低这两种材料中宇生放射性核素的含量,在地下实验室生产它们是一种可行的办法,因为岩石屏蔽可以将宇宙射线屏蔽到极低的程度。本文介绍了一种结合测量和蒙特卡罗方法的计算方法,用于估算地下的宇生核素产额,并讨论在地下生产铜和锗两种材料的改进。

2 方 法

2.1 宇宙线通量的测量

为了计算由宇宙线产生的放射性核素,我们需要得到地下实验室宇宙线通量和能量的数据,而能够穿透岩石屏蔽到达实验室的宇宙线主要成分是缪子。在 CJPL 一期实验室中,使用 3 重符合的方法,用塑料闪烁体测量了缪子的通量[6],我们用同样的仪器和方法在 CJPL 二期未完工的实验室里,进行了长期的测量,由此得到缪子的通量。通量的测量结果为 $(2.18 \pm 0.50) \times 10^{-6}$ $m^{-2} \cdot s^{-1}$,单位转换后为 (68.7 ± 15.8) $m^{-2} \cdot a^{-1}$,与CJPL-I 的测量结果保持一致。

由于缪子的能量很高,上述实验仪器无法进行测量,实验组之前的研究中使用 MU-SIC 软件,对穿透 2 400 m 岩层的缪子剩余平均能量进行了计算,最终得到 CJPL 中缪子的平均能量为 369 GeV[7-8]。

2.2　地下生产铜和锗的宇生核素蒙特卡罗模拟

首先对 CJPL-Ⅱ的实验室进行建模(见图 1),大厅长、宽、高分别设定为 50 m、10 m、10 m,周围有 20 cm 的混凝土建筑材料,再外层是厚度为 2 m 的岩石,在大厅中央离地 1 m 的地方放置长、宽、高分别为 25 m、5 m、0.4 m 的铜或锗的平板,作为宇宙线活化的靶材料(见图 1)。

图 1　蒙特卡罗模拟中地下实验室的几何模型

利用 CERN 的 GEANT4 软件[9],以缪子为初始粒子,模拟其从实验室模型上方均匀垂直入射的物理过程,缪子的能量为用 MUSIC 软件计算的穿越 2 400 m 岩石后,缪子的平均剩余能量 369 GeV。

通过统计实验室大厅空间内的次级粒子能量和径迹长度,我们可以计算由宇宙线缪子入射导致的次级辐射场,并由反应截面计算宇生活化的产率 Y。Φ_{par} 为粒子通量;l 为模拟得到的径迹长度;V 为实验室大厅的体积;t_{sim} 为模拟的时间,可以由模拟缪子数 N_{sim}、实验室上表面的面积 S_{sim} 和测量到的缪子通量 Φ_{μ} 计算得到。

$$\Phi_{par}(E) = \frac{l(E)}{Vt_{sim}} = \frac{l(E)}{V\dfrac{N_{sim}}{\Phi_{\mu}S_{sim}}}$$

$$Y_{nuc,cal} = \sum_{tar} \frac{f_{tar}}{A_{tar}} \int \Phi_n(E)\sigma_{tar,nuc}(E)\,\mathrm{d}E$$

式中:$\sigma_{tar,nuc}(E)$ 为能量为 E 的粒子与靶核反应生成目标核素的截面;f_{tar} 为目标核素在天然金属中的丰度;A_{tar} 为原子量。

统计铜或锗的平板中产生的放射性核素的计数,我们可以直接得到宇生活化的产率 Y:

$$Y_{nuc,sim} = \frac{N_{nuc,sim}}{m_{plate}t_{sim}}$$

式中:$N_{nuc,sim}$ 为活化产生的核素的计数;m_{plate} 为铜/锗平板的质量;t_{sim} 为模拟数据量对应的时间。

假设晶体生长的过程在地下进行了 t_{exp} 的时间,则根据放射性衰减的规律,可以由产率 Y 算得经过这段时间的宇宙线照射,材料中宇生放射性核素的活度 A:

$$A = Y(1 - \mathrm{e}^{-\lambda t_{exp}})$$

式中,λ 为各个核素的衰变常数。

3 结果

通过蒙特卡罗模拟,使用 ACTIVIA 提供的截面数据[10],我们得到了 CJPL-Ⅱ实验室大厅的宇生放射性核素的产率(见表1,表2)。其中,"simulation"指对平板内的模拟结果直接计数得到的产率,"calculation"指由次级辐射场和截面数据间接计算得到的产率。全部核素的模拟结果都与 ACTIVIA 计算得到的海平面产率进行对比。

表1 铜在 CJPL-Ⅱ 的宇生核素产率　　　　　　　　　　　　(单位:$kg^{-1} \cdot d^{-1}$)

Nuclide	CJPL (simulation)	Statistical uncertainty	CJPL (calculation)	Sealevel (ACTIVIA)
^{3}H	1.13E − 07	4.66E − 09	4.48E − 08	3.59E + 01
^{56}Co	1.66E − 08	1.79E − 09	1.85E − 08	8.74E + 00
^{57}Co	9.41E − 08	4.26E − 09	7.42E − 08	3.24E + 01
^{58}Co	8.37E − 08	4.02E − 09	1.37E − 07	5.66E + 01
^{60}Co	9.62E − 08	4.31E − 09	7.16E − 08	2.63E + 01
^{59}Fe	1.85E − 08	1.89E − 09	1.08E − 08	4.24E + 00
^{54}Mn	2.41E − 08	2.16E − 09	2.55E − 08	1.43E + 01
^{46}Sc	3.28E − 09	7.95E − 10	2.80E − 09	3.13E + 00
^{65}Zn	5.21E − 09	1.00E − 09	1.28E − 07	1.96E + 01

表2 锗在 CJPL-Ⅱ 的宇生核素产率　　　　　　　　　　　　(单位:$kg^{-1} \cdot d^{-1}$)

Nuclide	CJPL (simulation)	Statistical uncertainty	CJPL (calculation)	Sealevel (ACTIVIA)
^{3}H	8.16E − 08	3.97E − 09	3.99E − 08	3.41E + 01
^{56}Co	3.66E − 09	8.41E − 10	1.50E − 09	1.78E + 00
^{57}Co	7.52E − 09	1.20E − 09	5.62E − 09	6.30E + 00
^{58}Co	6.94E − 09	1.16E − 09	7.24E − 09	7.94E + 00
^{60}Co	3.47E − 09	8.18E − 10	2.67E − 09	2.67E + 00
^{55}Fe	9.84E − 09	1.38E − 09	2.52E − 09	3.25E + 00
^{68}Ge	2.68E − 07	7.20E − 09	2.39E − 08	1.02E + 01
^{54}Mn	3.28E − 09	7.95E − 10	1.75E − 09	2.53E + 00
^{63}Ni	1.20E − 08	1.52E − 09	1.88E − 09	1.41E + 00
^{65}Zn	6.73E − 08	3.60E − 09	3.72E − 08	1.93E + 01

4　总　结

实验和计算表明,中国锦屏地下实验室能够有效屏蔽宇宙射线,在其中生产铜、锗等高纯材料,将能够有效抑制由宇宙线活化产生的放射性核素,进一步提高各类物理实验的灵敏度。本文使用蒙特卡罗方法,计算得到铜和锗在 CJPL-Ⅱ 的宇生核素产率,与海平面的宇宙线照射情况相比,减小了 6～8 个量级。在未来的高灵敏度实验中,地下生产相关材料是进一步降低宇生核素本底的有效途径。

参 考 文 献

[1] Kang K J, Cheng J P, Li J, et al. Introduction to the CDEX experiment[J]. Front. Phys. ,2013,8(4): 412-437.

[2] Aalseth C E, Barbeau P S, Colaresi J, et al. CoGeNT: A search for low – mass dark matter using p – type point contact germanium detectors, Phys. Rev. D-Part. Fields, Gravit. Cosmol. ,2013,88(1):120.

[3] Agostini M, Allardt M, Bakalyarov A M, et al. Background-free search for neutrinoless double-decay of 76Ge with GERDA[J]. Nature,2017,544(7648):4752.

[4] Abgrall N, Arnquist I J, Avignone F T, et al. The MajoranaDemonstra-tor radioassay program, Nucl. Instruments Methods Phys. Res. Sect. A Accel. Spectrometers, Detect. Assoc. Equip. ,2016,828:2236.

[5] ArmengaudE, Arnaud Q, Augier C, et al. Measurement of the cosmogenic activation of germanium detectors in EDELWEISS – III[J]. Astroparticle Physics,2017,91:51-64.

[6] Wu Y C, Hao X Q, Yue Q, et al. Measurement of cosmic ray ux in the China JinPing underground laboratory[J]. Chinese Phys. C,2013,37(8):86001.

[7] Su J, Zeng Z, Liu Y, et al. Monte Carlo simulation of muon radiation en-vironment in China Jinping Underground Laboratory[J]. High Power Laser and Particle Beams, 2012,24(12):3015-3018.

[8] Kudryavtsev V A. Muon simulation codes MUSIC and MUSUN for under-ground physics[J]. Comput. Phys. Commun. ,2009,180(3):339-346.

[9] Agostinelli S, et al. Geant4-A Simulation Toolkit[J]. Nuclear Instruments and Methods A, 2003,506(3): 250-303.

[10] Back J J, Ramachers Y A. ACTIVIA: Calculation of isotope production cross-sections and yields, Nucl. Instruments Methods Phys. Res. Sect. A Accel. Spectrometers, Detect. Assoc. Equip. , 2008,586 (2):286-294.

ICP-MS 测量电解铜中铀-238 活度

刘金京,曾志,马豪,陈杨,孟光

(清华大学工程物理系,北京 100084)

摘 要 在 CDEX 实验中,测量电解铜的本底是实验室的重要部分。铀-238 作为电解铜本底来源的重要构成,其活度的测量是必不可少的。本文通过将 ICP-MS 与离子交换法结合,可以精确测量电解铜中铀-238 活度(含量)。

关键词 CDEX;电解铜;铀-238;ICP-MS;离子交换法

1 背 景

CDEX(China Dark matter Experiment)原理是暗物质直接探测法。暗物质直接探测法一个必要条件是实验环境本底足够低,并且所得的真实探测信号是实际探测信号扣除本底信号,因此实验的本底需要精确测量[1]。CJPL(China Jinping Underground Laboratory)可以为 CDEX 屏蔽绝大部分的宇宙射线。屏蔽系统作为本底主要来源之一,同样需要对其本底进行降低和精确测量。铜是屏蔽系统的主要构成材料,通过电解法可以提高其纯度。但由于高纯度的电解铜中铀-238 含量极低且铀-238 半衰期长,常规的 γ 能谱测量法需要长时间的测量时间(长达数月)以及大质量(100 kg)的电解铜样品,因此 γ 能谱测量并不适用于电解铜铀-238 活度常规测量。

PNNL 已经成功使用 ICP-MS 测量出电解铜中铀-238 和钍-232 的活度[2]。ICP-MS 对样品进行等离子化后,再利用质谱仪对样品进行分辨和计数,不受目标核素半衰期的约束,适用于极低浓度的核素浓度测量。因此,可以利用 ICP-MS 对电解铜中铀-238 含量进行测量。

2 实验原理

ICP-MS 对被测样品有着极为严苛的要求,包括样品必须为气溶胶,样品浓度需低于 10^{-6} g/g 等。显然电解铜块并不符合样品要求,需要对电解铜块进行消解。但消解样中大量的铜会影响铀-238 的精准测量,因此对电解铜块进行样品制备是必要的。通过对电解铜的消解样进行离子交换可以满足 ICP-MS 的测量要求。

离子交换法是利用离子交换树脂基团与液态离子进行可逆反应,即在不同条件下液态离子与固态基团结合能力不同,从而将目标离子从基体中分离出来的一种方法。通过改变实验条件,可以将铀离子从电解铜消解样中分离出来。实验所选用的离子交换树脂是 UTEVA 树脂。UTEVA 树脂的性质是铀离子与树脂基团的结合能力随着树脂所处环境中硝酸浓度的增加而增加,而 UTEVA 树脂基团与铜离子几乎不发生反应。根据 UTEVA

这一性质,调节树脂所处树脂柱中硝酸的浓度,在硝酸浓度高的条件下,利用 UTEVA 树脂对铀离子进行吸附,吸附后用同浓度的硝酸洗去残留在树脂上的铜离子,再用低浓度的硝酸将铀离子从 UTEVA 树脂上洗脱下来,从而完成对电解铜进行样品制备。

经过离子交换后的洗脱样以气溶胶的状态进入 ICP-MS,在载气的带动下,样品进入等离子体中心区,经过 8 000 K 的高温,样品经历去溶剂化、汽化、解离和电离[3]。等离子体状态的样品进入质谱仪中,根据不同核素的质荷比(m/z)对样品中的核素进行分辨和计数。从而可以精确测量出样品中目标核素(铀-238)的计数。通过向消解样中加入内标,可以精确测量出消解样中目标核素的浓度。公式如下:

$$C_{238} = \frac{C_{233}A_{238}}{A_{233}} \tag{1}$$

式中:C_{238} 为消解样中测量铀-238 的浓度,g/g;C_{233} 为消解样中铀-233 的浓度,g/g;A_{238} 为洗脱样中铀-238 的测量计数,cps;A_{233} 为洗脱样中铀-233 的测量计数,cps。

这里的测量铀-238 浓度是消解样真实铀-238 浓度加上过程空白的铀-238 浓度。如式(2)所示:

$$C_{238} = C_{238}^1 + C_{238}^0 \tag{2}$$

式中:C_{238} 为消解样中测量铀-238 的浓度,g/g;C_{238}^1 为消解样中真实铀-238 浓度;C_{238}^0 为过程空白。

消解样的铀-238 含量等于消解样中真实铀-238 的浓度除以消解样中铜的浓度。

3 实验方法

实验分为两个部分,分别是样品制备和测量。样品制备部分在 1 000 级洁净间中 100 级操作台进行;测量部分在 10 000 级洁净间中进行。实验中使用的所有器皿和试剂都要经过 ICP-MS 验证,保证其对本底的影响在极低的水平(低于 10^{-13} g/g)。

样品制备分为两个部分:第一部分是铜块的蚀刻和消解,第二部分是离子交换过程。

用 6M 硝酸对切割后的铜块(约 0.5 g)进行实验。通过实验,确认铜块的表面污染中含有大量的铀-238,这对于测量铜块内部中的铀-238 有干扰作用。因此,需要对铜块表面进行蚀刻,从而达到去除表面污染的目的。用去离子水将蚀刻后的铜块冲净,放在 100 级操作台上风干。风干后的铜块置于约 10 倍铜块质量的 8M 硝酸中,进行消解。将配置好的铀-233 标准溶液加入消解后的消解样中,作为测量铀-238 浓度的内标。

根据 UTEVA 树脂的性质,选取硝酸浓度为 8M 作为树脂吸附铀的反应环境条件,选取硝酸浓度为 0.01M 作为树脂洗脱铀的反应环境条件。因此,离子交换操作过程如下:

(1)将加标后的消解样加入等体积的浓硝酸,保证消解样的硝酸浓度在 8M。

(2)向洁净的离子交换柱中加入 6 mL 的 8M 硝酸,调节离子交换柱的硝酸浓度。

(3)向调节后的离子交换柱中加入 10 mL 调节后的消解样。

(4)向离子交换柱加入 15 mL 的 8M 硝酸,洗去残留在离子交换柱中的铜。

(5)向离子交换柱中加入 15 mL 的 0.01M 硝酸,洗脱吸附在离子交换树脂上的铀,并收集 3~15 mL 洗脱液。

(6)向洗脱液中加入 13 mL 去离子水,调节洗脱液酸碱度。

测量是将收集的洗脱样放入 ICP-MS 进样系统,进行测量。

除了对消解样进行以上操作,还要配制加标的空白样,并对空白样进行同消解样完全一致的操作,从而得到实验过程的过程空白。

4 实验结果

通过对 2 块同一批次的 6N 电解铜块进行测量,同时每块电解铜有 2 个平行样,得到消解样测量结果如表 1 所示。

表 1 消解样测量结果

编号	1-1	1-2	1-3	2-1	2-2	2-3
浓度 (10^{-13} g/g)	4.887 2 (±0.204 5)	4.198 2 (±0.201 5)	4.808 3 (±0.147 0)	4.967 1 (±0.259 2)	4.624 6 (±0.115 6)	4.225 0 (±0.239 2)

得到空白样测量结果如表 2 所示。

表 2 空白样测量结果

编号	1-1′	1-2′	1-3′	2-1′	2-2′	2-3′
浓度 (10^{-13} g/g)	3.173 9 (±0.091 9)	3.922 8 (±0.245 5)	4.188 3 (±0.194 4)	3.267 9 (±0.211 2)	3.591 1 (±0.125 0)	3.851 2 (±0.106 0)

根据 2 组电解铜消解样中铜的浓度分别为 0.087 36 g/g、0.084 54 g/g,得到 6N 电解铜中铀-238 的含量为 1.110 1(±0.174 1)×10^{-12} g/g。

5 结 论

通过将 ICP-MS 和离子交换法结合,可以精确测量电解铜中铀-238 含量。但 6N 电解铜消解样中铀-238 含量趋近于过程空白。因此,如果要测量纯度更高的电解铜,需要有效降低过程空白。

参 考 文 献

[1] 刘书魁,岳骞. 直接探测暗物质和中国暗物质实验[J]. 物理,2015,44(11):722-733.

[2] Laferriere, Maiti, Arnquist,et al. A novel assay method for the trace determination of Th and U in copper and lead using inductively coupled plasma mass spectrometry[J]. Nuclear Inst. and Methods in Physics Research, A,2015,775:93-98.

[3] 李冰,周剑雄,詹秀春.无机多元素现代仪器分析技术[J].地质学报,2011,85(11):1878-1916.

CDEX 实验组介绍

贾历平，岳骞

（清华大学工程物理系，北京　100084）

摘　要　暗物质是 21 世纪物理学大厦上的一朵乌云，也是当今物理学最前沿的研究课题之一。近百年来，暗物质的理论和实验研究均取得了长足的进步。实验上可以将暗物质探测分为三类，直接探测是最有希望的探测方法。本文简要介绍了当前国际上几个主流暗物质直接探测实验组的探测技术及研究现状，并着重介绍了中国暗物质实验组（China Dark matter Experiments，CDEX）的成立背景、发展历程、研究成果及未来规划。

关键词　暗物质；直接探测；中国暗物质实验

1　引　言

日月交替，星辰变幻，激发了人类对自然宇宙的无限好奇与向往。几千年来，人类对宇宙认知越来越深，标准粒子模型诠释了宇宙的微观世界，大爆炸理论阐述了宇宙的宏观演化。但是，认知无止境，暗物质就是现代物理学大厦上的一朵乌云。

20 世纪 30 年代，天文学家 Fritz Zwicky 在研究距离地球约 3 亿光年的后发座星系团时，发现其引力质量远大于可见物质推算出的光度质量，他将这些未知的不发光的物质称作暗物质[1]。这是人类第一次真正意义上认识到暗物质。这个发现并没有引起当时人们的重视，直到 20 世纪 70 年代，随着观测手段的发展，一系列星系旋转曲线的获得，使得人们开始重新审视暗物质[2]。如今，暗物质存在的证据可以分为两类：一类依据暗物质的引力效应，如星系旋转曲线和引力透镜[3]；另一类则考虑宇宙的演化过程，包括宇宙大尺度结构[4]、大爆炸合成[5]和宇宙微波背景辐射[6]，见图 1。根据普朗克卫星给出的最新结果，暗物质占整个宇宙成分的 26.8% ，而我们所熟知的常规物质只占 4.9% ，见图 2。

宇宙学和天文学的观测结果显示了暗物质的存在，但从粒子物理学的角度来看，暗物质到底是什么，又有哪些性质，目前还所知甚微。怀着强烈的好奇心和求知欲，大批理论和实验物理学家为揭开暗物质的神秘面纱前赴后继。理论上，一系列暗物质粒子候选模型被提出，如弱相互作用重粒子（WIMPs）、轴子（Axion）、惰性中微子等。其中 WIMPs 是最受欢迎的模型之一，也是目前国际上主流暗物质实验组所探寻的重点目标。实验上，根据探测方式的不同，暗物质探测可以分为三类：第一类是直接探测，利用探测器来探测暗物质粒子与靶物质发生相互作用之后的能量沉积；第二类是间接探测，是探测暗物质粒子自身湮灭或者衰变之后的次级粒子，如正负电子、质子等；第三类是对撞机研究，通过高能

作者简介：贾历平（1992—），男，清华大学工程物理系博士研究生，研究方向为暗物质直接探测。E-mail:wy_jlp10@163.com。

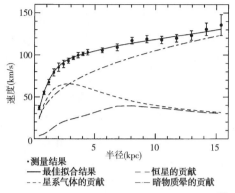

·测量结果
—— 最佳拟合结果 　　— — 恒星的贡献
--- 星系气体的贡献 　　—·— 暗物质晕的贡献

图1 暗物质存在的证据:M33 星系的星系旋转曲线[4]

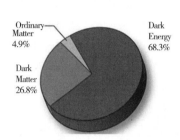

图2 普朗克卫星观测结果给出的宇宙构成

粒子束对撞之后的能量丢失来反推暗物质的性质。三类探测方法中,直接探测被认为是最有希望的探测手段,国际国内众多实验组都是采用直接探测的方法来进行暗物质探测。当然,不同实验组所采用的探测器也有所不同,中国暗物质实验组(CDEX)就是采用点电极高纯锗探测器来进行暗物质直接探测,实验地点位于中国锦屏地下实验室(CJPL)。在介绍 CDEX 实验组之前,我们先来看看国际上其他主要暗物质直接探测实验及现状。

2 国际暗物质直接探测

XENON 实验组采用气液双相氙时间投影室,其主导的 XENON-1T[7] 实验位于意大利 GranSasso 地下实验室,是目前世界上运行的同类探测器中规模最大也是最灵敏的。位于美国 Sanford 地下实验室的 LUX[8] 实验组和与 CDEX 实验同处 CJPL 的 PandaX[9] 实验组采用同样的探测器技术进行暗物质探测,他们与 XENON 在过去的两年里相继刷新高质量区暗物质的灵敏曲线,竞争相当激烈。这种探测器具有良好的三维重建能力和 n/γ 甄别能力,质量也能相对做大,外层液氙可以充当内层的屏蔽层,加上液氙自身的低本底,很好地满足实验的低本底、大质量需求,奠定了它在高质量区暗物质探测的领先地位。XENON-1T 实验目前采用的液氙总质量为 3.2 t,其中灵敏质量约为 1 t。LUX 与 PandaX 现阶段实验均已完成,其中 LUX 正与来自英国的 ZEPLIN 实验组合作,开展下一代 LZ 实验,其总的液氙质量将达到 10 t,PandaX 实验组也在积极准备下一阶段的实验工作。

DAMA/LIBRA[10] 实验组是国际上少数几个宣称探测到暗物质信号的实验组之一。他们将总质量 250 kg 的高纯 NaI(Tl) 晶体阵列置于 GranSasso 地下实验室的屏蔽体中,通过光电倍增管读取晶体中的闪烁光信息,获取探测器事例率随时间的变化关系。在长达二十多年的时间里,他们发现探测器事例率随时间有一个明显的以年为单位的年度调制关系,并且达到 12.9σ 的惊人置信水平,这一特征可以用暗物质理论模型来给出完美解释。但是,这一现象并没有得到其他实验组的支持,相反地,绝大多数实验组的分析结果都与其相悖。为了进一步研究年度调制这一特定现象,国际上已有实验组开始采用与 DAMA/LIBRA 相同的探测器手段进行异地实验,如 KIMS[11]、DM-Ice[12] 等。

美国 Soudan 地下实验室的 CDMS[13] 实验组、法国 Modane 地下实验室的 EDEL-WEISS[14] 实验组及意大利 GranSasso 地下实验室的 CRESST[15]。实验组是采用极低温固体探测器进行暗物质直接探测的代表。这种探测器工作在几十 mK 的极低温度,可以测量电离和声子两种不同的信号,根据两种信号成分的不同甄别电子反冲和核反冲,有效压低本底,另外因为探测器的阈值较低,因此在低质量区暗物质探测器具有优势。CDMS 实验组早期采用 Si 和 Ge 两种材料作为探测器介质,2013 年,CDMS-Ⅱ 实验利用 Si 探测器发现了疑似 WIMPs 事例,但是基本已被其他实验组排除。在 CDMS 实验组上发展起来的 super CDMS[16] 实验组完全采用 Ge 材料为探测介质,并在 2014 年给出了在低质量暗物质区域一度领先的灵敏曲线。另外,实验组将其中性能表现好的探测器拿出来,采用声子放大技术,以牺牲探测器的粒子甄别能力为代价,将探测器阈值降低至 56eVee,这一结果进一步拓展了对暗物质质量空间的探测能力。

除此之外,CDEX 实验组采用的点电极高纯锗探测器,具有低能量阈值、低本底、高能量分辨率、可阵列化等一系列特点,在低质量区暗物质探测极具优势,是暗物质直接探测实验中的重要一极。

3　中国暗物质实验组(CDEX)

3.1　CDEX 实验组成立背景

2003 年,清华大学的研究人员通过理论研究和分析,提出了利用极低能量阈值的高纯锗探测器(ULEGe)进行低质量 WIMPs 的直接探测计划并开展相关实验研究。2004 年,清华大学成立暗物质研究组,在韩国 Y2L 地下实验室利用 ULEGe 开始进行暗物质直接探测实验研究,这是我国自主暗物质直接探测实验的开端。2007 年,清华大学暗物质研究组参与的 TEXONO 实验组发表了第一个暗物质直接探测实验的物理结果,确定了利用 ULEGe 探测器低质量 WIMPs 的可行性。同时也促使实验组开始寻址并建立自己的地下实验室。

2009 年,清华大学与雅砻江流域水电开发有限公司签订合作协议,我国第一个极深地下实验室——中国锦屏地下实验室(CJPL)[17] 开始建设,并于 2010 年年底投入使用,实验空间 4 000 m³。CJPL 拥有 2 400 m 的岩石覆盖,是天体物理领域中目前世界上岩石覆盖最深的地下实验室。同时,清华大学联合四川大学、南开大学、中国原子能科学研究院和雅砻江流域水电开发有限公司等正式成立了 CDEX 合作组,致力于用吨量级点电极高纯锗探测器阵列进行暗物质直接探测研究。

3.2　CDEX 实验组的发展历程及成果

CJPL 的建成,让实验组拥有自己独立的实验空间,在定制新探测系统的同时,2011 年,实验组开始利用已有的 20 g 4 单元 ULEGe 探测器(CDEX-0)在 CJPL 测试运行,并于 2012 年正式取数。截至 2013 年 9 月,累积获得有效数据 0.784 kg·d,在 10 GeV 以下的质量区域获得了比 2007 年更加灵敏的物理结果。探测器的能量阈值为 177 eVee,也明显好于之前在台湾地表实验室运行的结果。CDEX-0 的成功运行,在各方面为实验组后续的实验积累了经验[18]。

CDEX 实验组第一个 1 kgp 型点电极高纯锗探测器(pPCGe)也于 2011 年开始在 CJ-

PL 进行测试运行(CDEX-1A),这是 CDEX 实验组自主设计定制的,由法国 Canberra 公司生产制作的国际上单体质量最大的 pPCGe 探测器。CDEX – 1A 第一阶段正式取数时间为 2012 年 6 ~ 9 月,有效数据 14.6 kg·d,探测器能量阈值约为 400 eVee[19]。同年,实验组在 Physical Review D 期刊上发表第一个物理结果,这也是我国第一个自主暗物质直接探测实验物理结果。2013 年开始,CDEX-1A 探测器加装了井式 NaI 反符合探测器,用来降低实验本底(见图 3)。至 2014 年 1 月,累积了 53.9 kg·d 的有效数据。同时,在第一阶段数据分析的基础上,引入了表面事例/体事例的甄别方法,极大程度上提升了对暗物质的探测灵敏度。这个实验结果确定性地排除了采用相同探测器技术的 CoGeNT 实验组给出的疑似信号区域[20]。2016 年,基于 335.6 kg·d 的有效数据发表了最新暗物质物理结果,在自旋相关分析中给出了 4 ~ 7 GeV/c² 区域国际最灵敏结果[21]。

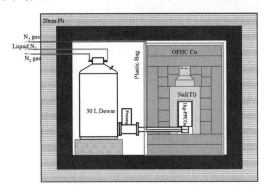

被动屏蔽体系统从外至内包含了 2 400 m 厚的岩石、1 m 厚的聚乙烯、20 cm 厚的铅、20 cm 厚的含硼聚乙烯以及 20 cm 厚的高纯无氧铜。主动屏蔽体系统为低本底 NaI(Tl)闪烁体探测器。

图 3　CDEX-1A(B)探测器主动、被动屏蔽体示意图

CDEX-1A 取得成功的同时,为了进一步降低电子学噪声水平及能量阈值,基于 CDEX-1A 原型,通过缩小点电极大小、筛选低噪声 JFET、升级脉冲光反馈电荷灵敏前放等一系列优化措施,设计研发了新一代点电极高纯锗探测器(CDEX-1B),探测器能量阈值达到 160 eVee,相对于 CDEX-1A 是个巨大的跨越,同时能量分辨率与时间分辨率也明显优于 CDEX-1A。CDEX-1B 于 2014 年 5 月 24 日正式取数,至 2017 年 8 月累积获取有效本底数据 783 kg·d,实验结果将点电极高纯锗探测器暗物质直接探测质量限下推至 2 GeV,同时获得 4 GeV 以下自旋相关国际最灵敏实验结果[22]。在研究过程中,首次发现了高纯锗探测器近点电极的超快上升时间的事例和低能区康普顿台阶等精细结构,建立了基于信号波形上升时间分布和计数率比例的体事例/表事例甄别方法[23],为后续实验数据分析打下基础。

CDEX-10 实验采用液氮直冷真空阵列封装方式,是实验组迈向阵列化暗物质直接探测的第一次尝试,包括 3 串共 9 个点电极高纯锗探测器(见图 4)。CDEX-10 的第一次阶段运行从 2017 年 2 月至 11 月,其中第一串 CDEX-10A 正返厂维修,CDEX-10B 中两个探测器单元电子学故障,CDEX-10C 中两个探测器噪声过大,因此此次运行取数的单元有两个,即 CDEX-10BGe1 和 CDEX-10CGe1。两个运行探测器中,CDEX-10BGe1 性能要好于另一个,能量阈值达到 160 eVee,与 CDEX-1B 相当,累积有效数据 102.8 kg·d。CDEX-

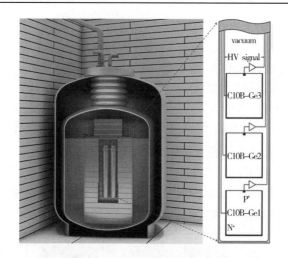

图 4　（左）CDEX-10 探测器 CDEX-10 点电极高纯锗阵列探测器液氮恒温与屏蔽系统；
（右）CDEX-10 点电极高纯锗阵列探测器结构示意图

10 的第一个物理结果发表于国际顶级物理期刊 Physical Review Letters，是点电极高纯锗探测器自旋无关和自旋相关国际最灵敏实验结果，特别在 4 ~ 5 GeV 范围内自旋无关结果达到国际最好水平[24]，见图 5、图 6。

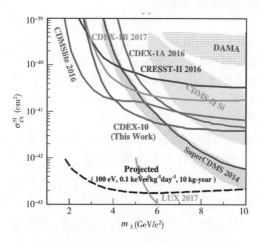

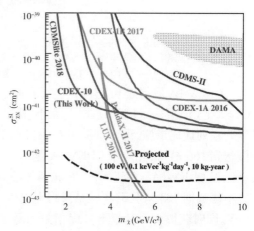

图 5　不同实验组给出的自旋无关暗物质
排除线或信号区域

图 6　不同实验组给出的自旋相关暗物质
排除线或信号区域

另外，实验组并未局限于对 WIMPs 的物理分析，而是利用所积累的大量数据，开展其他物理通道的研究分析。2017 年，基于 CDEX-1A 实验数据，给出了我国首个自主 ^{76}Ge 无中微子双贝塔衰变结果，为未来进一步实验奠定了基础。同年，实验组发表首个轴子结果，获得 1 keV 以下国际最强限制。

3.3　CDEX 未来计划

自 2013 年 CDEX 正式发表第一个物理结果以来，CDEX 实验组成果丰硕，团队壮大，未来更充满无数可能。目前，国际上大多数暗物质直接探测实验都在更新换代，立足于点电极高纯锗探测器的优势,CDEX 下一阶段的实验研究正紧锣密鼓地进行。

CJPL-I 期实验空间已经饱和,为了满足更大及更多的实验需求,2014 年,清华大学与雅砻江流域水电开发有限公司再次签订协议,决定开建 CJPL-Ⅱ工程。CJPL-Ⅱ土建工程于 2016 年底完成,实验空间约 30 万 m³,共 4 个独立实验空间,每个长 130 m、宽 14 m、高 14 m [17]。CDEX 实验组将入驻 CJPL-Ⅱ中的 C 洞。在设计中,CDEX 下一阶段实验将在内径 13 m,总容积约 1 700 m³ 的大液氮罐中进行,高纯锗探测器阵列悬挂于液氮罐的中心位置,液氮一方面保证探测器所需的工作环境,另一方面也作为探测器屏蔽系统。

为了达到下一阶段实验的预期目标,实验组正在为进一步降低探测器阈值及本底水平而努力。本底水平方面,分别考虑锗晶体内的宇生核素放射性,探测器周边结构材料放射性,探测器近端电子学材料放射性及液氮放射性。通过模拟研究分析,地下生长锗晶体及制作探测器,避免宇宙线长时间照射,是最有效的抑制锗内宇生核素的方法。同样,为进一步降低探测器周边结构材料铜中的放射性,地下电解铜也成为首选。因此,在未来的计划中,地下晶体生长、探测器制作、地下电解铜生产都将被提上日程。而对于探测器近端电子学材料,也将广泛筛选低本底板材,严格控制用量用料。另外,液氮中的氡对探测器的影响也将被列入研究目标之中。探测器阈值方面,一方面,需要成熟的探测器制作工艺来保证良好的晶体电容、漏电流等关键参数;另一方面,探测器信号读出端需要在液氮温度下稳定工作,同时保证极低的电子学噪声性能。

我们期待在不久的将来,CDEX 实验组能取得更大的辉煌,在暗物质直接探测及其他重要物理课题上取得重大突破。

参 考 文 献

[1] Zwicky F. Die Rotverschiebung von extragalaktischenNebeln. Helv. Phys. Acta, 1933:110-127.

[2] Corbelli E, Salucci P. The extended rotation curve and the dark matter halo of M33[J]. Monthly Notices of the Royal Astronomical Society, 2000, 311(2):441-447.

[3] Moustakas L A, Metcalf R B. Detecting dark matter substructure spectroscopically in strong gravitational lenses[J]. Monthly Notices of the Royal Astronomical Society, 2003,339:607-619.

[4] Springel V, White S D M, Jenkins , et al. Simulating the joint evolution of quasars, galaxies and their large-scale distribution[EB/OL]. [2018-03-29]. https://wwwmpa.mpa-garching.mpg.de/galform/millennium/.

[5] Fields B D, Sarkar S. BIG – BANG NUCLEOSYNTHESIS // Particle Data Group. REVIEW OF PARTICLE PHYSICS. Physics Review D, 2012, 86 (010001): 275-279.

[6] Cho A. Universes High-Def Baby Picture Confirms Standard Theory[J]. Science, 2013,339:1513.

[7] Aprile E J A. First Dark Matter Search Results from the XENON1T Experiment[J]. Phys. Rev. Lett., 2017,119(18):181301.

[8] Akerib D S, et al. Results from a Search for Dark Matter in the Complete LUX Exposure[J]. Phys. Rev. Lett., 2017,118(2).

[9] Cui X, et al. Dark Matter Results from 54-Ton-Day Exposure of Panda X-II Experiment[J]. Phys. Rev. Lett., 2017,119(18):181302.

[10] Bernabei R, et al. First model independent results from DAMA/LIBRA-phase2. arXiv:1805.10486v1.

[11] Adhikari P, et al. Understanding internal backgrounds of NaI(Tl) crystals toward a 200 kg array for the

KIMS-NaI experiment. arXiv:1510. 04519v2.

[12] Barbosa De Souza E, et al. , First search for a dark matter annual modulation signal with NaI(Tl) in the Southern Hemisphere by DM-Ice17. Phys. Rev. D, 2017, 95(3).

[13] Agnese R, Z A A J, et al. Silicon Detector Dark Matter Results from the Final Exposure of CDMS II. arXiv:1304. 4279v3.

[14] Armengaud E. Constraints on low-mass WIMPs from the EDELWEISS-III dark matter search. arXiv: 1603. 05120v2

[15] Results from 730 kg days of the CRESST-II Dark Matter Search. arXiv:1407. 3146v1.

[16] Agnese R, A J A. Results from the Super Cryogenic Dark Matter Search Experiment at Soudan. Phys. Rev. Lett. , 2018,120:061802.

[17] Cheng J, et al. The China Jinping Underground Laboratory and Its Early Science[J]. Annual Review of Nuclear and Particle Science, 2017,67(1):231-251.

[18] Liu S K, Q Y. Limits on light WIMPs with a germanium detector at 177 eVee threshold at the China Jinping Underground Laboratory. Phys. Rev. D, 2014, 90:032003.

[19] Zhao W, Yue Q, Kang K J, et al. First results on low-mass WIMPs from the CDEX-1 experiment at the China Jinping underground laboratory. Phys. Rev. D, 2013, 88:052004.

[20] Yue Q, Zhao W, Kang K J, et al. Limits on light weakly interacting massive particles from the CDEX-1 experiment with a p-type point-contact germanium detector at the China Jinping Underground Laboratory. Phys. Rev. D, 2014, 90:091701.

[21] Zhao W, Yue Q, Kang K J, et al. Search of low-mass WIMPs with a p-type point contact germanium detector in the CDEX-1 experiment. Phys. Rev. D, 2016, 93:092003.

[22] Yang L T, Li H B, Yue Q, et al. Limits on light WIMPs with a 1 kg-scale germanium detector at 160 eVee physics threshold at the China Jinping Underground Laboratory. Chin. Phys. C,2018, 42:23002 .

[23] Yang L T, Li H B, Yue Q, et al. Bulk and Surface Event Identification in p-type Germanium Detectors. Nucl. Instrum. Methods Phys. Res. ,Sect. A, 2018,886:13-23.

[24] Jiang H,Jia L P,Yue Q, et al. Limits on Light Weakly Interacting Massive Particles from the First 102. 8 kg × day Data of the CDEX-10 Experiment. Phys. Rev. Lett. , 2018,120: 241301.

PandaX-Ⅲ:高压气^{136}Xe 时间投影室探测无中微子双贝塔衰变

林横,杜海燕,韩柯*

(上海交通大学物理与天文学院 上海市粒子物理与宇宙学重点实验室,上海　200240)

摘　要　无中微子双贝塔衰变(NLDBD)是粒子物理中的最热门研究之一。PandaX-Ⅲ实验利用高压氙气时间投影室探测器来寻找^{136}Xe 同位素原子核的无中微子双贝塔衰变。本文将概述 PandaX-Ⅲ时间投影室(Time Projection Chamber,TPC)的实验设计以及其预期物理目标,并展示 PandaX-Ⅲ原型探测器的重要能力,如径迹重建与能量分辨率。

关键词　中微子物理;无中微子双贝塔衰变;地下实验;低本底技术

1　无中微子双贝塔衰变

双贝塔衰变是原子核的一种罕见衰变模式,这一过程中原子核自发地放出两个电子或正电子,且一对中子转变为一对质子。理论上,双贝塔衰变有两种模式:

(1)放出中微子的双贝塔衰变(Double Beta Decay,DBD):

$$^{A}_{Z}X \rightarrow ^{A}_{Z+2}Y + 2\beta^{-} + 2\bar{v} \tag{1}$$

(2)无中微子放出的双贝塔衰变(Neutrinoless Double Beta Decay,NLDBD):

$$^{A}_{Z}X \rightarrow ^{A}_{Z+2}Y + 2\beta^{-} \tag{2}$$

DBD 过程遵循轻子数守恒,是粒子物理标准模型允许的衰变过程,并且已经在^{136}Xe 等同位素中被发现。NLDBD 过程如果发生,将意味着中微子是其自身的反粒子,也就是马约拉纳中微子,而且该现象可能揭示中微子质量极小的奥秘。同时 NLDBD 过程中轻子数守恒定律被破坏,可以为宇宙诞生初期物质和反物质的不对称性给出可能的解释[1],其深远影响远超中微子物理本身。因此,NLDBD 实验意义重大。

NLDBD 在某种意义上可以看作是下面两个过程的净结果:

$$N \rightarrow p + e^{-} + \bar{v} \tag{3}$$

$$v + n \rightarrow p + e^{-} \tag{4}$$

如果中微子无正反之分,v 与 $\bar{v}$ 相同,则式(3)过程中产生的反中微子在式(4)过程中被快速吸收,表现为无中微子释放,发生无中微子双贝塔衰变。

基金项目:国家自然科学基金资助项目(11775142);国家重点研发计划项目(课题编号:2016YFA0400302)。

通讯作者:韩柯(1981—),男,博士,上海交通大学物理与天文学院特别研究员,研究方向为中微子物理、地下实验低本底技术。E-mail:ke.han@sjtu.edu.cn。

理论上,无中微子双贝塔衰变的速率与马约拉纳中微子(电子中微子)的有效质量成正比:

$$(T_{1/2}^{0\nu})^{-1} = G^{0\nu} |M^{0\nu}|^2 \frac{<m_{\beta\beta}>}{m_e^2} \tag{5}$$

式中:$T_{1/2}^{0\nu}$ 为相应的 NLDBD 的半衰期;$G^{0\nu}$ 为相空间因子,来自于对衰变相空间(由衰变前后原子核的状态确定)的积分;$M^{0\nu}$ 为核结构矩阵系数(nuclear matrix element);m_e 为电子质量;$<m_{\beta\beta}>$ 为电子中微子的马约拉纳有效质量。

实验上我们可以通过测量双贝塔衰变过程中放出的两个电子能量之和来判断衰变的类型。如图 1 所示,若衰变过程中有反中微子放出并带走一部分能量,两个 β 粒子的能量和在统计上为一个连续能谱;反之,若没有反中微子带走能量,两个 β 粒子的能量总和为定值,在能谱里为特定位置的一个峰,这个能量位置即为衰变的 Q 值。

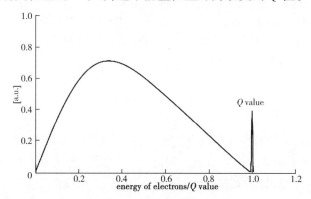

图 1　双贝塔衰变能谱示意图

目前国际上多个实验组正在积极地搜寻这个非常稀有的衰变过程,主要实验包括包含 ^{130}Te 的低温量能计阵列 CUORE[2]、基于 ^{136}Xe 的时间投影室实验(TPC)EXO-200[3] 和 NEXT[4]、高纯锗探测器实验 GERDA[5] 和 Majorana[6]、液体闪烁体实验 Ka mLAND-Zen[7] 和 SNO +[8] 等。不同探测器技术各有优势。高纯锗与低温量能计的能量分辨率高,在衰变 Q 值附近可达到 0.2% 的半高全宽(Full Width Half Maximum, FWHM))。以 Ka mLAND-Zen 为代表的液体闪烁体实验的体量大,本底控制相对容易。基于 ^{136}Xe 的 TPC 在可扩展性与能量分辨率方面能取得平衡。各个实验的共同目标都是在 5 ~ 10 年内发展成为一个吨级的探测器,把实验半衰期的精度提高到 10^{27} ~ 10^{28} 年,从而把中微子的有效质量上限确定在 15 meV 以下。

2　PandaX-Ⅲ概述

2.1　PandaX-Ⅲ探测器

PandaX-Ⅲ采用高压氙气测器来寻找 ^{136}Xe 原子核的 NLDBD 现象。实验将于四川锦屏地下实验室开展。覆盖锦屏地下实验室的 2 400 m 岩石能有效地屏蔽宇宙射线。在我们的概念设计中,PandaX-Ⅲ探测器的容积为 4 m³,在 10 bar 工作压力下可容纳 200 kg 氙气,探测器内 ^{136}Xe 同位素丰度为 90%。设计中探测器对信号的探测效率达 35%,在 Q 值处的 FWHM 能量分辨率达 3%。项目第一阶段将有一个 200 kg 探测器运行,第二阶段 200 kg 探测器个数将扩至 5 个。所有探测器都将置于超纯水屏蔽体中以进一步屏蔽外界的辐射。图 2 展示了位于水屏蔽体中的 5 个 200 kg 探测器。

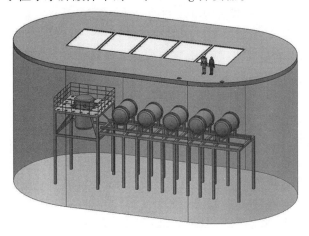

图 2　水屏蔽体中的 5 个 PandaX-Ⅲ200 kg 探测器

PandaX-Ⅲ实验中每个 200 kg 探测器的核心部分为充满^{136}Xe 的 TPC。图 3 展示了 PandaX-Ⅲ实验的探测器部分以及配套的由高纯无氧铜(Oxygen-free High-conductivity Copper, OFHC)制作的高气压罐体。罐体中充满^{136}Xe 气体,TPC 腔室中间的阴极加载高压,侧壁上的场笼将电场线限制在投影室内,使电场均匀。场笼主要由聚四氟乙烯支架及 OFHC 制作。腔室的两端为电荷收集平面。在投影室内运动的高能粒子不断沉积能量并电离出自由电子,自由电子顺着电场被"投影"到电荷读出平面。时间投影室可以通过读出平面上收集到的电荷量来刻度初始高能粒子的能量。另外,它还可以通过漂移电荷到达的"时间"来获取初始粒子的相对纵向位置。而电子在投影平面上的位置也将被记录,结合电子的漂移时间便可以重构出原初粒子的三维径迹。

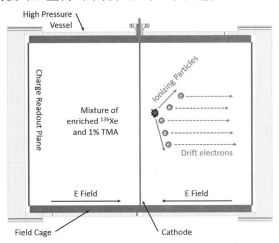

图 3　时间投影室示意图

PandaX-Ⅲ TPC 的读出平面选用 Micro megas(Micro Mesh Gaseous Structure) 微网气体探测器来收集电荷,其电荷倍增区域为深 50 μm、直径 50 μm 的小孔阵列。电荷在小孔中被放大之后由横纵两个方向共 128 条读出条收集。选用的 Micro megas 探测器采用 Microbulk 工艺制作,保证了电荷倍增电场的均匀性,从而使其具有较高的能量分辨率。

除 TPC 外,PandaX-Ⅲ探测器还包括多个子系统。其中高压供电系统为 TPC 提供高压,并在场笼的作用下产生 TPC 漂移电场。气体系统提供充气、混气、回收等功能,并可以对 TPC 中的气体进行循环纯化。电子学及数据采集系统用于读出 Micro megas 输出的探测信号。

2.2 PandaX-Ⅲ探测器本底预期及灵敏度

PandaX-Ⅲ实验本底主要来源于宇宙线与实验室/探测器自身辐射。锦屏实验室是世界上最深的地下实验室,它接收到的宇宙射线率约为每周每平方米 1 个渺子。探测器将选用低放射性材料制作。放射性主要考量 ^{238}U、^{232}Th、^{60}Co 及其衰变链上子核素含量,这些核素衰变释放的能量在目标 Q 值(2 458 keV)附近。通过蒙特卡罗模拟我们研究了探测器以及实验室环境各个部分对本底噪声的贡献[9],结果见表 1。由表 1 知,不锈钢螺丝是 ^{238}U 本底事件的主要来源,微网气体放大器是 ^{232}Th 本底事件的主要来源。总本底事件率为 3.44×10^{-3}(keV $\times$ kg $\times$ a)$^{-1}$。若对事件进行径迹筛选,在以目标 Q 值为中心的 100 keV 范围内,整个实验每年在探测器内产生的本底噪声数约为 2 个。

表 1　PandaX-Ⅲ实验不同部分对本底事件率的贡献(表格来自文献[9])

实验部分	材料	所含同位素原子核	本底事件率 10^{-5}(keV · kg · a)$^{-1}$
水屏蔽体	超纯水	^{238}U	0.23
		^{232}Th	0.63
罐体	OFHC 铜	^{238}U	2.41
		^{232}Th	7.86
		^{60}Co	2.11
罐子端盖	OFHC 铜	^{238}U	1.26
		^{232}Th	4.16
		^{60}Co	0.76
螺丝	不锈钢	^{238}U	11.9
		^{232}Th	78.5
场笼	OFHC 铜与聚四氟乙烯	^{238}U	17.0
		^{232}Th	4.03
电子学系统	—	^{238}U	1.42
		^{232}Th	8.69
微网气体放大器	聚酰亚胺与铜	^{238}U	158
		^{232}Th	44.5
总计	—	—	344.4

对于不可忽略本底的 NLDBD 实验,其灵敏度可由下式评估:

$$T_{1/2} \propto \eta \cdot \varepsilon \sqrt{\frac{MT}{r\delta E}} \tag{6}$$

式中:η 为探测器探测效率;ε 为目标同位素的丰度;M 为探测器质量;T 为有效实验时间;r 为本底水平;δE 为能量探测区间。

对 PandaX-Ⅲ 的 200 kg 及最终吨级探测器的 NLDBD 探测灵敏度预测结果如图 4 所示。在吨级实验中,我们预期将本底更进一步降低 10 倍。同时我们可以利用 TopMetal 等新型探测技术将探测器能量分辨率提高到 1% 。

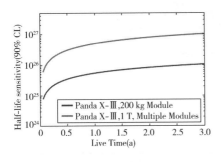
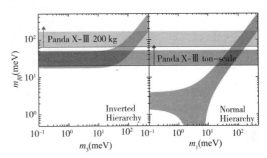

（a）PandaX-Ⅲ实验对^{136}Xe 半衰期探　　　（b）PandaX-Ⅲ实验在 3 年有效探测时间后达
　　测灵敏度与探测时间的关系　　　　　　　到的电子中微子马约拉纳有效质量灵敏度

图 4　探测灵敏度预测结果

3　PandaX-Ⅲ原型探测器

3.1　原型探测器

为研究高压氙气 TPC 的关键性能,我们设计、建造并调试运行了一个缩小版气态 TPC 探测器作为 PandaX-Ⅲ 200 kg 探测器的原型机。如图 5 所示,原型探测器主要由以下几个部分构成:容纳 TPC 的高压不锈钢罐体、位于 TPC 顶部的电荷读出平面、悬挂于电荷读出平面下的场笼、连接于场笼底部的阴极平面。除此之外,原型机系统还包括用于充入、回收、混合工作气体的气体系统,给阴极平面供电压的高压源套件,以及用于抽空探测器中气体的真空泵组,用于读取微网气体放大器信号的电子学与数据采集系统,其中电子学系统由基于 AGET 芯片 0 的 ASAD/CoBo 套件[10-11]构建。

高压不锈钢罐体的容积约 600 L,侧壁厚度为 8 mm,可以承受最高 15 bar 的高气压。在罐体的下部,有 4 个 DN-80 端口。除去 1 个备用端口外,剩下 3 个被分别用于与气体系统、真空泵组、高电压源连接。

电荷读出平面由安装在一块圆形铝制固定板上的 7 个微网气体放大器模块组成,每个模块上的微网气体放大器的工作区域为 20 cm × 20 cm 的正方形。7 个模块在固定板上如图 6 所示。

3.2　原型探测器的运行

我们在探测器中放入一个活度为 1.43×10^3 Bq 的^{241}Am 定标放射源,进行了多轮调试与运行。放射源之上覆盖了 0.2 mm 厚的聚酰亚胺,故由放射源放出的几乎所有 α 粒子

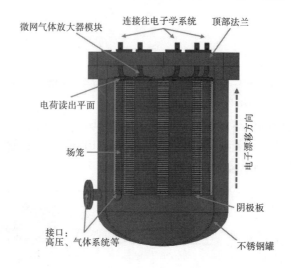

图 5　原型探测器设计结构

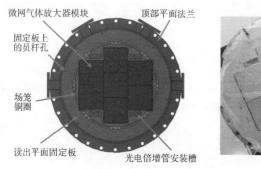

（a）读出平面装在探测器内的仰视图

（b）读出平面实物图

图 6　读出平面图

和部分 β 粒子被阻挡。探测器被充入不同工作气体,如纯氩气、纯氙气、氩气 +5% 异丁烷混合物、氙气 +1% 三甲胺混合物等。测试这些气体处于 1 bar、1. 5 bar、4 bar、5 bar 的不同气压时探测器的性能。通过几轮实验,探测器每个子系统的稳定性、探测器核心部分 TPC 的关键性能,如径迹记录能力得到了验证。我们还初步研究了探测器的噪声水平、漂移区域的电子传输效率以及不同条件下探测器的能量分辨率。

　　下面主要展示原型探测器对宇宙射线中微子的径迹重现及在 5 bar 氙气 +1% 三甲胺混合气体中探测到的能谱（氙气 + 三甲胺混合气体为设计中 PandaX-Ⅲ 200 kg NLDBD 探测器的工作气体）。图 7 展示了一个穿过时间投影室的微子。

　　图 8 为探测器在 5 bar 氙气 +1% 三甲胺混合气体中探测到的能谱。探测器中的 ^{241}Am 衰变为 ^{237}Np,放出能量为 59. 5 keV（衰变道概率 35. 9%）和 26. 3 keV（衰变道概率 2. 3%）的 γ 射线。^{237}Np 继续衰变将放出能量分别为 13. 9 keV、16. 8 keV、17. 8 keV 和 20. 6 keV 的 γ 射线。这些不同能量的射线被探测器记录后显示在能谱中。原型探测器

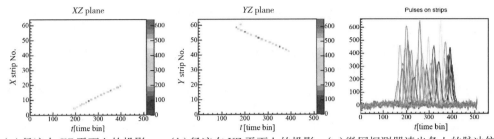

（a）径迹在 XZ 平面上的投影　　（b）径迹在 YZ 平面上的投影　　（c）微网探测器读出条上的脉冲信号

图 7　一个穿过探测器的微子径迹

的半高全宽能量分辨率在 59.5 keV 处为 14.1%，在 29 keV 处为 19.3%，在 26.3 keV 处为 28.2%，在 17.8 keV 处为 22.7%，在 13.9 keV 处为 36.5%。由原型机实验结果对 PandaX-Ⅲ 200 kg 探测器的能量分辨率做出估计，59.5 keV 处 14.1% 的能量分辨率对应的 2 458 keV 处能量分辨率为 2.19%，达到了设计目标。

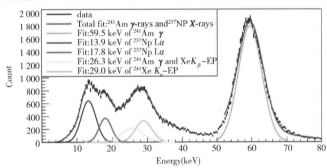

图 8　5 bar 氙气 +（1%）三甲胺中的探测器能谱

4　总　结

NLDBD 的发现可证明中微子是其本身的反粒子，可能揭示中微子质量极小的奥秘，具有重要的物理意义。PandaX-Ⅲ 实验将利用 200 kg 级高压气体氙 TPC 来寻找^{136}Xe 的 NLDBD。PandaX-Ⅲ选用微网气体放大器作为读出平面，利用粒子在气体中的径迹来分辨事例类型进而降低本底噪声，具有较高的灵敏度。第一阶段 200 kg 级探测器利用 3 年数据可以给出^{136}Xe 的无中微子双贝塔衰变的半衰期限制为 10^{26} 年。目前我们已经建造了可容纳 20 kg 高压气氙的原型探测器进行 PandaX-Ⅲ 探测器性能的研究。原型探测器重现了宇宙射线中的微子径迹。在 5bar 氙气 +1% 三甲胺混合气体中，原型探测器在 59.5 keV 处能量分辨率达 14.1%，达到了设计目标。我们将继续开展对原型探测器的研究，为 PandaX-Ⅲ NLDBD 实验奠定基础。

参 考 文 献

[1] M A Luty. Baryogenesis via leptogenesis, Phys. Rev. D45,1992,455.

[2] Artusa D R, Avignone F T, Azzolini O, et al. Searching for Neutrinoless Double-Beta Decay of 130Te with CUORE, Adv. High Energy Phys. 2015，(2015)879871.

[3] The EXO-200 Collaboration, Search for Majorana neutrinos with the first two years of EXO-200 data, Nature510,2014,229.

[4] Martín-Albo J,Vidal J M,Ferrario P,et al. Sensitivity of NEXT-100 to neutrinoless double beta decay, J. High Energy Phys. 2016, (2016) 1.

[5] Agostini M, Allardt M, Bakalyarov A M,et al. Search of Neutrinoless Double Beta Decay with the GERDA Experiment, Nucl. Part. Phys. Proc. , 2016,1876:273-275

[6] Abgrall N,Aguayo E, Avignone F T,et al. The Majorana Demonstrator Neutrinoless Double-Beta Decay Experiment, Adv. High Energy Phys. 2014, (2014) 365432.

[7] KamLAND-Zen Collaboration, Gando A, Gando Y, et al. Search for Majorana Neutrinos Near the Inverted Mass Hierarchy Region with KamLAND-Zen, Phys. Rev. Lett. 117, (2016) 082503.

[8] Andringa S,Arushanova E,Asahi S,et al. Current Status and Future Prospects of the SNO + Experiment, Adv. High Energy Phys. 2016, (2016) e6194250.

[9] Xun Chen, et al. PandaX-III:Searching for neutrinoless double beta decay with high pressure136Xe gas timeprojection chambers. Sci. China Phys. Mech. Astron. ,2017,60(6):061011.

[10] Anvar S, et al. Aget, the get front-end asic, for the readout of the time projection chambers used in nuclear physic experiments. In Nuclear Science Symposium and Medical Imaging Conference (NSS/MIC), 2011 IEEE,2011:745-749

[11] Giovinazzo J,et al. GET electronics samples data analysis. Nucl. Instrum. Meth. ,2016,A840:15-27 .

大塌方后隧洞挤压分析及应对策略

张传庆[1,4]，王继敏[2]，张春生[3]，周辉[1,4]，张洋[3]

（1.中国科学院武汉岩土力学研究所 岩土力学与工程国家重点实验室，
湖北 武汉　430071；2.雅砻江流域水电开发有限公司，四川 成都　610051；
3.中国电建集团华东勘测设计研究院有限公司，浙江 杭州　310014；
4.中国科学院大学，北京　100049）

摘　要　深埋软岩隧洞大规模塌方处理后持续变形，造成后续施工风险极大，是一类极端复杂的挤压问题。地质条件极差，塌腔和塌方体形态、性状和挤压变形发育原因未知等难题对传统挤压变形分析和应对方法提出了巨大挑战。针对这一难题，以详细地质勘察为基础，综合现场监测和测试成果，揭示了现场岩体变形发育发展规律、程度，采用数值仿真方法模拟分析了挤压变形原因，进而研究了后续施工风险，制定并应用了综合应对策略。所制定的塌方后挤压隧洞施工风险综合应对策略经现场应用效果突出，为此类工程难题的科学分析和有效应对提供了重要参考。

关键词　挤压；软岩；塌方；应对策略；施工风险

1　引　言

深埋软岩隧洞在高应力作用下极易遭遇挤压变形问题，而由于岩体完整性非常差而导致开挖期间发生塌方的洞段，潜在挤压问题将更加严重，若仍按一般洞段支护参数施工，势必出现变形持续发展，挤压发育显现问题[1-5]。为保证水工引水隧洞过水断面尺寸，对于塌方支护处理后再次出现的挤压问题需进行扩挖处理。之后，还要进行后续台阶的开挖。如何保证扩挖时曾经塌方部位的稳定性，如何保证扩挖后变形不再持续发展，如何保证后续开挖过程中围岩稳定及变形收敛，是此类工程必须面对的现实难题。

锦屏二级水电站引水隧洞西端开挖过程中遭遇绿泥石片岩地层，岩体软弱、完整性差，大部分洞段上层开挖后出现挤压变形问题，少数洞段发生大规模塌方，并在处理后围岩发生挤压变形。在现场地质勘察的基础上，本文充分揭示了塌方洞段的地质条件和塌腔形状，并结合现场变形监测成果和数值模拟结果研究了塌方后围岩发生变形的原因。基于此，本文分析了塌方后挤压变形隧洞扩挖和后续开挖施工风险，制定并建议了应对策略，现场实施后取得了显著效果，为此类工程问题的科学认识和解决提供了重要参考。

基金项目：国家自然科学基金（51279201）；国家重点基础研究发展计划（973）项目（2014CB046902）。

作者简介：张传庆（1977—），男，博士，研究员、博士生导师，主要从事地下工程高应力灾害调控机制与方法方面的研究工作。E-mail：cqzhang@whrsm.ac.cn。

2　工程概况及地质条件

锦屏二级水电站是雅砻江上兴建的一座以发电为开发目的的超大型引水式地下电站。其引水系统主要由自景峰桥至大水沟 4 条平行布置的引水隧洞组成,横穿锦屏山,平均洞线长度约 16.7 km,隧洞中心距 60 m。隧洞沿线上覆岩体一般埋深 1 500 ~ 2 000 m,最大埋深约为 2 525 m,具有埋深大、洞线长、洞径大的特点,为超深埋长隧洞特大型地下水电工程。

引水隧洞西端采用钻爆法开挖,四心马蹄形断面,隧洞开挖直径 13 ~ 13.8 m。施工工序分上下两层开挖,上层先开挖 8.5 ~ 8.9 m,然后完成下层 4.5 ~ 4.9 m 开挖。1 号和 2 号引水隧洞西端开挖过程中分别于引(1)1 + 537 和引(2)1 + 613 处进入绿泥石片岩区段,其埋深均位于 1 500 ~ 1 800 m,如图 1 所示。该地层地质条件复杂,岩性变化频繁,揭露的岩石主要有绿砂岩、绿砂岩大理岩互层、绿泥石片岩大理岩互层、绿泥石片岩等,以Ⅳ类围岩为主。

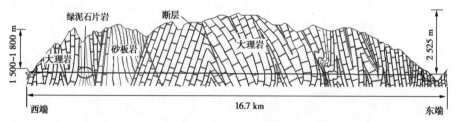

图 1　锦屏二级水电站引水隧洞西端绿泥石片岩地层位置

1 号和 2 号引水隧洞开挖至绿泥石片岩地层时均存在大规模塌方和大面积围岩变形侵占衬砌净空的现象,隧洞断面轮廓线扫描结果显示,部分断面最大变形达到 1 m。

3　大塌方洞段现场调查

锦屏二级水电站西端引水隧洞大塌方洞段桩号为引(1)1 + 755 ~ 800,埋深为 1 700 m 左右,初始开挖洞径为 13.8 m,岩性为灰绿色绿泥石片岩,局部为灰绿色绿砂岩,岩石软硬相间,自稳能力差,属Ⅳ类围岩。2008 年 8 月 29 日,引(1)1 + 765 上层开挖期间,北侧拱发生大规模塌方,方量在 500 m³ 以上,如图 2 所示。受到堆积渣体的限制或者自身塌腔几何形状的影响,围岩最终停止塌落。塌方后采用管棚注浆方法封闭塌方口,如图 3 所示,并对上部渣体进行了注浆固结。经现场勘察探明,塌腔形状如图 4 所示。

塌腔和塌方体稳定后,采用引水隧洞西端 S8 – n 型支护参数施工,继续向前开挖。S8 – n 型支护具体参数如下:全断面系统锚杆 ϕ28/32,长度 L = 6/9 m,间距为 1.0 m × 1.0 m;喷 CF30 硅粉钢纤维混凝土,厚 20 cm;格栅拱架间距 0.5 m;顶拱 120° 范围超前自钻式中空注浆锚杆 ϕ28/32 或小导管 ϕ42/45,L = 4.5 m,间距为 0.3 m;隧洞开挖进尺控制在 1 m 以内,掌子面及时喷 10 cm 厚 CF30 硅粉钢纤维混凝土封闭。

图2 引(1)1+765 段塌方情况

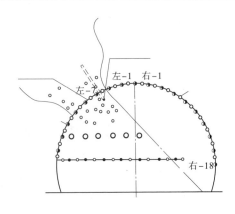

图3 引(1)1+765 塌方段管棚处理示意图

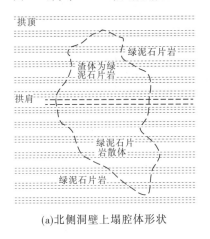

(a)北侧洞壁上塌腔体形状

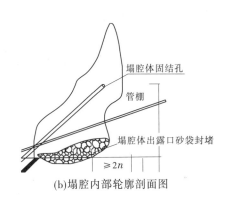

(b)塌腔内部轮廓剖面图

图4 塌腔体轮廓

4 挤压变形显现及分析

4.1 挤压变形显现

大塌方处理完成后隧洞上层缓慢向前开挖,并在2008年12月7日在引(1)1+760和引(1)1+780两个断面安装了收敛监测仪器,开展位移观测。图5为这两个断面的收敛观测数据。可见,自开始监测后一年时间内,这两个断面始终未能收敛,变形持续发展,引(1)1+760断面在处理完成开始监测6个月内收敛速率在2 mm/d左右,6个月后开始降低,但仍在0.3 mm/d,大于规范规定的0.2 mm/d的收敛标准,截至2009年11月并未出现收敛趋势;引(1)1+780断面截至2009年12月,其测值则一直近似呈直线增长,初始收敛速率约为2 mm/d,而后逐渐降到1 mm/d左右,并维持到2009年12月。两个断面的收敛速率时程曲线如图6所示。

随着大塌方段变形的不断增大,在桩号引(1)1+765~780之间形成三条较大的环向裂缝,其大体桩号为引(1)1+766、1+770、1+776,裂缝从北侧拱脚处开始发育,后蔓延至北侧拱肩。拱脚处裂缝宽度较大,沿侧壁向上,裂缝逐渐变细,最后在拱肩处消失,如

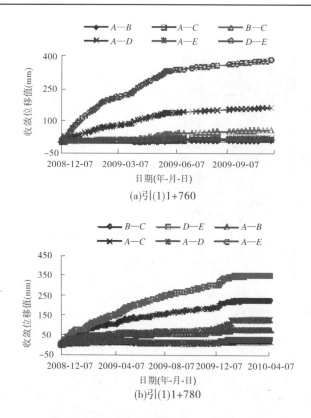

图5　大塌方段处理后的收敛观测时程曲线

图7所示,裂缝开裂深度较大,说明该处挤压变形非常大。为了现场直观判定裂缝继续扩张的趋势,采用简易砂浆条法进行了裂缝观测,实施3d后,发现砂浆条出现了明显裂纹,如图8所示,这说明变形仍在不断发展中,未表现出收敛的趋势。图9为该洞段断面激光扫描结果,可见引(1)1+762~1+770段最大侵占净空处均出现在北侧拱脚和侧壁,为0.5~0.8 m,与大塌方位置有一定对应性。

4.2　基于现场勘察的挤压变形原因分析

由喷层裂缝形态可判断,该处为张裂缝,从裂缝延伸方向及该洞段收敛变形情况来看,主要由北侧墙塌方段挤压变形造成,且由于拱脚变形较拱肩大,才会表现出由拱脚至拱肩裂缝宽度逐渐减小的现象。将图5所示的各断面最终收敛数据最大的两条测线,即 D—E 和 B—C 测线数据沿洞轴线展布表达如图10所示。明显可见,变形最大的洞段处于大塌方段及其附近影响段,且拱脚横向位移比拱肩更大,与现场喷层开裂情况对应,结合断面扫描结果可知,大的测线变形和喷层开裂主要由北侧拱脚 D 至拱肩 B 部位挤压变形引起。图11所示二次扩挖后揭露出的拱架变形情况更为直观地验证了这一推测。

以上分析说明,挤压变形主要产生于塌方体及附近破碎岩体。引(1)1+760处塌方体的三维形状如图12所示,塌方在北侧边墙形成塌腔,并由不断塌落的碎石堆积充填,架设管棚对渣体进行了注浆固结。虽然塌腔下部已经充填石渣并注浆,但由于塌腔本身不可能填满并充分固结为实体,因此塌腔本身存在稳定性问题,且腔顶岩块可能会不断塌落在腔内。由于塌方形成空腔,实际上导致开挖面扩大,围岩扰动范围扩大,从而影响到附

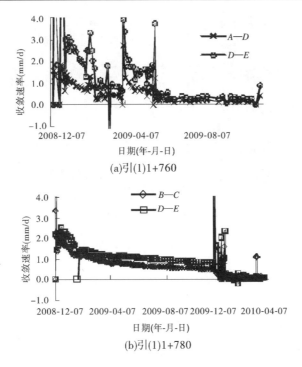

图 6 大塌方段处理后的收敛速率时程曲线

图 7 引(1)1 + 765 ~ 780 处北侧壁裂缝

近洞段;由于塌腔整体上向大桩号倾斜(当时塌方位于掌子面处),故发生喷层开裂的部位偏向大桩号。

除塌方固结体自重因素外,高地应力作用下软岩的塑性变形和长期流变变形是导致该处岩体发生挤压变形的重要原因。图 5 所示的围岩收敛变形长期持续发展特征即说明了这一问题。对引(1)1 + 762 进行了声波测试,结果表明,原岩波速约为 5 000 m/s,而洞壁破坏围岩和固结塌方体的波速约为 4 000 m/s,塌方位置深度为 15 m 的测孔波速一直处于 4 000 m/s 左右,未见波速升高,说明该孔未穿过塌方石渣到达围岩,或未进入未扰动原岩,但无论何种情况,超过 15 m 范围的低波速区说明该处岩体性质较差,围岩破碎,承载能力差,在高应力作用下必然会发生较大塑性变形和流变变形。

4.3 基于数值仿真的挤压变形原因分析

由于不能全面准确地掌握内部塌腔及石渣的状态,且注浆固结、管棚、锚杆、格栅拱架、喷

图 8　涂抹裂缝的水泥砂浆开裂

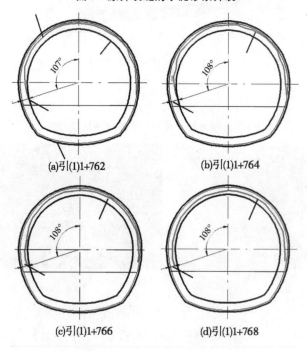

(a)引|(1)1+762　　　　　　(b)引|(1)1+764

(c)引|(1)1+766　　　　　　(d)引|(1)1+768

图 9　实测断面与设计断面轮廓对比

层等多种支护形式的存在给现场精确勘察造成很大困难,但在总体把握现场地质、几何、支护加固等情况后仍可采用数值仿真方法开展定性分析,为挤压变形原因分析提供支持。

数值模拟方法无法精确模拟该处实际岩体结构特征、塌方体和支护结构体的变形破坏行为,只能通过模型概化、简化计算进行定性分析。

根据隧道塌方处地质勘探和现场勘察所得信息,图 12 拟合了塌方体的几何形状。该洞段三维网格模型如图 13 所示,为了展示隧洞,图 13 将上层开挖掉,模型轴向长度 60 m,y 轴指向东端,上下和左右宽度均为 180 m。该洞段地应力如表 1 所示,表中正应力以拉为正、压为负[6]。

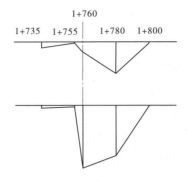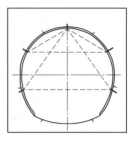

图 10 引(1)1 + 735 ~ 1 + 800 洞段侧墙变形

图 11 上层开挖支护后北侧拱脚至边墙拱架严重变形

(a)洞轴线方向

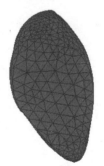

(b)洞壁方向

图 12 模拟的塌腔形状

表 1 大塌方洞段地应力 （单位:MPa）

σ_x	σ_y	σ_z	σ_{xy}	σ_{yz}	σ_{xz}
− 32.76	− 39.23	− 37.64	− 4.21	4.68	2.84

根据围岩变形反演获得的Ⅳ类绿泥石片岩支护围岩和塌方加固体的力学参数如表 2 所示[7]。

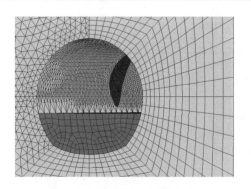

图 13　塌方段三维模型

表 2　围岩及塌方加固体力学参数

岩体	弹性模量（GPa）	泊松比	黏聚力（MPa）	内摩擦角（°）
原岩	5.04	0.3	1.85	28.52
塌方加固体	1.24	0.3	0.64	13.37

　　通过模拟现场开挖过程,计算围岩及塌方体开挖力学响应,结果表明,塌方段围岩的应力水平要低于其他部位,如图 14(a)所示。这是由于塌方段岩体破碎,岩体强度低于其他部位,当围岩发生变形时,围岩内部集中应力向附近较完整围岩转移,进而造成附近围岩承担比正常洞段更大的二次应力,这也解释了在引(1)1+760 处 D—E 测线变形较大但能接近收敛,而引(1)1+780 断面持续更长时间仍未收敛的问题。

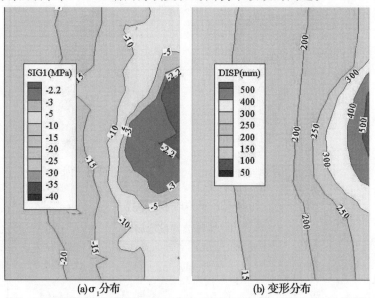

(a)σ₁ 分布　　　　　　(b) 变形分布

图 14　塌方洞段围岩应力和变形分布平切图

　　图 14(b)为计算所得北侧边墙变形分布图,可见,塌方洞段及附近岩体发生的变形明显大于其他洞段,变形量级与该洞段断面激光扫描结果相一致。塌方加固体变形如图 15

所示,可见,塌方加固体临空面位移由底部向上部发展,与监测得到的围岩收敛位移整体规律上一致。以上计算结果与现场情况的对比说明,模拟计算可基本定性反映并解释现场围岩挤压变形的发育特征和产生原因。

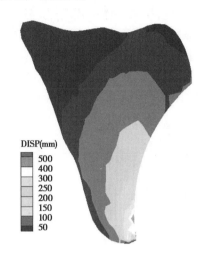

DISP(mm)
500
400
300
250
200
150
100
50

图 15　塌方加固体塑性变形

综上分析可知,北侧边墙挤压变形的原因为:

(1)塌方造成临空面增大,围岩破坏范围扩大。

(2)塌腔造成附近岩体应力增大,导致其塑性变形。

(3)塌方体受到围岩塑性变形挤压而向外变形,且可能塌方体本身也发生了一定程度的塑性破坏。

(4)塌方体及附近围岩长期在高应力作用下发生流变变形。

(5)管棚施工到位程度、注浆密实程度、格栅拱架及锚杆施工到位程度也是影响该处变形控制水平的因素。

5　后续施工风险及应对策略

由于该处出现了挤压变形,变形后断面侵占了衬砌断面,为保证成洞断面尺寸,在下层开挖之前,需要对发生挤压变形的上层进行扩挖再支护,在保证上层变形稳定且符合要求的基础上再进行下层开挖。然而,根据以上分析可知,塌方体处变形仍然是该洞段挤压变形的主体,控制其稳定性是安全扩挖的前提。在不了解堆渣内部完整程度、空腔扩展范围的情况下贸然进行扩挖可能会面临再次塌方或变形仍然无法有效控制的问题。因此,该洞段与其他洞段不同,扩挖前就需要进行加固处理,以规避扩挖和下层开挖期间的风险。

针对这一问题,在施工期该洞段上层扩挖和下层开挖前,作者提出了大塌方后挤压隧洞后续施工风险综合应对策略:

(1)深入开展地质勘探或地球物理探测,了解该洞段塌腔形态,内部渣体固结情况,塌腔与渣体间是否存在空腔,掌握塌方体附近围岩破裂松动情况。

（2）根据渣体状态及塌腔情况确定是否进行再次注浆填充和固结，目的是使渣体与围岩紧密接触，控制周围岩体破裂深度，避免外水或内水渗入。

（3）对于这种情况，锚杆在长度和支护力上已经无能为力了，扩挖前通过锚筋桩或锚索加固可增加渣体与围岩的整体性，提高整体承载能力。

（4）若采用锚筋桩加固方案，建议采用图 16 所示的锚筋桩布置方式，下部锚筋桩主要发挥抗剪切能力，而拱肩锚筋桩则需起到摩擦桩的作用，将渣体与围岩锚固在一起，同时起到抗剪和抗拉作用。

（5）若采用锚索加固方案，其布置方式与图 16 所示锚杆桩布置方式相同。

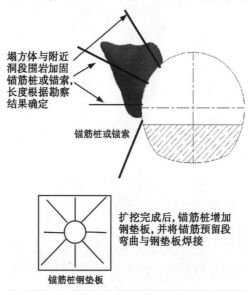

塌方体与附近洞段围岩加固锚筋桩或锚索，长度根据勘察结果确定

锚筋桩或锚索

扩挖完成后，锚筋桩增加钢垫板，并将锚筋预留段弯曲与钢垫板焊接

锚筋桩钢垫板

图 16　塌方洞段扩挖前锚筋桩或锚索布置示意图

（6）锚索和锚筋桩联合加固方案则建议拱脚处采用锚筋桩，其以上部位采用锚索，充分发挥锚筋桩抗剪作用和锚索加固岩体、控制变形的作用。

（7）重视下层开挖前北侧拱脚锁脚处理，这是该洞段稳定性控制的关键。

（8）严格控制施工质量。

（9）扩挖后监控量测及时到位，密切监视其变形速率变化情况。

这一策略强调了勘察、支护加固、监测、施工质量控制等方法的综合应用，可概化为"察、固、测、控"四个字。

6　现场实施效果

设计方采纳了相关建议，并在此洞段扩挖前实施了锚索和锚筋桩加固处理，图 17 和图 18 即为该洞段锚索和锚筋桩施工现场照片。由图 5(b)和图 6(b)可见，2010 年第一季度锚索施工后，围岩收敛曲线很快收敛，收敛速率迅速降到 0.2 mm/d 以下，最后稳定在 0.1 mm/d 以下。变形得以有效控制，为扩挖和下台阶开挖提供了基本条件。

图 17 边墙锚索安装　　　图 18 拱脚锚筋桩施工

7 结 语

（1）塌方规模大，松散体注浆加固支护后自重应力较大，且该洞段埋深达 1 700 m，绿泥石片岩属于软岩，该洞段围岩完整性极差，故高应力下围岩塑性破坏变形和流变变形也是该洞段塌方处理后仍出现挤压问题的原因，数值仿真分析验证了这一认识。

（2）塌方洞段岩体本身完整性极差，塌方后形成较大塌腔，改变了围岩二次应力分布，这是导致塌方临近段挤压变形的重要原因。

（3）控制塌方体稳定、上层围岩的整体稳定，保证变形收敛是隧洞扩挖、后续下层开挖的前提条件和重要基础，也是此类工程问题处理的基本原则。

（4）基于"察、固、测、控"四字方针的大塌方后挤压隧洞施工风险综合应对策略经现场应用，可有效应对后续施工风险，保证隧洞围岩的长期稳定。

致谢 本研究得到中国科学院青年创新促进会的资助，在此表示感谢！

参 考 文 献

[1] Barla G. Squeezing rocks in tunnel[J]. ISRM News Journal,1995,3/4:44-49.

[2] 何满潮,邹正盛,邹友峰. 软岩巷道工程概论[M].北京:中国矿业大学出版社,1993.

[3] 王成虎,沙鹏,胡元芳,等.隧道围岩挤压变形问题研究[J].岩土力学,2011,32(增2):143-147.

[4] 李连崇,Liu Huaihai,Birkholzer Jens,等. Mont Terri 试验场 Mine – by 巷道开挖近场响应模拟分析[J].岩石力学与工程学报,2014,33(8):1626-1634.

[5] 刘志强,宋冶,胡元芳.隧道挤压型变形与支护特性研究[J].岩土力学,2013,34(增1):413-418.

[6] Itasca. FLAC3D Manuals（Version 3. 1）[M]. 2006.

[7] 周辉,张传庆.雅砻江锦屏二级水电站绿泥石片岩洞段围岩长期力学特性及衬砌长期安全性研究总报告[R].武汉:中国科学院武汉岩土力学研究所,2013.

考虑深部典型破坏模式差异的地应力水平评价

张传庆[1,3],周济芳[2],周辉[1,3],杨凡杰[1,3],卢景景[1,3]

(1. 中国科学院武汉岩土力学研究所 岩土力学与工程国家重点实验室,湖北 武汉 430071;
2. 雅砻江流域水电开发有限公司,四川 成都 610051;3. 中国科学院大学,北京 100049)

摘　要　地应力水平评价是通过直接评价地应力大小或间接依据其与岩体强度之比评价地应力水平高低程度,是预估工程潜在问题、规划工程总体布置方案的基础和依据。现有评价指标众多,但在深部条件下均未区分岩爆和挤压大变形两种典型破坏模式的差异。针对此问题,同时考虑高地应力破坏条件的共同点,分别建议了岩爆和挤压地层的地应力水平评价指标和标准,建立了地下工程地应力水平评价表,这对于提高地应力评价的针对性和科学性具有重要意义。

关键词　高地应力;应力水平评价;强度应力比;破坏模式

1 引　言

地应力水平评价是通过直接评价地应力大小或间接依据其与岩体强度之比评价地应力水平的高低程度,是预估工程潜在问题、规划工程总体布置方案的基础和依据。目前,地应力水平评价指标有十几种,几十个评价标准,各自依据具体工程特点和经验总结而提出。《工程岩体分级标准》(GB 50218—1994)、《水利水电工程地质勘察规范》(GB 50487—2008)等规范[1-3]均采用强度应力比将地应力分为低、高、极高三级或低、中等、高和极高四级。《水力发电工程地质勘察规范》(GB 50287—2006)则采用了直接评价地应力大小和强度应力比两种方式评价地应力水平。大部分学者更倾向于采用强度应力比或应力强度比来评价地应力水平的高低[4-6]。

硬岩岩爆和软岩挤压变形是深部工程中最为典型的两种破坏模式,虽均为高应力作用导致,但前者主要表现为围岩剧烈破坏解体,而后者则表现为围岩的大变形,破坏机制存在明显差异,应力破坏条件也不同。而应力破坏条件正是地应力水平评价的基础。现有规范中地应力水平评价指标均未区分这两种破坏模式的不同。由表1和表2所示成果可见,二者的标准存在很大差异,因此不区分破坏模式而采用单一指标和标准评价应力水平不符合工程实际情况。

基金项目:国家自然科学基金(51279201);国家重点基础研究发展计划(973)项目(2014CB046902)。

作者简介:张传庆(1977—),男,博士,研究员、博士生导师,主要从事地下工程高应力灾害调控机制与方法方面的研究工作。E-mail:cqzhang@ whrsm. ac. cn。

为此,本文基于作者提出的潜在岩爆指数和基于潜在挤压比的应力评价指标,提出了新的地应力水平评价方法,总体上将其分为低至中等应力、高应力两个水平,高应力则根据工程问题(岩爆倾向性或潜在挤压变形)的严重程度分为轻微、中等、严重、极严重应力问题四个级别。将地应力水平评价与潜在工程问题结合起来,使得地应力水平评价方法更加有的放矢、科学实用。

2　现有地应力水平评价方法总结

地应力水平评价的主要目的就是辨识高地应力条件,而高地应力下地下工程围岩的主要问题是硬岩岩爆和软岩挤压变形,故地应力评价是岩爆和挤压变形评估的基础与依据。本节仅就涉及岩爆倾向性和挤压变形程度评价的应力指标与标准进行总结。

现有岩爆倾向性或岩爆活动强烈程度的应力评价指标如表 1 所示,应力强度比指标包括 σ_θ/R_c、σ_1/R_c、R_c/σ_1、$K_v \cdot R_c/\sigma_{max}$、$R_c/\sigma_{max}$ 等,其中,σ_θ 为洞壁最大切向应力,R_c 为单轴抗压强度,σ_1 为最大初始主应力,σ_{max} 为垂直洞轴线的最大初始主应力;K_v 为岩体完整性系数。工程实践中 σ_θ/R_c 或 R_c/σ_θ 的应用效果最好,然而,由于简便,σ_{max}/R_c 或 R_c/σ_{max} 的应用最为广泛,但标准各异。

表 1　岩爆倾向性应力强度比评价指标与标准

序号	指标	标准	来源
1	R_c/σ_{max}	<4,极高应力	文献[1,3]
		4~7,高应力	
2	σ_{max}/R_c	<0.15,低地应力	Martin et al.[3]
		0.15~0.4,中等地应力	
		>0.4,高地应力	
3	R_c/σ_1	4~7,轻微岩爆	文献[2,7]
		2~4,中等岩爆	
		1~2,强烈岩爆	
		<1,极强岩爆	
4	R_c/σ_1	<2,极高地应力	文献[7]
		2~4,高地应力	
		4~7,中等地应力	
		>7,低地应力	
5	R_c/σ_1	>200,低应力	Barton[6]
		200~10,中等应力	
		10~5,高应力	
		5~3,轻微岩爆	
		<3,严重岩爆	

续表 1

序号	指标	标准	来源
6	R_c/σ_1	<2,极高地应力	王增良等[8]
		2~4,高地应力	
		4~7,中等地应力	
		>7,低地应力	
7	R_c/σ_1	>14.5,无岩爆	陶振宇[10]
		14.5~5.5,低岩爆活动	
		5.5~2.5,中等岩爆活动	
		<2.5,高岩爆活动	
8	σ_1/R_c	<0.15,无岩爆	张镜剑等[12]
		0.15~0.2,弱岩爆	
		0.2~0.4,中等岩爆	
		>0.4,强岩爆	
9	σ_θ/R_c	<0.1,低应力	Barton[5]
		0.1~0.3,中等应力	
		0.3~0.4,高应力	
		0.5~0.65,轻微岩爆	
		>0.65,严重岩爆	
10	σ_θ/R_c	<0.2,无岩爆	Russense[9]
		0.2~0.3,弱岩爆	
		0.3~0.55,中等岩爆	
		≥0.55,强烈岩爆	
11	σ_θ/R_c	<0.3,无岩爆	徐林生等[11]
		0.3~0.5,轻微岩爆	
		0.5~0.7,中等岩爆	
		>0.7,强烈岩爆	
12	σ_θ/R_c	<0.2,无岩爆	张镜剑等[12]
		0.2~0.3,轻微岩爆	
		0.3~0.55,中等岩爆	
		>0.55,强烈岩爆	

尚彦军等[13] 系统分析了多种涉及应变型岩爆的应力强度比指标及相应的划分标准,

并建议采用 σ_θ/R_c 作为地应力评价指标,建议采用张镜剑等[12]建议的标准。

现有挤压变形的应力评价指标和标准如表 2 所示。对于表 1 中部分文献中给出的地应力评价标准同时适用岩爆和挤压变形两种情况的,表 2 中不再详述,仅标出"参见表 1"。表 2 中,挤压变形的应力强度比指标包括 R_c/σ_{max}、R_c/σ_1、σ_θ/R_c、σ_{cm}/σ_1、$\sigma_\theta/\sigma_{cm}$ 和 σ_{cm}/p_0 等,其中,σ_{cm} 为岩体单轴抗压强度,p_0 为原岩应力,可取 $p_0 = \sigma_{max}$。岩石强度可直接试验获得,岩体强度则需要根据岩石强度、岩石类型、岩体质量评价由 Hoek 方法[17]获得。

表 2　挤压变形强度应力比评价指标与标准

序号	指标	标准	来源
1	R_c/σ_{max}	参见表 1	文献[1,3]
2	σ_{max}/R_c	参见表 1	Martin et al.[3]
3	R_c/σ_1	参见表 1	文献[7]
4	R_c/σ_1	参见表 1	王增良等[8]
5	σ_θ/R_c	1~5,挤压性轻微的岩石压力 >5,挤压性很大的岩石压力	Barton[6]
6	σ_{cm}/σ_1	<0.5,应力诱发塑性大变形	王成虎等
7	R_c/σ_{max}	0.5~0.25,Ⅰ级大变形 0.25~0.15,Ⅱ级大变形 <0.15,Ⅲ级大变形	刘志春等[14]
8	σ_{cm}/p_0	>2.0,无挤压 2.0~0.8,轻微挤压 0.8~0.4,中等挤压 <0.4,严重挤压	Jethwa et al.[15]
9	$\sigma_\theta/\sigma_{cm}$	<1($Q<1$),无挤压 1~5($Q<1$),轻微到中等挤压 >5($Q<1$),严重挤压	Bhasin et al.[16]
10	σ_{cm}/p_0	不考虑支护情况下 >0.45,无挤压 0.45~0.28,轻微挤压 0.28~0.2,严重挤压 0.2~0.14,非常严重挤压 ≤0.14,极严重挤压	Hoek et al.[17]

工程上挤压变形评价多采用变形指标,且 Hoek and Marinos[17]提出的指标(以下简称 Hoek 方法)应用最为广泛,对应于表 2 中的应力评价指标则由变形指标推算而得,且应用较多。

3　基于破坏模式差异的地应力水平评价方法

地应力水平评价的目的是为预估可能遭遇的围岩破坏问题提供依据。而破坏模式的发生机制、条件和特征存在巨大差异,例如硬岩岩爆和软岩挤压变形是围岩破坏的两种极端形式,前者剧烈、迅速,后者缓慢。同时,二者也有共同点,即均以高应力强度比为必要条件。因此,地应力水平的评价需要科学区分差异性,并同时体现共性之处。

3.1　岩爆倾向性地层地应力水平评价

对于地下工程岩爆倾向性评估问题,作者建议综合采用岩石本身岩爆倾向性评价指标和应力强度比指标建立的潜在岩爆指数 Ω 来进行分析[19],以体现本文异同共融的思想。潜在岩爆指数 Ω 的表达式为:

$$\Omega = (3 - \lambda) W_{et} \frac{\sigma_{max}}{R_c} \tag{1}$$

式中: σ_{max} 为垂直洞轴线的最大初始主应力; λ 为隧洞横剖面上的主应力比, $\lambda \leqslant 1$; W_{et} 为岩石岩爆倾向性指数。据此得到的岩爆倾向性地层地应力水平评价标准如表3所示。

表3　地下工程地应力水平评价标准

地应力水平	高地应力问题	岩爆地层	挤压地层	一般地层
		Ω	χ	R_c/σ_{max}
低至中等	无	<0.4	>1	>7
高	轻微	0.4~1.05	1~0.63	4~7
	中等	1.05~2.5	0.63~0.45	<4
	严重	>2.5	0.45~0.32	
	极严重		≤0.32	

3.2　挤压性地层地应力水平评价

软岩在高地应力条件下发生挤压变形的程度首先应采用变形指标来评价,较多采用Hoek 方法。Hoek and Marinos[17]建立了隧洞变形与强度应力比之间的函数关系,即

$$\varepsilon = 0.2 \times (\sigma_{cm}/p_0)^{-2} \tag{2}$$

该式采用蒙特卡罗法基于静水压力场中圆形隧洞解析解拟合得到。

根据变形评价标准即可得到表2中第10个评价标准。然而,Hoek 方法未考虑到不同岩石变形能力的差异性,为此,作者建议了潜在挤压比指标 ξ :

$$\xi = \varepsilon_f / \overline{\varepsilon_f} \tag{3}$$

式中: $\overline{\varepsilon_f}$ 为岩石峰值应变参考值, $\overline{\varepsilon_f} = 0.73$; ε_f 为岩石峰值应变。并基于此,改进了式(2),建议了不考虑支护反力时的围岩变形与强度应力比的函数关系,即

$$\varepsilon = 2\xi \times 0.2 \times (\sigma_{cm}/\sigma_1)^{-2} = 0.4\xi (\sigma_{cm}/\sigma_1)^{-2} \tag{4}$$

从而得到基于潜在挤压比的应力评价指标 χ ,即

$$\chi = \frac{\sigma_{cm}}{\sigma_1} \frac{1}{\sqrt{0.4\xi}} = \varepsilon^{-0.5} \tag{5}$$

相应于此的挤压地层地应力水平评价标准如表 3 所示。

3.3 考虑破坏模式差异的地应力水平评价

以上重点讨论了岩爆倾向性地层和挤压地层,其他地层围岩在高应力条件下也会发生破坏,其破坏模式多以应力型和构造应力型塌方、弯折塌落、深部破裂等为主,表 3 中统称为一般地层。对于一般地层采用表 1 中第 1 个标准来评价[1,3]。

综合以上分析,本文建议的地下工程地应力水平评价指标和标准如表 3 所示。

4 结　语

(1)通过总结归纳现有地应力水平评价方法,发现现有方法可根据破坏模式(岩爆和挤压变形)分为两类,每类有十几种指标和标准。

(2)不同破坏模式的发生机制、条件和特征的巨大差异,是造成评价指标和标准各异的主要原因。采用异同共融的思想,充分考虑破坏模式的差异和高地应力作为必要条件的共同点是建立地应力水平评价方法的科学思路。

(3)本文分别建议了岩爆地层和挤压变形地应力水平评价的指标与标准,并考虑一般工程问题,建立了地下工程地应力水平评价表,表中包括低至中等应力和高应力两大水平,高地应力又分为轻微、中等、严重和极严重高地应力问题四个水平,针对岩爆、挤压和一般地层三种主要工程问题给出了相应评价标准。

致谢　本研究得到中国科学院青年创新促进会的资助,在此表示感谢!

参 考 文 献

[1] 中华人民共和国水利部. 工程岩体分级标准:GB 50218—1994[S]. 北京:中国标准出版社,1994.

[2] 中华人民共和国水利部. 水利水电工程地质勘察规范:GB 50487—2008[S]. 北京:中国计划出版社,2008.

[3] 中华人民共和国行业标准编写组. 铁路隧道设计规范:TB 10003—2005[S]. 北京:中国铁道出版社,2005.

[4] 尚彦军,张镜剑,傅冰骏. 应变型岩爆三要素分析及岩爆势表达[J]. 岩石力学与工程学报,2013,32(8):1520-1527.

[5] Barla G. Squeezing rocks in tunnel[J]. ISRM News Journal,1995,3/4:44-49.

[6] Barton N. Some new Q – value correlations to assist in site characteristic and tunnel design[J]. International Journal of Rock Mechanics & Mining Sciences,2002,39:185-216.

[7] 中国电力企业联合会. 水力发电工程地质勘察规范:GB 50287—2006[S]. 北京:中国计划出版社,2008.

[8] 王增良,石豫川,单治钢,等. DBQ 系统—深埋隧洞软弱围岩分类方法[J]. 地质灾害与环境保护,2013,24(1):84-87.

[9] Russense B F. Analyses of rockburst in tunnels in valley sides (in Norwegian)[D]. Trondheim:Norwegian Institute of Technology,1974.

［10］陶振宇. 高地应力区的岩爆及其判别［J］. 人民长江,1987,(5):25-32.

［11］徐林生,王兰生. 二郎山公路隧道岩爆发生规律与岩爆预测研究［J］. 岩土工程学报,1999,21(5):569-572.

［12］张镜剑,傅冰骏. 岩爆及其判据和防治［J］. 岩石力学与工程学报,2008,27(10):2034-2042.

［13］刘志春,朱永全,李文江,等. 挤压性围岩隧道大变形机理及分级标准研究［J］. 岩土工程学报,2008,30(5):690-697.

［14］Jethwa J L,Singh B. Estimation of ultimate rock pressure for tunnel linings under squeezing rock conditions – a new approach［C］// Design and Performance of Underground Excavations,ISRM Symposium,Cambridge,Brown ET and Hudson JA eds. ,1984:231-238.

［15］Bhasin R,Grimstad E. The use of stress-strength relationships in the assessment of tunnel stability［J］. Tunnelling and Underground Space Technology,1996,11(1):93-98.

［16］Hoek E,Marinos P. Predicting tunnel squeezing problems in weak heterogeneous rock masses-Part 1:estimating rock mass strength［J］. Tunnel and Tunneling International,2000:45-51.

［17］张传庆,俞缙,陈珺,等. 地下工程围岩潜在岩爆问题评估方法［J］. 岩土力学,2016,37(S1):341-349.

［19］张传庆,周辉,朱勇,等. 基于潜在挤压比的地下工程软岩挤压程度评价方法研究［J］. 岩石力学与工程学报,2016,35(5):939-947.

中国锦屏地下实验室二期隧洞开挖响应分析

郑民总[1,2],李邵军[1],吴世勇[3],周济芳[3],冯夏庭[4]

(1.中国科学院武汉岩土力学研究所 岩土力学与工程国家重点实验室,湖北 武汉 430071;
2.中国科学院大学,北京 100049;3.雅砻江流域水电开发有限公司,四川 成都 610051;
4.东北大学,深部金属矿山安全开采教育部重点实验室,辽宁 沈阳 110819)

摘 要 中国锦屏地下实验室是目前世界上埋深最大的实验室。以中国锦屏地下实验室二期(CJPL-Ⅱ)工程为研究对象,通过声波测试和多点位移计获取围岩的损伤及变形演化特征,实时获取深部地下实验室开挖全过程的岩体响应及其演化特性。研究成果对深部工程损伤区的形成机制、监测和支护优化设计具有指导意义。

关键词 岩石力学;锦屏;深部地下实验室;开挖响应

1 引 言

深部地下实验室已成为全球各国发展建设和科学探索的一种新的趋势和必然,21世纪科学所面临的最引人瞩目的问题将在深部地下实验室得到解决。深部地下实验室不仅可以将粒子物理、天体物理、生命科学、地球科学和工程学等学科研究前沿推向新的高度,还将极大地促成这些学科间相互融合,为人们对赖以生存的星球、星球上栖息的生命、星球所归属的宇宙提供全新的认识,为保障国防经济安全的地下技术提供前所未有的发展契机。就岩石力学工程学科而言,大多数发达国家已在矿山和深部地下开辟了深部地下实验室。如美国科学家已调研了深部地下科学和工程的潜在科学价值,经过多年的预研,提出了关于地下研究的计划,建立了深部地下科学和工程实验室来完善现有的科研体系;加拿大、意大利、韩国、日本等也都相继建立了深部地下实验室,主要用于核废料处置和物理试验研究[1]。而在建的中国锦屏地下实验室埋深约2 400 m,是目前世界上最深的地下实验室。

深埋隧洞开挖后,其附近岩体中通常会发生应力的重分布,导致围岩体的节理裂隙、渗透系数、波速发生变化,发生这种变化的区域称为隧洞开挖损伤区(excavation damage zone,EDZ)[2]。开挖损伤区范围及其损伤程度的检测和估算,对于岩体工程稳定性设计、安全性评价及支护参数优化至关重要[3-4]。

本次对锦屏地下实验室二期隧洞开挖引起的损伤区进行了声波测试,计算了隧洞开挖引起的损伤区范围,并根据多点位移计获取围岩的变形演化特征[5-6],在此基础上分析

基金项目:国家重点研发计划课题(2016YFC0600702);国家自然科学基金项目(U1765206)。

作者简介:郑民总,男,博士研究生,主要从事工程地质与深部岩体力学方面的研究工作。E-mail:1574119031@ qq.com。

了损伤区的特征,研究成果可为现场支护设计提供参考依据[7]。

2　锦屏地下实验室二期工程

2.1　工程概况

　　锦屏地下实验室二期工程位于锦屏交通洞 A 洞南侧,最大埋深约 2 400 m。根据锦屏深部地下实验室二期的功能设计要求,结合布置区域的地质条件、已有洞室布置和施工条件,地下实验室总体方案采用 4 洞 9 室"错开型"的布置形式,如图 1 所示。目前共有 9 个实验室,其中 1#~6#为物理实验室,7#~9#规划为深部岩石力学实验室。1#~8#实验室各长 65 m,城门洞形,隧洞截面 14 m×14 m,9#实验室长 60 m(东西两侧各 30 m)[8-10]。各实验室均采用钻爆法施工,分 3 层开挖,上层 8.0 m,中层 5.0 m,下层 1.0 m。其支护方式主要为锚杆和喷射混凝土。

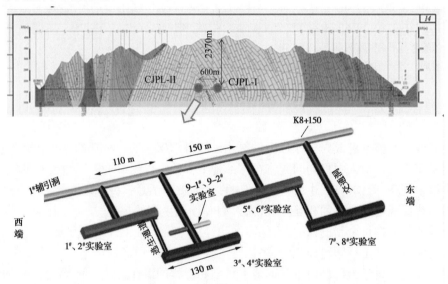

图 1　锦屏地下实验室二期隧洞布置

2.2　工程地质条件

2.2.1　构造特征

　　锦屏地下实验室二期工程区位于轴向近南北走向的背斜区,2#交通洞轴线部位即为背斜核部,在 4#实验室桩号 0+2 m 处可见该背斜核部的露头。1#、2#和 3#实验室位于该背斜北西翼,4#~8#实验室位于南东翼。从核部往两翼岩层产状特征为:走向均为近SN~NNE,北西翼倾向 NW,南东翼倾向 SE。

　　工程区在 2#~4#实验室间发育 2 条断裂构造,延伸较长,整体上错切背斜构造,最大宽度 1 m 左右。2 条断裂构造与背斜构造是地下实验室工程区主要构造格局。按照构造类型可将工程区围岩分为两个区,即(Ⅰ)区为背斜核部与局部断层构造区,(Ⅱ)区为背斜两翼构造影响区。

2.2.2　岩性分布与围岩类别

　　锦屏地下实验室二期工程区位于交通辅助洞 A 南侧辅引支洞桩号 AK7 + 600 ~ 8 + 150 m 段,岩性为三叠系中统白山组(T_b^2)大理岩。工程区 2#、3# 和 4# 实验室岩性变化显著:2# 实验室在桩号 0 +017 m 处见绛紫、白色的微晶大理岩,层厚为 0. 30 ~ 1. 2 m;桩号 0 +020 m 后渐变为层厚为 30 ~ 80 cm 的灰白或灰黑细晶大理岩;桩号 0 +037 m 后为灰白色厚层状细晶大理岩;桩号 0 +056 m 后为杂色/灰白色厚层状细晶大理岩,而桩号 0 + 058 m 则转变为浅肉红色厚层状大理岩。此外,受构造挤压作用,4#、5#、6# 实验室岩性也存在差异,如 4# 实验室桩号 0 +056 m 至 6# 实验室南东端部为白色夹铁灰色条带的厚层状细晶大理岩。5# 实验室 0 +041 m ~ 6# 实验室 0 +021 m 段岩体挤压破碎强烈,部分原岩结构遭到破坏。7# 和 8# 实验室岩性相对单一且完整,为灰色夹灰白色条带厚层状细晶大理岩。

　　整个工程区围岩类别上,3# 和 4# 背斜核部区岩体完整性最差,以Ⅲ类为主,局部可为Ⅳ类。从背斜核部向 NW 和 SE 两翼,岩体完整性逐步增大,向Ⅱ类围岩转变。

3　岩体开挖损伤监测

3.1　监测方案

　　开挖损伤监测的主要手段包括利用数字钻孔摄像捕捉岩体裂隙分布与发展状况、声波测试获得损伤区岩体弹性波及松弛深度的变化情况、多点位移计获取围岩的变形演化特征[11-14]。现场共布置 23 个不同类型监测设施的开挖损伤监测断面,114 个监测钻孔,累计钻孔深度约 1 981 m,典型监测断面的布设如图 2 和图 3 所示。现以 4# 实验室和 9 – 1# 实验室为例说明测试过程和结果。

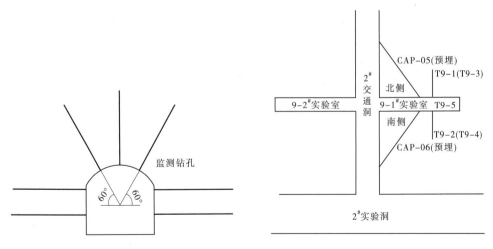

图 2　隧洞开挖损伤监测典型断面布置　　　　　　图 3　9 – 1# 实验室钻孔布置

3.2　松弛深度测试

　　通过对钻孔声波测试获取了岩体波速随孔深的变化曲线,确定岩体松弛界线判定标准[15-18],在变化曲线上划定围岩松弛深度,典型测试结果如图 4 所示。通过岩体波速随孔深变化曲线,可以获得该钻孔的松弛深度,通过多次测试获得断面或者局部区域的围岩松弛深度,如图5所示。9-1#实验室开挖后最大EDZ深度自0.2 m逐渐增大到0.7 m,在掌子面经过监测断面2倍洞径后稳定。

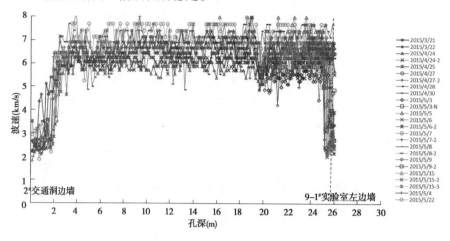

图4　9-1#实验室CAP-05钻孔岩体波速随孔深变化曲线

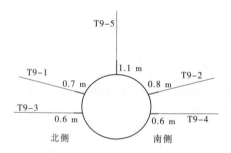

图5　9-1#实验室K0+020断面EDZ深度示意图

4#实验室附近存在蚀变破碎带,与之相邻的3#实验室曾发生过大规模的塌方,由于其地质条件较差,该实验室开挖后松弛深度达到6.7 m,如图6所示。但是开挖完成后松弛深度、变形均变化不大。

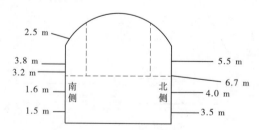

图6　4#实验室K0+030断面松弛深度分布示意图

3.3　隧洞围岩变形测试

岩体围岩变形及其演化是高应力隧洞硬岩致灾和长期力学行为的重要评价指标,实验室在多处布置多点位移计以监测洞室变形[19]。基于预埋和开挖动态布置的监测钻孔,实时跟踪岩体变形破裂全过程变化特征。在实验室内布置有 NSP－05 和 NSP－06 两套多点位移计,均为三点式,实验室开挖完成后各测点位移分布示意图如图 7 所示,开挖后北侧边墙和南侧边墙变形量分别增加了 56.7 mm 和 8.2 mm。

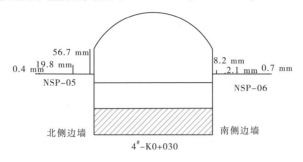

图7　4#实验室 K0＋030 断面变形

9－1#实验室开挖之后在北侧边墙及南侧边墙分别布置三点式多点位移计 DSP－07 及 DSP－08。测试结果如图 8 所示,开挖后南侧边墙和北侧边墙变形量分别增加了 4.5 mm 和 2 mm。

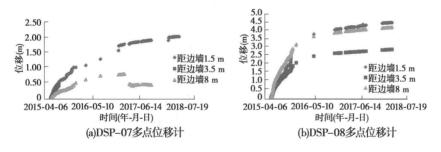

图8　9－1#实验室多点位移计现场监测结果

4　结　论

(1)相同埋深、不同洞径开挖导致的松弛深度表现出显著的差异,开挖完成后,4#实验室松弛深度一般在 2～5 m,9－1#实验室开挖后最大松弛深度为 0.7 m。

(2)围岩变形以 4#实验室北侧边墙变形较大,中层开挖后最大变形达 56.7 mm,9－1#实验室开挖之后南侧边墙变形较大,最大变形为 4.5 mm。

(3)隧洞的每一层开挖扰动,变形均有台阶式突增现象,开挖完成后 3 d 左右,岩体变形趋于稳定,开挖完成后,各实验室变形均处于阶段性收敛状态。

(4)岩体弹性波和钻孔摄像揭示的开挖损伤区范围一般在 0.8～3.5 m。

参 考 文 献

[1] LI S J,FENG X T,LI Z H,et al. In situ experiments on width and evolution characteristics of excavation damaged zone in deeply buried tunnels[J]. Science China－Technological Science,2011,54(S.1):167-174.

[2] 戴峰,李彪,徐奴文,等.猴子岩水电站深埋地下厂房开挖损伤区特征分析[J].岩石力学与工程学

报, 2015, 34(4): 735-746.

[3] MALMGREN L, SAIANG D, TOYRA J, BODARE A. The excavation disturbed zone (EDZ) at Kirunavaara mine, Sweden—By seismic measurements[J]. Journal of Applied Geophysics, 2007, 61(1): 1-15.

[4] CAI M, KAISER P K, MARTIN C D. Quantification of rock mass damage in underground excavations from microseismic event monitoring[J]. International Journal of Rock Mechanics and Mining Sciences, 2001, 38(7): 1135-1145.

[5] 冯夏庭, 吴世勇, 李邵军, 等. 中国锦屏地下实验室二期工程安全原位综合监测与分析[J]. 岩石力学与工程学报, 2016, 35(4): 649-657.

[6] LAI X P, REN F H, WU Y P, et al. Comprehensive assessment on dynamic roof instability under fractured rock mass conditions in the excavation disturbed zone[J]. International Journal of Minerals Metallurgy and Materials. 2009, 6(1): 12-18.

[7] 靖洪文, 付国彬, 郭志宏. 深井巷道围岩松弛深度影响因素实测分析及控制技术研究[J]. 岩石力学与工程学报, 1999, 18(1): 70-74.

[8] FENG X T, Yao Z B, Li S J, et al. In Situ Observation of Hard Surrounding Rock Displacement at 2400 - m - Deep Tunnels [J]. Rock Mechanics & Rock Engineering, 2017, 51(3): 1-20.

[9] FENG X T, Guo H S, Yang C X, et al. In situ, observation and evaluation of zonal disintegration affected by existing fractures in deep hard rock tunneling[J]. Engineering Geology, 2018.

[10] FENG X T, Xu H, Qiu S L, et al. In Situ Observation of Rock Spalling in the Deep Tunnels of the China Jinping Underground Laboratory (2 400 m Depth)[J]. Rock Mechanics & Rock Engineering, 2018, 51(4): 1193-1213.

[11] LI S J, FENG X T, WANG C Y, et al. ISRM Suggested Method for rock fractures observations using a borehole digital optical televiewer[J]. Rock Mechanics and Rock Engineering, 2013, 46(3): 635-644.

[12] LI S J, FENG X T, LI Z H. In situ monitoring of rockburst nucleation and evolution in the deeply buried tunnels of Jinping II hydropower station[J]. Engineering Geology, 2012, 137-138: 85-96.

[13] LI S J, FENG X T, LI Z H. Evolution of fractures in the excavation damaged zone of a deeply buried tunnel during TBM construction[J]. International Journal of Rock Mechanics and Mining Sciences, 2012, 55: 125-138.

[14] HANSMIRE W H. Suggested methods for monitoring rock movements using borehole extensometers[J]. International Journal of Rock Mechanics and Mining Sciences, 1978, 15: 305-317.

[15] 中华人民共和国行业标准编写组. 水工建筑物岩石基础开挖工程施工技术规范: SL 47—94[S]. 北京: 中国水利电力出版社, 1994.

[16] LI S J, FENG X T, LI Z H, et al. Evolution of fractures in the excavation damaged zone of a deeply buried tunnel during TBM construction[K]. International Journal of Rock Mechanics & Mining Sciences, 2012, 55(2): 125-138.

[17] JAKUBICK AT, FRANZ T. Vacuum. Testing of the permeability of the excavation damaged zone[J]. Rock Mechanics and Rock Engineering, 1993, 26(2): 165-82.

[18] HOU Z. Mechanical and hydraulic behaviour of rock salt in the excavation disturbedzone around underground facilities[J]. International Journal of Rock Mechanicsand Mining Sciences, 2003, 40(5): 725-38.

[19] JANSEN D P, CARLSON S R, YOUNG R P, et al. Ultrasonic imaging and acoustic emission monitoring of thermally induced microcracks in Lac du Bonnet granite [J]. Journal of Geophysical Research, 1993, 982(B12): 22231-22243.

特大引水发电工程超深埋大理岩时效渗透特性研究

刘宁[1,2],陈祥荣[1],褚卫江[1,2],张洋[1]

(1.中国电建集团华东勘测设计研究院有限公司,浙江 杭州 310014;
2.浙江中科依泰斯卡岩石工程研发有限公司,浙江 杭州 310014)

摘 要 随着我国基础设施的快速推进,40 年间开展了高速大规模的水电工程建设,水环境下工程岩体与构(建)筑物的运行安全成为研究和工程人员关心的热点问题。本文以锦屏二级水电站特大引水发电工程为工程背景,针对深埋硬性大理岩渗透特性的时间效应开展试验和理论研究,通过大理岩循环加卸载渗透试验建立了其渗透特性与损伤程度的相关性描述,结合时效塑性内变量的表述方法,提出了大理岩时效渗透特性的表达式,研究成果对岩体工程长期安全性评估及支护结构设计有重要的借鉴和参考价值与指导意义。

关键词 大理岩;渗透特性;时间效应;循环加卸载;塑性内变量

1 引 言

过去 40 年,随着国家经济政策的支持,我国对基础设施建设投入了大量的人力、物力、财力,使我国成为世界上基础设施建设最活跃、最富有成效的国家。为了减少温室气体排放,跻身能源出口大国,中国开始转向可再生能源,水电继续作为能源转型的基础,2017 年,中东和太平洋地区新增装机容量达 9.8 GW,总装机容量达 468.3 GW,其中超过90% 的新增装机容量来自中国[1]。在水电项目的大规模和高速建设背景下,水环境工程岩体和地下构(建)筑物的长期安全性正受到越来越多的研究和工程人员的关注,而影响其长期安全的关键性因素是围岩体的长期力学特征和长期渗透特性。其中,对于硬性岩石时效渗透特性的研究还未见报道,但不少学者已从微观和细观的角度针对不同条件下渗透系数的演化规律开展了系统的研究[2-12],因此本文以锦屏二级特大引水发电工程为工程背景,对深埋大理岩开展一系列室内力学和渗透试验,通过理论分析建立其时效渗透特性的演化规律。

2 大理岩循环加卸载渗透试验

由于大理岩结构致密,即使抽真空,岩石也很难达到饱和状态,且采用常规的稳态法液体渗透试验,需要很长的时间才能达到稳定流速;采用瞬时脉冲法的液体渗透试验,仍需要较长的试验时间,而且测试精度及结果的误差仍较难确定[13]。陈卫忠等(2008)[14]利用氮气进行气体渗透试验,采用稳态渗流法研究了锦屏二级水电站盐塘组和白山组大理岩的渗透率,确定其渗透率取值在 $10^{-21}\,m^2$ 左右。考虑到与其他方法相比,压力脉冲法操作简单、测试速度快,因此本文选择气体渗透及瞬态脉冲法对大理岩开展渗透性研究。气体压力脉冲法试验原理如图 1 所示。

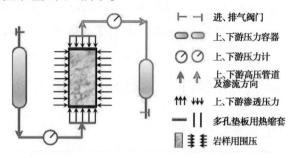

图1 气体压力脉冲法试验原理示意图

岩样两端的气体缓冲压力容器体积分别为 V_1 和 V_2,压强分别为 P_1、P_2,两容器中均充满氦气,压力脉冲法试验步骤如下:

(1)对岩样外观尺寸进行测量。

(2)将岩样上、下端面放置滤纸和多孔金属垫板,用高性能热缩套套好后,安装到三轴围压室中,并稳定围压到预设值。

(3)分别连通气体渗透上、下游彼此及其与岩样的管道,保证上游—岩样—下游相互连通,且处于某一较小压力值,并检查各连接点气密性。

(4)气体无泄漏的条件下,增加通路内气压到 1 MPa。

(5)待通路内气压稳定后,断开上游与下游的连接阀门,打开下游排气阀门,调整下游渗透压力至大气压(0.1 MPa),再关闭下游排气阀门,并在上游施加 0.5 MPa 的脉冲压力。

(6)测量并记录上、下游压力随时间的变化数据,待数据变化基本平稳后,试验结束,拆除岩样。

采用武汉岩土所研制的气体渗透仪(见图 2)对大理岩进行常规渗透性试验及循环加卸载条件下的渗透性试验,试验加载路径如图 3 所示。

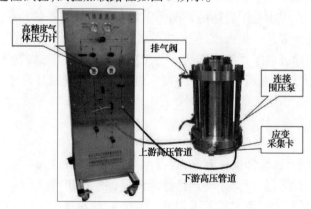

图2 气体渗透仪

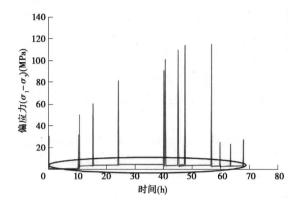

图3 典型试验加载路径

试验加卸载过程均采用压力控制,轴向压力加卸载速率保持在0.3 MPa/s,试验过程中,围压保持在3 MPa,在每个卸载终点对岩样进行气体渗透试验,并记录试验数据。

3 大理岩时效渗透特性

由试验结果(见图4)可以看出,峰值前随着循环加卸载次数的增加,岩样从初始状态到稳定渗流所需的时间略有增长,表明岩样的渗透性能有小幅减弱;进入峰后阶段,所需时间随循环次数逐渐缩短,表明岩样渗透性能逐渐增大。

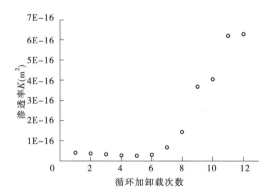

图4 不同循环加卸载下的渗透率

根据试样的变形规律,定义了塑性内变量,用于评价试样的塑性变形程度,采用等效塑性剪应变衡量试样的损伤程度,具体表示为:

$$\kappa = \int d\kappa, d\kappa = \frac{\sqrt{\frac{2}{3}d e^p : d e^p}}{f(\sigma_3/\sigma_f)} \tag{1}$$

式中:de_{ij}^p 为塑性偏应变张量;$f(\sigma_3/\sigma_f)$ 为围压函数。为无量纲化引入单轴抗压强度 σ_f,为简化,围压函数取线性方程的形式:

$$f(\sigma_3/\sigma_f) = A_1(\sigma_3/\sigma_f) + A_2 \tag{2}$$

式中:A_1 和 A_2 均为待定参数,且应满足塑性内变量 κ 在初始屈服时为0,在达到残余强度

时为1。通过对不同围压下从初始屈服到残余段的等效塑性剪应变增量进行线性拟合,可得到围压函数的表达式:

$$f(\sigma_3/\sigma_f) = 0.073\,4(\sigma_3/\sigma_f) + 0.01 \tag{3}$$

计算每次循环加卸载的卸载终点下大理岩的塑性内变量 κ,并分别计算每个卸载终点大理岩的渗透率和渗透系数,计算结果列于表1,大理岩各循环下渗透系数及其随塑性内变量的变化规律如图5所示。

表1　大理岩不同塑性程度下的渗透率与渗透系数

塑性内变量 κ	0	0.02	0.04	0.07	0.12	0.21	0.38	0.45	0.62	1.14
渗透率（$\times 10^{-17} \mathrm{m}^2$）	3.30	2.70	2.61	3.02	6.72	14.32	36.65	40.27	62.07	62.92
渗透系数（$\times 10^{-7} \mathrm{m/s}$）	3.23	2.64	2.56	2.96	6.58	14.04	35.92	39.46	60.83	61.66

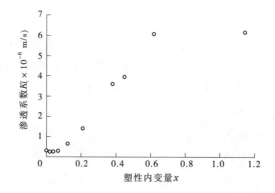

图5　大理岩渗透系数随塑性内变量的关系

由试验结果可以看出,随着循环加卸载次数的增加,塑性程度逐渐增大,大理岩的渗透系数总体呈现增大的趋势,但在初始循环加卸载阶段,塑性程度增长较小,塑性内变量取值小于0.1,此时大理岩渗透系数逐渐降低,表明在峰前加卸载段,随着加载过程的持续,大理岩逐渐压密,渗透性降低;随着加载进入峰后段,塑性内变量快速增大,渗透系数迅速增长,并基本稳定在 6.2×10^{-7} m/s 左右,与初始渗透系数相比,增大了约15倍。

通过压力脉冲法的试验原理,渗透系数 K 可以表述为介质渗透率 k、水的动力黏滞性 η 和水容重 γ_w 的函数[15],即

$$K = \frac{k\gamma_w}{\eta} \tag{4}$$

其中

$$k = \frac{c\mu L V_1 V_2}{A P_f (V_1 + V_2)} \tag{5}$$

式中,黏滞系数 η 的取值依赖于流体的性质,对地下水而言,标准条件下,其黏滞系数取值为 0.01 g/(cm·s)(1×10^{-3}Pa·s)[16];c 为计算参数,s^{-1};μ 为氮气气体黏度,Pa·s,

取值 $1.96 \times 10^{-5} Pa \cdot s$；$L$ 为岩样长度，m；V_1、V_2 分别为上、下游气体缓冲容器体积，m^3；A 为岩样横截面面积，m^2；P_f 为系统平衡后压强，Pa。

对不同塑性程度下大理岩的渗透系数相对于初始渗透系数的变化量进行数据拟合，得到渗透系数随塑性内变量的变化关系曲线，如图 6 所示，拟合结果如式（3）所示。

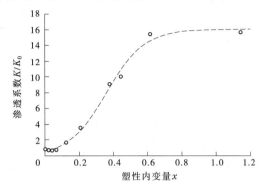

图 6　大理岩渗透系数随塑性内变量的关系

$$\frac{K}{K_0} = \frac{-16.08}{1 + e^{8.972\kappa - 3.24}} + 16.05 \tag{6}$$

由拟合结果可以看出，随着塑性程度的增大，渗透系数增长曲线呈现"S"形分布，理论最大渗透系数（$\kappa = 1$）为初始渗透系数的 16 倍，考虑到大理岩峰前渗透系数随塑性程度增长而逐渐降低的变化规律，得到式（3）的适用范围为 $\kappa \geqslant 0.1$。对于峰前段（$\kappa < 0.1$），由试验结果可以看出，渗透系数的变化量相对于峰后段较小，最大变化量仅为峰后段最大变化量的 2.3%，因此在大理岩的渗透系数演化模型建立过程中，不考虑初始状态到峰值段（$\kappa < 0.1$）渗透系数的变化，仅针对 $\kappa \geqslant 0.1$ 条件下渗透系数的改变对围岩稳定性和安全性的影响进行分析。

结合文献[12]提出的时效塑性内变量表达式（见式（4）），可以建立大理岩的时效渗透系数演化规律，如图 7 所示。

$$\kappa(t) = \begin{cases} 0 & \left(\dfrac{\sigma}{\sigma_f} \leqslant 0.503\,9\right) \\[2ex] \dfrac{\left(\dfrac{-59.929\,3}{t + 30.004} + 1.988\,9\right) \Big/ \left(1.489\,6 - 0.971\,7\dfrac{\sigma}{\sigma_f}\right)}{3.840\,3} & \left(\dfrac{\sigma}{\sigma_f} > 0.503\,9\right) \end{cases} \tag{7}$$

4　结　论

本文以锦屏二级水电站引水隧洞为工程背景，对大理岩开展了循环加卸载渗透试验，分析了大理岩的时效渗透特性演化规律，建立了大理岩的时效渗透系数表达式。通过试验和理论研究，得到如下结论：

（1）大理岩渗透性与其损伤程度密切相关。峰前时，随加卸载循环增加，岩样在应力作用下致密性略有增加，其渗透性小幅减小；峰后段，随循环次数增加，岩样损伤程度增大，且形成宏观破坏面后，岩样渗透性迅速增大，为初始渗透系数的 16 倍。

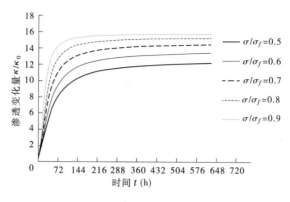

图7 大理岩时效渗透系数曲线

(2)对大理岩渗透系数和损伤程度的相关数据进行拟合,得到塑性内变量相关的大理岩渗透系数表达式,结合时效塑性内变量表达式,建立了渗透系数的时效演化表达式。

参 考 文 献

[1] IHA Central Office. 2018 Hydropower status report[R]. IHA, 2018.

[2] Hu D, Zhou H, Shao J, et al. 4-Stress-induced permeability evolutions and erosion damage of porous rocks[J]. Porous Rock Fracture Mechanics, 2017:63-92.

[3] Fan L, Liu S. A conceptual model to characterize and model compaction behavior and permeability evolution of broken rock mass in coal mine gobs[J]. International Journal of Coal Geology, 2017, 172:60-70.

[4] Wang H L, Chu W J, Miao H E. Anisotropic permeability evolution model of rock in the process of deformation and failure[J]. Journal of Hydrodynamics, 2012, 24(1):25-31.

[5] Liu Z B, Shao J F, Liu T G, et al. Gas permeability evolution mechanism during creep of a low permeable claystone[J]. Applied Clay Science, 2016, 129:47-53.

[6] Ogata S, Yasuhara H, Kinoshita N, et al. Modeling of coupled thermal-hydraulic-mechanical – chemical processes for predicting the evolution in permeability and reactive transport behavior within single rock fractures[J]. International Journal of Rock Mechanics & Mining Sciences, 2018.

[7] Land C V D, Wood R, Wu K, et al. Modelling the permeability evolution of carbonate rocks[J]. Marine & Petroleum Geology, 2013, 48(48):1-7.

[8] Yin G, Shang D, Li M, et al. Permeability evolution and mesoscopic cracking behaviors of liquid nitrogen cryogenic freeze fracturing in low permeable and heterogeneous coal[J]. Powder Technology, 2017, 325.

[9] Roded R, Paredes X, Holtzman R. Reactive transport under stress: Permeability evolution in deformable porous media[J]. Earth & Planetary Science Letters, 2018, 493:198-207.

[10] Feng Z, Zhao Y, Zhang Y, et al. Real-time Permeability evolution of thermally cracked granite at triaxial stresses[J]. Applied Thermal Engineering, 2018, 133.

[11] Noiriel C. Resolving Time-dependent Evolution of Pore-Scale Structure, Permeability and Reactivity using X-ray Microtomography[J]. Reviews in Mineralogy and Geochemistry, Vol. 80: Pore – Scale Geochemical Processes. 2015:247-286.

[12] 高阳,周辉,张传庆,等. 硬脆性岩石时效强度理论研究[J]. 岩石力学与工程学报,2018,37(3):671-678.

[13] 王环玲,徐卫亚.致密岩石渗透测试与渗流力学特性[M].北京:科学出版社,2015.

［14］ 陈卫忠，杨建平，伍国军，等.低渗透介质渗透性试验研究［J］.岩石力学与工程学报，2008，27
（2）:236-243.

［15］ 钱家欢.土工原理与计算［M］.北京:中国水利水电出版社，1996.

［16］ 吴望一.流体力学（上册）［M］.北京:北京大学出版社，1982.

锦屏二级引水发电工程超深埋特大引水隧洞运行安全性评价

孙辅庭,陈祥荣,张洋,王锋,郑晓红

(中国电建集团华东勘测设计研究院有限公司,浙江 杭州　310014)

摘　要　基于实际运行性态对锦屏二级引水隧洞的运行安全性评价开展研究。首先,对引水隧洞的放空检查成果、数值计算成果及安全监测成果进行分析;其次,通过数值计算对引水隧洞15+200 m高外水压洞段衬砌安全性进行复核;最后,综合运行资料及计算成果,对引水隧洞运行安全性进行综合评价。分析结果表明,锦屏二级引水隧洞整体运行情况良好,仅15+200 m高外水压洞段在放空检查时发现衬砌混凝土局部表层破坏,复核计算表明,经加密系统减压孔处理后衬砌结构安全性显著提高,因此锦屏二级引水隧洞整体运行安全可靠。

关键词　锦屏二级;引水隧洞;运行安全;超深埋;放空检查;安全监测;数值计算

1　工程概述

锦屏二级特大引水发电工程利用卡拉至江口下游河段约150 km长大河湾的天然落差,通过超长引水隧洞截弯取直,获得310 m发电水头,电站总装机容量4 800 MW。锦屏二级工程是国家“西电东送”骨干工程,其中4条世界埋深最大、规模最大、综合建设难度最高的引水隧洞群为关键控制性工程。引水隧洞群长距离穿越高山峡谷岩溶地区,特殊的地质和工程条件带来的主要技术挑战有:①超埋深超高地应力:普遍埋深1 500~2 000 m,最大埋深2 525 m,为世界最大埋深水工隧洞群,实测地应力113.87 MPa,为世界地下工程实测最大值,引发的强烈岩爆严重威胁隧洞施工与人员设备安全;②超高压大流量岩溶地下水:实测地下水压力10.22 MPa,为世界水电工程实测最高值,实测单点突涌水量高达7.3 m³/s,高压大流量突涌水严重危害施工安全与工程进度。

针对特殊的地质和工程条件,锦屏二级引水隧洞开挖支护设计的基本理念是:充分利用围岩自身承载力,以围岩灌浆圈、喷锚支护和衬砌组成的联合承载结构保证引水隧洞施工期与运行期在超高地应力释放荷载及超高压大流量外水作用下的安全性[1]。锦屏二级水电站主体工程于2007年开工建设,2014年11月全部建成投产发电。工程的建设成功突破了超深埋特大隧洞成洞理论与方法、岩爆防控、高压大流量突涌水防治等核心技术难题,实现了电站安全快速建设。为全面了解引水隧洞经历近4年时间运行后的安全状况,结合运行期放空检查、安全监测及反馈计算成果,对引水隧洞的运行安全性评价开展

作者简介:孙辅庭(1987—),男,博士,高级工程师,主要从事水工结构和岩体结构工程安全方面的工作。E-mail:353936165@qq.com。

研究。

2　引水隧洞安全性评价方法

2.1　国内外方法综述

随着隧道安全事故的相继发生,国内外众多学者对隧道安全评价方法进行了研究。如 Knoflacher 阐述了被众多方法参考的定量风险评估(QRA)方法[2];Konstantinos 等[3]考虑 QRA 局限性的基础上,提出了隧道安全评价的 STAMP 方法;Alan 等对隧道安全、风险评估及决策进行了研究;郑颖人等[4-6]对隧道稳定理论和评价方法进行了大量研究;孙闯等[7]基于收敛约束法对隧洞围岩安全性评价开展了研究;薛晓辉等[8]基于调查结果利用综合判别法对带裂缝隧道衬砌的安全性评价开展了研究;杨弘等[9]基于监测资料对锦屏二级引水隧洞运行初期的安全性进行了评价;靳春玲[10]采用 PSR 模型对引大入秦工程隧洞的安全性评价开展研究;符志远等[11]通过引入风险因子对穿黄隧洞的运行安全进行了评估等。

综上所述,现阶段隧道安全评判方法主要有基于风险理论的多因素综合评判法、基于数值计算的结构分析法、基于安全监测成果的评判方法以及基于现场调查结果的评判方法。

2.2　锦屏二级引水隧洞运行安全性评价方法和标准

2.2.1　安全性评价方法

锦屏二级引水隧洞在现场检查、结构计算及安全监测等方面开展了大量工作。运行期间,从 2014 年底至 2018 年 4 月先后对 1 号、2 号、3 号洞完成了两轮放空检查,对 4 号洞完成了一次放空检查。引水隧洞自施工以来对工程区地下水、围岩及衬砌结构进行了全面的安全监测,至今已积累了大量安全监测资料。引水隧洞设计期即对围岩稳定和衬砌结构进行了大量数值计算,运行期根据安全监测资料,进一步对部分洞段开展了监测反馈分析。

鉴于锦屏二级引水隧洞已开展的数值计算、放空检查及安全监测等工作,参考国内外研究成果及相关规范对结构安全的评价方法[12],拟结合现场检查成果、安全监测成果以及数值计算成果对锦屏二级引水隧洞开展综合评价研究。

2.2.2　安全性评价标准

就现场检查角度评判而言,主要是看衬砌结构的表观完整性、衬砌渗水情况等;就数值计算成果评判而言,主要是看围岩变形是否小于规范规定值[13],围岩塑性区是否超过锚杆的锚固范围,衬砌、锚杆及钢筋的应力是否超过设计值;就安全监测成果评判而言,主要是看围岩收敛位移是否小于规范值,衬砌外缘渗压及衬砌应变是否小于设计极限值,锚杆及钢筋应力是否小于设计值,各项测值是否存在趋势性变化等。

3　引水隧洞运行安全性评价

3.1　放空检查成果

3.1.1　引水隧洞整体放空检查情况

锦屏二级引水隧洞自竣工投入运行以来,1 号、2 号、3 号引水隧洞已先后完成两轮放空检查,4 号引水隧洞完成了一轮放空检查,各条隧洞首轮放空检查时正常运行时间均超过 2 年。表 1 为引水隧洞放空检查时间。

表 1 引水隧洞放空检查时间

编号	投入运行	第一轮放空检查	第二轮放空检查
1 号洞	2012 年 11 月	2014 年 11 月	2017 年 3 月
2 号洞	2013 年 9 月	2016 年 2 月	2017 年 11 月
3 号洞	2014 年 5 月	2016 年 4 月	2018 年 4 月
4 号洞	2014 年 10 月	2016 年 11 月	——

从引水隧洞历次放空检查情况看,除 15 + 200 m 高外水压洞段外,引水隧洞整体情况良好,衬砌混凝土未出现明显破坏,但衬砌表层混凝土存在局部小缺陷,现场检查发现的主要缺陷类型包括混凝土坑洞、脱落、孔洞及露筋等(见图 1),以上缺陷对混凝土衬砌整体安全性影响甚微。

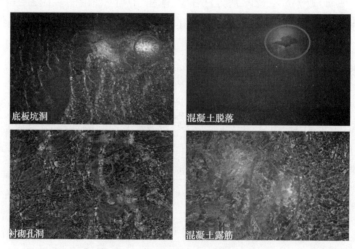

图 1 引水隧洞衬砌主要微小缺陷

3.1.2 引水隧洞 15 + 200 m 高外水压洞段放空检查情况

尽管引水隧洞整体情况良好,历次放空检查中均发现,引水隧洞在 15 + 200 m 洞段存在不同程度的衬砌混凝土局部表层破坏的现象,图 2 为 1 号洞衬砌混凝土局部破坏情况。从检查情况看,第一轮放空检查时发现衬砌底板存在露筋现象,衬砌边拱与底拱相交位置附近出现混凝土破碎以及钢筋弯曲现象,此外还存在表层混凝土破坏脱落。第一轮放空检查后对衬砌进行了修复,同时布置了系统减压孔联合随机减压孔工作以降低高外水压力。但在第二轮放空检查时仍出现了局部混凝土抬动破坏,抬动破坏区位于前一次修复区域的上方。从破坏区域和破坏程度来看,经过第一轮放空检查后的处理,第二轮放空检查时衬砌混凝土的破坏范围减小,破坏程度也有所减轻。

图 3 为 2 号洞衬砌混凝土破坏情况。第一轮放空检查时发现 2 号洞在 15 + 150 m 高外水压洞段存在混凝土局部破坏现象,其中顶拱出现混凝土脱落及钢筋弯曲现象,边墙底

图 2　1 号洞 15 + 200 m 洞段衬砌混凝土破坏情况

部出现混凝土脱落和起皮。放空检查后对混凝土进行修复并加密了系统减压孔布置。第二轮放空检查发现衬砌运行情况较第一轮检查时有明显改善,仅局部区域出现边墙与底板脱空现象。

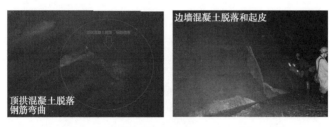

图 3　2 号洞 15 + 150 m 洞段衬砌混凝局部破坏

3 号引水隧洞第一轮放空检查时也发现 15 + 200 m 高外水压洞段边墙及顶拱存在衬砌混凝土局部表层破坏现象,但破坏程度较轻,通过修复和加密系统减压孔布置后,第二轮放空检查时该洞段衬砌情况良好。

4 号引水隧洞放空检查时在 15 + 200 m 高外水压洞段未发现明显缺陷,运行情况良好。

3.1.3　放空检查评价

从引水隧洞放空检查情况看,引水隧洞自投入运行以来整体情况良好,未见隧洞有大规模破坏,衬砌混凝土的坑洞、脱落、孔洞以及局部露筋等缺陷经修补后对隧洞安全无影响。放空检查发现东端 15 + 200 m 盐塘组大理岩高外水压洞段衬砌混凝土发生局部表层破坏,尤其是 1 号洞在第一轮放空检查时出现了衬砌混凝土破坏及钢筋弯曲现象,2 号洞第一轮检查时也发现较大面积的混凝土脱落,经过修复后,在第二轮检查时 1 号、2 号洞破坏区域大幅减小,破坏程度大幅减轻,衬砌运行情况大大改善。

综上所述,就放空检查而言,除 15 + 200 m 洞段外引水隧洞整体运行情况良好,15 + 200 m 高外水压洞段衬砌及围岩经处理后运行状况也显著改善。

3.2　数值计算成果

锦屏二级引水隧洞在设计期选取了 17 个典型计算断面,分别对围岩稳定和衬砌结构进行了数值计算分析。根据运行期安全监测数据对引水隧洞西端、中部及东端三个典型断面进行了反馈计算,得到的结论是实际外水压力低于设计计算值,实际围岩强度参数大于设计值,因此以设计值进行围岩稳定分析和衬砌结构计算是偏于安全的。鉴于以上成果,仍以设计计算成果作为隧洞运行安全的判别依据。

此处选取三个典型断面列出详细计算成果,典型断面为西端(K1 +613 m)洞段、中部(K8 +920 m)洞段、东端(K16 +175 m)洞段。列出各计算工况下引水隧洞围岩及衬砌计算结果的极值见表 2。

表 2　引水隧洞数值计算结果极值

断面	围岩计算结果			衬砌计算结果		
	变形 (mm)	塑性区深度 (m)	锚杆应力 (MPa)	大主应力 (MPa)	小主应力 (MPa)	钢筋应力 (MPa)
西端绿片岩洞段	37	5.3	142.1	0.25	−8.0	−59.8
中部白山组 大理岩洞段	57.3	4.5	103.6	1.0	−4.0	−18.0
东端盐塘组 大理岩洞段	13.2	0.5	11.1	1.6	−2.5	12.4

从数值计算成果看,西端绿片岩洞段最大变形 37 mm,相对变形约 0.57%,小于规范规定稳定值 2%;塑性区深度最大值为 5.3 m,小于锚杆锚固深度 9.0 m;锚杆应力小于设计值。因此,该洞段围岩稳定。中部白山组大理岩洞段隧洞最大变形 57.3 mm,相对变形0.86,小于规范规定稳定值 1.2%;塑性区最大深度 4.5 m,小于锚杆锚固深度 6.0 m;锚杆应力小于设计值。因此,该洞段围岩稳定。东端盐塘组大理岩洞段最大变形 13.2 mm,相对变形 0.2%,小于规范规定稳定值 1.2%;塑性区最大深度 0.5 m,小于锚杆锚固深度4.5 m;锚杆应力远小于设计值。此外,从衬砌计算成果看,衬砌混凝土的拉应力及压应力均小于混凝土强度设计值,钢筋应力远小于设计值。从其他断面计算成果看,围岩及衬砌的各项计算指标也均满足引水隧洞的结构安全性要求。

以引水隧洞中部埋深最大的 K8 +920 m 洞段为例,运行期持久工况(汛期雨季)下得到的引水隧洞围岩及衬砌的具体计算结果如图 4 所示。

综上所述,就数值计算成果看,计算得到的引水隧洞围岩稳定,衬砌结构整体安全,引水隧洞安全可靠。然而,由于 K15 +200 m 洞段施工期实测涌水压力达到 2.5 MPa,外水压力相对设计值要高,因此该洞段的结构安全性需进一步复核。

3.3　安全监测成果

锦屏二级引水隧洞设计对围岩变形、衬砌和支护结构受力以及外水压力开展了监测。

3.3.1　围岩变形及锚杆应力监测成果

截至 2018 年 3 月,1 号洞累积变形最大值为 9.43 mm(0 +850 m 断面),2 号洞累积

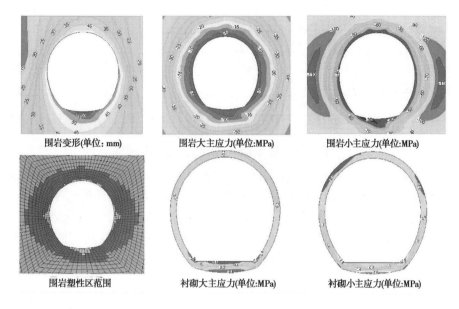

围岩变形(单位: mm)　　围岩大主应力(单位:MPa)　　围岩小主应力(单位:MPa)

围岩塑性区范围　　衬砌大主应力(单位:MPa)　　衬砌小主应力(单位:MPa)

图4　中部最大埋深洞段引水隧洞围岩及衬砌计算成果

变形最大值为 53.04 mm(3 +900 m 断面),3 号洞累积变形最大值为 11.94 mm(2 +170 m 断面),4 号洞累积变形最大值为 68.65 mm(2 +220 m 断面)。围岩变形主要发生在施工期及运行初期,2016 年底至今引水隧洞变形变化量在 0.5 mm 之内,围岩变形已基本稳定。图 5 为引水隧洞围岩变形测值典型过程线(该多点位移计布置于 2 号洞 3 +900 m 断面左拱腰位置:M2 -3 +900 -3 -1 测点深度 2 m,M2 -3 +900 -3 -2 测点深度 5 m,M2 -3 +900 -3 -3 测点深度 10 m)。

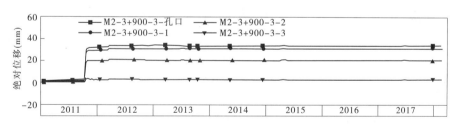

图5　引水隧洞围岩变形测值典型过程线

从锚杆应力测值看,锚杆应力变化主要发生在隧洞开挖期,运行期锚杆应力变化较小。截至 2018 年 3 月,锚杆应力测值基本正常,绝大部分测点测值在 200 MPa 以下。2016 年底至今,除绿片岩洞段锚杆应力测值变化最大达到 25 MPa 外(锚杆大多处于受压状态或拉应力较小),锚杆应力变化量均在 10 MPa 以内,锚杆应力基本趋于稳定。图 6 为引水隧洞锚杆应力测值典型过程线(该锚杆位于 1 号洞 1 +760 m 断面右拱腰位置:R1 -1 +760 -4 -1 测点深度 2 m,R1 -1 +760 -4 -2 测点深度 4 m,R1 -1 +760 -4 -3 测点深度 7 m)。

3.3.2　围岩渗压监测成果

截至 2018 年 3 月底,1 号洞渗压最大测值 835.7 kPa(13 +555 m 断面),2 号洞渗压

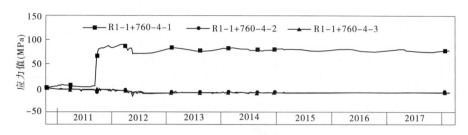

图6　引水隧洞锚杆应力测值典型过程线

最大测值 1 211.4 kPa(3 +900 m 断面),3 号洞渗压最大测值 883.91 kPa(5 +420 m 断面),4 号洞渗压最大测值 756.35 kPa(12 +975 m 断面)。从渗压计测值变化看,投运以来隧洞渗围岩渗压测值总体稳定,由于 2017 年工程区降雨量相对较小,引水隧洞各部位渗压整体上呈减小趋势。图 7 为引水隧洞围岩渗压测值典型过程线(该监测断面位于 2 号洞 3 +900 m 桩号:P2 -3 +900 -4 测点位于右拱腰,深度 2 m;P2 -3 +900 -5 测点位于右拱腰,深度 5 m)。

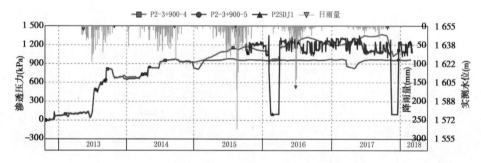

图7　引水隧洞围岩渗压测值典型过程线

3.3.3　衬砌及钢筋监测成果

引水隧洞衬砌混凝土以受压为主,截至 2018 年 3 月,1 号洞衬砌混凝土最大压应变 883.05 με(12 +206 m 断面),2 号洞衬砌混凝土最大压应变 941.07 με(1 +691 m 断面),3 号洞衬砌混凝土最大压应变 761.55 με(5 +420 m 断面),4 号洞衬砌混凝土最大压应变 588.49 με(1 +748m 断面)。自 2016 年底以来,衬砌混凝土应变整体变化不大,压应变较大测点测值也已基本趋于稳定。图 8 为引水隧洞衬砌应变测值典型过程线(该监测断面位于 2 号洞 2 +870 m 桩号:S2 -2 +870 -3 为左拱座处环向应变测点,S2 -2 +870 -4 为左拱座轴线应变测点,S2 -2 +870 -5 为底拱环向应变测点)。

截至 2018 年 3 月底,1 号洞围岩与衬砌接缝最大张开度为 10.48 mm(2 +704 m 断面),2 号洞接缝最大张开度为 21.91 mm(13 +783 m 断面),3 号洞接缝最大张开度为 0.58 mm(2 +610 m 断面),4 号洞接缝最大张开度为 19.79 mm(7 +710 m 断面)。自 2016 年底至今,围岩与混凝土衬砌接缝开合度变化较小,接缝变形基本稳定。

衬砌钢筋应力整体不大,4 条引水隧洞钢筋应力最大测值也未超过 150 MPa,且 2016 年底以来变化量也不大。

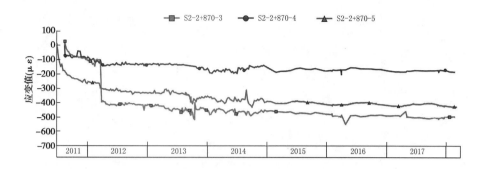

图 8　引水隧洞衬砌应变测值典型过程线

3.4　高外水压力作用下 K15 + 200 m 洞段衬砌安全性复核

引水隧洞 15 + 200 m 高外水压洞段在运行期检查发现衬砌混凝土发生局部破坏,该洞段施工期在 2012 年"8·30"极端暴雨工况下灌浆孔内实测最大外水压力达到 2.5 MPa。结合计算分析和工程实践经验,明确该部位衬砌采用透水衬砌形式,同时由于该洞段靠近引水隧洞末端,为防止内水外渗,工程设计上采用排水孔内设置逆止阀,有效地解决了削减外水压和防止内水外渗的问题。

以引水隧洞的 1 号洞为例,第一次放空检查后由于衬砌局部破坏,该洞段衬砌布置了 3.0 m × 3.0 m 系统减压孔和随机减压孔;由于第二次放空检查时衬砌仍出现局部破坏,因此该次放空检查后将系统减压孔加密至 2.0 m × 2.0 m。图 9 为有限元法计算得到的 100 m 洞顶外水作用下衬砌外缘渗压分布情况对比。

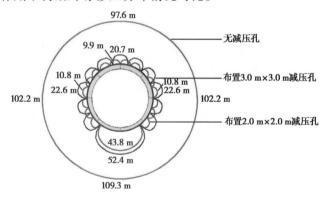

图 9　不同减压孔参数情况衬砌外缘渗压分布

从衬砌外缘渗压分布的计算成果看,布置系统减压孔能够大大削减衬砌外缘的渗压,且减压孔布置越密,降压效果越好。因此,通过布置减压孔能够起到排泄衬砌外缘积聚的地下水,有效降低衬砌外缘渗压的效果。

在布置 2.0 m × 2.0 m 系统减压孔的情况下,通过有限元计算得到 1 号洞衬砌所能承受的最大外水压力提高至 640 m,图 10 为 640 m 外水作用下衬砌渗压和应力分布。

从计算结果看,加密布置系统减压孔后,在灌浆圈和系统减压孔的共同作用下,衬砌能够承受的外水压力远远大于 15 + 200 m 洞段在施工期 2012 年"8·30"极端暴雨工况下实测涌水压力 2.5 MPa。此外,计算中出于偏安全考虑,未计及衬砌混凝土与围岩的黏结

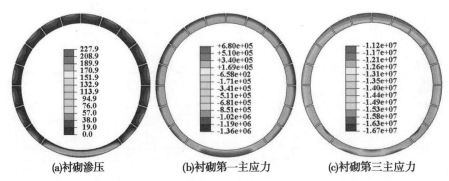

(a)衬砌渗压　　　　　(b)衬砌第一主应力　　　　　(c)衬砌第三主应力

图10　布置2.0 m×2.0 m系统减压孔后衬砌能够承受最大640 m外水

（渗压单位:m;应力单位:Pa）

力及随机减压孔的泄压作用,若考虑这些因素,1号洞衬砌的抗外压能力能够提高至1 000 m以上。

同样的计算分析,2号、3号、4号洞通过布置及加密布置系统减压孔和随机减压孔后,衬砌抗外压能力也显著提高。

从有限元计算角度看,通过布置系统减压孔和随机减压孔,15 + 200 m洞段在高外水压力作用下的安全性大大提高,能够保证运行期衬砌结构整体安全。

3.5　引水隧洞安全性评价

从放空检查情况看,引水隧洞不存在围岩失稳现象,衬砌结构整体完整,混凝土坑洞、脱落、孔洞等局部缺陷经修复后不影响衬砌结构整体安全,引水隧洞整体情况良好,运行安全可靠。东端15 + 200 m高外水压洞段1号、2号、3号洞衬砌混凝土在先后两轮放空检查时均存在不同程度的混凝土衬砌局部表层破坏,但不影响隧洞衬砌结构整体稳定,且经处理后衬砌结构外压承载能力显著提升,满足设计要求。

从数值计算成果看,引水隧洞围岩计算变形均小于规范规定的收敛变形限值,围岩计算塑性区范围均在锚杆控制深度之内,衬砌混凝土应力均在设计值之内,锚杆和衬砌钢筋应力均在设计强度之内。

从安全监测情况看,引水隧洞围岩变形在衬砌施工后已基本稳定,围岩最大收敛变形测值在规范限值之内;锚杆应力已趋于稳定,测值绝大部分在200 MPa以下,近两年西端隧洞绿泥石片岩软岩洞段部分锚杆应力变化较大,但其值小于钢筋强度并趋于稳定;围岩渗压测值均在设计值之内,近一年来由于降雨量小而导致围岩渗压有减小的趋势;衬砌混凝土以受压为主,尽管混凝土压应变量值较大,但近两年来测值已基本稳定;衬砌钢筋应力整体不大。因此,从所布置监测断面的监测结果看,引水隧洞运行情况整体良好。

从隧洞洞段15 + 200 m高外水压洞段衬砌安全性复核计算结果看,通过布置以及加密布置系统减压孔,衬砌外缘渗压显著降低,衬砌所能承载的最大外水压力远大于在施工期2012年"8·30"极端暴雨工况下的实测涌水压力,衬砌运行期安全性能够得到保证。

从综合放空检查、数值计算以及安全监测成果看,锦屏二级引水隧洞整体运行情况良好,运行安全可靠。尽管15 + 200 m高外水压洞段整体安全性能够得到保证,仍需关注计算天气情况下该洞段衬砌混凝土的安全状态。

4　结　论

结合引水隧洞放空检查成果、数值计算成果以及安全监测成果,对锦屏二级引水隧洞的运行安全性评价开展了研究,主要结论如下:

(1)放空检查结果表明锦屏二级引水隧洞整体运行情况良好;数值计算表明隧洞围岩稳定、衬砌结构安全;从安全监测成果看,引水隧洞监测断面的围岩变形及支护结构受力已基本稳定,衬砌外缘渗压均小于设计值。因此,锦屏二级引水隧洞整体运行状况良好,围岩整体稳定,衬砌结构整体安全,隧洞运行安全可靠。

(2)引水隧洞东端 15 + 200 m 高外水压洞段在放空检查时发现存在混凝土局部表层破坏现象,通过布置系统减压孔和随机减压孔排泄高外水,计算复核表明该洞段运行期衬砌的整体安全性能够得到保证,但仍需进一步关注极端工况作用下衬砌结构的安全状态。

(3)由于西端引水隧洞绿泥石片岩软岩洞段锚杆应力近两年来变化仍较大,加上该洞段衬砌混凝土压应变量值较大,后期需持续关注并分析该洞段监测成果。此外,在放空检查过程中需特别注意可能隐藏的局部高外水压力带,并通过布置随机减压孔的方法提高衬砌运行安全性。

参 考 文 献

[1] 刘宁, 房敦敏, 张传庆.深埋引水隧洞复合承载结构运行期安全性评价[J].科技通报, 2015, 31
　　(1): 103-107.

[2] Knoflacher H. Quantitative risk analysis model[J]. Tunnel Management International, 2001, 3(7): 19-
　　23.

[3] Kazaras K, Kirytopoulos K, Rentizelas A. Introducing the STAMP method in road tunnel safety assessment
　　[J]. Safety science, 2012, 50(9): 1806-1817.

[4] 郑颖人.隧洞破坏机理及设计计算方法[J].地下空间与工程学报, 2010, 6(A02): 1521-1532.

[5] 杨臻, 郑颖人, 张红, 等.岩质隧洞围岩稳定性分析与强度参数的探讨[J].地下空间与工程学报,
　　2009, 5(2): 283-290.

[6] 郑颖人.有限元极限分析法在隧洞工程中的应用[J].重庆交通大学学报(自然科学版), 2011, 30
　　(S2): 1127-1137.

[7] 孙闯, 张向东, 贾宝新.基于收敛 – 约束法的隧道围岩安全性评价[J].公路交通科技, 2014, 31
　　(3): 96-100.

[8] 薛晓辉, 张军, 宿钟鸣, 等.带裂缝隧道衬砌安全性评价及处治技术研究[J].重庆交通大学学报
　　(自然科学版), 2016, 35(1): 28-32.

[9] 杨弘, 吴忠明.锦屏二级水电站引水隧洞运行初期安全评价[J].大坝与安全, 2015 (5): 13-19.

[10] 靳春玲.引大入秦工程隧洞安全评价研究[J].城市道桥与防洪, 2017 (1): 152-154.

[11] 符志远, 张传健.穿黄隧洞运行安全与检修条件评估[J].人民长江, 2011, 42(8): 111-118.

[12] 水电站大坝运行安全评价导则:DL/T 5313—2014[S].

[13] 岩土锚杆与喷射混凝土支护工程技术规范:GB 50086—2015[S].

流域生态环境保护

水电开发中的鱼类保护

李天才，许勇，邓龙君，甘维熊，曾如奎，刘小帅

（雅砻江流域水电开发有限公司，四川 成都 610051）

摘 要 水电开发对国家发展和经济增长起到重要作用，也对生态产生了一些负面影响，特别是水域生态破坏严重，而其中对鱼类的影响尤为突出。水电开发过程直接毁坏了鱼类栖息地，致使"三场"割离或不全，干扰了鱼类种群，造成种群数量降低、种质退化。相应地，常通过修复、再造弥补对栖息地的毁坏，实施种群数量保护和生活史过程协助等措施维持种群规模，采用种质保护为鱼类种质保持和保存提供最广泛的保障。

关键词 水电开发；负面影响；鱼类；保护措施

1 引 言

我国水能资源十分丰富，理论蕴藏量也居世界首位，而水电作为清洁可再生能源，不仅是国家经济快速发展的支撑，而且起到了推动能源结构改革的作用[1]。但在水电工程建造和运行过程中，阻隔了自然河流的连通性，改变了河流原本的水域环境，破坏了鱼类的栖息环境，使得鱼类栖息环境碎片化，对土著和洄游性鱼类影响相当严重[2]。有报道称，在长江流域兴建数百座大小水电站后，鱼类资源量急剧下降，种类结构也呈现简单化[2-3]；而在葛洲坝水电站建造运行以来，长江流域大型洄游性鱼类种群数量在逐年大幅降低，直至2013年已连续2年未监测到中华鲟规模型自然繁殖[4]。因此，分析水电开发对鱼类的影响，采取有效措施进行补偿，充分做好鱼类保护，是水电健康发展的必经之路。

2 栖息地保护

水电站多建造在流量充沛、水势差高、水流湍急的河流上，以获得最佳发电效益。水电站建造后河流生境必将被破坏，坝上形成缓流或静流大型水库，原本激流高氧鱼类种群在水库中难以生存，种群将逐渐消亡[5]；坝下径流大幅降低甚至干涸，种群也会因环境改变而降低其容纳量，种群自此慢慢萎缩，可能导致功能性灭绝[6]。所以保护鱼类赖以生存的栖息地是鱼类保护最佳手段。

2.1 栖息地保护

在整条河流被开发的情况下，两水电站之间河段仍可能存在部分适宜土著鱼类生存的区块，该区块包含产卵场、索饵场、越冬场"三场"，是某土著鱼类最小及以上种群可完成生活史的栖息地。通常可将该区域划定为某特殊（珍稀）土著鱼类种质资源保护区，禁

作者简介：李天才（1991—），男，硕士研究生，工程师，研究方向为渔业资源与环境。E-mail：1392681520@qq.com。

止一切非科研和保护性工作活动的开展。截至 2014 年初,我国建设各类水生生物保护区 400 多处,其中长江上游珍稀、特有鱼类国家级自然保护区是国内最大的国家级鱼类保护区,该保护区有效地保护了白鲟、达氏鲟、胭脂鱼等 69 种珍稀、特有鱼类[7]。在开发过程中,由于多考虑对水能的充分利用,往往河流上建造的梯级电站相对密集,可能不存在适宜生存的区域,但多数河流并不是孤立的,其通常在流经的不同区域有多条支流汇入。有研究发现[8],支流与干流水域生态环境相似,鱼类种群相同率高达 80% 及以上,可以说支流是干流生态系统的缩小版,特别是汇入口支流河段。因此,环保部提出"干流开发,支流保护"的鱼类保护理念,并在流域规划的水电环评及项目环评中积极推行此理念。

2.2 栖息地修复

在开发河流中可能已不存在包含完整"三场"的鱼类栖息地,但原有栖息地仍保有多种生存要素,仅某些条件遭到破坏,在水电开发项目环评或后评估过程中可采取多种补救措施修复原有栖息地。修复措施中最常见的有生态流量泄放和分层取水设计,生态流量泄放可以保证土著鱼类生存所需的流速和高氧环境[9],分层取水设计则可使得下游径流水温适宜土著鱼类生存、繁殖[10]。部分鱼类需要激流甚至泡漩刺激才可产卵繁殖,而下游流速通常不能满足,对此常采用在鱼类繁殖期人工制造洪峰助其繁殖[11],甚至在"三场"缺失时需人工在一定区域进行再建造[12]。

3 资源量保护

在栖息地被破坏后,部分土著鱼类种群资源量降低的现象将快速显现,空余生态位会被其他种类迅速占据,并产生进一步竞争,掠夺生态位。为保证河流流域土著鱼类种群生存,必须对其资源量进行补充[13]。

3.1 提效增殖

野外鱼类自然繁殖受多种不利因素影响而造成效率相当低下[14],是种群自然扩大的严重阻碍,所以在土著种类在自然环境中仍可规模繁殖的情况下,相关单位根据具体情况采取相应手段进行增殖是提高其资源量最安全的方法。建造水利水电构筑物以来,长江水系已被分割成了多个不再连通的河段[15],特别是各个湖泊已遭封闭,使得湖泊与河流鱼类资源难于相通,致使长江干流鱼类卵苗发生量连年递减[16]。实际上,在水电站修建之后,将形成大片缓流水库和静水湾汊,该类水域是鲤、鲫绝佳的产卵场。所以投放人工鱼巢不仅可为产黏性卵鱼类提供产床,在产卵后期人工鱼巢也可为仔稚鱼充当庇护场所和索饵区,还可避免因泄洪造成水位大幅消长而致使鱼卵败育的弊端,可大大提高繁殖效率[14,17,18]。亦可将黏附有鱼卵的人工鱼巢取至事先已布置好的人工孵化池中进行卵化,该孵化池水温适宜、溶氧充足,可提高受精卵孵化率;甚至在受精卵孵化成仔鱼后仍可在孵化池进行充氧,人工饲喂至寸片再放回原产卵水域,如此可进一步提高自然种群的繁殖效率[19]。研究发现[20],鳗鲡在深海产卵后,仔鱼经过长距离洄游返回淡水河流进行生长,其间成鱼率极低,但由于该人工繁殖技术尚未突破,渔民只能捕捞鳗鲡幼苗作为种苗进行养殖。其他尚未人工繁殖成功的珍稀、濒危鱼类可采取类似方案,捞取幼苗培育至寸片或一定阶段后放回自然环境,以提高繁殖成鱼率。

3.2 增殖放流

在全世界范围内,增殖放流是补充、扩大水域鱼类种群数量运用最为广泛的方式[21]。美洲等地区增殖放流鱼类多以鲑鳟类等洄游性鱼类为主,鱼类增殖放流站多建在洄游路线处。每当繁殖季节到来,工作人员会将已成熟的亲鱼捕捞或诱导至增殖站内[22],随后进行人工取卵授精,在经过孵化、开口、培育等过程后,仔鱼将会被放流回到自然环境,而已繁殖亲鱼则在授精后恢复数天即可放归自然。我国青海湖裸鲤是典型的珍稀、濒危、洄游性鱼类,其人工增殖放流即采用捕捞亲鱼人工繁育的方式[23-24]。国内水电站配套修建的鱼类增殖放流站绝大多数与主体工程临近,增殖放流品种多为非洄游鱼类,其增殖放流过程常为"采集亲鱼—养至成熟—人工繁殖—仔鱼培育—增殖放流",在整个过程中,亲鱼将始终养殖在增殖放流站内,并不断收集新亲鱼,或将部分子代培育至性成熟作为亲鱼。

4　过程协助

水电站大坝修筑后将严重阻碍上下游、干流—支流、河流—湖泊中鱼类自由迁徙,影响其完成生活史[25],实际中该过程人们常做出相应的协助,帮助其跨越大坝。20世纪90年代,水产科研人员开始使用网捕过坝方法来保护中华鲟,即用流刺网收集坝下中华鲟并采用活水船将其运送到坝上[26]。该方法在帮助中华鲟洄游到金沙江上游进行产卵起到很大的作用,同时该方法同样适用于其他大型洄游性鱼类。鱼类对水流极为敏感,野外环境中常常顶水逆游前进,在鱼类保护过程可利用该现象设计过鱼设施。升鱼机利用水流或集鱼器诱导鱼类进入载鱼箱内,当箱内鱼群数量达到一定数量即可运送到坝上并释放,其可以视作为机械操作版的网捕过坝[27]。过鱼通道是鱼类跨越大坝较为通用的一种协助设施,其常设计为曲折的水渠,激流吸引鱼类沿水渠逐步上升并最终从渠口达到坝上库区,水渠中每隔一定距离会设置缓流水区供过坝鱼类休息,该过程类似于人们沿阶梯攀登高山[28-29]。

鱼类监测可实现其生活史全过程协助保护。实时跟踪对大型鱼类生活轨迹可避免渔民误捕误杀,有效地对伤病进行救治,准确把握实施网捕过坝、开启升鱼机的时机。定期对土著鱼类种群进行监测可指导制定其保护措施,精确把握升鱼机和过鱼通道激活时间。

5　种质保护

5.1 种质保持

在不断修筑梯级水电站的过程中,大坝将河流分割成为多个独立的河段,鱼类生境持续碎片化,种群斗争和种间竞争更趋激烈,环境对种群的胁迫愈加强烈,可导致土著鱼类种群个体低龄化、小型化、性早熟[13,30]。虽然这是环境对土著鱼类种群表型的塑造,不一定导致基因改变,但长此以往,该区域土著鱼类种群为更适应当前生境,可能产生基因定向漂移和突变[31],直至种质发生改变,甚至时间足够长可转变为不同的两个种群。相通河流中相同鱼类组成同一种群,基因库庞大且可共享。形成相对独立河段生态系统后,大种群同样分割成多个相对封闭的小种群。在繁殖的过程中,由于种群数量较小,部分个体无法获得配对的机会而导致基因流失,同时近亲繁殖的概率倍增,而该类种群一旦受到某种干扰可能直接覆灭[32]。同时相对封闭的种群在不同生境中将向不同方向进化，在经历足够长的时间后，各个种群的基因库差异将愈加明显，可能分化出一些亚种[33]，甚至产生种群隔离，进化为不同的种[34]。人工增殖放流或将使得放流群体成为流域主体[35-36]，原自然群体逐渐消失，而由于放流群体亲鱼相对固定，其基因库也相对较小，最终也可能造成河段某种鱼类种质退化。

将相对独立的河段生态系统连接起来，使得各相对封闭的种群基因库可以自由交流是保持土著鱼类种质的根本方法。在实际上过鱼设施设备在一定程度上将两河段碎片化的生境连通起来，而建立较大区域的种质资源保护区的效果则非常显著。人工增殖放流可直接扩大种群数量，扩充基因库，使得种群内个体获得配对概率大大提高，更容易保持种质。但养殖繁殖所用的亲鱼必须为原种，繁殖年限适当，定期淘汰补充[37]；繁殖雌鱼群体和雄鱼群体应交叉配对；子代应混合后放流，或将某群体亲本子代隔年交叉放到不同水域。

5.2　种质保存

在水电开发过程中，尽管相应保护措施已实施到位，但仍不可避免一些土著鱼类种群缩小、种质退化，甚至功能性灭绝。所以，保存现有优良种质为今后该种类种质改良、复壮提供了重要保障[38]，在将来生态环境得到恢复，更是可能通过重塑已灭绝种类，获得可自然生存的种群。

目前鱼类种质保存主要包括分子（DNA）保存、配子保存和胚胎保存。将预先提取符合要求的基因组 DNA 保存在 −20 ~ −80 ℃超低温冰箱中，但由于 DNA 容易降解，故保存有效期通常较短。通过测定保护鱼类 DNA 分子获得其序列，在需要时按照其序列制作 DNA 芯片通过杂交技术可合成该 DNA 分子，该方法还原度高，但合成过程费用十分昂贵。早在 20 世纪 50 年代，国外就已开始研究通过冷冻保存鱼类精子和卵子来保存其种质资源[39]。目前，"四大家鱼"等常见鲤科鱼类精子冷冻保存后复活率可达 60% ~ 70%，孵化率也高达 75% ~ 90%，已基本实现生产应用水平[40]；而由于鱼类卵子较大，水分和卵黄丰富，结构相对复杂，低温冷冻过程中容易产生冰晶伤害细胞[41]，这使得卵子冷冻技术要求远高于精子，同时也导致其保存率十分低。国内外水产科研人员已发现[38]，鱼类胚胎在 −60 ℃以下进行保存可获得稳定的复活率，但由于不同品种发育温度差异，故复活率也不尽相同；选择适宜的胚胎发育期进行冷冻会大大提高其复活率，而在液氮中保存成功的胚胎可以永久保存。

6　前景与展望

保证种群能自然繁育并维持自然种群是鱼类保护的本质。营造可供生存的栖息地是鱼类保护的基础，但保护、修复、营造并维持适宜的栖息地往往需投入巨量资源，使用大量高难度技术，在这方面国内有相当大的成绩，也存在很大的发展空间。水电开发过程中对鱼类资源量保护十分重视，增殖数量相当巨大，作者认为需拓宽增殖种类，尽快攻克尚未人工繁殖成功的品种。协助鱼类完成其生活史过程的方式方法很多，水电站修建前需要通过论证，选择卓有成效的措施进行实施。鱼类种质保持逐渐被水产科研工作者、渔业主管部门和水电开发企业重视，认为其是鱼类资源量保护的升华和下一研究、投入重点。种质保存是一项难度较高的科学研究,其为鱼类保护提供所有可能和最广泛的保障,是鱼类保护需不断深入推进的工作。

参 考 文 献

[1] 陈飞. 水电与中国可持续发展[J]. 中国三峡,2013(9):7-11.

[2] 张东亚. 水利水电工程对鱼类的影响及保护措施[J]. 水资源保护,2011(5):75-77.

[3] 罗小勇,李斐,张季,等. 长江流域水生态环境现状及保护修复对策[J]. 人民长江,2011,42(2):45-47.

[4] 班文波,郭柏福,管敏,等. 中华鲟行为学研究进展[J]. 生物学通报,2016(8):1-5.

[5] 蒋红,谢嗣光,赵文谦,等. 二滩水电站水库形成后鱼类种类组成的演变[J]. 水生生物学报,2007(4):532-539.

[6] 杨志,郑海涛,熊美华,等. 彭水电站蓄水前后鱼类群落多样性特征[J]. 环境科学与技术,2011(8):22-29.

[7] 余春华,陈永柏,陈大庆. 河流型鱼类自然保护区管理思考[J]. 淡水渔业,2014(6):109-112.

[8] 何滔,黎学练,郑永华,等. 长江重庆段干流与主要支流鱼类分布的比较分析[J]. 淡水渔业,2016,46(3):47-51.

[9] 王玉蓉,李嘉,李克锋,等. 雅砻江锦屏二级水电站减水河段生态需水量研究[C]∥全国环境水力学学术研讨会. 2006.

[10] 柳海涛,孙双科,王晓松,等. 大型深水库分层取水水温模型试验研究[J]. 水力发电学报,2012,31(1):129-134.

[11] 杨宝琴. 三峡首次为四大家鱼开闸放水[J]. 渔业致富指南,2011(15):4.

[12] 谭民强,梁学功. 水利水电建设中鱼类保护的有效措施——适宜生境的人工再造[J]. 环境保护,2007(12b):73-74.

[13] 孙儒泳. 基础生态学[M]. 北京:高等教育出版社,2002.

[14] 潘澎,李跃飞,李新辉. 西江人工鱼巢增殖鲤鱼效果评估[J]. 淡水渔业,2016,46(6):45-49.

[15] 吴劲珉. 控制长江干支流水电站建设数量[J]. 能源研究与利用,2016(4).

[16] 谢平. 长江的生物多样性危机——水利工程是祸首,酷渔乱捕是帮凶[J]. 湖泊科学,2017,29(6):1279-1299.

[17] 李威,申安华,刘跃天. 功果桥水电站人工鱼巢施置调查研究[J]. 现代农业科技,2013(23):268-269.

[18] 阮瑞,张燕,沈子伟,等. 三峡消落区鱼卵、仔稚鱼种类的鉴定及分布[J]. 中国水产科学,2017,24(6):1307-1314.

[19] 祖国掌,汪敦铭,李安全. 响洪甸水库大规模人工鱼巢增殖效果的检测初报[J]. 水生态学杂志,1985(4):45-47.

[20] 祝龙彪,杨从发,曹鳌. 长江口鳗苗生产量及影响因子的分析[J]. 生态学杂志,1987(5):17-20.

[21] 杨君兴,潘晓赋,陈小勇,等. 中国淡水鱼类人工增殖放流现状[J]. 动物学研究,2013,34(4):267-280.

[22] 李继龙,杨文波,张彬,等. 国外渔业资源增殖放流状况及其对我国的启示[J]. 中国渔业经济,2009,27(3):111-123.

[23] 史建全,祁洪芳. 青海湖裸鲤资源增殖放流概述[J]. 中国渔业经济,2009,27(5):80-84.

[24] 史建全,祁洪芳,杨建新. 青海湖裸鲤资源增殖放流技术[J]. 河北渔业,2010(1):10-12.

［25］张铁超．大坝建设对长江上游圆口铜鱼和长鳍吻鮈自然繁殖的影响［D］．中国科学院水生生物研究所，2009．

［26］胡兴祥．中华鲟鱼保护措施的试验研究［J］．人民长江，1982（1）：98-99．

［27］乔娟，石小涛，乔晔，等．升鱼机的发展及相关技术问题探讨［J］．水生态学杂志，2013，34（4）：80-84．

［28］李盛青，丁晓文，刘道明．仿自然过鱼通道综述［J］．人民长江，2014（21）：70-73．

［29］胡涛，王均星，徐强，等．多折回通道型同侧竖缝式鱼道水力特性试验探究［J］．水电能源科学，2015（9）：85-89．

［30］曹文宣．中国的淡水鱼类与资源保护问题［J］．淡水渔业，2005（z1）：172．

［31］梁振林，孙鹏，唐衍力，等．鱼类小型化、性早熟的元凶：捕捞？环境？［C］∥中国水产学会学术年会．2009．

［32］王峥峰，彭少麟，任海．小种群的遗传变异和近交衰退［J］．植物遗传资源学报，2005，6（1）：101-107．

［33］崔桂华，褚新洛．鲤科鱼类鲈鲤的亚种分化和分布［J］．Zoological Systematics，1990，5（1）：118-123．

［34］王中铎．中国笛鲷属鱼类的分子系统学［D］．长沙：湖南师范大学，2009．

［35］耿宝龙，邱盛尧．靖海湾三疣梭子蟹增殖放流资源量贡献率的调查研究［J］．烟台大学学报（自然科学与工程版），2014，27（1）：71-74．

［36］袁伟，林群，王俊，等．崂山湾中国对虾（Fenneropenaeus Chinensis）增殖放流的效果评价［J］．渔业科学进展，2015，36（4）：28-34．

［37］余多慰，华元渝，顾志峰，等．暗纹东方鲀（Takifugu obscurus）核型研究［J］．南京师大学报（自然科学版），2002，25（2）：121-122．

［38］王小刚，骆剑，尹绍武，等．鱼类种质保存研究进展［J］．海洋渔业，2012，34（2）：222．

［39］Blaxter J H S. Sperm Storage and Cross-Fertilization of Spring and Autumn Spawning Herring［J］. Nature, 1953,172（4391）:1189-1190.

［40］陈松林．鱼类精子和胚胎冷冻保存理论与技术［M］．北京：中国农业出版社，2007．

［41］陈松林．鱼类配子和胚胎冷冻保存研究进展及前景展望［J］．水产学报，2002，26（2）：161-168．

桐子林水电站工程环保水保工作管理与实践

段溪洛，商云笛

（雅砻江流域水电开发有限公司，四川 成都 610051）

摘　要　雅砻江流域水电开发有限公司充分发挥"一个主体开发一条江"的独特优势，践行"流域统筹、和谐发展"的环保理念，统筹考虑雅砻江整条江的保护，实现环境保护的最优效果。本文对桐子林水电站工程环境保护工作开展的过程及经验进行了总结，阐述了环保水保管理工作的总体思路及重点要求，对水电站在建工程开展环水保工作实践有一定的借鉴意义。

关键词　环境；保护；实践

1　概　述

桐子林水电站是雅砻江流域水能资源"四阶段"开发战略第二阶段任务中的最后一座水电站，坝址上距二滩水电站坝址约 18 km，下距雅砻江与金沙江汇合口约 15 km。电站装机容量为 600 MW，多年平均年发电量 29.75 亿 kW·h。工程枢纽由左右岸挡水坝段、泄洪闸、河床式厂房等建筑物组成。最大坝高 69.5 m，正常蓄水位 1 015 m，总库容 0.912 亿 m³。工程总投资 62.57 亿元。作为 2010 年国家西部大开发新开工项目 23 项重点工程之一，桐子林水电站建设不仅可以改善下游用水条件，而且对促进四川尤其是攀西地区的可持续发展具有十分重要的意义。

工程于 2010 年 9 月获得国家核准，2010 年 10 月正式开工建设，2011 年 11 月实现大江截流，2015 年 10 月完成蓄水验收并蓄水，同月首批机组投产发电，2016 年 3 月四台机组全部投产发电。

2　环保水保管理思路

桐子林建设管理局作为雅砻江流域水电开发有限公司进行项目管理的现场派出机构，在成立之初即确立"树环保形象"的建设管理目标，以高度的责任心，坚持工程建设与环境保护并重，严格执行环境影响评价制度，认真遵守"三同时"制度，按照环境影响报告书及其审批意见，从环境管理、环保水保工程建设、环境监测、环境监理等方面开展工作，在建设过程中，组织开展"花园式工区、花园式工厂及生态营地"建设工作，重点打造坝区、左右岸道路边坡绿化、混凝土拌和系统、砂石骨料生产系统和生活营地等区域；实行月考季评，奖惩兑现；认真落实环保水保责任制，在各施工合同签订环保水保责任书，将环评

作者简介：段溪洛（1965—），男，本科，经济师，研究方向为水电站环保水保。E-mail：duanxiluo@ ylhdc. com. cn。

报告书和水保报告书的各项措施纳入招标文件,列入合同总价,与工程建设同步实施;开展形式多样的环保宣传与培训,营造了人人关心、支持、参与环保的良好氛围。

3　环保水保管理工作重点

3.1　水环境保护

导流明渠、围堰防渗墙、帷幕灌浆施工过程中,施工废水采取三级沉淀池处理后用于场地冲洗,废渣围堰内侧干化后运至渣场;新建施工营地生活污水采用成套污水处理设备进行处理后用于营区绿化浇灌;混凝土拌和系统废水经二级沉淀,并加药中和处理后用于施工区洒水降尘;砂石系统骨料生产废水通过刮砂机进行石粉回收后,废水进入辐流沉淀池,经加药沉淀,清水溢流至清水池后全部回用,底泥经刮泥机进入废渣沉淀池干化脱水,运至渣场。施工区生产废(污)水实现"零排放"。同时通过下泄流量保证措施、制定相关应急预案等措施保护盐边县集中式饮用水水源保护区的水量及水质不受本工程建设影响,满足环评及其批复意见的相关要求。

3.2　空气环境保护

混凝土生产系统中粉煤灰、水泥等粉状物资采取封闭式运输;枢纽区采用洒水车对临时道路、渣场进行洒水降尘;砂石系统骨料入口中碎车间细碎车间安装了喷淋设施,进场道路及交通洞内安装洒水降尘措施,最大限度降低了对周边环境的影响;施工区道路由施工单位专门组建文明施工队伍进行日常清扫维护。施工期各项环境空气保护措施落实到位,满足环评相关要求。

3.3　声环境保护

料场开采和基坑开挖通过采取控制单项爆破药量、单次爆破总药量、限制爆破时间等措施,减少对周边居民的影响;工区运输车辆严格限载、限速,禁止高音鸣笛;金龙沟人工骨料系统骨料装卸平台处设置声屏障;在具备条件的路段和工区外围栽植乔木形成隔音屏障;合理安排生产时间,避免高噪声施工活动在夜间(22:00至次日06:00)进行。上述声环境保护措施对桐子林水电站施工噪声控制和敏感点的保护起到了较大作用。

3.4　固体废弃物处置

通过与当地环卫部门签订垃圾处理协议,各施工现场、生活营区及主要办公区设置垃圾桶,施工区由环卫部门收集,业主营地由二滩实业公司收集,运至盐边县垃圾处理站集中处理;建筑垃圾按要求运至指定渣场堆放。为做好废油等危险废物的收集、暂存及处置的全过程管理,管理局制定印发了《桐子林水电站工程危险废物管理细则》,规范施工区域内危险废物的收集、暂存,委托具备危险废物经营许可证的单位负责废油等危险废物的清运和处置工作。工程建设期间,未出现随意丢弃废弃物现象。

3.5　人群健康保护

为保护施工区人群健康,制定食堂卫生管理制度,餐饮服务人员持健康证上岗,不定期开展"消、杀、灭"工作,每年开展体检,建立人群健康档案并动态更新。委托具有资质的单位对饮用水进行水质监测。

3.6　水土保持

作为国家级水土流失重点防治区,桐子林工程枢纽区左、右岸边坡实施永久防护,二期上游围堰迎水面采取挂网喷混凝土护坡,下游围堰迎水面采用干砌石护坡,堰脚采用钢筋石笼防护,左岸坝肩和料场边坡开挖后立即进行支护处理,开挖弃渣全部运至指定点堆放。渣场相机实施沟水处理工作,拦渣堤、排水系统及进场道路硬化措施,并实施封闭管理,堆渣过程中采取先拦后弃、分层堆放和碾压,水土保持设施得到了有效防治。

边坡支护设计提前谋划,预留种植槽,临空面砌混凝土块挡墙,种植槽内回填种植土,种植灌木、攀缘植物,采取下爬上挂工艺,为防止因混凝土表面温度过高灼伤植物,坡面设置竹爬网辅助攀缘植物向上生长,并安装滴灌系统,立体绿化效果显著;右岸临江侧公路沿线全部实施绿化,种植乔木、灌木、地被植物进行搭配。渣场、料场及其他临时施工区域均根据现场特点进行生态恢复,目前正式进入抚育管理期。通过精心实施、严格管理,桐子林施工区域绿化效果良好,已形成独具特色的工区生态景观。水土保持监测数据表明,工程施工造成的水土流失得到控制,水土保持成效显著。

3.7　生态保护

合理规划、优化施工布置,充分利用二滩电站建设期已有的场地及设施是桐子林工程生态保护成效最显著的措施之一。金龙沟料场及人工骨料生产系统、混凝土拌和楼场地、机电设备暂存场地、施工承包商和业主生活营地均利用原二滩水电站建设时的场地和设施,大幅度节约了场地,减少了植被破坏。提前谋划,对受工程影响的国家二级重点保护植物红椿,采取采种育苗,在业主营地建立红椿园,进行有效保护。

为保护鱼类资源,建设桐子林鱼类增殖放流站,主要承担二滩和桐子林工程影响河段珍稀鱼类人工繁殖、培育、放流工作。每年放流规模为 70 万尾,采用室外流水养殖工艺。近期放流种类为鲈鲤、细鳞裂腹鱼、岩原鲤和长薄鳅,远期增殖放流对象为青石爬鳅、圆口铜鱼和中华鲟。桐子林增殖放流站已与电站同步建成并投入使用,并开展多次增殖放流任务,有效减缓工程对水生生态的影响,促进工程建设及流域水电开发与生态环境保护的协调、持续发展。

4　结　语

在桐子林水电站工程建设过程中,参建各方认真遵守国家环保水保相关法律法规,严格执行环保水保"三同时"制度、环保水保报告书及其批复意见要求,有序落实环保水保各项措施,着力打造流域景观明珠、建设坝区秀美山川。现有数据表明,桐子林水电站工程施工区内水、气、声、生态环境质量基本满足相关标准,工程措施及环保水保专项措施落实有效,生态环境修复及水土流失防治效果明显,环保水保规范化、精细化管理成效显著。

参 考 文 献

[1] 杨永乐. 水电站环保水保工作管理与实践[J]. 科技风,2011(14):268-269.
[2] 陈刚,王春云,段斌. 枕头坝一级水电站前期工作回顾与思考[J]. 人民长江,2012,43(14):1-4.
[3] 李冰,王新东. 真抓实干实现水保工作新跨越[J]. 水利天地,2015(4):72-73.